Professional Engineer Civil Engineering Execution

[핵심] 토목시공
기술사 II

이 석 일 편저

인터넷 카페 http://cafe.naver.com/tomoksigong

BM 성안당
www.cyber.co.kr

도서 A/S 안내

당사에서 발행하는 모든 도서는 독자와 저자 그리고 출판사가 삼위일체가 되어 보다 좋은 책을 만들어 나갑니다.

독자 여러분들의 건설적 충고와 혹시 발견되는 오탈자 또는 편집, 디자인 및 인쇄, 제본 등에 대하여 좋은 의견을 주시면 저자와 협의하여 신속히 수정 보완하여 내용 좋은 책이 되도록 최선을 다하겠습니다.

구입 후 14일 이내에 발견된 부록 등의 파손은 무상 교환해 드립니다.

저자 문의 : seougir@naver.com
도서출판 성안당 e-mail : cyber@cyber.co.kr
홈페이지 : http://www.cyber.co.kr
전화 : 031)950-6300

이 책의 증보개정판을 펴내면서…

오늘날 급변하고 있는 현실에서 건설기술은 지속적인 신공법 개발과 건설기계의 발달로 세분화되어 가고 있으며, 이러한 가운데 건설시장이 개방됨으로 인해 국내의 건설기술도 국제화시대에 맞추어 끊임없는 연구와 개발이 필요한 때입니다.

이러한 현 시점에서 건설은 그 어느 것보다도 중추적인 역할을 하고 있는 전문기술인을 현 사회 및 현 시대가 절실히 요구하고 있는 가운데 전문기술자, 특히 기술사(Professional Engineer)가 된다는 것은 모든 기술인의 존경의 대상이며, 또한 국가적 차원 및 개인적 차원에서 최고의 영예임을 부인할 수 없습니다.

기술사가 된다는 것은 다년간 현장실무에서의 많은 경험과 Know-How를 가진 기술인들만이 가질 수 있는 특권이며 또한 노력의 대가입니다.

이에 본인은 그동안 각 현장 및 현업 실무에서 열의와 성의를 다하며 끊임없는 노력으로, 토목시공기술사를 준비하시는 여러분들에게 합격의 영광을 드리고 싶어 이 책을 집필하게 되었습니다.

이 책은 본인이 그간 토목시공기술사를 준비하면서 정리해 놓았던 Sub Note와 각 단원별로 출제 빈도가 높은 문제를 중심으로 체계적이며 구체적으로 이해할 수 있도록 많은 국내외 서적을 참고하였으며, 또한 여러 참고자료들을 수집 및 정리하여 완성했습니다.

이 책은 다음과 같은 사항에 중점을 두고 기술하였습니다.

01 각 단원별 흐름을 파악할 수 있도록 정리
02 단순한 요점정리가 아닌 개념을 충분히 이해할 수 있도록 정리
03 최근에 개정된 시방서, 설계 및 시공기준에 근거하여 정리
04 출제의 빈도가 높은 문제들을 중심으로 하여 체계적으로 정리

아무쪼록 이 책을 활용하여 토목시공기술사를 준비하시는 여러분들에게 다소나마 도움이 될 수 있다면 본인은 더 이상 큰 기쁨이 없겠습니다.

다만 이 책을 출간함에 있어 본의 아니게 미비한 점이 있을 것으로 사료되며, 이에 여러 선배제위님께 많은 지도편달과 함께 더욱 충실한 책자가 될 수 있도록 도와주시기를 부탁드립니다.

끝으로 이 책을 출간함에 있어 도움을 주신 여러분들과 성안당 회장님을 비롯한 편집부, 그리고 사이버 동영상 강의 촬영에 수고하신 직원 여러분들께 진심으로 감사를 드립니다.

또한, 따뜻한 사랑과 헌신으로 키워주시고 보살펴 주시면서 늘 저의 건강을 염려해주신 존경하는 어머니와 아버지께 감사를 드리며, 항상 마음으로 격려해 주고 아낌없는 지원을 해 준 저의 막냇동생 선미, 그리고 처음 이 책을 펴낼 때는 어리고 개구쟁이였으나 지금은 장성해서 저의 든든한 친구가 되어주고, 이 아빠를 자랑스럽게 여겨 주고 있는 저의 두 아들 재순이와 휘재에게 고마움을 전합니다.

아울러 부족한 저를 위해 아낌없는 기도와 격려를 해주신 세계로감리교회의 김연화 담임목사님께 감사드리며, 이 책이 출간될 수 있도록 허락하신 하나님께 영광과 감사를 돌립니다.

편저자 이석일 드림

토목시공기술사 수험준비 요령

I. 기술사 시험의 답은 100%가 논술형
1. 기술사 답안 서론·본론·결론으로 구성되어 있다.
2. 주어진 문제에 대하여 이러한 구성으로 답안을 작성할 수 있도록 정리하는데 많은 연습이 필요하다.
3. 답안의 구성에 대해 간단명료해야 한다.

II. 답안지 1Page 작성에 10분이 필요
1. 매 교시 시험시간은 100분으로 4교시에 총 400분의 시간이 주어진다.
2. 시험장에서 나눠주는 답안지는 매 교시 12쪽이므로
3. 주어진 답안지 1Page를 작성하는데 10분이 필요하다.
4. 따라서 평소 시험준비시 답안작성에 따른 시간관리가 절대 필요하다.

III. 수험준비는 실전과 같이
1. 가능하면 시험장에서 나누어주는 형태의 답안지를 이용하여 작성해 보도록 한다.
   - 이 책 부록III「기술사 답안지」를 복사하여 활용한다.
2. 한 문제당 제 시간 안에 작성이 될 수 있도록 한다.
   예) Concrete의 균열 원인 및 대책에 대하여 기술하시오.(30점)
   - 이때 점수가 30점이므로 30분 내에 작성이 되도록 한다.
3. 수험준비를 하면서 가능하면 그림연습을 많이 해둔다.
4. 예상되는 문제에 대한 답안 작성시 짜집기를 많이 이용한다.
5. 과년도 문제를 스스로 풀어보면서 또한 자신이 작성한 것과 본서의 해설된 내용과의 차이를 비교해 본다.

IV. 답안 작성요령
1. 1교시는 대부분 단답형의 문제로 출제되므로 핵심적인 답만 작성한다.
2. 2, 3, 4교시는 논술형의 문제가 출제되므로 반드시 개요 또는 서론이 기술되고 이후에는 본론을 기술한 다음 반드시 주어진 문제에 대한 결론으로 맺는다.
3. 개요 또는 서론부분에 있어서 주어진 문제의 의도가 무엇인지를 밝히는 내용으로 기술한다.
4. 본론부분으로 들어가서는 주어진 문제의 핵심을 정확히 대제목, 중제목, 소제목 순으로 기술한다.
5. 결론부분으로는 본론부분을 정리하고 경우에 따라서는 수험자의 의견을 기술한다.
6. 답안 작성시 가능하면 그림을 많이 삽입하는 것과 한자와 영어(또는 원어)를 함께 혼용하여 기술하는 것이 좋은 점수를 얻는데 매우 유리하다는 점을 명심한다.

CONTENTS

II권의 목차

제10장 교량공

문제 1	교량의 분류	10-3
문제 2	교량의 구성	10-12
문제 3	단순교, 연속교, 겔버교의 특징 비교	10-15
문제 4	교량 가설공법의 분류	10-16
문제 5	Concrete 교량 가설 중 ILM 공법	10-17
문제 6	Concrete 교량 가설 중 FCM 공법	10-24
문제 7	Concrete 교량 가설 중 MSS 공법	10-33
문제 8	Concrete 교량 가설 중 PSM 공법	10-46
문제 9	강교의 제작 및 가설	10-73
문제 10	강교 가설공법	10-82
문제 11	강교의 가조립	10-94
문제 12	사장교 가설공법	10-97
문제 13	현수교 가설공법	10-114
문제 14	강 부재(강구조)의 연결(접합)	10-132
문제 15	용접부위의 검사 방법	10-146
문제 16	용접결함의 원인 및 대책	10-156
문제 17	강구조(강부재)가 낮은 응력하에서도 부분파괴가 일어나는 원인 (강구조의 피로, 피로파괴, 피로한도)	10-164
문제 18	교량 받침(교량 교좌, 교좌장치, Shoe)	10-168
문제 19	교량 받침(교량 교좌, 교좌장치, Shoe) 배치 및 설치	10-178
문제 20	교량 받침의 파손(손상)의 원인 및 보수대책	10-182
문제 21	교량의 신축이음 (Expansion Joint, 신축장치, 신축이음장치)	10-186
문제 22	교량의 유지관리 및 보수 · 보강방법	10-197

제11장 터널공

문제 1	터널의 종류 및 특징	11-3
문제 2	터널공법의 종류별 개요 및 특징	11-8

CONTENTS

문제 3	터널 굴착공법(방식)	11-16
문제 4	터널발파 (발파에 의한 암 굴착)	11-24
문제 5	도폭선	11-50
문제 6	NATM 공법	11-52
문제 7	NATM의 암반보강공법(지보재)	11-67
문제 8	터널의 삼각지보	11-85
문제 9	터널보조공법	11-88
문제 10	터널공사 중 지하수 대책공법(배수대책 공법)	11-95
문제 11	터널시공 시 방수공법	11-102
문제 12	터널의 계측관리	11-108
문제 13	NATM 계획 중 갱내 외 관찰조사(Face Mapping)의 적용 요령과 필요성	11-117
문제 14	여굴의 원인 및 대책	11-120
문제 15	터널 Concrete Lining의 누수원인(균열원인) 및 대책	11-126
문제 16	TBM 공법	11-130
문제 17	터널 갱구부	11-144
문제 18	터널 갱문	11-156
문제 19	개착터널	11-166
문제 20	RQD, RMR, Q-System, SMR에 의한 암반 분류법	11-172
문제 21	발파(폭파)에 의하지 않는 암반(암석) 굴착	11-179

제12장 댐공

문제 1	댐의 종류 및 특징	12-3
문제 2	댐공사의 시공계획 시 검토사항	12-10
문제 3	필 댐(Fill Dam)	12-15
문제 4	Concrete 표면차수벽형 석괴댐	12-24
문제 5	Concrete 중력댐	12-32
문제 6	롤러 다짐 Concrete 댐(RCCD, RCD)	12-51
문제 7	Dam의 기초Grouting 공법(기초암반처리, 기초처리)	12-56
문제 8	댐의 유수전환방식(하류전환방식)	12-66
문제 9	Fill Dam의 Piping 현상 원인 및 대책	12-70

제 13 장 항만공

문제 1	항만의 개요	13-3
문제 2	준설 (Dredging)	13-6
문제 3	매립 (Reclamation)	13-18
문제 4	외곽시설의 종류 및 특징	13-28
문제 5	방파제의 종류 및 특징	13-32
문제 6	직립(혼성) 방파제의 시공	13-44
문제 7	해안 제방공 및 해안 호안공	13-56
문제 8	계류(접안)시설(계선안, 하안 접안구조물, 안벽)의 종류 및 특징	13-71
문제 9	대표적인 안벽 구조물의 2개에 대한 시공시 유의사항 (L형 Block식 안벽, 널말뚝식 안벽)	13-88
문제 10	Caisson 진수공법 및 시공 시 유의사항	13-99

제 14 장 하천공

문제 1	하천제방	14-3
문제 2	하천 호안	14-14
문제 3	하천제방의 누수 원인과 방지대책(하천제방의 붕괴원인과 대책)	14-25
문제 4	하천수제(水制)	14-31

제 15 장 건설기계총론

문제 1	건설공사에 따른 기계화시공	15-3
문제 2	건설기계(시공장비, 건설장비)의 선정(기계화시공계획)	15-7
문제 3	건설기계의 조합 (토공기계의 조합)	15-12
문제 4	기계경비의 구성요소	15-18
문제 5	건설기계의 작업효율	15-21
문제 6	건설기계의 경제수명	15-23
문제 7	토공 작업에 따른 건설장비	15-24
문제 8	Bulldozer의 작업원칙	15-33
문제 9	ASP 포장의 공종별 장비조합	15-35
문제 10	골재생산시설(Crusher 장비조합)	15-37
문제 11	자주 승강식 바지	15-41

CONTENTS

 제16장 공사관리 및 공정관리 총론

문제 1	건설공사의 시공관리(공사관리)	16-3
문제 2	건설공사의 시공계획	16-6
문제 3	공정관리업무	16-11
문제 4	공정관리기법(공정표)의 종류	16-15
문제 5	공정관리곡선 (진도관리곡선)	16-20
문제 6	공정관리에서의 통제기능과 개선기능	16-25
문제 7	Network 공정표(PERT/CPM)	16-29
문제 8	주 공정(CP ; Critical Pass)	16-38
문제 9	Lead Time	16-40
문제 10	최소비용에 의한 공기단축 : 최소비용 최적공기 계획법 (MCX ; Minimum Cost Expediting)	16-42
문제 11	품질관리(QC ; Quality Control)	16-47
문제 12	$\bar{x}-R$ 품질관리기법에서 이상이 있는 경우	16-57
문제 13	품질통제와 품질보증의 차이점	16-60
문제 14	클레임 (Claim)	16-61
문제 15	ISO 9000시리즈	16-63
문제 16	건설 CM(Construction Manager)용역	16-68
문제 17	건설 CALS	16-71
문제 18	공사계약형식별 특성	16-76
문제 19	공동계약방식(공동이행방식과 공동분담방식의 비교)	16-81
문제 20	실적단가에 의한 예정가격 작성시 유의사항	16-83
문제 21	공사원가관리를 위해서 공사비 내역체계의 통일이 필요한 이유	16-85
문제 22	CSI의 공사정보분류체계에서 Uniformat과 Master Format	16-87
문제 23	정보화 시공	16-91
문제 24	신기술채용 시(지정 시) 검토사항	16-93
문제 25	건설공해의 원인 및 대책	16-96
문제 26	건설공해 중 수질 및 대기오염에 대한 최소화 대책	16-102
문제 27	건설 폐자재류의 종류, 문제점 및 대책, 구조물 해체에 따른 Concrete 잔재물에 대한 재생 및 재활용 방안	16-106
문제 28	도로확장공사 시 환경에 미치는 주요 영향 및 저감대책	16-112
문제 29	부실공사의 원인 대책(설계, 시공, 감리, 법제제도 측면에서의 원인 및 대책)	16-116

문제 30 건설공사에서 문제되고 있는 부실시공, 기존시설물의 유지관리,
         기술개발 등에 대한 현안 문제점 및 대책 ---------------------------- 16-123
문제 31 구조물 시공 중 중대한 하자가 발생한 경우 책임기술자로서 대처 방안 -- 16-128
문제 32 홍수재해 방지에 대해 수자원개발과 하천개수계획 연계한 대책 -------- 16-131
문제 33 안전공학검토의 필요성 -- 16-134
문제 34 장마철 대형공사장의 중점점검사항 및 집중호우시 재해대비 행동요령 ---- 16-136

 부 록

Ⅰ. 과년도 출제 문제
Ⅱ. 답안 작성 사례
Ⅲ. 필기시험 답안지 양식

CONTENTS

I권의 목차

제1장 토 공

문제 1	토공의 정의	1-3
문제 2	흙의 기본적 성질	1-4
문제 3	흙의 물리적 성질	1-8
문제 4	토질조사	1-12
문제 5	토질에 따른 전단강도의 특성	1-25
문제 6	성토재료로서 점성토와 사질토의 특성	1-31
문제 7	흙의 다짐관리	1-35
문제 8	구조물 뒤채움 시공	1-43
문제 9	구조물과 토공 접속구간의 부등침하 원인 및 방지대책	1-50
문제 10	기존 도로의 확장(확폭)과 관련한 시공계획 및 시공관리 측면에서 의견 기술	1-54
문제 11	경사면에 축조되는 반절토, 반성토(편절, 편성 접속부) 단면의 노반 축조시 유의사항과 공사 관리에 필요한 사항	1-58
문제 12	암 성토 시공(토사 성토와 암 성토를 구분 다짐 시공하는 이유와 다짐 시 유의사항)	1-62
문제 13	토취장 선정요건	1-69
문제 14	흙의 동해가 토목 구조물에 미치는 영향	1-72
문제 15	토량배분 방법(유토곡선, 토적곡선 ; Mass Curve)을 단계적으로 설명	1-78
문제 16	토공정규와 규준틀	1-86

제2장 연약지반

문제 1	연약지반개량 공법	2-3
문제 2	연약 점성토지반 개량공법의 종류 및 특징	2-11
문제 3	압밀에 의한 지반개량공법	2-17
문제 4	탈수에 의한 연약지반개량 공법(Vertical Drain 공법, 연직배수 공법)	2-24
문제 5	치환에 의한 지반개량공법	2-40
문제 6	배수에 의한 지반개량공법(지하수위 저하 공법)	2-44
문제 7	약액주입 공법	2-50

문제 8	연약 사질토지반 개량공법	2-57
문제 9	해상 샌드콤팩션파일 기초공법(Sand Compaction Pile ; SCP)	2-75
문제 10	동다짐(Dynamic Compaction) 공법, 동압밀(Dynamic Consolidation) 공법	2-83
문제 11	동치환(Dynamic Replacement) 공법	2-90
문제 12	구조물 침하의 원인 및 대책	2-95
문제 13	연약지반 계측	2-98
문제 14	연약지반 상 교량교대의 측방이동에 대한 대책	2-102
문제 15	항만 및 해안 구조물의 기초처리를 위한 두꺼운 연약 지반층을 모래로 굴착치환할 경우 예상되는 문제점 및 대책	2-113

제3장 사면안정

문제 1	절토 및 성토사면 붕괴의 원인 및 대책	3-3
문제 2	암반 절토사면의 붕괴원인 및 대책, 시공 시 유의사항	3-20
문제 3	산사태의 원인 및 대책	3-26

제4장 옹벽공

문제 1	옹 벽	4-3
문제 2	옹벽의 전단키를 뒷굽쪽으로 설치시 전단저항이 증가되는 이유	4-15
문제 3	축대(석축)붕괴의 원인 및 대책	4-19
문제 4	보강토 옹벽	4-23
문제 5	Gabion 옹벽	4-28

제5장 기초공

문제 1	기초(Foundation)	5-3
문제 2	얕은 기초(직접기초)	5-8
문제 3	국부전단파괴와 전반전단파괴(얕은기초지반의 파괴 형태)	5-13
문제 4	깊은 기초	5-15
문제 5	말뚝기초의 종류 및 특징	5-18
문제 6	R.C.D 공법	5-30
문제 7	Benoto 공법(All Casing 공법)	5-37
문제 8	Earth Drill 공법	5-43

CONTENTS

문제 9	현장타설 Concrete 말뚝기초의 시공 중 Slime 처리방법과 철근의 공상 발생 원인 및 대책	5-49
문제 10	기초용 말뚝 중 타입 말뚝과 현장타설 말뚝의 장·단점(특징) 비교와 시공 시 유의사항	5-53
문제 11	말뚝의 지지력 산정방법	5-58
문제 12	말뚝의 동적 재하시험, 정적 재하시험(재하시험의 종류)	5-62
문제 13	대구경 말뚝의 연직 정재하시험 방법과 성과분석	5-66
문제 14	말뚝이음의 종류 및 특징	5-70
문제 15	Caisson기초 공법의 종류 및 특징	5-73
문제 16	우물통(Caisson)기초 시공방법	5-77
문제 17	우물통(Caisson)기초의 편차(편기) 발생원인 및 대책	5-90
문제 18	공기 케이슨 시공에 따른 압축공기 중에서 작업 시 필요한 설비	5-93
문제 19	지하 매설관 설치 시 기초형식과 관로 매설공법	5-97
문제 20	Underpining(밑받이 공법)	5-102
문제 21	부 주면 마찰력(NF ; Negative Skin Friction)	5-105

제6장 흙막이공 및 가물막이공

문제 1	흙막이 공법(토류벽 공법)	6-3
문제 2	흙막이공에서 시공계획과 시공상 주의사항	6-28
문제 3	흙막이공의 계측	6-32
문제 4	Earth Anchor(Ground Anchor) 공법	6-38
문제 5	U-Turn Anchor(제거식 Anchor) 공법의 특징과 기존 Anchor 공법과의 차이점	6-45
문제 6	쏘일네일링(Soil Nailing) 공법	6-48
문제 7	흙막이공사 중 예상되는 하자(흙막이 붕괴)의 원인 및 대책	6-52
문제 8	지하구조물 시공 시 지표수와 지하수가 공사에 미치는 영향	6-55
문제 9	지하수가 비교적 높은 지반에서 지하굴착 또는 흙막이공사를 할 경우 지하수 처리대책	6-59
문제 10	Slurry Wall 공법(지중 연속벽 공법)에 대한 시공 시 예상되는 사고요인 및 시공 시 대책	6-63
문제 11	흙막이벽에 의한 기초 굴착 시 굴착바닥지반의 변형파괴에 대한 종류와 대책	6-70
문제 12	분사(Quick Sand) 현상	6-78

문제 13	보일링(Boiling) 현상	6-81
문제 14	파이핑(Piping) 현상	6-85
문제 15	히빙(Heaving) 현상	6-89
문제 16	Prestressed Wale(PS-Beam) 공법의 원리와 특징, 시공방법	6-91
문제 17	가물막이 공법의 종류 및 특징	6-97

제7장 일반콘크리트 및 PS콘크리트공

문제 1	철근 Concrete의 개념	7-3
문제 2	시멘트 종류와 특성	7-5
문제 3	Concrete 골재의 종류	7-11
문제 4	Concrete 골재의 특성	7-18
문제 5	Concrete의 혼화재료	7-27
문제 6	Concrete의 특성	7-39
문제 7	굳지 않은 Concrete의 성질(Fresh concrete의 성질)	7-48
문제 8	레미콘(Ready Mixed Concrete)	7-61
문제 9	Concrete의 배합설계	7-65
문제 10	물·시멘트(W/C)비가 Concrete에 미치는 영향	7-74
문제 11	잔골재율(S/a)이 Concrete에 미치는 영향	7-78
문제 12	굵은 골재 최대치수가 Concrete에 미치는 영향	7-82
문제 13	AE Concrete의 특성 및 공기량이 Concrete 품질에 미치는 영향	7-86
문제 14	Concrete 강도에 영향을 주는 요인	7-89
문제 15	철근공사(철근 일)	7-94
문제 16	가외철근	7-112
문제 17	거푸집 및 동바리	7-114
문제 18	콘크리트치기 중 동바리의 점검항목과 처짐이나 침하가 있는 경우 대책	7-121
문제 19	Concrete 구조물의 이음(줄눈)	7-125
문제 20	콘크리트 표준시방서에 규정된 시공 상세도	7-137
문제 21	Concrete의 양생(보양)	7-140
문제 22	Concrete의 재료분리의 원인 및 대책	7-148
문제 23	콘크리트 구조물의 시공관리(구조물 시공에 따른 품질관리)	7-154
문제 24	Concrete 구조물의 균열원인 및 대책, 보수 및 보강 대책	7-160
문제 25	Concrete 구조물의 내구성 저하(열화 발생) 원인 및 내구성 증진대책	7-184

C·O·N·T·E·N·T·S

문제 26 중공 Slab의 균열발생원인 및 대책 ·· 7-193
문제 27 콘크리트방식공법 ·· 7-196
문제 28 강재방식공법 ··· 7-198
문제 29 구조물공사 착공 전 검토항목과 시공 중 중점관리항목
(현장소장으로서 시공계획과정에서 점검해야 할 사항) ·················· 7-200
문제 30 콘크리트구조물의 유지관리체계 ·· 7-204
문제 31 극한한계상태와 사용한계상태 ·· 7-208
문제 32 환경지와 내부지수 ··· 7-210
문제 33 철근콘크리트구조물 시공 시 안전사고방지대책 ··· 7-212
문제 34 Prestressed Concrete(PC, PS Concrete)의 분류 및 특징 ············· 7-216
문제 35 PC의 재료 ··· 7-220
문제 36 PC 강재의 Prestressing 방법과 정착방법, 긴장(緊張)방법 ············· 7-234
문제 37 Prestress의 손실 ·· 7-243
문제 38 PC 부재의 응력변화 및 대책 ·· 7-246
문제 39 PC 강재의 Relaxation ··· 7-250
문제 40 PSC 강재(PC 강재)의 열화 원인 및 대책(응력부식) ······················ 7-252
문제 41 Prestressed Concrete(PSC) Grout 재료의 품질조건 및
주입 시 유의사항 ·· 7-254
문제 42 Concrete Pump의 기능과 Pump Concrete의 배합 ························· 7-257
문제 43 철근 Concrete의 품질시험관리요점 ·· 7-260

제8장 특수콘크리트공

문제 1 경량 Concrete ··· 8-3
문제 2 경량골재 Concrete의 특성 및 시공 ·· 8-9
문제 3 유동화 Concrete ·· 8-19
문제 4 팽창 Concrete(화학적 Prestressed Concrete) ··· 8-24
문제 5 섬유 보강 Concrete ··· 8-30
문제 6 한중 Concrete ··· 8-51
문제 7 서중 Concrete ··· 8-60
문제 8 수중 Concrete ··· 8-69
문제 9 수중불분리성 Concrete ··· 8-80
문제 10 프리팩트(Prepacked) Concrete ··· 8-83
문제 11 해양 Concrete ··· 8-97

문제 12	수밀 Concrete	8-103
문제 13	Mass Concrete	8-107
문제 14	중량 Concrete(차폐 Concrete)	8-117
문제 15	고강도 Concrete	8-121
문제 16	콘크리트-폴리머 복합체	8-126
문제 17	숏크리트(Shotcrete)	8-135

제9장 도로공

문제 1	Asphalt Concrete 포장과 Cement Concrete 포장	9-3
문제 2	Asphalt 혼합물의 종류 및 특징	9-12
문제 3	Asphalt Concrete 포장시공	9-16
문제 4	Asphalt Concrete 포장 파손원인과 시공 시 대책 및 유지보수공법	9-28
문제 5	Asphalt Concrete 포장의 소성변형(내유동, 표면요철)의 원인 및 대책	9-38
문제 6	Asphalt 혼합물의 채움재 (Filler, 석분)	9-43
문제 7	Asphalt Concrete 포장시공에 따른 시공계획	9-47
문제 8	Asphalt Concrete 포장에서 보조기층 축조	9-55
문제 9	Asphalt Concrete 포장의 기층 안정처리	9-59
문제 10	도로 노상부의 지지력이 불량한 부분에 대한 개량공법	9-69
문제 11	Asphalt계 특수포장	9-72
문제 12	Asphalt 포장의 보수보강 재시공 시 발생되는 폐아스콘 재생처리공법	9-92
문제 13	Cement Concrete 포장 종류 및 포장의 구성 요소	9-95
문제 14	Cement Concrete 포장시공	9-101
문제 15	연속 철근 Concrete 포장시공	9-119
문제 16	서중에서의 Concrete 포장시공	9-125
문제 17	한중에서의 Concrete 포장시공	9-128
문제 18	Cement Concrete 포장 파손원인 및 대책, 보수공법	9-132
문제 19	반사균열(Reflection Crack)	9-152
문제 20	평탄성 관리	9-154

10장 교량공

문제 1 교량의 분류

1. 교면의 위치에 따른 분류

(1) 상로교(Deck Bridge)
교면이 교량의 형이나 트러스 위쪽에 있는 교량

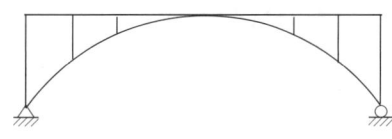

(2) 중로교(Half-Through Bridge)
교면이 교량 상·하의 중간에 있는 교량(당산철교)

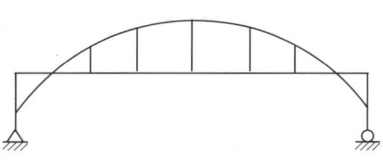

(3) 하로교(Through Bridge)
교면이 교량의 아래에 있는 교량
(동호대교, 한강철교의 Truss 구간)

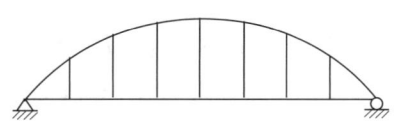

(4) 2층교(2 Storied Bridge)
교면이 2층으로 되어 있는 교량
(청담대교, 영종대교)

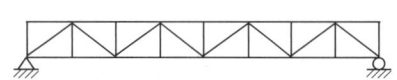

2. 용도에 따른 분류

(1) 도로교(Highway Bridge)
도로를 통행하기 위하여 축조된 교량(1등교, 2등교, 3등교)

(2) 인도교(보도교)
사람의 통행만으로 사용되는 교량

(3) 철도교(Railway Bridge)
철도선로에 가설되는 교량

(4) 수로교
발전용수로나 수도용수로 또는 관개용수로 등을 통하기 위하여 가설되는 교량

(5) 군용교
군사용에 사용되는 교량(간편 조립교)

(6) 혼용교
도로와 철도가 병설되어 2개 이상의 용도에 사용되는 교량

(7) 운하교
운하를 통과시키기 위해서 가설된 교량

3. 사용 재료에 따른 분류

(1) 목교(Wooden Bridge)
목재로 가설된 교량

(2) 석교(Stone Bridge)
석재로 가설된 교량

(3) 강교(Steel Bridge)
교량의 주요 부분을 강재로 가설된 교량

(4) 철근 콘크리트교(Reinforced-Concrete Bridge)
철근 Concrete를 사용하여 가설된 교량

(5) PSC 콘크리트교(Prestressed Concrete Bridge)
고장력의 강선으로 Prestress를 가한 Girder를 사용하여 가설된 교량

(6) Preflex-Beam교(Preflex Beam Bridge)
고강도 강재보에 미리 설계하중(Preflex)을 재하 시킨 후 하부 Flange 주위에 고강도 Concrete를 타설하여 제작한 Girder를 사용하여 가설된 교량

4. 상부 구조형식에 따른 분류

(1) 슬래브교(Slab Bridge)
1) 주부재가 Slab인 교량
2) Slab교의 경제적인 길이

구 분		길 이
1방향 슬래브교		3~12m 정도
중공 슬래브교	단순교의 경우	10~20m 정도
	연속교의 경우	15~30m 정도

3) 종 류

① RC Slab Bridge
② PSC Slab Bridge
③ 중공 Slab Bridge

(2) 거더교(Girder Bridge)

1) Girder(Beam) 종 방향(차량 진행방향)으로 가설한 교량
2) 이때의 Girder(Beam)는 주형이라 명칭
3) 종 류

종 류	교량 개요	형 식
① T형교	주형과 일체로 된 Concrete 바닥판은 가로방향을 지간으로 하는 Slab로 작용하는 동시에 주형에 대해서는 Flange로 작용	
② 판형교 (Plate Girder교)	철판으로 I형의 Girder를 만들고 그 위에 Concrete Slab를 얹은 형태	
③ 강상자형교 (Steel Box Girder교)	Steel Plate로 제작된 Box의 Girder	
④ 강상판형교	교량 Slab가 Concrete가 아닌 Steel Plate로 제작하여 자중을 감소시킨 형식의 Girder	
⑤ PSC Box교	Prestressed Concrete Box의 Girder	
⑥ PC Girder교	I형의 Prestressed Concrete Girder	

(3) 단순교(Simple Beam Bridge)

1) 주형 또는 주 Truss를 양단에서 단순하게 지지한 교량
2) 한쪽 단을 고정받침으로 하고 다른 쪽 단을 가동단으로 지지한 교량
3) 주로 작은 교량에 적용

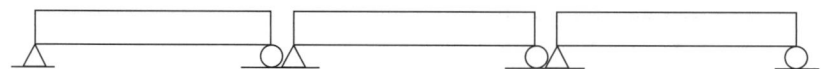

(4) 연속교(Continuous Bridge)

1) 1개의 주형 또는 주 Truss를 3점 이상의 지점에서 지지하는 교량
2) 2경간 이상에 걸쳐 연속한 주형 또는 주 Truss를 사용한 교량
3) 연속된 경간 수에 따라 "3경간, 4경간, 5경간" 연속교라고 명칭

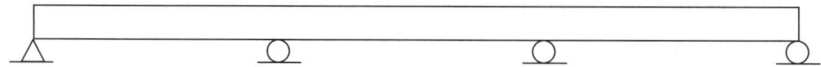

(5) 게르버교(Gerber Bridge)

1) 연속교의 지점 이외의 적당한 곳에 힌지를 넣어 부 정정구조를 정정구조로 만든 교량
2) 연속교와 마찬가지로 지간을 크게 할 수 있어서 강교와 철근콘크리트교로서 매우 좋은 형식

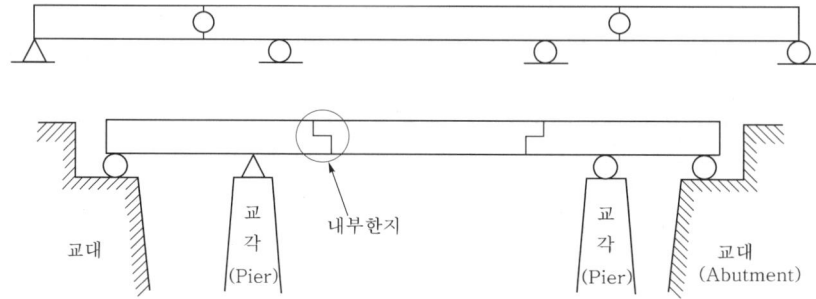

(6) 아치교(Arch Bridge)

1) 곡형 또는 곡 Truss 쪽을 상향으로 하여 양단을 수평 방향으로 이동할 수 없게 지지한 아치를 주형 또는 주 Truss로 이용한 교량

2) Arch 지점형태에 따른 구분

① 고정 Arch

② 2 Hinge Arch

③ 3 Hinge Arch

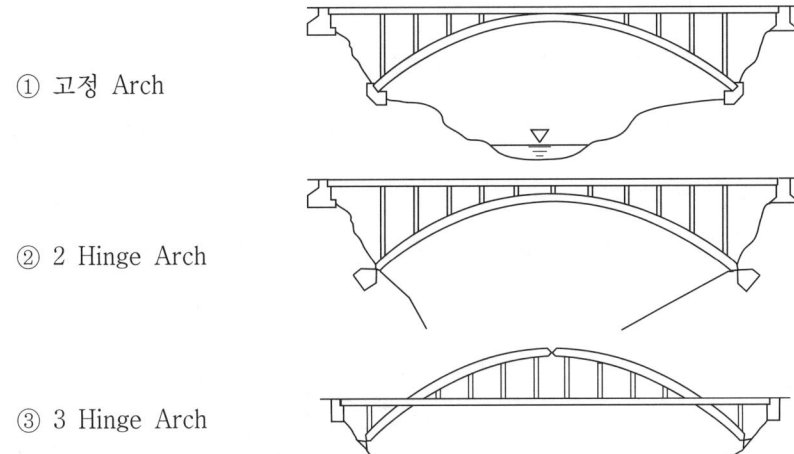

3) 아치교의 구분

① Tied Arch교
지점 상의 횡 변위를 Tie Bar가 잡아주는 구조 형식(한강대교)

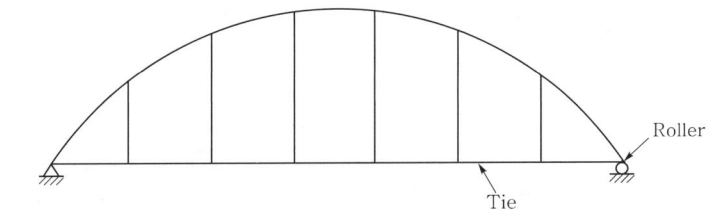

② Langer Arch교
Arch부가 축력만을 받도록 설계되는 형식(동작대교 철도교 구간)

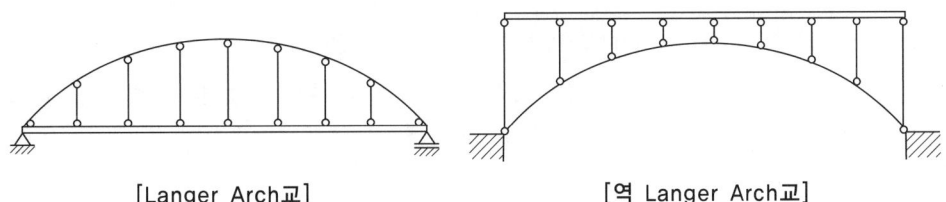

[Langer Arch교]   [역 Langer Arch교]

③ Lohse Arch교
Langer교의 Arch 부분의 단면을 크게 하여 전체적으로 축 압력, Moment, Shear를 지지, 즉 Arch부가 축력과 휨에 저항하도록 설계하는 방식

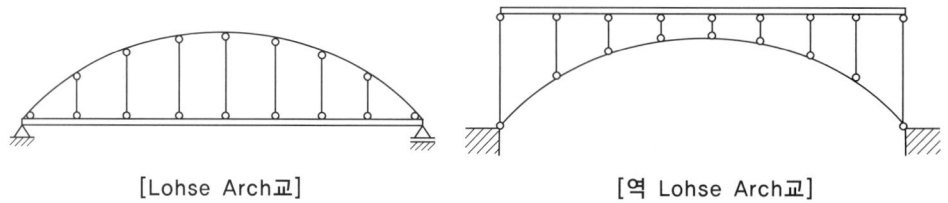

[Lohse Arch교]   [역 Lohse Arch교]

④ Nielsen Arch교

　Arch부의 Hanger가 Cable로 이루어져 있으며 약간 경사지게 배치되는 형식(서강대교)

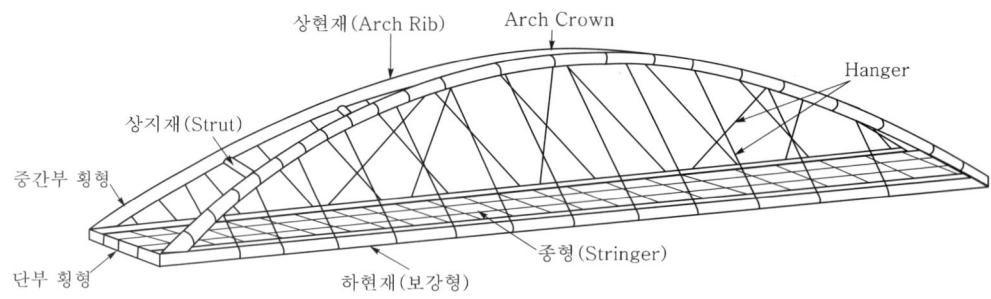

⑤ Balance Arch교

　중앙 경간은 Arch로 되어 있고 양측 경간은 Cantilever Arm으로 된 3경간 정정구조물 형식

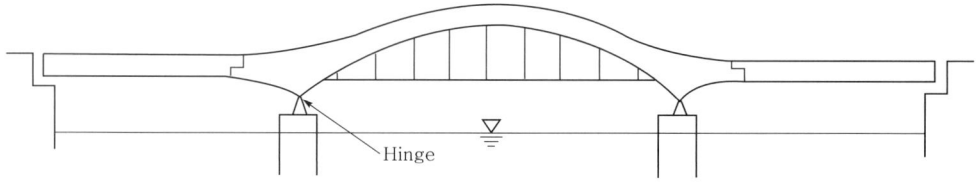

(7) 트러스교(Truss Bridge)

1) 몇 개의 직선 부재를 한 평면 내에서 연속된 삼각형의 뼈대 구조로 조립한 것을 Truss라 하며 Girder 대신에 Truss를 사용한 교량
2) 해협이나 산간 계곡 등에 적합

3) 종 류

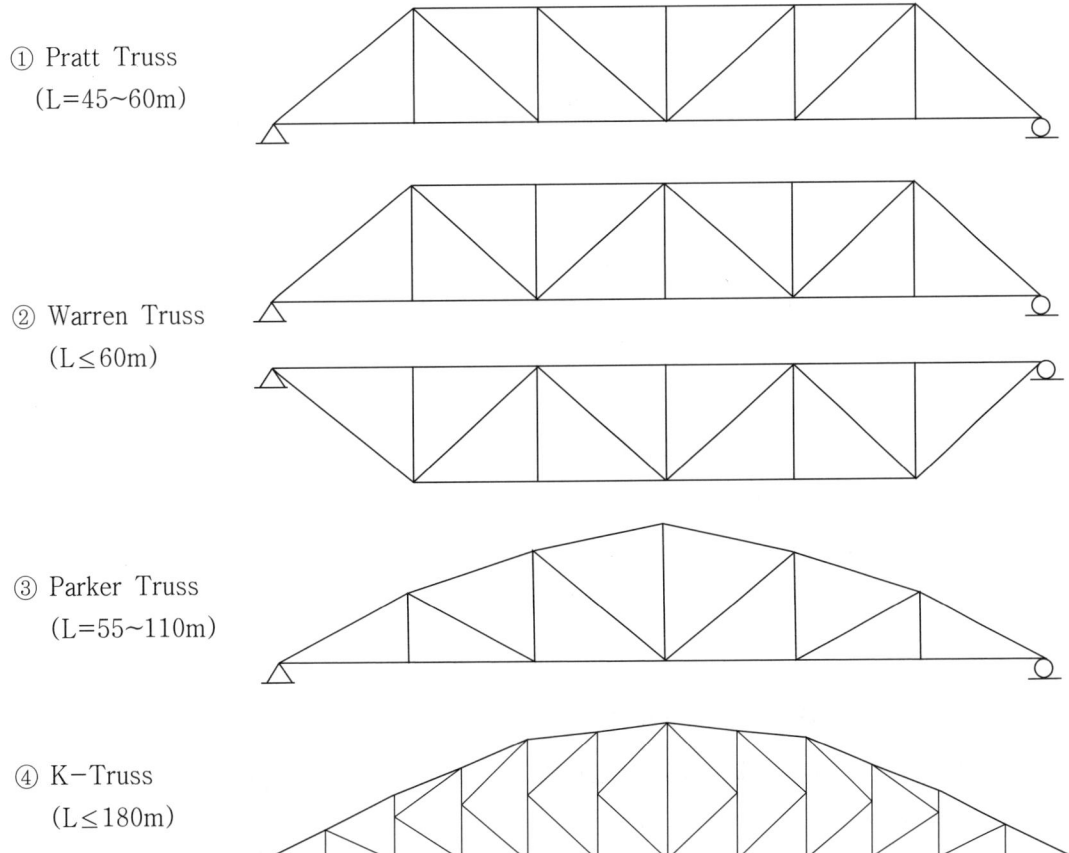

① Pratt Truss (L=45~60m)

② Warren Truss (L≤60m)

③ Parker Truss (L=55~110m)

④ K-Truss (L≤180m)

(8) 라멘교(Rahmen Bridge)
1) 교량의 상부구조와 하부구조를 강철로 연결함으로써 전체구조의 강성을 높임과 동시에 지간 내에 발생하는 휨 Moment의 크기를 줄이는 대신 이를 교대나 교각이 부담하게 하는 교량
2) 50m 지간까지 신축이음(Expansion Joint)이나 지압판이 없이 가설이 가능
3) 유지관리 측면에서 같은 지간의 단순교에 비해 유리
4) 고속도로 횡단교량에 많이 적용

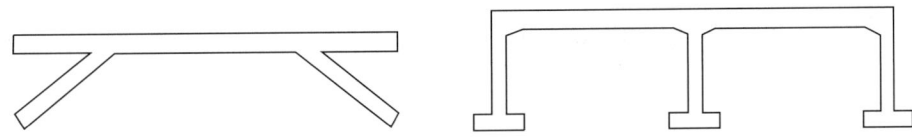

(9) 현수교(Suspension Bridge)

1) 주탑(Tower) 및 앵커리지(Anchorage)로 주 케이블(Main Cable)을 지지하고 이 Cable에 현수재(Suspender 또는 Hanger)를 매달아 보강형(Stiffening Girder)을 지지하는 교량형식

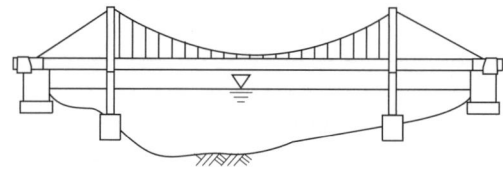

2) 현수교의 분류
   ① 경간수 및 보강형의 지지조건
      - 단경간 현수교
      - 3경간 단순지지 현수교
      - 다경간 현수교
   ② 보강형의 형식
      - Truss 형식
      - Box 형식

(10) 사장교(Cable Stayed Bridge)

중간의 교각 위에 세운 교탑으로부터 비스듬히 내려 드리운 Cable로 주형을 매단 구조물형식의 교량

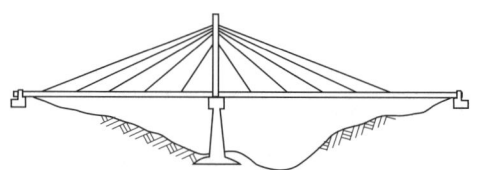

5. Girder와 상판 연결 형태에 따른 분류

(1) 합성형교

1) Girder와 상판 Slab가 일체로 작용하여 Slab가 Girder와 같이 작용하는 형태의 교량
2) Girder와 일체 시키기 위해 전단 연결재를 사용
3) 비 합성형교에 비해 Girder의 단면이 감소

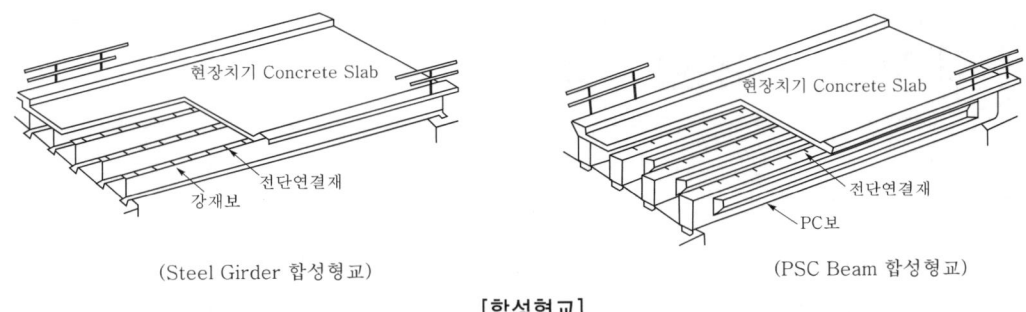

[합성형교]

(2) 비 합성형교
Girder와 상판 Slab가 일체로 작용하지 않는 형태로 Girder가 모든 하중을 받으므로 합성형교에 비해 단면이 증대

6. 평면형상에 따른 분류

(1) 직 교
직선 형태로 가설된 교량

(2) 사 교
사선형태로 가설된 교량

(3) 곡선교
곡선 형태로 가설된 교량

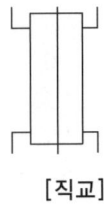
[직교]

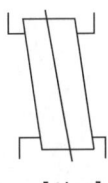
[사교]

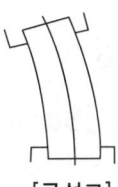
[곡선교]

문제 2 교량의 구성

1. 개 요

교량(Bridge)이란, 도로, 철도, 호수, 해안 등의 위를 건너거나 다른 도로, 철도, 수로, 가옥, 시가지 등의 구축물 위를 건너는 경우에 이들 위에 가설하는 고가 구조물을 말한다.

교량은 일반적으로 상부구조와 하부구조로 구성되어 있으며, 상부구조의 경우 자동차나 보행자 등을 직접 지지하는 부분을 말하고, 하부구조의 경우는 상부구조를 지지하는 부분을 말한다.

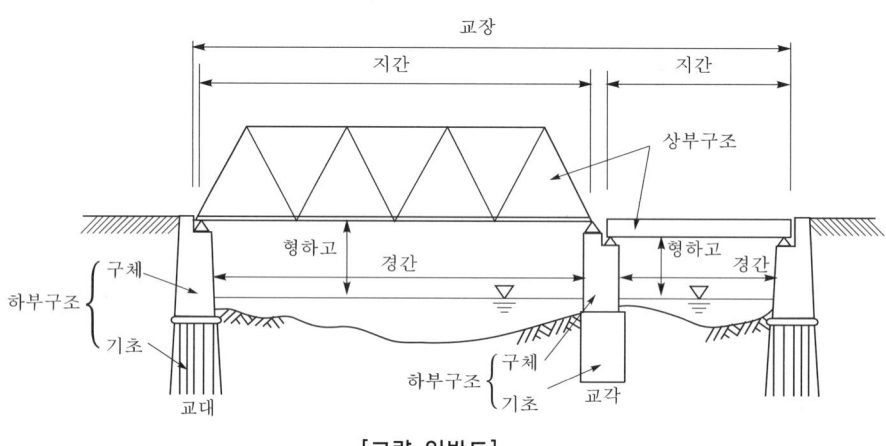

[교량 일반도]

2. 교량의 구성

(1) 상부구조(Superstructure)

교량의 주체를 이루고 있는 부분으로서 교량을 통과하는 차량 등 통과물의 하중을 하부에 전달하여 주는 역할을 하는 구조

(2) 하부구조(Substructure)

상부구조로부터 전해지는 하중을 지반으로 전달하는 구조체

3. 상부구조

(1) 상부구조를 구성하는 주요 요소

1) 바닥판(Bridge Floor)

　자동차, 열차 등의 교통하중을 직접받는 부분으로서 보통 교면과 그 밑의 Slab로 구성되며 포장을 포함함

2) 바닥 틀(Floor System)

　① 가로보(상형)와 세로보로 구성
　② 바닥판을 지지하며 바닥에 가해지는 교통하중을 주형으로 전달하는 역할

3) 주형(Main Girder)

　교량의 주체를 이루는 부분으로서 상부구조에 가해지는 하중을 하부구조로 전달시켜주는 역할을 하는 구조부재

4) Bracing

　① 바람이나 지진 등 교량의 측면에서 가해지는 횡 방향의 하중을 지지
　② 휨과 비틀림에 저항
　③ 주형 상호 간의 하중을 분배하여 주는 역할을 목적으로 설치되는 부재

구 분	수평 브레이싱 (Lateral Bracing)	수직 브레이싱 (Sway Bracing)
역 할	횡 하중을 지점에 전달하는 역할 하는 부재	주형 상호 간의 마주하는 수직재를 수직면상에서 연결해주는 부재
위치에 따른 분류	- 상부 수평 Bracing - 하부 수평 bracing	- 중간 수직 Bracing - 단 수직 Bracing

5) 받침 부(Bearing)

　① 상부구조와 하부구조를 연결하는 구조 부분으로서 상부구조로부터의 모든 하중을 원활하게 하부구조로 전달하는 기능
　② 가동받침(Movable Bearing)
　　받침 면을 따라 움직일 수 있는 받침으로서 받침 면에 수직한 힘에만 저항
　③ 고정받침(Hinge Bearing)
　　이동할 수는 없으나 회전이 가능한 받침으로 받침을 통과하는 임의의 방향력에 저항

(2) 기타 부속물

1) 신축이음 장치
2) 난간
3) 방호책
4) 배수장치
5) 조명설비 및 점검설비

4. 하부구조(Substructure)

(1) 구 체

1) 교대(Abutment)
   ① 교량 양단에 설치되는 구조물로서 상부구조를 지지
   ② 교대 배면의 토압과 상부로부터의 연직하중을 기초지반에 전달

2) 교각(Pier)
   ① 교대 중간에 설치되는 구조물로서 상부구조를 지지
   ② 상부구조가 2경간 이상일 경우 교량 양단의 교대 사이에 설치

(2) 기 초

1) 교대나 교각 구체 밑의 지반에 접하여 있으면서 하중을 지지하고 지반에 원활하게 분포시키는 부분
2) 기초는 상부구조를 지지하는 교대나 교각과 일체로 되는 경우와 명확히 구분되지 않는 경우 등이 있음
3) 지반의 성질에 따라 직접기초, 말뚝기초, 우물통 기초 등으로 시공

문제 3 단순교, 연속교, 겔버교의 특징 비교

1. 단순교, 연속교, 겔버교의 특징 비교

구 분	단순교	연속교	겔버교
(1) 구조 형식	2개의 지점에 가동과 고정 지점을 두고 판형교, I형교 등에서 단순히 지지된 교량	2경간 이상 보가 연속적으로 연결되어 지지된 교량	Cantilever 부에 단 지점을 하고, 그 지점에 걸린 들보를 취한 교량
(2) 구조 해석	정정보 해석	부정정보 해석	정정보 해석
(3) Diagram도	① B.M.D(Moment) ② S.F.D(전단력도)	① B.M.D(Moment) ② S.F.D(전단력도)	① B.M.D(Moment) ② S.F.D(전단력도)
(4) 설계시 검토 사항	① 정(+)Moment ② 전단력	① 정(+)Moment ② 부(-)Moment ③ 전단력	① 정(+)Moment ② 부(-)Moment ③ 전단력 ④ 계산방법 : 내민보+단순보
(5) 특 징	① 경간장이 짧다. 　(15~30m) ② 시공속도가 빠르다. ③ 공사비가 저렴하다.	① 경간장이 길다. ② 부등침하 우려가 없는 곳에 적용	① 중간에 교각설치가 곤란한 곳에 적용 ② Hinge부분에 응력집중이 우려된다.

문제 4. 교량 가설공법의 분류

1. Concrete교 가설공법

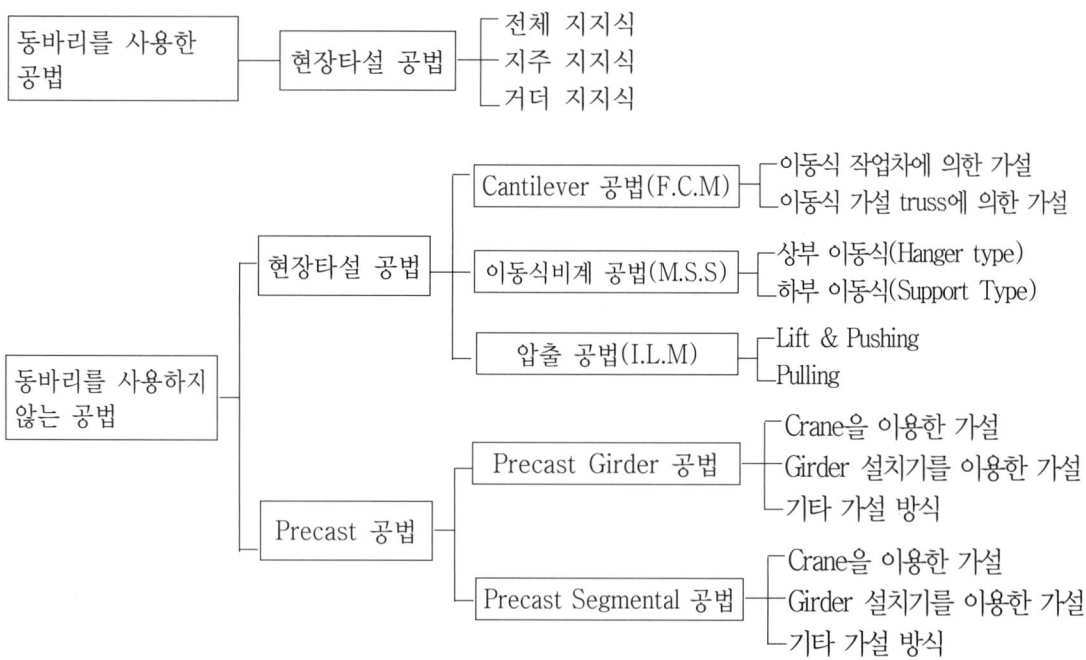

2. 강교 가설공법

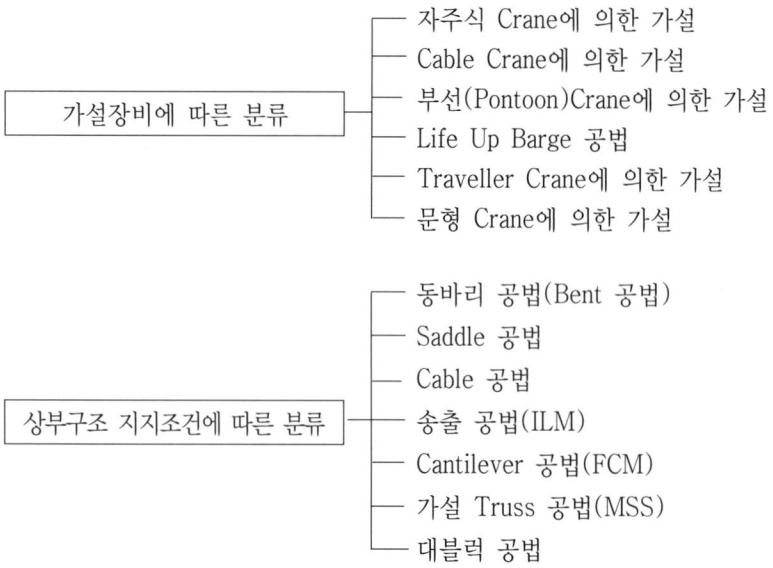

문제 5 Concrete 교량 가설 중 ILM 공법

1. 개요

ILM(Incremental Launching Method) 공법이란, 상부 구조물(Girder)을 교대 후방의 제작장에서 1 Segment씩 제작한 후 압출 장치를 이용하여 교량의 축 방향으로 연속하여 압출하면서 교량을 가설하는 공법이다.

ILM 공법은 제작장에서 반복 작업으로 교량 가설이 이루어지기 때문에 효율성이 높고 거푸집의 설치 및 해체가 기계화되어 있어 양질의 제품제작이 가능하나 Girder의 외부형상을 종 방향으로 변화시킬 수 없는 단점이 있다.

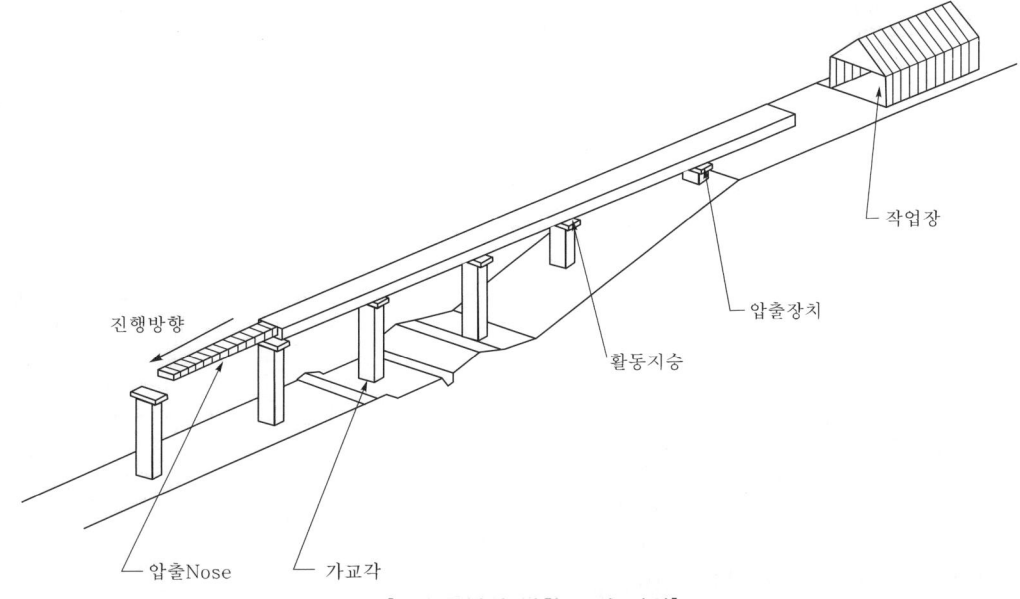

[ILM 공법에 의한 교량 가설]

2. ILM 공법의 특징

(1) 장 점
1) 시공 정밀도가 우수
2) 제작장의 설치로 전천후 시공이 가능
3) 항고(桁高)의 변화가 가능
4) 거푸집 및 동바리의 불필요
5) 반복공정으로 노무비 절감 및 공정계획 용이
6) 장대교량에 유리
7) 계곡의 횡단 등 지보 공법이 어려운 곳 시공에 유리

(2) 단 점

1) 교량의 곡선시공에 제한(교량의 직선에 유리)
2) 교정 및 수정이 매우 어려우므로 엄격한 시공 관리가 필요
3) 제작장 부지 필요
4) 변화 단면 시공 곤란(상부 구조물의 단면 높이가 일정)
5) 교장이 짧은 경우 비경제적

3. 압출 방식의 분류

(1) Lift & Pushing Method
(2) Pulling Method

4. I.L.M의 원리

(1) 구 조

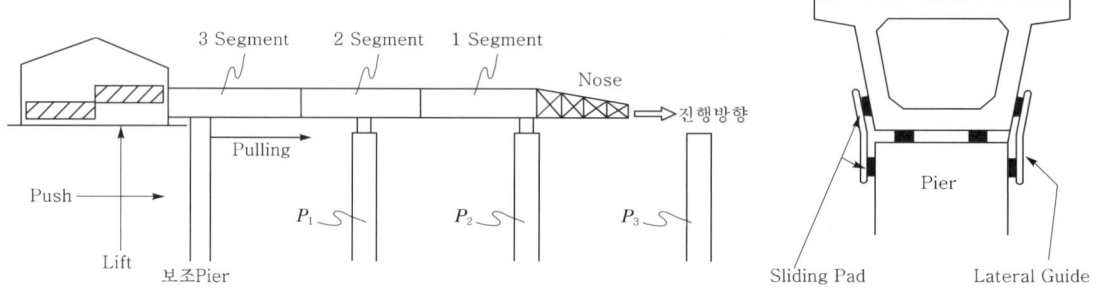

(2) Lift & Pushing Method

1) 수직 Jack을 위로 올린(약 5 mm 정도) 후 수평 Jack으로 압출(약 25mm 정도)
2) 압출 후 수직 Jack을 내린 후 수평Jack 후진
3) 이와 같은 방법으로 1)~2)를 반복하여 작업

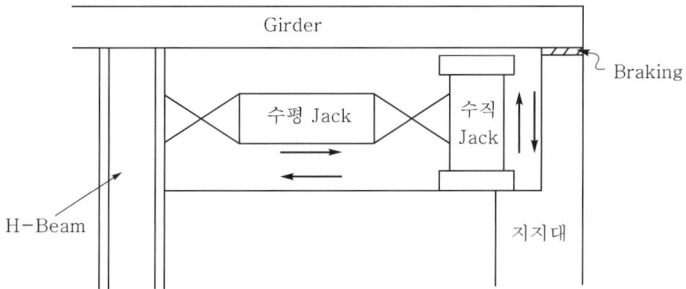

(3) Pulling Method

1) 압출 지지 H-Beam으로 고정
2) H-Beam에 압출 강선을 연결
3) Pulling Jack으로 압출 강선을 당긴 후 Jack을 후진
4) 이와 같은 방법으로 1)~2)를 반복하여 작업

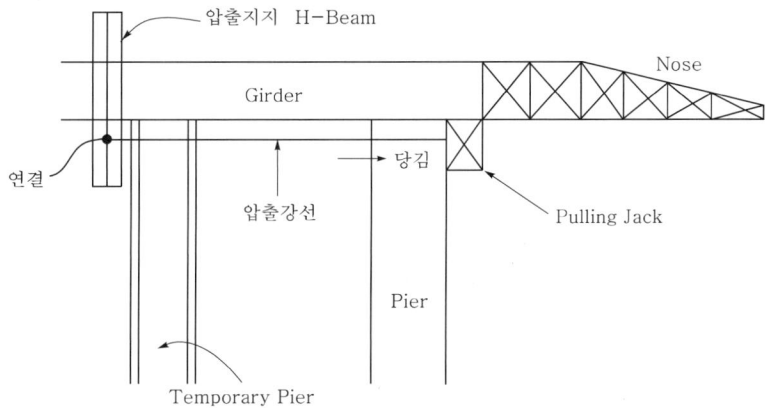

(4) Nose

1) 추진 시 수직 및 수평 방향의 Girder 역할
2) 추진 시 Cantilever에 의한 Moment 감소
3) Nose의 길이 : 0.6~0.65 × 경간장

5. 시공순서

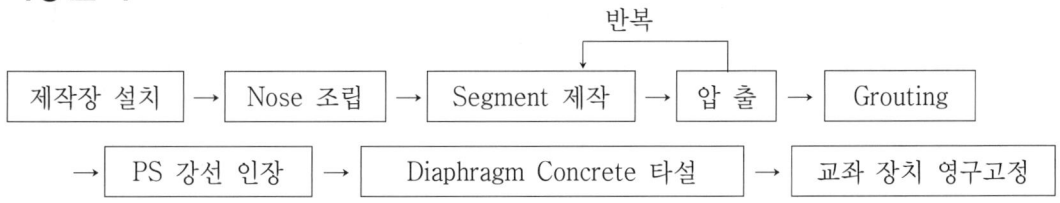

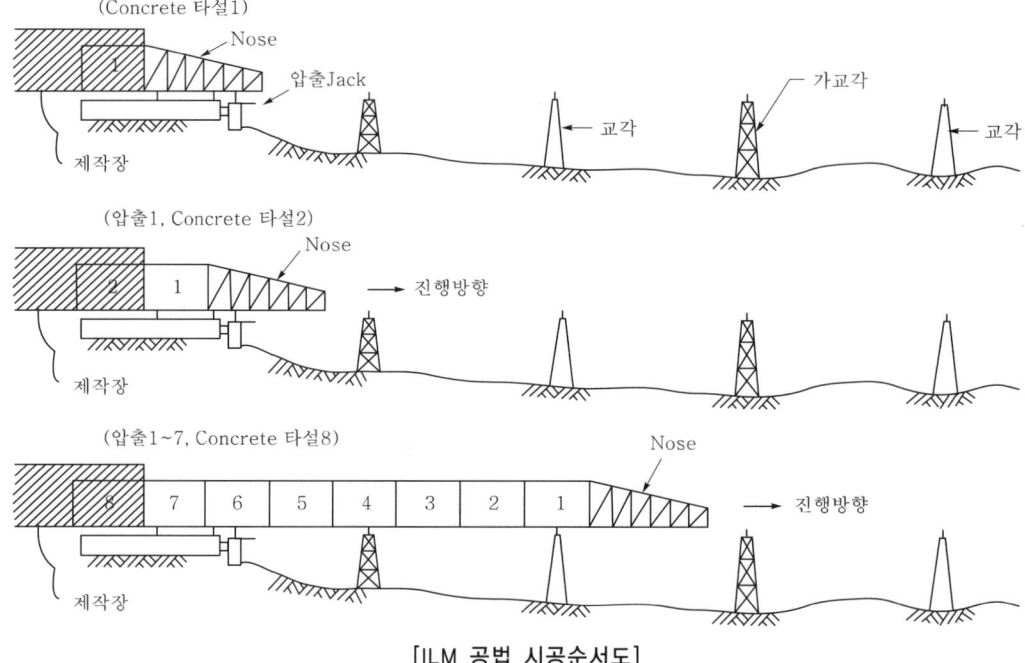

[ILM 공법 시공순서도]

6. 시공에 따른 유의사항

(1) 제작장 설치
1) 견고한 지반을 확보
2) 제작장 주변에 배수처리가 가능하도록 조치
3) Segment 길이의 2~3배 정도 확보
4) 제작장에 양생 설비를 갖출 것
5) 가설건물 또는 천막 등의 설치로 전천 후 제작장이 되도록 할 것

(2) Nose 제작 설치
1) 압출 시 중량을 조절하는 것으로 가벼운 철골 Truss 구조로 설치
2) 선단부에 Jack을 설치하여 처짐량을 조절
3) Nose의 길이는 Span 길이의 60~70% 정도가 적당

(3) Segment 제작
1) 1 Segment 제작 길이 : 1 Span의 1/2 정도
2) 앞 Segment Web와 뒷 Segment Bottom Slab를 동시에 시공

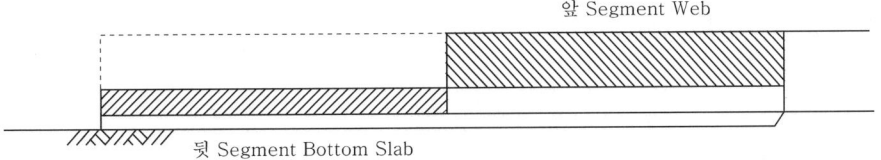

3) 철제 Mould의 녹 방지
4) Sheath 관과 PS 강선 부식을 방지
5) Concrete Slump : 10 cm 이하 → 유동화제 사용
6) 증기양생 실시 : 최대온도 60~70℃, 48시간 이상 유지

(4) 압 출
1) Pier와 Girder 사의의 마찰을 "0"로 하고
2) 한 방향으로 치우치지 않도록 압출
3) 압출 시 Segment의 이탈에 유의

(5) PS강선 인장(Prestressing)
1) Central Strand : 작업과정 중 양쪽 Segment에 연결하여 긴장
2) Continuity Strand : 전 교량 압출 완료 후 전체를 긴장

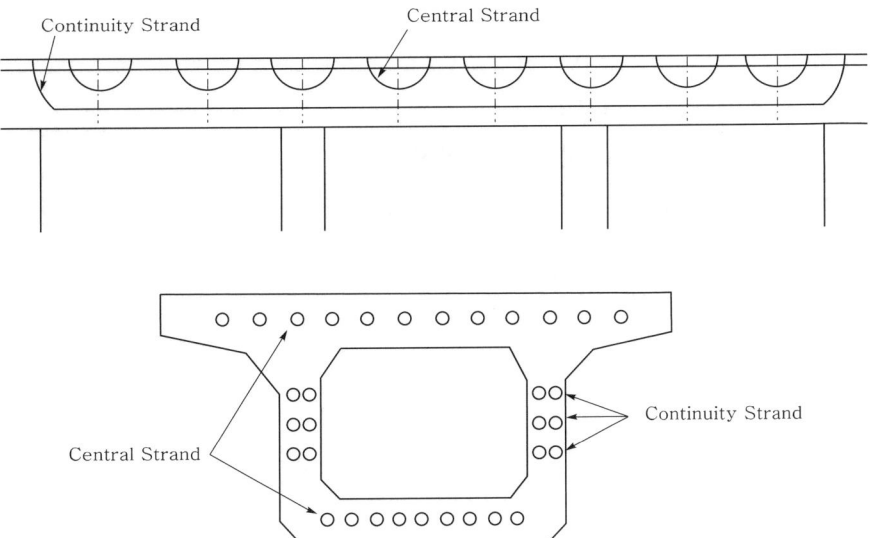

3) 긴장시기 : $0.85\sigma_{ck}$ 이상일 때 긴장
4) 긴장방법 : 편심 되지 않도록 대칭 긴장
5) 긴장순서
   ① 중심부에서 외측으로 긴장하는 것이 원칙
   ② 먼저 상부 Slab를 50% 긴장한 후 하부 Slab를 마찬가지로 중앙부로부터 긴장하고 상부 Slab의 나머지 Prestress를 도입

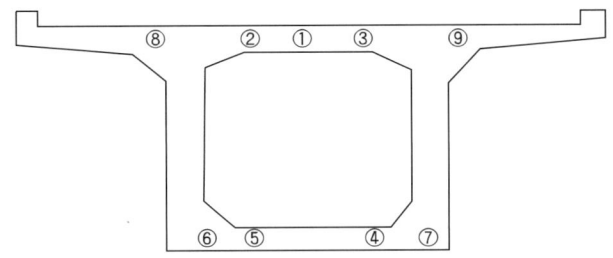

(6) 교좌장치
1) Temporary Shoe 위에 설치 고정
2) 무수축 Mortar($\sigma_{ck} = 600\text{kg/cm}^2$)로 시공

(7) 기 타
1) Segment 연결 시 종·횡단 선형을 맞출 것
2) 시공 중 초과하중 재하금지
3) Segment 연결 시 서로 맞물리게 설치
4) Grouting은 PS 강선이 피로해지기 전에 실시

7. 시공상의 문제점 및 대책

구 분	문 제 점	대 책
제작장	1) PS Box 하부 바닥면의 요철 2) Bottom Form의 Joint로 단차 발생 3) Nose와 PS Box가 정착되는 부분의 균열 발생 4) 기 압출된 PS Box의 후단부와 Mould과의 사이에 단차 발생	1) Mould장치의 지반침하방지 2) Bottom Form의 Hand Plate의 폭 개조 3) Concrete 타설 및 정착 시 확실한 시공 4) Temporary Pier와 Mould장의 간격확대
압출 시	1) Temporary Shoe 부분의 마찰력에 의한 압출 곤란 2) Sliding Pad의 과다한 소모	1) Shoe 폭 확대로 마찰력 감소 2) 공법개선 또는 Jacking으로 Pad 재배치
강재 인장 시	1) Central Strand 인장 시 접착부 균열 발생 2) Central Strand 인장 시 신장율 부족 3) Sheath 관의 막힘	1) 정착구 부분에 Concrete 피복두께를 유지하고 소요 강도 도달 시까지 충분한 양생 실시 2) 강재의 장시간 노출방지 및 증기양생에 의한 부식감소 3) 막힘 방지를 위해 비닐 Hose로 보호

8. 공법 선정 시 고려사항

(1) 지형 및 지질
(2) 교량의 구조형식
(3) 교량의 규모 및 특징
(4) 하부공간의 이용 여부
(5) 가설비의 비중
(6) 시공성 및 안전성
(7) 공사기간 및 경제성
(8) 주변 환경

9. 결 론

I.L.M 공법은 하부의 동바리 시공이 필요 없는 장대교량 가설공사에 매우 유리한 공법으로서 시공에 따른 정밀도 및 품질관리 등에서 유리한 측면이 있다.
  그러나 본 공법을 시행함에 있어 시공 초기부터 철저한 계측관리와 Concrete 시공에 따른 단계별 관리 및 Prestressing 등에 세심한 시공관리가 필요하며, 특히 압출에 따른 문제점 보완에 대한 연구개발이 있어야 할 것으로 사료된다.

문제 6 Concrete 교량 가설 중 FCM 공법

1. 개 요

FCM(Free Cantilever Method) 공법이란, 기 시공된 교각으로부터 좌우로 평형을 유지하면서 Form Traveller 또는 이동식 가설 Truss를 이용하여 3~5m의 Segment를 순차적으로 시공하는 공법이다.

FCM 공법은 하천의 횡단이나 높은 교각 등 동바리의 설치가 곤란한 곳에 유리한 공법이며, 시공에 있어서 양측을 동시 시공함에 따른 불균형 Moment 처리에 대해 세심한 시공관리가 필요하다.

2. FCM 공법의 특징 및 적용성

(1) 특 징

1) 지보공이 불필요
2) 교하 공간의 제한조건에 무관하게 작업이 가능
3) 급속시공이 가능(8~12일/1Block 소요)
4) 동일한 경간장에서 강교보다 공사비가 저렴
5) 전천후 시공이 가능하며, 품질관리가 용이
6) 반복 작업에 따른 작업능률이 향상
7) 시공 시 불균형 Moment 처리를 위한 가 Bent 설치가 필요
8) 시공 시 Camber 관리에 주의가 필요

(2) 적용성

1) 깊은 계곡 및 유량이 많은 하천
2) 교통량이 많은 도로 횡단 시
3) 선박의 항행이 잦은 해상
4) 장대교량 가설 시
5) 경간장이 80~200m 정도의 Span이 필요로 한 경우

3. 공법의 종류

(1) 교량형식에 의한 분류

1) Rahmen 구조형식

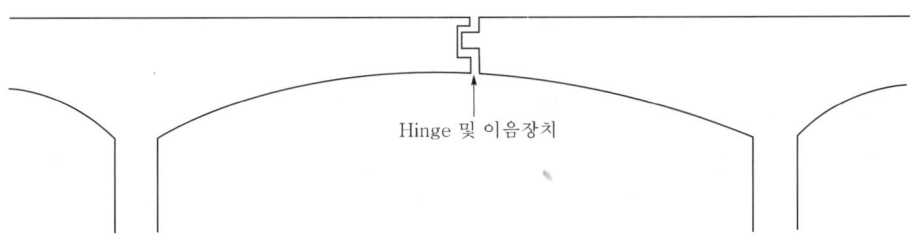

① 교각과 상부 Girder가 강결되어 교좌장치가 필요 없다.
② 중앙에 Pin Hinge가 있어서 시공 후에도 Creep에 의한 처짐이 크다.
③ Hinge 부위에 Join 장치 설치로 주행감이 비교적 좋지 않다.
④ 교량가설 중에 발생되는 불균형 Moment에 대한 가시설이 필요 없다.
⑤ 중앙 경간 연결부에서 전단력이 전달된다.
⑥ Hinge 부에서 자유로운 종 방향 변위로 교량의 신축을 허용할 수 있다

2) 연속보형식

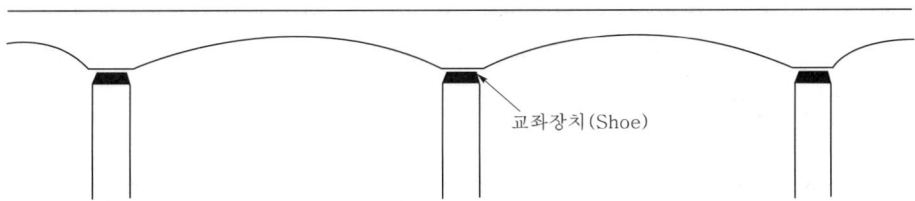

① 교각과 상부구조가 분리되어 교좌 장치가 필요하다.
② 중앙부분까지 강결되어 Creep에 의한 처짐이 작다.
③ Joint 부분이 없어서 주행감이 좋다.
④ 교량가설 중 발생되는 불균형 Moment에 대한 지지가설이 필요하다.
⑤ 장기 처짐량이 작으므로 완성 후 교량의 미관이 좋다.
⑥ 부정정 차수가 증가하여 설계 및 계산이 복잡하다.

(2) 시공방법에 의한 분류

1) 현장타설 공법

　기 시공된 교각을 중심으로 좌우로 평형을 맞추면서 Segment 제작에 필요한 모든 설비를 갖춘 이동식 작업차(Form Traveller)를 이용하여 순차적으로 상부 구조물을 시공한 후 경간 중앙에서 Cantilever Girder를 연결시키는 공법이다.

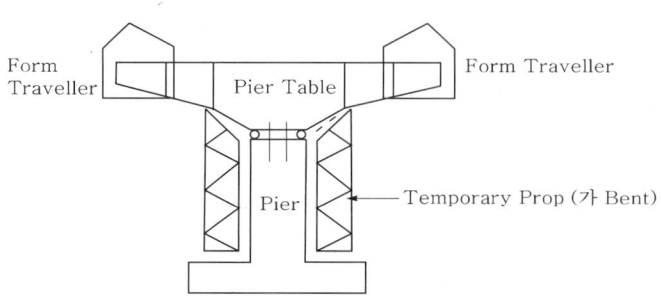

2) P&Z 공법(이동식 가설 Truss 지보공 공법)

이동식 가설 Truss(Moving Gantry)라는 가설장치를 이용하여 교각 좌우 평형을 유지하면서 상부구조를 한쪽으로부터 연속 타설하여 나가는 공법으로 서독 Polensky & Zollner사에서 최초로 개발하여 보통 P&Z 공법이라 한다.

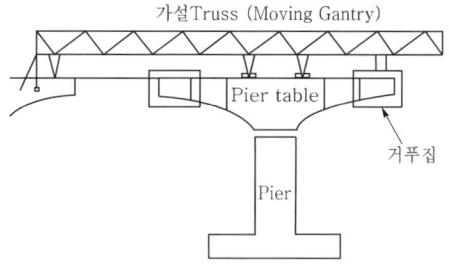

3) Precast Segment Method

일정한 길이로 분할된 Segment를 공장에서 제작하여 가설현장으로 운반한 후 Crane 또는 인양기 등의 가설 장비를 이용하여 교각 좌우 평형을 유지하면서 상부구조를 완성하는 공법

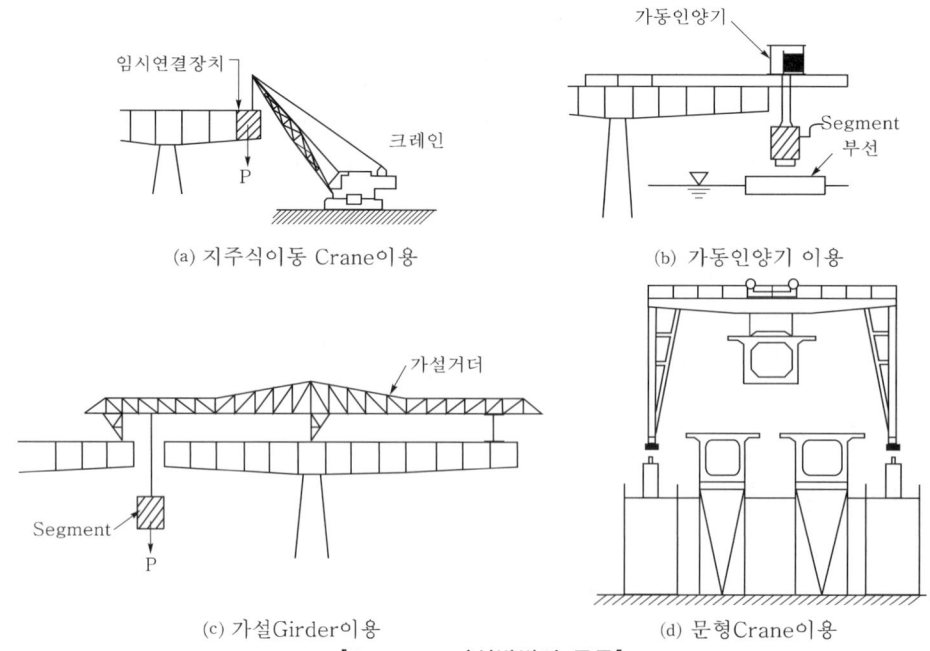

[Segment 가설방법의 종류]

4. FCM 공법의 시공

(1) 시공구간 구분

1) 교각 주두부(Pier Table : A 구간)
2) Cantilever 부(B 구간)
3) 측경간부(C 구간)
4) 중앙 연결부(D 구간)

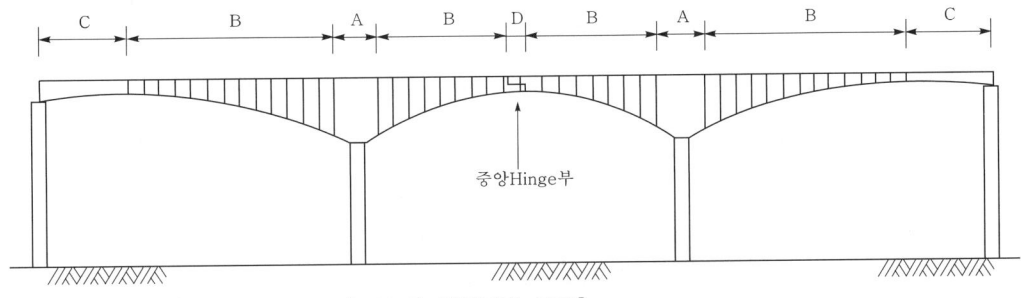

[FCM의 시공구간 구분]

(2) 시공순서

1) 교각부(Pier Table) 시공

① 최초로 교각부는 지보공상에서 시공한다.
② 교축방향으로 작업차 1대 혹은 2대를 설치할 수 있도록 한다.
③ 대부분 12~20m 이내로 시공한다.

2) 작업차 설치

① 완성된 교각부에 작업차를 설치한다.
② 작업차 1대로 1개 Segment를 양쪽으로 완성하고 작업차를 전진 이동시킨다.
③ 이 후에 작업차 1대를 추가로 설치하여 Segment를 양쪽 동시에 시공한다.

3) Cantilever 부 시공(Segment 분할시공)

작업차 2대로 좌우 균형을 이루면서 Cantilever 부의 Segment를 순차적으로 완성한다.

4) Cantilever 부와 측경간부 연결

① Cantilever 부와 측경간부의 시공구간 사이는 길이2.5~3.0m의 연결 Block을 구분하여 시공한다.
② 이는 Cantilever 시공구간의 마지막 Segment에서 주 긴장재 인장작업 등의 작업공간이 필요하기 때문이다.

5) 양쪽 측경간부 완성

측경간부는 지보공상에서 완성한다.

6) 경간 중앙부 연결

① 최종적으로 특수 지보공에 의하여 경간 중앙의 연결부를 완성한다.
② 경간 중앙부 연결 후 교면공과 난간 등 부대공을 시공하여 교량을 완성한다.

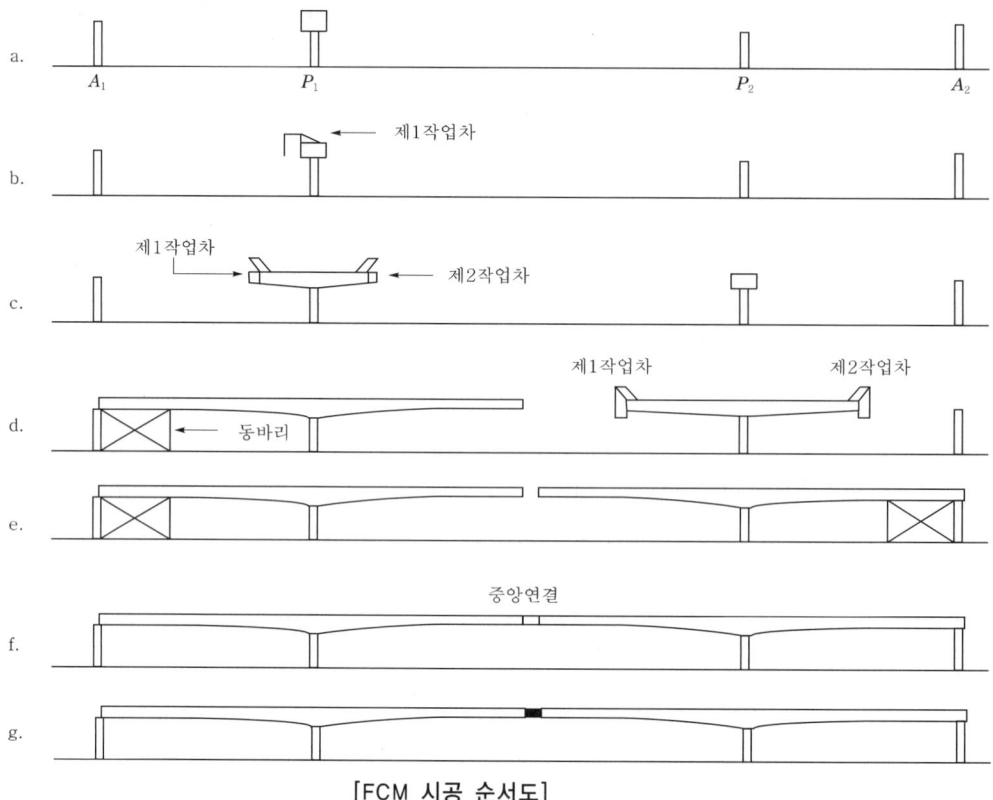

[FCM 시공 순서도]

(3) 시공 시 유의사항

1) 주두부 Segment 시공

① 기준 Segment를 설치하고 상호 간에 Concrete를 현장타설하는 방식(a)
② 먼저 Concrete를 현장타설한 후 기준 Segment를 설치하고 그 사이를 Concrete 이음하는 방식(b)
③ 기준 Segment를 대형으로 제작하고 현장타설 Concrete는 사용하지 않는 방식(c)

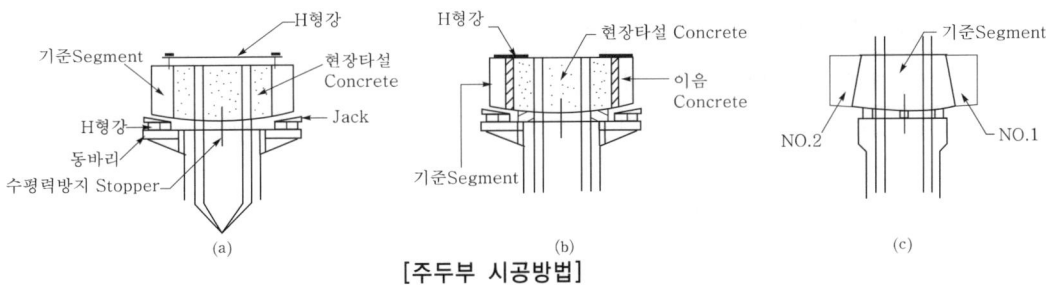

[주두부 시공방법]

2) 연속교에서의 주두부 고정

① 상·하부를 고정시키기 위해 임시 고정설비(Temporary Fixity)를 장착한다.
② 가고정 주두부 시공법

형 식	특 징
- 동바리 지지식(그림 a) 지면으로부터 동바리를 조립하여 주두부를 지지하는 방식	- 높이가 낮을 경우 유리하다. - 지반이 평탄할 경우 유리하다. - 조립이 빠르다.
- 형강 지지식(그림 b) 교각에 H형강을 매립하고 그 위에 다시 H형강을 설치하는 방식	- 높이에 관계없다. - 교각시공 시 H형강을 묻어야 한다. - 조립이 용이하다.
- Bracket 지지식(그림 c) 교각에 Bolt를 묻고 Bracket를 부착한 후 H형강을 설치하는 방식	- 높이에 관계없다. - 교각시공 시 Bolt를 묻어야 한다. - 조립이 용이하다.

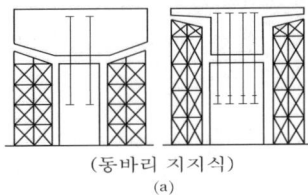
(동바리 지지식)
(a)

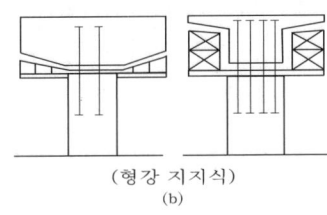
(형강 지지식)
(b)

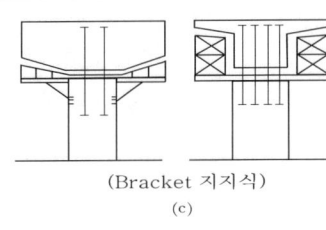
(Bracket 지지식)
(c)

[가고정 주두부 시공법]

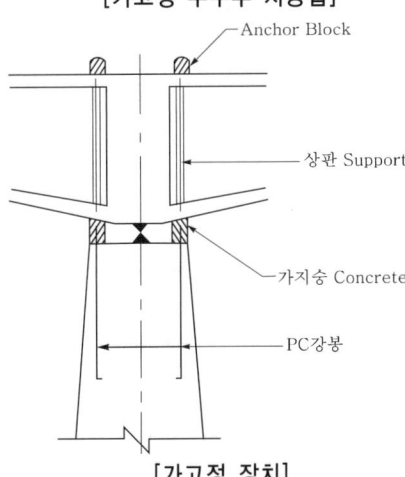

[가고정 장치]

3) Cantilever 부 시공

① 주두부 Segment의 시공이 완료되면 작업차를 추가 설치하여 순차적으로 양쪽으로 각각 1Segment 씩 시공해 나간다.
② 이때 1Segment의 길이는 3~5m로 한다.
③ 작업차의 시공순서

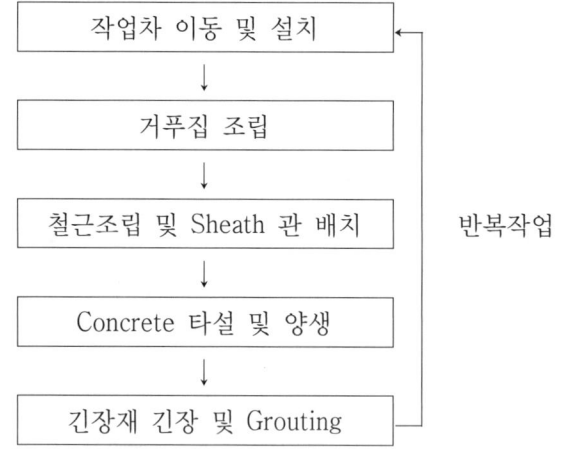

4) 측경간부(側徑間部) 시공

① Cantilever 부의 시공이 완료되면 교대 쪽의 측경간부를 시공한다.
② 측경간 부분에 대한 시공은 일반적으로 동바리를 조립하여 시공한다.
③ 측경간부는 지보공에 의한 Concrete 타설을 실시한다.
④ Concrete 타설은 지보공 중앙부에서 좌·우측으로 순차적으로 타설한다.
⑤ 측경간부에 동바리 시공이 곤란한 경우

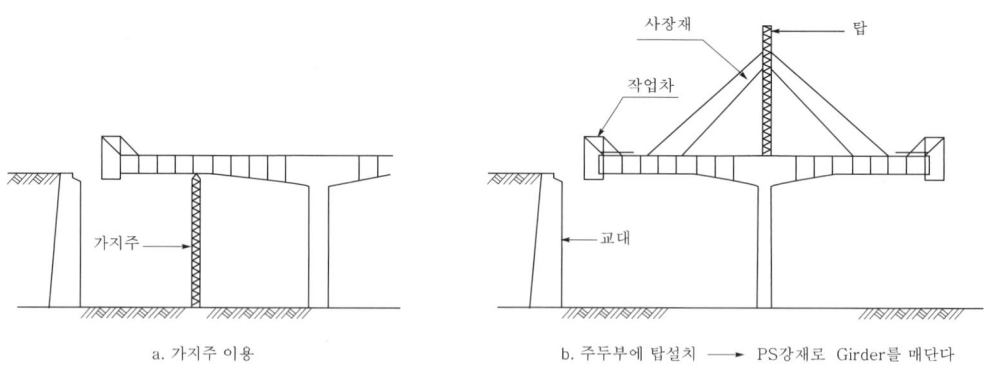

[Cantilever 부 시공구간을 연장하는 방법]

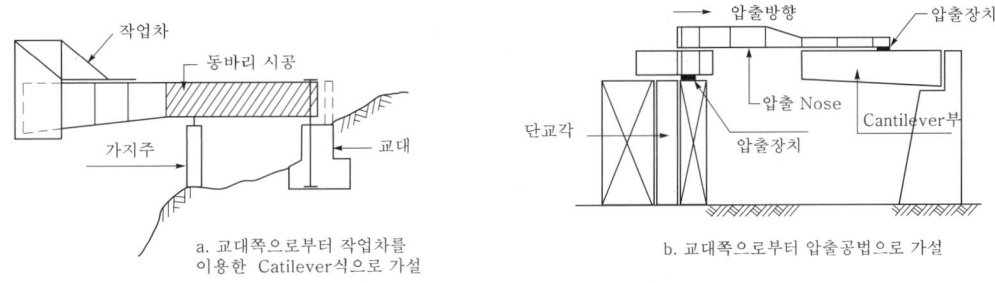

[별도의 측경간부를 제작하여 연결하는 방법]

5) 경간 중앙부 연결(Key Segment)

① 경간 중앙부는 특수 지보공에 의해 Concrete를 타설한다.

② 중앙 연결부의 시공
거푸집설치 → 중앙 힌지지승과 수평 지승설치 → Concrete 타설

③ 중앙 Hinge 지승 설치
기 제작된 Girder 상에 H형강 설치 → H형강 고정 → 지승 Bolt체결 → Concrete 타설 → 양생 후 Bolt제거(신축변화에 대비)

(4) Camber관리

1) Concrete 타설 전의 Segment Level과 Creep 및 건조수축, Relaxation 등의 장기손실 후의 Segment Level 차이를 계산한다.
2) 이 때 계산된 처짐의 예정량만큼 Camber를 상향 솟음을 준다.

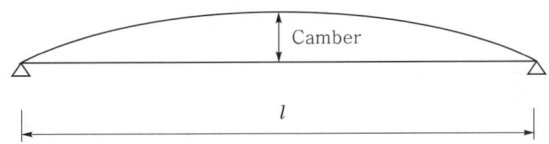

(5) Prestressing 시공

1) 긴장재의 종류

① Longitudinal Tendon : 상하부 Slab 내에 위치
② Shear Tendon : 벽체에 위치
③ Transverse Tendon : 확폭구간에 적용

2) Grouting

① 설계기준강도 : $300\,kg/cm^2$ 이상
② W/C : 45% 이하

③ 유동성 : 11초 이상
④ 팽창률 : 10% 이하
⑤ 주입시기 : 혼합 후 30분 이내에 주입완료
⑥ 주입압력 : 7 kg/cm²

3) 강재 긴장
① 긴장 도입 시기 : 설계기준강도의 85% 이상 도달 시
② 긴장방법 : 대칭긴장

5. 공법선정 시 고려사항
(1) 지형 및 지질
(2) 교량의 구조형식
(3) 가설비의 비중
(4) 하부공간의 이용여부
(5) 인접구조물에 미치는 영향
(6) 민원문제
(7) 시공성
(8) 안전성
(9) 경제성
(10) 공사기간

6. 결 론

FCM 공법은 종래의 동바리 및 거푸집을 사용해서 Concrete를 타설하여 시공하던 방식에서 무지보로 장대 교량을 가설하므로 공기절약과 경제적, 미관상의 측면을 고려한 보다 과학적이고 합리적인 방법에 의해 교량을 가설할 수 있도록 개발한 것이다.

따라서 교량 가설공법 선정 시 지형 및 지질, 교량의 구조형식, 가설비의 비중, 하부공간의 이용 여부, 인접구조물에 미치는 영향, 민원문제, 시공성 및 안전성, 경제성 및 공사기간 등을 고려하여 가장 적정한 공법을 선정한다.

문제 7 Concrete 교량 가설 중 MSS 공법

1. 개 요

　　MSS(Movable Scaffolding System) 공법은 상부구조 시공 시 거푸집이 부착된 특수한 이동식 비계를 이용하여 한 경간씩(Span By Span) 시공해 나가는 이동식 비계공법이다.
　　MSS 공법에 있어 거푸집의 이동방법은 사용 장비의 위치에 따라 하부 이동식과 상부 이동식 등의 종류가 있으며 이는 교량의 하부조건과 무관하게 교각 위에서 비계보와 추진보의 반복적인 사용에 의해 시공을 함으로써 다 경간 교량 시공에 유리한 공법이다.

2. MSS 공법의 특징

(1) 장 점
　　1) 기계화된 비계와 거푸집 사용으로 급속시공이 가능하다.(약 14일/1Span)
　　2) 하천, 계곡, 도로 등 교량의 하부조건에 관계없이 시공 가능하다.
　　3) 반복 작업에 따른 능률의 극대화 및 노무비 절감된다.
　　4) 시공관리 및 품질 관리가 용이하다.
　　5) 기상조건에 따른 영향이 적다.
　　6) 다 경간 교량 시공에 유리하다.(10 Span 이상)

(2) 단 점
　　1) 장비가 대형이 중량물이다.
　　2) 이동식 거푸집의 제작비에 따른 초기 투자비가 크다.
　　3) 교량 길이가 짧고 경간이 적은 교량에는 비경제적이다.
　　4) 변화되는 단면에서의 적용은 곤란하다.

3. 이동방식에 따른 공법의 종류

　(1) 접지 이동식 비계공법
　(2) 상부 이동식 비계공법(Hanger Type) ; 이동 매달기 동바리공
　(3) 하부 이동식 비계공법(Support Type) ; 가동 동바리공
　　1) Rechenstab Type
　　2) Kettiger Hang Type
　　3) Mannesmann Type

4. 접지 이동식 비계공법

(1) 개 요

이동식 비계가 지면에 부착되어 있고, 지면에 설치된 Rail 위를 이동하면서 한 경간씩 시공하는 공법으로서 교하공간이 비교적 작고 하부조건이 양호한 경우에 이용하는 방법이다.

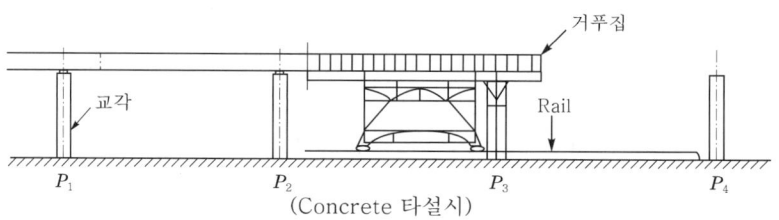
(Concrete 타설시)

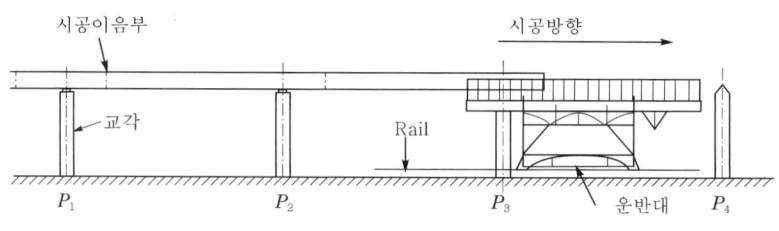
(Concrete 타설 후 비계보 이동)

[접지 이동식 비계공법]

(2) 시공순서

1) 교각 외측에 위치하는 두 개의 비계보 중 한 개 이동
2) 나머지 한 개의 외측 비계보 이동
3) 교각 내측의 비계보 이동

5. 상부 이동식 비계공법(Hanger Type) ; 이동 매달기 동바리공

(1) 개 요

이동식 비계가 교량 상부구조의 위쪽에 위치한 방법으로 교량 하부조건 및 교각형상의 영향을 받지 않고 시공이 가능하기 때문에 주로 도심지 교량 공사에 널리 이용되고 있는 공법이다.

(2) 구조

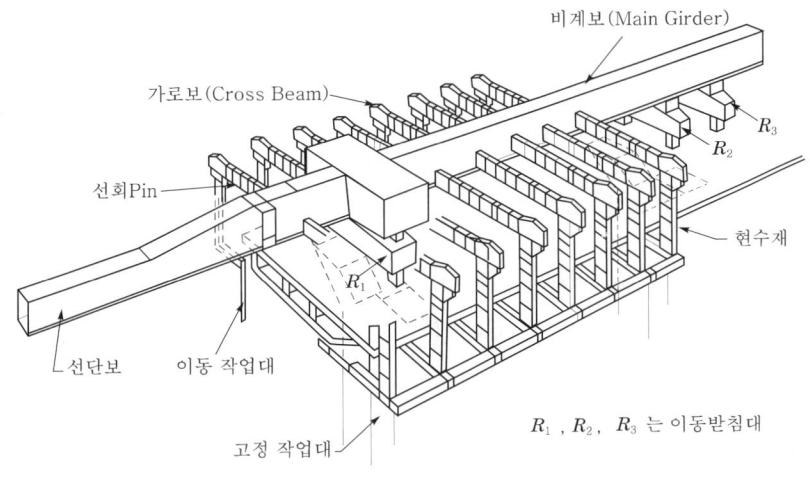

(a) 구조도

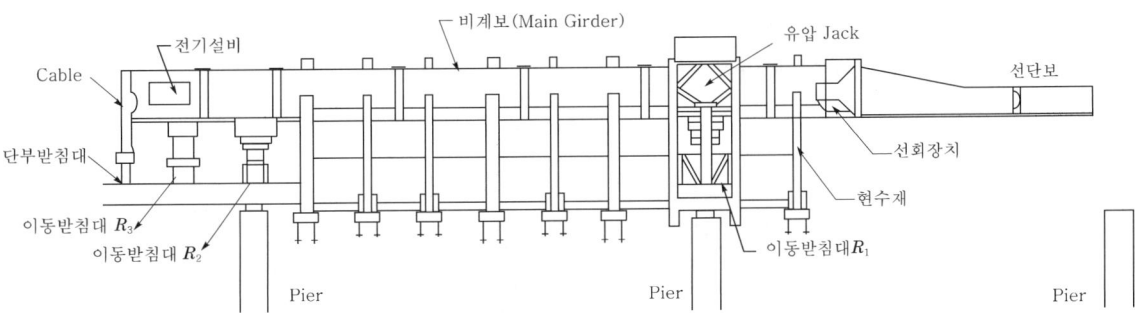

(b) 측면도

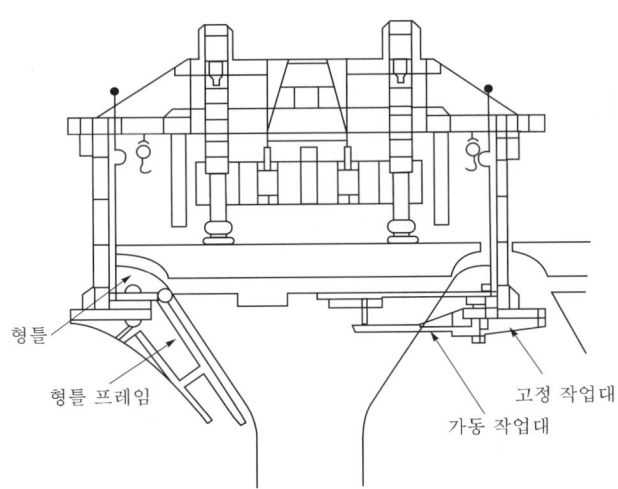

(c) 단면도

[상부 이동식 비계공법]

1) 비계보(MG ; Main Girder)

　　비계보는 가로보를 이용하여 거푸집 장치를 매달고 있으며, 이동식 비계의 자중과 Concrete의 중량을 지지

2) 가로보(CB ; Cross Beam)
① 가로보는 상호 간에 강결(剛結) 또는 Pin으로 결합된 상방재, 연직재, 하방재 등으로 구성
② 거푸집은 하방재 위에 설치되며
③ 장비의 이동 시에는 하방재에 설치된 유압 Jack에 의하여 하방재와 거푸집이 일체로 개폐되면서 교각을 통과

3) 이동 받침대
① 이동 받침대는 3대가 있으며 상부로부터의 하중을 지지하고 이동식 비계를 이동시키는 장치가 내장
② 이동 받침대는 연직 유압 Jack에 의해 비계보에 매달려 있으며, 스스로 움직일 수 있어 교면상에 Rail이 불필요

4) 거푸집
① 거푸집은 상방재에 매달려 있으며 모두 강재로 제작
② 바닥 거푸집은 단면 중앙에서 좌우로 개폐될 수 있도록 Pin 구조 구성
③ 거푸집과 작업대가 일체가 되어 교축방향으로 4m씩 순차적으로 개폐하면서 교각을 통과
④ 거푸집의 설치 및 제거는 거푸집 승강장치를 이용하여 용이하게 실시

(3) 시공방법

1) 이동식 비계의 설치

　　1개의 비계보와 매달기 위한 가로보 및 이동식 비계를 지지하기 위한 3개의 이동 받침대를 설치 시공

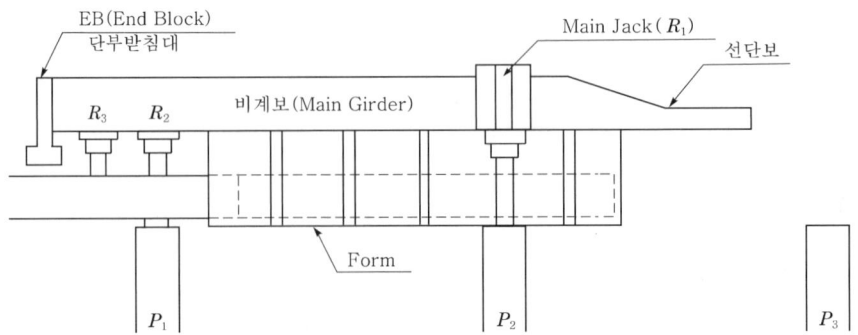

2) 상부구조의 시공

① Concrete 타설 시 비계보는 교각 P_1상의 이동 받침대 R_2와 교각 P_2상의 Main Jack(이동 받침대 R_1)에 의하여 지지
② Concrete가 소정의 강도에 도달했을 때 Prestress를 도입
③ Prestress 도입 후 Main Jack으로 이동식 비계 본체를 약 30cm하강시키고 거푸집 Frame을 매달고 있는 강봉을 철거
④ 가동작업대를 개방시켜 장비가 교각을 통과할 때 원활하도록 조치

3) 이동 받침대의 이동

① $R_2 \rightarrow R_1$ 위치로 이동
② $R_1 \rightarrow$ 다음 교각(P_3)으로 이동

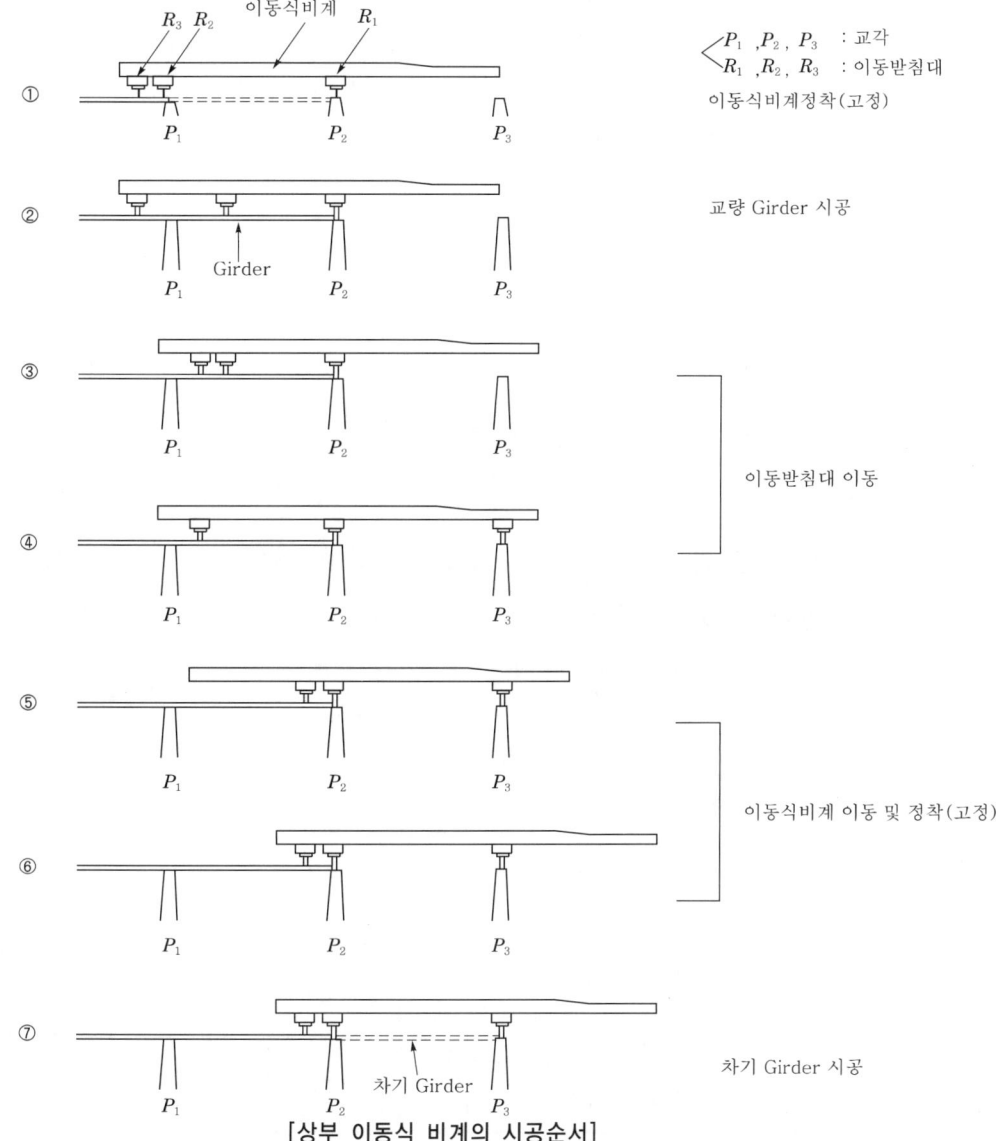

[상부 이동식 비계의 시공순서]

4) 비계보(MG)의 전진

   Jack을 사용하여 전진

5) 비계보 이동 완료 후

   ① 거푸집 설치
   ② 상부 구조 시공(Concrete 타설 등)
   ③ Concrete가 소정의 강도에 도달했을 때 Prestressing 도입

6. 하부 이동식 비계공법(Support Type) ; 가동 동바리공

(1) 개 요

1) 교량 상부구조의 아래쪽에 이동식 비계가 위치하는 방식으로 이동식 비계 위에 거푸집이 위치하고 교각에 설치된 Bracket에 의해서 이동식 비계가 지지되는 공법이다.
2) 상부 이동식 비계공법이 거푸집을 매다는 구조인 점에 비하여 하부 이동식 비계공법은 비계보(주형)로 받쳐준다는 점 외에는 원리상 차이가 없다.

(2) 방식의 종류

1) Rechenstab 방식(Strabag 방식)
2) Kettiger Hang 방식
3) Mannesmann 방식

(3) Rechenstab 방식(Strabag 방식)

1) 개 요

   2개의 비계보와 1개의 중앙 추진보를 사용하여 교량을 한 경간씩 완성해 나가는 공법

2) 주 장비의 구조 및 역할

명 칭	구 조	역 할
추진보	① 길이 : 경간 길이의 2배 ② 설치 수량 : 1개 ③ 위치 : 중앙부	① 타설되는 Concrete의 중량을 받아 교각에 전달 ② 비계보가 다음 타설 위치로 이동할 때의 이동로 역할
비계보	① 길이 : 경간 길이 ② 설치 수량 : 2개 ③ 위치 : 추진보 양쪽 ④ 전면 : 연결라멘에 연결 ⑤ 후면 : 현수재에 연결	① 타설한 Concrete의 중량을 교각에 전달 ② Concrete 타설 시 거푸집 역할 ③ 타설 완료 후 전방 Crane에 의해 다음 경간으로 이동

3) 부속 장비의 종류 및 역할

종류	역할	
전방 Crane 차	① 추진보 위의 연결라멘에 연결 설치된 4차륜의 대차 ② 추진보 위에서 이동 ③ 설치 수량 : 1대	전후방 Crane차 3대에 의해 3점 지지상태에서 비계보를 이동
후방 Crane 차	① 후방 상부구조 위의 가로보에 의해 연결된 2차륜의 대차 ② 타설 완료된 상부구조 위에서 이동 ③ 설치 수량 : 2대	
연결 Rahman	양쪽 비계보를 연결	
지지 Bracket	① 타설한 Concrete의 중량을 하부교각으로 전달 ② 교각의 측면에 설치	
강재 거푸집	① Concrete 타설 시 사용 ② 내부 거푸집과 외부 거푸집으로 구성 ③ 양쪽의 비계보에 부착	
Jack 및 Roller	① 유압 Jack과 Roller는 추진보가 교각 위를 원활하게 통과할 수 있도록 하는 역할 ② 교각 주두부의 오목한 부분에 설치	

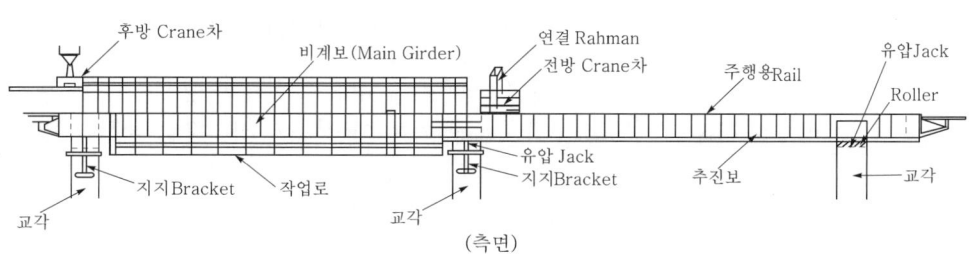

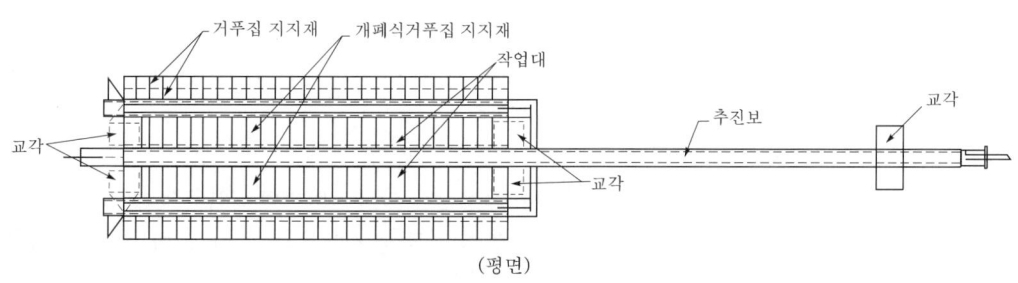

[Rechenstab 방식 장비의 각부 명칭]

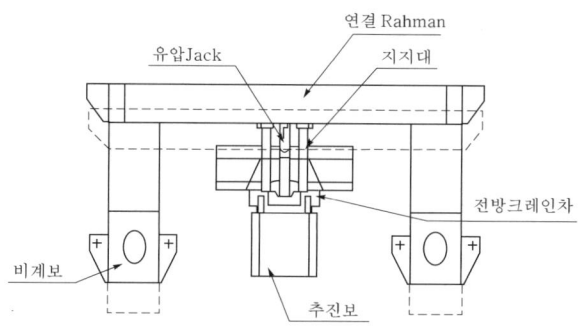

[전방 Crane차]

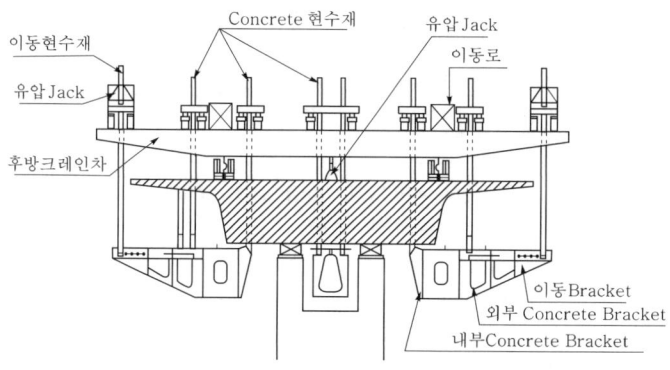

[후방 Crane 차]

4) 시공순서

| 비계보의 이동준비 | ① Concrete 타설 → Prestressing → 거푸집 제거
② 후방 Concrete 현수재 제거
③ 지지 Bracket 제거
④ 비계보는 후방 Crane과 전방 Crane에 의해 지지 |

↓

| 비계보 이동 | ① 전방 Crane 차는 추진보 위를 주행
② 후방 Crane 차는 기 시공된 상부구조 위를 주행
③ Bracket는 비계보에 부착된 상태로 이동 |

↓

| 이동 완료 후 조치 | ① 지지 Bracket를 교각에 부착
② 후방 Concrete 현수재 설치
③ 비계보는 전방 지지 Bracket와 후방 Concrete 현수재에 의해 지지 |

↓

| 추진보 이동 | - 교각 위에 설치된 유압 Jack을 내려서 추진보가 Roller 위에 놓이게 한 후 추진보 이동 |

↓

| Concrete 타설 | ① 추진보 이동 후 추가 Concrete 현수재 설치
② 비계보와 추진보를 Jack으로 들어 올려 소정의 위치에 설치
③ 거푸집 고정
④ Concrete 타설 및 Prestressing |

(4) Kettiger Hang 방식

1) 개 요

경간 길이와 동일한 2개의 비계보와 경간 길이의 2배인 2개의 추진보를 사용하여 교량을 한 경간씩 완성해 나가는 공법으로 비계보와 추진보가 독립적으로 움직이도록 되어 있다.

2) 주 장비의 구조 및 역할

명 칭	구 조	역 할
추진보	① 길이 : 경간 길이의 2배 ② 설치 수량 : 2개 ③ 위치 : 교각 위	비계보를 다음 경간으로 이동시키는 역할
비계보	① 길이 : 경간 길이 ② 설치 수량 : 2개 ③ 위치 : 교각 간 양쪽	Concrete 타설시 거푸집 역할

3) 부속 장비의 종류 및 역할

종 류	역 할
전방 Crane 차	① 추진보 위에 설치 및 이동 ② 비계보를 이동시키는 역할
후방 Crane 차	① 타설 완료된 상부구조 위에서 이동 ② 비계보를 이동시키는 역할
Roller Bracket	① 교각 위에 설치 ② 추진보의 원활한 이동을 할 수 있도록 하는 역할
강재 거푸집	① Concrete 타설 시 사용 ② 내부 거푸집과 외부 거푸집으로 구성 ③ 양쪽의 비계보에 부착

4) 시공순서

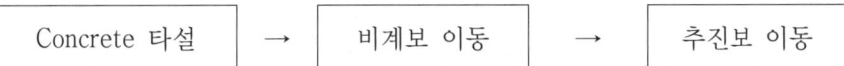

Concrete 타설 → 비계보 이동 → 추진보 이동

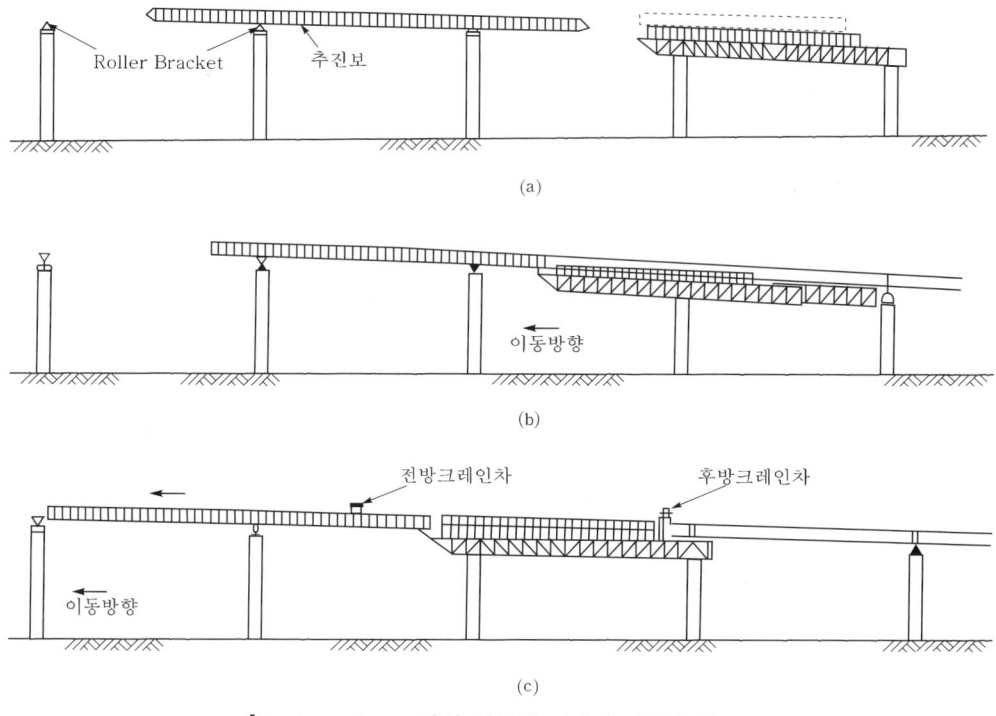

[Kettiger Hang 방식 이동식 비계의 이동순서]

(5) Mannesmann 방식

1) 개 요

경간 길이의 2배인 2개의 비계보를 사용하여 교량을 한 경간씩 완성해 나가는 공법으로 추진보가 필요 없으며 비계보가 Concrete 타설을 위한 거푸집 및 추진보로서의 역할을 겸한다.

2) 주요 장비의 구조 및 역할

명 칭	구조 및 역할
추진보	필요 없음
비계보	① 길이 : 경간 길이의 2배 ② 설치 수량 : 2개 ③ 위치 : 교각 간 양쪽 ④ Concrete 타설시 거푸집 및 추진보의 역할
지지 Bracket	① 위치 : 교각 양쪽 ② 비계보의 지지 ③ 타설한 Concrete의 중량을 하부교각으로 전달

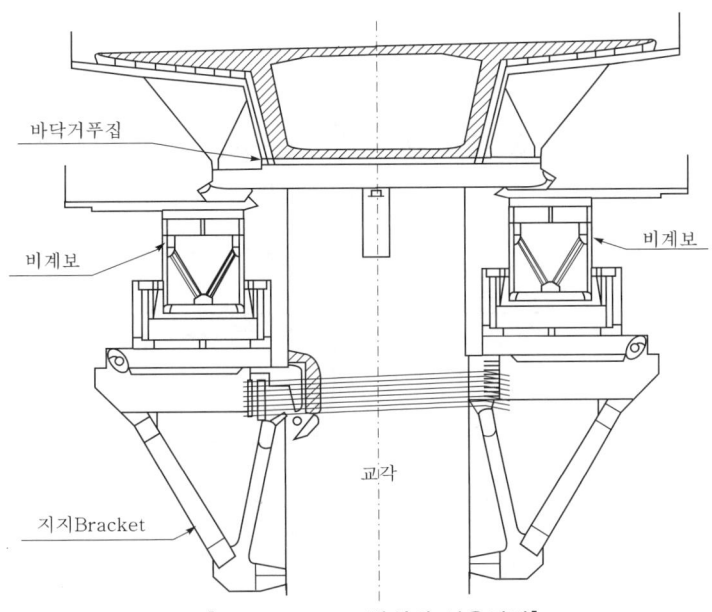

[Mannesmann 방식의 사용장비]

3) 시공 순서

| 상부 구조시공 | ① 비계보를 전방 Bracket와 후방 현수재에 지지한 후 Concrete 타설
② 후방 현수재로 비계보를 Hanging 함으로써 시공 이음에 단차발생 방지 |

↓

| 비계보의 1차 이동 | ① 거푸집을 분리한 후 비계보의 중심이 중앙교각에 위치하도록 이동
② 비계보는 Bracket에 지지 |

↓

| Bracket의 이동 | 비계보는 시공이음이 있는 전·후방 현수재에 지지 |

↓

| 비계보의 2차 이동 | 비계보를 Bracket에 지지한 후 다음 시공위치로 이동 |

↓

| 비계보 이동 완료 |

4) 시공 순서

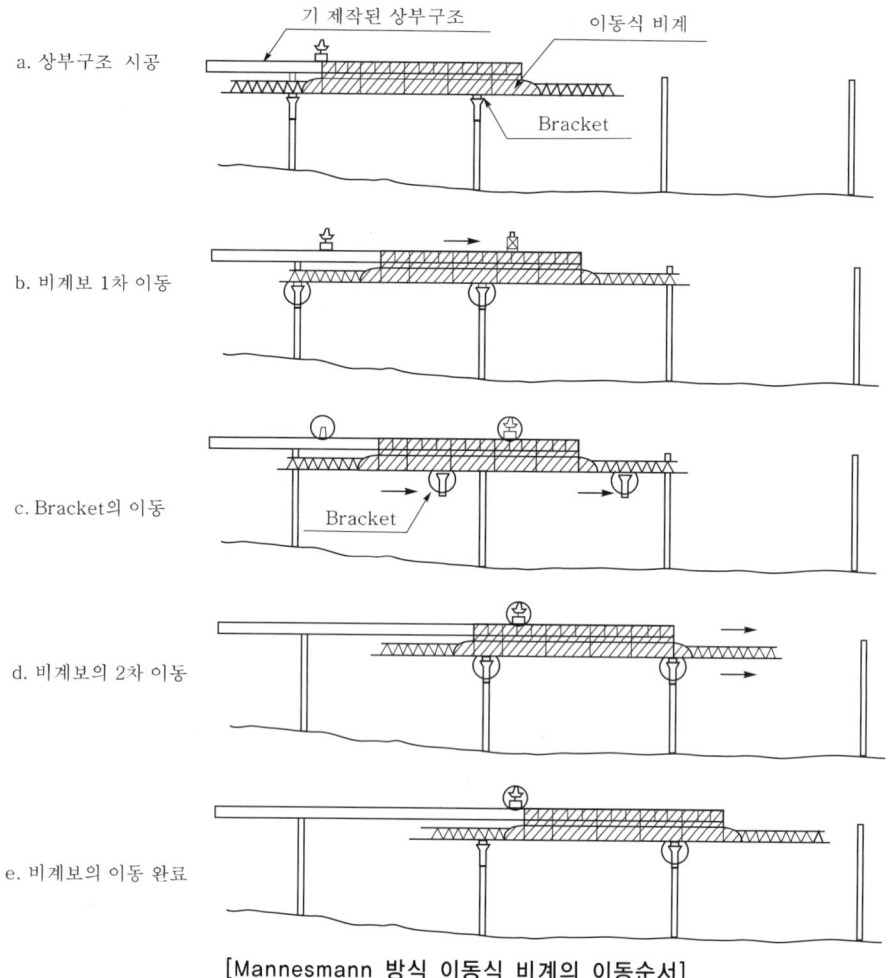

[Mannesmann 방식 이동식 비계의 이동순서]

7. 시공 시 유의사항

(1) 비계보 이동 시
1) 상부 Deck Slab가 소정의 강도를 가질 때 이동
2) 비계보 이동시 흔들림과 충격에 유의

(2) 추진보 이동 시
1) 교각 위 유압 Jack에 의해 이동
2) 이동시 흔들림과 충격에 유의
3) 소정의 위치에 정확히 고정

(3) 기계 작동 시
지정된 숙련자 외 절대 조종 금지

(4) 거푸집 설치 시
1) 변형이 발생하지 않도록 견고히 설치
2) Concrete 타설 하중에 따른 충분한 지지대를 설치

(5) Concrete 시공 시
재료선정 → 배합 → 혼합 → 운반 → 타설 → 다짐 → 양생 등 전 단계별 시공관리 철저

(6) Prestressing
1) Sheath 관 배치는 설계도에 따라 정확히 설치
2) 긴장재 및 Sheath 관에 대한 부식 방지
3) Prestressing 도입시기는 σ_{ck}가 85% 이상일 때 실시
4) Prestressing에 따른 Prestress 손실을 방지

8. 공법선정 시 고려사항
(1) 지형 및 지질
(2) 교량의 구조형식
(3) 가설비의 비중
(4) 하부공간의 이용 여부
(5) 인접구조물에 미치는 영향
(6) 민원문제
(7) 시공성
(8) 안전성
(9) 경제성
(10) 공사기간

9. 결론
　MSS 공법은 기계화를 도입한 공법으로 정밀시공이 가능하고 특히 동바리가 필요 없는 장대교량 및 장지간 교량, 하천 교량 등 가설 시 교량의 하부조건에 관계없이 시공 가능한 공법이다.
　그러나 사용되는 장비가 모두 대형이고 중량물이므로 취급에 따른 세심한 주의가 있어야 하며 특히 비계보의 이동 시 흔들림과 충격에 유의하고 안전에 대한 철저한 대책을 수립하도록 하여야 한다.

문제 8. Concrete 교량 가설 중 PSM 공법

1. 개요

PSM(Precast Prestressed Segmental Method) 공법은 제작장에서 Precast된 Concrete Segment를 제작장에서 제작하여 교량가설 위치로 운반해서 Crane 등을 이용하여 거치시킨 다음 Post-Tension으로 각 Segment를 일체화시켜가는 공법이다.

PSM 공법은 Segment 제작과 하부공사의 병행으로 공기가 단축되고 또한 장대 교량 가설에 적용되는 교량공법이며, 가설방식으로는 Span By Span 공법, Free Cantilever 공법, 전진 가설공법 등이 있다.

2. PSM공법의 특징

(1) 장점
1) 전천후 시공이 가능하다.
2) 시공정밀도가 높다.
3) 거푸집 및 동바리가 필요 없다.(가설시공 시)
4) 반복 및 연속적인 Segment 제작으로 품질관리가 용이하다.
5) 장대 교량에 유리하다.(30~120m 정도)
6) Segment 제작과 하부공사의 병행으로 공기가 단축된다.

(2) 단점
1) Segment 제작장과 이에 필요한 설비가 요구된다.
2) 운반에 따른 고도의 품질관리가 요구된다.
3) 운반가설에 따른 대형장비가 필요하다.
4) Casting Yard, 가설장비 등에 초기투자가 많이 든다.

3. Precast와 현장타설에 의한 Segment 공법 비교

구 분	Precast Segment 공법	현장타설 Segment 공법
시공속도	50m 시공 약 일주일(7일)	1Segment 제작(3~6m) 4~6일
장비투자	경간수가 많거나 교량 길이가 긴 경우 유리 (2km 이상)	장경간 또는 교량 길이가 비교적 짧거나 장경간인 경우 유리
Segment 크기 및 중량	Segment 중량이 250ton 이내이며, 수송 및 가설 장비에 따라 제약을 받음	Segment 중량에 따라 Form Traveler의 크기가 변하나 큰 제약을 받지 않음
상부공사 중 환경제한	상부공사 중에도 하부에서 차량 통행 및 공사 수행이 가능하고 하부공사에 맞추어 제약조건의 조정이 가능	상부공사 중에도 하부에서 차량 통행 및 공사 수행이 가능

4. PSM 시공순서

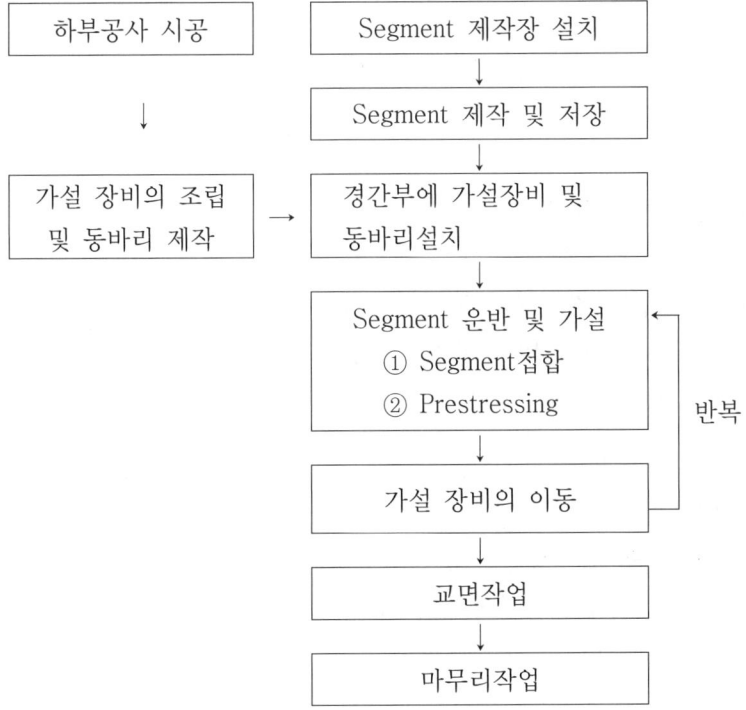

5. PSM 시공계획

(1) 준비작업

1) 공사용 도로

    재료 및 기계 등의 운반용 도로 계획

2) 측 량

    ① 도로 중심선 측량
    ② 경간 길이 측량
    ③ 경사각 측량
    ④ 받침위치의 측량

(2) Segment 제작 작업 계획

1) 제작장 계획

    Segment 제작장 및 저장을 위한 장소와 넓이의 선정

2) Segment 제작대
   ① 형식 및 구조
   ② 제작방법
   ③ 재료의 반입

3) 거푸집 작업
   ① 거푸집의 재질, 구조, 치수
   ② 바닥 거푸집(높이 조정이 가능한 구조)
   ③ 측면 및 단부 거푸집(거푸집의 고정방법과 강성)
   ④ 내부 거푸집 및 각종 Key의 거푸집, 정착콘의 거푸집
   ⑤ 분리제(거푸집 제거용, Segment 상호 간의 분리용)

4) 철근배치
   ① 철근의 재질 및 규격
   ② 철근의 입하시기 및 저장방법
   ③ 받침의 정착 Bolt 및 PS 강재정착 장치
   ④ 보강철근과 각종 철근과의 배치관계

5) PS 강재의 배치
   ① PS 강재의 재질
   ② PS 강재의 입하시기 및 저장방법
   ③ 배치순서
   ④ 가공장소
   ⑤ 정착장치
   ⑥ 지지 거푸집의 설계

6) Concrete 시공
   ① Concrete 배합계획 : 배합설계, 품질관리
   ② Concrete 타설계획 : 타설기계 및 기기, 타설 방법, 노무자배치, 타설 중의 사고방지 대책 수립

7) Segment 분리작업
   ① Segment 사이에 Jack 설치 계획
   ② Segment를 들어 올리는 장치에 대한 계획

8) 기 타
   PS 강재의 정착부에 대한 채움 Concrete 배합 및 거푸집 계획

(3) Segment 운반 및 가설작업 계획

1) Segment 운반
   ① 운반방법
   ② 운반 장비
   ③ 운반로의 선장

2) Segment 가설
   ① 가설 장비
   ② 연속보의 경우 가설 받침기준
   ③ Segment의 설치 측량
   ④ Segment의 미조정
   ⑤ Cantilever부의 처짐 관리

3) Segment 가설 장비
   가설 장비의 조립 및 해체, 운반 등

4) 현장타설 Concrete 부분의 동바리설치
   ① 주두부 동바리
   ② 중앙 연결부 거푸집
   ③ 측경간부 동바리

5) 교량 받침설치
   ① 받침의 종류 및 재질
   ② 입하 및 보관방법
   ③ 설치방법

(4) Segment 접합 작업 계획

1) 접합부 시공
   ① 접착제의 품질 및 배합 도포, 관보호 등
   ② 접착면의 처리방법

2) Prestressing 작업
   ① Prestressing 작업시간
   ② Prestressing 작업순서
   ③ 접합부의 이음처리
   ④ PS 강재의 정착부 처리

3) Grouting 작업
    ① 배합
    ② 주입방법
    ③ 양생 방법

(5) 교면작업

1) 지보공사
    ① Concrete 타설계획
    ② 동바리 및 거푸집 계획

2) 난간 설치작업
    ① 난간의 입하시기
    ② 현지도장
    ③ 시공시기
    ④ 설치방법

3) 배수구 설치작업
    ① 배수구 배치위치의 검토
    ② 첨가물 부착장치의 매립방법

4) 신축장치 설치작업
    ① 시설방법의 검토
    ② 매립장치가 있는 경우 단부 처리방법

5) 교통시설 설치작업
    ① 차선도색
    ② 교통시설물 설치
    ③ 가로등의 설치
    ④ 기타

6. Precast Segment 제작장(Casting Yard)

(1) 제작장의 주요 설비

1) 제작장 진출입 도로 및 제작장 내의 각종 자재의 운반로
2) Concrete Batch Plant 및 공급시설
3) 철근 제작 및 조립시설
4) 상부구조 및 교각, 교대 등의 Segment 거푸집(Casting Cell)

5) 양생 설비(Steam Curing Facilities)
6) 형상관리를 위한 Control Station 및 측량시설(Survey Tower)
7) Segment를 인양 및 운반하는 장비
8) Segment 야적장
9) 급수장 및 전기 배전실
10) 가설 건물(사무실 및 시험실, 식당, 숙박시설 등)

(2) 제작장의 위치선정 조건

1) Segment를 가설지점까지 운반하기에 용이한 장소
2) 가능한 가설지점과 가까운 교량 연장선 상을 선정
3) 각종 기자재의 반출 및 반입이 용이한 장소
4) 지반이 평탄하고 견고한 지역
5) 제작과 야적을 겸할 수 있는 면적이 넓은 곳
6) 배수가 잘 되고 물의 침수가 없는 장소
7) 부지 구입에 있어서 경제적인 곳

(3) 제작장의 소요면적

1) 교량의 형식, 규모, 제작방식 가설공법, 건설공시 등을 검토하여 결정
2) 보통교량 면적의 1.5배 정도

(4) 제작장의 공기

1) Casting Cell 당 하루에 1 Segment가 제작되도록 함
2) 제작장 설치에 따라 3~5개월 정도 소요

(5) 제작장의 배치

1) 제작장과 야적장을 일직선 상에 연속적으로 배치
2) Segment의 제작 및 야적, 반출 등의 작업이 원활하도록 배치

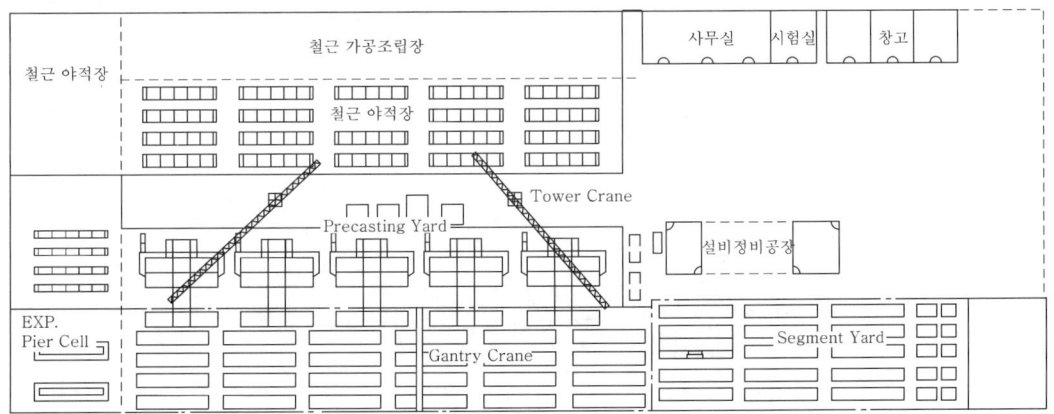

[Segment 제작장의 배치도 예시]

7. Precast Segment 제작방식

(1) 거푸집 이동식(Long Line Casting)

1) 개 요
Camber양까지 고려된 교량 상부구조의 형상과 동일하게 생긴 최대 경간의 1/2 이상의 길이를 가진 제작대에서 형상을 따라 거푸집을 이동시키면서 Segment를 한 경간 또는 반 경간분의 길이만큼 제작하는 방식

2) 방식 특징
① 상부구조의 형상관리가 용이하다.(제작이 용이)
② 각 Segment의 시공 정도가 높다.
③ 거푸집 해체 후 Segment 이동이 없다.
④ 형상관리가 용이하다.
⑤ 제작에 필요한 설비 전체가 이동할 수 있어야 한다.
⑥ 제작대는 한 경간 또는 반 경간씩 주형과 동일하게 이동된다.
⑦ 중앙에서 좌우로 이동하면서 Segment 제작한다.
⑧ 넓은 제작장의 소요면적이 필요하다.(큰 공간 필요)

3) 이동식의 종류
① Rail식 이동
② 바퀴식 이동

4) 제작순서
① 교각 상에 위치하는 Segment 제작
② Cantilever 부의 Segment 제작
③ 기 제작한 Segment들은 분리 후 저장소로 이동

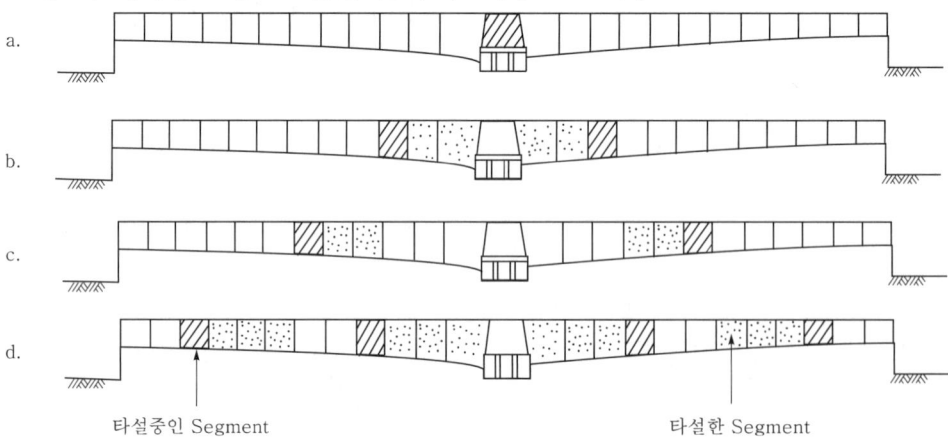

[거푸집 이동식의 Segment 제작순서]

(2) 거푸집 고정식(Short Line Casting)

1) 개 요

고정된 외부 거푸집과 높이 조정이 가능한 내부 거푸집을 이용하여 연속적으로 Segment 를 제작해 나가는 방식

2) 방식 특징

① 장대교 Segment 제작에 적합하다.
② 곡선교 적용이 가능하다.
③ 제작장의 소요면적이 비교적 작다.
④ 모든 작업이 중앙 집중화로 되어 있다.
⑤ Segment 제작 시 정확성으로 거푸집 이동식에 비해 복잡하다.
⑥ Match Segment의 위치가 정확해야 한다. 철저한 품질관리가 요구된다.
⑦ Segment 제작에 따른 철저한 품질관리가 요구된다.

3) 고정식의 종류

① 수평 방식(Horizontal Precasting)
② 수직 방식(Vertical Precasting)

4) 제작순서

① 수평 방식(Horizontal Precasting)

1 Segment 제작 후 수평이동 → 2 Segment 제작

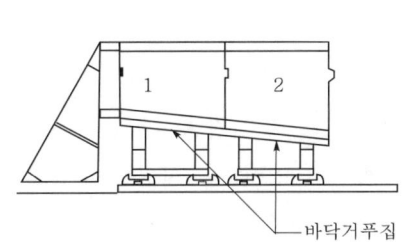
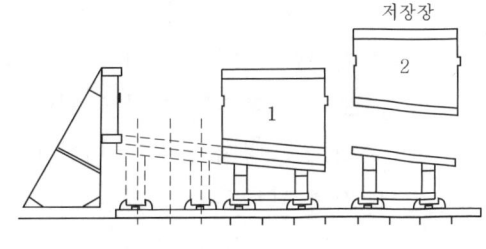

② 수직방식(Vertical Precasting)

1 Segment 제작 후 → 바로 위에 2 Segment 제작

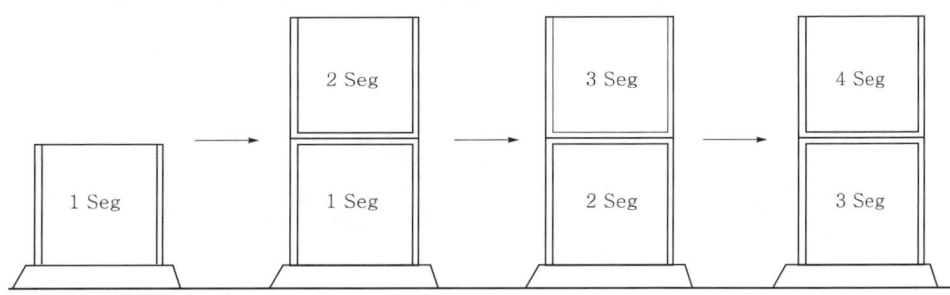

(3) 거푸집 이동식과 거푸집 고정식의 특징비교

구 분	거푸집 이동식	거푸집 고정식
장 점	① 제작 Bed 설치가 용이하다. ② Geometry 관리가 용이하다. ③ 거푸집 해체 후 Segment의 이동이 없다.	① 제작에 따른 소요공간이 작다. ② 모든 작업이 중앙 집중화가 되어 있다. ③ 선형변형이 가능하다.
단 점	① 제작에 큰 공간이 필요하다. ② 제작에 필요한 설비 전체가 이동성이 있어야 한다. ③ 제작대의 기초가 견고해야 한다. ④ 선형변형이 곤란하다.	① 제작에 따른 세심한 관리가 필요하다. ② Match 부위 위치가 정확해야 하므로 측량과 장비가 필요하다. ③ 철저한 품질관리가 요구된다.

8. Precast Segment 제작

(1) 거푸집(Cell)

1) 단면설계 시 고려사항

① Segment 길이를 동일하게 하고 곡선구간에도 Segment 내의 중심선은 직선을 유지한다.
② 거푸집 제거가 용이하도록 Segment 크기가 결정되고 Key, Stiffner 등의 크기 및 배치계획을 한다.
③ 가능한 최대한 단면을 동일하게 한다.
④ 모서리 부분의 예각은 없앤다.
⑤ 정착구 및 삽입물로 인한 Concrete 표면처리에 지장을 주지 않도록 한다.
⑥ 정착구나 Tendon의 위치는 가능한 동일한 Pattern을 사용한다.
⑦ 격벽과 Stiffner의 개수를 최소화한다.
⑧ 거푸집을 통과하는 Dowel은 없앤다.
⑨ Blockout 수를 최소화한다.

2) 거푸집 제작 및 조립

① 거푸집이 견고하고 보정이 가능할 것
② 취급이 용이할 것
③ 거푸집 이동식의 경우 이동이 용이할 것
④ 거푸집 고정식일 경우 내·외부 거푸집과 하부 거푸집이 기계적으로 조작이 용이할 것

⑤ Concrete 타설 시 거푸집의 이완이 없도록 견고히 고정할 것
⑥ 증기양생 온도가 55℃ 이상일 경우 온도변화에 의한 거푸집 변형에 대해 고려할 것
⑦ Concrete 다짐에 따른 외부 진동기사용 시 용접부의 피로파괴에 대한 점검을 할 것

(2) 철근조립 및 Post Tensioning Duct의 조립

1) 철근조립
① 거푸집 1조당 1일 1개의 Segment가 제작될 수 있도록 조립하여 거푸집에 거치한다.
② 철근 및 Duct는 거푸집에 거치되기 전 철근망으로 조립한다.
③ 신속한 철근조립을 위해 철근 조립대를 사용한다.
④ 철근망을 거푸집에 거치 후 최종적으로 검사 및 조정한다.
⑤ Tower Crane을 사용하여 철근망을 거푸집까지 운반한다.

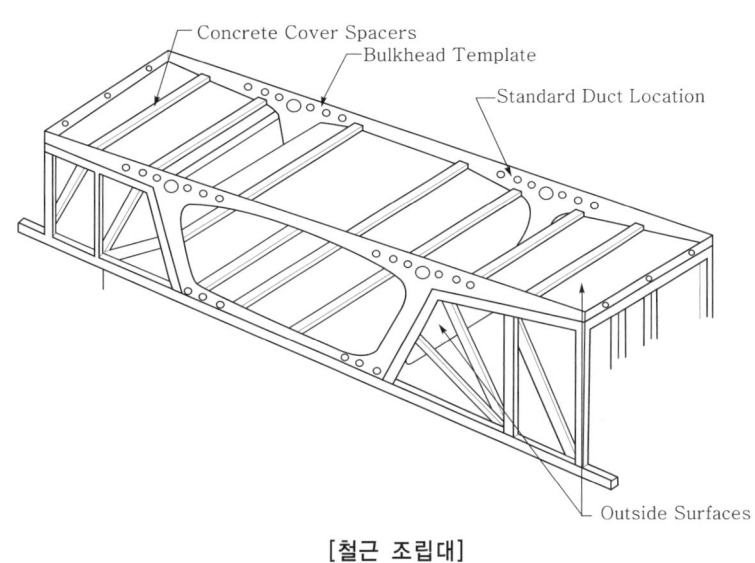

[철근 조립대]

2) 철근망의 취급 및 운반
① 여러 곳에 Frame을 만들어 Wire로 연결하여 철근망의 변형이 없도록 한다.
② 철근망 운반 시 수평을 유지하여 뒤틀림이 발생되지 않도록 한다.
③ 철근망의 강성 유지를 위해 철선으로 견고히 묶는다.

3) Post Tensioning Duct의 조립
① 대부분의 Post Tensioning Duct는 철근망에 설치한다.
② 곡선 부의 경우 60~90cm 간격으로 설치한다.
③ 횡 방향의 경우 90cm 간격으로 설치한다.
④ 복부의 Post Tensioning Duct는 Tie Wire로 45cm 간격으로 결속한다.
⑤ 복부의 Post Tensioning Duct는 횡 방향철근에 가깝게 배치한다.

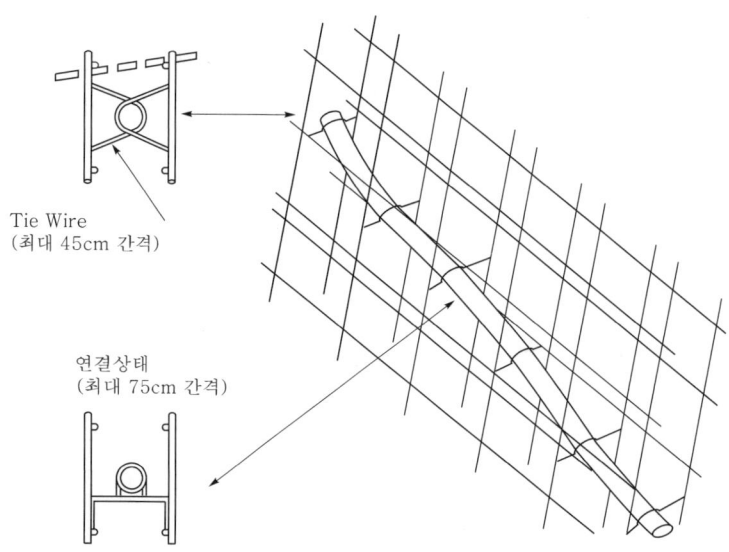

[복부의 Post Tensioning Duct 배치 및 결속방법]

(3) Concrete 타설

1) 타설 전 준비사항

① 거푸집을 깨끗하게 청소하고 Oil을 바른다.
② Match Segment의 경우 분리제를 바른다.
③ Duct 등의 부착물이 쉽게 이탈되지 않도록 점검한다.
④ Concrete 타설에 관련한 각종 장비 및 인원에 대한 점검을 실시한다.

2) 타설시

① Concrete 타설은 규정된 순서대로 실시한다.
② Concrete 타설 시 재료분리 및 타설에 따른 Duct나 철근에 충격이 가하지 않도록 한다.
③ Concrete 타설 시 Cold Joint가 발생되지 않도록 연속적으로 타설한다.

3) 타설 순서(원칙 : 대칭타설)

① 저판 중앙부 모서리 부분에 15~30cm 정도 남겨둔 상태로 타설(①)
② 저판 모서리 부분을 부분적으로 타설한 후 다짐 실시(②, ③)
③ 복부 구간 타설(④, ⑤)
④ 상부 Slab 가장자리의 Cantilever 부분을 타설(⑥, ⑦)
⑤ 상부 Slab의 중앙 부분을 타설(⑧)
⑥ 상부 Slab의 복부 상단 부분을 타설한 후 표면마감 실시(⑨, ⑩)

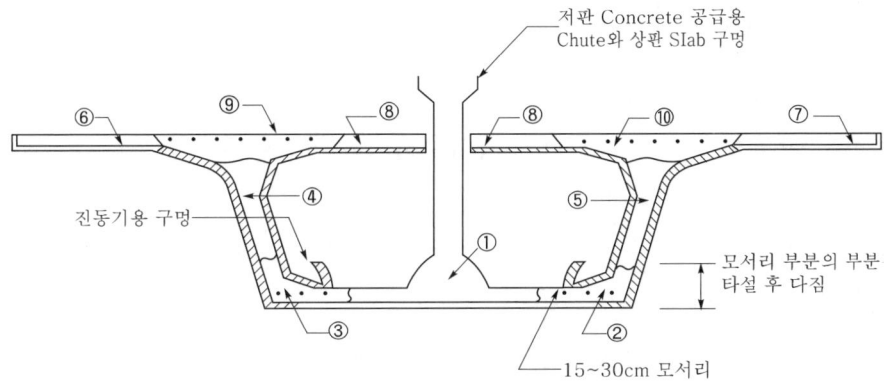

[Concrete 타설순서]

4) 다짐 시

① Concrete 다짐은 내부진동기 사용을 원칙으로 한다.
② 내부 진동기사용 시 Concrete 속으로 60cm 이상 넣지 않도록 한다.
③ 다짐간격은 30~45cm 정도가 적당하다.
④ 모서리 부분, 철근배근이 많은 부분, Duct의 Anchorage 부분 등에 대한 다짐을 철저히 한다.
⑤ 다짐 중 철근이나 Duct에 닿지 않도록 유의한다.

5) 상부 표면마감

① Mechanical Screed를 사용하여 Match Segment와 Concrete 타설 높이를 정확히 맞춘다.
② 직선 막대를 이용하여 Concrete 표면의 고저 차를 검사하고 수정한다.
③ 흙손으로 표면을 부드럽고 매끈하게 표면마감을 한다.

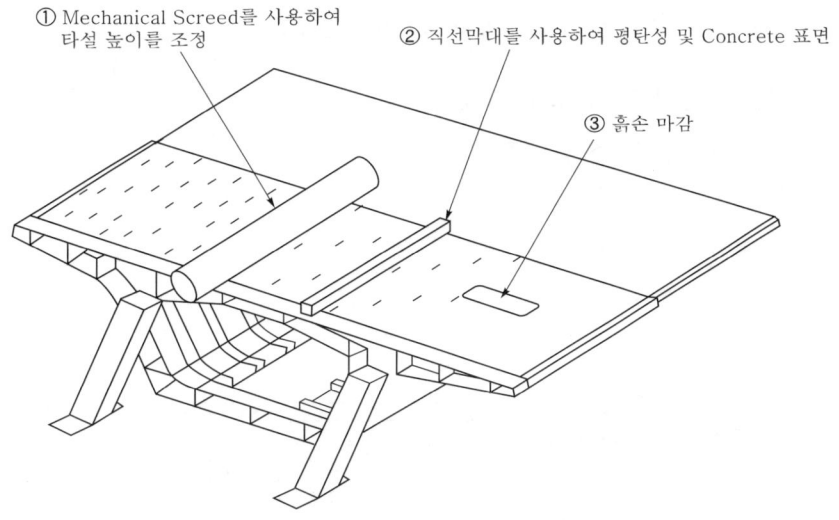

[Concrete 표면마감]

(4) Concrete 양생

1) 급속 양생의 목적

① 거푸집의 조기 제거가 가능하도록 하기 위해
② Concrete의 조기 강도를 얻기 위해
③ 조기에 Segment 취급이 가능하도록 하기 위해

2) Conventional Kilns 방법

① 가장 간단한 방법으로 양생 시간은 10~14 시간이다.
② Kiln 내의 온도는 일정하게 유지한다.
③ Kiln에서 Segment를 옮길 경우 대기와 kiln의 온도 차가 60℃ 이내로 한다.

3) 전기저항에 의한 직접 거푸집 가열법

① 장시간 양생 방법이다.
② Segment의 두께가 변화하는 경우에 적당하다.
③ Concrete가 응고되는 시점에서 위험을 줄일 수 있다.

4) 저압 증기에 의한 직접 거푸집 가열법

① 단시간 양생 방법이다.(5시간 이하)
② 짧은 시간 동안에 높은 칼로리의 양을 투입한다.
③ 온도유지를 위한 Regulator가 있다.

(5) 거푸집 제거

1) 제거시기

Concrete의 압축강도가 σ_{ck}의 85% 이상 도달 시

2) 제거순서(원칙 : 위에서 아래로)

① Duct 연결부 및 기타연결부 절단
② Wing Stop End Places 제거
③ Cantilever 하부 및 측면 거푸집제거
④ 내부 거푸집제거

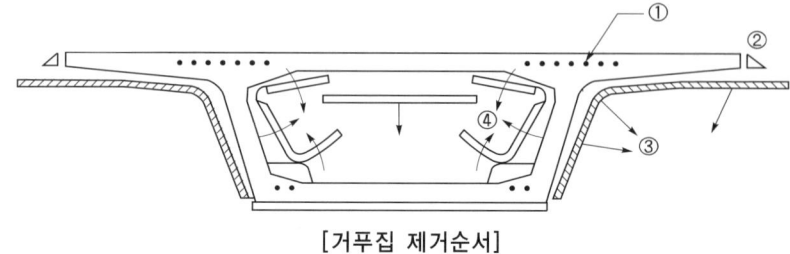

[거푸집 제거순서]

(6) Segment 분리

1) 분리방법

① Segment 들어 올리는 방법

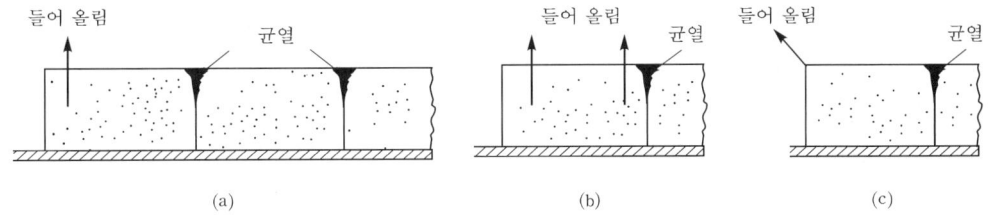

② 수평으로 잡아 당기는 방법

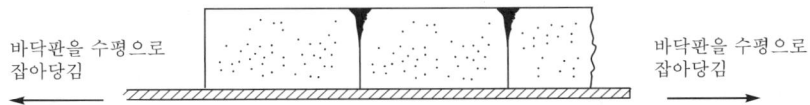

2) 분리 시 고려사항

① Segment의 자중
② Segment 접합 면의 부착력
③ 제작대와의 부착력
④ Sheath 분리의 저항
⑤ 전단 Key의 저항

3) 분리 시 유의사항

① 바닥판에 있는 돌기에 Jack을 설치하여 접합 면을 벌림으로 분리한다.
② Segment 제작 전 미리 접합 면에 박리제를 바른다.
③ Segment 분리 중 균열이 발생하지 않도록 한다.

(7) Segment 운반

1) 육상운반

① 가설지점이 Segment 저장장소와 가까운 거리에 있는 경우는 Rail 부설에 의한 방법과 Crane에 의한 운반 실시
② 운반 거리가 먼 경우 트레일러 Trailer를 이용하여 운반

2) 수상운반

① 주로 해상 또는 수심이 깊은 하천에서 견인선, 대선(臺船) 등을 많이 이용하여 운반
② 육상운반보다 많은 Segment를 운반할 수 있어 경제적

9. Precast Segment 가설

(1) 가설공법(방식) 선정 시 고려사항

1) 가설지점의 지형 및 지질조건
2) 가설 교량의 제원(경간 수, 교량 폭, 구조형식 등)
3) Segment의 형상 및 크기, 중량, 가설 총 수량
4) 기상조건
5) 사회조건
6) 공기 및 공정
7) 경관
8) 가설 기계 및 가설설비의 조건
9) 시공성 및 안전성, 경제성

(2) Segment 가설공법

1) Span By Span

구 분	내 용
개 요	교각 사이에 Assembly Truss를 설치하고 Assembly Truss 위의 제작장에서 운반된 Segment를 Crane을 이용하여 거치한 다음 Post-Tension으로 각 Segment를 일체화시키는 공법이다.
특 징	① 시공속도가 빠르다. ② 기 조립된 교량 상판 위로 Segment 운반이 가능하다. ③ 시공이 타 공법에 비해 단순하다. ④ Assembly Truss 이동방법은 하부 이동식과 상부 이동식이 있다. ⑤ 해상에서도 작업이 가능하다.

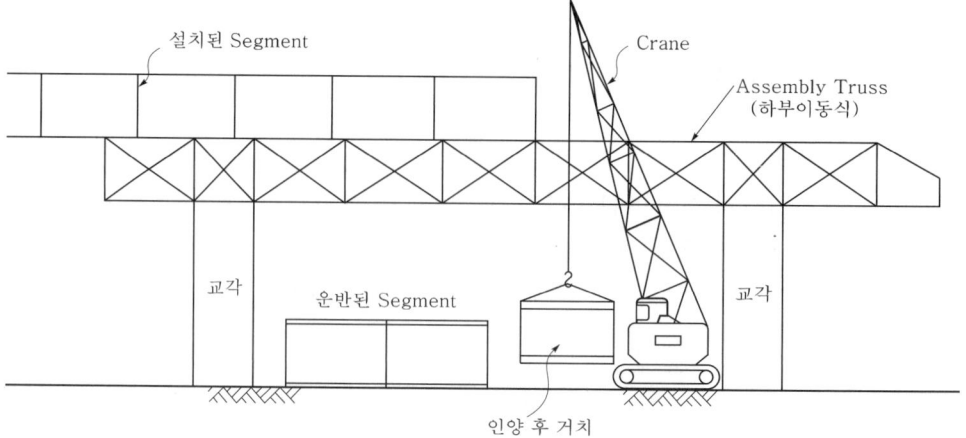

[Span By Span 공법]

2) Free Cantilever 공법

구 분	내 용
개 요	교각 좌우로 균형을 유지하면서 대칭으로 각 Segment를 조립하여 가설하는 공법으로 불균형 Moment 방지를 위해 Temporary Prop를 설치한다.
특 징	① 교각 좌우 동시 시공으로 공기가 빠르다. ② 좌우 시공으로 불균형 Moment 발생 우려된다. ③ 단면변화가 가능하다. ④ FCM 공법과 유사하다.

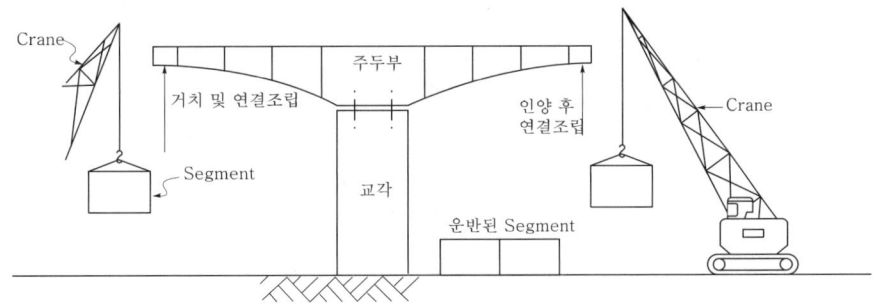

[Free Cantilever 공법]

3) 전진가설공법

구 분	내 용
개 요	한쪽에서 반대쪽으로 Segment를 전진하며 가설하는 공법으로 교각 도달 즉시 영구받침 후 다음 경간으로 이동한다.
특 징	① 시공속도가 빠르다. ② 기 조립된 교량 상판 위로 Segment 운반이 가능하다. ③ 불균형 Moment가 발생되지 않는다. ④ 첫 경간 작업 시 동바리 또는 가 Bent가 필요하다.

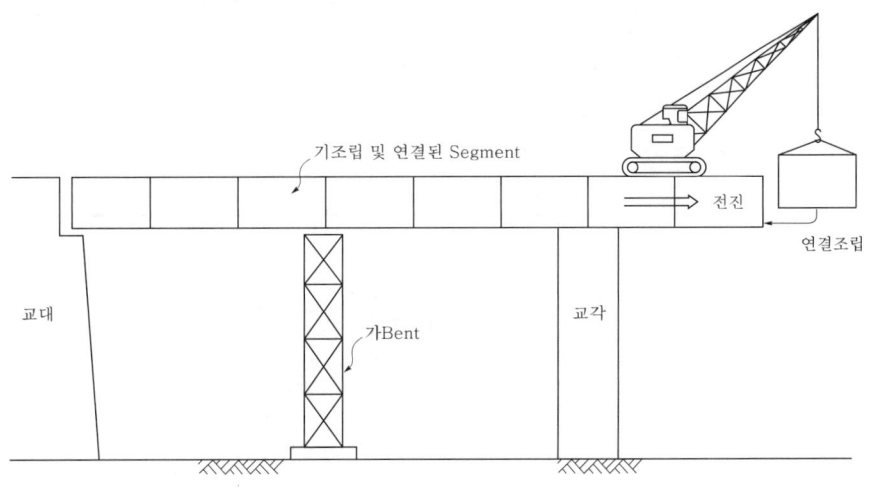

[전진가설공법]

(3) 독립장비에 의한 가설방식

1) 자주식 Crane

구 분	내 용
개 요	자주식 Truck Crane 또는 Crawler Crane을 이용하여 Segment 등을 소정의 위치에 들어 올려 설치하는 방식이다.
특 징	① 가설용 임시설비가 적다. ② 공기가 짧아 경제적이다. ③ 주행속도가 빠르고 현장 진출입이 용이하다. ④ 하천 등에서의 진입로가 필요하다. ⑤ 지면지반 내력이 요구된다.

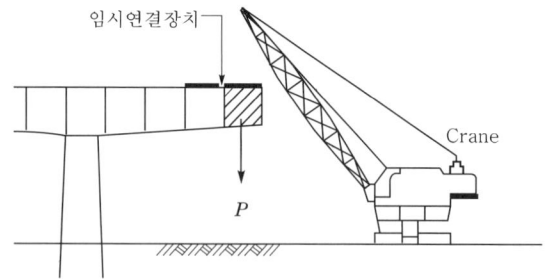

2) 부선Crane(Floating Crane)

구 분	내 용
개 요	큰 하천이나 해상에서 교량을 가설할 경우에 사용하는 장비로서 부선에 설치된 Crane을 이용하여 가설지점으로 운반된 Segment를 들어올려 설치하는 방식이다.
특 징	① 느린 유속에 2m 이상의 수심이 있는 수면상에서의 가설에 이용 ② 대용량의 Segment를 매달음으로 Segment를 대형화할 수 있다. ③ 시공관리가 용이하다. ④ 공사기간이 짧다. ⑤ 별도의 Segment 운반용 부선이 필요하다. ⑥ 공사비가 비싸다.

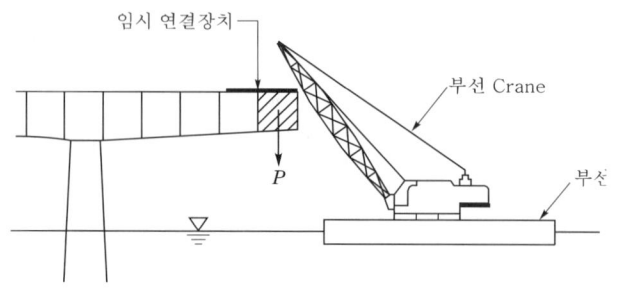

3) 문형Crane(Portal Crane)

구 분	내 용
개 요	교량 가설의 종 방향 양쪽으로 궤도를 설치하고, 이동용 문형 Crane을 이용하여 가설지점으로 Segment를 이동시키면서 가설하는 방식이다.
특 징	① 작업이 단순하여 숙련공이 필요하지 않다. ② 안전하여 시공관리가 용이하다. ③ 부재(Girder)의 운반이 용이하다. ④ 교하공간이 비교적 높지 않고 평탄한 곳에 적용한다. ⑤ 교장이 상당히 긴 경우에 유리하다

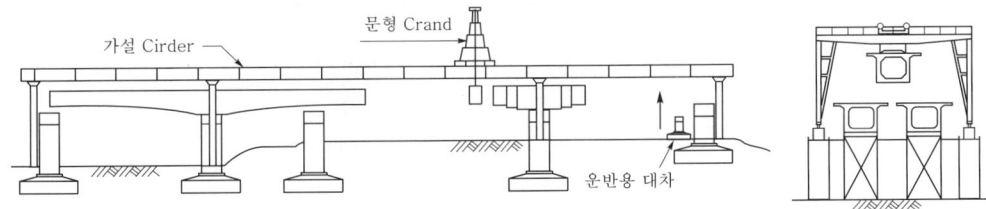

4) Cable Crane

구 분	내 용
개 요	교각상에 설치한 Tower 사이에 Cable을 늘어뜨려 Segment를 가설 지점까지 운반하여 교량을 가설하는 방식이다.
특 징	① Crane이 진입할 수 없는 하천 또는 계곡 등에 적합하다. ② 교량 가설에 따른 장소의 구애를 받지 않는다. ③ 형하공간 조건의 구애를 받지 않는다. ④ 가설비의 설치비가 높다. ⑤ 작업준비에 많은 시간이 소요된다. ⑥ 숙련공이 필요하다. ⑦ Cable에 대한 안전성에 각별한 주의가 필요하다.

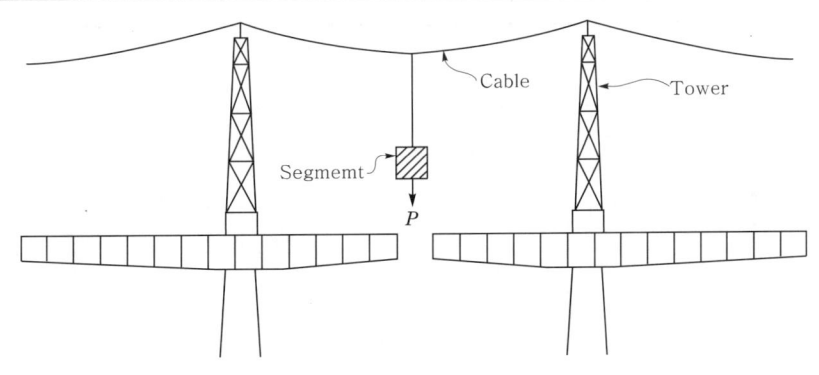

5) Tower Crane

구 분	내 용
개 요	교각상에 설치한 Tower에서 Cable의 길이를 조정하여 Segment를 가설지점으로 운반하여 교량을 가설하는 방식으로 Cable Crane에 의한 가설방식과 유사하다.
특 징	① Crane이 진입할 수 없는 하천 또는 계곡 등에 적합하다. ② 교량 가설에 따른 장소의 구애를 받지 않는다. ③ 형하공간 조건의 구애를 받지 않는다. ④ 숙련공이 필요하다. ⑤ Tower Crane 운영에 대한 안전성에 각별한 주의가 필요하다.

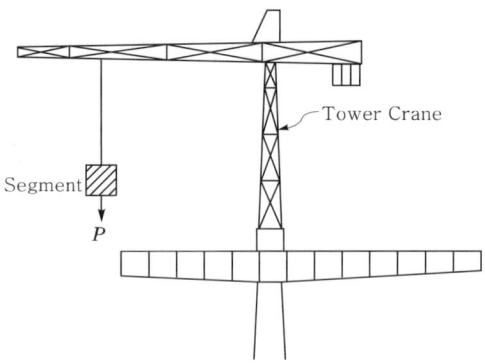

(4) 가동 인양기에 의한 가설방식

구 분	내 용
개 요	기 가설된 상부 Segment에 설치된 가동 인양기를 이용하여 육상 또는 수상으로 운반된 Segment를 들어 올려 설치하는 방식이다.
특 징	① 가동 인양기에 의한 작업으로 속도가 빠르다. ② 시공관리가 용이하다. ③ 별도의 Segment 운반용 장비가 필요하다. ④ Segment의 중량이 클수록 가동 인양기의 제작비가 높아진다.

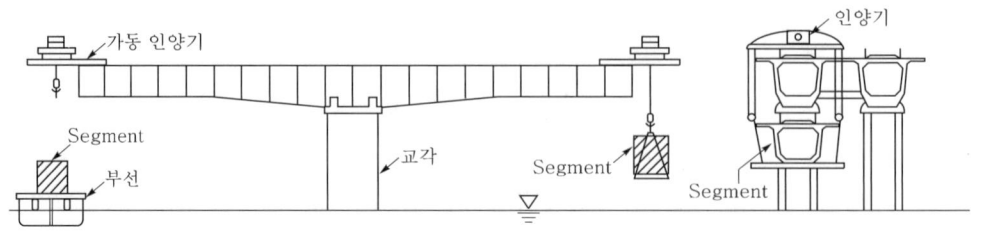

(a) 측면도　　　　　　　　　(b) 단면도

(5) 가설 Girder에 의한 가설방식

1) 개 요
기 설치된 상부 Segment를 통해 가설지점으로 이동시킨 후 이동이 가능한 가설 Girder를 이용하여 점차적으로 신규 Segment를 연결, 가설해 나가는 방식이다.

2) 방식의 종류
① 경간 길이보다 약간 큰 가설 Girder

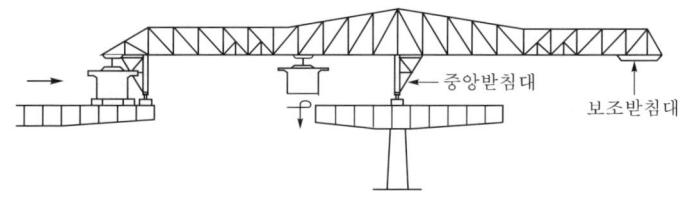

(a) 교각상부 Segment의 가설

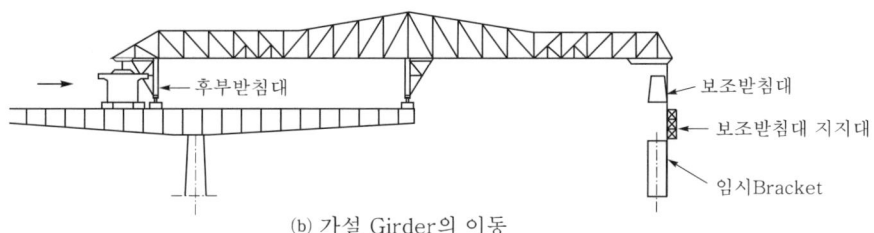

(b) 가설 Girder의 이동

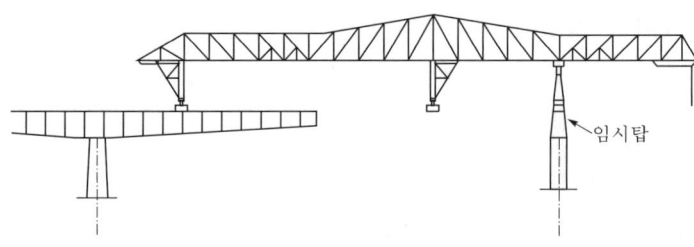

(c) Cantilever부의 가설

[시공순서]

② 경간 길이의 2배보다 약간 큰 가설 Girder

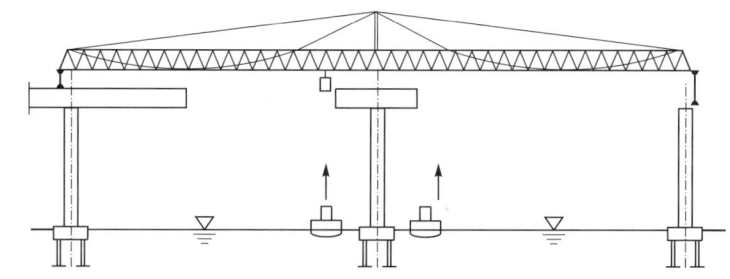

(a) Cantilever부 시공

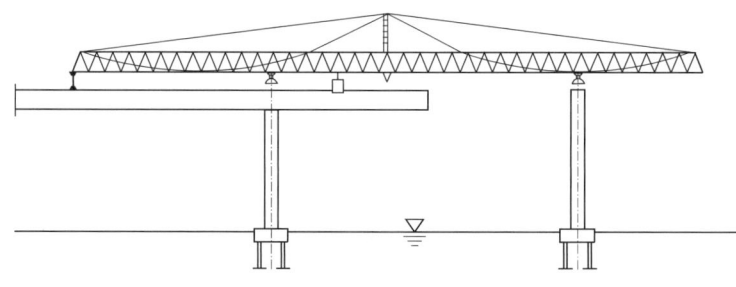

(b) 가설 Girder 의 이동

[시공순서]

10. Segment 연결(조립)

(1) 개 요

1) 분할된 각 Segment의 접촉부를 말한다.
2) 각 Segment는 제작과 조립이 편리해야 한다.
3) 각 Segment는 조립 후 기능이 만족스러워야 한다.

(2) 연결부의 방향

1) 평면상에서의 연결부의 면은 가능한 구조물의 중심축과 직각이어야 한다.
2) 종단면상에서의 연결부의 면은 교량 상판과 직각이 되도록 한다.

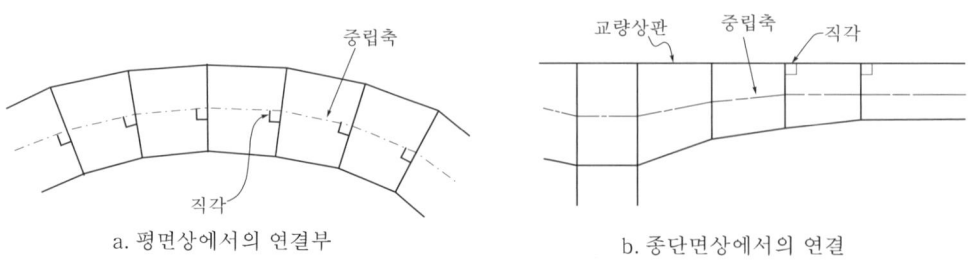

a. 평면상에서의 연결부   b. 종단면상에서의 연결

[연결부의 방향]

(3) 연결부의 형태 및 표면

1) Wide Joint Type

구 분	내 용
개 요	각 Segment의 연결부에 Concrete 타설 또는 Grouting을 하고 이음부의 경화 후 Post-Tension으로 긴장하는 방식이다.
유의사항	① 시공이 간편하나 작업속도가 느리다. ② 연결부위 Concrete 사이 표면은 거칠게 하여 접착을 좋게 한다. ③ 연결부 표면은 깨끗해야 하고 그리스나 기름 등의 이물질이 묻지 않도록 한다.

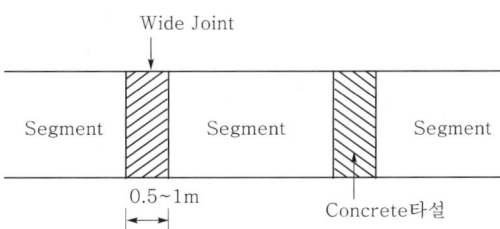

2) Match Cast Joint Type

구 분	내 용
개 요	제작할 Segment를 기 완성된 Segment에 붙여 Concrete를 타설한 후 2개의 Segment를 분리 운반하여 가설위치에서 그대로 조립하는 방식이다.
유의사항	① 습식의 경우 Epoxy Resin을 사용하고, 건식의 경우 접착제를 사용한다. ② 연결부의 전 표면은 편편하고 매끄럽게 한다. ③ 연결부 표면은 깨끗해야 하고 그리스나 기름 등의 이물질이 묻지 않도록 한다.

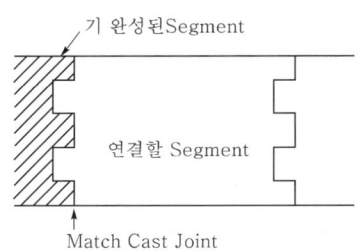

3) 혼합방식

Wide Joint Type과 Match Cast Joint Type의 장점을 혼합한 방식이다.

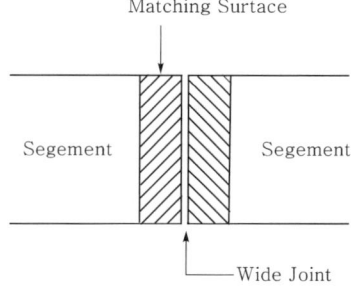

(4) Epoxy 접착제에 의한 연결

1) 사용 목적

① 연결부 표면이 국부적으로 편편하지 않거나 불완전한 경우 보완한다.
② 연결부를 봉인하여 수분 침입방지 및 Grout 재료의 누출을 방지한다.
③ Segment 조립 시 연결부 표면의 윤활유 역할을 한다.
④ Segment 사이의 연결부를 통한 확실한 응력을 전달한다.

2) 사용 Epoxy의 종류

① Resin
② Hardener

3) Epoxy 작업 전 준비

① 접합 면의 이물질 제거 및 청소를 실시한다.
② 접합 면에 대해 완전건조 후 실시한다.
③ 예상치 않은 기상에 대한 대비책을 마련한다.

4) Epoxy 도포작업

① 도포두께는 접합 면의 한쪽 면이 약 1~2mm 정도로 도포한다.
② Duct 내부에 접착제 유입방지를 위해 Duct 주위 2.5cm 이내는 도포하지 않는다.
③ Prestress에 의해 Segment가 압착되어 Epoxy 접착제가 외부로 나올 경우 즉시 깨끗하게 청소한다.
④ 접착제는 과도한 가열 및 여름철 직사광선에 노출되지 않도록 한다.
⑤ 인력작업이므로 보호용 고무장갑을 착용하고 안전 및 위생에 주의한다.

(5) 현장타설 연결부

1) 연결부 폭
① Duct의 연결, 용접, 철근의 연결, Concrete 다짐 등을 고려하여 설계한다.
② 폭은 100 mm 이하가 되지 않도록 한다.

2) 굵은 골재 최대치수
① Concrete 다짐 작업에 적합해야 한다.
② 일반적으로 25mm 정도로 한다.

3) Concrete 타설
① 수직 연결에서 각 연결 타설시 Vibration이 용이하도록 한다.
② Concrete 타설 높이가 너무 높지 않도록 한다.
③ Concrete 타설 후 점검할 수 있는 점검대를 설치한다.

4) 거푸집
연결부의 거푸집 타설 중 또는 타설 후 Concrete가 새지 않도록 한다.

5) Concrete 양생
① 습윤 상태를 유지한다.
② 외부로부터의 영향을 받지 않도록 한다.
③ 조기 강도를 얻기 위해 증기양생을 실시할 수도 있다.

6) 품질관리
① 연결부에 하중의 작용 전 Concrete가 소정의 압축강도로의 도달 여부를 검사한다.
② 연결부 Concrete가 Segment의 품질보다 낮을 수 있으므로 설계 시 고려한다.

(6) Shear Key

1) 역 할

구 분	Shear Key의 역할
접합 Key	① Segment 조립 시 수평 및 수 직위치의 결정 ② Segment 접합 면의 미끄럼 방지 ③ 두 Segment 사이에 힘의 전달 ④ Prestress에 의해 작용하는 전단력에 대응
Web Key	① Segment 간의 정확한 수직 위치 결정 ② Segment 가설 시의 전단력 전달
Slab key	① Segment 간의 정확한 수평 위치 결정 ② Slab 위에 실리는 집중하중에 의한 전단력 전달

2) Key의 재질

① Concrete

② 강재(Steel)

3) Key의 종류별 및 특징 비교

구 분	Sing Key	Multiple Key
단면형상	① Web Shear Key ② 상부 Slab Guide Key ③ Sheath	
특 징	① 접합 면이 단순 ② 전달하중이 집중 ③ 접합부가 취약하여 철근보강	① 전달하중을 고르게 분산 ② 접합 면의 마찰력이 증대 ③ 접합 면이 복잡한 단면으로 정밀 제작이 요구
Key보강 방식	key 안에 보강철근 배근	Key안에 보강 철근이 없음

11. Prestressing 및 Grouting

(1) (Post Tensioning에 의한) Prestressing

1) 도입 시기

Concrete 재령 28일 강도의 85% 이상 도달 시

2) 긴장순서

① 중심부에서 외측으로 긴장하는 것이 원칙

② 먼저 상부 Slab를 50% 긴장한 후 하부 Slab를 마찬가지로 중앙부로부터 긴장하고 상부 Slab의 나머지 Prestress를 도입

③ 편심되지 않도록 대칭으로 긴장

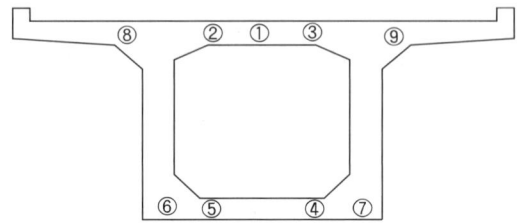

3) Prestressing 작업 시 유의사항

① 순서와 방향은 설계계산서에 명기된 대로 실시
② Prestressing 도입에 따른 부재의 탄성변형, Creep, 건조수축 등에 의한 손실을 고려하여 실시
③ 긴장재의 정착구를 반드시 확인
④ 긴장재의 저장 및 관리에 유의

(2) (Sheath 관 내의) Grouting

1) Grouting의 목적

① 긴장재의 부식방지
② 부재의 Concrete와 긴장재의 부착력 증진

2) Grouting 시기 및 방법

① Prestressing 작업완료 후 Grouting 실시
② Sheath 관 내를 Grouting Pump를 이용하여 주입

3) Grout의 조건

① 주입작업이 끝날 때까지 좋은 유동성과 충전성이 있을 것
② Bleeding이 적을 것
③ 알맞은 팽창률을 가져야 할 것
④ 충분한 부착 강도를 발휘할 수 있을 것
⑤ 수밀성이 풍부할 것
⑥ 긴장재가 녹슬지 않도록 할 것

4) Grout의 품질조건

구 분	품질조건
반죽 질기	Duct의 길이 및 형상, 시공시기 및 기온, 강재의 단면적 및 Duct 속에서 차지하는 강재 단면적의 비율 등을 고려하여 시공에 적합한 값을 선정
팽창률	10% 이하
Bleeding률	3% 이하
압축강도	재령 28일의 압축강도 $200kg/cm^2$ 이상
혼화재료	① 지연제를 겸한 감수제와 Aluminum 분말사용 ② 시험에 의하여 혼합량 결정
W/C 비	45% 이하
염화물 함유량	Grout 속에 전염화물 이온량은 $0.30kg/m^3$ 이하

5) 주입 시 유의사항

구 분	품질조건
Mixing	① Mixer는 5분 이내에 Grout를 충분히 비빌 수 있을 것 ② Mixer 용량은 주입작업을 중단하지 않고 계속할 수 있는 충분한 용량일 것 ③ Grout Pump는 주입을 천천히 그리고 공기가 혼입되지 않게 주입할 수 있을 것
배합	① Duct 속을 긴장재의 비율, 긴장재의 길이, 시공시기 등을 고려하여 배합을 결정 ② 소정의 반죽 질기가 얻어지는 범위 내에서 단위수량을 가능한 적게 할 수 있도록 결정
비비기 및 휘젓기	① 균질의 Grout가 얻어질 때까지 Grout Mixer로 비빌 것 ② PC Grout의 주입이 끝날 때까지 천천히 휘저을 것
재료 투입	물 및 감수제, Cement 및 기타의 가는 분말의 순서로 투입하는 것을 표준으로 함
주입	① Duct는 주입 전에 물로 깨끗이 씻고 충분히 적실 것 ② 주입은 Grout Pump로 천천히 실시 ③ Grout 재료는 Grout Pump에 넣기 전 적당한 체로 걸러낼 것 ④ 주입은 유출구로부터 균일한 반죽질기의 PC Grout가 충분히 유출될 때까지 중단하지 않도록 할 것 ⑤ Duct가 긴 경우에는 주입구는 적당한 간격을 두는 것이 바람직
한중시공 시	① 주입 전 Duct 주변의 온도를 5℃ 이상으로 올려놓을 것 ② 주입시 Grout 온도는 10~25℃가 표준 ③ 주입 후 온도는 5℃ 이상 유지
서중시공 시	① Grout 온도의 상승과 Grout가 급결되지 않도록 할 것 ② 주입 전 Duct 내에 물을 흘려보내어 충분히 적실 것

12. 결론

Precast Segment 가설에 소요되는 공종은 제작 → 운반 → 가설 등으로 진행되며, 이에 따른 세부적인 시공계획을 수립하여 안전하게 시공될 수 있도록 시공 관리에 만전을 기하여야 한다.

특히 PSM 공법에 의한 교량 가설에 있어 품질이 매우 중요하므로 제작장에서 Segment 제작 시 품질관리에 세심한 주의를 기울여야 하고, 또한 제작에 필요한 각종 설비에 대해서도 점검과 정비를 철저히 하여 원활하게 교량을 가설 할 수 있도록 이에 필요한 Precast Segment를 공급하도록 한다.

아울러 Precast Segment를 이용한 교량가설시 가설지점의 지형, 교량의 형식, 크기, 중량 등을 고려하여 가장 안전하고 경제적인 방법으로 선정하여 시공한다.

문제 9 강교의 제작 및 가설

1. 개요

강교(鋼橋, Steel Bridge)란, 교량의 주요 부분을 강재로 만든 교량을 말하는 것으로 공장에서 제작하여 현장에서 조립가설(組立架設)하기 때문에 공사기간이 짧고, 현장설비도 비교적 간단하다.

강교의 가설은 가설 장비와 상부구조 지지조건에 따라 여러 공법으로 분류할 수 있으며, 시공에 따른 철저한 계획을 수립하여 계획적인 시공이 이루어질 수 있도록 한다.

2. 강교의 특징

(1) 장 점
1) 구조재료로서 가볍고 강하다.
2) 재질이 일정하다.
3) 공사비가 비교적 저렴하다.
4) 시공관리가 용이하다.
5) 공사기간이 짧다.
6) 현장설비가 비교적 간단하다.

(2) 단 점
1) 강재로서 부식성이 강하다.
2) 충격에 따른 변형이 쉽다.
3) 좌굴에 대한 주의가 요망된다.
4) 강교의 파손은 주로 접합부 또는 연결부에서 많이 발생된다.

3. 강교의 시공순서 Flow Chart

(1) 강교의 제작(공장 제작)

실 치수도 작성 → 공작 → 용접 → 가조립 → 운송(출하)

(2) 강교의 가설

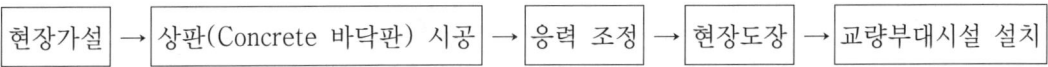

현장가설 → 상판(Concrete 바닥판) 시공 → 응력 조정 → 현장도장 → 교량부대시설 설치

4. 강교의 제작(공장제작)

(1) 실 치수도 작성(현도작업, 원척도)
1) 공작에 착수하기 전에 제작에 필요한 실 치수도를 작성한다.
2) 설계도의 미비점 및 공작 상의 지장 유무를 확인한다.

(2) 공작

1) 판 끊기

   주요 응력의 방향과 압연방향에 대하여 일치시킴을 원칙으로 한다.

2) 금 긋기(Marking)

   ① 금 긋기는 구조물 완성 후에도 남지 않도록 강판에 상처를 내지 않는다.
   ② 표시를 표기할 경우 가능한 정에 의한 금 긋기를 피한다.
   ③ 철재용 정 등으로 표시를 표기할 경우 응력집중이나 인장력이 큰 곳을 피한다.

3) 절단 및 절삭

   ① 강판의 절단법
      - 전단법 : 판 두께가 작은 경우의 절단
      - Gas 절단법 : 판 두께가 두꺼운 경우의 절단
   ② 주요 부재절단은 자동 Gas 절단기로 한다.
   ③ 강재의 절삭 면의 표면 거칠기는 50S(1S=1/1000mm의 凹凸) 이하로 한다.

4) 구멍 뚫기

   ① 구멍 뚫기의 종류에는 Punching, Drilling, Reaming 등이 있다.
   ② 구멍 뚫기는 소정의 지름으로 Drill 및 Reamer 다듬질을 병용한다.
   ③ 가조립 이전에 소정의 지름으로 뚫을 경우 정밀도가 특히 중요하므로 반드시 형판(型板)을 사용한다.

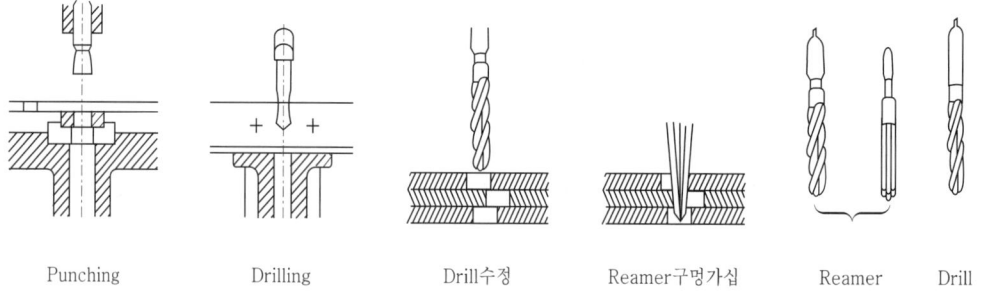

[구멍 뚫기의 종류]

5) 냉간가공
    ① 냉간가공은 가공경화에 의한 강재의 인성이 저하, 균열 발생 등의 우려가 있으므로 주의할 필요가 있다.
    ② 강판의 냉간가공 시 균열의 발생점이 되는 결함을 주지 않도록 내측 반지름이 판두께의 15배 이상으로 한다.

6) 열간가공
    소입, 소둔 열처리로 만들어진 강재는 원칙적으로 열간가공을 하지 않는다.

(3) 용 접

1) 용접시공 시 검토사항
    ① 강재의 종류와 특성
    ② 용접방법, 홈 형상 및 용접재료의 종류와 특성
    ③ 조립되는 부재의 가공, 조립정밀도, 용접 부분의 청결도와 건조 상태
    ④ 용접재료의 건조 상태
    ⑤ 용접조건과 용접순서

2) 용접공의 자격
    ① 용접 관련 기술검정시험에 합격한 자
    ② 6개월 이상 용접공에 종사한 자
    ③ 공사 전 2개월 이상 계속해서 동일공장에서 종사한 자

3) 용접 시 유의사항
    ① 용접 전 부재의 청소와 건조시킬 것
    ② 용접재료의 사용 및 보관 시 취급 주의
    ③ 미리 용접부위를 예열하여 응력변형방지
    ④ 과도한 전류방지 및 잔류응력 최소화
    ⑤ 제작 후 가조립

(4) 가조립

1) 개 요
    공장에서 제작된 강교에 대하여 현장 가설 전 미리 공장에서 조립을 실시하는 것을 가조립이라 한다.

2) 가조립의 목적
    현장에서 가설조립 시 강교의 불일치에 따른 문제점을 사전에 예방하기 위해 실시한다.

3) 현장에서 불일치되는 경우의 문제점
   ① 공장으로 반송되는 데 따른 손실 발생
   ② 현장에서 가공 수정할 경우 공장도장에 손상 발생(향후 부재 부식 발생)
   ③ 공기 지연

4) 가조립 공법의 종류
   ① 입체 가조립
      - 가설되는 교량 전체를 100% 가조립하는 공법
      - 소규모 교량에 적용
   ② 경간 가조립
      - 가설되는 교량에 대한 1경간씩 지지점을 두고 가조립을 실시하는 공법
      - 여러 경간인 경우 반복적으로 실시
      - 경간 양측에 지지점을 두고 중간에는 침하방지를 위해 보조 Bent를 설치
      - 대규모 교량에 적용
   ③ 수평 가조립
      - 지지점이 없이 바닥면을 수평으로 한 후 가조립하는 공법
      - 현수교, 사장교 등에 적용

5) 가조립 시 유의 사항
   ① 가조립은 각 부재가 무응력상태가 되도록 적당한 지지를 설치한다.
   ② 가조립 시 중요한 현장 이음부 또는 연결부는 Bolt 구멍 수의 30% 이상의 Bolt 및 Drift Pin을 사용하여 견고하게 조인다.
   ③ 가조립의 정밀도는 시방 규정에 맞도록 한다.
   ④ Bolt 공경 및 그 정밀도 등에 대해서는 시방 규정에 맞도록 한다.

(5) 운송(출하)

1) 부재에는 발송 전 현장 가조립 순서대로 조립기호를 Paint로 기입한다.
2) 부재의 운반은 현장 가조립 순서대로 운반한다.
3) 조립부호에 따라 부재의 부호, 접합부호 등을 기입하고 부재표를 작성하여 반출한다.
4) 1개 중량이 5Ton 이상인 부재에는 중량 및 중심위치를 Paint로 표기한다.
5) 운송 중 손상의 우려가 있는 곳은 견고히 포장한다.
6) 포장된 부속 철물은 내용을 명기한다.
7) 운송 중 부재의 변형 및 손상이 없도록 주의한다.

5. 강교의 가설(현장가설)

(1) 가설 시의 응력과 변형의 검사

설계 시에 고려한 시공법, 시공순서 등을 다른 방법으로 실시할 경우 새로 가설 응력과 변형을 검토하여 안전을 확인한다.

(2) 부재의 보관, 가설비 및 가설용 기재의 안전

1) 부재의 보관
   ① 현장에서 부재를 임시 적치할 경우 부재가 지면에 닿지 않도록 한다.
   ② 부재의 보관 중 보관대에서의 전도 및 타 부재와 접촉으로 인한 손상이 없도록 충분히 방호한다.

2) 받침공 설치
   현재, 사재 등 긴 부재는 보관 중 겹쳐둠으로 인해 발생되는 손상을 방지하기 위해 받침공을 충분히 설치한다.

3) 장기간 보관 시
   부재의 오손 및 부식 방지를 위한 대책을 수립한다.

4) 가설비 및 가설용 기재
   가설에 사용하는 가설비 및 가설용 기재에 대해서는 공사 중의 안전을 확보할 수 있는 정도의 강도를 확인한다.

(3) 조 립

1) 부재의 조립
   ① 부재의 접촉면은 조립 전에 청소를 실시한다.
   ② 조립기호 및 순서에 따라 정확히 조립한다.
   ③ 조립 중 부재에 손상이 없도록 주의한다.

2) 가체결 Bolt 및 Drift Pin
   ① 가체결 Bolt 및 Drift Pin의 합계는 Bolt 수의 1/2를 표준으로 한다.
   ② Drift pin의 수는 구멍을 맞추기에 필요한 정도로 한다.

(4) 조립완료 검사

1) 검사의 목적
   조립한 부재가 설계된 형상과 일치하는지의 여부를 확인하기 위해 정식으로 조이기 전 검사를 한다.

2) 조립완료검사 시 유의사항
- ① 솟음의 계측
- ② 이음부 구멍의 정밀도
- ③ 이음 부재 간의 틈

(5) 고장력 Bolt

1) 접합 면처리
- ① 접합된 재편의 접촉면은 흑피를 제거하고 면을 거칠게 한다.
- ② 접촉면에는 도장을 하지 않도록 한다.
- ③ 현장에서 재편을 조일 경우 접촉면의 부식된 부분을 깨끗이 제거한다.

2) 이음에 따른 두께의 엇갈림
- ① 부재와 이음판 또는 연결판 등은 조임에 의해 밀착하도록 한다.
- ② 두께의 차이가 있는 부재이음 시

실제 차이량	처리 방법
1mm 이하	처리 불필요
3mm 미만	서로 차이 량을 Taper를 지어 깎음
3mm 이상	채움판을 채움

3) Bolt의 체결
- ① Bolt 체결 기구 : Torque Wrench, Impact Wrench, 유압 Wrench
- ② Bolt의 축력 도입 : Nut를 돌리면서 실시하는 것을 원칙으로 한다.
- ③ Bolt 체결 방법 : Torque 조임법과 Nut 회전법으로 체결 및 검사

4) 체결 Bolt의 축력
체결 Bolt 축력은 설계 Bolt 축력을 10% 증가시킨 값을 표준으로 한다.

5) 체결 순서
Bolt 무리의 체결은 중앙 Bolt에서 단부의 Bolt 방향으로 실시하고 원칙적으로 2회 조이기를 한다.

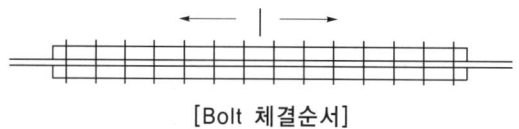

[Bolt 체결순서]

(6) 받침의 설치
1) 받침은 소정의 위치에 정확히 설치한다.
2) 하부구조와 받침의 고정 및 Anchor Bolt의 매입은 신중하게 한다.
3) 가설완료 후 받침의 이동, 회전 등의 기능에 대한 성능을 확인한다.
4) 받침의 설계 시 유의 사항
   ① 가조립 시와 가설 시의 온도차에 의한 지간의 변화
   ② 사하중 처짐에 의한 지간의 변화

6. 상판(Concrete 바닥 판) 시공

(1) 거푸집 및 동바리
1) 거푸집은 설계 치수와 형상의 바닥 판이 마무리 되도록 정위치에 설치한다.
2) 거푸집 상호, 거푸집과 강들보와의 사이에 간격이 없도록 한다.
3) 거푸집은 진동에 의한 틈이 생기지 않는 구조로 한다.
4) Concrete 치기에 따른 거푸집 및 동바리의 변형이 없도록 한다.

(2) 철근 배근
1) 철근은 설계도에 지정된 위치에 바르게 배근한다.
2) Spacer는 금속재료의 것을 사용하고 $1m^2$ 당 4개 정도 배치한다.

(3) Concrete 치기 및 양생
1) Concrete 치기
   ① 바닥판치기는 변형이 큰 곳(처짐이 큰 지간 중앙 등)에서부터 실시한다.
   ② Concrete 치기는 비빈 후 1시간 이내로 한다.
   ③ 일반적으로 시공 이음 없이 일체로 치는 것을 원칙으로 한다.
   ④ 교축 방향의 시공 이음은 원칙적으로 두지 않는다.

2) Concrete 양생
   ① 경화 중 급격한 온도변화, 진동 및 충격 등을 가하지 않도록 한다.
   ② 습윤 양생을 실시하여 Concrete 표면에 수분을 유지시킨다.
   ③ 한중 Concrete의 경우 동결방지를 위한 보온설비, 바람에 대한 차폐시설 등을 설치한다.

7. 응력조정

(1) 응력조정에 의한 교량 길이 및 솟음의 변화
응력조정에 의한 교량 길이 및 솟음의 변화를 고려하여 들보의 제작 치수, 받침의 설치에 대하여 충분히 검토한다.

(2) 가설공법에 의한 응력조정
1) 들보의 지점을 상하(上下)로 이동시켜 응력을 조정할 경우 들보의 이동에 주의한다.
2) 동바리공의 안전도 검토 및 상압력이 생기는 지점의 구조에는 주의가 필요하다.

(3) Prestress 재에 의한 응력조정
Prestress 재의 굴곡부에서 접촉면의 마찰력을 감소시키도록 하며 정착부의 시공을 확실히 한다.

8. 도 장

(1) 도장을 피해야 할 조건
1) 기온이 5℃ 이하
2) 습기가 많은 경우
3) 도장 겉면이 굳기 전 강우의 우려가 있을 경우
4) 강재표면에 습기가 찰 경우
5) 폭서로 강재의 온도가 높고 포장 면에 거품일 생길 우려가 있는 경우

(2) 녹 털이 및 청소
1) 강재의 표면은 도장 작업을 하기 전에 녹, 먼지, 기름, 기타 불순물 등을 충분히 제거하고 청소한다.
2) 녹 털이를 완료한 후 강재 및 들보가 도장 전에 녹이 발생할 우려가 있을 경우 Primer 등으로 도포한다.

(3) 현장 도장
1) 공장 도장을 한 부재 표면 및 이음부 부근의 청소를 철저히 한다.
2) 운반 및 조립 시에 벗겨진 도장면은 공장도색과 동일하게 실시한다.
3) 도장은 하층의 도료가 완전 건조된 이후 상층부 도장을 실시한다.

9. 결 론

 강교를 공장에서 제작하고 시공계획을 수립하여 현장 가설에 따른 일정에 따른 차질이 없도록 한다.

 또한, 강교를 제작한 후 현장으로 출하되기 전 가조립을 실시하여 현장에서 본 가설에 따른 문제점 등을 충분히 확인하고 그에 따른 보완 등을 실시함으로써 본 가설에 차질이 없도록 세심한 관리가 있어야 한다.

문제 10 강교 가설공법

1. 개 요

강교(鋼橋, Steel Bridge)란, 교량의 주요 부분을 강재로 만든 교량을 말하는 것으로 공장에서 교량의 각 부재를 제작하여 현장에서 조립가설(組立架設)하며, 가설 장비와 상부구조 지지조건에 따라 여러 공법으로 분류된다.

강교 가설에 따른 공법은 가설지점의 지형, 하천이나 해상의 경우 수심, 교량의 형식 및 크기, 중량 등을 고려하여 가장 안전하고 경제적인 공법을 선정하여 시공한다.

2. 강교 가설공법의 분류

3. 공법선정 시 고려사항

(1) 가설 지점의 지형 및 지질, 기상 및 해상조건
(2) 가설현장의 환경조건
(3) 교량의 형식 및 크기, 중량
(4) 운송 및 반입로
(5) 가설 시기 및 전체 공사기간
(6) 시공성 및 경제성, 안전성

3. 가설 장비에 따른 강교의 가설공법

(1) 자주식 Crane에 의한 가설

1) 공법개요

자주식 Truck Crane 또는 Crawler Crane을 이용하여 Girder 등을 소정의 위치에 들어 올려 설치하는 공법이다.

2) 공법의 특징

① 가설용 임시설비가 적다.
② 공기가 짧아 경제적이다.
③ Truck Crane의 경우 주행속도가 빠르고 현장 진출입이 용이하다.

3) 적용성

교하 높이가 낮은 교량

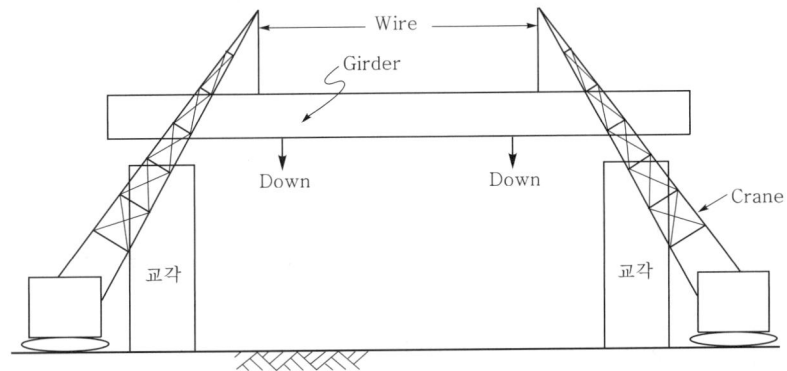

(2) Cable Crane에 의한 가설

1) 공법개요

Anchor 또는 철탑 등의 임시설비의 Cable Crane을 이용하여 양쪽에 걸쳐놓은 Cable에 장치된 운반차를 이용하여 교량을 가설하는 공법이다.

2) 공법의 특징

① Crane이 진입할 수 없는 하천 또는 계곡 등에 적합하다.
② 교량 가설에 따른 장소의 구애를 받지 않는다.
③ 형하공간 조건의 구애를 받지 않는다.
④ 가설비의 설치비가 높다.
⑤ 작업준비에 많은 시간이 소요된다.
⑥ 숙련공이 필요하다.
⑦ Cable에 대한 안전성에 각별한 주의가 필요하다.

3) 적용성
   ① 수심이 깊고 유속이 빠른 곳
   ② 수상교통이 빈번한 곳
   ③ 형하고가 높은 계곡

4) 공법의 종류
   ① 수직 매달기 공법
      - 양 교대 또는 교각 상에 철탑을 세우고 그 좌우에 부재조립용 주 Cable과 부재 운반용 Truck Cable을 설치하여 Girder를 조립하는 공법
      - Ranger 교, Truss 교, 판형교, 상자형교 등에 적합

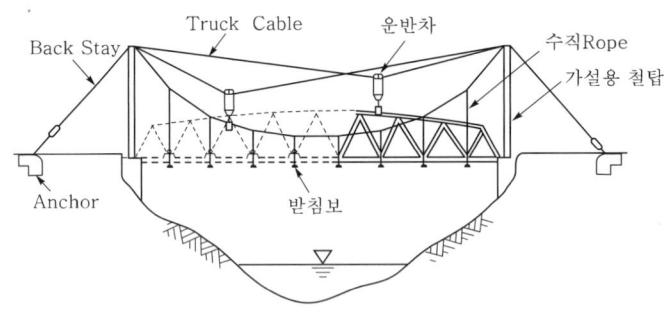

   ② 경사 매달기 공법
      - 철탑의 정부에서 경사지게 설치된 Wire Rope로 직접 Girder를 달아 가설하는 공법
      - Lohse 형식의 Arch 교량 가설에 적합

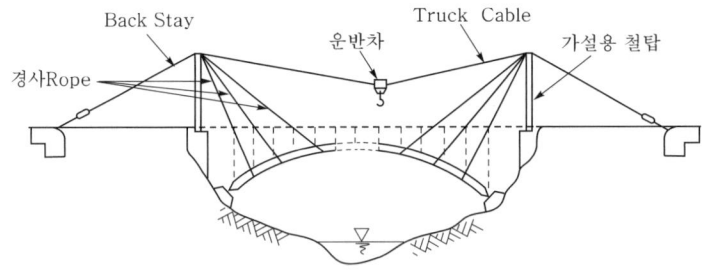

   ③ 맞달기 공법
      - 양 교각 상에 세운 철탑 정부에 지지된 Wire Rope로 Girder의 선단을 맞달고 양쪽의 Wire를 조작하여 Girder를 인출, 소정의 위치에 내려놓는 공법
      - 이때 Girder의 반대 측은 운반차에 의해 이동

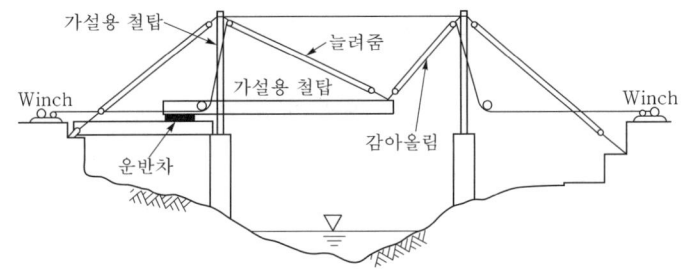

(3) 부선 Crane(Pontoon Crane)에 의한 가설

1) 공법개요

제작 완료된 Steel Girder의 선단부를 Pontoon Crane에 연결하고 Girder 후방에 대차 또는 Roller를 이용하여 전방으로 인출하여 전방 교각에 도달하면 Float Crane을 이용하여 Girder를 설치하는 공법이다.

2) 공법의 특징

① 대형 Girder 설치에 이용
② 지상에서 Girder를 조립할 수 있으므로 안전성이 높다.
③ 시공관리가 용이하다.
④ 공사기간이 짧다.
⑤ 어느 정도의 수심이 필요하다.
⑥ 공사비가 비싸다.

3) 적용성

① 하천교량
② 하천에서의 장대 교량
③ 해상교량

4) 시공순서

① Girder 선단을 Pontoon Crane에 연결

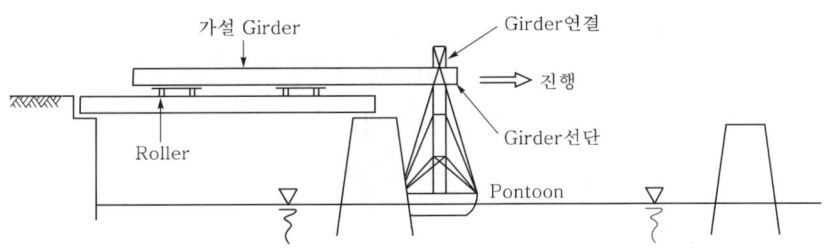

② Girder를 전방 교각 쪽으로 인출

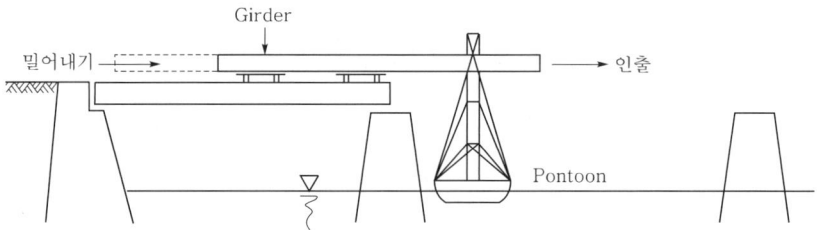

③ Float Crane과 함께 Girder Setting 준비

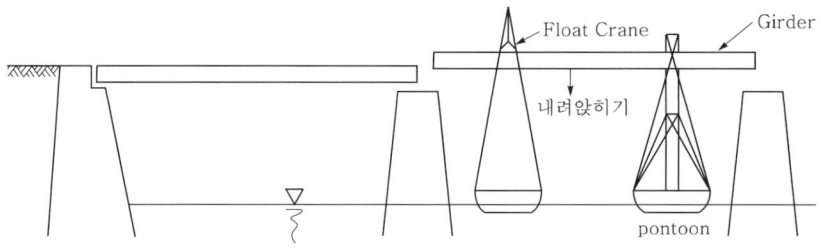

④ Steel Girder Setting

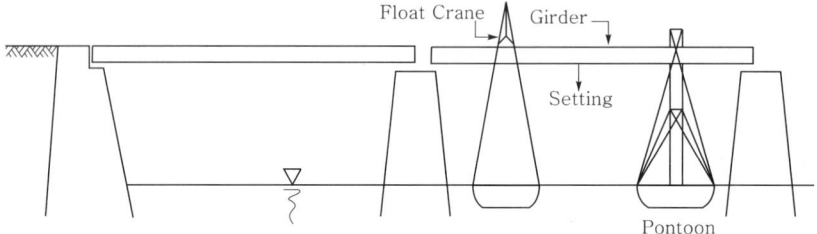

(4) Lift Up Barge 공법

1) 공법개요

　　미리 제작 완료된 Steel Girder를 Barge 선 위에 싣고 설치지점으로 운반 후 Barge 선 위에서 Lift Up을 작동하여 Girder를 소정의 위치에 들어올려 설치하는 공법이다.

2) 공법의 특징

① 동바리가 필요 없다.
② 교하 높이가 낮은 곳에 시공이 용이하다.
③ 운반과 가설을 동시에 진행할 수 있다.
④ 중량이 크므로 운반에 따른 안전관리를 요한다.

3) 공법의 적용성

① 하천교량
② 교하 높이가 낮은 하천 또는 해상 교량

4) 시공순서

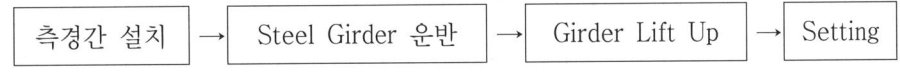

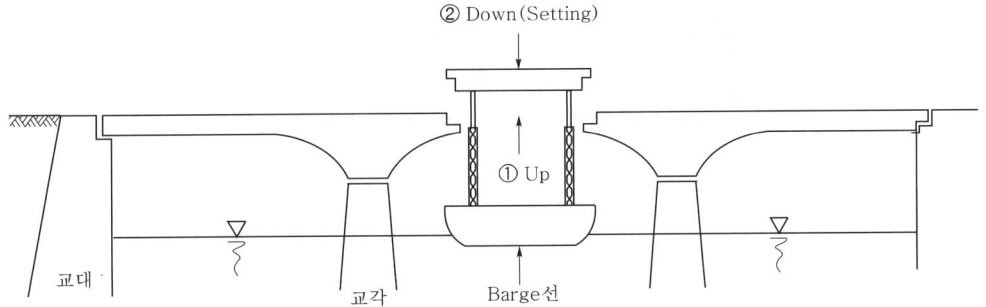

(5) Traveler Crane에 의한 가설

1) 공법개요

기 가설이 완료된 교량 위를 주행하는 Traveler Crane을 설치하고, 이를 이용하여 부재를 들어올려 가설하는 공법이다.

2) 공법의 특징

① 주로 교하공간을 이용할 수 없는 Truss의 가설에 많이 사용된다.
② 교각이 매우 높고 경간 수가 많은 경우에 유리하다.
③ 곡선형의 가설이 가능하다.
④ 시공 능률이 떨어진다.
⑤ 공기가 길다

3) 적용성

① 가설지점의 지형이 자주식 Crane, 부선 Crane 등의 사용이 곤란 경우
② Cable Crane의 인양능력이 부족한 경우

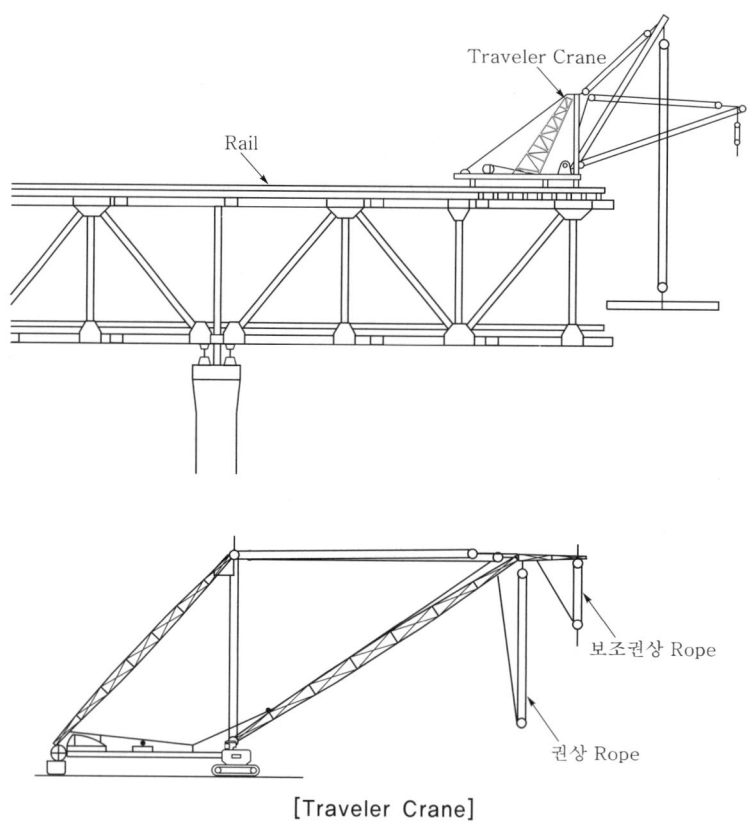

[Traveler Crane]

(6) 문형 Crane(Portal Crane)에 의한 가설

1) 공법개요

교량 가설의 종 방향 양쪽으로 궤도를 설치하고, 이동용 문형 Crane을 이동시키면서 교량을 가설하는 공법이다.

2) 공법의 특징

① 작업이 단순하여 숙련공이 필요하지 않다.
② 안전하여 사공관리가 용이하다.
③ 부재(Girder)의 운반이 용이하다.
④ 교하 공간이 비교적 높지 않고 평탄한 곳에 적용한다.
⑤ 교장이 상당히 긴 경우에 유리하다.

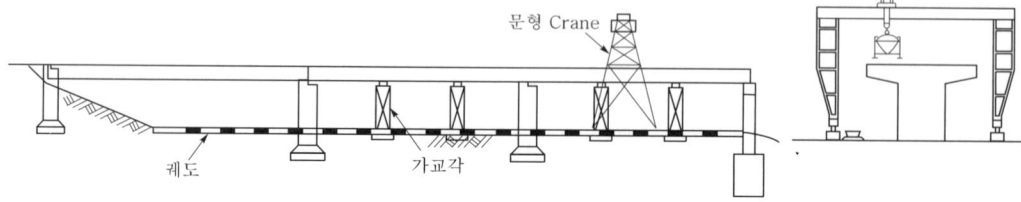

4. 상부 지지조건에 따른 강교의 가설공법

(1) 동바리 공법(Bent Method, Full Staging Method)

1) 공법개요

Girder 하부의 교각 사이에 상부구조를 지지하는 가 교각(Bent)을 설치하여 Girder를 직접 지지하며 교량을 완성시키는 공법이다.

2) 공법의 특징

① 가설 및 관리가 용이하다.
② 특수한 설비가 필요 없다.
③ 소형의 하역장비로도 시공이 가능하다.
④ 거의 무응력 상태에서 가설이 가능하다.
⑤ Camber 조정이 가능하다.
⑥ 타 공법에 비해 비용이 저렴하다.

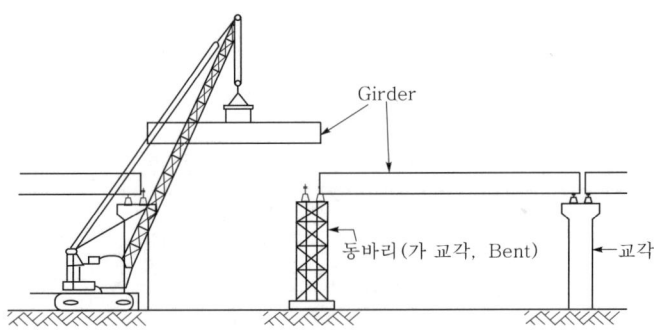

(2) Saddle 공법

1) 공법개요

침목을 Girder의 하단 높이까지 한 지간에 하나씩 쌓아놓고 그 위에 Girder를 Saddle로 지지하면서 한 지간씩 가설하는 공법이다.

2) 공법의 특징

① 시공이 용이하다.
② 공사비가 저렴하다.
③ 교량높이가 높지 않은 곳에 적합하다.
④ 지반이 사질토나 튼튼한 지반에 적용한다.

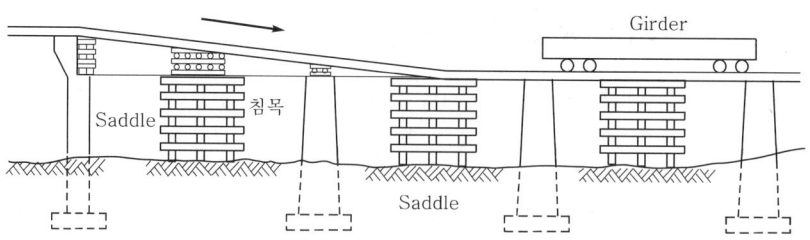

(3) 송출 공법(I.L.M)

1) 공법개요

측경간 또는 가설지점의 인근에서 Girder를 조립한 후 다음 Girder의 휨 저항을 이용하여 다음 교각 또는 교대까지 끌고 가거나 밀어내어 가설하는 공법이다.

2) 공법의 특징

① 가교각을 설치할 수 없거나 세워도 비경제적인 경우에 유리하다.
② 상자형교나 판형교의 가설에 적합하다.

3) 공법의 종류

① 선행가설 Girder(Truss) 식

교체(橋体)의 전방에 가설 Girder 또는 Truss를 설치하여 주형 본체보다 가설 Girder가 먼저 교대나 교각에 도착하게 하는 공법

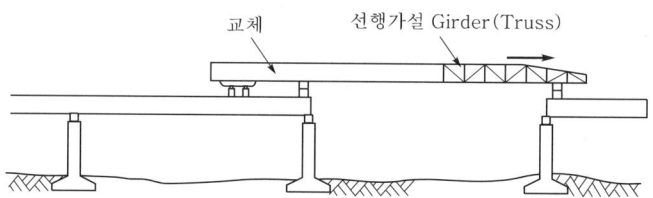

② 연속 송출식

2경간 이상의 Girder를 연결하여 2경간째 이후의 Girder를 균형 유지용으로 이용하면서 가설하는 공법

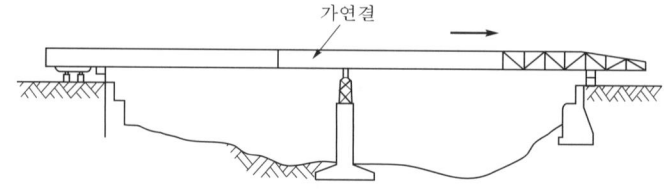

③ 이동 가교각식(이동 Bent식)

전후 이동이 가능한 가교각(Bent)을 이용하여 교체를 지지하면서 밀어내는 공법으로 형하공간을 장시간 점용할 수 없을 때 이용한다.

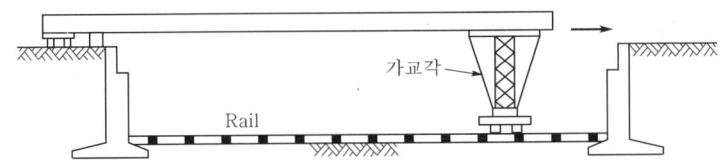

④ 부선 송출식

Girder의 선단을 부선에 설치된 가교각으로 지지하면서 송출하는 공법이다.

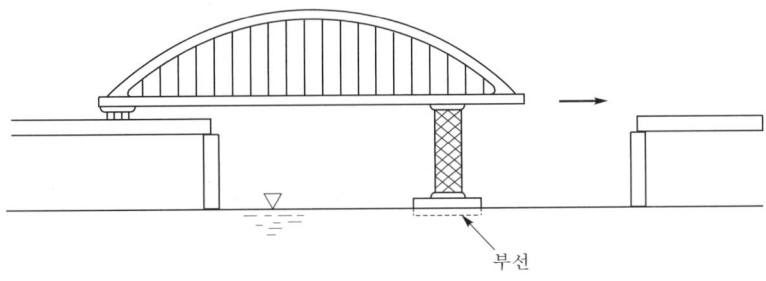

(4) Cantilever공법 (FCM)

1) 공법 개요

교각 위의 양쪽에서 균형을 유지해 가면서 Cantilever 식으로 부재를 조립하면서 가설하는 공법이다.

2) 공법의 특징

① 교하공간의 이용이 제한될 때 유리하다.
② 장대 교량 가설에 적합하다.
③ 연속작업이 가능하다.
④ 고도의 기술이 필요하다.

3) 공법의 종류

① 균형 Cantilever(Balancing Cantilever) 식

지점 위를 가설한 후 중앙 경간의 평형을 잡으면서 Cantilever 식으로 가설하는 공법

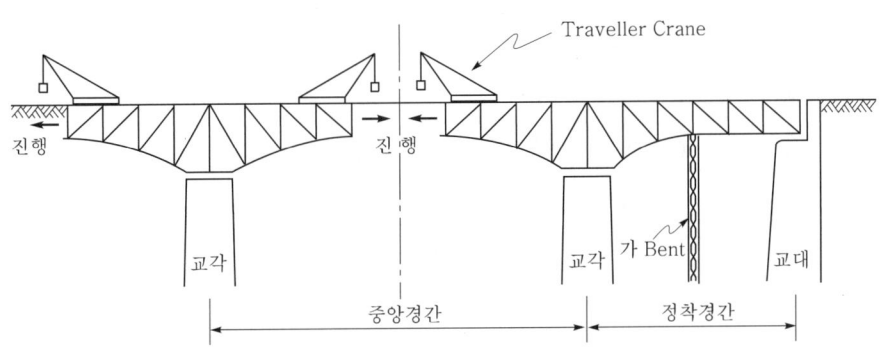

② 단순 Truss의 Cantilever 식
  1 Span을 가설한 후 정착부를 보조하여 교체를 Cantilever로 조립하면서 가설하는 공법

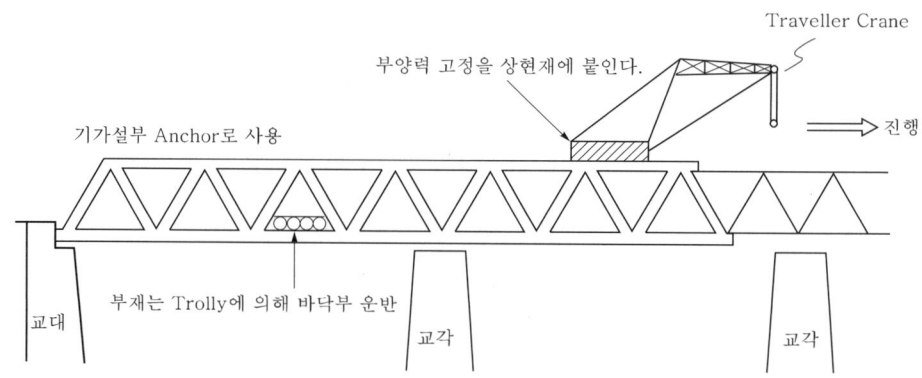

③ 연속 Truss의 Cantilever 식(지간 중앙 결합식)
  양측에서 Cantilever 식으로 가설하고 지간 중앙에서 결합하는 공법

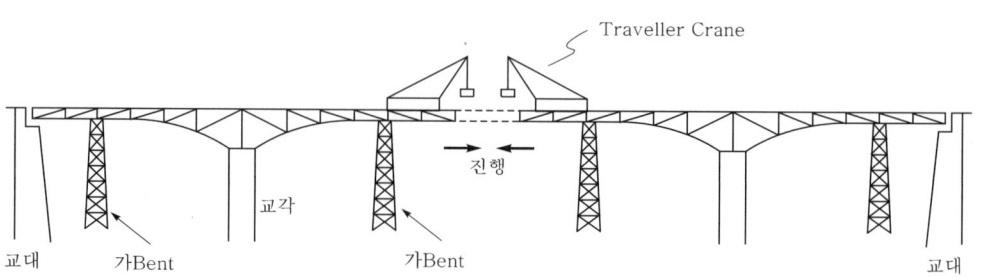

(5) 가설 Truss 공법(MSS)

1) 공법개요
가설용 Truss를 먼저 설치하고, 이를 이용하여 Girder를 지지 및 조립하는 공법이다.

2) 공법의 특징
① 도심지 고가 교량의 가설에 많이 사용되고 있다.
② 교하공간이 높고 수심이 깊은 경우에 적용에 유리하다.
③ 거의 등 간격의 지간이 계속되는 경우에 유리하다.

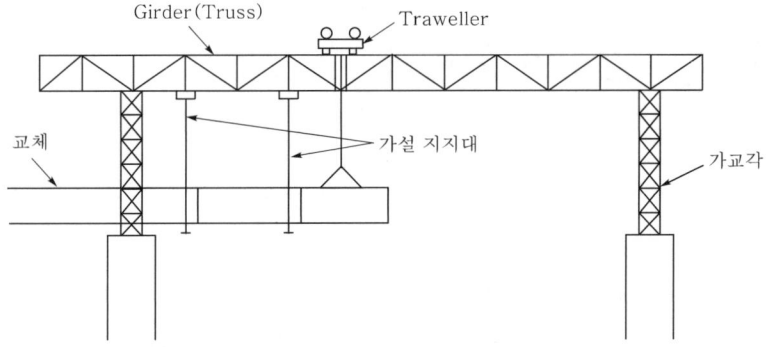

(6) 대 블럭공법

1) 공법개요

공장 또는 현장에서 일체로 조립한 Girder를 대형 운반 및 가설 기계를 이용하여 일관적으로 가설공법이다.

2) 공법의 특징

① 공기 단축이 가능하다.
② 내풍 및 내진 안전성이 높다.

5. 결론

강교 가설시공에 따른 공법은 가설 장비와 상부구조 지지조건에 따라 여러 공법으로 분류되며, 가설되는 교량을 특성과 현장의 여러 조건 등을 충분히 조사 및 검토한 후 적정한 공법을 선정하여 시공한다.

강교 가설시공에 있어 사전 시공계획을 수립하여 강교의 제작과정으로부터 가설시공에 이르기까지 전 과정에 대한 세심한 시공관리 및 품질관리에 만전을 기하도록 하며, 또한 강재를 다루는 문제에 있어 중량물을 취급하므로 안전관리에 대한 대책을 수립하여 안전하게 시공할 수 있도록 한다.

문제 11 강교의 가조립

1. 개 요

강교의 가조립은 공장에서 제작된 강재의 부재를 현장 가설지점으로 이동하여 설치하는데 있어서 강교의 가설공법과 매우 밀접한 관계를 가지고 있다.

강교의 가조립은 각 부재가 무응력 상태로 되도록 하면서 적당한 지지를 설치하여 가설현장에서 조립을 하는 것이다.

이때 가조립 시 중요한 것은 현장 이음부 또는 연결부는 Bolt 구멍 수의 30% 이상의 Bolt 및 Drift Pin을 사용하여 견고하게 조여야 한다.

강교 가조립 공법은 가설 장비와 상부구조 지지조건에 따라 여러 공법으로 분류할 수 있으며, 또한 시공에 따른 철저한 계획을 수립하여 계획적인 시공이 이루어질 수 있도록 하여야 한다.

2. 강교 가조립공법의 분류

(1) 가설 장비에 따른 분류

1) 자주식 Crane에 의한 가설
2) Cable Crane에 의한 가설
3) 부선 Crane에 의한 가설
4) Traveler Crane에 의한 가설
5) Portal Crane에 의한 가설

(2) 상부구조 지지조건에 따른 공법

1) 동바리 공법(Full Staging Method)
2) Cable식 공법
3) 송출 공법(I.L.M)
4) Cantilever 공법(F.C.M)
5) 가설 Truss 공법

3. 강교 가조립 시 유의사항

(1) 시공계획 수립

1) 가설 현장의 사전답사 및 조사
2) 설계도서의 검토

3) 가조립 공법의 선정
4) 장비계획
5) 인력계획
6) 운반계획
7) 안전관리계획
8) 공정계획

(2) 가조립 시 응력 상태
무응력 상태가 되도록 적당한 지지를 한다.

(3) 가조립시 연결부 및 이음부
1) Bolt 구멍 수의 30% 이상 Bolt 및 Drift Pin을 사용하여 견고하게 조인다.
2) 이음부 사이에 우수 또는 먼지의 침입을 방지하고, 항상 깨끗하게 청소한다.

(4) 가조립의 정밀도
부재 및 가조립 치수의 정밀도 오차범위는 시방 규정이 정한 허용오차 범위 내에 들어 오도록 한다.

(5) Bolt 시공시
1) Bolt의 공경은 허용오차 이내로 정밀도를 준수한다.
2) Bolt 구멍이 훼손되지 않도록 유의한다.
3) Bolt 구멍의 관통률과 정지율에 대하여 정밀하게 시공하고, 이에 따른 오차의 범위는 제반 규정 이내로 한다.

(6) 부재의 조립 시
1) 조립기호, 소정의 조립순서에 따라 정확하게 조립한다.
2) 부재의 조립시 신중하게 취급하고 손상이 없도록 주의한다.
3) 부재의 접촉면은 조립하기 전 깨끗이 청소한다.

(7) 가조립 상태 검사
1) 가조립이 완료된 상태에서 당초 설계도서와의 형상과 일치 여부를 검사한다.
2) 주요 검사항목
   ① 솟음의 계측
   ② 이음부 Bolt 구멍의 정밀도
   ③ 이음부재 간의 틈
3) 검사가 끝나면 문제로 지적된 곳을 수정 보완한다.

(8) 부재의 취급 시
1) 부재의 운반 및 취급에 있어 반드시 조립기호를 기입한다.
2) 취급에 따른 부재의 손상이 없도록 유의한다.
3) 운반 중 하중에 의해 짓눌림에 의한 부재의 변형을 방지하기 위해 목재 또는 Angle 등의 견고한 부재고 고정하여 운반한다.

4. 결론

강교의 가조립은 공장에서 제작된 강재의 부재를 현장 가설지점으로 이동하여 설치하는데 있어서 강교의 가설공법과 매우 밀접한 관계를 가지고 있음으로, 본 공사에 적용할 수 있는 적정한 공법을 선정하여 가조립을 한다.

가조립시 부재에 응력이 작용하면 형태가 정확하게 가조립이 되었어도 교량은 변위를 받고 있음으로 가설할 때 정확히 조립할 수가 없기 때문에 강교의 가조립에 있어 부재가 무응력 상태로 하면서 적정한 지지를 설치는 것이 가조립의 주안점이다.

문제 12 사장교 가설공법

1. 개 요

사장교(斜張橋, Cable Stayed Bridge)는 소정의 위치에 세워진 교탑으로부터 사장 Cable을 이용하여 Girder를 매단 구조물형식의 교량을 말한다.

이 사장교는 사장 Cable의 인장력을 조절하여 교량 각 구조부재의 단면력을 가능한 균등하게 분배시킴으로써 일반적인 Girder 교량에 비해 단면의 크기를 줄일 수 있는 교량 형식이다.

또한 사장교는 비교적 넓은 순경간과 교하공간을 확보할 수 있어 폭이 넓은 하천, 해협, 깊은 계곡 등의 자연적인 장애물이나 폭이 넓은 도로를 횡단하는 경우에 매우 유리하다.

2. 사장교의 특성

(1) 역학적 특성

1) 정역학적인 면

중앙 지간장 200m 정도까지는 정역학적으로 연속 Girder 교와 현수교의 중간적인 특징을 갖고 있다.

2) 동역학적인 면

① 동역학적인 거동에 있어서는 교탑의 유연성 때문에 현수교와 유사하다.
② 따라서 기본설계 시 내풍 안정성에 대한 신중한 설계가 필요하다.

(2) 장경간의 교량형식의 특성

1) 비틀림 변형

중앙 경간이 길어지면 Girder 전체의 세장비가 커지기 때문에 비틀림 변형이 발생하기 쉽다.

2) 비틀림 강성

Cable의 강성이 현수교에 비해 상대적으로 크기 때문에 비틀림 강성이 현수교보다 크다.

(3) 교량의 가설측면에서의 특성

Cantilever 공법, 송출공법 등으로 지형조건에 크게 영향을 받지 않고 시공할 수 있는 교량형식이다.

3. 사장교의 특징 및 적용성

(1) 특 징
1) Cable의 배치 및 교탑형상 등의 형태가 다양하고 설계의 자유도가 높다.
2) 교각 수가 적고 장대교 시공이 가능하다.
3) 교탑시공 시 주형과 Cable 가설의 동시 진행이 가능하다.
4) Cable Prestress에 의해 교탑과 주형의 응력조정이 가능하다.
5) 교량의 미관상 경관이 수려하다.
6) 사용되는 부재의 중량이 가벼워 경제적이다.
7) Cable의 변형 및 부식이 우려된다.
8) 가설 시 하중의 균형 유지가 곤란하다.
9) 내풍에 취약하다.

(2) 적용성
1) 폭이 넓은 하천 및 해협
2) 깊은 계곡
3) 폭이 넓은 도로를 횡단하는 경우

4. 사장교의 구조의 종류

(1) 2경간 구조
하나의 교탑으로 2경간이 대칭 또는 비대칭으로 이루어진 구조

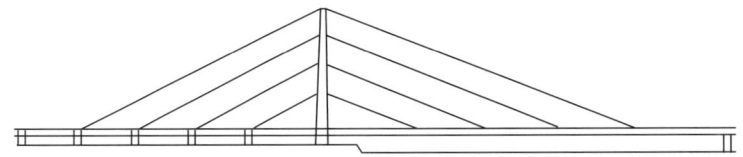

(2) 3경간 구조
2개의 교탑으로 3경간을 갖는 형식의 구조

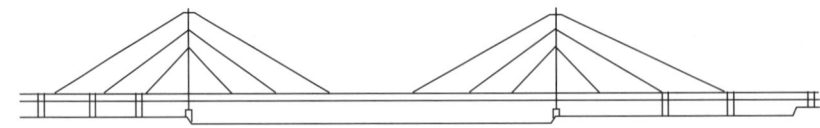

(3) 다경간 구조
많은 교탑과 경간을 갖는 복합으로 이루어진 구조

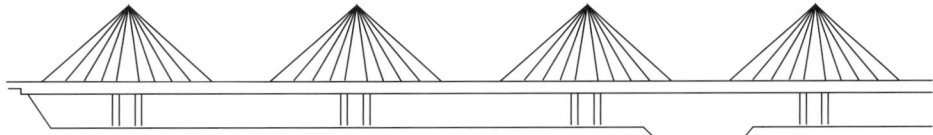

5. 사장교의 구성

(1) Cable

1) 역 할
인장력을 조절하여 교량의 각 구조부재의 단면력을 균등하게 분배

2) 횡단면 배치
① 단일 평면구조/수직(Single Plan System - Vertical)
  - 폭원의 중앙 부분에 배치
  - 정착되는 Cable에 의해서 교면이 분할
  - 경제적이고 미관상 양호
  - 올림픽대교가 이 형식을 적용
② 단일 평면구조/수직 편측(Single Plan System - Vertical Later)
  - 폭원의 중앙을 벗어나거나 비대칭으로 배치
  - 주로 보도교에 적용
③ 2중 평면구조/수직(Double Plane System - Vertical)
  상부구조의 양쪽 단부에 수직으로 배치
④ 2중 평면구조/경사(Double Plane System - Sloping)
  - 상부구조의 양쪽 단부에 경사지게 배치
  - A형 교탑에 많이 이용
  - 상부구조의 비틀림 강성에 유리
  - 돌산대교, 진도대교 등이 이 형식을 적용
⑤ 2중 평면구조
  - 상부구조 폭원 중앙부분과 양쪽 단부에 1개씩 배치
  - 3~4차선 배치 또는 대량 수공용 궤도차선을 중앙에 설치할 경우 적용

3) 교축방향 배치
① 방사형(Radial System)
  - 전체 Cable이 교탑의 정점에 집중되며 Cable이 Girder에 대해서 최대 경사각을 확보하므로 구조적으로 유리

- Cable 수가 많아지면 교탑 정착부가 복잡해지고 Cable 장력이 교탑 정상에 집중적으로 작용하여 매우 큰 전단력과 휨 Moment가 교탑 전체에 작용하고 공사비가 증대

② Harp 형
- Cable이 교탑높이 전체에 걸쳐 분포하여 배치
- 2중 평면구조에서 미관을 고려하여 적용
- 방사형에 비해 교탑설계가 효율적이고 Cable 정착이 용이

③ Fan 형
- Harp형과 방사형의 절충형
- 교탑정상에 모든 Cable을 정착시키기 어려울 때 적용

④ Star 형
- Cable을 교탑에서 높이가 각각 다른 부분에 정착하고 Girder의 한 지점에 집중시켜 배치하는 것으로 방사형과의 반대 형태
- Cable로 Girder를 지지해 주는 사장교의 특성에서는 비 바람직한 구조
- Girder에서의 Cable 정착문제 때문에 사용되는 Cable 수가 제한
- 측경간 Cable은 일반적으로 교각이나 교대의 단부에 정착

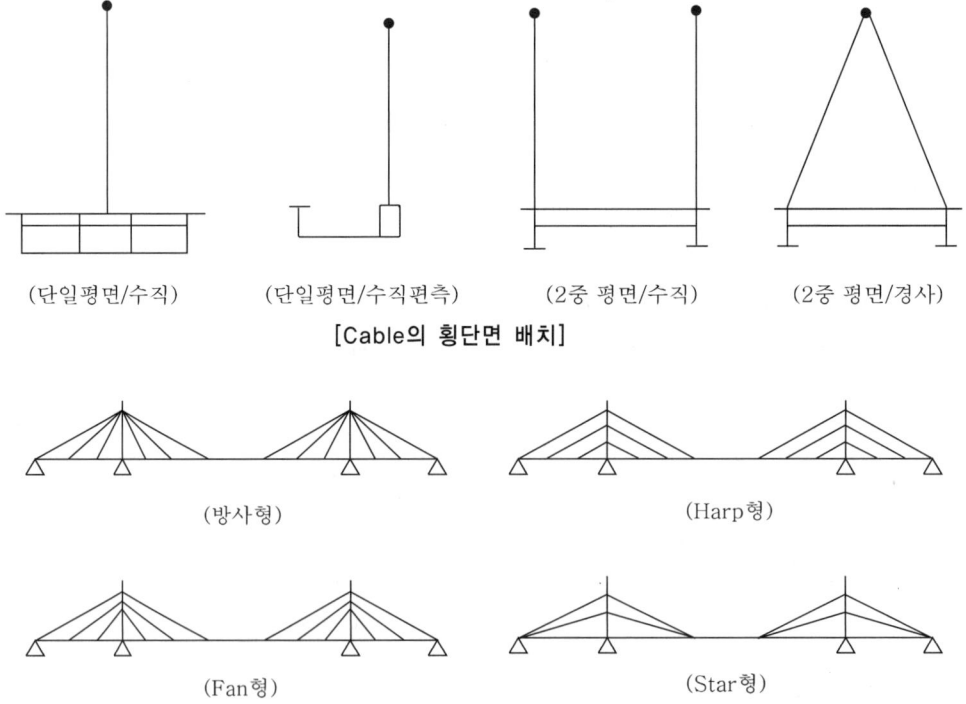

(단일평면/수직)　(단일평면/수직편측)　(2중 평면/수직)　(2중 평면/경사)

[Cable의 횡단면 배치]

(방사형)　(Harp형)

(Fan형)　(Star형)

[Cable의 교축방향 배치]

(2) 교탑(Pylon, Tower, 주탑)

1) 역할
Cable의 하중을 받아 기초에 전달

2) 교탑형식의 종류
① 1탑형(단일 기둥형)
② 2탑형
③ A형
④ Diamond형
⑤ Delta형

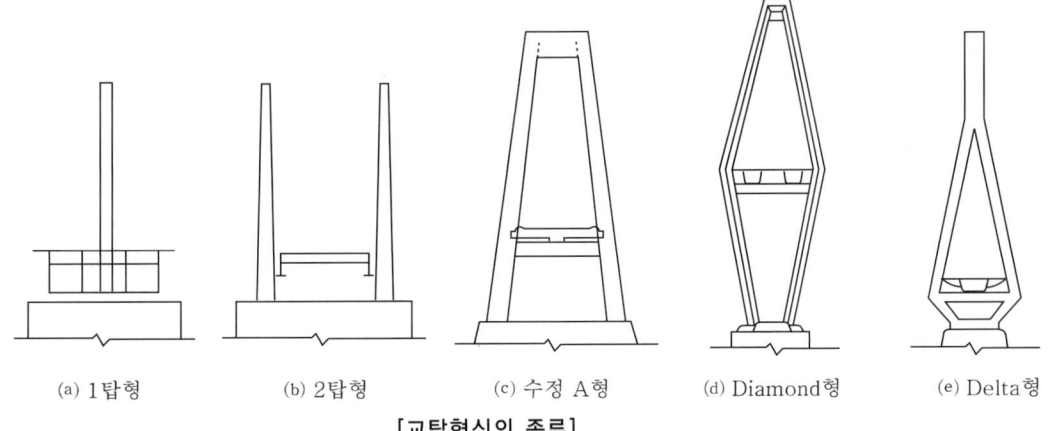

(a) 1탑형   (b) 2탑형   (c) 수정 A형   (d) Diamond형   (e) Delta형

[교탑형식의 종류]

3) 교탑의 지점
① 고정지점
- 교탑기초에 큰 Moment가 발생하나 구조 전체의 강성을 증가시킴
- 가설이 용이

② Hinge 지점
회전을 허용하므로 기초지반이 양호하지 못한 경우에 유리

4) 교탑형식의 선정 시 고려사항
① Cable 배치
② 가설지점의 조건
③ 설계조건
④ 미관
⑤ 경제성

(3) 상부구조

1) 역 할

Girder 형식의 구조로 이루고 있는 부분으로서 교량을 통과하는 차량 등 통과물의 하중을 Cable과 하부에 전달

2) 상부구조 형태의 분류

① 보강 Truss 형식
② 보강 Girder 형식

3) 보강 Girder 형식의 종류

① I형 Girder
 - 2본 I형 및 다수 I형 Girder가 있다.
 - 비틀림 강성이 작다.

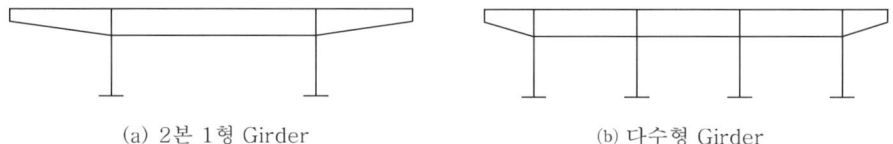

(a) 2본 1형 Girder　　　　　(b) 다수형 Girder

② 1실 상자(Box)형 Girder
 - 장방형 및 사다리꼴 상자형이 있다.
 - 비틀림의 강성이 높다.
 - 단면의 양단을 연장하여 노폭을 확장시킬 수 있다.

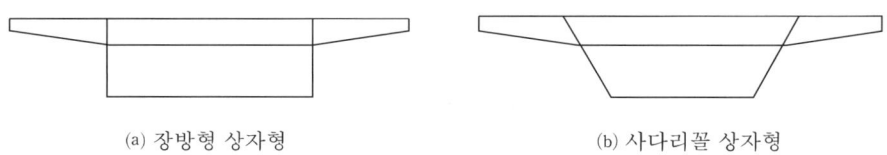

(a) 장방형 상자형　　　　　(b) 사다리꼴 상자형

③ 2실 또는 다실 상자형 Girder
 - 2실 또는 다실의 장형 및 사다리꼴 상자형이 있다.
 - 많은 차선이 필요한 경우 적용한다.

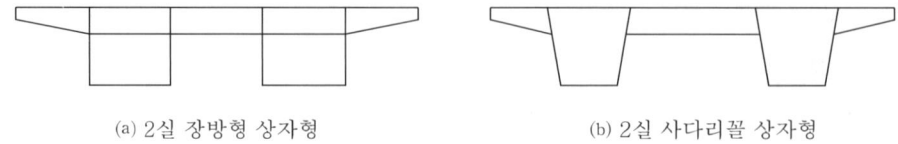

(a) 2실 장방형 상자형　　　　　(b) 2실 사다리꼴 상자형

6. 교탑의 가설

(1) 강재(綱材) 교탑

1) 시공순서 Flow Chart

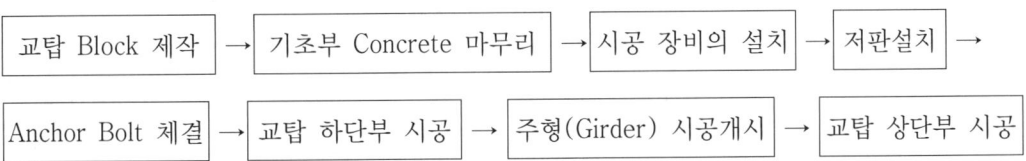

교탑 Block 제작 → 기초부 Concrete 마무리 → 시공 장비의 설치 → 저판설치 → Anchor Bolt 체결 → 교탑 하단부 시공 → 주형(Girder) 시공개시 → 교탑 상단부 시공

2) 시공방법상 분류

구 분	일괄 시공	현장조립
개 요	강재의 시공 시 공장에서 제작된 교탑 본체를 대형 Crane을 이용하여 한 번에 일괄 시공하는 방법	교탑부재를 운반이 가능한 중량과 치수의 Block 단위로 제작하여 현장에서 조립하는 방법
현장 이음	불필요	필요(많음)
시공정밀도 (시공 오차)	높다	시공 오차가 누적 (현장이음이 많음으로)
장비규모	대형 (무거운 교탑 일괄 이동)	소형 (부재를 Block 단위로 운반)
기타	운반에 따른 문제로 공법적용에 제약이 따름	–

3) 교탑 본체 가설공법(현장조립)

① 공장에서 보통 Box형 단면 또는 Panel 단위로 부재를 제작
② 현장에서 기 제작된 부재를 Bolt 또는 용접 이음 등으로 연결 조립
③ 교탑 조립에 있어 주형가설 전 교탑을 시공하는 방법과 주형 및 Cable의 가설과 병행한 교탑 시공방법 등으로 분류
④ 단계별 시공 시 Climbing Crane 또는 Tower Crane 등의 장비를 이용하여 시공
⑤ Climbing Crane을 이용 시 Crane의 무게로 인한 교탑에 편심 Moment 발생에 주의 필요

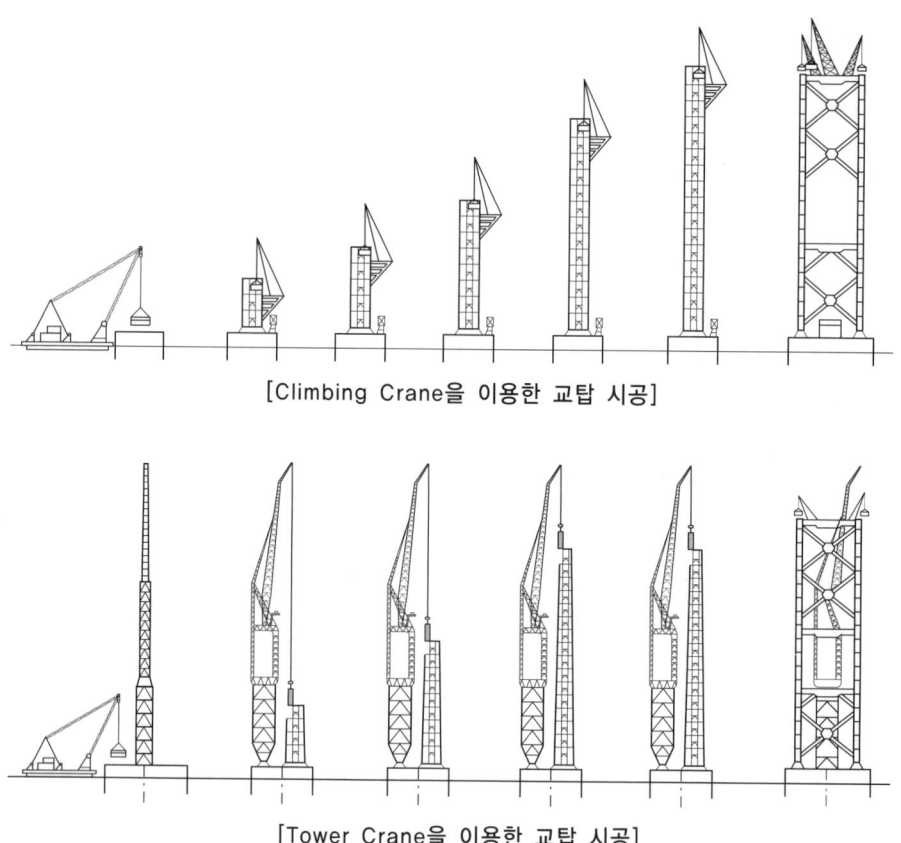

[Climbing Crane을 이용한 교탑 시공]

[Tower Crane을 이용한 교탑 시공]

(2) Concrete 교탑

1) 사장교에 적용하는 Concrete 교탑의 특징

① 단면은 높이에 따라서 변하는 경우가 많다.
② A형식과 역Y 형식의 탑은 축선이 기울어짐으로 시공 중 교탑에 과다한 휨 Moment가 발생할 수 있다.
③ 사장재의 정착에 대한 고려와 유지점검용 통로 등의 설치로 단면 형상이 일반적인 탑 구조물에 비해 복잡하다.
④ 교탑 본체의 시공 외에 케이블설치용 작업대, 인장 작업용 비계 등을 설치해야 한다.
⑤ Concrete 교탑에서는 일반적으로 Precast 공법보다 현장타설 공법을 적용하는 경우가 많다.
⑥ Cable의 정착부 시공은 높은 정밀도가 요구된다.

2) Concrete 교탑 시공법의 분류

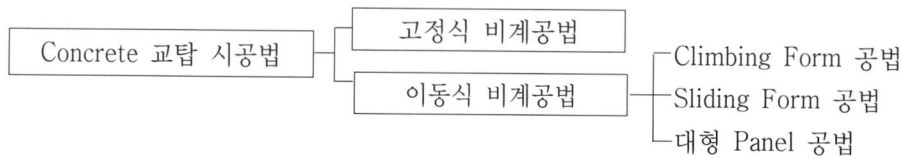

3) 고정식 비계공법과 이동식 비계공법의 비교

구 분	고정식 비계공법	이동식 비계 공법
공법개요	지상 또는 교면에서 직접 가설용 비계를 세워 올리는 공법	비계와 일체화된 거푸집에 자동 승강 장치를 부착하여 비계를 이동시키며 가설하는 공법
공법적용	높이가 비교적 낮은 교탑이나 교탑 형상이 복잡한 경우에 이용	비계를 조립해 올리지 않는 높은 장소의 장대 PC 사장교
특 징	① 특수한 장비가 불필요 ② 가설 설비가 간단 ③ 소규모의 교탑시공에 많이 적용	① 거푸집이 비계와 일체식 ② 거푸집 상승의 자동화 ③ 높은 교탑시공에 많이 적용

4) Climbing Form 공법

① 경화된 Concrete 내에 매입되어 있는 봉(Rod)과 측면의 Anchor를 이용하여 비계 및 거푸집을 일체로 상승시키며 순차적으로 시공하는 공법
② 기계화 작업으로 공기를 단축
③ 주로 장대 PC 사장교에 많이 이용된다.

5) Sliding Form 공법

① 이미 타설된 Concrete에 매입되어 고정된 Rod에 상승 장치를 설치하고 비계와 거푸집을 서서히 상승시키면서 연속적으로 Concrete를 타설하는 공법
② 연속적인 Concrete 타설 작업으로 공기가 크게 단축
③ 사장교의 교탑 외 매우 높은 굴뚝이나 현수교의 Concrete 교탑의 시공 등에도 많이 적용

6) 대형 Panel 공법

① 거푸집의 조립이나 해체 작업의 능률을 높이기 위하여 단위 거푸집을 대형화하고 Crane 등의 특수한 장치로 거푸집을 올려 순차적으로 단계별 시공을 하는 방법
② 비계의 안정성에 한계로 시공 가능한 교탑의 높이는 한계가 있다.

7. Cable 시공

(1) Cable의 설치 방법

1) Crane을 이용한 직접 정착법

① 주형의 바닥 판에 놓여진 Cable을 탑정 Crane을 이용해 교탑의 정착부로 직접 끌어올려 가설하는 공법
② 주로 다수 Cable 형식에 많이 사용

③ 별도의 시공 보조 장비가 불필요
④ 작업효율이 우수
⑤ 직경이 큰 Cable의 가설에는 부적합

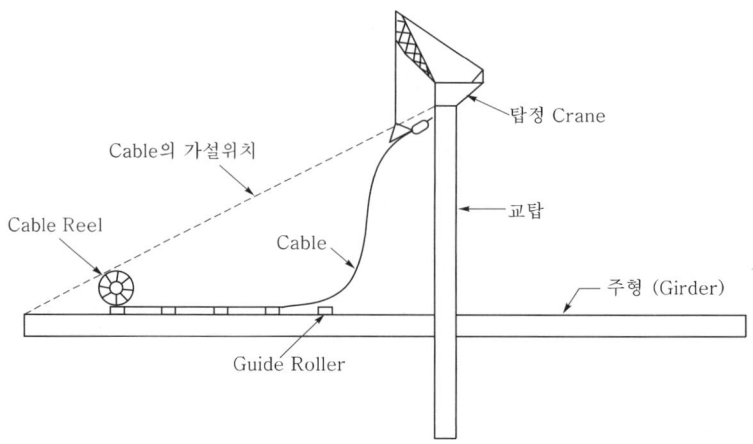

2) 이동식 Hanger 공법

① 임시 Cable을 Cable 가설 위치에 설치하고 주형에 놓여있는 Cable을 이동이 가능하도록 설치된 행거를 사용해서 Multi-Point Suspension 형태로 교탑에 인입시켜서 정착시키는 공법
② 큰 단면의 Cable 가설이 가능

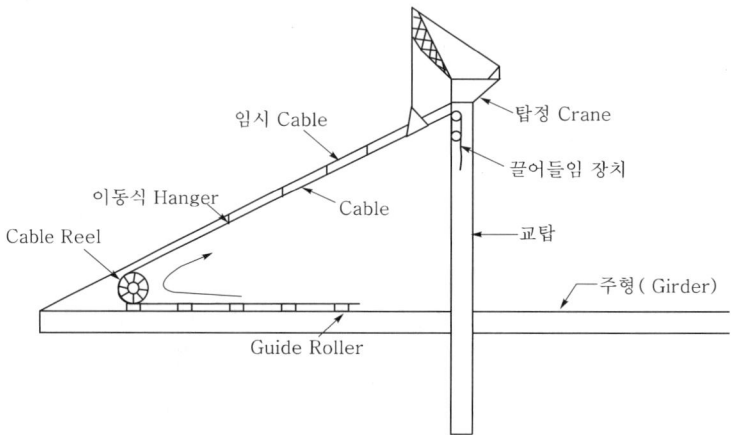

3) 연직 Hanger 공법

① 임시 Cable에 연직 Hanger를 고정시키고 주형 위에 전개된 Cable을 행거에 매단 후 연직 방향으로 Hanger를 감아 Cable을 정착시키는 이동식 행거 공법과 유사한 공법
② 각각의 Cable 정착 시마다 임시 Cable의 위치를 계속 조정해야 하는 것이 단점
③ 제일 위에 있는 Cable부터 시공한 경우에는 이미 시공된 Cable을 가설용 임시 Cable로 사용 가능

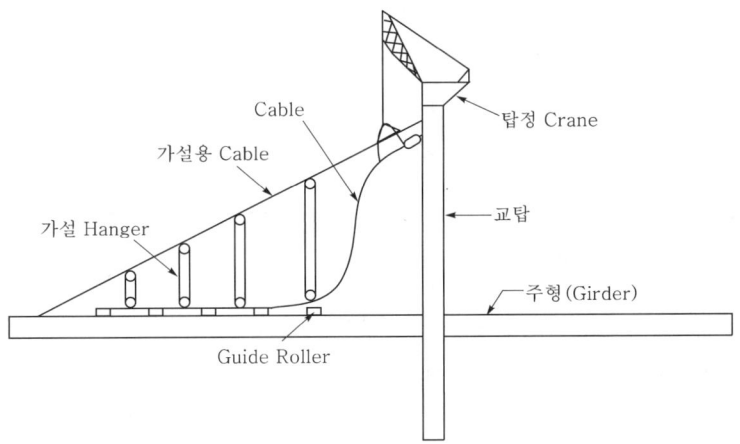

4) Cat Walk를 이용한 공법
   ① Cable 설치에 앞서서 임시기둥과 Cat Walk를 설치한 후 Cat Walk 위에 Guide Roller를 배치하고 Cable은 주형측 Guide Roller 위에 실려져서 교탑 측으로 운반되어 정착하는 공법
   ② 현수교의 Main Cable 가설공법과 유사한 공법
   ③ 직경이 큰 Cable 가설이 가능
   ④ Cat Walk와 임시기둥 설치가 필요

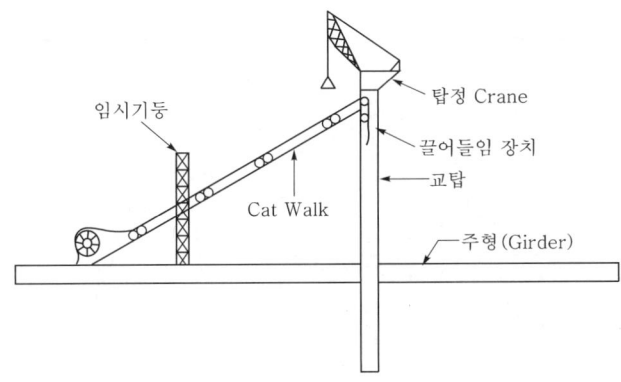

(2) Cable 장력 도입 방법

1) Cable 인장용 Jack을 이용한 방법

구 분	내 용
시공개요	주형 또는 교탑의 정착부에 Jack을 설치하고 Cable 끝을 당겨 장력을 도입하는 방법
종 류	① Mono Strand 공법 : Strand를 하나씩 인장 ② Multi Strand 공법 : 한 번에 다수의 Strand를 함께 인장
특 징	① 좁은 장소에서 Jack 작업이 필요한 경우 적용 ② 대부분의 Cable 시공에 적용

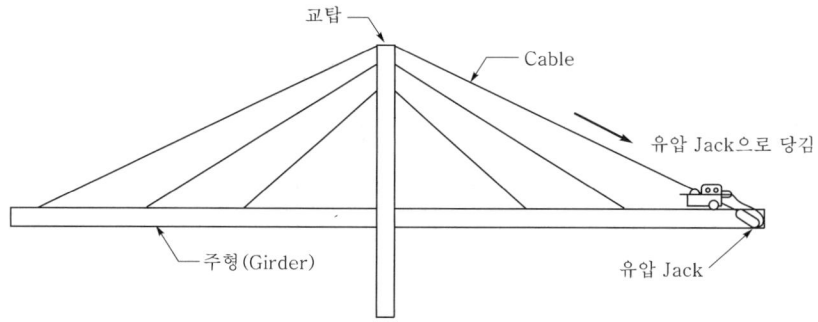

2) 주형의 사하중을 이용한 장력도입방법

구 분	내 용
시공개요	임시 Cable 또는 동바리(Bent)를 이용하여 주형을 설계치보다 높게 한 후 Cable과 연결하여 주형의 사하중 Cable에 전달시킴으로 인장력을 도입하는 방법
종 류	① 임시 Cable을 이용한 방법 ② 동바리(Bent)를 이용한 방법
특 징	① 대규모의 장비가 불필요 ② 전체 Cable을 한 번에 인장할 수 있는 것이 장점 ③ 임시 Cable 이용 시 본 Cable에 대한 재 인장 실시 ④ 동바리를 이용 시 Cable 설치 및 인장 후 해체

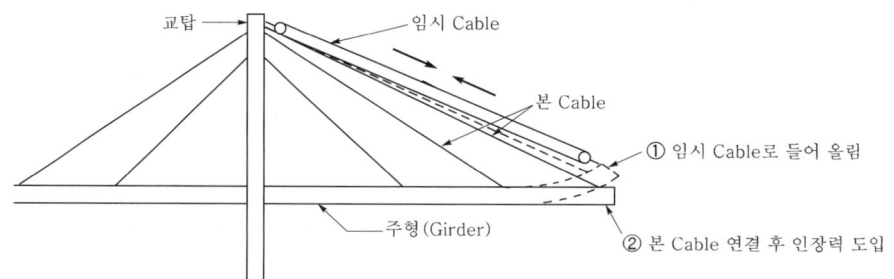

(a) 임시 Cable을 이용한 방법

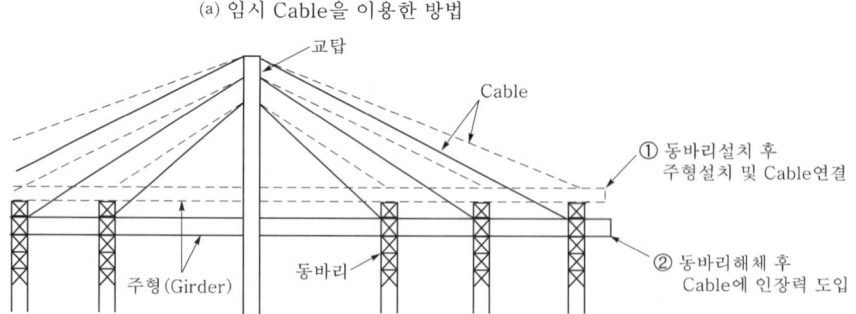

(b) 동바리(Bent)를 이용한 방법

[주형의 사하중을 이용한 장력도입방법]

3) 탑정 Saddle을 이용한 장력 도입 방법

구 분	내 용
시공개요	사장교 탑정부의 Cable Saddle을 설계 값 보다 낮게 설치하고 그 위에 Cable을 정착한 후 Jack을 이용하여 Saddle을 들어올려 장력을 도입하는 방법
특 징	① 충분한 장력도입을 위해 Saddle이 2m 이상 상승 필요 ② 교탑 전후 Cable 장력의 수평분력에 대한 평형에 주의 요 ③ Cable 길이가 긴 경우 적용

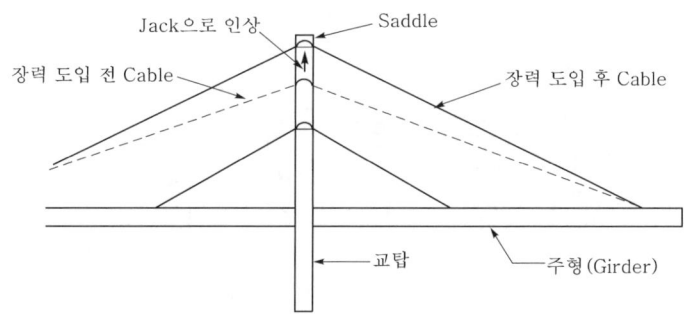

8. 주형(Girder)의 시공

(1) 동바리 공법(Staging Method)

1) 공법개요

가설 위치의 동바리 또는 임시 교각을 설치하고 그 위에 전 지간의 보강 Girder를 가설한 후 Cable을 설치 및 인장하고 동바리 및 임시 교각은 해체하는 공법

2) 특 징

① 설계상에서 요구되는 기하학적 구조를 시공 중 정확히 유지 가능
② 교하공간이 낮을 때는 다른 시공법에 비해 공사비가 저렴
③ 교량 가설시 풍하중 등의 영향에 대한 충분 고려가 필요
④ 교하공간이 낮고 교통에 장애가 되지 않는 경우에 적용
⑤ 경간의 길이가 단경간인 경우 유리

3) 시공순서

동바리 설치 → Girder 시공 → 유압 Jack으로 솟음(Camber)조정 → Cable 시공 → 유압 Jack 제거 → 동바리 철거 → Cable에 인장력 도입

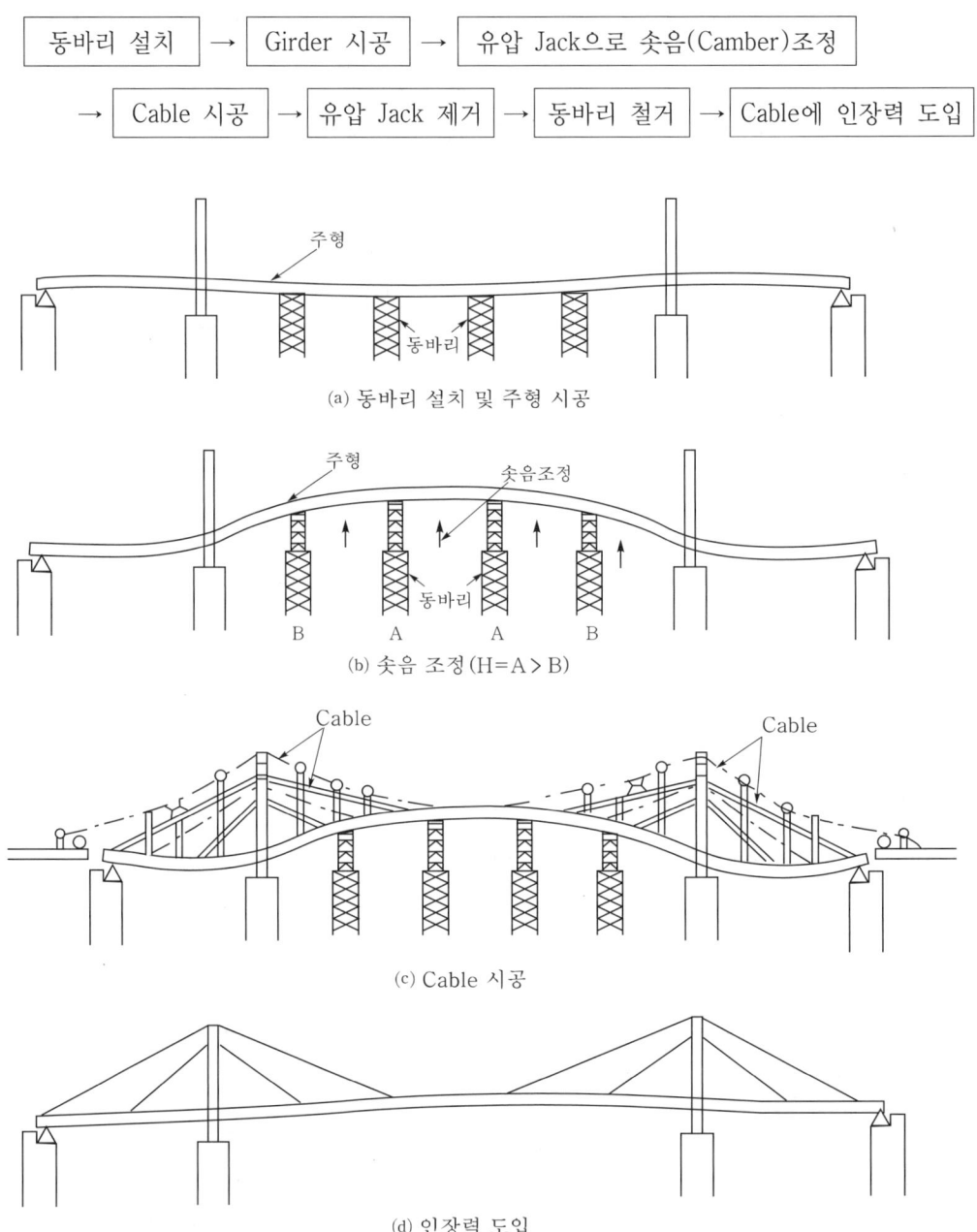

(a) 동바리 설치 및 주형 시공

(b) 솟음 조정(H=A>B)

(c) Cable 시공

(d) 인장력 도입

(2) 압출공법(Push Out Method)

1) 공법개요

교대 후방에서 제작 및 조립된 주형(Girder)을 압출 장치를 이용하여 교대 전방으로 밀어내면서 미리 시공한 교각 위로 전 경간을 시공하는 공법

2) 특 징
① 압출 시 소요 강도확보를 위해 상부 단면 보강이 필요
② 교량 횡단시 시공 장비의 진입이 곤란한 경우 적용
③ 동바리설치가 곤란하거나 불가능한 경우 적용
④ 교량 가설시 교량 아래의 공간 확보가 필요한 경우 적용
⑤ Cantilever 공법 적용이 곤란한 경우 적용

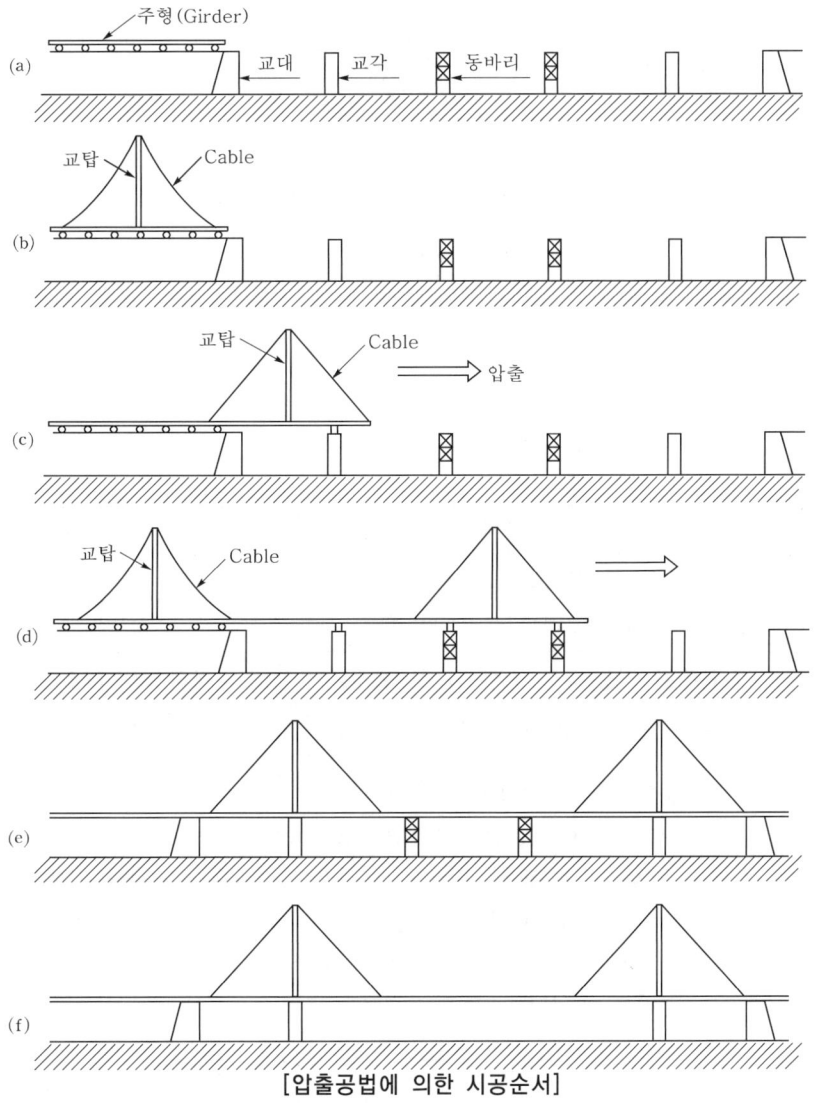

[압출공법에 의한 시공순서]

(3) Cantilever 공법

1) 공법개요

교탑부에서 좌우 균형을 맞추며 Girder에 Cable을 설치 및 인장력을 도입하면서 좌우로 교량을 시공하는 공법

2) 특 징

① 현장 타설 및 Precast Concrete 교, 강교 등에 모두 적용 가능
② Cable의 지지로 임시 구조물 설치의 최소로 효율적인 시공 가능
③ 교하공간의 영향을 받지 않음
④ Cable의 최대한 활용으로 장 경간 교량 시공에 적합
⑤ 시공 중 불균형 Moment에 대책 마련이 필요

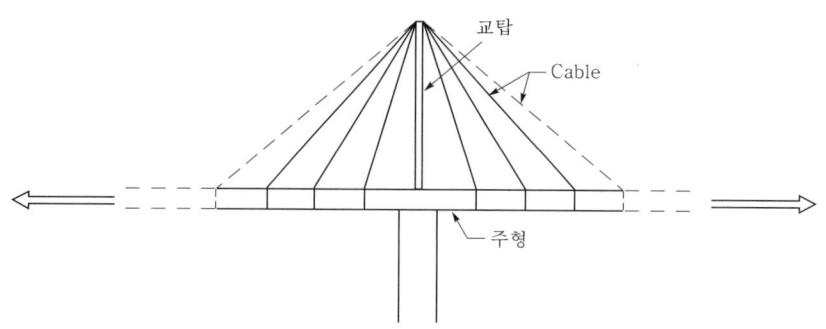

9. 현수교와 사장교의 비교

구 분	현수교	사장교
주요 구조	교탑, 보강 Girder, Cable, Hanger, Anchor Block, 보강 Girder	교탑, Cable, Girder
구조 형식	단경간 또는 3경간 형식으로 한정	2, 3경간 및 다 경간형식 가능
Cable 배치	포물선형상으로 배치	기울어진 직선형 상으로 배치
Cable 정착	① 타정식(Earth Anchored Type) 보강 Girder의 양단에서 Anchorage에 정착되는 형식 ② 자정식(Self-Anchored Type) Cable이 보강 Girder의 양 단부에 정착되는 형식	모든 Cable을 Girder 내에 정착하기 때문에 Anchorage가 불필요
교탑 형태	Truss 보강형, Rahmen형 (경관미를 중요시 여김)	하나의 기둥, 포털형, A형, H형, 역Y형
교탑 높이	보강 Girder의 약 2배	사장교 교탑 높이의 1/2 정도
하중 도입	Cable에 인장력 도입	보강 Girder에 압축력 도입

10. 결 론

　사장교는 Cable로 지지되는 교량으로서 구조물의 강성, 재료의 특성, Cable의 초기길이 등과 같은 불확실 등에 의해서 설계 시 예측하지 못한 사항으로 시공단계에서 오차가 발생할 수도 있으므로 시공에 따른 세심한 시공관리가 필요하다.

　또한 교탑, Cable 주형 등으로 구성된 사장교의 각 요소별 시공 시 변형이 발생되지 않도록 하고 특히 교탑의 경우 고공 작업에 따른 안전관리와 Cable 설치 및 인장력 도입에 따른 변화 등에 대한 대책을 수립하며 시공할 수 있도록 한다.

문제 13 현수교 가설공법

1. 개 요

현수교(懸垂橋, Suspension Bridge)는 교탑 및 Anchorage로 Main Cable을 지지하고 이 Cable에 현수재(Suspender 또는 Hanger)를 매달아 보강형(Stiffening Girder)을 지지하는 교량형식을 말한다.

현수교의 Cable은 현수교의 가장 중요한 구조요소로 현수구조 부분의 사하중 전부와 활하중의 대부분을 지지하는 역할을 하며, Hanger는 보강 Girder의 하중을 Cable에 전달하는 역할을 하고, 보강 Girder는 활하중을 Cable로 전달하는 역할을 하며 지점으로 전달하는 활하중 성분은 거의 없다.

2. 현수교의 특징

(1) 중앙 경간이 400m 이상일 경우 Truss나 사장교보다 경제적이다.
(2) 내풍성이 약하여 흔들리기 쉽다.
(3) 수심이 깊거나 하부구조를 설치하기 곤란한 지형에 유리하다.

3. 현수교의 설계 시 고려사항

(1) 보강형(Girder)의 연속성
(2) 중앙 경간과 측 경간의 비
(3) 중앙 경간과 Sag의 비
(4) Hanger의 배치
(5) 보강형의 형식
(6) 교탑의 형식
(7) 강 바닥 판과 들보의 합성 및 비합성

4. 현수교의 분류

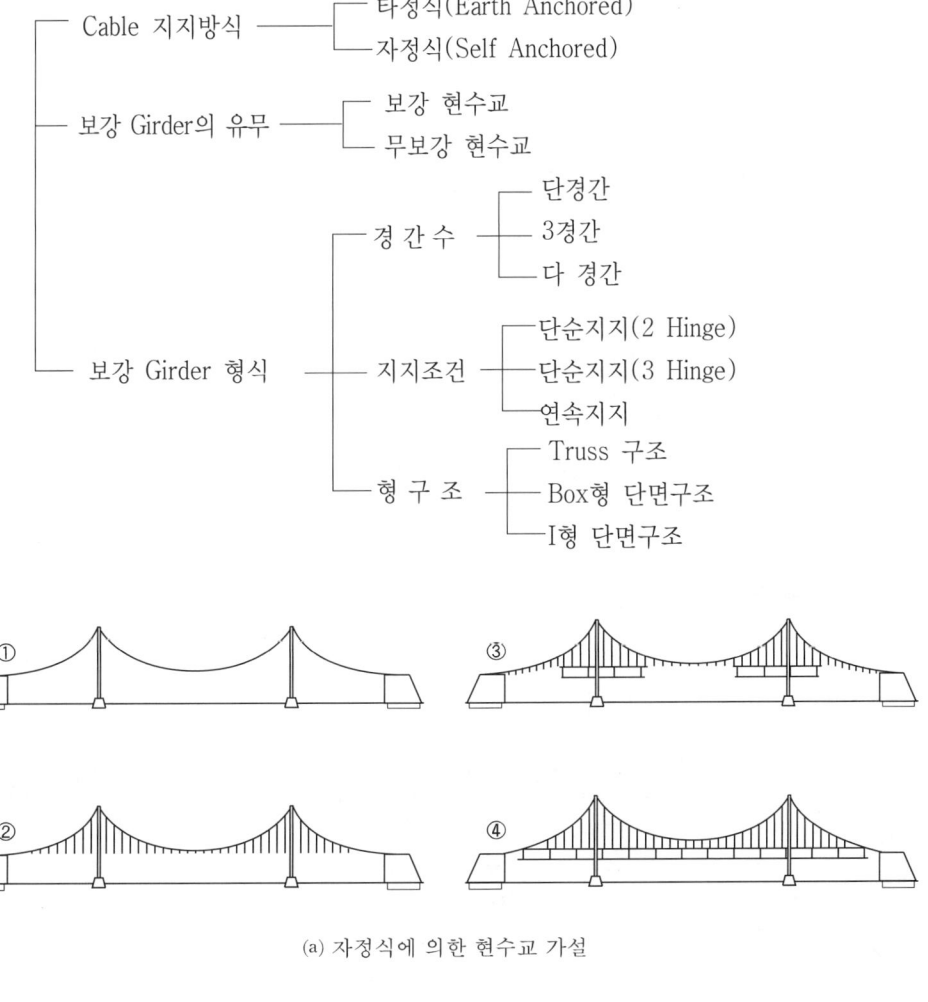

(a) 자정식에 의한 현수교 가설

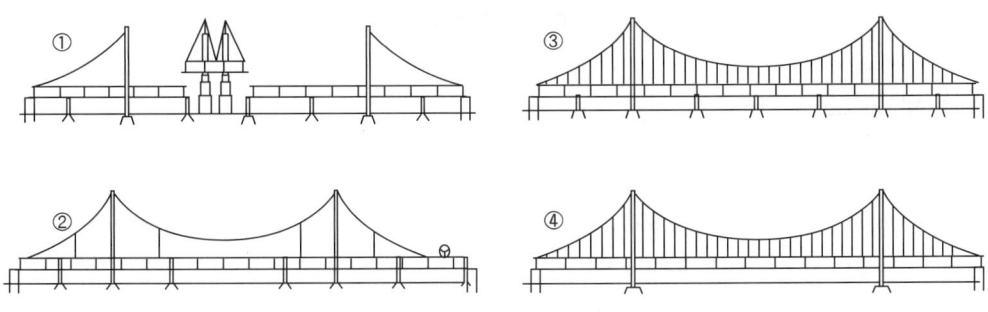

(b) 타정식에 의한 현수교 가설

[Cable 지지방식에 따른 현수교 가설의 분류]

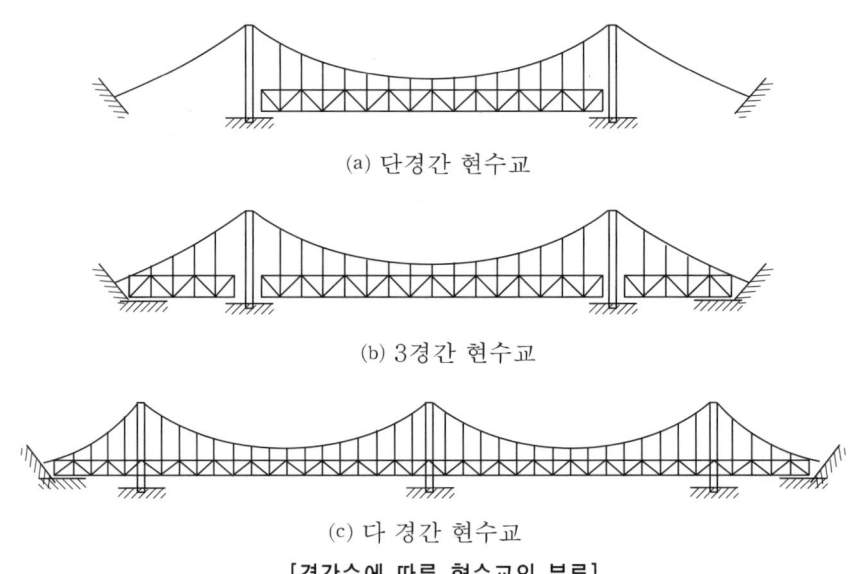

(a) 단경간 현수교

(b) 3경간 현수교

(c) 다 경간 현수교

[경간수에 따른 현수교의 분류]

5. 현수교의 구성

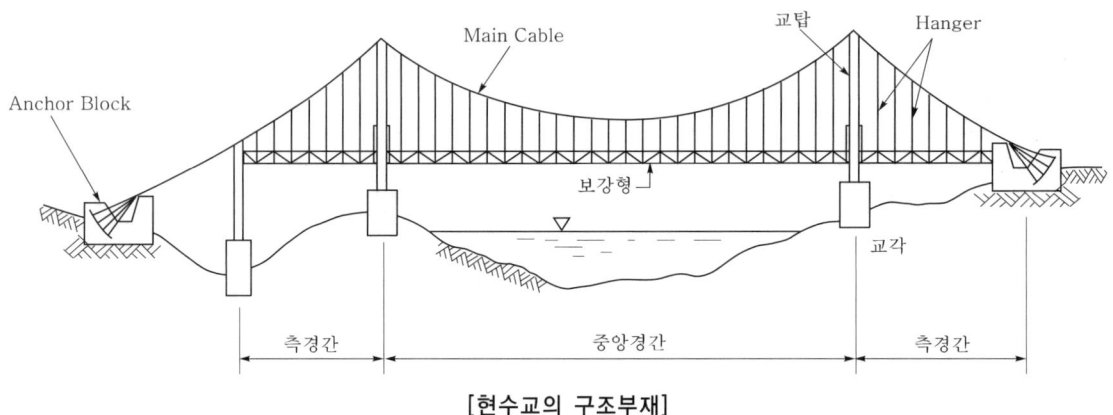

[현수교의 구조부재]

(1) 상부 구조

1) Cable

① 현수교의 가장 중요한 구조요소로 현수구조 부분의 사하중 전부와 활하중의 대부분을 지지

② Cable 재료로는 Strand Rope, Spiral Rope, Parallel Wire Cable 등이 사용

2) Hanger

① 보강 Girder의 하중을 Cable에 전달

② 보통 등 간격으로 하여 Cable과 보강 girder 사이를 연직으로 연결

3) 보강 Girder
   ① Girder에 작용하는 활하중을 Cable로 전달
   ② 지점으로 전달하는 활하중 성분은 없음
   ③ 구조에 따라 Truss 구조, Box형 단면구조, I형 단면구조 등으로 분류

4) 교 탑
   ① Cable의 하중을 받아 기초에 전달(사장교의 교탑과 동일)
   ② 현수교의 경관 미를 좌우하는 중요한 구조부재
   ③ 장대 현수교에서는 교탑에 의해 교량의 특징이 결정되는 구조
   ④ 교탑의 강성 확보를 위해 Truss 조립에 의한 교탑, Rahman 형식의 교탑 등으로 분류

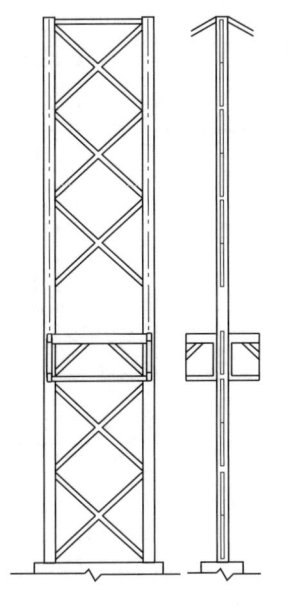 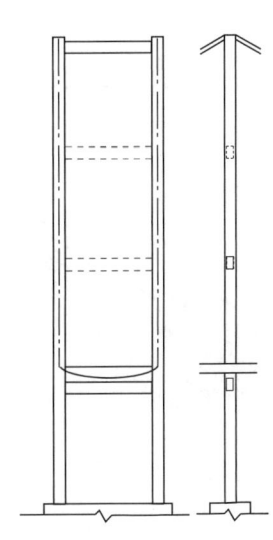

(a) Truss 조립에 의한 교탑   (b) Rahman 형식의 교탑

[현수교 교탑의 분류]

(2) 하부구조

1) Anchor Block

구 분	직접 Anchor 방식	중력식 Anchor Block 방식
공통	Cable의 정착을 위한 구조체	
개요	암반을 천공하여 Cable의 끝 부분을 Concrete와 함께 정착시켜 Concrete와 암반과의 마찰력으로 Cable 장력에 저항하는 방식	Concrete를 타설하는 직접 기초에 의한 Mass Concrete의 중량으로 Cable 장력에 저항하는 방식
적용	① 기초암반이 얕은 곳에 있는 경우 ② 균열이 없는 양호한 암질의 경우	① 장대 현수교에 많이 사용 ② 암반이 비교적 얇고 굴착이 가능한 경우 ③ 굴착이 곤란한 경우 말뚝기초 또는 Caisson 기초방식이 적용

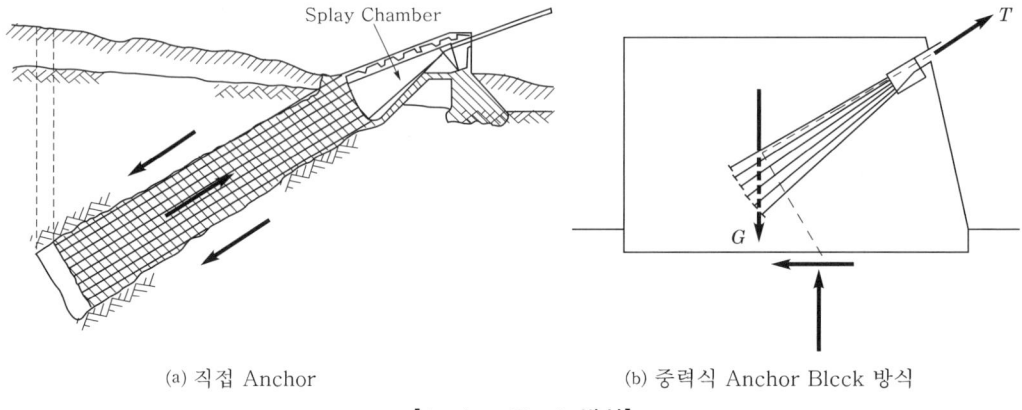

(a) 직접 Anchor   (b) 중력식 Anchor Block 방식

[Anchor Block 방식]

2) 교대(Abutment)

① 교량 양단에 설치되는 구조물로서 상부구조를 지지
② 교대 배면의 토압과 상부로부터의 연직하중을 기초지반에 전달

3) 교각(Pier)

① 교대 중간에 설치되는 구조물로서 상부구조를 지지
② 상부구조가 2경간 이상일 경우 교량 양단의 교대 사이에 설치

6. 현수교의 시공

(1) 현수교의 시공 개요

교탑, Main Cable 및 보강 Girder의 공사가 각기 독립적으로 진행되기 때문에 다른 부재의 공법에 의한 제약을 받는 일이 거의 없다.

(2) 현수교 시공 시 고려사항

1) 가설지점의 지형조건
2) 지상의 조건
3) 작업환경
4) 부재의 운반 조건
5) 가설 장비의 조건
6) 안전성

(3) 교탑 시공

1) 시공개요
   ① 교탑의 시공방법은 사장교와 거의 동일하다.
   ② 사장교는 교탑이 주형과 Cable의 병행 시공이나 현수교는 교탑 완료 후 Cable을 시공하므로 시공 도중 독립된 탑으로 서 있게 된다.
   ③ 교탑시공 시 제진장치를 설치하여 내풍(바람 등)에 대한 탑의 진동을 억제시킨다.

2) 제진장치

제진장치 종류	특 징
Sliding Block	① 교탑에 Block이 장착된 강선을 설치하고 Block을 경사판 위에 설치하여 Block과 마찰력의 이용으로 교탑의 진동을 제어한다. ② 진동수가 서로 다른 휨 및 비틂진동에 대응한다. ③ 강선의 Sag에 의한 영향을 받지 않도록 강선에 초기장력을 도입한다. ④ Block의 정지 마찰각 이상이 되도록 경사판을 설치한다.
질량 감쇄기	① 강선에 추를 설치하여 진동계에 질량을 주어 감쇄시키는 장치 ② Sliding Block 방식에 비해 Block의 무게를 줄일 수 있다. ③ 기본원리는 Sliding Block 방식과 동일하다. ④ 간단한 설비만으로 제진이 가능하다.
능동 제진장치	① 가속도계를 통해서 교탑의 진동을 입력하여 Computer에 의해 제진력을 주는 장치 ② 계측된 정보를 이용하여 진동을 제어한다. ③ 제진력은 추의 직선 왕복운동에 의한 관성력을 이용한다. ④ 제진력의 방향은 진동에 따른 추의 운동방향을 변화시켜 제어한다.

3) 교탑의 Cell 단위 제작 및 가설

① 가능한 균일한 중량이 되도록 높이 방향으로 여러 개의 단으로 나눈다.
② 다시 여러 개로 나눈 각 단을 Cell 단위로 나눈다.
③ 이때 Cell 단위로 나눈 Cell을 제작 및 가설의 기본단위로 한다.

(4) Main Cable 설치를 위한 준비공사

1) Pilot Rope의 설치(Pilot Rope의 도해)

해상 또는 하천상에 건설되는 현수교의 Main Cable 시공 전 양쪽 교탑사이를 연결하는 직경이 가는 임시강선을 Pilot Rope(작업용 Rope)라 한다.

① 수중 도해 공법(Free Hang 공법)

연결하고자 하는 Rope를 교탑부에서 서서히 끌어내려 예인선을 이용하여 건너편 교탑으로 연결하는 공법

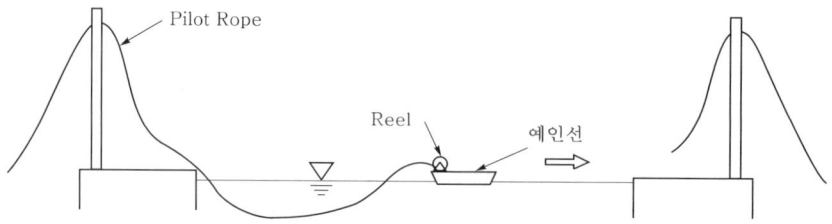

② 해상 Crane(Floating Crane)에 의한 도해 공법

수중의 지형이나 조류의 영향을 피하기 위해 Pilot Rope를 해상 Crane을 이용하여 설치하는 공법

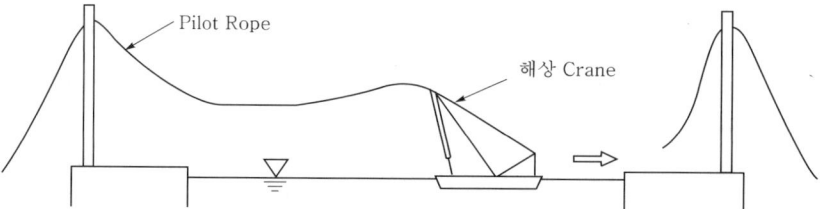

③ 부표에 의한 도해 공법

조류가 멈추었을 때 부표에 Pilot Rope를 띄워 예인선으로 견인하여 건너편 교탑으로 연결하는 공법

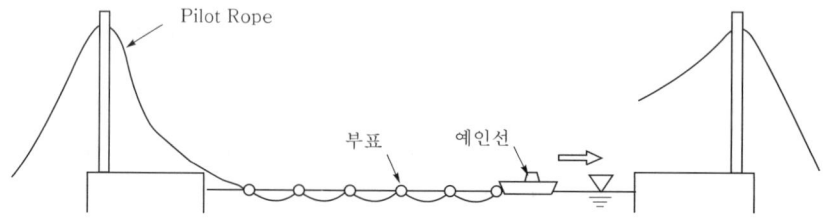

④ Helicopter에 의한 도해 공법

해상의 조류가 크고 선박의 항행 수가 많은 경우 Helicopter를 이용하여 Pilot Rope를 연결하는 공법

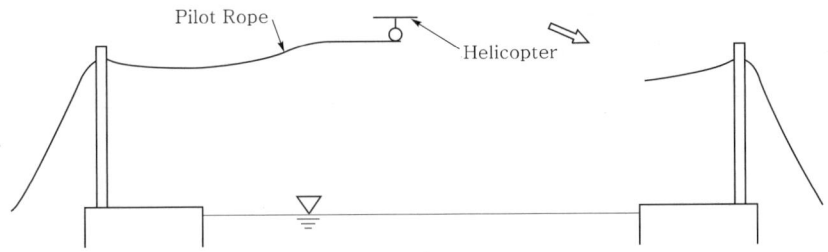

2) 권양 시스템(Hauling System) 설치

① 왕복식 권양 System(AS 공법에 적용)

한쪽에 Cable을 끌어당기는 구동장치를 설치하고 맞은편 쪽에는 인출장치를 설치하여 권양 Rope를 왕복시키며 작업하는 형식

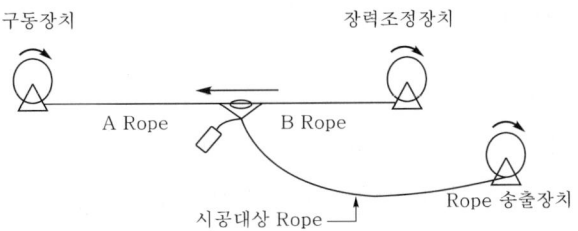

② Loop 식 권양 System(PWS 공법에 적용)

권양 Rope의 양 끝을 연결하여 Loop 식으로 설치하는 형식

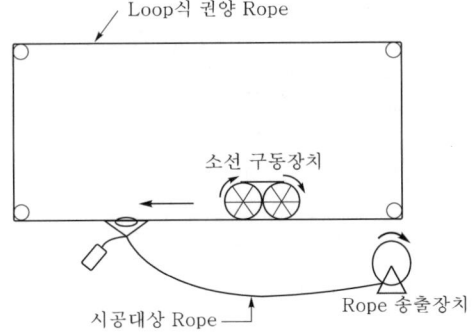

3) Cat Walk 설치

① Main Cable을 설치하기 위해 설치되는 가설용 임시비계를 말한다.
② Main Cable 가설 외 부속장치의 설치 및 Cable 도장 등의 작업에 사용됨으로 가설완료 시까지 바람과 하중에 충분히 견디도록 한다.
③ Cat Walk를 설치한 후 철망 비계로 바닥판을 설치한다.

④ Main Rope는 권양 Rope를 이용하여 가설하며 가설된 Main Rope는 교탑의 정착부에 고정시킨다.
⑤ Cat Walk는 바람의 저항에 약하므로 내풍용 Rope를 설치하여 내풍성을 확보한다.

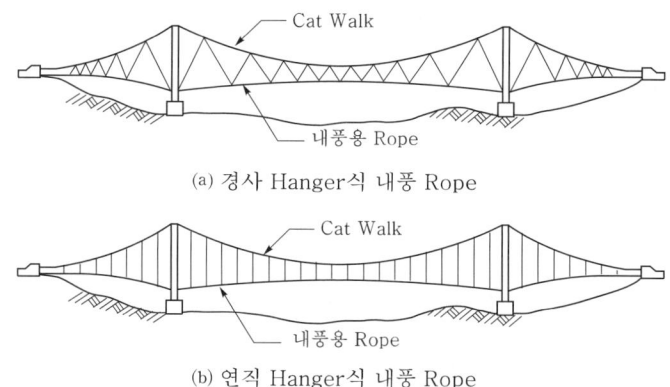

(a) 경사 Hanger식 내풍 Rope

(b) 연직 Hanger식 내풍 Rope

[내풍용 Rope에 의한 Cat Walk 설치 종류]

(5) Main Cable 가설

1) AS(Air Spinning) 공법

Cable을 구성하는 직경 약 5mm의 소선(素線)의 한 가닥 한 가닥을 Spinning Wheel에 의해 교대 사이를 왕복시켜 인출하여 소정의 본 수로 가설한 후 Aluminum 재질의 Bend로 묶어 Cable을 만드는 공법이다.

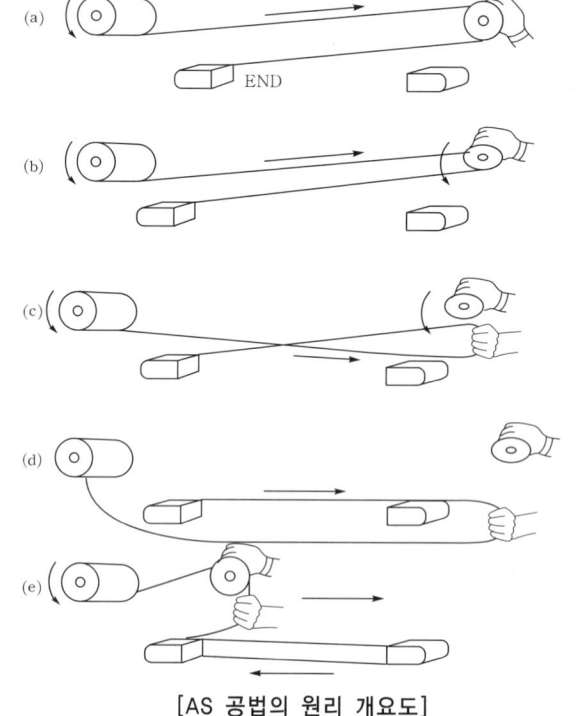

[AS 공법의 원리 개요도]

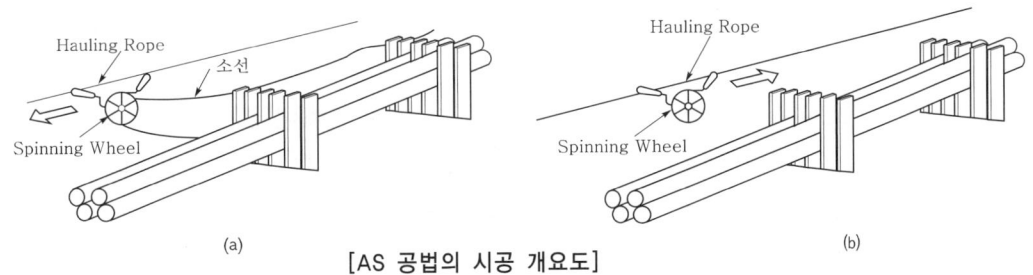

[AS 공법의 시공 개요도]

2) PWS(Parallel Wire Strand) 공법

공장에서 제작된 Strand를 Reel에 감아 현장으로 운반해서 인출하여 소정의 본 수로 가설한 후 원형으로 묶어 Cable을 만드는 공법이다.

3) AS 및 PWS 공법 비교

구 분	AS 공법	PWS 공법
공법개요	Reel에 감긴 소선을 Spinning Wheel에 감아 정착 Block 사이를 왕복 이동시켜 Strand를 구성하고, 이를 반복하여 여러 개의 Strand를 만들어 하나의 Main Cable을 만드는 공법	공장에서 Strand를 제작하여 Reel에 감아 현장으로 운반하여 소정의 본 수로 가설한 후 하나의 Main Cable을 만드는 공법
1 Strand의 소선수	300~500개의 소선 수로 구성	60~120개의 소선 수로 구성
작업속도	느리다 (Spinning Wheel 주행속도 - 최대 14.4km/hr)	빠르다 (1 Strand(약 120가닥)의 시공 속도 - 최대 2.4km/hr)
작업성	많은 노동력이 필요	비교적 작은 노동력으로 시공 가능
잔류변형	작다	크다
장착면적	작다	넓다
운반성	용이하고 비용이 저렴하다.	운반에 따른 어려움이 있다.
안전성	바람에 대한 안전성에 나쁘다.	바람에 대한 안전성이 좋다.

(6) Main Cable 마무리공사

1) Main Cable Sag 조정

① 최종적으로 완성된 Main Cable이 정확한 계획 Sag를 갖도록 장력을 조정한다.
② Stand는 시공 중에 Jack을 이용해서 개별적인 Sag를 조정한다.

③ Cable은 온도변화에 의한 영향이 크므로 Sag 조정작업은 온도변화가 적은 야간에 실시한다.
④ Sag 조정 작업은 Sag를 측정하여 소정의 위치에 Cable이 자리 잡을 수 있도록 Anchor장치에 내재되어 있는 Shim Plate를 이용해서 조정한다.
⑤ 보통 조정순서는 중앙 경간을 먼저 한 후 측 경간을 조정한다.

2) Main Cable의 압밀 작업(Squeezing)

가설된 Main Cable이 Strand 별로 가설되고 조정되어 육각형 단면이 된 것을 압밀장치(Squeezing Machine)로 조여 거의 원형으로 모아주는 작업을 압밀 작업이라 한다.

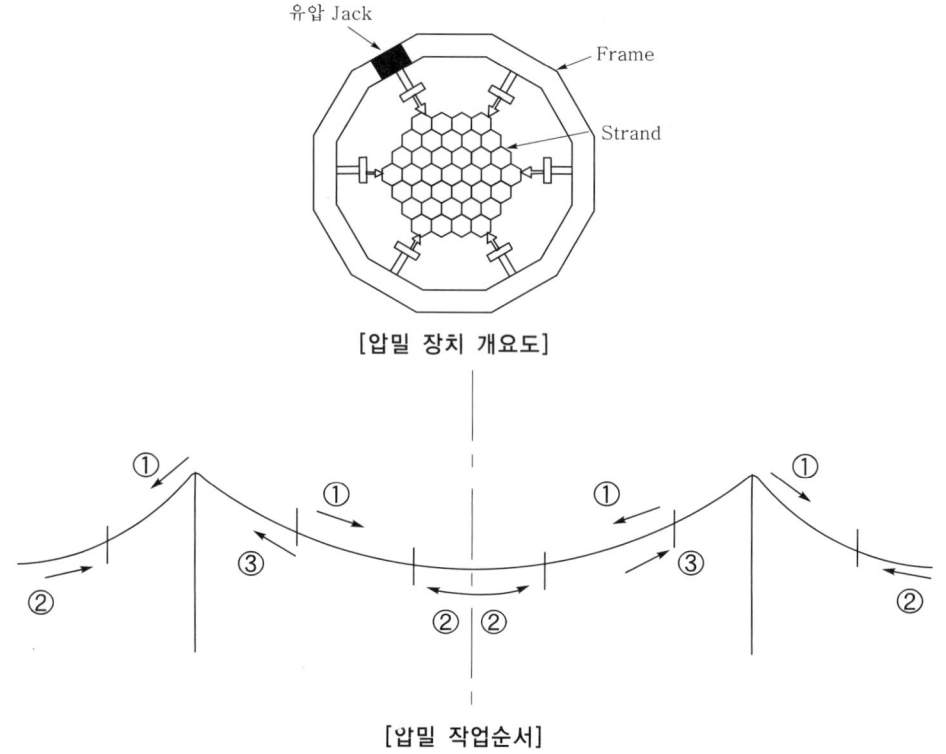

[압밀 장치 개요도]

[압밀 작업순서]

3) Cable Band 설치작업

① Cable의 압밀 작업이 끝난 후에는 Cable에 설계된 위치마다 Hanger를 연결하기 위한 Cable Band를 설치한다.
② Cable Band는 Hanger와 Main Cable을 연결하는 것으로 시공 정밀도를 유지한다.
③ Cable Band는 Bolt에 의해 조이고 Bolt는 Cable Band 가설 직후와 보강형 가설 전·후 Cable 피복작업 전에 장력을 도입한다.

4) Hanger Rope의 가설

Hanger Rope는 권양 Rope의 운반 장치(Tarrier)를 이용해 가설 위치까지 운반한 후 Cat Walk에 미리 뚫어놓은 구멍을 통해 내려서 가설한다.

5) 피복(Wrapping) 작업

① 피복 작업은 Main Cable이 부식 등의 피해를 입지 않도록 하는 방식작업으로서 보강 Girder가 모두 가설된 후 시작한다.

② 피복 작업은 기계를 이용해서 Main Cable의 표면을 아연 도금된 강선으로 감는 강선 피복을 실시한다.

6) Cable 도장

① Cable의 방수 및 녹 방지 효과를 높이기 위해서는 피복 작업 전에 녹 방지제를 Main Cable 표면 전체에 도포한다.

② Cable 피복 후에도 전면에 도장작업을 실시한다.

(7) 보강형(Girder) 가설

1) 보강형 가설공법의 분류

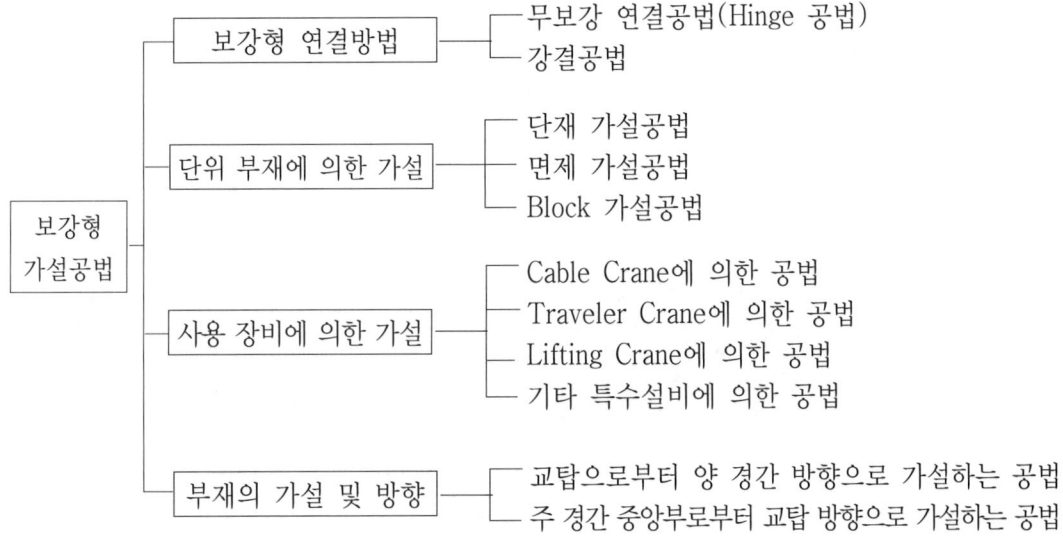

2) 가설공법 선정 시 고려사항

① 교량의 규모 및 형식
② 지형조건
③ 가설 부재의 크기 및 형상
④ 가설 장비 및 설비의 종류
⑤ 시공성 및 안정성, 경제성

3) 보강형 연결방법에 따른 공법

① 무보강 연결공법(Hinge 공법)

구 분	내 용
공법개요	전체의 보강형이 Hanger에 설치될 때까지 보강형에 휨 응력이 작용하지 않도록 연결부를 모두 Hinge 상태인 임시로 결합시키는 공법
특 징	- 부재의 시공 중 거동이 단순하다. - 부재에 특별한 보강이 불필요하다. - 시공 중 내풍에 대한 안정성이 결여된다. - 전체 보강형 시공 후 설계형상의 재현에 어려움이 있다. - 길이의 오차 발생이 우려된다.

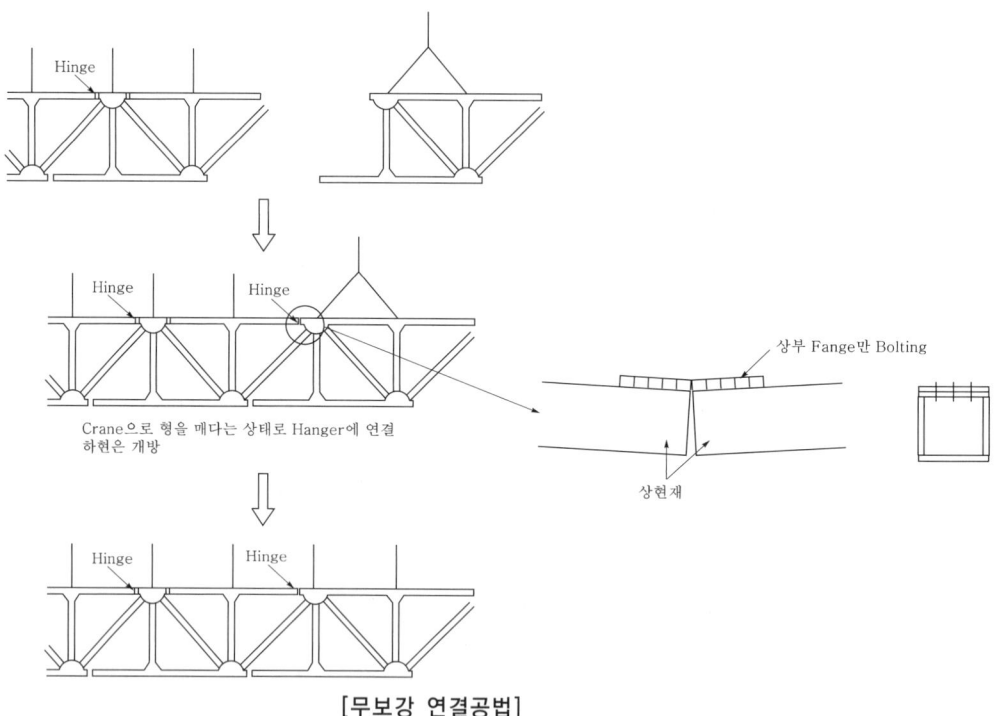

[무보강 연결공법]

② 강결공법

구 분	내 용
공법개요	전체의 보강형에 대하여 Hanger 없이 처음부터 연결부를 완전한 강결합한 후 Hanger에 정착시키는 공법
특 징	- 완전한 강결합으로 Hinge 상태가 불필요하다. - 무보강 연결에 비해 비틂에 대한 강성이 우수하다. - 시공 중 내풍에 대한 안정성이 향상된다. - 부재의 제작 정도 및 현장 가설에 따른 정밀도 확보가 용이하다. - 부재의 완전 강결로 일시적인 과응력 발생이 우려된다. - 보강형을 Hanger에 정착시키기 위한 별도 정착장치가 필요하다.

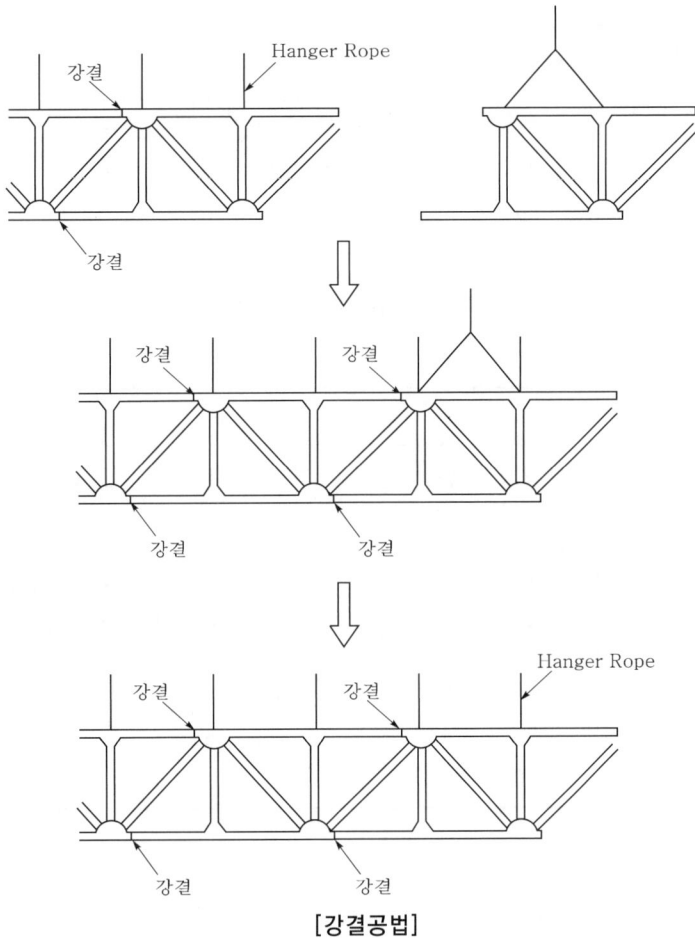

[강결공법]

4) 단위 부재에 의한 가설공법

① 단재 가설공법

구 분	내 용
공법개요	1부재의 최소 단위로 하여 부재를 연결하면서 가설하는 공법
특 징	- 시공 장비가 소규모이다. - 가설지점의 지형에 제약받는 일이 적다. - 현장이음이 많아짐으로 시공 오차가 발생하기 쉽다. - 공사기간이 길어진다.
적용성	보강형이 Truss 구조일 경우

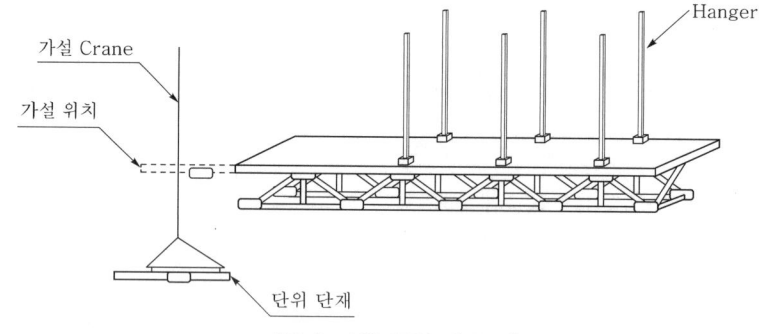

[단재 가설 공법 개요도]

② 면재 가설 공법

구 분	내 용
공법개요	보강형의 중앙 또는 측경간에 단재 부재를 면재로 제작하여 가설하는 공법
특 징	- 가설 장비는 Block 가설 공법에 비해 소규모이다. - 가설지점의 지형이나 항로에 제약받는 일이 적다. - 현장이음이 비교적 적어 시공 오차의 발생이 적다. - 공사기간이 단재 가설 공법에 비해 짧다.
적용성	보강형이 Truss 구조일 경우

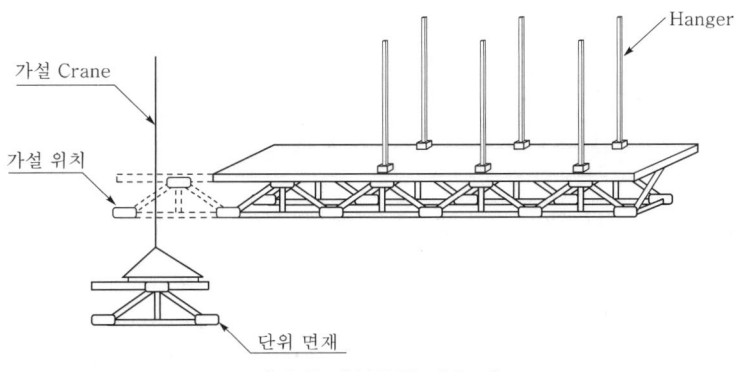

[면재 가설공법 개요도]

③ Block 가설공법

구 분	내 용
공법개요	보강형을 1~2 Panel의 Block 형상으로 공장 등에서 조립한 부재를 가설지점으로 운반하여 가설 장비에 의해 가설하는 공법
특 징	- 단위 부재의 중량이 크고 시공 장비가 대규모이다. - 가설지점의 항로에 제약을 받는다. - Block은 공장에서 제작되므로 정밀도가 높다. - 현장에서 취급하는 부재 수가 적고 공사기간이 단축된다.
적용성	보강형이 Box형 구조일 경우

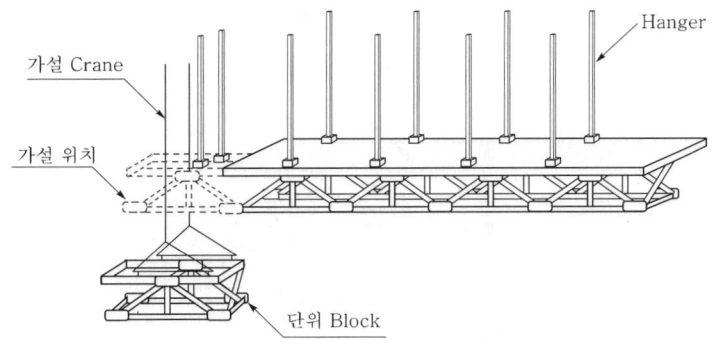

[Block 가설공법 개요도]

5) 사용 장비에 의한 가설공법

① Cable Crane에 의한 공법

경간 사이에 설치된 임시설비의 Truck Cable에 장치한 Cable Crane을 이용하여 보강형 Block 부재를 소정의 위치로 운반 및 연결한 후 Hanger에 정착시키는 공법

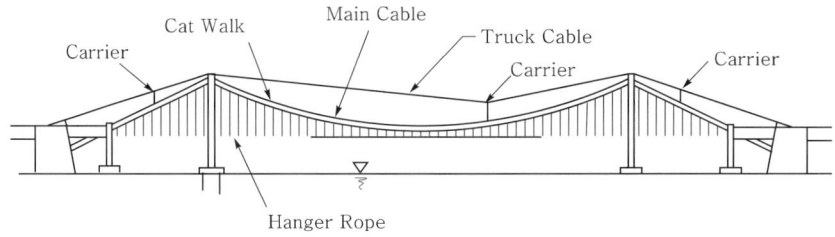

② Traveler Crane에 의한 공법

  기 가설이 완료된 보강형 위를 주행하는 Traveler Crane을 설치하고 이를 이용하여 보강형 Block 부재를 들어올려 연결한 후 Hanger에 정착시키는 공법

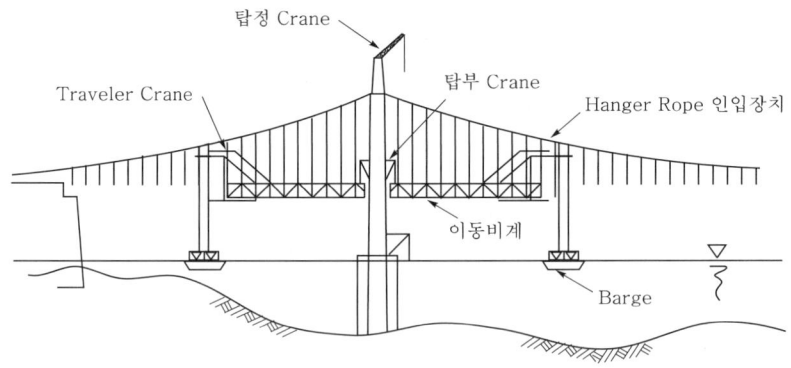

③ Lifting Crane에 의한 공법

  Main Cable 상에 부재를 매달아 Lifting Crane을 고정시켜 보강형의 가설위치까지 Barge 등에 의하여 운반해 온 Block 부재를 이 Crane으로 매달아 올려 연결한 후 Hanger에 정착시키는 공법

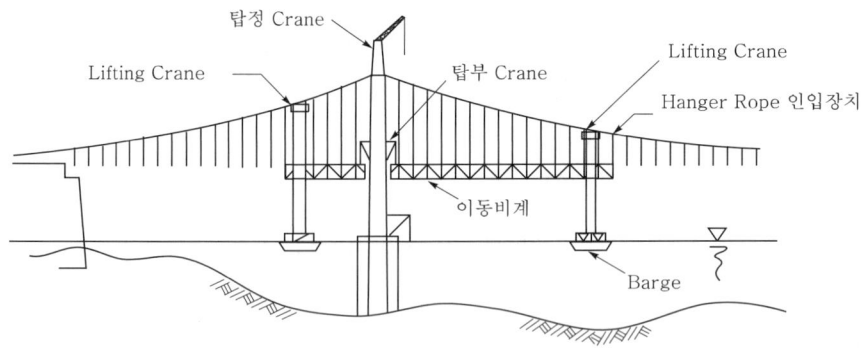

6) 부재의 가설 및 방향에 따른 공법

① 교탑으로부터 양 경간 방향으로 가설하는 공법

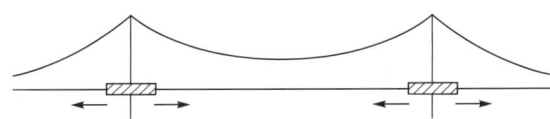

② 주 경간 중앙으로부터 교탑방향으로 가설하는 공법

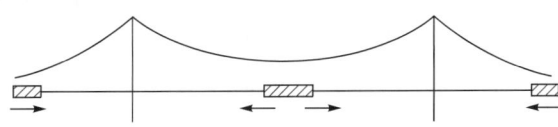

7. 결 론

현수교는 사장교와 마찬가지로 Cable에 모든 사하중과 활하중의 일부를 부담시킨 교량으로써 시공 시작부터 완성에 이르는 단계까지 엄밀한 시공관리를 필요로 한다.

따라서 각각의 구조 부재의 가설에 있어서 교탑은 정확하게 직립시켜 세워야 하며, Cable은 그것을 구성하는 다수의 Wire를 균일하게 정해진 형상으로 매달아야 하고 또한 보강형(Girder)은 Flexible한 Cable에 차례로 매달아 내리고 완성시에는 설계와 똑같은 형상과 응력 상태가 되도록 세심한 시공 관리를 한다.

문제 14 강 부재(강구조)의 연결(접합)

1. 개 요

강구조물에 있어서 부재의 연결이란 서로 다른 부재끼리의 접합을 뜻하는 것으로 같은 부재를 연장 접합할 경우 이음판을 대고 용접하는 이음의 용어와 구별되어 사용되었으나 근본적으로 부재 사이의 힘을 전달하는 같은 뜻을 내포하고 있어 이를 통칭하여 연결이라 한다.

강구조물 부재의 연결방법에는 크게 기계적인 연결방법과 금속학적인 연결방법 등으로 구분할 수 있으며, 연결부에 확실한 응력전달이 되기 위해 연결부재가 일체되도록 하는 것이 중요하다.

2. 부재 연결부의 구조적인 조건

(1) 응력의 전달이 확실할 것
(2) 각 재편에 편심 발생이 일어나지 않도록 할 것
(3) 해로운 응력집중을 일으키지 않을 것
(4) 부재의 변형에 따른 영향을 고려할 것
(5) 해로운 잔류응력 및 2차 응력을 일으키지 않을 것

3. 강구조물 부재연결방법의 분류

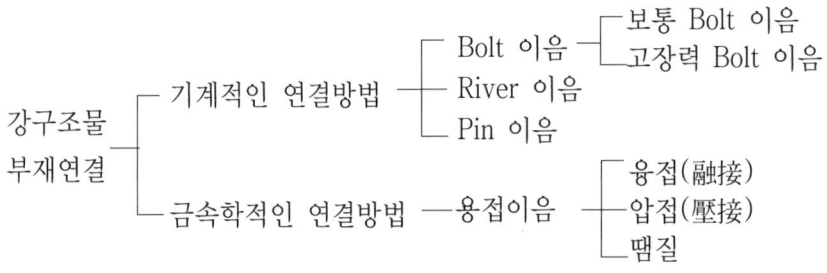

4. 기계적 연결방법

(1) 보통 Bolt 이음

1) 개 요

보통 Bolt는 주요 구조부에 사용되지 않고, 다만 지압에 의해 응력이 전달되도록 하는 이음방법이다.

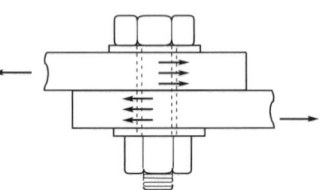

[보통 Bolt의 지압접합]

2) 보통 Bolt의 특징

① 시공이 간편하고 해체가 용이하다.
② 조임 시 숙련공이 필요 없다.
③ Nut 부분이 풀리기 쉽다.
④ 평균적으로 균등한 조임이 어렵다.
⑤ Bolt 측과 구멍 사이에 공극이 있어 미끄럼 변형을 일으키기 쉽다.

3) 풀림방지장치

① 용접에 의한 방법
② Pin 고정 방법
③ Spring Washer에 의한 방법
④ 이중 Nut 체결에 의한 방법

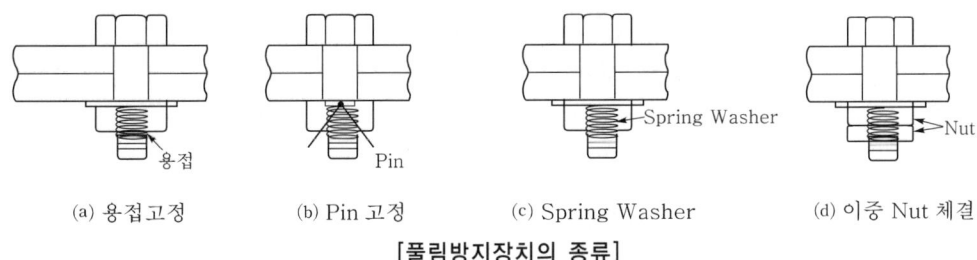

(a) 용접고정　　(b) Pin 고정　　(c) Spring Washer　　(d) 이중 Nut 체결

[풀림방지장치의 종류]

(2) 고장력 Bolt 이음(High Tension Bolt Joint)

1) 개 요

항복점 응력이 $64\,kg/mm^2$ 이상 되는 고강도 강재로 만든 Bolt를 강제회전시켜 Bolt에 인장력이 발생되도록 하여 부재 간에 일정한 압축력이 발생되도록 하는 이음방법이다.

2) 고장력 Bolt의 구성

① 고장력 Bolt는 Bolt 1개, Nut 1개, Washer 2개로 구성

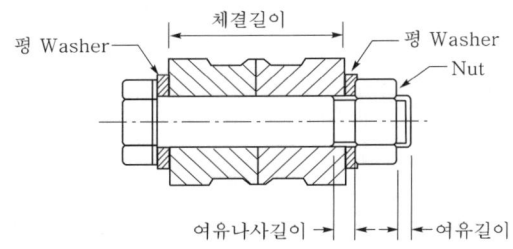

② Bolt 머리와 Nut 상면에는 각각 기계적 성질에 의한 등급이 표시

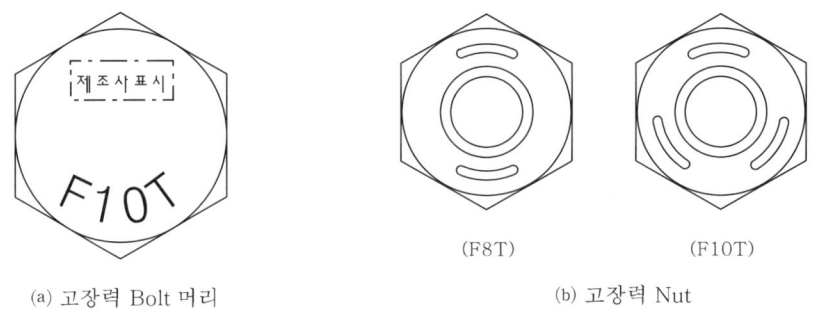

(a) 고장력 Bolt 머리   (b) 고장력 Nut

[고장력 Bot 및 Nut의 등급 표시의 예]

③ Bolt 나사부의 바깥지름(mm)에 따라 M20, M22, M24 등의 호칭을 둠

3) 고장력 Bolt의 특징
① 용접이음에 비해 잔류응력 발생이 없다.
② 숙련된 기술을 필요로 하지 않는다.
③ 시공이 간단하고 작업능률이 좋다.
④ 시공에 따른 소음이 적다.
⑤ Bolt 구멍에 의한 부재의 단면적이 감소된다.
⑥ Bolt 체결에 따른 연결판이 필요하다.
⑦ Bolt 체결력의 손실 가능성 및 돌출에 의한 외관 손상 가능성이 있다.

4) 고장력 Bolt의 기계적 성질

종류	항복점 응력	인장강도	적용
F8T	$64\,kg/mm^2$ 이상	$80 \sim 100\,kg/mm^2$	마찰 이음
F10T	$90\,kg/mm^2$ 이상	$100 \sim 120\,kg/mm^2$	
B8T	$64\,kg/mm^2$ 이상	$80 \sim 100\,kg/mm^2$	지압 이음
B10T	$90\,kg/mm^2$ 이상	$100 \sim 120\,kg/mm^2$	

5) (응력전달 방법에 따른)고장력 Bolt 이음의 종류
① 마찰 이음
  Bolt의 조임에 의해 연결부재 간의 압축력에 의한 마찰력으로 연결부 응력이 전달되는 형식
② 지압 이음
  Bolt의 전단저항력과 Bolt와 모재 간의 지압저항력에 의해 연결부 응력이 전달되는 형식

③ 인장 이음
Bolt의 축 방향 저항력에 의해 연결부 응력이 전달되는 형식

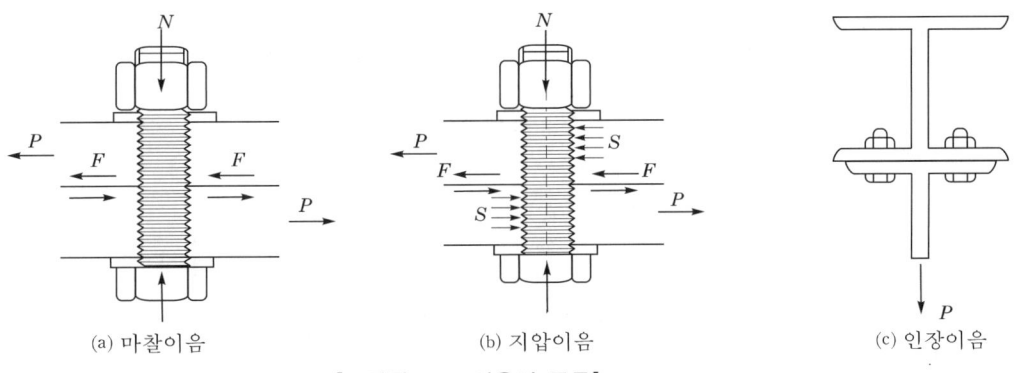
[고장력 Bolt 이음의 종류]

6) 이음부의 형식

① 겹 이음
② 1면 전단 맞대기 이음
③ 2면 전단 맞대기 이음

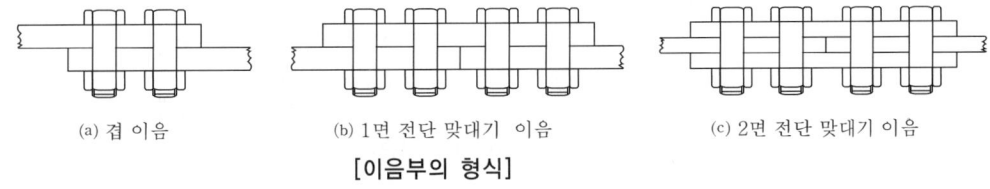
[이음부의 형식]

7) 접합 면처리

① 접합된 재편의 접촉면은 흑피를 제거하고 면을 거칠게 한다.
② 접촉 면에는 동장을 하지 않도록 한다.
③ 현장에서 재편을 조일 경우 접촉면의 부식된 부분을 깨끗이 제거한다.

8) 고장력 Bolt의 조임

① 토크 조임법(Torque Control Tightening Method)
일정한 Torque Moment로 Nut을 회전시켜 조이는 방식으로 균일한 조임력을 얻기 위해서는 2차에 나누어 조임을 실시

② 각도 조임법(Nut 회전법, Angular Tightening Method)
Nut 회전량과 Bolt의 축력과의 관계를 이용한 것으로 2회 조임을 실시하며 1차 조임완료 후 2차 조임 시 120° 회전시키는 방식

9) 조임순서

Bolt 무리의 체결은 중앙 Bolt에서 단부의 Bolt 방향으로 실시하고 원칙적으로 2회 조이기를 한다.

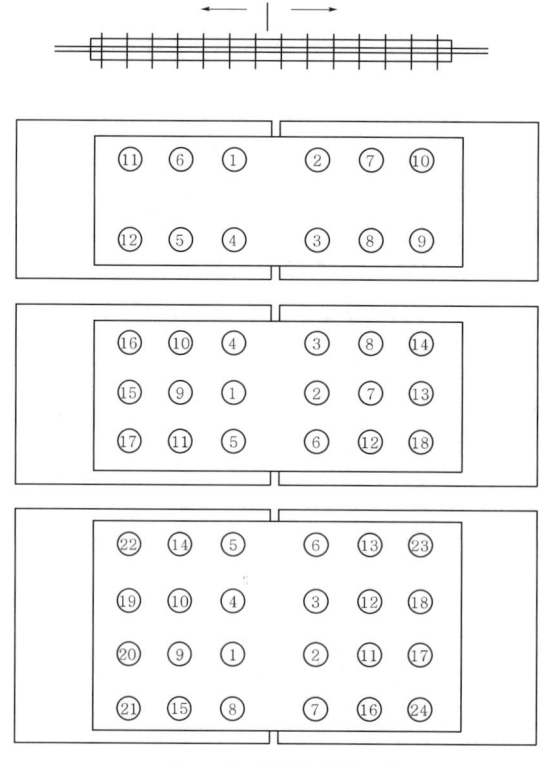

[Bolt의 조임순서의 예]

(3) Rivet 이음

1) 개 요

Rivet 이음은 강재를 서로 겹쳐서 구멍을 뚫고 가열된 Rivet을 박아 기계적으로 연결시키는 방법이다.

2) Rivet 이음의 특징

① 인성이 크다.
② 보통 강구조에 사용이 용이하다.
③ Riveting에 따른 소음 발생이 크다.
④ 공장 Rivet과 현장 Rivet과의 작업효율의 차이가 현저하다.

3) Rivet의 종류

① 둥근 머리 Rivet(Round Head Rivet)
   교량에서 가장 많이 사용
② 접시 머리 Rivet(Counter Sunk Head Rivet)
   Rivet 머리의 돌출로 구조상 사용 곤란
③ 둥근 접시 머리 Rivet
   둥근 머리 Rivet과 접시 머리 Rivet을 응용한 Rivet
④ 평 Rivet(Flat Head Rivet)
   둥근 머리 Rivet에 비해 강도가 약하여 거의 사용하지 않음

  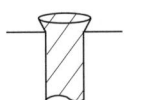 

(a) 둥근머리 Rivet　　(b) 접시머리 Rivet　　(c) 둥근 접시머리 Rivet　　(d) 평 Rivet

[Rivet의 종류]

4) Rivet 이음방법의 종류

① 겹대기 이음(Lap Joint)
② 맞대기 이음(Butt Joint)

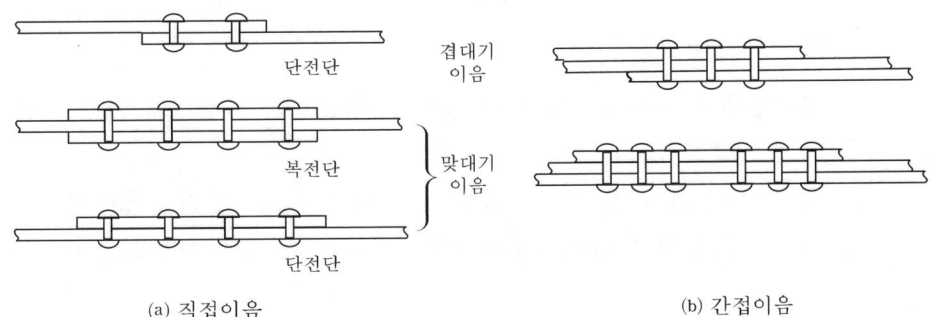

[Rivet 이음방법의 종류]

5) 시공순서

① 강판에 구멍 뚫기
   Punching 법, Reaming 법, Drilling 법 등의 방법으로 실시
② Rivet 가열
   가열 시 온도 950~1,100℃
③ Rivet 박기
   가열된 Rivet을 구멍에 넣고 Rivet 머리를 Bucker로 누르고 반대편에서 Riveter의 충격에 의해 접합

6) Rivet 시공 시 유의사항

① 축 방향에 인장력을 받는 Rivet을 사용하면 안 된다.
② 무리 Rivet 이음 시 최소 3개 이상의 Rivet을 사용한다.
③ 간접 이음의 경우 직접 이음에 필요한 Rivet 수보다 판 1장에 대해 30%씩 증가시킨다.
④ Rivet 이음은 동일 단면에 집중되지 않도록 한다.
⑤ 가능한 응력의 여유가 있는 곳에서 이음을 한다.
⑥ Rivet과 이음판의 중심선이 부재의 중심선과 일치시켜 편심이 되지 않도록 한다.
⑦ Rivet의 Pitch는 가능한 좁게 하고 힘 방향의 Rivet 수는 6개 이하로 한다.

(4) Pin 이음

1) 개 요

부재에 구멍을 뚫고 Pin과 고리를 연결하여 부재를 연결하는 방법으로 회전을 요하는 곳에 사용된다.

2) Pin 이음의 특징

① Pin 이음시공은 비교적 큰 규모의 강구조 연결에 적용된다.
② 숙련된 기술이 필요하다.
③ 부재의 Moment 작용 부위에 이용하여 Hinge 역할을 한다.

3) 시공 시 유의사항

① 연결부에서 부재가 이동하지 않도록 하고 Nut가 풀리지 않도록 한다.
② 핀의 지름은 75mm 이상으로 한다.
③ Pin의 마무리부 길이는 부재의 외면 사이의 거리보다 6mm 이상 길게 한다.
④ Pin의 양 끝에는 Lomas Nut 또는 Washer가 달린 보통의 Nut를 사용한다.

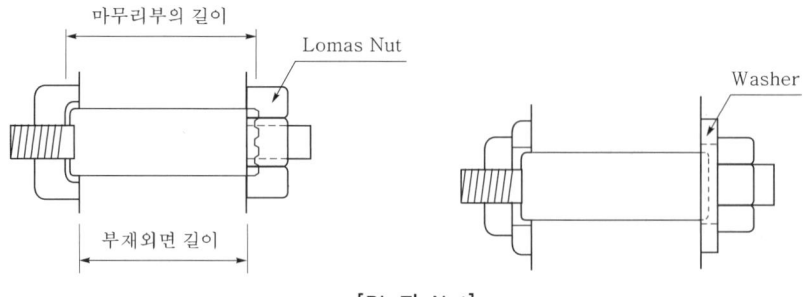

[Pin과 Nut]

5. 용접 이음(Welding Joint)

(1) 용접의 정의
용접이란, 고열을 이용하여 금속을 국부적으로 녹여 양쪽 모재를 결합하는 것을 말한다.

(2) 용접의 특징

1) 장 점
① 구조를 단순 및 경량화시킬 수 있다.(연결부재의 불필요)
② 재료의 절약 및 단면이 간단해진다.(직접 부재 이음)
③ 응력전달이 원활하다.(연속적 접합)
④ 부재 구멍에 따른 단면 감소가 없다.(Bolt 및 Pin 구멍 등 불필요)
⑤ 연결부위의 수밀성 및 기밀성 확보가 가능하다.
⑥ 시공 시 소음 및 오염의 발생이 적다.

2) 단 점
① 용접 후 부재변형이나 잔류응력이 발생된다.(가열 후 냉각 시)
② 결합부위에 응력집중의 발생으로 피로파괴에 불리하다.(인성에 취약)
③ 용접에 대한 검사방법이 어렵다.(X-Ray 등을 사용)
④ 용접공의 기술 숙련도에 따라 품질의 차이가 날수 있다.(숙련공 필요)

(3) 용접의 종류

1) 아크 용접법(Arc Welding)
① 용접될 모재와 용접봉 사이에 Arc 열을 발생시켜 모재와 용접봉을 용융하여 접합시키는 용접법
② 아크 용접법의 종류

구 분	수동피복 아크 용접법 (Shielded Arc Welding)	서브머지드 아크 용접법 (Submerge Arc Welding)
개요	용접 부분을 외부의 불순물과 차단하기 위해 Plug라는 물질을 용접봉에 피복하여 사용하는 용접법	피복제가 없는 용접봉과 피복제 역할을 하는 가루로 된 Flux를 사용하여 실시하는 용접법
원리	Plug가 녹아 Gas 발생 ↓ 용접부의 외부 불순물 차단 ↓ Slag 형성	Flux를 따라 용접봉 이동 ↓ Flux가 녹아 보호 Gas 막 형성 ↓ Slag 형성
특징	- 전 자세의 용접이 가능 - 적응력이 우수 - 작업능률이 저하 - 용접공의 숙련도가 요구됨	- 용접속도가 빠름 - 작업능률이 향상 - 깊은 용접이 가능 - 상향용접이 곤란 - 모재의 열 영향부가 커짐

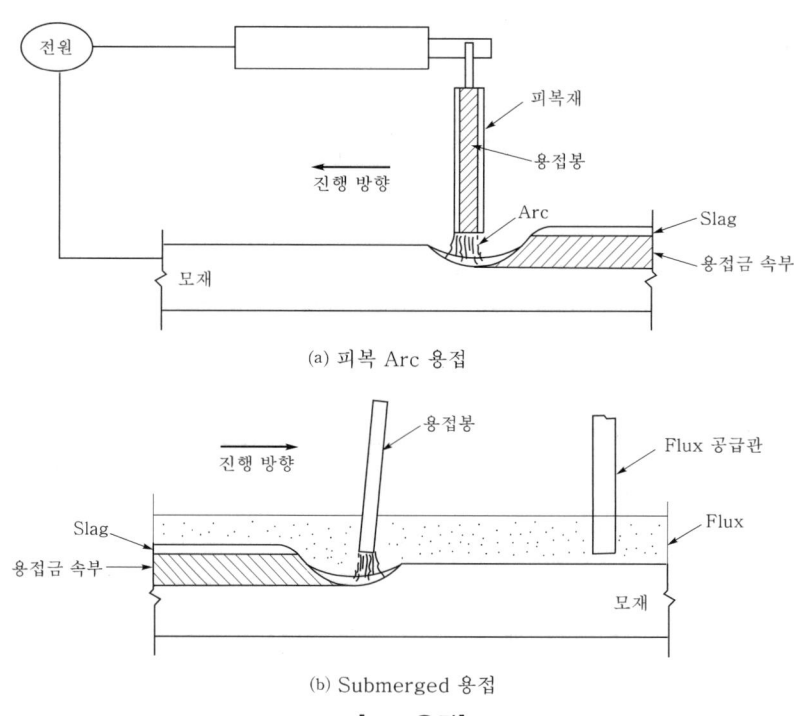

(a) 피복 Arc 용접

(b) Submerged 용접

[Arc 용접]

2) 가스 용접법(Gas Welding)

① 산소와 Acetylene의 혼합 Gas의 연소열을 이용하여 용접봉을 녹여 용액을 용접부에 유입하는 방법
② 용접부위의 큰 힘을 받을 수 없으며 주로 강재 절단에 이용

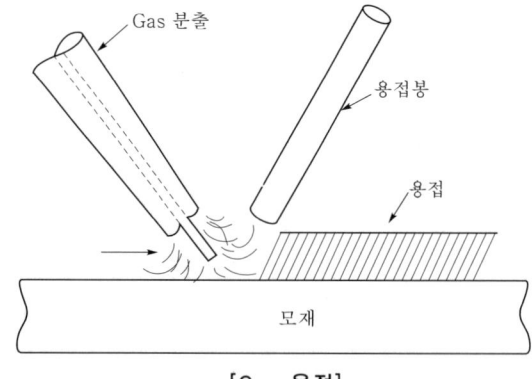

[Gas 용접]

3) 전기저항 용접법

① 얇은 강판 2장을 겹친 후 상하부의 전극에 강한 압력을 가하여 지압력이 큰 부분에 Arc 열을 발생시켜 국부적으로 맞붙게 하는 방법
② 강판 외에 강선을 용접하는 경우에도 사용

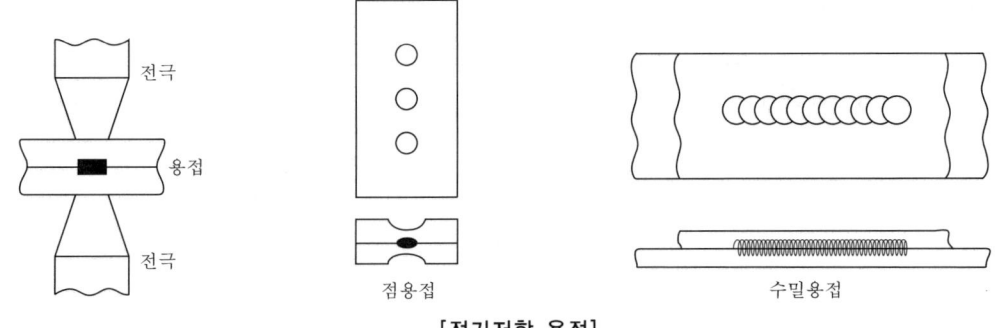

[전기저항 용접]

(4) 용접이음부의 종류

1) 용접이음의 형식

① 맞대기 이음(Butt Joint)
② 겹침 이음(Lap Joint)
③ T 이음(Tee Joint)
④ 모서리 이음(Corner joint)
⑤ 단부 이음 (Edge joint)

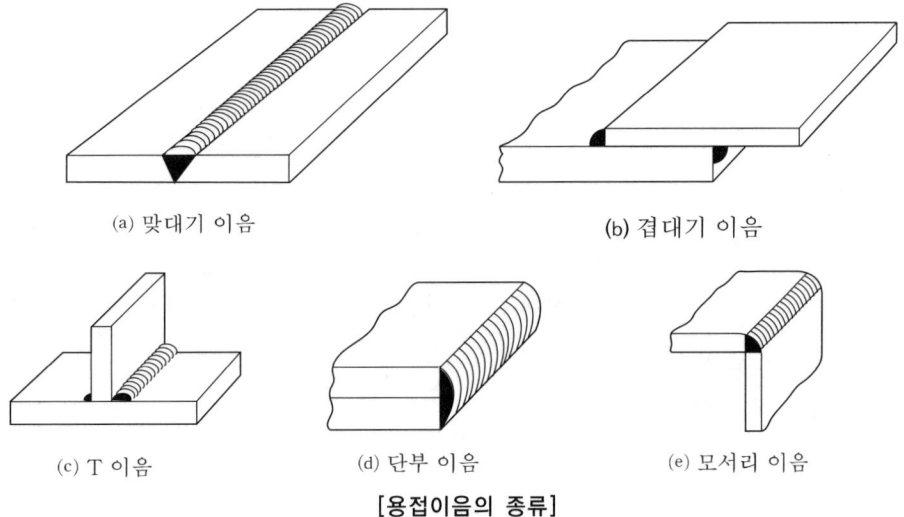

[용접이음의 종류]

2) 용접의 종류

용접의 종류	개 요
① 홈 용접 (Groove Welding)	- 동일평면에 있는 2개의 부재 사이의 홈 또는 T 이음의 양쪽 모재 사이의 홈에 용접금속을 넣어 접합하는 방법 - 맞대기 이음부의 형상에 따라 I형, V형, X형, U형 등으로 분류
② 필렛 용접 (Fillet Welding)	겹침 이음과 T형 이음에서 직각 또는 60~90°로 겹쳐 모서리 부분을 용접금속을 넣어 접합하는 방법
③ 플러그 용접 (Plug Welding)	겹쳐진 부재의 한쪽에 둥근 구멍을 뚫고 그 구멍을 용접금속으로 완전히 메우는 방법
④ 슬롯 용접 (Slot Welding)	겹쳐진 부재의 한쪽에 구멍 대신 긴 홈을 만들고 그 홈 주위를 완전히 채우지 않고 Fillet 용접만 하는 방법

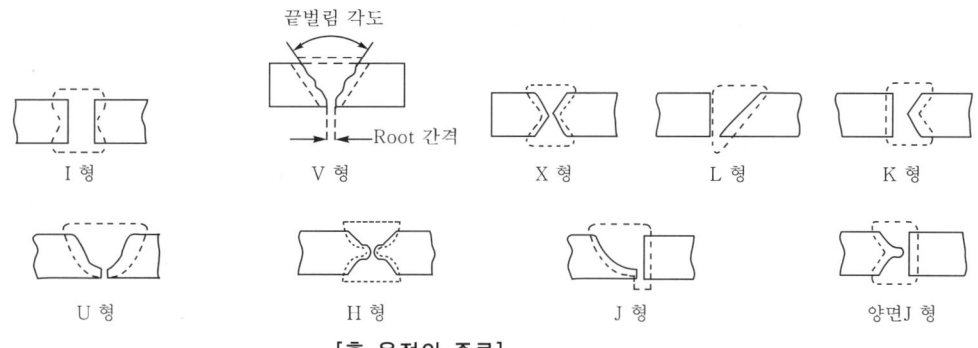

[홈 용접의 종류]

3) 용접법의 종류

① 연속 용접 : 용접선을 따라서 연속으로 하는 용접

② 단속 용접 : 용접선을 따라서 단속(斷續)으로 하는 용접

③ 병열 용접 : 인접하는 2열의 용접선에 따라 단속으로 나란하게 하는 용접

④ 엇(Zigzag) 용접 : 인접하는 2열의 용접선에 따라 단속으로 엇갈리게 하는 용접

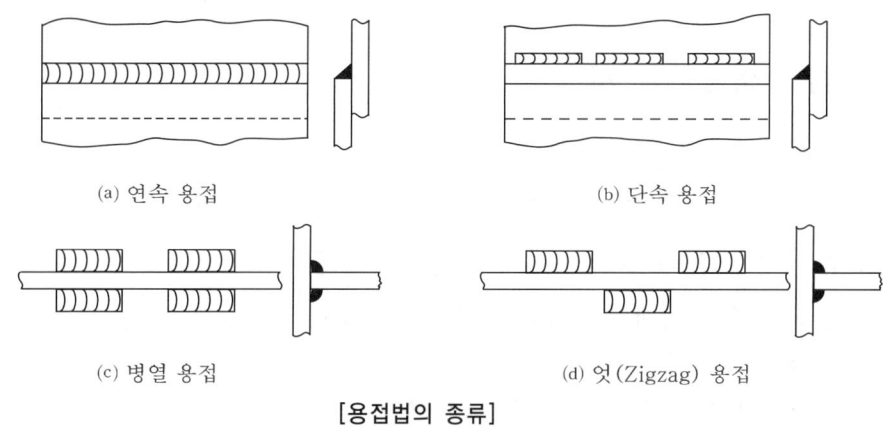

[용접법의 종류]

(5) 용접자세(용접위치)

1) 수평자세 (Horizontal Welding, H)

모재의 용접 면이 수직 또는 수직면에 대하여 45° 이내이고 용접선이 수평 방향으로 작업하는 용접자세

2) 수직자세(Vertical Welding, V)

용접 면이 수직 또는 수직면과 45° 이내의 각을 이룬 면상에서 용접선이 상하로 위치한 상태로 작업하는 용접자세

3) 상향자세(Over Head Welding, OH)

용접 면이 수평인 면에서 용접선이 수평이며 용접봉을 모재의 아래 방향에 대고 위를 향하여 작업하는 용접자세

4) 하향자세(Flat Welding, F)

모재를 수평으로 놓고 용접봉을 아래로 향하여 작업하는 용접자세

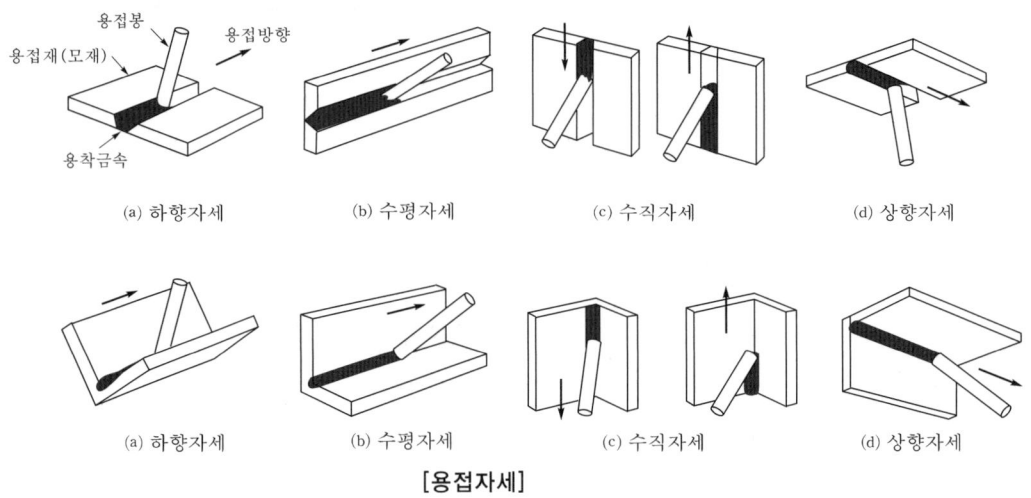

[용접자세]

(6) 용접과 병용연결 시

1) 용접과 Rivet 이음을 병용하는 경우

   용접이 모든 응력을 부담하는 것으로 본다.

2) 용접과 고장력 Bolt 이음을 병용하는 경우

   ① 홈 용접의 맞대기 이음과 고장력 Bolt의 마찰 이음 또는 응력 방향에 나란한 Fillet 용접과 고장력 Bolt의 마찰이음에서는 서로 각각 응력을 부담하는 것으로 본다.
   ② 응력 방향과 직각을 이루는 Fillet 용접과 고장력 Bolt의 마찰 이음을 병용해서는 안 된다.
   ③ 용접과 고장력 Bolt의 지압이음을 병용해서는 안 된다.

6. 연결시공 시 유의사항

(1) 연결부의 축력 작용점은 도심을 지나게 한다.
(2) 연결부의 편심을 작게 한다.
(3) 연결부의 전단, 지압, 인장에 대한 강도를 검토한다.
(4) 연결부의 움직임에 대한 구속력이 있도록 한다.
(5) 연결부의 이물질을 제거한다.
(6) 연결부의 변형을 방지한다.
(7) 가능한 한 용접은 하향자세로 하는 것이 좋다.

7. 결 론

강구조 연결부는 소요 강도확보와 응력이 매우 중요하므로 부재와 부재 간 연결 시 충분한 강도와 시공성, 경제성, 안전성 등을 고려하여 적절한 연결방법을 선정하여 적용한다.

또한, 강구조물 부재의 연결부는 모재의 전단강도의 75% 이상 강도를 갖도록 설계를 하여야 하고, 연결부의 구조는 단순한 형태로 확실한 응력의 전달, 편심 방지, 응력집중 방지, 잔류응력 및 2차 응력 등이 발생하지 않도록 하여야 한다.

문제 15 용접부위의 검사 방법

1. 개 요

용접은 용접열에 의한 모재의 변질, 변형과 수축, 잔류응력의 발생 및 용접부 내의 화학성분과 조직의 변화를 어느 정도 피할 수 없음으로 이것을 소홀히 하면 각종 용접 결함이 생기기 쉽다.

따라서 용접에 있어서 요구되는 품질에 대하여 결함의 여부를 검사하고 이에 대해 평가하는 것은 시공 및 품질관리 측면에서 매우 중요하며, 일반적으로 용접부의 신뢰성과 건전성을 조사하기 위하여 크게 작업검사와 수입검사가 있다.

2. 용접검사의 분류

(1) 작업검사(Procedure Inspection)

양호한 용접을 하기 위하여 용접 전, 용접 중, 용접사의 기능, 용접재료, 용접설비, 용접 시공 상황, 용접 후 열처리 등의 적부를 검사하는 것을 말한다.

(2) 수입검사(Acceptance Inspection)

용접 후 제품이 요구대로 완성되었는가의 여부를 검사하는 것을 말한다.

3. 용접 전후의 검사

(1) 용접 전 검사

1) 용접 시공법의 확인
2) 재료의 시험과 확인
3) 용접 전의 가공과 검사
4) 용접 준비와 검사
   ① 베벨각도, 루트 면의 높이 등 개선(Groove) 면의 형상 및 치수
   ② 루트간격 및 어긋남
   ③ 부재의 상호 위치 및 각도
   ④ 지그 조립상태
   ⑤ 개선 면의 유해물질 제거상태 및 라미네이션(Lamination) 발견 시 조치

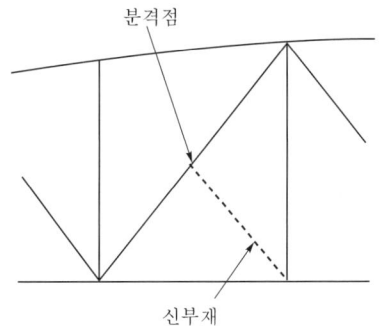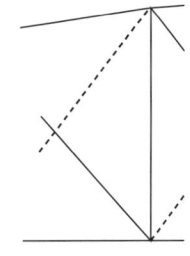

[용접 전 검사항목]

(2) 용접 중 검사

1) 초층(1 Pass)의 검사

① Arc의 길이나 운봉 용입의 상태 결함 발생 Check
② Slag 제거 후 육안으로 개선 면의 용입 상태, 비드표면, 형상 Check
③ 예열 시 예열온도 및 열 영향 범위를 확인
④ 온도는 접촉 온도계 등으로 측정

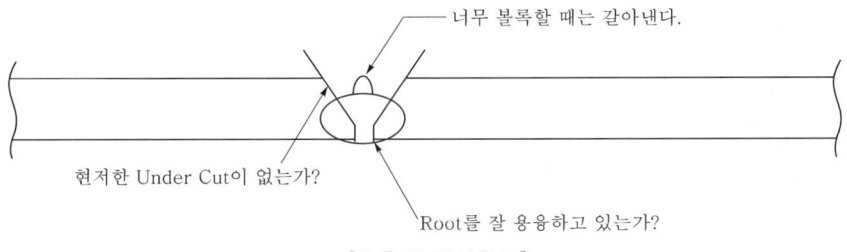

[초층의 검사항목]

2) 중간 Pass의 검사

① 전 Pass의 Slag를 제거하고 결함 유무를 눈으로 Check
② 선행 Pass 및 모재가 충분히 융합되도록 용접이 행하여지는지를 확인
③ 최종 층(Final Pass)의 검사로는 중간 Pass의 검사방법을 적용
④ 이면 파내기 검사(Back Gouging)
   - 맞대기 면에서 가용접 및 초층용접 시의 표면 용접결함을 제거할 목적으로 적용
   - Chipping Hammer, Gas Gouging, Arc Air Gouging 방법 등으로 검사
   - 홈의 형상, 표면의 용접결함, 이면 파내기에 의한 결함, 부착물의 유무 등에 대해 실시

(3) 용접 후 검사

1) 육안검사

① Slag, Spatter 제거
② 용접부 표면의 형상 불량, 이음부의 불연속, 현저한 Under Cut, 처리되지 않은 크레이터 등의 수정 상태를 검사

2) 비파괴검사

비파괴 시험은 용접 완료 후 또는 냉각 후 정해진 시간이 경과된 다음에 실시

4. 파괴검사

(1) 인장시험

1) 용접된 단면으로부터 채취한 판상, 봉상의 시편을 인장 시험기로 파괴될 때 까지 하중을 가하여 강도 및 연성을 측정하는 방법
2) 용접부에는 대개의 경우 모재와 동등 이상의 강도를 요구

(2) 용접부의 균일성 시험

1) Notch 시험
2) 자유 Bending 시험
3) 형틀굽힘 시험
4) Fillet 용접부 검사
5) 충격시험과 파괴인성 시험
6) 피로 시험

(3) 화학적 · 야금적 시험

1) 부식시험
2) 화학분석
3) 용접성 시험

(4) 내압시험

1) 내압시험의 목적

설비가 적정한 압력에 안전하게 견디는 강도를 확인

2) 내압시험과 용접부

내압시험 시 사용압력의 1.25배 또는 1.5배와 같은 높은 압력이 작용하여 용접부의 결함 유무를 확인

5. 비파괴검사(N.D.T ; Non Destructive Testing)

(1) 정 의
재료나 제품의 원형과 기능을 전혀 변화시키지 않은 상태에서 내부의 기공(氣孔)이나 균열 등의 결함, 용접부의 내부 결함 등을 외부에서 검사하는 방법을 말한다.

(2) 비파괴검사의 종류

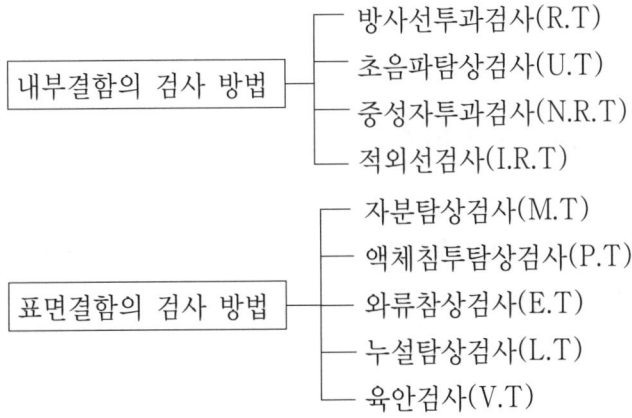

(3) 방사선 투과검사(R.T ; Radiography Testing)

1) 개 요
X-선, γ-선 등의 방사선을 용접부에 투과시켜 투과 방사선의 강도가 변화되는 건전부와 결함부의 투과선량의 차에 의한 Film 상의 농도 차로부터 결함을 검출하는 방법으로서 비파괴검사 방법 중 현재 가장 널리 이용된다.

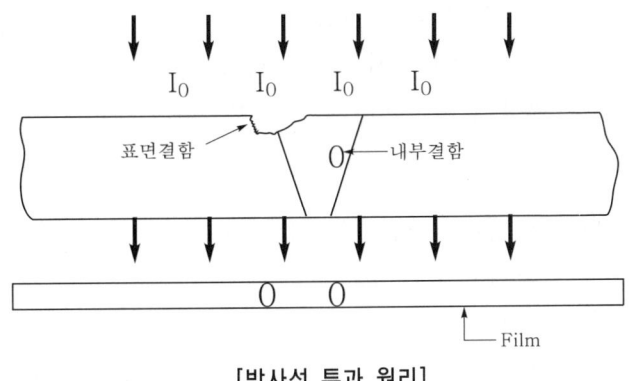

[방사선 투과 원리]

2) 특 징
① 내부결함의 크기 및 형태 등의 성질에 대한 판단이 용이
② 이미지로 얻은 결과가 양호

③ 검사상태를 영구적으로 기록 보관이 가능
④ 결함의 깊이 추정 곤란
⑤ 방사선이 인체에 유해하므로 취급에 각별한 주의가 요망
⑥ 검사장소의 제한
⑦ 탐색속도가 느리고 비용이 고가

3) 적용성

① 용접 또는 주조의 Slag 함침의 결함 검출
② 간극과 같은 대부분 재료의 내부 및 외부의 결함 검출

(4) 초음파탐상검사(U.T ; Ultrasonic Testing)

1) 개 요

용접부위에 초음파의 투입과 동시에 브라운관 화면에 용접상태가 형상으로 나타나며 결함의 종류, 위치, 범위 등을 검출하는 방법이다.

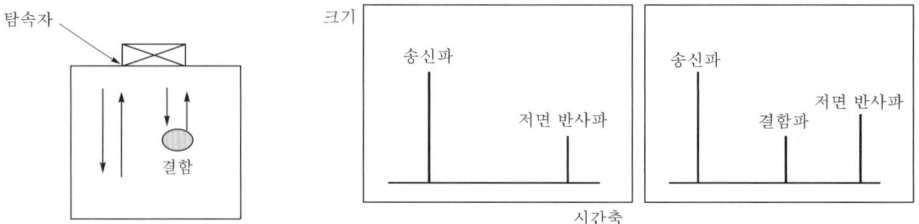

[초음파탐상검사의 원리]

2) 특 징

① 방사선투과 시험이 곤란한 연결 부분까지도 시험이 가능
② 휴대성 및 민감성이 높음
③ 균열 또는 결함의 위치 확인 가능
④ 방사선 투과검사에 비해 안전하고 경제적임
⑤ 효과적인 표면결함 검출 곤란

3) 적용성

① 용접부 등의 표면 및 내부결함을 검출
② 결함의 위치와 크기를 추정
③ 강부재의 두께측정 및 배관 등의 부식 정도 측정

(5) 중성자투과검사(N.R.T ; Neutron Radiography Testing)

1) 개 요

중성자가 직접적으로 Film을 감광시키지 않지만 변환자에 조사되어 방출되는 2차 방사선에 의해 방사선 투과사진을 통해 결함을 검출하는 방법이다.

2) 적용성
① 높은 원자번호를 갖는 두꺼운 재료의 검사에 이용
② 핵연료봉과 같이 높은 방사성 물질의 결함검사에 적용
③ 방사선 투과검사가 곤란한 검사대상물에 적용
(납과 같은 비중이 높은 재료에 적용)

(6) 적외선검사(I.R.T ; Infrared Rays Testing)

1) 개 요

용접부 표면의 결함이나 접합이 불완전한 부분에 방사된 적외선을 감지하고 적외선 Energy의 강도 변화량을 전기신호로 변환하여 결함부와 건전부의 온도정보의 분포패턴을 열화상으로 표시하여 결함을 탐지하는 검사방법이다.

2) 특 징
① 표면상태에 따라 방사율의 편차가 큼
② 결함검출 시 편차 발생

3) 적용성
① 각종 재료표면의 결함 검출
② 철근 Concrete의 열화 진단 및 강도측정
③ CFRP 등 복합재료의 내부 결함 검출

(7) 자분탐상검사(M.T ; Magnetic Particle Testing)

1) 개 요

용접부위 표면 및 표면 바로 밑의 결함 등의 검출을 위해 시험체에 자장을 걸어 자화시킨 후 자분을 뿌렸을 때 누설 자장으로 인해 형성된 자분무늬가 형성되는 것을 이용하여 육안으로 결함의 크기, 위치 및 형상 등을 검사하는 방법이다.

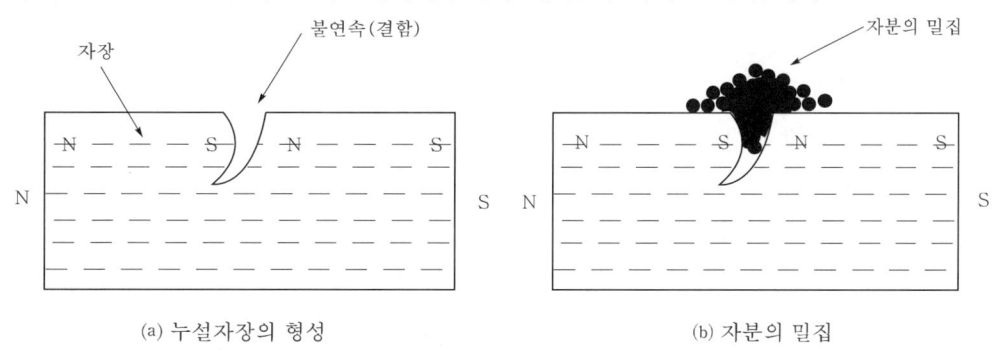

(a) 누설자장의 형성   (b) 자분의 밀집

[자분탐상검사의 원리]

2) 특 징

① 육안으로 확인할 수 없는 균열 및 흠집 등에 대한 검출이 가능
② 검사방법이 경제적임
③ 용접부위의 깊은 내부에 있는 결함 검출 곤란(5mm 이상)

3) 적 용

① 자성체 금속에만 적용
② 미세한 표면균열 검출에 가장 적합
③ 시험체의 크기, 형상 등에 크게 구애됨이 없이 검사 수행이 가능

(8) 액체침투탐상검사(P.T ; Penetrant Testing)

1) 개 요

표면으로 열린 결함을 탐지하는 기법으로 침투액이 모세관현상에 의해 침투하게 한 후 현상액을 적용하여 육안식별로 검사하는 방법이다.

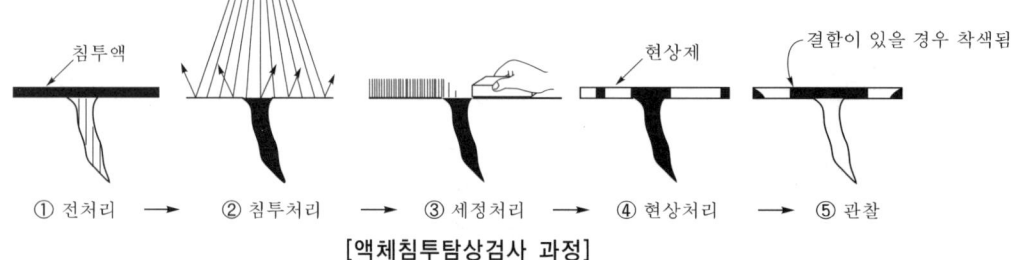

[액체침투탐상검사 과정]

2) 특 징

① 표면의 균열, 결함, 불연속 등의 검출에 효과적
② 검사의 적용 범위가 넓고 전문적인 기술이 필요 없이도 검사 가능
③ 용접부위의 깊은 내부에 있는 결함 검출 곤란
④ 다공성 시험체에는 적용 곤란

3) 적용성

① 다공성 물질이 아닌 소재는 모두 검사 가능
② 제품의 최종검사
③ 수입검사, 용접 중 검사
④ 보수점검 등 품질관리에 이용

(9) 와류탐상검사(E.T ; Eddy Current Testing)

1) 개 요

　　Coil에 교류를 통하면 그 주위에 변화하는 자장(교류 자장)이 형성되며 시험체 표층부의 결함에 의해 발생한 와전류의 변화를 측정하여 결함을 탐지하는 검사방법으로 그 원리가 자분 탐상검사와 유사하다.

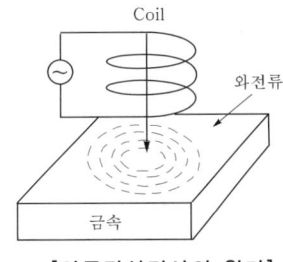

[와류탐상검사의 원리]

2) 특 징

　　① 용접부위의 깊은 내부에 있는 결함에 대한 검출 가능
　　② 결함의 크기 또한 조사 지역의 결과로부터 측정 가능
　　③ 간단한 형상에 대해서만 조사 가능
　　④ 자분탐사검사와 같은 전도체만 조사 가능
　　⑤ Paint와 같은 여러 가지 표면조건에 둔감

3) 적용성

　　① Bar, Wire, Rail 등의 표면결함측정
　　② Pipe 내면 및 외면의 표면결함검사
　　③ 표면 경도, 경화 깊이, 강도 및 이종 재질의 선별
　　④ 열처리 검사

(10) 누설탐상검사(L.T ; Leak Testing)

1) 개 요

　　Ammonia, Halogen, Helium 등의 기체 또는 액체 등의 유체가 시험체 외부와 내부의 압력 차에 의해 시험체의 결함 속으로 들어가거나 결함을 통하여 새어나오는 성질을 이용하여 결함을 검출하는 방법으로 밀봉된 물질의 누설 여부를 확인하기 위해 실시한다.

2) 특 징

　　① 누설 개소와 누설량에 대한 검출로 시험체의 안전성 확보 가능
　　② 관통된 불연속만을 검사
　　③ 최종 건정성 시험으로 주로 사용

3) 적용성

　　Tank나 고압용기의 용접부에 수밀, 유밀, 기밀 등의 검사

(11) 육안검사(V.T ; Visual Testing)

1) 개 요
숙련된 기술자의 육안을 이용하여 대상의 표면에 존재하는 결함이나 이상 유무를 판단하는 가장 기본적인 비파괴 시험법이며 경우에 따라서 저배율 확대경 등의 광학기기를 이용하여 관찰하기도 한다.

2) 특 징
① 간편하고 신속
② 특별한 장치 불필요
③ 검사의 신뢰성 확보의 곤란

3) 적용성
① 용접부 결함과 같은 재료의 표면결함을 검사하는데 주로 적용
② 모든 비파괴시험 대상체의 이상 유무 식별 및 취약부 선정에 적용

6. 기타 용접결함에 따른 시험검사

결함의 종류	결함의 원인	시험과 검사법
(1) 용접설계불량	1) 재료선정의 잘못	사양, 도면 Check
	2) 구조상의 불연속	부재검사, 도면 Check
	3) 부적당한 이음형식	용접 전 검사
(2) 사용환경의 변화 또는 오인	1) 하중 또는 변위	① 내압시험조건검사 ② Sample 검사
	2) 부하변동	
	3) 온도의 변화	
	4) 부식성 물질의 취급	
	5) 자연환경부식	
	6) 자연재해	
(3) 용접결함	1) 형상 및 치수 불량	용접 전 검사
	2) 표면결함	용접 중 검사
	3) 내부결함	용접 후 검사
(4) 용접부의 특성 불량	1) 과대한 응력집중	도면 Check
	2) 과대한 잔류응력	Strain 측정
	3) 정적 강도부족	용접 시공법시험, 시험판 시험
	4) 피로 강도부족	파괴시험
	5) 연성 부족	용접시공법 시험, 시험판 시험
	6) 파괴인성 부족	샤르피(Charpy) 시험
	7) 과도한 경화	경도시험
	8) 과도한 조직변화	금속조직시험
	9) 성분의 이동	화학성분 및 경도시험

7. 결론

용접은 용접열에 의한 모재의 변질, 변형과 수축, 잔류응력의 발생 및 용접부 내의 화학성분과 조직의 변화를 어느 정도 피할 수 없으므로 이것을 소홀히 하면 각종 용접결함이 생기기 쉽다. 따라서 용접에 있어서 요구되는 품질에 대하여 결함의 여부를 검사하고, 이에 대해 평가하는 것은 시공 및 품질관리 측면에서 매우 중요하다.

이와 함께 용접 및 균열에 대한 결함 여부 등을 검사한 후 정확한 해석과 올바른 판단을 내릴 수 있도록 검사방법에 대한 유의사항을 숙지하고, 검사기준을 표준화하며 또한 고성능 검사장비의 개발 등도 필요하다.

문제 16 용접결함의 원인 및 대책

1. 개 요

용접결함이란, 용접시공으로 용착금속이나 용착부 주위에 나타나는 재료의 불연속적 현상이 관련 표준서나 시공사양서 기준의 한계를 벗어날 때를 말한다.

용접부의 결함에 따른 파괴 양상은 여러 가지가 있으나 그중 대부분을 차지하고 있는 것이 취성파괴와 피로파괴 현상으로 구조물의 안전성을 저하시키고 또한 접합부에 대한 응력과 강도가 저하되는 문제점이 발생하므로 이에 대한 대책을 마련하여 시공할 수 있도록 하여야 한다.

2. 용접결함에 따른 파괴 양상(문제점)

(1) 용접부의 변형
1) 탄성변형
2) 소성변형
3) 과 변형

(2) 용접부의 부식
1) 일반부식
2) 응력부식

(3) 용접부의 파괴
1) 연성파괴
2) 취성파괴
3) 피로파괴
4) 누설

3. 용접결함의 분류

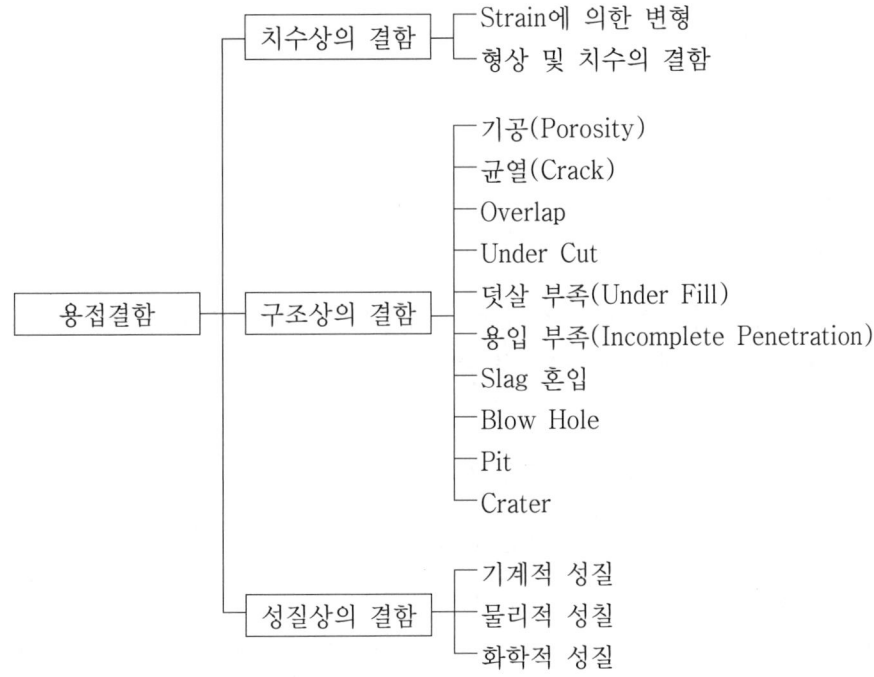

4. 치수상의 결함

(1) Strain에 의한 변형

1) 금속은 가열하면 열팽창이 생기고 냉각하면 수축하는 성질을 보유
2) 용접에 있어 용융상태에서 응고하여 고체가 될 때 수축은 크게 발생
3) 횡 수축, 종 수축, 각 변형, 회전변형 등의 결함이 이에 해당

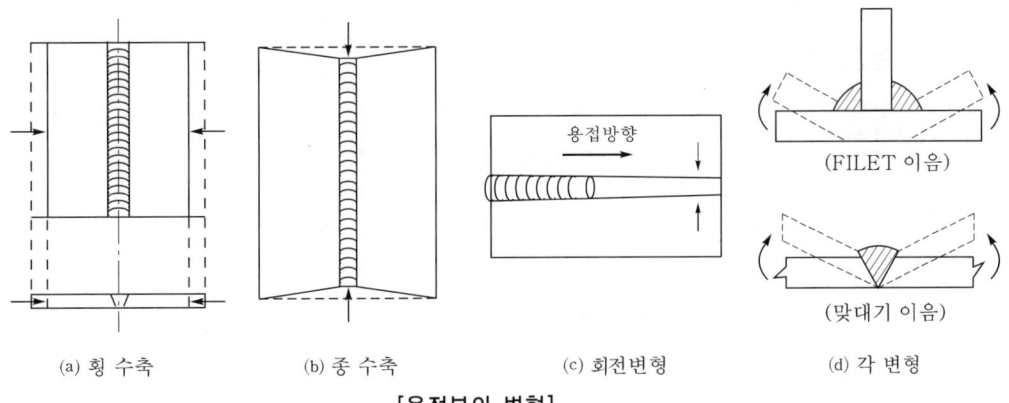

[용접부의 변형]

(2) 형상 및 치수의 결함

주로 맞댐 할 곳의 규격차이 또는 Fillet의 각도, 용접의 설계 및 시공 등으로 인하여 형상 및 치수에 대해 발생하는 결함

5. 구조상의 결함

(1) 기공(Porosity)

1) 결함 증상

이 물질 또는 수분의 존재에 따라 용접부 내부에 Gas가 발생하는 용접금속 외부로 빠져나오지 못하고 내부에서 기포를 형성한 상태

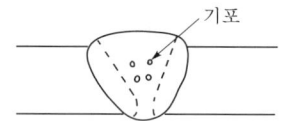

2) 원인 및 대책

원 인	대 책
① Arc의 길이가 너무 길 경우	① 적정한 Arc 길이 유지
② 용접전류가 너무 높은 경우	② 적정한 용접전류선택
③ 용접속도가 매우 빠른 경우	③ 적정한 용접속도유지
④ 피복제가 손상된 경우	④ 손상된 용접봉 교체사용
⑤ 모재 표면에 기름, 녹, 습기 등이 있는 경우	⑤ 시공 전 용접부위 청소

(2) 균열(Crack)

1) 결함 증상

모재 간 융착금속에 의해 연결된 부위에 불연속지시가 생긴 것으로 용접결함 중 가장 대표적이면서 치명적으로 허용되지 않는 결함

2) 균열의 분류

① 고온균열(Hot Crack)

용접금속이 응고되면서 발생하는 것으로 온도가 300℃ 이하 또는 용접금속이 응고 후 48시간 이내에 발생하는 균열

② 저온균열(Cold Crack)

용접금속이 응고된 후에 발생하는 것으로 수축 응력이나 열 변형에 의한 응력집중 등의 원인으로 발생하는 균열

③ 지연균열(Delayed Crack)

  용접금속이 응고 후 48시간 이내에 발생하는 균열

④ 종 균열(Longitudinal Crack)

  용접금속 상의 균열이 용접부의 축과 평행한 방향으로 발생한 균열

⑤ 횡 균열(Transverse Crack)

  용접금속 상의 균열이 용접부의 축과 수직으로 발생한 균열

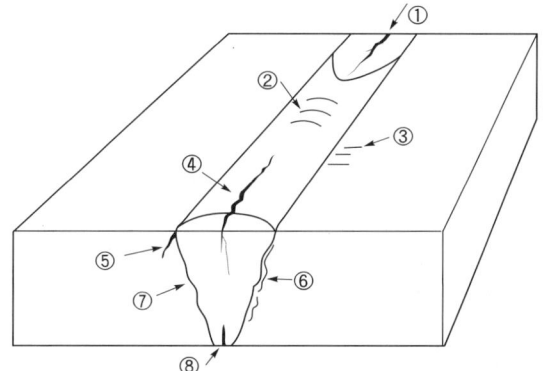

① Crater 균열
② 횡 균열
③ 열 영향부 횡 균열
④ 종 균열
⑤ Toe 균열
⑥ Under Bead 균열
⑦ Fusion Line 균열
⑧ Roote 균열

[용접부 균열의 형태별 종류]

3) 원인 및 대책

원 인	대 책
① 이음의 강성이 클 경우	① 이음 강성을 크게 할 것
② 용착금속의 결함	② 기공 발생 방지 및 Slag 혼입 방지
③ 부적당한 용접봉 사용	③ 시방 규정에 맞는 용접봉 사용
④ 용착이 잘 되지 않은 경우	④ 용접작업 개선 및 습기감소
⑤ 과대 전류와 용접속도가 빠른 경우	⑤ 적정전류 사용 및 용접속도 준수
⑥ Root 간격의 과대	⑥ Root 간격을 적당히 조정
⑦ 예열 및 후열관리 미비	⑦ 예열 및 후열관리 철저
⑧ 용융금속의 급속 냉각	⑧ 가열 냉각속도를 느리게 할 것

(3) Overlap

1) 결함 증상

  모재와 융합되지 않은 상태로 모재 면에 겹쳐져 있는 상태

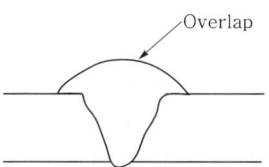

2) 원인 및 대책

원 인	대 책
① 용접속도가 느린 경우	① 용접속도를 빠르게 진행
② 모재와 용접봉의 각도 부적절	② 모재와 용접봉의 각도 조정
③ 용접봉의 직경이 너무 큰 경우	③ 직경이 작은 용접봉 사용

(4) Under Cut

1) 결함 증상

   모재 표면과 용접표면의 경계지점에 발생하는 작은 홈의 상태

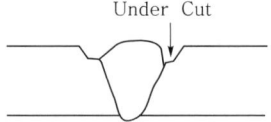

2) 원인 및 대책

원 인	대 책
① 용접전류가 높은 경우	① 용접전류를 적정치로 조절
② Arc 길이가 길 경우	② Arc 길이를 짧게 유지
③ 용접봉 취급의 부적당	③ 용접봉의 유지각도 조절
④ 용접속도가 빠를 경우	④ 용접속도를 천천히 유지

(5) 덧살 부족(Under Fill)

1) 결함 증상

   홈 용접에서 용접부를 용융금속이 덜 채워진 상태

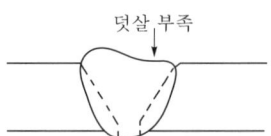

2) 원인 및 대책

원 인	대 책
① 용접속도가 빠른 경우 ② 용접시공 방법의 부적절	용접속도를 조절하여 용융금속이 충분히 채워지게 할 것

(6) 용입 부족(Incomplete Penetration)

1) 결함 증상

용융금속의 두께가 모재의 두께보다 적게 용입이 이루어진 상태

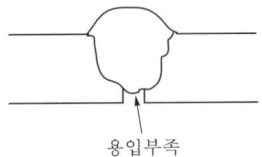

2) 원인 및 대책

원 인	대 책
① 용접속도가 빠른 경우	① 적절한 용접속도로 조절
② 용접전류가 낮은 경우	② 용접전류를 높일 것
③ 용접봉의 직경이 너무 큰 경우	③ 작은 용접봉 사용
④ 용접온도가 낮은 경우	④ 용접온도를 적정하게 높일 것

(7) Slag 혼입(Slag Inclusion)

1) 결함 증상

용접 후 용접부 표면에 발생한 Slag가 용융금속 내에 혼입된 상태로 용접부 강도저하의 원인이 됨

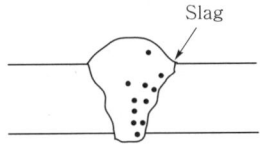

2) 원인 및 대책

원 인	대 책
① 층간의 Slag 제거 불충분	① 충분히 층간 Slag를 제거
② 고르지 못한 용접속도	② 안정한 속도로 용접실시
③ 운봉 폭이 좁은 경우	③ 운봉 폭을 줄이고 간격을 유지
④ 용접전류가 낮은 경우	④ 용접전류를 적정하게 높일 것

(8) Blow Hole

1) 결함 증상

용융금속이 응고될 때 남아있던 Gas가 방출되면서 발생한 작은 구멍

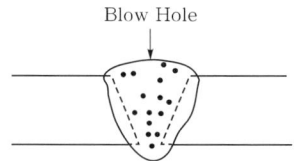

2) 원인 및 대책

원 인	대 책
① 용접부위에 이물질이 있는 경우 ② 용접속도가 빠른 경우 ③ 용접 시 수분의 흡수 ④ 습기를 함유한 용접봉 사용	① 용접부위에 대한 청소 철저 ② 용접속도를 적정한 속도로 유지 ③ 용접부위의 수분 완전제거 ④ 용접봉 관리에 유의

(9) Pit

1) 결함 증상

용접부의 표면에 분화구 모양으로 된 작은 구멍

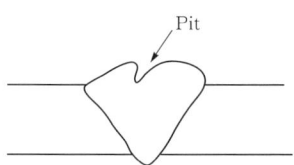

2) 원인 및 대책

원 인	대 책
① 용접부위에 불순물 혼입 ② 습기를 함유한 용접봉 사용 ③ 용접조건의 부적절	① 이음부 청소 및 용접 중 불순물의 혼입 방지 ② 염기도가 높은 용접봉 사용 및 용접봉의 건조한 상태로 관리 ③ 용접조건개선

(10) Crater

1) 결함 증상

용접부위의 Bead 끝 부분이 오목하게 파인 현상

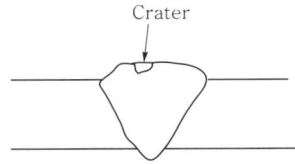

2) 원인 및 대책

원 인	대 책
① Arc를 급작스럽게 끊을 경우 ② 마무리용접의 미비 ③ 전압이 높은 경우 ④ 용접전류가 낮은 경우 ⑤ 모재 온도가 높은 경우 ⑥ Arc의 불안정	① Arc를 멈춘 채로 Crater를 채움 ② Arc를 끊은 후 몇 번의 Arc를 일으켜 Crater를 채움 ③ 적정 전압사용 ④ 적정 전류사용 ⑤ 모재 냉각 및 층간 온도조정 ⑥ 회로접촉 및 송선장치의 점검

6. 성질상의 결함

(1) 기계적 결함

용접부가 항복점, 인장강도, 연율, 경도, 충격치, 피로 강도, 고온 Creep 등의 특성에 대하여 정해진 요구조건에 만족시키지 못하는 결함을 말한다.

(2) 물리적 결함

용접부가 열전도, 전기전도, 자기적 성질, 열팽창 등의 성질에 대하여 정해진 요구조건에 만족시키지 못하는 결함을 말한다.

(3) 화학적 결함

용접부가 화학성분, 내식성 등의 성질에 대해 정해진 요구조건에 만족시키지 못하는 결함을 말한다.

문제 17. 강구조(강부재)가 낮은 응력하에서도 부분파괴가 일어나는 원인(강구조의 피로, 피로파괴, 피로한도)

1. 개 요

강부재가 정하중이 아니라 단계적으로 동적인 진동하중을 받는다면 정하중 조건에서 받을 수 있는 하중보다 훨씬 더 작은 하중, 즉 낮은 응력 하에서도 예고 없이 피로에 의해 부재의 파괴가 올 수 있다.

피로(Fatigue)란, 반복응력에 의한 강도의 감소 또는 재질의 변화를 받는 것을 말하는 것으로 구조물에 작용하는 반복하중으로 낮은 응력 하에서도 어느 순간에 부분적이든 전체적이 든 간에 파괴가 오는 수가 있는데, 최근에는 피로파괴가 구조물의 안전성에 심각한 요인으로 지적되고 있다.

2. 강구조의 파괴 형태

(1) 전단파괴

전단력의 작용으로 인하여 국부적으로 큰 변형을 일으켜서 발생하는 파괴형태

(2) 취성파괴

축 방향 응력이 일정한 크기에 도달했을 때 변형이 발생하지 않은 상태에서 갑자기 재편(材片)의 축의 수직 방향으로 갈라지면서 발생하는 파괴형태

(3) 혼합파괴

전단파괴와 취성파괴가 복합적으로 발생되는 파괴형태

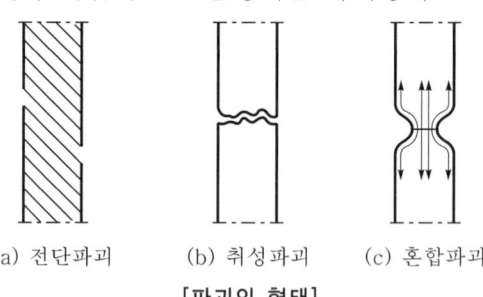

(a) 전단파괴 (b) 취성파괴 (c) 혼합파괴

[파괴의 형태]

3. 피로파괴(Fatigue Failure)

(1) 정 의
1) 구조물에 하중이 지속적으로 작용할 때 구조물 내력이 극한강도 또는 항복강도 이하인 경우에도 파괴가 되는 것을 말한다.
2) 즉, 구조물이 극한강도를 초과한 하중에서 파괴되는 것뿐만 아니라 반복 작용되는 하중에서 극한강도 또는 항복강도 이하에서도 파괴가 된다.

(2) 피로파괴의 특징
1) 예고 없는 파괴가 발생된다.
2) 초기에는 강재에 미세한 균열이 발생하고
3) 이러한 미세균열 주변에 나타나는 응력 집중현상에 의해 균열이 확대되어 파괴가 발생 된다.
4) 따라서 최근에는 차량의 중량화 및 급증으로 반복하중에 의한 피로파괴가 구조물의 안전성 심각한 요인으로 지적되고 있다.

(3) 피로파괴가 예상되는 구조물의 종류
1) 철도교
2) 도로 교량
3) Crane 가드
4) 기계기초
5) 송신탑

4. 피로강도(Fatigue Strength)

(1) 정 의
무한반복 하중에 대해서 파괴되지 않고 견딜 수 있는 최대 응력을 말한다.

(2) 피로강도의 특징
반복하중의 응력 진폭이 일정한 경우와 변화하는 경우에 따라 피로강도는 변한다.

(3) 피로강도의 결정
1) 반복하중의 횟수 및 반복속도
2) 응력의 종류
3) 응력의 범주
4) 응력의 변동범위

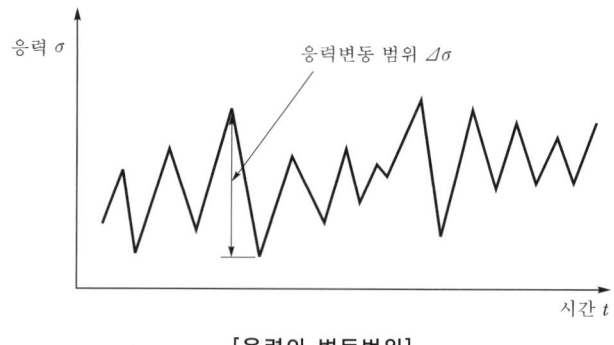

[응력의 변동범위]

5. 피로한도(Fatigue Limit)

(1) 정 의
1) 응력의 변동범위가 일정수준 이하인 경우에는 피로파괴가 되지 않는 것을 말한다.
2) 즉, 무한대의 반복회수의 하중작용에도 파괴되지 않는 응력의 한도를 말하며 이를 내구한도(Endurance Limit)라고도 한다.

(2) 피로한도의 특징
1) 무한대의 반복회수의 하중작용에도 응력의 한도까지는 파괴되지 않는다.
2) 응력도가 피로한도 이상인 경우 응력도가 커짐에 따라서 파괴까지의 반복 횟수가 감소 한다.

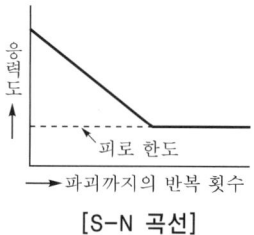

[S-N 곡선]

6. 피로 발생요인

(1) 온도변화가 많은 경우
(2) 기계 및 기구의 운행
(3) 차량운행에 따른 운동하중
(4) 해수의 파도에 의한 반복하중

7. 결 론

　강구조가 낮은 응력 하에서도 부분파괴가 일어나는 원인은 구조물에 작용하는 반복하중으로 인한 피로에 의하여 발생되는데, 이때 구조물에 하중이 지속적으로 작용할 때 구조물 내력이 피로의 누적으로 극한강도 또는 항복강도 이하인 경우에도 피로로 인한 파괴가 된다.
　피로파괴는 구조물의 안전성에 심각한 요인이 됨에 따라 이를 방지하기 위해서는 강구조물에 대한 유지관리 차원에서 점검 등을 철저히 하고, 또한 반복하중의 요인들을 완전히 방지하는 것은 불가능한 것이겠지만 사전에 파악하여 그에 상응하는 대책을 마련하는 것이 중요하다.

문제 18 교량 받침(교량 교좌, 교좌장치, Shoe)

1. 개 요

　　교량 받침(Bridge Bearing)은 상부구조의 하중을 하부구조에 전달하는 지점인 동시에 온도변화, 처짐 등에 의한 상·하부 간의 상대 변위 및 상부구조의 회전변형을 흡수하여 정상적으로 활동하도록 하는 중요한 역할을 하는 장치이다.

　　교량 받침의 종류는 교량의 형식별, 기능별에 따라 그 종류가 다양하고 또한 선정도 다양하며, 교량의 조건에 따라 상부구조의 형식, 지간 길이, 지점 반력, 신축과 회전방향, 내구성, 시공성 등을 충분히 검토하여 받침의 형식과 배치를 결정한다.

2. 교량 받침의 기능

(1) 교량 받침에 요구되는 3대 기능
1) 받침(支持) 기능
2) 굴림(回轉) 기능
3) 미끄러짐(移動) 기능

(2) 하중의 전달
　　상부구조의 수직, 수평 하중을 하부구조로 전달 및 흡수

(3) 상·하부 간의 상대 변위흡수
1) 온도변화에 대한 변위
2) 건조수축에 대한 변위
3) Creep에 대한 변위
4) 지진에 대한 변위

(4) 하중재하에 의한 보의 회전 변위에 대응
1) 회전량에 대한 변위
2) 회전방향에 대한 변위

3. 교량 받침의 기능별 분류

(1) 고정 받침(Hinged Bearing)
1) 수직 및 수평 하중전달(신축고정)
2) 회전 변위흡수(회전허용)
3) 상부구조의 이탈방지

(2) 가동 받침(Movable Bearing)
1) 수직 하중전달
2) 회전 변위흡수(회전허용)
3) 수평 변위허용(신축허용)

4. 교량 받침의 구조상 종류별 특징

(1) 선 받침(Linear Bearing)

1) 개 요

　　상·하답 접촉 부분의 한쪽은 평면으로 다른 한쪽은 원주면으로 하여 선 접촉을 시켜서 마찰저항의 감소와 회전 변위를 흡수할 수 있도록 한 간단한 형식의 1방향만 회전이 가능한 받침

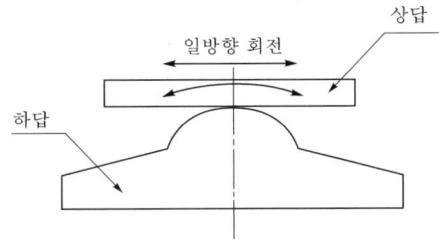

2) 특 징
① 강과 강의 마찰이 커서 고정받침으로 적합하나 가동받침은 부적합
② 1방향의 회전 밖에 허용되지 않아 곡선교에서는 부적합
③ Plate Girder 교, 단순 Steel Girder 교, 짧은 지간의 Concrete Girder 교 등에 사용

(2) 밀폐고무 받침(Pot Bearing)

1) 개 요

　　중간 판(강재)에 두께 일부를 돌출시켜 집어넣은 불소수지(PTFE) 활동 판과 하답 속에 밀폐시킨 탄성고무와 함께 결합한 사용한 받침

2) 종 류
① 가동 Pot 받침
　　활동 판과 상답 사이의 활동으로 신축기능을 하고 고무의 탄성변형으로 회전기능을 갖게 한 받침
② 고정 Pot 받침
　　중간 판에 활동판을 집어넣지 않고 직접 상답에 접촉시켜 하답 밀폐고무의 탄성변형으로 회전 기능만을 갖게 한 받침

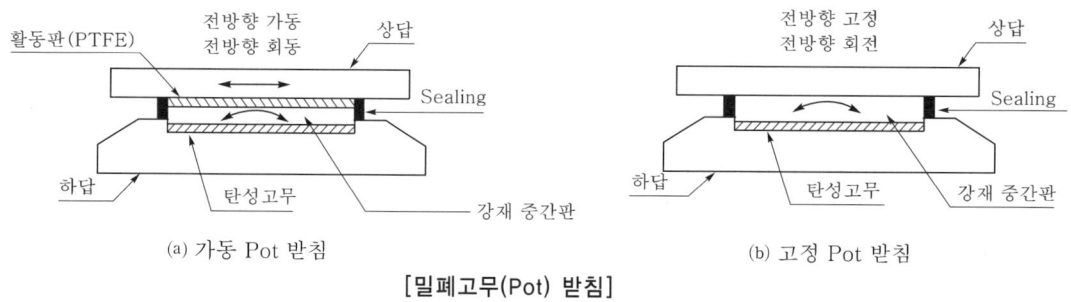

[밀폐고무(Pot) 받침]

3) 특징

① 고무가 유체처럼 작용하여 수직 반력을 골고루 분포
② 받침의 높이가 낮아 회전에 대한 안전성이 우수
③ 회전에 따른 하중의 편심이 작아서 유리
④ 장대 교량에 적합

(3) 고력황동받침판 받침(Bearing Plate Bearing, Oilless bearing)

1) 개요

받침판의 한쪽을 평면으로 하고 다른 면은 곡면으로 하여 상·하판과 각각 면 접촉을 시켜서 미끄럼에 의해 평면 접촉부에서의 신축기능과 곡면 접촉부에서의 회전기능을 갖게 한 받침

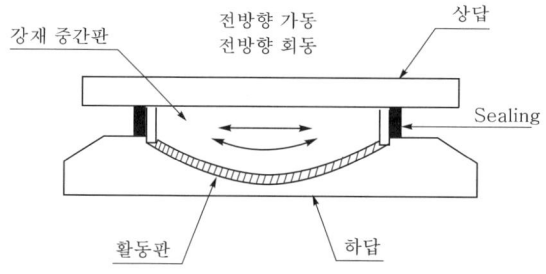

2) 특징

① 회전성능이 우수(모든 방향으로 회전 가능)
② 회전이 크고 회전방향이 이동방향과 일치하지 않는 사교나 곡선교 등에 적용하기 편리
③ 수평저항력이 큰 단경간 철도교에 많이 사용
④ 대용량의 경우 받침이 대형화되는 것이 단점

(4) Spherical 받침(Spherical Bearing)

1) 개요

① 상판과 하판이 면 접촉으로 되어 있어 평면 접촉부로는 신축기능을, 곡면 접촉부로는 회전기능을 갖게 한 받침

② 상판 구조는 중간 판에 두께 일부를 돌출시켜 집어넣은 불소수지 활동판(PTFE)으로 되어 있고, 하판 구조는 Bearing 판을 사용한 구조와 불소수지 활동판을 사용한 구조로 분류

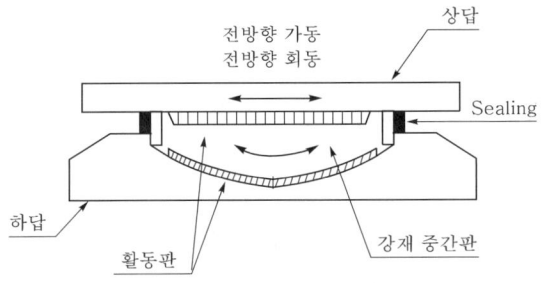

2) 특 징

① 모든 방향의 신축 및 회전에 대처
② 받침 높이가 작아 받침의 전도에 대한 안전성과 내진성에 양호
③ 큰 반력에 대한 지지
④ 곡면을 구면으로 하여 회전의 방향성이 없고 사교, 곡선교에 적용 가능

(5) Pin 받침(Pin Bearing)

1) 개 요

상부와 하부를 Pin으로 연결시킨 형식으로 Pin은 회전 변위에 대해 자유롭게 허용하고, 수평 변위에 대해서는 고정하는 받침

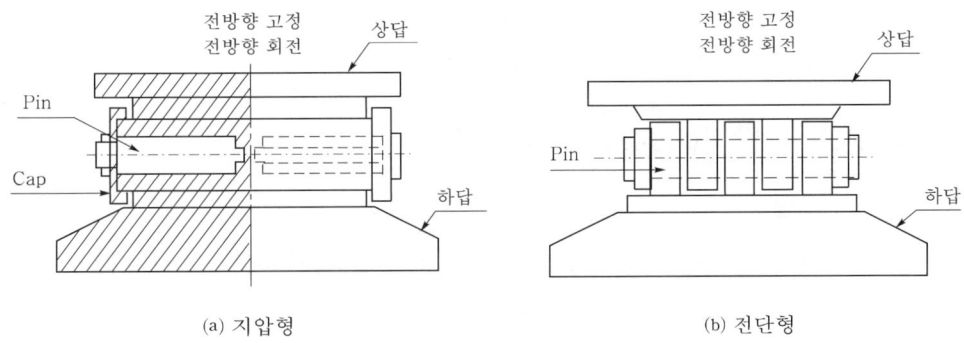

(a) 지압형   (b) 전단형

2) 지압형

① 상판과 하판 사이에 끼워진 Pin이 지압을 받는 형식
② 상양력은 단부의 Cap에 의하여 지지
③ 수직 반력에 비해 수평력이 상당히 큰 경우 사용
④ 상양력이 큰 곳에는 사용하지 않음
⑤ Arch 교에서 주로 지압형 받침을 사용

(3) 전단형

① 상판과 하판으로부터 돌출한 Rib를 맞물려 Pin을 관통한 형식
② 핀의 직경이 전단과 휨 저항에 대한 영향을 줌
③ 상양력이 작용하는 곳에 사용

(6) Pivot 받침(Pivot Bearing)

1) 개 요

상답을 凹면상으로 하답을 凸면상으로 각각 구면 마무리하여 결합한 구조로 전 방향 회전이 가능하고 또한 전 반향이 고정이 되는 받침

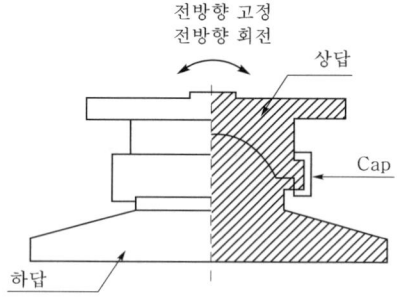

2) 특 징

① 상부구조의 처짐발생 시 회전을 허용
② 큰 반력을 취하는 구조에 적합
③ 사교(斜橋), 곡선교 등에 적용

(7) Roller 받침(Roller Bearing)

1) 개 요

Roller에 의한 이동기구를 상부와 하부에 설치하여 신축에 대한 변위를 허용하는 것으로 가동단에 사용하는 가동받침

2) 1본 Roller 받침

① 상·하부 사이에 1축의 Roller 설치
② 신축에 대한 수평 변위에 대해서만 허용
③ 지점 이동량이 적은 경우 사용
④ 이동방향과 회전방향이 일치하는 직교에 사용하는 것이 원칙
⑤ 강판형교, Steel Truss 교, 강상자형교, Concrete 교, PSC 교 등에 사용

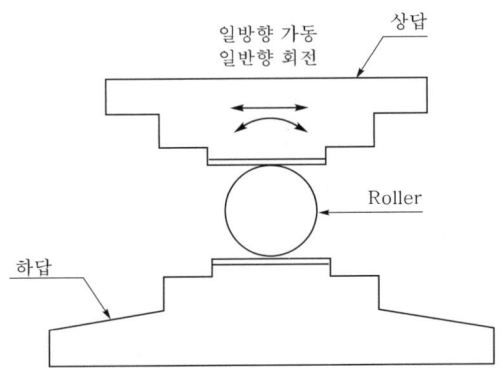

3) 복수 Roller 받침

① Pin 받침과 Pivot 받침을 조합한 형태로 여러 개의 Roller를 설치
② 회전과 신축에 대한 수평 변위에 대해서만 허용
③ 지점의 반력과 이동량이 큰 경우 사용
④ 중대규모의 강교 또는 Concrete 교 등에 사용

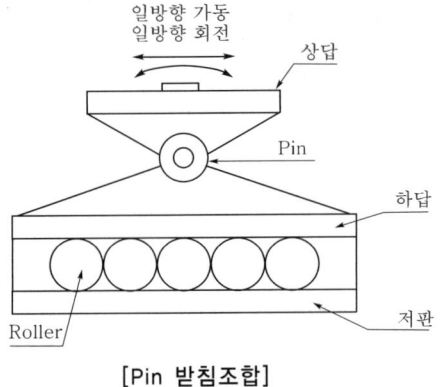
[Pin 받침조합]

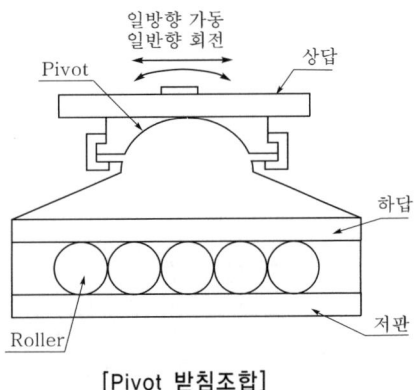
[Pivot 받침조합]

(8) Rocker 받침(Rocker Bearing)

1) 개 요

상부로부터 전달되는 하중을 Rocker가 받아 하부로 전달하는 기능을 가진 받침

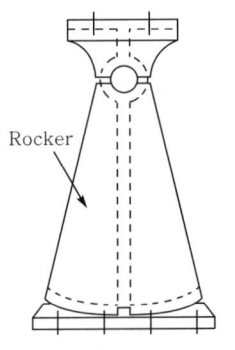
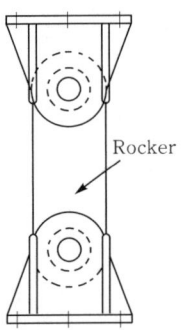

2) 특 징
① 회전 변위에 대해서는 Rocker와 연결된 Pin이 담당
② 신축에 대한 수평 변위는 곡면상의 회전으로 신축활동을 허용
③ 장 경간에서 중량하중을 받을 때 사용
④ Roller 받침에 비해 경제적

(9) 탄성 받침(Elastomeric Bearing, 고무 받침)

1) 개 요

강판 사이에 고무를 설치하여 회전 및 이동에 대한 내 충격을 고무의 탄성 변형에 의해 흡수시키는 받침

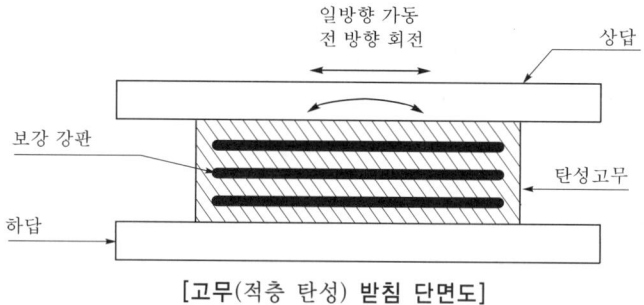

[고무(적층 탄성) 받침 단면도]

2) 탄성 받침의 분류
① 순수 탄성 받침(Rubber Bearing)
고무만을 주자재로 사용 탄성 받침
② 적층 탄성 받침(Laminated Rubber Bearing)
고무 내부에 1개 이상의 강판을 보강하여 하중재하 시 받침 측면의 팽출현상을 억제하여 내하력을 증가시킨 탄성 받침

3) 특 징
① 별도의 다른 부품이 필요 없이 설치가 간단
② 설치 높이가 낮고 임의의 형상으로 제작 가능
③ 내구성이 다소 부족
④ 내진구조로도 적합
⑤ 신축회전을 흡수할 수 있는 사교, 곡선교, 폭이 넓은 Slab 교 등에 적합

(10) Mesnager Hinge

1) 개 요

철근 Concrete 부재 중 연결하려는 부위에 X자형 교차철근을 사용한 Concrete Hinge

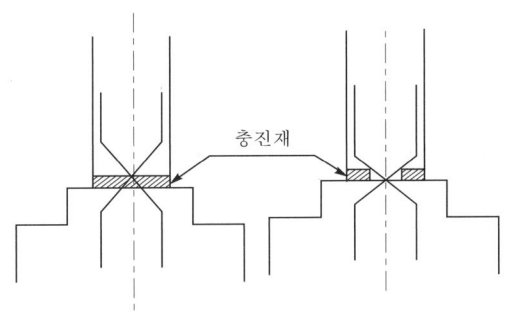

2) 특 징
① 기능상으로 볼 때 불완전한 Hinge
② Hinge부의 휨 강성이 부재의 휨 강성에 비해 매우 작은 경우에 실용적
③ 상부구조가 RC교 또는 PSC교인 경우에 처짐으로 인한 회전각이 작을 경우에 사용하면 시공성 및 경제성에서 유리한 고정받침
④ 각이 75° 미만인 교량과 반력 및 회전각이 큰 곳에는 부적합

5. 교량 받침의 형식 및 배치 결정 시 고려사항

(1) 상부 및 하부 구조의 형식과 치수
(2) 수직 및 수평 하중
(3) 이동량 및 방향
(4) 회전량 및 방향
(5) 마찰계수
(6) 지점에서의 소요 받침 수
(7) 지반조건 및 침하 가능성 여부(하부구조)
(8) 교량의 총 연장
(9) 받침의 상부 및 하부 구조 접속부의 보강
(10) 내구성 및 시공성, 안정성, 경제성

6. 교량 받침시공 시 유의사항

(1) 형하공간 확보

교좌 장치의 시공성 및 유지보수 시를 위하여 형하공간을 40cm 이상(특별한 경우 35cm) 확보한다.

(2) 교좌 받침 Concrete

교좌 받침 Concrete는 구체와 동종의 Concrete로 타설하되 특수교량(1,000톤 이상)의 교좌 장치는 교좌 장치의 규격에 맞추어 별도 설계 및 시공 실시한다.

(3) 연단거리 확보

1) Concrete 받침의 경우

도로교 표준시방서의 기준을 적용하고 교좌 장치 전면으로부터 연단거리를 확보하는 것을 원칙으로 한다.

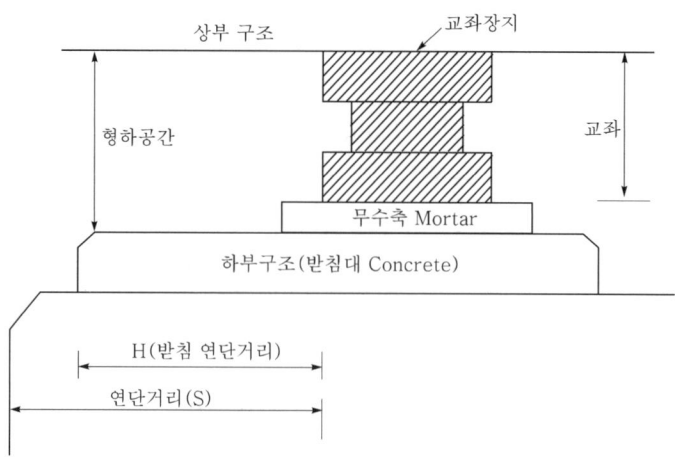

2) 고무 받침인 경우

Anchor 중심으로부터 연단거리를 확보한다.

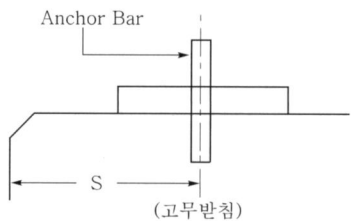

(4) 교좌 받침 Concrete 보강철근

교좌 받침 Concrete의 보강철근은 구조계산에 의거 산출한 보강철근을 배치하여 전단파괴에 대하여 저항하도록 한다.

(5) 무수축 Mortar(Shoe Mortar 용)

1) 무수축 Mortar의 두께는 5cm로 한다.
2) 압축강도는 600kg/cm^2 이상을 반드시 확보한다.

(6) 무수축 Concrete의 기준강도(Expansion Joint 용)
1) 시공현황을 감안하여 400kg/cm^2 이상으로 기준강도를 설정
2) 표준 배합비
   ① Cement : 600kg/m^3
   ② 세골재(잔골재) : 600kg/m^3
   ③ 조골재(굵은 골재) : 1,000kg/m^3
   ④ 무수축제 : 9kg/m^3
   ⑤ 시공 전 반드시 배합설계를 실시하여 강도를 확인 후 시공

(7) Notch 설치
교좌 장치의 부식방지와 유지관리를 위하여 교량 Slab 양쪽 끝단에서 10~15cm 이격하여 깊이 2~2.5cm 넓이 2~3cm의 Notch를 설치한다.

7. 결론

교량 받침은 상부구조에서 전달되는 하중을 균등하게 지지면에 분포시켜 하부 구조에 전달하는 것으로, 교량 전체에 대하여 안전성을 충분히 검토하여 상부로부터 전달되는 하중에 대해 충분한 역할을 할 수 있어야 한다.

따라서 교량 받침은 설계도에 표시하고 규정된 세부사항은 반드시 기입하여 시공 시 설계도에 명기된 받침에 대한 세부사항대로 시공관리를 하여야 한다.

문제 19 교량 받침(교량 교좌, 교좌장치, Shoe) 배치 및 설치

1. 개 요

상부 구조물을 지지하기 위하여 받침을 설치하는 교대 또는 교각 위의 면(面)을 교량 받침 또는 교좌(橋座, Bridge Seat)라 하며, 교량의 상부구조인 상판과 하부구조인 교각 사이에 설치돼 상판을 지지하면서 교량 상부구조에 가해지는 충격을 완화시키는 교량안전의 핵심장치를 교량 받침(Bridge Bearing) 또는 교좌장치(Bridge Shoe)라 한다.

교량 받침은 상부구조에서 전달된 하중을 확실히 하부구조에 전달하고 지진, 바람, 온도변화 등에 대해서 안전하여야 하며, 상부구조의 형식, 지간 길이, 지점 반력, 내구성, 시공성 등에 의해 그 형식과 배치 등이 결정된다.

특히 곡선교 등은 지점 반력의 작용기구, 신축과 회전방향을 충분히 검토하여 받침형식과 배치 등을 결정하여야 한다.

2. 교량 받침의 종류

(1) 고정 받침

1) 기능

상부구조가 이동하지 않고 지압과 회전이 가능한 받침이다.

2) 종류

① 선 받침(Liner Bearing)
② 핀 받침(Pin Bearing)
③ 고무 받침
④ 피보트 받침(Pivot Bearing)
⑤ 받침판 받침

(2) 가동 받침

1) 기능

교량의 상부구조가 온도변화, 수축활동, 충격에 의해 지압과 이동이 가능한 받침이다.

2) 종류

① 선 받침(Liner Bearing)
② 로커 받침(Rocker bearing)

③ 로울러 받침(Roller Bearing)
④ 받침판 받침

3. 교량 받침(교좌)의 배치

(1) 곡선교의 받침배치

신축방향과 회전방향 등 두 가지를 만족시키는 받침형식을 사용한다.

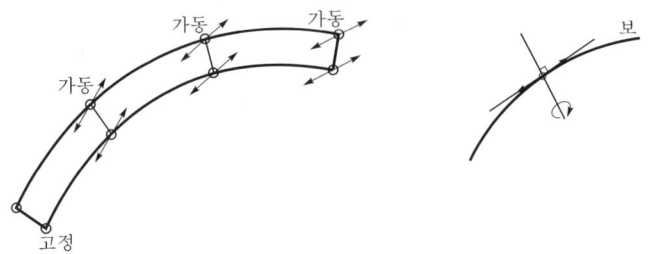

(2) 사교(斜橋)의 받침배치

신축방향과 회전방향 등 두 가지를 만족시키는 받침형식을 사용한다.

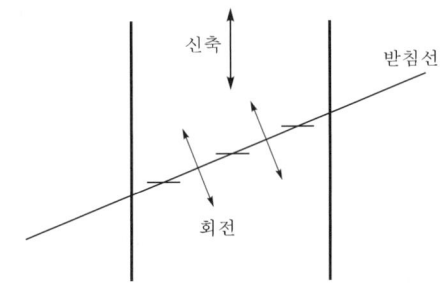

(3) 폭이 넓은 교량의 받침배치

1) 보(Beam)의 경우

① (a)의 경우 받침의 이상적인 배치
② (b)의 경우 하부구조의 신축을 고려한 배치

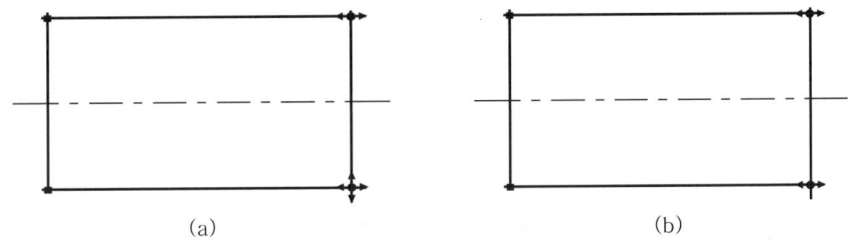

2) 슬라브(Slab)의 경우

① (a)의 경우 받침의 이상적인 배치
② (b)의 경우 하부구조의 신축을 고려한 배치

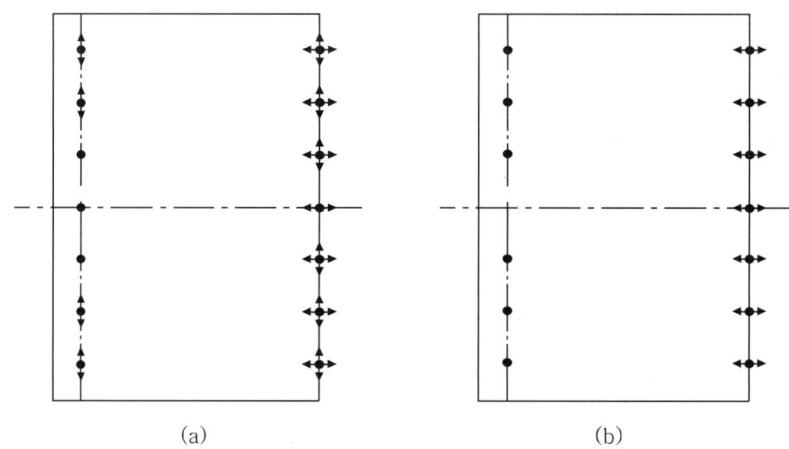

(a)　　　　　　　　(b)

(4) 3경간 연속보의 받침배치

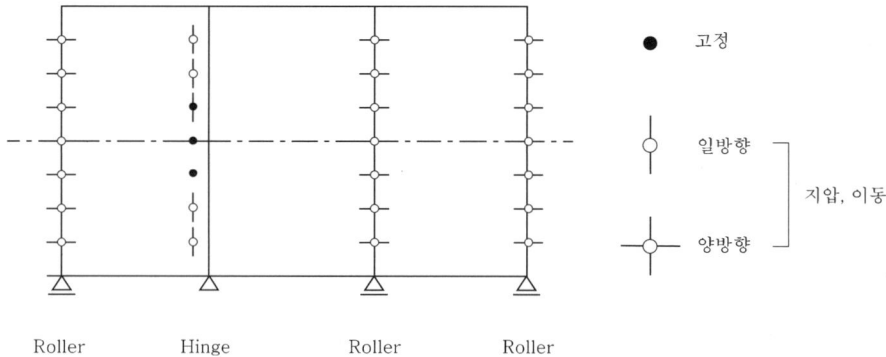

4. 교량 받침(교좌) 배치 시 고려사항

    (1) 재질
    (2) 배치방향
    (3) 원심하중
    (4) 배치 위치
    (5) 배치 간격
    (6) 배치 수량

5. 교량 받침(교좌)의 설치

(1) 받침은 움직이는 것이기 때문에 특히 활동면과 회전면의 지압, 마찰, 마모 등을 충분히 검토하고, 재질의 선정을 신중히 하여야 한다.
(2) 소정의 위치에 설치하여 받침대로서의 충분한 기능을 발휘하도록 한다.
(3) 받침이 부식되지 않도록 방청처리를 한다.
(4) 받침이 위치한 곳에 물이 고이지 않도록 배수가 양호한 구조로 한다.
(5) Anchor Bolt 매입 시 무수축 Mortar를 사용하고 공극이 없도록 한다.
(6) 교좌설치 시 방향, 각도에 유의한다.
(7) 교좌설치시공 시 설계도서 및 시방서 등 제반 규정을 준수하여 설치 시공한다.

문제 20 교량 받침의 파손(손상)의 원인 및 보수대책

1. 개 요

교량 받침은 상부구조와 하부구조의 사이에 놓여 있는 교량의 중요부위로서 교량의 상부구조에 작용하는 하중을 하부구조에 전달하는 기능이 있으며, 교량의 구조부위 중 가장 기계적 요소가 강하다 할 수 있다.

또한 교량 받침은 상부구조의 하중을 하부구조에 전달하는 기능 이외에 온도신축에 의한 상부구조의 종 방향으로의 이동과 처짐 등에 따른 회전의 기능 등을 원활히 할 수 있도록 하는 기능을 갖고 있다.

따라서 교량 받침장치의 선정, 배치, 제작 및 시공상 결함과 유지관리 등의 소홀로 그 기능을 발휘하지 못할 경우 교통소통의 장애를 일으키고 보수에 따른 비용문제뿐만 아니라 손상을 유발하여 교량의 기능을 성실케 할 우려가 있으므로 지속적인 점검을 통한 손상의 조기발견이 중요하다고 할 수 있다.

2. 교량 받침의 손상 분류

(1) 받침 본체부

1) 강재 받침
① 부상방지장치의 손상
② 이동제한장치의 손상
③ 받침부의 벌어짐
④ 각 부재의 부식
⑤ 너트의 느슨함
⑥ Top Bolt 및 Sheet Bolt의 빠짐
⑦ 활동면, 구동면의 녹 붙임
⑧ Roller의 벗어남 및 낙하
⑨ 핀 및 롤러의 벌어짐

2) 고무 받침
고무 받침의 열화, 균열

(2) 받침 설치부

1) 충전 Mortar의 균열
2) Anchor Bolt의 절단 및 인발
3) 받침 지지면 Concrete의 압괴 및 박리

2. 교량 받침 손상의 원인

(1) 설계상의 원인

1) 형식선정 및 부적절

    상부구조의 거동에 대하여 형식이나 배치가 부적절한 경우

2) 단순 거더의 연속 처리시 받침의 이동량 부족

    단순 거더교의 상부슬래브를 연속 처리할 경우 받침을 단순교에 해당하는 것을 그대로 사용함으로써 고정판의 파손 가동단의 이동량 부족으로 인한 파손 발생

3) 고무 받침의 지압면적 부족

    하중산정 잘못으로 인하여 지압면적 부족시 파손

4) 크리프와 건조수축을 고려하지 않은 설계

    상부 구조설계 시 Creep와 건조수축을 고려하지 않아 변위발생 시 받침장치가 이탈

5) 지반지지력 ㅣ상황에 대한 배려 부족

    지반 지지력산정이 잘못된 경우 교각의 부동침하에 의한 가동단 받침의 기능정지, 고정단 받침이 파손

6) 교대 배면의 수압증가

    배면 배수설계의 잘못으로 수압증가에 따른 횡방 향력작용

(2) 시공상의 원인

1) 신축이음부의 누수

    상판으로부터 우수, 염화캄슘, 먼지 등이 흘러들어 강재받침의 부식, 구성 재료의 내구성 저하 및 기능 저하발생

2) 시공상의 오차 발생

    받침과 콘크리트와의 연단거리 부족으로 인하여 콘크리트 가장자리 부분의 파손

3) 부속부품의 변형 및 이탈

    시공과정에서 설계온도를 무시한 설치로 온도 차로 인한 신축량의 과다로 Roller의 이탈 및 Anchor Bolt의 변형 발생

4) 품질관리 불량

    ① 받침 하부 Mortar의 강도부족으로 인한 Mortar의 부스러짐 발생
    ② 강재 받침설치 후 Mortar의 충전부족으로 인한 하중 편기로 받침 하부판의 파손
    ③ 받침 하부판의 파손으로 인하여 Concrete에 물이 고여 부식

(3) 유지 관리상의 원인

1) 청소 소홀
받침 장치에 접근이 곤란한 이유로 청소를 소홀히 하면 먼지, 이물질 등이 쌓여서 받침(특히 Roller 받침)의 기능 저하 및 기능정지 등이 발생

2) 신축이음 보수 시 기존 Concrete 방치
보수를 위해 털어 낸 기존 콘크리트가 Girder사이에 끼인 채로 방치됨에 따른 받침의 이동 구속으로 상하부구조의 하중분배 불량 등의 기능장애 발생

3) 녹슨 받침의 재생 시 도장 잘못
녹슨 받침의 녹을 제거하고 재도장시 Roller의 회전면에 페인트를 칠하여 마찰계수를 증가시켜 기능을 저하시킴

4) 반복하중에 의한 조임 장치의 이완
유지관리의 주기를 택하지 못하면 볼트, 너트 등 조임 장치의 이완을 초래하여 Nut, Pin 등이 헐거움 및 이탈

3. 대책

(1) 받침 본체의 전면교체
1) 받침 본체의 파손 등에 대해서 상부구조를 작업하여 새로운 받침으로 전면교체
2) 받침의 전면 교체 시 같은 형식으로 교체
3) 동일받침선상에 있는 받침이 상하부 구조에 예측하지 못한 구속력을 일으키는 원인이 되므로 혼용은 금지

(2) 받침 본체의 부분교체
받침 본체의 파손이긴 하지만 Bolt와 Nut의 이탈 및 부상방지장치의 파괴 등 작업할 필요가 없는 경우에는 그 부품만을 교환

(3) 받침 본체의 보수(용접)
받침을 용접으로 보수하는 경우는 받침을 구성하고 있는 부품에 따라 용접성이 달라지므로 주의

(4) 받침대의 보수

1) 받침대의 파손이 심한 경우

받침대의 Mortar 및 Concrete 보수 시 파손 부분을 충분히 깎아 낸 후 보강하여 새로운 Mortar 및 Concrete를 타설

2) 받침대의 파손이 경미한 Crack인 경우

Epoxy 수지 등을 충전하여 Crack의 진전을 방지

3) 받침대 폭의 여유가 불충분한 경우

받침대 폭을 확대

(5) 부식방지 도장

강재 받침의 경우 기능 부위를 제외한 공기 중 노출되는 부위 전체에 대한 도장으로 강재의 부식을 방지

(6) 받침의 오염방지

받침 방호용 커버를 설치하여 받침에 대한 오염으로부터 보호

4. 결 론

교량 받침의 기능이 저하되면 상부구조나 하부구조에 과도한 응력을 발생시켜 주 구조부재의 파손과 상부구조에 매우 심각한 영향을 주는 것은 물론이고, 교통소통에 많은 어려움이 발생할 수 있음으로 설계 및 시공과정에서 세심한 관리와 함께 설치 후 점검과 보수 등으로 유지관리를 철저히 하여 교량 받침장치의 기능이 저하되지 않도록 한다.

문제 21 교량의 신축이음(Expansion Joint, 신축장치, 신축이음장치)

1. 개 요

교량의 신축이음장치는 온도변화에 의한 신축 및 Concrete의 재령에 따른 건조수축과 Creep, 활하중에 의한 상부구조의 이동과 회전을 원활하게 수용하기 위해 설치된다.

신축이음장치는 교량형식, 지역 조건, 설계 신축량 등을 고려하여 최적의 형식을 선정하고 정밀시공으로 내구성, 평탄성, 수밀성 등을 확보토록 하여야 한다.

2. 신축이음장치의 형식에 따른 분류

(1) 맹 Joint 형식(연속 형식, 포장 형식)

1) 개 요
   ① 이음부가 교면에 노출되어 있지 않으며 신축을 Asphalt 포장의 변형을 통해 충격 및 신축을 흡수하는 구조이다.
   ② 신축량은 0~10mm 이하

2) 종 류
   ① 맹 Joint
   ② 절삭 Joint

(2) 맞댐 시공형식

1) 개 요
   ① 포장의 시공 전에 설치하는 맞댐 구조형식의 이음으로 바닥판 Concrete 타설 전 시공한다.
   ② 신축량은 10~30mm

2) 종 류
   ① 줄눈판 Joint
   ② Angle 보강 Joint
   ③ 보강 강재 Joint

(3) 맞댐 후 시공형식

1) 개 요
   ① 포장부를 걷어내고 줄눈 우각부를 강재 및 수지재 등으로 보강한 후 줄눈부에 채움 고무재를 삽입하여 접착하는 형식으로 포장의 시공 후 설치한다.
   ② 평탄성이 양호하다.

2) 종 류
   ① Cut Off Joint
   ② Coupling Joint
   ③ Mono Cell Joint
   ④ Rubber Top Joint
   ⑤ Gai Top Joint

(4) 고무 Joint 형식(강판보강 고무판형식)

1) 개 요
   ① Neoprene계 고무 안에 강철판을 삽입하여 일체 구조로 제작된 것으로 고무의 탄성과 강재의 강성으로 충격하중을 흡수 및 분산하는 형식이다.
   ② 변형과 충격에 대한 저항능력이 우수하다.

2) 종 류
   ① Trans Flex Joint
   ② NB Joint

(5) 강재 Joint 형식

1) 개 요
   ① 강재를 사용하여 설계 및 시공된 이음형식으로 신축량이 큰 교량에 적합하다.
   ② 내구성과 방수성이 우수하고 장대 및 연속교량에 많이 적용한다.

2) 종 류
   ① 강 핑거 Joint(Steel Finger Expansion Joint)
   ② 강 겹침 Joint
   ③ Rail Joint

(6) 특수형식

1) 특수교량(현수교, 사장교 등)에 적용하여 설치되는 이음형식이다.
2) Roller Shutter Joint가 이에 해당한다.

3. 신축이음장치의 종류별 특징

(1) 맹 Joint

1) 철재 이음장치와 신축이 가능한 0.8mm 동판을 Bolt로 바닥 판 Concrete에 고정시키고 Asphalt 포장으로 덮어 교면을 연속 처리한 이음장치이다.
2) 동판과 Asphalt 포장이 신축작용을 한다.
3) 주로 10m 이하의 단 지간 Concrete 교량 또는 고정단인 경우와 같이 신축량이 작을 때 적용한다.
4) 주행성이 양호하고 설치비 및 보수비가 저렴하다.
5) 이음부의 포장재 분리 또는 탈락 가능성이 크다.

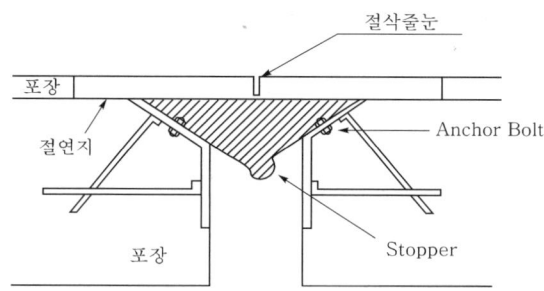

(2) 절삭 Joint

1) 포장을 5mm 정도 Cuter 절단하여 줄눈 채움재를 주입한 이음장치이다.
2) 시설비 및 보수비는 저렴하다.
3) 수명이 짧고 절삭부 포장재 부위에 균열 발생이 우려된다.
4) 내구성 및 방수성이 저하된다.

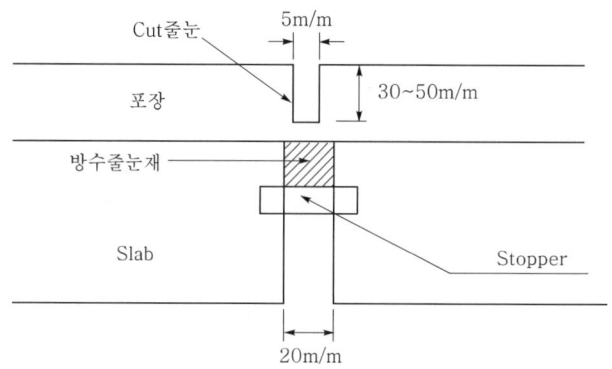

(3) 줄눈판 Joint

1) 바닥 판 유간에 줄눈판을 삽입하는 형식의 이음장치이다.
2) 교대부 교량 받침이 고정단인 경우에 주로 사용한다.
3) 배수장치가 없어 방수기능에 문제가 있다.

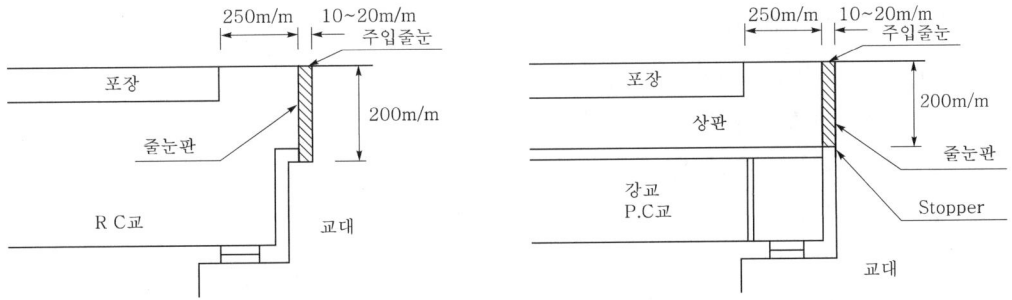

(4) Angle 보강 Joint

1) Slab 우각부를 Angle로 보강한 형식의 이음장치이다.
2) 시공성과 보수성이 불량하다.

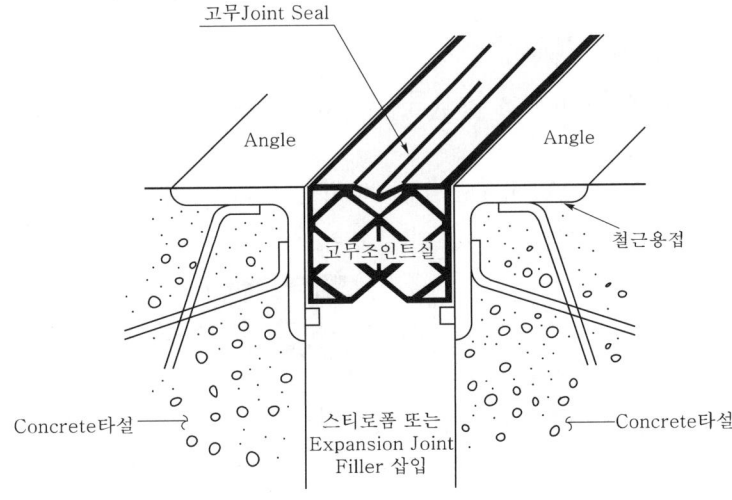

(5) 보강 강재 Joint

1) 이음장치의 Plate를 Bolt로 상부 Flange에 고정하는 형식의 이음장치이다.
2) 강교에서만 사용한다.

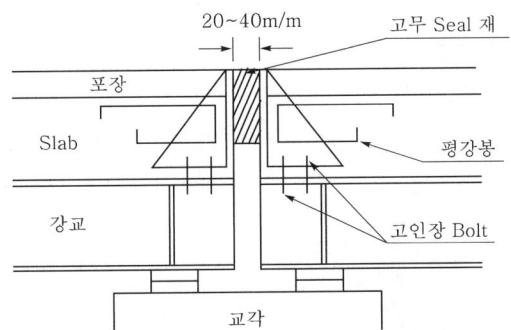

(6) Cut Off Joint

1) Epoxy Mortar부와의 접착부에 특수 고무 접착제를 바르고 내후성의 Neoprene계 고무 성형재를 끼워서 고정한 이음장치이다.
2) 평탄성이 양호하다.
3) 접착제의 질에 따라 탈락이 우려된다.

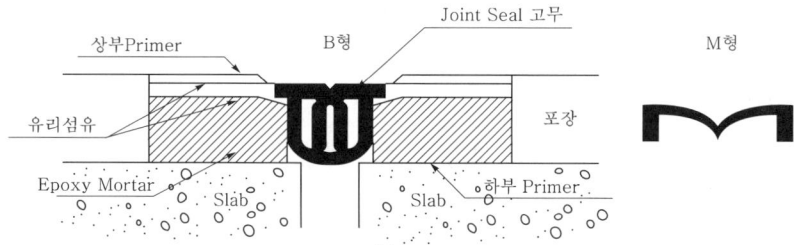

(7) Coupling Joint

1) 격자형 철판을 Anchor Bolt로 고정하고 고무 Seal을 격자 철판에 Bolt로 고정한 이음장치이다.
2) 고무 Seal의 신축량이 Cut Off 형식보다 다소 적다.

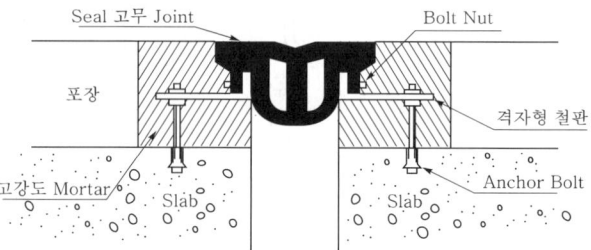

(8) Mono Cell Joint

1) 이음부 사이가 두 개의 철판과 표면 및 하면에 신축 고무로 압축하여 삽입된 구조형식의 이음장치이다.
2) 주형면이 고무이고 조인트의 표면이 좁기 때문에 주행감이 우수하다.
3) 설치 시 유간 조정이 용이하다.
4) 방수성이 우수하고 유지보수가 용이하다.
5) 총 신축량이 60mm 이하인 경우의 강교, PC 교, RC 교 등에 사용한다.

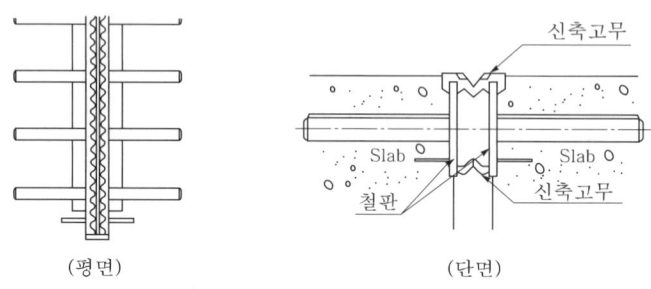

(9) Rubber Top Joint

1) Anchor Bolt 및 보강철근을 바닥판 상부 철근에 용접 및 조립하고 고무 Seal재를 강판에 압착시킨 형식의 이음장치이다.
2) 구조가 간단하고 시공이 간편하다.
3) 평탄성이 양호하다.
4) 하중 지지면의 연속성을 확보하기 위하여 허용 신축량이 80mm를 초과할 수 없다.

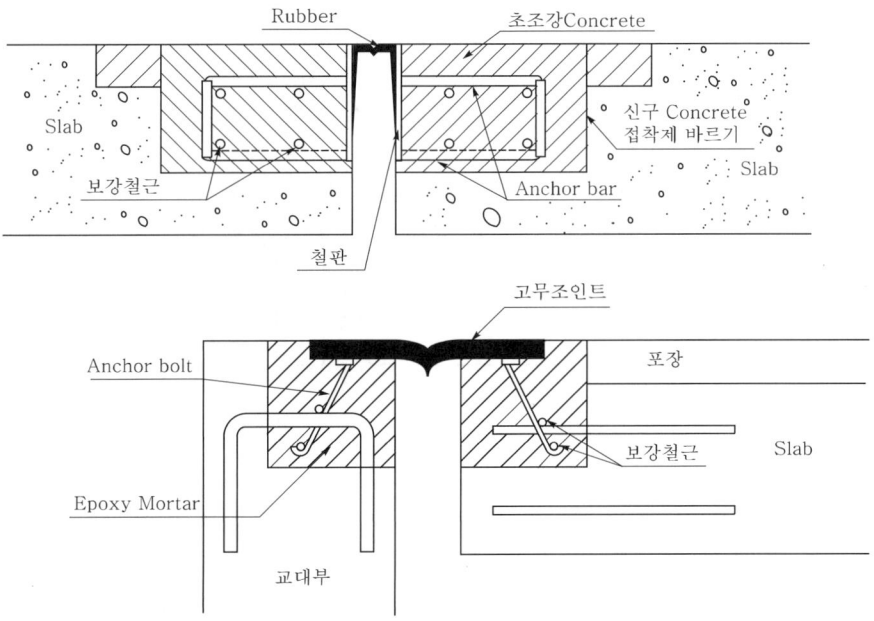

(10) Gai Top Joint

1) 바닥 판 단부에 파형의 강재 판을 종 방향으로 고정하고 중간 유간부에 고무재를 삽입하는 형식의 이음장치이다.
2) 고무재는 방수와 신축기능을 한다.
3) 다른 맞댐 형식의 Joint보다 허용 신축량에 여유가 있다.
4) 단순구조이고 내구적이다.
5) 강판의 노출 단면이 적어 주행성이 양호하다.

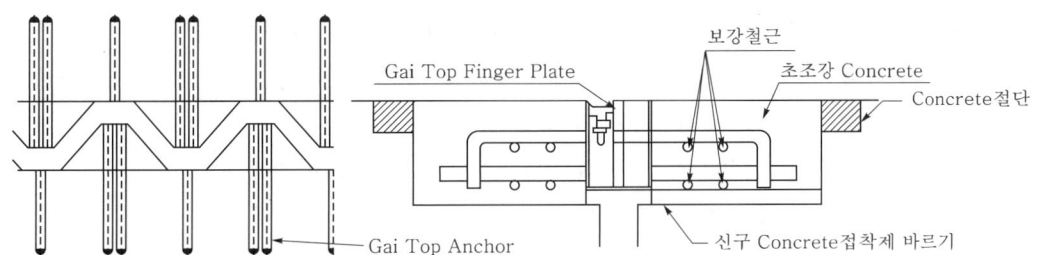

(11) Trans Flex Joint

1) Neoprene계 고무 안에 강철판을 삽입한 일체 형식의 이음장치이다.
2) 충격하중은 고무의 탄성과 강재의 강성으로 흡수 및 분산한다.
3) 시공이 용이하다.
4) 주행성이 양호하고 주행에 따른 소음이 적다.
5) 허용 신축량은 35~330mm 정도이다.
6) 고무판의 절삭 부분이 자주 파손되어 유지보수 및 관리에 문제가 있다.
7) 기존 Concrete와 접착부에 방수가 불량하다.

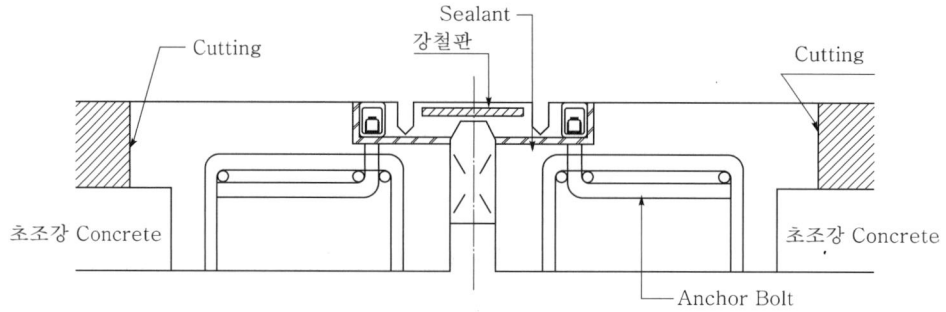

(12) NB Joint

1) Neoprene계 고무 안에 강철판을 삽입한 일체 형식의 이음장치로 Trans Flex Joint의 개량형이다.
2) Trans Flex Joint와 특징은 동일하나 허용 신축량은 35~120mm 정도이다.

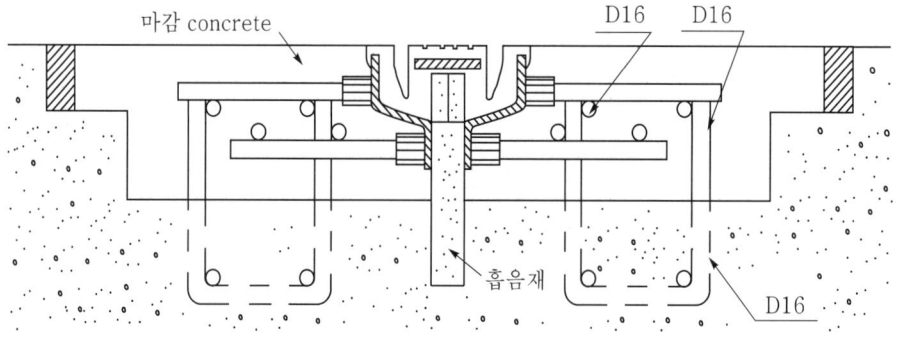

(13) 강 핑거 Joint(Steel Finger Expansion Joint)

1) 방향의 이음부에 Steel Finger Plate가 서로 맞물린 형식의 이음장치이다.
2) 신축량이 20mm 이상이고 강교에 주로 사용된다.
3) 방수기능이 우수하여 별도의 배수장치가 필요하다.
4) 부분통제만으로 보수 및 교체가 가능하다.

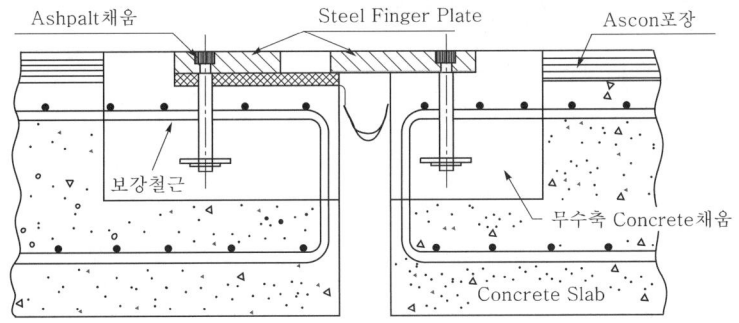

(14) 강 겹침 Joint

1) 방향의 이음부에 Steel Plate가 겹쳐진 형식의 이음장치이다.
2) 강 Finger Joint 이전에 사용된 것으로 현재는 주로 보도에 사용되고 있다.

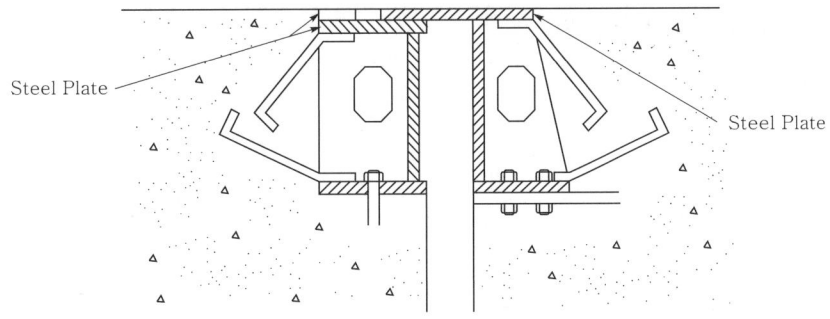

(15) Rail Joint

1) 상부의 Steel Beam을 고무 Seal로 연결 설치하고 하부는 가로보로 하중을 분산시키는 Rail 형식의 이음장치이다.
2) 허용 신축량이 80~1,280mm 정도이다.
3) 방수성이 완벽하고 내구성 및 주행성이 좋다.
4) 구조가 다소 복잡하고 주행 시 소음이 발생된다.
5) 단 지간에서부터 장 지간의 Concrete 교, 강교 등의 교량에 적용이 가능하다.
6) 중 교통하중과 회전 변위가 큰 교량 단부에 적합하다.

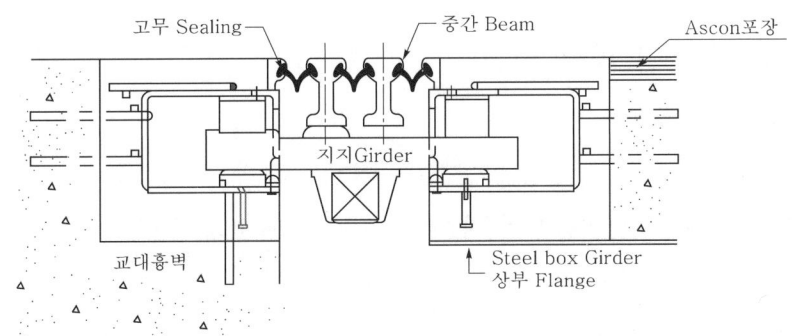

4. 신축이음장치 선정 시 고려사항

(1) 교량의 종류 및 상부구조 형식
(2) 신축량
(3) 염화칼슘의 사용 유무
(4) 배수성 및 수밀성
(5) 평탄성 및 충격
(6) 중 차량의 통과량
(7) 보수 및 교체의 용이성
(8) 시공성 및 경제성

5. 신축이음부의 파손 대책

(1) 신축이음의 파손형태

1) 포장의 균열
2) 봉함재의 탈락
3) 신축이음부 주변 포장의 파손
4) 교량 상판의 연결 단부의 파손
5) 신축이음부의 균열
6) 신축이음부의 부식
7) 신축이음부의 누수
8) 고무와 강재의 접촉 불량
9) Anchor Bolt의 풀림

(2) 신축이음 파손에 따른 문제점

1) 기능 저하
2) 주행성 저하
3) 교통사고의 원인
4) 잦은 보수에 따른 교통체증 유발

(3) 신축이음부의 파손 원인

1) 마모 및 충격
   ① 차량 주행에 의한 마모
   ② 충격에 의한 이음부의 파손 및 Anchor Bolt의 풀림

2) 교통량의 증가 및 중 차량의 통과

　　교통량 증가 및 중 차량의 통과로 과하중이 작용하여 신축이음부의 강도 및 내구성이 저하되어 파손된다.

3) 재료의 불량
　① 재질 불량
　② 두께 부족
　③ 규격 미달
　④ 교통하중 및 교량특성을 고려하지 않은 재료사용 시

4) 시공 불량

　　설계도서 및 시방 규정을 준수하지 않은 시공을 하였을 경우

5) 동결융해의 반복

　　신축이음부의 누수로 동결융해가 반복되면서 이음부가 파손

6) 유지관리 불량
　① 점검 미비
　② 미숙한 보수
　③ 보수시기를 놓친 경우

7) 내구성 부족

　　강도가 저하되고 재질이 불량할 경우 교통하중에 의해 신축이음부의 내구성이 저하되면서 쉽게 피로에 의해 파손

8) 유간의 과소

　　유간이 소요 간격 이하로 설치된 경우 건조수축 및 온도변화 등에 의한 신축활동 등의 제 기능을 활용하지 못하므로 인한 파손

(4) 대책(시공 시 유의사항, 파손을 최소화하기 위한 방법)

1) 재료의 선정조건
　① 탄성적, 온도, 화학적으로 적합한 것을 선정한다.
　② 고무 외의 다른 재료는 75년 이상의 사용수명을 가지고 있어야 한다.
　③ 신축이음 봉함재에 사용되는 고무와 물받이는 25년 이상의 사용수명을 가져야 한다.
　④ 교통의 노출된 신축이음은 미끄럼방지 표면을 가져야 한다.
　⑤ 마모와 차량의 충격에 저항할 수 있어야 한다.

2) 제작 및 조립
　① 형강이나 평판은 조립품을 견고하게 한다.
　② 용접에 의한 변형을 최소화하기 위해 충분한 두께를 갖도록 한다.

③ 신축이음 보호 장치는 직선적으로 정확히 제작한다.
④ 띠와 연결되는 특별한 부분은 조밀하고 균일하며 공극이 없도록 한다.
⑤ 신축이음 부재는 공장에서 완전히 조립한다.
⑥ 신축이음과 봉합재는 완전히 조립된 상태에서 현장으로 수송한다.

3) 설치
① 바닥 신축이음은 평탄한 승차감을 제공할 수 있도록 설치한다.
② 신축이음 설치 후 반드시 누수 여부를 시험한다.
③ 신축이음은 정 위치에 설계도에 따라 설치한다.

4) 이음부의 청소
① 설치 시 신축이음부는 깨끗하고 건조한 상태로 한다.
② 신축이음 봉함재를 손상시킬 수 있는 파편 등이 없도록 한다.
③ 이음부에 녹, 기름, 흙, 먼지 또는 다른 유해한 물질이 없도록 한다.

5) Anchor Bolt 설치 시
온도 및 차량충격 등을 고려하여 정확히 고정시킨다.

6) 보강철근 설치시
① 상판 Anchor 용 철근에 용접으로 고정한다.
② 상판과 나중에 칠 Concrete가 충분히 일체화되도록 한다.

7) 이음부 Concrete 시공
① 진동다짐기를 사용하여 Concrete가 구석구석까지 채워지도록 다진다.
② 신, 구 Concrete의 이음부에는 승인된 접착제를 바른다.
③ Concrete치기 완료 후 소정의 강도에 도달할 때까지 습윤 및 보온상태로 유지하며 양생을 실시한다.

8) 유간 결정
유간은 교량의 신축량을 고려하여 정한다.

6. 결론

교량의 신축이음장치는 교량의 2차 응력에 대한 변위에 대해 신축을 자유롭게 하여 교량의 성능을 보호하는 역할을 하기 위해 설치되는 것으로, 교통량의 증가, 소홀한 시공, 미숙한 보수 및 적기 미 보수 등으로 교량의 구성요소 중 가장 파손이 빈번하지만 보수 및 보강이 어렵다.

따라서 교량의 신축이음 시공 시 정 위치에 설계도에 따라 정확하게 시공되도록 하여야 하며, 또한 시공 후 유지관리에 있어서는 세심한 점검과 철저한 보수를 실시하여 교량의 신축이음으로서 제 기능이 유지될 수 있도록 한다.

문제 22 교량의 유지관리 및 보수·보강방법

1. 개요

교량의 유지관리란, 교량의 현황을 파악하여 이상 및 손상을 조기에 발견하고 적절한 조치를 취함으로써 교량의 기능을 충분히 발휘할 수 있도록 하는 것을 말한다.

교량의 유지관리는 자료관리, 일상관리, 점검, 보수 및 보강, 신설 및 교체, 사후 관리 등으로 분류될 수 있다.

2. 유지관리의 목적

(1) 교량의 안전성 확보 및 기능 유지
(2) 이상 유무의 조기 발견 및 향후 예상되는 결함 등의 예방
(3) 교량의 상태를 체계적으로 이력관리
(4) 향후 설계, 시공될 교량의 자료 확보
(5) 보수 및 보강 등의 의사결정에 필요한 자료 제공
(6) 점검결과 등을 통한 합리적인 유지관리 계획을 수립

3. 유지관리의 업무

(1) 자료관리

 1) 관련 자료

  설계도서, 구조물 대장, 점검도서, 평가도서, 보소 및 보강 대장, 사고 이력, 기타 참고문헌 등

 2) 자료의 전산화

  교량의 점검과 보수 및 보강, 신설 및 교체 시마다 보완됨에 따라 그 양의 증가에 따른 전산화 및 Micro Film 등으로 보관

 3) Data Base 구축

  효율적인 교량유지관리를 위해 Data Base를 구축

(2) 일상관리

1) 시설물 청소
일상 관리의 대표적인 경우로서 사용 중인 교량의 내구적인 손상을 예방하기 위해 실시

2) 시설물 정비
소모성 부속물의 교환 및 내구수명이 짧은 부착물의 정비 등으로 교량에서의 사고 발생을 줄이고 내구수명을 연장

(3) 점 검

1) 점검의 목적
① 교량의 이상 및 손상을 조기에 발견하여 안전하고 원활한 차량흐름 확보
② 합리적인 유지관리 자료의 수집
③ 점검결과 기록 등을 통한 합리적인 유지관리 계획을 수립

2) 일상점검
① 순찰 시 육안관찰로 이상과 손상을 발견하는 것을 주목적으로 실시
② 이상 발견 시 접근 가능 지역에서 이상 부위를 관찰

3) 정기점점
① 교량의 세부적인 사항에 대하여 이상과 손상에 대한 정도를 파악
② 교량을 양호한 상태로 유지하는데 필요한 조치를 강구
③ 원거리 점검 및 근거리 점검

구분	원거리 점검	근거리 점검
점검방법	- 부재접근이 곤란한 경우 원거리에서 육안으로 관찰 - 외관조사가 이에 해당	점검 장비차 또는 비계를 설치하고 대상 부위에 가까이 접근하여 점검
점거사항	교량에 대한 내하력, 내구성, 사용성 등 중대한 영향을 미치는 손상 및 전반적인 상태를 파악	교량에 대한 내하력, 내구성, 사용성 등 영향을 미치는 손상을 조기에 발견하기 위해 실시
점검주기	6개월~1년에 1회 실시	5년에 1회 실시

4) 임시점검(긴급점검)
① 자연재해 또는 인위적인 재해가 발생 또는 예상되는 경우 교량의 안전성을 확인하기 위해 실시하는 점검
② 기상예보에 따른 자연재해 발생 가능성이 있을 경우 실시

③ 일상 또는 정기점검 시 취약한 것으로 판명된 교량에 대한 사전 점검을 통한 대비책 마련

5) 추적조사

① 점검결과에 따른 교량의 구조적 손상의 진행성을 감시할 목적으로 실시
② 3가지 점검 시 진행성 손상이 발견되면 일정한 계획을 수립하여 실시

6) 상세조사

① 점검결과에 따라 보수 및 보강에 대한 필요성이 검토되어야 할 손상이 발생한 경우 실시
② 필요 시 각종 조사 장비를 사용하여 구체적인 조사 기록 값을 얻어서 정량적 분석을 실시
③ 조사결과 교량의 안전에 대한 전문적인 조사가 필요하다고 판단될 경우 전문가에 의한 안전진단을 실시

7) 안전진단

① 교량의 안전에 대해 전문적인 조사를 위해 전문가에 의한 안전진단 및 내하력 판정을 실시하는 것
② 특수한 구조형식 또는 점검결과에 따라 보수 및 보강에 대한 필요성이 검토되어야 할 경우 실시
③ 교량의 사용성이나 안전성 여부를 판정하고자 할 경우 실시
④ 보다 정확한 상태와 대책방안 수립이 필요한 경우
⑤ 안전진단 시 모든 조사 및 측정은 원칙적으로 비파괴검사에 의해 실시

(4) 보수 및 보강, 신설 및 교체

1) 보 수

① 손상된 부위를 고쳐서 원래의 기능으로 회복시키는 작업
② 내하력을 손상 이전의 상태로 회복시켜 안전성을 확보하는 것이 목적

2) 보 강

교량의 구조적 인장성, 내하력 및 지지력을 현 상태 이상으로 향상시키는 것을 목적으로 실시하는 작업

3) 신설 및 교체

교량 전반에 걸쳐 비교적 보강부위가 많을 경우 보강하여 계속 사용할지 여부 또는 부재를 교체하거나 새로운 교량을 신설(확폭)할 것인지를 경제적, 사회적, 환경적 측면에서 면밀히 검토하여 결정해서 실시

(5) 사후관리

1) 교량의 내용년수 및 사용성 확보

교량의 건설 시 유지관리 측면이 고려된 설계와 시공으로 내용년수와 사용성이 충분히 확보될 수 있도록 관리가 필요

2) 시공 관련 자료 보관

도면을 비롯한 시공 관련 자료를 보관 및 관리하는 노력이 필요

3) 지속적인 사후관리

보수 및 보강, 신설 및 교체된 시설물에 대한 지속적인 사후관리가 필요

4. 유지관리의 절차

(1) 유지관리의 흐름

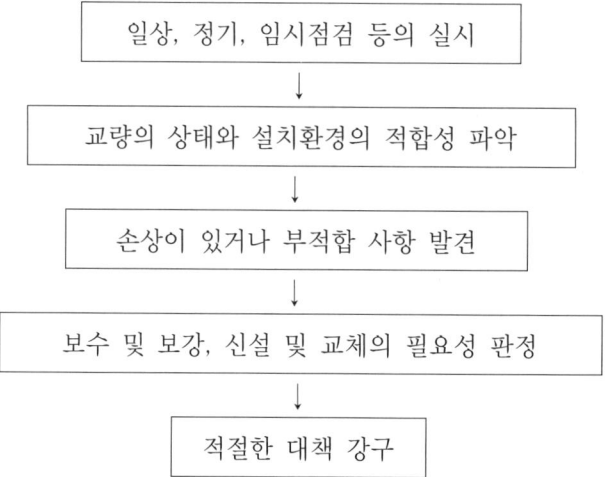

(2) 점검절차

1) 점검계획

① 점검의 종류와 점검항목 결정
② 점검일정 수립
③ 필요한 인력, 장비, 전문가 활용 여부 등의 파악
④ 도면, 점검기록, 보수 및 보강 이력 등의 관련 자료수집 및 분석
⑤ 점검기록 양식 준비
⑥ 교량관리자(기관)와 업무협조
⑦ 기타 점검과 관련한 사항조치

2) 점검교육
    ① 점검원들에 대해 점검계획, 점검조직, 점검준비 등 해당 업무사항에 대한 교육실시
    ② 점검자의 안전, 점검요소 및 항목, 사용장비 조작법, 통행불편 최소화, 점검기록 관리 등에 관한 내용을 충분히 이해 및 숙지가 되도록 교육

3) 점검기록
    ① 점검의 종류별로 현장여건을 충분히 고려한 점검항목 및 기준을 마련
    ② 동일한 종류의 교량에 대해서는 해당 점검기간 중 동일한 점검자가 점검 및 점검 기록유지
    ③ 점검기록은 교량의 각 요소 및 세부항목에 일정한 등급이나 수치를 부여하고 점 검기록을 Data Base 화하여 점검기록관리

(3) 안전진단 절차

1) 기본조사(자료수집 및 외관 조사)
    ① 교량의 기능조사
    ② 교량의 기하학적 형상 및 구조단면도 수집과 작성
    ③ 재료의 강도 추정(Slab, Girder, 교각, 난간)
    ④ 철근 및 강재의 노후도 측정
    ⑤ 상부 및 하부 구조물의 손상상태 조사 및 기록
    ⑥ 측정지점의 교통량 조사
    ⑦ 보수 및 보강 이력조사
    ⑧ 교량 점검도서, 평가도서, 사고 이력조사
    ⑨ 실험대상 경간의 선정

2) 정적 재하실험
    ① 측정지점의 선정
    ② 하중재하지점 및 방법 선정
    ③ 정적 측정을 위한 준비 작업
    ④ 재하차량 결정(하중 및 형상에 관한 제원)
    ⑤ 일반 통행차량의 통제
    ⑥ 정적재하에 의한 변형률 및 처짐 측정

3) 동적 재하실험
    ① 측정지점의 선정
    ② 하중재하 속도 및 통과 위치 선정
    ③ 동적 측정을 위한 준비 작업

④ 재하차량 결정(하중 및 형상에 관한 제원)
⑤ 일반 통행차량의 통제
⑥ 동적재하에 의한 변형률 및 처짐 측정

4) 추정된 재료의 강도 및 구조해석

① 처짐, Moment, 전단, 응력
② 하중
③ 상부 구조물의 부재 단면에 대한 각 하중효과 및 저항력 계산
④ 상부 구조물에 대한 구조해석(재하차량 및 설계하중)
⑤ 하부 구조물의 저항력 계산

5) 정적실험 결과분석

① 실험결과로부터 처짐 및 응력산정
② 응력 및 처짐에 대한 이론값과 측정값의 비교
③ 합성작용에 대한 평가

6) 동적실험 결과분석

① 동적 처짐 결정
② 동적 변형 결정
③ 증폭률과 충격계수의 도출

7) 내하력 평가

① 허용응력에 의한 내하력 산정
② 하중-저항계수법에 의한 평가지수산정

8) 대상 교량에 대한 종합적 평가

① 보수 및 보강 여부 결정
② 신설 및 교체 여부 결정
③ 기타 교량의 유지관리 측면사항에 대한 의견제시

(4) 점검결과 판정

1) 점검기록을 우선적인 평가의 기준으로 삼고, 그 다음 점검 시 고려되지 않은 사회적 여건을 고려하는 순으로 진행
2) 판정을 통한 시설물의 보수 및 보강 또는 신설 및 교체 중에서 경제적인 사항을 고려하여 결정

(5) 보수 및 보강, 신설 및 교체

1) 보수 및 보강
① 상세조사, 추적조사 및 내하력 판정결과를 검토한 후 보수 및 보강공법을 선정하여 설계 및 시공실시
② 간단한 손상에 대한 보수의 경우 교량관리담당자가 판단하여 시행
③ 손상의 정도가 크거나 복잡한 양상을 보이는 경우 전문가를 통한 조사와 함께 보수 및 보강 실시

2) 신설 및 교체
① 점검 및 판정에 따라 구조적 안정성 및 기능성 상실의 여부에 따라 결정
② 긴급성보다는 사회기반 시설의 재정비를 위한 정책적인 측면에서 더욱 체계화된 우선순위가 정해지도록 할 것

5. 보수방법

(1) 포 장

1) Patching 공법
① 균열, 구멍 등 비교적 좁은 면적의 손상된 곳을 절취하여 Asphalt 혼합물로 단순히 보수하는 방법
② 일반적으로 가열 Asphalt 혼합물을 사용
③ 긴급을 요하는 경우 상온 Asphalt 혼합물을 사용

2) Sealing 공법
① 균열이 발생된 포장표면에 포장 Tar 등을 사용하여 균열을 채우는 방법
② 균열에 의한 물과 공기의 침투로 Asphalt의 내구성 저하 및 강 바닥 판의 부식방지를 위해 실시

3) 절삭(절취) 공법
① 절삭 : 노면의 凹凸 수정과 평탄성 확보를 위해 실시하는 작업
② 절취 : 재포장 또는 Overlay를 위해 포장 면을 깎아내는 작업

4) Safety Grooving(安全溝) 공법
① 포장 노면에 폭 3~5mm, 깊이 3~5mm, 홈 간격 10~25mm 정도로 여러 개의 얕은 홈을 파는 공법
② 종형 안전구 : 곡선부, 오르막길 강한 횡 방향 바람을 받는 직선부
③ 횡형 안전구 : 합류부, 교차부, 횡단로, 요금 징수소, 짧은 제동거리 필요 시

④ 노면의 마찰계수가 증대
⑤ 우천시 Hydroplanning 현상에 의한 자동차 사고의 방지

5) 표면처리 공법

얇은 Sealing 층을 이용하여 포장표면의 기능회복 및 미끄럼저항을 유지 또는 회복시키기 위해 실시하는 공법

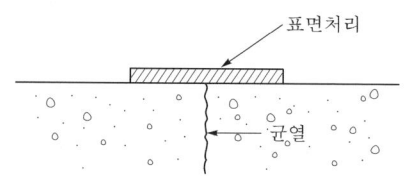

6) 재포장 공법

① 포장의 파손 정도가 심하여 다른 공법으로서는 보수할 수 없다고 판단될 경우 실시
② 재포장 방법의 종류
 - 전면 재포장
 - 부분 재포장
 - 표층 재포장

(2) 바닥 판

1) 차선조정

① 윤하중의 통행궤적을 가능한 한 바닥 판의 휨 Moment를 감소시키는 쪽으로 옮기도록 차선을 조정하는 방법
② 바닥 판의 작용력 경감
③ 교량의 폭원에 어느 정도 여유가 있는 경우 실시

2) 수지 주입

① Concrete의 균열 부분을 Epoxy계 수지로 채우는 방법
② 더 이상의 균열진행 방지 및 Concrete 구조물의 일체화 도모
③ Concrete 바닥 판의 수밀성 증대 효과
④ Concrete 및 철근의 열화를 방지
⑤ 수지주입이 Concrete 바닥 판의 내력증강으로 효과 미비

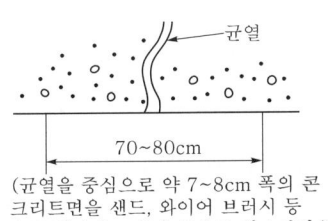
a. 바탕처리
(균열을 중심으로 약 7~8cm 폭의 콘크리트면을 샌드, 와이어 브러시 등으로 털어내고 신나 등으로 청소한다.)

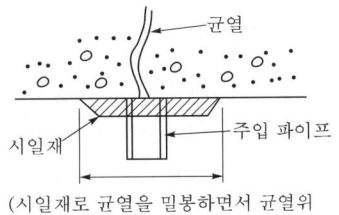
b. 밀봉작업 및 주입 파이프설치
(시일재로 균열을 밀봉하면서 균열위에 적당 간격으로 주입 파이프를 설치한다.)

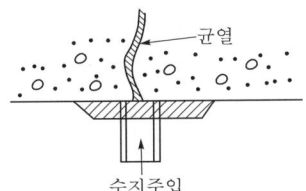
c. 수지작업
(주입 펌프를 수지압입, 주입이 완전히 끝나면 나무 마개로 주입구를 막는다.)

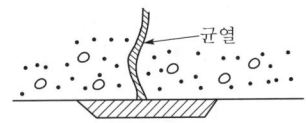
d. 주입파이프 및 표면마무리
(주입된 수지가 안정되면 주입 파이프를 철거하고 표면을 마무리하여 주입 작업을 완료한다.)

[수지 주입 작업순서]

(3) 철근 콘크리트교

1) 주입 공법
바닥판 주입에 의한 보수공법과 동일

2) Putty 공법
① Concrete 표면의 박리 및 열화 등의 결함부와 그 주변을 완전히 제거한 후 Putty용 Epoxy계 수지를 채워 보수하는 방법
② 내부 Concrete를 방호하고 철근의 부식 방지할 목적으로 실시

(4) 강 교

1) Girder 교의 보수(외력으로 변형된 부재의 보수)
① 가능한 한 본래의 상태로 복구하는 방법으로 보수
② 보강판에 의해 변형의 진행 및 좌굴이 생기지 않도록 하는 방법으로 보수
③ 어느 방법을 취하든 재질의 손상 및 내하력이 감소되지 않도록 주의

2) Truss교의 보수
① 주로 통행차량, 선박 등의 충돌에 의해 하현재가 많이 파손
② 국부적인 변형의 복구 또는 부재의 교환 등의 방법으로 보수
③ 국부적 변형복구와 부재의 교환방법을 조합하는 방법으로 보수

(5) 도 장

1) 도장의 노화원인 규명
① 도장을 보수하기 전 노화의 원인이 외적 요인인가 또는 내적 요인인가를 규명하여 적절한 보수방법을 선정
② 방청 도막의 경우 세월이 흐름에 따라 노화된 것이 대부분이므로 그때마다 적절한 보수를 실시

2) 보수 방법의 분류
① 전면 보수
② 국부 보수
③ 노화상태, 경과년수, 환경 등을 고려하여 결정

(6) 신축이음장치
1) 점검 시 이상이 있을 경우 조기 보수를 원칙으로 함
2) 보수는 점검결과에 따라 응급보수와 기능개량으로 구분하여 실시

(7) 하부구조

1) 교각보수
① 단면 확대에 의한 방법
 기존 부재에 철근 Concrete를 덧붙여 타설함으로써 단면 증가에 의한 내하력의 증대를 꾀하는 공법

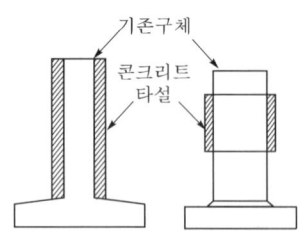

② 강판 접착에 의한 공법
단면 확대에 의한 보강이 곤란한 경우에 사용되는 공법

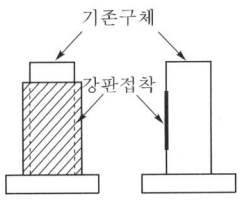

③ 부재연결에 의한 공법
구체 사이를 벽으로 연결하여 일체화시키는 공법으로 Rahmen 교각 등에 주로 적용

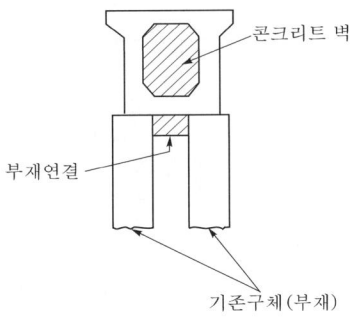

④ 강섬유 접착에 의한 공법
교각 벽체면에 유리섬유(FRP), 탄소섬유(CFRP), Aramid 섬유 등을 선 둘레에 접착시켜 보수하는 공법으로 발생된 균열을 구속하여 균열확대를 방지하고 표면 부식을 예방

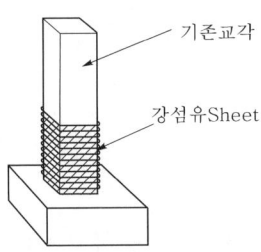

2) 교대보수

① Earth Anchor 공법
교대 벽체를 관통하여 Boring을 하고 Earth Anchor를 설치하여 활동 및 전도에 저항하는 공법

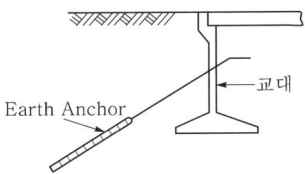

② 기초 전면의 확폭에 의한 방법

　기초 전면을 굴착하고 기초를 확대 시공하는 방법

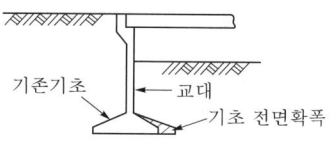

③ 기초 전면에의 말뚝 증설에 의한 방법

　기초 전면에 말뚝을 시공한 후 기초를 확폭하는 방법

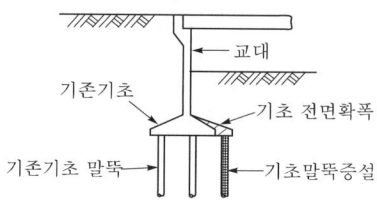

④ 토압감소에 의한 방법

　교대 배면에 말뚝을 시공하여 배면에서의 토압을 경감시키는 공법으로 교통통제가 필요

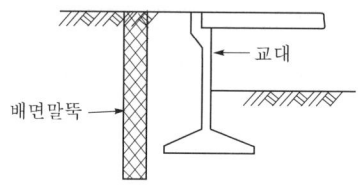

3) 기초의 보수

① 말뚝에 의한 공법

　Sheet Pile 등을 기초주변에 시공하고 Grouting하여 채움으로써 세굴이나 기초 지지력에 대해 보강하는 공법

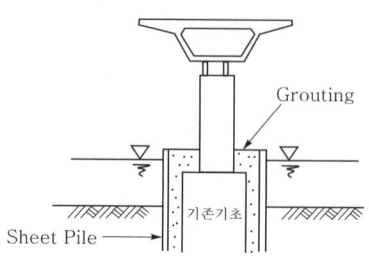

② 세굴방지공에 의한 공법
　　세굴방지공을 이용하여 기초를 보호하고 세굴 방지를 도모하는 공법

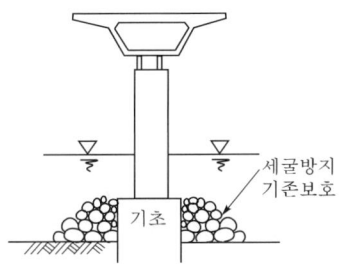

③ 기초의 확대에 의한 공법
　　지반의 위치에 기초를 설치하여 주로 수평력에 저항할 수 있도록 보강하는 공법으로 세굴 및 지지력의 향상을 도모

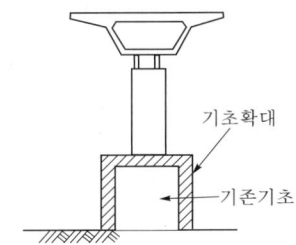

④ 말뚝 증설에 의한 공법
　　신설 말뚝을 기존 주변에 설치하고 기초를 확대하는 방법으로 지지력에 대해 보강하는 공법

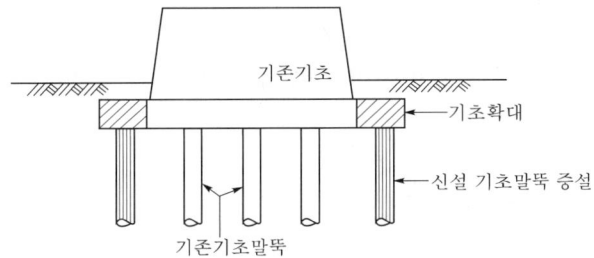

⑤ 지중 연속벽에 의한 공법
　　지중 연속벽을 기존 기초 주위에 설치하고 기존 구체와 일체화시켜 지지력 및 세굴에 대해 보강 시키는 공법

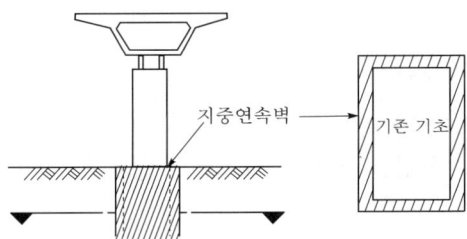

⑥ 기초연결에 의한 공법

　　인접한 기초에 대해 철근 Concrete Slab로 연결하여 기초의 안정을 도모하는 공법으로 작은 지간의 교량에 적용

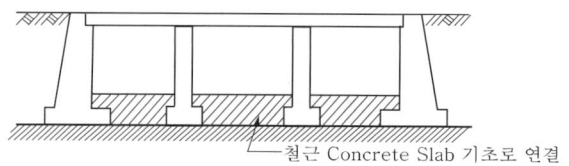

⑦ 지반개량에 의한 공법

　　생석회 말뚝, Soil Cement, 약액주입 등을 기초 주변에 시공하여 연약 지반의 지지력을 증대시키는 공법으로 지지력이나 포화된 사질 지반의 개량 등에 효과 발휘

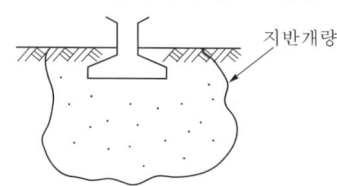

(8) 배수시설

1) 보 수
단지 원상태로 회복시키는 방법

2) 개 량
신설 또는 새로운 재료로 바꾸어 원상태 이상의 기능으로 개선시키는 방법

3) 청 소
통상적인 기능유지를 꾀하는 방법

6. 보강방법

(1) 바닥 판

1) 종형 증설에 의한 보강

① 기존 바닥 판의 Girder 사이에 1~2개 종형을 증설하여 바닥 판의 지간을 줄여줌으로써 윤하중에 의한 Moment를 경감시키는 공법
② 바닥 판의 손상이 급속히 진행되지 않는 경우에 사용
③ 보강 후 손상의 진행을 확인 가능 및 교통통제가 불필요

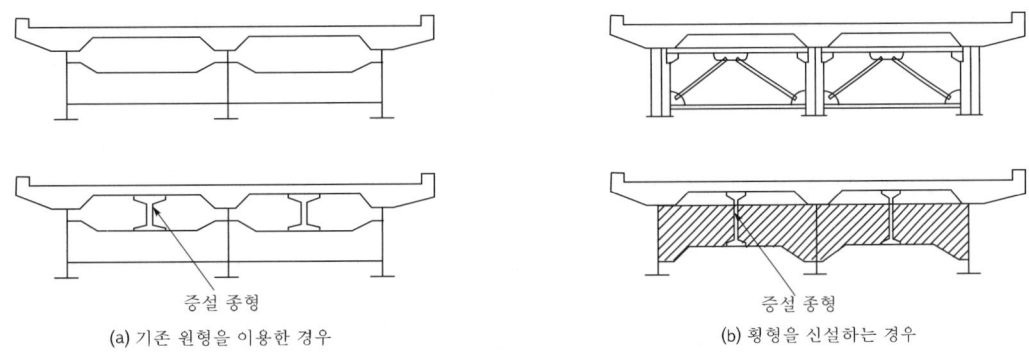

[종형 증설에 의한 보강]

2) 강판접착에 의한 보강

① 바닥 판의 인장 면에 강판을 접착하여 기존 Concrete 바닥 판과 일체로 만들어 활하중에 대한 저항력을 증대시키는 공법
② 접착방법에는 압착법과 주입법이 있으며 대부분 주입법을 이용
③ 접착에는 일반적으로 Epoxy계 수지를 사용
④ 접착 시 교통통제 불필요
⑤ 전폭 접착 시에는 시공 후의 내부변화를 관찰하기 곤란

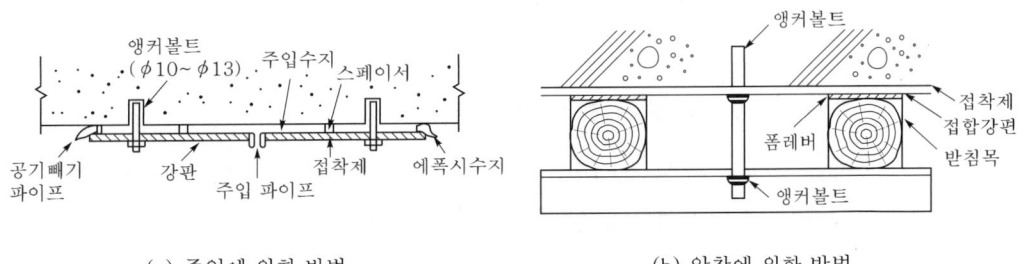

[강판 압착에 의한 보강방법]

3) FRP 접착 공법

강판 대신 FRP를 바닥 판의 인장 면에 접착하여 보강하는 공법

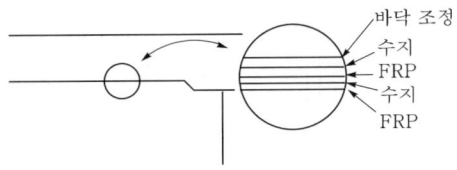

4) Mortar 뿜칠에 의한 공법

① 바닥 판 하면의 인장 Concrete 면에 철근 또는 철망을 추가로 배근한 후 Mortar를 뿜칠하여 붙여 기존 바닥 판과 일체화시키는 공법

② 바닥 판의 두께 증가 및 인장 철근량의 증가로 바닥 판의 내력증가를 도모

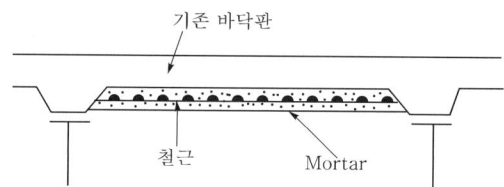

5) 바닥 판 자유 연단부의 보강
   ① 자유단 바로 밑에 횡형을 설치하여 바닥 판을 지지시켜 휨Moment를 경감시키는 방법
   ② 횡형 설치와 바닥 판 밑면을 합성시키는 방법은 종형증설과 동일

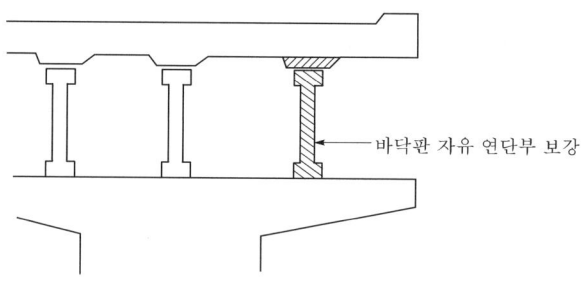

6) 철근 Concrete 바닥 판의 재시공
   ① 파손된 바닥 판을 제거하고 새로운 철근 Concrete 바닥 판으로 신설 시공하는 방법
   ② 교통의 전면통제 또는 차선 규제가 필요

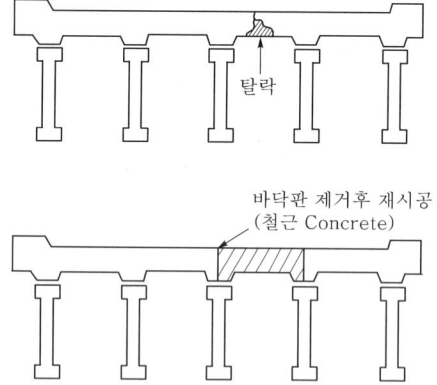

7) 다른 형식의 바닥 판으로 교체
   ① 현장타설 Concrete 바닥 판 이외의 바닥 판형식으로 교체하는 방법
   ② 다른 형식의 바닥 판 교체 시 공사비가 비싸나 공기를 단축할 수 있음

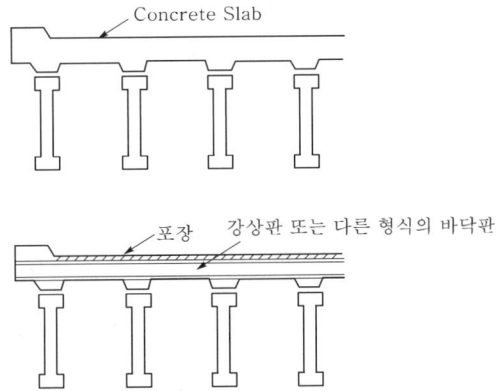

(2) 철근 Concrete 교

1) 강판접착공법
Concrete 부재 인장부의 바깥면에 강판을 접착하여 기존 Concrete 부재와 일체화를 도모하고 철근으로서의 단면효과를 기대하는 보강방법

2) 보의 증설공법
보를 증설하여 내하력을 크게 하는 공법이나 Concrete 교에서는 기존교량의 보완 증설하는 보를 일체로 만드는 시공이 어려워 잘 사용하지 않음

3) 기둥(교각)의 증설법
교대와 교각 사이 또는 교각과 교각 사이에 기둥을 증설하여 지간 길이를 짧게 함으로써 내하력을 크게 하는 방법

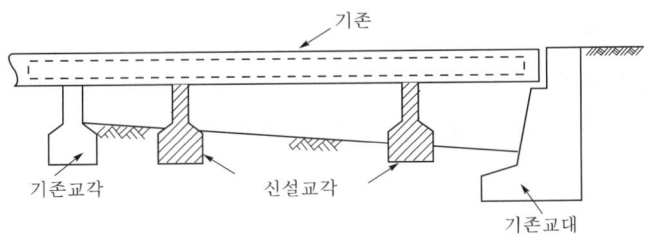

4) Prestress 도입공법
PC 강재를 사용하여 보에 Prestress를 도입하여 인장 응력의 감소와 균열의 축소, 압축력을 주어 내하력을 증대시키는 보강공법

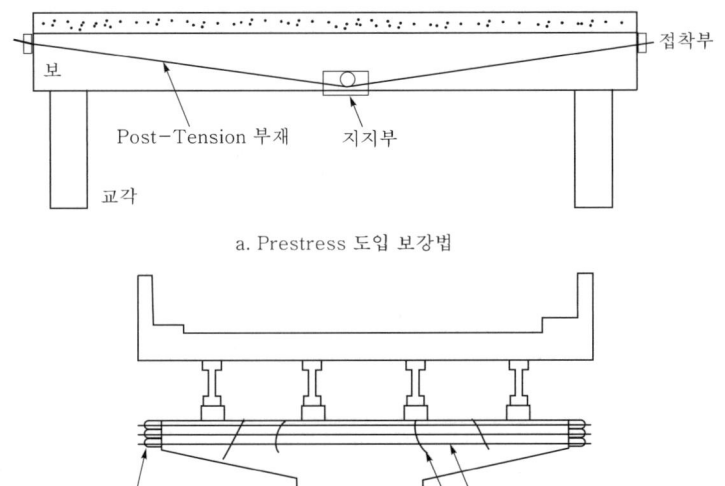

a. Prestress 도입 보강법

b. 교각 코핑부의 외부 Post-Tension 보강법

5) Concrete 또는 강재를 사용한 단면 증설

기존 보와 밀착시켜 Concrete를 타설하여 단면을 크게 하거나 강형을 증설하고 기존 단면과 합성시켜서 내하력을 증가시키는 공법으로 교량 아래 공간이 여유가 있는 경우에 시행

6) 교체공법

① 부재의 일부 또는 전부를 철거하고 새로운 Concrete 부재로 교체하는 방법
② Concrete 부재의 변형 또는 파손에 의해 부재의 내력이 부족하고 기능회복이 어려운 경우 적용
③ 교통 전면 차단 또는 폭원이 넓은 경우 부분통제로 분할 교체시공
④ 일부 또는 전면적인 재시공에 의한 교체시공

(3) 강 교

1) Girder 교의 보강

① Girder의 Flange 단면에 Cover Plate 형상으로 보강재를 부착
② 기존 Girder에 인접시켜 새로이 Girder를 병렬 설치하여 수직 Bracing, 횡 Bracing 등으로 충분히 연결시켜 신·구 양쪽 Girder에 하중을 분담
③ Concrete Slab를 철거하고 Steel Slab로 대체시켜 사하중이 경감된 만큼 활하중에 대한 내하력을 증가
④ PC 강재를 사용하는 외부 Post Tension 보강법으로 내하력을 증가

2) Truss 교의 보강
    ① 분격점(分格点), 대재(對材)를 설치하는 방법
        Truss 골조의 격간에 새로운 사재를 삽입하여 힘의 분담을 꾀하므로 내하력을 증강

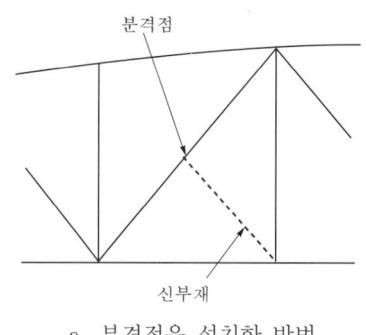
a. 분격점을 설치한 방법

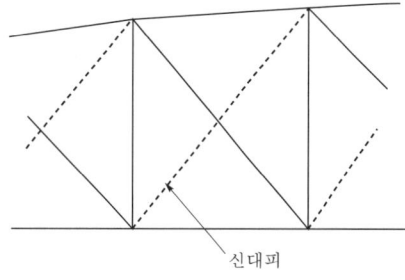
b. 대재를 설치한 방법

    ② 부재 단면을 증가시켜 보강하는 방법
        부재단면에 보강판을 붙여 단면을 증가시킴으로 부재의 내하력을 증가
    ③ Girder 또는 Truss를 인접시켜 설치하는 방법
        기존 Truss와 병행시켜 신규 Girder 또는 Truss를 병설하여 신·구 양 구조에 하중을 분담
    ④ Slab를 개량하는 방법
        Slab를 Steel 바닥으로 개량하여 사하중의 경감을 시도

7. 결 론

교량의 결함에 대한 대책은 결함의 정도와 원인에 대한 조사 및 검토를 통해 판단해야 하며, 이에 따른 보수 및 보강 등을 실시함으로써 교량의 사용성과 공용기간을 최대한 극대화할 수 있도록 해야 한다.

교량의 보수 및 보강 시 고려되어야 할 사항은 처해 있는 환경에 따라 보수 및 보강 우선순위 결정, 기존교량의 노후도, 가설년도, 장래 교통량, 기존교량의 구조, 도로 선형과 개축계획, 하천의 개수 계획 등 여러 가지가 있다.

11장 터널공

문제 1 터널의 종류 및 특징

1. 개 요
터널(Tunnel)이란, 지반 중에 어떤 목적이나 용도에 따라 만들어 놓은 공간을 갖는 구조물로서 입구와 출구를 갖는 지하 통로 역할을 하는 연속적인 공간을 말한다.

터널은 사용 목적에 따라 크게 교통용 터널과 수송용 터널로 분류되며 장소와 지역의 특성에 따라 터널의 단면과 시공방법 등이 달라질 수 있다.

2. 터널의 분류

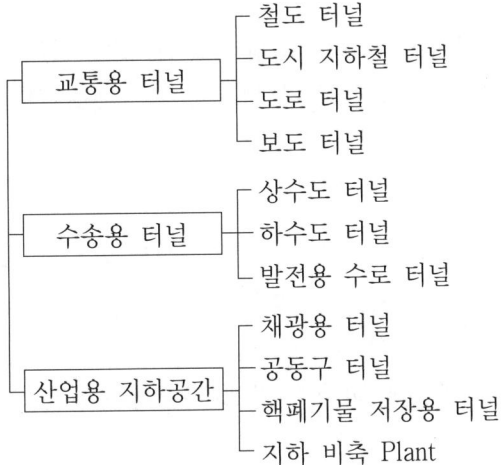

3. 교통용 터널의 종류 및 특징

(1) 철도 터널

1) 정 의

 열차를 운행시킬 목적으로 건설된 터널로서 터널 내부에 Rail, 지지선, 신호, 배수 구조물 등의 열차운행에 필요한 설비를 갖추고 있다.

2) 특 징
① 지형변화가 심한 산악이 많은 지역에서 두드러진다.
② 터널의 종단구배가 완만하다.
③ 단선 또는 복선을 대상으로 건설된다.
④ 터널의 단면형상으로는 마제형, 측벽형, Invert형, 원형 등이 있으며, 일반적으로 철도터널은 마제형을 채택하고 있다.

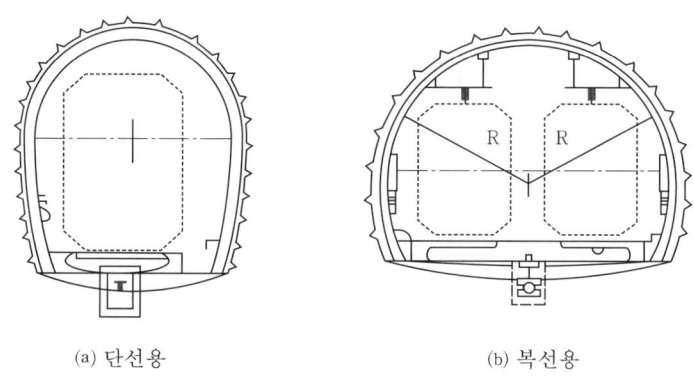

(a) 단선용　　　　　　(b) 복선용

[철도 터널에 사용되는 일반적인 단면형태]

(2) 도시 지하철 터널

1) 정 의

도심지의 건물들이 밀집되어 있는 지하에 열차를 운행시킬 목적으로 철도 터널의 한 부분을 형성하고 있는 터널로서 터널 내에 정거장, 지상으로의 연결통로 및 계단, 개찰구 등이 갖추어져 있다.

2) 특 징

① 터널의 시공위치와 시공방법, 목적, 사용재료 등이 철도터널과 다르다.
② 터널과 Box 구조물의 연결 등 복잡한 구조의 형상이 많은 편이다.
③ 단면형상은 주로 원형, 직사각형, 다각형 등이 있다.
④ 시공 중 또는 시공 후 인접한 구조물에 피해가 발생하는 경우가 있다.

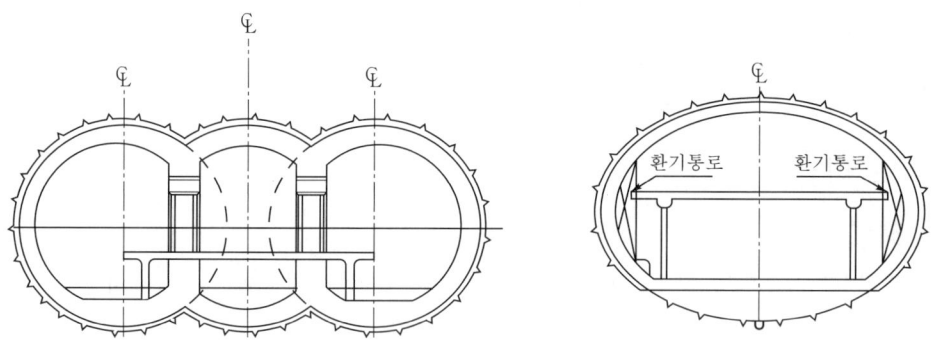

[도시 지하철 터널 정거장의 단면형태]

(3) 도로 터널

1) 정 의

도로의 연장선 상으로 차량 등의 통행을 목적으로 건설된 터널로서 바닥면이 포장되어 있고, 터널의 좌·우측 벽면에는 조명설비, 내장재(타일), 환기설비 및 각종 비상용 방재시설 등의 부대시설이 갖추어져 있다.

2) 특 징
① 철도터널에 비해 복잡한 부대시설이 많다.
② 도로 터널은 터널바닥면의 포장, 배수 관련 구조물, 공동구 등의 내부시설물이 동시에 갖추어져야 한다.
③ 짧은 도로 터널의 경우 보도를 포함하는 경우가 많다(도심지 도로횡단 시).

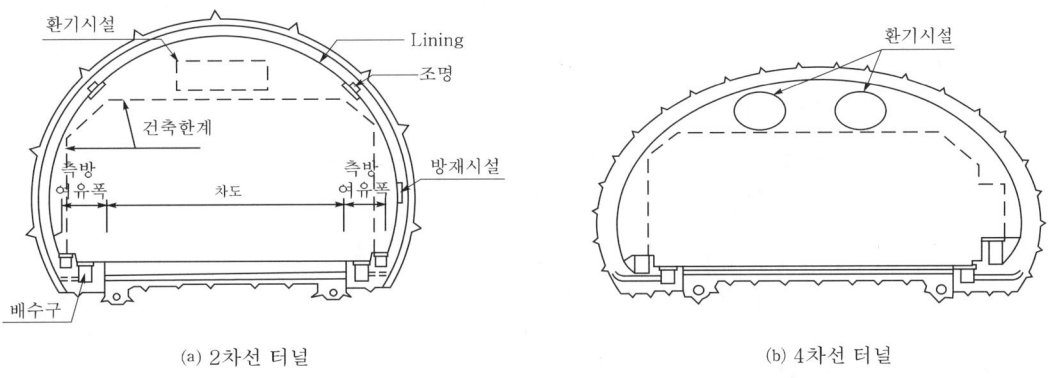

[일반적인 도로 터널의 단면형태]

(4) 보도터널

1) 정 의

사람의 통행만을 목적으로 건설된 터널을 말하며 대부분 소 단면으로 간단한 조명이나 방범용 경보 등이 갖추어져 있다.

2) 특 징
① 지하보도 터널은 도심지에서의 차도 터널과 별도로 설치한다.
② 지하보도 터널과 유사한 형식의 터널로서 지하상가가 있다.
③ 빌딩의 지하 부분과 연결하는 경우가 많다.
④ 지하상가의 경우 단면이 크고 사용자의 안전을 도모하기 위한 방화시설, 환기, 조명등, 비상대피소 등의 여러 가지 설비를 갖추어야 한다.

 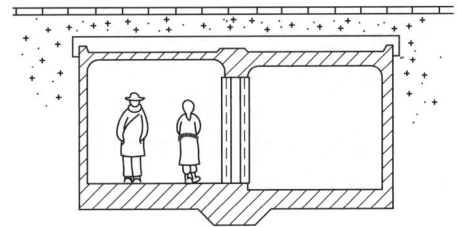

[보도터널의 단면 예]

(5) 상수도 터널(도수로 터널)

1) 정 의
상수원을 공급하기 위한 터널로서 호수, 저수지, 강 등으로부터 물을 정화 시설 또는 저장 Tank로 수송을 하거나 저장 Tank로부터 도시 근처의 상수원 공급시설까지 수송을 하기 위한 목적으로 시공된 터널이다.

2) 특 징
① 터널 단면의 크기가 소 단면이다.
② 산악지역이나 구릉지 등에 많이 건설된다.
③ 단면의 형식은 마제형 또는 원형이 일반적이다.
④ 시 공시 터널의 위치는 가능한 한 지질이 양호한 곳에 위치한다.
⑤ 수압이 작용하지 않는 터널의 경우에는 사갱도 있다.

(6) 하수도 터널

1) 정 의
오수나 우수 등의 하수를 수송하기 위한 목적으로 시공된 터널이다.

2) 특 징
① 터널의 구조는 상수도 터널과 유사하다.
② 터널의 내벽은 하수에 의한 손상을 입지 않도록 화학적으로 안정된 표면처리를 해야 한다.
③ 대부분 도시에 설치되며 지표로부터 깊이가 비교적 낮은 위치에 시공된다.
④ 지표에서 직접 굴착 및 매설하여 설치한 경우가 대부분이다.

(7) 발전용 수로터널

1) 정 의
취수된 물을 완만한 구배로 수두 차가 큰 지점의 발전소까지 운반하는 터널로서 지하에 발전소를 설치할 경우의 지하발전소 터널, 기타 부속 터널 등이 있다.

2) 특 징
① 터널 단면의 크기가 소 단면이고 연장이 길다.
② 단면의 형식은 마제형 또는 원형으로 굴착 및 시공한다.
③ 대형 발전용 기계류설치 또는 Dam의 수위조절을 위한 여수로 터널의 경우에는 폭이 넓고 높이가 큰 터널이 되기도 한다.
④ 발전소에 급수, 배수하는 수직갱, 경사갱 등의 수로터널이 필요하다.
⑤ 유지관리를 위한 지상과 연결하는 사갱 및 수직갱 등의 터널이 필요하다.

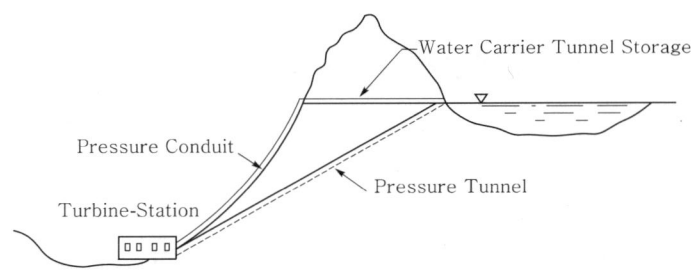

[발전용 수로터널의 예]

(8) 기타 산업용 지하공간

1) 채광용 터널
광맥에 착맥하기 위한 소규모 터널로 수평갱도, 경사 및 수직갱 등이 있다.

2) 공동구
도시 내 통신, 전력, 가스, 수도 등을 동일 단면 내에 수용하기 위해 지하에 시공된 구조물로서 대부분이 Box형 단면형식으로 이루어져 있다.

3) 핵폐기물 저장용 터널
원자력 발전 후 발생되는 폐기물을 Concrete로 감싼 다음 지반 중 또는 깊은 바다의 바닥에 저장할 목적으로 굴착한 지하 공동이다.

4) 지하 비축 Plant
석유를 비축하기 위해 굴착한 지하 대규모의 공동이다.

문제 2. 터널공법의 종류별 개요 및 특징

1. 개 요

터널(Tunnel)이란, 지반 중에 어떤 목적이나 용도에 따라 만들어 놓은 공간을 갖는 구조물로서 입구와 출구를 갖는 지하통로 역할을 하는 연속적인 공간을 말한다.

터널은 지반 중에 만들어진 구조물로써 지반 자체가 갖는 지지력과 지보공 및 Lining의 복합작용에 의해 터널 주변의 지반을 지지하고 있으며, 또한 터널의 안정은 지반의 공학적인 특성 및 주변 환경, 입지 조건 등에 크게 영향을 받는다.

따라서 터널은 장소와 지역의 특성에 따라 터널 단면의 결정, 시공방법, 설계 및 하중이 다름으로 그에 따른 적정한 공법을 선정하여 시공한다.

2. 터널공법의 종류

(1) 재래식 공법(ASSM ; American Steel Support Method)
(2) NATM 공법(New Austrian Tunneling Method)
(3) TBM 공법(Tunnel Boring Machine Method)
(4) 쉴드 공법(Shield Method)
(5) 개착식 공법(Open Cut Method)
(6) 침매 공법(Immersed Method)
(7) 잠함공법(Pneumatic Caisson Method)
(8) 체절 공법(Coffer Dam Method)
(9) Pipe Roof 공법
(10) Messer 공법

3. 터널공법의 종류별 개요 및 특징

(1) 재래식 터널 공법(ASSM ; American Steel Support Method)

1) 개 요

산악지형 등에 갱구를 설치하고 암반이나 토사 등의 지반을 강지보재에 의해 지지하면서 굴착하고 최종적으로 Lining을 설치하여 완성하는 공법이다.

2) 특 징
① 주 지보재는 Steel Rib 및 Concrete Lining이다.
② 설계 시 가정된 이론과 경험적으로 해석한다.
③ 주위 암반이 하중요소로 작용한다.
④ 육안에 의한 판정으로 사고에 대한 예측이 늦다.
⑤ 지반 이완에 의한 지표침하가 발생된다.
⑥ 대형장비의 사용이 곤란하다.
⑦ 지반이 연약할 경우 막장의 안정성이 불리하다.
⑧ 굴착량이 많고 지보공 규모가 커져서 비경제적이다.

(2) NATM 공법(New Austrian Tunneling Method)

1) 개 요

지반 자체가 주 지보재가 되고 Rock Bolt, Shotcrete, Steel Rib 등은 지반이 주 지보재가 되도록 보조하는 수단으로 사용되며, 또한 계측을 통한 지반의 변형 여부를 확인하여 안전한 시공이 되도록 하는 터널공법이다.

2) 특 징
① 터널의 지반자체가 주 지보재이다.
② Rock Bolt, Shotcrete, Steel Rib 등은 보조수단이다.
③ 계측결과 Data를 설계에 반영하여 해석한다.
④ 주위 암반이 하중요소 및 지지요소로 작용한다.
⑤ 계측을 통한 지반 거동 파악으로 신속한 대처가 가능하다.
⑥ 지반 굴착에 따른 지반 침하가 없다.
⑦ 대형장비의 사용이 가능하며 막장의 안정성이 좋다.
⑧ 계측결과를 시공에 반영함으로 안전시공이 가능하다.
⑨ 토사지반에서 극경암까지 적용이 가능하다.

(3) TBM 공법(Tunnel Boring Machine Method)

1) 개 요

암반으로 형성된 지역의 터널 굴진 시 발파에 의하지 않고 Tunnel Boring Machine의 Header Cuter로 회전 파쇄하면서 전단면을 굴착하는 공법으로 전단면굴착 공법이라고도 한다.

2) 특 징
① 작업속도가 빠르다.
② 소음 및 진동이 적다.
③ 원형 단면으로서 구조적으로 안정하다.
④ 여굴 및 버럭 처리량이 적다.
⑤ 터널 길이가 길 경우 경제적이다(4~5km가 경제적).
⑥ 초기투자비가 크다.
⑦ 단면 변화가 곤란하다.
⑧ 지반변화의 적용 범위가 한정된다.
⑨ 기계조작에 전문인력이 필요하다.

(4) 쉴드 공법(Shield Method)

1) 개 요

강재 원통형의 Shield Machine을 사용하여 주로 토사층으로 구성된 지반을 수평으로 굴착하면서 터널 벽면에 Concrete Segment로 이루어진 Ring 형태의 복공을 순차적으로 조립하면서 굴진 해 나가는 굴착공법이다.

2) 특 징

① 연속 및 반복 작업이 가능하다.
② 시공 및 품질관리가 용이하다.
③ 시공 속도가 빠르고 공기를 단축할 수 있다.
④ 소음 및 진동이 적다.
⑤ 곡선부 시공이 가능하다.
⑥ 연약지반 등의 토질변화에 즉시 대응할 수 있다(광범위한 지반 적용).
⑦ Shield의 제작이 어려우며 공사비가 고가이다.
⑧ 시공에 수반되는 침하 발생의 우려가 있다.

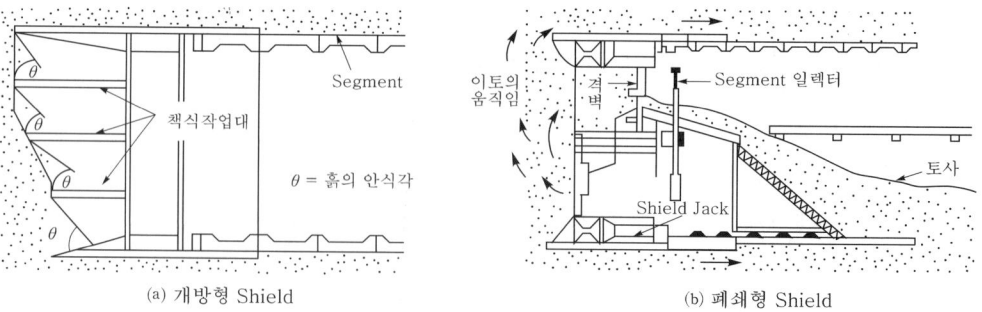

[Shield 공법]

(5) 개착식 공법(Open Cut method)

1) 개 요

지표면에서 지하로 소정의 깊이까지 굴착하여 지하공간을 확보한 후 그 공간에 Concrete 구조물을 축조한 다음 양질의 토사로 되메우기를 실시하여 원 지반상태로 복구하며 시공하는 터널공법으로 도시 터널(지하철)에 많이 적용한다.

2) 특 징

① 시공관리 및 품질관리가 용이하다.
② 작업공정이 빠르다.
③ 토질변화에 대한 대처가 가능하다.
④ 굴착 깊이 및 지층상황에 따라 공기 및 공사비에 영향을 미친다.
⑤ 흙막이가 필요한 경우 별도의 흙막이 가설구조물이 필요하다.
⑥ 굴착에 따른 주변 지반 및 지하수 등에 영향을 미친다.
⑦ 소음 및 진동, 먼지 등의 공해가 유발된다.
⑧ 도로 상에서 시공할 경우 교통에 영향을 미친다.

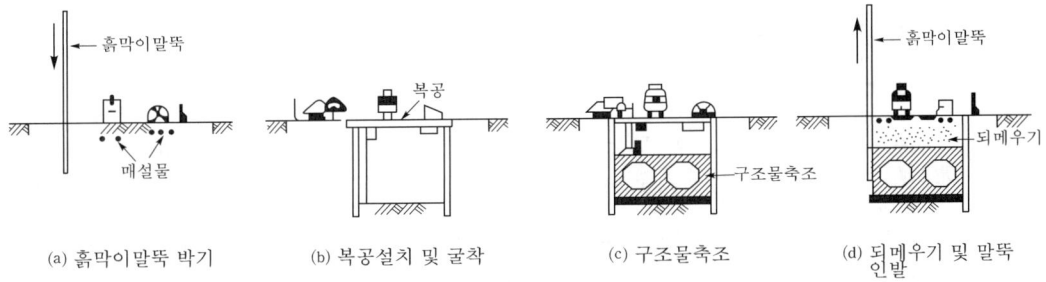

[개착식 공법 시공순서]

(6) 침매 공법(Immersed Method)

1) 개 요

육상에서 터널구조물의 요소를 Caisson 형태로 제작한 것을 물에 띄워 침설장소까지 운반한 후 소정의 위치에 미리 Trench 굴착한 수면 아래의 바닥으로 침설시켜 이미 설치된 부분과 연결한 후 되메우기를 한 다음 내부의 물을 배수시켜 터널을 구축하는 공법이다.

2) 특 징

① 단면형상은 자유로워 큰 단면의 시공이 가능하다.
② 터널구조물을 육상에서 제작함으로 품질관리가 용이하다.

③ 공사기간이 단축된다.
④ 연약지반 위에서도 시공이 용이하다.
⑤ 유속이 빠른 곳에서는 침설작업이 곤란하다.
⑥ 기상 및 해류 등의 해상조건의 영향을 많이 받는다.
⑦ 수저에 암반 등이 있을 경우 Trench가 곤란하다.

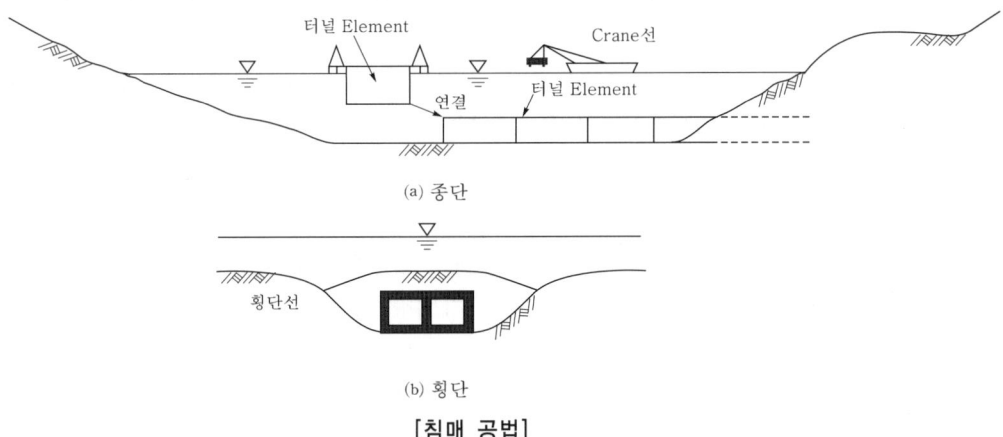

[침매 공법]

(7) 잠함공법(Pneumatic Caisson Method)

1) 개 요

먼저 터널의 일부분이 되는 하부에 잠함(潛函) 작업실(Lock Chamber)을 만들어 이것을 소정의 위치에 침하시킨 후 작업실로 압축공기를 공급하면서 외부의 침수를 막고 잠함부가 그 속에서 기초 부분의 흙을 굴착하는 방법으로 하저 지중에 몇 개의 잠함 작업실을 침하시켜 이를 연결하여 수저 터널을 축조하는 공법이다.

2) 특 징

① 수심이 깊지 않은 곳에 적합하다.
② 굴착이 쉬운 토사 층으로 구성된 지반이 유리하다.
③ 구형의 단면으로 되어 있다.
④ 터널 Segment 연결에 따른 방수에 문제가 있다.
⑤ 터널 구체가 경사 및 편심 되기 쉽다.
⑥ 유속이 빠른 곳에서 작업이 곤란하다.

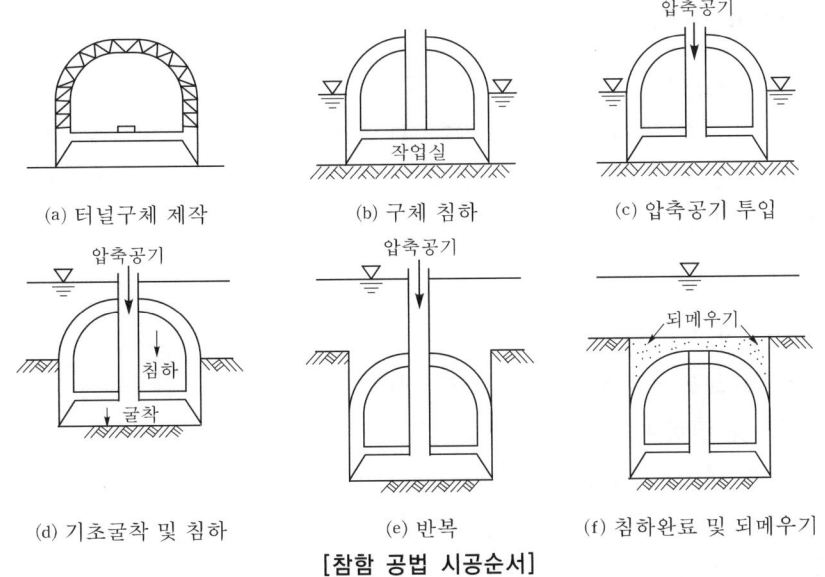

[참함 공법 시공순서]

(8) 체절 공법(Coffer Dam Method)

1) 개 요

터널 굴착위치에 물막이 체절과 함께 다수의 흡수관을 설치하여 강력한 Pump로 지하수위를 저하시켜 작업장을 Dry한 상태로 한 후 굴착하는 것으로 개착식 공법과 동일하게 시공한다.

2) 특 징

① 시공관리 및 품질관리가 용이하다.
② 작업공정이 빠르다.
③ 토질변화에 대한 대처가 가능하다.
④ 가물막이와 흙막이공사가 동시에 필요하다.
⑤ 가물막이에 따른 수밀 및 수압에 대한 안정성에 유의한다.
⑥ 유속이 빠른 곳에서 작업이 곤란하다.

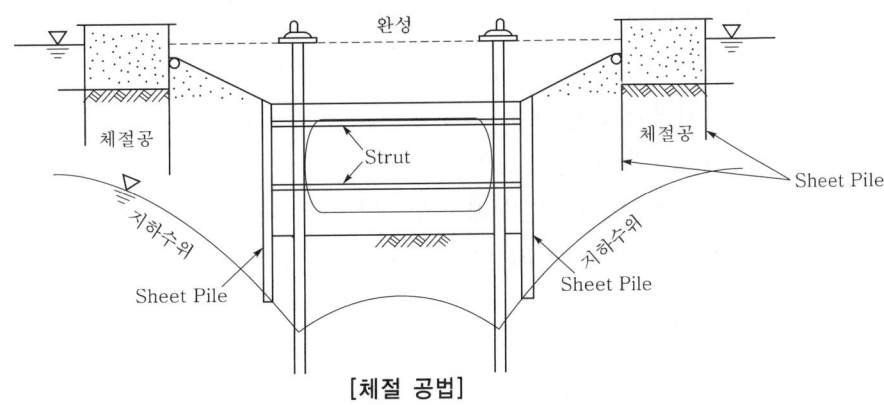

[체절 공법]

(9) Pipe Roof 공법

1) 개 요
　터널 굴착 예정 단면 주변에 일정한 간격의 수평으로 강관을 설치하고 주변 지반에 Cement Milk를 주입하여 Pipe로 Roof를 형성시켜 Roof 밑을 굴착하면서 Pipe Roof에 지보공을 설치하여 구조물의 축조공간을 확보하는 공법이다.

2) 특 징
① 지반침하가 거의 없다.
② 지상의 교통처리에 대한 문제가 없다.
③ 소음 및 진동이 없다.
④ 임의 단면에도 적용이 가능하다.
⑤ 지반천공에 따른 대규모 설비가 필요하다.
⑥ Pipe 설치에 따른 특수 장비가 필요하다.
⑦ 사용된 Pipe제거 및 재사용이 곤란하다.
⑧ 공사비가 높고 공사기간이 길다.

(10) Messer 공법

1) 개 요
　터널 막장 굴착 시 강지보재 위에 Steel Messer Plate를 병렬 배열한 다음 유압 Jack을 이용하여 굴진 방향으로 밀어 넣고 Messer Plate의 진행에 따라 토류판을 설치해 가면서 굴착하여 구조물의 축조공간을 확보하는 공법이다.

2) 특 징
① 시공이 용이하다.
② 지반침하가 거의 없다.
③ 지상의 교통처리에 대한 문제가 없다.
④ 소음 및 진동이 없다.
⑤ 공사비가 비교적 적고 공기가 짧다.
⑥ 기계 및 Messer Plate 재사용으로 경제적이다.
⑦ 곡선부 시공이 곤란하다.
⑧ Nose Down 발생 가능성이 있다.
⑨ 조밀한 전석층 또는 암반에서의 시공이 곤란하다.
⑩ 기계 및 Messer 강판의 맞물림이 무리하면 벗어질 우려가 있다.

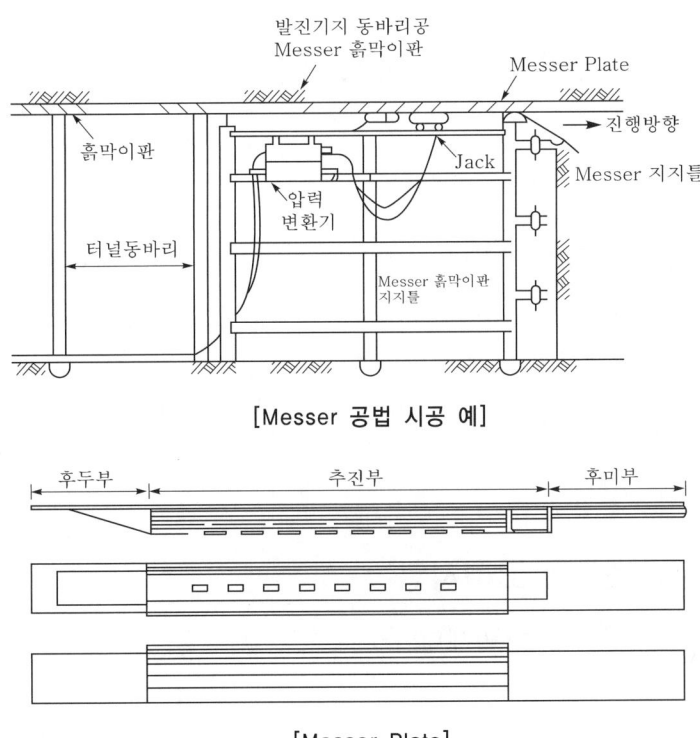

[Messer 공법 시공 예]

[Messer Plate]

4. 결 론

    터널 공사의 설계 및 시공 계획을 수립함에 있어 여러 가지 조사를 통해 공기, 공사비, 시공법, 안정성의 확보, 계속적인 유지 및 보수 등을 고려하여 검토하는데 필요한 기초자료를 얻을 수 있어야 한다.

    또한 선정된 공법을 적용하여 시공할 경우 지질 및 지반상태, 주변 환경 등의 변화에 주의하고 지상 구조물에 대한 영향과 막장과 굴착 면의 안정, 지반 내 응력의 분포상태 등에 대한 안정성을 충분히 검토 및 확보하며 시공하도록 한다.

문제 3 터널 굴착공법(방식)

1. 개 요

터널의 설계 및 시공 시 굴착 방식의 결정은 터널의 안전성, 경제성, 공기를 지배하는 절대적 요소이므로 지질 상태, 지하수 상태, 단면 형태, 굴착 장비, 운반방법 등 제반 조건을 충분히 검토하여 안전하고 경제적인 방법으로 결정하여야 한다.

일반적인 굴착방법의 분류는 지질여건에 따라 전단면 굴착, 반단면 굴착, 부분 단면 굴착 및 선진도갱 굴착 등으로 분류할 수 있으며, 이중 전단면 굴착에 대해서는 Bench의 형식에 따라 세부적으로 구분할 수 있다.

2. 터널 굴착방식 선정 시 고려사항

(1) 지질 상태(표토 두께, 단층·파쇄대 등)
(2) 지하수 상태
(3) 단면 형태
(4) 굴착 장비
(5) 운반 방법
(6) 안전성
(7) 공사기간 및 경제성

3. 터널 굴착방식의 분류

(1) 도갱을 하지 않는 경우

1) 전단면 굴착
2) 반단면(상부 반단면) 굴착

(2) 도갱을 하는 경우

1) 정설 도갱(Top Heading)
2) 저설 도갱(Bottom Heading)
3) 측벽 도갱(Side Heading)
4) 중심 도갱(Center Heading)
5) 평행 도갱(Parallel Heading), 선진 도갱(Pilot Drift)
6) 링 컷 공법(Ring Cut Method)
7) 저설도갱 선진 상부 반단면 공법
8) 측벽도갱 선진 Ring Cut 공법
9) 분할 굴착(Bench Cut)

(3) 분할굴착(Bench Cut)
1) Long Bench Cut
2) Short Bench Cut
3) Mini Bench Cut
4) 다단 Bench Cut
5) 가 Invert 공법(Temporary Invert Method)

4. 도갱을 하지 않는 경우

(1) 전단면 굴착(Full Face Cut)
1) 도갱을 이용하지 않고 터널의 전단면을 동시에 굴착하는 방법이다.
2) 지질이 대단히 양호하고 지보공이 필요 없는 경우에 적용한다.
3) 품질 관리가 용이하고 일시에 전단면을 보강하므로 Joint 부분의 시공 불량을 방지할 수 있다.
4) 하단부 굴착 발파로 인한 상부 보강의 파손 우려가 없으며, 미관 처리 작업이 용이하다.

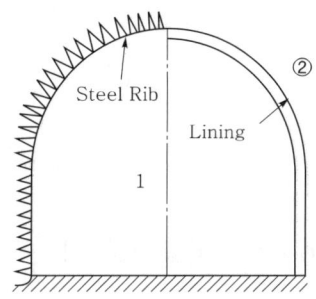

(2) 반단면(상부 반단면) 굴착
1) 상부 반단면 굴착을 한 후 하반부의 굴착을 하는 방법이다.
2) 비교적 지질이 양호하고 용수량이 적은 경우에 적용한다.
3) 터널이나 연장이 짧은 경우에 많이 채택된다.
4) 불안정한 지층의 경우 상부 반단면의 Ring 부를 선진 굴착 후 강재 동바리공를 설치하는 Ring 굴착방법으로 응급처리를 할 수 있다.
5) 버럭 운반의 경우 Dump Truck으로 할 수 있다.

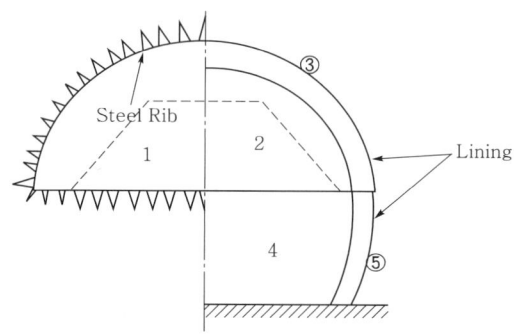

5. 도갱을 하는 경우

(1) 정설 도갱(Top Heading)-벨기에식, 일본식, Bench 식

1) 터널 중앙상부에 도갱을 굴착하여 정부의 넓히기를 행하고 계속하여 하방으로 점점 넓혀가면서 굴착하는 방법이다.
2) Bench 식은 버럭 반출이 곤란하나 단면이 크고 강력한 기계를 사용할 수 있다.
3) 일본식과 벨기에식은 본바닥이 연약한 토사인 경우에 적합하다.

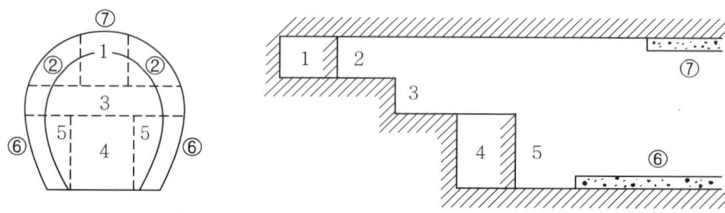

(2) 저설 도갱(Bottom Heading)-이탈리아 식, 오스트리아 식, 신오스트리아 식, 역 Bench 식

1) 터널 중앙 아래 부분에 도갱을 굴착하여 저부 넓히기를 한 후 상부를 점차 넓혀가거나 도갱에서 상부 반단면의 넓히기를 한 후 저부를 넓혀가면서 굴착하는 방법이다.
2) 굴착작업 시 배수 또는 넓히기 작업장소의 증설이 용이하다.
3) 갱내설비의 이전이 불필요하다.
4) 지질이 양호한 경우 중력을 이용한 토사 신기가 유리하다.

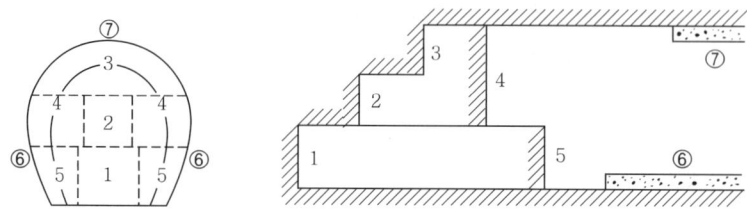

(3) 측벽 도갱(Side Heading)-독일식
1) 터널 아래 부분의 양 측벽에 도갱을 굴착한 후 측벽의 Lining을 시공한 다음 Arch부의 넓히기와 Lining을 설치하는 방법이다.
2) 단면이 크고 지질이 나쁜 경우에 사용한다.

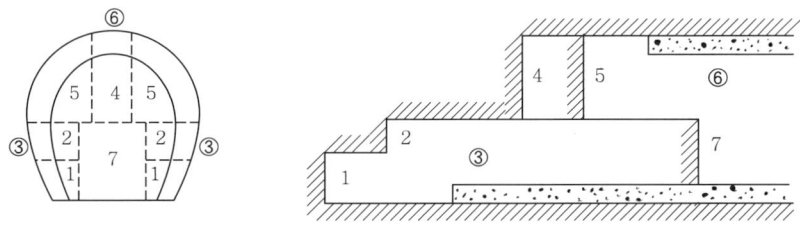

(4) 중심 도갱(Center Heading)
1) 터널 중앙부에 도갱을 굴착하여 이 중앙부로부터 방사상으로 천공 및 발파하여 전단면을 굴착하는 방법이다.
2) 지질이 대단히 양호한 경우에만 적용한다.
3) 최근에는 대단히 양호한 암질의 경우 전단면 굴착방법을 채택하고 있다.

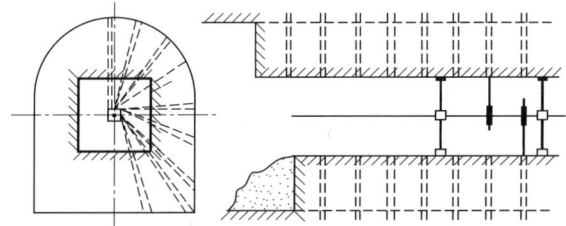

(5) 평행 도갱(Parallel Heading), 선진 도갱(Pilot Drift)
1) 본 터널 옆에 도갱을 병행시켜 굴착하고 여기서부터 연락 갱(坑)을 굴착하여 본 터널을 완성시키는 방법이다.
2) 도갱은 버럭 반출, 재료운반, 환기, 배수 등에 이용한다.
3) 해저터널이나 장대 터널 등에 많이 채택한다.

(6) 링 컷 공법(Ring Cut Method)
1) 상부 반단면을 굴착할 때 한꺼번에 굴착하지 않고 중심부에 남겨 Ring 상태로 외주를 굴착한 후 Arch 지보공을 설치하고 반단면을 굴착하는 방법이다.
2) 막장의 높이는 아치 동바리공의 삽입이 가능하도록 낮게 굴착한다.
3) 지반이 연약할 경우 적용한다.
4) 도갱은 저설식과 측벽식의 2종류가 있다.
5) 안전성이 높은 공법이나 공사비 면에서는 다소 고가이다.

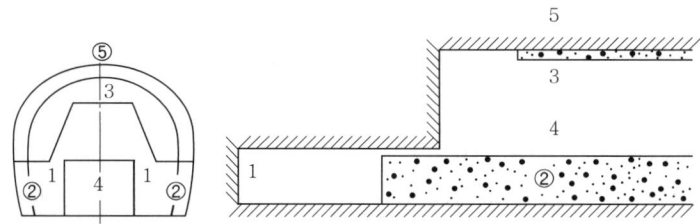

(7) 저설 도갱 선진상부 반단면 공법
1) 터널의 저부에 도갱을 선진굴착한 후 상부 반단면을 굴착하는 방법이다.
2) 선진 도갱으로 터널의 지질을 충분히 확인할 수 있다.
3) 선진 도갱으로 지하수위를 낮출 수 있음으로 상반부의 굴착이 용이하다.

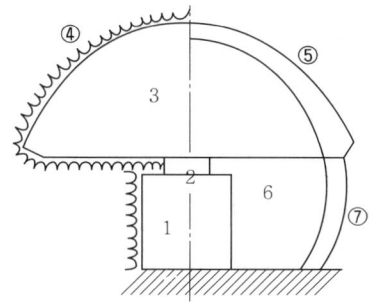

(8) 측벽 도갱 선진 Ring Cut 공법
1) 좌우의 양 측벽에 도갱을 굴착한 후 측벽의 Lining을 시공한 다음 상부 반단면을 굴착하는 방법이다.
2) 측벽부의 Lining은 상부의 하중을 충분히 지지해줌으로 안정된 굴착이 가능하다.
3) 토압작용이 많고 연약한 지질인 경우 적용한다.

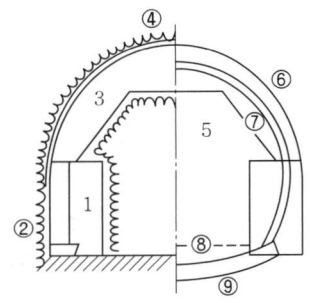

(9) 분할 굴착(Bench Cut)

1) 단면을 여러 단계로 분할하여 굴착하는 방법을 말한다.
2) Bench의 단수나 길이는 굴착단 면의 크기, 지반조건에 따른 설계상 Invert의 폐합 시 기, 투입되는 기계설비 등에 의해 결정된다.

6. 분할 굴착(Bench Cut)

(1) Long Bench Cut

1) 개 요
   ① Bench 길이를 50m 이상 확보하여 단계별 분할 굴착하는 방법이다.
   ② 시공단계에 있어서 Invert 폐합이 거의 필요로 하지 않고 비교적 양호한 지반에 적용한다.

2) 특 징
   ① 상·하반 병행작업이 가능하다.
   ② 일반적인 장비의 운용이 용이하다.
   ③ 경사로를 만들지 않으면 버럭이 두 번 적재된다.

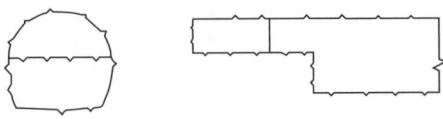

(2) Short Bench Cut

1) 개 요
   ① Bench 길이가 10~50m 정도로 확보하여 단계별 분할 굴착하는 방법이다.
   ② 토사에서 경암에 이르기까지 모든 지반에 대한 적용 범위가 넓고 NATM 공법에 있어서 주류를 이루며, 중단면 이상에서 일반적으로 적용한다.

2) 특 징
① 굴진 도중 지반변화에 대한 대처가 용이하다.
② 일반적인 장비의 운용이 용이하다.
③ 경사로를 만들지 않으면 버럭이 두 번 적재된다.
④ 상반 작업공간의 여유가 적어질 가능성이 있다.
⑤ 상·하반 중 한 부분만 작업이 가능하므로 작업 Cycle의 Balance를 맞추기 어렵다.

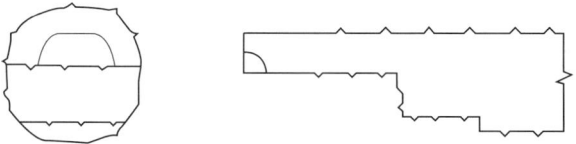

(3) Mini Bench Cut

1) 개 요
① Bench 길이가 10m 이내 또는 터널 직경의 2배 이내일 경우 채택하여 단계별 분할 굴착하는 방법이다.
② 팽창성 지반이나 토사지반에서 Invert의 조기 폐합을 할 필요가 있는 경우 적용한다.

2) 특 징
① Invert의 조기 폐합이 가능하다.
② 침하를 최소로 억제하는 것이 가능하다.
③ 시공범위가 한정되는 일이 많다.
④ Short Bench에 비해 비경제적이다.

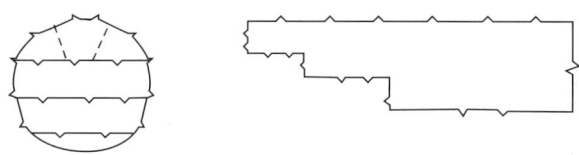

(4) 다단 Bench Cut (Multi Bench Cut)

1) 개 요
① Bench의 수가 3개 이상으로 확보하여 수평분할할 경우 터널직경 이하로 굴착하는 방법이다.
② 1단의 Bench로는 상반 굴착고가 너무 커서 적용 장비의 굴착범위를 넘는 경우 적용한다.
③ 막장의 자립성이 매우 불량하여 분할 굴착을 해야 할 필요가 있는 경우 적용한다.

2) 특 징
① 버럭의 안정성을 확보하기가 용이하다.
② 대단면에서도 일반적인 장비의 운용이 가능하다.
③ 버럭굴착이 각 막장에서 중복되는 일이 많다.
④ 각 단의 Bench 길이가 한정된 경우 작업공간이 협소해질 가능성이 크다.
⑤ 일반적으로 Short Bench Cut보다 변형 및 침하가 크다.

(5) 가 Invert 공법(Temporary Invert Method)

1) 개 요
① Bench 상부에 소정량의 Shotcrete를 타설하여 가 Invert를 형성시키면서 단계별로 분할 굴착하는 방법이다.
② 지반 변형의 억제 및 시공성을 높이기 위해 Bench의 길이를 길게 할 필요가 있을 경우 적용한다.

2) 특 징
① 상반 Bench를 크게 할 수 있으므로 상반 작업공간을 넓힐 수 있다.
② 상반 관통 후 하반을 시공하면 경사로가 필요 없다.
③ 상반 시공속도가 크게 저하될 가능성이 크다.
④ 별도의 Shotcrete가 필요함으로 경제성이 떨어진다.

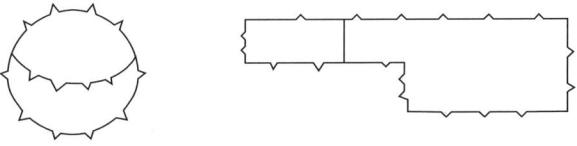

7. 결 론

터널을 굴착 시공함에 있어 연암 이상의 구간에서 전단면굴착 방식을 적용하는 것이 지질여건에 따른 여러 굴착방식에 비해 시공성과 경제성 측면에서 유리하며 터널 구간 중 풍화암 구간과 갱구부에서는 반단면굴착 방식을 적용하는 것이 좋다.

또한 장대 터널에서는 피난 연결통로, 비상 주차대, 환기관련 지하 환기소 등이 필요하고 기능별 단면의 크기가 다양하므로 기존 국내의 시공실적을 비교 검토하여 합리적인 기준을 결정하여야 한다.

문제 4. 터널발파 (발파에 의한 암 굴착)

1. 개요

발파(Blasting)란, 착암기를 사용하여 암석에 구멍을 뚫고 폭약을 구멍 속에 장약(Charge)하여 발화시킴으로써 급격한 화학반응과 동시에 다량의 열과 Gas를 발생시켜 암석을 파쇄하는 것을 말한다.

터널발파의 목적은 터널의 용도에 맞는 공간을 확보하기 위하여 암반의 안정성을 유지시키면서 경제적이고 효율성 있게 굴착하기 위한 것으로, 폭약을 이용하여 발파하는 기술이다.

따라서 터널의 발파는 예정 단면을 따라서 깨끗이 이루어져야 하며 이것이 잘 이루어지지 않아서 터널 벽면이 손상되거나 발파 효과가 지나쳐서 연약면(軟弱面)을 형성하여 안정성의 문제가 일어나지 않도록 주의해야 한다.

2. 터널발파설계 시 고려사항 (암 발파설계 시 고려사항)

(1) 갱도 단면적
(2) 암반의 종류 및 상태
(3) 폭약의 종류
(4) 전 색
(5) 1발파 당 굴진장
(6) 공경과 천공장
(7) 파쇄 입도
(8) 시공성 및 안전성, 경제성

3. 터널 발파공의 명칭

(1) Cut Holes(심발공)

1) 자유면을 형성하기 위해 가장 먼저 발파되는 부분이다.
2) 암석을 압축하고 깨어냄으로 자유면을 형성한다.
3) 일반적으로 심발공의 면적은 약 $2m^2$가 기준이다.
4) Cut Hole의 형태는 수평천공 방법과 경사천공 방법으로 구분한다.
5) Cut Hole에서는 천공밀도가 높다.
6) Cut Hole의 평균 장약량은 약 $5~7kg/m^3$ 정도이다.

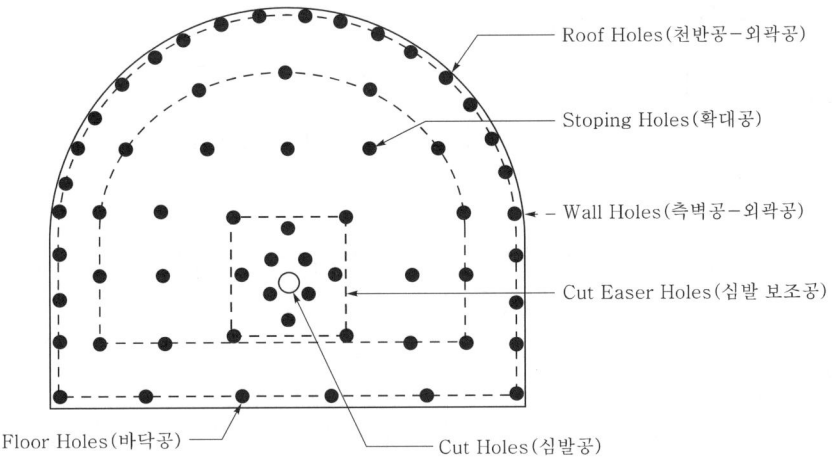

(2) Cut Easer Holes(심발 보조공)
 1) 터널에서 심발공에 근접하여 심발된 자유면을 확대하는 발파공이다.
 2) 1자유면 상태에서 구속력이 큰 심발공의 구속력 저감역할을 한다.

(3) Stoping Holes(확대공)
 1) Cut Hole에서 자유면이 형성되어 2자유면 발파형태이다.
 2) Bench Cut과 같은 원리로 실시하며 Bench Cut에 비하여 천공 오차가 크고 좋은 파쇄 입도를 얻기 위하여 장약량을 증가시킨다.
 3) Stoping Hole은 발파공 위치에 따라 수평, 하향, 상향으로 구분된다.
 4) 하향 확대공은 수평 및 상향 확대공에 비해 적은 장약량으로 장약된다.
 5) Stoping Hole의 평균 장약량은 $0.7 \sim 0.9 kg/m^3$ 정도이다.

(4) Roof Holes, Wall Holes(외곽공)
 1) 암반발파 시 주변 암반을 최대한 손상시키지 않고 정확하게 파쇄하기 위하여 Smooth Blasting을 적용한다.
 2) Roof Hole 및 Wall Hole에서는 천공 각도, 방향, 천공간격은 여굴과 암반의 손상 등의 영향을 주기 때문에 신중한 장약이 요구된다.

(5) Floor Holes(바닥공)
 1) 발파형태가 상향으로 진행된다.
 2) 따라서 다른 발파공들에 비하여 많은 장약량이 필요하다.
 3) 바닥공의 천공간격과 장약량은 바닥의 평탄성에 관계되므로 굴착 장비의 운행 등에 영향을 미친다.

4. 터널발파의 시공 요점

(1) 심발공의 배치
심발공은 자유면을 확보하는 발파형태로 터널발파의 성패를 결정하는 중요한 요소이다.

(2) 장약량
터널발파는 1자유면 형태 발파이므로 약장약 혹은 과장약시 발파 실패율이 높아서 적정량의 장약량 산출은 중요한 요소이다.

(3) 기폭 System
터널발파는 심발공부터 충분한 자유면을 확보하기 위해서는 전열의 발파공이 파쇄되어 공간이 확보될 수 있는 충분한 지연 시차를 갖는 것이 중요하다.

(4) 폭약의 선택
암반의 강도와 특성에 부합되는 폭약의 선택은 매우 중요하며, 폭약의 선택이 적합하지 않을 때 발파 효율저하 및 진동증가 요인이 된다.

(5) 발파 시공에 따른 기술
1) 모암손상 및 여굴 방지를 위한 조절발파 기술
2) 정밀한 천공을 위한 장비선택 및 천공기술
3) 발파진동 및 폭음을 저감시킬 수 있는 방지기술
4) 터널발파 시 사고방지를 위한 안전대책 확보

5. 발파의 개념

(1) 발파와 폭파의 정의

1) 발파(發破 ; Blasting)
 ① 착암기를 사용하여 암석에 구멍을 뚫고 폭약을 구멍 속에 장약(Charge)하여 발화시킴으로써 급격한 화학반응과 동시에 고 Energy(다량의 열과 Gas 등)를 발생시켜 암석을 파쇄하는 것을 말한다.
 ② 발파의 경우는 파쇄 대상물 외 주위의 암반이나 시설물 등에 영향을 주지 않고 보호하며 파쇄한다.

2) 폭파(爆破 ; Demolition)
 ① 폭약의 폭발에 의하여 생기는 충격파 또는 Gas의 팽창력을 이용하여 물체를 부수어 파괴하는 것을 말한다.
 ② 폭파의 경우는 구조물이나 시설물 등을 파괴한다는 의미를 가진다.

(2) 암 발파의 3단계

1) 제 1단계 : 압축 분쇄
① 폭원 근처의 암반은 기폭지점에서 강력한 충격에 의한 발파공의 팽창으로 압축응력을 받고 분쇄된다.
② 파괴형태는 발파공 주변으로 방사형 균열이 형성된다.

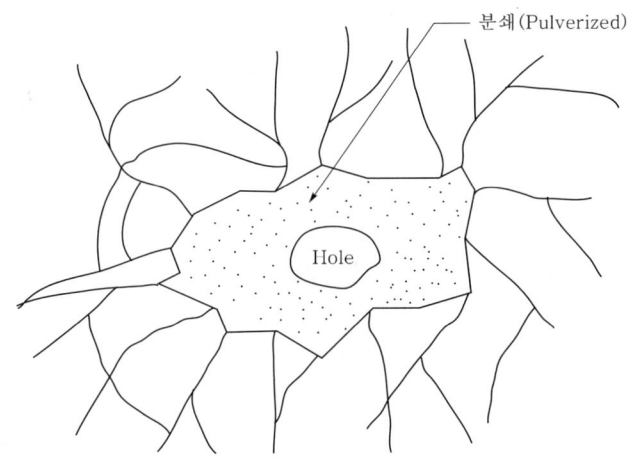

[방사상 균열의 형성]

2) 제 2단계 : 인장 파괴
① 폭약의 폭발로 압축응력파가 발파공에서 주변 암으로 확산되어 자유면에서 반사하면 발파공과 자유면간의 인장 응력파로 바뀌어 암반에 인장 응력이 발생한다.
② 이때 저항선 내에서 암석의 인장강도가 유발된 인장 응력이 클 경우에 저항선 부분의 암석은 파괴된다.

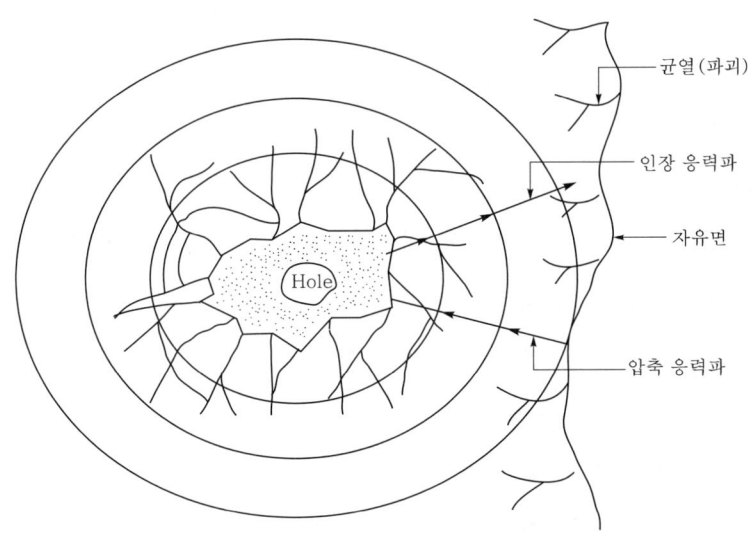

[압축 및 인장 응력파의 발생]

3) 제 3단계 : 균열확대 및 전파

생성된 다량의 고압 Gas가 갈라진 균열에 침입한 후 그 균열을 팽창 및 확대시켜 발파공과 자유면 사이의 암석을 작은 Block으로 쪼개면서 앞쪽으로 이동하여 파괴시킨다.

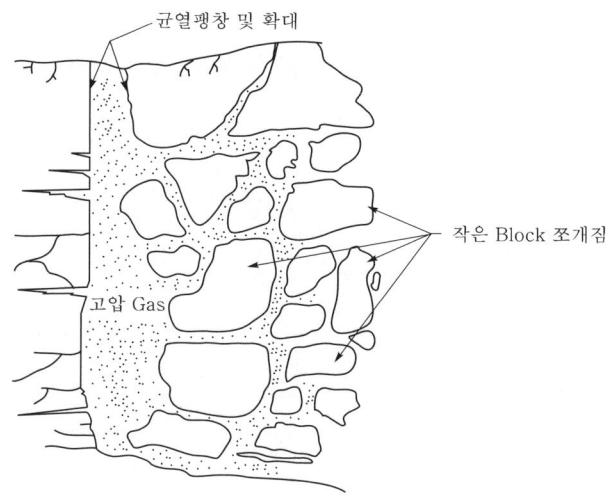

[균열 내부로 Gas의 침투]

(3) 발파의 영향권(암석의 파괴상황)

암반 중에 폭파가 행해질 때 발파로 인하여 미치는 영향권을 말한다.

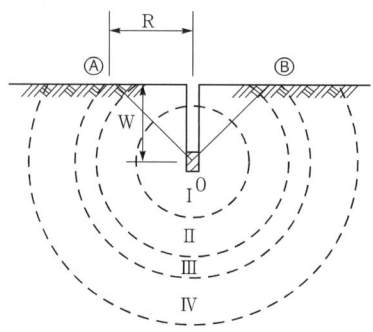

1) 파쇄권(Shattering Zone) : Ⅰ
폭파로 인하여 발생되는 다량의 열로 암석이 융해와 팽창된다.

2) 확산권(Throwing Zone) : Ⅱ
폭파력에 의하여 인장 파괴가 일어난다.

3) 균열권(Cracking Zone) : Ⅲ
폭파력에 의해 암석에 균열을 발생시킨다.

4) 진동권(Vibrating Zone) : Ⅳ
암석이 응력을 받아 진동하게 된다.

(4) 누두공(漏斗孔 ; Crater)

1) 정 의
단일 자유면인 암석에 폭약을 장약하여 폭파하면 원뿔모양(AOB)의 파쇄공이 생기는 것을 말한다.

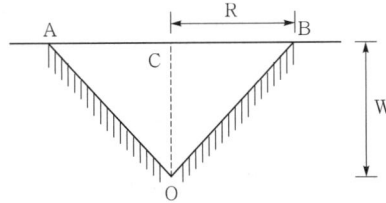

[누두공의 모양]

2) 자유면(自由面, F ; Free Face) – $\overline{AB}$
① 발파하려고 하는 암반이 공기(대기) 또는 물(수중)에 접하는 면을 말한다.
② 발파에 의한 파괴는 자유면의 방향으로만 일어난다.
③ 자유면의 수가 많을수록 발파 효율은 높아진다.

3) 최소 저항선(最小 抵抗線 ; A Line Of Resistance) – W
폭약의 중심으로부터 자유면까지의 최단거리를 말한다.

4) 누두반경(漏斗半徑) – R
폭약에 의해 파쇄되는 누두공의 반지름을 말한다.

(5) 누두지수(漏斗指數 ; n)

1) 정 의
① 누두공의 형상을 나타내는 지수로서 누두공의 반경(r)과 최소 저항선(W)과의 비를 말한다.
② 즉, $n = \dfrac{R}{W}$

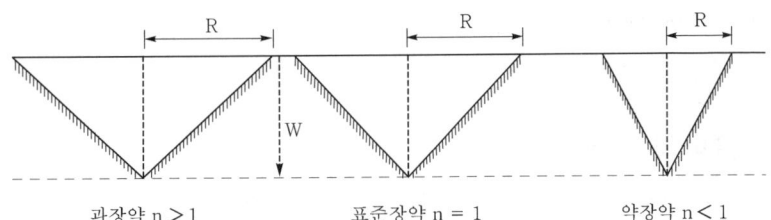

과장약 n > 1   표준장약 n = 1   약장약 n < 1

2) 과장약(Over Charging)
① n>1인 경우, 즉 R>W인 경우
② ∠AOB > 90°이며, 파괴선이 90° 이상의 각도를 이룬다.
③ 누두반경이 최소 저항선 보다 큰 것으로 누두공을 크게 할 때의 장약량을 말한다.
④ 폭파 Energy가 암석의 비산 등에 소산되어 파쇄작용이 유효하게 작용하지 않는다.
⑤ 암석의 파쇄와 비산 정도가 심하고 폭약 소비량이 많다.

3) 표준 장약(Standard Charging)
① n=1인 경우, 즉 R=W인 경우
② ∠AOB=90°이며, 파괴선이 90°의 각도를 이룬다.
③ 누두반경과 최소저항선의 비가 같을 때의 장약량을 말한다.
④ 장약량이 그 물량의 폭파에 가장 적합한 것을 의미한다.

4) 약장약(Under Charging)
① n<1인 경우, 즉 R<W인 경우
② ∠AOB < 90°이며, 파괴선이 90° 보다 작다.
③ 누두반경이 최소 저항선 보다 작은 것으로 누두공을 작게 할 때의 장약량을 말한다.
④ 폭파 효과가 적고 극단적인 경우 암석이 조금도 파괴가 되지 않는 경우도 있다 (누두공이 생기지 않는다).
⑤ 암석에 균열만 일으키거나 공발현상이 일어난다.

6. 심빼기 발파(심발 발파)

(1) 개 요
1) 심빼기 발파란, 단면의 중심부를 집중적으로 발파하여 자유면을 확보하기 위한 발파를 말한다.
2) 심빼기 발파는 터널 발파에 있어서 최초에 실시되는 것으로 암 굴착의 성패를 좌우할 만큼 중요한 역할을 한다.
3) 심빼기의 위치는 단면의 중심 또는 중심에서 약간 아래에 둔다.
4) 심빼기 발파에 대한 Pattern 결정에 있어 터널의 단면형상 및 크기에 따라 결정해야 함으로 세심한 주의를 요한다.

(2) 심빼기 발파의 분류
1) Angle Cut(Wedge Cut, 경사 심빼기, 경사공 심발)
2) Parallel Cut(평행 심빼기, 평행공 심발)

(3) Angle Cut(Wedge Cut, 경사 심빼기, 경사공 심발)

1) 개 요
자유면에 대하여 통상 60~70° 정도의 경사를 가지고 천공하여 공저를 20cm 간격 정도로 집중해서 장약시켜 막장면에 Crack이 형성되도록 발파하는 방법이다.

2) 특 징
① 암질 변화에 따라 심빼기 방법을 바꿀 수 있다.
② 터널크기에 따라 천공장의 제약을 받아 1회 발파 진행장이 한정된다.
③ 장약의 형식은 집중 장약이 되며 강력한 폭약을 사용한다.

3) 종 류
① V-Cut(절리가 있는 암반일 경우 유리)

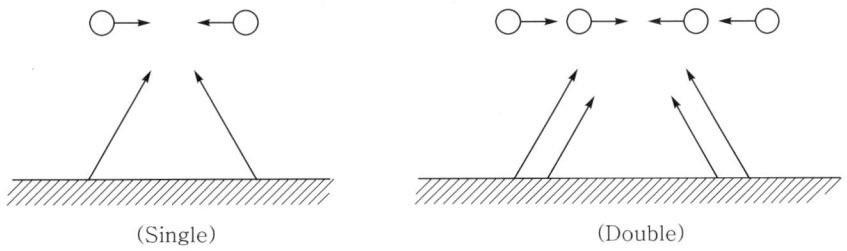

(Single)   (Double)

② Prism Cut(연암 및 경암일 경우 적용)

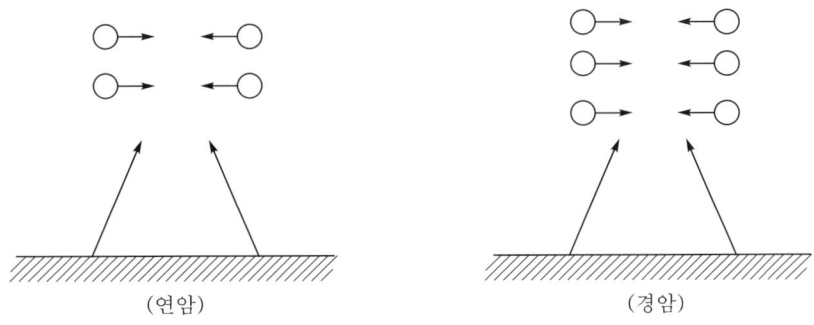

(연암)   (경암)

③ Pyramid Cut(입갱의 수직발파 시 적용)

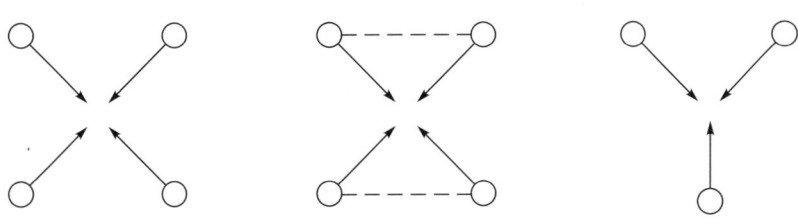

④ Diamond Cut(굴착진행 시 정점을 향해 경사로 발파)

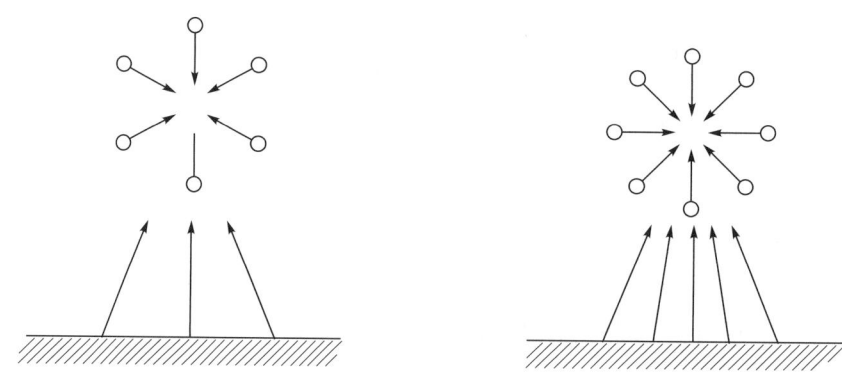

(4) Parallel Cut(평행 심빼기, 평행공 심발)

1) 개 요
모든 막장면에 직각으로 평행 천공을 함으로써 모양상은 단순하게 되고 단면 크기에 관계없이 실시하는 발파방법이다.

2) 특 징
① 각 공은 평행으로 천공한다.
② 천공기술 및 장약결정은 숙련도를 요한다.
③ 장약의 형식은 장(長) 장약이며, 강력한 폭약 사용을 억제한다.

3) 종 류
① Burn Cut
  - 소규경 75mm 이하의 Burn Hole 천공
  - 장약공 주위에 빈공을 설치하거나 빈공과 장약공을 일직선으로 엇갈리게 배열

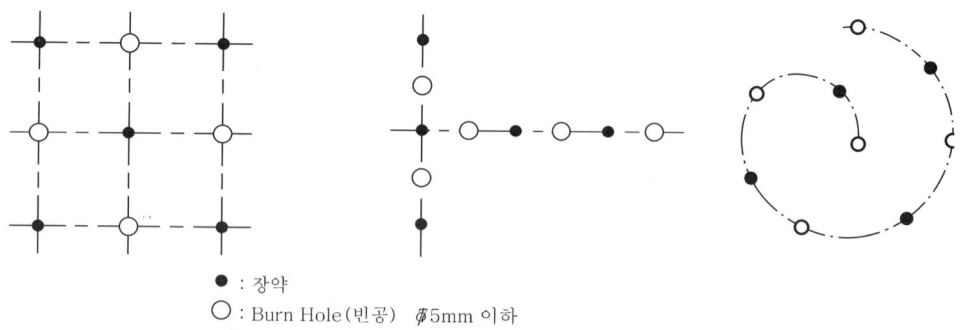

● : 장약
○ : Burn Hole(빈공) ∅5mm 이하

(Box Cut)　　　　(Line Cut)　　　　(Spiral Cut)

② Cylinder Cut(직경75~200mm의 Burn hole 사용)

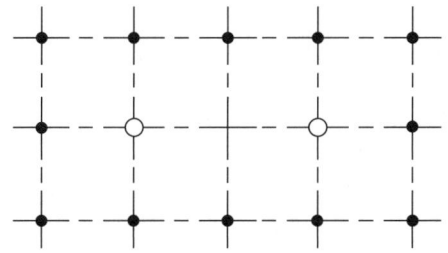

● : 장약
○ : Burn Hole(빈공) φ75~200mm

③ Coromant Cut(2~3공의 대구경의 빈공과 그 주변에 장약공 배치)

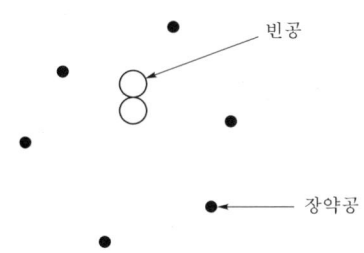 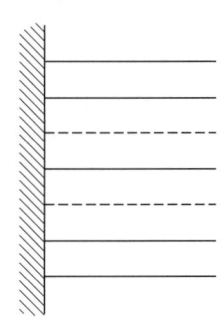

④ No-Cut(공저부에 집중발파)

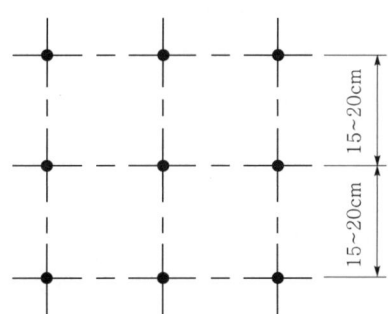

● : 장약

(5) 심빼기 발파 Pattern 결정 시 고려사항
1) 터널의 형상 및 크기
2) 암반의 종류 및 절리 상태
3) 폭약의 종류
4) 시공성 및 안전성
5) 경제성
6) 주변 환경 및 시공여건

7. 제어발파(Control Blasting) / 조절폭파, 잔벽처리

(1) 개 요
1) 제어발파란, 암 발파시 여굴 발생을 최소로 하고 잔벽마감 시 원지반의 손상이 없도록 조절하면서 시행하는 발파를 말한다.
2) 마지막 채굴 시 잔벽의 처리가 미진하면 붕괴사고 등이 발생함으로 잔벽은 암질을 고려하여 60° 이하의 안전한 구배로 하고 각각 높이 20m마다 폭 1~2m 이상 계단을 남겨둔다.
3) 따라서 제어발파의 결정은 현장조건에 부합되는 천공 Pattern을 작성하고 이를 시험 발파한 후 결정하는 것이 바람직하다.

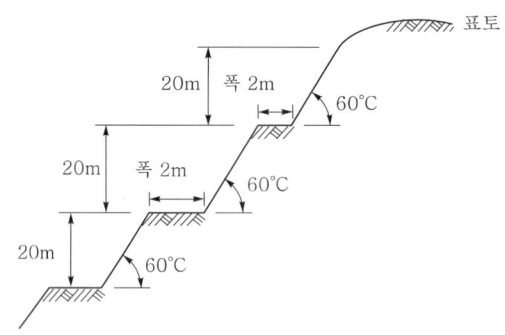

[법면의 구배와 계단]

(2) 제어발파의 특징
1) 여굴이 적다.
2) 잔벽처리가 가능하다.
3) 원 지반 손상이 적다.
4) 부석(뜬 돌)이 적다.

(3) 제어발파 공법의 종류
1) Line Drilling
2) Cushion Blasting
3) Pre-Splitting
4) Smooth Blasting

(4) Line Drilling
1) 개 요
굴착 계획선을 따라 작은 직경의 구멍들을 천공하고 이 공벽에서 Shock 파를 발사시켜서 파단면을 깨끗하게 마무리되도록 하는 발파방법이다.

2) 특 징
① 깨끗한 굴착면을 형성시킬 수 있다.
② 암반손상이 가장 적다.
③ 타 발파 방법에 비해 장약량이 적게 든다.
④ 간격이 좁아 천공 비용이 많이 든다.
⑤ 천공시간이 많이 소요된다.
⑥ 숙련된 천공이 필요하다.

3) 적용성
① 경암 발파
② 노천 발파

4) 시공방법
① 굴착 계획선에 무장약공, 2열은 50% 장약공, 자유면 쪽으로는 100% 장약공을 설치한다.
② 굴착 계획선의 천공 직경은 50~75mm로 하고, 천공 직경의 2~4배 간격으로 배치한다.

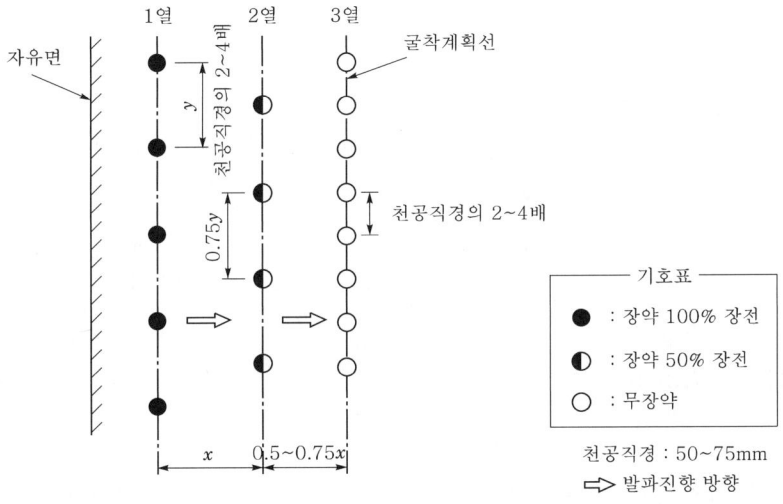

(5) Cushion Blasting

1) 개 요
① 굴착 계획선을 따라 천공한 다음 폭약을 공내에 분산 장약하고 주 굴착이 완료된 후 Cushion 작용으로 발파하는 방법이다.
② 공간은 전색처리를 하지만 균질한 암반에서는 주로 폭약 주위를 충전하지 않고 공기 Cushion을 하는 것이 효과적이다.

2) 특 징
① 공 간격이 넓어서 천공경비가 적게 든다.
② 견고하지 않은 암 발파에도 효과적이다.
③ 90° 각으로 발파하기 곤란하다.(단, Pre-Splitting과 결합 시 가능)

3) 적용성
① 불균질한 암반 발파
② 노천 발파

4) 시공방법
① 굴착 계획선에 분산 장약공, 나머지 2열 및 1열(자유면 쪽)은 100% 장약공을 설치한다.
② 굴착 계획선의 천공 직경은 50~160mm로 하고, 90~210cm 간격으로 배치한다.

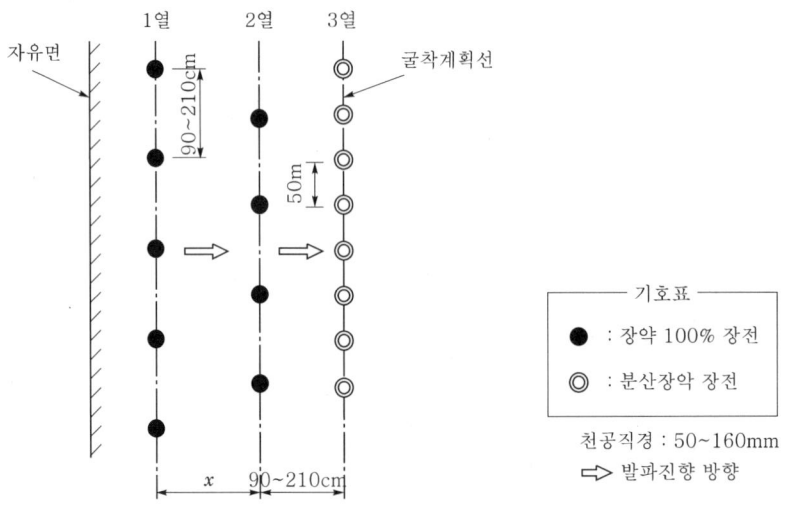

(6) Smooth Blasting

1) 개 요
① 굴착 계획선을 따라 천공한 다음 폭약을 공 내에 정밀 장약하고 주변 공과 동시에 기폭하여 발파하는 방법이다.
② 터널 발파에서 발파 주변의 암석면의 凹凸을 적게 하고 복공시공에 따른 Concrete의 소모량을 감소하기 위해 실시하는 여굴 방지용 발파이다.

2) 특 징
① 여굴이 방지됨으로 원지반의 손상이 적게 된다.
② 평활한 굴착면을 얻을 수 있다.
③ Lining Concrete가 절약된다.

④ 낙석 및 낙반이 적어 안전성이 좋다.
⑤ 절리 및 층리가 발달한 암석에서는 효과가 적다.
⑥ 고도의 천공기술과 필요하고 천공 수가 많다.

3) 적용성
① 잔벽 마무리굴착
② 지하 암반 굴착

4) Smooth Blasting의 중요 요소
① 천공간격(D)
   천공간격이 커지면 凹凸 정도도 커진다.
② 최소 저항선(W)
   최소 저항선이 적어지면 凹凸 정도는 적어지나 Cost가 상승한다.
③ 천공 간격과 최소 저항선 관계
   $D \leq 0.8W$, $D/W \leq 0.8$

5) Smooth Blasting의 필요조건
① 각 발파공의 천공 각도 차가 적어야 한다.
② 저폭 속의 화약을 사용한다.
③ 시간의 오차가 적은 뇌관을 사용한다.
④ 다단 발파 시 MSD를 사용한다.
⑤ 모든 천공 간격을 규칙적으로 동일하게 한다.

6) 시공방법
① 굴착 계획선에 정밀 장약공, 나머지 2열 및 1열(자유면 쪽)은 100% 장약공을 설치한다.
② 굴착 계획선의 천공 직경은 40~50mm로 한다.
③ 천공간격(D)은 최소 저항선(W)에 따라 $D \leq 0.8W$로 배치한다.

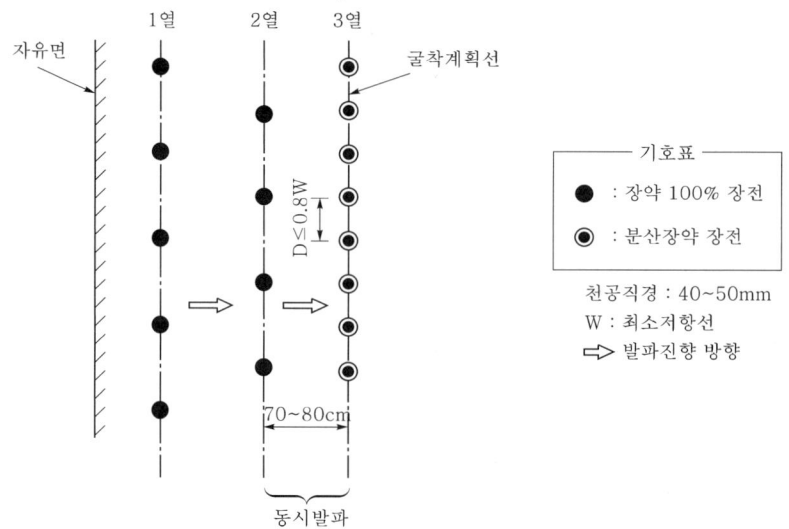

(7) Pre-Splitting

1) 개요
① 전면의 주 발파를 하기 이전에 점화하여 후열을 먼저 균열을 일으킨 후전열(前列)을 발파하는 공법으로 이를 선균열발파(先龜裂發破)라고도 한다.
② Pre-Splitting은 굴착면 주변을 먼저 발파하여 파단면을 형성하고 그 후 나머지 부분을 발파하는 방법이다.

2) 특징
① 균질한 암질에서 효과가 우수하다.
② 불균질한 암질의 경우 Guide Hole(빈공)을 천공하면 효과가 있다.
③ Smooth Blasting보다 천공 수가 많고 비용이 더 든다.
④ 소음 및 진동이 크다.
⑤ 비석 발생의 우려가 있으므로 반드시 덮개를 사용한다.

3) 적용성
① 사면부 절취시
② 천공 깊이는 10m

4) 시공방법
① 천공 및 장약 장전
 - 굴착 예정선에 직경 50~100㎜의 천공 실시
 - 자유면 측에 보통의 발파공 2열 천공 실시

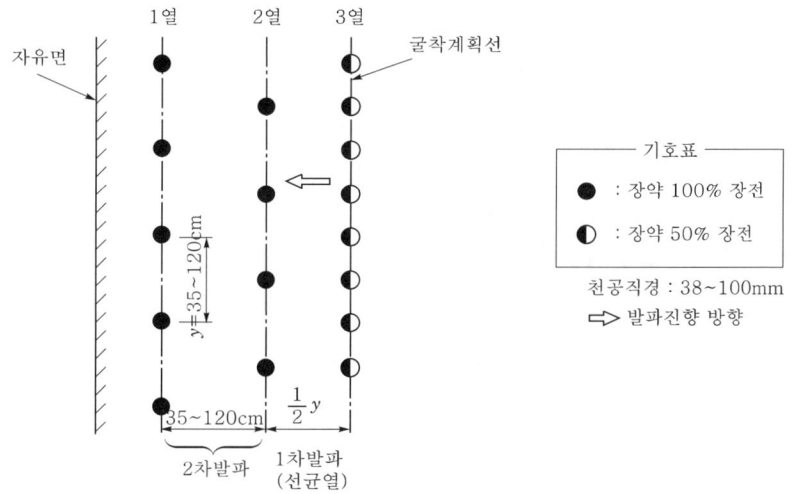

- 천공직경과 장약량과의 관계

천공직경(mm)	천공간격(cm)	장약량(g/m)
38~44	35~45	120~360
59~65	45~60	120~360
75~90	45~90	190~700
100	60~120	360~1,100

② 발 파
  - 굴착 예정선 상의 장약을 1차로 발파(선 균열을 일으킴)
  - 자유면 측 보통 발파공의 2열을 연쇄적으로 발파
③ Bench Cut 발파 시

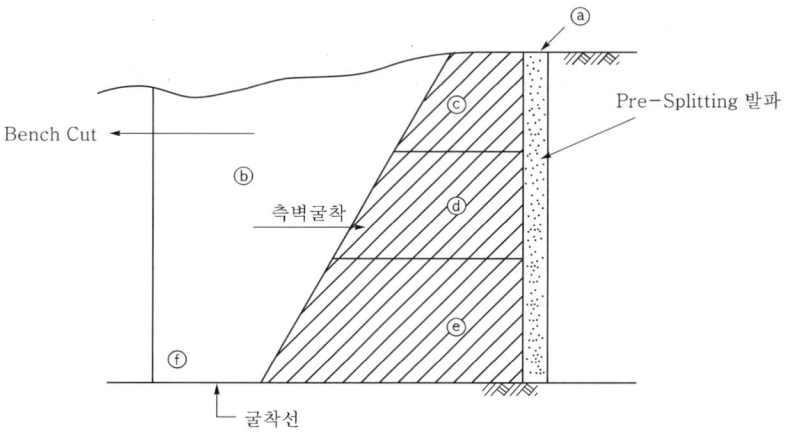

- ⓐ의 Pre-Splitting 발파를 안벽면에 따라 실시한다.
- ⓑ의 안벽부 중앙은 보통의 Bench Cut 공법으로 굴착하고 측벽 7m 정도 남긴다.
- ⓒ, ⓓ, ⓔ의 측벽은 3단계로 나누어 소발파 실시한다.
- ⓕ의 저반 마무리는 굴착으로 처리한다.

8. 계단식(Bench Cut) 발파

(1) 개 요

상부로부터 평탄한 여러 단의 Bench를 조성하고 채굴이 진행됨에 따라서 깊게 파내려 가는 방법으로서 단계채굴이라고도 한다.

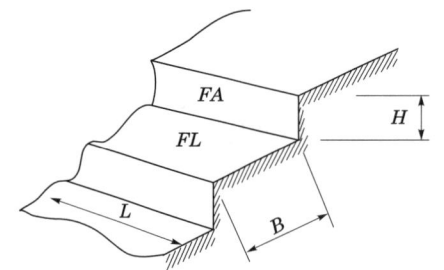

H : Bench 높이
B : Bench 폭
L : Bench 길이
FA : 채굴장의 막장
FL : Bench 또는 Floor
** 표고에 따라 OOBench라 부르는 경우도 있다.

[Bench의 명칭]

(2) 특 징

1) 장 점
   ① 평지에서 작업이 가능하고 낙석, 붕괴 등의 위험이 없어 안전하다.
   ② 작업의 단순화 및 발파계획도의 단일화로 설계한 대로 실시된다.
   ③ 계획적인 채굴로 다량 채석에 적당하고 생산량을 확보할 수 있다.
   ④ 암 층에 변화에도 선별하여 채굴할 수 있어 품질 관리상 유리하다.
   ⑤ 각종 고성능의 대형기계류 도입이 가능하므로 경제적이다.
   ⑥ 다른 발파법에 비해서 비교적 옥석의 발생이 적다.
   ⑦ 장공발파를 위해 저 비중의 ANFO 폭약 등 값싼 폭약이 사용된다.

2) 단 점
   ① 계단조성을 위해 광범위하게 벌채, 절토, 진입로 등의 준비공사가 많다.
   ② 기계매입 등의 초기투자가 크다.
   ③ 다른 노천채굴법에 비교해서 개발공사 기간이 길다.

(3) Bench의 폭 및 높이

1) Bench의 폭

Bench의 높이×2배 또는 사용되는 Shovel이나 Dump Truck의 크기(적재량)에 따라 정한다.

Dump Truck 적재량(ton)	Bench 폭(m)
4.0	10.5
6.5	14.0
10.0	17.0
15.0	29.0

2) Bench의 높이

① Crawler Drill 사용 시 10m 전후로 한다.
② 한국광산 보안법에서는 15m 이하로 하고 있다.

(4) Bench Cut 발파의 설계

1) 장약량산출 기본 식

$L = CW^3$에 $W^3 = D \cdot W \cdot H$을 대입

$\therefore L = C \cdot D \cdot W \cdot H$

여기서, L : 장약량(kg)

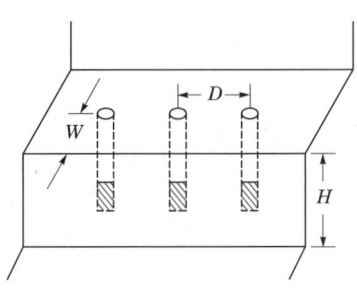

C : 발파 계수(표)

구 분	GD	ANFO 폭약
연암의 경우	0.1~0.2	0.2~0.3
중경암의 경우	0.2~0.3	0.3~0.4
경암의 경우	0.3~0.4	0.4 이상

D : 천공간격(m)
W : 최소 저항선(m)
H : Bench의 높이(m)

2) 최소 저항선과 Bench 높이의 관계

① 최소 저항선과 장약장 : $W < l_c$
② 최소 저항선과 천공장 : $2W < l$
③ 최소 저항선과 Bench의 높이 : $2W < H$

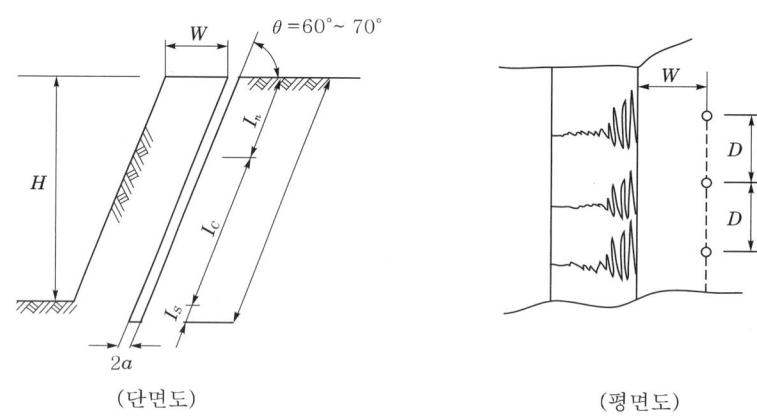

(단면도)　　　　　　　　　　(평면도)

여기서, H : Bench의 높이　　l_n : 전색(메지)의 길이
　　　　W : 최소 저항선　　　l_s : Sub Drilling(보조 천공장)
　　　　l : 천공장($l_n + l_c$)　　θ : 천공 각도
　　　　l_c : 장약장
　　　　$2a$: 장약경(Anfo 폭약과 같게 Bulk로 놓은 것은 천공경과 동일하고 약포를 장진할 때는 약포경이 된다)

[천공 장약 등의 명칭]

3) 천공장(l)
　① 수직공의 경우 : $l = H + 0.3W$
　② 경사공의 경우 : $l = (H + 0.3W)\dfrac{1}{\sin\theta}$

4) 최소 저항선(W)
　① 최소 저항선(W) = 장약반경×2배로 정한다.
　② 장약반경과 최소 저항선(W)

암석의 종류	최소 저항선(W)
경암의 경우	(100~120)a
중경암의 경우	(90~110)a
경암의 경우	(80~110)a

5) 천공간격(D)
　① $D = 0.8 \sim 1.5W$ 가 일반적이다.
　② $D = 1W$ 가 가장 많이 채용된다.

6) 천공 각도(θ)
　① 일반적으로 $\theta = 60 \sim 70°$로 함으로써
　② 발파 효과와 뿌리의 절단 효과가 좋아지고

③ 붕괴의 위험이 적어지고
④ Back Break가 방지된다.

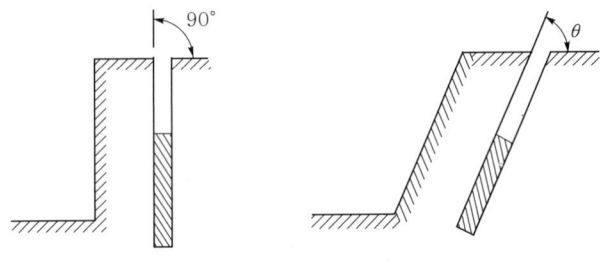

[천공 각도]

7) 천공경(천공직경)
   ① 천공경은 약포경에 20~25%를 더하는 것이 가장 좋다.
   ② 즉, 천공경= 약포경×(1.20~1.25)

8) 보조천공(l_s ; Sub Drilling)
   ① Bench Cut 발파 시 뿌리 깎기를 잘하기 위해 실시하는 연장 천공이다.
   ② 바닥면보다 약간 깊게($0.30~0.35\,W$) 천공한다.
   ③ 즉, $l_s=0.30~0.35\,W$
   ④ 일반적으로 $l_s=0.30\,W$로 가장 많이 적용하는데 이는 $2l_s$에 상당하는 장약이 집중장약으로 작용하여 뿌리절단을 잘하는 것이 된다.

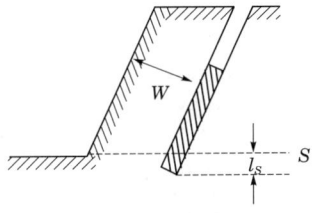

9) 바닥공(Toe Hole)
   ① Bench Cut 발파 시 뿌리 깎기를 잘하기 위해 막장을 향해 수평 또는 약간하부로 경사지게 천공한다.
   ② 하부경사 천공 시 각도는 5~10°
   ③ 바닥공 천공간격(D')은 천공경 60~65mm에 1~2m 간격이 적당
   ④ 바닥공 천공간격(D')은 장약량과도 관계되나 보통 $D \geq D'$로 한다.

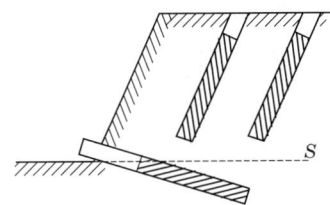

10) 사용 화약류
   ① 연암과 건조한 곳 : 저 비중의 ANFO 폭약
   ② 경암 및 수중 발파 : TNT, 입상 TNT

11) 전색(메지)
   ① 사용재료 : 암분(岩粉), 혼합 흙, 모래 등
   ② 길이는 보통 비석과 발파 효과를 좋게 하기 위해 최소저항선과 동일하게 하는 수가 많다.
   ③ 전색길이를 길게 하면 상부의 파쇄 입도가 크게 되고 짧게 하면 비석의 원인이 된다.

12) 장진법
   ① 연속장진
      약포를 위에서부터 차차로 장약하는 보통의 방법이다.
   ② 분산장진(Deck Charge)
      비중이 큰 폭약을 사용할 때 이용하는 방법으로 중간에 점토층이나 다른 암반과 비교하여 극도로 연한 층이 있을 경우 그 부분에는 장약하지 않고 폭약을 분산하여 장약하는 방법이다.
   ③ 혼합장진
      연속 장진하는 방법으로 아래쪽에는 비중이 큰 폭약을 넣고 위쪽에는 비중이 적은 폭약을 장약하는 방법이다.

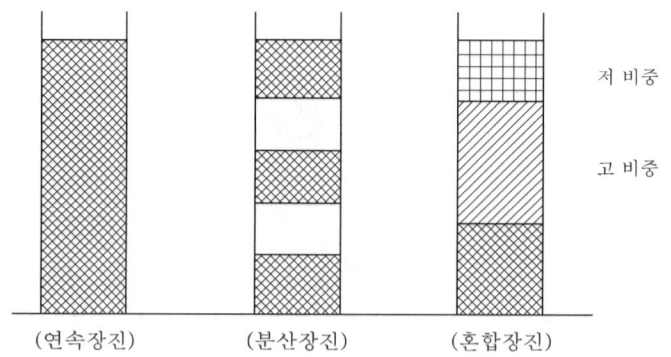

(연속장진)　(분산장진)　(혼합장진)

13) 기폭위치
   ① 동종의 폭약 또는 ANFO 폭약 사용하는 경우 : 정기폭 실시
   ② 뿌리절단을 잘 할 목적일 경우 : 역기폭 실시
   ③ Deck Charge의 경우 : 각 장약마다 기폭장치를 설치

9. 소할발파(Secondary Blasting), 조각발파

(1) 정 의
폭파에 의해 생긴 덩어리가 큰, 대괴의 암석을 Shovel 등의 기계로 처리하지 못할 만큼 크면 작은 조각으로 2차 파쇄를 해야하는데 이때 실시하는 발파작업을 소할발파라 한다.

(2) 소할발파의 종류

1) 천공법(Block Boring)
   ① 암괴의 중심부를 향하여 천공 후 폭약을 장전하여 발파하는 방법이다.
   ② 천공장은 옥석의 경우 짧은 지름의 60~65% 정도로 하고 ANFO 폭약을 사용하는 경우 65~75%로 한다.

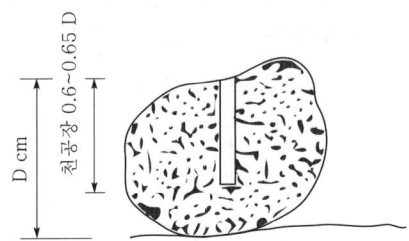

2) 사혈법(Snak Boring)
   ① 암괴의 하부에 폭약을 삽입시켜 발파하는 방법이다.
   ② 천공시간이 없거나 암괴의 대부분이 땅속에 묻혀 있는 경우 적용한다.
   ③ 농경 및 수목의 뿌리제거 시에도 사용된다.

3) 복토법(Mid Caping)
   ① 암괴의 상부에 폭약을 얹어 놓고 점토를 단단히 복토하여 발파하는 방법이다.
   ② 층리와 절리, 최소 정항선 등을 고려하여 폭약을 놓을 지점을 선택한다.
   ③ 폭약은 폭 속과 맹도가 큰 것을 사용한다.

(3) 소할발파의 장약량 계산식

$$L = C \cdot D^2$$

여기서, L : 장약량(g)
C : 발파계수

소할방법	발파계수(C)
천공법	0.007~0.01
사혈법	0.03~0.07
복토법	0.03~0.20

D : 암괴의 최소 지름(cm)

10. 갱도식 발파(대발파)

(1) 갱도식 발파와 대발파의 정의

1) 갱도식 발파

폭파작업에 지장이 없는 정도의 작은 단면의 갱도를 굴착하여 그 끝에 장약실을 만들어 다량의 폭약을 집중하여 장약한 다음 갱도를 다시 메우고 폭파하는 것을 말한다.

2) 대발파

한 곳 또는 여러 곳에 폭약을 집중하여 배치하고 약실을 설치하여 200kg 이상의 폭약을 동시 또는 단계적으로 폭발시키는 것을 말한다.

(2) 갱도발파의 특징

1) 장 점

① 공기가 상당히 단축된다.
② 설비비가 적게 든다.
③ 소형 착암기만으로도 작은 단면의 갱도 굴착이 가능하다.
④ 대형 굴착 장비 또는 특수 장비가 필요하지 않다.
⑤ 시공이 단순하다.

2) 단 점
① 다량의 폭약사용에 따른 극히 위험을 동반한 작업이다.
② 폭파 시 최소 저항선이 크게 됨에 따른 소할발파가 필요할 수도 있다.
③ 갱도 굴착, 폭약 취급, 갱도의 매몰 등에 관련한 많은 노무자가 필요하다.
④ 공사비의 대부분은 폭약비와 노무비로 차지한다.

(3) 갱도식 발파의 설계 및 시공

1) 갱도 단면의 크기
   ① 높이 : 1.5~1.6m 정도
   ② 폭 : 0.9~1.3m 정도

2) 갱도의 형태(장약실의 설치)
   ① L자형(단열 장약) : 본 갱도의 일측면에 장전
   ② T자형(다열 장약) : 본 갱도의 양측면에 장전(가장 이상적)
   ③ 얕은 산채(1단 갱도 장약) : 1단의 갱도 굴착
   ④ 높은 산채(다단 갱도 장약) : 2단 또는 그 이상의 갱도 굴착

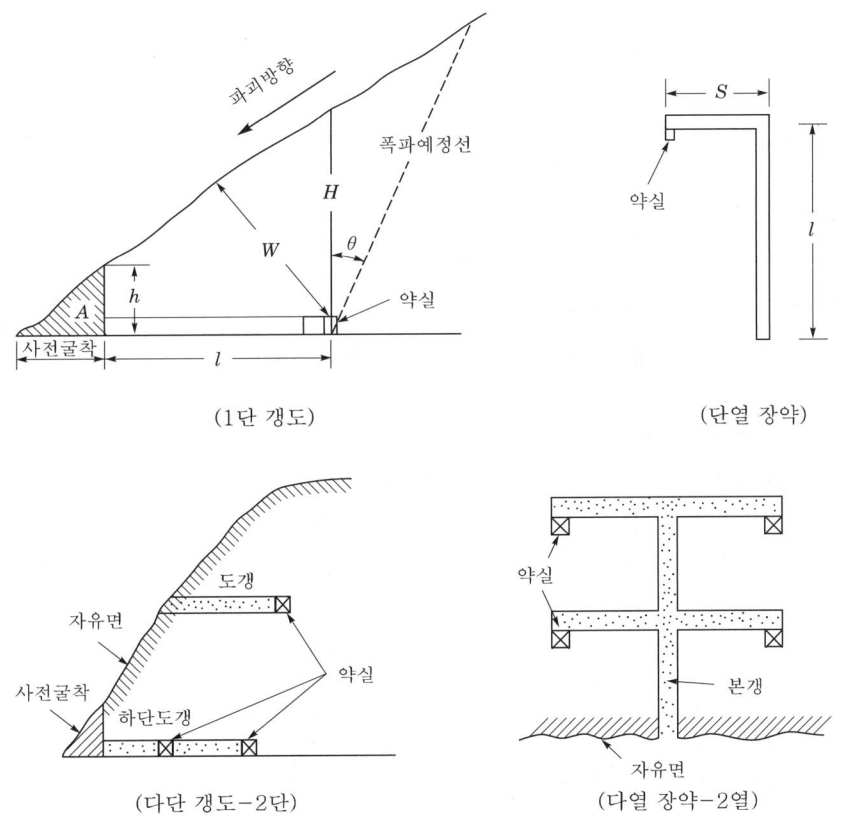

[갱도 형태의 예]

(4) 발파방법(점화방법)

1) 전기뇌관에 의한 발파
반드시 2개의 전기뇌관을 병렬연결해야 한다.

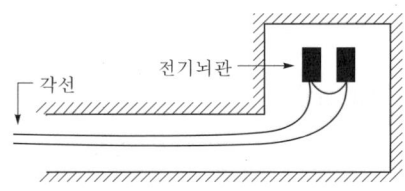

2) 도폭선에 의한 발파
도폭선을 2선으로 하여 불발을 예방하고 도폭선은 전기뇌관으로 기폭시킨다.

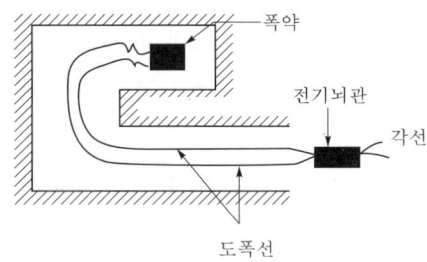

3) 발파 진행
동시 또는 단계적으로 발파하여 파괴가 지표에까지 미치게 한다.

(5) 폭약의 선정
1) 일반암체 : 질산암모늄을 주로 한 폭약
2) 경암체 : 젤라틴 다이너마이트를 사용
3) 폭약은 둔감하며 생성 Gas가 많은 것이 바람직하다.

(6) 시공 시 유의사항
1) 최소 저항선의 길이를 정확히 측정한다.
2) 암질 및 파쇄대의 존재 등을 충분히 조사한다.
3) 갱도굴진에 주의하여 목적하는 위치에 약실을 선정한다.
4) 진입갱도와 분기 갱도는 직선으로 한다.
5) 갱도는 굴진, 장약 등 폭파작업에 지장이 없는 한 작은 단면으로 한다.
6) 갱도 내의 배수에 주의한다.
7) 폭파가 확실히 이루어지도록 뇌관이나 도폭선을 이중으로 설치한다.
8) 폭약의 방습에 유의 및 약실로부터 나오는 폭파 모선, 도폭선 등을 보호한다.
9) 갱도의 매몰작업을 충분히 한다.
10) 정해진 법규의 엄격한 준수 및 안전관리에 만전을 기한다.

11. 결 론

    터널 발파의 특수성으로는 구속된 공간 내에서 항력이 높은 암반을 굴착하는 것으로서, 터널의 지압과 지열의 발생 및 지하수는 터널 굴착에 많은 제약이 따르게 된다.
    따라서 굴착의 어려움이 공사의 기간 및 공사비에 중대한 영향을 미칠 수 있으므로 지질조건과 암반의 연경도, 풍화도, 절리 및 단층 등의 지질적인 조건과 용수 등에 대해 충분한 조사가 이루어져야 한다.
    아울러 자유면 발파가 주체가 되는 터널발파는 매우 중요한 문제가 될 수 있으므로 터널 공사를 함에 있어서 발파에 의한 암 굴착은 여굴 발생을 최소로 하고, 잔벽마감 시 원지반의 손상이 발생되지 않도록 하는 것이 중요하며, 또한 발파작업에는 위험을 동반하므로 철저한 안전관리가 요구된다.

문제 5 도폭선

1. 정 의

도폭선은 폭약을 금속관에 내장하거나 섬유로 피복한 끈 모양의 화공품으로 기폭용 또는 자체를 폭약으로 이용한다.

2. 특 징

(1) 내수성 및 내유성, 내압성이 우수하다.
(2) 전기적 사고를 예방할 수 있다.
(3) 전폭성이 확실하다.
(4) 다단식에 의한 단차 발파가 정확하다.

3. 도폭선의 분류

(1) 한국공업규격(KS)에 의한 분류

1) 제 1종 도폭선
   ① 피크린산(P/A ; Picric Acid)을 주석관 안에 녹여서 채워 이것을 표준선지름으로 잡아당긴 것으로 내수성 및 내유성, 내압성을 고려한 도폭선
   ② 표준선지름 : 5.5~6.5mm

2) 제 2종 도폭선
   ① 펜트리트(PENT ; Penthrite)를 마사 등으로 피복하고 다시 Asphalt, 합성수지 등으로 방수처리한 도폭선
   ② 표준 선지름 : 4.9~5.5mm

(2) 심약 및 피복에 의한 분류

1) 제1종 도폭선
   ① T 도폭선
      TNT를 심약으로 한 도폭선으로 가는 납 관에 넣어 취급
   ② P/A 도폭선
      피크리산을 심약으로 한 도폭선으로 가는 주석관에 넣어 취급

2) 제2종 도폭선
   ① P 도폭선
      펜트리트를 심약으로 하여 마사, 면사, 종이 Tape 등으로 피복한 도폭선

② H 도폭선
  헥소겐(RDX)을 심약으로 하여 마사, 면사, 종이Tape 등으로 피복한 도폭선

3) 제3종 도폭선
  도폭선을 방수도료로 내수 가공하여 수압 0.3kg/㎠(수심 약 10m) 정도에서 내수할 수 있는 것으로 심수용 도폭선이라고 한다.

4. 도폭선의 품질

(1) 폭발속도

1) 평균 폭발속도 : 5,500 m/sec 이상

2) 평균 폭발속도의 차이
   ① 제 1종 도폭선 : ± 7% 이내
   ② 제 2종 도폭선 : ± 10% 이내

(2) 내수도
수압 $0.3 kgf/cm^2$(0.29kPa)의 물속에서 3시간 이상의 내수도를 갖을 것

5. 도폭선의 용도

(1) 다량의 폭약을 동시에 발파할 경우
(2) 장공의 발파를 동시에 다량의 폭약발파 시의 위력으로 발파할 경우
(3) 수목 및 철조망 등을 폭파할 경우(군용)
(4) 전기적 사고에 대하여 안전하지 못한 경우
(5) 전기뇌관의 각선(脚線)이 충격파에 잘릴 우려가 있을 때
(6) 전기발파가 실용적이 되지 못할 경우

6. 도폭선 사용 시 유의사항

(1) 도폭선의 피복이 훼손되지 않도록 유의한다.
(2) 도폭선을 심하게 당기지 않도록 한다.
(3) 도폭선 결착 시 꺾이지 않도록 한다.
(4) 단발에 의한 발파 시 비석에 의해 도폭선이 손상되지 않도록 한다.
(5) 장시간 ANFO 폭약과의 배선으로 유분이 침투되지 않도록 한다.

문제 6 NATM 공법

1. 개 요

　　NATM(New Australian Tunneling Method)은 암반이나 토질의 역학적 원리를 바탕으로 하여 지반을 이용하는 Tunnel 공법으로, 지반 자체가 주 재보재이고 Shotcrete, Rock Bolt, Steel Rib 등은 지반이 주 지보재가 되도록 하는 보조수단으로 적용하는 공법이다.

　　이러한 NATM 터널의 굴착방법은 발파에 의한 굴착으로서 암질평가에 의하여 표준지보의 단면을 결정하고, 이에 맞추어 굴착을 진행하되 굴착에 따른 여굴을 가능한 적게 하면서 굴착 단면의 부석 및 낙석, 붕락 등에 대한 방지를 위해 철저한 점검과 함께 세심한 시공을 필요로 한다.

　　따라서 NATM 터널의 굴착은 측량 → 천공 → 장약 및 발파 → 지보공설치 등을 반복하는 일련의 Cycle Time에 의한 반복 작업으로 실시되며, 터널 공사의 전체공정에 상당한 영향을 주게 된다.

2. 조 사

(1) 사전조사
1) 지형 및 지질
2) 지하수
3) Tunnel의 단면형태
4) 사용장비
5) 설계도서 및 시방서
6) 공사용 가설비
7) 기타

(2) 시공 중 조사
1) 갱내지질(암질, 암반의 상태)
2) 막장의 용수량
3) 갱구 배수량 및 용수의 수질상태
4) 지표수 및 지하수
5) 기상

3. NATM 공법의 특성 및 적용한계

(1) NATM 공법의 특성

1) 지보재로서의 특징
   ① 주 지보재
      지반 자체가 주 지보재이다.
   ② 주 지보재의 보조수단
      Rock Bolt, Shotcrete, Steel Rib 등은 지반이 주 지보재가 되도록 보조하는 수단이다.(지반의 강도를 유지 및 보강하는 역할을 한다)

2) 지보의 설계와 하중
   ① 지보의 파괴는 전단력에 의해 파괴가 된다.
   ② Rock Bolt, Shotcrete, Steel Rib 등은 전단력에 대하여 저항하는 설계를 실시한다.
   ③ 계측에 의해 설계와 시공의 Feed Back이 이루어지도록 한다.

3) 지보재의 역할

지보재의 종류	지보재의 역할
Rock Bolt	① 지반이완방지 ② 이완된 암반 봉합 ③ 굴착면 붕락방지 ④ 터널 벽면 안전성 유지
Shotcrete	① 지반이완방지 ② Concrete Arch로서 하중분담 ③ 응력집중방지
Steel Rib	① 지반붕락방지 ② 갱구부 보강 ③ 터널형상유지
Wire Mesh	① Shotcrete의 전단보강 및 부착증진 ② Shotcrete의 균열방지

4) 시공성
   ① 대형장비 사용 가능
   ② 여굴 발생이 적다.
   ③ 단면변화가 가능하다.

5) 안전성
   ① 계측에 의한 지반 거동파악으로 대책 마련이 신속하다.
   ② 지표침하를 억제할 수 있다.

6) 경제성
   ① 계측관리에 의한 경제적인 설계와 시공이 가능하다.
   ② 재래터널공법(ASSM)에 비해 경제적이다.

7) 적용 범위
   ① 연약지반에서 극경암까지 적용 가능
   ② 도심지 지하터널 굴착 등에 적용

(2) NATM 공법의 적용 한계
1) 용수량이 많은 원 지반
2) 용수에 의해 유사(流砂)현상을 일으키는 원 지반
3) 막장이 자립할 수 없는 지반
4) 원지반이 파괴되어 Rock Bolt의 천공 및 정착이 어려운 지반
5) 기타 보조공법이 반드시 필요한 지반

4. NATM 터널시공 Flow

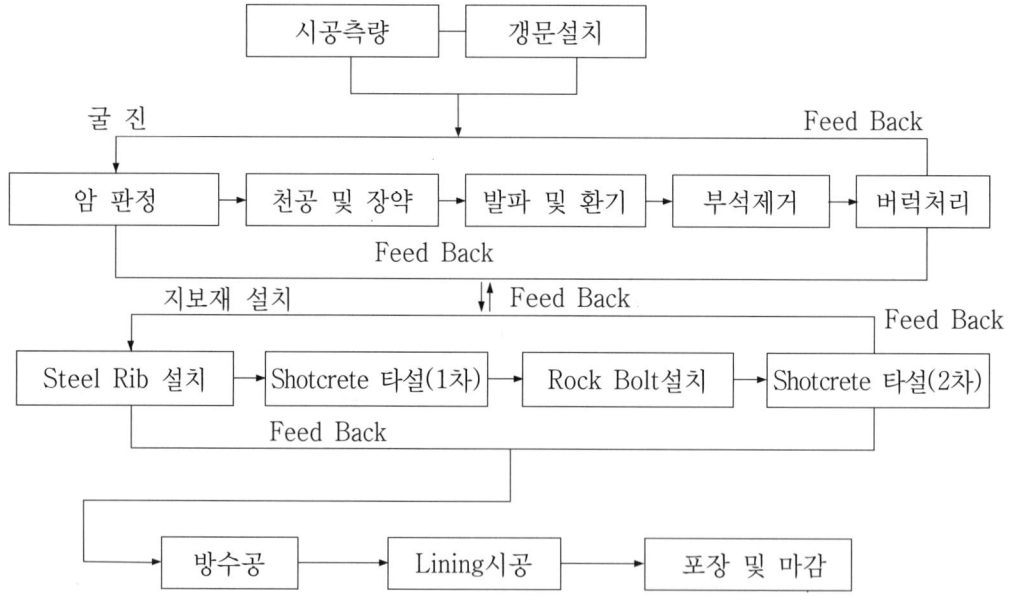

5. 세부작업

(1) 천 공

1) 일반사항
① 천공상태는 발파 효과에 큰 영향을 미치고 불발사고의 원인이 되므로
② 천공은 발파계획에 의거 정해진 배치에 위치, 방향, 깊이 등을 정확하게 시공하고
③ 현장여건, 시공성, 경제성, 안전성을 고려하여 천공 장비를 선정한다.

2) 시공관리
① 천공은 미리 계획된 천공배치에 의거 위치, 방향, 길이 등에 맞추어 정확하고 안전하게 시공한다.
② 천공의 모양과 발파공의 배열은 발파책임자의 지시에 의하여 실시한다.
③ 천공의 각도에 주의한다.
④ 지발발파를 실시할 경우에는 공발이 일어나지 않도록 천공배치에 유의한다.
⑤ 천공은 전회의 발파공을 이용해서는 안 된다.
⑥ 용출수 또는 암질 불량으로 갱도의 방향이나 장약의 위치를 변경할 경우 책임자에게 연락하여 지시를 받도록 한다.
⑦ 천공 중에는 이상한 용수, 가스의 분출, 지질의 변화 등에 주의한다.

(2) 장 약

1) 일반사항
장약은 천공작업이 완료된 후 발파 Pattern도에 정해진 순서에 따라 안전하고, 정확한 화약량을 천공 내에 장약한다.

2) 시공관리
① 장약은 누설전류탐지기, 도통 시험기, 다짐봉 등의 소정의 기구류를 반드시 준비하고, 이를 순서에 따라 사용하여 장약한다.
② 전기뇌관을 사용할 경우에는 미주전류, 누설전류 등에 충분하고 안전한 재료로 사용한다.
③ 비전기식 뇌관을 사용할 경우 사용 뇌관은 외력과 물리적 충격에도 안전한 재료로 사용한다.
④ 뇌관의 관체는 불발방지 외 방습, 방수 목적상 4회 이상 클립한 뇌관을 사용한다.
⑤ 결선 시 뇌관 각 선은 커넥터의 하부구멍에 삽입하여 상부로 빼고, 각 선에 매듭을 주어 각 선이 커넥터에서 이탈되는 것을 방지한다.

⑥ 전색물은 다음과 같은 조건을 갖춘다.
  - 압축률이 작지 않아서 단단하게 다져질 수 있는 것
  - 틈새를 쉽게, 그리고 빨리 메울 수 있는 것
  - 재료의 구입과 운반이 쉽고 값이 싼 것
  - 연소되지 않는 것
  - 불발이나 잔류폭약을 회수하기에 안전한 것

(3) 시험발파

1) 시험발파 목적
   ① 발파 Pattern의 결정
   ② 천공작업의 결정
   ③ 화약 및 뇌관의 종류와 수량 결정

2) 시공관리
   ① 설계발파 Pattern을 참조하여 시험발파를 실시하고, 그 결과에 의해 발파 Pattern을 결정한다.
   ② 굴착에 앞서 암질, 단면의 형상, 굴착공법, 예상하는 발파의 결과 등을 고려한다.
   ③ 시험발파계획은 천공 깊이, 천공배치, 화약의 종류와 양, 뇌관의 형식, 화약의 발파순서 등을 수립하여 계획을 세운다.
   ④ 시험발파 시 소음과 진동 등도 함께 측정하여 그 결과를 토대로 본 시공발파 Pattern을 결정한다.

(4) 본 공사 발파

1) 일반사항

   본 공사에 있어 발파작업은 시험발파에 의하여 수립된 발파 Pattern을 근거로 시공하게 되며 이에 따른 안전관리에 만전을 기하여야 한다.

2) 본 공사 발파
   ① 발파는 시험발파에 의해 수립된 발파 Pattern에 의거 시공한다.
   ② 발파 전 화약 장약이 완전히 충진되었는지를 확인한 후 실시한다.
   ③ 총포화약류 단속법 및 동 시행령에 의거 각종 인·허가를 득한 자격증 소지자에 의하여 작업을 수행하도록 한다.
   ④ 발파 후 충분한 환기를 시키고 화약책임자가 불발공, 잔류폭약 유무를 점검하여 필요한 조치를 강구한 후 다음 작업에 착수한다.

(5) 버럭운반 및 처리

1) 갱내 버럭운반
① 갱내운반은 안전하고 능률적으로 진행될 수 있도록 한다.
② 항상 양호한 노면이 유지될 수 있도록 배수 등에 주의하여 노면을 보수한다.
③ 제동장치 및 연결기계는 항상 확실한 기능을 갖도록 정비한다.
④ 내연기관을 이용할 경우에는 배기가스에 주의하고, 필요에 따라 적절한 조치를 취한다.
⑤ 갱내 운반의 부대설비는 운반방식, 운반기기, 버럭 버리기 조건 등에 적합한 것을 설치 운영한다.
⑥ 기존의 지보공 및 가설물 등에 손상을 입히지 않도록 주의한다.

2) 갱외 버럭운반
① 버럭처리계획은 단면의 크기, 구배, 굴착방법, 굴착방식, 버럭의 성상 등을 고려하여 정한다.
② 버럭처리기계의 조합에 있어서는 굴착 단면을 고려하여 사용 장비의 크기 및 처리능력의 균형을 고려하여 정한다.
③ 버럭적재작업 시 주변의 동바리공 가설재 등을 손상시키지 않도록 주의한다.
④ 버럭적재에 있어서 운반 도중에 버럭이 떨어지지 않도록 편적운반으로 실시하고 과적 등에 주의한다.
⑤ 발파 후 버럭을 처리할 때에는 잔류 화약의 유무에 주의한다.

(6) Rock Bolt의 설치

1) Rock Bolt의 역할
① 굴착 면의 암반을 그 심부의 견암에 Rock Bolt를 가지고 조이는 것으로 암반을 보강하여 그 붕락을 방지한다.
② Shotcrete와 암반을 일체화시켜 터널의 안정을 도모한다.

2) 천공 및 청소
① 천공은 소정의 위치와 지름, 깊이를 확보하고 굴착 면에 직각으로 천공한다.
② 천공시 암반의 주 절리면이 파악되는 경우 절리면의 직각으로 천공한다.
③ 천공된 구멍은 Rock Bolt의 삽입 전 반드시 돌가루 등이 남지 않도록 깨끗이 청소한다.
④ Bolt의 삽입 전 유해한 녹, 기타의 이 물질이 부착되지 않도록 보관하고 청소한다.

3) 정착재료 및 충전
① Rock Bolt의 정착재료는 유동성 및 접착성이 우수하고 조강성을 가지며 장기적인 안정성이 있는 것으로 사용한다.
② Rock Bolt는 소정의 깊이까지 삽입하며, 소정의 정착력을 얻도록 정착시킨다.
③ 천공구멍과 Rock Bolt 사이의 공극에 정착재를 완전히 채운다.

4) Rock Bolt 조이기
① Rock Bolt의 조이기는 Rock Bolt의 항복을 넘지 않는 범위에서 충분한 힘으로 조인다.
② Rock Bolt의 지압 판은 굴착 면과 Shotcrete 면에 밀착되도록 Nut 등으로 견고히 조인다.
③ 최초의 Rock Bolt 조이기를 실시한 후 1주일 정도 지나서 다시 조임으로 Nut의 이완이 생기지 않도록 한다.

5) 재료관리
① 재료는 소정의 시험 및 검사를 시행하여 그 품질을 확인한 것을 사용한다.
② Rock bolt의 재질은 KS D 3504에 규정된 SD35 이상의 것을 사용한다.
③ Rock Bolt 용 재료는 변형, 유해한 녹, 기타의 이물질이 부착되지 않도록 보관 및 청소를 철저히 한다.

(7) Wire Mash의 설치

1) Wire Mash의 역할
① Shotcrete 타설 시 부착력을 증대시킨다.
② Shotcrete의 휨 응력에 대한 인장재 역할을 하는 보강재의 역할을 한다.
③ Shotcrete가 경화할 때까지 Shotcrete의 강도 및 자립성을 유지시키는 역할을 한다.

2) 시공관리

구 분	관 리
① 시공 전	• 뿜어 붙일 면의 부석 및 뜬 돌을 제거 • 변형, 녹, 이 물질 등 제거 • 재료의 상태 점검
② 고정상태	• Concrete 못, Anchor Pin, Rock Bolt, Steel Rib 등에 의해 흔들리지 않도록 견고히 고정
③ 밀착상태	• 원지반 또는 Shotcrete 면에 밀착
④ 겹 이음상태	• 종 방향 및 횡 방향으로 확실하게 겹 이음 실시

(8) Steel Rib(강지보재)의 설치

1) Steel Rib의 역할
① Steel Rib는 무지보 지반을 직접보강 및 Shotcrete에 작용되는 하중을 분산시킨다.
② Rock Bolt와 Shotcrete의 지보기능이 발휘되기까지 굴착 면의 안정을 도모한다.
③ 터널의 형상을 유지시키는 역할을 한다.

2) 시공관리
① 정해진 위치에 정확히 설치한다.
② 지보재는 터널 축의 직각인 동일평면상에 설치한다.
③ 지보재의 제작 시 시공 허용오차 및 변형량을 고려하면서 제작한다.
④ 연결재를 사용하여 기존의 지보와 고정시킨다.
⑤ 지보의 연결부는 충분히 조임으로 유동이 없도록 한다.
⑥ 지보재의 처짐을 막기 위해 쐐기로 하단 밑에 밀착시킨다.
⑦ 지보재는 굴착 면에 밀착되게 설치한다.

3) 지보재 관리
① 적재 및 운반, 하차 중 손상 또는 변형이 없도록 취급한다.
② 지보재 적치 시 상부의 과중한 하중으로 하부의 지보재에 변형이 발생하지 않도록 한다.
③ 지보재의 보관 시 하부에 침목 또는 Concrete Block 등으로 놓아 직접 지면에 닿지 않도록 한다.
④ 적치 보관된 지보재에 눈, 비, 흙, 기타의 이물질 등이 접촉되지 않도록 천막으로 덮어 보관한다.

(9) Shotcrete 타설

1) Shotcrete의 역할
① 암반과의 부착력 및 전단력에 의한 저항 효과로 Shotcrete에 작용하는 외력을 원지반에 분산시킨다.
② 터널 주변의 균열에 전단저항을 주어 붕락하기 쉬운 암괴를 지지한다.
③ 지반 Arch를 터널 벽면 가까이에 형성시키는 기능을 발휘한다.

2) 재료관리

구 분	관 리
① 일반적인 재료조건	• Rebound 량이 적을 것 • 뿜어진 Concrete가 벗겨지지 않을 것 • 조기에 소요 강도가 얻어질 수 있을 것 • Hose의 막힘(Plug)이나 분진 발생이 적을 것
② Cement	• 분말도가 높고 풍화되지 않은 보통 Portland Cement 사용 • 급속시공을 요할 경우 조강 Portland Cement 사용
③ 골 재	• 깨끗하고 강도와 내구성이 클 것 • 유기물과 염분함유가 없을 것
④ 배합수	• 깨끗하고 유기물 함유가 없는 청정수의 물을 사용
⑤ 혼화재료	• 혼화재료는 급결제로 사용 • Concrete의 부착성과 조기강도 발현이 좋을 것 • 변질되지 않을 것

3) 배합관리

구 분	관 리
① 굵은 골재 최대치수	• 골재의 치수 클수록 경제적이나 너무 크면 Hose의 막힘과 Rebound양이 많아지므로 • 크기는 10~16mm 정도로 사용한다.
② 잔골재율	• 골재율이 작을수록 유리하나 너무 작으면 Rebound양이 많아지므로 • 55~75% 정도로 사용한다.
③ W/C 비와 단위수량	• W/C 비는 40~60%가 가장 적당 • 단위수량이 적으면 분진발생과 Rebound양이 많아지고 • 단위수량이 많아지면 Concrete강도가 저하되거나 박리 또는 탈락이 우려된다.
④ 단위 Cement양	• 400~600kg/m³이 표준 • 단위 Cement양이 적으면 Rebound양이 많아진다.
⑤ 혼화재료	• 급결제 사용 시 단위 Cement 중량의 3~5% 정도 사용 • 반드시 시험에 의해 결정 • 계량에 의해 사용

4) Shotcrete 방식 시공 Flow

① Dry Type(건식방식)

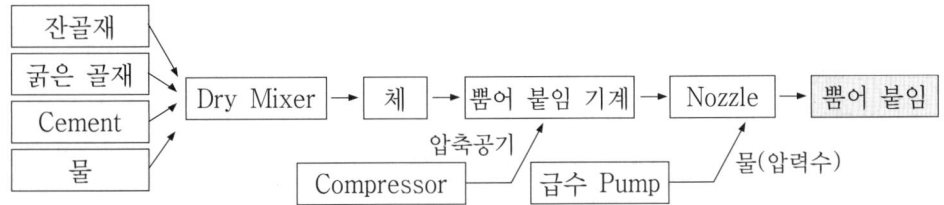

② Wet Type(습식방식)

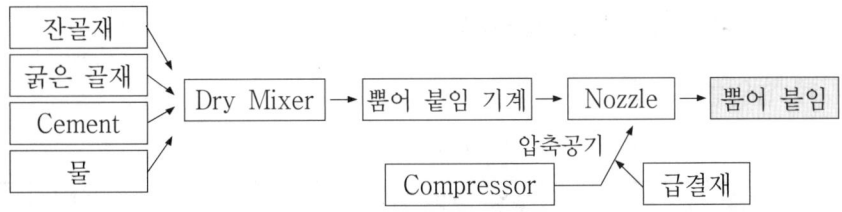

5) 시공관리

구 분		관 리
① 준비작업		• 뿜어 붙일 면의 부석 및 뜬 돌을 제거한다. • 기존 Concrete 면의 Laitance를 제거한다. • 용수가 있는 경우 미리 배수처리를 실시한다.

② 타설작업		• 타설면과 Nozzle과의 거리 : 1.0~1.5m
		• 타설각도 : 면과 직각(90°)이 되도록
		• 시공순서
		  -수직 벽 : 아래에서 위로
		  -천장 : 한쪽 끝에서 다른 쪽으로
		• 시공 Joint 처리 : 먼저 시공한 면을 경사지게 한 후 Overlap 시켜서 타설
		• Mixer와 Nozzle과의 거리 : 최대 30cm 이내
		• 압송압력 : 2~5kg/cm²
		• 용수가 발생할 경우 : Hose 등을 이용하여 물을 유도 처리 할 수 있도록 조치
		• Rebound 된 Shotcrete는 즉시 제거

③ 양생작업		• 피막, 보온, 살수방법으로 양생 실시 • 급격한 온도변화 및 건조가 되지 않도록 유의
④ 품질 관리	시공 중 검사	• 시 공두께측정 • 원지반 면과의 밀착 여부 확인
	현장시험	• Core Boring에 의해 시료를 채취하여 압축강도 시험 실시 • 균열조사

6. 계측관리

(1) 계측실시의 목적
1) 원지반의 거동 파악
2) 지보공의 안정 상태 확인
3) 터널의 안정 상태 확인
4) 주변 구조물에 미치는 영향 파악
5) 장래 유사 공사시 자료로 활용

(2) 계측의 분류에 따른 계측항목

1) A 계측(일반 계측)

일상적인 시공 관리상 반드시 실시되는 계측

계측항목	주요 평가 사항	설치 및 측정 빈도
갱내관찰 조사	① 막장의 안정성 관찰조사 ② 기 시공구간의 안정성 관찰 조사 ③ 지반상태 및 용수상태 관찰 조사	2회/일
천단침하 측정	① 천단부의 절대 침하량 측정으로 변형 여부 확인 ② 천단의 안정성 판단	① 설치 : 10~30m 간격 ② 측정 : 1~2회/일
내공변위 측정	① 지반의 이완 여부 및 안정성 판단 ② 지보공의 효과 및 안정성 판단 ③ 2차 Lining 타설 시기 결정 ④ Invert 폐합 시기결정	① 설치 : 10~30m 간격 ② 측정 : 1~2회/일
Rock Bolt 인발시험	Rock Bolt의 인발력측정으로 적절한 Rock Bolt 선택	설치 : 3개소/20m 또는 1개/50본

2) B 계측(정밀 계측)

지반조건 및 현장여건을 고려하여 "A 계측"의 추가적으로 실시

계측항목	주요 평가 사항	설치 및 측정빈도
지중변위 측정	주변 지반의 거동 및 이완영역 평가	① 설치 : 200~500m 간격 ② 측정 : 1회/일
Rock Bolt 축력측정	축력측정 결과로 길이, 직경, 간격 등의 적정성 여부 및 보강 효과판단	① 설치 : 200~500m 간격 ② 측정 : 1~2회/일
Shotcrete 응력측정	① Shotcrete 배면에 작용하는 토압의 크기 및 분포파악 ② Shotcrete의 안정성 파악	① 설치 : 200~500m 간격 ② 측정 : 1회/주
Lining 응력측정	① Lining 배면의 토압측정 ② Lining의 안정성 평가	① 설치 : 300m 간격 ② 측정 : 1회/주
지표침하 측정	① 굴착에 따른 지표침하량 측정 ② 주변 구조물에 미치는 영향평가 ③ 지상에서의 굴착영향평가	① 설치 : 300~600m 간격 ② 측정 : 1~2회/주
지중침하 측정	지표면으로부터 터널위치까지의 지반거동에 대한 심도별 측정	① 설치 : 300~600m 간격 ② 측정 : 1회/주
Steel Rib 응력측정	① Steel Rib에 작용하는 응력측정 ② 부재의 크기, 형상, 간격 등의 적정성 여부 판단	① 설치 : 200~500m 간격 ② 측정 : 1~2회/주
갱내 탄성파 속도측정	① 발파로 인한 이완영역의 변위평가 ② 암반의 균열대 및 변질 정도파악	① 설치 : 100~200m 간격 ② 측정 : 1회
지반 팽창성 측정	Invert의 필요성 및 효과판정	① 설치 : 200~500m 간격 ② 측정 : 1~2회/주
지반진동 측정	발파에 의한 진동측정	측정 : 매 발파 시

(3) NATM터널 계측 설치 단면

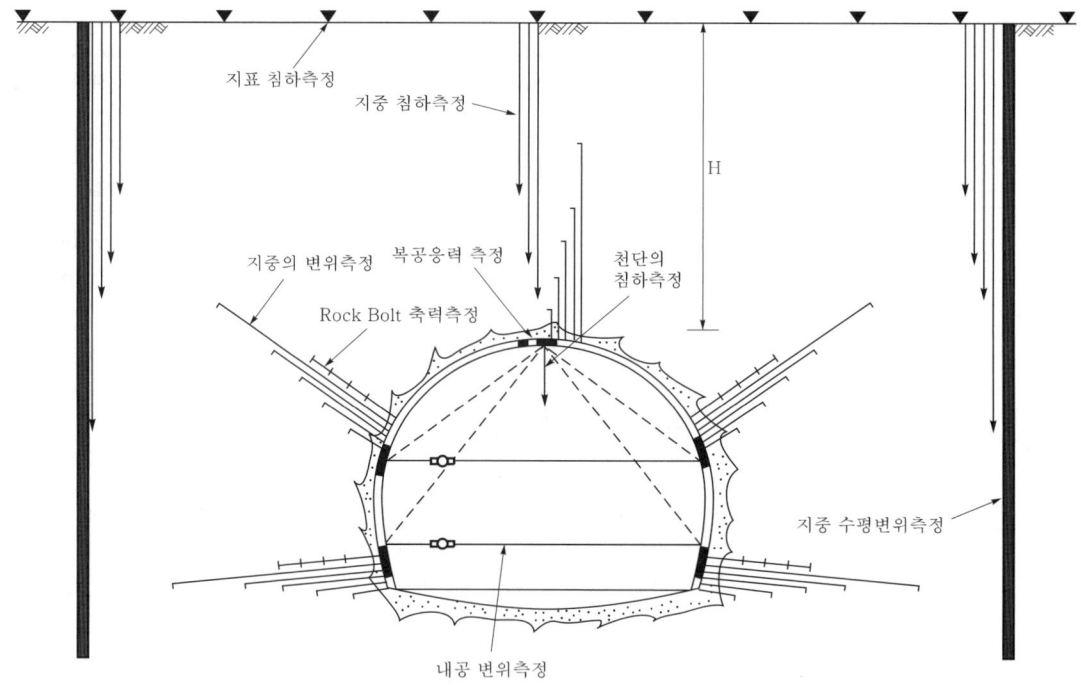

7. 안전관리

(1) 충분한 조사 실시
1) 지형 및 지질, 지하수 상태 등
2) Tunnel의 단면형태
3) 사용장비
4) 설계도서 및 시방서
5) 공사용 가설비
6) 기타

(2) 조명시설설치
1) 충분한 조도확보
2) 조명의 조도가 너무 밝거나 어둡지 않도록 한다.

(3) 환기시설설치
1) 작업원의 작업환경 확보
2) 유해가스 및 분진, 매연 등의 배출

(4) 비상대피소설치
Tunnel 작업 중 붕괴에 붕괴 등에 따른 위험으로부터 보호

(5) 통로확보
1) 작업 차량의 원활한 통행확보
2) 작업원의 원활한 통행확보

(6) 배수시설설치
작업에 지장이 없도록 갱내의 배수를 충분히 할 수 있도록 한다.

(7) 통신시설설치
1) 갱내와 현장본부 간 연락이 가능하도록 한다.
2) 응급사항 발생 시 긴급연락이 가능하도록 한다.

(8) 안전관리자배치
1) 소정의 자격을 갖춘 안전 관리자를 상주시킨다.
2) 현장의 안전사항을 점검 및 조치하도록 한다.
3) 안전관리계획수립 및 작업원의 교육실시

(9) 안전교육강화
1) 작업 전 안전체조 및 안전 장구착용에 대한 서로 간 확인
2) 1일 또는 정기적인 안전교육실시
3) 작업원의 건강검진실시

(10) 막장을 비우지 말 것
1) 식사시간 또는 휴식, 교대시 항시 작업원이 있을 것
2) 작업자의 교대는 막장에서 실시

(11) 시공 시
1) 시공속도조절
2) 지보재는 지반에 밀착되도록 설치
3) 시공순서 준수

(12) 계측관리 철저
1) 원지반의 거동상태파악 및 조치
2) 지보공의 변형 여부파악 및 조치
3) Tunnel의 안정상태파악 및 조치
4) 계측자료의 면밀한 분석 및 조치

10. 터널 굴착작업 시 유의사항
(1) 불안정한 암질 여부를 확인한다.
(2) 발파에 따른 세부적인 안전관리계획을 수립한 후 실시한다.
(3) 대규모 지하수 용출에 따른 대책을 마련한다.
(4) 막장의 붕괴에 대한 대비를 철저히 한다.
(5) 갱내의 환기장치의 가동 및 상태를 수시로 점검한다.
(6) 갱내에서 외부와 연락 가능한 통신시설을 한다.
(7) 장비운영에 따른 안전관리를 철저히 한다.

11. 결 론
NATM 터널의 굴착은 측량 → 천공 → 장약 및 발파 → 지보공설치 등을 반복하는 일련의 Cycle Time에 의한 반복작업으로 실시되며, 터널 공사의 전체공정에 상당한 영향을 주게 된다.

따라서 반드시 계측을 실시하여 원지반의 거동상태를 파악하고 또한 지보공의 변형 여부, Tunnel의 안정 상태를 파악하고, 이를 면밀히 검토한 결과 문제가 발생할 경우 이에 대응하는 조치를 세워야 하며, 아울러 Tunnel 시공 시 막장의 붕괴를 비롯한 안전사고가 발생되지 않도록 세심한 시공관리와 함께 안전관리도 병행하여 진행될 수 있도록 한다.

문제 7. NATM의 암반보강공법(지보재)

1. 개 요

NATM은 암반이나 토질의 역학적 원리를 바탕으로 하여 지반 자체를 주 지보재로 하는 Tunnel 공법이다.

따라서 NATM의 암반을 보강하기 위해서는 Shotcrete, Rock Bolt, Steel Rib, Wire Mesh 등이 지반의 주 지보재가 되도록 하는 보조수단으로 적용하는 지보공으로서 터널 굴착 후 복공(Lining)이 완료될 때까지 원지반의 이완을 방지하고 또한 원지반의 강도를 활용하여 터널의 안정을 확보하는 역할을 한다.

2. 조 사

(1) 사전조사
1) 지형 및 지질
2) 지하수
3) Tunnel의 단면형태
4) 사용 장비
5) 설계도서 및 시방서
6) 공사용 가설비
7) 기타

(2) 시공 중 조사
1) 갱내지질(암질, 암반의 상태)
2) 막장의 용수량
3) 갱구 배수량 및 용수의 수질상태
4) 지표수 및 지하수
5) 기상

3. NATM의 암반보강공법(지보공)의 구성요소

(1) Shotcrete
(2) Rock Bolt
(3) Steel Rib
(4) Wire Mesh

4. NATM 터널 시공 Flow

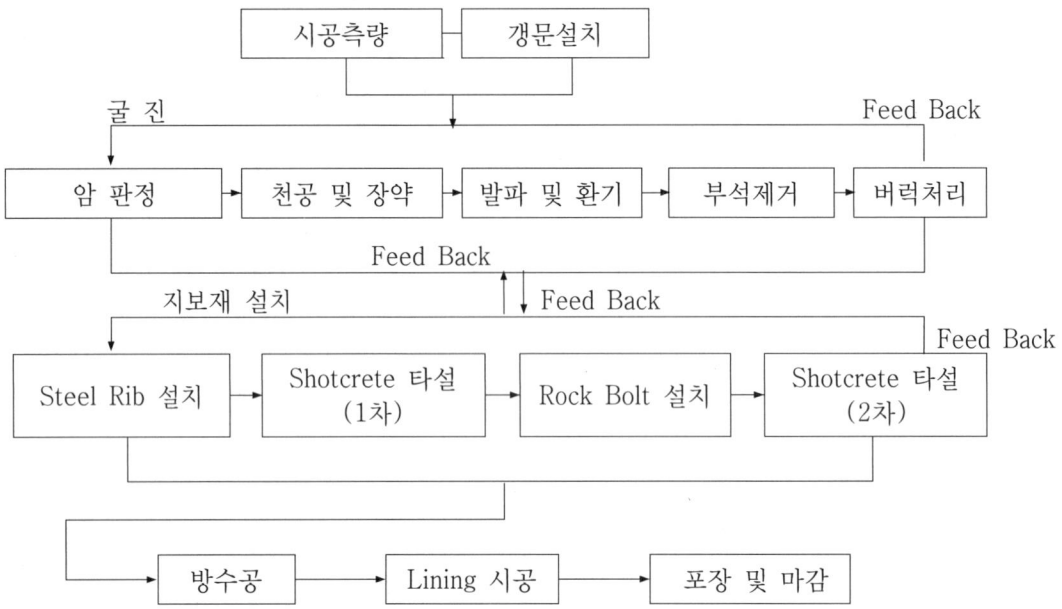

5. Shotcrete(뿜어 붙임 Concrete)

(1) 개요

압축공기를 이용하여 Hose를 통해 Concrete나 Mortar를 급결제와 혼합하여 시공 면에 뿜어붙이는 Concrete를 말한다.

(2) Shotcrete의 특징

장 점	단 점
① 거푸집이 필요 없다.	① 반발량에 의한 재료손실이 많다.
② 굴착 면의 凹凸을 없앤다.	② 평활한 표면 마무리가 안 된다.
③ 적은 W/C 비의 Concrete 시공가능	③ 분진 발생이 생긴다.(건식)
④ 이동성이 좋다.	④ 밀도가 낮다.
⑤ 협소한 장소에서도 시공이 가능	⑤ 건조수축 균열이 생기기 쉽다.
⑥ 조기강도 발현된다.	⑥ 수밀성이 낮다.

(3) Shotcrete의 역할
1) 지반의 이완을 방지
2) Concrete Arch로서 하중 분담
3) 지반 Arch를 터널 벽면 가까이에 형성시키는 기능을 발휘
4) 응력의 국부적인 집중방지
5) 암괴의 이동방지 및 낙반방지
6) 굴착 면의 풍화 방지

(4) Shotcrete의 재료
1) 일반적인 재료조건
   ① Rebound양이 적을 것
   ② 뿜어진 Concrete가 벗겨지지 않을 것
   ③ 조기에 소요 강도가 얻어질 수 있을 것
   ④ Hose의 막힘(Plug)이나 분진 발생이 적을 것

2) Cement
   ① 분말도가 높고 풍화되지 않은 보통 Portland Cement 사용
   ② 급속시공을 요할 경우 조강 Portland Cement 사용

3) 골 재
   ① 깨끗하고 강도와 내구성이 클 것
   ② 유기물과 염분함유가 없을 것

4) 배합수
   깨끗하고 유기물 함유가 없는 청정수의 물을 사용

5) 혼화재료
   ① 혼화제로는 급결제를 사용
   ② Concrete의 부착성과 조기강도 발현이 좋을 것
   ③ 변질되지 않을 것

(5) 배 합
1) Rebound를 최소화하기 위한 배합 기준
   ① 초기 응결시간 : 최소 90초, 최대 5분
   ② 최종 응결시간 : 최소 12초, 최대 20분

③ 압축강도
- 재령 1일 강도(24시간) : 100kg/cm² 이상
- 재료 28일 강도 : 210kg/cm² 이상

2) 굵은 골재 최대치수
① 클수록 경제적이나 너무 크면 Hose의 막힘과 Rebound양이 많아지므로
② 크기는 10~16mm 정도로 사용

3) 잔골재율
① 잔골재율이 작을수록 유리하나 너무 작으면 Rebound양이 많아지므로
② 55~75% 정도로 사용

4) W/C 비와 단위수량
① W/C 비는 40~60%가 가장 적당
② 단위수량이 적으면 분진 발생과 Rebound양이 많아지고
③ 단위수량이 많아지면 Concrete 강도가 저하되거나 박리 또는 탈락이 우려

5) 단위 Cement양
① 400~600kg/m³이 표준
② 단위 Cement량이 적으면 Rebound양이 증가

6) 혼화재료
① 급결제 사용 시 단위 Cement 중량의 3~5% 정도 사용
② 반드시 시험에 의해 결정
③ 계량에 의해 사용

(6) 뿜어 붙임 방식 선정

1) Dry Type(건식방식)

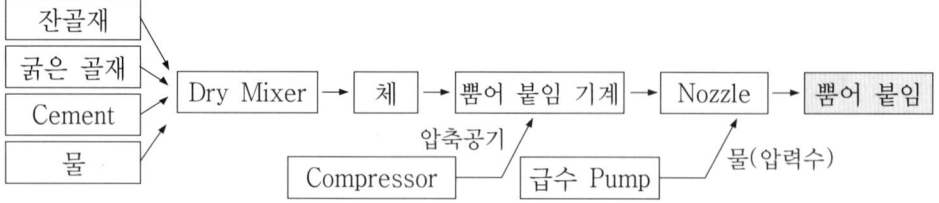

① Dry Mixer된 재료를 Nozzle에서 물과 혼합하여 뿜어 붙이는 방식
② Rebound양이 비교적 많이 발생
③ 분진이 많이 발생
④ 장거리 압송이 가능

2) Wet Type(습식방식)

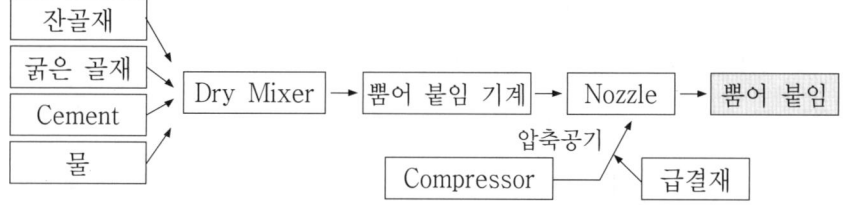

① 전 재료를 물과 혼합하여 Nozzle로 뿜어 붙이는 방식
② Rebound양이 Dry Type에 비해 비교적 적게 발생
③ 분진이 적게 발생
④ 장거리 압송에 부적절

(7) 시 공

1) 준비작업
① 뿜어 붙일 면의 부석 및 뜬 돌 제거
② 기존 Concrete 면의 Laitance 제거
③ 용수가 있는 경우 미리 배수처리 실시

2) 뿜어 붙임 작업(Shotcrete 타설)
① 뿜어 붙임 면과 Nozzle과의 거리 : 1.0~1.5m
② 뿜어 붙임 각도 : 면과 직각(90°)이 되도록
③ Sealing Concrete : 凹凸부위가 매끄럽게 되도록

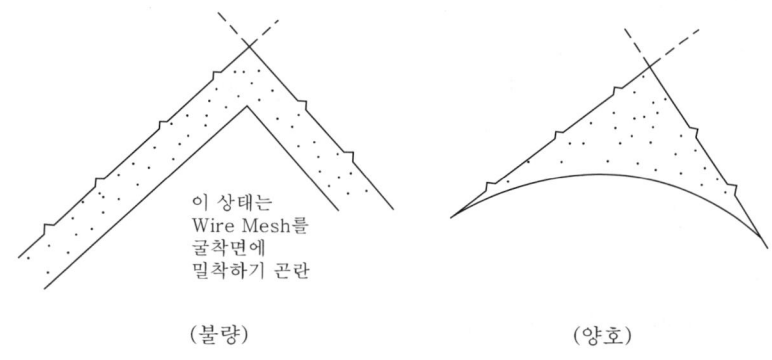

[Sealing Shotcrete 타설]

④ 1회 타설 두께 : 5~7.5cm
⑤ 시공순서

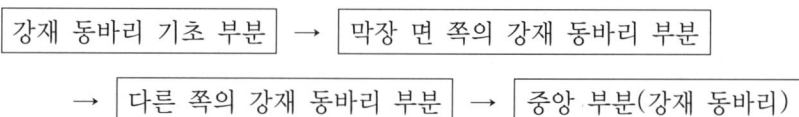

- 수직 벽 : 아래에서 위로
- 천 장 : 한쪽 끝에서 다른 쪽으로
- 원주 방향으로 1회에 2m씩 타설

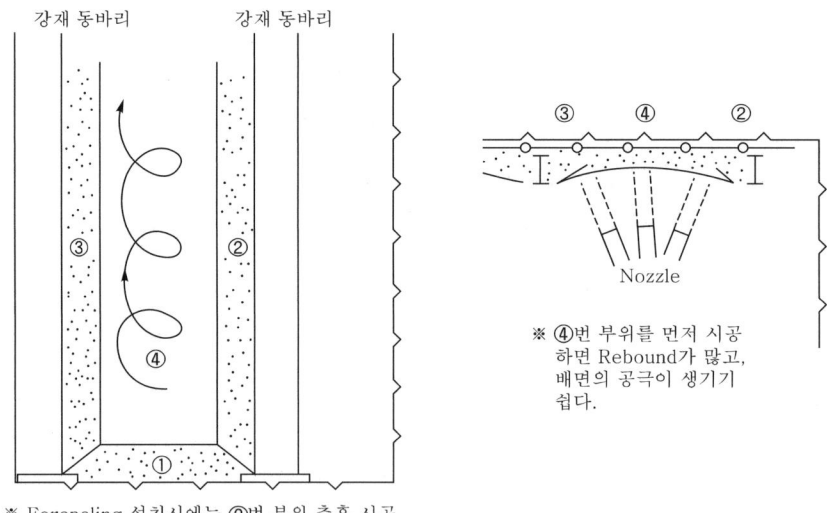

[Shotcrete 타설 순서 및 방법]

⑥ 시공 Joint 처리 : 먼저 시공한 면을 경사지게 한 후 Overlap 시켜서 타설
⑦ Mixer와 Nozzle과의 거리 : 최대 30m 이내
⑧ 압송압력 : 2.5kg/cm²

3) 양생 작업
① 피막, 보온, 살수방법으로 양생하며
② 급격한 온도변화 및 건조가 되지 않도록 유의한다.

(8) 품질관리

1) 시공 중 검사
① 시공 두께측정
② 원지반 면과의 밀착 여부 확인

2) 현장 시험
① Core Boring에 의해 시료를 채취하여 압축강도 시험실시
② 균열조사

6. Rock Bolt

(1) 개 요
Rock Bolt는 지반 자체가 강도를 발휘하도록 지반을 도와주는 지보재의 일종으로 굴착면의 암반을 그 심부의 경암에 Rock Bolt를 조임으로 암반을 보강하여 그 붕락을 방지하고 Shotcrete와 암반을 일체화시켜 터널의 안정을 도모한다.

(2) Rock Bolt 시공 시 고려사항
1) 지반의 강도
2) 암반의 절리 및 균열 상태
3) 용수상황
4) 천공경의 확대 여부와 용이성
5) 장착의 확실성
6) 시공성 및 경제성, 안전성

(3) Rock Bolt의 역할(작용, 효과)

1) 봉합작용(봉합 효과)
   굴착에 의해 이완된 지반을 견고한 지반과 결합하여 낙반을 방지

2) 보강작용(보강 효과)
   절리 및 균열 등이 역학적인 불연속면 또는 굴착 중 발생하는 파괴 면으로부터 분리되어 파괴되는 것을 방지

3) 보 형성작용(보 형성 효과)
   층상의 절리가 있는 암반을 Rock Bolt로 여러 층을 결합하여 각 층간의 마찰저항을 증대시켜 각 층을 일체로 한 일종의 종합 보를 형성시켜 지지

4) 내압작용(내압 효과)
   Rock Bolt에 작용하는 인장력이 터널 내압으로 작용하여 터널 벽면의 지반이 3축 응력 상태가 되도록 함으로써 접선방향의 응력은 크게 되고 그만큼 터널 주변 암반의 안정성을 유지

(4) Rock Bolt의 종류

1) 선단 정착형
① 선단을 정착시킨 후 Prestress를 주어 지반의 붕락을 방지하는 방식
② 절리와 균열이 적은 암반층에 효과적
③ 정착방식에 따라 Wedge Type, Resin Type, Expansion Type으로 분류

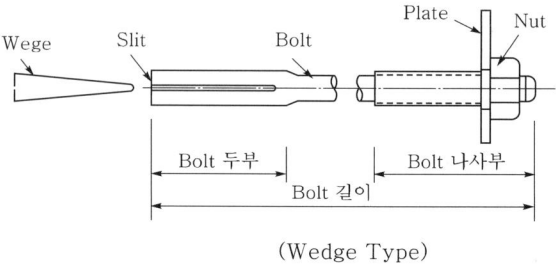

(Wedge Type)

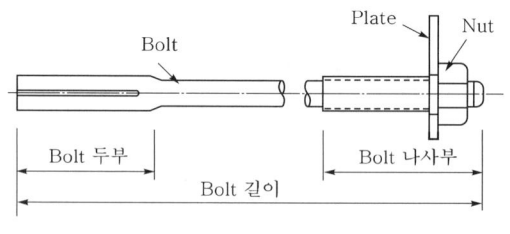

(Resin Type)

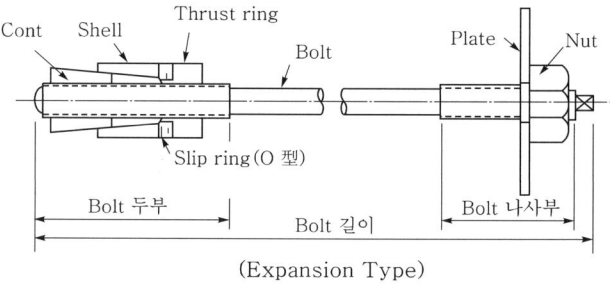

(Expansion Type)

2) 전면 접착형
① Rock Bolt 전면을 지반에 접착하는 방식
② 접착재료는 Resin 또는 Cement Mortar가 주로 사용
③ 접착방식에 따라 레진형, 충진형, 주입형 등으로 분류

3) 혼합형
① 선단 정착형의 Rock Bolt에 Cement Milk 등을 주입하여 전면 접착형으로 하는 방식
② 선단 정착형 Rock Bolt의 부식방지 및 지보 효과의 확대 목적으로 사용

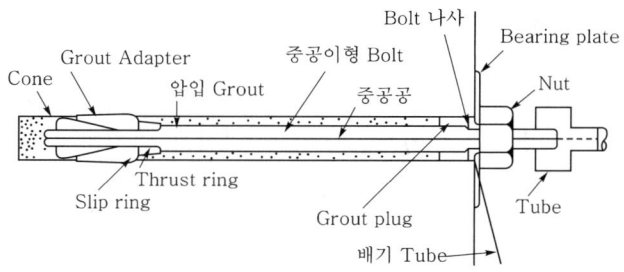

4) 마찰형(Swellex Rock Bolt)

① Rock Bolt의 표면과 지반과의 마찰력을 활용하는 것으로 전면 접착형과 근본적으로 동일
② 천공 Hole에 삽입된 구겨진 철관에 수압력을 이용하여 팽창시켜 철관을 원지반에 완전히 밀착시켜 마찰력과 상호 맞물림 작용으로 지지력 발휘
③ 시공 즉시 지지력 발휘 가능
③ 설치방법이 간단하고 신속함으로 시공성이 용이
④ 용수가 많은 암반 지역에 효과적이나 전단저항에는 취약

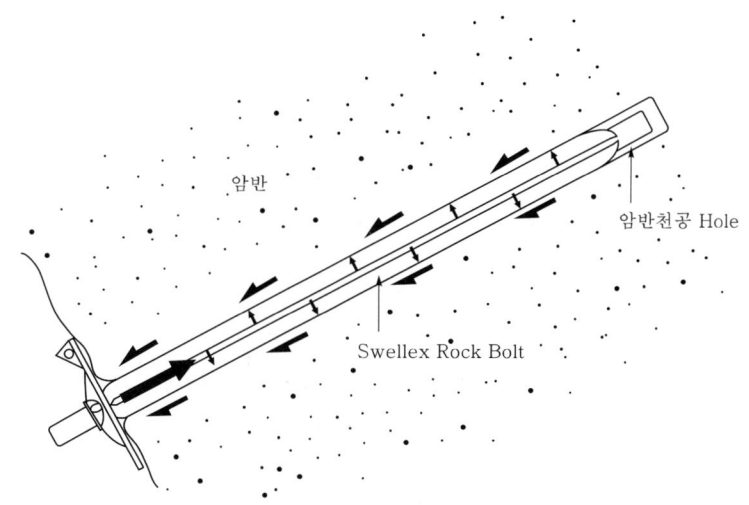

(Swellex rock Boll 개요도)

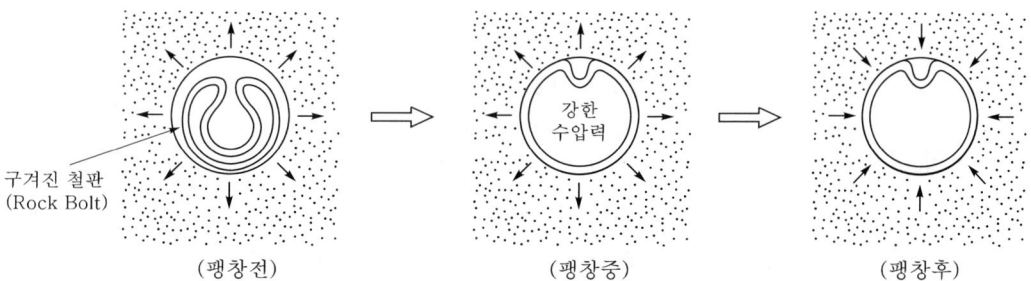

[Swellex Rock Bolt의 개요도 및 원리]

(5) Rock Bolt의 배치

1) Random Bolting
① 굴착 후 막장 상태에 따라 Rock Bolt 배치를 결정하는 방법
② 지반이 불량한 부분을 국부적으로 Rock Bolt로서 보강하는 개념

2) System Bolting
① 터널 단면에 미리 정해진 형식의 Rock Bolt를 배치하는 방법
② 어떤 경우든 지반조건이 크게 변화하는 경우 신속하게 Rock Bolt 배치를 변경해야 함
③ 지반조건에 따른 Rock Bolt 배치 개념

주요 기능	적용지반	배치 개념	배치 개념도
봉합 효과	경암~중경암	• 암괴를 봉합하여 붕락 방지 • Arch 부에만 배치	
내압 및 Arch 형성 효과	풍화암~연암	• System Rock Bolt 배치로 내압 및 보 형성 효과를 기대 • 터널 Arch부 및 측벽부에 배치 • 팽창성 지반에서는 Invert 부에도 배치	
전단저항 효과	토사	• 연약지반에서 전단파괴가 지하 공동 측벽부에서부터 발생함으로 초기에 이를 방지하는 개념으로 배치 • Arch 전단부를 제외한 Arch 및 측벽부에 배치	

(6) Rock Bolt의 배치간격(System Bolting 기준)
1) Rock Bolt 길이 > 2×배치간격
2) Rock Bolt 길이 > 2×절리의 평균 간격
3) Rock Bolt 길이 > (1/3~1/5)×터널 굴착 폭

(7) 재료조건
1) Rock Bolt의 경우 인장특성이 높은 재질을 사용(D25의 이형 강봉)
2) 정착재료의 경우 Cement Mortar, Cement Milk, 수지 등

(8) Rock Bolt의 시공(설치)

1) 시공순서

① 천공 및 청소

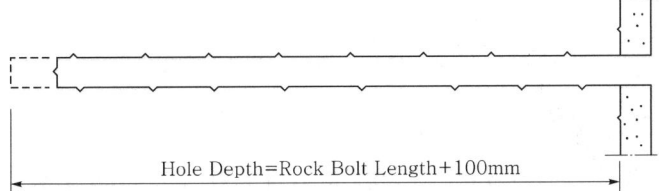

② 정착재료 충진(Resin 삽입)

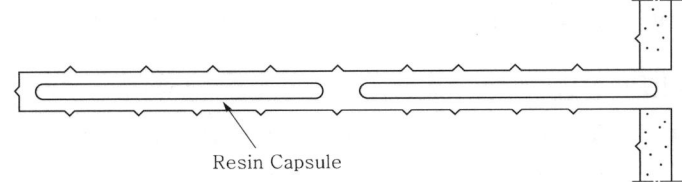

③ Bolt의 삽입 및 교반

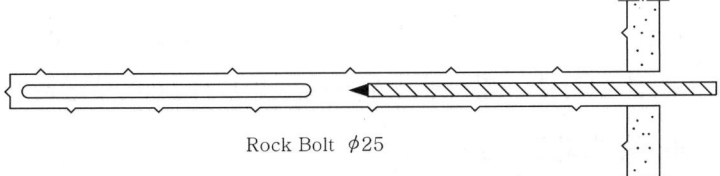

④ Bolt 삽입 완료

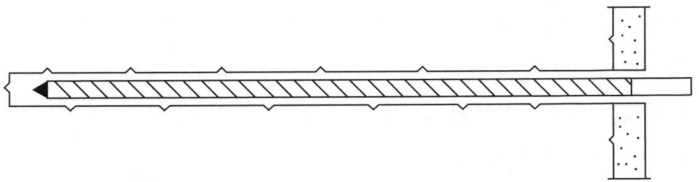

⑤ Bolt 체결(정착, 조이기)

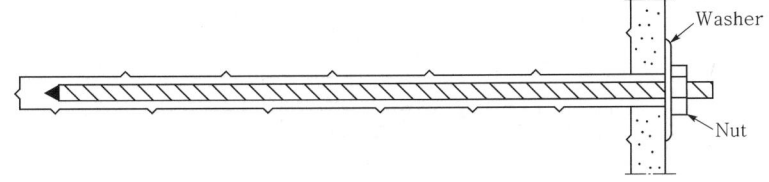

2) 천공 및 청소
　① 천공은 소정의 위치와 지름, 깊이를 확보하고 굴착 면에 직각으로 천공한다.
　② 천공 시 암반의 주 절리 면이 파악되는 경우 절리면의 직각으로 천공한다.
　③ 천공된 구멍은 Rock Bolt의 삽입 전 반드시 돌가루 등이 남지 않도록 깨끗이 청소한다.
　④ Bolt의 삽입 전 유해한 녹, 기타의 이 물질이 부착되지 않도록 보관하고 청소한다.

3) 정착재료의 충전
　① Rock Bolt의 정착재료는 유동성 및 접착성이 우수하고 조강성을 가지며 장기적인 안정성이 있는 것으로 사용한다.
　② Rock Bolt는 소정의 깊이까지 삽입하며, 소정의 정착력을 얻도록 정착시킨다.
　③ 천공구멍과 Rock Bolt 사이의 공극에 정착재를 완전히 채운다.

4) Rock Bolt의 삽입
　① Resin형 Rock Bolt의 경우 Auger, Pick Hammer, Drifter 등을 이용하여 Rock Bolt를 회전하면서 삽입한다.
　② Mortar형 Rock Bolt의 경우 Pick Hammer, Drifter Guide Shell 등을 이용하여 타입한다.
　③ Cement Milk형에서는 Cement Paste가 흘러나오는 것을 막는다.
　④ Rock Bolt를 임시로 고정시키기 위해서는 반드시 Seal 재를 Rock Bolt에 부착한다.

5) Rock Bolt 정착(체결, 조이기)
　① Rock Bolt의 조이기는 Rock Bolt의 항복을 넘지 않는 범위에서 충분한 힘으로 조인다.
　② Rock Bolt의 지압판은 굴착 면과 Shotcrete 면에 밀착되도록 Nut 등으로 견고히 조인다.
　③ 최초의 Rock Bolt 조이기를 실시한 후 1주일 정도 지나서 다시 조임으로 Nut의 이완이 생기지 않도록 한다.

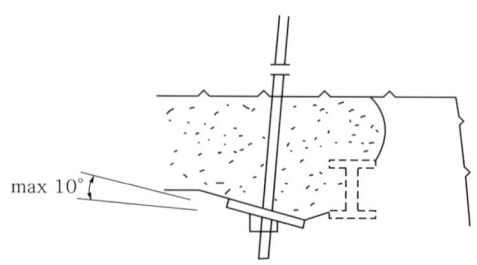

[Rock Bolt의 정착]

6) 재료관리
① 재료는 소정의 시험 및 검사를 시행하여 그 품질을 확인한 것을 사용한다.
② Rock bolt의 재질은 KS D 3504에 규정된 SD35 이상의 것을 사용한다.
③ Rock Bolt 용 재료는 변형, 유해한 녹, 기타의 이물질이 부착되지 않도록 보관 및 청소를 철저히 한다.

(9) 시공 시 유의사항
1) Rock Bolt의 크기는 굴착 단면의 크기 및 지반조건에 따라 3~6m 길이를 선택적으로 사용한다.
2) Rock Bolt의 설치시기는 굴착 면으로 부터 2~3 막장을 넘지 않도록 한다.
3) 매 막장마다 Rock Bolt는 엇갈려서 배치하고 굴착 면에 직각으로 시공한다.
4) Rock Bolt 설치 시 막장별로 사용수량, 번호, 길이, 천공직경, Cement 주입량 및 주입압 등을 철저히 기록하여 관리한다.
5) Rock Bolt의 품질관리시험은 시방에 규정된 대로 철저히 시행한다.
6) 용수상태에 따라 적합한 종류의 Rock Bolt로 변경 시행한다.

7. Steel Rib(강 지보재)

(1) 개 요
1) Shotcrete가 경화할 때까지 즉시 지보효과를 발휘
2) Shotcrete가 경화한 후에는 Shotcrete와 연합하여 지지효과를 증진

(2) Steel Rib의 역할
1) 지반 붕락 방지
2) 갱구부 보강
3) 터널 형상 유지
4) 무지보지반의 직접보강
5) Shotcrete에 작용되는 하중을 분산
6) 굴착 면의 안정 도모
7) Forepoling, Pipe Roof 시공 시 지지대 역할
8) 터널 내공확인 및 발파 천공의 지표(Guide) 역할

(3) Steel Rib의 종류

1) H형 강 지보(H-Type Steel Rib)
   ① NATM에서 널리 사용되고 있는 유형
   ② H형 Flange 배면에 Shotcrete가 미치지 못하여 공극 발생가능
   ③ H형강의 이음부는 타설된 Shotcrete로 인하여 연결 시 시공성 저하

2) 삼각지보(Lattice Rib)
   ① H형강 지보재보다 비교적 가볍고 설치가 용이
   ② Forepoling이나 Spile 설치 시 삼각지보재 사이를 통과 가능으로 Forepoling 설치 각도를 최대한 줄임으로 시공성이 향상

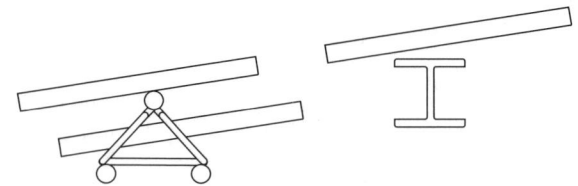

[H형강 및 삼각지보재에 있어서의 Forepoling 설치 예]

   ③ 연결 작업이 손쉬우므로 분할굴착 및 이음부 작업이 용이
   ④ 지보재의 형태를 여러 가지로 제작 가능함으로 지반조건 및 시공여건에 따라 융통성 있게 사용 가능

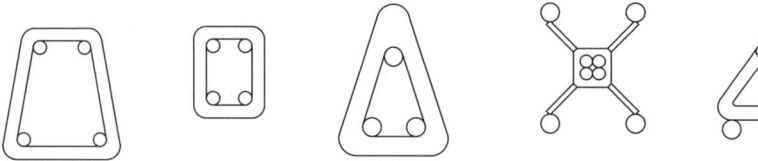

[여러 가지 형태의 삼각지보재]

   ⑤ 운반 및 취급이 용이
   ⑥ Shotcrete와의 부착력이 우수하므로 Rebound양이 감소
   ⑦ 삼각지보재의 구조적 특성상 Shotcrete의 연속 타설이 가능하므로 방수성이 우수
   ⑧ 굴착 면에 밀착되도록 설치가 가능하고 배면 공극을 최소한으로 억제 가능

[삼각지보재와 H형강 지보재의 배면 공극 발생 비교]

3) U형 강지보(U-Type Steel Rib)
   ① H형 강지보재의 약점을 보완
   ② H형 강지보재 보다 강성이 저하
   ③ U형 강지보의 이음부는 Band 등으로 고정하는 방법으로 Plate를 맞추어 Bolt에 접속하는 방법보다 시공성이 우수

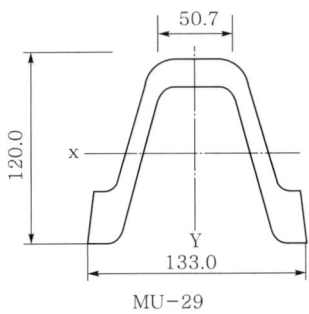

[U형 강지보의 치수와 형상]

(4) Steel Rib의 재료
   1) 외력 등에 의한 변형이 없을 것
   2) 이음부가 적을 것
   3) 구부림과 용접 등의 가공이 정확할 것
   4) 취급이 용이할 것
   5) 시공성이 용이할 것

(5) 시공관리
   1) 정해진 위치에 정확히 설치
   2) 터널축의 직각인 동일평면상에 설치
   3) 지보재의 제작 시 시공 허용오차 및 변형량을 고려하여 제작
   4) 연결재를 사용하여 기존의 지보와 고정
   5) 지보의 연결부는 유동이 없도록 충분히 조임
   6) 지보재의 처짐을 막기 위해 쐐기로 하단 밑에 밀착
   7) 굴착 면에 밀착이 되도록 설치

(6) Steel Rib의 관리

1) 형상 및 치수관리
   ① 소정의 형상 및 치수대로의 가공 여부 확인
   ② 물품반입 시 확인

2) 변형관리
   ① 지보재의 변형여부 확인
   ② 시공 전 확인

3) 시공 정밀도관리
   ① 소정의 위치, 수직도, 높이 등을 확인
   ② 시공직후 확인

4) 밀착관리
   ① 원지반 또는 Shotcrete 면에 밀착 여부 확인
   ② 시공 직후 확인

5) 이음 및 연결상태관리
   ① 이음 Bolt 및 연결재 등의 시공 상황 확인
   ② 시공 직후 확인

6) 기타 지보재의 관리
   ① 이음재의 운반 및 보관상 취급에 유의
   ② 유해한 녹 또는 이물질이 부착되지 않도록 주의
   ③ 지보재 보관 시 변형이 없도록 받침 나무를 적절하게 배치하고, 그 위에 보관하며 Sheet 등으로 보호
   ④ 지보재 보관 시 물이 고이지 않도록 배수 철저

8. Wire Mash

(1) 개요(Wire Mash의 역할)

1) Shotcrete의 휨 응력에 대한 인장재 역할을 하는 보강재이다.
2) Shotcrete 타설 시 부착력을 증대시킨다.
3) Shotcrete가 경화할 때까지 Shotcrete의 강도 및 자립성을 유지시킨다.

(2) 재 료

1) (일반적)규격 : ø5×100×100mm, ø5×150×150mm
2) 규격은 Shotcrete의 Rebound양, 품질, 시공성 등을 고려하여 선정한다.
2) 보관, 운반, 취급 시 물이 고이지 않도록 한다.
3) 용접 Mesh 또는 마름모 Mesh를 사용한다.

(3) 시공관리

1) 시공 전
   ① 뿜어 붙일 면의 부석 및 뜬 돌을 제거
   ② 변형, 녹, 이 물질 등 제거
   ③ 재료의 상태 점검

2) 겹 이음 길이

구 분	종 방향	횡 방향
1차 Wire Mesh	1격자(10cm) 이상	2격자(20cm) 이상
2차 Wire Mesh	2격자(20cm) 이상	2격자(20cm) 이상

3) Wire Mesh의 고정

Concrete 못, Anchor Pin, Rock Bolt, Steel Rib 등에 의해 흔들리지 않도록 견고히 고정

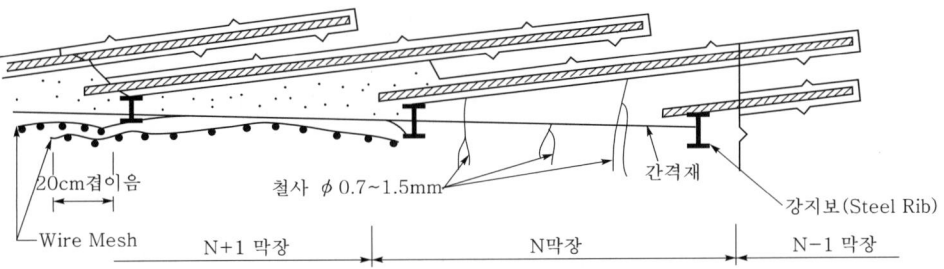

[천단부와 Forepoling을 이용한 Wire Mesh 고정]

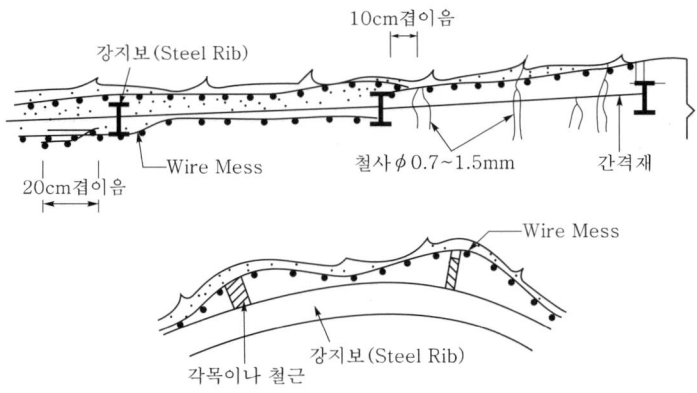

[철근과 지지봉을 이용한 Wire Mesh의 고정]

9. 결 론

　지보공은 터널 주변의 원 지반이 보유하고 있는 지보의 기능을 최대한 활용할 수 있도록 설계 및 시공을 하여야 한다.

　지보재를 선정할 경우 그 효과와 특징을 파악한 후 터널 조건에 적절한 것을 선택 및 조합하여 사용하며, 또한 막장 면에 근접하고 굴착 면에 밀착이 되도록 신속하게 설치하여 터널의 안정성을 유지하여야 한다.

문제 8 터널의 삼각지보

1. 개 요

터널에서 강지보재는 Shotcrete가 경화할 때까지 즉시 지보 효과를 발휘하며, 경화 후에는 Shotcrete와 연합하여 지지 효과를 증대시킨다.

따라서 강지보재는 이음부(Joint)가 적고 예상되는 외력과 기타 조건에 대하여 유리한 형상을 가지며 시공상 편리한 것이어야 하며, 강지보의 종류로는 U형, H형, 삼각지보(Lattice Girder) 등이 있다.

2. 삼각지보재의 주요기능

(1) 터널 굴착에 있어 작업장의 초기 안정을 위한 즉각적인 지보역할
(2) 다음 단계 굴착이나 Shotcrete 시공 시의 주형역할
(3) Shotcrete Lining의 보강역할
(4) 차기 굴착에 앞서 선행지보 역할을 수행하는 각종 지보재의 지지역할

3. 삼각지보재의 주요장점

(1) H형강 지보재보다 비교적 가볍고 설치가 용이하다.
(2) Forepoling이나 Spile 설치 시 삼각지보재 사이를 통과 가능으로 Forepoling의 설치 각도를 최대한 줄일 수 있음으로 시공성이 좋아진다.

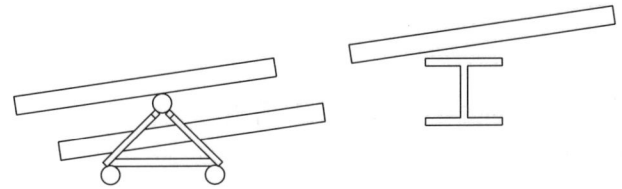

[H형강 및 삼각지보재에 있어서의 Forepoling 설치 예]

(3) 연결 작업이 손쉬우므로 분할굴착 및 이음부 작업이 용이하다.
(4) 지보재의 형태를 여러 가지로 제작 가능함으로 지반조건 및 시공여건에 따라 융통성 있게 사용할 수 있다.

  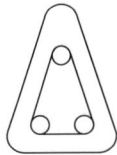 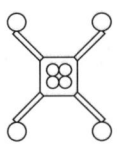 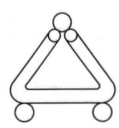

[여러 가지 형태의 삼각지보재]

(5) 운반 및 취급이 용이하다.
(6) Shotcrete와의 부착력이 우수함으로 Rebound량이 감소한다.
(7) 삼각지보재의 구조적 특성상 Shotcrete의 연속 타설이 가능함으로 방수성이 우수하다.
(8) 굴착 면에 밀착되도록 설치가 가능하고 배면 공극을 최소한으로 억제할 수 있다.

[삼각지보재와 H형강 지보재의 배면 공극발생 비교]

3. 삼각지보재의 최적 시공방법

(1) 인력으로 운반 가능한 범위 내에서 설치 전에 이음부를 단단히 조여 둔다.
(2) 강지보재 사이를 연결하기 위해 설치된 홈이 Shotcrete 타설 시 막히지 않도록 홈의 위치에 마개를 막는다.
(3) 삼각지보재는 H형 지보재보다 강성이 약함으로 삼각지보재를 Shotcrete에 완전히 묻히도록 타설하고 Shotcrete와 일체가 되도록 한다.
(4) 여굴이 깊은 경우에는 1차 Shotcrete로 삼각지보재를 완전히 묻히게 타설하기 어려움으로 지보재와 Shotcrete가 일체가 되도록 한다.

4. 삼각지보재의 재료관리

(1) 형상 및 치수관리
1) 소정의 형상 및 치수대로의 가공 여부 확인
2) 물품 반입시 확인

(2) 변형관리
1) 지보재의 변형 여부 확인
2) 시공 전 확인

(3) 시공 정밀도관리
1) 소정의 위치, 수직도, 높이 등을 확인
2) 시공 직후 확인

(4) 밀착관리
1) 원지반 또는 Shotcrete 면에 밀착 여부 확인
2) 시공 직후 확인

(5) 이음 및 연결상태관리
1) 이음Bolt 및 연결재 등의 시공 상황 확인
2) 시공 직후 확인

(6) 기타 지보재의 관리
1) 이음재의 운반 및 보관상 취급에 유의
2) 유해한 녹 또는 이물질이 부착되지 않도록 한다.
3) 지보재 보관 시 변형이 없도록 받침 나무를 적절하게 배치하고, 그 위에 보관하며 Sheet 등으로 보호한다.
4) 지보재 보관 시 물이 고이지 않도록 한다.

문제 9 터널보조공법

1. 개 요

터널보조공법은 굴착 시 지반의 상황이나 용수에 의해 시공이 곤란해지거나 지보 효과가 저하되는 경우 안전하고 효율적으로 시공하기 위해 터널의 지보재(Shotcrete, Rock Bolt, Wire Mesh, Steel Rib 등)와 병용하여 사용되는 공법으로 연약한 지반에서 터널의 안전시공을 위해 채택되어 시공을 하게 된다.

터널의 안정성을 추구하기 위해서는 터널 천단부의 안정, 막장 면의 안정, 지하수의 지수 또는 차수, 지하수위 저하 등으로 이에 적절한 공법을 선정하여 적용한다.

2. 보조공법 채택 목적

(1) 막장 및 천단의 안전성 추구
(2) 막장 면의 보호
(3) 지하수에 대한 지수 및 처리
(4) 암반의 이완방지
(5) 재보재의 보강
(6) 효율적인 시공성 추구
(7) 터널 내에서의 안전시공

3. 터널보조공법의 종류

(1) 천단부의 안정

1) Forepoling
2) 경사 Bolt
3) Pipe Roof
4) Lagging(Steel Sheet Pile)
5) 동결 공법
6) 주입 공법

(2) 막장면 안정
1) 막장 면 지지 Core
2) 막장 면 Shotcrete
3) 막장면 Rock Bolt
4) 주입 공법
5) 동결 공법

(3) 지하수 차수 또는 지수
1) 주입 공법
2) 동결 공법
3) 압기 공법

(4) 지하수위 저하
1) 수발갱 공법
2) 수발 Boring 공법
3) Deep Well 공법
4) Well Point 공법

4. 주요 보조공법의 특징

(1) Forepoling
1) 굴진 장의 2~3배 정도 깊이로 천단부의 종 방향으로 미리 굴착하여
2) 철근 또는 Rock Bolt를 설치함으로써
3) 굴착 천단부의 안정을 도모하고
4) 막장 전반의 지반보호 및 느슨함을 방지한다.

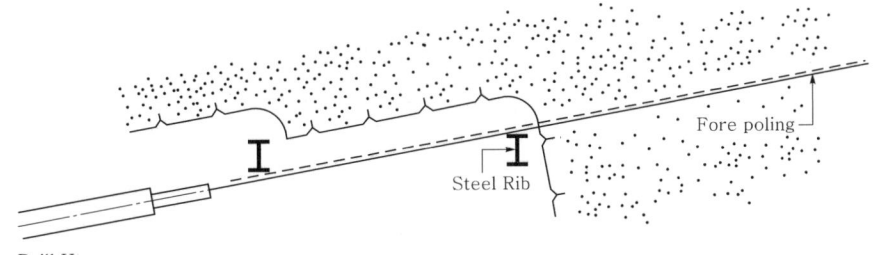

(2) 경사 Bolt
1) 절리나 층리가 발달된 연암 층에 사용하는 것으로
2) 목재 지주로 천단의 안정을 도모하는 방법이다.

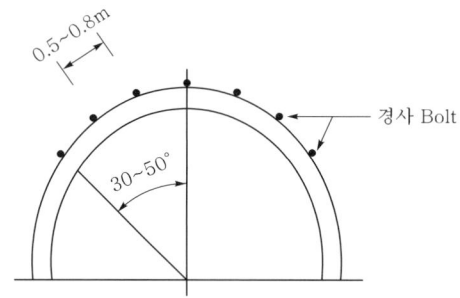

(3) Pipe Roof
1) 연약한 지반에서 천공 후에 천공경보다 약간 큰 경의 Pipe를 타입하여
2) 공 벽에 밀착시켜서 원지반의 이완방지와 부석 낙하방지의 목적으로 쓰인다.

(4) Lagging(Steel Sheet Pile)
1) 원지반이 특히 불량한 경우 Sheet Pile의 타입이 가능한 지반에 적용하는 것으로
2) 천단의 붕괴방지 및 안정 목적으로 쓰인다.

(5) 막장 면지지 Core
1) 막장 면 중앙부에 지지 Core를 남겨두고 굴착한 후 지보를 설치하는 방법으로
2) 토사지반에서는 필수적으로 적용하며
3) 지지 Core의 길이는 2~3m 정도 남긴다.

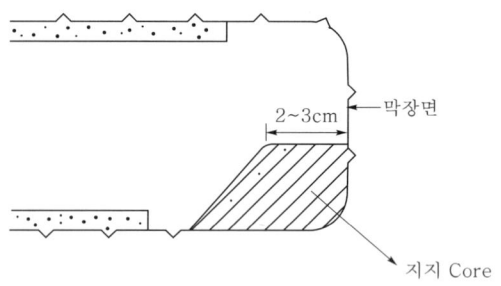

(6) 막장 면 Shotcrete

1) 막장 면의 연약화가 현저한 경우 Shotcrete를 타설하여 막장의 붕괴를 방지하는 방법으로
2) 장기간 공사를 중지할 경우 필수적이며
3) 시공이 용이하고 막장의 안정에 효과가 빠르다.

(7) 막장 면 Rock Bolt

1) 굴진 장의 3배 이상의 길이로 막장 면에 Rock Bolt를 설치하여 막장의 안정을 도모하는 방법으로
2) 막장 면 Shotcrete와 병용할 경우 효과가 매우 크다.

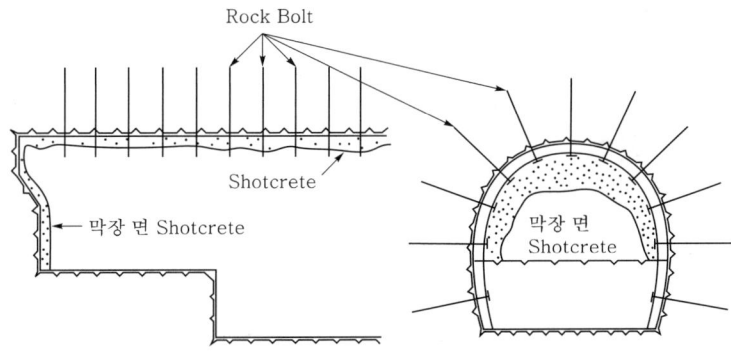

[막장 면 Shotcrete와 막장 면 Rock Bolt]

(8) 수발갱

1) 소 단면의 갱도를 본 터널을 우회 굴착하여
2) 지하수를 유도 처리함으로써 수위를 낮추는 방법으로
3) 용수가 많고
4) 터널굴진이 곤란한 경우 적용

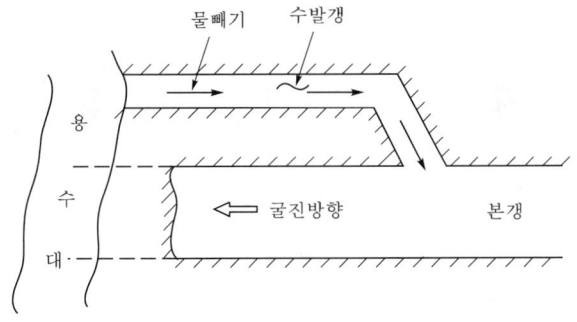

(9) 수발 Boring

1) 본 터널을 우회한 갱도를 굴착한 후 Boring을 이용하여
2) 지하수를 유도 처리함으로 수위를 낮추는 방법으로
3) Boring에 의한 굴착예정지의 지질조사를 병행으로 이용

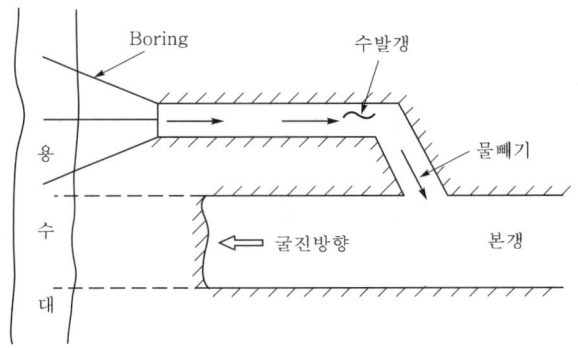

(10) Well Point 공법

1) 진공 Pump에 의한 지하수를 강제배수하여
2) 지하수위를 저하시키는 공법으로
3) 투수계수 $k=10^{-2} \sim 10^{-3}$ cm/sec의 토질에 적합하고
4) 적용깊이는 6~7m이다.

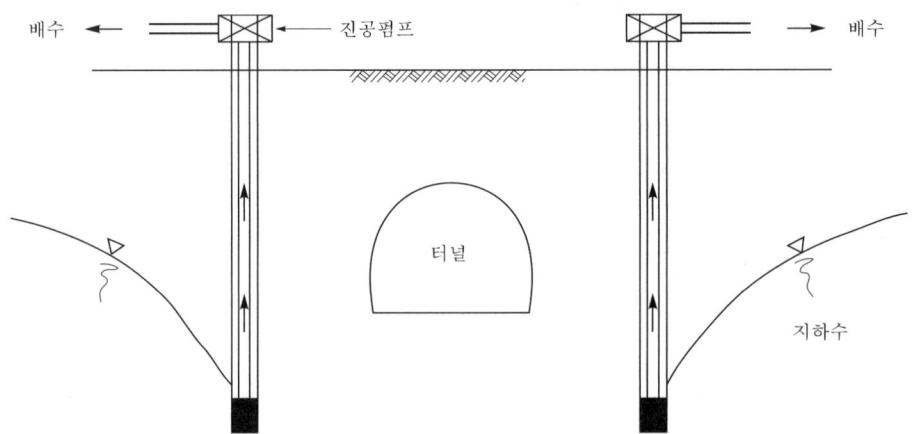

(11) Deep Well 공법

1) 터널 주변에 깊은 양수정을 굴착하고
2) 수중 Pump를 이용한 지하수를 강제배수하여

3) 지하수위를 저하시키는 공법으로
4) 용수가 많은 지반에 적용한다.

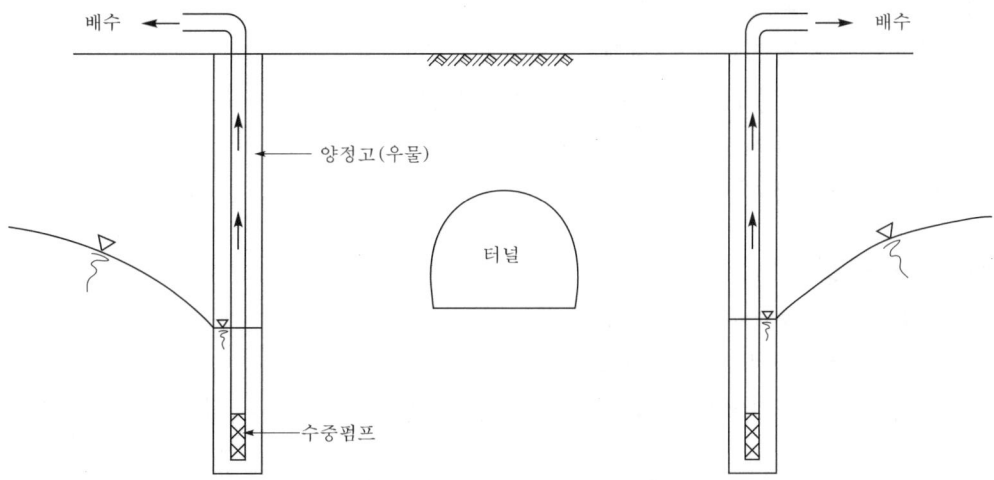

(12) 주입공법
1) 터널 주변의 지반에 약액을 주입, 고결시킴으로
2) 지반의 투수성을 감소 또는 억제시켜
3) 지하수를 지수하는 공법으로
4) 지반 안정처리와 병행 시공한다.
5) 주입되는 약액으로는 Cement Milk와 규산소다 등이다.

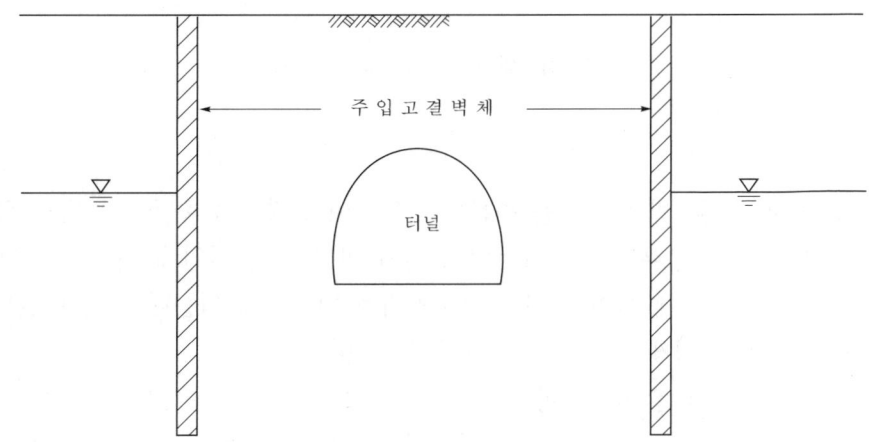

(13) 동결 공법
1) 지반 내에 동결관을 매설하고
2) 관내로 냉각된 Brain 부동액을 주입하여
3) 지반을 일시적으로 동결시켜
4) 동토(凍土)의 강도 및 차수성을 이용하여 지반을 안정시키는 공법으로
5) 약액주입 효과의 기대가 적을 때 적용하나
6) 비용이 많이 든다.

(14) 압기 공법
1) 압축공기로 지하수의 유출을 차단시키는 공법으로
2) 막장의 용수의 누출을 방지하고
3) 터널의 붕괴를 방지함으로 막장의 안정 효과를 기대할 수 있다.

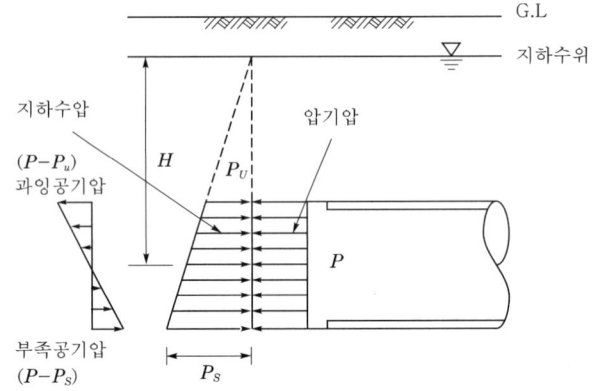

[지하수압과 공기압과의 관계도]

5. 결 론

터널을 시공할 때는 원지반의 양상을 충분히 파악하여 가장 적합한 굴착공법을 정하게 된다. 그러나 원지반의 굴착 부분이 자립하는데 있어서 여러 가지 원인에 의해 자립이 곤란하고, 또한 막장 및 천단의 안정에 불안할 경우 보조공법을 이용하게 되는데 이때 터널의 보조공법 선정은 안정성, 시공성, 경제성 등을 고려하여 선정한다.

터널 공사에서 계측관리는 필수적이므로 보조공법을 이용할 경우에도 가능한 한 이에 적용된 보조공법에 대해서도 계측기기 등을 설치하여 지반의 거동과 변위 등에 대하여 철저히 계측을 실시하고, 이에 대한 정확한 분석으로 대책을 마련할 수 있도록 한다.

문제 10 터널공사 중 지하수 대책공법(배수대책 공법)

1. 개요
터널공사를 시행하다 보면 다소의 지하수를 접하는 경우가 많이 있으며, 지하수가 심한 경우 지압의 증가, 지보공의 편압작용 등으로 막장이 붕괴되는 사고를 초래하게 된다.
따라서 터널공사 전 치밀한 사전조사로 터널의 진행방향을 피하거나 목적상 피할 수 없는 경우에는 지하수위 저하, 차수, 용출수 처리 등으로 대책을 세워야한다.

2. 지하수로 인한 문제점
   (1) 지반의 연약화로 피압수 증가
   (2) 지보공 기초의 지지력 저하
   (3) 지보공의 정착 불량
   (4) 막장의 붕괴
   (5) 용출수로 인한 장비의 기동성 저하
   (6) 시공능률의 저하

3. 지하수 대책의 목적
   (1) 지반의 연약화 방지
   (2) 피압수의 증가 방지
   (3) 지보공의 정착보호
   (4) 막장의 붕괴방지 및 안정성 유지
   (5) 시공능률 저하방지

4. 지하수 대책공법의 종류
   ### (1) 지하수위 저하
   1) 수발갱 공법
   2) 수발 Boring 공법
   3) Deep Well 공법
   4) Well Point 공법

(2) 지하수 차수
1) 주입 공법
2) 동결 공법
3) 압기 공법

(3) 용출수 처리(물 처리)
1) 맹암거 설치법
2) Dike 설치법
3) 집수정(Sump Pit)에 의한 배수공
4) Pipe에 의한 배수공
5) 반할관에 의한 배수공
6) 다발관에 의한 배수공
7) Invert 배수공
8) 물 빼기 구멍에 의한 배수공
9) 측구를 이용한 배수공

5. 지하수위 저하

(1) 수발갱 공법
소 단면의 갱도를 본 터널을 우회 굴착하여 지하수를 유도 처리함으로써 수위를 낮추는 방법으로 용수가 많고 터널 굴진이 곤란한 경우 적용한다.

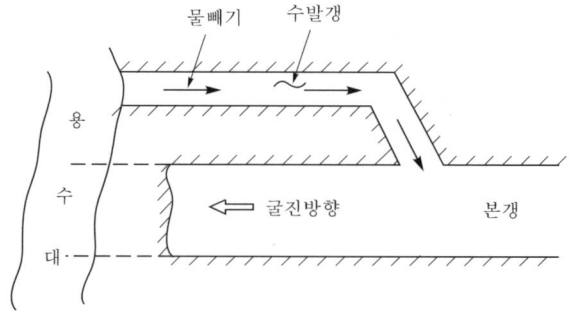

[수발공 우회갱 예시]

(2) 수발 Boring 공법
본 터널을 우회한 갱도를 굴착한 후 Boring을 이용하여 지하수를 유도처리 함으로써 수위를 낮추는 방법으로 Boring에 의한 굴착 예정지의 지질조사를 병행으로 이용한다.

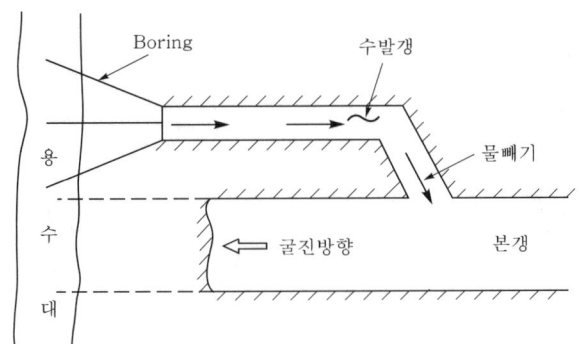

[수발갱 우회갱에서의 수발 Boring 예시]

(3) Well Point 공법

진공 Pump에 의한 지하수를 강제배수하여 지하수위를 저하시키는 공법으로 투수 계수 $k=1\times10^{-2}\sim10^{-3}$cm/sec의 토질에 적합하고 적용깊이는 6~7m이다.

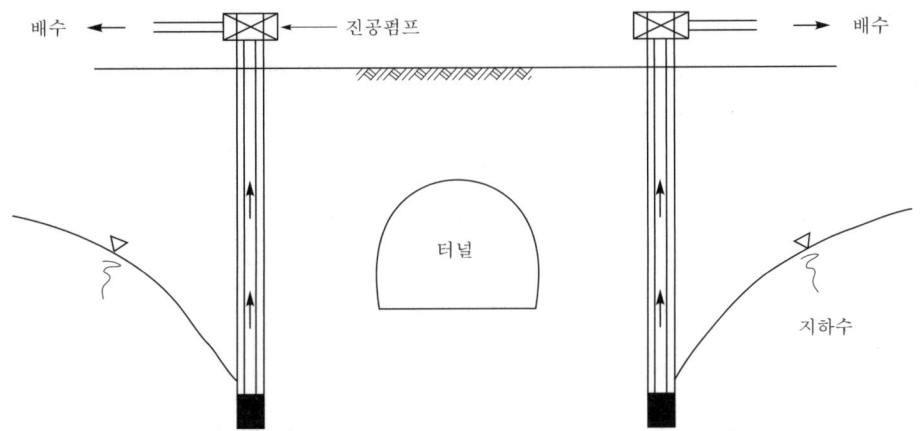

(4) Deep Well 공법

터널 주변에 깊은 양수정을 굴착하고 수중 Pump를 이용한 지하수를 강제배수하여 지하수위를 저하시키는 공법으로 용수가 많은 지반에 적용한다.

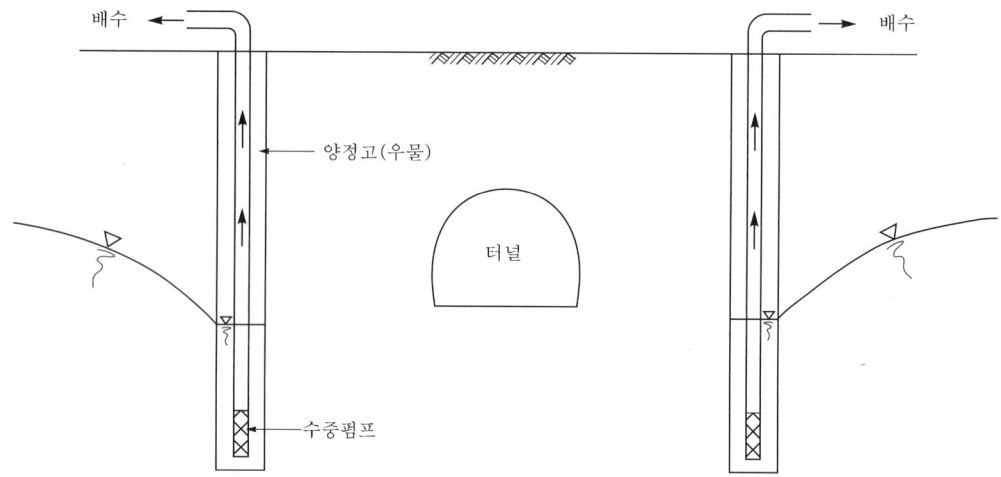

6. 지하수 차수

(1) 주입 공법

1) 터널 주변의 지반에 약액을 주입, 고결시킴으로써 지반의 투수성을 감소 또는 억제시켜, 지하수를 지수하는 공법으로 지반 안정처리와 병행 시공한다.
2) 주입되는 약액으로는 Cement Milk와 규산 소다 등이다.

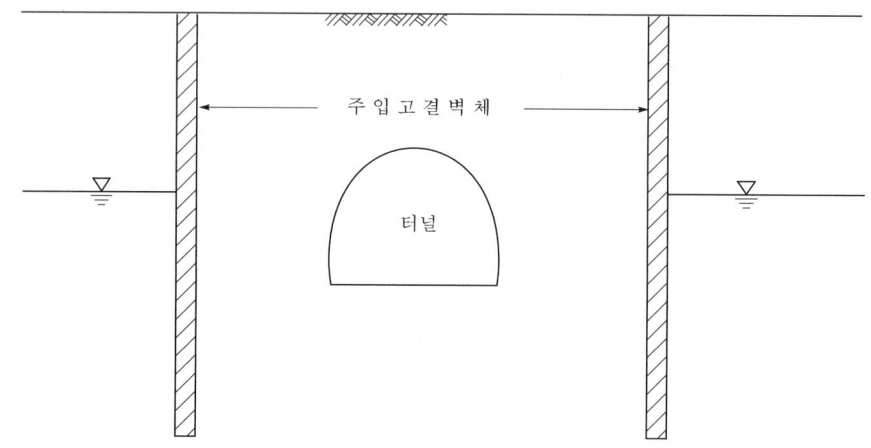

(2) 동결 공법

1) 지반 내에 동결관을 매설하고 관내로 냉각된 Brain 부동액을 주입하여 지반을 일시적으로 동결시켜 동토(凍土)의 강도 및 차수성을 이용하여 지반을 안정시키는 공법이다.
2) 약액주입 효과의 기대가 적을 때 적용하나 비용이 많이 든다.

(3) 압기 공법

압축공기로 지하수의 유출을 차단시키는 공법으로 막장의 용수의 누출을 방지하고 터널의 붕괴를 방지하므로 막장의 안정효과를 기대할 수 있다.

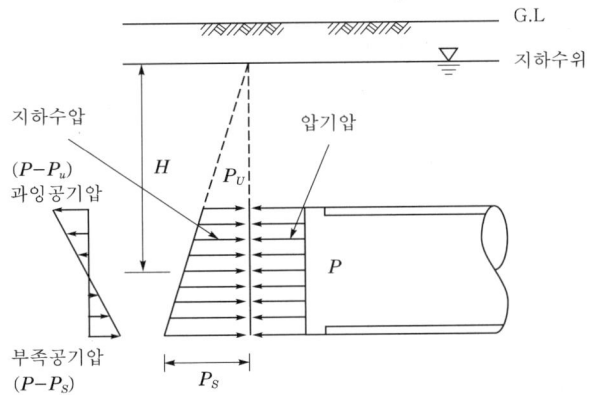

6. 용출수 처리

(1) 맹암거 설치법

터널 중앙부에 맹암거를 설치하여 용출된 지하수를 처리하는 방법이다.

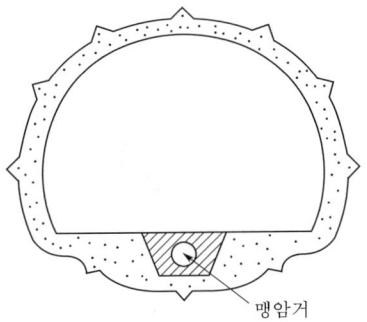

(2) Dike 설치법

터널의 양측에 배수용 Dike를 설치하여 용출된 지하수를 처리하는 방법이다.

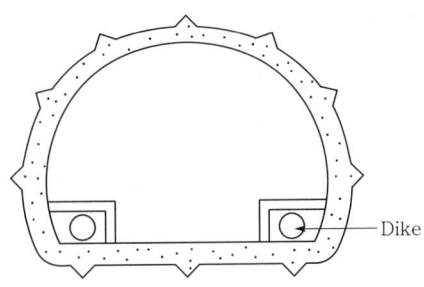

(3) 집수정(Sump Pit)에 의한 배수공

1) 터널 내부에 용출수를 집수할 수 있는 Pit를 설치하여 집수된 용출수에 대하여 수중 Pump를 이용하여 외부로 배수 처리하는 방법이다.
2) 하향구배 굴착 시 굴착방향에 일정한 간격으로 집수정을 설치한 후 유입된 지하수를 집수하여 Pump에 의해 강제 배수한다.

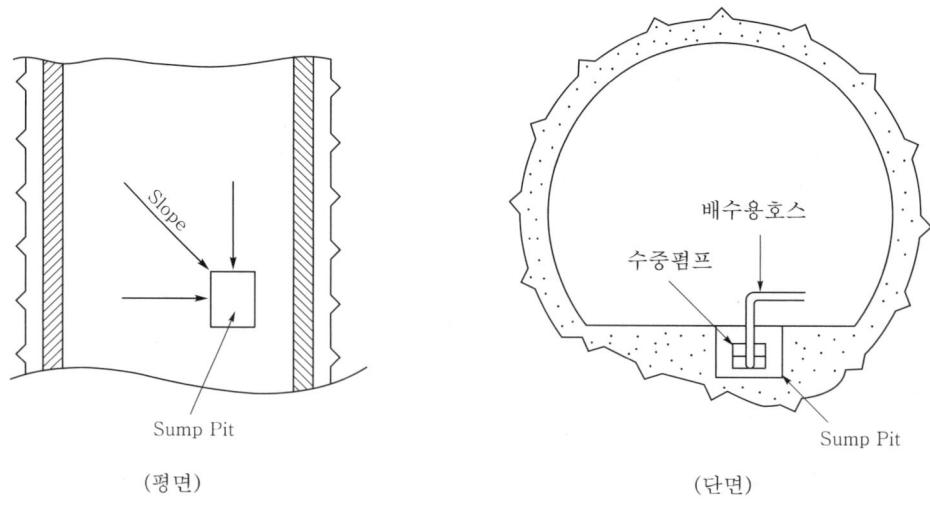

(4) Pipe에 의한 배수공

용수가 부분적이고 소량인 경우 직경 20~100mm의 Pipe를 Shotcrete 면에 설치하여 배수하는 방법이다.

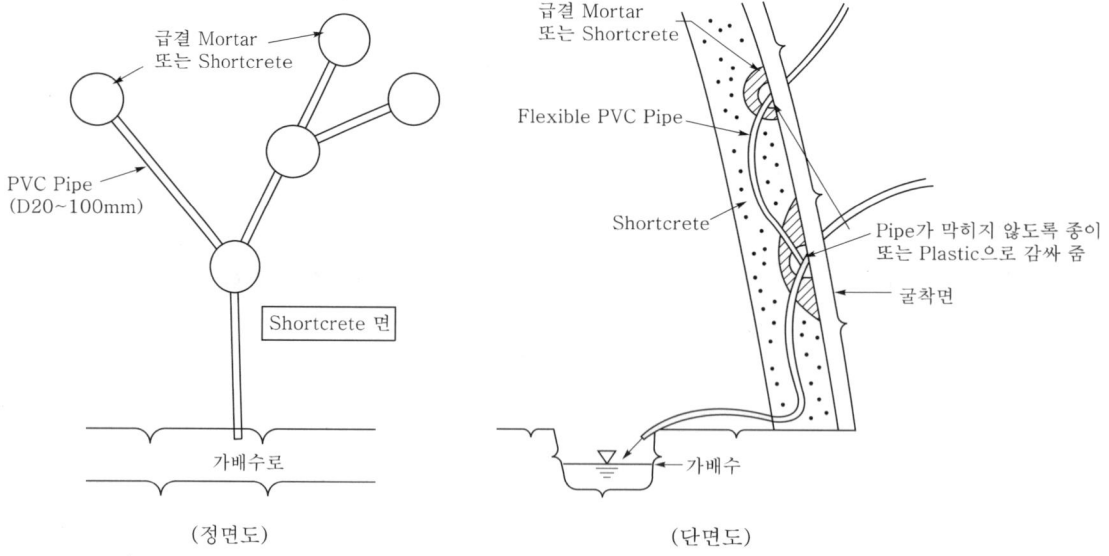

(5) 반할관에 의한 배수공

용수량이 Pipe에 의해 배수할 수 없을 정도로 많은 경우 반할관을 Shotcrete 벽면에 부착하여 유도 배수하는 방법이다.

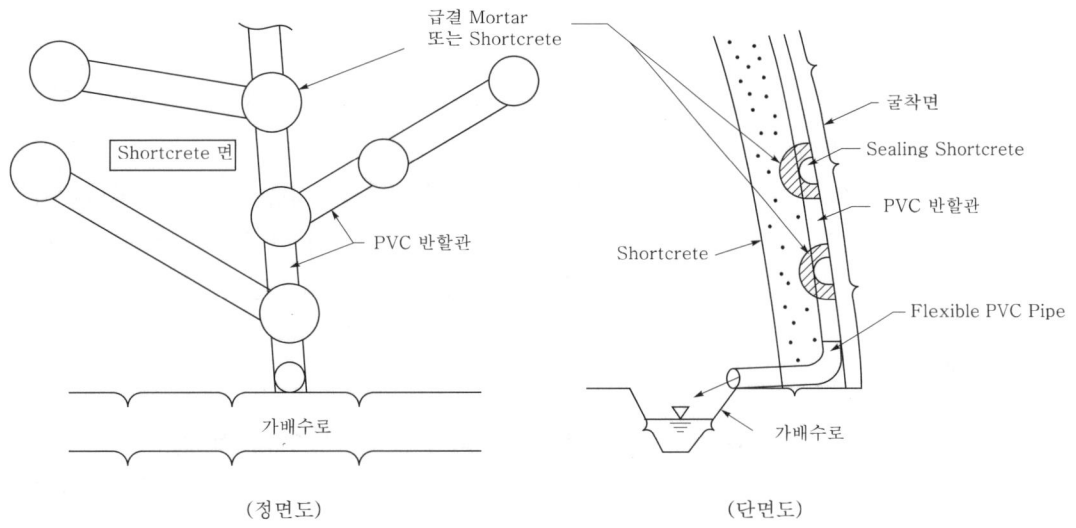

(정면도)　　　　　　　　　　(단면도)

(6) 다발관에 의한 배수공

지하수의 유출구간이 명확하고 유출범위가 넓은 경우 Shotcrete 타설 전 다발관을 Filter 용 부직포로 감싼 후 굴착 면에 설치하여 집수정 또는 가배수로로 유도 배수하는 방법이다.

(7) Invert 배수공

Invert에 배수로를 굴착한 후 Filter용 부직포로 감싼 유공관을 설치한 다음 자갈로 채워 터널내로 유입된 지하수를 집수정 또는 가배수로로 유도 배수한다.

(8) 물 빼기 구멍에 의한 배수공

지하수 유출부위가 확인되고 용수가 많은 부위의 굴착 면에 구멍을 뚫어 Pipe를 설치하여 물 빼기를 하면서 배수하는 방법이다.

(9) 측구를 이용한 배수공

상향구배 굴착 시 유입된 지하수를 터널 좌·우측의 측구를 이용하여 배수하는 방법이다.

7. 결론

터널을 시공하는데 있어 지하수 등은, 굴착에 이어 연속되는 Shotcrete, Rock Bolt 등의 주요 지보재 설치작업 시 품질저하의 요인이 되기도 하며, 터널 막 장면의 안정성을 저하시킬 수 있다. 따라서 정확한 지하수의 위치 및 상태 등을 종합적으로 조사하고 이에 대한 대책을 수립하여 세부적인 시공계획과 세심한 시공관리가 있어야 한다.

문제 11 터널시공 시 방수공법

1. 개 요

터널에서의 방수는 터널 구조체에 작용하는 수압을 조절하고 또한 터널에 있어서 안정성과 미관의 조건들을 만족시키기 위해 다루어지는 매우 중요한 항목이다.

방수 불량으로 인해 발생되는 지하수의 누수는 터널의 기능을 저하시킬 뿐만 아니라 동절기 시 누수로 인해 노면이 결빙되어 교통사고의 원인이 될 수 있으며, 또한 터널의 유지관리 측면에서 큰 지장을 초래하므로 방수에 대한 세심한 시공관리가 필요하다.

2. 방수형식

(1) 완전방수(Dry System) ; 비 배수형 방수, 비 배수형 터널

1) 터널 전단면의 Shortcrete Lining과 내부 Lining 사이에 방수층을 설치하여 지하수의 유입을 완전히 차단하는 방법이다.
2) 최종적인 토압과 수압을 내부 Lining이 지탱하도록 설계한다.
3) 배수는 공사 중에만 고려한다.

(2) 부분방수(Wet System) ; 배수형 방수, 배수형 터널

1) 터널 Arch와 측벽부에만 Shortcrete Lining과 내부 Lining 사이에 방수층을 설치하여 지하수로 유입되는 물을 배수관으로 도수하여 터널 밖으로 유도하는 방법이다.
2) 내부 Lining 설계 시 토압과 수압을 전부 고려할 필요는 없다.
3) 배수는 정확한 배수용량을 산정하여 배수에 지장이 없도록 항상 유의한다.

(3) 완전방수와 부분방수의 특징 비교

구 분	완전방수	부분방수
장 점	① 내부 Lining 설계 시 토압과 수압을 고려한다. ② 유지관리가 용이하고 비용이 적다. ③ 지하수위의 유지로 주변에 미치는 영향은 없다.	① 내부 Lining 설계시 토압과 수압을 고려하지 않는다. ② 특수 대단면 시공이 가능하다. ③ 누수 시 보수가 용이하다. ④ 시공비가 적게 든다.
단 점	① 시공비가 많이 든다. ② 특수 대단면에서는 단면이 커져서 비경제적이다. ③ 누수 발생 시 완전보수가 곤란하다.	① 집수용량이 커지며 유지비가 많이 든다. ② 공사기간 중 지하수위의 저하로 주변 지반의 침하 및 지하수 이용에 문제가 생긴다.
적 용	① 지하수위가 높은 도심지 ② 지질조건이 불량한 지반	① 지질조건이 양호한 지반 ② 자연배수가 가능한 지역

3. 방수공법

(1) 방수공법의 요구조건
1) 방수재의 형상이 적합할 것
2) 방수작업의 Control이 가능할 것
3) 시공 중에 발생되는 결함제거가 가능할 것
4) 하자가 없는 시공이 가능할 것
5) 시공이 간편하고 작업에 일관성이 있을 것
6) 방수시공에 따른 방수성의 검사가 가능할 것
7) 접속부의 연결 및 접착이 용이할 것

(2) 방수공법의 종류
1) Pitch 방수공법
2) 합성수지 방수공법
3) Sheet 방수공법

4. Pitch 방수공법

(1) 개 요
Pitch는 석유로부터 생산되는 것으로 광물 혼화제나 고무 등을 첨가하여 붓을 이용하여 칠하거나 나무주걱 등을 이용하여 바르면서 방수 처리하는 공법이다.

(2) 공법의 특징
1) 방수 효과가 우수하다.
2) 산, 염, 알칼리에 대해 내구성이 있다.
3) 강성이 작다.
4) 방수층이 쉽게 손상될 경우가 많다.
5) Burner 사용 시 화재의 위험성이 있다.
6) 기성 합성수지 방수재를 사용할 경우보다 많은 인력이 필요하다.

(3) Pitch 방수재의 종류
1) 양판지
2) 용접 박막
3) Pitch Latex

(4) 시공방법

1) Pitch 칠하기
   냉각상태에서 초벌한 후 여러 번 붓으로 칠하거나 분사기로 분사하는 방법

2) Pitch 바르기
   Pitch에 돌가루, 천연 Asphalt 가루, 석면 등을 섞은 혼합물을 냉각상태 또는 끓여서 나무주걱 등을 사용하여 여러 층으로 바르는 방법

3) 용접법
   1.5~2.0㎜ 두께의 방수막 Pitch를 Gas Burner로 녹여서 접착시키는 방법

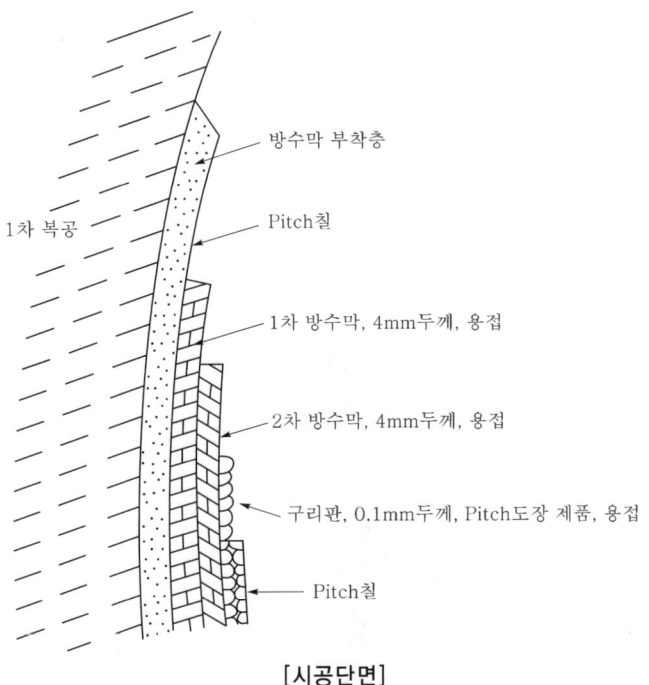

[시공단면]

5. 합성수지방수공법

(1) 개 요
열가소성 합성수지 막을 사용하여 터널의 지보층 사이에 합성섬유방수막을 설치하여 방수 처리하는 공법이다.

(2) 공법의 특징
1) 인장강도 및 유연성이 좋다.
2) 시공성이 좋다.
3) 신장율이 크다.
4) 내수성 및 내동해성, 내약품성이 크다.
5) 접촉부에 Lining Concrete 타설 시 방수막이 접힐 우려가 있다.

(3) 방수재의 종류
1) ECB(에틸렌코폴리메리삿)
2) PE(Polyethylene)
3) PIB(폴리이소부틸렌)
4) CSM(염화황 에틸렌)
5) 연성 PVC

(4) 시공방법

1) Shotcrete 면에 10㎜ 두께의 방수막을 설치
2) 고주파 용접 또는 뜨거운 공기용접으로 방수막을 부착
3) Lining Concrete 타설 시 방수막 접촉부가 접히지 않도록 주의
4) 방수막은 4~5m 폭으로 준비하고 부착기를 사용하여 부착

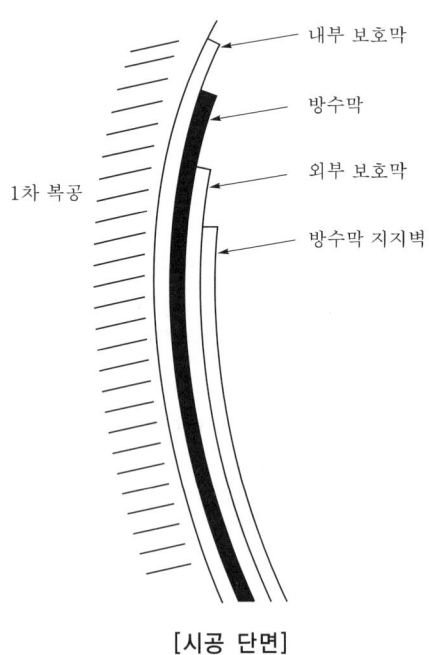

[시공 단면]

6. Sheet 방수공법

(1) 시공개요

Sheet 방수는 공장에서 제작된 방수용 Sheet를 Lining 표면에 부착하여 방수층을 면상으로 형성하여, Sheet 배면으로 도수 또는 지수하는 방법으로 NATM 터널의 Shotcrete와 2차 Lining Concrete 사이에 방수층을 형성시켜 방수 처리하는 공법이다.

(2) 공법의 특징

1) 온도에 대한 영향을 받지 않는다.
2) 안정성이 크다.
3) 시공이 간단하다.
4) Burner 사용 시 Sheet의 손상 위험성이 있다.

(3) 시공방법
1) 시공 면의 凹凸을 없애고 Shotcrete와 Steel Rib의 극단적인 단차를 제거한다.
2) Sheet를 시공 기면에 밀착되도록 부착한다.
3) Sheet의 연결은 20cm 이상으로 겹 이음으로 하고 열 용접기를 이용하여 연결 처리한다.
4) 방수용 Sheet 시공 시 찢어지지 않도록 주의하며 Lining Concrete 타설 시 Sheet에 손상이 가지 않도록 주의한다.

7. 결 론

터널 내의 누수는 터널로서의 기능을 저하시킬 뿐 아니라 터널의 수명단축과 부속물을 부식시켜서 내용연수를 단축시킬 수 있기 때문에 터널의 시공과정에서 방수에 대한 세심한 시공관리가 필요하다.

따라서 터널 시공 중 지하수의 상태 등을 정확히 조사 및 관찰하여 이에 적절한 공법을 선정하여 시공하도록 한다.

문제 12 터널의 계측관리

1. 개 요

터널에 있어서의 계측관리는 굴착에 따르는 지반의 변위를 측정하고 또한 지보 부재의 안전성을 계측기기로 측정하여 이에 따른 변위와 변형 여부를 확인한 후 그 결과에 따라 터널의 안전성을 유지하기 위한 대책을 수립하며, 또한 설계 및 시공에 Feed Back으로 적용하기 위해 실시한다.

터널 계측은 시공과 병행하여 실시하는 것으로, 일상적으로 실시하는 "A 계측"과 지반조건과 현장여건을 고려하여 "A 계측"에 추가적으로 실시하는 "B 계측"으로 구분된다.

2. 계측실시의 목적

(1) 원지반의 거동 파악
(2) 각 지보 부재의 안정 상태 확인
(3) 터널의 안정 상태 확인
(4) 주변 환경 및 구조물에 미치는 영향 파악
(5) 향후 터널 공사의 기초자료로 활용
(6) 공사의 안전성 및 경제성확보

3. 계측항목의 선정시 고려사항

(1) 계측의 수행 목적
(2) 구조물의 용도 및 형태
(3) 구조물의 구조적, 재료적 특성
(4) 지질상태 및 지하수의 조건
(5) 외부작용 하중
(6) 주변 환경 여건

4. 계측 항목

(1) 일상계측(A 계측)
당면한 시공관리를 위해 실시하는 일상적인 계측
1) 갱내관찰조사
2) 내공 변위측정
3) 천단 침하측정
4) Rock Bolt 인발시험

(2) 정밀계측(B 계측)
지반조건 및 현장여건에 따라 "A 계측"에 추가하여 선정하는 계측
1) 지중 변위측정
2) Rock Bolt 축력측정
3) Shotcrete 응력측정
4) Lining 응력측정
5) 지표침하측정
6) 지중침하측정
7) Steel Rib 응력측정
8) 갱내탄성파 속도측정
9) 지반 팽창성 측정
10) 지반진동측정

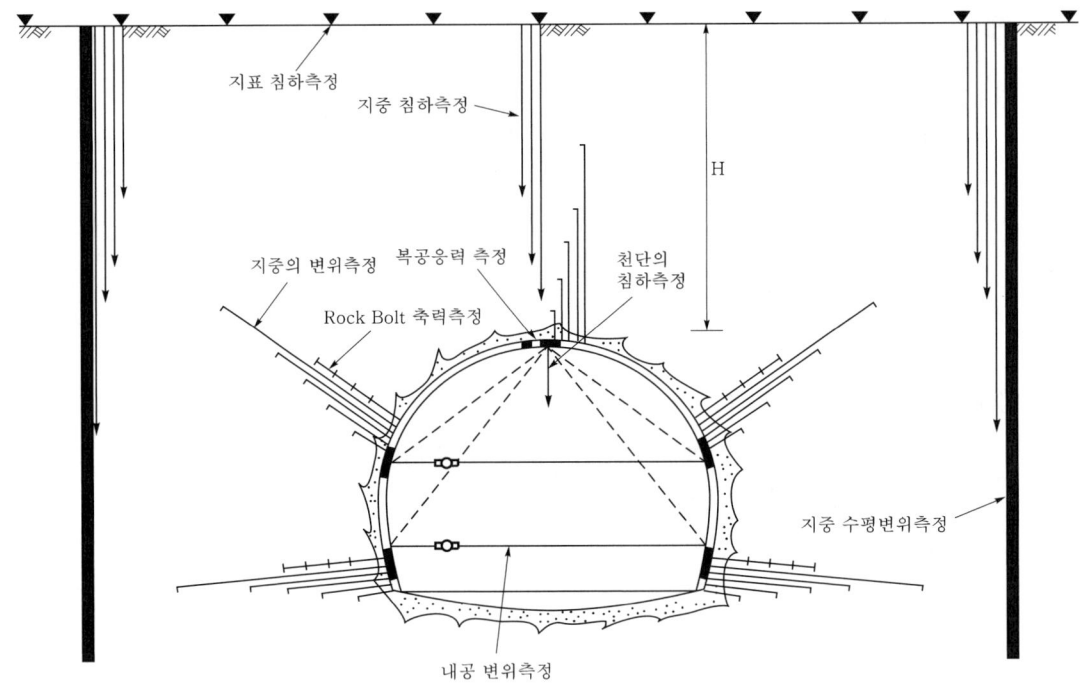

[NATM터널 계측 설치 단면도]

5. 계측항목별 시행

(1) 갱내관찰조사

1) 개 요

굴착을 진행하는 동안 막장의 지질 상태와 기시공구간에 대한 1차 지보 상태를 조사 및 기록하고 필요에 따라 적절한 조치를 강구한다.

2) 평가사항
① 막장의 안정성 관찰조사
② 기 시공구간의 안정성 관찰조사
③ 지반상태 및 용수상태 관찰조사
④ 지반 재분류 및 재평가

3) 설치 및 측정빈도
① 장소 및 배치 : 갱내 전 막장
② 간격 : 전 연장
③ 측정빈도 : 2회/일

(2) 천단침하측정

1) 개 요
터널의 천단부근 Shotcrete에 Concrete 못을 박거나 내공 변위측정용 천단 Bolt를 설치하여 Level 측량으로 천단부의 침하 여부를 확인한다.

2) 평가사항
① 천단부의 절대 침하량 측정으로 변형 여부를 확인
② 천단의 안정성 판단

3) 설치 및 측정빈도
① 장소 및 배치 : 터널의 천단부의 중심점에 배치 및 내공변위와 동일단면에서 측정
② 간격 : 10~30m 간격
③ 측정 빈도 : 1~2회/일

(3) 내공 변위 측정

1) 개 요
막장의 진행에 따른 내공 변위를 각 지점별로 변위량, 변위 속도, 변위 수렴상황 등을 측정하여 터널의 안전성을 판단한다.

2) 평가사항
① 지반의 이완 여부 및 안정성 판단
② 1차 지보공의 설계 및 시공 효과 및 안정성 판단
③ 2차 Lining타설 시기 결정
④ Invert 폐합 시기 결정

3) 설치 및 측정빈도
① 장소 및 배치 : 터널의 내공에 배치
② 간격 : 10~30m 간격
③ 측정빈도 : 1~2회/일

(4) Rock Bolt 인발시험

1) 개 요
터널 굴착 초기 단계에 갱구 부근에서 Rock Bolt를 설치한 후 소정의 시간이 경과한 시점에서 인발력 측정으로 Rock Bolt의 종류 및 정착 효과를 확인한다.

2) 평가사항
① 적절한 Rock Bolt의 선택
② Rock Bolt의 정착 효과확인

3) 설치 및 측정빈도
   ① 장소 및 배치 : 터널 내공 1단면에 5본
   ② 간격 : 3개소/20m 또는 1개/50본

(5) 지중 변위측정

1) 개 요

터널 주변 지반을 천공한 Hole 내에 지중 변위계를 매설하여 지반의 변위 상태 등을 측정한다.

2) 평가사항
   ① 주변 지반의 거동 및 이완영역 평가
   ② 설계 및 시공의 타당성 검증
   ③ 터널 주변 지반의 안정성 검토

3) 설치 및 측정빈도
   ① 장소 및 배치 : 터널 주변 지반에 심도를 다르게 하여 3~5개 배치
   ② 간격 : 200~500m 간격
   ③ 측정빈도 : 1회/일

(6) Rock Bolt 축력측정

1) 개 요
   ① 전면 접착식 Rock Bolt의 경우 설치 초기에는 무응력 상태이나 이후에는 지반의 거동에 의해 응력이 발생한다.
   ② 이 응력으로부터 축력을 측정하여 축력의 크기와 분포상황을 파악한다.

2) 평가사항
   ① Rock Bolt의 증설 여부 판단
   ② Rock Bolt의 길이, 직경, 간격 등의 적정성 여부 판단
   ③ 지지부재의 보강 효과평가

3) 설치 및 측정빈도
   ① 장소 및 배치 : 터널 내공의 Rock Bolt 설치 지점의 3~5개소
   ② 간격 : 200~500m 간격
   ③ 측정빈도 : 1~2회/일

(7) Shotcrete 응력측정

1) 개 요
① 원지반과 Shotcrete 경계면에 토압계 Sensor를 매설하여 Shotcrete에 미치는 배면토압을 측정하여 터널반경 방향에 대한 안정성을 확인
② Shotcrete 두께 방향으로 응력계 Sensor를 매설하여 Shotcrete의 축 방향에 대한 응력을 측정하여 Shotcrete의 안정성을 확인

2) 평가사항
① Shotcrete 배면에 작용하는 토압의 크기 및 분포 파악
② Shotcrete(1차 Lining)의 안정성 파악
③ 2차 Lining의 두께 및 시공시기의 결정

3) 설치 및 측정 빈도
① 장소 및 배치 : 원 지반과 Shotcrete 경계면에 수직 및 수평 방향으로 3~5개씩 배치
② 간격 : 200~500m 간격
③ 측정 빈도 : 1회/주

(8) 지표침하측정

1) 개 요
터널 굴착에 의한 지표상의 영향 범위와 그 정도를 미리 파악하여 지표면에서의 피해발생을 미연에 방지하기 위해 실시한다.

2) 평가사항
① 굴착에 따른 지표 침하량 측정
② 주변 구조물에 미치는 영향 평가
③ 지상에서의 굴착영향평가

3) 설치 및 측정 빈도
① 장소 및 배치 : 터널 지표면에 3~5개소 배치
② 간격 : 종 방향 300~600m 간격, 횡 방향 2~5m 간격
③ 측정빈도 : 1~2회/주

(9) Concrete Lining 응력측정

1) 개 요
Shotcrete 응력측정과 같은 방식으로 측정하며 터널의 안정성을 평가한다.

2) 평가사항
  ① Concrete Lining 배면의 토압측정
  ② 터널의 안정성 평가

3) 설치 및 측정빈도
  ① 장소 및 배치 : Shotcrete와 Concrete Lining 경계면에 수직 및 수평 방향으로 3~5개씩 배치
  ② 간격 : 300m 간격
  ③ 측정 빈도 : 1회/주

(10) 지중 침하 측정

1) 개 요
  ① 터널 상부의 지표면으로부터 터널위치까지의 심도가 다른 각각의 천공 Hole 내에 Anchor를 부착한 Rod를 삽입하여 Mortar로 고정시켜 설치한 것으로
  ② 지반 거동에 대한 심도별 측정으로 터널 주변 지반의 이완영역을 파악하거나 터널천단 부근의 선행침하(막장통과 전에 발생한 침하)를 파악한다.

2) 평가사항
  ① 터널 굴착에 따른 지반의 느슨해진 영역 추정
  ② 지반의 안정성 파악
  ③ 토피가 얇은 경우 지표의 영향 범위파악
  ④ 지보방향의 개선(Rock Bolt의 적정길이 판단)

3) 설치 및 측정빈도
  ① 장소 및 배치 : 터널 지표면에 3~5개소의 다른 심도로 배치
  ② 간격 : 300~600m 간격
  ③ 측정 : 1회/주

(11) Steel Rib 응력측정

1) 개 요
  응력계를 Steel Rib에 부착하여 이에 작용하는 응력측정으로 터널의 안정성을 판단한다.

2) 평가사항
  ① Steel Rib에 작용하는 응력 측정
  ② Steel Rib에 작용하는 토압의 크기 및 방향, 측압계수 등을 추정
  ③ 부재의 크기, 형상, 간격 등의 적정성 여부 판단

3) 설치 및 측정빈도
    ① 장소 및 배치 : Steel Rib에 천단부 및 측벽부에 각 1개소씩 배치
    ② 간격 : 200~500m 간격
    ③ 측정빈도 : 1~2회/주

(12) 갱내탄성파 속도측정

1) 개 요

   암층의 탄성적 성질의 차이에 의해 지진파의 전파속도가 다른 것을 이용하여 탄성파 속도로부터 지층의 고결 정도, 균열 정도, 변질 정도 등을 추정한다.

2) 평가사항
    ① 발파로 인한 암층의 이완영역 변위 평가
    ② 암반의 균열대 및 변질 정도 파악
    ③ 당초의 원지반 구분의 재평가
    ④ 암반으로서의 강도 파악

3) 설치 및 측정 빈도
    ① 장소 및 배치 : 갱내의 Shotcrete를 제거한 갱벽에 수진기를 부착시켜 Attachment를 묻고 수진점 간격으로 2~5m로 배치
    ② 간격 : 100~200m 간격으로 측정
    ③ 측정 빈도 : 1회

(13) 지반 팽창성 측정

1) 개 요

   내공 변위 및 Invert의 측량에 의하여 지반의 팽창성을 측정하고, Core Sample 시험으로 팽창압과 팽창률을 측정하여 1차 및 2차 Lining에 발생하는 응력의 추정과 Invert의 설치시기 등을 결정한다.

2) 평가사항
    ① 팽창성 측정으로 Invert의 필요성 및 설치시기 판단
    ② 팽창압과 팽창율 측정으로 Invert의 설치시기 및 강성 결정
    ③ 팽창압에 의해 1차 및 2차 Lining에 발생할 응력의 추정하여 철근보강 여부 결정

3) 설치 및 측정빈도
    ① 장소 및 배치 : 갱내의 천단 및 측벽, 막장 면에 배치
    ② 간격 : 200~500m 간격
    ③ 측정 : 1~2회/주

6. 계측기기 선정 시 고려사항

   (1) 정밀도, 계측범위, 신뢰도가 계측목적에 부합할 것
   (2) 구조가 간단하고 견고할 것
   (3) 설치가 용이하고 가격이 저렴할 것
   (4) 기기 자체가 보정이 되거나 보정이 간단할 것
   (5) 측정치에 대한 계산과정과 분석절차가 간단할 것
   (6) 기기가 물리적, 화학적 작용에 충분히 견딜 수 있을 것

7. 관찰 및 계측결과의 정리 및 계측자료의 활용

   ### (1) 결과의 정리
   1) 갱내 관찰기록
   2) 측정결과의 시간 변화기록
   3) 막장과의 거리 및 지보 시공시기 명기
   4) 각 계측 항목별 Data Sheet에 측정 결과를 기록

   ### (2) 자료의 활용
   1) 설계와 시공에 즉시 반영
   2) 각 항목별 측정결과에 대한 재평가 및 대책 수립
   3) 관리기준 항목에 대한 검토
   4) 주변 지반 및 구조물 등에 미치는 영향분석

8. 결 론

터널 시공에 있어서 굴착에 의한 주변 지반에 발생하는 응력과 지반 강도와의 관계에 항상 유의하고, 또한 지반 자체가 갖는 지보 능력을 적극적으로 활용해야 하는 터널 구조물의 특수성은 사전 지질조사로부터 파악된 정보가 제한적으로 이용되고 있다.

따라서 시공에 따른 보다 정확한 자료를 얻음으로써 안전하고 경제성 있는 시공이 되기 위해서는 계측이 갖는 그 의미가 매우 중요하므로, 터널 시공의 여러 상황을 고려하여 가장 적절하고 신뢰성을 가질 수 있는 계측에 대한 계획 수립과 함께 관리가 있어야 할 것이다.

문제 13: NATM 계획 중 갱내 외 관찰조사(Face Mapping)의 적용 요령과 필요성

1. 개 요

NATM 터널은 지반 자체를 주 지보재로 하고 Rock Bolt, Steel Rib, Shotcrete 등이 보조 지보재로서 발파에 의한 굴착으로 공사를 실시하는 공법으로서 터널 굴착에 따른 지반의 변위 및 각 지보재에 대한 계측을 실시하여 터널 공사 중 발생되는 위험요소를 사전에 발 견하여 이에 대한 대책을 수립하면서 시공하여야 한다.

NATM 터널을 계획함에 있어 갱내 외에 대한 관찰조사는 일상적으로 실시하는 계측의 일환으로 갱내 외에 대한 가정된 지반의 조건 하에서 설계된 터널이 실제 지반에 적합한가를 판단하기 위해 실시하는 육안으로 그 상태를 조사하는 것을 관찰조사(Face Mapping)라 한다.

2. 관찰조사의 적용요령

(1) 조사시기

갱내 외의 관찰조사는 매일 관찰하는 것을 원칙으로 하며, 주로 막장 부근에서 실시

(2) 기구에 의한 조사

1) 굴착 후 노출된 대상지반에 대하여 육안 외 기구를 사용하여 조사하는 방법
2) 관찰 시 구비해야 할 기구
   ① Geologic Hammer
   ② Clino Compass
   ③ Schmidt Hammer
   ④ Point Load Test Machine
   ⑤ 줄자 및 축적자
   ⑥ 시료 포대
   ⑦ 기 타

(3) 관찰조사항목

1) 갱내관찰

구 분		관찰사항
지질 관찰	막장면	막장 면의 지질분포 성상
	암반상태	① 암반의 풍화상태 ② 암반의 변질상태 ③ 암반의 강도
	불연속면의 분포상태	① 절리의 간격 ② 절리의 방향 ③ 절리의 연속성 ④ 절리의 틈새 ⑤ 절리의 충진물질 ⑥ 절리의 굴곡
	지하수의 용출상태	① 용수 위치 ② 용수량
지보공 관찰	Rock Bolt	① 설치위치 ② 설치방향 ③ Bolt의 정착 여부
	Shotcrete	① 타설 두께 ② 파괴 여부(발생위치, 폭, 길이)
	Steel Rib	변형 여부

(2) 관찰기록

1) 막장관찰 야장(Face Mapping Sheet)
조사된 내용에 대하여 막장관찰 야장에 정리하여 기록

2) 사진촬영 및 Sketch
관찰 중 특이한 사항에 대하여 사진촬영 또는 조사된 형태를 Sketch 하여 기록

(5) 관찰조사 결과에 대한 활용

1) 굴착 및 지보 Pattern의 검토
2) 적정한 보조공법의 선택기준 제시
3) 계측분석에서의 해석 보조자료
4) 붕락의 원인 및 유형분석
5) 막장의 안정성 평가
6) 지하수 조건 예측

3. 관찰조사의 필요성

(1) 설계 시 가정한 지반조건의 확인
1) 설계가 실제 지반에 적합한지의 여부 판단
2) 굴착 후 노출된 지반의 지질조건과 암반의 역학적 특성 파악

(2) 시공에 따른 터널의 안정성 확보
1) 설계 시 고려되지 못한 지반조건을 확인하여 안정된 시공조건 제시
2) 지질의 구조적 특성(절리 및 단층)에 대한 실체적 접근이 가능

(3) 터널의 신속한 안정성 평가
암반의 변형과 전단특성을 나타내는 불연속면의 기하학적인 특성을 분석하여 터널의 파괴형태를 신속하게 평가

(4) NATM터널의 설계개념 이해
1) 관찰된 자료를 근거로 하여 설계기준의 적합성 여부 판단
2) 터널의 안정성 평가 및 계측자료와의 대비를 통한 설계변경여부 근거 제시
3) 안전시공을 확보할 수 있는 자료로서의 평가

4. 결 론

NATM 터널은 지반의 복잡한 지질조건 및 지반 입력 자료의 한계로 인하여 경험적인 방법과 수치해석방법 중 어떠한 방법에 의해서도 완벽한 설계가 될 수 없다.

따라서 터널 굴착 시공 중 계측을 실시하여 정확한 자료를 확보하면서 이에 대응하는 대책을 수립하면서 안전하게 시공하여야 하는데 이러한 점에서 터널의 갱내에 대한 관찰 조사를 통한 암반분류, 암반 물성치, 지반계수, 지하수 상태, 지질특성 등을 면밀히 조사하여 굴착방법과 지보공에 대한 검토를 항상 게을리하지 않아야 한다.

문제 14 여굴의 원인 및 대책

1. 개 요

여굴이란, 터널 Shotcrete의 설계선 외측 부분에 여분으로 굴착된 것을 말하며, 이는 화약의 낭비, 여분의 버럭 반출, Concrete 충진량의 증가 등을 초래하여 공사비 증가의 원인이 된다. 여굴로 인하여 추가 소요되는 비용은 터널공사비의 약 15~18% 정도 증가되는 것으로 여굴은 시공상 불가피한 것임은 분명하나 시공기술에 따라 상당량을 줄일 수 있으므로 여굴을 줄이기 위한 많은 노력이 필요하다.

2. 여굴에 따른 문제점

(1) Rock Bolt 및 Shotcrete 타설 등의 보강비 증가
(2) 버럭 반출량 증가
(3) 암반의 손상영역의 확대(굴착 단면의 증대)
(4) 부석 발생으로 인한 낙반 등의 안전사고 초래
(5) 암반 틈새의 지하수 유출경로 형성
(6) 2차 Lining(Concrete) 충진량의 증가
(7) 공기 지연의 원인제공
(8) Steel Rib의 밀착시공 곤란

3. 여굴과 지불선의 관계

(1) 정 의

1) 여굴(餘掘)
  ① 터널 공사에서 굴착할 때 시공자의 의도와는 무관하게 당초 설정된 선 이상으로 굴착되는 것을 말하며
  ② 이때 발생된 굴착량에 대한 비용을 지불받을 수 없고, 다만 책임의 한계가 시공자에게 주어진다.

2) 지불선(支拂線 ; Pay Line)
  ① 터널 공사에서 굴착할 때 Lining의 설계 두께를 확보하기 위하여 여분의 굴착을 할 수 있도록 설계Lining 두께선의 외측에 설정된 선을 말하는 것으로
  ② 이때 설계Lining 두께를 넘은 굴착량에 대하여 도급계약 시 굴착 및 Lining Concrete 수량을 계산하고 이를 공사비에 반영하여 지불하는 한도를 나타내는 선이다.

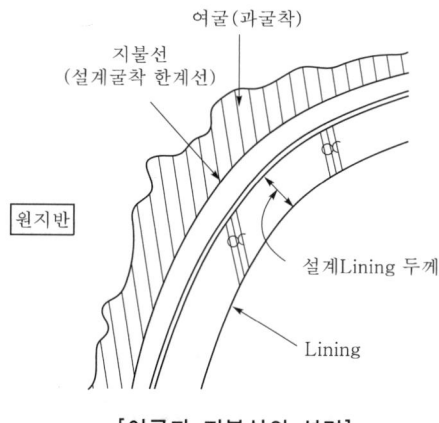

[여굴과 지불선의 설명]

(2) 여굴과 지불선과의 관계

구 분	지불선	여 굴
설계수량	인정	불인정
공사비	책정	미 책정
책임한계	없다	시공자
안전성	확보	불안정
공사기간	계약 공정	공기 지연
시공성	설계에 의한 시공	보강에 의한 시공
경제성	추가비용 없음(시공자 측면)	추가비용 발생(시공자 측면)

4. 여굴의 발생원인

(1) 사용 장비에 의한 원인

1) Jumbo Drill을 사용하는 경우(대형장비)

① 장비가 크므로 여굴이 많이 발생한다.

② Drill의 작업방향과 터널 단면과 이루는 최소 각은 4°로 천공 길이에 따라 여굴량은 달라진다.

Jumbo Drill의 천공 길이	여굴 발생량
3.7m인 경우	26cm
4.2m인 경우	29cm
4.7m인 경우	33cm

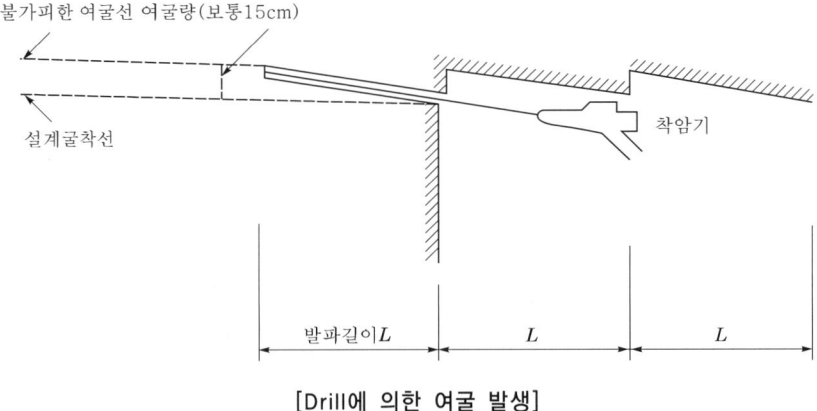

[Drill에 의한 여굴 발생]

2) Leg Drill을 사용하는 경우(소형장비)
① Jumbo Drill에 비해 소형으로 여굴은 감소한다.
② Leg Drill은 착암기 크기에 따라 천공장 1.0~2.8m일 때 10~30cm 여굴량이 발생한다.

(2) 천공 위치 및 천공 기능에 의한 원인

1) 천공 위치
① 천공위치에 따른 작업의 난이도에 의하여 여굴량이 변화한다.
② 측벽의 경우보다는 천장부가 작업이 곤란하므로 여굴량이 증가한다.

2) 천공 기능
① 작업원의 천공 기능 숙련도에 따라 여굴량이 크게 변화한다.
② 많은 凹凸로 불규칙한 굴착 막장에서 작업원의 숙련도에 영향을 받는다.
③ 주변공 위치가 경사면과 같이 난해할 경우 작업원의 숙련도에 따라 여굴량이 크게 좌우된다.

(3) 천공 Rod의 휨에 의한 원인

장공 천공 시 연약 구조대를 따라 Drill Rod가 휘어지는 현상의 발생으로 여굴이 불규칙하게 발생한다.

(4) 사용 발파법에 의한 원인

굴착 면 확보를 위해 Smooth Blasting 채택 시 Dynamite 등 일반 폭약을 사용하는 통상의 발파법을 적용할 경우 주위 암반을 크게 손상시키고 이로 인해 다량의 버럭과 여굴량이 증가한다.

(5) 지질 구조적인 원인
지반조건 및 터널 굴착 시 수시로 변화하는 지질여건에 따라 연약지반 부위 및 절리의 상호 교차지점에서 나타나는 미끄러짐 현상으로 여굴이 발생한다.

(6) 기타의 원인
1) 과다 천공
2) 발파 Pattern 설계 잘못(화약량 과다)
3) 발파 Pattern 미 준수
4) 천공 위치 부적절
5) 부정확한 천공 각도

5. 여굴의 대책

(1) 터널 암 천공 여굴량의 표준

구분	Arch부	측벽부
여굴 두께(cm)	15~20	10~15

(2) 시공상 대책

1) 지질 조건에 따른 굴착 시
   ① 토사지반의 경우 보조공법을 적용한다.
   ② 암반인 경우 제어발파를 적용하여 평활한 굴착 면이 얻어지도록 한다.
   ③ 절리 등에 유의하여 발파공의 위치 및 방향 등을 조절한다.

2) 장약 길이의 연장
   장약 길이를 길게 하여 천공 길이의 60~70% 범위에 등분포하게 폭발력이 작용할 수 있도록 한다.

3) 폭약직경의 축소
   폭약직경을 작게 하여 폭발력을 저하시킨다.

4) Bore Hole 직경과 폭약직경의 조절
   Bore Hole 직경과 폭약직경을 조절하여 공극을 만들어 공극 내의 공기를 순간적인 압축변형에 의해 Cushion 작용을 응용하여 Energy를 제어한다.

5) 사용폭약
정밀폭약을 사용 및 적정량의 폭약량을 사용한다.

6) 적정한 장비선정
굴착 면의 상태를 확인하여 적정한 천공 장비를 선정한다.

(3) 여굴 발생 시 대책

1) 시공법 개선
여굴의 발생 상태 및 발생 원인에 대한 조사 후 시공법을 개선한다.

2) 여굴 발생 면에 대한 보강
① 굴착(발파) 후 가능한 조속히 초기 보강(Shotcrete타설)을 실시한다.
② 여굴의 정도 심한 경우 Shotcrete 외 Rock Bolt 등으로 보강한다.

3) 진행성 여굴의 경우
① Shotcrete와 Rock Bolt 등으로 보강하여 응력집중에 따른 진행성 여굴을 방지한 후
② 여굴 부분에 Mortar 또는 Concrete 등으로 치밀하게 채운다.

(4) 숙련된 작업원의 활용
1) 천공 작업원의 기능 숙련도의 영향이 크므로 이에 대한 대책을 수립한다.
2) 숙련된 작업원의 활용 및 기능교육을 실시한다.

(5) 제어발파(Control Blasting) 공법 적용

1) Line Drilling
굴착 계획선을 따라 작은 직경의 구멍들을 천공하고 이 공벽에서 Shock파를 발사시켜서 파단면을 깨끗하게 마무리되도록 하는 발파방법이다.

2) Cushion Blasting
굴착 계획선을 따라 천공한 다음 폭약을 공 내에 분산 장약하고 주 굴착이 완료된 후 Cushion 작용으로 발파하는 방법이다.

3) Pre-Splitting
전면의 주 발파를 하기 이전에 굴착 면 주변을 먼저 발파하여 먼저 균열을 일으킨 후 전열(前列)을 발파하는 선균열발파(先龜裂發破) 공법이다.

4) Smooth Blasting

굴착 계획선을 따라 천공한 다음 폭약을 공 내에 정밀 장약하고 주변 공과 동시에 기폭하여 발파함으로써 발파 주변 암석면의 凹凸을 적게 하고 여굴을 방지하는 발파이다.

6. 진행성 여굴의 예측 및 대응

(1) 막장에서 터널 작업을 수행하는 인부들의 경계심
(2) 충분한 인력 배치
(3) 징후의 정확한 예견과 신속한 판단
(4) Shotcrete 타설 장비를 막장으로부터 30m 거리 이내에 대기
(5) 즉시 타설이 가능한 충분한 양의 건식 배합재 확보
(6) 응급조치용 자재(철망, 철근, 결속선, 나무쐐기, 각목, 짚, 대패 나무밥, 천 조각, 강관, 호스 등)를 즉시 이용 가능하도록 막장 근처에 확보
(7) 모든 노출면과 막장의 신속한 폐합
(8) 적절한 시공 중 배수대책 마련
(9) 여분의 대기용 펌프 확보 및 배치
(10) Shotcrete Lining에 과도한 수압작용을 막기 위하여 수발공(Relief Hole)을 설치하고 이를 통한 유도 배수실시
(11) 지보상태가 불충분한 상태에서 중단되지 않는 연속적인 작업 실시

7. 결 론

터널 시공에서 여굴 발생은 불가피한 것이지만 여굴은 막장의 작업 인부 및 터널 인접 구조물의 안정에 영향을 미치며, 과도한 변형을 발생시켜 최악의 경우에는 터널의 붕괴를 초래할 수도 있다.

따라서 터널의 정확한 지질 조사와 함께 굴착에 따른 여굴이 최소화가 될 수 있도록 경제적이고 안전한 공법을 채택함과 아울러 시공에 따른 세심한 관리가 있어야 한다.

문제 15. 터널 Concrete Lining의 누수원인(균열원인) 및 대책

1. 개 요

Tunnel Lining Concrete의 누수는 Lining의 균열로 인한 원인과 시공시 방수불량의 원인으로 구분될 수 있다.

Lining의 균열로 인한 원인은 Tunnel에 작용되는 외압 등의 영향으로 누수가 되고, 또한 Lining Concrete의 열화현상으로 방수가 제대로 되지 못해 누수가 되는 등 여러 가지가 복합적으로 작용하여 발생된다.

따라서 Tunnel Lining Concrete의 누수 대책으로는 시공 시 세심한 시공관리와 아울러 사용 중인 경우 철저한 점검과 관리를 실시하여 누수 발생 시 적기에 적절한 보수 및 보강으로 누수가 방지되도록 대책을 강구하여야 한다.

2. Tunnel Lining Concrete의 누수 원인

(1) Lining 균열에 의한 원인

1) Concrete 시공 불량
    ① 재료의 불량
    ② 배합의 불량
    ③ 시공 Joint 및 Cold Joint에 의한 균열
    ④ 치기 및 다지기, 양생 시공에 따른 불량
    ⑤ Concrete가 소정의 강도에 도달하기 전 외압이 작용한 경우

2) Tunnel 외력에 의한 원인
    ① 소성압의 작용
    ② 편토압의 작용
    ③ 지반의 이완

3) Lining Concrete의 열화
    ① 동결융해의 반복 작용
    ② 중성화 및 알칼리 골재의 반응
    ③ 건조수축

(2) 방수시공의 불량

1) 방수형식 적용 잘못
   ① 원형 단면의 터널 : 완전 방수형식을 배수식 부분방수로 적용한 경우
   ② 마제형 단면의 터널 : 배수식 부분방수를 완전방수로 적용한 경우

2) Sheet 방수의 경우
   ① 전면 접착 불량
   ② 정(釘)에 의한 설치 시 구멍 발생
   ③ 겹 이음의 불량
   ④ 재료가 찢어진 경우

3) 사용재료의 불량

(3) 유지관리 잘못

1) 점검 미비
   ① 누수징후의 미 발견
   ② 누수 발생 시 보수시기의 지연

2) 보수 및 보강 미비
   ① 보수 후 타 부위에 누수 발생
   ② 보수시공 불량

3) 누수 원인 분석 미비에 따른 대책수립 미비
   ① 누수의 근본적인 원인분석 미비
   ② 보수 및 보강공법선정 미비
   ③ 보수 및 보강시기 결정의 지연

3. Tunnel Lining Concrete의 누수방지 대책

(1) Concrete 시공 시 대책

1) 양질의 재료선정사용
2) 배합 시 시방 규정준수
3) 시공 Joint 처리 철저
4) Concrete 타설 시 연속으로 타설하여 Cold Joint 방지
5) 치기 및 다지기, 양생 시 치밀하게 시공
6) 온도균열 및 건조수축 방지
7) 충분한 양생 및 소정의 강도 도달 시 거푸집 해체

(2) Tunnel 외력에 대한 대책

1) 소성압 작용 시
① 배면 Grouting 실시
② Rock Bolt 추가 실시
③ 측벽에 Lining Steel Saddle 설치

2) 편토압 작용 시
① 지반보강
② 편토압 저항지반 확보
③ 배토공

3) 지반이완 시
① 배면 Grouting 실시
② Rock Bolt 추가 실시
③ Concrete로 단면 보강

(3) 방수시공 시

1) 양질의 재료선정사용
① 선정시험 및 관리시험으로 품질관리 철저
② KS 허가품목 등으로 검증된 자재선정 및 사용

2) Tunnel 방수 형식고려
① 단면이 원형인 경우 : 완전방수 형식적용
② 단면이 마제형의 경우 : 배수식 부분방수 형식적용

3) Sheet방수 시공시
① 전면접착이 좋을 것
② 20cm 이상 겹 이음 실시
③ 재료가 찢어지지 않도록 관리에 유의

(4) 유지관리 시
1) 점검 철저
2) 누수 발생 시 원인을 철저히 분석하여 대책 수립
3) 보수 및 보강시기를 놓치지 말 것
4) 보수 시공 시 정확하고 세심하게 시공하여 하자를 방지

4. Tunnel Lining 누수 방지공법

(1) 선상의 누수 방지공

1) 유도공법 : 누수량이 많은 경우
2) 지수공법 : 누수량이 적은 경우

(2) 면상의 누수 방지공

1) 누수 범위가 비교적 좁고 누수양이 적은 경우
   ① 뿜어 붙임공법
   ② 도포공법

2) 누수 범위가 넓고 누수량이 많은 경우
   - 방수판 공법

3) 누수량이 비교적 적은 경우
   - 방수 Sheet 공법

(3) 배면 Grouting 공법

1) 침투주입 공법
   ① L.W Grouting 공법
   ② SGR Grouting 공법

2) 강제교반 공법
   ① J.S.P 공법
   ② Jet Grouting 공법

5. 결 론

Tunnel Lining Concrete의 누수 발생 시 그 원인이 균열에 의한 원인인지 아니면 방수 시공상의 불량 때문인지를 정확히 분석하여 대책을 수립하는 것이 중요하다.

따라서 균열이 누수의 원인이라면 이 균열의 원인이 다양하므로 시공 과정상, Tunnel 주변의 외력 작용, 유지 관리상 등에 대하여 세심한 주의가 필요하며, 아울러 방수 상의 문제라면 정확한 위치와 누수량을 파악한 후 적정한 공법을 선정하여 신속히 보수 또는 보강하여야 한다.

문제 16 TBM 공법

1. 개요

TBM(Tunnel Boring Machine)은 재래의 천공 및 발파를 반복하는 시공과는 달리 폭약을 사용하지 않고 기기 전면에 장착된 Cutter의 회전에 의하여 터널 전단면을 절삭 또는 파쇄하여 굴진하는 터널 굴착 기계이다.

따라서 TBM 공법은 굴착 주변 암반 자체를 지보재로 활용하는 전단면 기계 굴착공법으로 공정이 단순하고 소수인력으로 작업이 가능하며, 또한 발파를 하지 않으므로 여굴량이 최소화되어 작업환경이 양호하고 안정성이 확보되므로 장대 터널에 유리한 공법이다.

2. TBM 공법의 특징 및 적용성

(1) 특징

1) 장점
① 연속굴착으로 시공속도가 빠르다.
② 공기가 단축된다.
③ 굴착에 따른 여굴 및 버럭 처리량이 적다.
④ 정밀시공이 가능하다.
⑤ 유해 Gas 및 분진 등이 거의 없어 갱내의 작업환경이 양호하다.
⑥ 낙반이 적고 작업자의 안전성이 높다.
⑦ Lining 공사비가 절감된다.
⑧ 대부분 기계에 의한 굴착으로 노무비가 절감된다.

2) 단점
① 장비가 고가이며 초기 투자비가 크다.
② 지질변화에 대응하기 곤란하다.
③ 굴착 단면에 대한 변화가 곤란하다.
④ 기계 조작에 따른 전문 인력이 필요하다.

(2) 적용성
1) 암의 일축압축강도(q_u)가 500~2,000kg/cm²의 연암 및 경암지반
2) 암석으로 이루어진 산악터널 굴착시공
3) 터널 길이가 긴 경우(4~5km가 경제적)

4) 적용이 곤란한 지반
   ① 암반의 변화가 큰 지반
   ② 팽창성 및 풍화된 지반
   ③ 단층 및 파쇄대
   ④ 용수가 많은 지반

3. 터널 굴착 기계의 종류

(1) Hard Rock Tunnel Boring Machine : TBM(전단면 굴착, 암 적용)
(2) Shielded Tunnel Boring Machine : Shield(전단면 굴착, 토사 적용)
(3) Drill Machine : NATM 및 ASSM(Bore And Blasting)
(4) Road Header : 부분 단면굴착

4. TBM의 구성

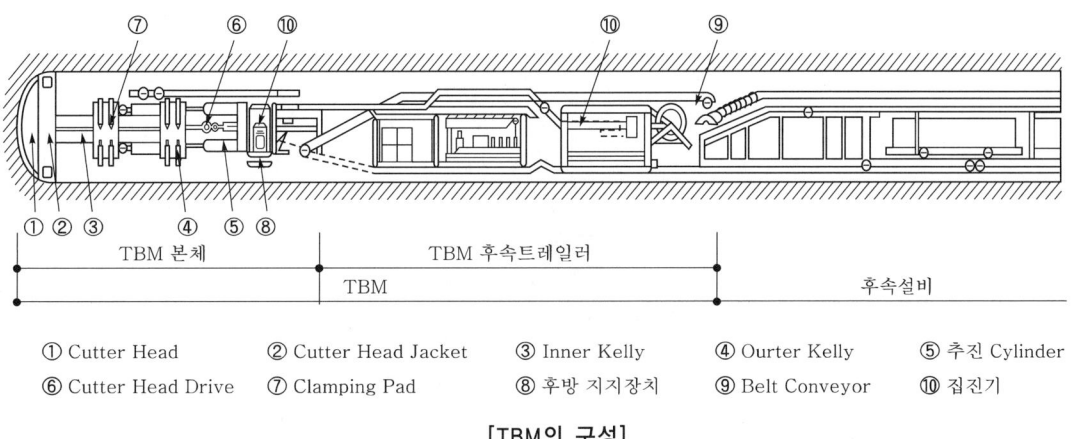

① Cutter Head ② Cutter Head Jacket ③ Inner Kelly ④ Ourter Kelly ⑤ 추진 Cylinder
⑥ Cutter Head Drive ⑦ Clamping Pad ⑧ 후방 지지장치 ⑨ Belt Conveyor ⑩ 집진기

[TBM의 구성]

(1) TBM 본체(Body)

1) Cutter(Disk Cutter)
   ① 동일한 중심의 원형 궤적을 따라 회전하면서 동시에 암반의 굴착 단면의 수직 방향으로 작용하는 힘(Normal Force)을 주는 역할을 한다.

② Cutter의 구분

구 분	내 용
Center Cutter	직경 305mm인 2개의 쌍둥이 Disk로 결합되어 암석을 마모시키기 위해 Cutter Head의 305mm 반경으로 회전한다.
Face Cutter	직경이 394mm로 표면의 외부 원주와 Centen Cutten 사이에서 일정한 반경 곡선을 가지고 표면의 종단방향으로 서로 위치한다.
Gauge Cutter	직경이 394mm로 3차원적 굴착형태로 곡선을 그리며 Cutter Head의 바깥 부분에 위치한다.

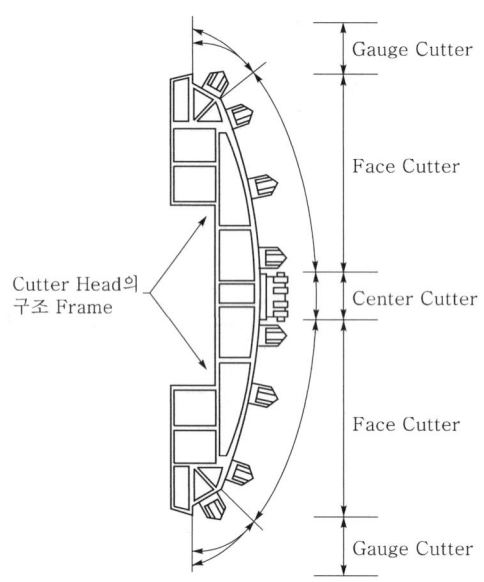

[Cutter Head 및 Cutter의 구분]

2) Cutter Head

TBM 본체의 선단 부분에 위치하여 Cutter Head에 배열 장착된 Cutter를 압착 및 회전시켜 암반을 파쇄시킨다.

3) Cutter Head Jacket(Cutter Head 보호대)

Cutter Head 및 Shovel 장치를 둘러싸고 있으며 터널 벽면으로부터 떨어지는 낙반을 방지한다.

4) Inner Kelly 및 Outer Kelly

① Inner Kelly는 추진 Cylinder의 유압작동으로 Cutter Head를 전진시킨다.
② Outer Kelly는 Inner Kelly를 감싸고 있으며 기 굴착된 터널벽면에 Pad로 압착 지지하는 장치를 이용하여 TBM을 굴착 전진시킨다.

5) 추진 Cylinder

Cutter Head의 추진력을 크게 하고 굴진 중 터널보강에 필요한 Cutter Head와 본체 사이의 작업공간을 확보해 준다.

6) Cutter Head Drive

TBM 본체의 선단 부분에 위치한 Cutter Head를 회전시킨다.

7) Clamping Pad

① 굴진 중 발생되는 힘에 대해 TBM 본체를 암반측벽에 지지함으로써 굴진을 효율적으로 굴진을 가능하게 한다.
② 굴진 중 Cutter Head의 안정성 유지 및 확정된 굴진 방향을 유지하는 역할을 한다.

(2) 후속 Trailer

1) 변전설비

Cutter Head 구동에 필요한 전력을 고압으로 전환하는 유압 Motor 장착

2) 집진기

TBM 굴착 시 발생되는 분진을 집진 처리하여 갱내 작업환경유지

3) Belt Conveyor

버럭반출을 위한 것으로 상부에 설치

4) 후속 Trailer의 이동방법

견인 Rod 또는 Chain에 의하여 기계 본체에 견인되어 이동

(3) 후속설비(Back-Up System)

1) TBM 굴진 시 발생하는 버럭을 Conveyor, 광차, Dump Truck 등을 이용하여 외부로 방출시키는 설비이다.
2) TBM 운용을 위해 모든 라인이 복잡하게 연결되어 있다.
3) 버럭의 적재 및 운반방식, 운반차의 크기 선정 시 고려사항
   ① 지반조건(지질, 용수 등)
   ② 입지조건(주변의 환경, 운반로 등)
   ③ 단면의 크기
   ④ 버럭의 성상

(4) 부대시설

1) 버럭처리장 및 버럭처리 장비
① TBM 굴진 시 발생하는 버럭을 2~3일간 적치할 수 있는 공간을 작업장 내외에 확보한다.
② 광차 또는 Belt Conveyor를 이용하여 버럭처리를 할 경우 버럭의 용량 및 TBM 성능을 비교 검토하여 설정 및 설치한다.

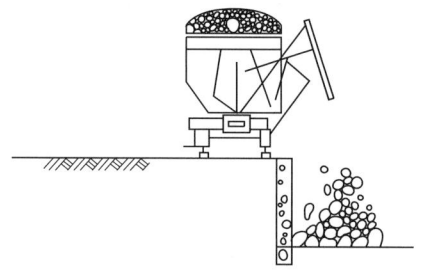

[광차를 이용한 버럭처리 및 버럭처리장]

2) 환기시설
① 터널 내에 신선한 외부 공기의 공급 및 굴착 시 발생하는 암석의 분진, 엔진의 배기가스 등을 배출하기 위한 설비이다.
② 환기 방식의 종류 : 송기식, 배기식, 송·배기식

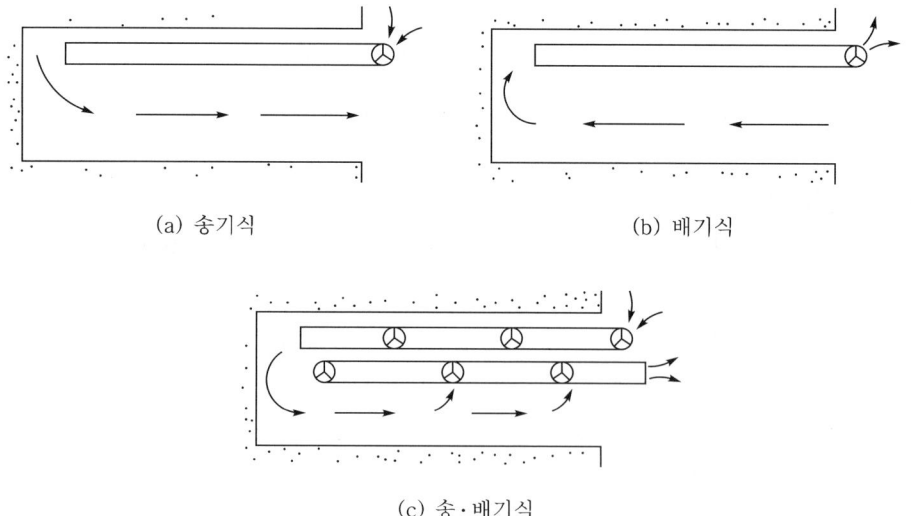

[TBM 굴진 시 터널 내의 환기방식 종류]

3) 급수설비
TBM 굴착 시 Cutter와 암반의 마찰열을 식히기 위한 급수를 공급하는 설비이다.

4) 침전설비

TBM 굴진시 발생한 탁수를 터널 밖으로 배출시켜 화학약품(황산알루미늄, 소석회, 고분자 응집제) 등을 혼합하여 정화된 물을 외부로 방출시키는 설비이다.

5) 수전설비

TBM 가동 및 Back-Up 전기설비 등에 필요한 전원을 공급하는 설비이다.

6) 비상 급기설비

① 장대터널 및 지질이 불량한 지대의 터널 굴착 시 낙반 사고 등 터널이 매몰될 경우를 대비하고 인명피해를 예방하기 위한 설비이다.

② 비상 급기설비는 터널 연장 및 대피인원 8~15명을 기준으로 공기압축기의 용량 및 급기관의 구경을 결정한다.

5. TBM 굴착

(1) 굴착방식

1) 압쇄식

① Disk Cutter의 회전력을 이용한 암석을 압쇄하여 굴착하는 방식

② 일축압축강도 1000kg/cm² 이상인 암석의 경우 적용

2) 절삭식

① Button Cutter의 회전력을 이용한 암석을 절삭하여 굴착하는 방식

② 일축압축강도 300~800kg/cm² 정도의 풍화암 및 연암일 경우 적용

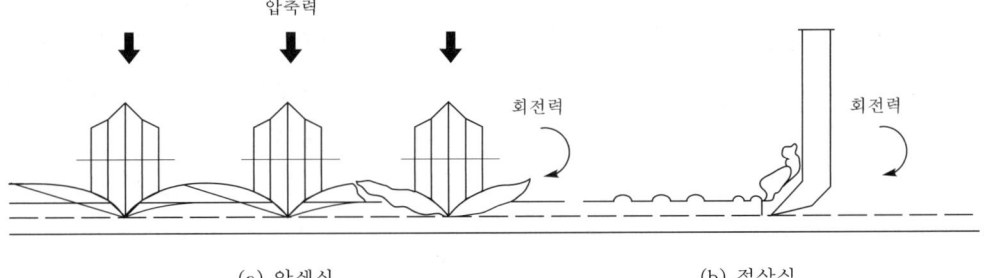

(a) 압쇄식   (b) 절삭식

[Cutter에 의한 굴착방식]

(2) 굴착 순서

1) 제 1 단계

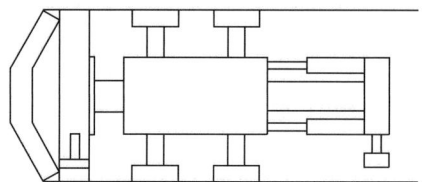

① Clamping Pad를 터널 벽면에 압착
② 전·후 기계 지지대를 위로 오므림
③ Cutter Head 작동 시작

2) 작동 2 단계

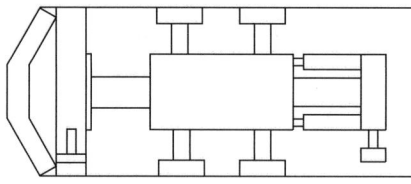

① 1 Stroke의 굴진이 끝남
　(1 Stroke : 0.9~1.4m)
② Inner Kelly만 전진 상태

3) 제 3 단계

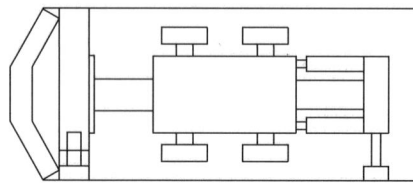

① 전·후 기계 지지대를 지상으로 내림
② Clamping Pad를 터널 벽면으로부터 풂

4) 제 4 단계

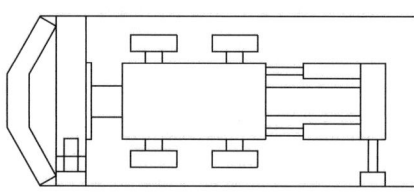

① Outer Kelly를 1Stroke 만큼 전진시킴
② 뒤쪽 기계 지지대로서 기계 굴진 방향을 조정함(기계방향을 레이져 광선 방향과 일치시킴)

5) 제 5 단계

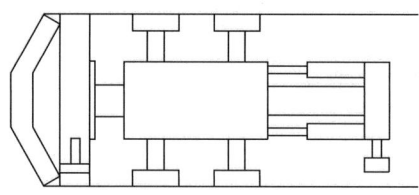

제 1단계와 같음

(3) TBM에 의한 굴착 공법

1) 전단면 굴착(전단면 TBM)

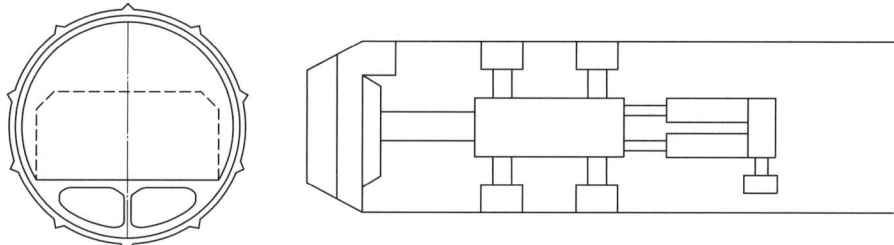

① 전단면을 TBM으로 굴착한다.
② 기계식 굴착으로 모암의 이완이 및 여굴 발생량이 적다.
③ 직경 8m까지는 전단면 굴착기로 굴착한다.
④ 직경 8m 이상은 장비의 효율, 후속 설비의 증대, 시공성 및 경제성이 저하된다.
⑤ 직경 4m 이하의 작은 굴착 단면은 수로 터널에 주로 적용한다.
⑥ 시공 중 터널 단면의 변경이 곤란하다.
⑦ 원형굴착으로 인한 비 활용 단면이 발생함으로 비경제적이다.
⑧ 공사비가 고가이다.

2) NATM 확공(전단면 TBM + NATM)

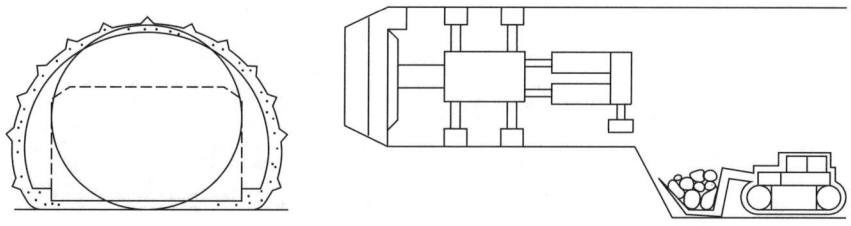

① TBM으로 1착 굴착 후 NATM으로 2차 확공한다.
② TBM에 의한 선진갱으로 지질 및 지층상태를 파악하므로 후속 시공시 대응조치가 용이하다.
③ 기계식 굴착 후 확공발파로 여굴이 발생된다.
④ 확공발파로 인하여 모암에 균열 발생 및 지반 지지력의 저하가 우려된다.
⑤ 시공 중 터널 단면변경이 가능하다.
⑥ 경제적인 단면으로 시공이 가능하다.
⑦ 공사비가 저렴하다.

3) TBM 확공(전단면 TBM + TBE)

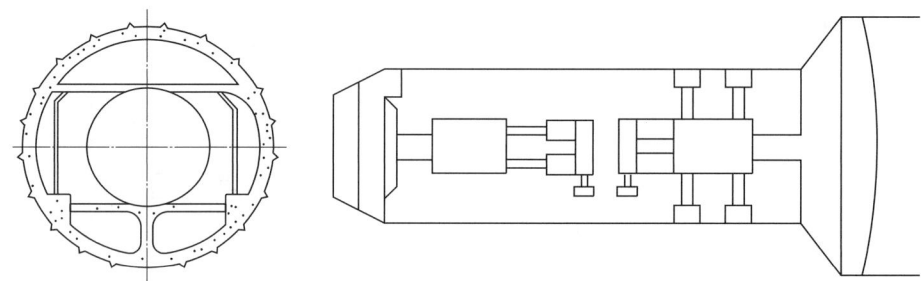

① TBM으로 1차 굴착 후 확대형 터널굴착기(TBE ; Tunnel Boring Enlarging Machine)로 2차 굴착으로 확공한다.
② TBM과 TBE를 연결하여 굴착하는 기계식 방법으로 암질의 변화가 심한 곳에 적용이 용이하다.
③ 기계식 굴착으로 여굴 발생량이 적다.
④ 기계식 굴착으로 모암의 지내력을 최대한 활용이 가능하다.
⑤ 시공 중 터널 단면 변경이 곤란하다.
⑥ 원형굴착으로 인한 비 활용 단면이 발생하므로 비경제적이다.
⑦ 공사비가 보통이다.

6. TBM 시공순서

(1) 작업구 굴착
1) 굴착은 재래식 방법에 의해 실시한다.
2) 투입 기종보다 15~20cm의 여유공간을 확보하며 굴착한다.
3) 작업구 형태는 마제형과 원형이 있으며 측벽 지내력이 충분하도록 한다.

(2) TBM 조립
운반된 각 부품들을 현장에서 조립한 후 보조유압장치를 이용하여 작업구로 이동시킨다.

(3) TBM 굴착
1) TBM 굴착공법에는 전단면 TBM, NATM 확공, TBM 확공 등이 있다.
2) 터널 단면의 형태 및 크기, 지반조건 등을 고려하여 적정한 굴착공법을 선정한다.

(4) 버럭처리
Cutter에 의해 파쇄된 버럭은 광차와 기관차를 이용한 궤도, Dump Truck, Belt Conveyor 등을 이용하여 터널 외부로 운반 처리된다.

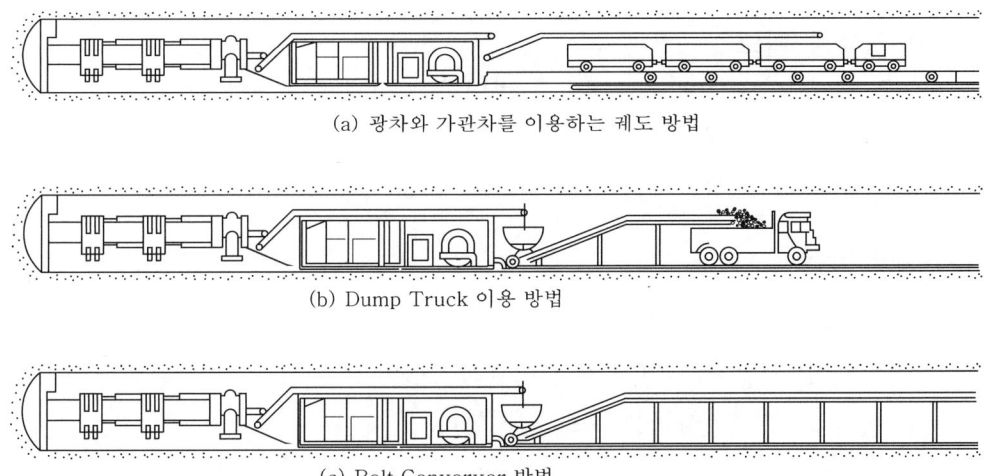

(a) 광차와 가관차를 이용하는 궤도 방법

(b) Dump Truck 이용 방법

(c) Belt Converyor 방법

[버력처리 System]

(5) 암반보강 지보공

풍화된 지반, 파쇄대, 절리가 발달된 암반 등 굴착지반이 불안정할 경우 지보공으로 보강한다.

(6) 배수(퇴수 및 자연용수처리)

TBM에 의한 퇴수 및 굴착 중 발생되는 자연용수에 대해서는 굴진과 병행하여 400~500m 마다 Pit를 설치하고 수중 Pump를 이용하여 갱외로 릴레이식 배수 처리한다.

(7) Concrete Lining

1) Concrete Lining은 굴착이 완료된 후 실시한다.
2) Concrete Lining은 밀실한 시공으로 강도, 수밀성, 내구성 등을 확보한다.
3) 건조수축에 의한 Hair Crack이 발생하지 않도록 한다.

(8) 기타 부대공

터널 굴착에 따른 버력처리장, 환기시설, 배수설비, 비상급수설비, 급수시설, 침전시설, 수전설비, 갱문 설치 등의 부대시설들을 관리한다.

7. 계 측

(1) 계측의 목적

1) 안전성 확인
   ① 주변지반의 거동파악
   ② 지보재의 효과파악
   ③ 반복적인 차량 주행 구조물로서의 터널 안전성 확인
   ④ 주변 구조물의 영향파악

2) 경제성 확보
   ① 설계 및 시공에 계측결과를 반영하여 경제적인 공사유도
   ② 향후 공사 계획 시의 기초자료로 활용
   ③ 소송 및 보상을 위한 근거자료로 활용

(2) 계측항목

1) 계측항목 선정 기준
   ① TMB 시공 시 지반조건이 비교적 양호하므로 일상 시공 관리상 반드시 실시해야 할 A "계측" 항목을 주로 실시한다.
   ② 팽창성 지반 등 지반 조건이 불량한 경우 "B 계측" 항목을 병행하여 실시한다.

2) A 계측(일반 계측)
   일상적인 시공 관리상 반드시 실시되는 계측
   ① 갱내관찰조사
   ② 내공 변위측정
   ③ 천단침하측정
   ④ Rock Bolt 인발시험

3) B 계측(정밀 계측)
   지반조건 및 현장여건을 고려하여 "A 계측"의 추가적으로 실시
   ① 지중 변위측정
   ② Rock Bolt 축력측정
   ③ 1차 및 2차 Lining 응력측정
   ④ 지표 및 지중 침하측정
   ⑤ Steel Rib 응력측정
   ⑥ 지반 팽창성 측정

4) 계측 단면도

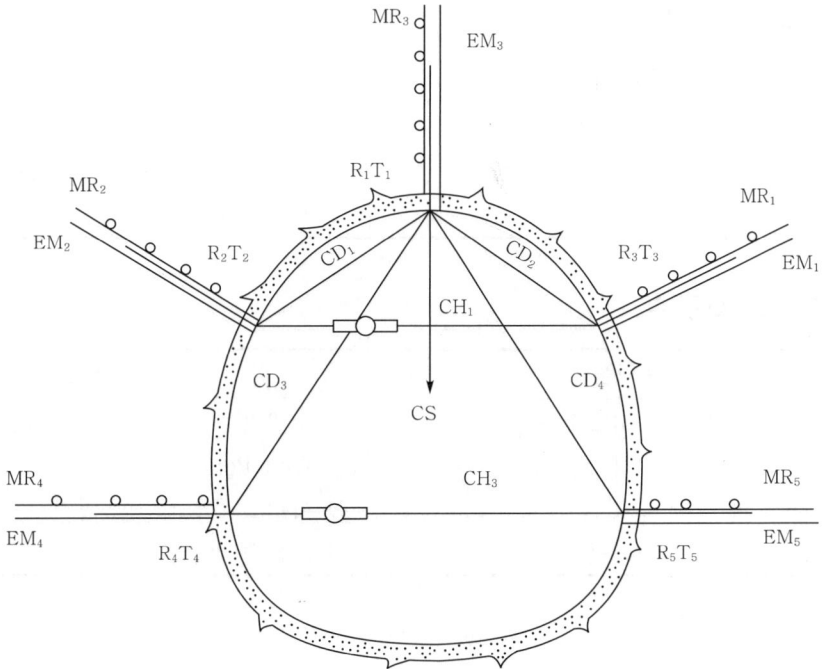

CH : Horizontal Convergence Measurement(수평 내공 변위 측정)
CD : Diagonal Convergence Measurement(대각선 내공 변위 측정)
MR : Measuring Rock Bolt(Rock Bolt 축력측정)
EM : Extensometer(지중 변위측정)
R : Radial Pressure Cell(반경 방향 응력측정)
T : Tangential Pressure Cell(축 방향 응력측정)
CS : Crown Settlement(천단침하측정)

(3) 계측계획수립 시 유의사항

1) 계측의 목적, 문제점 및 계측항목을 명확히 설정한다.
2) 계측기기의 선정 및 설치, 계측의 빈도 등을 신뢰도가 높도록 계획한다.
3) 계측결과는 신속히 분석하여 시공에 반영하도록 한다.
4) 긴급사태에 신속한 대응을 위해 계측결과 분석 후 취할 조치의 내용과 범위를 사전에 고려한다.

8. 시공 시 문제점 및 대책

(1) 단층 및 파쇄대 지반

문제점	대 책
1) 지내력 및 지지력의 부족 2) 막장 및 측벽의 붕괴 3) 용수의 분출	1) 약액 주입에 의한 지반 고결 2) 지보공으로 막장 및 측벽보강 3) 용수처리대책공 실시

(2) 용수 및 지하수

문제점	대 책
1) 지반의 연약화로 피압수증가 2) 지반의 지지력 저하 3) 지보공의 정착 불량 4) 기계 이동 및 기능 곤란	1) 수위저하 : 수발갱, 수발 Boring Well Point, Deep Well 2) 차수 : 주입, 동결, 압기 3) 용출수 처리 : Dike, 집수정 설치

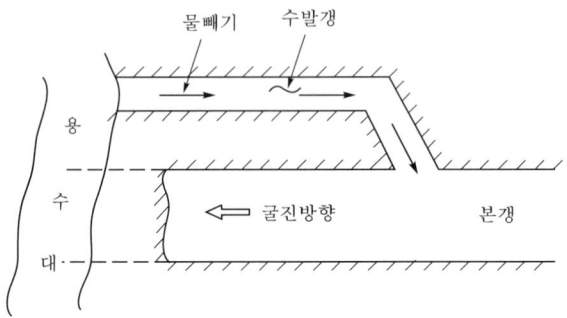

[수발공 우회갱 예시]

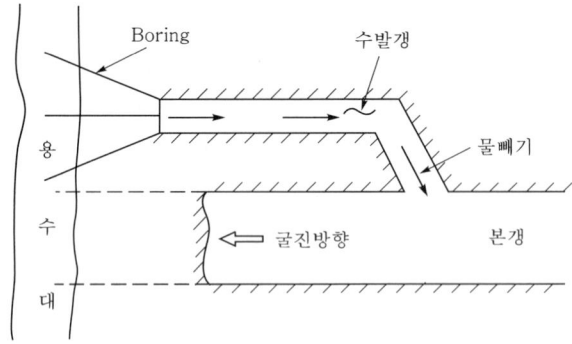

[수발공 우회갱에서의 수발공 Boring 예시]

9. TBM 적용 시 고려사항

(1) 지질조건 및 지하수 상태
(2) 단층 및 파쇄대의 현황
(3) 토피(Cover Depth)
(4) 단면의 형상
(5) 터널의 길이
(6) 시공성, 안전성, 경제성

10. 결 론

TBM은 천공이나 발파를 하지 않고 무진동, 무소음으로 굴착하는 전단면 터널굴착 기계로서 주로 암석으로 이루어진 장대의 산악터널 굴착시공에 적합한 최신 터널공법이다.

TBM은 연속굴착으로 시공속도가 빨라 공기를 단축시키고, 또한 굴착에 따른 여굴 발생량이 적어 버럭처리가 용이하나 장비가 고가이다 보니 초기 투자비가 큰 것과 단면변화에 대한 변화가 곤란 것 등이 주요 문제가 되므로, 이에 대한 보완성을 연구 개발하여 보다 획기적이면서 경제적인 TBM 터널공법이 적용될 수 있도록 하여야 할 것이다.

문제 17 터널 갱구부

1. 개 요

터널에서의 갱구부는 터널의 출입구에 터널 본체와 연결되는 구조물을 말하며, 갱구부 입구에는 갱문 구조물이 있다.

갱구부는 터널 본체로의 출입이 원활하고, 또한 외부로부터 발생되는 토사의 붕괴 등에 대해서 충분한 보호하는 역할을 한다.

2. 갱구부의 범위

(1) 갱구부는 일반적으로 갱문 구조물 배면으로 부터 터널 길이의 방향으로 터널직경(D)의 1~2배 정도의 범위

(2) 또는 터널직경 1.5배 이상의 토피가 확보되는 범위까지로 정의함을 원칙으로 한다.

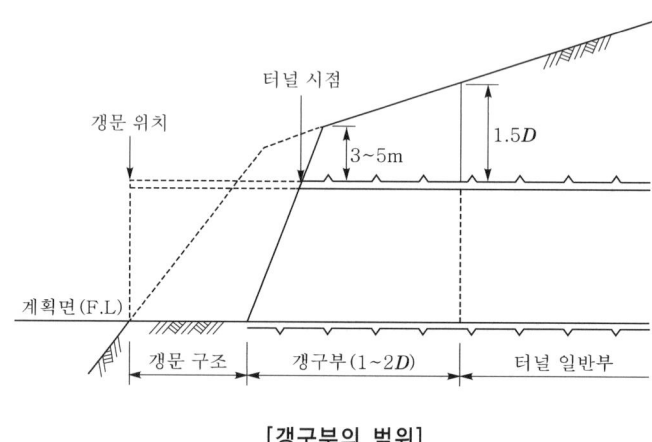

[갱구부의 범위]

3. 갱구부 계획 시 고려사항

구 분	설계 시 고려사항
안정성 측면	① 배면의 토압, 낙석 등에 대해 안정한 구조물 ② 지형조건에 따른 편토압에 저항성이 큰 구조물 ③ 비탈면의 안정조건
자연적인 측면	① 갱구 부근의 지형 ② 지반조건 ③ 지하수 조건 ④ 기상조건 ⑤ 기상재해의 가능성 여부
사회적인 측면	① 민가 ② 근접 구조물 ③ 근접 시설물
환경적인 조건	③ 주변 경관과의 조화 ④ 차량의 주행에 미치는 영향
시공성 측면	① 시공이 용이하고 제약조건이 최소 ② 터널 작업의 충분한 소요공간확보 가능 여부 ③ 갱구 부근에 계획된 터널 관련 구조물, 유지관리시설 등의 배치 ④ 경제성 고려

4. 갱구부 설계 시 고려사항

(1) 갱구의 위치 및 설치방법
(2) 갱구부로 시공되는 범위
(3) 갱구부의 굴착공법, 지보구조, 보조공법과 콘크리트 라이닝 구조
(4) 갱구 비탈면 안정검토와 필요한 비탈면 안정공법
(5) 갱구 비탈면의 지표수 및 지하수 배수대책
(6) 기상재해의 가능성과 필요한 대책 공법
(7) 지표면 침하 등 갱구 주변의 구조물에 미치는 영향
(8) 지진 등 동적 하중을 고려한 갱구부 계획
(9) 갱구부 접속 구조물과의 배수처리연계방안
(10) 갱구 주변의 환경에 미치는 영향
(11) 비상사태 발생시 구난활동의 유지관리방안(접근의 편리성)
(12) 갱구 비탈면 및 구조물의 공사 중 및 운영 중 유지관리방안

(13) 터널 작업의 소요공간(Batch Plant, 폐수처리시설, 장비의 조립 및 대기 장소 등)
(14) 기타방재설비의 설치 공간 확보 여부, 가설, 공사용 도로 및 공사용 설비계획 등
(15) 시공 중 지표면 침하에 제약을 받을 때에는 대상구조물의 설계조건

5. 갱구부 위치

(1) 갱구부 위치 선정조건
1) 기본적으로 비탈면과 직교하는 위치에 계획
2) 공사용 설비의 배치에 대한 고려
3) 갱구 설치 시 토피는 최소 3~5m 정도 확보
4) 깎기 면에 대한 충분한 비탈면의 안정성을 확보
   - 필요에 따라 Shortcere 또는 Rock Bolt에 의한 보강
5) 갱구부 구조물의 안정성을 확보
6) 비탈면 형성에 의한 환경훼손을 최소화

(2) 터널 중심축선과 지형과의 관계

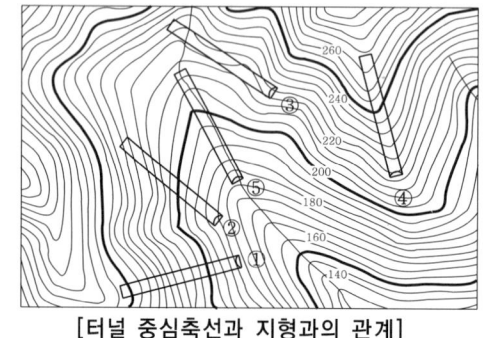

여기서, ① 비탈면 직교형
② 비탈면 경사 교차형
③ 비탈면 평행형
④ 능선 평행형
⑤ 골짜기 진입형

[터널 중심축선과 지형과의 관계]

(3) 지형적 위치에 따른 위치종류 및 특성

1) 비탈면 직교형
   ① 가장 이상적인 터널축선과 비탈면의 위치 관계
   ② 비탈면 중간에 갱구부가 계획될 경우
      - 공사용 도로의 확보가 필요
      - 설치되는 도로구조물과의 관계 등 시공 상의 특별한 배려가 필요

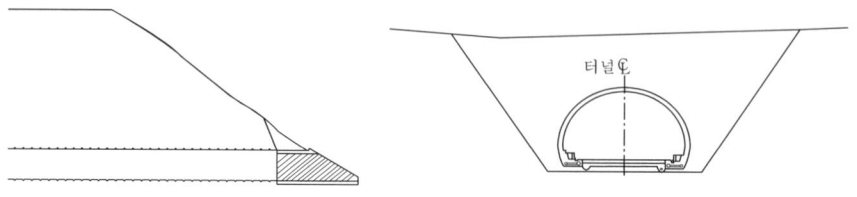

2) 비탈면 경사 교차형
   ① 터널축선이 비탈면에 대해 비스듬하게 진입
   ② 비대칭의 절취 비탈면이나 갱문이 되는 경우가 있음
   ③ 유동 암반인 경우 편토압에 대한 검토 필요
   ④ 횡 방향 토피 확보 필요

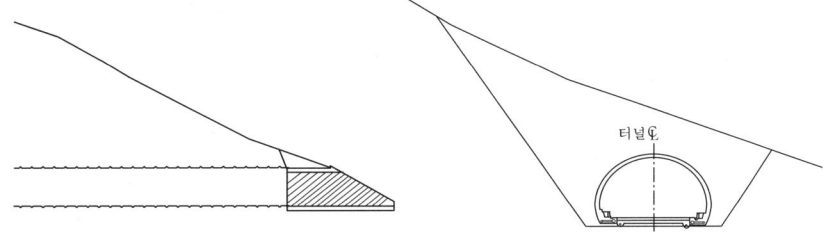

3) 비탈면 평행형
   ① 터널 중심축선과 지형 비탈면과의 교차가 평행한 위치의 갱구부
   ② 가장 극단적인 상황으로서 가능하면 피해야 하는 위치
   ③ 긴 구간에 걸쳐 골짜기 쪽의 토피가 극단적으로 얇아질 수 있어 편토압에 대해 고려

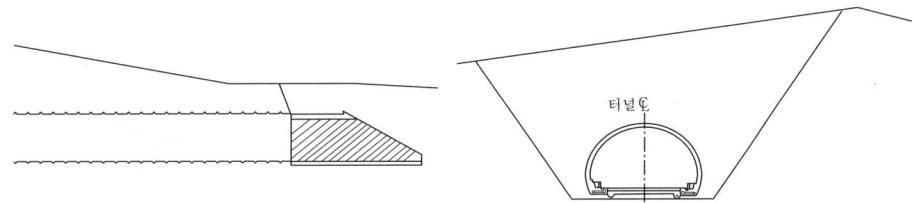

4) 능선 평행형
   ① 터널 양쪽면의 토피가 극단적으로 얇아질 때가 있어 횡단면의 검토가 요구
   ② 암선의 좌우 비대칭 및 암선이 깊게 될 경우가 많아 철저한 지반조사 실시
   ③ 선형상 갱구부의 굴착량이 최소로 경제적
   ④ 지반조건에 문제가 없다면 바람직한 방법

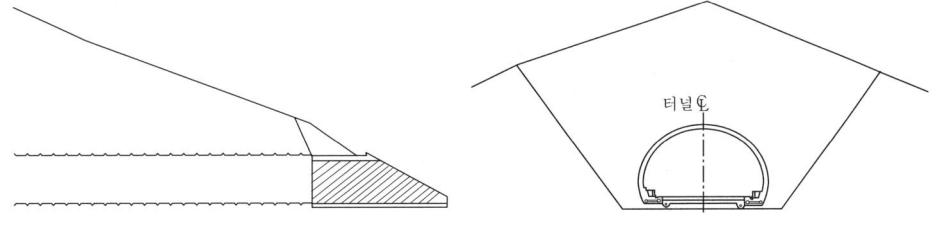

5) 골짜기 진입형
① 골짜기에 위치한 갱구부
② 지표수 유입과 지하수위가 높을 때가 많음
③ 토석류, 낙석, 산사태, 눈사태 등의 자연재해가 발생하기 쉬운 위치관계
④ 부득이하게 계획되었을 경우
　㉠ 지표수와 갱문 배면의 침투수가 원활하게 배수처리 되도록 고려
　㉡ 낙석, 산사태, 눈사태 등의 자연재해 발생 가능성에도 대비

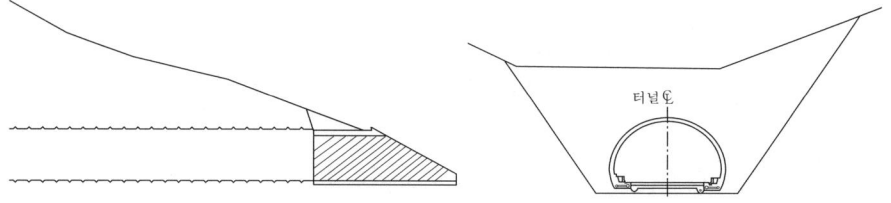

6. 갱구부 시공(시공시 유의사항)
(1) 갱구부 시공순서

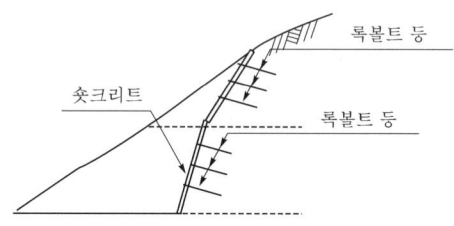

[1단계 : 갱구 비탈면 깎기 및 보강]

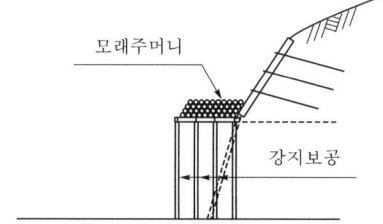

[2단계 : 공사용 갱문 설치]

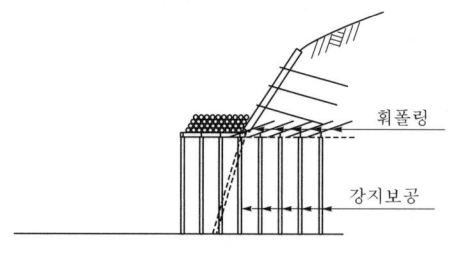

[3단계 : 터널굴착]

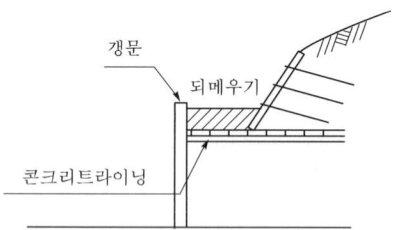

[4단계 : 갱문 설치]

(2) 갱구부 깎기 기울기

1) 갱구부 비탈면
① 영구 비탈면이 발생하는 구간 : 토공구간의 깎기 기울기를 유지
② 터널 시공이 이루어지는 갱구부 : 일반적으로 1:0.3~1:0.5

2) 갱구부에 되메움이 발생하는 구간(임시 비탈면)
① 갱구 설치부의 시공성과 원지반 조건을 고려하여 급경사로 하는 것이 바람직
② 필요에 따라 비탈면 Shotcrete 또는 Rock Bolt에 의한 비탈면 보강 고려

3) 기울기 적용 시 고려사항
① 갱구부의 지층조건
② 갱구부의 불연속면 상태

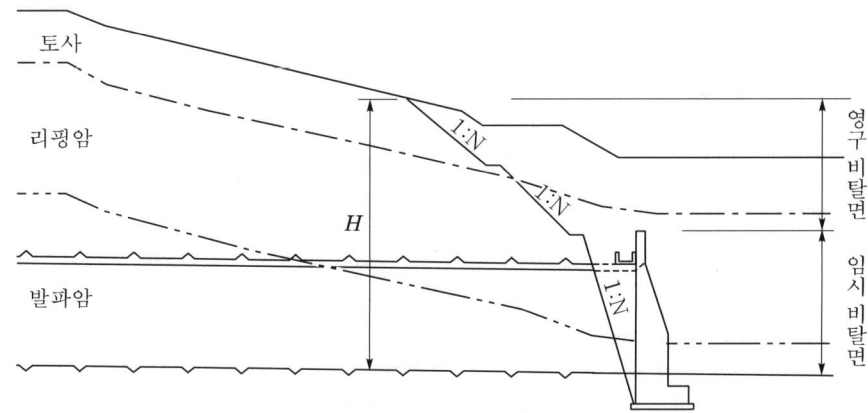

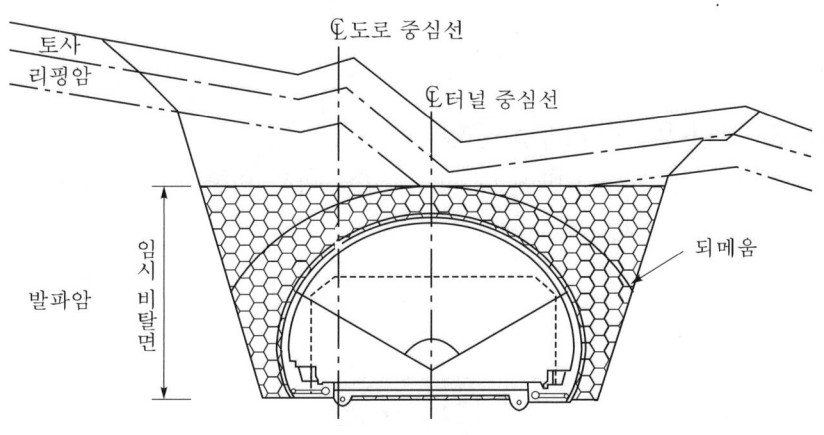

[갱구 임시 비탈면]

(3) 갱구 비탈면 보강 및 보호공법

1) Soil Nailing 공법
① 보강재를 Prestressing 없이 원지반에 삽입 및 Grouting 실시
② Nail 보강에 따른 배면 지반의 일체 거동으로 안정성 증대
③ 토사 및 풍화암에 주로 적용

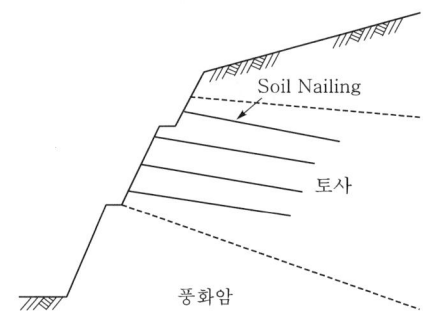

2) Rock Bolt 공법
① 절리가 있는 암반에 Rock Bolt를 설치하여 암반 비탈면 붕괴 및 낙석방지
② 연암 및 경암에 주로 적용

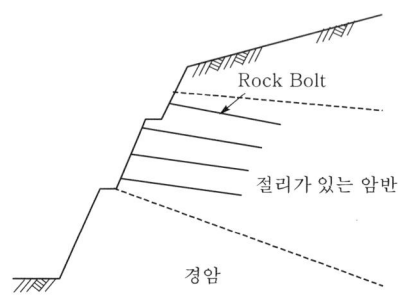

3) 비탈면 보강 및 Grouting 공법
① 보강재 설치 후 원지반에 Grout 주입에 의한 비탈면 보강 효과로 안정성 증대
② 토사 및 풍화암에 주로 적용

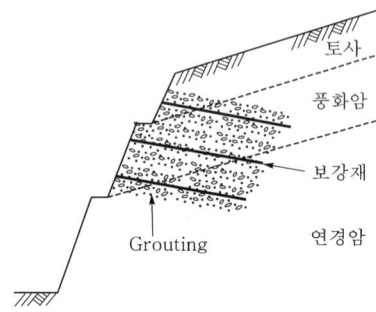

4) 가시설 + 영구 Anchor 공법
   ① 주동보강공법으로서 보강효과 발휘
   ② 가시설과 영구Anchor를 병용하여 시공함으로써 원지반의 결속력이 증대

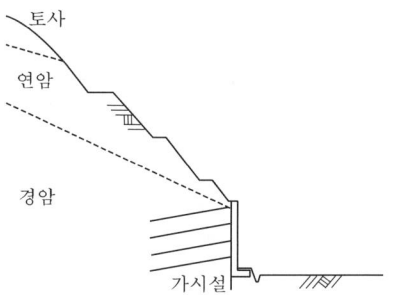

5) 압축력을 이용한 옹벽 공법
   ① 전면판넬과 보강재 Grout 주입 후 원지반에 압축력을 도입하는 공법
   ② 소단에 식재 및 녹화를 병행하여 경관개선 및 낙석방지

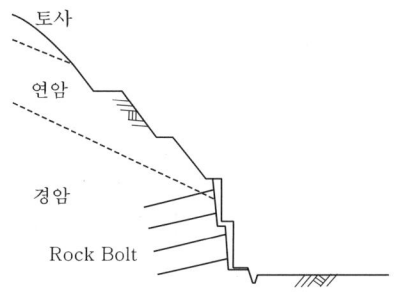

6) RC옹벽 공법
   ① 비탈면 깎기 후 옹벽 설치를 통한 안정성 확보
   ② 시공 공정이 단순

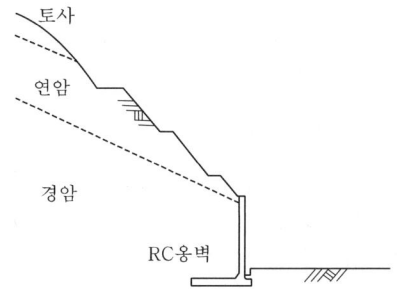

7) 녹화공법
   ① 토사 구간 : 떼붙임, Seed Spray, 씨앗부착 거적 덮기, Coir Net
   ② 리핑암, 발파암 구간: 암절개지 능형망 설치 후 녹생토 실시

(8) 공사용 갱문설치

1) 공사용 갱문설치목적
① 갱구 비탈면으로부터 토사붕괴 및 낙석 등의 방지
② 본선 터널공사에 진출입구 확보
③ 본선 터널공사에 진출입하는 공사용 장비의 안전성 확보
④ 터널 단부의 붕락 방지
⑤ 눈, 비 등으로부터 본선 터널 내 공사시설물 보호
⑥ 원활한 시공성 확보

2) 시공순서
① 토공갱구입구 비탈면 깎기
　㉠ 갱구상단 기울기 : 각 지층별 토공 깎기의 기울기 적용
　㉡ 갱구입구 기울기 : 암질 상태에 따라 1:0.23~1:0.5 적용
　㉢ 필요 시 갱구입구에 흙막이 가시설시공 실시
② 갱문용 하부 강지보재 기초 터파기
　격자지보재의 충분한 근입장이 확보되도록 굴착

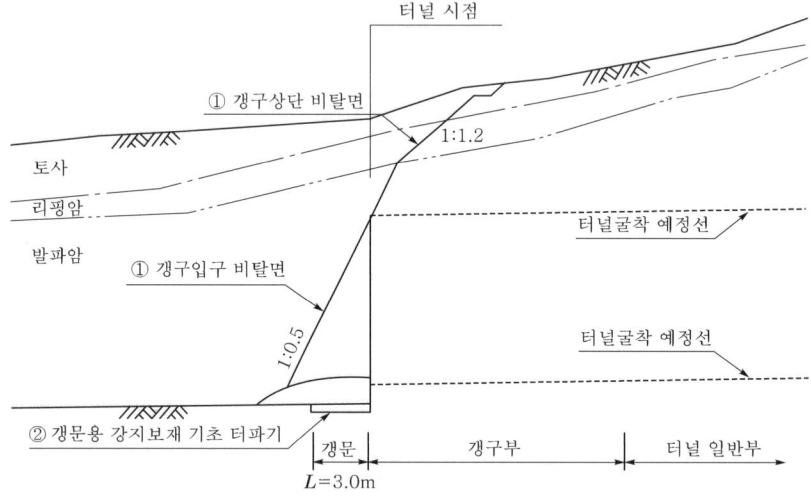

③ 강지보재 기초 Concrete 타설
　Concrete가 경화되기 전 강지보재를 연결할 Anchor를 사전에 매입
④ 갱문용 하부 강지보재 설치
　㉠ 지보재 간격 0.5m, 설치 길이 3m 정도
　㉡ 사전에 매입된 Anchor에 Bolt를 이용하여 견고하게 고정
⑤ 강관다단그라우팅 실시
　㉠ 갱구상단에 상향으로 1열 시공
　㉡ 강재보설치 전 사전에 실시

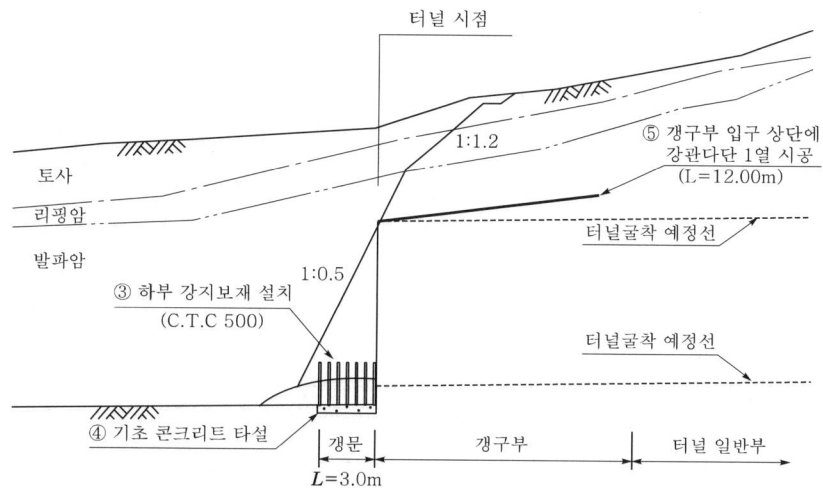

⑥ 상부 강지보재 설치
  ㉠ 1차로 하부 강지보재와 Anchor를 이용하여 지보를 연결
  ㉡ 연결부위는 내공측량과 함께 용접으로 마무리
  ㉢ 지보사이에 간격재로 견고하게 고정하여 강지보재의 흔들림을 방지
⑦ Wire Mesh 설치
  ㉠ 겹 이음 : 종방향으로 30cm, 횡방향으로 15cm
  ㉡ Shortcrete 타설시 움직임이 없도록 강재보재에 견고하게 고정
⑧ 합판설치
  1차 Shortcrete 타설에 대비하여 외부를 합판으로 고정
⑨ Shortcrete 타설
  ㉠ 1차 Shortcrete 타설(설치된 합판을 기준으로 내부에 타설)
  ㉡ 2차 Shortcrete 타설(설치된 합판을 기준으로 외부에 타설)
  ㉢ 설계서에 정해진 두께를 준수하고 균일하게 타설

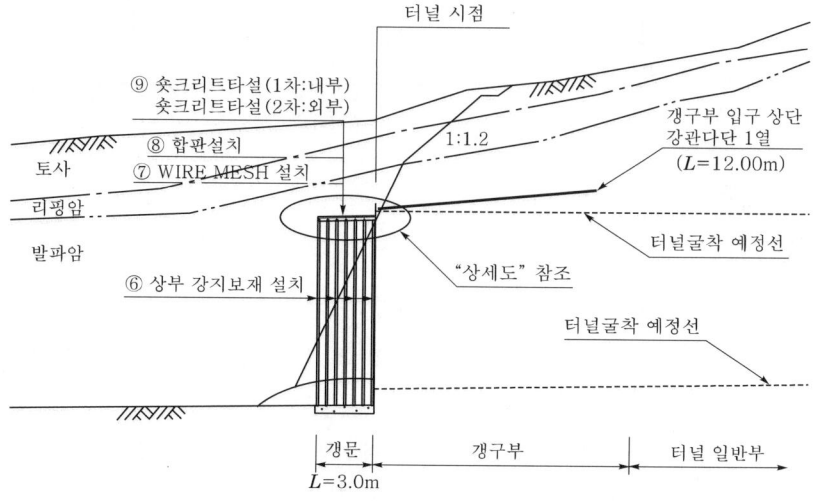

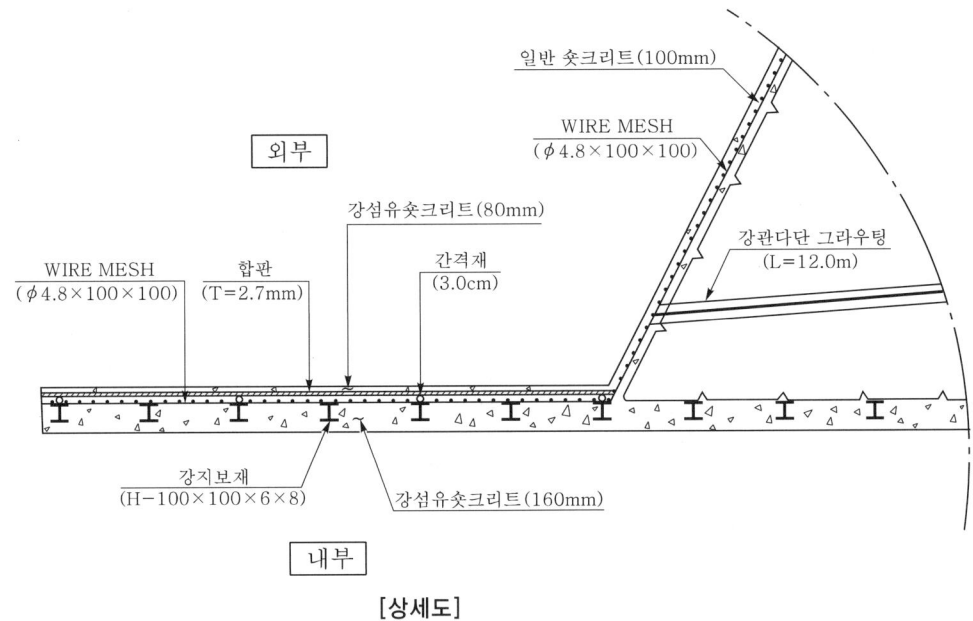

[상세도]

⑩ 갱구 출입문 설치
  ㉠ 공사용 장비 및 자재의 진출입이 가능한 크기로 제작 및 설치
  ㉡ 접이식 문을 사용
  ㉢ 강풍 등으로 인해 흔들리지 않도록 견고하게 제작 및 설치

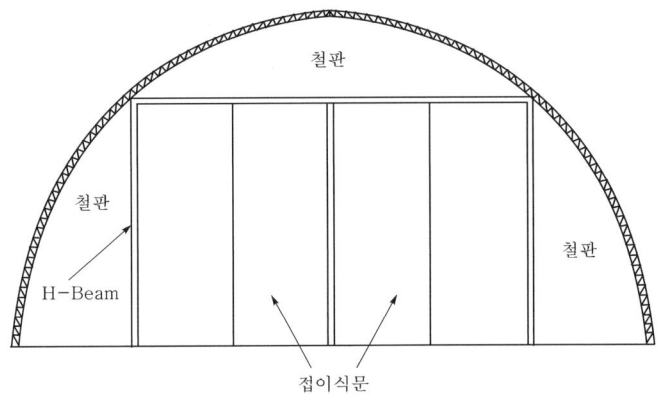

(9) 갱구부 시공

1) 갱구부 굴착

① 일반적으로 상·하반 분할 굴착 실시
② 심한 편토압이 예측되는 경우 상반을 추가로 Ring Cut 또는 중벽분할, 측벽선진 도갱 굴착 공법 등을 적용
③ 발파에 의한 굴착시 발파 Pattern도에 정해진 순서를 준수
④ 굴착 중 발생된 버럭으로 처리계획에 따라 원활하게 실시
⑤ 굴착현장의 지층이 불안정할 경우 보조공법을 적용 검토

2) 굴착보조공법

대책	목적	공법	지반조건			비고
			토사	연암	경암	
지방강화 및 구조적 보강	천단안정	휘폴링	△	○		
		강관다단그라우팅	○	△		
		수평제트그라우팅	△			
		주입공법(경내)	○			
	막장면, 바닥면 안정	막장면 숏크리트	○	△		
		막장면 록볼트	△	△		
		링컷(코어설치)	○	△		
		가인버트	△	△		
	지반보강	지상수직그라우팅	△			
		마이크로파일	△			
용출수대책	차수/배수	약액주입공법	○			
		배수공	○	○	△	
		웰포인트공법	△	○	△	
		덮칠공법	△			

여기서, ○ : 비교적 자주 사용되는 공법, △ : 보통 사용되는 공법

3) 갱구부 Lining(갱구부 지보재)
① 굴착공법에 따라 본선 굴착 Lining 시공방법을 적용하여 실시
② 발파에 의한 굴착의 경우(NATM 공법) 지보재설치 시공

Steel Rib설치 → Shotcrete 타설(1차) → Rock Bolt설치 → Shotcrete 타설(2차)

③ 기계 굴착(TBM 공법)의 경우 암반 자체가 지보재 역할을 하지만 굴착지반이 불안정할 경우 지보공으로 보강

(10) 계측
① 갱구부의 굴착 후 계획된 위치에 계측기 설치 및 관리
② 본선 터널과 연계하여 실시

7. 결론

갱구부는 터널 본체와 연결되는 구조물로서 터널 본체로의 차량흐름이 원활하고, 또한 외부에서 발생되는 지표면 변화로 인한 경사면 붕괴와 편토압, 기상재해로 인한 낙석, 눈사태 등으로부터 충분히 보호를 할 수 있어야 한다.

따라서 갱구부는 일반적으로 지형 및 지질, 원 지반 조건 등에 따라 문제가 발생될 수 있는 만큼 위치선정에 신중한 검토와 함께 계획단계부터 설계, 시공과정까지 세심한 관리가 있어야 한다.

문제 18 터널 갱문

1. 개 요
터널 갱문(坑門, Portal of Tunnel)은 개통 후 비탈면에서의 낙석, 토사 붕락, 눈사태, 지표수 유입 등으로부터 갱구부를 보호하고, 주행 차량의 원활한 진출입을 위해 터널입구에 설치하는 구조물을 말한다.

갱문은 원지반 조건, 주변 경관과의 조화, 차량 주행에 주는 영향, 유지 관리상의 편의를 고려하여 갱문의 위치와 구조 형식을 선정하여야 하며, 설계 및 시공에 따른 세심한 관리가 있어야 한다.

2. 갱문의 역할
(1) 낙석이나 붕괴로부터 터널 및 도로보호
(2) 배후사면의 토압을 부담하여 지형을 안정
(3) 도로구조의 변화점으로서의 역할
(4) 운전자의 주행에 따른 안전성 및 심리적 긴장감 해소
(5) 터널에 대한 자연경관과 주변환경과의 조화 및 위화감 해소

3. 갱문의 위치

(1) 갱문의 위치선정 시 고려사항
1) 갱문배후의 지형
2) 지반조건
3) 터널단면의 크기
4) 인접하는 흙막이벽과의 관계
5) 갱문부위 및 갱문위치에 인접하는 구조물에 대한 영향
6) 비탈면 붕괴에 대한 안전성

(2) 갱문의 위치 선정조건
1) 지형의 횡단면이 터널 축선에 대해 가능한 대칭이 되는 위치로 하고 편토압을 받지 않도록 한다.
2) 늪이나 시냇물과 교차하지 않도록 선정하되 부득이한 경우 충분한 배수설비로 물을 처리하고 터널에 나쁜 영향을 주지 않도록 한다.
3) 교량 구조물과 근접할 경우 원지반 조건을 고려하고 갱문 기초의 지반 반력분포범위와 교대의 굴착선과의 관계를 충분히 검토하여 터널에 나쁜 영향을 주지 않도록 한다.

(3) 갱문의 위치결정 조건
갱구 부근에 계획된 장래의 유지관리시설 배치에 대해서도 고려

4. 갱문의 분류

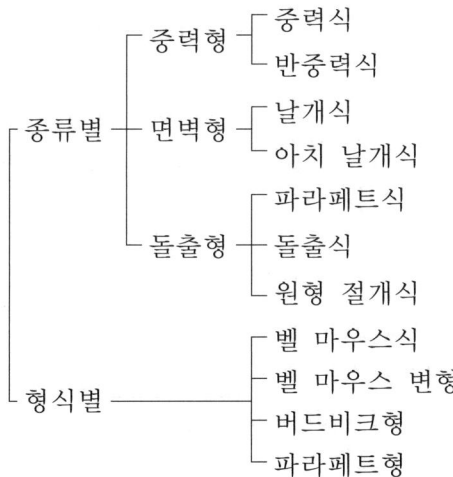

5. 갱문 형식의 특징

구 분		면벽형	돌출형
형식 개요		갱구 단면부를 수직형 절취 시 작용하는 토압 및 수압 등 외력에 저항할 수 있는 옹벽구조로 하는 갱문 형식	갱구부가 개착터널로 노출되어 갱구 단부를 갱문으로 하는 형식
특징	장점	① 터널 갱구부 시공이 용이 ② 터널 상부 되메우기 불필요 ③ 터널 상부의 지표수에 대한 배수처리 용이	① 도로와 자연스럽게 접속유도 ② 운전자에게 안전감 제공 ③ 터널진입 시 위압감이 적음 ④ 주변 지형과 조화로 미관 양호
	단점	① 터널진입시 위압감 조성 ② 인위적 구조물로 인한 주변 경관과 조화 곤란 ③ 정면 벽의 휘도저하에 대한 고려가 필요	① 갱구부 개착터널 길이가 길게 됨 ② 갱구부 터널 상부에 성토 필요 ③ 터널 상부의 지표수에 대한 배수처리 필요
적용성		① 갱구부가 횡단 상 편측으로 경사진 지형 ② 갱구부가 종단 상 급경사인 지형 ③ 갱문이 암층에 위치한 경우 ④ 배면 배수처리가 용이한 지형	① 갱구부에 편측 경사가 없는 지형 ② 갱문 전면 절토가 적어 개착터널 시공 후 자연스럽게 조화를 이룰 수 있는 지형
갱문 종류		① 중력식 ② 반중력식 ③ 날개식 ④ 아치 날개식	① 파라펫트식 ② 돌출식 ③ 원형 절개식 ④ 벨마 우스식

6. 갱문의 종류

(1) 중력·반중력식

1) 개요

갱구부 전방에 중력 또는 반중력식 철근Concrete 옹벽을 설치하는 방식

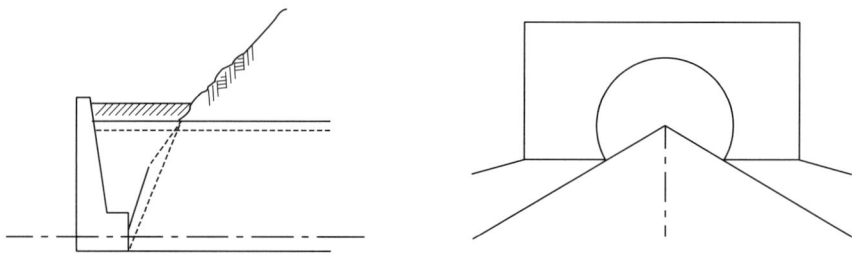

2) 특징
① 정면 벽 휘도저하를 고려할 필요 있음
② 중량감이 있어 안정성을 느끼나 진입 시 위압감을 느끼기 쉬움

3) 시공성
① 지반이 불량할 경우 절토량이 많아짐
② 따라서 배면 절토 비탈면 안정대책 필요

4) 적용성
① 비교적 경사가 급한 지형
② 토류 옹벽구조를 필요로 하는 지반
③ 많은 낙석이 예상 되는 경우
④ 배면 배수처리가 용이한 경우

(2) 날개(Wing)식

1) 개요

옹벽형 갱문 구조에 Parapet를 설치하는 방식으로 터널 연장이 짧음

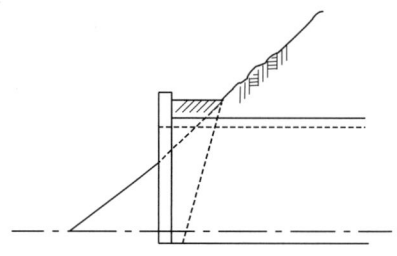 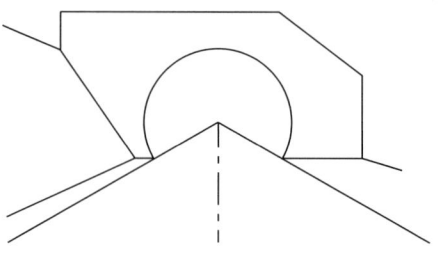

2) 특징
   ① 정면 벽 휘도저하를 고려할 필요 있음
   ② 중량감이 있어 안정성을 느끼나 진입 시 위압감을 느끼기 쉬움

3) 시공성
   ① 지반이 불량할 경우 절토량이 많아짐
   ② 따라서 배면 절토 비탈면 안정대책 필요
   ③ 터널 본체와 일체화된 구조로 계획

4) 적용성
   ① 양 측면을 절토해야 할 지반인 경우
   ② 배면 토압을 전면적으로 받는 경우
   ③ 적설량이 많은 경우 방설공 병용

(3) 아치 날개(Arch Wing)식

1) 개요
   옹벽형 갱문 구조에 Parapet를 Arch 형태로 설치하는 방식

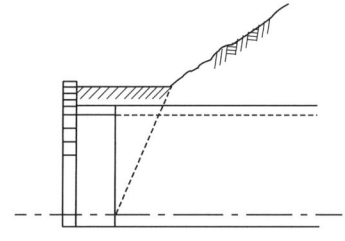 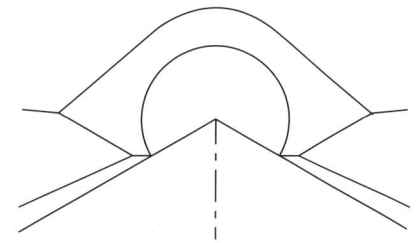

2) 특징
   ① 날개식에 비해 터널 연장이 길어지나 터널 진입시 압박감은 경감됨
   ② Arch부 곡선이 주변 지형과 조화 필요

3) 시공성
   ① 지형에 따라서는 일부 터널 외 Lining이 필요
   ② 다소의 성토에 의한 보호 필요

4) 적용성
   ① 지형이 비교적 완만한 경우
   ② 좌・우측면의 절토가 비교적 적은 경우

(4) Parapet 식

1) 개요
Arch 부를 돌출식으로하여 성토를 하고 토류벽을 설치하는 방식

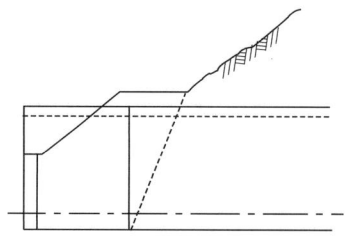 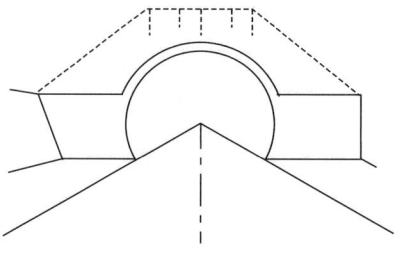

2) 특징
면벽 구조가 아니므로 터널 갱구 주변 지형과 비교적 일치함

3) 시공성
터널 본체 구조물을 갱구까지 긴 연결이 필요

4) 적용성
① 능선 끝단 지형에서 좌우 구조물과 관계가 적은 경우
② 적설지에 가능
③ 갱문 주변이 비교적 안정된 지질인 경우

(5) 돌출식

1) 개요
갱구부를 길게 돌출시켜 갱문을 터널 단면과 동일한 단면으로 유지하는 방식

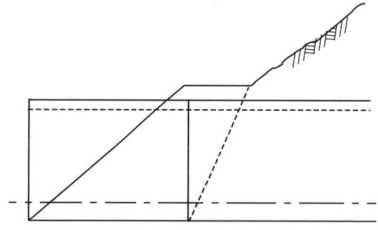 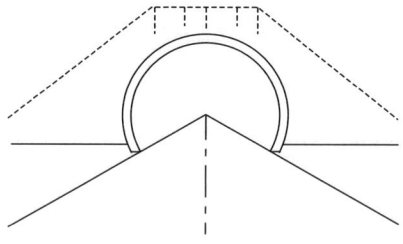

2) 특징
면벽 구조가 아니므로 터널 갱구 주변 지형과 비교적 일치함

3) 시공성
① 지형 및 지질이 안정되어 있는 경우는 가장 경제적
② 지반의 불량으로 압성토가 필요할시 압성토 두께를 두껍게 하여야 함

4) 적용성

① 압성토를 시공할 경우
② 갱구 주변 지반조건이 좋지 않은 경우
③ 적설지에도 가능
④ 갱구 주변이 절토가 비교적 용이한 지형인 경우

(6) 원통 절개식

1) 개요

노출된 갱구 터널의 단면을 45° 내외로 절단한 형태의 갱문 방식

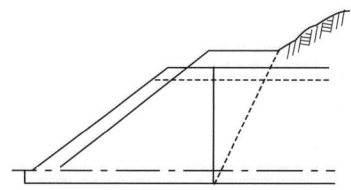 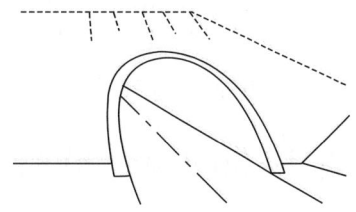

2) 특징

주변 지형에 대한 조경으로 갱문과 조화를 이룸

3) 시공성

거푸집 및 배근 등 구조물 공사비가 고가

4) 적용지반

① 갱문 주변이 완만한 지형인 경우
② 주변을 조경할 필요가 있는 경우
③ 적설지에는 날아 들어오는 눈이 많이 쌓이기 쉬움

(7) 아치 날개(Arch Wing)식

1) 개요

정점부가 많이 노출되는 원통 절개식의 반대모양으로 설치하는 방식

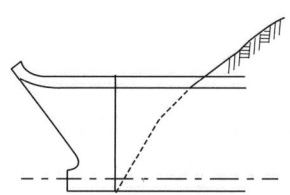 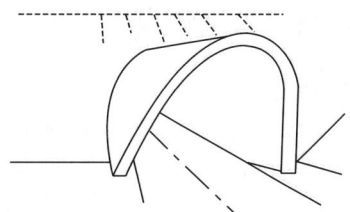

2) 특징
   ① 터널 내 진입 시 위압감 가장 적음
   ② 주변 지형과 조화를 이룸

3) 시공성
   ① 특수 거푸집 사용 필요
   ② 구조물 공사비가 고가
   ③ 공기가 상당히 필요

4) 적용성
   ① 갱구 주변이 비교적 양호한 지형과 지질인 경우
   ② 갱구 주변이 열려 있는 곳에 가능
   ③ 적설지에는 날아 들어오는 눈이 많이 쌓이기 쉬움

(8) 벨마우스(Bell Mouth)변형

1) 개요
   터널 측벽부의 되메우기 및 자연지형과의 조화를 위해 터널 단면을 45° 내외로 절단하고 절단한 단부를 나팔형태로 하는 갱문 형식

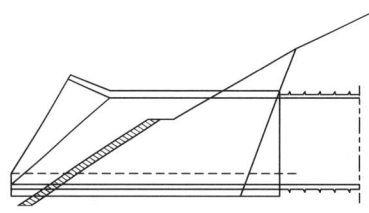 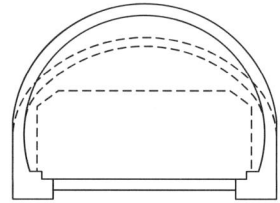

2) 특징
   ① 도로와 자연스럽게 접속하여 유도
   ② 운전자에게 안전감 제공
   ③ 자연사면이 완만한 지형으로 조화로 미관이 수려
   ④ 개착터널 상부에 성토 필요
   ⑤ 강우로 인한 유속영향 최소
   ⑥ 낙석 및 산사태에 우려 감소

3) 적용성
   ① 갱구 상단 자연 경사면의 경사도가 30° 미만의 완사면 지형
   ② 도로의 종단선형 상 일정구간 절취 후 갱구에 접속

(9) 버드비크(Bird Beak)형

1) 개요

터널 상단 원지반의 낙석 및 산사태, 눈사태 등으로부터 차도부를 보호하기 위해 터널 단면을 원통절개식의 반대모양으로 절단하고 절단한 단부를 나팔형태의 새부리모양으로 하는 갱문 형식

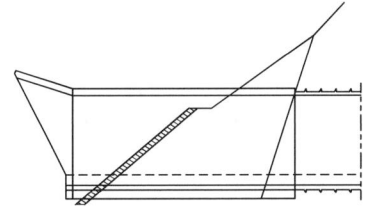
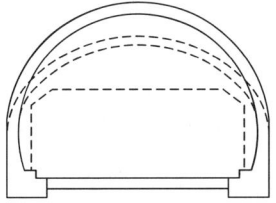

2) 특징
① 도로와 자연스럽게 접속하여 유도
② 운전자에게 안전감 제공
③ 자연사면이 완만한 지형으로 조화로 미관이 수려
④ 낙석 및 산사태로 인한 도로 유실 방지
⑤ 개착터널 상부에 성토 필요
⑥ 강우로 인한 유속영향이 큼
⑦ 갱문 배후 면이 급경사로 낙석 및 산사태의 우려가 많음

3) 적용지반
① 갱구 상단 자연 경사면의 경사도가 30° 이상의 급사면 지형
② 도로의 종단선형 상 절취구간을 짧게 한 후 갱구에 접속

(10) 아치(Arch) 면벽형

1) 개요

집중호우로 인한 토사의 붕괴 및 유실, 표면수 등의 갱문월류를 방지하기 위하여 면벽형 갱문 구조에 Arch 형태의 Parapet를 설치한 갱문 형식

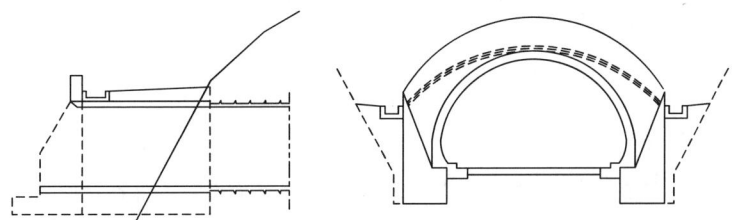

2) 특징
    ① 낙석 및 산사태, 눈사태 등으로부터 차도부 보호
    ② 터널진입 시 운전자에게 위압감 조성
    ③ 인위적인 구조물로 주변 환경과의 조화가 부자연
    ④ 터널 상부의 되메우기량이 적음
    ⑤ 별도의 배수처리 필요

3) 적용성
    ① 갱구 상단 자연경사 면의 경사도가 30° 이상의 급사면 지형
    ② 편토압이 예상되는 지형
    ③ 옹벽형 갱문 구조가 유리한 지형

4) Arch형 Parapet
    ① 토사의 붕괴 및 유실, 표면수 등의 갱문월류 예방 기능에 효과적
    ② 중앙부 1.5m에서 측면부 1.0m 높이로 변하는 규격을 표준

7. 시공 시 유의사항

(1) 갱문 배면 및 배후 개착부 성토

1) 재료선정
    ① 성토재료와 방수재 사이의 마찰 효과가 큰 사질토
    ② 배수성이 양호할 것
    ③ 함수비 변화에 따른 강도 변화가 적을 것
    ④ 입도 분포가 양호할 것

2) 다짐시공
    ① 층당 30cm 이내의 층 다짐 실시
    ② 소정의 다짐도로 다지며, 다짐도는 95% 이상 확보
    ③ 성토포설 및 다짐 시 Lining 구조물과 방수에 유의
    ④ 편토압이 발생하지 않도록 유의

(2) 배수처리

1) Arch 형 배면부의 경우 U형 측구 설치 원칙
2) 미관을 고려한 매입형식인 경우 유지관리 측면을 고려한 규격 결정

(3) 교량과 접속하는 터널의 갱문처리
1) 갱문부 개착터널 길이 적용에 한계를 고려하면서 시공
2) 별도의 사면보강공법 적용 여부 검토
3) 필요시 Arch 면벽형 등으로 변경 적용성 검토

8. 결론

터널 갱문은 비탈면에서의 낙석, 토사 붕락, 눈사태, 지표수 유입 등 기상 및 자연재해에 의한 영향으로부터 갱구부를 보호하는 기능을 하는 구조물로서 지형, 지반조건, 땅깎기 및 비탈면의 안정성에 대해 충분히 검토하여야 한다,

또한 갱문의 위치선정 시 안정성, 시공성, 미관성, 유지관리 측면을 고려하여 선정하고 설계 및 시공에 따른 세심한 관리가 있어야 한다.

문제 19 개착터널

1. 개착터널의 정의
갱구부 및 터널 중간 계곡부 개착 부분이나 터널과 터널 사이의 연장이 짧아 터널로 연장시키기 위하여 지반을 굴착하고 구조물을 설치한 후 복개시키는 모든 터널을 뜻한다.

2. 개착터널의 종류

(1) 설치위치에 따른 분류
1) 돌출형 갱문에서의 개착터널
2) 면벽형 갱문에서의 개착터널
3) 계곡부 통과 시 개착터널

(2) 사용용도에 따른 분류
1) 피암용 개착터널
2) 환경생태용 개착터널

(3) 구조물 형태에 따른 분류
1) 마제형 개착터널
2) Box형 개착터널

(4) 시공방법에 따른 분류
1) 현장타설 개착터널
2) Precast 개착터널

3. 설계 시 고려사항

(1) 자연조건
1) 지형 및 지질조건
2) 지하수 조건
3) 기상조건

(2) 사회적 조건
1) 인근에 민가의 유무
2) 인근 구조물의 유무

(3) 기타 조건
1) 경사면의 안정
2) 편토압
3) 기상재해의 가능성
4) 주변 경관과의 조화

3. 개착터널의 종류 특징

(1) 돌출형 갱문에서의 개착터널
1) 터널 본체와 동일한 내공 단면의 아치형 구조물이 터널 갱구부에 연속하는 형식
2) 완성 후 상부에 성토
3) Invert의 모양은 터널 안의 단면과 동일한 곡률을 갖는 형상

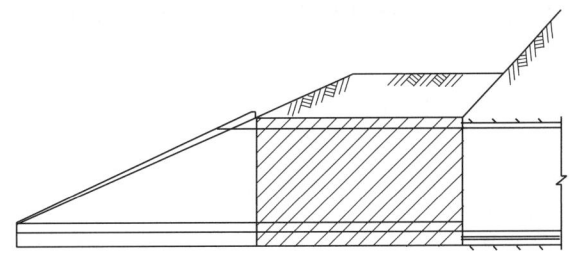

(2) 면벽형 갱문에서의 개착터널
1) 구조상 터널 본체에서 독립하여 외력에 저항하는 형식
2) 갱문 뒷면의 되메우기에 대한 재하중과 주동토압에 구조적으로 안정 필요
3) 수직벽 단면은 외력에 대해 충분한 저항 필요

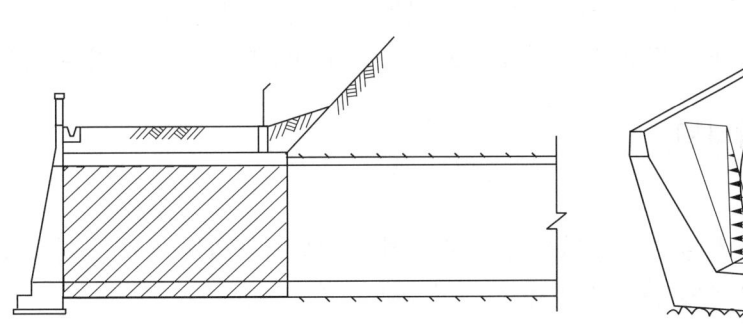 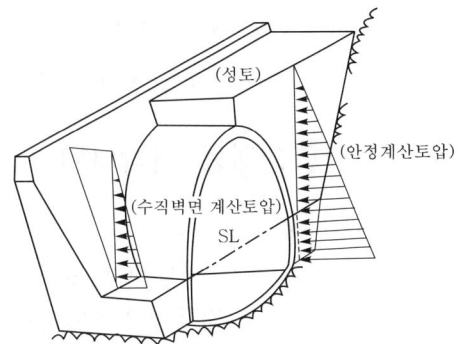

(3) 계곡부 통과 시 개착터널
1) 터널 본체와 동일한 내공 단면으로 계곡부 통과 시 설치되는 형식
2) 터널의 토피고가 낮은 경우 터널 굴착에 따른 붕괴 우려가 있음
3) 누수방지 대책 수립이 필요
4) 계곡 유수에 따른 터널 성토부 세굴방지 대책 수립 필요

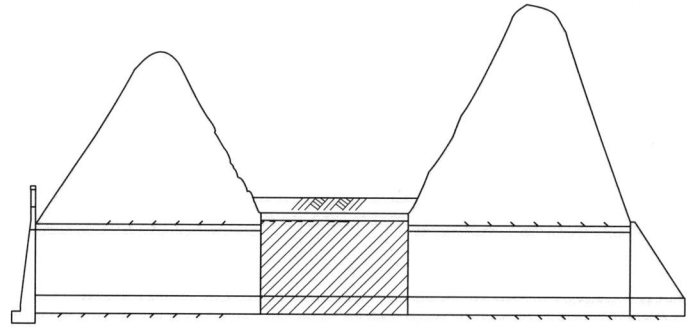

(4) 피암용 개착터널

1) 개요

계획 구간에 터널설치에 따른 이격부 여유가 없거나 대규모 비탈면으로부터 안전을 기대하기 어려운 경우 설치되는 구조물 형식

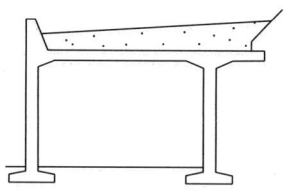

2) 효과기대

① 낙석방호효과
② 깎기부의 보강효과

3) 설치기준

① 낙석의 규모가 커서 일반 낙석방지시설로 방어하지 못하는 경우
② 대규모 비탈면 발생이 불가피할 경우
③ 낙석의 덩어리가 크고 비탈면이 급한 개소
④ 도로 인근에 여유 폭이 없는 경우
⑤ 낙석 발생 가능성이 있는 급경사 절개 면이 연이어져 있는 경우
⑥ 편구배의 급경사로 절취고가 과다하고 장기적인 비탈면유지가 어려운 지역

(5) 환경생태용 개착터널

1) 개요

도로나 철도 등의 건설로 단절된 지형을 복원하여 자연생물의 이동과 번식을 유도하기 위해 환경생태용 이동통로의 기능으로 설치하는 형식

2) 환경생태용 이동통로의 기능

① 야생생물의 이동로 제공
② 야생동물의 서식지로 이용
③ 천적 및 대형 교란으로부터 피난처 역할
④ 단편화된 생태계의 연결로 생태계의 연속성 유지

⑤ 기온변화에 대한 저감효과
⑥ 교육적, 위락적 및 심미적 가치제고

3) 환경생태용 이동통로의 종류
① 육교형
산등성이나 고산지대가 단절되어 동물이 이동하기가 어려운 곳에 설치
② 터널형
소형동물 또는 양서·파충류 등을 대상으로 골짜기, 개울, 늪지, 농수로 등에 동물이 박스, 암거 내로 이동하도록 설치

(6) 마제형 및 Box형 개착터널

1) 마제형 개착터널
   기존 굴터널과의 연속성을 위해 설치하는 개착터널형식

2) Box형 개착터널
   시공성을 고려한 피암용 또는 환경생태용 개착터널형식

4. 시공 시 유의사항

(1) 구조물 접합부

갱문 구조물과 본선터널, 개착터널과 본선터널이 접합하는 양접합부는 분리구조로 하고 조인트를 설치하여 구조물 손상을 방지

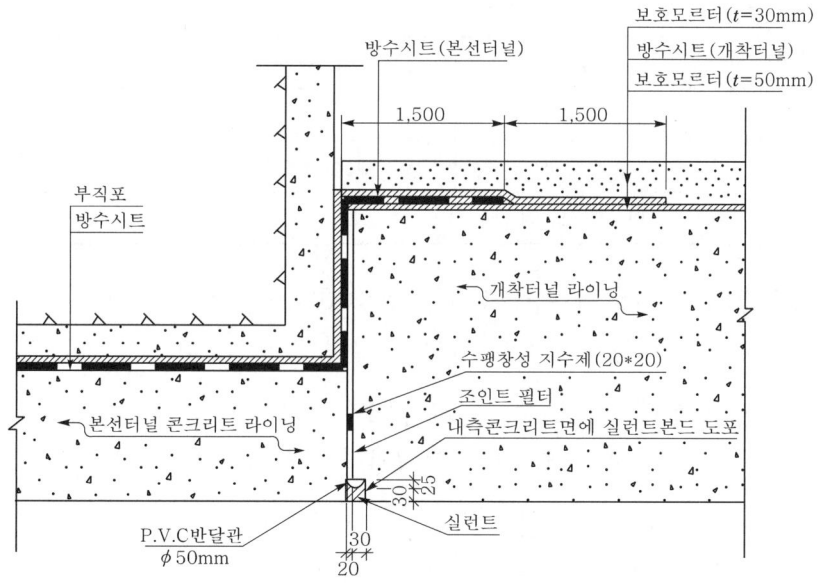

[구조물 접합부 보강 상세도]

(2) 접합부 방수
1) 누수시 용수를 처리할 수 있는 도수로 설치
2) 단일 종류의 방수시트를 적용
3) 2종류의 방수시트 사용 시 방수시트간 접합이 원활한 재료를 선정
4) 방수시트 접합은 충분한 겹침 이음 실시
5) 시공된 방수시트가 되메우기 시 및 가설재철거 시 파손되지 않도록 유의

(3) 구조물간 부등침하 발생 시
1) 방수시트가 인장파손방지를 위해 신장률이 적정한 것을 사용
2) 접합부 시공 후 누수에 대비하여 구조물 횡 방향을 따라 도수로 설치
3) 필요 시 지수판과 수팽창성 지수제 등을 설치

(4) 되메우기 재료
1) 되메우기 재료와 방수재 사이의 마찰 효과가 큰 사질토
2) 배수성이 양호할 것
3) 함수비 변화에 따른 강도 변화가 적을 것
4) 입도 분포가 양호할 것
5) 내부마찰각 25° 이상, 소성지수(PI)<6

(5) 다짐 방법
1) 개착터널 되메우기 다짐기준

시공순서	다짐도(D)	한 층의 두께	다짐관리
①	포설	–	–
②	$D \geq 95\%$	$t=30\text{cm}$ 이내	상대 다짐도
③	고르기 및 다짐	–	–

2) 굴착저면의 되메우기 폭(B)이 2.0m 이하일 경우
   1m 두께로 배수 층을 전폭에 설치
3) 아치형 구조물에 가해지는 수압 감소
   바닥 부근에 배수관을 매설하고 유공관이 막히지 않도록 시공
4) 유공관 주변 집수용 자갈
   ① 방수재를 파손하지 않도록 유의
   ② 유공관이 막히지 않도록 시공
   ③ 자갈 쌓기는 일정 높이와 폭으로 시공

5) 되메우기 및 다짐관리
   ① 되메우기 한 층의 두께는 30cm 이내가 되도록 시공
   ② 소정의 다짐도가 얻어질 때까지 다짐관리 실시
   ③ 터널 상부에서 일정두께까지는 소형다짐기로 다짐 실시
   ④ 갱문 및 콘크리트 구조물에 편압이 작용하지 않도록 시공

6) 아치형 구조물 및 갱문 구조물 주변
   구조물의 콘크리트 재령 28일 이상일 때 까지 되메우기 작업금지

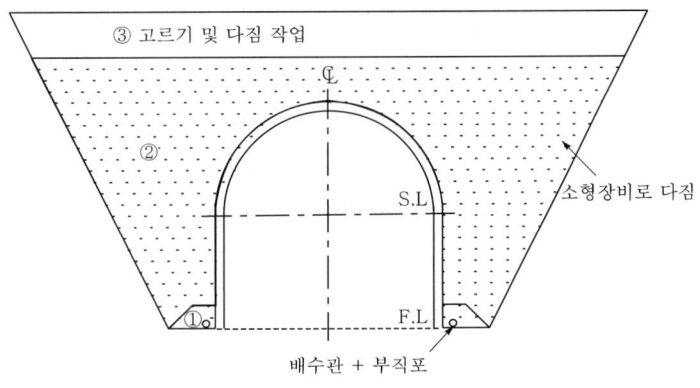

[개착터널 되메우기 시공]

5. 개착터널구간의 자연복원

(1) 복원규모결정
땅깎기 구간과 원지형이 연속된 지형으로 복원(복토) 가능하도록 개착터널의 규모를 결정

(2) 환경피해방지
자연복구계획을 통한 복원방안을 수립하여 환경피해를 최대한 방지

(3) 개착터널 및 갱문의 안정성을 확보
개착터널설계 시 원지형에 맞추어 복토가 될 수 있도록 충분한 구조해석 수행

문제 20 RQD, RMR, Q-System, SMR에 의한 암반 분류법

1. 개 요

암반은 공간적 크기를 갖는 자연의 암석집합체를 말하며 지질학적 불연속면을 갖는 불균 질성 및 이방성의 암체이다.

암반은 같은 종류나 구조를 가지고 있어도 단층, 파쇄, 풍화 및 변질, 불연속면 등이 국부 적으로 자주 변화되고 있으며, 이러한 변화를 받은 원지반의 암반에 대하여 공학적 활용을 위한 판단 자료로 사용하기 위해 공학적으로 분류 한다.

암반은 댐, 터널, 사면 등에 따라 각각 중요시하는 암반의 성질은 다르므로 암반분류요소 의 선택방법은 그 목적에 따라 달라짐으로 이러한 암반 상태를 여러 가지 기준이 되는 요소 로 구분, 조사하여 적절한 정량적인 값으로 나타내고 활용할 수 있도록 암반을 공학적으로 분류하는 기준들이 제안되고 있다.

2. 암반분류의 목적

(1) 시공계획수립에 적용
1) 설계에 반영
2) 토공 기계의 선정
3) 발파계획수립
4) 터널의 지보공계획수립
5) 기타 공사계획수립

(2) 공학적 판단자료로 사용
1) 암반의 특성이해
2) 암반 거동 요소확인
3) 암반의 구성에 따른 그룹으로 분류

(3) 기초자료로 활용
1) 지역별 Rock Map 작성
2) 자연조건에 의한 변동원인과 결과 예측

3. 암반 분류법의 종류

(1) RQD(Rock Quality Designation)에 의한 분류
(2) RMR(Rock Mass Rating, 암반평점)에 의한 분류
(3) Q-System에 의한 분류
(4) SMR(Slope Mass Rating)에 의한 분류
(5) 절리간격에 의한 분류
(6) 풍화도에 의한 분류
(7) Muller에 의한 분류
(8) 균열계수에 의한 분류
(9) Ripping 가능성에 의한 분류

4. RQD(Rock Quality Designation, 암질지수)

(1) 개 요

RQD란, 암반조사에서 Boring Core(NX Bit : 공경 약 75mm, Core 경 약 53mm)에 의해 채취된 시료 중 총 Core의 길이 가운데 10cm 이상인 양호한 Core의 백분율을 말하며, 암질의 상태를 판정하는데 이용

즉, $RQD = \dfrac{10\text{cm 이상 되는 Core 길이의 합계}}{\text{Boring공의 총 길이}} \times 100(\%)$

(2) 특 징

1) 암반분류가 간단
2) 비용이 저렴
3) 보편적으로 널리 사용

(3) RQD 이용

1) 암질의 상태 판정
2) 지지력 추정
3) RMR 분류에 이용
4) Q-System 분류에 이용

(4) RQD 지수와 암질의 상태분류

RQD 값(%)	암질의 상태
0~25	매우 불량(Very Poor)
25~50	불량(Poor)
50~75	보통 또는 대체로 좋음(Fair)
75~90	양호(Good)
90~100	매우 양호(Excellent)

(5) RQD에 의한 분류법에 따른 문제점 및 대책

1) 문제점
   ① 절리의 방향성, 밀착성, 충전물 등을 고려할 수 없는 한계가 있다.
   ② Core의 암질 평가에는 실용적이나 암반의 암질을 충분히 표현할 수 없다.
   ③ 암반의 균열간격만 파악할 뿐이다.
   ④ Core 채취 중 암반의 파단이 발생될 우려가 있다.
   ⑤ RQD 에만 의존한 암반분류로서는 부적당하다.

2) 대 책
   ① Core 채취에 숙련이 필요하다.
   ② 시추조사의 위치와 개수의 선정을 명확히 한다.
   ③ 충분한 지형과 자료 조사를 한다.
   ④ 지표지질조사 및 지구 물리탐사와 병행하여 실시한다.
   ⑤ 정도가 높은 타 분류법과 병행하여 실시한다.

5. RMR(Rock Mass Rating, 암반 평점)

(1) 개 요

1) 현장자료를 이용하여 5가지 암반분류 요소에 대한 각각의 점수를 평가한 후 합산한 값(100점)을 이용하여 암반을 평가하는 방법
2) 터널지보의 적합성을 평가하는 방법에 주로 이용
3) 암반사면에 적용은 곤란

(2) RMR 암반분류 요소

1) 암석의 일축압축강도(15점)
2) RQD(20점)
3) 불연속면의 간격(20점)
4) 불연속면의 상태(30점)
5) 지하수 상태(15점)

(3) 특 징

1) 장 점
   ① 각 요소에 대한 평가가 비교적 용이
   ② 터널의 최대 무지보 유지시간 등의 예측 가능
   ③ 현지 암반의 물리적 특성 예측 가능
   ④ 터널이나 불연속면의 방향성 고려 가능

2) 단 점
   ① 지보량 결정에 있어 Q-System처럼 세밀하지 못함
   ② 불연속면 간격 평가에서 불연속이 3개 이하인 경우 보수적으로 평가
   ③ 5개의 암반등급으로 분류하고 있으나 영역 간의 구분이 불명확
   ④ 터널의 폭에 대한 연구 불충분
   ⑤ 지보량 결정만 적용범위 국한

(4) RMR 이용

1) 암반의 전단 강도(C, ϕ) 추정
2) 무지보 유지시간 판단
3) 터널지보 공법의 결정
4) 암반 불연속면의 방향 확인

(5) RMR 분류점수에 따른 암반등급

점 수	100~81	80~61	60~41	40~21	< 20
암반등급	I	II	III	IV	V
암반판정	매우 양호 (Excellent)	양호 (Good)	보통 (Fair)	불량 (Poor)	매우 불량 (Very Poor)

6. Q-System(RMQ, Rock Mass Quality-System, Q 분류법)

(1) 개 요

1) 6개의 분류요소를 이용하여 각각의 요소에 대한 각각의 점수를 평가하여 정량적으로 암반을 평가하는 방법
2) 점수로 평가 6개의 요소를 3개 항으로 나누고 이들을 곱으로 산출하여 Q값을 결정
3) 9개의 등급으로 암반을 분류

(2) Q-System 분류 요소
1) 암질지수(RQD, Rock Quality Designation)
2) 절리군의 수(Jn, Joint Set Number)
3) 절리면의 상태(Jr, Joint Roughness Number)
4) 절리면의 변질정도(Ja, Joint Alteration Number)
5) 지하수에 의한 계수(Jw, Joint Water Reduction Factor)
6) 응력에 의한 계수(SRF, Stress Reduction Factor)

(3) Q-System의 산정

$$Q = \frac{RQD}{Jn} \times \frac{Jr}{Ja} \times \frac{Jw}{SRF}$$

여기서, $\frac{RQD}{Jn}$: 암반을 형성하는 Block의 크기

$\frac{Jr}{Ja}$: 절리 전단강도

$\frac{Jw}{SRF}$: 암반의 응력상태

(4) 특 징
1) 암반의 전단 강도에 보다 주안점을 둔 암반분류이고, 현장 응력도 고려한 분류방법
2) 절리의 방향성은 미 고려
3) 세밀한 암반분류 방법으로 구체적이고 체계적인 보강방안 제시 가능
4) RMR 분류보다는 제한적으로 사용되는 경향
5) Q 값 산정을 위한 6가지 요소들에 대한 분류가 복잡
6) 지식과 경험이 필요하고 숙련도에 따른 오차가 큼

(5) Q-System 이용
1) 암반평가 9등급으로 구분하여 암반분류
2) 터널의 지보형식 제시
3) 터널의 등가 굴착 크기 결정
3) Rock Bolt 길이의 결정
4) RMR 분류에 이용 (R = 9∈Q + 44)
5) 무지보의 최대 Span 산정
6) 탄성파 속도추정
7) 수치해석시 암반의 변형계수 추정

(6) Q 값에 의한 암반등급

Q값	암반등급	암반판정
400~1000	1	예외적으로 양호
100~400	2	극히 양호
40~100	3	매우 양호
10~40	4	양호
4~10	5	보통
1~4	6	불량
0.1~1.0	7	매우 불량
0.01~0.1	8	극히 불량
0.001~0.01	9	예외적으로 불량

7. SMR(Slope Mass Rating)

(1) 개 요

1) RMR 값에 사면과 절리면의 방향, 경사각의 관계, 굴착방법을 고려하여 산정한 SMR 값을 등급으로 암반을 판정하는 방법
2) RMR 분류법은 터널 지보패턴을 평가하는 방법에 주로 이용되고, 사면평가에 적용하기 곤란하여 사면의 정량적 평가를 위한 SMR 분류법을 제안

(2) SMR 산정

$$SMR = RMR + (F_1 \times F_2 \times F_3) + F_4$$

여기서, RMR : RMR 암반평가에 의한 값
F_1 : 암반사면과 불연속면의 경사방향에 대한 보정 치
F_2 : 불연속면의 경사각에 대한 보정 치
F_3 : 암반사면과 불연속면의 경사각 차이에 대한 보정 치
F_4 : 암반사면 굴착방법에 따른 보정 치

(3) SMR 이용

1) 암반 사면안정 평가
2) 암반의 전단 강도추정
3) 시공방법 제시
4) 암반사면 보강방안 제시

(4) SMR에 의한 암반등급

분 류	암 반 등 급				
	I	II	III	IV	V
SMR	81-100	61-80	41-60	21-40	0-20
표 현	매우 양호	양호	보통	불량	매우 불량
안정성	매우 안정	안정	부부적 안정	불안정함	매우 불안정
예상 파괴	없음	일부 블록	일부 절리 다수 쐐기파괴	평면파괴 큰 쐐기파괴	대규모 평면파괴 토사형 파괴
보 강	필요 없음	때때로 필요	체계적인 보강	중요 및 보완	재 굴착

8. 결 론

각종 토목공사에서 지질조사, 설계, 시공 및 감리단계에서 일관된 암반분류가 매우 중요하다.

국내의 대표적인 암반분류는 건설표준품셈, 한국도로공사, 한국농어촌진흥공사, 서울시 지하철건설본부 등에서 제시된 방법들을 사용하고 있으며, 토목공사의 목적에 따라서 암반 분류의 기준이 다르다 보니 많은 혼돈이 발생하고 있는 실정이다.

또한, 암반분류에 따른 각 단계별 참여기술자의 이해와 경험부족, 정보교환 결여, 이해관계, 편리성 등에 따라 각기 상이한 암반 분류기준을 사용하고 있음으로써 설계의 오류, 시 공 및 감리단계에서의 판단 기준 혼란 등 파생되는 많은 문제점을 내포하고 있으므로 현장여건에 맞는 최적의 보강방안을 강구한 합리적인 분류기준 마련과 국내 각 발주처마다 다른 암반분류에 대한 통일된 기준마련이 시급하다.

문제 21 발파(폭파)에 의하지 않는 암반(암석) 굴착

1. 개 요

암반은 토사와 달리 강도가 크고 파쇄 되기 전 매우 조밀한 구조로 붙어 있어 굴착 시 충격에 의하여 실시될 수밖에 없는 지반이다.

특히 암반 굴착이 가장 빠르고 경제적으로 실시되는 공법은 발파에 의한 암석 굴착인데, 이 방법은 소음과 진동이 발생되고 또한 분진으로 인하여 주변 구조물에 영향을 미치게 되며, 아울러 위험부담을 안게 됨으로 오늘날 건설현장에서는 민원 발생으로 인한 공사 중단 등 으로 문제시되고 있다.

따라서 암반 굴착시 소음과 진동, 분진 등이 수반되지 않는 방법을 도입하여 공사를 진행하는 대책을 마련하지 않으면 안 된다.

2. 폭파에 의하지 않는 암석 굴착방법

(1) 팽창파쇄 공법

1) 공법개요
    ① 특수한 규산염을 주체로 하는 무기질 화합물이 주성분이 된 약액을
    ② 미리 천공된 구멍에 물과 혼합하여 충진시킨 후
    ③ 시간이 지남에 따라 수화반응에 의해 팽창압이 발생하면서 암반에 균열을 일으키면서 파쇄하는 공법이다.

2) 시공방법

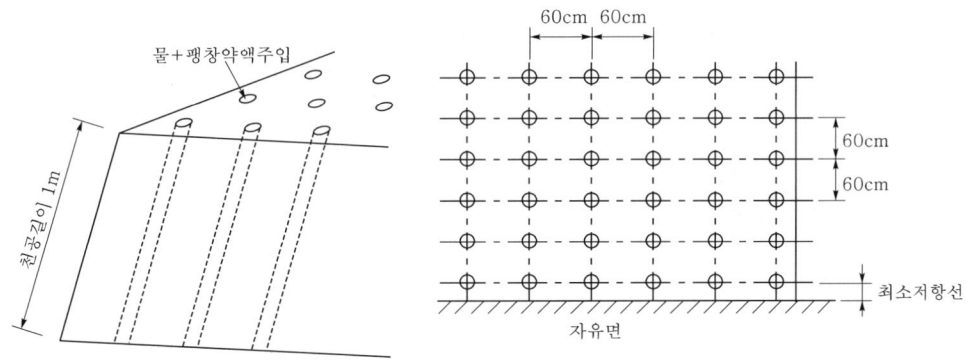

① 천공
    ㉠ 직경 : 40mm
    ㉡ 천공길이 : 1m
    ㉢ 천공간격 : 60cm

② 팽창약액 주입
③ 양생 → 약액이 팽창하여 파쇄

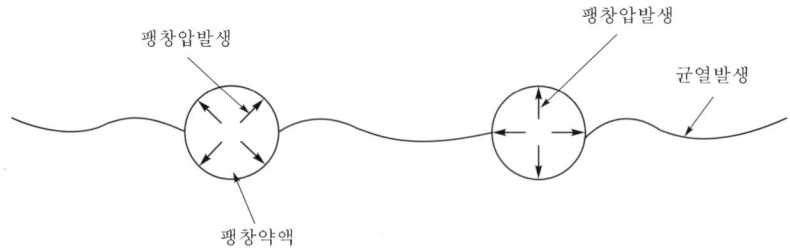

(2) 유압 Jack 공법

1) 공법 개요
① 미리 천공된 암석 구멍에 파쇄 가압판을 삽입하고
② 그 속에 150~200Ton의 유압 Jack을 밀어 넣으면서
③ 암반에 균열을 일으키면서 파쇄시키는 공법이다.

2) 시공방법
① 천공
  ㉠ 천공지름 : 105mm
  ㉡ 천공 길이 : 1m
  ㉢ 천공간격 : 1m
② 파쇄 가압판(Spliter) 삽입
③ 유압 Jack 밀어 넣기 : 150~200Ton

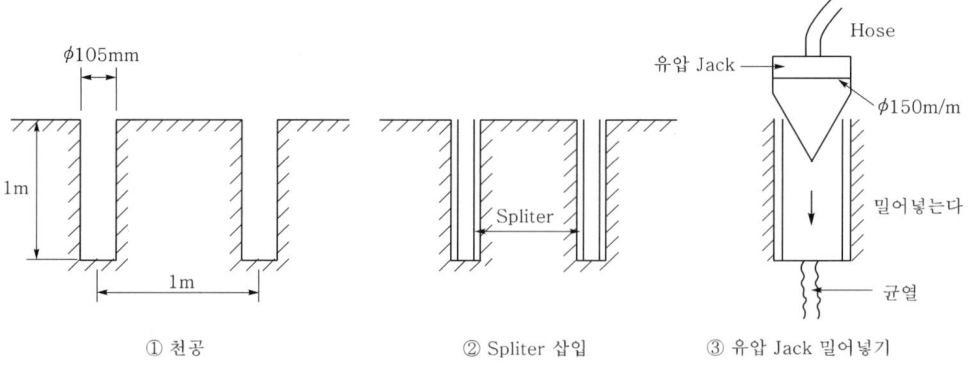

(3) Ripper 공법

1) 공법개요
① 대형 Bulldozer 뒤에 칼날의 Ripper를 장착하여
② Bulldozer의 주행으로 암석을 긁어내면서 굴착하는 공법으로
③ 풍화암과 절리가 발달된 암석 굴착에 적용된다.

2) 시공방법(그림참조)

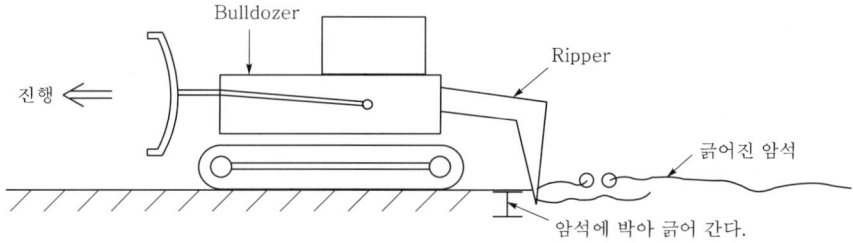

(4) Breaker 공법

1) 공법개요
   ① 대형 굴착기 또는 Crawler Tractor에 선단이 뾰족한 정쇄를 장착하고
   ② 압축공기를 이용하여 정쇄선단을 암석에 대고 파쇄 시키는 공법으로
   ③ Boom이 수평과 수직, 경사방향으로 자유롭게 움직일 수 있어 시공에 매우 유리하다.

2) 시공방법(그림참조)

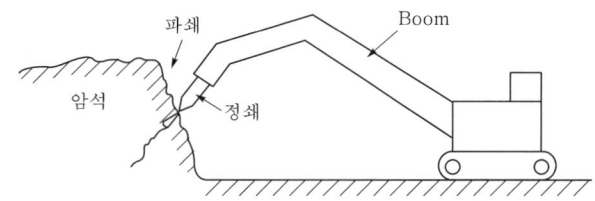

(5) TBM(Hard Rock Tunnel Boring Machine) 공법

1) 공법개요
   ① 일축압축강도가 500~2,000kg/cm² 이상인 연암 및 경암으로 구성된 암반의 터널 굴착 시
   ② Road Header의 회전으로 전단면을 굴착 파쇄하면서 암반을 굴착하는 공법이다.

2) 공법 특징
   ① 직선거리 굴착에 매우 유리하다.
   ② 천공 길이가 길수록 경제적이다.
   ③ 소음 및 진동이 없으므로 도심지 터널 굴착에 매우 유리하다.
   ④ 초기 투자비가 비싸다.
   ⑤ 후진이 어렵고, 숙련된 기술이 필요하다.

3. 공법선정 시 고려사항

    1) 지형 및 지질 조건
    2) 단층 파쇄대의 상태
    3) 주변 환경 및 민원 여부
    4) 시공성 및 경제성
    5) 안전성
    6) 공사기간

4. 결론

  발파에 의한 암반 굴착은 가장 빠르고 경제적으로 실시되는 공법이나 소음과 진동으로 인하여 주변 구조물에 미치는 영향과 위험부담이 있는 공법이다.

  따라서 이러한 암반 굴착 시 소음과 진동, 분진 등이 수반되지 않는 방법을 도하여 공사를 진행하기 위한 공법은 여러 가지가 있으나 지형 및 지질 조건, 단층 파쇄대의 상태, 주변 환경 및 민원 여부, 시공성 및 경제성, 안전성, 공사기간 등을 고려하여 적정한 공법을 선정하여 시공할 수 있도록 한다.

12장 댐공

문제 1 댐의 종류 및 특징

1. 댐의 정의
"댐"이라 함은 하천의 흐름을 막아, 그 저수를 생활 및 공업용수, 농업용수, 발전, 홍수조절, 기타의 용도로 이용하기 위한 높이 15m 이상의 공작물을 말한다.

2. 목적에 따른 분류

(1) 단일목적 댐
한 가지 용도만을 갖는 댐

1) 이수목적 댐
   농업용수, 공업용수, 생활용수 및 하천유지용수의 공급과 수력발전이 있으며 그 밖에 내륙주운이 있다.

2) 치수목적 댐
   홍수조절과 사방이 있다.

(2) 다목적 댐
두 가지 이상의 목적을 갖는 댐

3. 기능(용도)에 따른 분류

(1) 저수 댐(Storage Dam)
1) 풍수기에 물을 저류하였다가 물이 부족한 시기에 공급하기 위한 댐이다.
2) 일반적으로 댐이라 하면 저수 댐을 지칭한다.
3) 대부분의 용수 댐, 수력발전 댐 등이 해당한다.

(2) 취수 댐(Intake Dam)
1) 수요지로 물을 보내기 위한 수로, 운하 등 송수시설에 수두를 제공하기 위해 축조되는 댐이다.
2) 하천에서 물을 끌어 쓰는 관개용 취입보가 그 전형적인 예이다.
3) 그 밖에 발전, 생활 및 공업용수의 취수를 목적으로도 한다.

(3) 지체 댐(Detention Dam)

1) 홍수유출을 지체시킴으로써 갑작스러운 홍수로 인한 피해를 경감시키기 위한 홍수조절 댐(Flood Control Dam)이다.
2) 유수를 일시 저류하여 하류부의 하도 통수능력을 초과하지 않도록 자연방류 또는 수문조절에 의해 방류하는 댐이다.

4. 수리구조에 의한 분류

(1) 월류 댐(Overflow Dam)

1) 댐 체 마루 위로 유수를 월류시키는 댐이다.
2) 댐 체는 월류로 세굴 및 침식되지 않도록 Concrete로 축조한다.

(2) 비월류 댐(Non-Overflow Dam)

1) 댐체 위로 월류되지 않도록 설계된 댐이다.
2) 흙이나 돌 또는 Concrete로 축조 가능한 형식이다.

(3) 합성 댐

댐의 월류부 및 비 월류부 등 2개 구조를 합성하여 축조한 댐이다.

(4) 하부 방류 댐(Bottom Outlet Dam)

댐 체 또는 양안의 하부에 설치한 방류구를 통하여 저류된 물을 방류하는 형식으로 홍수 조절 댐의 특수한 형태이다.

5. 재료에 의한 분류

(1) 필댐(Fill Dam)

1) 흙댐(Earth Fill Dam)
   ① 절반 이상이 흙으로 구성된 댐이다.
   ② 흙을 대형 토공 장비를 이용하여 다짐에 의해 건설하는 형식의 댐이다.
   ③ 기초지내력이 타 형식의 댐에 비해 그다지 높지 않아도 된다.

2) 록필댐(Rock Fill Dam)
   ① 차수벽과 댐 체의 안정을 위하여 여러 가지 크기의 돌로 이루어진 댐이다.
   ② 최대 댐 체 단면의 5m 이상이 둥근 돌로 구성된다.
   ③ 흙댐보다 높은 지내력이 필요하다.
   ④ 차수벽 재료에 대한 신중한 선정 및 설계가 요구된다.
   ⑤ 흙댐에 필요한 재료가 없거나 암석 확보가 유리한 경우 적용한다.
   ⑥ Concrete댐 공사로서는 너무 고가가 되는 경우에 벽지에서 채택한다.

3) 토석댐(Earth Rock Dam)
   ① 댐 체의 대부분이 흙과 돌로 이루어진 댐이다.
   ② 댐 체 하류부는 석괴로 구성되어 있고 상류면은 불투수성 흙으로 구성된다.

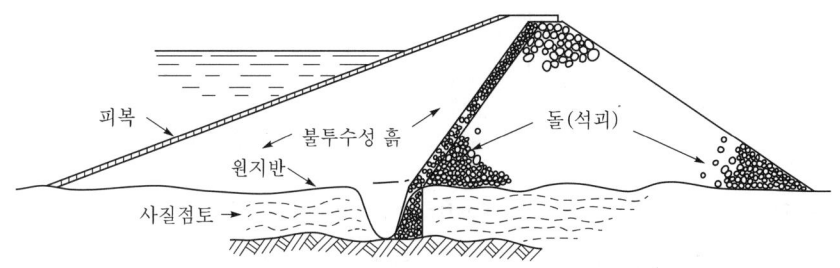

(2) Concrete Dam

1) 콘크리트 중력 댐(Concrete Gravity Dam)
   ① Concrete를 댐 재료로 이용하는 댐이다.
   ② 댐 체의 자중만으로 안정을 유지해야 하는 형식이다.
   ③ 자중이 크므로 견고한 지반이 필요하다.
   ④ 시공 및 유지 관리가 용이하며 안전도가 크다.
   ⑤ 재료가 많이 들어 공사비가 높다.

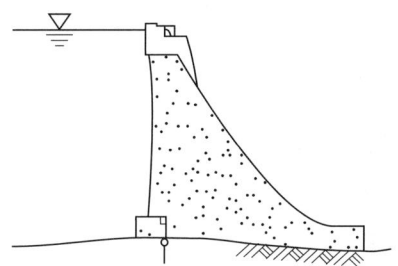

2) 콘크리트 아치댐(Concrete Arch Dam)
   ① 댐에 작용하는 외력을 댐의 하부기초와 양안에 전달토록 하는 구조이다.
   ② Concrete 재료가 대폭으로 절감되며 미관이 경쾌하다.
   ③ Arch 작용에 의한 외력에 저항한다.
   ④ 계곡 폭이 좁을수록 유리하다.

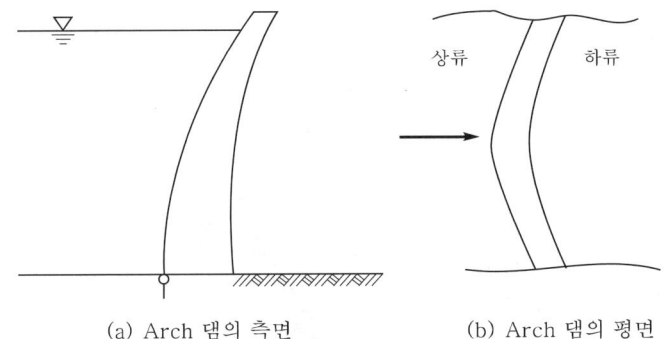

(a) Arch 댐의 측면   (b) Arch 댐의 평면

3) 콘크리트 부벽댐(Concrete Buttress Dam)
① 경사진 얇은 Slab를 상류 면으로 하여 이를 부벽으로 받친 형식이다.
② 기초는 중력댐만큼 견고한 암반을 필요로 하지 않는다.
③ Concrete의 소요량이 적고 댐체 검사가 용이하다.
④ 댐 체의 내구성이 적으며 거푸집 작업이 많고 복잡하다.
⑤ 강철재가 필요하다.

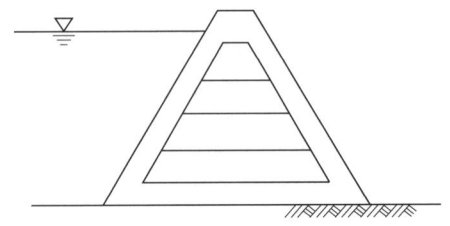

4) 기타의 종류
① 중공 중력 댐(Hollow Gravity Dam)
② 목조 댐(Timber Dam)
③ 강철 댐(Steel Dam)

6. 필댐(Fill Dam)의 형식에 위한 분류

(1) 균일형(Homogeneous Type) 필댐
1) 사면 보호재를 제외한 제 체의 최대 단면에 있어 동일재료 단면이 80% 이상 점유하고 있는 댐을 말한다.
2) 균질재료는 적절한 차수 효과를 갖도록 불투수성이어야 하며 상대적으로 그 경사는 안전도를 높이기 위하여 완만하게 설계된다.

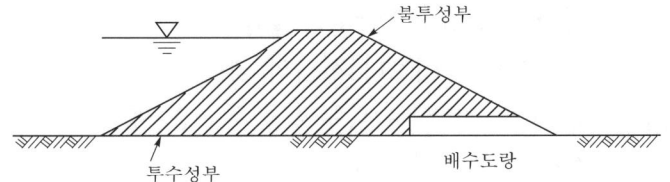

(2) 코어형(Core Type) 필댐

1) 형 식
대부분 축조재료가 모래, 자갈, 돌 등 투수성 물질이며 차수를 목적으로 불투수성 재료를 써서 얇은 방수심벽을 두는 형식이다.

2) 상류측 투수구역
댐 체의 안정을 유지시키고 불투수층의 보호와 수면의 급강하에 따른 안전도 확보에 목적이 있다.

3) 하류측 투수구역
침윤선 조절에 목적을 둔다.

4) 심벽(Core)
① 심벽의 설치위치 : 상류 면에 경사, 중앙부에 연직
② 심벽 재료 : 점토, Portland Cement Concrete, 역청 Concrete 등

5) 종 류
① 중심 코어형
불투수성부(흙 이외의 지수재료를 포함)의 최대 폭이 댐 높이보다 적고 또한 불투수성부가 댐 중심선 전체를 통한다.

② 경사 코어형
댐 내부에 있어서 불투수성부(흙 이외의 차수재료를 포함)의 최대 폭이 댐 높이보다 작고 또한 불투수성부가 댐 중심선에서 벗어난다.

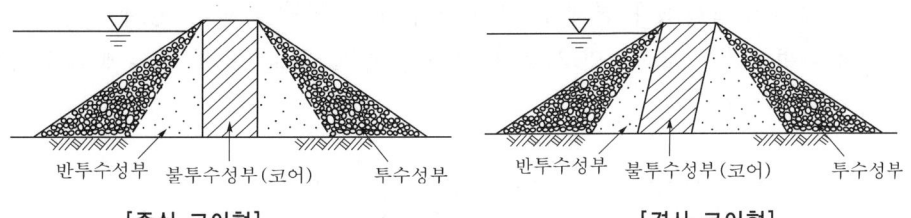

[중심 코어형]　　　　　　　　[경사 코어형]

(3) 존형(Zoned Embankment Type) 필댐

1) 불투성부의 최대 폭이 댐 높이보다 형식의 댐을 말한다.
2) 댐체의 내부를 몇 개의 구역으로 나누고 불투수성 재료를 중심부에 둔다.
3) 차수벽의 수평 폭이 그 축조 높이보다 클 경우 적용한다.
4) 댐 체의 높이가 4m일 때 유리하다.

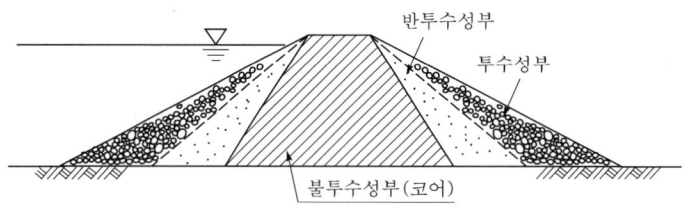

(4) 차수벽형 필댐

1) 표면차수벽형

① 흙 이외의 차수 재료로 상류표 면을 포장하는 형식의 댐을 말한다.
② 차수 재료로는 Asphalt, 철근 Concrete 등이 사용된다.
③ 댐의 단면이 작은 경우에는 경제적이나 침하에 대한 위험성이 있다.
④ 차수 재료가 표면에 노출되므로 내구성이 작다.

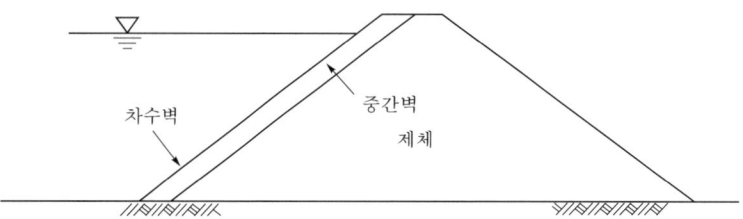

2) 경사 차수벽형

① Fill Dam 내부의 상류 측에 불투수성 재료를 이용하여 차수벽을 시공한 형식의 댐을 말한다.
② 중앙 차수벽형보다 본체 Rock Fill의 침하 이동을 받기 쉽다.
③ 차수벽이나 Grouting의 시공 시기를 본체의 Rock Fill보다 늦게 착수시킬 수 있는 장점이 있다.

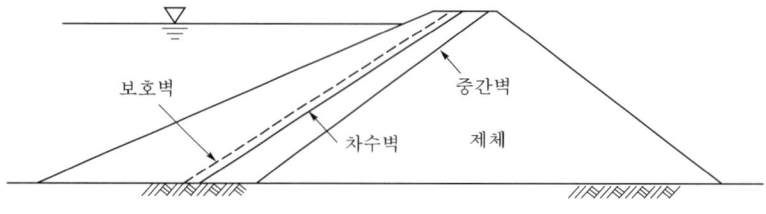

3) 중앙 차수벽형
   ① Fill Dam 내부의 중간에 불투수성 재료를 이용하여 차수벽을 시공한 형식의 댐을 말한다.
   ② 중앙 차수벽의 두께가 크고 침하에 의한 영향이 적다.
   ③ 수평 하중을 하류 측을 기초로 지지하므로 댐의 체적이 커진다.
   ④ 차수벽은 본체의 Rock Fill과 동시에 시공하여야 한다.

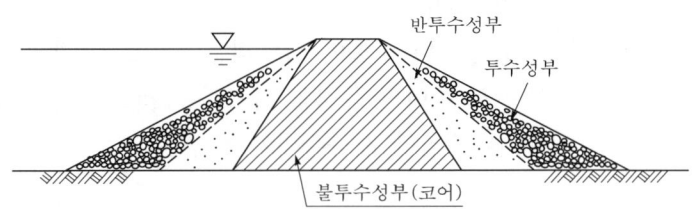

문제 2 댐공사의 시공계획 시 검토사항

1. 개요

댐공사에 있어서 시공계획을 수립하는 것은 설계내용을 만족시키고 원활한 공사의 수행으로 경제적인 시공이 되도록 하기 위함이다.

댐공사는 제한된 장소에서 여러 종류의 공종이 집약되는 것으로 전체공정에 차질이 생기지 않도록 최적의 공기를 맞추어 가면서 주어진 품질을 확보하는 것이 매우 중요하므로 시공계획을 구체적으로 수립하고 이에 따른 세심한 시공관리가 요구된다.

2. 시공계획의 목적

(1) 원활한 공사수행
(2) 계약 공정의 준수
(3) 경제적인 시공 실시
(4) 품질확보
(5) 안전시공

3. 댐공사의 시공계획 시 검토사항

(1) 사전조사

1) 계약조건 및 설계도서의 검토
   ① Project의 목적
   ② 설계도서의 내용
   ③ 계약서 및 계약 내역 검토
   ④ 설계변경 가능성
   ⑤ 본 공사에 영향을 미치는 부대공사 및 이에 관련된 공사
   ⑥ 기타 용지매수 및 보상관계 검토

2) 현장 조사
   ① 지형 및 지질조사
   ② 수심 및 유량, 유속, 하천 폭
   ③ 측량 조사
   ④ 공사현장 주변 환경

⑤ 민원 발생 여부
⑥ 관련 법규검토

3) 보상에 관련한 수몰지 등의 조사
① 필지 조사
② 지상물건조사
③ 공공시설 보상조사

(2) 기본계획

1) 공사방법의 결정
① 시공순서
② 투입될 장비 및 자재 대상선정
③ 인력투입조건 검토

2) 공정계획(공정표 작성)
① 공사의 규모, 특징, 시공방법 등을 고려한 공정표 작성
② 전체공정표 → 분할(분기별) 공정표 → 세부 공정표 순으로 작성
③ 공정표는 내용파악이 가능하고 합리적인 공사가 될 수 있도록 작성

3) 가설 계획
① 공사 수행에 필요한 제반적인 가설계획을 수립
② 부지확보 및 가설배치
③ 가설구조물축조(현장사무실, 식당, 숙고, 창고, 시험실, 기타 등)
④ 공사용수 확보계획(지하수 개발, 상수도 인입)
⑤ 동력계획(동력의 용량, 인입 방법, 비상 발전기준비 등)
⑥ 통신계획(전화, 무선 등)

4) 품질계획
① 선정시험과 관리시험의 분류
② 시험 관련 기자재 구입
③ 시험 기준결정
④ 기타 구체적인 시험계획수립

5) 현장조직계획
① 공사의 규모, 특징, 시공방법 등을 고려하여 적정 인원을 배정
② 현장 조직구성에 의한 조직표 작성

6) 자금계획
   ① 공사예산 및 실행자금편성 및 배정
   ② 현장운영 및 관리에 필요한 자금계획

7) 노무계획
   ① 직종별 분류
   ② 투입인원
   ③ 근로기간

8) 장비계획
   ① 공종별 기종선정
   ② 투입 대수 및 투입시기

9) 자재계획
   ① 자재의 종류(공종별로 구분)
   ② 종류별 수량 및 현장 반입시기

10) 운반계획
    ① 운반방법
    ② 운반로 계획
    ③ 운반시기

11) 환경관리계획
    ① 시설물축조에 따른 하류로의 부유물 확산방지 대책수립
    ② 비산먼지방지시설 설치 및 관리
    ③ 기타 환경공해에 우려되는 사항을 파악 및 조치

12) 안전관리계획
    ① 작업자 대상의 안전교육계획 및 실시
    ② 위험요소점검 및 조치
    ③ 각종 안전시설물 설치 및 관리
    ④ 응급조치에 대비한 준비
    ⑤ 기타 제반 관련 법규사항 실천방안 강구

(3) 상세계획(시공 및 기술계획)

1) 준비공사
   ① 현장사무소 및 시험실, 창고, 식당, 숙소, 기타 부대복리시설 등의 가설 건물 축조
   ② 댐공사에 필요한 장비 및 기계, 자재 등의 확보

2) 공사용 가설비 계획
   ① 동력설비
   ② 조명설비
   ③ 급수설비
   ④ 통신설비
   ⑤ 운반설비(Cable Crane 등)

3) 가배수로 계획(유수전환 계획)
   ① 종류 : 터널식, 개거식, 암거식
   ② 댐 본체의 시공에 지장이 없는 한 가능한 짧은 구간 선정
   ③ 하천유량이 적은 비 홍수기에 실시

4) 가물막이계획(하천의 유수 차단계획)
   ① 종류 : 전면 가물막이(전체절)방식, 부분 가물막이(반체절)방식
   ② 하천유량이 적은 비 홍수기에 실시

5) 굴착계획
   ① 굴착공정은 굴착된 토사 및 암 등의 반출을 중심으로 해서 굴삭의 순서, 공법, 운반로, 기계의 배치를 고려
   ② 본체 Concrete 타설 또는 성토개시 전에는 마무리 굴착 이외의 굴착은 대부분 완료

6) 기초처리계획
   ① 종류 : Consolidation Grouting, Curtain Grouting, Blanket Grouting, Contact Grouting, Rim Grouting
   ② 댐기초지반의 개량 및 지반의 균질화, 차수성 증진 등의 목적으로 실시됨에 따른 구체적인 시공계획수립

7) Concrete 타설계획
   ① 본체 Concrete 타설 공정은 Lift Schedule을 작성하여 실시
   ② 타 공정과의 간섭 여부의 확인 및 조정

8) 성 토
   ① 균일한 재료의 확보(토취장확보)
   ② 굴착에 의한 흙의 재사용을 위한 가적치장확보
   ③ 성토시공량의 확보 및 운반 방법의 검토

9) 담수계획
① 수몰예정지역에 대한 충분한 조사실시
② 담수 전 각종 분뇨, 폐기물, 농축산 관련 부산물, 기타 오염물질 등의 처리
③ 담수 전 문화재의 이전 및 복구
④ 담수에 따른 환경 및 자연생태에 대한 영향조사

4. 결론

시공계획의 궁극적인 목적은 합리적이고 경제적인 공사로 설계내용을 만족시키면서 최저비용으로 우수한 목적물을 시공하는데 있으므로, 공사착수 전 세부적이고 구체적인 시공계획을 수립하는 것이 매우 중요하다.

따라서 댐공사는 좁은 공간에서 수년간 걸쳐 시행되고 여러 공종이 집약되어 실시되기에 최적의 공기에 주어진 품질의 확보를 위해서는 치밀한 시공계획을 수립하여 세심한 시공관리가 되도록 하여야 한다.

문제 3 필 댐(Fill Dam)

1. 개 요

  필댐(Fill Dam)이란, 흙이나 암(岩)과 같은 자연재료를 정해진 위치에 쌓아 올려 축조한 부분을 주체로 한 댐을 말하는 것으로 절반 이상 돌로 구성된 경우 록필 댐(Rock Fill Dam), 절반 이상이 흙인 경우는 흙 댐(Earth Fill Dam)이라고 한다.
  필댐은 지형, 지질, 재료 및 기초의 상태에 그다지 구애받지 않고서도 축조할 수 있다는 장점이 있는 반면에 홍수 월류에 대해서는 거의 저항력이 없고 침하가 불가피한 구조물이라는 단점을 가지고 있다.

2. 필댐의 분류

(1) 재료에 의한 분류
  1) 흙댐(Earth Fill dam)
  2) 록필댐(Rock Fill Dam)

(2) 형식에 의한 분류
  1) 균일형(Homogeneous Type) 필댐
  2) 코어형(Core Type) 필댐
   ① 중심 코어형
   ② 경사 코어형
  3) 존형(Zoned Embankment Type) 필댐
  4) 차수벽형 필댐
   ① 표면 차수벽형
   ② 경사 차수벽형
   ③ 중앙 차수벽형

3. 특 징

(1) 장 점
  1) 지형, 지질, 재료 및 기초의 상태에 구애받지 않고 축조할 수 있다.
  2) 댐 지점 주위에서 얻을 수 있는 천연재료를 이용할 수 있다.

3) 시공에서 최적의 장비를 투입함으로써 기계화율을 높일 수 있다.
4) 비교적 지지력이 작은 풍화암이나 하천 퇴적층의 기초지반에도 축조가 가능하다.

(2) 단 점

1) 홍수 월류에 대해 저항력이 거의 없다.
2) 침하가 불가피한 구조물로서 여수로와 같은 구조물을 제체 위에 설치할 수 없다.
3) 가배수로의 규모 및 여유고의 결정 등에 세심한 주의가 필요하다.
4) 단면형상이 크고 저 폭이 넓어 단위면적에 작용하는 하중이 작아 기초에 전달되는 응력은 작다.
5) 제체 내부의 강성의 차이는 부등침하의 원인이 된다.
6) 구성 재료가 입상(粒狀)의 토석(土石)이 되어 소성체로 본다.

4. 필댐의 안정조건

(1) 제체가 활동하지 않을 것
(2) 댐 마루를 저수가 넘지 않을 것
(3) 비탈면이 안정되어 있을 것
(4) 제체 재료 및 기초지반이 압축에 대해서 안전할 것

5. 시공 시 고려사항

(1) 댐의 용도
(2) 지형 및 지질상태
(3) 재료의 구득조건
(4) 기 상
(5) 홍수량
(6) 공사기간
(7) 시공성 및 경제성, 안전성

6. 필댐의 재료(축제 재료)

(1) 재료의 분류 및 기준

1) 투수 재료(암 재료)
   Rock Fill Dam의 Zone에 사용

2) 반투수 재료(사력 재료, Filter 재료)
   Filter, Drain 및 Transition Zone에 사용

3) 불투수성 재료(차수 재료, 토질 재료)
   균일형 댐의 제체, Rock Fill Dam의 차수 Zone에 사용

(2) 재료의 기준

1) 투수 재료(암 재료)
   ① Rock Fill Dam의 외부 Zone에 사용
   ② 입도 분포가 0.2m 이하가 10% 이하로 최대 치수가 20~30cm 정도일 것
   ③ 균등계수(C_u) 15 이상
   ④ 내구성 및 전단 강도가 클 것
   ⑤ 전단력 및 마찰저항이 클 것
   ⑥ 투수성이 좋고 배수가 잘될 것
   ⑦ 크고 작은 암 재료가 적당히 섞인 입도일 것
   ⑧ 암 재료의 ø 값은 입도 및 형상, 다지기 정도, 응력의 상태에 따라서 다름

2) 반투수 재료(사력 재료)
   ① Filter, Drain 및 Transition Zone에 사용
   ② 투수 계수 $k = 1 \times 10^{-3} \sim 10^{-4}$ cm/s
   ③ 전단 강도가 클 것
   ④ 포설 및 다짐 시공이 용이할 것
   ⑤ 차수 Zone의 유출방지를 할 수 있는 입도 분포를 가질 것
   ⑥ Filter 재료의 선정기준

   $$\frac{F_{15}}{B_{15}} > 5 \text{(Piping 방지목적)}$$

   $$\frac{F_{15}}{B_{85}} < 5 \text{(Filter의 투수성확보)}$$

   여기서, F_{15} : Filter 재료의 15% 통과 입경
   B_{15} : 필터로 보호되는 재료의 15% 입경
   B_{85} : 필터로 보호되는 재료의 85% 입경

3) 불투수성 재료(토질 재료)
   ① Rock Fill Dam의 Core 부의 차수 Zone에 사용
   ② 투수 계수 $k = 1 \times 10^{-5}$ cm/s 이하
   ③ 다짐 후 소요의 차수성을 가질 것

④ 전단 강도 및 밀도가 클 것
⑤ 변형 및 압축성이 적을 것
⑥ 간극수압의 발생이 적을 것
⑦ Piping에 대한 저항성이 클 것
⑧ 포설 및 다짐 시공이 용이할 것

4) 토질재료 이외의 투수재료
① Asphalt Concrete(가열 Asphalt+세골재+Cement+석회석 분말)
② 철근 Concrete

7. 필댐 축제재료의 채취(토취장 선정)

(1) 재료의 채취장(토취장) 선정시 고려사항
1) Dam 지점으로 부터의 거리
2) 홍수 시 침수 여부
3) 동일지점에서 여러 가지 재료의 채취 가능 여부(차수 및 암 재료)
4) Dam의 부대시설과의 거리
5) 운반도로의 조건(통행량)

(2) 재료의 채취

1) 암 재료
① 채취방법에는 Bench Cut 공법 또는 항도(抗道) 발파공법 등이 사용
② Bench Cut은 천공간격 및 폭약량을 조절하여 재료의 입도 분포를 조절
③ 항도발파는 대규모 채취에 적합하나 입도의 차이가 크므로 발파작업 후 입도 조정을 위해 재작업 실시

2) 사력 재료
① Filter 또는 Transition Zone에 사용할 경우 최대 입경 15~20cm 이상의 것은 Grizzly 체로 제거
② 수중 사력재료 채취 시 세립분이 유출되기 쉬우므로 미리 수위를 저하시켜 수면보다 상부의 재료를 채취

3) 토질 재료
① 토취장에서 자연함수비가 최적함수비보다 높은 경우 채취장의 지표에 경사를 두고 배수구를 설치하여 물이 빠지도록 한 후 채취
② 재료가 너무 건조한 경우 채취장에서 살수하여 수분이 재료 전체에 스며든 후 채취

(3) 재료의 운반
    1) 재료가 손상되지 않도록 운반
    2) 안정적으로 공급할 수 있도록 운반도로의 개수 및 노면의 유지 보수 실시

8. 필댐의 축조(필 댐의 시공)

(1) 시공계획
    1) 시공계획수립 시 고려사항
        ① 현지상황
        ② 기상조건
        ③ 하천유황(河川流況)
        ④ 제체의 설계조건
        ⑤ 기계의 시공능력
        ⑥ 재료의 각종 조건
        ⑦ 시공 기계의 배치설계

    2) 전체의 공정계획작성 시 고려사항
        ① 하천전환공사
        ② 기초굴착
        ③ 기초처리
        ④ 재료채취와 성토(축조)
        ⑤ 굴착재료의 이용 또는 사토처리
        ⑥ 여수로(餘水路) 및 기타 관련 구조물의 시공
        ⑦ 담수공

(2) 시공 기계
    1) 시공 기계의 결정
        ① 기계의 종류
        ② 기계의 성능
        ③ 소요대수

    2) 시공기계의 할증 적용
        최성기(最盛期)의 공사량은 토량 환산계수를 정확히 선정하여 평균공정의 2~5배의 할증으로 하여 기계용량을 결정

3) 기 타
① 시공 기계의 배치에 따른 적절한 양의 예비기계 혹은 예비부품 확보
② 일상정비 및 정기정비를 위한 수리공장설치

(3) 기초지반처리(기초시공)

1) 기초지반 시공 기준
① 댐의 하상기초는 그 자체가 댐의 제1층으로 생각
② 댐 체와 기초가 일체가 되도록 접착에 장애 되는 요인은 확실히 제거
③ 댐 기초에 단층절리, 파쇄대 등 지질결함이 있는 경우 대책을 수립

2) 기초가 암반인 경우
① 화약에 의한 굴착 시 계획 암반 면이 손상되지 않도록 하면서 시공
② 마무리 면에 현저한 凹凸 또는 수직부가 발생되지 않도록 하면서 시공
③ 기초 면의 기하학적 형상에 주의하여 시공

3) 기초가 토질 또는 사력인 경우
① 굴착 마무리는 가능한 한 凹凸이 없도록 발생하지 않도록 시공
② 마무리면은 표면 Grouting을 다져서 제체와의 배합을 좋게 하면서 시공

4) 차수 Zone의 기초
① 차수 Zone 기초의 용수는 Grouting 등으로 처리
② Grouting은 차수 Zone을 쌓아올린 후에 실시할 경우 효과적
③ 차수 Zone 제체의 성토 전 암 표면의 부석을 제거하고 균열 또는 오목한 곳은 점토, Concrete 등을 충전하고 제체와 기초가 밀착되도록 시공

5) 굴착 면의 凹凸부 성형
① 돌출부의 경우 절취
② 오목부의 경우 양질의 점토 또는 불투수성 재료로 충전
③ 규모가 작은 개구부의 경우 Cement Mortar로 충전
④ 규모가 큰 개구부의 경우 Concrete로 충전

6) 사면부 성형
① 사면부(양안부)의 기초굴착 후 굴착 사면의 최대 경사각은 70°가 넘지 않도록 성형
② 경사각이 급변할 때 변화 각이 20°를 넘지 않는 성형이 되도록 성형기준이 설계서에 제시

(4) 시험 성토

1) 목 적
① 축제재료의 시공상 적합성을 검토(Trafficability, 함수비, 전단 강도, 압축성, 투수성 등)
② 시험성토에 의한 시공방법 결정

2) 시공방법 결정 사항
① 다짐 장비의 선정
② 주행속도(전압속도)의 결정
③ 재료의 포설 두께 결정
④ 다짐 횟수의 결정

(5) 암석 재료의 성토(암 버럭 시공, 투수 Zone의 시공)

1) 재료의 포설(깔기)
① 대암 : 펴 고르기 전압법 또는 쏟아 놓기법
② 소암 : 펴 고르기 전압법
③ 펴 고르기 두께 : 암 최대지름의 1~2배(암부스러기 30~40cm 이상, 큰 암 180m 이하)가 표준
④ 포설 장비 : Raker Bulldozer, 대형 Bulldozer

2) 다 짐
① 대형 진동 Roller로 다짐
② 덤프의 경우 높은 곳에서 암석을 떨어뜨려 그 충격으로 다짐(2~20ton 정도의 대암이 경제적)

(6) 사력 재료의 성토(Filter Zone의 시공, 반투수 Zone의 시공)

1) 재료의 포설(깔기)
① 포설 장비 : Bulldozer
② 포설 두께 : 30~40cm
③ 입도분포가 고르게 되도록 포설
④ 포설 중 재료가 분리되지 않도록 주의
⑤ 시공면은 차수 Zone과 같은 높이로 시공

2) 다 짐
① 다짐 장비 : 10t급 이상의 진동 Roller
② 전압횟수 : 4~6회 정도로 전압 다짐

3) 함수비조절
   ① 각층의 다지기 전 또는 다지는 과정에서 축조재료의 함수비는 균일할 것
   ② 살수를 병행하여 다짐 실시
   ③ Silt 질이 많은 재료의 경우 약간 건조 측에서 다지고 그 이상이면 시공이 곤란

4) 다짐도
   ① 재료시험으로부터 얻은 평균 상대밀도가 최대 상대밀도의 85% 이상
   ② 허용 최소 상대밀도는 최대 상대밀도의 75% 이상
   ③ 세사(細沙)는 상대밀도가 50% 이하인 경우 액상화 현상(Quick Sand)이 일어나므로 70% 정도까지 다져야 함
   ④ 다져진 축조재료의 건조밀도는 전 층을 통하여 균일할 것

(7) 토질 재료의 성토(차수 Zone의 시공)

1) 함수비 조건
   큰 입도의 것은 제거하고 세립토의 것으로 최적함수비(OMC)보다 약간 습윤측에서 시공

2) 재료의 포설(깔기) 및 다짐
   ① Bulldozer, Scraper로 포설
   ② 다짐은 전압으로 실시

3) 포설 두께(깔기 두께)
   ① 암반 상의 경우 : 30cm 정도
   ② 20t 정도의 Tamping Roller의 경우 : 20cm 정도
   ③ 40~50t의 Tire Roller 및 진동 Roller의 경우 : 30cm 정도

4) 전압횟수
   ① Tamping Roller : 80~12회
   ② Tire Roller : 4~6회
   ③ 진동 Roller : 6~8회

5) Roller 전압 시 유의 사항
   ① 전압은 직선으로 직선 전압 부분과 일부 겹치도록 하여 실시
   ② 전압방향은 댐 축에 평행하게 하는 것이 원칙
   ③ Filter Zone과 차수 Zone의 경계부는 Roller를 경계부의 양측에 걸쳐 다짐
   ④ 전압으로 표면이 평편하고 매끄러운 경우 Rake Dozer로 긁은 후 다음 층을 포설
   ⑤ 월동에 의해 공사중단 시 축조 면에 구배를 두어 우수 등을 배수

(8) 비탈면 보호용 암석 재료의 축조(Riprap)

1) 비탈면 보호용 재료

   비탈면 보호용 암석은 신선하고 단단하며, 내구성일 것

2) 댐 체 하류비탈 면에 1m 두께로 축조하는 Riprap 재료
   ① 단일암석의 중량이 900kg 이상, 직경이 60~80cm인 암석이 전체 암석 중량의 50~80%일 것
   ② 단일암석의 중량이 2.5t 이하
   ③ 단일암석의 중량이 100kg 이하인 암석이 전체 암석 중량의 15% 이내
   ④ Truck 한 대분의 재료에 호칭번호 4.75mm(No.4)체를 통과하는 세립재료가 5% 이상 섞이지 않을 것

3) 비탈면 보호용 암석축조
   ① 표면이 평탄할 것
   ② 암석 간 충분하게 맞물려 유수에 저항하도록 치밀하게 시공
   ③ 전체적으로 규정된 경사도를 유지하여 미관이 수려하게 마감

4) 비탈면 보호용 사석축조
   ① 큰 암석이 균등하게 분포될 수 있도록 고르기를 할 것
   ② 작은 암편은 큰 암석 사이의 공간에 치밀하게 채워 규정 두께를 얻을 수 있도록 할 것

5) 비탈면 보호용 암석시공 후

   사면에 돌이 흘러내리거나 흘러내릴 가능성이 없도록 시공

9. 결 론

필댐은 시공 중 재료가 수시로 변하기 때문에 댐의 안정성을 수시로 확인하고 필요에 따라 다짐 층의 설계를 변경하도록 한다.

필댐의 주재료가 흙이나 Rock으로 강우 또는 강설 시 영향을 많이 받을 수 있으므로 충분한 조사 후 운반기계능력을 산정토록 하며, 댐 체의 축조시공 시 각 Zone의 재료분리를 방지하고 각 Zone 간의 경계부에 세심한 시공관리가 있어야 한다.

문제 4 Concrete 표면차수벽형 석괴댐

1. 개 요

표면차수벽형 석괴댐(Face Rock Fill Dam)이란, 댐 단면에서 상류 측 표면에 차수벽과 이 차수벽을 지지하는 차수벽 지지층 및 석괴층으로 구성된 Dam을 말한다.

표면차수벽형 석괴댐은 철근 Concrete 차수벽 외에 철재, 목재 또는 Asphalt Concrete 등의 차수벽을 갖기는 하나 이들은 표면차수벽형 석괴댐이 등장하던 초기에 채택되었으며, 요즘은 대부분 사라지고 Concrete 표면차수벽형 석괴댐(CFRD : Concrete Face Rock Fill Dam)이 표면차수벽형 석괴댐을 대표하고 있다.

2. CFRD의 특징 및 적용성

(1) 특 징
1) Core 층이 없다.
2) 자연재료를 사용하므로 경제적이다.
3) Concrete 표면의 차수역할로 Fill Dam에 비해 Dam의 단면이 감소된다.
4) 공정이 복잡하다.
5) Dam체에 공극이 많음으로 누수량이 많다.
6) 내구성이 적다.
7) 부등침하에 의한 표면 차수벽의 손괴되는 문제가 있다.
8) 제체가 침하되는 문제가 있다.

(2) 적용성
1) 암 재료의 구득이 용이한 곳
2) 공기 단축을 요할 경우
3) 운반 거리상 토질재료 또는 기타재료의 구득이 곤란한 경우

3. CFRD 댐 선정 시 고려사항

(1) 댐의 용도
(2) 댐의 규모
(3) 지형 및 지질
(4) 공사용 재료
(5) 수문·기상 및 홍수량
(6) 전체적인 사업 시설물의 배치계획

(7) 공사기간
(8) 공사비 및 경제성
(9) 건설 후의 운영, 유지관리 등과의 관련성 및 적합도

4. 표면차수벽 댐의 구성(Zoning)

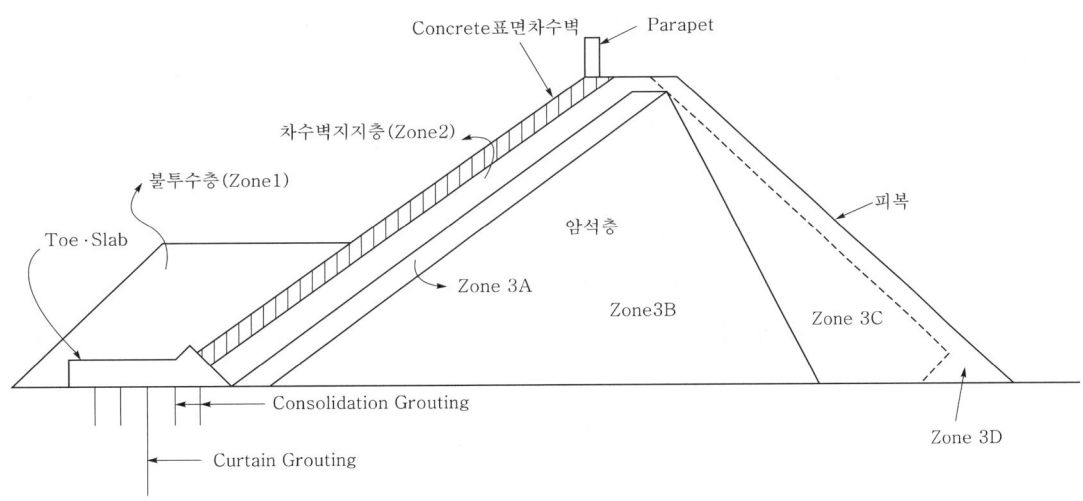

[표면차수벽 댐의 구조도]

(1) 댐 기초

1) Toe·Slab(Plinth)
   ① Concrete 차수벽과 댐 기초를 수밀 상태로 연결하기 위한 구조물
   ② 기초 Grout Cap의 역할
   ③ 차수벽 및 제체에서 전이되는 하중을 지지하여 지반으로 전달하는 차수벽의 주춧돌(Toe) 역할을 담당하는 철근 Concrete 구조물

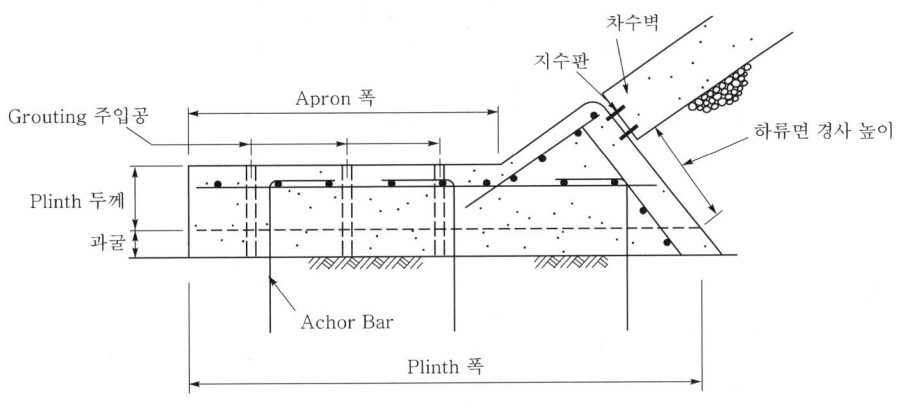

[Toe·Slab(Plinth)의 단면]

2) 제체 기초

　댐 본체의 자중 또는 수압에 의한 침하방지 및 제체 하부의 누수방지역할을 하는 지반

(2) 제 체

1) 불투수성층(Zone 1)

　불투수성 재료를 표면차수벽의 상류 하단부에 일정한 높이까지 축설하여 Perimeter Joint가 변형 또는 확대되거나 Concrete 차수벽에 균열이 생겨 누수가 발생할 경우 대비하기 위한 보조적 기능의 층

2) 차수벽 지지층(Zone 2)

　Concrete 차수벽을 직접 받치고 있는 층

3) 암석층(Zone 3 : Zone 3A, 3B, 3C)

　① 수압과 댐의 자중에 대해 Concrete 차수벽을 균등하게 또는 최소한의 변형에 의해 지지하기 위한 암석층
　② Zone 3A는 차수벽지지 Zone 하류부의 암석 Zone으로서의 선택 Zone(Selected Rock fill Zone Transition 또는 Filter Zone)
　③ Zone 3B는 주 암석 재료로 축조되는 Zone(Main Rock Fill Zone)
　④ Zone 3C는 보조 암석 재료로 축조되는 Zone(Sub Rock Fill Zone)

4) Concrete 차수벽(Face Slab)

　① 제체의 상류 측의 물과 접하는 면으로 제체 내로의 침투수 유입을 방지
　② 담수 시 일어나는 변형을 수용할 수 있도록 주변 이음, 수축 이음, 시공 이음을 가진 철근 Concrete Slab

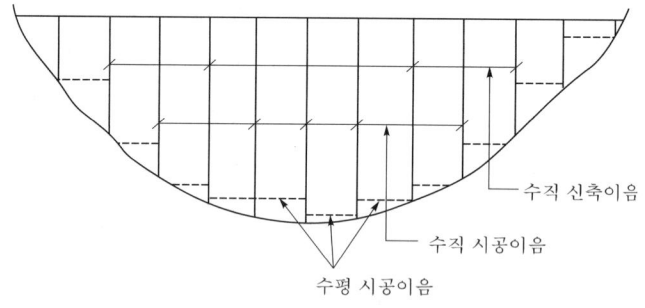

[차수벽 평면]

5) 차수벽의 이음

　① 주변 이음(Perimetric Joint)은 담수 후 차수벽의 변형을 수용할 수 있도록 Prince와 차수벽의 접합부에 설치되는 이음
　② 수직 신축이음(Vertical Contraction Joint)은 차수벽 Concrete의 온도응력 등으로 인한 횡 방향 변위를 수용하기 위하여 설치되는 철근이 절단되는 수직 이음

③ 시공 이음(Construction Joint)은 차수벽 Concrete의 타설 시 시공의 편의를 위하여 설치되는 이음으로 수직시공이음과 수평시공이음으로 구분

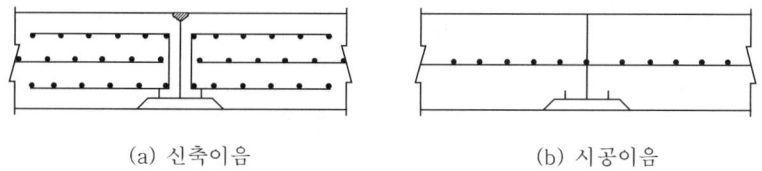

(a) 신축이음   (b) 시공이음

[Concrete 차수벽의 이음]

6) Parapet(방파벽)
   ① 댐 체의 일부로서 댐 마루의 상류 끝단에 설치
   ② 저수지 수면의 파랑으로 인한 월파의 방지 역할
   ③ 저수 공간의 확보기능을 하는 옹벽 구조물

7) 댐 높이
   ① 일반적으로 댐의 기초지반과 댐 마루의 표고 차를 말함
   ② CFRD에서는 댐의 기초지반인 Prince 바닥에서 댐 마루의 하류 측 비탈 머리까지의 표고 차를 말함

5. 축조시공(시공관리)

(1) 기초굴착

1) 1차 굴착
   양안(兩岸) 상부에서 하부로 진행한다.

2) 2차 굴착(댐 기초 면 마무리굴착)
   ① 댐 축조공정에 맞추어 하상부(河床部)로부터 양안 상부로 진행한다.
   ② 댐 기초 면에 가까울수록 발파량을 줄여 암반을 손상시키지 않도록 한다.
   ③ 기초굴착은 계획굴착면상 50~100cm 정도까지만 하고
   ④ 나머지 부분은 Concrete 치기 직전에 지렛대 Braker, Pick hammer 등으로 굴착한다.

3) 굴착공법
   ① 장공(長孔) 발파공법
      - 긴 발파구멍을 뚫고 폭약을 장전하여 일시에 대량의 발파를 하는 공법
      - 험준한 지형에 적합
      - 공사비가 많이 발생

② Bench Cut 공법
- 경사면에 여러 개의 Bench를 만들어 굴착작업을 병렬로 실시하는 공법
- 모든 댐 굴착에 Bench Cut 공법이 적용
- 타 공법에 비해 공사기간이 길다.
③ 갱도 폭파공법
- 갱도에 폭약을 충전하여 일시에 대량의 폭파를 하는 공법
- 댐 기초면을 손상시킬 우려가 있다.

(2) 기초처리

1) 기초처리방법
① 침투장 연장처리(Plinth 설치)
Plinth의 폭원을 경암의 폭원보다 크게 하여 침투수 경로를 연장시킨다.
② Concrete 채우기 처리
Toe·Slab 접촉면에 침투수 발생이 우려되는 기초지반에 적당한 규모의 Trench를 굴착하여 Concrete를 Toe·Slab 높이까지 채워 침투수를 방지한다.
③ Grouting 처리
기초암반의 절리와 균열 사이에 약액 등을 주입하여 차수 또는 기초지반을 보강한다.

2) 기초 Grouting
① Consolidation Grouting 공법
- 시공목적 : 지반개량
- 시공위치 : 기초 면의 전면(全面)시공
- 배치간격 : 2~6m
- 배치형태 : 격자형 3열
② Curtain Grouting 공법
- 시공목적 : 기초지반의 차수
- 시공위치 : 댐 체의 중앙부
- 배치간격 : 0.5~3m
- 배치형태 : 병풍 모양의 1열 또는 2열
③ Rim Grouting 공법
Dam 주변 암반의 차수를 목적으로 시행

3) Toe·Slab 시공(Plinth 시공)
① Concrete 차수벽과 댐 기초를 수밀 상태로 연결하기 위한 구조물로서
② 폭원은 기초지반이 양호할 경우 총 수심의 1/20~1.25를 기준으로 하고 기초지반이 양호치 않을 경우 총수심의 1/6까지 기준으로 한다.

③ 최소 폭은 3m, 두께는 30~40㎝의 철근Concrete 구조물을 설치한다.
④ 암반과 밀착되어 수밀을 유지시키며 누수로 인한 세굴이나 Piping이 발생하지 않도록 한다.

(3) 암석층 축제(築堤)

1) 재료 선정
① 최대치수 800~1,200㎜
② 압축성이 작을 것
③ 전단 강도가 클 것
④ 내구성이 클 것

2) 축제방법
① 공극은 돌 부스러기 등으로 채운다.
② 암 다짐규정을 준수한다.

(4) 차수벽 지지층(Zone 2)

1) 재료선정
① 최대 입경 75~150㎜ 정도의 하천 사력재 또는 쇄석
② 압축성이 적을 것
③ 다져진 상태에서 허용 투수도를 충족할 것

2) 시공방법
① 축조두께는 40~50㎝로 한다.
② 10t급 진동 Roller 등으로 4회 다진다.(일반적 시방기준임)
③ 다짐작업 시 살수는 진동 Roller의 작업에 지장이 없는 범위 이내로 한다.
④ 강우에 의한 경사면이 유실되지 않도록 유의한다.
⑤ Shotcrete 또는 Asphalt 표면 바르기 등으로 경사면의 유실을 방지한다.
⑥ 경사도는 1:1.3~1:1.6으로 한다.
⑦ 댐 마루침하에 대비하여 여성(餘盛) 등의 대책을 강구한다.

(5) Concrete 차수벽

1) Concrete
① 차수벽의 Concrete 28일 강도는 210~245㎏/㎠를 기준으로 한다.
② Concrete는 Slip Form에 의해 타설한다.
③ Slip Form 설치는 Start Slab를 먼저 타설한 후 설치한다.
④ Slip Form의 평균진행속도는 2~5m/hr 정도로 한다.

⑤ 댐 체가 높은 경우 차수벽 Concrete를 한꺼번에 타설하지 않고 단계적으로 타설한다.

⑥ 차수벽 두께 : 0.3m+0.002H~0.3m+0.004H (H : Slab 지점의 수심)

2) 이음처리

① 이음방법에는 연직이음과 Perimeter Joint가 있으며
② 이음부의 누수를 방지하기 위해 2중 지수판을 설치하고
③ 이음부에 Filter 재를 충진한다.
④ 수평 이음은 시공상 불가피한 경우 외에는 설치하지 않는다.

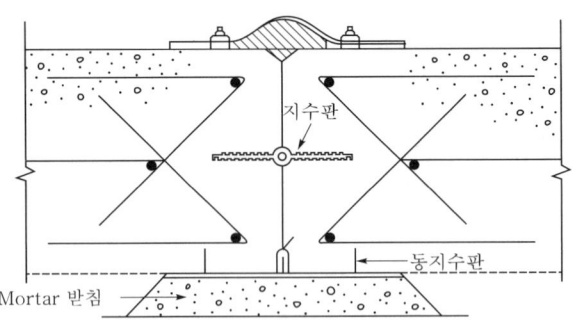

[연직이음(Vertical joint)]

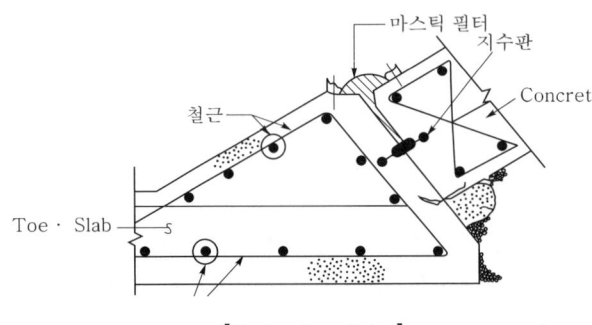

[Perimeter Joint]

(6) Parapet(방파벽)

1) 설치 위치

① Dam의 마루에 철근 Concrete 구조물로 설치한다.
② Parapet의 높이는 1.2m 또는 L형 Parapet을 설치한다.

2) Parapet의 효과

① Parapet의 규모에 따라 댐 하류부의 단면(체적)을 상당량 절감시킬 수 있으며
② Dam 공사비를 절감시키는 효과가 있다.

6. CFRD 댐 매설 계기 계측(계측관리)

(1) 매설 계기 계측의 목적
  1) 댐 체의 거동을 파악
  2) Concrete 차수벽 및 Joint에 대한 설계의 개선
  3) 암석재의 축조에 대한 평가
  4) Dam 단면의 구성 등에 관련한 자료 및 정보의 수집

(2) 매설계기 계측의 항목
  1) Perimeter Joint 계측
    ① Toe·Slab에 대한 Concrete 차수벽의 상대적인 이동을 관측
    ② Perimeter Joint 부근에 Joint Meter를 설치
      - Joint에 직각 방향으로 Joint의 개폐도 측정
      - Joint에 평행방향으로 Concrete 차수벽 평면 내의 Joint 전단력측정
      - Concrete 차수벽에 직각 방향으로 Concrete 차수벽의 침하량측정
  2) Concrete 차수벽 변형계측
    ① Concrete 차수벽의 변형량 측정에는 변형계를 이용
    ② 변형계는 집단으로 설치
    ③ 3개 1조는 Perimeter벽 가까이 45° 각도로 설치
    ④ 화환형으로 2개 1조는 차수벽의 중앙부에 수평 및 경사 방향으로 설치
  3) 내부 수직 침하계측
    ① 수직 침하량은 Sweden Type 침하계로 관측
    ② 침하계는 Concrete 차수벽 가까이에 설치하여 내부 축설재의 침하가 Concrete 차수벽 거동에 미치는 영향을 파악
    ④ 침하계는 약 30cm로 구획된 제체의 수평면 내에 분포시키고 축설층의 변형을 상관시켜 축설 재료의 변형계수를 산정

5. 결 론

표면차수벽형 석괴댐은 Core층과 Filter층 없이 제체를 축조하며, 불투수성 차수벽을 설치하여 차수벽과 벽 본체 사이에 입경이 작은 쇄암석의 Transition Zone을 형성하고 완충 역할을 하도록 댐 체를 축조하는 공법이다.

표면차수벽형 석괴댐 시공에 따른 안전도는 정역학적 해석과 동역학적 해석방법에 의해 댐의 안전도를 검토하도록 하고, 또한 댐의 거동 여부와 Concrete 차수벽의 변형여부, 내부축제의 침하 여부 등에 대한 계측을 실시하여 댐의 안전성을 확인하는 것이 매우 중요하다.

문제 5 Concrete 중력댐

1. 개 요

　콘크리트 중력댐(Concrete Gravity Dam)이란, 댐 상류 면에 작용하는 수압을 댐 체의 자중으로 막고 연직분력을 기초지반에 전달하는 구조로서 댐 체를 Cement Concrete를 주재료로 하여 구조물을 축조한 형식의 댐을 말한다.

　콘크리트 중력댐의 단면형상은 상류 면이 거의 연직이고 하류 면이 0.8:1.0 정도로 경사진 삼각형으로 댐 체의 자중이 크고 콘크리트의 재료가 많이 사용됨에 따라 공사비가 높다.

　많은 양의 Cement Concrete를 사용함으로써 골재의 생산부터 Concrete 양생까지 전 단계에 걸쳐 세심한 시공관리와 함께 품질관리를 필요로 한다.

2. 콘크리트 중력댐의 특징

(1) Cement Concrete를 주재료로 하여 축조한 댐이다.
(2) 댐 체의 자중만으로 안정을 유지해야 하는 형식이다.
(3) 자중이 크므로 견고한 지반이 필요하다.
(4) 시공 및 유지 관리가 용이하며 안전도가 크다.
(5) 재료가 많이 들어 공사비가 높다.

3. 콘크리트 중력댐 선정 시 고려사항

(1) 댐의 용도
(2) 댐의 규모
(3) 지형 및 지질
(4) 공사용 재료
(5) 수문·기상 및 홍수량
(6) 전체적인 사업 시설물의 배치계획
(7) 공사기간
(8) 공사비 및 경제성
(9) 건설 후의 운영, 유지관리 등과의 관련성 및 적합도

4. 콘크리트 중력 댐의 구비조건

(1) 내구성 및 수밀성이 클 것
(2) 소요의 강도를 가질 것
(3) 단위 중량이 클 것
(4) 용적변화가 적을 것
(5) 발열량이 작고 경화 시의 온도상승이 작을 것
(6) 작업에 적합한 Workability를 가질 것
(7) 경제적일 것

5. 가설비 공사

(1) 공사용 도로
1) 공사용 재료를 운반할 공사용 도로를 기설 또는 신설도로로 이용할 경우 운반재료의 양, 크기, 중량 등을 고려하여 개량 및 정비한다.
2) 공사용 도로의 규모는 도로 건설비와 댐 축조비의 경제성 검토에서 결정한다.
3) 공사용 도로의 구조는 건설부 제정 도로 구조물령에 준한다.

(2) 공사용 가설건물
1) 공사현장 사무소
2) 공사감독 사무소
3) 차고 및 창고
4) 실험실
5) 정비공장
6) 숙소 및 기타

(3) 공사용 동력설비
1) 공사용 동력설비는 공사기간 중에 공사를 원활히 수행할 수 있는 시설로 결정한다.
2) 용량은 전체 공사의 공정계획에 의하여 결정하고 최대 전력수요를 기준으로 하여 정한다.

(4) 공사용 급수설비
1) 댐공사에는 암반의 기초처리, 그라우트, 골재의 물 씻기, 그라우트공, 콘크리트 댐의 콘크리트 양생, 콘크리트 인공냉각, 함수비 조절을 위한 철수, 돌의 물 씻기 등에 많은 물을 필요로 한다.
2) 총 소요수량과 소요 수두 즉, 소요압력을 검토하고 이것에 대한 충분한 용량을 갖는 집수, 취수, 양수 그리고 저수시설을 설치한다.

(5) 공사용 조명 및 통신설비
1) 상호 간의 통신 연락시설을 완비하여 주·야간에 공사가 계속 진행할 수 있도록 한다.
2) 현장이 산간지역이고 공사현장이 광범위한 것이 대부분이므로 공사용 조명과 상호 간의 통신 연락시설을 완비한다.

(6) 공사용 급기 시설
1) 압축공기는 천공 및 기타 공사의 중요 동력의 하나로 공기압축기(Compressor)의 대수는 소요 공기량에 따라 충분히 여유 있게 준비한다.
2) 배기관의 말단압력은 소요 공기압력을 유지할 수 있도록 설치하여야 한다.

(7) 가배수로
1) 가배수로는 댐 본체의 시공에 지장이 없는 한 가능한 짧아야 한다.
2) 지형 및 지질을 고려하여 최소 토량으로 완성할 수 있는 경제적인 선형을 택한다.
3) 가배수로의 유입구와 유출고의 위치는 계속해서 시공되는 Coffer Dam 공사비와 시공법 등과 종합하여 그 위치를 결정한다.

(8) Coffer Dam(임시 물막이)
1) 1차 Coffer Dam
① 2차 Coffer Dam을 시공하기 위한 일시적인 물막이로 축조되는 것으로 구조가 간단
② 흙 또는 흙 가마니, 돌 등으로 하천수를 막아 가배수로로 전환
③ 높이는 2차 Coffer Dam의 높이보다 낮게 시공
④ 공사기간 중의 안전성을 고려하여 표면을 콘크리트 또는 돌망태로 보호하여 월류 시에 대비

2) 2차 Coffer Dam
① 본 공사의 안전성 확보를 위해 시공되는 댐으로 침투수의 차수를 목적으로 축조
② 1차 Coffer Dam 시공 후 2차 Coffer Dam 시공
③ 높이는 1차 Coffer Dam보다 높게 시공
④ 설계대상 홍수를 완전히 가배수로로 전화시킬 수 있는 높이까지 축조
⑤ 1차 Coffer Dam을 침투하여 온 물을 2차 Coffer Dam의 전면에서 펌프로 1차 Coffer Dam의 외부로 배수

3) Coffer Dam 형식 선정 시 고려사항
① 하상 퇴적물의 깊이 및 종류
② 하천경사
③ 시공기간
④ 사용재료
⑤ 가배수로의 계획 유량

(9) 제 내 가배수로

1) 댐체 내 가배수로의 설치조건
① 설치위치는 보통 Block의 중앙부가 좋다.
② 단면형상은 Joint Grout가 원활하게 시공될 수 있는 것으로 한다.
③ 가능한 가배수로의 마루가 수평으로 된 구조는 피하는 것이 좋다.

2) 제 내 가배수로 폐쇄
① 담수개시와 동시에 수문으로 폐쇄하고 내부를 콘크리트로 채운다.
② 콘크리트 채우기를 위하여 댐 체내 가배수로에는 게이트의 홈, 지수동판, Grout Stop, Grout 용 배관, key 등을 설치하여 충분한 보호를 한다.
③ 게이트 홈의 위치는 통상 댐 체 상류 면에서 50cm 정도 상류 측에 둔다.

3) 제내 가배수로의 결정
제내 가배수로는 유수처리방법, 이용기간, 공정, 홍수빈도와 크기 및 시공성을 고려하여 대상유량, 위치, 단면을 결정한다.

6. 기초굴착 및 처리

(1) 기초암반의 조사

1) 조사내용
① 암석의 상태
② 암석의 성질

③ 단 층
④ 풍화 정도
⑤ 표토 등의 상황

2) 조사방법의 종류
① 시추에 의한 조사
② 시갱에 의한 조사
③ 물리탐사에 의한 조사
④ 기타 방법에 의한 조사

3) 조사의 결과 정리
① 조사의 기록
② 지질도 작성

(2) 굴착계획

1) 굴착계획선 결정 시 고려사항
① 표토, 풍화암, 단층, 연약지반 등의 여부 및 정도
② 댐의 형식
③ 댐의 규모
④ 댐의 기초처리계획

2) 굴착계획 시 주의사항
① 표토굴착, 암반굴착의 깊이, 굴착량 등을 정확히 파악한다.
② 한정된 장소에서의 집중적인 대량굴착이 되므로 작업공간과 중장비의 종류 및 대수를 종합적으로 검토한다.
③ 댐 기초 면의 손상방지를 위해 기초암반굴착은 1차 굴착, 마무리 굴착으로 나누어 실시한다.
④ 댐 기초 전면의 1차 굴착은 Concrete 치기 착수 전에 끝내는 것을 원칙으로 한다.
⑤ 굴착 비탈면의 안정에 유의한다.
⑥ 굴착토로 인한 홍수시 현장 또는 하류부의 피해가 없는 사토장 계획을 검토한다.
⑦ 굴착토의 운반로를 계획한다.

(3) 굴착진행

1) 1차 굴착
① 양안(兩岸) 상부에서 하부로 진행한다.
② Concrete 치기 착수 전에 완료한다.

2) 2차 굴착(댐 기초면 마무리굴착)
   ① 댐 축조공정에 맞추어 하상부(河床部)로부터 양안 상부로 진행한다.
   ② 댐 기초면에 가까울수록 발파량을 줄여 암반을 손상시키지 않도록 한다.
   ③ 기초굴착은 계획굴착면 상 50~100cm 정도까지만 하고
   ④ 나머지 부분은 Concrete 치기 직전에 지렛대 Braker, Pick hammer 등으로 굴착한다.

(4) 굴착공법

1) 장공(長孔) 발파공법
   ① 긴 발파구멍을 뚫고 폭약을 장전하여 일시에 대량의 발파를 하는 공법이다.
   ② 천공작업은 하부의 굴착 및 적재, 운반을 병행 시공이 가능하다.
   ③ 천공 장비의 운반 및 과 천공에 따른 비용이 비교적 많이 발생한다.
   ④ 천공 직경은 ø50(BX) 또는 ø22~34mm(AX)로 하는 것이 일반적이다.
   ⑤ 험준한 지형에 적합하다.

2) Bench Cut 공법
   ① 경사면에 여러 개의 Bench를 만들어 굴착작업을 병행으로 실시하는 공법이다.
   ② 모든 댐 굴착에 Bench Cut 공법이 적용한다.
   ③ 타 공법에 비해 공사기간이 길다.

3) 갱도 폭파공법
   ① 갱도에 폭약을 충전하여 일시에 대량의 폭파를 하는 공법이다.
   ② 댐 기초 면을 손상시킬 우려가 있다.

4) 방사선형 폭파공법
   ① 댐 체 굴착예정 선에 따라 상·하류 방향에 설치된 갱도에서 방사선형으로 천공을 하여 폭파하는 공법이다.
   ② 갱도 폭파공법에 비하여 기초 면의 손상이 적다.

5) 제한발파와 면고르기
   ① 최종 굴착은 천공 심도와 화약의 양을 줄여 발파하여 기준면의 손상이 없도록 한다.
   ② 최종 계획면은 인공작업에 의해 면고르기를 실시하여 암반의 균열을 방지한다.

(5) 버럭 처리

1) 발파로 발생한 암버력의 운반방법은 굴착공법, 굴착량, 적재장소와 사토장의 위치 및 넓이와 관련해서 결정한다.
2) 적재 중장비와 운반을 중장비의 균형이 이루어지도록 한다.

(6) 사토장

1) 사토장계획
① 사토장위치는 부근의 지형, 운반 거리, 버려야 할 양 등에 따라 결정한다.
② 버럭의 붕괴 유실로 인한 하류의 피해 유무를 충분히 검토하고 피해가 없도록 한다.
③ 댐 상류에 버릴 때는 출수기에 가배수로에 유입되어 홍수소통에 지장이 없도록 한다.
④ 사토의 재료별 토량환산계수(토사 : 0.90, 풍화암 : 1.30, 암 : 1.60)을 고려하여 충분한 여유의 사토장을 계획한다.

2) 사토장 선정 시 고려사항
① 저수지의 유효이용을 기하기 위해서 가능한 저수지 밖으로 할 것
② 굴착지점에 보다 가깝고 또한 충분한 용량을 확보할 수 있을 것
③ 도중에 인가가 집결되었다든가 교통량이 많은 지역 등이 아닐 것
④ 지형적으로 안전할 것

(7) 댐 기초 면의 정리
1) 굴착발파는 댐 기초 면에 가까울수록 폭약량을 줄여서 암반을 손상시키지 않도록 한다.
2) 일반적으로 기초굴착은 계획굴착면 상의 50cm 정도까지 하고 나머지 50cm는 지렛대, 브레이커, 픽, 해머 등으로 굴착한다.
3) 기초암반의 표면은 암반과 콘크리트를 완전히 밀착시키기 위하여 고압의 분사수 등으로 반복하여 씻어낸다.
4) 기초 표면의 부석, 흙 등 유해물은 완전히 제거하고 암반 상에 고여 있는 물도 없앤다.
5) 정리된 암반 면을 장기간 방치해두면 풍화 등에 의하여 손실되므로 콘크리트치기 공정에 맞추어 면고르기와 마무리한다.
6) 기초 면에 용출수가 있을 경우 기초면 밖으로 배제하거나 차수하는 등의 적당한 방법으로 처리한다.

(8) 기초 Grouting

1) Consolidation Grouting 공법
① 시공목적 : 지반개량, 균열이 심한 암반 보강
② 시공위치 : 기초 면의 전면(全面)시공
③ 배치간격 : 2~6m
④ 천공깊이 : 10~15m
⑤ 배치형태 : 격자형 3열
⑥ 주입압력 : 5kg/cm² 이하

2) Curtain Grouting 공법
① 시공목적 : 기초지반의 차수
② 시공위치 : 댐 체의 중앙부
③ 배치간격 : 0.5~3m
④ 배치형태 : 병풍 모양의 1열 또는 2열로 연속된 차수막이 되도록 배치

3) Rim Grouting 공법
Dam 주변 암반의 차수를 목적으로 시행

7. 시공설비

(1) 시공설비의 계획
1) 댐 지점의 지형, 지질, 기상조건, 교통기관의 현황과 댐의 규모, 공기, 공사비 등에 의해 많이 달라진다.
2) 시공 중에도 연구 검토하여 경제적이고 능률적인 시공이 가능하도록 설비계획을 수정해 나간다.
3) 설비능력이 과대하거나 과소하지 않도록 한다.

(2) 시공설비의 용량 결정 기준
1) 예정된 공기 내에 콘크리트치기가 완료되도록 한다.
2) 공기 내의 최대 타설 월, 1일 평균량의 30% 증가한 양을 칠 수 있는 설비로 규모를 정함이 적당하다.

(3) 시공설비의 기능상 구분
1) 골재의 채취 및 수송설비
2) 골재의 선별 및 파쇄설비
3) 골재의 저장설비
4) 시멘트의 수송 및 저장설비
5) 콘크리트의 제조 운반설비
6) 콘크리트의 치기 설비
7) 콘크리트의 냉각설비

8. 댐 체 시공

(1) 시공방식

1) 블록방식(Block Type)
① 댐 콘크리트치기에 있어서 가로 이음과 세로 이음으로 댐 체를 분할 시공하는 방법이다.
② 높이 100m 이상의 댐에 많이 이용한다.
③ 레이어방식으로는 시공이 불가능한 대규모의 콘크리트 댐에서 적용된다.
④ 댐 체가 종·횡으로 분해 시공되므로 담수 시까지는 콘크리트를 충분히 수축시키고 수축이음은 완전히 채워야 한다.
⑤ Pipe Cooling과 Joint Grouting이 반드시 필요
⑥ Block 분해를 작게 하면 하천수로도 Pipe 냉각의 효과를 얻을 수 있다.
⑦ Block의 크기가 커지면 하천수에 의한 냉각으로는 충분한 성과를 얻을 수 없으므로 냉동 Plant에 의한 급속냉각이 필요하다.
⑧ Joint Grout는 고도의 기술이 필요하며 시공이 복잡하므로 충분한 사전연구가 필요하다.

2) 레이어 방식(Layer Type)
① 댐 콘크리트치기에 있어서 가로 이음만으로 댐 체를 분할 시공하는 방식이다.
② 비교적 소규모의 댐에 별다른 냉각설비가 없어도 시공할 수 있다.
③ 예비냉각(Pre-Cooling)이 가능한 규모의 댐에 사용하면 시공이 간편하고 적당하다.

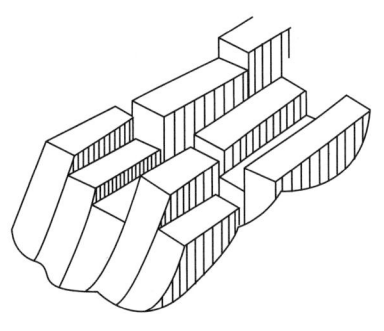
(a) Block Type

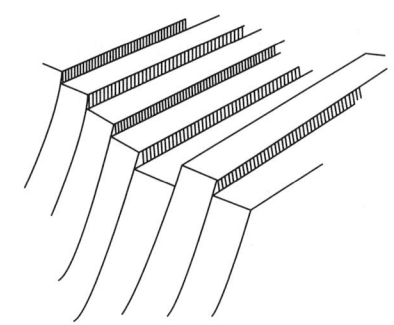
(b) Layer Type

[댐 콘크리트치기 방식]

3) 블록 레이어 혼합방식(Block-Layer Type)
① Block과 Layer를 병용한 방식으로 중규모 이상의 댐을 시공에 적용한다.
② 댐 체 하부의 두꺼운 부분은 Block 방식으로 하고 상부는 Layer 방식으로 시공한다.
③ 하부의 세로 이음으로 인해 Layer 방식의 Block에 균열 발생의 우려가 있다.

4) 경사이음 방식(Slope Joint Type)
① 댐의 하류 면(대체로 만수 시 최대 주응력의 방향)에 평행한 세로 이음을 설치하는 것으로
② 이 방향은 전단력과 전단응력이 모두 작으므로
③ 이음이 다소 넓어도 댐의 안정에는 별 영향이 없고 Joint Grouting 공도 반드시 필요하지 않다.

5) 슬롯조인트 방식(Slot Joint Type)
① Block과 Block 사이에 0.6~2.0m 정도의 간격을 두고 시공하여 자연냉각을 촉진시키는 방식이다.
② 최종적으로 안전온도까지 내부온도가 강하하면 콘크리트로 이음을 채운다.
③ Joint에 Concrete를 채우는 것은 Grout로 채우는 것보다 확실하고 내구적이므로 좋은 시공방식이다.
④ 이음 채우기 콘크리트의 시공이 불량하면 균열 등이 발생할 우려가 있다.

(2) Block 나누기(댐 콘크리트의 이음)

1) 세로수축이음(Transverse Contraction Joint)
① 댐 콘크리트의 경화 시 온도변화에 따른 수축에 의한 균열방지를 위해 댐 축의 직각 방향으로 설치되는 이음을 말한다.
② 이음 간격은 일반적으로 10~15m 정도이며, 균열방지 대책이 있는 경우는 25m까지 가능하다.
③ 세로 이음은 댐 체의 일체상 소망되는 것이 아니므로 가능한 피해야 한다.

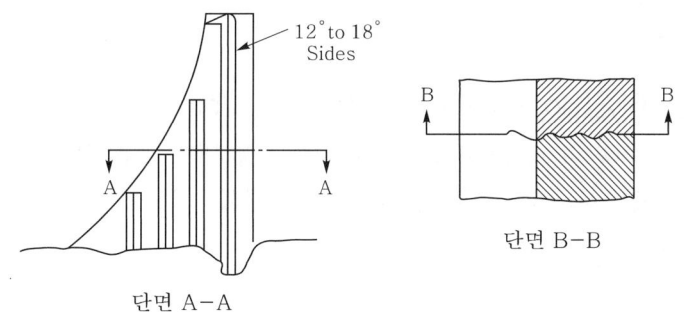

[세로수축이음]

2) 가로수축이음(Longitudinal Joint)
① 댐 콘크리트의 경화 시 수축에 의한 균열방지를 위하여 댐의 축 방향으로 설치하는 이음을 말한다.
② 이음 간격은 일반적으로 10~15m 정도이며, 균열방지 대책이 있는 경우는 간격을 크게 할 수도 있다.

③ 종류 : 연직 가로수축이음, 경사 가로수축이음, Zigzag 가로수축이음
④ 연직 가로수축이음
   - 댐 축 방향의 균열방지를 위해서 높은 댐에 설치되는 이음
   - 연직 가로수축이음에는 Joint Grouting을 하는 것이 원칙
⑤ 경사 가로수축이음
   - 경사방향으로 설치하는 이음
   - Grouting을 하지 않는 경우에 설치되는 이음
   - 이음을 주응력 방향으로 경사시켜 이음 면에 생기는 전단응력을 최소로 하도록 하는 것
   - 단면의 도중에서 그침으로 그 끝에서의 균열방지 대책을 마련한다.
⑥ Zigzag 가로수축이음
   - 연직방향으로 Zigzag로 설치되는 이음
   - 단면의 도중에서 그침으로 그 끝에서의 균열방지 대책을 마련한다.

3) 수축이음의 위치 및 간격을 결정 시 고려사항
   ① 댐 지점의 기온
   ② 댐의 높이
   ③ 콘크리트의 품질
   ④ 온도규제의 방법
   ⑤ 댐 지점의 지형 및 지질
   ⑥ 댐의 구조
   ⑦ 설계이론
   ⑧ Plant의 능력
   ⑨ 시공방법

4) 수평 시공 이음(Horizontal Construction Joint)
   ① 1회 Concrete 타설 높이(Lift) 경계에 수평 방향으로 설치하는 이음을 말한다.
   ② 시공 이음은 시공상 부득이한 이유(시공계획, 시공조건 등)로 설치된다.
   ③ 수평 시공 이음의 Lift
      - 1.5m를 표준
      - 암반에 접근하는 부분은 0.75m 정도
   ④ 기 타설된 콘크리트에 타설 시기
      - 기 콘크리트의 Lift가 0.75~1.0m의 경우에는 3일 이상 경과 후 타설
      - Lift가 1.5~2.0m 경우에는 5일 이상 경과 후 타설
      - 장시일 타설 중단한 경우 0.75~1.0m의 Lift를 여러 층 두고 타설

(3) 이음의 구조

1) 세로 이음

① 댐의 축 방향으로 댐의 전단면을 통해서 만들어지며 댐의 일체성을 고려하는데 중요한 관계가 있다.

② 세로 이음의 배치는 평면적으로 보아 가로 이음 부분에서 최소한 6cm 정도 서로 어긋나게 배치해야 한다.

③ 세로 이음에는 수평 톱니형을 만들고 수직 전단에 대한 저항을 주도록 하며, 담수까지 완전히 Grout 공으로 댐의 일체성을 확보한다.

④ 톱니의 모양과 간격은 전단저항이 크고 Grout 공을 원활하게 할 수 있도록 한다.

⑤ 세로 이음은 가로 이음에 비해서 수밀성에 대해서는 문제가 되지 않으나 댐의 안전상에는 문제가 된다.

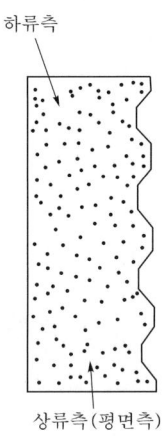

[세로 이음에 설치하는 톱니(치형)]

2) 가로 이음(Transverse Joint)

① 댐 축의 직각 방향으로 댐 전단면을 통하여 수직으로 만들어지는 이음을 말한다.

② 구조는 댐의 수밀성은 물론 안전성에도 관계가 있다.

③ 수밀성에 있어서 톱니형을 붙인 것이 투수 거리가 길고 또한 침전이 일어나기 쉽다.

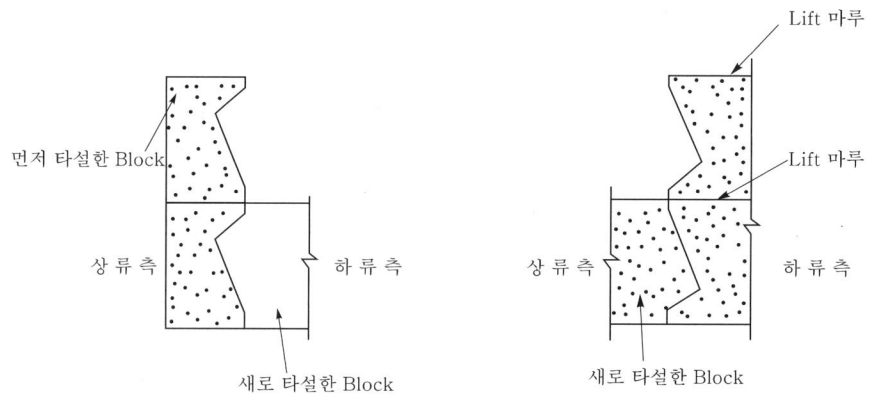

[세로 이음에 설치하는 톱니(치형)]

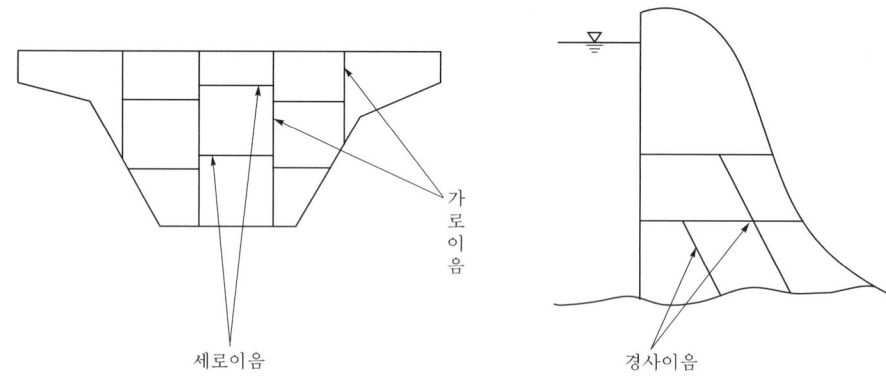

[이음의 종류]

(4) 이음의 수밀장치 시공

1) 세로수축이음의 지수판 및 이음 배수공

① 세로수축이음에는 지수판과 이음 배수공을 설치한다.

② 지수판은 콘크리트의 부착력을 충분히 고려하여 수밀성과 내구성이 좋은 재료를 사용해서 신축작용에 적응할 수 있는 형상으로 한다.

③ 지수판과 이음 배수공을 댐 상류면 가까운 곳에 기능을 충분히 발휘할 수 있는 구조로 한다.

④ 수밀장치의 재료는 동, Stainless 등의 금속판, 인조고무, 염화비닐 등의 화학성 재료 등이 있다.

⑤ 설치장소는 세로수축이음의 상류면 가까이의 연직방향으로 1.0m 정도 이상 내부에 설치한다.

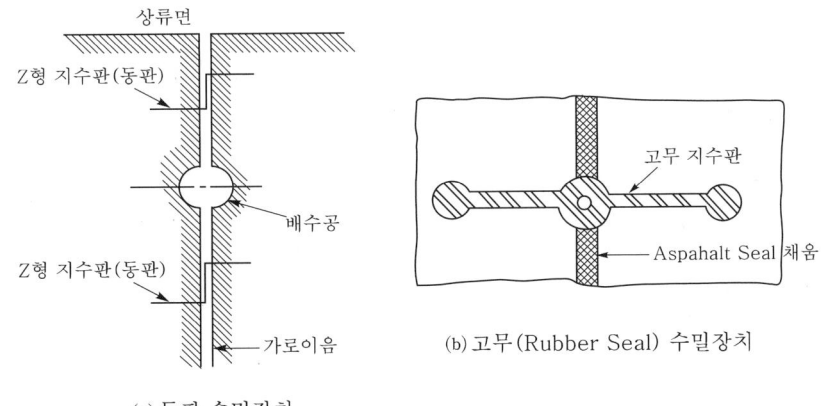

(a) 동판 수밀장치
(b) 고무(Rubber Seal) 수밀장치

2) 가로이음의 수밀 및 배수
① 이음은 보통 1~3mm 정도의 간격을 갖게 되므로 가로 이음에 Grout 공을 하지 않을 경우에는 이음 상류부에 수밀장치를 시공한다.
② 수밀장치 : 지수판, Asphalt Seal 등이 많이 사용
③ 설치위치 : 댐 상류 면에서 0.3~1.0m 정도의 콘크리트 내부에 매설
④ 수밀장치
- Z형 : 톱니가 있는 이음에서 사용
- U형 : 톱니가 없는 이음에서 사용
- Asphalt Seal : 콘크리트치기 때 이음의 중간에 대략 직경 15mm 정도의 아스팔트 기둥을 매설
⑤ 배수공
- 수밀의 성과에 기대하기 곤란한 경우 누수가 댐 내부에서 압력수로 되지 않도록 수밀장치 뒤에 배수공을 설치
- 직경 15~20cm
- 감사로(監査路)로 누수를 유도

(5) Concrete 시공(Concrete 치기)

1) 댐 콘크리트의 배합설계기준
① 설계기준강도(σ_{91}) : 120~180kg/㎡
② W/C비 : 55% 이하
③ 내부 Concrete에서의 단위 Cement양 : 140~180kg/㎥(평균 160kg/㎥)
④ 외부 Concrete에서의 단위 Cement양 : 200~240kg/㎥(평균 220kg/㎥)
⑤ Slump : 진동기 사용 시 3~5cm 정도, 진동기 미 사용시 8cm 정도
⑥ 굵은 골재 최대치수 : 40~150mm

2) 콘크리트의 혼합
① 콘크리트의 재료가 성형성이 크고 균등질이 되도록 혼합한다.
② AE공기를 균등하게 분포시키도록 충분히 비빈다.

3) 콘크리트 타설 전 준비
① 타설 면의 정리 및 청소
② 매설물의 확인
③ 각종 시공설비의 점검
④ 작업원의 배치

4) 콘크리트의 운반 및 배출
① 콘크리트의 운반은 주로 Cable Crane과 Jib Crane을 이용한다.
② 비벼진 콘크리트는 치는 장소로 신속히 운반하고 분리가 일어나지 않도록 유의하여 싣고 내린다.
③ 타설 시 Bucket의 높이는 1m 이하에서 콘크리트를 배출시킨다.

5) 콘크리트의 타설
① 타설 중 거푸집의 변형 및 사고가 발생되지 않도록 한다.
② 재료분리가 발생되지 않도록 한다.(특히 굵은 골재의 분리에 유의)
③ 수평 시공 이음의 시공에 있어서 암반 기초부는 2cm, 콘크리트 부는 1.5cm의 Mortar를 깔고 즉시 콘크리트 타설을 실시한다.
④ 댐 콘크리트 타설의 Lift는 1.5m, 암반 부에서는 75cm를 표준으로 한다.
⑤ 타설 중의 인접 Block간의 Lift차는 댐의 축 방향은 12m, 댐 상·하류방향은 6m 이하로 한다.

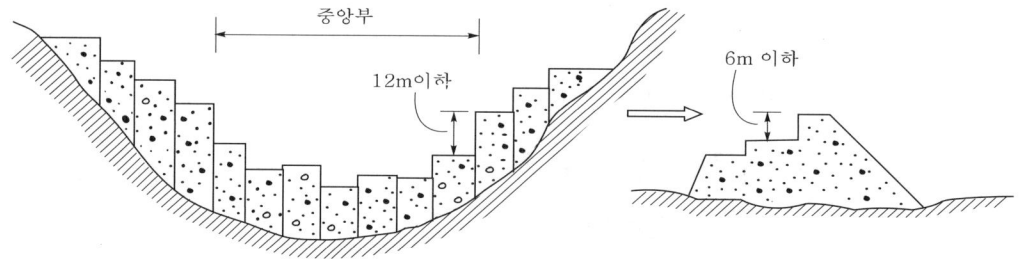

[인접 Block 간의 Lift 차]

⑥ 콘크리트 한 층의 두께는 새로 타설한 콘크리트를 충분히 다질 수 있는 정도로 한다.
⑦ 1 Lift를 여러 층으로 나누어 타설하는 경우 한 층의 두께는 40~50cm 이하가 되도록 한다.
⑧ 1 Lift의 콘크리트 타설 시 Bench 모양으로 시공하여 노출면을 작게 한다.
⑨ Block 내에서의 타설은 그림과 같은 순서대로 실시한다.

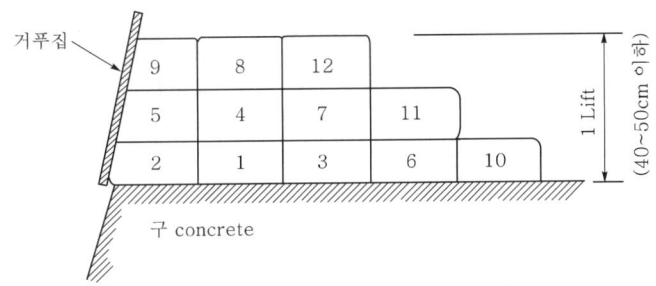

[댐 콘크리트 타설 순서]

⑩ 타설 완료 후 6~12시간 이내에 압력수와 압축공기를 타설 면에 뿜어 Laitance를 제거하는 Green Cut을 실시한다.
⑪ 콘크리트는 소정의 작업구획을 완료할 때까지 연속적으로 타설한다.

6) 연약부의 콘크리트 타설
① 빈·부 배합 콘크리트의 경계면
  - 중력식 콘크리트 댐의 상·하류면은 통상 부 배합의 콘크리트로 설계되므로 한 개의 Block 내에서 경계면이 발생
  - 따라서 경계면에서는 빈·부 배합의 콘크리트가 서로 혼입되도록 타설

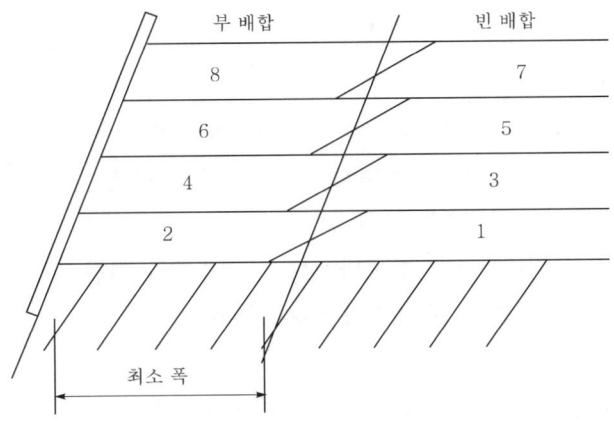

[빈·부 배합 콘크리트의 경계면의 타설]

② 완경사면의 착암부
  - 콘크리트 1 Lift 타설 표면이 완경사인 착암부에 접하게 되면 콘크리트의 타설 두께가 지나치게 얇아지는 경우가 발생
  - 따라서 거푸집을 설치하거나 선단을 잘라내어 두께가 얇은 부분이 발생되지 않도록 시공

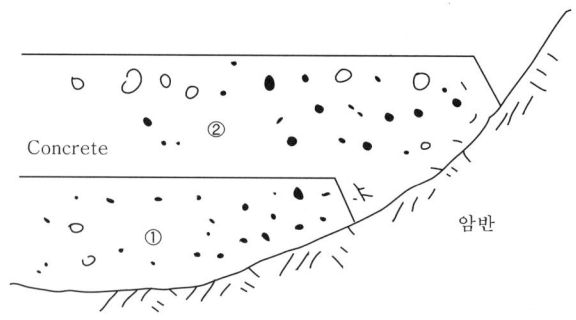

[완경사면에서의 콘크리트 타설]

7) 양 생
① 콘크리트 타설 후 즉시 Lift 면상에 주수하여 담수 양생을 실시한다.
② 담수가 곤란할 경우 Sprinkler 또는 호스에 의한 살수 양생을 실시한다.
③ 보통 Portland Cement 또는 중화열 Cement의 경우 14일 이상 양생
④ 고로 Cement, Silica Cement, Pozzolan 혼합시 21일 이상 양생

8) 수평 시공 이음의 시공
① Green Cut 공법
  - 콘크리트의 경화 전 사수에 의해서 수평 시공 이음부분에 발생한 Laitance를 제거하며 청소하는 방법
  - 타설 후 6~12시간 내 실시
② Sand Blasting 공법
  - 콘크리트의 경화 후 입경이 1~5mm의 모래를 공기 또는 압력수와 함께 콘크리트 면에 분사해서 Laitance를 제거하는 방법
  - 타설 후 1~2일 이내에 실시
  - 능률은 Green Cut 공법보다 낮으며, 시설의 이동, 모래의 재질, 건조, 보급 등에 시간이 걸리고 공사비가 비싸게 됨
③ 기 타
  Wire Brush 등으로 표면을 거칠게 하고 완전히 청소한 후 Mortar로 신구 콘크리트가 밀착되도록 시공

(6) 거푸집

1) 거푸집의 종류 및 규격
① Slide Form과 보통 거푸집이 있으며
② 그 유효높이는 1.5~2.0m 정도, 폭은 3~5m 정도이다.

2) 거푸집 해체(철거) 시기
   ① 수직면의 경우 압축강도가 35kg/cm² 이상
   ② 감사로(監査路), 기타 개구부의 경우 압축강도가 100kg/cm² 이상

3) 거푸집은 존치기간
   ① 표면의 경우 : 3~5일 정도
   ② 개구부의 경우 : 15~20일 정도

(7) Joint Grouting 공

1) Grout Lift

   Grout의 높이는 15m 정도를 표준으로 한다.

2) 배관방식

   이음 Grout의 배관은 Pipe의 도중에서 Grout가 막히더라도 곧 대치할 수 있도록 순환방식으로 한다.

3) Grout Plant
   ① Plant는 보통 정치식으로 하며 Grout Pump, 혼합기, 교반기를 설치한다.
   ② Plant에서 이음부까지의 배관은 보통 직경 5~6 정도의 Pipe를 사용한다.

4) Grout 공의 시기와 순서
   ① 댐 콘크리트를 친 후 담수개시 전에 매스 콘크리트를 최종 안전온도까지 냉각시키고 이음의 벌어짐을 최대로 한 다음에 그라우트 주입을 하는 것이 원칙이다.
   ② 주입의 순서는 낮은 Lift 쪽에서 시작하되 그 Lift의 Grout가 전부 완료되면 다음에 그 위쪽의 Lift로 이동하여 시공하는 것이 원칙이다.

5) 주입재료

   주입용 Cement는 건설부제정 댐 콘크리트 표준시방서에 의한다.

6) Grout 공
   ① Grout 공 실시 전 이음은 물로 충분히 청소하고 착색한 물로 수압시험을 하여, 인접한 Lift 또는 상부 Lift와의 내부 연락 Grout Stop의 상태점검, 표면 누수의 유무 등을 상세히 조사한다.
   ② 조사 결과 누수되는 곳이 있으면 누수방지에 대한 대책을 세운다.
   ③ 이음은 Grout 공을 하기 전까지 충분히 습윤 상태로 해둔다.
   ④ 보통 사용되는 압력은 Lift 상부의 배기공의 압력계에서 1.6~4.3kg/cm² 정도로 한다.
   ⑤ Block의 변형은 상부에서 0.5~0.8mm 정도 이내로 한다.

9. 댐 콘크리트의 온도조절대책

(1) Precooling
1) Concrete 치기 시 온도를 낮추어 Concrete 내부의 온도상승량을 저감시켜 온도균열을 제어하는 방법으로
2) 물과 골재 등의 재료를 미리 냉각하여 Concrete를 배합하고 또한 타설함으로써 Concrete의 온도를 낮춘다.

(2) Pipe-Cooling
1) Concrete 내부의 온도상승을 방지하기 위하여
2) Concrete 타설 전 미리 냉각 또는 냉기통수용 Pipe를 배치한 후
3) Concrete 타설과 함께 Pipe 내부로 냉각수 또는 냉기를 통과시켜 Concrete의 내부 온도를 저하시킨다.

(3) 자연 열의 분산대책
콘크리트의 타설 Lift 및 타설속도 등을 조절한다.

(4) 발열량의 저감대책
1) Fly Ash 사용
2) 중용열 Portland Cement 사용
3) W/C 비를 적게 함

10. 결론

콘크리트 중력댐은 Concrete를 주재료로 이용하여 축조되는 댐으로서, 댐 체의 자중만으로 안정을 유지해야 하므로 자중이 크기 때문에 견고한 지반이 필요하다.

따라서 댐의 형식을 선정할 경우 댐의 용도 및 규모, 지형 및 지질, 공사용 재료구득조건, 기상 및 홍수량 등을 고려하여야 한다.

특히 콘크리트 중력댐은 내구성 및 수밀성이 커야하고, 소요의 강도를 가지며, 단위 중량이 커야 하는 등의 조건이 있으므로 콘크리트 시공에 따른 재료의 선정 및 배합설계, 재료의 혼합, 운반 및 타설, 다짐, 양생 등 전 과정에 세심한 시공관리가 있어야 하며 특히 Mass Concrete의 단점인 온도균열에 대한 대책을 강구하면서 시공관리가 이루어져야 한다.

문제 6 롤러 다짐 Concrete 댐 (RCCD, RCD)

1. 개 요

롤러 다짐 콘크리트댐(RCCD ; Roller Compacted Concrete Dam)은 Concrete Dam의 일종으로 Slump 값이 0(Zero)인 극도로 된 반죽의 빈 배합 Concrete를 사용하고, 진동 Roller로 다지면서 축조하는 댐을 말한다.

RCCD에 의한 댐 축조 시 소요의 강도, 내구성, 수밀성 등을 확보하여야 하고, 또한 시공성과 경제성이 있어야 한다.

2. RCCD의 특징

(1) 극도로 된 반죽의 Concrete이다.
(2) Concrete의 단위 Cement양이 적다.
(3) 댐 Concrete 치기에 있어서 거푸집에 의한 수축 이음을 두지 않는다.
(4) Batch Plant에서 Concrete 치기 구획까지 Concrete의 상하 방향운반은 Dump Truck, Incline 등을 사용한다.
(5) Concrete치기 구획내부에서의 Concrete의 수평 방향운반은 Dump Truck과 Belt Conveyor 등을 사용한다.
(6) Concrete 다지기는 자주식 진동 Roller를 사용한다.
(7) 1 Lift의 높이는 Concrete의 수화열 방산 및 진동Roller의 다지기 효과 등을 고려하여 70cm(35cm×2층) 정도를 표준으로 한다.
(8) 댐 본체의 수축 이음 중 가로 이음은 Concrete가 굳지 않은 상태에서 진동이음절단기로 설치하는 방법으로 한다.
(9) 댐 본체의 세로이음은 보통 설치하지 않는다.
(10) Pipe Cooling에 의한 온도제어는 하지 않는다.

3. RCCD의 구비조건

(1) 소요 강도를 가질 것
(2) 내구성이 클 것
(3) 수밀성이 클 것
(4) 단위 중량이 클 것
(5) 용적변화가 적을 것
(6) 발열량이 작고 경화 시의 온도상승이 작을 것
(7) 경제적일 것

4. 시공순서

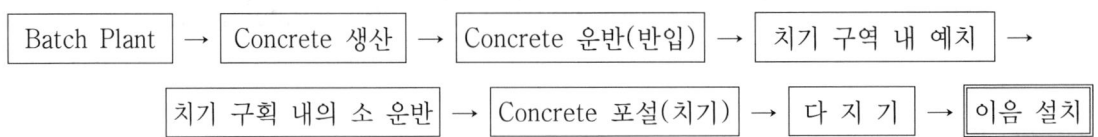

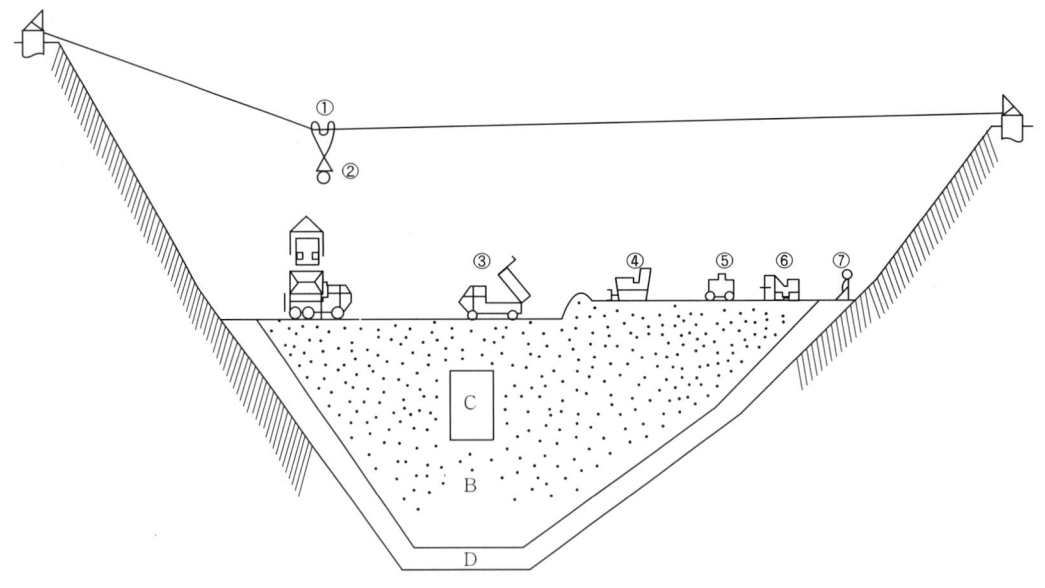

① 4.5m³ Concrete Bucket
② 이동식 Hopper
③ Dump Truck (11ton급)
④ Bulldozer (9ton급)
⑤ 진동 Roller (7ton급)
⑥ 진동이음절단기
⑦ 인력다지기

A배합 : 상하류면부 Concrete
B배합 : 내부 Concrete (RCCD)
C배합 : 구조물 주변부 Concrete
D배합 : 착암부 Concrete

[RCCD Concrete 치기 개념도]

5. 시공방법(시공 시 유의사항)

(1) 재료의 조건

1) Cement

분말도가 높고 풍화되지 않은 보통 Portland Cement, 중용열 Portland Cement를 사용한다.

2) 골 재

강도가 크고, 입도가 고른 깨끗한 골재를 사용한다.

3) 혼화재료

수화발열량을 줄일 수 있는 혼화제를 사용하고, 품질의 변화가 없는 것을 사용한다.

4) 재료의 냉각(Pre Cooling)

Concrete 배합 전 모든 재료를 냉각할 필요성이 있다.

(2) 배 합

1) 단위 Cement양 : 120kg/m^3
2) 잔골재의 조립율 : 2.5 정도
3) 굵은 골재의 최대치수 : 80mm
4) 혼화재료 : AE제, 감수제, Fly Ash 등

(3) Concrete의 생산(Batch Plant)

1) 소정의 시설을 갖춘 Batch Plant에서 생산한다.
2) Batch Plant의 위치는 댐 공사현장에서 가까운 거리에 위치한다.
3) 각종 품질관리에 필요한 시설을 갖추어야 한다.

(4) Concrete의 운반(반입)

1) Batch Plant에서 현장까지의 운반은 Dump Truck으로 한다.
2) 운반은 신속하게 한다.
3) 운반 중 Concrete가 굳지 않도록 덮개를 씌운다.

(5) 치기 구역 내 Concrete 예치(옮겨 담음) 시

1) 현장 내에 설치된 고정Cable Crane을 이용하여 Bucket을 이용한다.
2) Bucket으로 운반된 Concrete를 이동식 Hopper에 예치한다.
3) Concrete 예치 시 재료가 분리되지 않도록 유의한다.
4) Bucket과 Hopper 간의 높이는 50㎝ 이내로 한다.

(6) 치기 구획 내의 소 운반
소 운반은 Dump Truck으로 한다.

(7) Concrete 포설(치기)
1) Concrete 포설 전 접착을 위해 구 Concrete 면에 Mortar를 1cm 정도 고르게 깐 후 Concrete를 포설한다.
2) Concrete의 포설은 Bulldozer로 한다.
3) 포설 방법은 전단면 Layer 방식으로 포설한다.
4) 포설 시 두께는 다짐 후 35cm가 될 정도로 포설한다.

(8) 다지기
1) Concrete 다지기는 포설 즉시 진동 Roller로 한다.
2) 댐 본체의 빈 배합은 진동 Roller에 의한 다짐을 실시하는 것을 원칙으로 한다.
3) 댐 외부 및 구조물 주변 Concrete의 부 배합에서는 내부진동기에 의한 다짐을 원칙으로 한다.

(9) 이음 설치
1) 다져진 Concrete가 굳기 전 가로 이음을 설치한다.
2) 이음 설치방법은 매 Lift마다 진동 압입식 이음 절단기로 조성한다.

(10) 양 생
1) 살수 양생을 실시한다.
2) Pipe Cooling을 실시하지 않는다.
    - 이유 : 타설 면에 Bulldozer, Dump Truck 등이 주행하기 때문이다.

6. 댐 Concrete 치기 방법의 비교

구 분	종래의 Concrete 치기방법	RCCD Concrete 치기방법
Concrete	① 단위 Cement양 : 150kg/m³ 이상 ② Slump 치 : 3cm 안팎	① 단위 Cement : 120kg/m³ ② Slump 치 : 0(Zero)
사용 Mixer	경동형(傾胴型)	2축 강제 비비기형
치기방법	Block 방식	전단면 Layer 방식
Concrete 반입	① 호동 Cable Crane ② Jib Crane	① 공정 Cable Crane ② Dump truck ③ Incline
본체 내 소운반	① 호동 Cable Crane ② Jib Crane	Dump Truck
깔기(포설)	Bucket에서 직접배출(인력)	Bulldozer
Laitance 제거	압력수	Motor Shaper, 압력수
다지기	① 손잡이식 내부진동기 ② Vibro Dozer	① 자주식 진동 Roller ② Soil Compactor
가로 이음	거푸집으로 형성	진동압입기이음절단기
발열 대책	Pipe Cooling으로 댐 본체 Concrete를 냉각	빈배합으로 고열이 발생하지 않으므로 Cooling 불필요

7. 결론

 RCCD 공법은 종래의 Concrete 댐을 시공함에 있어 합리화 없이 답습한 방법을, 더욱 경제적이며 합리적인 Concrete 댐의 시공방법으로 개발한 것으로, 이에 대한 시공경험의 부족과 Slump 치가 0(Zero)인 빈 배합상에서의 시공대책이 요구된다.
 따라서 공법선정 시 시공성 및 경제성, 안전성, 내구성 등을 면밀히 검토하여야 한다.

문제 7 Dam의 기초Grouting 공법 (기초암반처리, 기초처리)

1. 개 요

Dam의 기초는 과도한 변형과 침투류(浸透流)가 생겨서는 안 된다.

따라서 이러한 관점에서 Dam 기초 또는 기초암반의 개량공사 이루어지며 이것을 기초처리라 한다.

기초처리 법에는 Grouting에 의한 방법과 Concrete에 의한 치환처리방법이 있다.

2. 기초 Grouting의 목적

   (1) 지반개량
   (2) 차수성 증진
   (3) 지반의 균질화

3. 공법선정 또는 시공 시 고려사항

   (1) Dam의 형식
   (2) 시공범위
   (3) 개량목표치
   (4) 처리 대상 지반의 특성
   (5) Grouting 재료 및 시공방법
   (6) 시공관리 방법
   (7) 결과의 점검

4. 댐 기초처리의 절차

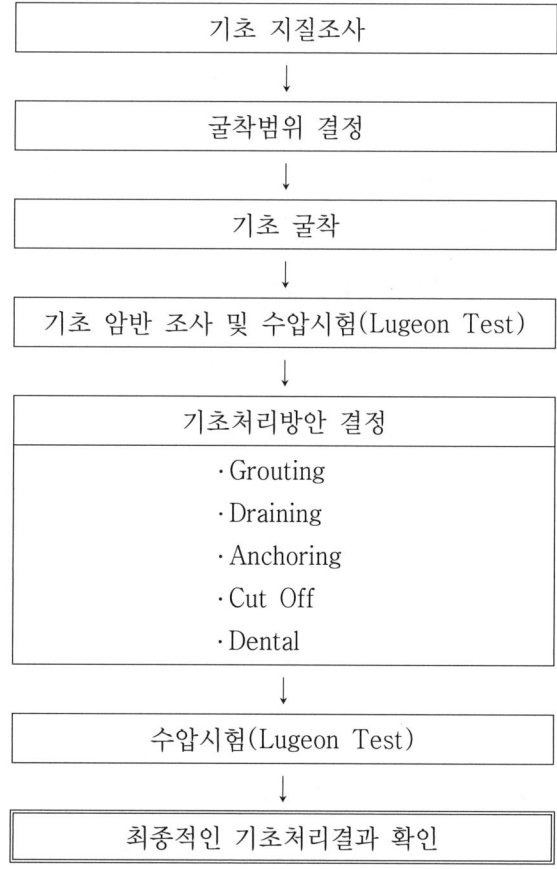

5. 기초 Grouting 공법(기초처리시공)

(1) Consolidation Grouting공법

1) 시공목적

　지반개량

2) 시공위치

　기초면의 전면(全面)시공

3) 주입공 배치

　① 배치간격 : 2~6m
　② 배치형태 : 격자형

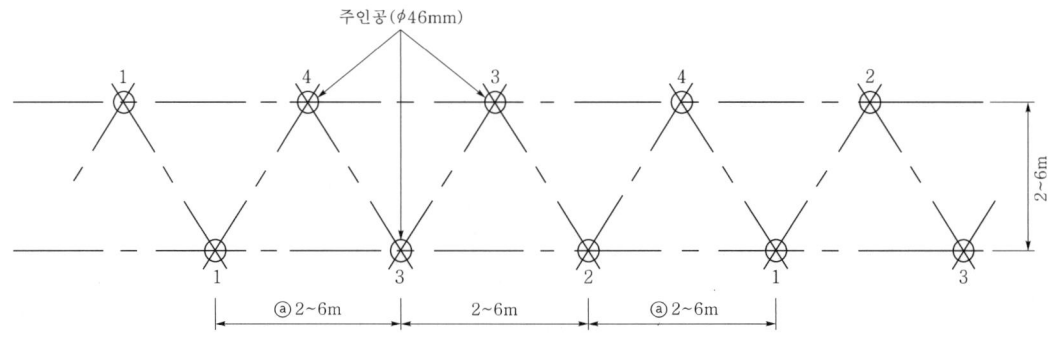

[주입공배치 및 주입순서]

4) 주입공 심도
10~15m가 표준

5) 주입압력
① 1st Stage : 3~6kg/cm² ⇒ 비월류부
② 2nd Stage : 6~12kg/cm² ⇒ 월류부

6) 개량목표
① 중력식 Dam : 5~10 Lu
② Arch Dam : 2~5 Lu

(2) Curtain Grouting 공법

1) 시공목적
기초지반의 차수

2) 시공위치
① Concrete Dam : 상류 측
② Fill Dam : 차수 Zone의 하류 측

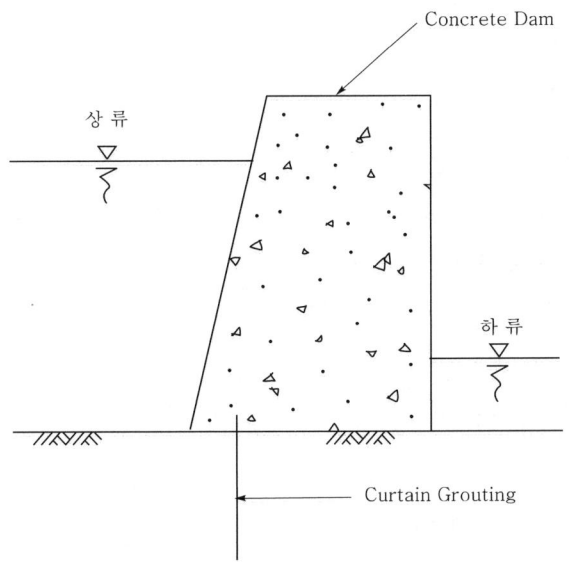

(a) Concrete Dam

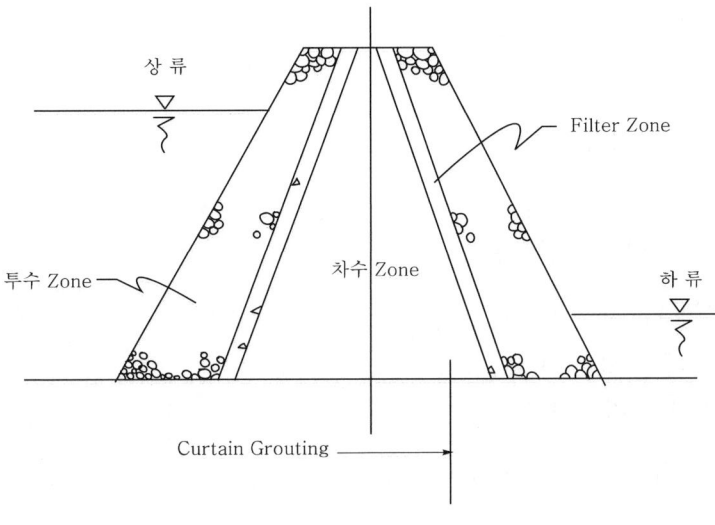

(b) Fill Dam

[Dam 별 시공위치]

3) 주입공배치
① 배치간격 : 0.5~3.0m
② 배치형태 : 병풍 모양의 1열 또는 2열

4) 주입공 심도

① $P = \dfrac{1}{3}h + C$

여기서, P : 주입 심도
h : 수심
C : 암반정수(8~20)

② 일반적으로 P = 수심 × 1/3 정도

5) 주입압력

각 Stage별로 5~15 kg/cm²

6) 개량목표

① Concrete Dam : 1~2 Lu
② Fill Dam : 2~5 Lu

(3) Blanket Grouting 공법

1) 시공목적

Fill Dam의 기초지반 개량

2) 시공위치

기초 면의 전면(全面)시공

3) 주입공 배치

① 배치간격 : 0.5~1.0m
② 배치형태 : 격자형

4) 주입공 심도

5m 내외

5) 주입 압력

각 Stage 별로 1~2 kg/cm² 정도의 저압

(4) Contact Grouting 공법

Concrete Dam기초암반 사이의 틈을 채우기 위해 시행

(5) Rim Grouting 공법

Dam 주변 암반의 차수를 목적으로 시행

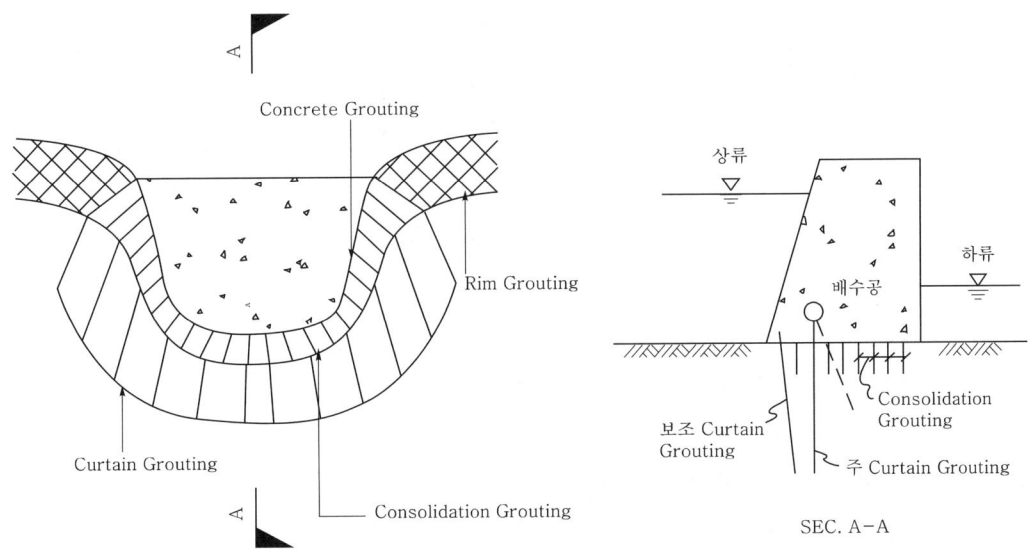

[Dam 기초Grouting 공법의 종류]

6. Grouting 시공방법

(1) 주입제의 종류

1) Cement Milk
2) Bentonite와 점토와의 용액
3) Asphalt제 용액
4) 약액

(2) Grouting 방법

1) 1단식 Grouting

   얕은 주입공에 일시 주입

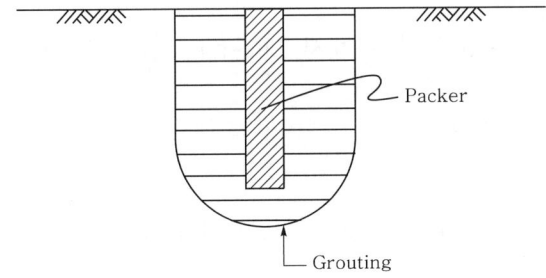

2) Stage Grouting

   ① 주입구간을 5~6m씩 나누어 천공과 주입을 반복
   ② 절리, 파쇄대가 심한 암반에 적용
   ③ 재천공에 따른 공사비가 크다.

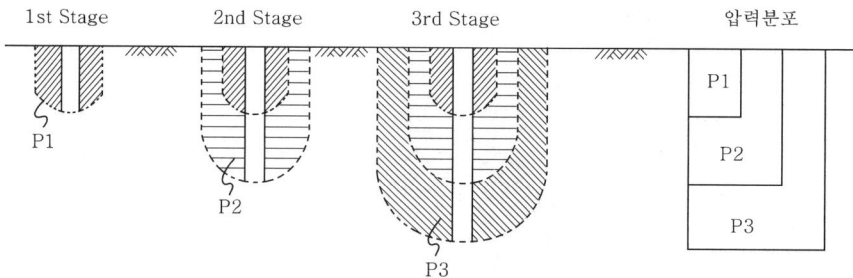

3) Packer Grouting

① 계획 심도천공 후 Packer를 이용하여 밑에서부터 주입
② 절리, 파쇄대가 없는 암반에 적용
③ Stage Grouting보다 공사비가 비싸다.

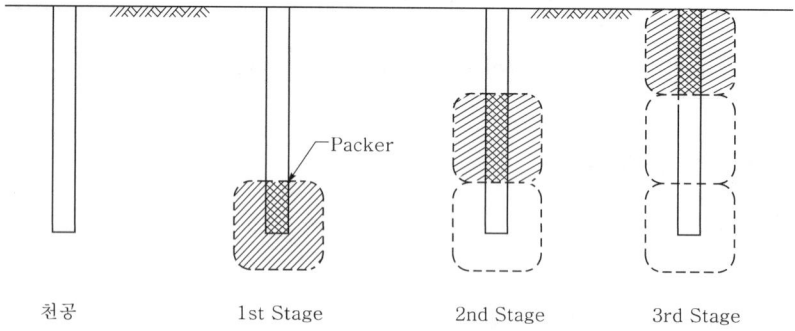

7. 수압시험(Lugean Test)

(1) 시험목적

1) Grouting의 시공범위 결정
2) Grouting 시공 후 효과확인

(2) 시험방법

수압시험에 의한 Lugeon 치를 구해서 Lugeon Map을 작성한다.

(3) Lugeon 치(Lu) 산정

1) Lugeon 치의 정의

　암반의 투수성을 측정하기 위해 실시되는 Lugeon Test에 의해 결정되어지는 값을 Lugeon치라 한다.

2) 1 Lugeon의 정의

① $10 kgf/cm^2$의 압력으로 시험공에 $1 l/min/m$의 물이 주입될 때를 말한다.
② 즉, 1 Lugeon = $1 l/min/m/10 kgf/cm^2$ 로 정의된다.

3) Lugeon 치 산출공식

$$Lu = \frac{10Q}{P \cdot L}$$

여기서, Q : 주입량(l/min)
P : 주입압력(kg/cm²)
L : 시험구간 길이(m)

4) Lugeon 치(Lu)와 투수 계수(k)와의 관계

$$k = 10^{-5} \times (\frac{1}{1.2\pi} \cdot In\frac{1}{r}) \cdot Lu (\text{cm/s})$$

여기서, $1Lu = 1 \times 10^{-5}$(cm/s)

5) Lugeon Map(Lugeon 분포도, 투수량 분포도) 작성
① 댐 기초지반을 Block으로 나누어 수압시험(Lugeon Test)을 실시한다.
② 수압시험 결과치로 Lugeon 치의 분포를 나타낸 Lugeon Map 단면도를 작성한다.
③ 기초처리 전 수압시험에 의한 Lugeon Map을 작성한다.
④ 기초처리 후 결과 확인을 위한 Lugeon Map을 작성한다.

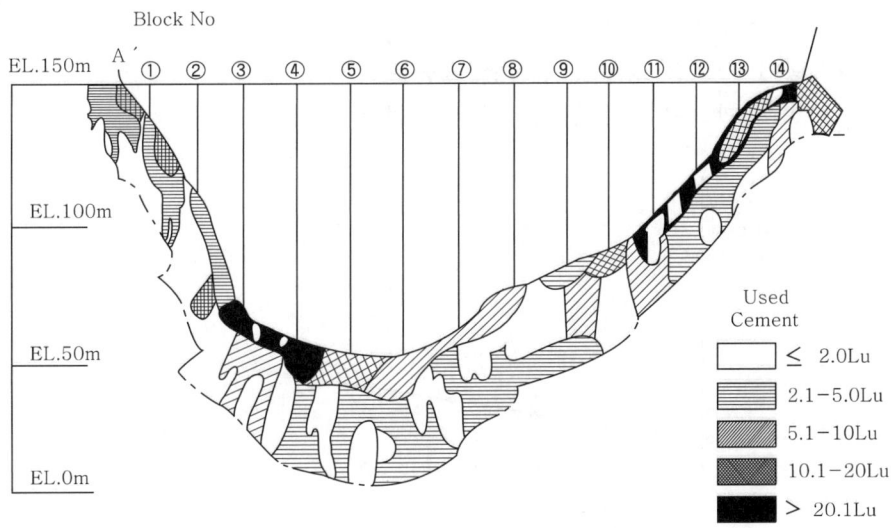

[주입 전(기초처리 전) Lugeon 분포도(투수량 분포도)]

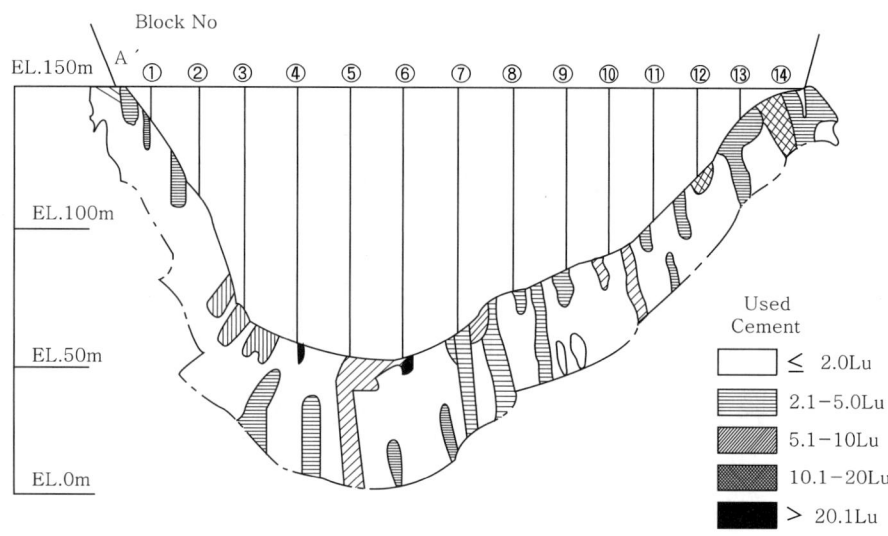

[주입 후(기초처리 후) Lugeon 분포도(투수량 분포도)]

8. Grouting 시공 시 유의사항

(1) 주입 전 천공구간에 대해 물 또는 공기로 깨끗이 청소한다.
(2) 반드시 투수시험(Lugeon Test)을 실시한 후 주입한다.
(3) 주입압력에 대하여 주의한다.
   1) 주입압력이 과소일 경우 : 주입량 불충분
   2) 주입압력이 과대일 경우 : 기초암반에 변형 초래

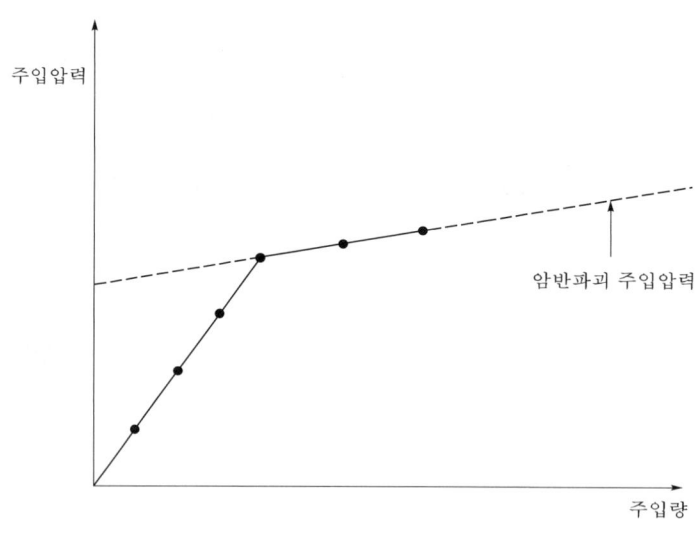

[주입압력과 주입량 관계]

9. 결론

　Dam에서 기초 Grouting을 시공하는 목적은 Dam 기초에 있어서 지반을 개량하고, 기초의 차수성을 증진시키며, 지반을 균질화하는데 있다.
　따라서 Grouting을 시행하기에 앞서 기초지반의 개량목표를 분명히 하고 Dam 기초지반의 특성에 따라 적절한 공법을 선정하며, 또한 시공에 따른 세심한 관리와 시험을 통한 그 효과를 확인하도록 하여야 한다.

문제 8 댐의 유수전환방식 (하류전환방식)

1. 개 요

Dam 공사에서 유수전환방식이란, 하천에 축조되는 Dam이나 수리 구조물의 공사기간 동안 하천의 유수(流水)를 분류(River Diversion)시킴으로써 공사에 대한 지장을 받지 않도록 조치하는 것을 말한다.

유수전환방식에 적용되는 구조물은 가설체로서 Dam이나 수리 구조물공사의 전체 공정을 좌우할 정도로 중요하므로 가설체 공사로서 최저의 공사비로 최대의 효과를 얻을 수 있도록 하는 것이 중요하다.

2. 유수전환 시 고려사항

(1) 계획 시
1) 유수전환의 필요성
2) Dam지점에서의 홍수특성
3) 유수전환 시 유량의 규모 결정
4) 수질오염 통제 대책의 수립

(2) 방식 선정시
1) 하천 유수(流水)의 유량
2) Dam 지점의 지형 및 기초지질, 하상 퇴적물의 두께
3) Dam 형식 및 높이
4) 사업의 긴급성과 하류의 안전성
5) 타 구조물과의 관계
6) Dam 공사의 공기와 가배수로의 통수기간
7) 가물막이 Dam을 월류하는 홍수에 의한 피해 정도

3. 유수전환시설의 구성

(1) 가물막이 : 하천의 유수차단
(2) 가배수로 : 유수의 전환

4. 유수전환방식의 종류

(1) 가물막이(가체절)
1) 전면 가물막이(전체절)방식
2) 부분 가물막이(반체절)방식

(2) 가배수로
1) Tunnel식
2) 개거식
3) 암거식

5. 유수전환 방식의 특징

(1) 전면 가물막이방식(전체절 방식)

1) 방식개요
   ① 하천의 유수를 가배수로로 전환시키고
   ② Dam 지점 상류의 하천을 전면적으로 물막이를 하여 작업구간을 확보하는 방식이다.

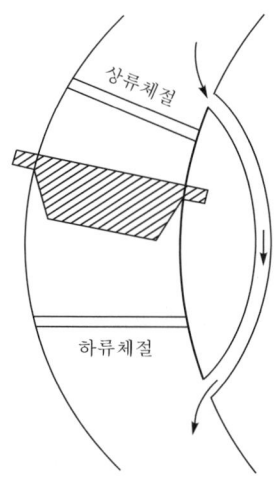

2) 특 징
   ① 전면적인 기초굴착이 가능하다.
   ② Dam 준공 후 가배수 Tunnel의 경우 취수 또는 방류시설로 활용할 수 있다.
   ③ 가물막이의 마루는 공사용 도로로 활용할 수 있다.
   ④ 공사비와 공기가 많이 소요된다.

3) 적용성
   ① 하천 폭이 좁은 계곡형 하천
   ② 하천의 만곡이 발달된 지형의 하천

(2) 부분 가물막이방식(반체절 방식)

1) 방식개요
   ① 하천의 한쪽에 가물막이를 한 후 제체를 축조한 다음
   ② 나머지 구간을 가물막이 후 제체를 축조하는 방식으로
   ③ 하천의 유수는 제체 내에 가배수로를 만들어 유수를 전환시킨다.

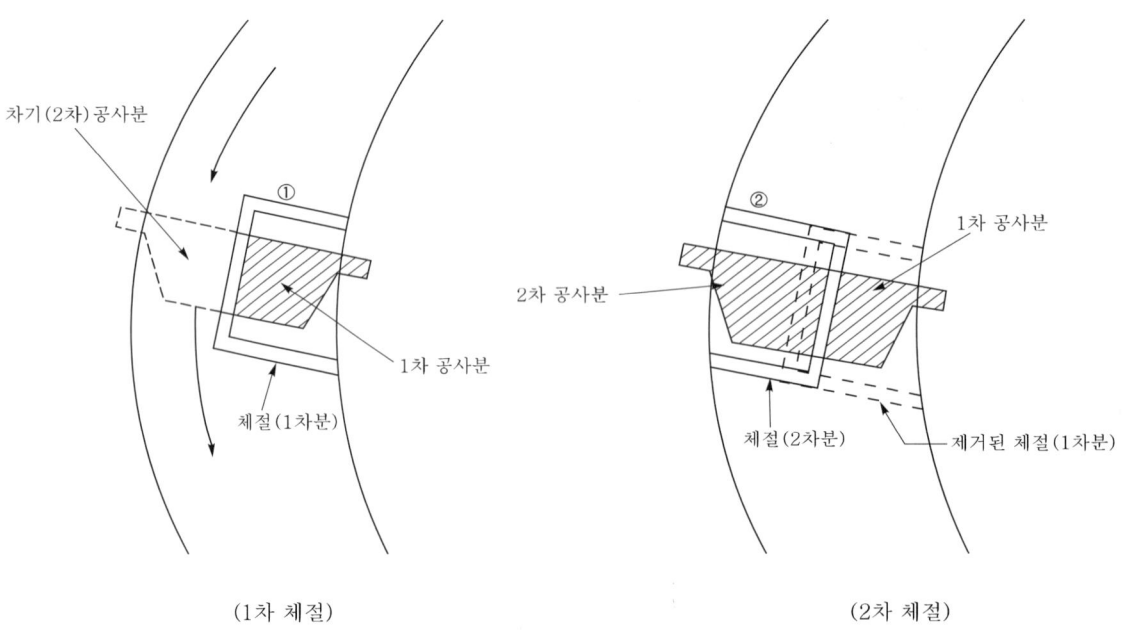

(1차 체절)　　　　　　　(2차 체절)

2) 특 징
   ① 전면적인 기초공사가 불가능하다.
   ② Dam 본체의 공정에 제약이 있다.
   ③ 공기가 짧고, 공사비가 저렴하다.

3) 적용성
   ① 하천 폭이 넓고 유량이 적은 하천
   ② 가배수 Tunnel의 시공이 곤란한 하천

(3) 가배수로 방식

1) 방식개요
   ① 가물막이에 의하여 체절된 하천의 유수에 대하여
   ② 하천 한쪽 편에 수로를 설치하여 하천의 유수를 유도하는 방식이다.

2) 가배수로 방식의 종류
   ① 가배수 Tunnel
   ② 가배수 암거
   ③ 가배수 개거

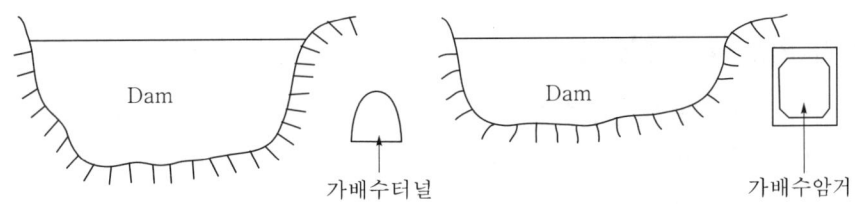

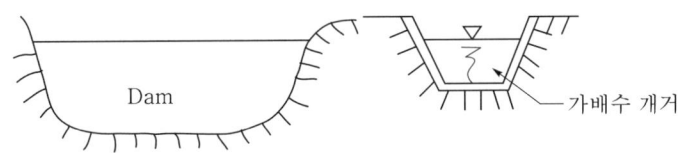

[가배수로 방식의 종류]

3) 특 징
   ① 전면적인 기초공사가 불가능하다.
   ② 공사비가 싸고, 공기가 짧다.
   ③ 제체의 Concrete타설 또는 성토공정에 제약을 받는다.

4) 적용성
   ① 하천 폭이 비교적 넓은 곳
   ② 하천 유량이 크지 않은 곳

6. 결 론

Dam 공사에서 유수 전환방식은 Dam 본체의 원활한 축조를 위해 실시되는 물막이로서, 수압 등의 외력에 견디는 강도와 물막이로서의 수밀성이 확보하여야 하며, 가설 구조물서 철거가 쉽고 경제적인 설계 및 시공이 되어야 한다.

문제 9 Fill Dam의 Piping 현상 원인 및 대책

1. 개 요

Piping이란, 기초지반 속으로 침투수가 흘러서 내부의 흙을 세굴시켜 지반 중에 유로를 형성 함으로써 마치 Pipe처럼 공동이 생기는 현상을 말한다.

흙댐에 있어서 파괴는 이러한 누수에 의한 Piping 현상이 주된 원인으로서 재료의 선택 및 시공에 따른 세심한 관리가 있어야 한다.

2. 흙댐의 Piping 현상

(1) 흙댐의 상류 측에 침투수압의 작용으로 하류 측에 모래가 분출하는 분사현상(Quick Sand)이 발생되고

(2) 따라서 이러한 분사현상이 진전되면서 지반중의 토립자가 유실되어 침투 유로가 형성되는 현상을 말하며, 이를 침윤세굴(浸潤洗掘) 또는 내부세굴(內部洗掘)이라고도 한다.

(3) 흙댐에서 Piping 현상이 점차로 진전되면 결과적으로 제체의 파괴를 초래하게 되는 문제점이 있다.

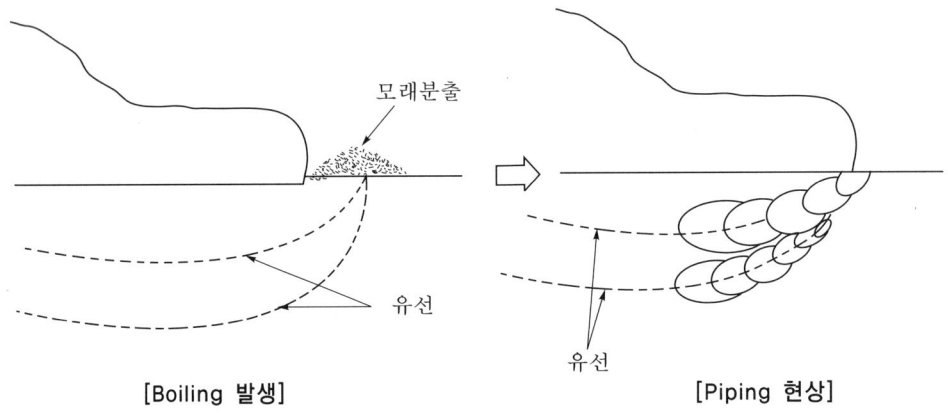

[Boiling 발생]   [Piping 현상]

3. Piping 현상의 원인

(1) Piping 현상의 원리

1) 분사현상(Quick Sand)

① 한계동수구배(i_c)가 동수구배(i)보다 작을 때 분사현상이 일어난다.

② 즉, 구배에 있어서 $i_c < i$일 때 분사현상이 일어난다.

③ 안전율(F)에 있어서 $F = \dfrac{i_c}{i} < 1$일 때 분사현상이 일어난다.

2) 침투 유로 형성
Piping은 분사현상이 진전되면서 관상의 침투 유로가 형성이 된다.

3) Piping의 방향
침투 유로의 형성에 따라 Piping 현상은 상향으로 발생된다.

(2) 원 인
1) 흙댐의 Filter 층 불량에 따른 제체의 누수
2) 제체 시공 시 다짐 불충분
3) 제체 내에 누수 경로가 존재할 때
4) 제체의 침하
5) 기초지반처리 불량
6) Core Zone의 시공 불량
7) 댐 체의 단면부족

4. 대 책

(1) 시공 시
1) Core Zone의 재료선정에 유의
2) 다짐 철저
3) 기초지반처리 철저

(2) 댐 상류 측에 불투수성의 차수판(Blanket)설치

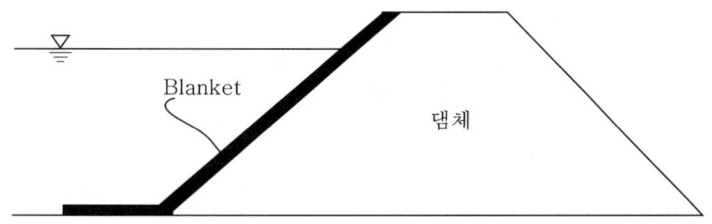

(3) 댐 체 내부로부터 불투수층까지 차수벽설치

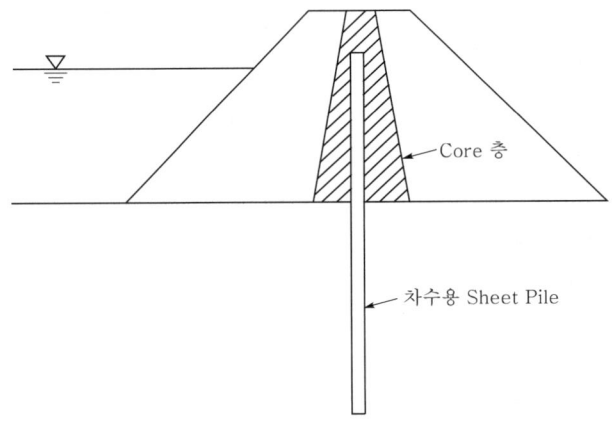

(4) 댐 체 단면 폭의 확대

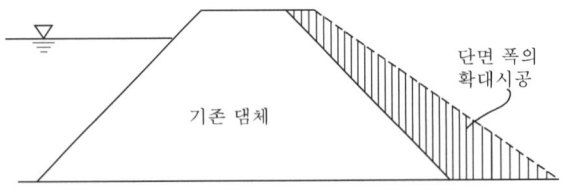

(5) 배수도랑 설치에 의한 댐 체 내의 침투수 배제

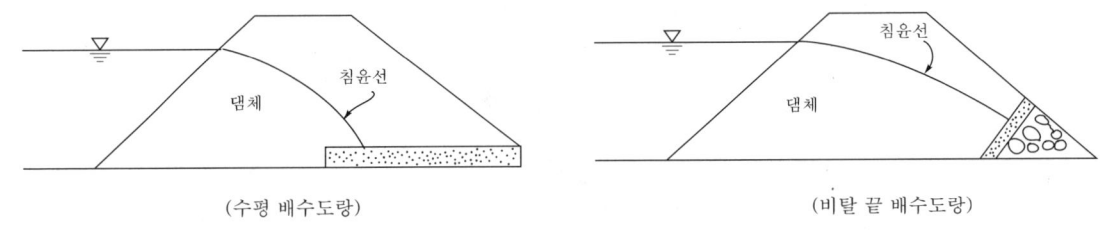

(수평 배수도랑)　　　　　　　　(비탈 끝 배수도랑)

(6) 배수구에 의한 댐 체 내의 침투수 배제

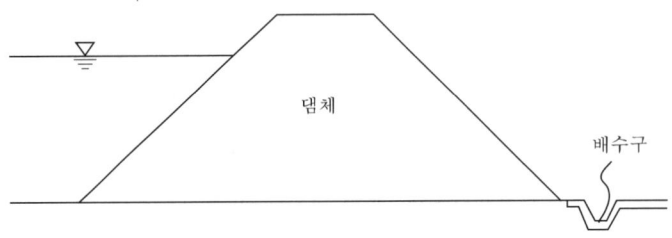

5. 결론

흙댐뿐만 아니라 필댐의 제체는 Piping에 의한 누수 발생 가능성이 항상 상존하므로 제체에 대한 충분한 안정성을 검토하고 시공단계로부터 완공 후 유지관리에 이르기까지 세심한 관리가 필요하다.

또한 누수가 발생될 경우 그 원인을 정확히 조사하여 그에 따른 대책을 수립한 후 적절한 공법을 선정하여 댐 체를 보강함으로써 안정성을 확보토록 한다.

13장 항만공

문제 1 항만의 개요

1. 항만과 어항의 개념

(1) 항만(港灣)

1) 선박이 출입하며 사람이 타고 내리거나 화물을 선박에 싣고 내릴 수 있는 시설이 구비된 곳으로 법적인 용어로서 항만법의 적용을 받는 곳을 말한다.
2) 항만은 박지(泊地), 부두시설, 화물하역시설 등의 종합적인 부두 기능을 포함한다.

(2) 어항(漁港)

1) 천연 또는 인공의 어업근거지가 되는 어항 구역과 어항 시설로서 어촌·어항법의 적용을 받는 곳을 말한다.
2) 어선이 안전하게 출입 및 정박하고 어획물의 양륙, 선수품의 공급 및 기상악화 시 어선이 안전하게 대피할 수 있는 어업활동의 근거지가 된다.

2. 항구(港口)의 개념

(1) 정 의
선박이 안전한 출입 또는 정박할 수 있는 장소를 말하는 것으로 항만과 어항 모두를 항구라고 부른다.

(2) 기 능
연안 지역에 있으며 사람이나 화물 등 수륙수송을 전환하는 기능을 가진다.

3. 주요 항만시설

(1) 기본시설

1) 수역시설
   ① 선박이 항만에 드나들며 작업 또는 대기하기 위해 필요한 조용한 수면 그 자체를 말한다.
   ② 항로 : 항 내와 항의 입구 부근에서 선박이 다니는 길
   ③ 박지(泊地) : 선박이 닻을 내리고 정지하여 대기할 수 있도록 충분한 넓이와 수심을 가진 수면

④ 선류장 : 소형 선박이 계류할 수 있도록 방파제 등으로 둘러 싸여 조용한 유지하고 있는 수면
⑤ 선회장 : 선박이 부두에 접근하거나 부두로부터 떠날 때 방향을 바꾸는 장소

2) 외곽시설
① 항 내의 수면을 조용하게 하고 수심을 유지 및 보호하기 위해 외해(外海)에 설치하는 구조물을 말한다.
② 방파제 : 외해로부터 밀려오는 파랑을 막아 주는 구조물
③ 방사제 : 파랑이나 흐름으로 인해 해안의 모래의 이동방지를 위한 구조물
④ 파제제 : 항 내의 수면을 잔잔하게 하기 위해 항 내에 설치되어 방파제와 같은 역할을 하는 구조물
⑤ 방조제 : 조수간만의 차로 인한 항 내 수심의 변화를 막아주는 구조물
⑥ 도류제 : 물의 흐름을 조정하고 흐름과 함께 이동하는 토사를 깊은 바다 쪽으로 유도하는 구조물
⑦ 갑문 : 조수간만의 차이가 심한 항만에서 수심을 조절하기 위하여 수로를 가로질러 설치하는 댐
⑧ 호안 : 해수와 파랑으로부터 육지 또는 매립지를 보호하기 위한 시설물

3) 임항 교통시설
① 화물과 사람을 운송하기 위한 시설
② 종류로는 도로, 교량, 철도, 궤도, 운하 등

4) 계류시설
① 선박을 육지에 대고 화물을 싣고 내리거나 사람이 타고 내릴 수 있도록 설치한 시설물
② 구조양식에 따라 안벽, 물양장, 잔교, 돌핀, 선착장, 램프 등

(2) 기능시설

1) 항행보조시설
① 선박의 항행하는 것을 돕기 위해 설치되는 시설물
② 종류 : 항로표지, 신호, 조명, 항무통신시설 등

2) 하역시설
① 화물을 배에 싣고 내릴 수 있는 시설
② 종류 : 고정식 또는 이동식 하역장비, 화물이송시설, 배관시설 등

3) 여객이용시설

　　대합실, 여객승강용시설, 소하물취급소 등

4) 화물의 유통·판매시설

　　창고, 야적장, Container 장치장, Container 조작장, 유류저장시설, 화물 Terminal 등

5) 선박 보급시설로

　　급유 및 급수시설, 얼음의 생산 및 공급시설 등

(3) 지원시설

1) 항만후생시설

　　선박 승무원과 부두 근로자의 휴게소, 숙박소, 진료소, 위락시설 등

2) 기 타

　　① 항만 종사자의 교육 및 연수시설
　　② 항만의 관제 및 홍보, 보안시설
　　③ 항만시설을 사용하는 사람들의 업무용 시설
　　④ 항만시설용 부지

문제 2 준설 (Dredging)

1. 개 요

준설(浚渫)이란, 준설 장비를 이용하여 수역시설의 항로 박지(泊地), 선회장, 선류장 등 하천이나 호소(湖沼)의 수심을 유지하기 위하여 해저의 토사 등을 굴착하여 구역 외로 운반 투기하는 일련의 공사 즉, 준설 → 운반 → 투기 공종을 말한다.

준설공사는 공사대상이 해저의 수심유지를 위한 토사 등의 제거이므로 대상지반의 토질조건을 충분히 파악하여야 하고, 수상에서 시행되므로 기상과 해상의 영향을 받게 됨에 따라 시공장비에 대한 유지관리 여건 등을 충분히 검토하여 적정장비를 선정 투입한다.

2. 준설방법

(1) 일반준설

1) Pump 선에 의한 방법
2) Grab 선에 의한 방법
3) Bucket 선에 의한 방법
4) Dipper 선에 의한 방법
5) 기타 준설기에 의한 방법

(2) 특수준설

1) 쇄암기로 파쇄 → 일반준설을 시행하는 방법
2) 발파로 파쇄 → 일반준설을 시행하는 방법
3) 기타 쇄암 공법으로 파쇄 → 일반준설을 시행하는 방법

3. 조 사

(1) 자연조건의 조사

1) 기상조건

풍향 및 풍속, 강우량, 기온, 안개 등

2) 해양조건

파랑, 파고, 조류 등

3) 지리적 및 지형적 조건

   준설구역, 사토 구역(준설토 투기장) 및 운반경로의 해저상황, 해상의 작업상의 제약

(2) 토질조건의 조사

1) 지반조사

   Boring, 시험굴착, 해저관찰, 물리탐사, Jet Boring 등

2) 토질조사의 간격

   100~150m 간격에 1개소 정도, 토질변화가 심한 곳

3) 토질시험

   입도 및 비중시험, 단위 체적중량, 일축압축시험, 표준관입시험

4) 기 타

   준설토의 토성(성질) 파악, 시험준설(시험굴착)

(3) 수심측량

1) 중추(Lead)에 의한 수심측량
2) 음향측심기(Echo Sounder)에 의한 수심측량

(4) 위험물 탐사

1) 준설공사 구역 내의 사전에 위험물 탐사를 실시하고 위험물이 발견 시 관계 기관에 신고 및 위험물 제거 후 준설공사를 시행
2) 해저면 영상조사(Side Scan Sonar Survey)에 의한 탐사
3) 다중빔 음향측심기(Multi-Beam Echo Sounder)에 의한 해저지형측량

(5) 환경조사

1) 준설공사로 인한 해양오염, 수질오탁, 소음 또는 진동 등 환경보전의 규제에 대비한 사전의 평가 실시
2) 관계 법령에 따른 준설토의 투기장 지정허가를 득함
3) 준설로 인한 인근 농·어업에 대한 오염피해가 최소화 되도록 방법을 강구

4. 준설토량 계산

(1) 준설토량 계산기준

1) 준설토량은 자연 상태의 해저준설토를 부피(V)로 표시하여 계산
2) 준설구역을 적당한 간격의 횡단면도를 작성하여 평균 단면법으로 계산
3) 항로와 박지, 선회장 및 선류장 준설토량의 계산에서는 여굴, 여쇄(암반의 경우), 여유 폭, 준설 사면 및 사면 여굴을 포함한 계산을 원칙으로 함

(2) 횡단면간격 결정 시 고려사항

1) 해저의 기복 및 경사
2) 준설구역의 평면 형태와 넓이
3) 위치측량의 정밀도

(3) 횡단면의 간격

1) 횡단면 간격은 가능한 좁게 하여 토량 계산의 정밀도를 높인다.
2) 횡단면의 간격은 일반적으로 20m 간격으로 시행한다.
3) 기복이 심하거나 평면형상에 따라 정밀을 요할시 좁게 하는 경우가 있다.

(4) 준설 단면의 표시

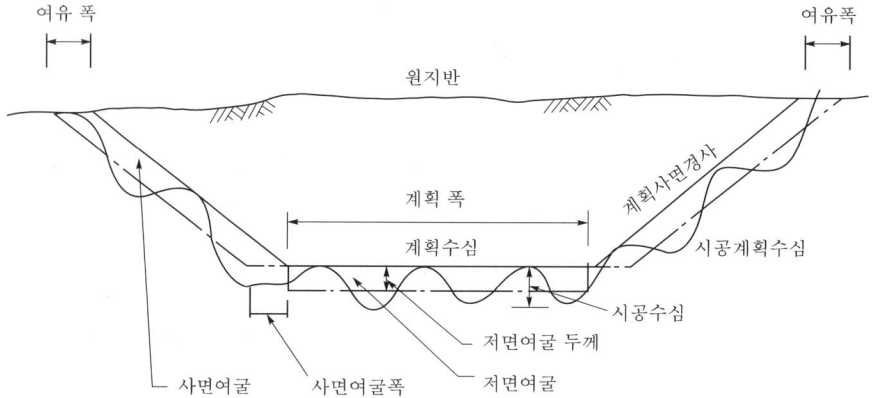

5. 준설선(작업선)의 선정

(1) 준설선 선정 시 고려사항(준설작업 시 고려 사항)
1) 토질조건
2) 준설토량 및 공사기간
3) 기상 및 해양 조건, 지리적 및 지형적 조건
4) 준설깊이
5) 준설토의 처분방법
6) 준설선의 조합 및 준설선 확보의 난이
7) 항행선박의 유무
8) 해상오염의 여부
9) 시공성 및 경제성, 안전성

(2) 준설선의 선단 구성

1) 준설 장비

   직접 준설작업을 시행하는 준설선

2) 부속선

   준설토를 운반 및 투기하는 토운선(土運船)과 견인선

3) 지원선

   양묘선(Anchor Barge), 측량선, 연락선 등

4) 작업지도선

   비상대기 및 항해 선박유도

5) 예비토운선

   토운선이 수리 중일 때 사용

선 종	부 속 선	비 고
Pump 선	견인선 1척(120HP) 양묘선(자항) 1척(50HP)	
Grab 선 Bucket 선 Dipper 선	견인선 토운선 양묘선(자항) 1척	① 부속선의 치수와 용량은 작업조건에 따라 조정 ② 양묘선은 해당 준설선의 Anchor 중량에 따라 필요시에 적용

[준설선의 선단 구성의 예]

(3) 준설선의 종류

1) Grab Dredger
2) Bucket Dredger
3) Drag Suction Dredger(자항 Pump Dredger)
4) Cutter Suction Dredger(배항 Pump Dredger)
5) Dipper Dredger
6) Rock Cutter(쇄암선)

(4) 준설 장비의 선정

1) 토질에 의한 준설선의 선정

   준설선의 시공능력은 토질의 입도 및 경도 여부에 따라 크게 좌우된다.

토 질		적응선종				적 요
분 류	상 태					
토 사	연 질					N=10 미만
	중 질	G				N=10~20
	경 질		P			N=20~30
	최경질	B	D	쇄		N=30 이상
자갈 섞인 토 사	연 질	G				N=30 정도 미만
	경 질		D			N=30 정도 이상
암 반	연 질			쇄	발	D로 준설 가능한 것
	경 질					D로 준설 불가능한 것

(주) B : Bucket Dredger   G : Grab Dredger   D : Dipper Dredger
      P : Pump Dredger   쇄 : 쇄암선   발 : 발파

[토질에 따른 적정 준설선 선정 조견표]

2) 토량에 의한 준설선의 선정

   ① 여굴 고려 시
   - 준설구역에 대한 계획 수심유지를 위해 시공 여건상 계획 수심 이상 준설되어야 하므로 여굴을 준설 토량에 포함시킨다.
   - 여굴 두께의 범위 내에서 준설선의 규격, 파랑, 조류, 조차, 준설 심도 등 현장 여건을 감안하여 정한다.

[여굴 두께에 따른 준설선 선정]

토 질 별	선 종	여굴 두께(m)
점토질 및 사질토사	Pump Dredger	0.3~0.8
	Grab Dredger	0.3~0.6
자갈 역토사 및 암반	Grab Dredger	0.2~0.5

② 여유 폭 고려 시
- 준설위치의 측량 시 착오와 준공 법선이 약간의 굴곡이 생기고
- 그 밖에 예측되지 않는 사면붕괴와 준설 시의 굴착이 직선 상으로 시공이 불가능하므로
- 계획항로 폭에 여유 폭을 계상한다.

[여유 폭의 기준]

시 공 방 법	여유 폭(m)
Grab 및 Dipper 선으로 보통토사를 준설할 때	4
Grab 및 Dipper 선으로 경질토를 준설할 때	4
Pump 및 Bucket 선으로 준설할 때	6

③ 사면 비탈의 경사 고려 시
- 준설한 사면은 시공 후 시간의 경과에 따라 자연안정 경사로 되며
- 자연안정 경사는 준설토의 두께, 준설 길이, 파도, 흐름, 해저지형 및 지질 등에 따라 사면비탈면의 경사를 규정할 필요가 있으며
- 특히 파랑 및 조류가 심한 위치에 있는 준설의 비탈면 경사는 완만한 경사로 하는 것으로 한다.

④ 여쇄(余碎) 고려 시
암 파쇄에 있어서 여유 있게 파쇄하는 것을 여쇄라 하며, 일반적으로 여굴+α 를 한다.

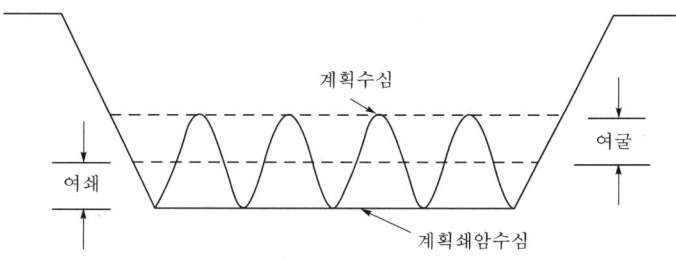

[여쇄 설명도]

3) 기상조건에 의한 준설선의 선정

준설선의 각 선종은 자연적 조건에 대하여 각기 고유한 특성을 가지고 있으므로 이를 고려한다.

4) 준설 심도에 의한 준설선의 선정

① 작업 선종의 크기에 따라 준설 심도를 고려한다.
② 간만의 차가 심한 경우 준설 장비의 준설 심도를 고려한다.

5) 준설토 사토에 의한 준설선의 선정

① 준설토를 먼 곳에 운반 사토할 때
② 준설토를 직접 매립에 이용할 때
③ 준설토를 일단 먼 곳에 버린 뒤 별도의 준설방법으로 버린 흙을 매립에 이용 또는 다른 지점에 버릴 때

6) 선단 구성에 의한 준설선의 선정

준설선의 선종이 구성되면 이에 적정한 운반선, 견인선 등 부속선의 선단 조합구성을 한다.

7) 시공능력에 의한 준설선의 선정

동일한 준설선이라 해도 작업여건에 따라 차이가 있으므로 준설선의 작업 능력을 고려하여 선정한다.

(5) 준설 장비의 종류별 및 특징

1) Grab Dredger

① Grab Bucket의 공칭 용량에 의해 규격을 표시
② 장소가 협소한 소규모 준설과 심도가 깊은 곳의 준설에 많이 사용
③ 준설한 토사를 토운선에 담아 예인선으로 투기장에 투기

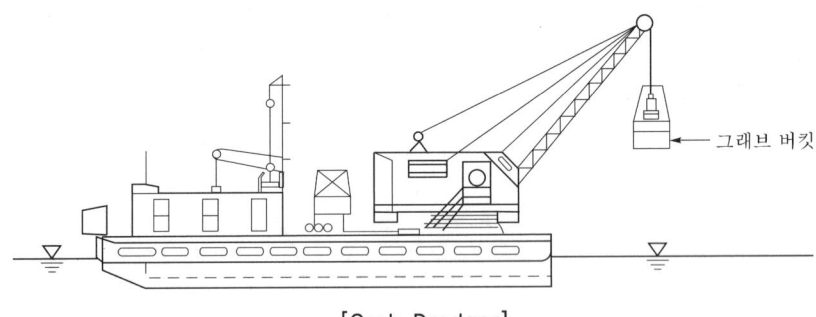

[Grab Dredger]

2) Drag Suction Dredger(자항 Pump Dredger)

① 흡입관의 선단에 Drag Head로 준설 토사를 흡상 → 사토장까지 운반 → 배출 하는 형식
② 준설구역이 넓고 토량이 많을 때 사용
③ 시공속도가 빠르며 별도의 운반선이 불필요

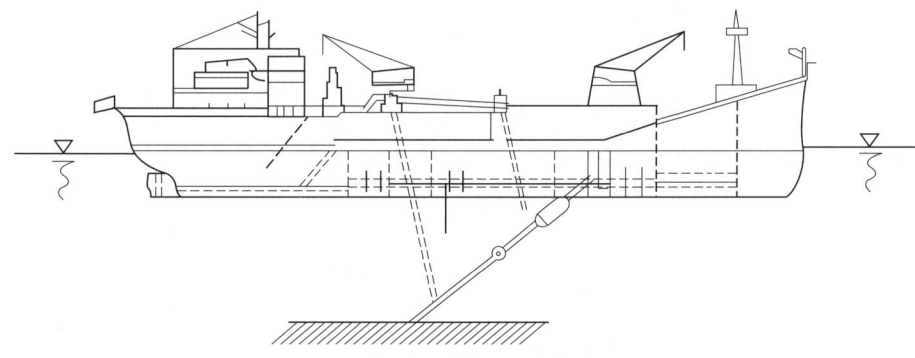

[Drag Suction Dredger]

3) Bucket Dredger

① Bucket 라인을 회전시켜 토사를 연속적으로 굴착하는 장비
② 준설능력이 크고 대규모이며 광범위한 준설에 적합
③ Grab Dredger보다는 준설 면에 평탄한 작업이 가능
④ 준설된 토사는 Hopper에 달린 Shut를 통하여 토운선에 적재되어 예인선으로 투기장에 투기

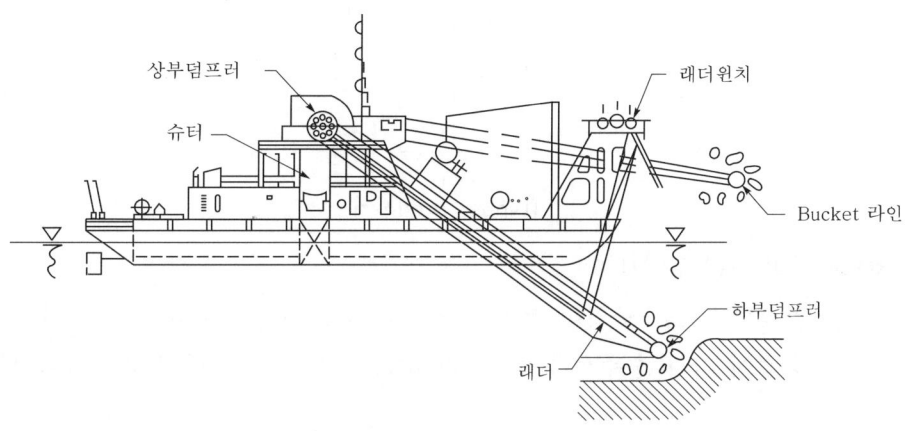

[Bucket Dredger]

4) Cutter Suction Dredger(비항 Pump Dredger)

① 준설위치에 준설선을 조정시킨 후 선단부 Cutter Ladder에 의해 Cutter를 회전시켜 물과 토사를 흡상 → 배토관 통과 → 투기장에 투기하는 형식
② 대량 준설이 가능
③ 단단한 토질에서도 준설이 가능
④ 별도의 운반선이 불필요

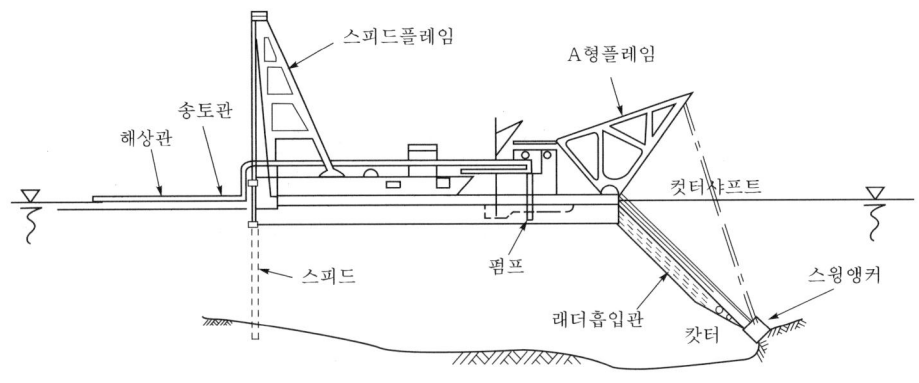

[Cutter Suction Dredger]

5) Dipper Dredger

① Shovel을 장착하여 준설위치를 굴착한 후 퍼 올리는 방식의 준설 장비
② 단단한 지반 또는 암반굴착에 적합

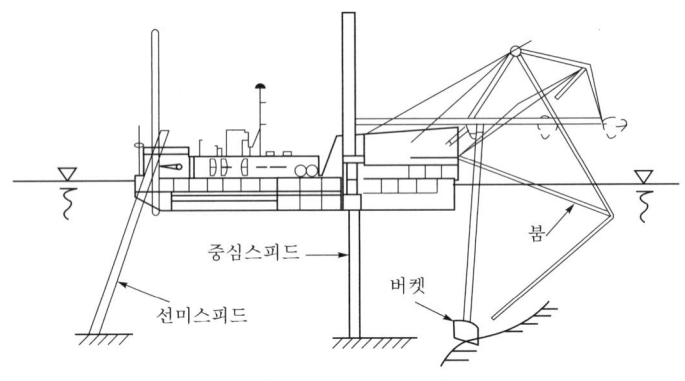

[Dipper Dredger]

6) Rock Cutter(쇄암선)

① 일반준설방법으로 굴착이 불가능한 해저의 암반을 파쇄하는 작업선
② 쇄암방법에 따라 중추식(Drop Hammer)과 충격식(Rock Hammer)으로 분류

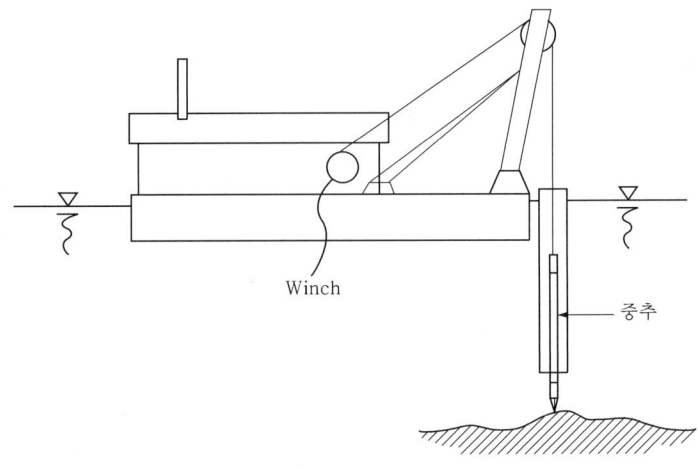

[Rock Cutter]

6. 준설토 투기장(사토장)의 선정

(1) 준설구역과 투기장 간의 거리와 경로
1) 가능한 투기장 거리는 준설구역에서 가까운 곳을 선정한다.
2) 투기장까지의 거리와 경로에 대한 기상 및 해상의 선박항행 상황을 검토한다.

(2) 투기장의 넓이와 수심
1) 준설토의 투기는 견인선에 의한 토운선이 주로 동원되며, 토운선 항행과 투기 시 토창의 문비를 개폐할 때 필요한 충분한 수심이 있어야 한다.
2) 투기장이 넓으면 토운선을 완속으로 운항하면서 투기할 수 있으므로 능률적으로 투기할 수 있다.
3) 토운선의 만재시 흘수와 투기장의 소요 수심을 고려한다.

용적(㎥)	흘수(m)	소요 수심(m)		
		저개(底開)식	측개(側開)식	상자형(대선)
90	0.6~3.3 1.1~2.0	2.0~3.5	1.4~2.5	1.6~1.7
200	0.3~2.8 0.6~2.4	0.8~0.7	1.5~4.5	2.6
400	0.9~3.0 2.7~3.0	2.5~5.0	3.0	2.0~3.0
800	0.9~3.0 2.7~3.0	2.8~8.0	−	3.3
1,500	2.8~3.9	4.0~4.5	−	4.5
3,000	4.0~4.1	4.0	−	−
5,000	1.3~4.0	−	−	0.8~5.1
6,000	−	−	−	6.7

[토운선의 흘수와 투기장의 소요 수심]

(3) 투기구역의 기상과 해상
기상(안개, 강우, 바람 등)과 해상(파랑, 조류 등) 조건으로 인한 운항(운반)에 따른 공기지연, 경제적인 손실이 야기될 수 있으므로 사전에 충분히 조사하여 대처할 필요가 있다.

(4) 투기구역에서의 투기 토사의 안전성
투기가 불안정할 경우 투기된 토사의 유실로 인한 해상의 표류 및 확산으로 해상환경에 대한 오염 및 예상치 못한 보상문제 등이 야기될 수 있다.

(5) 어업 및 기타 보상문제

준설 및 투기로 인한 해상의 오염으로 어업에 지장을 주거나 기타 공사로 인한 민원 등에 따른 보상 문제가 따를 수 있으므로 이에 대한 대책을 수립한다.

(6) 매립계획과의 연관성

1) 투기장의 매립계획에 따른 건설은 장차 조성되는 토지의 이용으로 전체사업 원가절감이 가능하다.
2) 매립을 목적으로 준설하는 경우 일반적으로 Pump 준설선을 선정한다.
3) 준설위치와 매립위치가 멀리 떨어져 있을 경우는 자항식 Pump에 준설선에 의한 준설 및 매립이 환경적 또는 경제적으로도 유리하다.

(7) 투기장의 인허가

환경오염 문제와 관련, 준설토의 투기는 공유수면 관리법, 해양오염방지법 등이 정하는 바에 따라 배출해역지정을 받고 허가를 받은 후 투기한다.

7. 준설시공관리(준설시공 시 유의 사항)

(1) 항로와 박지의 보존

준설공사의 시공 중에는 항로 또는 박지에 정박하는 선박에 장애가 되지 않도록 한다.

(2) 안전조업

작업 중 기상의 급격한 변화 또는 긴급사태에 대한 대피 및 긴급복구 등에 대한 평상시 교육과 훈련을 통한 안전조업이 가능하도록 대책을 수립한다.

(3) 공정계획 검토 및 조정

준설토량과 준설면적을 확인 및 공사진척상황을 분석하여 공정관리 지침과 공정계획에 대한 검토와 조정으로 경제적인 시공이 되도록 관리한다.

(4) 준설작업위치확인

1) 착공 전

준설작업구역에 대하여 물표(기준점)를 설정하여 부표 또는 긴 대나무 장대 등으로 위치확인이 가능하도록 한다.

2) 시공 중

물표를 기준으로 정확한 준설위치와 수심을 측량하면서 시공한다.

3) 시공 후

시공 중과 마찬가지로 정확한 준설위치와 수심측량으로 확인한다.

(5) 준설 심도확인
1) 준설심도는 기준면으로 부터의 수심을 관측하는 것이므로 준설기간 중 계속적으로 심도를 확인한다.
2) 심도확인 시 시각과 측량 야장상의 관측기록은 반드시 기재하여 점검한다.
3) 심도확인 시 조위를 감안할 경우 조위차나 이상조위에 대한 깊이 보정을 반드시 한다.

(6) 환경오염방지
1) 준설공사로 인한 해양오염 및 수질오탁 등으로 인한 환경이 오염되지 않도록 유의한다.
2) 특히 준설에 따른 준설토 투기 시 투기장의 위치를 지정하여 반드시 허가를 득한다.
3) 준설로 인한 인근 농어민에 대한 오염을 최소화할 수 있는 방안을 강구한다.

(7) 준설토 처리
1) 사토장은 준설지역이 가능한 가깝고, 해상이 정온하고, 선박의 왕래가 적은 곳을 선정한다.
2) 환경오염이 되지 않도록 이에 대한 시설과 대책을 수립한다.
3) 사토가 가능한 충분한 면적을 확보한다.

7. 결 론

준설공사는 해상공사이므로 육상공사와 달리 해상의 여러 가지 작업조건, 토질, 준설토량, 준설 심도, 사토장의 조건 등에 따라 투입장비가 다르기 때문에 현장 여건을 충분히 검토하여 적정장비를 선정하여 투입한다.

준설을 경제적이고 효과적으로 시행하려면 지반조건, 준설토량, 공사기간, 투기조건 등을 고려한 적정 준설 장비선정 및 선단 구성으로 준설방법을 계획하고, 자연조건 등을 감안하여 현장여건에 맞는 계획수립이 필요하다.

또한, 준설 장비선정 후 시공 시 항로와 박지를 보존하고, 안전조업이 될 수 있도록 하며, 준설위치를 확인하고 심도를 정확히 측량하면서 준설을 실시하되 해상 및 수질에 대한 오염과 인근의 농어민들에게 피해가 최소화되도록 세심한 시공관리와 함께 주의 시공을 하여야 한다.

문제 3 매립 (Reclamation)

1. 개 요

매립(埋立)이란, 평탄지를 새로이 확보하고자 할 목적으로 하천, 호소(湖沼), 저습지, 연안 해면 등의 공유수면(公有水面) 상에 용지를 조성하는 것을 말한다.

공유수면(Public Water Area)은 연안해면, 하천 호소, 저습지 등 공용에 제공되는 수면으로 국가에 속하여 국가가 관리하는 수면을 말한다.

매립에는 해저토사 매립방식, 육상토사 매립방식, 폐기물 매립방식 등이 있다.

2. 매립조건의 조사

(1) 매립지 조사
1) 원지반의 토질
2) 매립지의 수심 및 지반고
3) 매립 계획고
4) 매립지의 사용 목적과 사용시기
5) 매립토량과 면적

(2) 토취장 조사
1) 토 질
2) 토량과 면적
3) 위 치
4) 운반경로와 운반방법

3. 매립공사의 순서

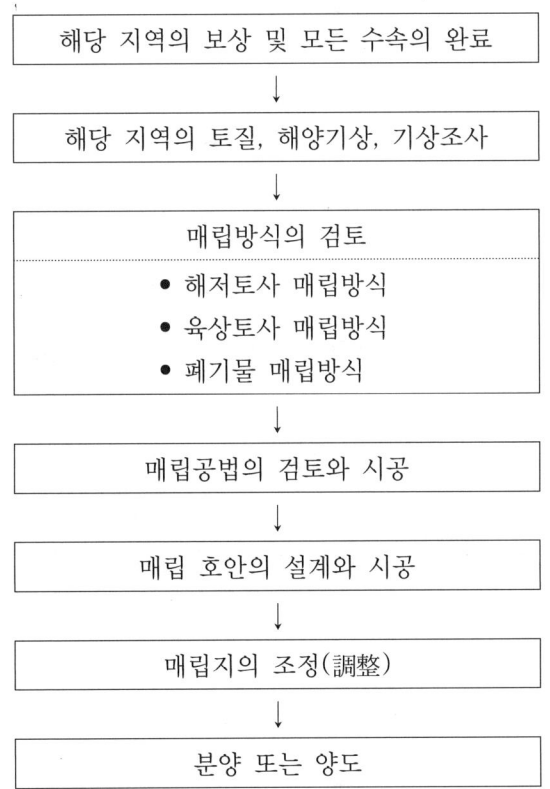

4. 매립토량 계산

(1) 매립토량 산출식

$$V = \frac{V_o}{P}$$

여기서, V : 매립시공토량(㎥)
V_o : 매립전체토량(더 돋기 포함)(㎥)
P : Pump 준설선에 의한 경우 매립 토사의 평균 유보율(유보율)

(2) 침하량

1) 침하량 산정
   ① 침하량 = 원지반의 침하량 + 매립 토사의 침하량
   ② 원지반의 침하량 : 원지반 토사의 역학적 성질에 따른 침하량을 산정
   ③ 매립 토사의 침하량 : 매립지의 이용하중을 고려한 매립 토사의 자중압밀, 압밀 침하량을 고려하여 산정

2) 매립 토사의 침하율

부득이한 경우 또는 예비조사인 경우에 적용
① 사질토 : 층 두께의 5% 이하
② 점성토 : 층 두께의 20% 이상
③ 사질토와 점성토의 혼합 : 층 두께의 10~15% 정도

(3) 유보율과 유실률

1) 적 용

유보율과 유실률은 Pump 준설선으로 송토하여 매립하는 경우에 적용

2) 유보율의 경우

① 매립 토사의 입경, 집수정과 여수토의 위치와 높이, 배수구로 부터의 거리, 매립 면적 등에 따라 차이가 있다.
② 해양환경 보전상 매립지로부터의 토사유실은 인근 수역을 오탁시키게 되므로 이는 극력 피하여야 한다.

3) 토질별 유보률

토 질	유보율(%)
점토 및 점토질 실트	70 이하
모래 및 사질 실트	70~95

4) 입경별 유실률

입경(mm)	유실률(%)
1.2 이상	없음
1.2~0.5	5~8
0.6~0.3	10~15
0.3~0.15	20~27
0.15~0.075	30~35
0.075 이하	30~100

5. 매립방식

(1) 해저토사 매립방식

1) 운반선에 의한 투기

① Grab Dredger, Dipper(Back Hoe) Dredger와 같이 운반선(토운선, 대선 등)으로 운반하여 준설토를 투기하여 매립하는 방식이다.
② 매립지가 먼 경우 적용한다.
③ 투기장의 수심에 제한을 받는다.
④ 운반선의 출입을 위해 호안의 일부를 개방할 경우 개방된 호안 사이로 투기 토가 외부로 유출될 가능성이 크다.
⑤ 운반선이 토운선인 경우 선형에 따라 최소수심을 고려하여 투기계획을 수립한다.
⑥ 수심이 얕은 경우 흘수가 적은 대선에 상자형으로 조립하여 준설토를 적재하고 투기는 도저나 굴착기 또는 Grab로 투기한다.

2) Pump 식 준설선에 의한 투기

① 비항 Pump 준설선에 의한 투기
 - 준설위치에 준설선을 조정시킨 후 선단부 Cutter Ladder에 의해 Cutter를 회전시켜 물과 토사를 흡상 → 배토관 통과 → 투기장에 투기하는 형식
 - 대량 준설이 가능하고 단단한 토질에서도 준설이 가능하다.
 - 별도의 운반선이 불필요하다.
 - 준설선으로는 Cutter Suction Dredger가 있다.

② 자항 Pump 준설선에 의한 투기
 - 흡입관의 선단에 Drag Head로 준설 토사를 흡상 → 사토장까지 운반 → 배출하는 형식
 - 준설구역이 넓고 토량이 많을 때 사용한다.
 - 시공속도가 빠르며 별도의 운반선이 불필요하다.
 - 준설선으로는 Drag Suction Dredger이 있다.

(2) 육상토사 매립방식

1) 적용

① 매립을 목적으로 하는 경우 인근에 양질의 해저토사가 없을 경우
② 거리가 멀어서 육상의 토취장을 이용하는 것이 경제적인 경우
③ 준설토로 매립하였을 때 토질조건이 좋지 않아 복토를 요하는 경우

2) 운반매립방법

① 육상 토취장에서 육상운반 방법에 의하여 매립공사를 하게 된다.
② 각 공사현장 굴착토의 무대에 의한 육상운반 및 매립
③ 인근 토취장으로부터 매립재료(토사 및 암 버력 등)의 육상운반 및 매립

(3) 폐기물매립방식

1) 산업폐기물과 일반폐기물 등을 재료로 하여 매립하는 방식이다.
2) 폐기물의 매립에 따른 일정한 두께마다 양질의 토사로 복토를 시행하면서 매립한다.
3) 폐기물매립에 따른 유해물의 유출, 침출수 및 오수의 침투 방지 등의 시설물이 필요하다.
4) 폐기물매립 후에 발생되는 유해 가스 및 침출수 등의 처리에 대한 별도의 시설을 설치 가동한다.

6. 매립 호안 구조물

(1) 매립 호안 구조물의 설치목적

1) 파랑으로 인한 세굴 및 월파 등에 의해 매립 토사의 유출 및 유실 방지
2) 해수면의 상승에 따른 배후 매립지의 보호
3) 매립 토사의 안정 유지

(2) 매립 호안 구조물의 설계 시 고려사항

1) 파랑, 조위, 수심, 잔류수위
2) 기초지반의 토질, 매립토의 토질
3) 호안의 마루높이
4) 공사기간 및 공사비
5) 호안의 이용 상황
6) 시공법, 특히 체절부의 시공법

(3) 매립 호안 구조물 형식의 종류

1) 중력식 호안

① Caisson, L형 Block, Concrete Block, Cell Block 등의 Precast Concrete 부재를 사용한 것과 현장타설 Concrete에 의한 것이 있다.
② 계선안으로서 이용할 경우 앞면을 직립벽으로 설계한다.

2) 널말뚝(Sheet Pile)식 호안
    ① 강 널말뚝, Concrete 널말뚝 등을 사용하여 호안 방식을 말한다.
    ② 널말뚝이 자체로 안정을 유지하는 것과 Tie Rod, 말뚝 등에 의한 버팀공과 근입에 대해 안정을 유지하는 것이 있다.
    ③ 버팀공이 있는 것은 매립이 어느 정도 진척되지 않으면 시공이 어렵다.
    ④ 매립의 진척상태와 널말뚝의 안정조건을 미리 검토하여 공사 관리를 해야한다.

3) Cell 식 호안
    ① 강 널말뚝, 강판 또는 철근 Concrete 등의 재료를 사용한 Cell 구조의 호안 방식이다.
    ② 속 채움재료를 싼 값으로 얻을 수 있는 경우에는 유리하다.
    ③ 수밀성이 높고 매립토의 유출방지에 적합하다.

4) 사석식 호안
    ① 비교적 수심이 얕은 장소에 호안 본체가 사석으로 구성된 호안이다.
    ② 매립 토사의 유출이 생기지 않도록 방사판을 포설할 필요가 있다.

5) 가 호안(임시 흙막이)
    ① 목책(木柵) 또는 흙 가마니 등을 일시적인 토류벽으로 사용한다.
    ② 가 호안의 경우 안전율은 적절히 낮추어도 된다.

(4) 기타 구조물

1) Parapet
    파랑의 침입을 막을 필요가 있는 경우 호안 상부에 구조물을 설치

2) 물 받침공
    ① 호안의 월파의 염려가 있는 경우에는 호안 배후를 보호하기 위해 설치되는 구조물
    ② 폭은 월파량과 월파고 등을 고려하여 3m 이상으로 설치
    ③ 월파로 인한 호안 배후에 진입한 해수의 배수를 위해 배수구 및 배수공을 설치

7. 부대시설

(1) 집수정과 여수토(Over Flow Weir)

1) 개 요
    ① Pump 준설선으로 호안 내부에 토사를 송토하여 매립할 경우에는 집수정과 여수토를 설치하여야 한다.
    ② Pump 준설선에 의한 매립 시 함니율(含泥率)이 10~15%로서 물이 85~90% 함유(含有)되어 물은 매립지 밖으로 배출시켜야 한다.

③ 토사를 제외한 물만을 배출시키기 위한 집수정을 설치한다.
④ 물을 월류(越流 ; Over flow)시키는 시설로 여수토를 설치한다.

2) 집수정과 여수토의 설치위치
① 단말부와 충분한 거리에 설치한다.
② 가능한 외해의 영향을 직접 받지 않는 위치에 시설한다.

3) 집수정 및 여수토의 규격 및 구조
① 집수정의 규격 및 여수토의 배출 용량은 준설선의 능력과 투입 척수, 토질, 매립 면적을 고려하여 결정한다.
② 집수정의 구조는 일반적으로 철근 Concrete 구조로 한다.
③ 물만 월류되도록 물이 흘러나가는 방향에는 각낙판(角落板, 또는 콘크리트판)을 쌓아 올리면서 월류 높이를 조정한다.
④ 집수정에서 월류된 물이 외부로 유출되면서 작용하는 유속에 견디도록 토출구에 감속시설인 여수토를 설치한다.
⑤ 토출구의 배관은 흄관이나 강관(펌프 준설선의 송토관)을 이용한다.
⑥ 여수토는 유속에 대한 안전을 고려하여 잡석 등으로 밑다짐을 하고 콘크리트구조 또는 사석으로 축조한다.
⑦ 집수정은 일반적으로 저조면(低潮面)보다 높게 시설한다.

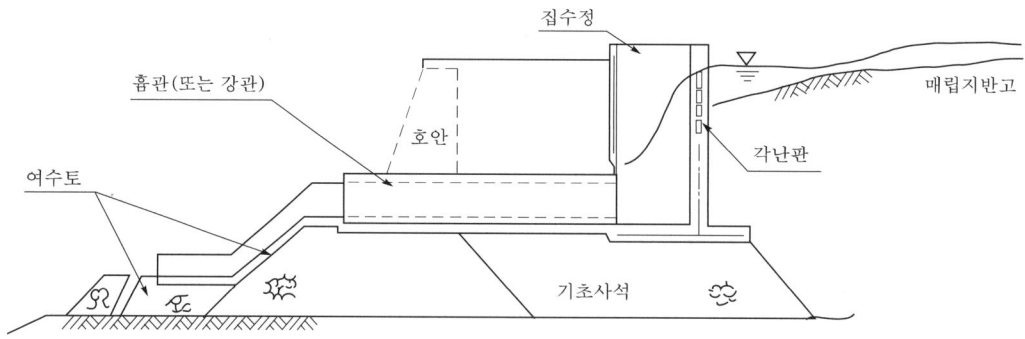

[집수정과 여수토 단면(예)]

4) 여수토의 규모 및 수량
여수토의 규모와 수량은 투입되는 Pump 준설선의 능률(㎥/hr)에 의한 준설토의 배출량에 따라 월류량을 산정하여 결정한다.

(2) 오·배수시설(汚·排水施設)

1) 배수시설
매립지 내의 우수처리시설로서 매립지 내 강우량과 인근에서 흘러 들어오는 빗물을 합하여 배수계획을 수립하고 적정한 시설(Box 또는 흄관 등)을 한다.

2) 오수시설
매립지의 장차 이용계획에 따라 필요한 오수처리시설을 계획하여 매립공사 시 반영할 필요가 있다.

(3) 송토관의 배치

1) 해상관
① 준설선의 선미관에서 해상관의 마지막 부함까지의 송토관을 말한다.
② 해상 시설관 : 부함 위에 올려놓은 송토관
③ 침설관(沈設管) : 항로나 박지를 가로질러 부설할 경우 선박운항에 지장을 주지 않기 위한 해저에 배치한 송토관

2) 육상관
① 해상관 종점인 마지막 부함에서 육상부에 부설된 송토관로를 모두 합한 것을 말한다.
② 주로 매립지 내 호안 위에 부설되며, 호안 내측의 수면 위 가대(架台 : 목재 또는 가마니 쌓기) 위에 부설되기도 한다.
③ 육상관은 간선(幹線 ; 주로 해상관)에서 육지부에 부설된다.

3) 송토관의 배치 및 관리
① 송토관 배치 시 Y형 또는 T형의 분기관을 연결하고
② 분기관에서 지관을 일정한 간격으로 배치하여
③ 준설토의 토층이 균질하게 매립되도록 관리한다.

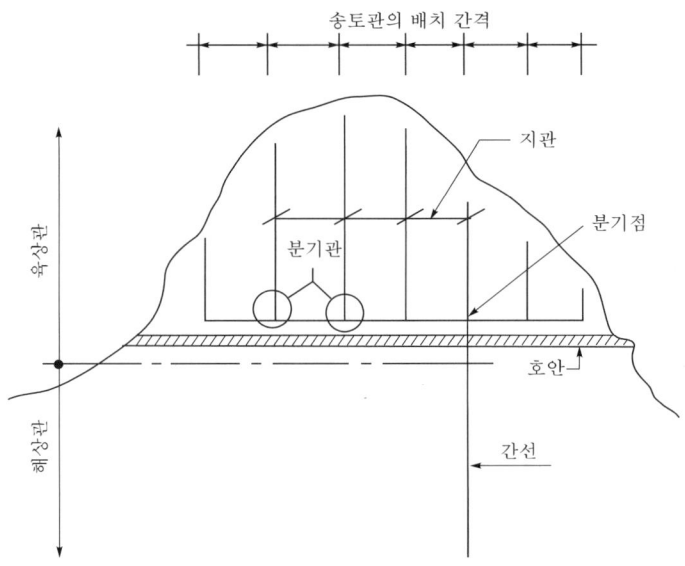

[송토관 배치 예]

4) 송토관의 토질별 배치간격

준설 토질	간격(m)	매립법선과의 거리(m)	
		측 면	선 단
점성토	200 이상	—	—
	200~300	—	—
	100	—	—
점성토, 사질토	100~200	20	—
	110~150	—	30
	110	15	—
	40	40	—
점성토, 사질토(자갈)	40	—	30
	50~100	10~40	—
사질토	50~75	—	30
	100	5~10	—
	10~50	5~15	—
사질토(자갈)	50	—	—

8. 물막이공사 방법

(1) 점축방법(Deep Sill-Sub Critical Method)

(2) 점고방법(High Sill-Critical Flow Method)

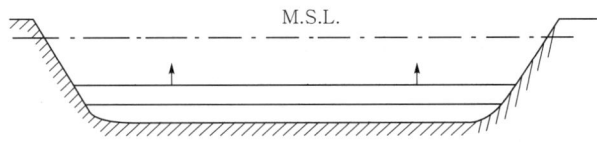

(3) 점축과 점고의 복합방법

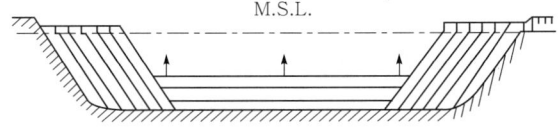

9. 결 론

　매립에 대한 계획을 수립할 경우 매립지와 토취장 및 준설위치에 대한 지반, 해상 및 기상조건을 사전에 충분히 파악하고, 매립지의 사용 목적, 사용 시기, 매립지반고 등을 고려하여 구조적으로 안전하고 경제적인 매립방식을 결정하여야 한다.

　또한, 매립공사가 완료된 후 매립지의 활용목적에 따라서 이용 시기나 하중조건 등을 충분히 검토하여 지반개량에 따른 적정한 공법을 적용한다.

　매립지는 일반적으로 침하에 대한 검토를 하고 원지반이 연약한 이토 등의 토질에서는 여건에 따라 이를 제거하거나 매립 토사를 한쪽에서부터 투기하여 연약토를 후면으로 밀어 임시 이토폰트를 형성한 후 이 부분을 별도로 개량하는 등 적절하게 처리하는 방법도 있다.

　매립 토층도 양질의 토사가 아니면 이용 시 침하가 발생하므로 여성을 하여 자연상태에서 압밀을 유도하는 경우도 있으나 매립지의 사용시기 및 목적에 맞도록 지반개량을 할 필요가 있다.

문제 4 외곽시설의 종류 및 특징

1. 개 요

외곽시설이란, 항내의 정온도, 항로 수심의 유지, 해안의 흠괴(欠壞)방지, 폭풍, 해일 및 쓰나미에 의한 항 내 및 배후지의 수위상승의 제어기능을 하기 위하여 설치되는 시설물로서 방파제, 방사제, 도류제, 갑문, 호안, 제방, 돌제 및 흉벽 등을 말한다.

외곽시설을 건설함에 있어서는 부근의 수역, 시설, 지형, 해수 유동 및 환경에 미치는 영향을 충분히 고려하여 그 배치 및 구조형식을 결정할 수 있다.

2. 외곽시설의 주요기능

(1) 항 내의 정온도 유지
(2) 항로 수심의 유지
(3) 해안의 흠괴(欠壞)방지
(4) 폭풍, 해일 및 쓰나미에 의한 항 내 및 배후지의 수위상승의 제어기능
(5) 항만시설 및 배후지의 고파랑, 장주기 파동(폭풍해일, 쓰나미 등)에 대한 방어
(6) 바다의 경관이나 항만의 매력을 제고하는 친수성 및 친환경성 기능

3. 외곽시설의 건설에 따른 환경에 미치는 영향

(1) 토사의 퇴적 및 침식 발생

모래 해안 및 표사이동이 활발한 해역에 외곽시설을 설치하면 항내는 물론 그 주변 해안에 토사의 퇴적 또는 침식이 발생하는 등 우려할 만한 지형변화를 유발할 수 있다.

(2) 반사파의 발생

외곽시설의 건설에 따라 반사파가 발생되며 이로 인한 파랑환경의 변화가 주변 해역의 자연환경 및 시설의 이용기능을 악화시킬 수 있다.

(3) 항 내의 정온도 악화

외곽시설에 의한 다중반사 또는 항내수역 형상의 변화에 따른 부진동의 유발 등으로 인하여 항내의 정온도가 악화되는 경우도 있다.

(4) 국소적인 수질 및 저질환경의 변화초래

외곽시설의 건설에 의하여 주변 해역의 조류 또는 하천류의 유출특성 등 해수 유동의 특성을 변화시켜, 국소적인 수질 및 저질환경의 변화가 초래되는 경우도 있다

4. 외곽시설의 배치 및 구조형식 결정 시 고려사항

(1) 파랑제어기능
(2) 수리환경특성
(3) 부근의 수역 및 시설
(4) 지형
(5) 해수 유동 및 환경에 미치는 영향
(6) 생태환경기능(어패류, 해조류 등 해양생물의 생육장 기능 등)
(7) 자연공원구역이나 문화시설 등에 접근성
(8) 형상, 색채 등의 경관과 친수성 기능
(9) 항내선박, 계류시설 및 배후시설에 대한 안전성

5. 외곽시설의 분류

(1) 외곽시설
방파제, 방사제, 도류제, 갑문, 호안, 제방, 돌제 및 흉벽 등

(2) 폭풍 및 지진 해일 대책시설
제방, 호안, 수문 등

(3) 침식 및 매몰 대책 등 표사제어시설
호안, 돌제, 이안제, 잠제 등

6. 외곽시설의 종류 및 특징

(1) 방파제(防波堤 ; Breakwater)
1) 항 내의 정온을 유지하고, 하역의 원활화, 선박의 항행, 정박의 안전 및 항내 모든 시설을 파랑과 표사로부터 보호하기 위해 설치되는 구조물이다.
2) 구조형식에 따라 경사제와 직립제, 혼성제가 있다.

(2) 방사제(防砂堤 ; Groyne)
연안의 표사가 항 내에 진입하지 않도록 육지로부터 직각 되게 돌출시켜 만든 공작물을 말한다.

(3) 도류제(導流堤 ; Training Dike)

1) 하구(河口)에서 수류(水流)를 원하는 방향으로 흐르게 하기 위한 제방형 구조물로 하구에 설치되는 것을 말하며 이를 도수제(導水堤)라고도 한다.
2) 구조는 제방을 Concrete 등으로 보호한 것, 원통형 돌망태를 짜 맞춘 것, 널말뚝을 2열로 박고 그 사이를 채운 것 등이 있다.

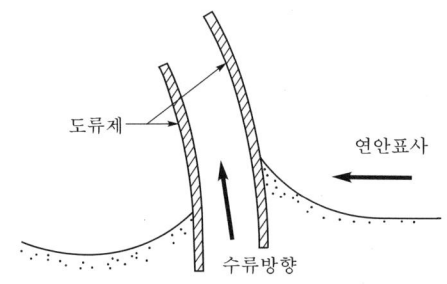

(4) 갑문(閘門 ; Lock)

1) 수위가 다른 2개의 수면 사이를 선박이 통행하기 위해 수위를 조정하는 장치의 시설을 말한다.
2) 갑문은 하천 등의 운하에 설치하는 갑문과 항만지대에 설치하는 갑문으로 구분할 수 있다.

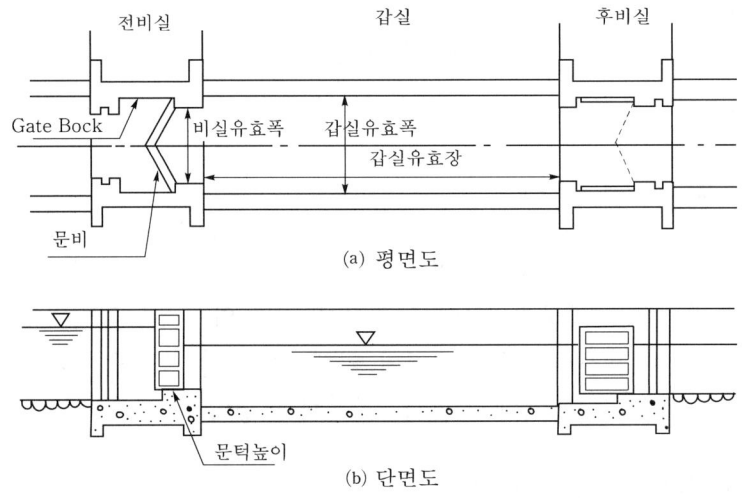

[갑문 각 부의 명칭]

(5) 호안(護岸 ; Revetments)

하안(河岸), 해안(海岸), 둑 등을 유수로 인한 침식을 방지하기 위하여 그 비탈면에 시설하는 공작물을 말한다.

(6) 해안제방(海岸堤防 ; Coastal Levee), 방조제(防潮堤 ; Sea Wall)

1) 폭풍, 해일, 파랑 등으로부터 항만의 침수방지 및 보호와 동시에 해안에서의 토사 등의 침식을 방지하기 위한 시설물을 말한다.
2) 장소나 목적에 따라 돌, Concrete, 기타의 호안(護岸) 공작물로 제방을 보호한다.

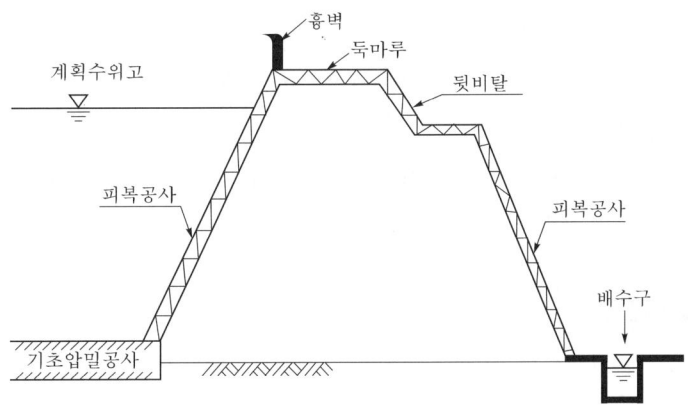

[해안 제방(경사형)의 단면 예]

(7) 돌제(突堤 ; Jetty Groin)

1) 수류의 흐름을 조정하기 위해 항만 입구 또는 하구에 설치한 구조물로 돌출제(突出堤)라고도 한다.
2) 돌제는 연안 또는 하안을 보호하고 수심을 유지하는 기능을 한다.

(8) 이안제(離岸堤 ; Detached Breakwater)

1) 해안선으로부터 외해 측에 해안선과 평행하게 설치된 제(堤)를 말한다.
2) 연안 표사를 저지할 목적과 배후 해빈(해안)에 작용하는 파력을 감소시켜 해빈의 침식을 저지시킬 목적으로 설치된다.

(9) 잠제(潛堤 ; Submerged Breakwater)

파도의 에너지를 감쇄하기 위해 해안에 설치해 놓은 수중 구조물로서 이안제가 수면 아래에 설치된 경우를 말한다.

7. 결 론

항만의 외곽시설은 그 시설의 안정성과 기능성을 평가하여 최적의 구조형식을 채택 후 배치계획을 수립하며, 당해 항만의 발전계획, 수역시설, 계류시설 및 기타 시설과의 연계기능, 외곽시설 건설 후 발생 가능한 태풍, 해일, 풍랑 등으로 인한 자연재해와 부근의 수역, 시설, 지형, 해수 유동, 침수 및 배수, 기타 환경에 미치는 영향을 충분히 고려한다.

문제 5 방파제의 종류 및 특징

1. 개 요

방파제(Break Water)는 항 내의 정온을 유지하여 선박의 항행 및 안전한 정박과 원활한 화물하역을 할 수 있도록 하고, 또한 항만 시설물을 파도와 표사로부터 보호하기 위하여 설치되는 외곽시설물의 일종이다.

방파제의 계획 및 시공에 있어서 항내의 구조물과의 관계, 축조 후 인근 지형의 변화, 항만의 장래발전 등을 충분히 고려하여야 한다.

2. 방파제의 설치목적

(1) 파랑의 방지
(2) 파랑 및 조류에 의한 표사의 이동방지
(3) 해안선의 토사유출방지
(4) 하천 또는 외해로부터의 토사유입방지

3. 방파제의 설계 시 고려사항

(1) 항 내 정온도
(2) 바람
(3) 조위
(4) 파랑
(5) 수심 및 지반조건
(6) 친수성 및 친환경성 등

4. 방파제의 구조형식 선정조건 및 배치 시 검토 사항

(1) 방파제의 구조형식 선정조건

1) 자연조건
2) 이용조건
3) 배치조건
4) 시공조건
5) 경제성
6) 공기
7) 중요성

8) 재료입수의 난이도
9) 유지관리의 난이도

(2) 방파제의 배치

1) 항 내의 정온도
① 항구는 침입파가 적어지도록 최다 및 최강의 파랑방향을 피하도록 한다.
② 방파제의 법선은 최다 및 최강의 파랑에 대해 효과적으로 항 내를 차폐한다.

2) 조선(操船)의 용이
① 항구는 선박의 항행에 지장이 없는 유효 항구 폭을 가져야 하며 항행하기 쉬운 방향으로 한다.
② 항구 부근의 조류의 속도는 될 수 있는 대로 작게 한다.
③ 항로와 박지에 대해 제체에 의한 반사파 및 접근하여 진행하는 파랑과 파랑의 집중에 의한 영향이 적도록 한다.
④ 선박의 접안, 하역, 정박 등에 지장이 없도록 충분한 수역을 확보한다.

3) 건설비와 유지비
① 파랑이 집중하는 형상을 피한다.
② 지반이 특히 나쁜 곳은 가능한 피하고 시공하기 쉬운 곳으로 한다.
③ 갑(岬)이나 섬 등 지형상 이용할 수 있는 곳을 적극 활용한다.
④ 표사 해안의 경우 표사를 끌어 들이지 않는 배치로 한다.
⑤ 방파제 설치 추의 인접구역에 대한 영향에 대하여는 충분히 고려한다.

4) 항만의 장래계획
장래의 항세(港勢)의 발전을 저해하지 않도록 배치한다.

5. 방파제의 분류

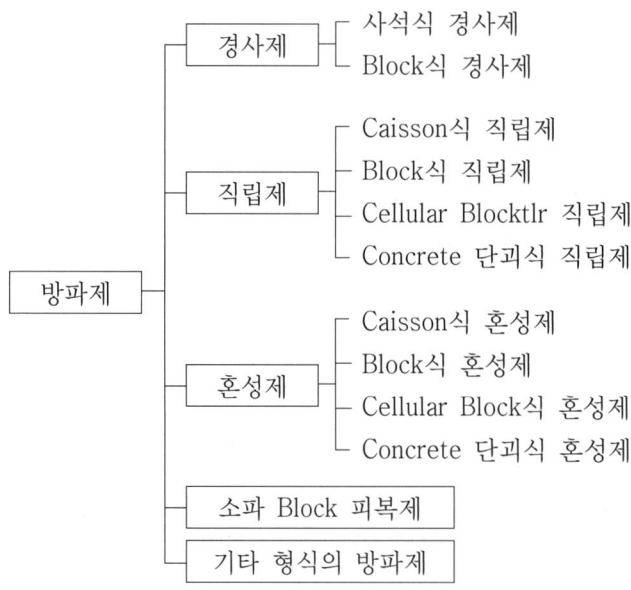

6. 경사제 방파제

(1) 개 요

1) 암석이나 Concrete 소파 Block을 사다리꼴 형상으로 쌓아올린 형식이다.
2) 주로 사면상의 쇄파 및 투수성과 조도에 의하여 파랑의 에너지를 소산시키거나 반사시켜 파랑의 항내 진입을 차단한다.

(2) 특 징

1) 장 점
   ① 공정이 단순하다.
   ② 凹凸지반에 시공이 가능하다.
   ③ 연약지반에 적합하다.
   ④ 유지보수가 용이하다.
   ⑤ 파에 대한 세굴 순응성이 좋다.

2) 단 점
   ① 수심이 깊은 곳에서는 많은 재료가 필요하다.
   ② 파고가 큰 곳에서의 필요한 크기의 재료 구득이 어렵다.
   ③ 시공시 파(波)에 대한 재해위험이 크다.
   ④ 파(波)가 제체 투과 시 항 내가 교란되기 쉽다.

(3) 경사제의 종류별 특징

1) 사석식 경사제
① 사석의 크기에 제한이 있다.
② 파력이 큰 곳에는 Block으로 비탈면을 피복해야 한다.

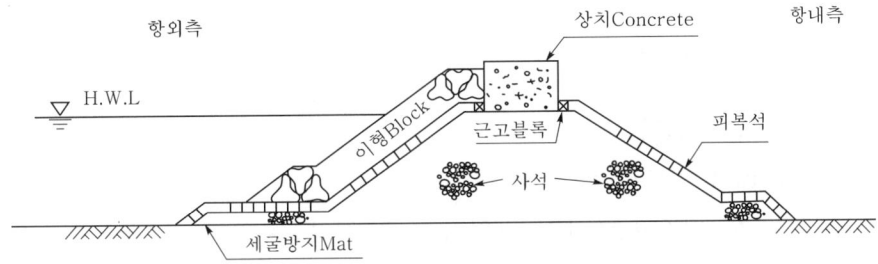

2) Block식 경사제
① 중량이 큰 이형 Block을 사용하므로 안정성이 있다.
② Block 제작에 따른 제작장이 필요하다.

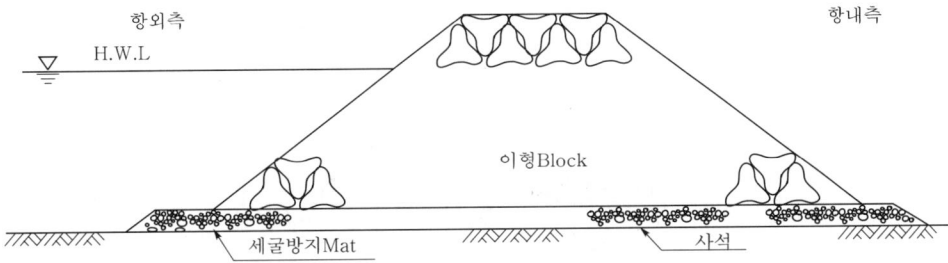

7. 직립제 방파제

(1) 개 요
1) 전면이 연직 또는 연직에 가까운 제체를 해저에 설치한 구조물 형식이다.
2) 주로 파랑의 Energy를 반사시켜 파랑의 항내 진입을 차단한다.
3) 지반이 견고하고 파에 의한 세굴의 우려가 없는 곳에 채택한다.

(2) 특 징

1) 장 점
① 사용재료가 적게 소요 된다.
② 제체를 투과하는 파(波)가 없다.
③ 파력에 대한 저항성이 크다.
④ 유지보수비 적게 든다.
⑤ 방파제의 안쪽을 계류시설로 사용이 가능하다.

2) 단 점
　① 연약지반의 경우 소요 지지력의 부족으로 부적합하다.
　② 대형 제체일 경우 제작 및 설치에 따른 시설과 장비의 투입이 크다.
　③ 반사파에 대한 영향이 크다
　④ 수심이 깊은 곳에서의 설치 시 공사비가 많이 든다.

(3) 직립제의 종류별 특징

1) Caisson 식 직립제
　① 파력에 대한 저항이 강하다.
　② 제체의 육상제작으로 해상 작업일 수를 줄일 수 있다.
　③ 안전하고 시공이 확실하다.
　④ 운반(예인선) 및 설치에 따른 대형 장비가 필요하다.
　⑤ 수심이 낮은 경우 Caisson의 진수가 곤란하다.

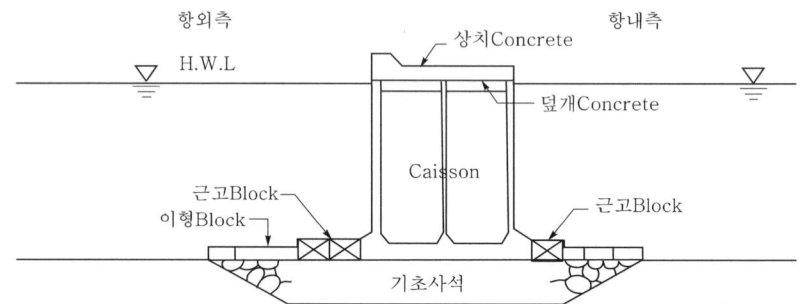

2) Block 식 직립제
　① 시공이 용이하다.
　② Caisson에 비해 제작 및 시공설비 작다.
　③ Block 간의 결합이 불충분하다.
　④ Block을 크게 할 경우 대형장비가 필요하다.
　⑤ Block을 작게 하면 이음이 많게 된다.
　⑥ Block의 수가 많을 경우 대규모 제작장이 필요하다.

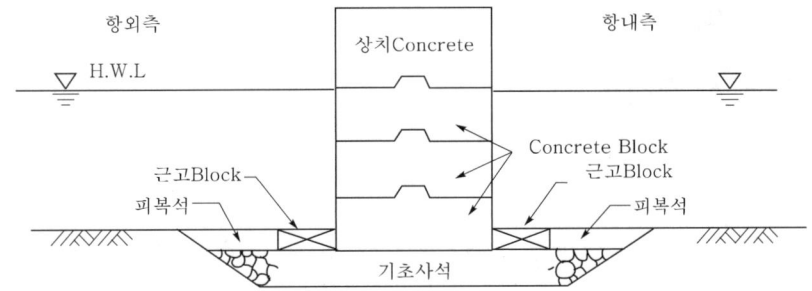

3) Cellular Block 식 직립제
   ① 중공(中空) 상태에서의 구조물 무게가 가볍다.
   ② 중간부에 채움재를 사용하므로 경제적인 시공이 가능하다.
   ③ 일체성이 부족하여 전도의 우려가 있다.

4) Concrete 단괴식 직립제
   ① 수심이 얕고 비교적 소규모의 방파제에 적용한다.
   ② 지반이 견고한 지반에 시공한다.
   ③ 현장 타설이므로 견고한 구조로 시공이 가능하다.
   ④ 현장 시공시 장비가 소규모로 가능하다.
   ⑤ 수심이 깊은 곳에서의 시공은 곤란하다.

8. 혼성제 방파제

(1) 개 요

경사제와 직립제의 장점을 혼합한 것으로 사석부를 기초로 하고 그 위에 직립부의 본체를 설치하는 형식이다.

(2) 특 징

1) 장 점
   ① 연약지반에 적합하다.(하부의 사석부가 상부의 하중을 분산)
   ② 수심이 깊은 곳에도 적합하다.
   ③ 직립부는 정수면 부근의 큰 파력을 저항하는 역할을 한다.
   ④ 해저부근은 파력이 작고 사석으로도 충분히 견딜 수 있으므로 사석재의 단점인 사석의 산란을 상부의 직립부에서 방지할 수 있다.

2) 단 점
   ① 세굴의 우려가 있다.
   ② 시공 장비 및 시공설비가 다양하게 필요하다.

(3) 혼성제의 종류

1) Caisson 식 혼성제

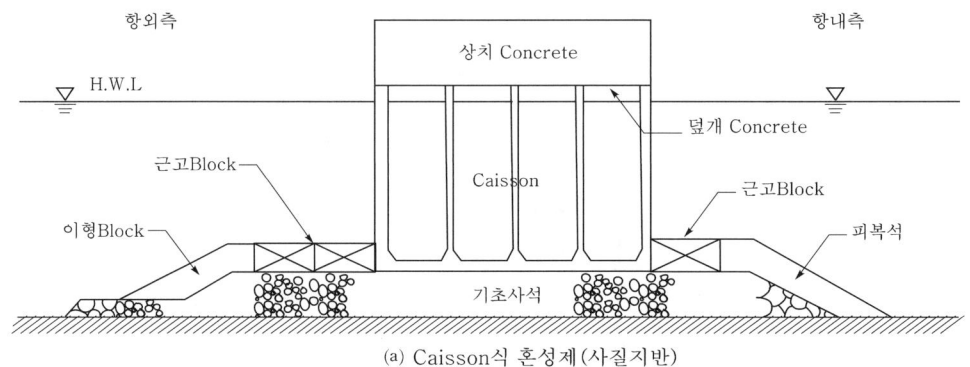

(a) Caisson식 혼성제(사질지반)

(b) Caisson식 혼성제(연약지반)

2) Block 식 혼성제

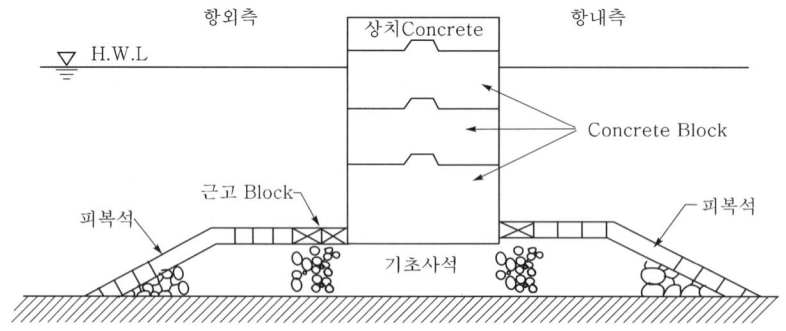

3) Cellular 식 혼성제

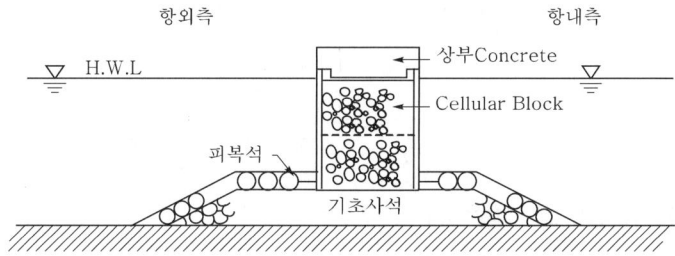

4) Concrete 단괴식 혼성제

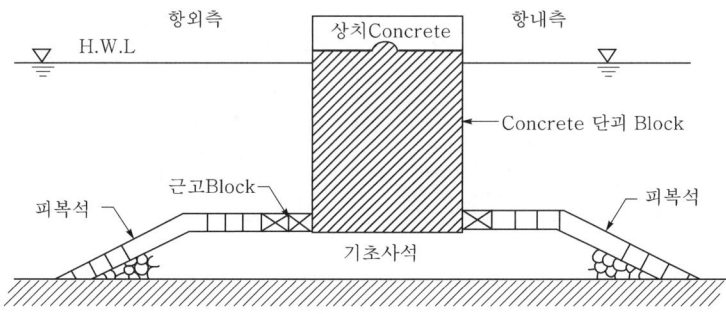

9. 소파(消波) Block 피복제

(1) 개 요
직립제 또는 혼성제의 전면에 소파 Block을 설치한 형이다.

(2) 각 위치별 기능

1) 소파 Block

파랑의 Energy를 소산시키는 기능을 한다.

2) 직립부

파랑의 투과를 억제하는 기능을 한다.

(3) 소파 Bolck 피복제의 종류

1) 직립형 소파 Block 피복제

직립제로 사용되는 재료에 따라 Caisson 식, Block 식, Cellular 식, Concrete 단괴식 등이 있다.

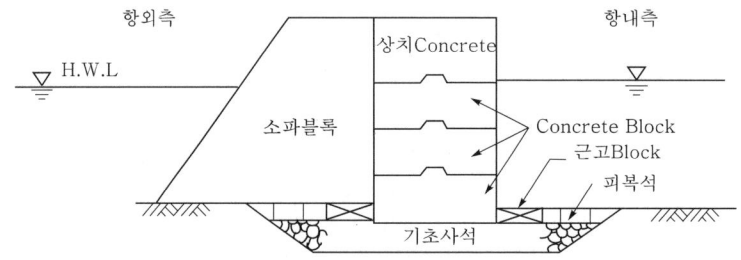

2) 혼성형 소파 Block 피복제

직립제로 사용되는 재료에 따라 Caisson식, Block식, Cellular식, Concrete 단괴식 등이 있다.

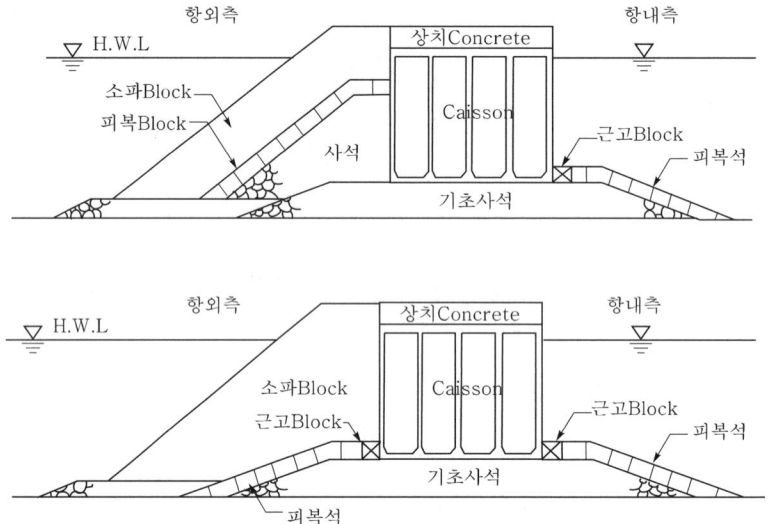

10. 기타 형식의 방파제

(1) 중력식 특수 방파제

1) 개 요

파력에 대하여 중량으로 저항하는 형식으로 주로 재래식 혼성제의 직립부를 소파성능이나 내파안정성 등의 면에서 개량한 구조물이다.

2) 중력식 특수 방파제의 종류

① 직립소파 Block 제
- 소파기능을 가진 특수 Block(직립소파Block)을 직접 쌓아올린 Block식 직립제 또는 혼성제 형식으로
- 소파효과는 직립소파 Block부의 마루 및 하단의 높이에 따라 변화한다.
- 일체 구조인 대형 Block을 제외하고 일반적으로 파고가 비교적 작은 내만 또는 항 내에서의 방파제로 이용한다.

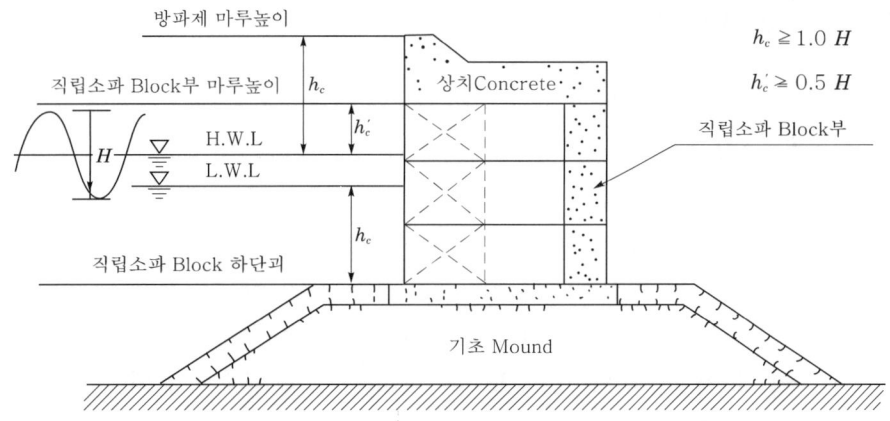

[직립소파 Block 식 방파제 마루높이]

② 소파 Caisson 제
- 전면부에 투과 벽과 유수실을 갖고 이것에 의하여 소파 효과를 발휘하는 구조 형식으로
- 반사파 및 파력의 저감, 월파에 의한 전달파를 저감시킨다.

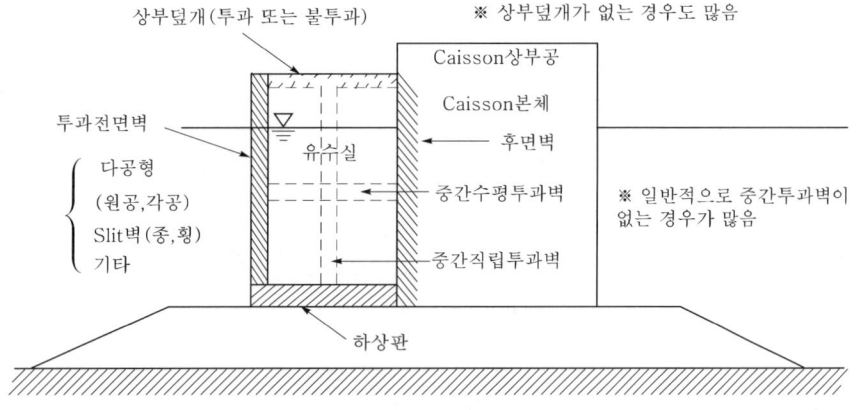

[직립소파 Caisson의 구조요소]

③ 상부 사면 Caisson 제
- 수평 파력을 저감하는 동시에 45° 상부 사면 경사 벽에 작용하는 파력을 제체의 안정에 이용할 수 있는 방파제 구조형식이다.
- Caisson 전면의 직립부 영역을 소파 Block으로 피복한 소파 Block 피복 상부 사면제에서는 반사파를 저감시키며
- 전체의 안정성도 통상의 상부 사면제보다 우수하다.

(2) 비중력식 방파제

1) Curtain 식 방파제

① 투과성인 말뚝식 구조물에 파의 진행방향에 대하여 Concrete 판 등 일종의 Curtain을 설치한 형식의 방파제이다.

② 내항 등에 강 말뚝 또는 강 널말뚝을 사용한 방파제로서 경량구조이므로 연약지반을 가지는 비교적 파고가 작은 장소에 적당하다.

③ 반사율은 소파 Block 피복제와 같은 정도 이하로 저감할 수가 있다.

④ Curtain에 설치하는 Slit 또는 Curtain 하단과 해저 간의 간격을 통하여 조석(潮汐) 및 파랑에 의한 해수 교환을 기대할 수 있다.

⑤ 말뚝의 타설, Curtain 설치용 철물의 부착, Curtain의 설치 등 현장에서의 공사가 많고, 상당한 시공 정확도를 요구한다.

⑥ 2중 방파제가 단일 방파제보다 반사파 및 전달파를 저감시킬 수 있다.

⑦ Curtain 벽의 밑을 통과하는 수류의 유속이 상당히 빨라지므로 적당한 세굴방지공을 고려해야 하는 경우가 있다.

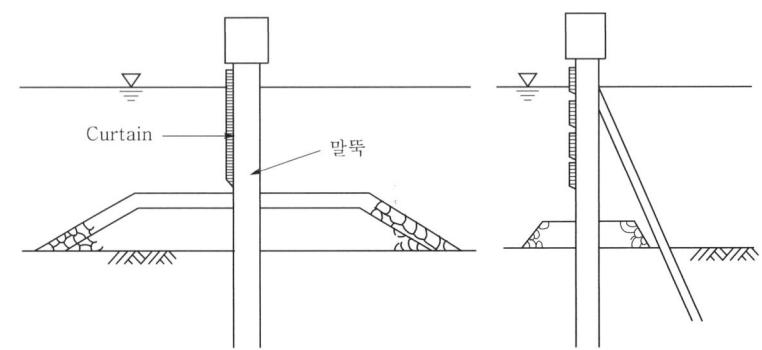

(a) 단일 Curtain 식 방파제

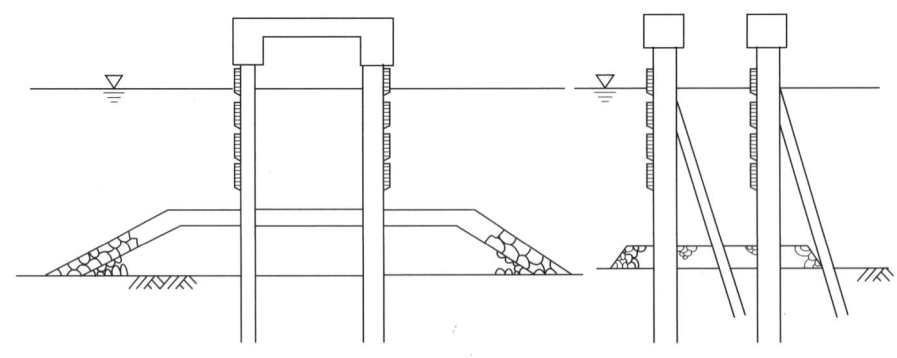

(b) 2중 Curtain 식 방파제

[Curtain식 방파제의 분류]

2) 부유식 방파제
① 부유물체를 배치하여 파랑을 막는 구조형식의 방파제이다.
② 해수나 표사의 움직임을 방해하지 않는다.
③ 조차나 지반상태에 영향을 받지 않는다.
④ 이동이 가능하다.
⑤ 파랑환경이 비교적 험하지 않은 곳에서 유용한 형식이다.
⑥ 계류삭이 절단되면 부체가 표류하며 2차적 재해를 일으킬 우려가 있다.

11. 방파제 공사에 따른 주요 시공관리 사항

(1) 쇄파 효과가 큰 형식을 선정한다.
(2) 활동, 전도, 침하에 대한 안정 검토 후 시공을 착수한다.
(3) 사석 재료의 선정에 유의한다.
(4) 해양성기후 특성에 맞는 재료관리 및 시공방법을 선정한다.
(5) 연약지반의 경우 경사제 또는 혼성제로 선정 시공한다.
(6) Caisson 식의 경우 설치 즉시 속 채움을 하여 전도를 방지한다.
(7) 사석부는 공극을 메워 凹凸이 없게 하여 편심하중과 응력집중을 방지한다.
(8) 세굴이 예상되는 경우 경사 Block, Asphalt Mat, 합성 수지계 Mat로 보호한다.
(9) 침하방지를 위한 연약지반 처리대책을 강구한다.
(10) 기초 사석은 가능한 입경과 Interlocking 효과가 큰 것으로 투하 시공하여 방파제가 침하되지 않도록 한다.

12. 결 론

방파제는 외해로부터 발생되는 파랑과 표사에 대하여 항 내의 안정성 유지 및 보호를 하기 위해 설치되는 외곽시설이므로 방파제의 구조형식의 선정, 설계, 시공 등에 앞서 충분한 사전조사를 통한 현장에 가장 적절한 것으로 채택하여 관리하도록 한다.

방파제 시설은 해상에서의 시공하는 것이니 만큼 안전에 각별한 주의가 필요하며 준공 후에도 철저한 유지관리를 통해 외곽시설물로서 그 효과를 충분히 발휘할 수 있도록 한다.

문제 6. 직립(혼성) 방파제의 시공

1. 개 요

방파제(Break Water)는 항 내의 정온을 유지하여 선박의 항행 및 안전한 정박과 원활한 화물하역을 할 수 있도록 하고, 또한 항만 시설물을 파도와 표사로부터 보호하기 위하여 설치되는 외곽 시설물의 일종이다.

방파제는 구조 형식에 따라 경사제, 직립제, 혼성제 등으로 분류할 수 있으며, 이러한 방파제의 계획 및 시공에 있어서 항 내의 구조물과의 관계, 축조 후 인근 지형의 변화, 항만의 장래발전 등을 충분히 고려하여야 한다.

2. 방파제의 설치 목적

(1) 파랑의 방지
(2) 파랑 및 조류에 의한 표사의 이동방지
(3) 해안선의 토사 유출방지
(4) 하천 또는 외해로부터의 토사유입 방지

3. 방파제의 설계 시 고려사항

(1) 항내 정온도
(2) 바람
(3) 조위
(4) 파랑
(5) 수심 및 지반조건
(6) 친수성 및 친환경성 등

4. 방파제의 분류

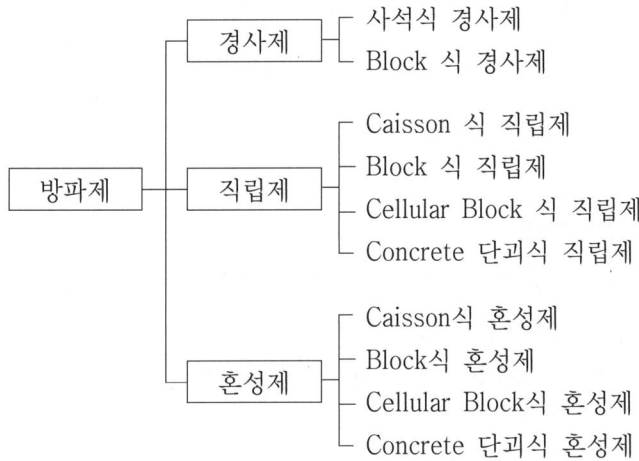

5. 방파제 시공순서

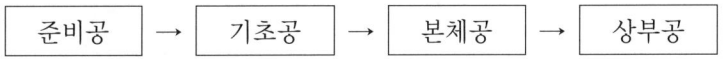

6. 준비공(항만공사에서의 준비공)

(1) 육상측량(육상시공측량)

1) 측량기준점 설치

① 평면기준점
- 현장 내에 3점 이상의 평면기준점을 설치한다.
- 공사 진행에 편리하게 이용되고 관측이 용이한, 견고한 지반 위에 설치한다.

② 표고 기준점
표고 기준점 현장 내에 조석 수준점(T.B.M)을 2점 이상 설치한다.

2) 기준점의 유지관리

① 현장 내에 평면 및 표고 기준점을 설치하여 도면에 명기하고 측량결과를 초기부터 완료 시까지 유지 및 관리한다.

② 기준점에 대한 보호시설을 하며 관측이 용이한 표지를 설치한다.

(2) 수심측량(수심 시공측량)

1) 측량의 기준

① 수심은 기본 수준면으로부터의 깊이로 표시하고 간출암과 간출되는 기본 수준면으로부터의 높이로 표시한다.

② 해안선은 해면이 약최고고조면에 달하였을 때의 육지와 해면과의 경계로 표시한다.

2) 해상위치측량

해상위치측량은 전파 측위, 위성 측위 또는 광학적 측위 방법으로 실시한다.

3) 수심측량방법의 종류

① 음향기에 의한 측심(測深 ; Sounding)
② 연추(Lead)에 의한 측심

4) 수심측량에 대한 성과품 정리

① 각종 관측야장, 기록부 및 자료 : 기준점·수심·수준측량, 조석관측 등
② 각종 기록지 : 음향측심 기록지, 검조 기록지 등
③ 기준점 측량 계산서, 조석 조회분석 계산서, 기본수준면 결정서
④ 항적도, 측심 원도
⑤ 수심측량 보고서 : 기준점 측량, 검조, 측심 등의 방법과 성과

(3) 해양조사

1) 해상조사

① 조석 관측
② 해조류 관측
③ 파랑관측
④ 파력 관측

2) 환경조사

① 수질조사
② 해저질(海底質)조사

(4) 지반조사

1) 시추(Boring)조사

① 기초지반의 성층 상태 및 토성 등 토질조건을 조사
② 토질시험을 위한 시료채취

2) 시료채취(Sampling)

① 지반의 성상을 조사하기 위한 시추조사 및 현장 원위치 시험 과정에서 시료를 채취
② 시료의 채취의 종류 : 흐트러진 시료 채취, 흐트러지지 않은 시료 채취
③ 채취된 시료의 운반 시의 진동 및 충격 등에 교란되지 않도록 주의
④ 채취된 시료에 직사광선 및 충격 등을 받지 않도록 보관 및 취급
⑤ 채취된 시료에 대한 토질시험실시

3) 해저음파 지층탐사
① 탐사기기는 탐사목적 및 해저지층 구조에 따라 적정한 기기로 선정
② 지층분석은 관련 분야 전문가가 수행하여야 실시
③ 탐사 결과에 따른 성과보고서 작성 및 수심도, 퇴적층후도, 기반암도 등을 제작

4) Sounding

지중에 어떤 저항체를 삽입하여 회전, 압입, 타격 및 인발 등의 방법에 의하여 지중의 지지력, 응력 및 전단저항 값을 측정한다.

5) 물리탐사 및 검측
① 굴절법 탄성파 탐사
② 전기비저항법에 의한 전기탐사
③ 전자탐사
④ 지표 레이더(GPR) 탐사
⑤ 전기 및 음파 검층

(5) 건설재료시험 및 검사

공사품질의 확보를 위해 건설재료에 대한 시험 및 검사를 실시

(6) 토질 및 암석시험

1) 토질시험
① 흙의 성질
② 흙의 공학적 분류
③ 흙의 강도시험
④ 흙의 투수시험

2) 암석시험
① 암석의 분석
② 암석의 강도시험(일축압축, 삼축압축시험)
③ 탄성파 속도측정시험

7. 기초공

(1) 기초굴착(준설)

1) 기초굴착 시 오탁(汚濁) 방지막을 설치한다.
2) 굴착깊이는 토질조건 및 계획 심도를 고려하여 결정한다.
3) 굴착 장비는 토질 및 토량, 시공성, 경제성 등을 고려하여 선정한다.
4) 굴착 장비
   ① 기초굴착 토량이 많은 경우 : Pump 준설선
   ② 기초굴착 토량이 적은 경우 : Grab 준설선

(2) 연약지반 개량

기초지반이 연약할 경우 치환, 재하압밀, 침하, 심층연속혼합처리공법 등을 선정하여 연약지반을 개량한다.

(3) 기초 사석

1) 재료선정
   ① 양질의 입상재료일 것
   ② 비중이 2.5 이상, 압축강도가 $500kg/cm^2$ 이상일 것
   ③ 경질(硬質)의 재료일 것
   ④ 풍화파괴가 없을 것

2) 기초사석 투하준비
   ① 사석 투하 시 유실방지 및 부유물의 확산방지 대책을 수립한다.
   ② 조석 및 파랑에 대해 충분히 감안하여 운반 및 투하결정을 한다.
   ③ 사석을 투하할 위치에 부표 등으로 표시를 한다.

3) 기초사석 투하
   ① 사석의 운반은 Barge선이나 토운선으로 운반하여 투하한다.
   ② 집중투하를 피한다.
   ③ 凹凸이 없도록 잠수부나 관측기구 등으로 확인한다.
   ④ 침하를 대비하여 여성(餘盛)을 한다.

4) 기초사석 고르기
   ① 투하된 사석 고르기 시 잠수부가 수중에서 더듬어 확인한다.
   ② 기복이 심한 곳은 보충 투하 실시
   ③ 수평 고르기 시 공극은 잔자갈로 채운다.

5) 사석 기초고르기의 여유 폭(직립부 구조의 경우)

직립부 구조	여유 폭 (m)	
	한 쪽	양 쪽
Caisson	1.0	2.0
Block 또는 L형 Block	0.5	1.0
현장타설 Concrete	0.5	1.0

(4) 기초 사면의 세굴방지

1) 기초 사석의 세굴

　　모래 지반에 기초 사석을 축조할 때 시공 중 침하와 파랑에 의한 사석의 유실 및 기초저부에 세굴이 발생된다.

2) 시공(방지대책)

　① 세굴방지를 위해서는 사립자(砂粒子)의 이동을 방지하는 것이 가장 효과적이다.
　② 직포(織布), Asphalt mat, Geotextile 등을 해저 지반 상에 깔고 그 위에 피복석을 시공한다.
　③ 재료는 적당한 강도를 가지며 사석 투석시 충격에도 파손되지 않도록 한다.

(5) 기초 Block

1) 기초 Block의 세굴

　　거치 직후 Caisson의 기초부근은 작은 할석(割石)이 노출되어 있어 세굴되기 쉬운 상태이며 특히 선단 Caisson 우각부에서 많이 발생한다.

2) 시공(방지대책)

　　선단부의 사석을 안정성이 큰 Block으로 피복하여 파랑과류(波浪過流)에 의한 흡출작용(吸出作用)을 방지할 수 있도록 차단한다.

(6) 피복석

1) 피복석은 공정상 기초방괴(基礎方塊) 시공에 이어 방파제 외측에 시공한다.
2) 피복석은 중량이 20~30 Ton으로 피복 층의 두께를 1.5m 정도로 하여 사면을 피복 시공한다.

(7) 피복 Block

1) 피복 Block은 피복 고르기 완료 직후에 시공한다.

2) 처음에 Caisson 방파제 전면의 수평 부분에서 작업하여 차례로 기초사면을 따라 위 방향으로 시공한다.

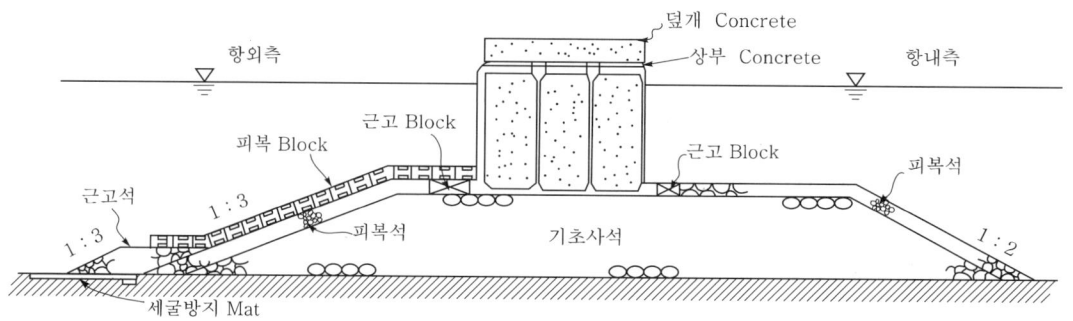

8. 본체공

(1) Block 식

1) Block 쌓기 방법
① 수평 쌓기와 경사 쌓기가 있으며
② 수평 쌓기가 시공이 용이하고 많이 이용된다.

2) 수평 쌓기의 경우 일체성 유지
① 방파제 법선 방향과 직각인 단면에 대한 줄눈이 일직선이 되도록 쌓는다.
② 방파제 법선 방향의 단면에 대한 줄눈이 일직선이 되도록 쌓는다.
③ Block의 상하 높이 20~30cm, 폭 20~50cm 정도의 凹凸 홈을 만든다.

3) 제작 및 시공 시 유의사항
① Block의 거치 시 밀착성이 요구되므로 Block의 모양에 특히 유의하여 제작한다.
② 제체는 보통 완성단면에 대한 안정계산을 하고 있으므로 시공순서를 준수하여 시공하여야 하며 시공 중 파에 의한 위험에 노출되지 않도록 한다.

(2) Concrete 단괴식

1) 시공 개요
① 해저로부터 천단까지 Tremie Pipe를 이용하여 Mass Concrete로 제체를 시공한다.
② 수심이 얕고 시공 중 파랑에 의한 피해 우려가 없는 곳에 적용한다.
③ 보통 수심이 2~3m까지가 한도이나 수심 5~6m 정도에서도 적용한다.

2) Concrete 타설방법
① 수중 Concrete 공법
② Prepacked Concrete 공법
③ Dry Work 공법

3) 수중 Concrete 공법
① Tremie Pipe를 이용하는 Concrete를 타설하는 공법이다.
② Tremie Pipe의 직경 : 30cm 정도
③ Tremie Pipe 한 개로 타설하는 분할 면적 : 3m×3m 정도
④ Tremie Pipe의 하단위치 : 저면으로부터 조골재 직경의 3~5배 정도
⑤ Concrete 타설 시 Tremie Pipe의 선단부는 항상 Concrete 속에 묻히게 하고 서서히 인양

4) Prepacked Concrete 공법
① 거푸집은 견고하고 수밀성이 큰 것으로 조립
② 거푸집의 틈새와 구멍이 생기지 않도록 하여 주입 Mortar의 누수를 방지
③ 주입 Mortar는 팽창률 5~10%, Bleeding 3% 이하로 유지
④ 굵은 골재 치수는 16mm 이상으로 하고, 거푸집에 충진 되었을 때 공극률이 적도록 유지
⑤ Mixer에 물·혼화제 → Fly Ash → Cement → 모래·물 순서로 투입
⑥ 압송 시 수송관은 압송마찰 및 손실이 적게 하고, 수송관의 연장을 짧게 설치
⑦ 주입 시 시공이음이 생기지 않게 연속으로 주입
⑧ 연직주입관의 선단은 Mortar에 0.5~2m 깊이로 묻히게 하며 재료 분리방지
⑨ 주입 Mortar의 상승 속도는 0.3~2m/hr 정도

5) Dry Work 공법
① 가물막이에 의해 작업장을 Dry한 상태로 하여 제체 시공을 하는 방법
② 수압에 의한 가물막이 구조물의 변형이 발생되지 않도록 견고히 시공
③ 본 작업을 마친 후 철거가 용이할 것
④ Concrete 타설은 일반 Concrete 시방 규정에 따라 실시

(3) Caisson 식

1) 시공 개요
① 육상의 별도 제작장에서 Concrete로 구체를 제작한 후 소정의 위치로 이동 거치하여 제체를 축조하는 방법이다.
② 수심이 깊고, 파력이 큰 곳에 적용한다.
③ 단기간에 시공하여야 할 경우에 많이 이용된다.

2) Caisson 제작(본체 제작)
   ① 본체의 진수가 용이한 곳에 제작장을 확보한다.
   ② 제작장에는 제작 및 진수·운반·양생 설비 등 제반시설을 갖춘다.
   ③ 본체 제작은 설계도서 및 시방 규정에 의하여 제작한다.
   ④ 본체 제작 시 제반 규정을 준수한다.

3) 본체 운반 및 취급
   ① 운반 및 취급에 따른 변형과 파손이 없도록 주의한다.
   ② 운반방법은 직접 운반 또는 예인 등으로 하여 현장 여건에 적정한 방법을 선정하여 진행한다.
   ③ 예인 시 기상조건, 파고, 파랑 등을 사전 조사하여 본체를 소정의 위치까지 예인한다.

4) 본체의 진수
   ① 본체 진수 시 해상의 파고와 조위 등을 고려하여 진수시기를 결정한다.
   ② 해상의 파고가 높거나 악천후일 경우 진수를 중단한다.
   ③ 현장여건과 여러 가지 사항을 고려하여 적절한 진수공법을 선정하여 진수한다.

5) 가거치
   ① 계류부표를 이용하는 방법과 가거치 Mound에 침설하는 방법이 있다.
   ② 항로장애가 없는 곳에 가거치 하고 위치표시는 부이를 이용한다.
   ③ 침설방법인 경우 침설 Caisson 천단이 만조시에도 수면 위에 노출되도록 한다.

6) 부 상
   ① 가거치된 Caisson을 부상시킬 경우 Caisson 내의 물을 서서히 배수한다.
   ② 계류 장치를 정하여 Caisson의 이동을 최대한 억제시킨다.

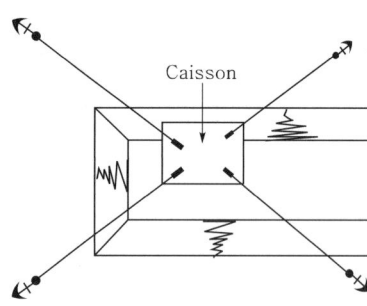

7) 본체 거치
   ① 본체 거치 시 소정의 위치에 정확히 거치하고 전도되지 않도록 유의한다.
   ② 해상의 파고가 높거나 악천후일 경우 거치 작업을 중단한다.
   ③ 본체 거치 후 기초지반에 완전히 고정시키고, 파도나 조류에 의하여 이동이 없도록 한다.

④ Caisson을 최초로 거치할 경우 Caisson의 사방에 닻(Anchor)을 배치하고 Winch로 조절하면서 위치와 방향을 결정한다.
⑤ Caisson을 기 거치된 곳인 경우 기 거치한 Caisson에 기중기선 등의 작업선을 접안시켜 선내 Winch로 조절하면서 연결 거치시킨다.

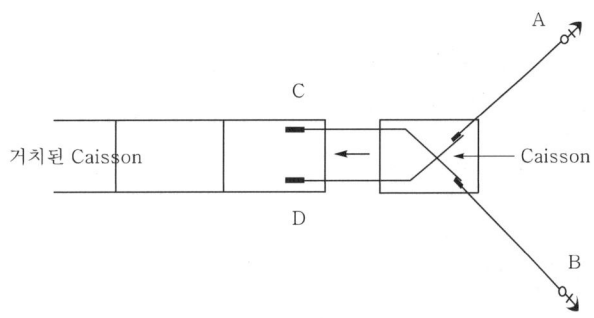

⑥ 침설은 주수에 의해 실시하며 정확한 위치에 침설되었는지를 확인하면서 계속 주수하여 Caisson을 안정시킨다.
⑦ 거치 정도는 법선방향의 ±10cm, 인접 Caisson과의 간격은 10cm 이하로 한다.

7) 속 채움
① 속 채움은 본체 거치 후 바로 실시한다.
② 속 채움 재료는 Caisson의 자중을 증가시킬 수 있는 모래, 자갈, 잡석, 할석, Concrete 등을 사용한다.
③ 속 채움의 어느 것이나 설계상 단위 중량이 결정되며 시험을 행한 후 사용을 결정한다.
④ 속 채움은 격벽 양측의 충진량 차가 1.6m 이내가 되도록 한다.

8) 덮개 Concrete(상치 Concrete)
① 속 채움을 소정의 높이까지 투입한 후 즉시 덮개 Concrete를 시공한다.
② 덮개 Concrete 시공은 현장타설 Concrete 방법과 Precast Concrete 방법 등이 있다.
③ 속 채움 재료의 압밀침하에 의한 공극이 발생할 우려가 있으므로 측벽과 간격을 두어 덮개 Concrete를 시공한다.
④ Precast Concrete로 시공할 경우 덮개 Concrete 밑에 할석을 30~50cm 정도의 두께로 깔아 속 채움 상부 유실을 방지하며 시공한다.

9. Mound 기초공

(1) Mound 기초 시공목적
사석 기초의 천단에 Caisson 또는 Block 등 본체 구조물 기초부의 세굴을 방지하기 위해 Block으로 시공한다.

(2) Mound Block의 거치
1) 본체 구조물의 거치 후 될수록 빠른 시기에 거치하는 것이 좋다.
2) 외해 방파제에서는 태풍기(颱風期) 전에 본체의 Mound 기초공을 완료하는 것이 원칙이다.

(3) Mound Block의 크기
1) Mound Block은 될수록 큰 것이 좋다.
2) 파고가 4m 미만인 경우 : 10~20 Ton/EA
3) 파고가 5m 이상인 경우(파가 심한 곳) : 30 Ton/EA 이상

10. 상부공

(1) 하 층
1) 상부 Concrete 시공 시기는 덮개 Concrete 타설 또는 거치 후 될수록 빠른 시기에 하는 것이 좋다.
2) 시공 시 두께는 1m 이상으로 한다.
3) 선 시공하는 상부 Concrete 속에 후 시공될 상부 Concrete의 시공을 위해 철물 등을 매입한다.

(2) 상 층
1) 상층 Concrete 시공은 기초의 침하가 어느 정도 진행된 후에 시공한다.
2) Parapet가 있는 경우 골을 설치하거나 이음 눈에 철근 또는 형강을 매입하여 Parapet와 상부 Concrete가 일체가 되도록 시공한다.

11. 시공상 문제점 및 대책

(1) 문제점
1) 기초지반의 압밀침하
2) 사석부 상부 구조물의 활동
3) 상부 구조물의 편심하중 및 저판의 응력집중

(2) 대 책

1) 설계 및 시공 시 검토대책
① 지반조사 결과 참조
② 안정성 검토
③ 활동에 대한 검토
④ 침하에 대한 검토
⑤ 세굴에 대한 검토

2) 연약 기초지반대책
① 적정한 공법을 선정하여 지반을 개량
② 대표적인 공법
 - 치환공법
 - 재하압밀공법
 - 심층혼합처리공법

3) 침하대비
침하를 대비한 사석 층의 두께를 최소 1m 이상 여성(餘盛)하여 증가시킨다.

4) 상부 구조물의 활동방지 대책
① 배면의 사석을 높인다.
② 사석부의 하부에 최소한의 단면을 치환 처리한다.

5) 상부 구조물의 편심과 저판의 응력집중 방지
① 사석부의 상단을 수평이 되도록 고른다.
② 사석 상단부가 기복이 없도록 한다.

12. 결 론

방파제 시공은 주로 수중에서 수행되는 작업인 관계로 작업성이 육상에 비하여 상당히 저하되므로, 충분한 사전조사의 실시로 적정한 시공방법의 선정이 중요하고 또한 세심한 시공계획과 함께 시공관리가 있어야 한다.

또한, 위험부담이 상대적으로 큰 공사이고, 사석 시공에 따른 해양이 오염되는 등 문제점이 있으므로 이에 대한 대책을 수립하면서 시공관리를 하여야 한다.

문제 7 해안 제방공 및 해안 호안공

1. 개 요

해안 제방은 고조, 진파, 파랑 등의 침입을 방지하는 동시에 지반 피복의 역할을 하기 위해 지반을 성토 또는 콘크리트 등으로 높여서 축조된 것을 말하고, 해안 호안은 파랑으로 인한 세굴 및 월파 등에 의해 매립 토사의 유출 및 유실, 침식 등의 방지를 위해 비탈지반 면을 피복시설한 공작물을 말한다.

해안 제방과 해안 호안은 파에 대한 안전성 및 내구성이 높아야 하고 또한 유지가 용이하며, 시공에 대해서는 공사비가 저렴하고 경제적인 것이 요구된다.

2. 해안 제방과 해안 호안의 정의

(1) 해안 제방(海岸堤防 ; Coastal Levee)

배후지반이 설계고조위보다도 낮은 경우 현 지반을 성토 또는 Concrete 등으로 높여서 고조, 진파, 파랑 등의 침입을 방지하는 동시에 지반 피복의 역할을 하는 것으로 공작물로 뒤쪽 법면(이법면, 裏法面)이 있는 경우를 말한다.

(2) 해안 호안(護岸 ; Revetments)

배후지반이 설계고조위보다도 높은 경우 현 지반을 피복하여 토사 등이 쌓여서 침식되는 것을 방지하기 위해 설치하는 공작물로 뒤쪽 법면(이법면, 裏法面)이 없는 경우를 말한다.

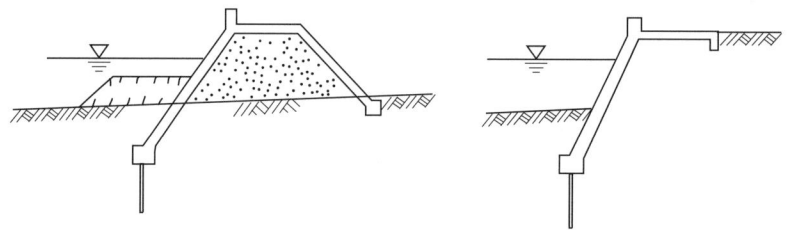

3. 해안 제방 각부의 명칭과 기능

(1) 해안 제방 각부의 명칭

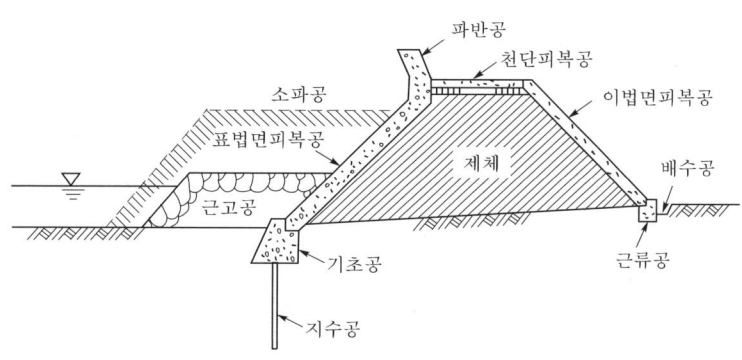

[해안제방 각부의 명칭]

(2) 해안 제방의 기능

제방의 기능	제방 각부의 명칭
(1) 고조 및 파랑방지	제체, 표법면 피복공(表法面被覆工), 파반공(波返工), 기초공
(2) 파랑, 물보라의 월류 방지 또는 월파에 의한 파괴력에 대한 저항	제체, 표법면 피복공, 파반공, 천단 및 이법면 피복공(裏法面被覆工), 근류공(根留工), 배수공, 소파공
(3) 파랑에 의한 세굴방지	근고공(根固工), 표법 면피복공, 기초공, 지수공
(4) 제각(堤脚)에 의한 파력(波力)의 감쇄(減殺)	근고공, 소파공
(5) 침투방지	지수공, 표법면 피복공, 기초공, 천단 피복공, 이법면 피복공, 근류공
(6) 천단 재하지지	제체, 천단 피복공
(7) 배 수	배수공, 천단 및 이법면 피복공

4. 해안 제방형식의 분류 및 특징

(1) 분 류

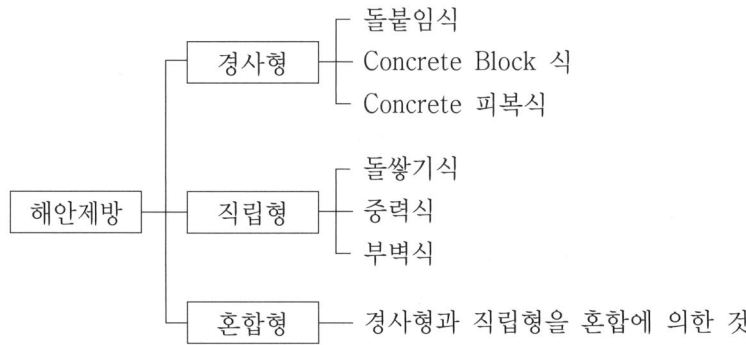

(2) 경사형

1) 개 요

주로 토사 재료의 성토로 축조된 제체로서 표법면의 구배가 1할보다 완만하다.

2) 특 징

① 기초지반이 연약한 경우 적용된다.
② 성토용 토사 재료의 구득이 용이한 경우 유리하다.
③ 제방부지 폭이 넓고 제방용지가 쉽게 얻어지는 경우 적용한다.

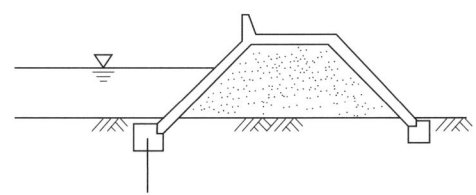

(2) 직립형

1) 개 요

Concrete Block 또는 암괴 등을 쌓기, 현장타설 Concrete 등을 수직에 가깝게 축조한 제체로서 표법면의 구배가 1할보다 급하다.

2) 특 징

① 기초지반이 비교적 견고한 경우 적용된다.
② 성토용 토사 재료의 구득이 곤란한 경우 이용한다.
③ 제방부지 폭이 좁고 제방용지가 쉽게 얻어지지 않은 경우 적용한다.

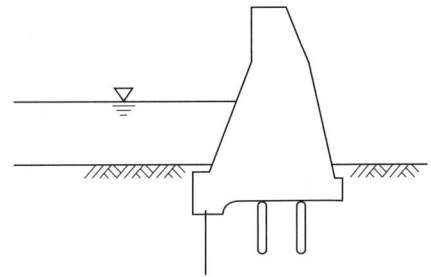

(3) 혼합형

1) 개 요

　　해안제방의 경사형과 직립형의 특성을 조합한 것으로 하부는 경사형으로 하고 상부를 직립형으로 축조한 제체를 말한다.

2) 특 징

　① 경사형 제방과 직립형 제방의 장점을 적용한 제체이다.
　② 수심이 큰 장소에 적용한다.
　③ 수리 조건상 파압이 큰 경우에 유리하다.

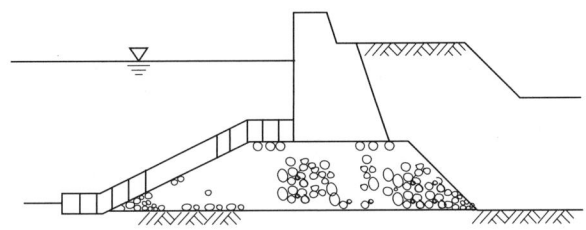

5. 해안제방의 기본적인 요소

(1) 법선(法線 ; Levee Normal Line)

1) 법선의 결정

　① 법선은 원칙으로 해안선을 따라서 설치한다.
　② 고조, 파 등의 침입을 유효하게 방지할 수 있도록 결정한다.
　③ 해안지역 이용계획과도 충분히 조화가 이루어지도록 한다.

2) 파의 집중이 분명한 곳을 배제

　① 법선의 선형이 나쁘면 파의 집중으로 월파량의 증대나 제방의 파괴원인이 될 수 있다.
　② 따라서 파의 집중이 분명한 곳은 법선을 피하거나 법선구간의 구조를 강화하는 등의 대책이 필요하다.

3) 법선의 위치는 가능한 후퇴하여 설치

① 안정상태의 기존 해안에 제방 설치 시 제방에 작용하는 파로 인해 그 해안의 평형 상태가 파괴된다.
② 이로 인해 전면 해안의 매몰 등의 현상 및 인근 해안에도 악영향을 줄 수 있으므로 법선의 위치는 가능한 후퇴하여 설치한다.

4) 법선과 조위와의 관계검토

조위에 따라 공사가 수중 또는 육상 여부가 판단에 따른 시공의 난이, 배후지의 배수 등을 검토하기 위한 중요한 요인이므로 법선과 조위의 관계를 충분히 검토한다.

5) 파랑영향에 주의

하구부의 하천제방, 간탁제방, 항만의 안벽, 도로의 호안 등의 인접구조물과의 접속부는 특히 파랑의 영향을 받는 약점이 되므로 주의를 요한다.

6) 경제성 및 안정성 고려

지형 및 지질에 있어 구조물의 건설비가 저렴하고 또한 안정상 유의하도록 법선을 결정한다.

(2) 제방의 단면형상(구배)

1) 단면형상 결정 시 고려사항

① 제체의 안정과 세굴
② 토질
③ 피복공의 종류
④ 파랑의 높이
⑤ 월파량
⑥ 해안이용에 따른 요청

2) 제방 단면형상 및 구조 결정

법 면	제방 형상	법면 피복공의 구조	법면 구배
표법면 (表法面)	경사식	돌 붙임식, Concrete Block 식 Concrete 피복식, Block제 등	1:1보다 완만함
	직립식	돌 쌓기식	1:0.3~1:1
		중력식, 부벽식	1:1보다 급함
이법면 (裏法面)	경사식 직립식	돌 쌓기식	1:0.3~1:1
		돌 붙임식, Concrete Block 식	1:1~1:2.5
		Concrete 피복식	1:1~1:2
		Asphalt 피복식	1:2~1:3

3) 이법면의 소단설치기준
① 제방높이가 5m 이상인 경우 천단에서 직고로 2~3m 높이로 소단설치
② 소단 폭은 1.5m 이상

(3) 제방의 천단고(天端高)

(파반공이 있는 경우는 파반공의 고)

천단고＝설계 고조위＋내습파에 대한 필요고＋(지반침하 예상량)＋여유고

(4) 천단 폭

1) 경사형 제방

   파반공 등을 제외한 천단 폭은 3m 정도를 원칙으로 한다.

2) 직립형 제방

   ① 중력식 제방 : 1m 이상
   ② 그 밖의 제방에서 후면에 토사를 사용하는 경우 : 3m 정도

6. 해안제방의 시공

(1) 제체(堤體)

1) 기 능

   ① 해안제방의 주체로서 파력, 수압 등의 외력을 기초지반으로 전달한다.
   ② 투수를 방지한다.

2) 설계 및 시공조건

   ① 외력에 대해 안정할 것
   ② 침하 및 활동, 전도를 일으키지 않을 것

3) 사용 재료

   ① 경사형 제방 : 토사
   ② 직립형 중력식 제방 : Concrete

4) 제체의 성토시공 시 유의사항

   ① 제방에 사용하는 성토는 충분한 층 다짐(30cm 마다)을 실시한다.
   ② 수축 및 압밀에 의한 침하를 대비하여 여성(餘盛)을 한다.
   ③ 성토 후 즉시 이법면피복공, 천단공을 시공하는 경우 성토의 침하에 유의한다.
   ④ 성토 후 이법면피복공과 천단공에 대한 본 피복공의 시공 전까지는 Concrete Block 등으로 가 피복을 하여 월파 등에 대비한다.(제체의 안정 전)

(2) 표법면 피복공(表法面被覆工), 외측법면 피복공(外側法面被覆工)

1) 기 능
① 제방의 주체가 되는 제체를 보호한다.
② 고조, 파 등의 침투를 방지한다.

2) 설계 및 시공조건
① 제체와 함께 토압, 파력, 양압력, 지진력 등의 외력에 저항성이 클 것
② 파랑에 의한 침식 및 마모에 견딜 수 있을 것
③ 제체토사의 유출을 방지할 수 있을 것
④ 견고하고 안전한 구조일 것

3) 표법면 피복공 형식의 선정 시 고려사항
① 파랑의 소상(遡上)
② 역 류
③ 해저의 지질
④ 해안이용
⑤ 경제성 및 시공성, 안정성

4) 돌 붙임식 및 Concrete Block 식
① 돌 붙임식 : 석괴의 뒷길이 35cm 이상, 속 채움 두께 30cm 이상
② Concrete Block식 : Block 두께 50cm 이상, 속 채움 두께 30cm 이상
③ 법면구배는 1:2 정도로 하고 피복 재료의 선단을 동일구배로 하여 지반 밑까지 묻힌다.
④ 잡석, 율석, 쇄석 등의 뒤채움 재료를 깐 후 그 위에 피복 재료를 설치한다.

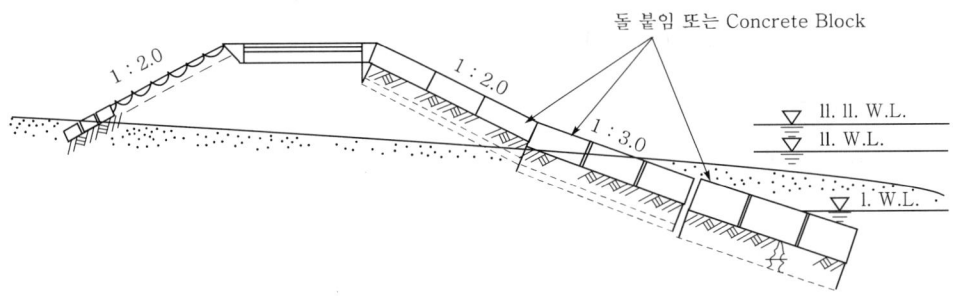

[Concrete Block 붙임 표법면 피복공의 예]

5) Concrete 피복식 표법면 피복공
   ① Concrete 피복 두께 : 50cm 이상
   ② 속 채움
      - 잡석 또는 율석을 사용하는 경우
         잡석 또는 율석을 제체에 붙이고 틈은 Lean Concrete로 타설한 후 그 위에 설계두께의 Concrete 피복공을 시공한다.

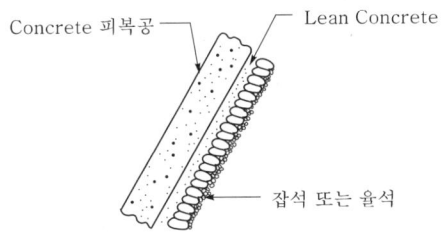

   - 제체가 모래 또는 잔자갈과 같은 경우
      법면 표면에 두께 5~10cm의 Lean Concrete(버림 콘크리트)를 타설한 후 그 위에 설계두께의 Concrete 피복공을 시공한다.

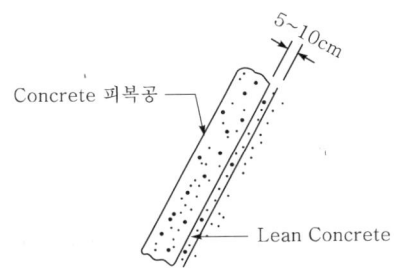

   - 기 타
      법면 표면에 두께 10~20cm의 Soil Cement, Asphalt 등을 사용한 후 그 위에 설계두께의 Concrete 피복공을 시공한다.

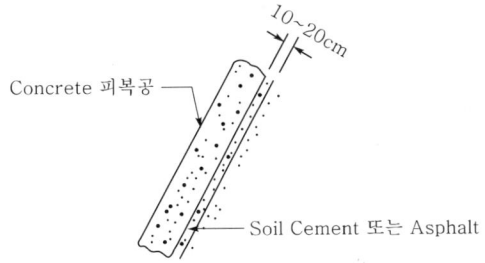

   ③ 신축줄눈 : 6~10m 마다 설치하고 Slip Bar 및 지수판을 삽입한다.
   ④ 시공 이음 : 법면의 직각이 되도록 하고 이음부 철근을 삽입하며 반드시 도면에 시공이음부를 명시한다.

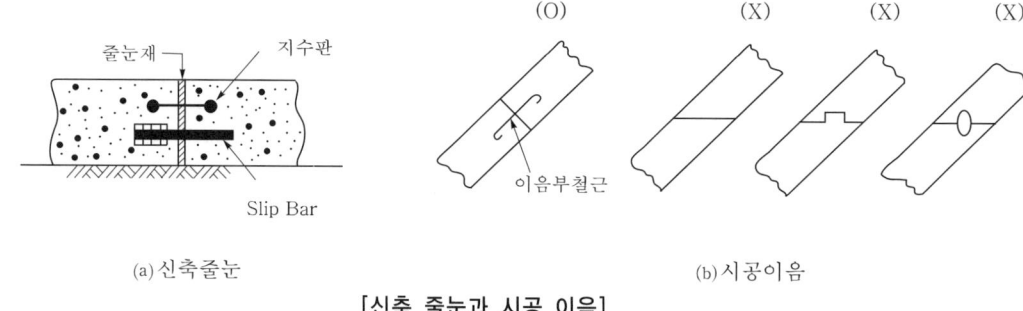

[신축 줄눈과 시공 이음]

⑤ 계단식 법면피복공 : 피복 두께 50cm 이상의 철근 Concrete로 피복하며, Concrete 타설은 거푸집에 의해 실시하고 시공이음부를 두지 않는다.

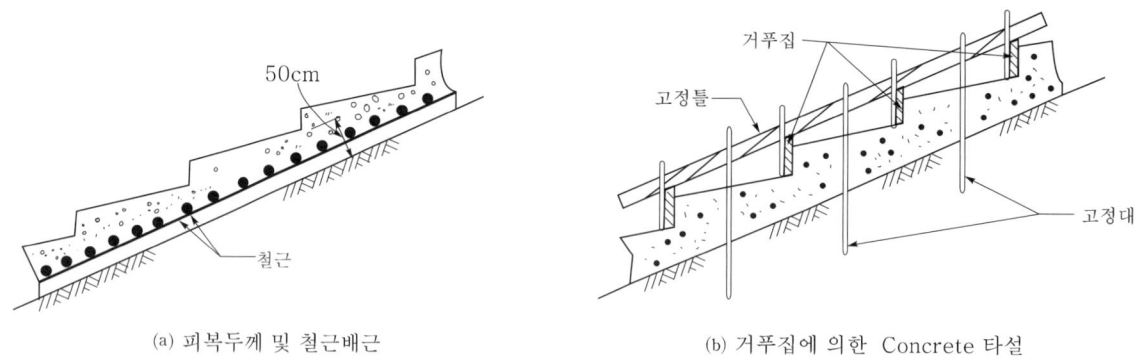

[계단식 법면 피복공]

(3) 파제공(波除工), 파반공(波返工 ; Recurved Parapet)

1) 기 능
① 제방 또는 호안의 정부(頂部)에 외해 측으로 凹곡면형상의 구조물로 설치한 Parapet 이다.
② 외해측로부터 충돌한 파를 다시 외해로 되돌려 보내는 기능을 한다.
③ 파랑, 물보라의 월류 또는 월파 등에 의한 외력에 대한 저항한다.

2) 설계 및 시공조건
① 파 등에 의한 외력에 대해 안정할 것
② 구조물로서 강성이 클 것

3) 파제공 시공 시 유의사항
① 법면 피복공과 완전하게 연결한 일체의 구조로 한다.
② 반경 : 1.5~2.0m 정도(단, 파고가 클 경우 반경을 크게 한다.)
③ 최소 두께 : 50cm 정도

④ 높이(제체의 천단과의 차) : 1~1.2m 정도
⑤ 사용 철근

구 분	시 공
사용 철근직경	ø16~19mm
배근간격	25~40cm
피복두께(Concrete 덮개)	10cm 정도

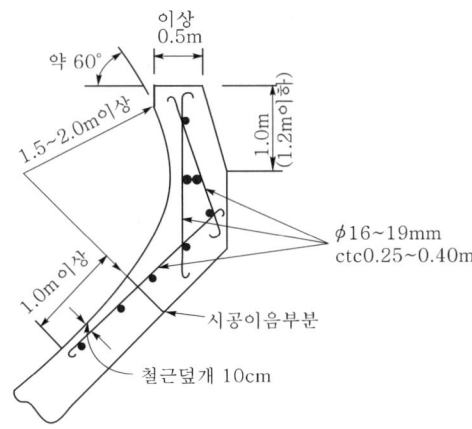

[파제공의 표준단면]

⑤ 신축줄눈
- 법면 피복공과 일체가 되도록 한다.
- 위치는 법면 피복공의 신축줄눈과 일치시킨다.
⑥ 시공이음
- 파제공 곡면의 시점 부근에서 법면에 직각이 되도록 한다.
- 법면 피복공 속에 1m 이상의 이음철근을 삽입한다.

(4) 천단 피복공 및 이법면 피복공(裏法面被覆工)

1) 설계 및 시공 조건
① 해안제방은 월파의 예상 및 허용으로 제체 토사의 유실로 제체가 파괴되지 않도록 법면, 천단, 이법면의 표면을 견고하게 피복한다.
② 천단의 경우 내측으로 3% 정도의 구배를 두어 배수가 용이하도록 한다.

2) Concrete 피복공
① 피복공의 두께
- 월파의 충격 및 관리용 차로, 경차량의 교통량 고려 : 20cm 정도
- 천단을 도로로 하여 일반 교통용으로 이용할 경우 : 도로 포장시공기준

② 신축 줄눈
- 천단 : 3~5m 간격
- 이법면 : 6~10m 간격

3) Asphalt 피복공
① 제체의 변형에 순응하고 공사비가 적으며 유지관리 및 보수가 용이하다.
② 피복공의 두께 : 6cm 이상
③ Asphalt 피복시공 시 충분한 다짐을 실시한다.

4) Concrete Block 붙임 피복공
① 제체의 변형에 대한 순응성은 우수하나 월파나 월류한 해수에 의해 산란(散亂)하기 쉽다.
② 월파 등의 충격에 약하므로 특별한 경우 외에는 거의 이용하지 않는다.
③ 시공 시 변장(邊長) 30cm 이상, 두께 10cm 이상으로 하여 가능한 한 큰 Block을 사용한다.

(5) 기초공

1) 설계 및 시공조건
① 상부구조(제체)의 활동 및 침하에 대한 저항성이 커야 한다.
② 파력에 의한 일시적인 전면세굴에 견디도록 상당한 깊이의 기초를 한다.
③ 전면의 세굴 방지를 위해 근고공 등으로 보호한다.
④ 토사의 유출방지를 위해 지수공, 피복공과의 이음부 또는 기초공의 줄눈 등에 대한 시공을 철저히 한다.
⑤ 기초지반의 상태, 상부 구조물의 종류, 기타 현장 여건을 고려한 적절한 기초공법을 선정 시공한다.
⑥ 기초지반의 투수성이 큰 곳은 Concrete 또는 널말뚝에 의한 지수공을 시행하여 제체 또는 법면 피복공 밑으로의 누수를 방지한다.

2) 경사형 제방의 기초공
① 기초공의 크기
- 높이 1m 이상, 폭 1m 이상
- 원칙으로 현장타설 Concrete로 시공하는 것을 원칙으로 한다.
② 기초 잡석은 사용하지 않고 두께 5~10cm의 Lean Concrete를 타설한다.
③ 법면 피복공의 이음부는 ø16~19mm의 이음철근과 지수판을 설치한다.
④ 기초공에 널말뚝을 이용할 경우 기초 폭의 1/3 위치에 20cm 정도 널말뚝이 기초 Concrete에 묻히게 하여 일체가 되도록 한다.

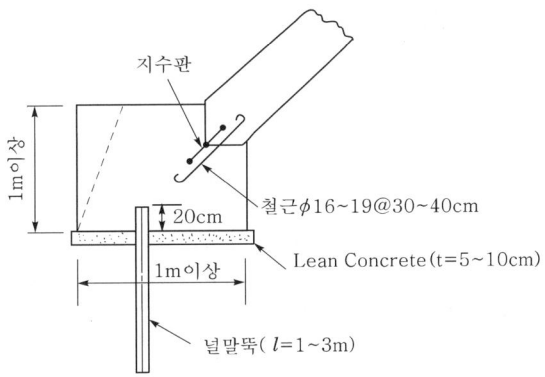

(6) 근고공(根固工)

1) 기 능
① 근고공은 법면 피복공의 하부 또는 기초공의 전면에 설치한다.
② 파랑에 의한 전면의 세굴을 방지하여 피복공 또는 기초공을 보호한다.
③ 제체의 활동을 방지한다.

2) 설계 및 시공 조건
① 법면 피복공의 법면 끝 또는 기초공의 전면에 접속하여 설치한다.
② 근고공 단독으로 침하 또는 접속 부분이 구부러질 수 있도록 피복공이나 기초공을 절연하여 시공한다.
③ 근고공에 사용되는 사석(捨石), 사블럭(捨Block)은 파랑에 의해 잘 이동하지 않는 중량과 형상을 가진 것으로 한다.

3) 사석(捨石)또는 사(捨)Block 근고공
① 같은 중량의 사석인 경우
- 사석 층 두께 : 1m 이상
- 천단 폭 : 2~5m 정도
- 전면사석의 법면구배 : 1:1.5~1:3 정도

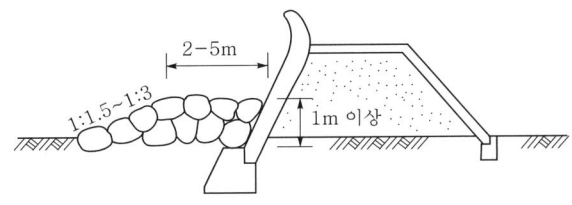

② 다른 중량의 사석인 경우
- 표층 소단에 큰 사석을 3개 이상 설치한다.
- 속 채움 사석은 내부에는 작은 것으로 표층 쪽에는 큰 것으로 채운다.

- 표층에 가까운 것은 적당한 공극률을 갖도록 한다.
- 속 채움 사석은 크고 작은 것을 섞어서 해저에 고르게 깔아 토사의 유출을 방지한다.

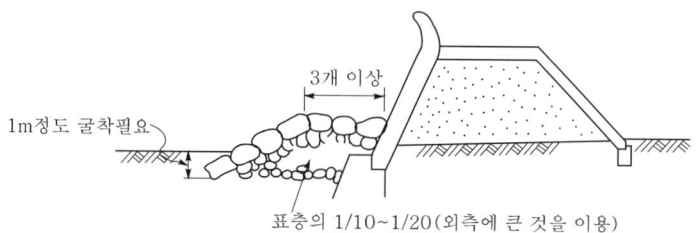

③ Concrete Block의 경우
- Block의 크기 : 직방체 Block으로 표면의 일변의 길이 1~2m
- Block의 두께 : 0.6~1.0m 정도
- 철근으로 Block 간을 서로 연결한다.

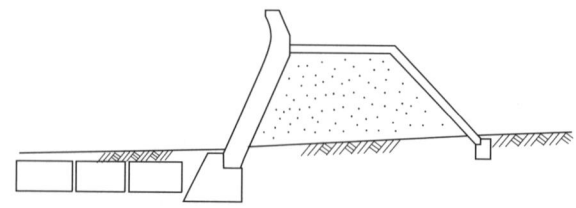

④ 이형 Block의 경우
반드시 2층 또는 그 이상으로 하여 완전히 맞물리도록 설치한다.

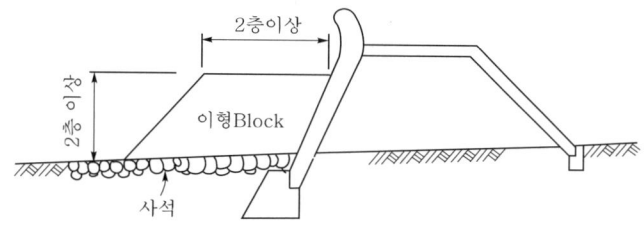

(7) 소파공(消波工)

1) 기 능
   ① 월파나 반사파의 감소
   ② 파에 의한 파력의 저감

2) 소파공의 조건
   ① 표면 정도가 클 것
   ② 파의 규모에 부합되는 적당한 공극을 가질 것
   ③ 어느 정도의 용량을 가질 것

3) 소파공 시공 시 유의사항

① 소파공의 천단 폭 : 소파 Block의 2~3열 이상
② 소파공의 구배 : 1:1.3~1:1.5 정도
③ 소파공의 높이 : 설계 조위 이상이 되도록 시공

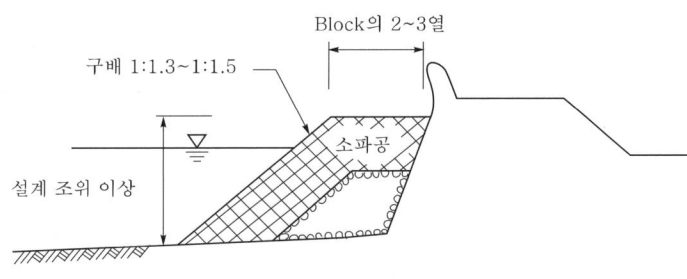

[소파공의 단면]

(8) 근류공(根留工)

1) 기 능

① 제방 이법면(안쪽법면)의 이동 및 침하 등의 방지
② 법면 끝부분을 보호하는 이법면의 기초

2) 근류공 시공 시 유의사항

① 근류공는 현장타설 Concrete로 시공하고 충분한 크기로 근입한다.

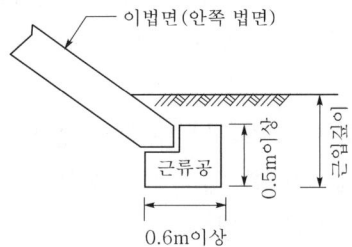

② 제내지에 조수 및 배수로가 있는 경우에는 근류공의 상단부가 물에 잠기지 않도록 평상수위에서 최소한 30cm 정도 높게 시공한다.
③ 근류공과 배수공은 분리한다.
④ 근류공을 배수공과 혼용하지 않도록 한다.

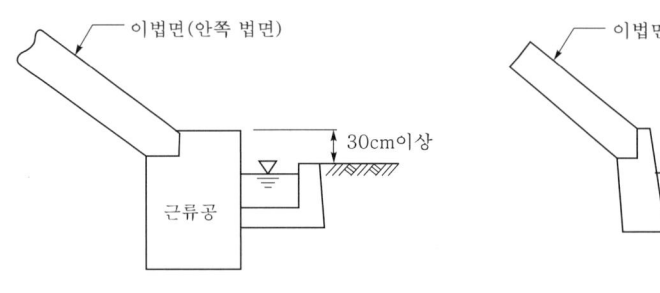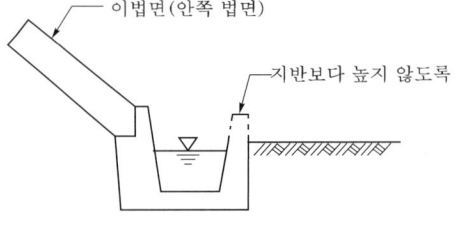

[근류공과 배수공]

(9) 배수공(排水工)

1) 시공목적

제방의 천단 또는 이법면 그 밖의 제내지에서 월파, 물보라 등을 배출하기 위해 제방에는 원칙으로 배수공을 설치한다.

2) 법면 끝 부분에 배수공을 설치할 경우

① 근류공과 배수공을 분리한다.
② 근류공의 상단부는 수면에서 30cm 정도 높게 한다.
③ 근류공을 배수공과 혼용하지 않도록 하므로 근류공의 기능에 지장이 없도록 한다.

3) 기타 시공 시 유의사항

① 배수공의 상단을 지반고보다 높지 않도록 한다.
② 배수공을 제방 천단의 어깨 부분이나 이법면의 중간에 설치하는 것은 구조상 좋지 않다.
  - 이유 : 이러한 위치는 월파한 수괴(水塊)의 낙하점에 대해 구조상 약점이 되는 동시에 월파한 해수를 배제할 수 없으므로 해수는 법면 끝 부분에 담수하는 결과가 된다.

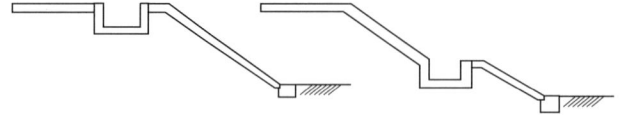

[배수공이 설치 위로서 좋지 않은 경우]

문제 8 계류(접안)시설(계선안, 하안 접안구조물, 안벽)의 종류 및 특징

1. 개 요

계류시설(繫留施設)이란, 안벽, 물양장, 계선부표, 잔교, 부잔교, 돌핀 등에 선박이 접하는 면으로 선박이 이·접안하여 화물의 하역과 승객의 승·하선을 안전하게 할 수 있도록 설치한 구조물을 말하며 이를 접안시설이라고도 한다.

계류시설 가운데 안벽, 물양장, 잔교와 같은 안선(岸線)을 형성하는 계류시설을 계선안(繫船岸)이라고 하며, 일반적으로 항만에서 계류시설이라 함은 대부분의 경우 계선안을 뜻하기도 한다.

2. 계류시설의 형식(공법) 선정 시 고려사항

(1) 자연조건
1) 지반조건(흙의 역학적 성질)
2) 파랑, 조위, 조류

(2) 이용조건
1) 접안선박의 종류
2) 취급화물의 종류와 양
3) 하역방법

(3) 시공조건
1) 기상 : 풍우와 기온
2) 해상 : 파랑, 조석, 조류

(4) 경제성(공기 및 공사비)
상기의 조건을 충분히 검토한 후 경제성을 고려한 공기 및 공사비를 비교 검토하여 구조형식을 결정

3. 계류시설의 분류

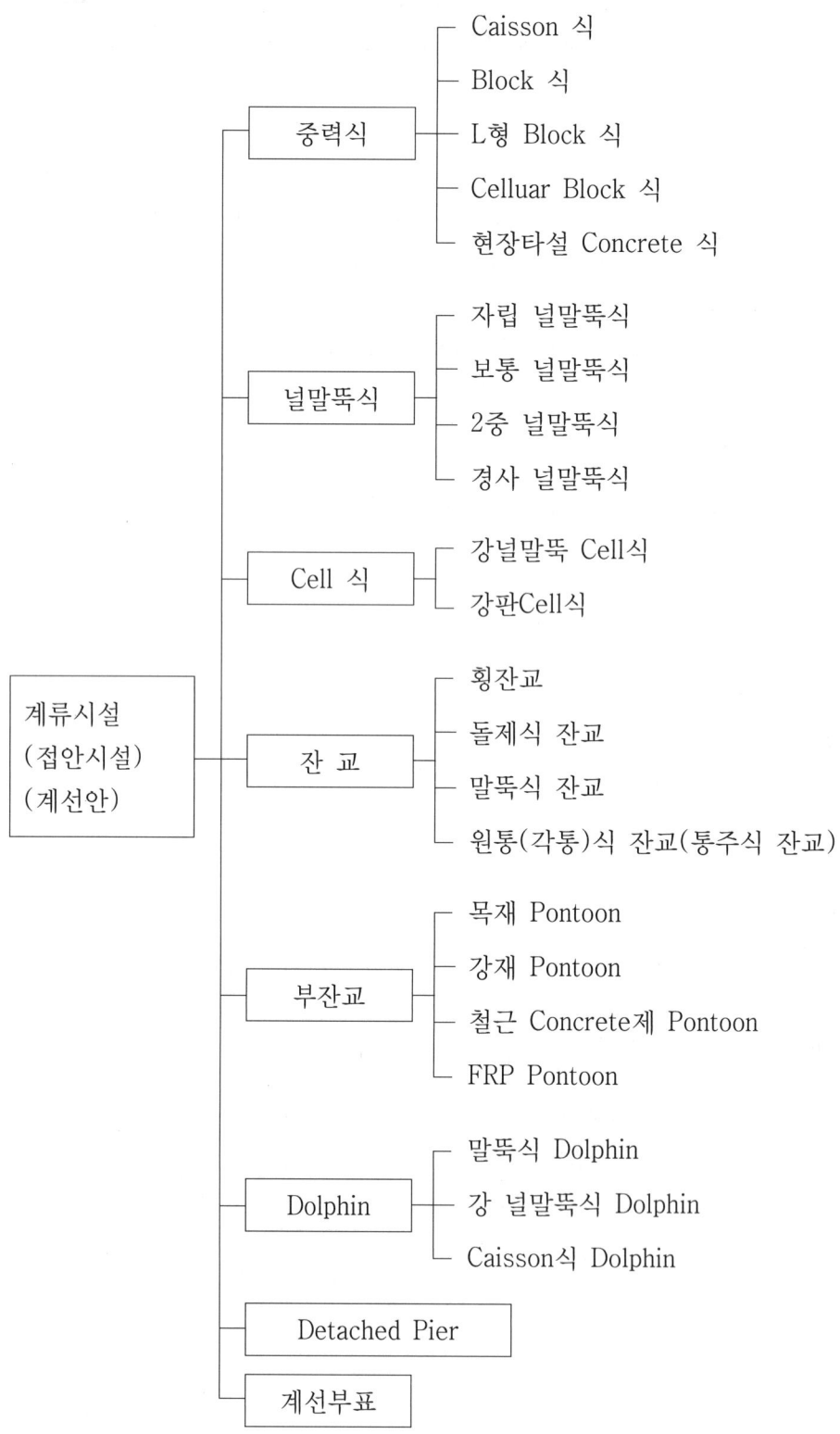

4. 중력식 계류시설(계선안, 안벽)

(1) 정 의
토압, 수압 등 외력에 대하여 구체의 자중과 저면의 마찰력에 의해서 저항하는 구조이다.

(2) 중력식 계류시설의 일반적인 특징

1) 장 점
   ① 구체는 주로 Concrete를 사용하므로 비교적 견고하다.
   ② 내구성이 좋고 수심이 얕은 곳에 유리하다.
   ③ 구체의 육상제작으로 품질관리가 용이하다.
   ④ 시공이 용이하다.
   ⑤ 시공연장이 긴 경우에는 단가를 저렴하게 할 수 있다.

2) 단 점
   ① 수심 깊이가 깊을수록 구체의 중량은 커지고 지지력이 큰 기초지반이 요구된다.
   ② 구체 제작에 따른 대규모의 육상제작시설이 필요하고 초기투자비가 크다.
   ③ Caisson 또는 Block 등의 운반 취급에 따른 기중기선과 예항선 등의 작업선이 필요하다.
   ④ 소량이고 단기적인 공사인 경우에는 비경제적이다.

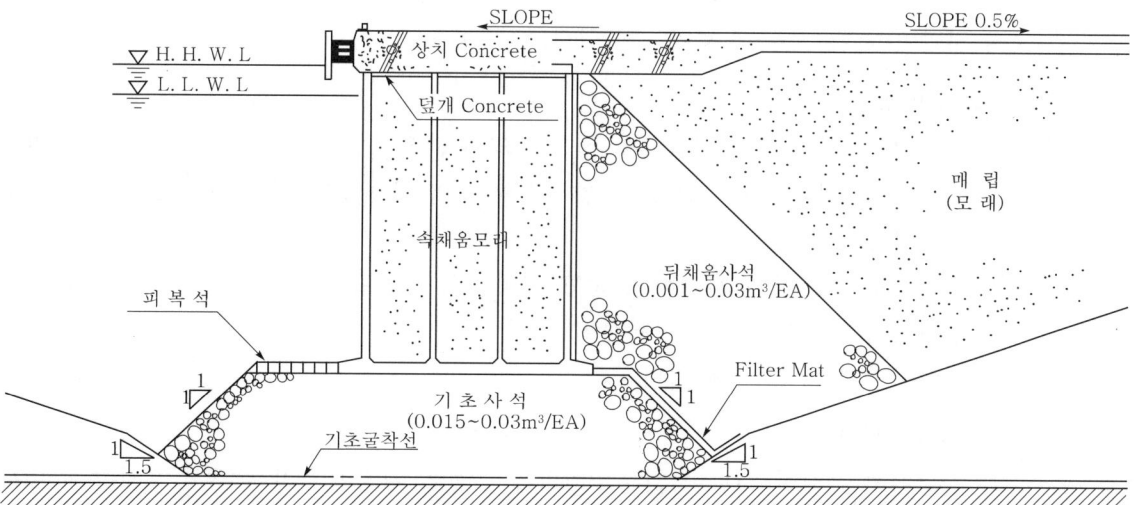

[중력식 안벽 단면의 설계 예]

(3) 중력식 계류시설의 형식별 특징

1) Caisson 식
   ① Caisson을 육상 제작하고 소정의 위치까지 예항하여 거치한 후 흙막이벽으로 축조한 구조물이다.
   ② 벽체 전체가 하나의 강체로서 일체성이 좋고 배면 토압에 견딜 수 있다.
   ③ 구체를 육상에서 제작하므로 시공이 확실하다.
   ④ 속 채움 재료를 저렴하게 공급할 수가 있다.
   ⑤ 케이슨의 제작 및 진수에 따른 시설비가 많이 든다.
   ⑥ 계선안의 시공연장이 짧을 경우는 비경제적이다.
   ⑦ Caisson 진수에 따른 적합한 수심과 정온, 예항 시 적은 파랑이 요구된다.

2) Block 식
   ① 육상에서 제작한 Block을 소정의 위치에서 쌓아 중력식 계선안의 벽체로 축조한 구조물이다.
   ② 배면의 큰 토압에 견딜 수 있으며 강성체이다.
   ③ 제작설비가 소규모이며, 육상에서 제작하므로 품질이 확실하다.
   ④ 작업공정이 단순하며, 수중에서의 작업도 간단하다.
   ⑤ Block 상호 간의 결합이 불완전하여 일체성에 결함이 발생이 우려된다.
   ⑥ 대형 계선안에서는 Concrete양이 많아지므로 공사비가 많이 든다
   ⑦ 설치에 따른 대형 크레인 등의 장비가 필요하다.
   ⑧ 지반이 약한 경우 적용이 곤란하다.

3) L형 Block 식
   ① 육상에서 제작한 L형 Block을 소정의 위치에 운반거치하고, Block 및 Block 저판 상의 채움 재료의 중량과 그 마찰력으로 토압 등의 외력에 저항하도록 축조한 구조물이다.
   ② 일반 Block에 비해 제작비가 적고 시공설비가 간단하다.
   ③ 수심이 얕은 경우 매우 경제적이다.
   ④ 연약지반에서는 부적합하다.

4) Cellular Block 식
   ① 육상에서 제작한 저판이 없는 Block을 소정의 위치에 운반 거치하고, Block 내부를 속 채움재로 채워서 외력에 저항하도록 한 구조물이다.
   ② 시공설비가 Caisson에 비하여 간단하다.
   ③ 지지력이 작은 지반에 시공한 말뚝과 Block 벽체의 연결이 용이하다.
   ④ 저부의 마찰저항은 커진다.
   ⑤ 저판이 없음으로 Caisson에 비하여 양질의 속 채움 재료가 필요하다.
   ⑥ 다른 중력식 계선안보다 부등침하에 대해 약하다.

5) 현장타설 Concrete 식

① 수중 Concrete 또는 Prepacked Concrete 등을 사용하여 현장에서 직접 벽체를 축조한 구조물이다.
② Block 제작에 따른 각종 설비가 필요 없다.
③ 벽체의 일체성이 좋으며 저면의 활동에 대한 마찰저항이 크다.
④ 형상을 자유로이 만들 수 있고 줄눈부의 시공이 확실하다.
⑤ 계선안의 접속부 또는 기초 고르기가 어려운 장소에도 시공할 수 있다.
⑥ 수중 Concrete 타설로서 품질관리가 어렵다.
⑦ Concrete 타설을 위한 운반 작업선이 필요하다.
⑧ 파랑이 있는 곳에서는 Concrete 타설이 어렵다.

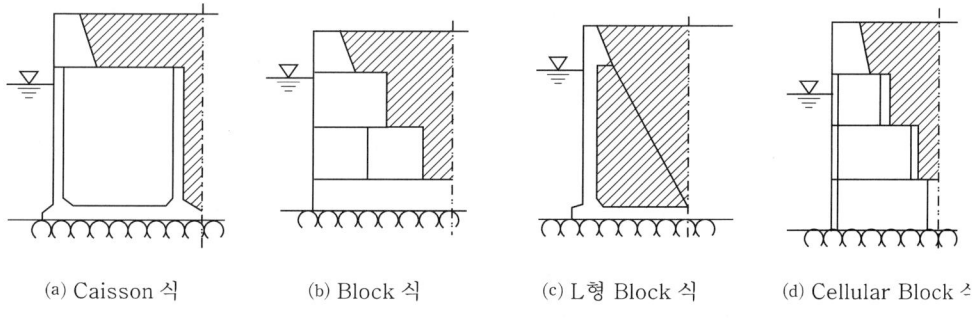

(a) Caisson 식   (b) Block 식   (c) L형 Block 식   (d) Cellular Block 식

[중력식 계류시설]

5. 널말뚝(Sheet Pile) 식 계류시설(계선안, 안벽)

(1) 정 의

널말뚝을 박아서 토압에 저항하는 흙막이 벽체의 구조로서 널말뚝의 재료로는 강철, 철근 Concrete, Prestressed Concrete, 목재 등이 있으나 그중 강널말뚝이 가장 많이 쓰이고 있다.

(2) 널말뚝식의 일반적인 특징

1) 장 점

① 시공설비가 비교적 간단하다.
② 공사비가 저렴하다.
③ 기초공사가 필요 없으며 급속시공이 가능하다.
④ 벽체가 가볍고 탄성이 풍부하며 어느 정도 부등침하를 허용할 수 있다.

2) 단 점
① 널말뚝 시공 후 뒤채움이나 버팀이 없는 상태에서는 파랑에 약하다.
② 수중이나 흙 속에서 부식하므로 내구성은 중력식 구조보다 못하다.
③ 강재를 사용한 경우 부식에 대한 대책을 마련해야 한다.

(3) 널말뚝식 계류시설의 형식별 특징

1) 자립 널말뚝식
① 버팀공(Tie Rod 공) 등의 상부 받침이 없는 간단한 구조형식으로서 외력 하중을 널말뚝의 휨 강성과 근입부의 횡 저항으로 지지한다.
② 벽체가 높지 않은 소규모의 물양장 등에 적당하다.
③ 구조가 간단하고 시공이 단순하다.
④ 보통 널말뚝에 비해 단면이 커서 시공 중 파랑에 대한 저항성이 크다.
⑤ 보통 널말뚝에 비해 공사비가 비싸다.
⑥ 토압의 증대에 따른 널말뚝의 변형 및 마루의 변위가 크다.

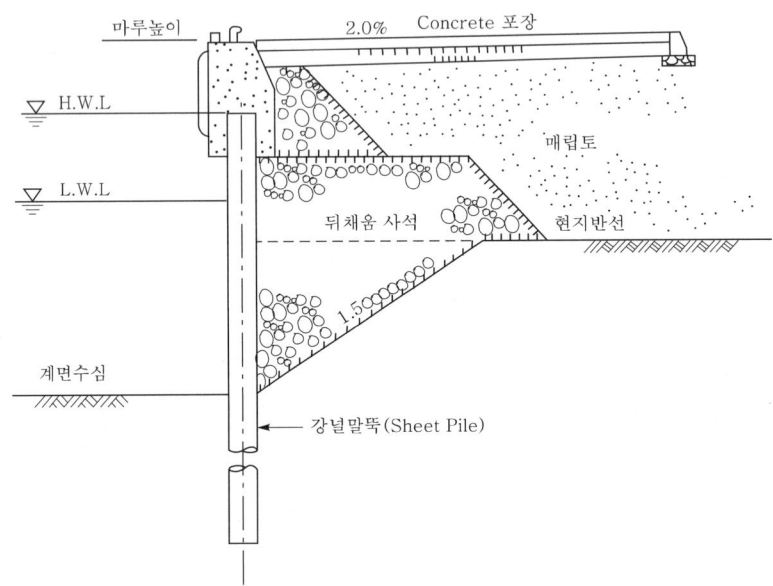

2) 보통 널말뚝식(버팀식 널말뚝)
① 널말뚝에 작용하는 배면의 토압 등을 Tie Rod 또는 Wire Rope 등의 버팀공과 널말뚝 근입부 전면의 수동토압으로 지지하는 구조로서 널말뚝식 계선안의 대표적인 공법이다.
② 원지반이 얇고 안벽축조 후 전면을 준설하는 경우 매우 경제적인 구조이다.
③ 버팀공의 저항력 증대를 위해 널말뚝벽과 버팀공과의 사이에 어느 정도의 거리가 필요하다.

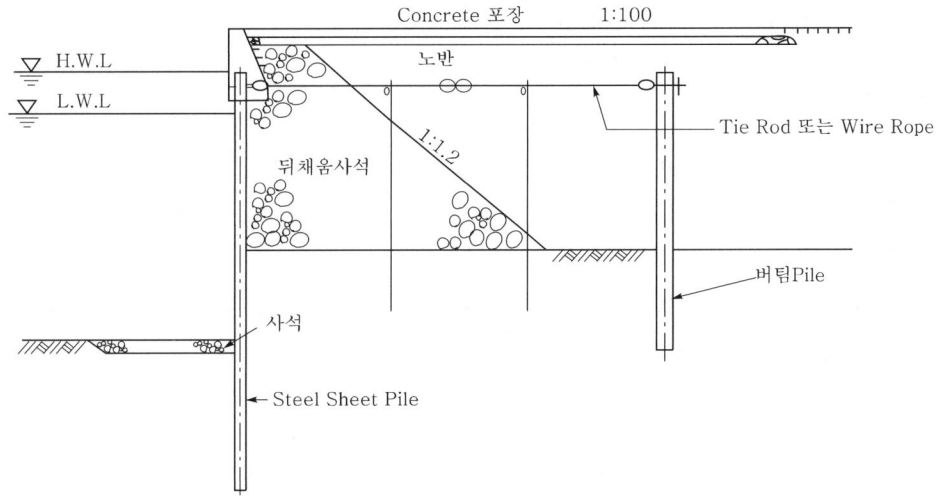

3) 2중 널말뚝식

① 강널말뚝을 2열로 타입 후 그 사이에 사석으로 중간 채움을 하여 벽체를 형성한 Tie Rod 식과 Cell 식의 중간 형태의 구조형식이다.
② 수평력에 대하여 널말뚝 근입부의 수동토압과 널말뚝벽 사이의 속 채움 토사의 전단저항력으로 벽체를 안정시킨다.
③ 양측을 계선안으로 이용할 경우 경제적이다.

4) 경사 널말뚝식(사항 버팀 널말뚝식)

① 널말뚝 배후에 경사로 말뚝을 타입하고 말뚝 머리와 강널말뚝 머리를 결합하여 안정을 유지시키는 구조 형식이다.
② 시공이 단순하고 공기단축 및 공사비가 저렴하다.
③ 사항에 커다란 인발력이 작용하므로 상당한 근입 깊이가 필요하다.

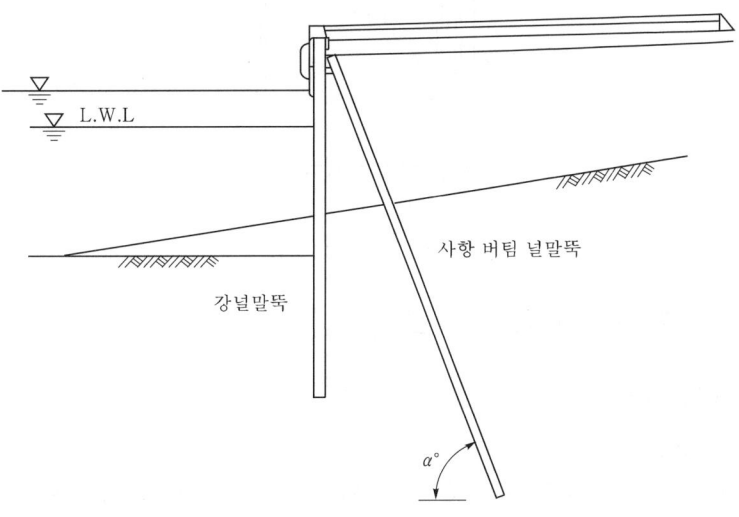

6. Cell 식 계류시설

(1) 정 의

1) 직선형 널말뚝을 원형으로 폐합하도록 타입하고 그 내부를 속 채움한 중력식 구조형식이다.

2) 거치식

　널말뚝을 토층에 근입시키지 않고 거치하는 형태로서 충분한 지지력을 확보할 수 있는 양호한 기초지반 상에 적용 가능한 구조형식이다.

3) 근입식

　널말뚝을 소요 지지력이 확보되는 하부 토층까지 근입시킨 형태로서 지지력이 다소 부족한 기초지반에 적용 가능한 구조형식이다.

(2) Cell 식 계류시설의 일반적인 특징

1) 장 점
　① 시공이 비교적 단순하므로 급속시공에 적합하다.
　② 지반이 좋고, 수심이 9~11m 정도인 안벽의 경우 경제적이다.

2) 단 점
　① 지반지지력이 작은 곳 또는 현 지반이 깊은 곳은 부적합하다(연약지반처리 필요).
　② 많은 양의 속 채움 재료가 필요하다.

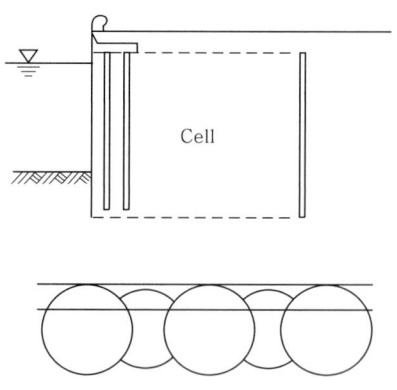

(2) Cell 식 계류시설의 형식별 특징

1) 강 널말뚝 Cell 식

　① 원형 Cell
　　1셀식 차례로 시공을 완료할 수 있으나 널말뚝의 Lock Tension으로 인하여 벽체 폭이 제한된다.

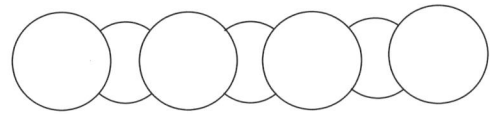

② 복형 Cell

널말뚝의 Lock Tension을 증가시키지 않고도 벽체 폭을 증대시킬 수 있으나 각 Cell을 단 폭으로 속 채움을 하여야 한다.

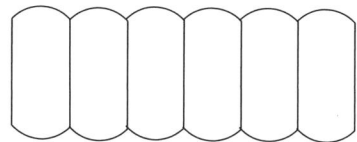

③ Clover형 Cell

각 셀의 속 채움을 단독으로 할 수 있으며 벽체 폭을 임의로 선정할 수 있으나 널말뚝의 사용량이 많아진다.

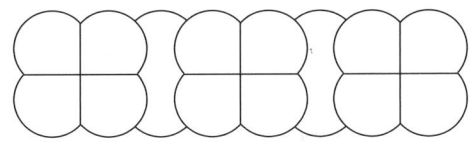

2) 강판 Cell 식

① 기 제작한 강판 Cell을 대형 기중기선으로 달아 올려 소정의 위치까지 운반 및 거치하고 바로 속 채움을 한 후 Arc 부를 직선형 널말뚝으로 구성하여 속 채움을 하고, 뒤채움과 상부공을 시공하는 구조형식이다.
② 급속시공 및 품질관리가 가능하다.
③ 강널말뚝 Cell보다 직경을 작게 할 수 있다.
④ Cell의 속 채움 양이 적고 신속한 속 채움으로 조기에 구조물을 안정시킬 수 있다.
⑤ 시공상 Cell의 근입을 깊게 할 수 없다.
⑥ 기초지반의 지지력 부족시 지반개량이 필요하다.

7. 잔교(棧橋)

(1) 정 의

1) 선박과 육안(陸岸)과의 연락을 위해 수중에 축조한 교량 형태의 구조물을 말한다.
2) 일반적으로 교량과 같은 말뚝 등의 지주 위에 Girder를 설치하고 그 위에 Slab를 시공한 구조물이다.

(2) 잔교의 일반적인 특징

1) 장 점
① 경량구조로서 연약지반에 적합하다.
② 물의 흐름에 대한 영향을 받지 않는다.
③ 토사나 조류가 심한 곳에서도 적합하다.
④ 매립토가 필요 없다.

2) 단 점
① 집중하중에 대해 불리하다.
② 잔교의 폭이 넓어지면 공사비가 많이 든다.
③ 수평력에 대하여 비교적 약하다.

(3) 잔교의 형식별 특징

1) 횡잔교
① 평면배치에 따라 해안선과 나란하게 축조된다.
② 흙막이 호안의 전면에 잔교를 축조하고 토압은 토류벽이 받고 그 일부만 잔교가 받는다.
③ 직립벽 형식으로 원형활동파괴를 일으킬 염려가 있는 곳에 적합하다.
④ 기설호안이 있는 전면에 계류시설을 설치할 경우 유리하다.
⑤ 사면에서 파쇄된 파랑이 잔교의 Slab하면 위 방향으로 충격력을 주어 파괴시키는 경우가 있다.
⑥ 구조가 흙막이부와 잔교부의 조합으로 되어 공정이 복잡해지기 쉽다.
⑦ 큰 집중하중에 대해 불리하다.
⑧ 수평력에 대하여 비교적 약하다.

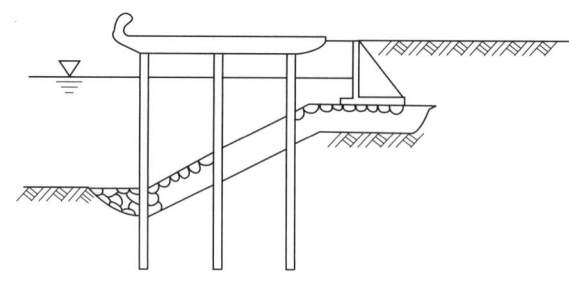

2) 돌제식 잔교
① 해안선에 직각으로 축조되는 구조형식이다.
② 토압을 받지 않는다.

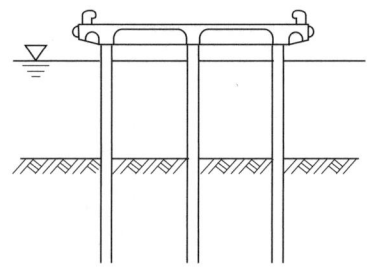

3) 말뚝식 잔교
   ① 철근Concrete 말뚝, 강 말뚝, 또는 나무말뚝을 각주로 한 구조이다.
   ② 구조가 가장 간단하고 시공도 쉽다.
   ③ 철근 Concrete 말뚝식은 비교적 소규모의 구조물에 사용된다.
   ④ 나무말뚝식은 강도가 약하므로 소규모 또는 가설구조물에는 사용된다.
   ⑤ 강 말뚝식은 부식에 대한 충분히 유의가 필요하다.

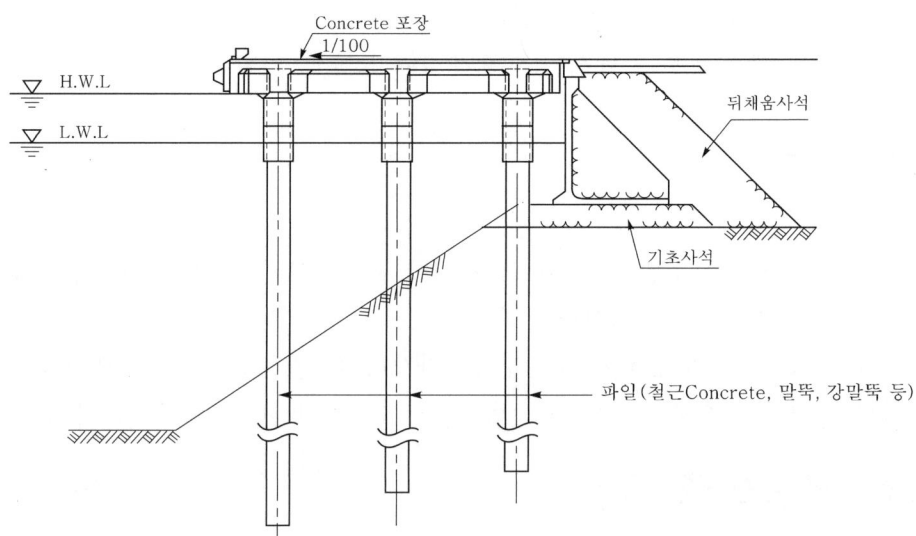

4) 원통(각통)식 잔교(통주식 잔교)
   ① 말뚝식 잔교에 비해 강성이 크다.
   ② 수심이 깊은 곳에서도 축조가 가능하다.
   ③ 수심이 얕은 곳에서는 비경제적이다.

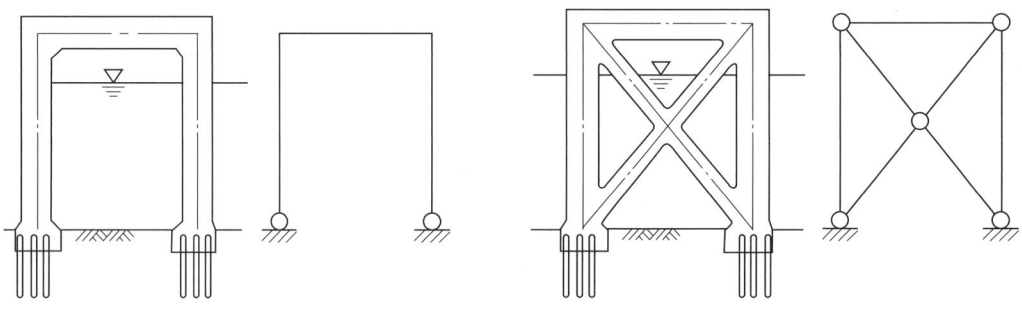

　　　(a) 설계상의 Rahman 구조　　　　　　(b) 설계상의 Truss 구조

[통주식 잔교의 구조형태]

5) 교각식 잔교

① 말뚝식 잔교나 통주식 잔교에 비해 단면이 매우 크다.
② 수심이나 하중이 큰 곳에서의 축조가 가능하다.
③ 공사비가 높다.
④ 수심이 얕은 경우 곳에서는 비경제적이다.

8. 부잔교(浮棧橋)

(1) 정 의

1) Anchor에 의해 고정된 Pontoon을 조립한 구조로서 통상 조류속도 0.5m/s 이하, 파고 1m 이하의 곳에 설치한다.
2) Pontoon은 수면의 상하와 동시에 승·하강하여, 부잔교 상면과 수면과의 차가 일정하므로 여객이 주로 이용하는 소형선이나 Ferry Boat를 계류하는데 편리하다.

(2) 부잔교의 일반적인 특징

1) 장 점

① 잔교보다 물의 유동이 원활하므로 표사 등이 심한 곳에서도 종래의 평형 상태를 유지할 수 있다.
② 신설 및 이설이 간단하다.
③ 연약한 지반에도 적합하다.

2) 단 점

① 재하력이 작고 하역설비를 설치하기 어려워 하역능력은 적다.
② 파랑이나 흐름이 심한 곳에는 부적당하다.
③ 계류 Chain 및 계류 Anchor 등에 강재를 사용하므로 부식과 기계적인 마모에 대하여 주의가 요구된다.

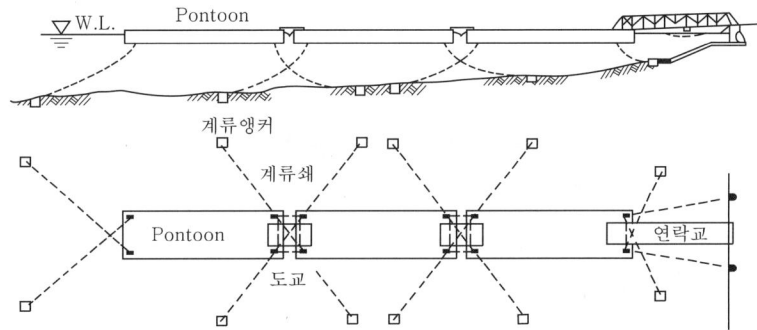

(3) 부잔교의 형식별 특징

1) 목재 Pontoon

① 공사비가 저렴하다.
② 수밀성이 부족하다.
③ 부식이나 충해를 받기 쉬워 내구성이 부족하다.
④ 수밀성 확보 및 방식처리를 위하여 종종 인양 수리해야 한다.

2) 강재 Pontoon

① 제작이 용이하다.
② 충격에 강하다.
③ 보수가 용이하다.
④ 부식에 의한 내구성이 저하된다.
⑤ 철근 Concrete Pontoon에 비해 흘수가 얕아 조류의 영향이 적다.

3) 철근Concrete제 Pontoon

① 내구성이 강하다.
② 흘수(吃水)가 깊어서 동요가 적다.
③ 충격으로 인하여 파괴되기 쉽다.

4) FRP(Fiber Reinforced Plastic) Pontoon

① 무게가 가벼운 경량이다.
② 내구성이 강하다.
③ 설치가 단순하여 Marina, Yacht 경기장 등 소규모에 적합하다.
④ 흘수가 얕아 불안정하다.

9. Dolphin

(1) 정 의

1) 해안에서 떨어진 해중(海中)에 말뚝 또는 주상(柱狀) 구조물을 만들어서 선박을 바다에 계류시키는 시설을 말한다.
2) 별도의 하역기계를 사용하여 석유, Cement, 양곡 및 분말의 화물을 대량으로 취급할 경우 채택되는 계류시설이다.

(2) Dolphin의 일반적인 특징

1) 장 점
   ① 소정의 수심이 확보되는 곳에 설치하면 준설, 매립 등이 필요 없다.
   ② 시공이 용이하다.
   ③ 급속시공이 가능하여 공기단축이 된다.
   ④ 시공비가 저렴하다.

2) 단 점
   ① 선박의 접안 중 충격력에 주의가 요구된다.
   ② 조류에 의한 선박의 견인력에 주의가 요구된다.
   ③ 과재 하중 및 집중하중에 불리하다.
   ④ 수평력에 비교적 약하다.

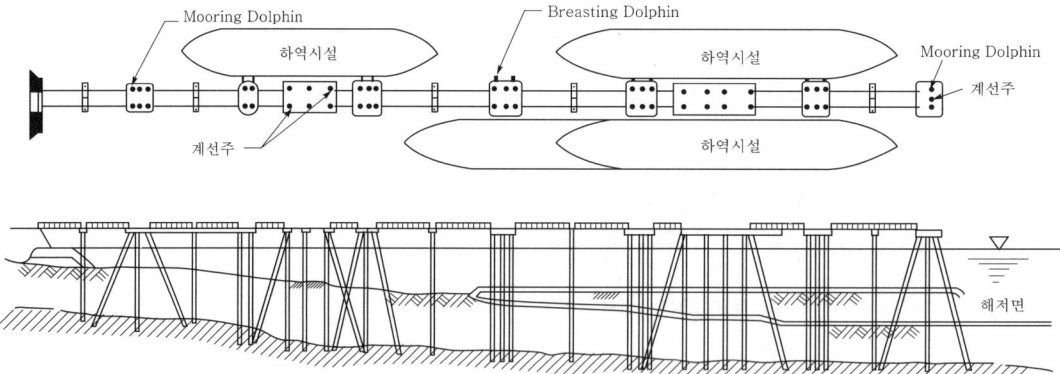

(3) Dolphin의 형식별 특징

1) 말뚝식 Dolphin
    ① 비교적 경량구조이다.
    ② 연약지반에서의 시공이 가능하다.
    ③ 장래의 수심증가에 대하여 비교적 쉽게 대처할 수 있다.
    ④ 세굴에 대해 안전하다.
    ⑤ 타 형식에 비하여 시공이 간단하고 경제적이다.
    ⑥ 수심이 깊은 곳에 적합하다.
    ⑦ 강 말뚝인 경우 부식되기 쉽다.

2) 강 널말뚝(Steel Sheet Pile) Cell식 Dolphin
    ① 강널말뚝을 원형이나 각형으로 타입하고 모래 또는 돌로 속 채움한 구조다.
    ② 연약지반에 적합하다.
    ③ 시공이 간단하다.
    ④ 공기가 짧고 공사비가 저렴하다.
    ⑤ 수심이 깊은 곳은 직경이 크게 되므로 비경제적이다.
    ⑥ 속 채움이 완료되기까지 구조체는 불안정한 상태이다.

3) Caisson식 Dolphin
    ① 별도의 작업장에서 제작한 Caisson을 소정의 위치에 거치하고, 모래, 돌 또는 Concrete 등으로 속 채움한 구조다.
    ② 육상에서 Caisson을 제작하므로 시공이 확실하다.
    ③ Caisson의 해상작업은 비교적 짧은 기간에 끝낼 수 있다.
    ④ 구조적으로 안정되며 선박의 충격력에 강하다.
    ⑤ 중력식 구조물로서 견고한 지반이 필요하다.
    ⑥ 연약지반 개량시 공사비가 증대된다.
    ⑦ Caisson 제작에 따른 대규모의 시설이 필요하다.

10. Detached Pier

(1) 정 의

1) 궤도 주행식의 교형기중기 등의 기초를 적당한 수심의 지점에서 설치하고 이들을 안벽으로서 이용하는 것을 말한다.
2) 구조적으로는 횡잔교의 특수형식으로서 Slab와 도교(Transfer Bridge)를 생략한 것으로 볼 수 있으며 그 특징도 횡잔교에 준한다.

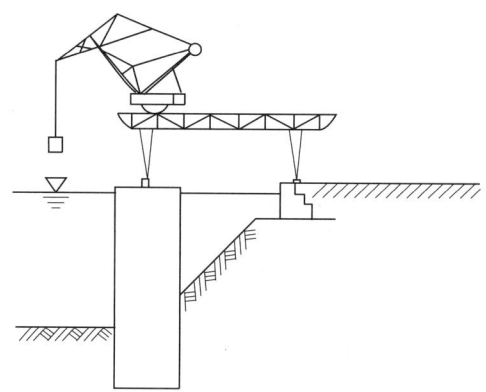

(2) Detached Pier의 특징

1) 일반적으로 Slab(바닥구조)를 필요로 하지 않는다.
2) 각주부와 그 사이를 연결하는 Girder로 구성된다.
3) 석탄, 광석 등 단일산화물을 대량으로 취급하는 경우 채택한다.

11. 계선부표(繫船浮標)

(1) 정 의

1) 주로 박지에 있어서 해저에 계류 Anchor된 선박계류용의 부표(浮標)로서 그 구조는 일반적으로 부체(浮体), 계류환, 부체 Chain, 심추(沈錘) Chain, 계류(繫留) Anchor 등으로 이루어져 있다.
2) 계선부표는 석유류 하역, 목재하역 또는 Barge 하역 등의 외에 선박의 계류만을 목적으로 설치되는 경우도 있다.

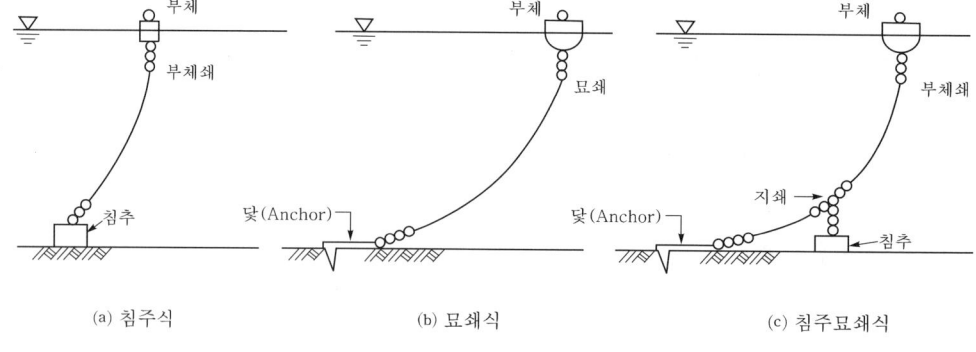

[계선부표의 종류]

(2) 종류

1) 침추식(沈錘式)
① 부체(Buoy), 부체쇄(Main Chain), 침추(Sinker) 등으로 이루어지고
② 닻(Anchor)은 쓰이지 않는다.

2) 묘쇄식(錨鎖式)
① 부체, 묘쇄, 닻 등으로 이루어지고
② 침추는 쓰이지 않는다.

3) 침추묘쇄식(沈錐錨鎖式)
① 부체, 부체쇄, 지쇄(Ground Chain), 닻, 침추로 이루어지며
② 침추를 무겁게 하면 선박의 유동반경이 짧아지므로 좁은 박지에서도 이용되고, 가장 많이 사용된다.

(3) 계선부표의 특징

1) 장 점
① 묘박(錨泊)의 경우에 비해 보다 좁은 박지 면적으로 계류가 가능하다.
② 해저가 암반이고 묘박이 불가능한 항에서는 이것을 이용해서 정박한다.
③ 타 계류시설보다 경제적이다.
④ 이설이 용이하다.
⑤ 안벽계류에 비해 보다 큰 파고에 대해서도 계류가 가능하다.

2) 단 점
① 일반적인 하역의 기계화가 곤란하다.
② 안벽하역에 비해 하역작업의 능률이 저하된다.
③ 일반적으로 안벽계류에 비해 넓은 박지 면적이 필요하다.

12. 결 론

계류시설 구조물은 외력 즉, 수압 및 파랑 등에 대해 안정되도록 설계를 하여야 하며, 특히 공법 및 형식을 선정함에 있어 Boiling과 Heaving, 편기 등에 대해서도 충분한 검토가 있어야 한다.

계류시설은 안전하게 선박이 이·접안할 수 있도록 시공에 따른 세심한 관리와 함께 해상에서 진행되어지는 작업이므로 안전관리에 만전을 기할 수 있도록 한다.

문제 9 | 대표적인 안벽 구조물의 2개에 대한 시공시 유의사항 (L형 Block식 안벽, 널말뚝식 안벽)

1. 개 요

　안벽이란, 선박이 접하는 면으로 선박이 이·접안하여 화물의 하역과 승객의 승선 및 하선을 안전하게 할 수 있도록 설치한 구조물을 말하며 이를 하안 접안 구조물이라고도 한다.

　안벽의 종류로는 구조 양식에 따라 중력식, 강널말뚝식(Steel Sheet Pile식), 잔교식, 부잔교식, 계선부표, Cell식 등이 있으며, 그 중 중력식 안벽은 구체의 자중과 저면의 마찰력에 의해 토압 및 수압 등 외력에 저항하는 구조물이다.

2. 공법선정 시 고려사항

　(1) 해저지형 및 지질상태
　(2) 수심 및 조류
　(3) 파랑 및 파고
　(4) 기상 및 해상
　(5) 주변환경
　(6) 시공성
　(7) 안전성
　(8) 경제성

3. 안벽 구조물의 종류 및 개요

형식별 종류	개 요	형상별 종류
(1) 중력식	구체의 자중과 저면의 마찰력에 의해 토압 및 수압 등 외력에 저항하는 안벽	① Caisson 식 ② Block 식 ③ L형 Block 식 ④ Cellular Block 식 ⑤ 현장타설 Concrete 식
(2) 강 널말뚝식 (Sheet Pile)	강널막뚝을 타입하여 토류벽으로 만든 안벽	① 자립 널말뚝식 ② 보통 널말뚝식 ③ 2중 널말뚝식 ④ 경사(사항) 널말뚝식
(3) Cell 식	일반적으로 직선형 널말뚝을 폐합되게 타입 하고 속채움한 구조	① 강 널말뚝 Cell식 ② 강판 Cell식
(4) 잔교식	토류호안 전면에 잔교를 설치한 것	① 횡잔교 ② 돌제식 잔교 ③ 말뚝식 잔교 ④ 원통(각통)식 잔교 ⑤ 교각식 잔교
(5) 부잔교	간만의 차이에 따라 움직이게 한 함선	① 목재 Pontoon ② 강재 Pontoon ③ 철근 Concrete제 Pontoon ④ FRP Pontoon
(6) Dolphin	선박을 계류하기 위해 수중에 설치한 구조물	① 말뚝식 Dolphin ② 강 널말뚝식 Dolphin ③ Caisson식 Dolphin
(7) 계선부표	선박이 바람, 조류, 파도 등으로 인해 밀려 나가는 것을 막는 계류시설	① 침추식(沈錘式) ② 묘쇄식(錨鎖式) ③ 침추묘쇄식(沈錐錨鎖式)

4. L형 Block 식 안벽

(1) 개 요

Block 저판상의 흙과 지면의 마찰력에 의하여 토압에 저항하는 구조물이다.

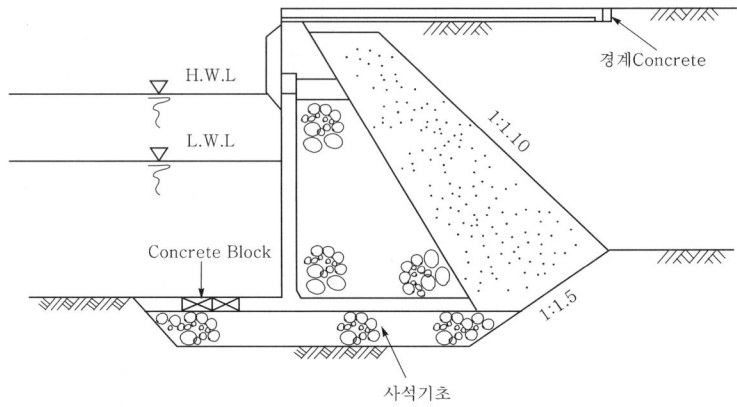

(2) 특 징

1) 수심이 얕은 곳에 경제적이다.
2) 시공설비가 간단하다.
3) 지반이 약한 곳에는 불리하다.
4) Block 제작은 육상에서 제작되므로 품질확인이 가능하다.

(3) 시공순서

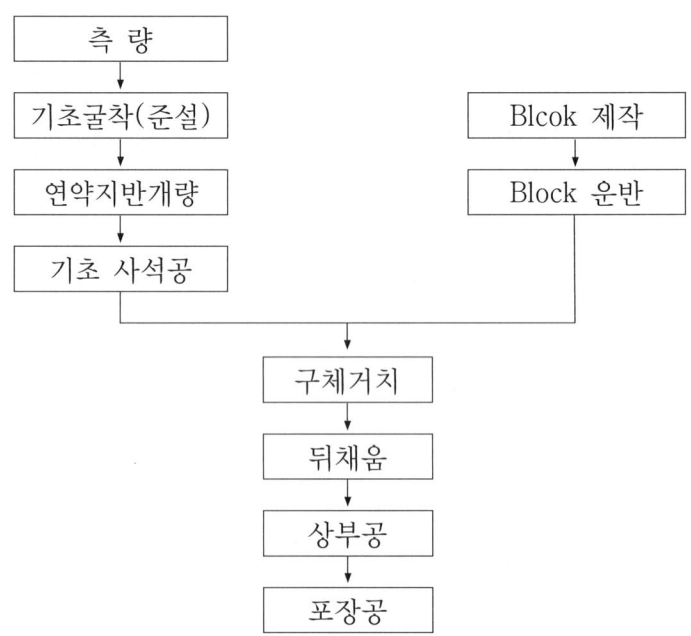

(4) 시공 시 유의사항

1) 측 량
① 삼각측량에 의한 위치측량 및 기준점 매설
② 안벽의 법선측량

2) 기초굴착
① 기초굴착 시 오탁(汚濁) 방지막을 설치한다.
② 굴착깊이는 토질조건 및 계획 심도를 고려하여 결정한다.
③ 굴착 장비는 토질 및 토량, 시공성, 경제성 등을 고려하여 선정한다.
 - 기초굴착 토량이 많은 경우 : Pump 준설선
 - 기초굴착 토량이 적은 경우 : Grab 준설선

3) 연약지반 개량
기초지반이 연약할 경우 치환, 재하압밀, 침하, 심층연속 혼합처리공법 등을 선정하여 연약지반을 개량한다.

4) 기초 사석공
① 기초 사석 재료선정
 - 양질의 입상재료일 것
 - 비중이 2.5 이상, 압축강도가 500kg/㎠ 이상일 것
 - 경질의 재료일 것
 - 풍화파괴가 없을 것
② 기초 사석 투하준비
 - 사석 투하 시 유실방지 및 부유물의 확산방지 대책을 수립한다.
 - 조석 및 파랑에 대해 충분히 감안하여 운반 및 투하 결정을 한다.
 - 사석을 투하할 위치에 부표 등으로 표시를 한다.
③ 기초 사석 투하
 - 사석의 운반은 Barge 선이나 토운선으로 운반하여 투하한다.
 - 집중투하를 피한다.
 - 凹凸이 없도록 잠수부나 관측기구 등으로 확인한다.
 - 침하를 대비하여 여성(餘盛)을 한다.
④ 기초 사석 고르기
 - 투하된 사석 고르기 시 잠수부가 수중에서 더듬어 확인한다.
 - 기복이 심한 곳은 보충 투하 실시
 - 수평 고르기 시 공극은 잔자갈로 채운다.

5) Block 제작
   ① Block의 설치가 용이한 곳에 제작장을 확보한다.
   ② 제작장에는 제작설비, 진수설비, 운반설비, 양생 설비 등 제반시설을 갖추도록 한다.
   ③ 본체 제작은 설계도서 및 시방 규정에 의하여 제작한다.
   ④ 본체 제작 시 제반 규정을 준수한다.

6) Block 운반 및 취급
   ① 운반 및 취급에 따른 변형과 파손이 없도록 주의한다.
   ② 운반방법은 직접 운반 또는 Barge 선 등으로 하며
   ③ 현장 여건에 따라 적정한 운반방법을 선정하여 진행한다.

7) 본체 거치
   ① 본체 거치 시 소정의 위치에 정확히 거치한다.
   ② 거치 시 전도되지 않도록 유의한다.
   ③ 해상의 파고가 높거나 악천후일 경우 거치 작업을 중단한다.
   ④ 본체 거치 후 기초지반에 완전히 고정시키고, 파도나 조류에 의하여 이동이 없도록 한다.
   ⑤ 수중 거치시 잠수부를 활용한다.

8) 뒤채움
   ① 뒤채움은 안벽 쪽에서 후방으로 시행한다.
   ② 뒤채움 재료는 투수성이 있는 양질의 입상재료 등을 선정 사용한다.
   ③ 뒤채움 시 구배는 시방서에 정한 규정을 준수한다.

9) 상부공
   ① 뒤채움 및 후면매립 후 시행
   ② 법선의 변형 여부를 확인 후 시행한다.

5. 널말뚝식 안벽

(1) 개 요

강재 또는 Concrete 제 널말뚝을 지중에 타입하고 이 널말뚝에 작용하는 배면의 토압 및 수압 등을 Tie Rod 또는 Wire Rope 등의 버팀공과 널말뚝 근입부 전면의 수동토압으로 지지하는 구조이다.

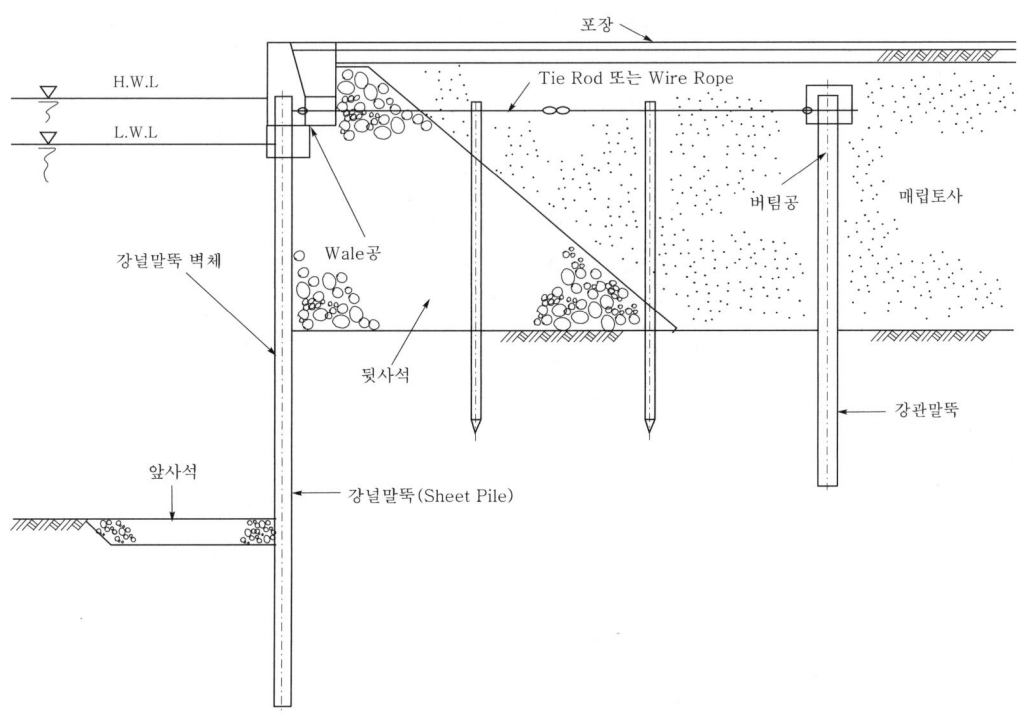

(2) 널말뚝식의 일반적인 특징

1) 차수성이 우수하다.
2) 강성이 크다.
3) 시공이 단순하여 공기를 단축할 수 있다.
4) 공사비가 저렴하다.
5) 과대 하중 및 토압으로 인한 널말뚝의 변형 발생이 크다.
6) 굳은 지반 및 조밀한 전석층에서의 널말뚝 시공이 곤란하다.
7) 널말뚝이 강재인 경우 부식의 우려가 있다.

(3) 널말뚝 형식의 종류별 및 장단점

형식의 종류	장 점	단 점
1) 보통 널말뚝식	원 지반이 낮고 안벽 축조 후 전면을 준설하는 경우 경제적이다.	널말뚝과 버팀공과의 사이에 어느 정도 거리가 필요하다.
2) 자립 널말뚝식	① 구조가 간단하다. ② 시공이 단순하다. ③ 파랑에 대해 보통 널말뚝보다 강하다.	① 보통 널말뚝보다 공사비가 비싸다. ② 과재 하중 등에 따른 토압 증대에 따라 널말뚝의 변형 및 변위가 크다.
3) 경사 널말뚝식	① Tie Rod가 필요 없다. ② 파랑에 대해 안전하다.	① 사항에 따른 큰 인발력이 필요하다. ② 사항에 따른 깊은 근입이 필요하다.
4) 2중 널말뚝식	양측을 계선안으로 이용 가능하므로 경제적이다.	설계법이 확립되지 않아 문제점이 많다.

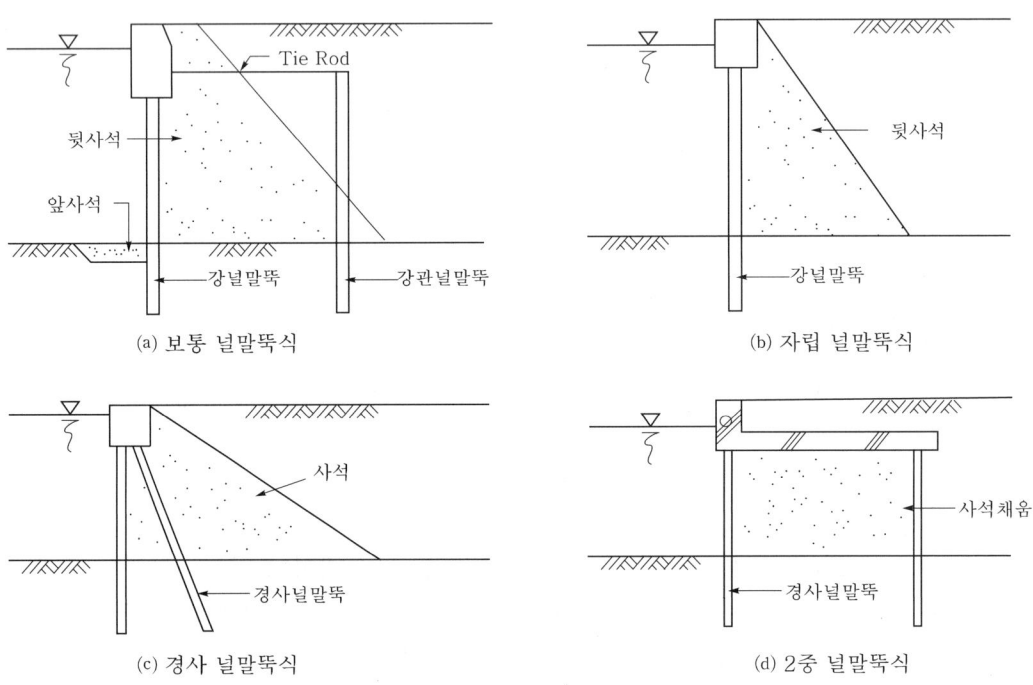

(a) 보통 널말뚝식 (b) 자립 널말뚝식
(c) 경사 널말뚝식 (d) 2중 널말뚝식

[널말뚝 형식의 종류]

(4) 시공순서

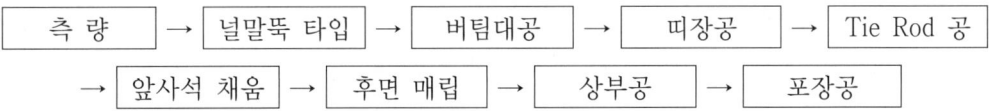

(5) 시공시 유의사항

1) 측 량
① 삼각측량에 의한 위치측량 및 기준점을 매설한다.
② 안벽의 법선을 측량한다.

2) 널말뚝(Sheet Pile) 타입공
① 널말뚝 타입 전 Guide Beam을 설치한다.
② Sheet Pile의 연결부를 정확히 맞춘다.
③ 타입 시 수직도를 유지한다.

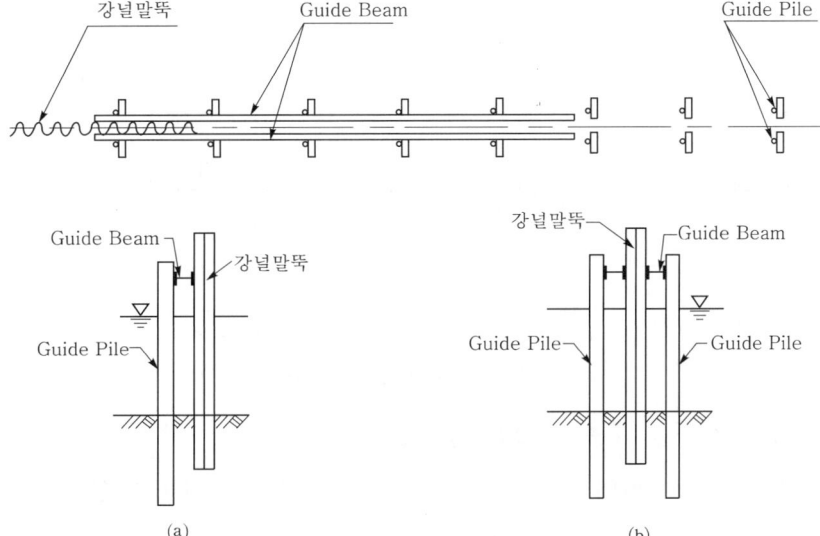

[해상에서 Sheet Pile 타입 시 Guide Beam 설치 단면]

3) 버팀대공

① 토압에 대한 저항성이 충분하도록 한다.
② 침하 및 변형이 되지 않도록 유의한다.

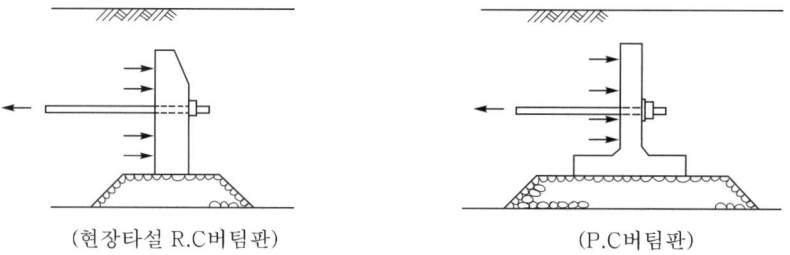

(현장타설 R.C버팀판)　　　(P.C버팀판)

4) 띠장공(Waling)

① Sheet Pile 타입 후 즉시 띠장(Wale)을 설치한다.
② 띠장과 Sheet Pile의 벽체를 일체화한다.
③ 띠장을 직선화한다.

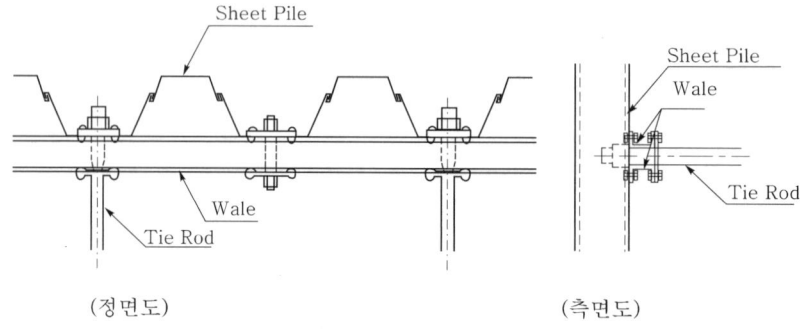

(정면도)　　　(측면도)

[벽체 내측에 설치한 띠장공]

5) Tie Rod 공(또는 Tie Cable 공)

① 버팀대와 띠장 사이에 Tie Rod 또는 Tie Cable로 이음을 설치한다.
② 변형이 없도록 유의 시공한다.

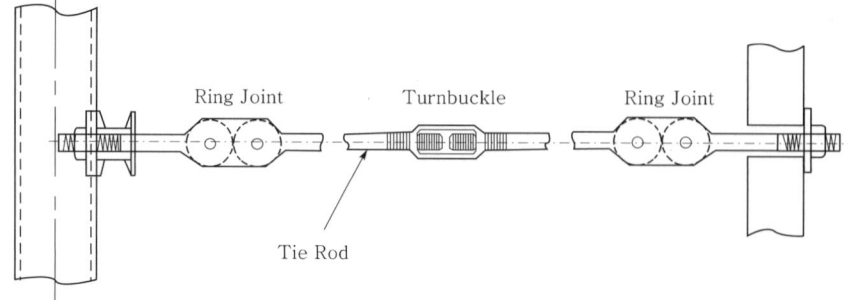

[Tie Rod 연결 및 각부 명칭]

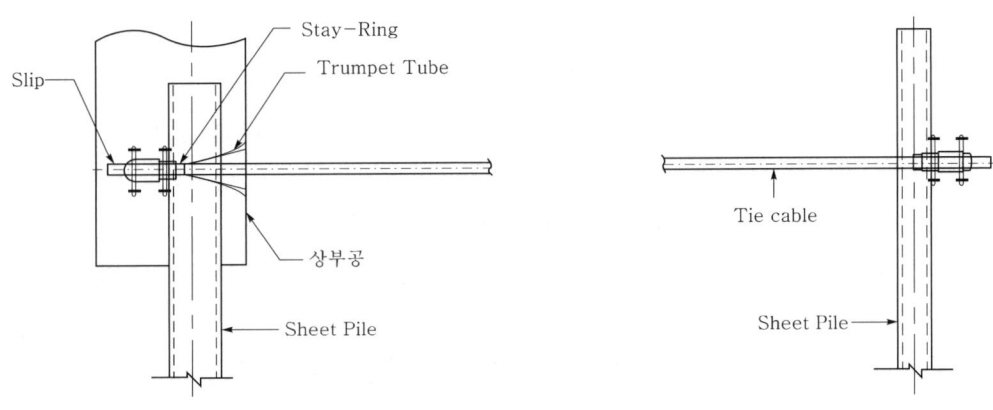

[Tie Cable 시공도]

6) 앞사석 채움공
① Sheet Pile의 전면부를 충분히 보호할 수 있도록 한다.
② 사석 채움 시 Sheet Pile에 손상이 없도록 유의한다.
③ 수중투하임으로 잠수부가 확인하여 부족한 부위에 보충 투하한다.
④ 사석 투하 시 유실되지 않도록 하며 부유물의 확산을 방지한다.

7) 후면 매립공
① 안벽 안쪽에서 바깥쪽으로 진행한다.
② 양입도 재료 사용
③ 앞 사석 채움 완료 후 시행한다.
④ 충분한 다짐 실시

8) 상부공
① 뒤채움 및 후면매립 후 시행한다.
② 법선의 변형 여부를 확인 후 시행한다.

6. 시공시 검토사항

(1) 안정검토
(2) 침하검토
(3) 세굴검토
(4) 활동검토
(5) 토압 및 수압검토
(6) 잔류수압검토
(7) 선박의 견인력 및 충격력 검토
(8) 주변 환경의 영향

7. 결론

안벽은 선박이 접하는 면으로 선박이 이·접안하여 화물의 하역과 승객의 승·하선을 안전하게 할 수 있도록 설치한 구조물이므로 외력 즉 토압, 수압, 파랑, 파고, 선박의 견인력 및 충격력 등에 대하여 안정하도록 설계되어야 한다.

특히 중력식에 사용되는 각 Concrete Block 및 Caisson 등은 육상에서 제작하기 때문에 운반 및 취급에 있어 파손되지 않도록 유의하고, 또한 기초의 지지력을 확보하기 위해 연약지반일 경우 대책공법으로 처리하고 아울러 기초 사석 시공에 따른 재료 및 투하 등으로 유실되지 않도록 세심한 시공관리를 하여야 한다.

또한, 널말뚝식 안벽의 경우 Steel로 구성된 것으로 부식에 대한 대책을 수립하여야 하고, 시공에 따른 수직도 유지와 경사의 방지 및 수정 등에 대하여 세심한 시공관리가 있어야 하며, 전·후면 매립공 시공 시 양입도의 재료를 선정하여 사용하고, 아울러 시공 중 유실되지 않도록 유의하며, 해상의 환경이 오염되지 않도록 유의 시공한다.

문제 10 Caisson 진수공법 및 시공 시 유의사항

1. 개요

항만구조물에 사용되는 Caisson은 철근Concrete로 제작된 함체(函體)가 대부분이지만 선박과 같은 강판과 철골조립으로 제작된 함체도 있다.

이 같은 함체는 함선과 같기 때문에 제작 및 진수과정이 선박의 건조와 진수과정의 공정과 거의 같다.

Caisson 진수(進水)란, Caisson Yard에서 제작한 Caisson을 물에 띄워서 현장까지 운반한 후 Caisson을 가라 앉혀(침하) 거치시키는 공정을 말하며, 이후 공정으로는 거치된 함체내부에 모래 등을 채우고 덮개Concrete를 타설하여 본 항만구조물을 축조한다.

2. 진수공법 선정 시 고려사항

(1) Caisson의 규격(크기 및 무게)
(2) Caisson의 수량
(3) Caisson의 제작장
(4) 제작장의 지형 및 특징
(5) 제작장과 거치 장소까지의 거리
(6) 수심 및 파랑, 파고, 조류(하천의 경우 유속)
(7) 안전성 및 경제성
(8) 시공성

3. Caisson의 진수공법

(1) 경사로(Slip Way)에 의한 진수공법

1) 공법개요
    ① 육상의 Caisson Yard로부터 해면까지 경사로를 설치하여
    ② 자연 또는 인력활강에 의해 Caisson을 띄우는 공법이다.

2) 특징
    ① 경사로의 길이 길다.
    ② 진수 비용이 저렴하다.
    ③ 활강에 따른 가속 시 Caisson이 파손되거나 물에 빠질 우려가 있다.
    ④ 경사로의 구배

Caisson 제작부	Caisson 진수부	최종 경사부
1:18~1:20(대차 사용시) 1:15(자중 강하시)	1:10~1:8	1:3~1:7

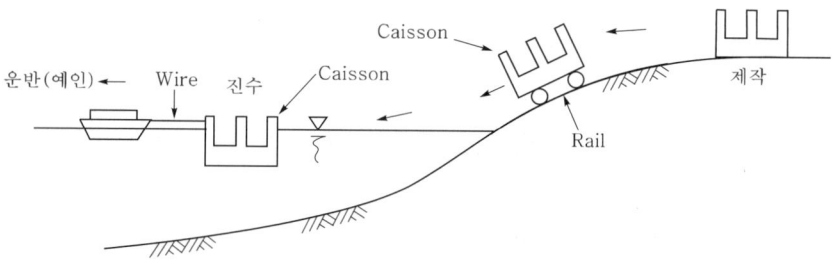

[경사로에 의한 진수공법]

(2) 건선거(乾船渠 ; Dry Dock)에 의한 진수공법

1) 공법개요

① 건선거의 갑문(閘門, Gate)을 닫고 Pump 시설로 건선거 내의 해수를 배수한 후
② 건선거 내에서 Caisson을 제작 완료시킨 다음
③ 선거 내에 물을 다시 채워 Caisson이 부상하게 된다.
④ 갑문을 열어 Caisson을 끌어내어 운반 진수하는 방법이다.

2) 특 징

① Caisson의 거치 현장이 가까운 곳에
② 건선거 이용기간에 선박의 건조나 수리 등의 작업공정이 없을 경우 활용한다.
③ 한 번에 여러 개의 Caisson 제작이 가능하다.
④ 여러 개의 Caisson을 동시에 부상 및 진수시킬 수 있다.
⑤ Caisson 부상 시 요동에 의해 선거 벽체와 충돌할 우려가 있다.

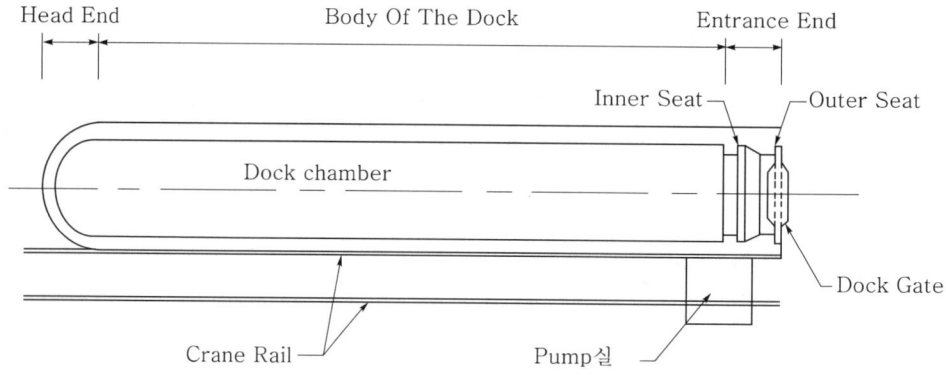

[건선거에 의한 진수방법]

(3) 부선거(浮船渠 ; Floating Dock)에 의한 진수공법

1) 공법개요
① 부선거 위에서 Caisson을 제작한 후
② Caisson의 거치 위치까지 부선거를 이동시킨 다음
③ 부선거의 선내로 물을 서서히 주수하여 선체가 침강할 때
④ 부선거상의 Caisson이 부력을 받아 진수가 되도록 하는 방법이다.

2) 특 징
① Caisson 제작과 진수가 용이하다.
② 한 번에 여러 개의 Caisson 제작이 곤란하다.
③ 부선거 침강시 부력을 받은 Caisson이 요동할 우려가 크다.

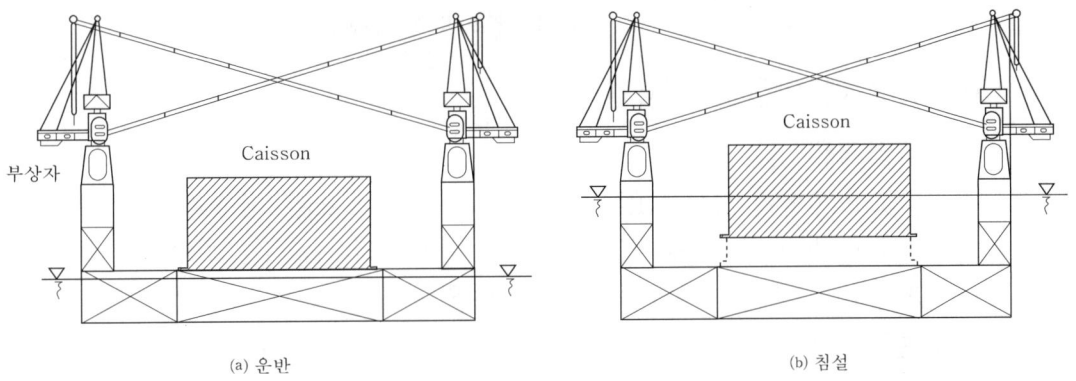

[부선거에 의한 진수공법]

(4) 기중기선에 의한 진수공법

1) 공법개요
① 육상에서 제작된 Caisson 함체를 기중기선으로 권상하여
② 소정의 위치까지 이동한 후 직접 진수 거치하는 공법이다.

2) 특 징
① Caisson 운반 및 진수가 용이하나
② Caisson의 크기와 무게에 따른 제약이 있다.
③ 기중기선이 작업할 수 있는 수면과 수심이 있어야 하고
④ 제작장은 수면과 접해야 한다.
⑤ Caisson 권 상에 따른 편심하중에 대하여 세심한 주의를 요한다.

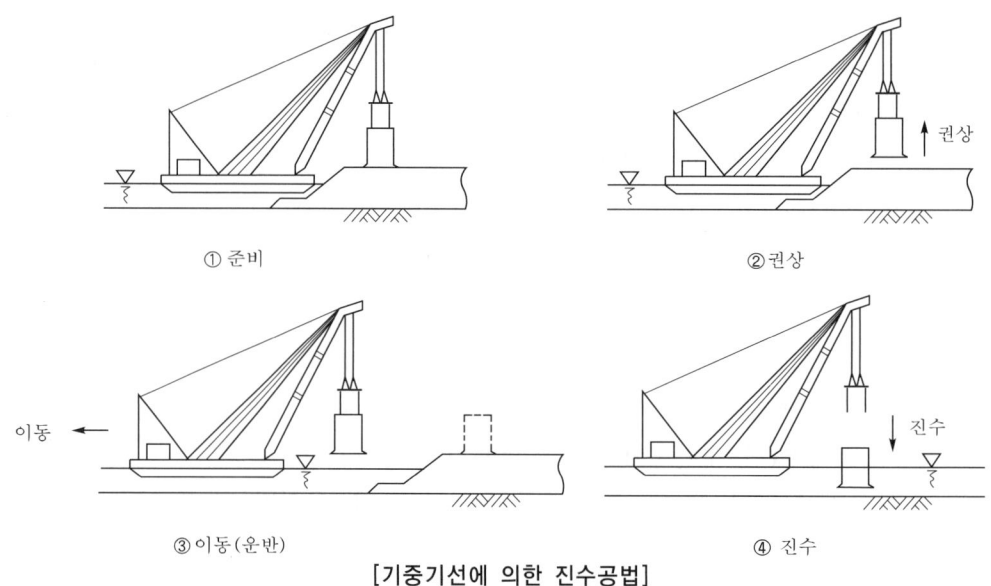

[기중기선에 의한 진수공법]

(5) Lift 식에 의한 진수공법

1) 공법개요
① Lift 후방에 설치된 Rail 위의 대차에서 Caisson을 제작한 후
② Lift Plate Form에 상재시킨 다음 Plate Form을 하강 침수시켜
③ Caisson을 부상시켜 진수하는 공법이다.

2) 특 징
① 가설 Lift의 설치비가 많이 든다.
② 공기가 길다.
③ 대량 제작이 가능하고, 진수가 용이하다.

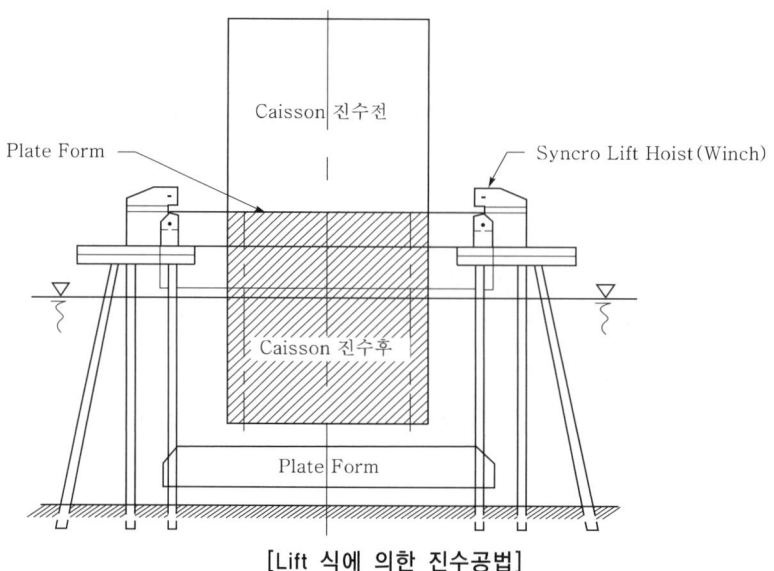

[Lift 식에 의한 진수공법]

(6) 사상(砂上) 진수공법

1) 공법개요
① 장래 준설계획이 있는 모래사장을 정지한 후
② 그 위에서 Caisson을 제작한 다음
③ Pump 준설선으로 준설을 하여 일정한 수심이 될 때
④ Caisson을 부상시켜 진수하는 방법이다.

2) 특 징
① Caisson 제작장이 장차 준설계획이 있어야 한다.
② 준설에 따른 사면 구배가 붕괴될 우려가 있다.
③ Caisson 진수 시 준설 장비와 충돌 또는 기울어질 우려가 있음으로 주의를 요한다.

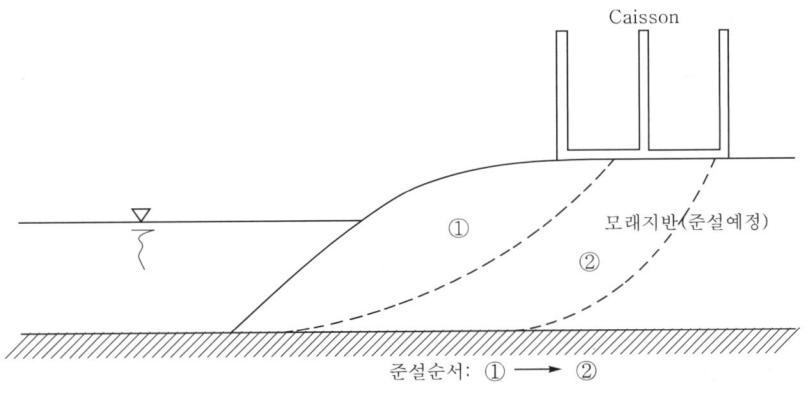

[사상 진수공법]

(7) 가물막이 방식에 의한 진수공법

1) 공법개요
① 수심이 얕은 곳에 가물막이를 하고 Caisson을 제작한 다음
② 가물막이를 제거하여 Caisson을 부상시켜 진수하는 방법이다.

2) 특 징
① Caisson 제작이 소량이고 가물막이가 용이한 곳에 적용하며
② 조위 차가 큰 장소에 적용된다.
③ 가물막이 내 주수 또는 굴착 시 일시적인 유속에 의한 사고 발생이 높으므로 주의를 요한다.

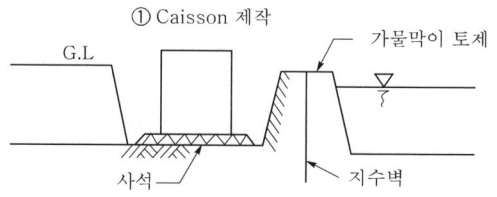

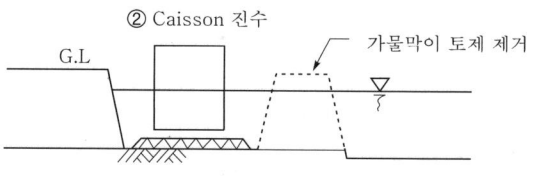

[가물막이에 의한 진수공법]

4. 시공 시 유의사항

(1) Caisson 제작

1) 제작방법
   ① Caisson의 높이가 높기 때문에 전체를 일시에 제작할 수 없음으로
   ② 1Lot의 높이를 최대 3.2m 정도로 하여 높이에 따라 6~8Lot로 나누어 제작한다.

2) Lot간 시공 Joint 처리
   ① Lot와 Lot 사이의 시공 Joint가 생기므로
   ② 운반 및 거치과정 또는 거치 후에도 누수의 문제가 우려됨에 따라
   ③ 누수방지에 만전을 기하며
   ④ 이때 지수판 또는 동판을 사용하여 Joint의 누수를 방지하고
   ⑤ 특히 제작과정에서 Concrete 타설시 접속부의 청결을 유지하는 것이 중요하다.

3) Caisson의 취급
   ① Crane에 의한 취급이 용이하도록 제작 시 들고리를 설치하도록 하고
   ② 이때 사용되는 재료는 강봉과 강선으로서
   ③ Caisson 내부에 충분한 길이로 묻혀 소정의 부착력을 유지되어야 하며
   ④ 들고리 한 개의 전단 강도도 소정의 강도 이상이어야 한다.

(2) Caisson 운반

1) 파랑으로 인한 Caisson 침수 우려 시
Caisson에 뚜껑을 씌워 예인한다.

2) 운반거리가 먼 경우
① 단함(單函)보다 4~6 개함을 동시에 운반한다.
② 이 경우 경제성과 안정성면에 매우 유리하다.

(3) Caisson 거치

1) 거치시기
3일간 연속하여 파고가 0.5m 이하가 되는 시기를 택하여 시공한다.

2) 기중기선을 이용한 거치
① 기중기선으로 물에 떠 있는 상태에서 소정의 위치에 이동시키면서 위치를 확인하고 계획지점에 거치한다.
② 거치 시 주수는 Caisson에 설치된 주수용 Valve를 조금씩 열어 서서히 침강시키며
③ 급작스런 주수로 인한 Caisson이 요동하지 않도록 주의한다.
④ 만일 소정의 위치에 거치가 되지 않은 경우 기중기선으로 약간 들어 올려 같은 방법으로 재 거치한다.

3) 기중기선을 이용하지 않는 경우
① 거치 위치의 양쪽에 Caisson 고정용 Anchor를 4개소 설치하고
② 양쪽에 Rope를 걸어 대선 상의 Winch로 조정하면서
③ 계획지점에서 주수용 Valve를 조금씩 열어 소정의 위치에 침강시킨다.
④ 이때 Caisson이 기초바닥에서 4~5cm 정도 뜬 상태에서 정확한 위치를 확인한 후 마지막 주수를 하여 거치를 끝낸다.
⑤ 만일 소정의 위치에 거치가 되지 않은 경우 Caisson 내의 물을 배출하여 Caisson 을 띄우고 재 거치한다.

(4) 속 채움

1) 속 채움 시기
Caisson 거치가 끝나는 시점에서 즉시 채운다.

2) 속 채움 재료
양질의 모래 또는 자갈이나 사석으로 한다.

(5) 뒤채움

1) 뒤채움 시기

속 채움 완료 즉시 시행한다.

2) 뒤채움 재료

① 가능하면 세사 사용을 지양하고
② 약간의 점성이 함유된 양질의 토사를 사용한다.

3) 뒤채움 장비

① 수면 아래에서는 굴착기와 같은 장비를 사용하고
② 수면 위에서는 Dump Truck 등으로 운반 투하하며
③ 뒤채움 시 Caisson이 이동하지 않도록 유의한다.

(6) 후면매립

1) 진행방향

안벽부에서 후면으로 매립 진행한다.

2) 매립구간이 넓은 경우

① 일정구간을 나누어 가토제(假土堤)를 시행하고
② 구간별로 후면으로 밀고 나가 마지막 후면 끝 부분에 이토질의 뻘 웅덩이가 형성된다.
③ 이때 뻘 웅덩이에 Vertical Drain공법으로 지반을 개량하거나
④ 투기할 장소가 있으면 이토를 투기장소로 운반 처리하고, 양질의 토사로 치환한다.

5. 결 론

　Caisson 진수에 있어서 현장의 여건과 해상의 여건, 경제성, 안전성 등의 여러 가지 정황을 고려하여 가장 적정한 방법을 선정하도록 한다.

　또한 Caisson은 중량물이며 기초 사석 위에 기초 고르기를 한 후 거치하게 되므로 기초지반의 상태, 기초 사석의 두께 등에 따라 기초 사석의 공극이 Caisson의 중량으로 어느 정도 침하하게 되는데, 이 경우를 고려하여 20~30cm 정도의 여성(餘盛)을 한 후 Caisson을 거치시킨다.

　Caisson의 시공과정에서 특히 유의할 사항은 안전에 대한 것으로 시공 전 사전 계획을 충분히 수립하고, 이에 따라 계획적인 시공이 되도록 한다.

14장 하천공

문제 1 하천제방

1. 개 요

하천제방(河川堤防)이란, 하천 등에서 홍수로 인한 물의 범람을 방지하기 위해 하천의 양안에 설치하는 구조물로서 이를 둑이라고도 하며 주로 토사의 축제로 이루어져 있다.

하천제방은 홍수 시 유수의 원활한 소통을 유지시키고 제내지를 보호할 수 있어야 하며, 또한 구조적인 안전성을 확보할 수 있도록 강우에 대한 기상조건 및 하천유역에 대한 전반적인 사항에 대한 철저한 조사와 함께 시공에 따른 세심한 관리가 있어야 한다.

2. 하천제방의 역할

(1) 홍수에 의한 범람방지
(2) 유수의 원활한 소통
(3) 제외지의 침투방지에 의한 제내지의 보호
(4) 환경기능의 개선

3. 제방의 안정조건

(1) 홍수시 물이 제방을 월류하지 않을 것
(2) 유속에 의한 제체가 세굴되지 않을 것
(3) 하천수위가 급강하할 경우 비탈면의 활동에 대해 안전할 것
(4) 연약지반에 축제할 경우 파괴 및 침하에 대해 안전할 것
(5) 제체 및 기초지반이 누수 및 Piping에 대해 안전할 것
(6) 강우의 침투 시 제체의 함수비가 상승할 경우 비탈면 붕괴에 대해 안전할 것

4. 기능에 따른 하천제방의 종류

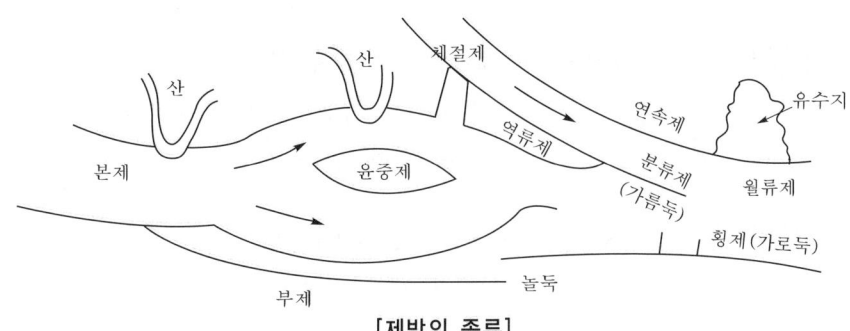

[제방의 종류]

(1) 본제(本堤, Main Levee)
제방 본래의 목적을 위해서 하도(河道)의 양안에 축조하는 연속된 제방으로서 매우 중요한 역할을 하며 또한 가장 일반적인 형태이다.

(2) 부제(副堤, Secondary Levee)
본제를 보호하며, 또한 본제가 파괴되었을 경우를 대비하여 설치하는 제방으로 본제보다 제방높이를 약간 낮게 설치한다.

(3) 월류제(越流堤, Overflowing Levee)
하천수위가 일정 높이 이상 되면 하천수를 하도 밖의 유수지 등으로 넘치도록 하기 위해 제방의 일부를 낮추고 Concrete 또는 Asphalt 등의 재료를 피복한 제방이다.

(4) 윤중제(輪中堤, Polder Levee)
특정한 지역을 홍수로부터 보호하기 위해 그 주변을 둘러싸서 설치하는 제방을 말하며 이를 둘레 둑이라고도 한다.(예 : 여의도)

(5) 개제(開堤, Open Levee), 놀둑
홍수량의 일부를 상시 저습지 등으로 유입하여 저류시킴으로써 하류부의 수위상승을 감소하고자 하는 불연속된 제방이다.

(6) 횡제(橫堤, Cross Levee)
하폭이 큰 하천의 하안에서 하천의 중심을 향하여 횡 방향으로 돌출시킨 제방으로 이를 날개둑(羽衣堤, Wing Levee) 또는 부류제(附流堤)라고도 하며, 제외지를 유수지 또는 경작지로 이용할 경우 설치한다.

(7) 역류제(逆流堤, Back Levee), 배수제(背水堤, Levee)
본류의 수류가 지류로 역류해서 범람하는 것을 방지하기 위하여 지류의 제방을 합류점에서 상류방향으로 일정구간을 높이 축조된 제방이다.

(8) 분할제(背割堤, Separation Levee), 분류제
수류를 합류코자 할 때나 또는 1개의 하도를 인접한 2개 유로로 분류코자 할 때 하중의 중앙에 축조하는 제방으로 양측에 유로를 갖게 된다.

(9) 체절제(締切帝, Closing Levee), 물막이 둑
하천 또는 지파류를 차단할 목적으로 설치된 제방이다.

(10) 폐제(廢帝, Sleeping Levee)
자연적 인공적으로 하도가 변하여 필요 없게 된 제방이다.

5. 하천제방의 구조

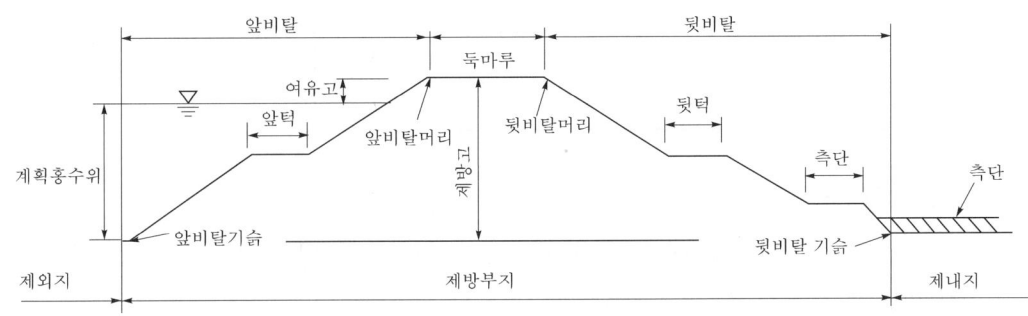

[제방의 구조와 명칭]

(1) 제방고
제방고의 기준이 되는 계획홍수위에 여유고를 더한 높이로서 제방 둑마루의 표고

(2) 여유고
1) 계획홍수량을 원활하게 소통시키기 위해 하천에서 발생할 수 있는 여러 가지 불확실한 요소들에 대한 안전 값으로 주어지는 여분의 제방높이
2) 계획홍수량에 따른 여유고

계획홍수량(m^3/sec)	여유고(m)
200 미만	0.6 이상
200 이상 ~ 500 미만	0.8 이상
500 이상 ~ 2,000 미만	1.0 이상
2,000 이상 ~ 5,000 미만	1.2 이상
5,000 이상 ~ 10,000 미만	1.5 이상
10,000 이상	2.0 이상

(3) 둑마루 폭
1) 하천과 제방의 중요도, 제내지 상황, 사회 및 경제적 여건, 둑마루의 이용성 등을 고려하여 결정
2) 합류점에서의 지류 배수구간의 둑마루 폭은 본류 제방의 둑마루 폭보다 크게 확보

3) 계획홍수량에 따른 둑마루 폭

계획홍수량(㎥/sec)	둑마루 폭(m)
500 미만	3 이상
500 이상 ~ 2,000 미만	4 이상
2,000 이상 ~ 5,000 미만	5 이상
5,000 이상 ~ 10,000 미만	6 이상
10,000 이상	7 이상

(4) 비탈경사

1) 하천유수의 침투에 대한 안전 확보를 위해 1:2 이상 완만한 비탈경사를 결정
2) 비탈경사 결정 시 고려사항
   ① 토질조건
   ② 홍수의 지속시간
   ③ 턱의 설치상황
   ④ 하천경관
   ⑤ 친수성

(5) 제방의 턱과 축단(軸壇)

1) 제방 비탈면의 활동과 누수 방지 및 기초의 안정을 위해 턱과 축단설치
2) 턱은 비탈 허리에 축단은 제방은 뒷기슭에 설치
3) 역할 : 비탈면 보호, 홍수 시 세굴방지, 침투수에 대한 안정성 확보, 방재작업
4) 설치기준
   ① 턱 및 축단의 폭 : 3m 이상
   ② 앞턱 : 연직 방향으로 3~5m마다 설치
   ③ 뒤턱 : 연직 방향으로 2~3m마다 설치

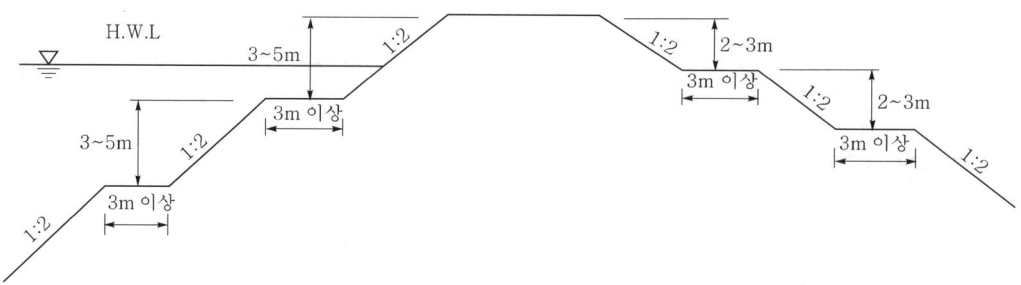

[제방 턱의 배치기준]

(6) 측단(側壇)

1) 제방의 안정 및 비상용 토사의 비축, 조경 등을 위해 제방의 뒷기슭에 설치
2) 측단은 제방의 정규 단면 밖에 설치되는 것으로 축단과 구별
3) 측단의 구분

구 분	설치목적	측단 폭의 기준
안전측단	제방의 안정 도모	① 직할하천 5m 이상 ② 지방하천 3m 이상
비상측단	비상용 토사 등의 비축	① 5m 이상 ② 제방부지 폭의 1/2 이하(측단제외)
조경측단	하천의 경관 및 환경보존	① 5m 이상 ② 제방부지 폭의 1/2 이하(측단제외)

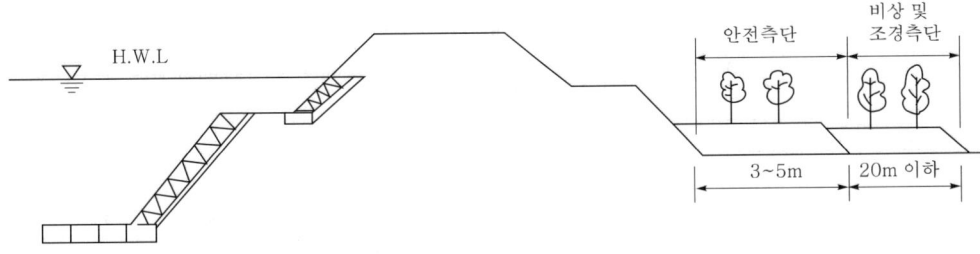

[측단 설치의 예]

6. 제방법선 및 저수로 법선

(1) 제방법선

1) 제방의 앞 비탈 머리를 가로 방향으로 연결한 선을 말한다.
2) 하천연안의 토지이용 현황, 홍수 시의 유황, 현재의 하도, 장래의 하도, 공사비 등을 검토하여 가급적 부드러운 곡선형태가 되도록 한다.

(2) 저수로 법선

1) 저수로와 고수부지(둔치)가 만나는 점을 가로방향으로 연결한 선을 말한다.
2) 저수로 폭의 변화는 좌우 안 법선을 나란하게 하고 곡선부에서는 하폭을 넓게 하여 바깥쪽 제방에 대한 수충을 완화시키도록 한다.

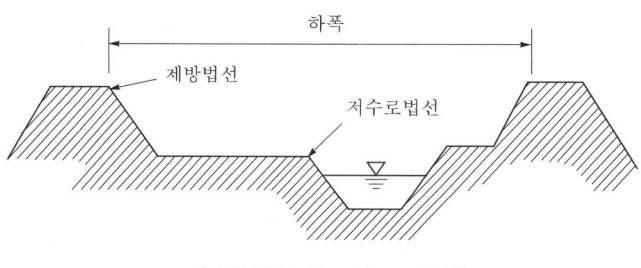

[제방법선 및 저수로 법선]

7. 하천제방의 시공

(1) 제방 단면

1) 계획 단면(설계 단면)
계획홍수위에 여유고를 추가한 높이의 단면

2) 시공단면
계획단면에 더 돋기를 추가한 단면으로 제방완성 후 제체의 수축 및 기초지반의 압밀 침하를 고려한 단면

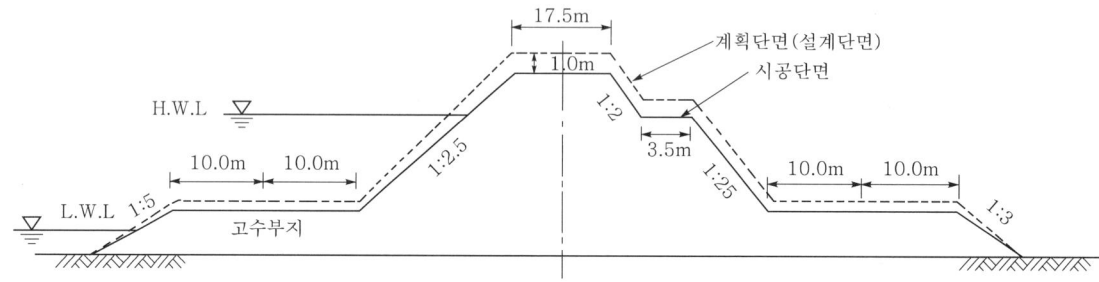

[제방의 설계 단면과 시공 단면의 예]

3) 잠정 시공단면
공사비가 많이 소요되거나 시공기간이 매우 긴 경우 또는 제방의 기초지반이 연약지반인 경우 잠정적으로 부분시공이 이루어지는 단면

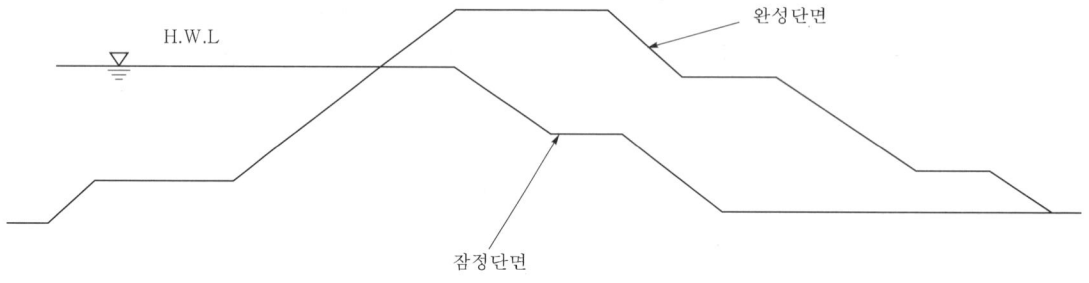

[제방의 잠정 시공단면의 예]

(2) 하상굴착 및 준설

1) 정 의
  수면 위의 바닥파기를 굴착(육상파기), 수면 이하의 바닥파기를 준설(수중파기)이라 한다.

2) 굴착의 목적
  ① 홍수의 원활한 소통을 위한 하적(河積)의 확대
  ② 토사의 세굴 및 퇴적에 의한 극심한 난류 발생 시 수로의 선형(線形)정리
  ③ 수로 및 방수로(放水路) 등 새로운 하천을 만들기 위한 굴착
  ④ 축제용 토사의 채취

3) 하상 굴착(하상 준설)
  ① 제방 끝 부근의 하상 굴착을 피한다.
  ② 과 굴착에 의한 불규칙한 단면으로 흐름을 흐트러지지 않도록 한다.
  ③ 굴착부의 함수비가 높은 경우 표면배수를 촉진시키거나 배수도랑으로 함수비를 낮춘다.
  ④ 작은 수로의 경우 굴착 중 유수의 방향을 교란하지 않도록 한다.
  ⑤ 하상 굴착은 하류로부터 상류 방향으로 진행하는 것을 원칙으로 한다.

(3) 흙 운반 및 흙의 배분

1) 흙 운반
  ① 흙 파기 운반 및 운반 장비는 현지조건에 따른 작업성을 고려하여 선정
  ② 운반 장비의 주행에 필요한 Cone 지수

장비의 종류	Cone 지수(kg/cm²)
육상 Bulldozer	5~7 이상
습지용 Bulldozer	2~4 이상
Dump Truck	15 이상

2) 흙의 배분
  ① 흙의 배분은 성토량과 절토량의 경제적인 배분을 의미한다.
  ② 운반 거리는 가능한 한 짧게 한다.
  ③ 토량의 변화를 고려한 배분이 되도록 한다.
  ④ 토적곡선도(Mass Curve)를 작성하여 배분계획을 수립한다.

(4) 제방 쌓기(흙 쌓기)

1) 축제재료
① 물이 포화되었을 때 비탈면 활동이 잘 일어나지 않을 것
② 투수 계수가 작을 것($k = 10^{-3}$ cm/sec 이하)
③ 굴착 및 운반, 다짐 등의 시공이 용이할 것
④ 물에 용해되는 성분을 포함하지 않을 것.
⑤ 흙의 전단 강도(ϕ, c)가 클 것
⑥ 습윤 또는 건조에 의한 팽창, 수축이 작을 것
⑦ 풀이나 나무뿌리 등의 유기물을 포함하지 않을 것.

2) 기초지반의 처리
① 벌개 제근 후 다짐 실시(성토부와 기초지반의 밀착)
② 제방의 기초지반에 미끄럼 방지 Key 시공(신설제방의 밀착 효과 증대)
③ 기초지반의 제방 안전상 신속한 배수를 위해 배수시설을 설치
④ 연약지반의 경우 적정한 공법을 선정하여 기초보강처리
⑤ 기설 제방의 확대 또는 1:4보다 급한 경사의 기초지반의 경우 층따기 실시

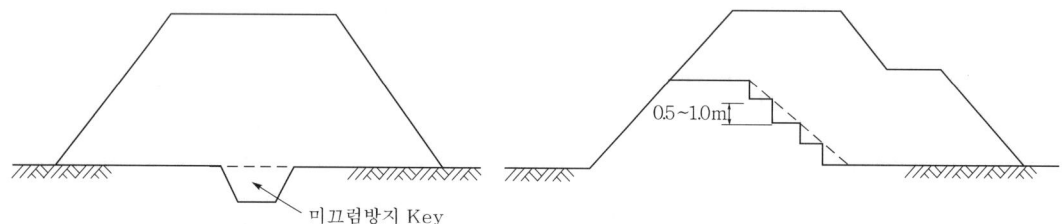

3) 흙 쌓기(성토) 및 다짐
① 층 다짐으로 전체가 균일한 다짐이 되도록 흙쌓기 및 다짐 실시
② 다짐시험 시공에 의해 다짐 장비의 선정, 다짐횟수 및 포설두께 등의 시공 규정 결정
③ 흙쌓기의 한 층의 두께는 다짐 후 20~30cm 이하가 되도록 시공
④ Bulldozer 등으로 흙쌓기 층을 고르게 펴고 최적함수비에 가까운 상태로 함수비를 조절하며 다짐 실시
⑤ 다짐은 소정의 다짐도(직할 하천 및 지방하천의 경우 80% 이상)로 다짐
⑥ 구조물 접속부에 대한 다짐에 유의

(5) 토량의 변화

1) 개 요
① 굴착, 성토 등의 흙을 다루는 과정에서 흙의 밀도 및 체적은 변화됨
② 이 같은 변화는 자연상태, 흐트러진 상태, 다져진 상태로 구분
③ 토량 변화율의 파악은 정확한 시공계획 수립에 매우 필요하고 중요

2) 토량의 변화율
① $L = \dfrac{\text{흐트러진 상태의 토량}(m^3)}{\text{자연상태의 토량}(m^3)}$

② $C = \dfrac{\text{다져진 상태의 토량}(m^3)}{\text{자연상태의 토량}(m^3)}$

3) 토량환산계수(f)

구 분	자연 상태	흐트러진 상태	다져진 상태
자연 상태	1	L	C
흐트러진 상태	$1/L$	1	C/L
다져진 상태	$1/C$	L/C	1

4) 토량 변화율의 결정
① 대규모 공사의 경우 현장시험에 의해 결정
② 소규모 공사의 경우 건설표준품셈에 제시된 토량환산계수 적용

(6) 더 돋기

1) 제방의 더 돋기는 제방 쌓기 후 제체 및 기초지반의 장기적 압밀을 충분히 고려하여 설계도서에 명시된 높이로 시공
2) 더 돋기는 제방 마루뿐만 아니라 전 단면에 대하여 여유를 갖도록 시공

(7) 제방 비탈면(성토 비탈면)

1) 비탈면의 시공
① 제방 단면의 더 돋기 및 각종 침하에 대비한 여유 단면을 갖도록 시공
② 비탈면 재료는 가급적 제방 본체와 일치되는 것으로 사용
③ 비탈면 시공 및 다짐은 제방 본체의 압밀침하가 상당히 진행된 후 실시

2) 비탈면의 다짐
① 비탈면 흙 쌓기와 제방 본체 재료의 밀착으로 비탈면의 활동 방지를 위해 비탈면에 대한 다짐을 실시

② 비탈면 다짐은 기계 다짐과 인력 다짐으로 구분
③ 기계 다짐의 경우 Bulldozer, 진동 Compactor, 소형 진동 Roller 등을 사용

3) 제방 비탈면(성토 비탈면)의 마감
① 비탈면 마감은 제방 종단간격 20m마다 비탈 규준틀을 설치하여 시공
② 성토로 축조된 제방 비탈면은 떼 붙임 또는 호안공 등으로 덮어서 보호
③ 강우 및 유수에 의한 세굴방지를 위해 비탈면에 안전한 보호공을 설치

8. 연약지반 상의 제방축조 시 보강대책

(1) 성토부의 안전성이 문제

1) 연약층이 얕고 얇은 경우
Pre-loading 공법, Sand Mat 공법

2) 연약층이 깊고 두터운 경우
Surcharge 공법, San Drain 공법, Sand Compaction Pile 공법

(2) 시공 후 잔류 부등침하에 대한 문제

1) 연약층이 얕고 얇은 경우
굴착치환 공법, Surcharge 공법, 생석회 Pile 공법

2) 연약층이 깊고 두터운 경우
Surcharge 공법, San Drain 공법, Sand Compaction Pile 공법, 생석회 Pile 공법

(3) 느슨한 사질 지반의 지진 시 액상화에 대한 문제
Sand Compaction Pile 공법, Vibro Flotation 공법

9. 제방 누수의 방지 대책

(1) 제방 누수의 정의
1) 외수위가 상승하여 제체 또는 지반을 통해 제내 측으로 침투수가 유출하는 현상으로
2) 제체를 침투해 오는 제체 누수와 지반을 침투해 오는 지반 누수 등으로 구분

(2) 제체 누수

1) 시공요점
제체의 침윤선이 결정적인 요인이 되므로 침윤선이 제방부지 밖에 위치하도록 한다.

2) 대 책
   ① 제방 단면의 확대(침윤선 연장)
   ② 비탈면 피복(누수 경로 차단)
   ③ 차수벽(지수벽) 설치(누수 경로 차단)
   ④ 제내지 비탈면 보강

 (3) 지반 누수

   1) 시공요점
   지반을 통해 제내 측으로 침투수가 유출되는 것으로 기초지반에 대한 누수를 방지하는데 역점을 둔다.

   2) 대 책
   ① 투수층에 차수판 설치(누수 경로차단)
   ② 제방 단면의 확대(침윤선 연장)
   ③ 제외지 전면에 수제 설치(세굴방지)
   ④ 제방에 배수로 설치(누수의 빠른 배제)

10. 결 론

하천제방은 평소에는 하천수의 원활한 유수를 할 수 있도록 하며 홍수 시에는 하천수가 제내지로 범람하는 것을 방지하기 위해 설치하는 하천구조물로서 그 역할은 매우 중요하다.

따라서 하천제방의 축조시공 시 세밀한 지반조사를 비롯한 여러 조사를 통해 정확한 자료를 수집하고 이에 따른 안정성을 고려한 설계를 실시하여야 하며, 시공에 따른 세심한 관리 및 시공 후 체계적인 유지관리가 있어야 한다.

문제 2 하천 호안

1. 개요

호안(護岸, Revetment)이란, 제방을 유수에 의한 침식과 침투로부터 보호하기 위해 마련하는 구조물을 말한다.

일반적으로 호안은 하상의 종횡단형, 제방의 비탈경사, 토질 등을 고려하여 시공 개소, 연장 및 공법 등을 결정하여야 한다.

2. 호안의 구분

(1) 고수호안

홍수시 앞 비탈을 보호하기 위해 설치하는 호안

(2) 저수호안

저수로에 발생하는 난류의 방지 및 고수부지의 세굴을 방지하기 위해 설치하는 호안으로 홍수 시 세굴에 대한 배려가 필요

(3) 제방호안

고수호안 중 제방에 설치하는 호안으로 제방을 직접 보호하기 위해 설치

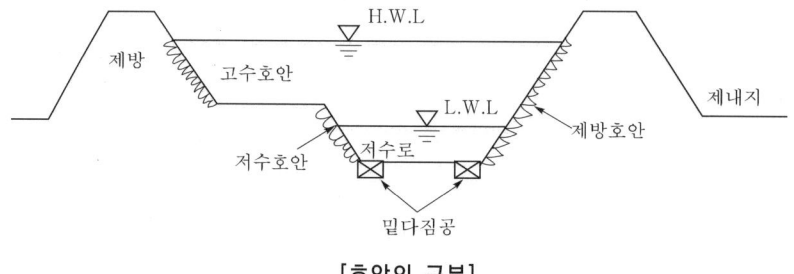

[호안의 구분]

3. 호안의 구조

(1) 비탈 덮기공

1) 하안 및 제체의 세굴을 방지하여 비탈면의 안정 도모
2) 제체 내에 물의 침투방지
3) 흙막이 역할에 의한 제방의 붕괴방지

(2) 기초공 또는 비탈 멈춤공

1) 하안의 침식 및 세굴방지
2) 비탈 덮기공 지지
3) 비탈 덮기공의 활동 및 붕괴방지

(3) 밑다짐공

1) 하상의 세굴방지
2) 앞면 호안 기슭의 세굴방지
3) 호안 기초공(또는 비탈 멈춤공)의 안정 도모

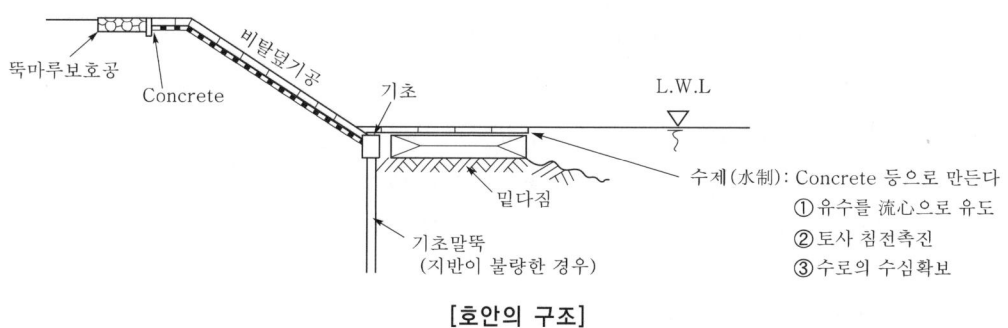

[호안의 구조]

4. 호안 구조물의 종류

(1) 비탈면 덮기공

1) 돌 붙임 또는 돌 쌓기공
2) Concrete Block 붙임 또는 Concrete Block 쌓기공
3) Concrete 비탈틀공
4) 돌망태공

(2) 호안 기초공(또는 비탈 멈춤공)

1) Concrete 기초, 사다리 토대
2) 널판 바자공
3) 말뚝 바자공

(3) 밑다짐공

1) 사석공
2) 침상공
3) Concrete Block 침상공
4) 돌망태공

5. 호안 구조의 종류별 특징

(1) 돌 붙임 또는 돌 쌓기공

1) 돌붙임 : 비탈구배가 1:1보다 완만한 경우
2) 돌쌓기 : 비탈구재가 1:1보다 급한 경우
3) 재료 : 견칫돌, 깬돌, 잡깬돌, 원석, 호박돌 등
4) 메쌓기
   ① 수세가 완류이고, 경사가 완만한 완류에 시공
   ② 호박 돌붙임 및 깬 돌 붙임공은 보통 메쌓기로 한다.
5) 찰쌓기
   ① 수세가 급하고, 경사가 급한 경우 시공
   ② 찰쌓기의 Concrete 배합 강도는 일반적으로 150kg/㎠을 기준

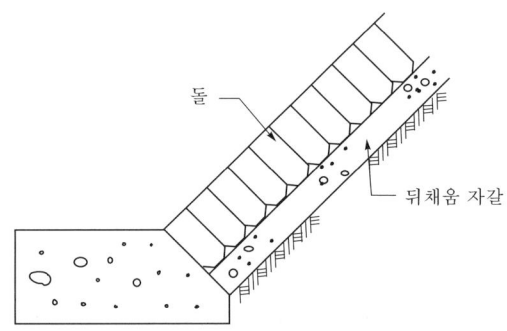

(2) Concrete Block 붙임 또는 Concrete Block 쌓기공

1) 현장 부근에 석재가 없는 경우 적용
2) 돌붙임 또는 돌쌓기공보다 경제적으로 시공이 가능
3) 돌붙임 또는 돌쌓기공에 준한 시공
4) 곡선부의 시공이 곤란

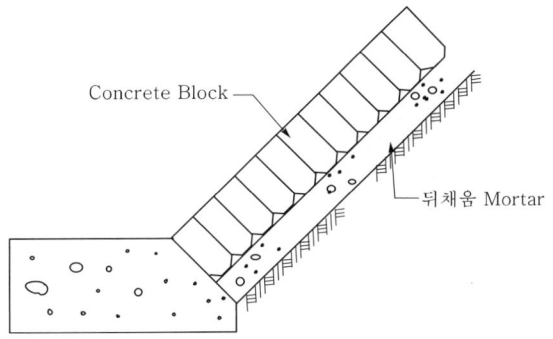

(3) Concrete 비탈틀공

1) 1~2cm 간격의 Concrete 격자틀을 만들어 그 속에 뒤채움 자갈을 깔고, 두께 10~20cm의 Concrete를 쳐 넣은 것
2) Concrete 격자틀 규격
   ① 폭 20~30cm
   ② 높이 30~50cm
3) 비교적 완류하천에서 비탈구배가 1:2 이상인 경우 적합

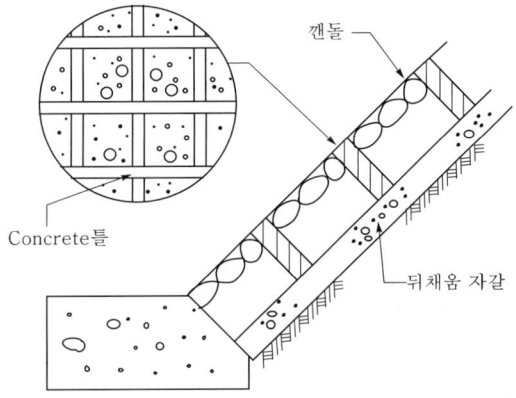

(4) 돌망태공

1) 아연 도금한 철선으로 망태를 짠 것으로 망태 속에 조약돌을 채워서 시공
2) 수세가 급하고, 석재 구득이 곤란한 장소에 적합
3) 굴요성이 풍부
4) 비탈덮기와 밑다짐을 겸한 시공이 가능
5) 시공이 간편하고 공사비가 저렴
6) 수명 및 내구성에 문제가 있다.
7) 잠정공사 및 응급공사에 많이 사용

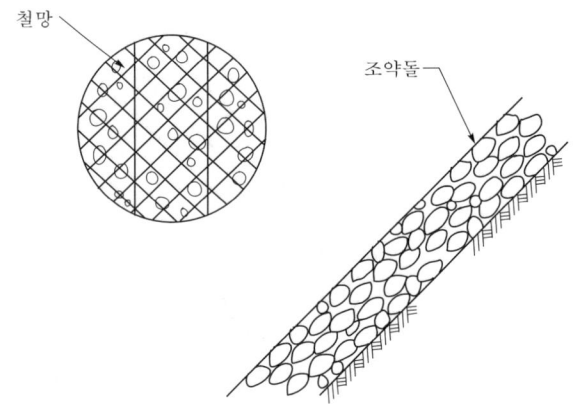

(5) Concrete 기초, 사다리 토대

1) Concrete 기초

   비탈덮기공으로 돌 붙임 또는 돌 쌓기공, Concrete Block 붙임, 또는 Concrete Block 쌓기공 등을 채택한 경우 적용

2) 사다리토대

   ① 사다리 모양으로 만들어진 Concrete 기초
   ② 메쌓기와 같은 간단한 비탈덮기공의 기초로 사용

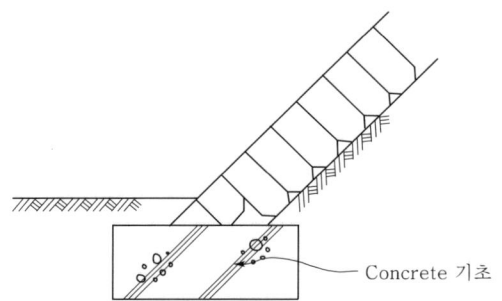

(6) 널판 바자공

1) 적당한 간격으로 말뚝을 박고 머리 부분을 관목, 압목 등으로 연결하여 널판으로 바자를 만들어 호박돌, 자갈 등을 채우는 방법
2) 시공이 간단
3) 완류부 수심이 낮은 곳 적용

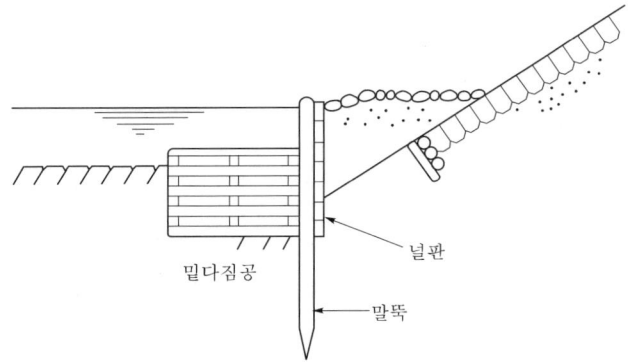

(7) 말뚝 바자공

1) 적당한 간격으로 어미 말뚝을 박고 그 사이의 성목(成木) 및 말뚝을 붙여 박는 유형의 공법
2) 바자공 중에서 제일 견고
3) 유속이 큰 곳에 사용

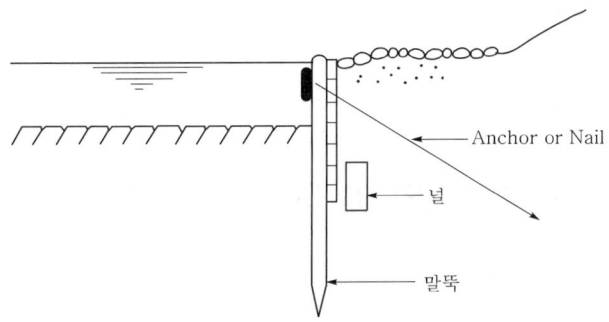

(8) 사석공

1) 가장 간단한 공법
2) 부근의 하상의 구성 재료보다 큰 것 및 무거운 것 사용

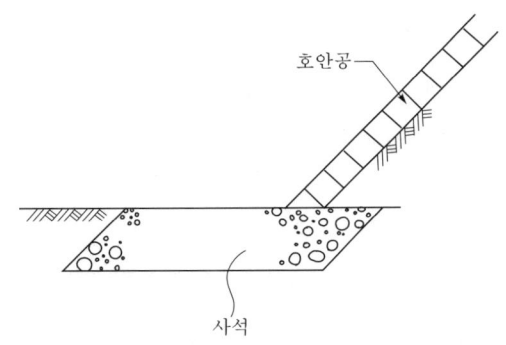

(9) 침상공

1) 섶침상 : 완류하천에 적용
2) 목공침상 : 급류하천에 적용

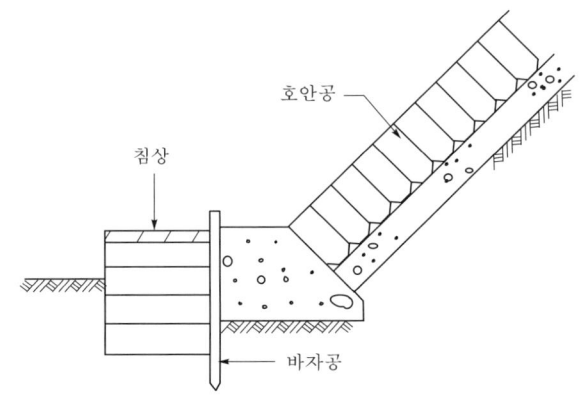

(10) Concrete Block 침상공

1) Concrete Block이 서로 맞물리게 하여 전체가 일체가 되도록 한 것
2) 굴요성 및 내구성 증진
3) 유수에 대한 저항성 증진

6. 호안의 안정(호안의 파괴원인 및 대책)

(1) 기초 세굴

1) 개 요
   호안은 세굴에 의해 기초 부분이 파괴되고 점차 호안 전체로 확대

2) 원 인
   하천의 유수에 의하여 하상(河床)을 파헤침으로 인해 발생

3) 대 책
   ① 호안 설치위치에 대한 하상변동 조사
   ② 기초 부분이 세굴에 안전하도록 기초공 및 밑다짐공법을 실시

(2) 뒤채움 토사의 흡출

1) 개 요
수위강하 시의 잔류간극수압에 의해 호안의 이음 눈 등에서 뒤채움 토사가 유출되어 공동이 발생하는 현상으로 이로 인해 비탈 덮기가 파괴

2) 원 인
① 홍수 시의 감수속도(減水速度)
② 하천에서 조수간만에 의한 큰 감조(減潮)
③ 하천에서의 선박이나 바람에 의한 큰 파랑

3) 대 책
① 적절한 입도 분포를 가진 뒤채움 재료 사용
② 비탈면 덮기공의 누수방지

(3) 토압이나 수압에 의한 붕괴

1) 개 요
경사가 급한 호안에서 많이 발생하는 파괴 형태

2) 원 인
① 감수속도가 매우 빠른 경우
② 간만의 차가 큰 감조

3) 대 책
① 설계 시 토압 및 수압에 대한 충분한 안정성 검토
② 견고한 호안 구조물의 시공

(4) 유수에 의한 비탈덮기의 파괴

1) 개 요
주로 급류하천 등에서 많이 발생하는 파괴형태

2) 원 인
① 돌붙임이나 Concrete Block 붙임공에서 매우 작은 사석이나 Block 사용
② 찰붙임에서 채움 Concrete 및 이음눈 Mortar가 밀실되지 않은 경우

3) 대 책
① 종단방향에 10~20m 간격으로 구조 이음눈을 설치
② Concrete의 규준틀에는 종횡단 방향에 구조 이음눈을 설치

(5) 상하류 마감부에 대한 안전

1) 개 요

호안 양단부에서 세굴이 발생하는 경우가 많고 이로 인해 비탈 덮기 이면의 토사가 유출되어 파괴 등의 마감에 대한 안전성 미비

2) 원 인

① 호안 법선과 연장이 적당하지 않은 경우
② 기설 호안과 신설 호안 간의 유수에 대한 강도 차이

3) 대 책

① 호안 설치길이의 신중한 결정
② 기설 호안과 신설 호안간의 조도가 큰 완화구간 설치
③ 소구 멈춤공(비탈 멈춤공)을 설치
④ 모래 및 자갈층 외에는 보통 강널말뚝을 시공

(6) 호안 머리부분의 세굴

1) 개 요

호안 비탈 머리부분이 세굴되어 파괴되는 현상

2) 원 인

저수호안 법선이 심하게 만곡되어 있는 곳에 유수의 직진성이 원인

3) 대 책

호안 머리 보호공을 설치

(7) 호안구조 변화점 부근의 파괴

1) 개 요

호안 구조의 변화되는 지점에서 보호구조물이 파괴되는 현상

2) 원 인

① 연속된 호안 중간에 급격히 비탈경사를 변화시킨 경우
② 밑다짐을 하지 않은 경우

3) 대 책

변화되는 지점의 구조를 완만하게 변화

7. 호안구조 설치 시 고려사항

  (1) 유수의 속도
  (2) 상시수위 및 홍수위
  (3) 하천의 수심
  (4) 강우량(기상조건)
  (5) 하상의 상태
  (6) 주변 환경
  (7) 호안의 중요성
  (8) 시공성 및 안전성, 경제성 등

8. 호안 시공 시 유의사항

(1) 호안 설치구간

  1) 급류하천이나 준급류 하천 : 전 구간에 걸쳐서 호안을 설치한다.
  2) 완류 하천 : 수충부에 중점적으로 설치한다.
  3) 유속의 기준 : 3m/sec 이상이면 호안을 설치한다.

(2) 비탈덮기공

  1) 높이 : 계획홍수위까지 설치하는 것을 원칙으로 한다.
  2) 비탈경사 : 1:2를 표준으로 하며 그 이상의 경사도를 둔다.
  3) 호안의 표면 : 적당한 凹凸을 두어 유수의 저항을 크게 한다.
  4) 뒤채움 재료 : 입도가 적절히 혼합된 것으로 사용한다.

(3) 기초공

  1) 높이 : 평균 저수위를 기준으로 한다.
  2) 기초 및 깊이
     ① 중소하천의 경우 : 계획 하상에서 0.5m 이상 유지
     ② 대 하천의 경우 : 계획 하상에서 1.0m 이상 유지
  3) 비탈덮기공과 기초공 : 완전히 절연하여 변위 및 이동의 영향을 받지 않도록 한다.

(4) 밑다짐공

1) 밑다짐의 상단높이 : 계획 하상고 이하
2) 밑다짐 폭
   ① 급류 및 준급류 하천 : 4m 이상
   ② 완류 및 준완류 하천 : 4~12m
3) 두께 : 설치 구조물의 종류 및 폭, 하상 등을 고려하여 결정

(5) 기 타

1) 하천의 일부 구간에 호안설치 시 수충부가 하류로 이동할 수 있으므로 호안 길이를 충분하게 하여 이를 대비
2) 고수부지의 포락이 진행 중이거나 예상되는 지점에는 저수호안을 설치
3) 교량, 보, 낙차공 등의 구조물 상하류 호안설치 시 구조물을 보호
   ① 대하천 : 약 20~30m
   ② 소하천 : 10m 이상

9. 결 론

호안에 있어서 가장 큰 문제점은 세굴, 침식, 비탈면의 붕괴로서 시공 시 밑다짐시공을 철저히 하여야 하고, 특히 제체의 다짐 시공에 더욱 유의하여 시공한다.

또한 호안 구조공의 선정 시 유수의 속도, 하천의 수심 및 상태, 기상조건 등 여러 가지 제반 사항을 고려하여 적정한 공법을 선정하고, 아울러 세부적인 시공 계획을 수립하여 이에 따른 계획적인 시공관리가 이루어질 수 있도록 하는 것이 중요하다.

문제 3 하천제방의 누수 원인과 방지대책
[하천제방의 붕괴원인과 대책]

1. 개요

하천제방의 누수는 제외 수위가 상승하여 제체 또는 지반을 통하여 제내 측으로 침투수가 유입되는 현상을 말하며, 이는 제체의 침윤선이 결정적인 요인이 된다.

따라서 제방의 누수발생 시 적절한 대책공법을 선정하여 처리함으로써 누수로 인한 제방의 파괴가 일어나지 않도록 하여야 한다.

2. 하천제방의 누수 원인

(1) 제체의 누수
1) 제방 단면의 부족
2) 성토재료의 입도 불량
3) 침윤선이 뒷비탈면에 나올 때
4) 성토의 다짐 시공 불량
5) 제체의 지수 불량

(2) 제체 기초지반의 누수
1) 사질 층의 기초가 있을 때
2) 제방 비탈 끝이 세굴된 경우
3) 지반이 침하된 경우

(3) 기타 원인에 의한 누수
1) 수문 구조물과 제체의 접촉 불량
2) 구조물 축조 시 투수층의 노출
3) 쥐, 두더지 등에 의한 구멍 형성
4) 차수벽 미시공

3. 누수 발생에 따른 조사

(1) 제체의 토질조사
(2) 제방기초의 지질조사
(3) Sounding : 투수시험 및 지하수 조사
(4) Sampling : 실내토질시험실시

4. 누수방지 대책

(1) 공법 결정 시 검토사항

1) 누수 대책공의 지수 효과
2) 시공성 및 확실성
3) 주변 지반의 영향
4) 경제성

(2) 제방의 누수 대책공법

1) 제방 단면 확대공법

제방의 단면을 확대하여 침윤선의 길이를 연장한다.

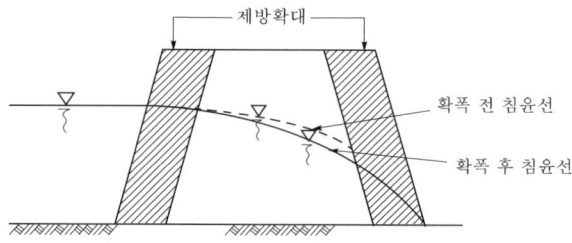

2) 지수벽 설치공법

제체 내에 Sheet Pile, 심벽, 점토 등으로 불투수층까지 설치하여 누수 경로를 차단한다.

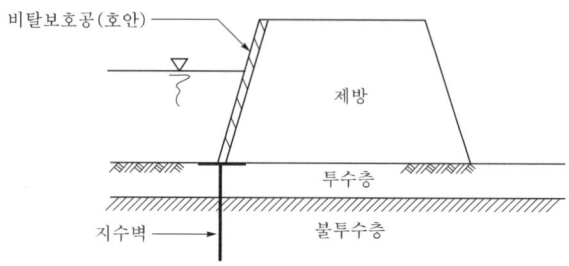

3) 압성토 공법

제체의 비탈면 활동방지를 목적으로 제 내의 비탈기슭에 성토한다.

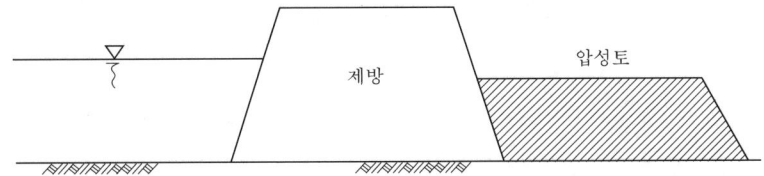

4) 배수우물 설치방법

제방 내로 누수된 침투수를 집수정 또는 배수로를 설치하여 침투수를 처리한다.

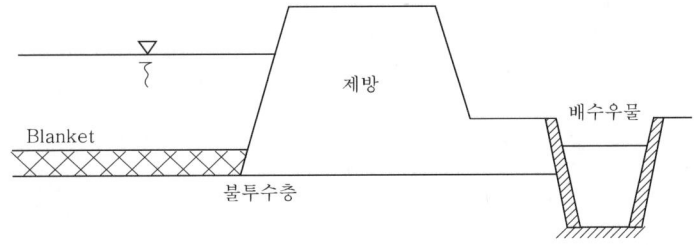

5) Blanket 설치방법

제외지 투수성 지반 위에 불투수성 재료 등으로 피복시켜 지수효과를 증대시킨다.

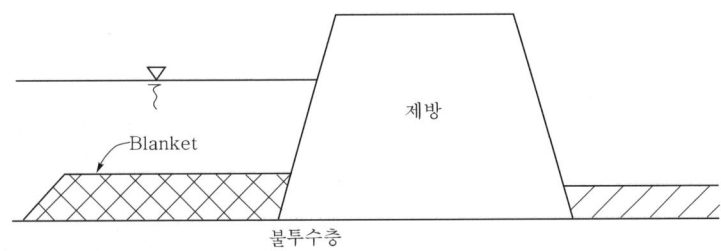

(3) 제방 호안에 대한 대책공법

1) 비탈면 덮기

　－비탈 사면의 안정도모
　① 돌 붙임 및 돌 쌓기공
　② Concrete Block 쌓기 및 Concrete Block 붙이기공
　③ Concrete 비탈틀공
　④ 돌망태공

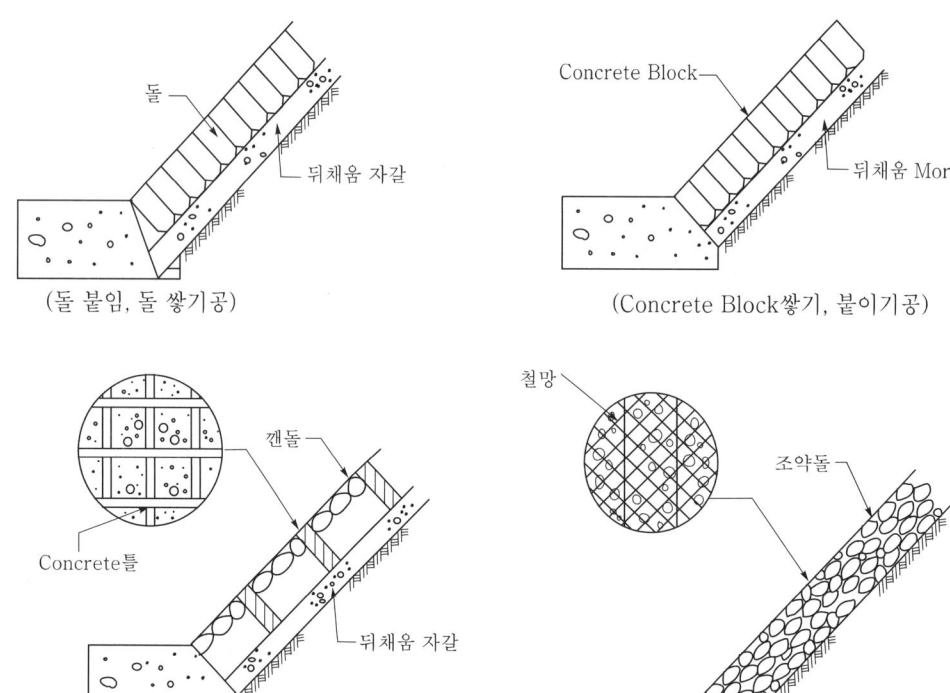

2) 비탈멈춤

- 하안의 침식 및 세굴방지를 목적으로 실시
① Concrete 기초공
② 널판자공
③ 말뚝 바자공

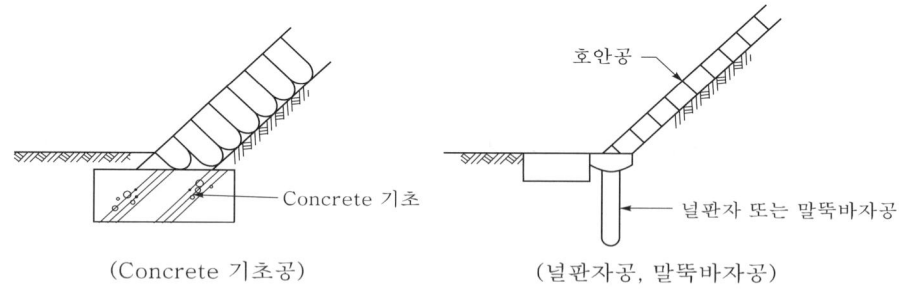

3) 밑다짐

- 하상의 세굴방지
① 사석공
② 침상공
③ 돌망태공

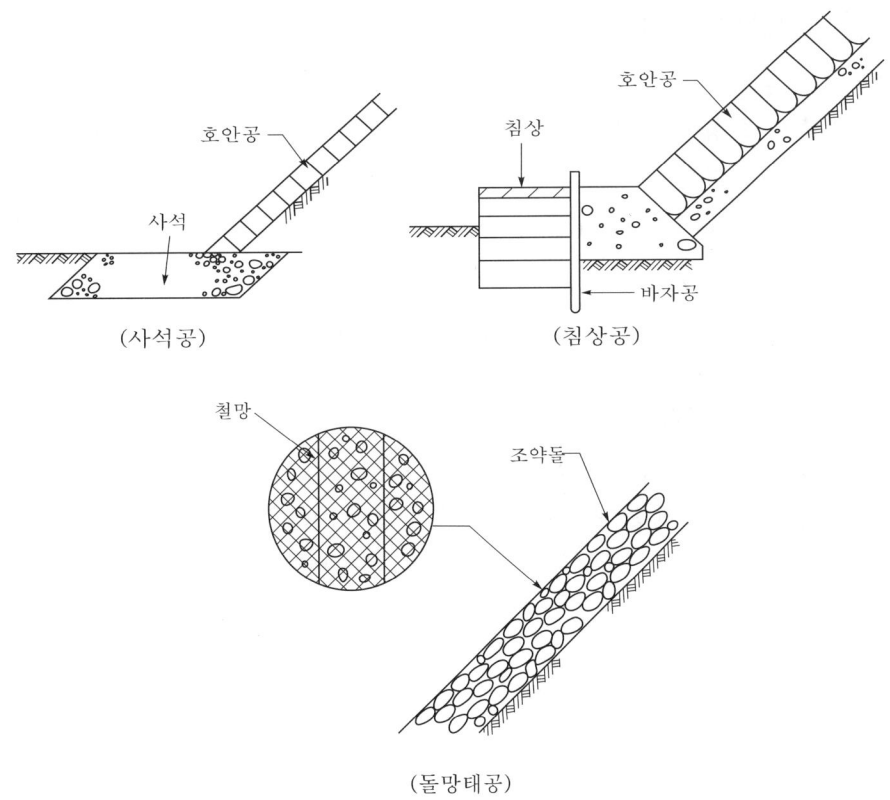

5. 제방 성토시공 시 대책

(1) 기초지반처리

1) 벌개 제근 후 다짐 실시(성토부와 기초지반의 밀착)
2) 제방의 기초지반에 미끄럼 방지 Key 시공(신설 제방의 밀착 효과증대)
3) 기초지반의 제방 안전상 신속한 배수를 위해 배수시설을 설치
4) 연약지반의 경우 적정한 공법을 선정하여 기초보강처리
5) 기설 제방의 확대 또는 1:4보다 급한 경사의 기초지반의 경우 층 따기 실시

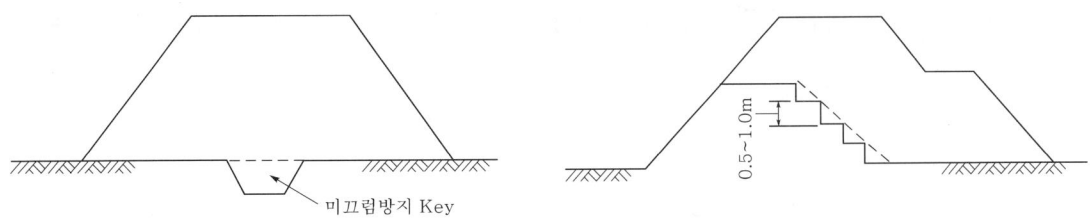

(2) 성토재료의 조건
1) 전단 강도(ϕ, c)가 클 것
2) 압축과 변형이 적을 것
3) 투수성이 작을 것($k = 10^{-3}$ cm/sec 이하)
4) #4체 통과량 : 25~100%
5) 소성지수 : $I_P < 6$
6) 균등계수 및 곡률계수 : $C_u > 10$, $1 < C_g < 3$

(3) 다짐 시공 철저
1) 층 다짐으로 전체가 균일한 다짐이 되도록 흙쌓기 및 다짐 실시
2) 다짐시험 시공에 의해 다짐 장비의 선정, 다짐횟수 및 포설 두께 등의 시공규정 결정
3) 흙쌓기의 한 층의 두께는 다짐 후 20~30cm 이하가 되도록 시공

(4) 다짐관리
1) 건조밀도에 의한 다짐도(RC) 관리
$$RC = \frac{\text{현장 } \gamma_d}{\text{시험실 } \gamma_{d\max}} \times 100(\%)$$
2) 강도에 의한 다짐도 관리
3) Proof Rolling에 의한 다짐도 관리

6. 결 론

제방 누수의 주원인은 Piping에 의하여 발생되며, 이를 방치하게 되면 제방이 파괴되어 인적 및 물적으로 엄청난 재해의 손실을 입게 된다.

따라서 설계 및 시공 시 충분한 검토를 하고, 특히 제방 성토재료의 선정부터 다짐 시공에 이르기까지 세심한 시공관리와 함께 다짐도 관리를 철저히 하여야 한다.

또한, 제방의 누수방지를 위해서는 제방의 제체와 기초지반에 대한 적정한 대책 공법과 호안의 비탈면에 대한 적정한 공법을 선정하여 이에 따른 세심한 시공관리가 되도록 한다.

문제 4 하천수제 (水制)

1. 개 요

수제(水制, Groin)란, 흐름 방향과 유속을 제어하여 하안 또는 제방을 유수에 의한 침식작용으로부터 보호하기 위해, 호안 또는 하안 전면부에 물 흐름의 직각 또는 평행으로 설치한 구조물을 말한다.

즉, 수제는 유수를 적극적으로 제어하는 구조물로서, 수제의 설치로 하안과 상하류에 미치는 영향이 크므로 설치위치와 구조 등에 주의하여야 한다.

2. 수제의 설치목적

(1) 하안의 침식(세굴) 및 호안의 파손방지
(2) 저수로 법선형의 수정 및 유로의 고정
(3) 본류 및 지류의 흐름 유도
(4) 모래의 이동조정
(5) 생태계의 보전
(6) 경관개선
(7) 수운을 위한 수심확보(수위상승)
(8) 유량확보

3. 수제의 종류 및 특징

(1) 구조상

1) 투과 수제

① 흐름의 일부가 수제 본체를 투과할 수 있는 구조로 설치한 구조물
② 유수가 수제를 투과하는 과정에서 유속이 감소
③ 토사의 침전이 촉진되어 하안이나 호안을 보호
④ 흐름에 대한 저항은 불투과수제에 비해서 작음
⑤ 수제자체의 안정성이 우수
⑥ 유지관리가 용이

2) 불투과 수제

① 흐름을 투과시키지 않고 흐름의 방향을 변화시키도록 설치한 구조물
② 하안 또는 제방에 발생하는 수충(水衝, Water Hammer)의 감소
③ 월류 유무에 따라 월류 수제와 비월류 수제로 구분
④ 유수에 대한 저항이 크고 많이 파손
⑤ 하상의 현상유지, 유로 폭 제한 등을 충분히 발휘할 수 있는 경우를 제외하고는 사용을 제한하는 것이 유리

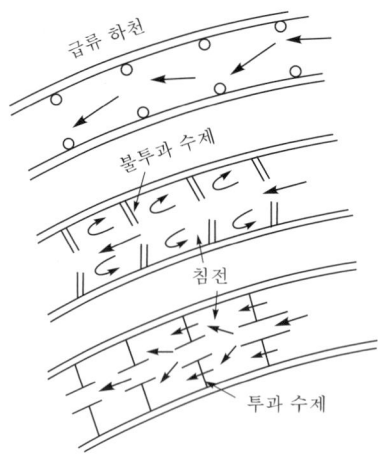

[투과 수제와 불투과 수제]

(2) 배치상(방향에 따라)

1) 평행수제

① 흐름에 대해 평행에 가까운 수제
② 유로의 변경 또는 고정
③ 횡수제 전면부에 하상세굴 등의 피해방지를 위해 횡수제의 앞부분에 평행 수제를 설치하는 경우도 있음

2) 횡수제

① 흐름에 대해 직각 또는 직각에 가까운 수제
② 흐름의 방향에 따라 상향수제, 직각수제, 하향수제 등으로 분류

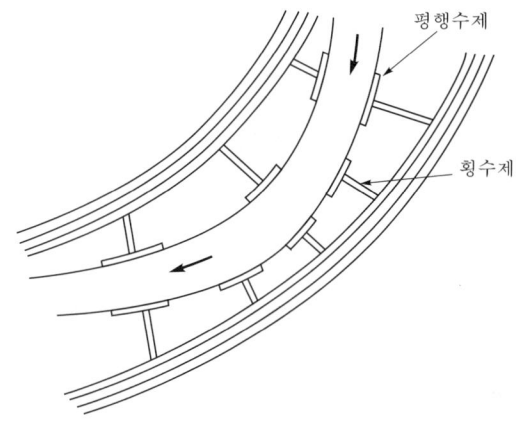

[횡수제와 평행수제]

(3) 시공상(재료 및 형태)

1) 말뚝 수제

   ① 투과 수제의 대표적인 공법
   ② 나무말뚝이나 철근 콘크리트 말뚝을 사용
   ③ 완류하천에 많이 설치

2) 섶침상 수제

   ① 대소하천의 구별 없이 횡수제, 평행수제
   ② 주로 중류부의 완만한 곳이나 완류하천에서 많이 사용

3) 목공침상 수제

   ① 급류하천에서 섶침상은 가벼워 유실되기 쉬우므로 목공침상이 사용
   ② 불투과 수제이므로 가급적 얕게 설치

4) 뼈대 및 틀류 수제

   ① 투과 수제로서 하천 중류로부터 상류에 걸쳐 사용
   ② 하상이 말뚝박기가 곤란한 자갈, 조약돌 등으로 되어 있을 경우 사용
   ③ 급류부에 주로 사용

5) Concrete Block 수제

   ① Concrete Block을 사용한 수제
   ② 형태, 치수, 투과도 등이 변경 가능
   ③ 블록 주변의 세굴이 커서 전도, 유실의 위험을 내포
   ④ Concrete Block 수제에서는 밑다짐을 충분히 실시
   ⑤ 사용되는 블록의 형태는 Y자형 Block, 십자 Block. Tetrapod

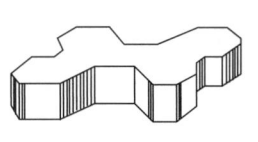 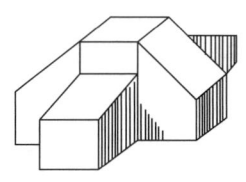 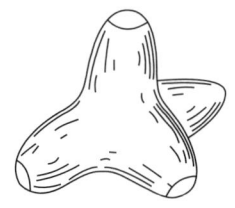

    Y자형 Block   십자 Block   Tetrapod

[Concrete Block 수제의 Block 형태]

4. 수제의 설계 및 시공

(1) 수제설계 및 시공 시 고려사항
1) 하상지질
2) 흐름 상태
3) 유수량
4) 수심
5) 하천시설물의 설치상태
6) 구조물의 안정성 및 시공성, 경제성

(2) 수제의 설치 위치
1) 유속이 빨라 하상 유지공으로 하상의 유지가 곤란하거나 세굴이 심한 장소
2) 급류하천이나 대 하천에서 수심이 깊은 수충부
3) 국부적인 수충부에서 흐름의 방향을 유심방향으로 변환시키려는 장소
4) 흐름을 반류시키려는 장소
5) 흐름의 방향을 일정하게 고정시키려는 장소
6) 저수로를 고정시키려는 장소
7) 하천의 환경을 개선하려는 장소

(3) 수제 방향

1) 평행수제

  수제 기초부에 세굴이 발생하므로 장래의 유지비와 공사비의 증가요인을 충분히 검토

2) 횡수제

  ① 종류 : 상향수제, 직각수제, 하향수제, 혼용수제
  ② 상향수제의 각도

위 치	각 도
직선부(直線部)	10°~15°
요안부(凹岸部)	5°~15°
철안부(凸岸部)	0°~10°

③ 하향수제

주어진 각도는 없으나 흐름의 상황 및 세굴과 퇴적의 특성에 따라 결정

3) 횡수제의 종류별 특징 비교

구 분	장 점	단 점
하향수제	① 수제 전면의 흐름에 의한 수충력이 비교적 약하다. ② 완류부에서 용수 취수구의 유지 및 선착장의 수심유지에 비교적 효과적이다.	① 월류에 의해 소용돌이가 발생하기 쉽다. ② 수제 하류에 세굴이 발생하기 쉬우므로 제방에 위험이 크다.
직각수제	① 길이가 가장 짧고 공사비가 저렴하다. ② 완류하천의 감조부 등에서 효과적이다.	① 하향수제에 비해서 수제 하류의 세굴에 대한 영향이 적다. ② 상향수제에 비해서는 위험이 크다.
상향수제	① 수제의 하류 하안부에 토사의 퇴적상태가 양호하다. ② 유수를 전방으로 밀어내는 힘이 크므로 제방 및 호안 보호에 효과적이다.	① 수제 전면의 흐름에 대해 저항하게 되므로 세굴되기 쉽다. ② 세굴에 의해 수제자체가 손상될 위험이 크다.

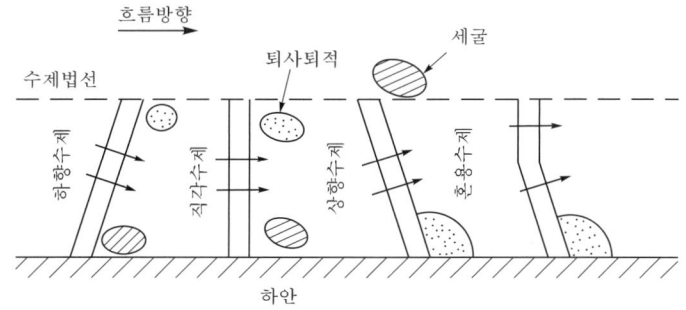

[횡수제의 방향과 세굴 및 퇴적의 위치]

(4) 수제의 높이와 폭

1) 수제의 높이
① 유수에 대한 저항 하상의 변화, 하상고 등을 고려하여 결정
② 평행수제 : 평균저수위보다 0.5m 정도 높게 설치
③ 횡수제 : 하안 접속에서 평균저수위보다 0.6~1.0m 정도 높게 설치
④ 급류하천 : 수제를 아주 낮은 구조 또는 큰 돌이 넘어 갈 수 없는 높이
⑤ 완류하천 : 평균저수위보다 0.5m 정도 높게 설치

2) 수제의 폭
① 유수에 의한 충격 및 주변의 세굴에 견딜 수 있는 폭을 확보
② 세굴작용이 심한 장소에는 수제의 폭을 크게 하는 것이 바람직
③ 일반적인 경우 : 4~6m 정도
④ 대하천의 경우 : 7~9m 정도

(5) 수제의 길이와 간격

1) 수제의 길이
① 하폭, 하상경사, 수심, 그 외의 하상상황 등을 고려하여 결정
② 하폭이 100m 이상인 경우 : 하폭의 1/10~1/20 정도
③ 하폭이 100m 이하인 경우 : 하폭의 1/5~1/10 정도
④ 날개 수제의 경우 : 수제 높이의 2~3배

2) 수제의 간격
유향, 수면경사, 사행현상 등을 고려하여 수제의 유속을 감소시키고 토사를 퇴적시켜 하안에 침식이 일어나지 않는 범위 내에서 수제의 길이에 따라 결정

(6) 수제의 선정

구 분	수제의 선정
1) 제방보호	① 횡수제 ② 투과수제 ③ 날개수제 ④ L형수제
2) 퇴적 및 세굴 방지	① 투과수제 ② 날개수제
3) 유로변경	① 날개수제 ② 투과 횡수제
4) 수로수축 또는 저수로 형성	① 투과수제 ② 날개수제
5) 도류제	불투과 평행수제
6) 부수로 폐쇄	① 날개수제 ② 횡수제를 조합한 평행수제
7) 하천개수	① 평행수제 ② 횡수제
8) 완급하천	말뚝수제

(7) 수제의 시공 시 유의사항

1) 흐름에 대한 교란 및 저항성
흐름을 크게 교란하지 않도록 하고 공고한 것보다 유연하게 흐름에 저항하도록 한다.

2) 여러 개의 수제사용
하나의 견고한 수제보다 여러 개의 유연한 수제를 사용하여 목적을 달성하도록 한다.

3) 상류층 수제의 경우
① 투과 수제로 하여 각 수제가 동일한 수충을 부담하도록 한다.
② 상류의 수충이 심한 부분은 파손되기 쉬우므로 다른 부분에 비하여 낮고 투과성이 높은 구조로 한다.

4) 수제의 안전성 도모
가능한 투과 수제로서 유속을 저감시켜 소류력을 감소시키므로 침전을 유도하여 수제의 파손을 줄여 수제의 안전을 도모한다.

5) 수제의 재료

수제가 부식되지 않는 Concrete 또는 철근 Concrete 부재 등을 사용한다.

6) 수제의 수면경사

① 수중 부분의 경우는 1:2.5~3.5
② 수면상부는 1:1.5~2.5

7) 횡수제의 하심측 두부의 경사

1:5~10 정도로 아주 완만하게 한다.

5. 수제의 유지관리

(1) 투과성

1) 불투과 수제

① 침석이 유실 또는 채움 돌의 탈출 시 즉시 보충한다.
② 침상, 방틀수제의 뼈대 파손에 주의 및 파손 시 즉시 교체한다.
③ 상하류에 세굴이 심한 경우 소규모 방틀의 사용으로 퇴적을 도모한다.

2) 투과 수제

① 말뚝, 방틀수제 등에 유목 또는 부유물이 걸린 경우 신속한 제거로 흐름의 저항을 낮춘다.
② 방틀수제의 유실 시 흐름의 균형을 잃는 원인이 되므로 즉시 보충한다.

(2) 말뚝 수제

말뚝 수제에 하상세굴이 심하거나 말뚝을 연결한 부재의 고정상태가 이완되었을 경우 즉시 보강한다.

(3) 침상 수제

각종 침상 수제에 따라 파손상태가 다르므로 발견되는 즉시 수리 보강한다.

(4) 뼈대 및 돌방틀수제

뼈대수제는 뼈대를 효과적으로 고정시키고 채움 돌이 유실되지 않고 국부적인 세굴이 일어나지 않도록 방틀의 이완부를 수시로 점검한다.

6. 수제와 호안의 비교

(1) 제방보호의 동일한 역할

호안이 유수의 침식작용으로부터 제방을 보호한다는 면에서 수제와 동일한 목적을 가지고 있다.

(2) 수제와 호안의 특징 비교

구 분	호 안	수 제
장 점	① 유수의 적극적인 제어로 유로 고정 및 제방보호가 가능하다. ② 토사의 퇴적과 유속 감소의 효과를 얻을 수 있다. ③ 하천에 다양한 환경 제공으로 생태계 및 경관보전에 효과가 크다.	① 직접 하안을 피복함으로써 침식을 확실히 방지할 수 있다. ② 제방의 직접적인 보호 및 하천환경개선 효과가 크다.
단 점	① 하안을 간접적으로 보호한다. ② 하류부에서 수충부가 이동될 수 있다. ③ 수제의 선단 부분이 세굴되기 쉽다.	① 유속 감소의 효과가 작다.(단, 경우에 따라서는 유속을 증대시키기도 한다.) ② 호안 상류부에서 하안을 침식시킨다. ③ 호안 밑 부분에서는 세굴을 일으킨다.

15장 건설기계 총론

문제 1. 건설공사에 따른 기계화시공

1. 개요

토목 또는 건축에 의하여 건조물(建造物)을 만드는 것을 건설공사라 하고 이때 건설공사에 사용되어지는 모든 기계들을 총칭하여 건설기계라 한다.

건설공사에 따른 기계화시공이란, 건설공사에 있어서 시공상 주력이 건설기계로 이루어지는 것을 말하며, 이는 사용되는 해당 공사에 따른 건설기계종류 및 형식, 용량, 건설기계의 조합의 선정 등에 따라 공기, 시공품질, 공사비에 큰 영향을 미친다.

따라서 합리적인 기계화시공을 위해서는 기계화시공에 적합한 공사계획과 설계가 선행되어야 하며, 시공 시에는 건설기계의 구조 및 기계상의 특성과 기계성능 등을 정확히 알고 이를 올바르게 적용할 수 있는 능력을 필요로 하고 있다.

2. 기계화시공의 목적

(1) 시공의 질을 향상
(2) 시공속도의 향상
(3) 시공단가의 절감

3. 기계화시공의 특징

(1) 장점(기계화시공에 따른 효과)

1) 시공능력의 확대에 따른 공사규모의 대형화
2) 시공능력의 증대에 따른 공기의 단축
3) 시공의 질 향상 및 균질화
4) 시공단가의 절감
5) 인력으로 불가능한 공사의 해소
6) 중노동으로부터의 해방 및 노동력 감소
7) 공사의 안전시공

(2) 단점(기계화시공에 따른 문제점)

1) 기계 구입에 따른 초기투입비용의 소요
2) 기계의 유지관리에 따른 비용의 필요
3) 기계의 효율적 사용을 위한 노력이 필요
4) 숙련된 운전자 및 정비원의 양성과 확보가 필요
5) 소음 및 진동 등에 의한 공해, 민원 등의 발생

4. 기계화시공에 따른 요구조건(대책)

(1) 건설공사 관련
1) 공사규모의 대형화
2) 건조물(建造物)의 표준 및 규격화
3) 공사의 표준화
4) 공기의 적정화
5) 설계 및 적산, 관리 등의 합리화

(2) 건설자재 관련
1) 건설자재의 표준 및 규격화
2) 건설자재의 공장 생산화(예, PC제품 등)

(3) 건설기계의 표준 및 규격화
1) 건설기계의 구입 및 유지관리 용이
   ① 건설기계의 대량 생산이 가능함에 따른 구입 가격의 적정화
   ② 여유 있는 기계의 규격부품확보에 따른 유지관리용이
   ③ 합리적인 건설기계의 운영관리가 용이
2) 운전자 및 정비원의 양성 및 확보가 용이
   ① 기계의 표준화로 운전 및 정비가 용이
   ② 기계운전자 및 정비원의 확보가 용이
   ③ 체계적인 운전자 및 정비원의 관리가 용이

(4) 기계종사자(운전자 및 정비원)관련
1) 양성 및 교육에 따른 기관확보
2) 체계적인 기계종사자관리

(5) 건설기계의 능률 관련
1) 건설기계의 전용성 확대
2) 건설기계의 범전용성 확대
3) 건설기계의 가동률 확대

5. 기계화시공 계획순서

(1) 사전조사
1) 공사의 조건파악(현장설명서, 계약서, 설계도서, 현지상태)
2) 지형 및 지질
3) 기상조건
4) 주변 현황 및 환경

(2) 기본계획(기본구상의 입안)
1) 주요 공종에 관련한 시공 장비의 선정
2) 공사기간 및 개략 공사비산출
3) 구상과 검토 및 선정

(3) 상세 계획(기본구상에 대한 세부계획)
1) 공사기간의 검토
2) 기계 및 자재 계획
   ① 최적 기종선정
   ② 형식의 선정
   ③ 기계설비의 능력
   ④ 대수의 결정
3) 공사비의 산출

(4) 관리계획
1) 기계의 운용계획
   ① 조달방법
   ② 정비체제
   ③ 인원배치
   ④ 작업편성
   ⑤ 지도교육체제
2) 실행예산 작성

6. 건설기계의 구비조건

(1) 내구성
기계의 가동에 따른 충격, 하중 마모, 부식, 반복 응력 등에 충분히 견딜 수 있어야 한다.

(2) 안전성
취급 및 조작, 운반이 용이하고 공사현장에서 안전하게 운전할 수 있어야 한다.

(3) 정비성
건설기계의 점검 및 정비, 수리 등을 용이하게 할 수 있고 정비의 소요가 적게 되도록 제작되어야 한다.

(4) 범용성
어떠한 작업환경 및 작업조건 등에 쉽게 적용하고 운전 및 가동에 있어 불편함이 없어야 한다.

(5) 시공능력
최소의 인원과 경비로 최대의 시공 능력을 발휘하여 경제성을 유지할 수 있어야 한다.

(6) 신뢰성
내구성 및 안전성, 정비성, 범용성, 시공능력 등의 제반 성능이 종합되어 고장 없이 만족하게 가동될 수 있어야 한다.

7. 결 론

건설공사에 있어 시공의 질과 시공의 속도를 향상시키고 또한 시공의 단가를 절감시킬 목적으로 기계화 시공을 실시하게 된다.

따라서 기계화 시공에 따른 제반적인 요구조건인 공사 관련, 건설자재 관련, 기계관련, 기계 종사자 관련 등에 대하여 보다 세심한 검토와 함께 공사 조건에 맞는 적정한 건설기계, 즉 장비를 채택 운영함으로써 원활한 건설공사가 진행될 수 있도록 한다.

문제 2. 건설기계(시공장비, 건설장비)의 선정 (기계화시공계획)

1. 개요

건설공사에 사용되는 건설기계를 선정함에 있어 우선 세부적인 시공계획을 먼저 수립하고 이에 따른 공사의 종류 및 규모, 시공성, 경제성, 신뢰성, 안전성 등을 고려하여 적정한 시공장비를 선정하여야 한다.

이렇게 하여 선정된 장비들을 적정하게 조합하여 공사에 적용함으로써 시공의 질을 높이고, 또한 시공단가를 절감시키며, 시공속도를 높여 합리적이고 경제적인 시공관리가 이루질 수 있도록 한다.

2. 건설기계의 선정목적

(1) 시공의 질을 향상
(2) 시공 속도의 향상
(3) 시공 단가의 절감

3. 경제적인 건설기계선정의 4대 요소

(1) 건설기계의 능력 및 작업량
  1) 건설기계의 성능 및 제원
  2) 건설기계의 성능에 따른 능력
  3) 건설기계의 능력과 실제 작업량에 대한 비교

(2) 건설기계의 고정 부가비(기계 손료)
  1) 감가상각비
  2) 유지관리비
  3) 수리비

(3) 건설기계의 운전경비
  1) 기계운전자의 노무비
  2) 기계의 연료비
  3) 기계의 소모 재료비

(4) 건설기계의 판단적 요소

1) 건설기계의 납기
2) 제조회사의 신용도
3) After Service(A/S)
4) 특수 기능공의 필요성 여부

4. 기계화시공계획 수립

(1) 사전조사

1) 공사의 조건파악(현장 설명서, 계약서, 설계도서, 현지상태)
2) 지형 및 지질
3) 기상조건
4) 주변 환경 및 민원
5) 기타

(2) 기본계획

1) 기본구상의 입안(주요공정에 대한 시공 장비선정)
2) 공사기간 및 개략 공사비산출
3) 구상과 검토 및 선정

(3) 상세계획(기본구상에 대한 세부계획)

1) 공사기간의 검토
2) 건설기계 및 자재 계획
3) 구상과 검토 및 선정
   ① 최적 기종선정
   ② 형식의 선정
   ③ 건설기계설비의 능력
   ④ 대수의 결정

(4) 관리계획

1) 건설기계의 운용계획
   ① 조달방법
   ② 정비체제
   ③ 인원배치
   ④ 작업편성
   ⑤ 지도교육체제
2) 실행예산 작성

5. 건설기계선정 시 고려사항

(1) 공사의 종류
각 공사를 공정별로 나누어 공종마다의 특성별로 나누어 각 특성별로 적합한 시공 장비를 선정한다.

(2) 공사의 규모

1) 대규모 공사
  ① 연간 1건당 100,000㎥ 이상인 경우
  ② 대형 또는 전용기계에 의한 시공을 계획

2) 중규모 공사
  ① 연간 1건당 10,000~100,000㎥인 경우
  ② 중형의 전용기계에 의한 시공을 계획

3) 소규모 공사
  ① 연간 1건당 10,000㎥ 이하인 경우
  ② 소형기계 또는 인력에 의한 시공을 계획

(3) 시공성
1) 대상 토질 및 지형에 알맞을 것
2) 작업량 처리에 충분한 용량을 가지고 효율이 좋을 것
3) 자동화 및 성역화(省力化)에 적정할 것

(4) 신뢰성
1) 요구하는 품질을 얻을 수 있을 것
2) 건설된 구조물을 훼손하거나 품질을 손상하지 않을 것

(5) 경제성
1) 운전경비가 적게 들고, 공사단가가 적을 것
2) 유지 및 보수가 쉽고 신뢰성이 클 것
3) 조달이 쉽고 전용이 쉬울 것

(6) 자연적 조건
1) 기상의 영향(함수비)
2) 지형 및 지질 등에 의한 장비의 적응성 여부
3) 현장조건

(7) 기계적 조건
1) 기종선정, 장비의 배치, 조합의 양부
2) 장비의 유지, 수리의 양부
3) 기계의 능력

(8) 관리적 조건
1) 시공법 및 취급
2) 운전원 및 감독자의 선정
3) 현장 환경

(9) 장비의 조합조건
1) 주 작업선정
2) 주 작업의 능력을 결정하고 여기에 적합한 장비를 선정
3) 주 작업의 작업능력과 균형을 이루는 후속 작업의 기종 및 대수 결정
4) 조합 작업 중 공정한 큰 변화를 가져오는 작업의 지연방지 대책을 수립

(10) 장비의 손료
1) 감가상각비
2) 유지수리비
3) 관리비

(11) 표준기계와 특수기계

구 분	표준기계	특수기계
1) 구입 및 임대 등의 조달	쉽다	어렵다
2) 타 공사의 전용	가능하다(경제적)	곤란하다(비경제적)
3) 보수 등의 유지관리	용이하다	어렵다
4) 부품구입	용이하다	어렵다
5) 부품가격	싸다	비싸다
6) 전매	용이하다	어렵다

(12) 기계의 용량과 기계의 경비
1) 기계의 용량이 커짐에 따라 시공능력이 증대되어 시공단가가 저렴
2) 기계의 경비와 시공능력과의 관계를 검토할 경우 경제적인 선정이 가능

6. 건설기계의 선정방법(결정순서)

(1) 주 작업을 선정
1) 공정에 따른 주 작업을 선정
2) 선정된 주 작업에 대한 공사계획을 수립

(2) 주 작업의 시공속도(작업능력, 작업량) 결정
1) 공정상 1일 작업량을 산정
2) 주 작업을 중심으로 한 각 작업의 시공속도를 결정

(3) 건설기계의 기종 및 대수의 결정
1) 기종 결정 시
   ① 현장여건고려
   ② 기계의 작업능력 고려
   ③ 경제성의 여부 고려
   ④ 투입가능 여부 고려
   ⑤ 전·후에 연결된 작업사항에 대한 충분한 검토

2) 기계의 조합 시
   ① 주 작업을 우선적으로 하여 작업능력을 고려한 기종을 선정
   ② 병렬(중복) 작업에 따른 작업능력을 고려한 기종을 선정

3) 대수 결정시
$$대수 = \frac{소요\ 작업량}{건설기계(장비)의\ 작업능력}$$

7. 결 론

건설공사에 있어 시공의 질과 시공의 속도를 향상시키고 또한 시공의 단가를 절감시킬 목적으로 기계화 시공을 실시하게 된다.

그러나 기계화 시공에 있어서 문제점은 장비의 구입과 유지에 따른 비용과 효율적인 장비사용을 위한 노력, 장비유지에 따른 관리업무의 증대, 기계 운전자의 양성과 확보 등을 필요로 하는 것이다.

따라서 기계화에 의한 경제적이고 합리적이며 능률적인 시공 장비의 선정을 위해서는 여러 가지 제반 사항의 조건에 대한 조사가 있어야 할 것으로 사료된다.

문제 3 건설기계의 조합(토공기계의 조합)

1. 개 요

건설공사에 있어서 기계화에 수반된 건설장비의 기능적으로 분업된 작업의 형태를 건설기계의 조합이라 한다.

이러한 건설기계의 조합은 주 작업에 연계되는 건설기계에 적절히 부합되는 다른 건설기계와 함께 균형 있는 결합으로서 전체 작업에 대한 능률을 향상시키고 또한 조합된 건설기계가 최대한 작업능력을 발휘할 수 있도록 하여야 한다.

2. 공종별 건설기계의 조합 예

(1) 토공사의 경우

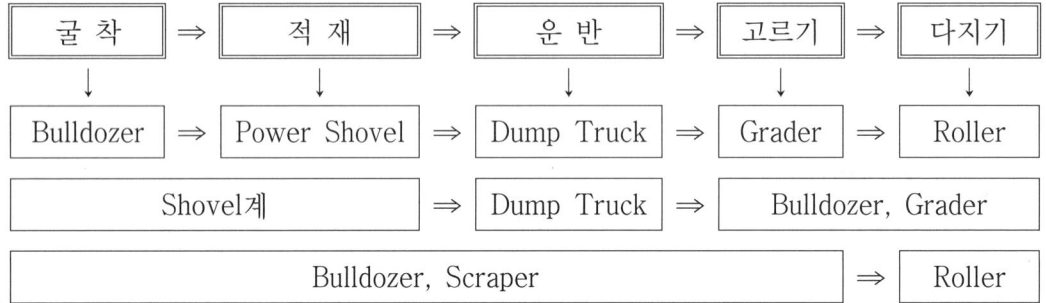

(2) Asphalt Concrete 포장의 경우

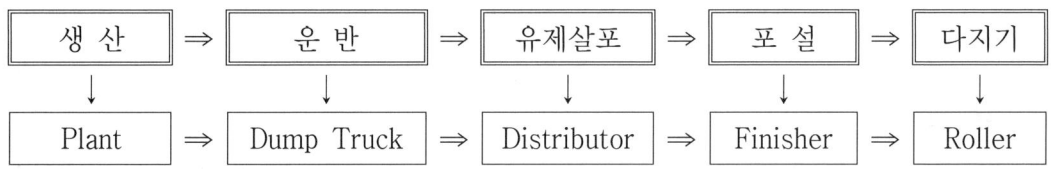

(3) Crusher의 경우

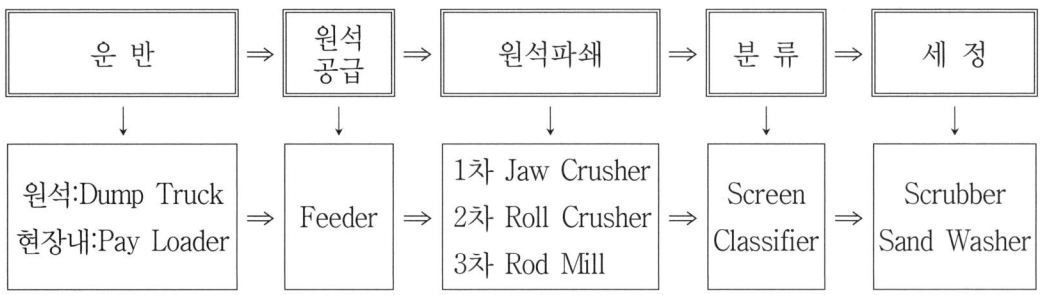

3. 건설기계의 조합원칙

(1) 조합작업의 감소
1) 분할되는 작업의 수가 증가할 경우 작업효율은 저하
2) 건설기계의 작업효율을 고려한 합리적인 조합이 요구

(2) 작업능력의 균형화
1) 각 건설기계의 능률을 균등화하여 작업능력을 최대한 발휘
2) 각 건설기계의 작업 소요시간이 일정화가 되도록 관리
3) 몇 가지 장비가 분업으로 시공할 때 작업능력이 균등한 장비들을 조합하는 것이 원칙

(3) 조합작업의 병렬화(중복화)
1) 직렬작업을 중복시켜 병렬화 할 경우 시공량은 증대
2) 고장 등에 의한 타 작업의 중단예방으로 손실의 위험에 대한 분산효과 기대

4. 건설기계의 조합순서

(1) 주 작업을 선정한다.
1) 공정에 따른 주 작업을 선정
2) 선정된 주 작업에 대한 공사 계획을 수립

(2) 주 작업의 시공속도(작업능력, 작업량) 결정
1) 공정상 1일 작업량을 산정
2) 주 작업을 중심으로 한 작업의 시공속도를 결정

(3) 건설기계의 기종 및 대수의 결정
1) 기종 결정 시
   ① 현장여건고려
   ② 기계의 작업능력 고려
   ③ 경제성의 여부 고려
   ④ 투입가능 여부 고려
   ⑤ 전·후에 연결된 작업사항에 대한 충분한 검토

2) 기계의 조합 시
① 주 작업을 우선적으로 하여 작업능력을 고려한 기종을 선정
② 병렬(분할) 작업에 따른 작업 능력을 고려한 기종을 선정

3) 대수 결정 시

$$대수 = \frac{소요\ 작업량}{건설기계(장비)의\ 작업능력}$$

5. 건설기계의 조합방법(효율적인 조합, 경제적인 조합)

(1) 시공속도(시공능력)의 산정

1) 최대 시공속도
① 보통 좋은 조건에서의 건설기계로부터 기대할 수 있는 단위 시간당 최대 시공량을 말한다.
② 건설기계의 최대 시공속도는 시간 측정 또는 계산에 의해서 산정할 수 있다.
③ 정상 시공속도와 함께 건설기계의 조합을 계획할 때 그 작업능력의 균형을 맞추기 위해 적용한다.
④ 최대 시공속도 산정식

$$q_p = E_q \times q_r \times E_t$$

여기서, q_p : 최대 시공속도　　E_q : 작업능률계수
　　　　q_r : 표준 시공속도
　　　　E_t : 작업시간 효율(최대 시공속도 산정시 "1"이 됨)

2) 정상 시공속도
① 건설기계의 최대시공속도를 정상 손실시간을 말한다.
② 정상 손실시간은 기계의 조정, 일상정비, 연료보급 등과 같이 작업상 부득이 제거할 수 없는 시간손실이다.
③ 최대 시공속도와 함께 건설기계의 조합을 계획할 때 그 작업능력의 균형을 맞추기 위해 적용한다.
④ 정상 시공속도 산정식

$$q_n = E_q \times E_w \times q_r$$
$$ = E_w \times q_p$$

여기서, q_n : 정상 시공속도　　　　E_q : 작업능률계수
　　　　E_w : 정상 작업시간 효율　q_r : 표준 시공속도
　　　　q_p : 최대 시공속도　　　 E_q : 작업능률계수

3) 평균 시공속도

① 정상 손실시간과 우발 손실시간을 고려한 시공속도를 산정한다.
② 우발 손실시간은 일반적으로 착공이나 공사 말기에서 불가피한 지체, 기계의 고장, 시공 준비 또는 재료부족에 의한 대기, 노동쟁의, 착오된 지시, 설계변경, 재해사고, 악천후, 기타 우발적 장애에 의한 손실시간을 말한다.
③ 평균 시공속도는 공사의 공정계획 또는 적산에 주로 적용한다.
④ 평균 시공속도 산정식

$$q_a = E_w \times E_c \times q_p = E_a \times q_p$$

여기서, q_a : 평균 시공속도 E_w : 정상 작업시간 효율
E_c : 우발 작업시간 효율 q_p : 최대 시공속도
E_a : 평균작업시간 효율($E_a = E_w \times E_c$)

(2) 시공효율

1) 건설기계의 조합 시 작업효율은 그 기계의 실 작업시간율과 현장조건 등에 따른 작업능률에 의해 산정한다.
2) 작업효율 산정식

$$E_A = E_q \times E_t$$

여기서, E_A : 작업효율
E_q : 작업능률계수
E_t : 작업시간

(3) 건설기계 시공능력의 산정 기본식

$$Q = n \times q \times f \times E = \frac{60 \times q \times f \times E}{C_m}$$

여기서, Q : 굴착 장비의 1시간당 작업량(㎥/h)
n : 시간당 작업Cycle 수($= \frac{60}{C_m}$ 또는 $\frac{3600}{C_m}$)
q : 1회 적재 토량(㎥)
f : 토량환산계수
E : 작업효율
C_m : Cycle Time(min)

(4) 운반장비의 용량 및 Cycle Time

1) 운반장비의 용량
① 토공사에서 운반장비는 Dump Truck 선정이 주가 된다.
② 이는 공사의 규모, 운반도로, Cycle Time, 흙의 종류 등에 지배되어 공사비에 큰 영향을 미치게 된다.

2) Cycle Time
① 운반 장비가 1회 왕복 순환하는 작업에 요구되는 시간을 말한다.
② 산정식

$$C_m = t_1 + t_2 + t_3 + t_4$$

여기서, C_m : 1회 Cycle Time
t_1 : 적재시간
t_2 : 왕복시간 ($\dfrac{운반시간}{적재시\ 주행속도} + \dfrac{운반거리}{공차시\ 주행속도}$)
t_3 : 적하시간 t_4 : 적재 대기시간

(5) 토량환산계수(f)

동일한 토량이라도 자연 상태와 흐트러진 상태에 따른 토량 변환율에 의해 시공속도에 미치는 영향이 크므로 이를 고려한다.

(6) 기계의 용량과 기계의 경비

1) 기계의 용량이 커짐에 따라 시공능력이 증대되어 시공단가가 저렴
2) 기계의 경비와 시공능력과의 관계를 검토할 경우 경제적 선정이 가능

(7) 시공성

1) 대상 토질 및 지형에 알맞을 것
2) 작업량 처리에 충분한 용량을 가지고 효율이 좋을 것
3) 자동화 및 성역화(省力化)에 적정할 것

(8) 경제성

1) 운전경비가 적게 들고, 공사단가가 적을 것
2) 유지 및 보수가 쉽고 신뢰성이 클 것
3) 조달이 쉽고 전용이 쉬울 것

6. 결론

　기계화시공에 있어 건설기계는 2종류 이상의 기계를 동일작업에 조합하여 사용하게 되므로 주장비와 종속 장비 각각의 시공능력을 고려하여 적절히 선정하도록 한다.
　따라서 건설기계의 조합은 그 원칙에 준하여 조합을 함으로써 효율적인 작업과 경제적인 시공이 될 수 있도록 관리에 세심한 배려가 필요하다.

문제 4 기계경비의 구성요소

1. 개 요
건설공사에서 기계경비라고 함은 시공 기계의 사용함에 필요한 경비로서 기계 손료, 운전경비, 조립 및 해체비, 수송비 등을 말한다.
따라서 기계경비 산정시 이들의 비용을 합계액으로 산정하고, 작업의 효율과 가동시간에 따라 기계경비는 영향을 받는다.

2. 기계경비의 구성

(1) 기계손료
1) 감가상각비
2) 정비비
3) 관리비

(2) 운전경비
1) 연료비
2) 유지비
3) 전력비
4) 운전 노무비
5) 소모성 부품비

(3) 조립 및 해체비
조립 및 해체를 요하는 기계에 해당

(4) 수송비
현장 반입 및 반출비용

3. 각 구성요소별 내용

(1) 감가상각비
1) 기계의 사용에 따른 가치의 감가액, 즉 시간의 경과에 따른 고정자산으로서의 소모를 비용으로 계산하는 것을 말한다.
2) 감가상각비는 건설기계의 취득가격에서 잔존가치를 뺀 금액을 내용연수로 나눈 금액을 당해 사업 연도의 상각비로 계산한다.

(2) 정비비

1) 기계를 사용함에 따라 발생하는 고장 또는 성능저하 부분의 회복을 목적으로 사용하는 비용을 말하는 것으로 정기 정비비와 현장 수리비로 구성될 수 있다.
2) 정기 정비비
   계획적인 정비로서 주로 정비기지에서 완전히 분해하여 정비할 경우 소요되는 비용
3) 현장 수리비
   작업, 재해 등에 의한 기계의 파손 또는 고장 중 공사현장에서 정비하는 비교적 소규모의 수리에 요구되는 비용

(3) 관리비

1) 보유한 기계를 관리하는데 필요로 하는 이자 및 보관, 격납비용을 말한다.
2) 기계 관리는 기계를 보호하는 것에 따라서 필요로 하는 경비로 기계운전 시간(일수)에 관계없이 발생하는 연간 정액이다.
3) 관리비에는 기계의 격납 보관비, 오퍼레이터의 대기비 및 관리비, 보험료, 조세공과, 지대가 등이다.

(4) 연료비

기계의 가동을 위해 소비되는 연료에 대한 사용경비를 말한다.

(5) 유지비

기계의 성능을 유지하기 위해 소요되는 비용으로 윤활유 등이 이에 속한다.

(6) 전력비

연료로 가동하는 기계를 제외하고 전력의 동력을 이용하여 기계를 운전하는데 소요되는 전력비로 Tower Crane, Lift Car 등이 이에 속한다.

(7) 운전 노무비

기계를 운전 또는 조종함에 있어 운전수와 조수에게 지급되는 급여 또는 임금과 기타의 운전 노무비를 말한다.

(8) 소모성 부품비

1) 기계의 운전시간에 비례하여 발생하는 부품의 정상적인 마모로, 신품의 부품으로 교환하는데 소요되는 비용으로서 정비비에 포함되지 않는 소모품비가 포함된다.
2) 그 대표적으로 Dump Truck의 Tire, Bulldozer의 귀 삽날, 천공 기계의 Bit 등이 이에 속한다.

(9) 조립 및 해체비

1) 기계의 사용을 위해 현장에서 각 부품 등을 조립할 경우와 작업 완료 후 해체되는 비용을 말한다.
2) 기계의 조립 및 해체는 운반에 따른 한계와 장비의 규모에 따라 필요하게 된다.

(10) 수송비

기계의 현장반입 및 반출에 소요되는 왕복 운반비를 말한다.

4. 결 론

건설기계의 경비는 기계의 상태와 내용 년수, 운전원의 조종, 작업조건, 작업 시간 등에 따라 영향을 받게 된다.

따라서 건설기계를 사용하기 전에 작업조건 및 공정에 따라 기계사용의 필요성, 사용 시기, 사용기간, 사용방법 등에 대한 세부적인 계획을 수립하여 경제적으로 사용할 수 있도록 하는 것이 중요하다.

문제 5   건설기계의 작업효율

1. 정 의

(1) 시공효율(E_Q) 중 가동 일수율(E_n) 이외의 작업능률계수(E_q)와 작업시간율(E_t)을 곱하여 얻은 값을 작업효율(E)이라 한다.

    즉, $E = E_q \times E_t$

(2) 건설기계의 작업량을 산출할 때 기계의 작업능률을 판단하는 요소이다.
(3) 건설기계의 작업량 산출식에 곱하여 실제 작업량을 산출하는데 쓰이는 계수이다.

2. 작업능률계수(Eq)

(1) 정 의

1) 실제의 시공량에 대한 표준 시공량의 비를 계수로 나타낸 것을 말한다.
2) 즉, $E_q = \dfrac{\text{실시 시공량}}{\text{표준 시공량}}$

(2) 작업능률계수에 미치는 영향

1) 자연적 조건

    ① 기상의 영향(함수비 등)
    ② 지형, 지질 등에 의한 기계 적응성 여부
    ③ 현장조건

2) 기계적 조건

    ① 기종의 선정, 기계의 배치, 조합의 양부
    ② 기계의 유지, 수리의 양부
    ③ 기계의 능력

3) 관리적 조건

    ① 시공법 및 취급
    ② 운전원, 감독자의 경험

3. 작업시간율(E_t)

(1) 정 의
1) 실제 작업시간에 대한 장비의 운전시간의 비를 나타낸 것을 말한다.
2) 즉, $E_t = \dfrac{\text{실 작업시간}}{\text{운전시간}}$

(2) 작업시간율에 영향을 미치는 요인
1) 조사 및 조정시간
   ① 운전원의 현장조사
   ② 기계의 조정과 조정비
2) 대기시간
   ① 기계의 작업대기
   ② 장애물 제거를 위한 대기
   ③ 감독원의 지시대기
   ④ 연락대기
   ⑤ 연료의 보급대기
   ⑥ 기상으로 인한 대기
3) 인위적 손실시간
   ① 운전원의 숙련도 차이
   ② 생리적 정지

4. 건설기계 시공능력 산정 기본식

$$Q = n \times q \times f \times E$$
$$= \dfrac{60 \times q \times f \times E}{C_m}$$

여기서, Q : 굴착 장비의 1시간당 작업량(㎥/h)
n : 시간당 작업Cycle 수($= \dfrac{60}{C_m}$ 또는 $\dfrac{3600}{C_m}$)
q : 1회 적재 토량(㎥) f : 토량환산계수
E : 작업효율 C_m : Cycle Time(min)

문제 6 건설기계의 경제수명

1. 정 의
건설기계의 경제수명이란, 건설기계 경비 산정에 있어 경제적 내용시간을 연간표준 가동시간으로 나눈 값을 말하며, 이를 경제적 내용연수라고도 한다.

2. 경제적 내용시간과 연간표준 가동시간

(1) 경제적 내용시간(經濟的 耐用時間)
건설기계의 잔존율이 기계가격의 10%인 경우에 경제적 사용이 가능하다고 인정되는 운전시간을 말한다.

(2) 연간표준 가동시간(年間標準 稼動時間)
건설기계를 년간을 운전하는데 가장 표준이라고 인정되는 시간을 말한다.

3. 경제수명 증대를 위한 대책
(1) 현장여건을 고려한 장비의 가동
(2) 공사의 종류 및 지반의 특성을 고려한 장비의 가동
(3) 조종수의 효율적인 장비조작
(4) 점검 및 정비 철저
(5) 기 타

문제 7 토공 작업에 따른 건설장비

1. 개 요

토공 작업은 벌개 및 제근, 굴착, 적재, 운반, 고르기, 함수비 조절, 다짐, 도랑파기 등으로 크게 분류된다.

이러한 토공 작업을 실시함에 있어서 작업의 종류, 규모, 공사기간 및 현장 조건 등에 의하여 적합한 기계를 선정해야 하며, 또한 토공 작업의 흐름과 적합한 장비를 조합하여 건설장비의 작업능력을 충분히 발휘함으로써 효율적인 토공 작업이 진행될 수 있도록 세심한 관리가 필요하다.

2. 토공 작업 종류별에 따른 적용 장비

작업종류	적용 건설장비
벌개 및 제근	Bulldozer, Rake Dozer, 소형 Bulldozer
굴 착	Shovel 계 굴착기, Loader, Bulldozer, Ripper, Back Hoe
적 재	Shovel 계 굴착기, Loader, 연속식 적재기
굴착·적재	Shovel 계 굴착기, Loader, 유압식 Excavator, 준설선
굴착·운반	Bulldozer, Scraper, Scraper Dozer, Loader, 준설선
운 반	Bulldozer, Dump Truck, Belt Conveyor, 토운차, 가공삭도
고 르 기	Bulldozer, Motor Grader, Scraper
함수비 조절	Stabilizer, Motor Grader, 살수차, Tire Roller
다 짐	Road Roller, Tire Roller, Tamping Roller, 진동 Roller, 진동 Compactor, Rammer, Bulldozer,
도랑파기	Trencher, Back Hoe

3. 토공 작업의 흐름에 따른 조합 장비종류의 예

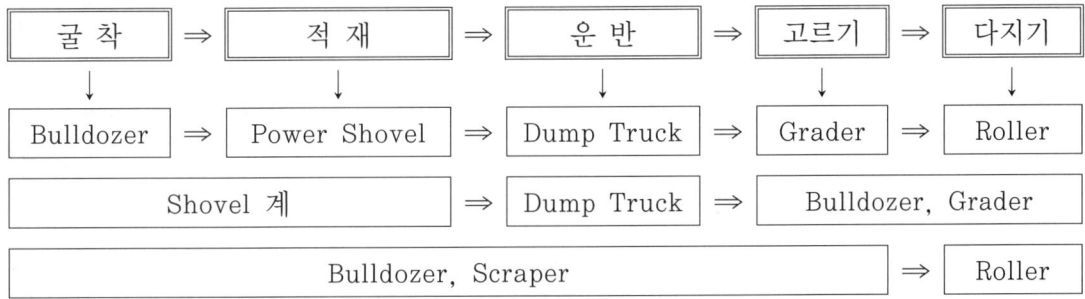

4. 토공 작업에 따른 건설장비

(1) Shovel 계 굴착 장비

1) Power Shovel
   ① 굴착 기계가 위치한 지면보다 높은 곳을 굴착하는데 적합
   ② 비교적 단단한 토질의 굴착도 가능

2) Dragline
   ① 굴착 기계가 위치한 지면보다 낮은 곳을 굴착하는데 적합
   ② 넓은 면적의 광범위한 굴착에 유효
   ③ 하상굴착, 골재 채취 등 수중작업에도 사용
   ④ 단단한 지반의 굴착에는 부적합

3) Clamshell
   ① 굴착 기계가 위치한 지면보다 낮은 곳의 깊은 굴착에 적합
   ② 기초 및 우물통 등의 좁은 장소의 굴착에 사용
   ③ 수중에서의 골재 채취에 가장 많이 사용

4) Drag Shovel(Back Hoe)
   ① 굴착 기계가 위치한 지면보다 낮은 곳의 굴착에 적합한 토공의 주된 장비
   ② 지면보다 높은 곳의 굴착 및 적재가 가능
   ③ 정확한 위치의 굴착이 가능
   ④ 굴착과 적재작업이 매우 용이

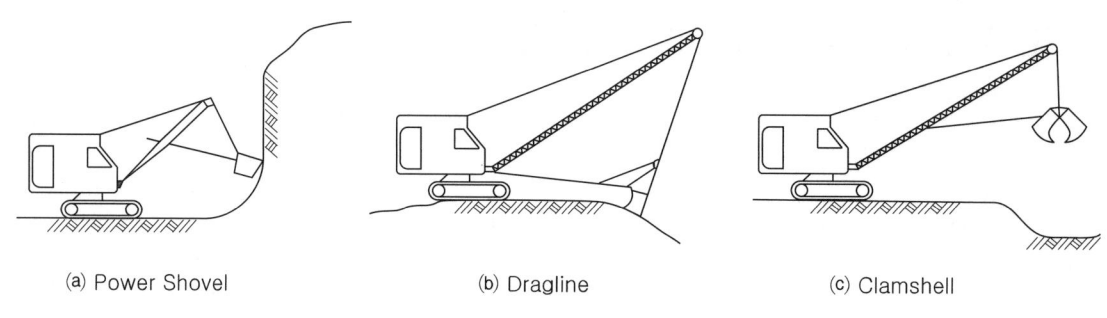

(a) Power Shovel　　　(b) Dragline　　　(c) Clamshell

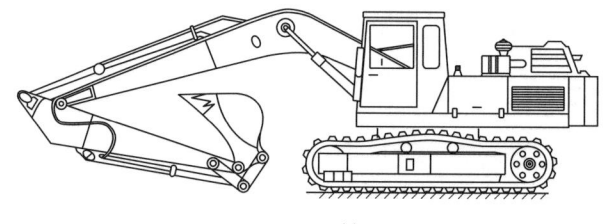

(d) Back Hoe

[Shovel계 굴착장비]

(2) Bulldozer

1) 장비개요

Bulldozer는 Tractor에 배토판(Blade)을 부착하여 토공현장에서 범용할 수 있도록 제작된 장비이다.

2) 주행형식에 의한 분류

① 무한 궤도식
② 타이어식

3) 배토판의 작업에 의한 분류

① Straight Dozer

Tractor 전면에 장치된 Blade의 상부를 전후로 경사지게 조작이 가능한 장비로서 일반적으로 가장 많이 사용

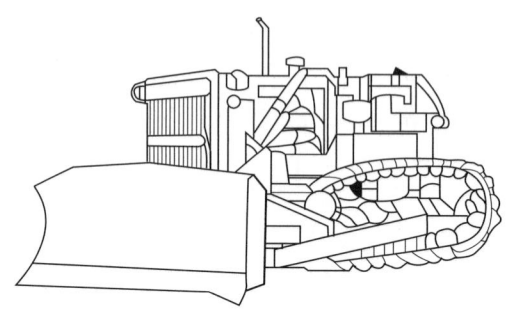

② Angle Dozer
Blade가 진행방향의 중심축에 대하여 좌우 30~60° 정도 각도 조정이 가능하고, 신설 도로의 절토작업에 적합

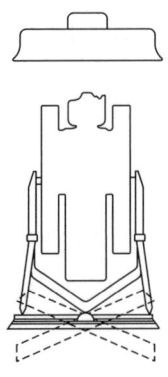

③ Tilt Dozer
Blade 양단을 약 30cm 정도의 고저차 조작이 가능한 것으로, 사면의 굴착과 옆 도랑파기, 가로경사의 조성 등에 많이 사용

④ Rake Dozer
Tractor 전면에 Blade 대신 Rake형의 부착물이 장치된 Bulldozer로서 농지개간 시 나무뿌리의 제거, 흙 속의 큰 돌 고르기, 굳은 땅 갈기 등에 적합

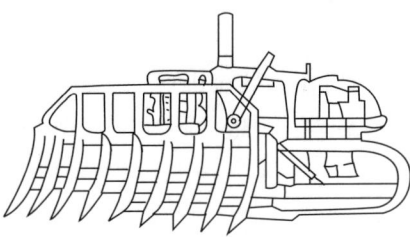

⑤ U-Dozer
Tractor 전면에 U자형의 Blade로 장치된 것으로 흐트러진 흙 등을 대량으로 처리하는 적합

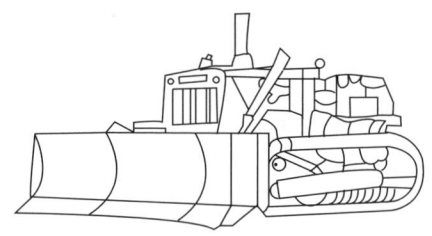

(3) Loader

1) 장비개요

Tractor 장비에 대형 Bucket을 장착한 장비로서 주로 집적되어 있는 흙, 골재 등을 운반장비에 적재하는 데 사용되며 굴착과 병행하여 적재가 가능하다.

2) 주행형식에 의한 분류

① 차륜식 로더(Wheel Loader)
② 무한궤도식 로더(Track Loader)

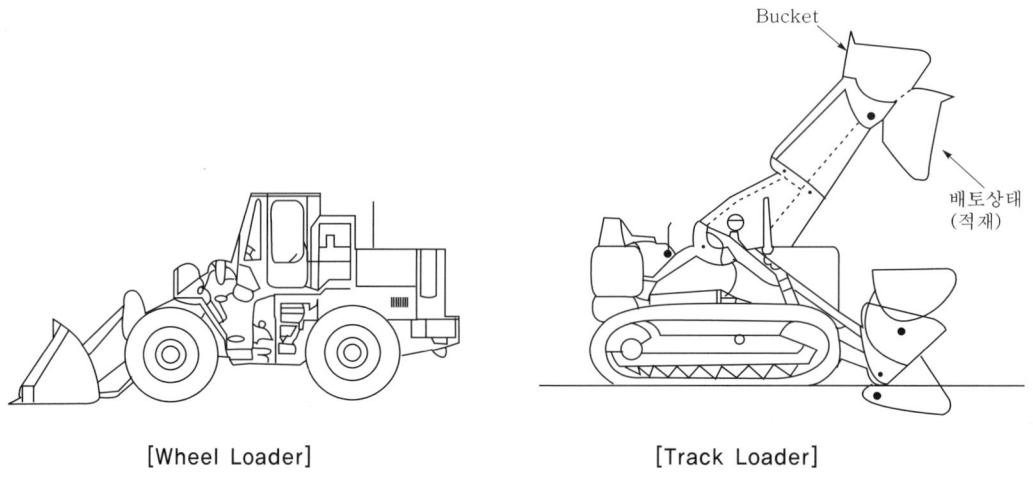

[Wheel Loader]　　　　　[Track Loader]

3) 적재방식에 의한 분류

① Front End Loader(일명 Pay Loader)
　　Tractor의 전방에 장착된 Bucket에 의해 상하 동작으로 적재
② Skid loader
　　Tractor의 전방에 Steel Fork를 장착한 것으로 주로 지게차 역할로서의 적재
③ Over Head Loader
　　Tractor의 전방에 장착된 Bucket에 의해 굴착한 후 Tractor 위를 통과하여 후방에서 적재하는 것으로 터널의 막장 등 좁은 공간에서 사용

④ Side Dumping loader
　　Bucket을 옆으로 뉘여서 적재할 수 있는 Front End Loader을 변형한 Loader
⑤ Swing Loader
　　운전석은 고정되고 전면의 Bucket과 Boom만이 좌우로 회전할 수 있는 Loader
⑥ Two Way Loader
　　Tractor의 후방에 유압식 Back Hoe 또는 Shovel 등을 장착하여 전후 방 모두 다목적으로 사용 할 수 있도록 제작된 Loader
⑦ Continue Loader
　　연속회전식 Bucket 및 Cutter, Conveyor를 조합하여 흙, 모래, 골재 등을 연속적으로 적재하는 Loader

(4) Dump Truck

1) 장비개요

　Engine에 의해 가동되는 Hoist로 적재함을 경사로 기울게 하여 적재된 토사 또는 골재 등으로 적하시키는 차량식 장비로서 운반에 대한 기동성 및 장거리 운반에 매우 용이한 장비이다.

2) 운반형식에 의한 분류
　① 자주식
　② 견인식(Trailer)

3) 적하방식에 의한 분류

① 후방식
　적재함이 후방으로 최대 65° 각도로 기울게 하여 적하시키는 방식으로 토공 작업에 있어서 가장 일반적인 것으로 모든 공사에 사용

② 측방식
　적재함이 측방으로 최대 55° 각도로 기울게 하여 적하시키는 방식으로 주로 포장공사의 Concrete 운반 또는 도로의 편측에 적하할 때 편리

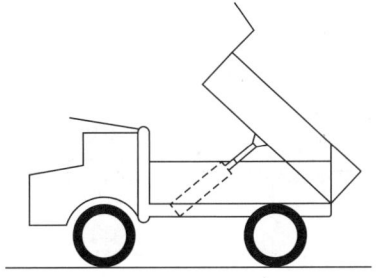
[후방식 Dump Truck]

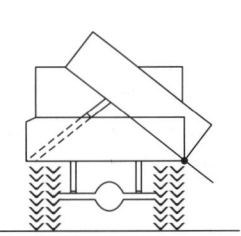
[측방식 Dump Truck]

(5) Grader

1) 장비개요

360° 회전이 가능한 원호형 강판의 Blade에 Scarifier를 부착한 장비로서 Blade를 본체의 중심선에 대해 45~60° 정도로 각을 주고 주행하면서 지반을 평탄하게 작업을 한다.

2) 종 류

① Tractor 견인식 Grader(거의 사용하지 않음)
② Motor Grader(현재 많이 사용되고 있음)

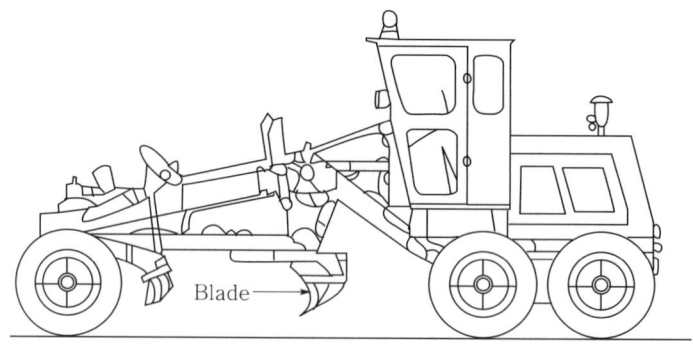

[Motor Grader]

(6) Scraper

1) 장비개요

① 이동용 차체 밑에 삽날(Cutting Edge)을 장착한 운반용 적재함(Bowl)을 상하로 조정하면서 토사를 굴착과 동시에 담아 가동식 마개(Apron)로 토사의 유출을 막고 소정의 장소로 운반하여 토사를 방출하는 장비이다.
② Scraper 1대의 장비로 굴착 → 적재 → 운반 → 깔기 등의 일괄작업으로 Cycle Time을 단축할 수 있으며, 80~1,500m의 중거리 토공에 적합하다.

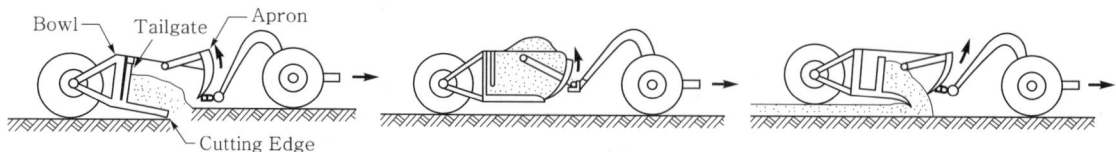

(a) 굴착 및 적재   (b) 운반   (c) 깔기

[Scraper의 작업]

2) 종 류

① Motor Scraper(자주식)

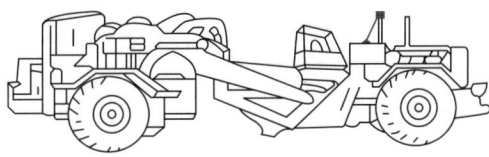

② 피견인식 Scraper

(7) 다짐 장비

1) 장비개요

흙에 인위적인 외력을 가하여 흙의 밀도를 크게 하기 위해 사용되는 장비로서 다짐 장비의 자체 중량 및 진동, 충격 등을 이용하여 다진다.

2) 다짐방식에 의한 분류

① 전압식 : Macadam Roller, Tandem Roller, Tire Roller, Tamping Roller

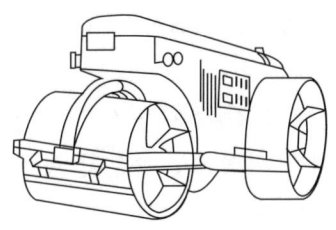

[Macadam Roller]

[Tandem Roller]

② 진동식 : 진동 Roller, 진동 Compactor

[Tire Roller]

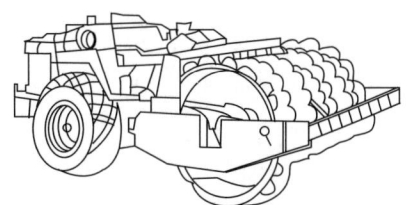

[Tamping Roller]

③ 충격식 : Tamper, Rammer

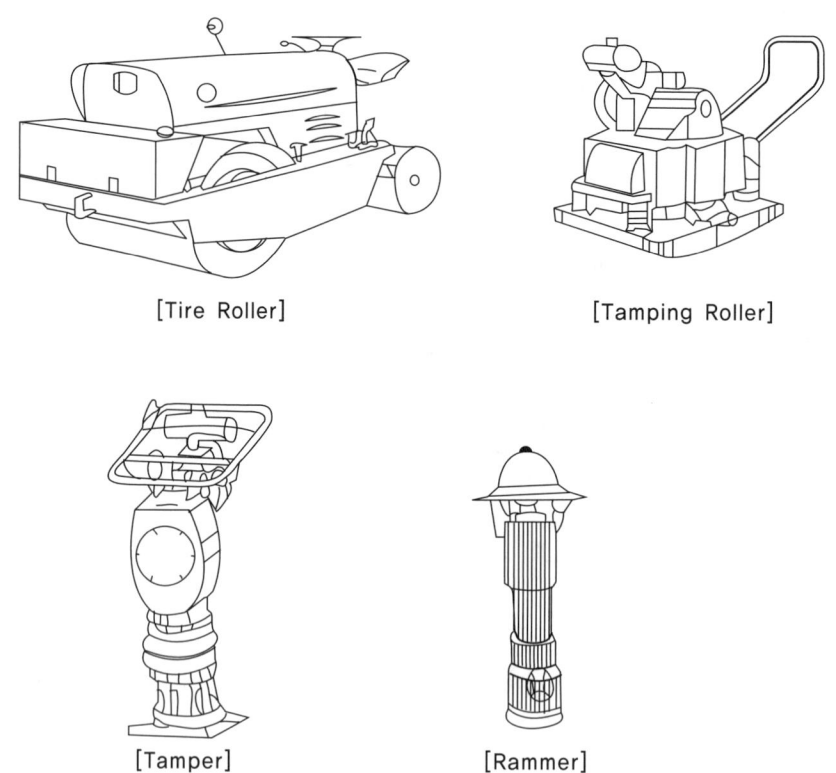

[Tire Roller]   [Tamping Roller]

[Tamper]   [Rammer]

5. 결 론

    토공 작업에 있어서 시공 목적을 달성하기 위한 시공법 및 건설장비는 여러 가지가 있을 수 있으므로 신중한 비교 검토가 있어야 한다.

    따라서 동종의 장비라도 각 기계의 특성이 틀리고 또한 같은 기능을 가진 장비라도 각종의 조건에 따라 그 능력의 차이가 있을 수 있으므로 이러한 관점에서 충분한 검토로 장비의 선정과 효율적인 장비조합이 이루어지도록 하는 것이 중요하다.

문제 8   Bulldozer의 작업원칙

1. 장비 개요

Bulldozer는 Tractor에 배토판(Blade)을 부착하여 토공현장에서 범용할 수 있도록 제작된 장비로서 Tractor의 부착물의 종류에 따라 그 특성이 달라지며, 또한 여러 용도로 쓰이고 있다.

2. Bulldozer의 분류

(1) 주행형식에 의한 분류
1) 무한 궤도식(Crawler Type)
2) 차륜식(Tire Type)

(2) 배토판의 작업에 의한 분류
1) Straight Dozer
2) Angle Dozer
3) Tilt Dozer
4) U-Dozer

(3) 기타에 의한 분류
1) Rake Dozer
2) 습지용 Dozer
3) 수중 Dozer

3. Bulldozer의 기본 작업

(1) 굴착, 운반, 펴기
(2) 다짐, 적재
(3) 매립
(4) 개간, 벌목 및 제근
(5) 암석제거

4. Bulldozer의 작업원칙

(1) 운반거리
60m 전후의 단거리로 최소가 되게 한다.

(2) 작업의 진행방향
굴착과 운반이 동시에 진행되므로 하향방향으로 한다.

(3) 착 토
운반시 배토판의 양단에서 갈려 나오는 흙을 언덕모양으로 남겨두고 도랑의 벽으로 활용한다.

(4) 작업방식
1) 도랑식 압토(Slot Type) : Bulldozer 1대가 압토하는 방식
2) 병렬식 압토(Parallel) : Bulldozer 2대를 이용하여 배토판의 양단을 가지런히 하여 압토하는 방식

(5) 작업면
Bulldozer로 작업된 지면은 항상 평탄하게 되도록 유지한다.

(6) 다짐작업
다짐시 시방규정에 의거하여 다짐을 실시한다.

(7) 장비관리 철저
장비의 점검을 철저히 하여 항상 양호한 상태로 유지한다.

문제 9 ASP 포장의 공종별 장비조합

1. Asphalt Concrete 포장순서

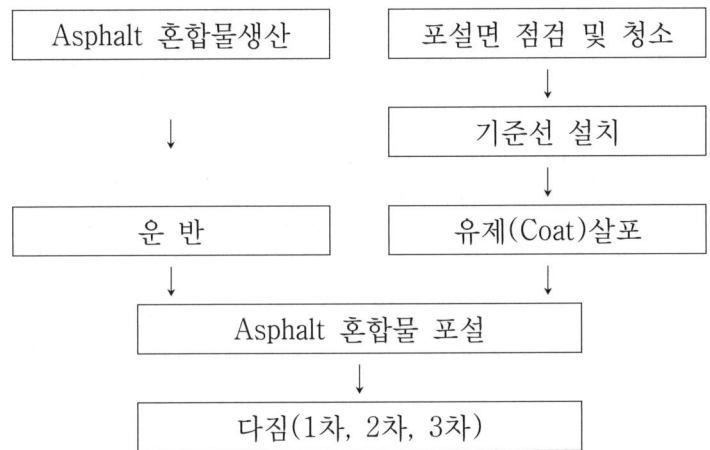

2. 공종별 장비

(1) Asphalt 혼합물 생산장비

Asphalt Mixing Plant ─┬─ Batch Type
　　　　　　　　　　　 └─ Continuous Type

(2) Asphalt 혼합물 운반장비

Dump Truck(일반적으로 15Ton Dump Truck 사용)

(3) Tack Coat 살포장비

1) Distributor(자동용)
2) Sprayer(수동용)

(4) Asphalt 혼합물 포설장비

Asphalt Finisher

(5) Asphalt 혼합물 포설면 다짐장비

1) 1차 다짐 : Macadam Roller(8~12ton)
2) 2차 다짐 : Tire Roller
3) 3차 다짐(마무리 전압) : Tandem Roller(2축 또는 3축)

3. 공종별 장비조합

1일 생산량 및 시공량(8hr/일)	생산	운반	Tack Coating	포 설	다 짐		
					1차	2차	3차
생산 : 200Ton/일 시공 : 17~20a/일	Plant (20t/h)	D/T 운반 거리에 따라	Distributor (1대)	Finisher (1대)	Macadam (1대)	Tire (1대)	Tandem (1대)
생산 : 300Ton/일 시공 : 25~30a/일	Plant (30t/h)	D/T 운반 거리에 따라	Distributor (1대)	Finisher (1대)	Macadam (1대)	Tire (1대)	Tandem (1대)
생산 : 500Ton/일 시공 : 35~60a/일	Plant (50t/h)	D/T 운반 거리에 따라	Distributor (1대)	Finisher (1대)	Macadam (1대)	Tire (1대)	Tandem (1대)

4. 장비선정 시 고려사항

(1) 공종
(2) 혼합물의 종류
(3) 시공두께
(4) 시공시기
(5) 시공규모
(6) 시공성 및 경제성

문제 10 골재생산시설 (Crusher 장비조합)

1. 개 요

혼합골재 생산에 필요한 장비는 원석 공급기, 쇄석기, 선별기, 골재 채취기로서 하천의 자연 골재의 채취량 증가 등으로 이에 따른 부족한 골재를 대체하기 위하여 석산을 개발해서 나온 원석을 쇄석하여 용도에 맞는 골재를 이들 장비를 이용하여 생산한다.

따라서 골재생산에 필요한 소요 장비를 선정할 경우 경제적인 요소와 장비의 생산 능력, 작업성, 신뢰성, 경제성 등을 고려하여 선정한다.

2. 골재 생산시설의 구비조건

(1) 생산능력

장비능력과 작업량에 대해 충분한 검토를 한다.

(2) 작업성

1) 대상 작업에 알맞을 것
2) 작업량 처리에 충분한 용량을 가지고 효율이 좋을 것
3) 자동화, 성력화(省力化)에 적정할 것

(3) 신뢰성

1) 요구한 품질을 얻을 수 있을 것
2) 생산된 제품에 손상이 없을 것

(4) 경제성

1) 운전경비가 적게 들 것
2) 유지 및 보수가 쉽고 신뢰성이 클 것
3) 조달이 쉽고 전용이 쉬울 것

(5) 안전성

골재 생산설비에 안전장치 등을 설치하여 가동에 따른 위험요소를 제거한다.

3. Crusher의 작업순서

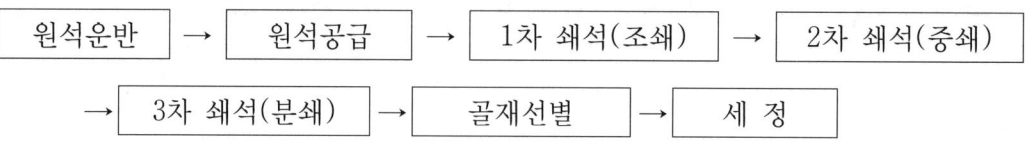

4. Crusher 장비의 구성

(1) Feeder(연속 공급기)
(2) Rock Crusher(쇄석기)
(3) Screen 및 Classifier(체분기 및 분급기)
(4) Conveyor(골재 이동)
(5) Washer(세정기)

5. 주요 골재생산시설

(1) 운 반

1) 원석운반장비

   Back Hoe, Dump Truck

2) 골재운반장비

   Pay Loader

(2) Feeder(연속 공급기)

1) 역 할

   채석한 원석을 연속적으로 정량 공급하는 장비이며 쇄석기, 분급기, Belt Conveyor 등에 원료를 공급하는 기계

2) 장비의 종류

   ① 진동식 Feeder
   ② Apron 식 Feeder

(3) Rock Crusher(쇄석기)

1) 조쇄(1차 Crusher)

   ① Feeder를 통하여 투입된 원석을 1차로 파쇄하는 시설
   ② 40mm 이상 골재를 생산

③ 종류

Crusher 종류	쇄석의 원리
Jaw Crusher	주로 압축력에 의한 파쇄
Gyratory Crusher	압축력에 의한 파쇄
Impact Crusher	타격력과 마찰력에 의한 파쇄
Hammer Crusher	타격력에 의한 파쇄

2) 중쇄(2차 Crusher)
① 1차 쇄석기를 통과한 골재에 대하여 일정한 크기로 생산하는 시설
② 굵은 골재(25~40mm골재)를 생산
③ 종류

Crusher 종류	쇄석 방법
Cone Crusher	충격력과 압축력을 이용한 파쇄
Roll Crusher	압축력을 이용한 파쇄
Hammer Mill	타격력, 압축력, 전단력이 합성한 파쇄

3) 분쇄(3차 Crusher)
① 2차 쇄석기를 통과한 골재에 대하여 1차 쇄석의 크기보다 작은 크기로 생산하는 시설
② 잔골재(25mm 이하 골재)를 생산
③ 종류

Crusher 종류	쇄석 방법
Triple Roll Crusher	압축력과 마찰력을 이용한 파쇄
Rod Mill	타격력, 압축력, 전단력을 이용한 파쇄
Ball Mill	압축력과 전단력을 이용한 파쇄

(4) Screen(골재 선별기)
1) 체눈이 설치되어 쇄석기로부터 파쇄된 골재를 크기 및 입자별로 분류시키는 기계
2) 장비의 종류 : 회전 체 Screen, 진동 체 Screen

(5) Classifier(분급기)
1) Screen으로부터 분류되지 않은 8~325메시 정도의 작은 입자를 분류시키는 기계
2) 장비의 종류 : Rake classifier, Screw Classifier

(6) Conveyor(골재 이동시설)

1) Screen으로부터 선별된 골재에 대하여 다음 작업장 또는 적치장으로 이동시키는 장치
2) 길이 및 경사는 현장의 여건을 고려하여 설치

(7) Washer(세정기)

파쇄된 골재에 묻은 석분 또는 기타 이물질을 제거하기 위해 설치된 골재 씻기장치

4. 결 론

하천의 자연 골재의 채취량 증가 등으로 이에 따른 부족한 골재를 대체하기 위해 석산을 개발해서 보다 나은 원석을 파쇄하여 용도에 맞게 생산된 골재를 쇄석이라 한다.

이러한 쇄석은 자연 골재와 같이 내구성과 강도가 커야 하므로 생산과정에서 이러한 요소가 상쇄되지 않도록 주의하며 작업을 하여야 한다.

또한 원석을 파쇄하여 생산된 쇄석은 석분과 기타 이물질 등을 함유하게 되면 Concrete에 있어서 품질이 저하되는 요인이 되므로 반드시 세정기를 이용하여 석분 등을 제거하여야 한다.

아울러 골재생산에 필요한 소요 장비를 선정할 경우 경제적인 요소와 장비의 생산 능력, 작업성, 신뢰성, 경제성 등을 고려하여 선정한다.

문제 11 자주 승강식 바지

1. 개 요

자주 승강식 바지(Self Elevator Float Barge)는 하천, 저수지, 해상 등 수위의 변화가 있는 수상공사에 사용되는 작업용 함선(艦船)으로서 대형 Barge 선의 Corner 부분에 지주를 하상에 고정시킨 후 부체(浮體)를 수심에 따라 상하로 조절하면서 부체 즉 함선을 고정시키는 장비이다.

2. 작동원리

1) 스패드를 가진 부체(함선)를 소정의 위치에 Anchor 등으로 계류한다.
2) 스패드를 내려 스패드를 지지한다.
3) 수면상 소정의 높이까지 부체를 들어 올려서 파랑과 조류에 영향이 없도록 고정시킨다.

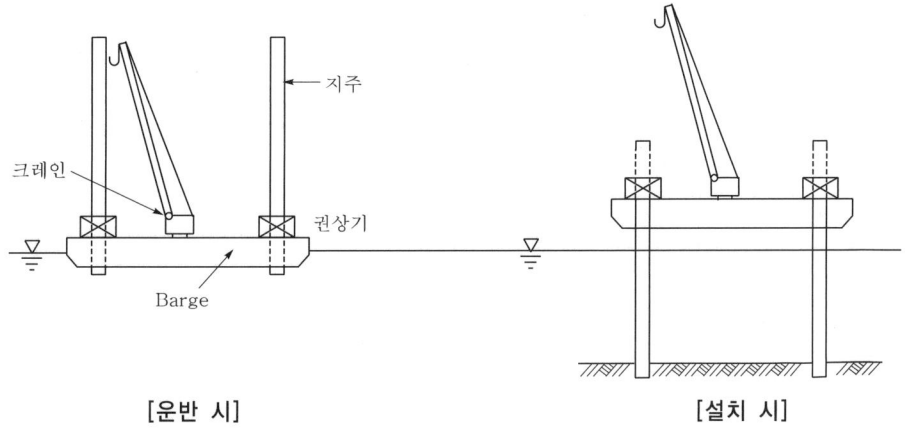

[운반 시]   [설치 시]

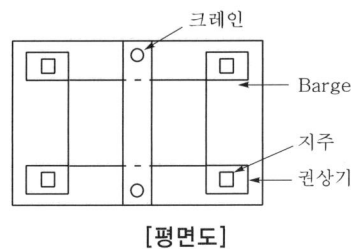

[평면도]

3. 함선의 상하 이동방식의 종류

   (1) 기계식
   (2) 유압식

4. 특징 및 용도

(1) 특 징

   1) 육상과 동일한 조건 하에 작업이 가능하다.
   2) 파고나 조류의 영향을 거의 받지 않는다.
   3) 해상공사에 대한 공기가 단축된다.
   4) 공사비가 절감된다.(해상작업 시)
   5) 안전성이 우수하다.
   6) 조류와 파랑의 영향이 적어 시공의 정밀성이 우수하다.

(2) 용 도

   1) 해상의 토질조사
   2) 해상 항타
   3) 해상측량
   4) 해상기초공사

16장 공사관리 및 공정관리 총론

문제 1 건설공사의 시공관리 (공사관리)

1. 개 요
공사관리란, 시공계획에 따라 주어진 기간 내에 주어진 품질을 확보하면서 경제적으로 안전하게 시공하는 것을 그 목표로 관리하는 것을 말한다.

공사관리는 공사기간, 품질, 원가, 안전 등에 대하여 상호 간의 연관성을 가지고 계획적인 공사가 이루어질 수 있도록 관리하여야 한다.

2. 공사관리의 4대 요소
(1) 공정관리(P : Process Control) → Quick(신속하게)
(2) 품질관리(Q : Quality Control) → Good(좋게)
(3) 원가관리(C : Cost Control) → Down(싸게)
(4) 안전관리(S : Safety Control) → Up(안전하게)

3. 공정, 품질, 원가의 연관성

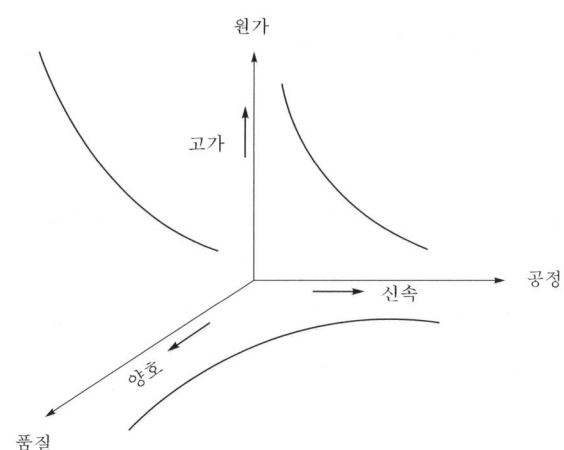

4. 공사관리의 체계도

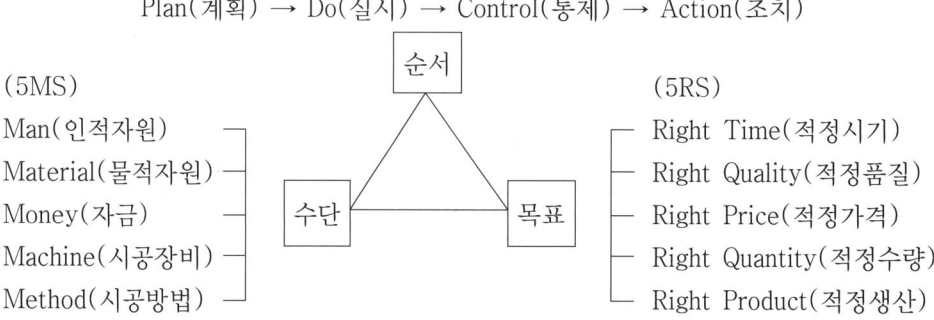

5. 공사관리의 요지

(1) 공정관리
1) 계획공정과 실제 공정을 비교 검토하여 공사가 예정대로 진행되도록 조정관리하는 것으로
2) 공기를 단축하고 시공순서에 맞게 진행하되
3) 공기가 너무 빠르면 품질이 저하될 가능성이 있고
4) 공기가 너무 느리면 공사원가가 높아질 가능성이 있으므로
5) 과도한 공정계획이 되지 않도록 계획하고, 시공순서에 위배되지 않는 공정계획과 관리를 할 수 있도록 한다.

(2) 품질관리
1) 설계도서 및 시방서에 규정한 품질 및 규격대로 목적물을 만들기 위한 수단을 말하는 것으로
2) 설계도서 및 발주자 요구에 신뢰할 만한 품질을 확보하고
3) 하자 방지 및 품질을 향상시키는데 있다.

(3) 원가관리
1) 공사에 따른 적정한 실행예산을 편성하여 시공 중 공사실적을 원가면에서 평가하고 공사를 통제 및 개설하는데 의의를 두고 있으며
2) 준공 시 실제 소요된 비용을 결산함에 있어 원가를 절감할 수 있도록 관리를 한다.

(4) 안전관리

1) 생산성의 향상과 손실을 최소화시키기 위하여 비능률적 요소인 사고가 발생하지 않는 상태를 유지하기 위한 활동으로서
2) 재해로부터 인간의 생명과 재산을 보호하기 위한 계획적이고 체계적인 제반 활동에 대한 안전관리를 말하며
3) 공사의 특성상 규모의 대형화 및 복잡화로 안전관리가 공사관리에 중요한 비중을 차지하고 있으므로
4) 안전사고를 사전에 예방할 수 있는 Program을 계획하고
5) 적정한 안전관리비를 배정하여 사용한다.

문제 2 건설공사의 시공계획

1. 개 요

공사착수에 앞서 시공계획을 수립하는 것은 설계내용을 만족시키고 원활한 공사의 수행으로 경제적인 시공이 되도록 하기 위함이다.

시공계획을 구체적으로 수립하여 최소의 비용으로 최적의 공기를 맞추어 가면서 주어진 품질을 확보하는 것이 매우 중요하며, 사전조사실시, 기본계획수립, 상세계획수립, 관리계획수립 등으로 진행된다.

2. 시공계획의 목적

(1) 원활한 공사수행
(2) 계약공정의 준수
(3) 경제적인 시공실시
(4) 품질확보

3. 건설공사의 시공계획

(1) 사전조사

1) 계약조건 및 설계도서의 검토

① Project의 목적
② 설계도서의 내용
③ 계약서 및 계약 내역검토
④ 설계변경 가능성
⑤ 본 공사에 영향을 미치는 부대공사 및 이에 관련된 공사
⑥ 기타 용지매수 및 보상관계 검토

2) 현장조건 검토

① 지형 및 지질조사
② 지하수 조사
③ 공사현장의 주변 환경
④ 민원발생여부
⑤ 지하매설물 및 기타 지장물조사

⑥ 주변 구조물 현황
⑦ 관련 법규검토

(2) 기본계획(시공 및 기술계획)

1) 공법 결정
   ① 시공성 및 경제성검토
   ② 안전성 검토

2) 공사방법의 결정
   ① 시공순서
   ② 투입될 장비 및 자재 대상선정
   ③ 인력투입조건 검토

3) 공정계획(공정표 작성)
   ① 공사의 규모, 특징, 시공방법 등을 고려한 공정표 작성
   ② 전체공정표 → 분할(분기별) 공정표 → 세부 공정표 순으로 작성
   ③ 공정표는 내용파악이 가능하고 합리적인 공사가 될 수 있도록 작성

4) 가설계획
   ① 공사수행에 필요한 제반적인 가설계획을 수립
   ② 부지확보 및 가설배치
   ③ 가설구조물축조(현장사무실, 식당, 숙고, 창고, 시험실, 기타 등)
   ④ 공사용수 확보계획(지하수 개발, 상수도 인입)
   ⑤ 동력계획(동력의 용량, 인입 방법, 비상 발전기준비 등)
   ⑥ 통신계획(전화, 무선 등)

5) 품질계획
   ① 선정시험과 관리시험의 분류
   ② 시험관련 기자재 구입
   ③ 시험 기준결정
   ④ 시험 관리자 선정 및 배치
   ⑤ 기타 구체적인 시험계획수립(Plan → Do → Check → Action)

6) 현장조직 계획
   ① 공사의 규모, 특징, 시공방법 등을 고려하여 적정 인원을 배정
   ② 현장 조직구성에 의한 조직표 작성
   ③ 각 공종별 업무 배당

7) 자금계획
    ① 공사예산 및 실행자금편성 및 배정
    ② 현장운영 및 관리에 필요한 자금계획

8) 하도급업체선정 계획
    ① 전문 공종에 대하여 하도급업체에 견적지명
    ② 업체의 기술력, 자금력, 추진력 등을 고려하여 선정
    ③ 현장 실행 금액 내에서 적정한 견적을 제출한 업체 선정
    ④ 선정된 업체의 관리계획 수립

(3) 상세계획(조달계획)

1) 노무계획
    ① 직종별 분류
    ② 투입인원
    ③ 근로기간

2) 장비계획
    ① 공종별 기종선정
    ② 투입 대수
    ③ 투입시기
    ④ 사용기간

3) 자재계획
    ① 자재의 종류(공종별로 구분)
    ② 종류별 수량
    ③ 현장 반입시기

4) 운반계획
    ① 운반방법
    ② 운반로
    ③ 운반시기

5) 자금계획
    ① 예산배정
    ② 자금지출 명목(공사 기성금, 자재대, 장비대, 각종 공과금, 현장 운영비, 기타)
    ③ 자금수령방법(On-Line 방법, 직접수령)
    ④ 자금공급처(발주처 → 시공자, 원청자 → 하도급자, 본사 → 현장, 기타)
    ⑤ 자금지출방법(어음, 현금, 어음+현금, 현물, 기타)

(4) 관리계획

1) 공사관리
    ① 공정은 신속
    ② 원가는 저렴
    ③ 품질은 확보
    ④ 공사는 안전

2) 노무관리
    ① 노무자의 출력현황 파악
    ② 건강유지
    ③ 노무 인력수급 및 관리

3) 자재관리
    ① 보관
    ② 확보
    ③ 공급

4) 장비관리
    ① 반입계획
    ② 구입방법(임대, 매입)
    ③ 점검 및 정비
    ④ 운전자 또는 조종수 교육

5) 환경관리
    ① 소음 및 진동에 대한 대책수립
    ② 비산먼지방지시설설치 및 관리
    ③ 기타 환경공해가 우려되는 사항을 파악 및 조치

6) 안전관리
① 안전관리자 상주
② 작업자 대상의 안전교육계획 및 실시
③ 위험요소점검 및 조치
④ 각종 안전시설물설치 및 관리
⑤ 산재병원의 지정 및 비상연락망 구축
⑥ 응급조치를 대비한 준비
⑦ 작업자의 건강검진계획 및 실시
⑧ 기타 제반 관련 법규사항 실천방안 강구

4. 결 론

시공계획의 궁극적인 목적은 합리적이고 경제적인 공사로 설계내용을 만족시키면서 최저의 비용으로 우수한 목적물을 시공하는 데 있으므로, 공사착수 전 세부적이고 구체적인 시공계획을 수립하는 것이 매우 중요하다.

문제 3 공정관리업무

1. 개요

공정관리란, 계획된 작업일정과 공사의 실행예산에 근거하여 계획된 공기 내에 최상의 품질로 공사를 완료하기 위하여 공사시공을 계획, 관리, 통제하는 것을 말한다.

따라서 공정관리를 실행하기 위한 순서는 계획(Plan) → 실시(Do) → 검토(Check) → 조치(Action)와 같이 단계별로 진행하여 공정관리가 효율적이고 원활하게 수행될 수 있도록 한다.

2. 공정관리수행을 위한 검토사항

(1) 최적의 공기
1) 시공의 경제성고려
2) 시공의 품질고려

(2) 합리적인 공정계획 수립
1) 최적의 공기를 고려
2) 최적의 공사방법(공법)을 고려

(3) 실효성 있는 공정관리의 실행
1) 시공속도 고려
2) 계획공정 고려
3) 실시공정 고려

3. 공정관리의 단계

(1) 계획(Plan) 단계 : P
1) 시공계획 : 시공법, 시공순서
2) 공정계획 : 작업순서, 일정계획, 공정표
3) 사용계획 : 자원별, 소요량

(2) 실시(Do) 단계 : D
1) 계획공정표에 의한 공사의 지시
2) 계획공정표에 의한 공사의 감독

(3) 검토(Check) 단계 : C
1) 작업량 관리
2) 진도관리
3) 자원관리
4) 원가관리

(4) 조치(Action) 단계 : A
1) 작업개선에 대한 시정조치
2) 공정촉진에 대한 시정조치
3) 재계획수립에 대한 시정조치

4. 공정관리업무의 내용

(1) 공정계획의 수립

1) 공정계획의 개요

　공정계획은 작업공정을 검토한 후 도표로 표현하고 시간 분석으로 공사일정을 결정하는 과정이다.

2) 공정계획의 구분
① 시공의 작업단계 또는 활동의 분할
② 활동 간의 선·후행 관계설정
③ Network 도표의 작성(공정표 작성)
④ 공사 일정분석

3) 작업 활동(Activity) 및 작업분할
① 시설별 분할
② 공사구역별 분할
③ 공종별 분할
④ 장비 또는 자재별 분할
⑤ 입찰항목별 분할
⑥ 표준분류별 분할

4) 공정표 작성
① 각 작업의 선·후행 관계 간 순서와 시간 명시
② 전체공사에 대하여 일목요연하게 표시
③ 전체공정표 → 세부 공정표 작성
④ 공정표의 종류
- 막대도표 공정표(Bar Chart)
- 화살도표 공정표(i → j Arrow Diagram)
- 마디도표 공정표(Precedence Network Diagram)
- 사선식 공정표(Banana 곡선)

(2) 공사기간(공기)의 산정

1) 공기의 종류
① 적정공기
   공기를 준수하며 시공 정도 및 경제상 피해를 주지 않는 공사기간
② 돌관 공기
   공사기간을 준수하기 위하여 시공 정도 또는 경제를 희생하여 돌관공사를 하는 것으로 적정공기보다 짧은 공사기간을 말하며, 이 방법은 공기를 준수할 수 있어도 결코 바람직한 공사기간이라 할 수 없다.
③ 과장 공기
   적정공기보다 긴 공사기간을 말하며, 천천히 공사를 진행하므로 시공 정도가 좋고 경제상으로도 유리하나 초기에 방심하고 태만하기 쉬워 말기에 돌관공사로 이어질 수 있어 주의를 요한다.

2) 공사기간산정 시 고려사항
① 건물의 구조 및 규격, 종류, 마감 정도
② 지반의 현황
③ 현장의 상황
④ 시공업자의 능력
⑤ 공사담당자의 능력 및 열의
⑥ 주변 환경

(3) 진도관리

1) 진도관리방법
① 기성고에 의한 관리
② 시공량 수치에 의한 관리
③ 기성고와 전 공사비와의 비율에 의한 관리(S-Curve 공정표)
④ 부분공사의 경우 일수에 의한 관리(Bar Chart 공정표, Network 공정표)

2) 진도촉진 방법
① 시공순서의 변경
② 현장인력의 증가
③ 돌관작업 실시
④ 기계화시공
⑤ 반제품 자재를 완제품 자재로 대체
⑥ 설계변경

5. 공정관리 활성화를 위한 방향

(1) 공사정보의 공유가 가능한 표준적 공사정보체계구축
(2) Project의 특성을 고려한 공정관리 S/W 선정
(3) 공사 초기에 충분한 검토를 거친 실효성 있는 초기공정계획수립
(4) 공정관리 개선을 위한 본사와 현장 간의 업무체계 개선
(5) 과학적인 관리기법도입에 따른 장려제도명시
(6) 공사관리 관련 양식의 통일화 및 표준화
(7) 공정관리평가방법의 개발

6. 결 론

건설현장에서 시공사와 발주자 사이에 공정률에 관한 분쟁이 흔히 발생되고 있으며, 특히 기성금 지급이 공정률에 의해 결정되는 경우에는 발주자와 시공사 쌍방 간에 민감한 사항으로 대두할 수밖에 없다.

따라서 시공사와 발주자 쌍방 간에 있어서 이러한 공정률에 대한 분쟁을 최소화하기 위하여 공정률 기준을 마련하여 이를 계약에 명시할 필요성 있다.

그러나 원만하고 효율적인 공사의 진행을 위해서는 반드시 필요한 것이 공정관리이므로 이는 시공사이든 발주자이든 간에 쌍방 모두가 이해와 협력으로 계획된 작업일정과 공사의 실행예산에 근거하여 계획된 공기 내에 최상의 품질로 공사를 완료할 수 있도록 공사시공을 계획, 관리, 통제하는 것이 중요하다.

문제 4. 공정관리기법(공정표)의 종류

1. 공정관리의 정의
(1) 공정관리란, 계획된 작업일정과 공사의 실행예산에 근거하여 계획된 공기 내에 최상의 품질로 공사를 완료하기 위하여 공사시공을 계획, 관리, 통제하는 것을 말하며
(2) 공정관리를 실행하기 위한 순서는 계획(Plan) → 실시(Do) → 검토(Check) → 조치(Action) 단계 등으로 진행된다.

2. 공정관리의 순서

(1) 계획(Plan) : P
1) 시공계획 : 시공법, 시공순서
2) 공정계획 : 작업순서, 일정계획, 공정표
3) 사용계획 : 자원별, 소요량

(2) 실시(Do) : D
1) 계획공정표에 의한 공사의 지시
2) 계획공정표에 의한 공사의 감독

(3) 검토(Check) : C
1) 작업량 관리
2) 진도관리
3) 자원관리
4) 원가관리

(4) 조치(Action) : A
1) 작업개선에 대한 시정조치
2) 공정촉진에 대한 시정조치
3) 재계획수립에 대한 시정조치

3. 공정관리기법(공정표)의 종류와 특징

(1) 막대도표 공정표(Gantt Bar Chart)

1) 개 요
① 공사 공종별 소요 기간의 크기에 비례하여 횡선식 막대(Bar)표시를 시간(일수)축으로 나타내어 공정표를 작성하는 방식이다.
② 즉 세로축에는 공사 각 공정별 항목을 기입하고, 가로축에는 시간(일수)을 기입하여 공사 공정의 소요 예정시간만큼 막대표시를 하여 작성되는 공정표이다.

[막대도표 공정표의 예]

2) 특 징

장 점	단 점
① 작성이 용이하고 간단	① 복잡한 작업순서의 경우 대한 세부적인 일정표시가 곤란
② 개략적인 공정의 내용에 유리	② 공정 간의 선후관계 표현불가
③ 공정표의 이해가 용이	③ 중점 관리대상의 공정파악 곤란
④ 공사에 대한 전체적인 윤곽파악 용이	④ 공정의 변화와 변경이 심함

(2) 화살도표 공정표(i → j Arrow Diagram)

1) 개 요
공정명을 화살표(Arrow)상에 기입하고, 각 절점은 해당 공정의 시작과 종료를 의미하며, 공정 간의 연계관계는 FS로 표현하는 망상형 Network 방식의 공정표이다.

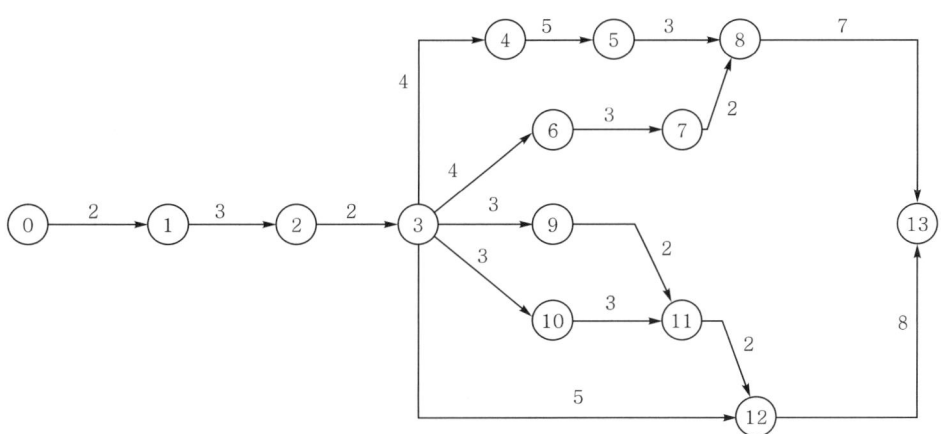

[화살도표 공정표의 예]

2) 특 징

장 점	단 점
① 작업순서 표현이 용이 ② 공사의 주 공정파악 용이 ③ 공사의 진척상황을 쉽게 파악 가능 ④ 효과적인 작업 통제가 용이 ⑤ 최적의 공사(비용절감, 공기단축, 자원조달 등)관리가능	① 공정표 작성에 따른 소요시간이 필요 ② 진도관리의 수정이 곤란 ③ 시공속도의 파악이 곤란

3) Network 공정표의 종류

① PERT : 공기단축을 목적으로 사용되는 공정표
② CPM : 공사비 절감을 목적으로 사용되는 공정표

(3) 마디도표 공정표(Precedence Network Diagram)

1) 개 요

공정명을 마디 내에 기입하고, 공정 간의 연관관계를 FS, SS, FF, SF로 표현하는 Network 방식의 공정표로서 화살도표 공정표에 있는 가상활동(Dummy Activity)이 없는 것이 특징이다.

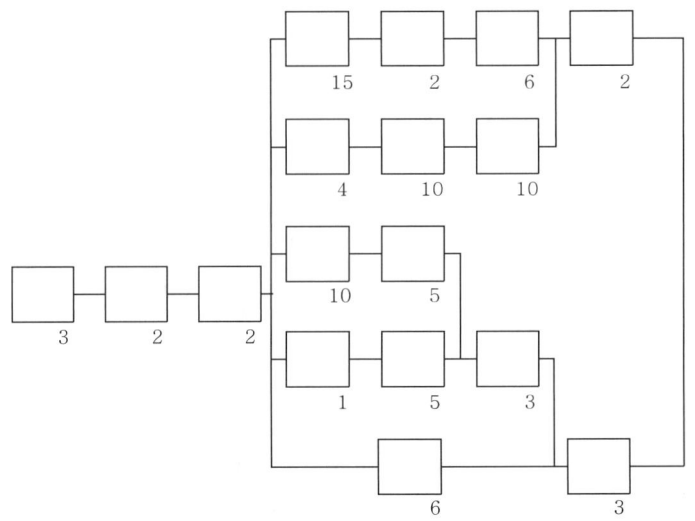

[마디도표 공정표의 예]

2) 특 징

장 점	단 점
① 공정간 선후관계 표현이 가능 ② 일관된 공정관리가 용이	① 공정표 작성에 따른 소요시간이 필요 ② 진도관리의 수정이 곤란 ③ 시공속도의 파악이 곤란

(4) 사선식 공정표(Banana 곡선)

1) 개 요

공사소요시간에 대한 공정률 관계를 곡선으로 표시하여 작성된 공정표이다.

공정	공사비 구성율(%)	공기(日) 5 10 15 20 25 30 35	완성율(%)
0-1	3		100
1-2	4		90
2-3	6		80
3-4	15		70
9-11	8		60
10-11	7		50
11-12	10		
12-13	10		0

[사선식 공정표의 예]

2) 특 징

장 점	단 점
① 전 공정에 대한 파악이 용이 ② 예정공정에 대한 실적파악이 용이 ③ 시공속도 파악이 용이	① 세부적인 공정표시 및 내용파악이 곤란 ② 세부적인 공정수정이 곤란

4. 공정관리 활성화를 위한 방향

(1) 공사정보의 공유가 가능한 표준적 공사정보체계 구축
(2) Project의 특성을 고려한 공정관리 S/W 선정
(3) 공사 초기에 충분한 검토를 거친 실효성 있는 초기공정계획수립
(4) 공정관리개선을 위한 본사와 현장 간의 업무체계개선
(5) 과학적 관리기법 도입에 따른 장려제도명시
(6) 공사관리 관련 양식의 통일화 및 표준화
(7) 공정관리평가방법의 개발

문제 5 공정관리곡선 (진도관리곡선)

1. 공정관리곡선

(1) 공정관리곡선의 정의
적정 공정계획의 수립 후 공사시행 시 공사의 진도를 검증하여 계획대비 공기, 비용 등을 분석하여 진도관리를 할 수 있게 작성된 관리곡선을 말한다.

(2) 공정관리곡선의 형태
공정관리곡선의 일반적인 형태는 S-Curve모양을 갖게 되며, 이를 Banana 곡선이라고도 한다.

2. 공정관리곡선의 구성

(1) 상방 허용한계선
경제적인 시공의 한계를 나타내는 선

(2) 하방 허용한계선
공정의 지연한계를 나타내는 선

(3) 예정곡선(계획선)
공정의 계획 시 수립한 공정계획선

(4) 실시곡선(실제 곡선)
실제의 작업을 표시한 선

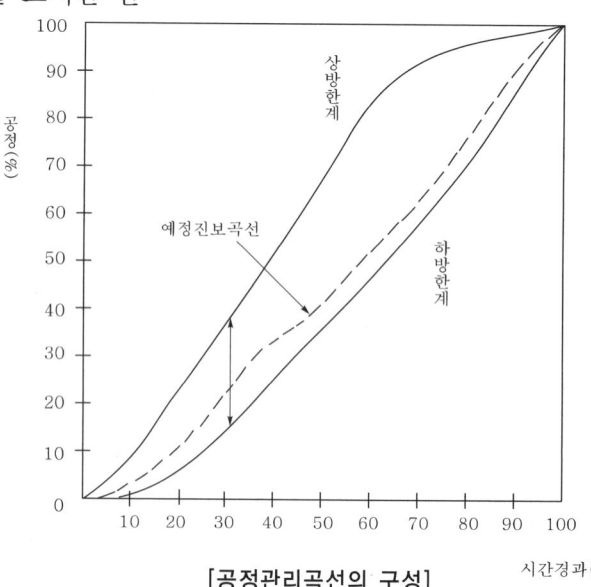

[공정관리곡선의 구성]

3. 예정곡선에 대비한 실시곡선의 형태

(1) 벌림형

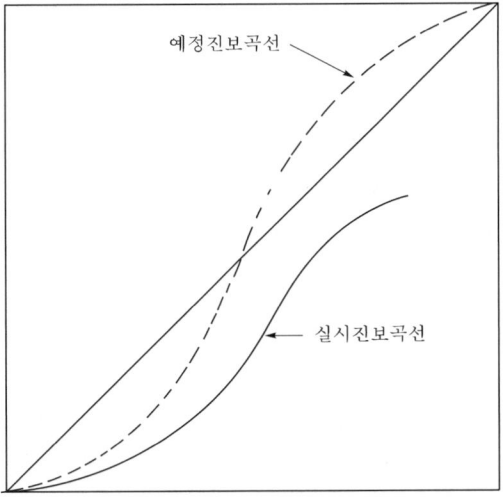

1) 곡선의 현상

   공정계획의 초기부터 준공 시점까지 실시곡선이 점차 확대되어 공기가 지연되는 현상

2) 원 인

   ① 작업준비부족
   ② 재료의 반입지연
   ③ 인력 및 장비투입의 지연
   ④ 기타 악조건의 겹침(잦은 설계변경 등)

(2) 후반 벌림형

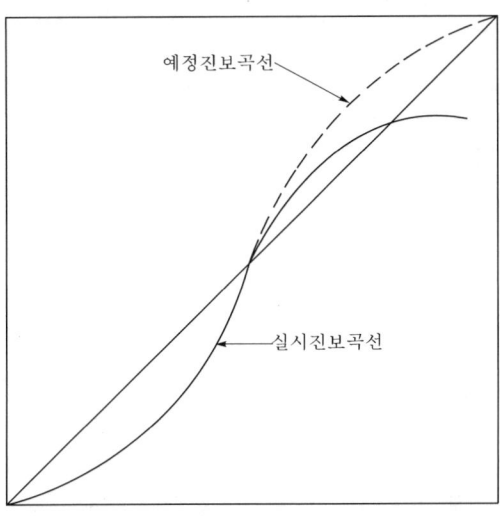

1) 곡선의 현상

전반기는 정상적으로 공사가 진행되었으나 후반기에 가서 공사의 지연이 현저해 지는 현상

2) 원 인

① 작업중단
② 자재의 투입 중단 또는 지연
③ 인력 및 장비의 투입중단 또는 지연
④ 작업 중의 설계변경

(3) 평행형

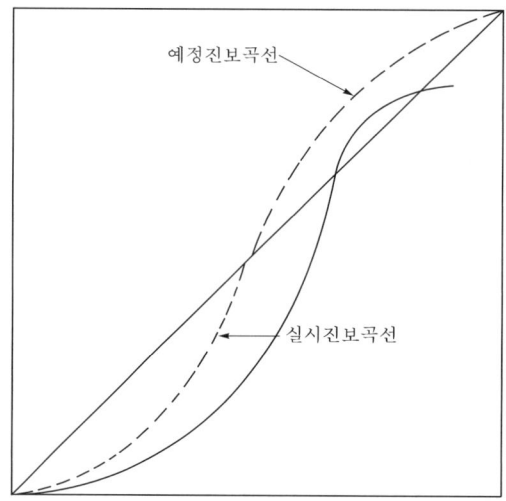

1) 곡선의 현상

공정계획의 초기부터 공사가 지연되기 시작하여 그 폭이 거의 일정하게 유지되는 현상

2) 원 인

① 공사착공의 지연
② 준비부족
③ 근로자의 미숙련

(4) 후반 닫힘형

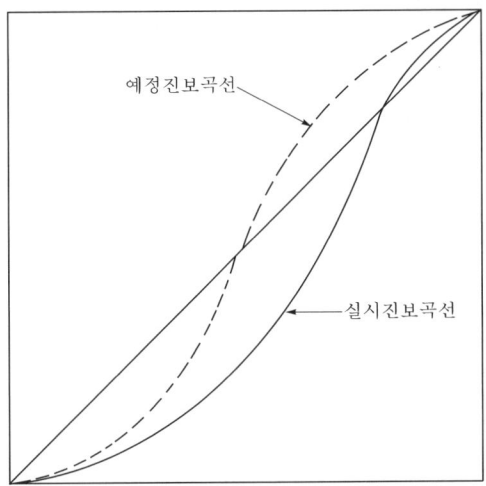

1) 곡선의 현상

   전반기에 지연된 공기를 회복시켜 준공 시점에 맞게 진행한 현상

2) 원 인

   ① 현재 거의 모든 공사가 이러한 형태로 진행
   ② 후반기에 여유가 있다는 해이 감으로 오히려 공기가 지연될 우려 발생

4. 공정관리곡선 관리방법

(1) 예정곡선의 위치

공정계획 시 예정곡선이 상·하방 허용한계선 내에 있도록 작성한다.

(2) 예정곡선의 구배

예정곡선은 초기 및 말기에 완구배가 되도록 조정한다.

(3) 실시곡선의 확인

실제 작업 시 실시곡선이 상·하방 허용한계선 내에 있는지 여부를 확인한다.

(4) 실시곡선의 허용한계선 이탈 시

실시곡선이 허용한계선을 벗어나고 있을 경우 불합리한 공정이 진행되고 있으므로 이를 재검토한다.

1) 상방 한계선을 벗어난 경우

   비경제적인 시공(과속작업)이 되고 있음을 표시

2) 하방 한계선을 벗어난 경우
   공기가 지연되고 있음을 표시
3) 하방 한계선에 근접될 경우
   공기의 지연위기(경고)를 표시

문제 6 공정관리에서의 통제기능과 개선기능

1. 개 요

공사의 공정관리에 있어서 통제기능은 공사의 목적물 완성을 위하여 계획수립과 이 계획에 따른 실행, 즉 작업을 진행함에 있어 정해진 기본방침에 의해 통제되는 관리를 말하고, 또한 개선기능은 공사의 진행 상태에 대하여 향상시킬 목적을 두고 실시되는 관리를 말한다.

이러한 기능은 계획(Plan) → 실행(Do) → 검토(Check) → 조치(Action)단계로 진행해 나간다.

2. 공사관리 방법상 기능분류

(1) 관리의 단계
1) 계획(Plan)
2) 실시(Do)
3) 검토(Check)
4) 조치(Action)

(2) 통제기능
1) 계획(Plan)
2) 실시(Do)

(3) 개선기능
1) 검토(Check)
2) 조치(Action)

3. 진행과정

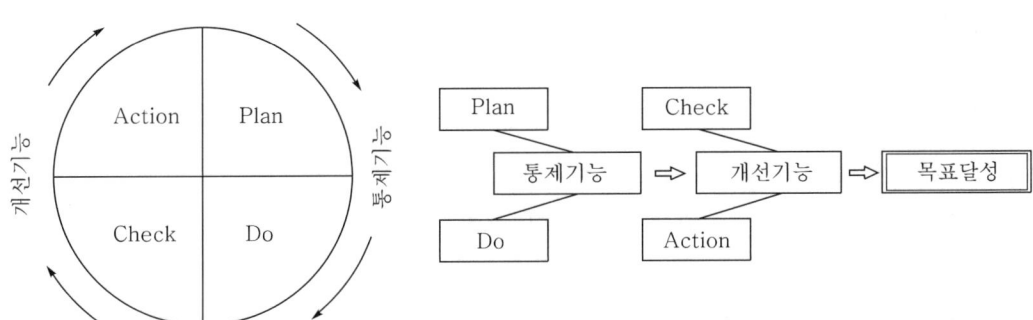

5. 통제기능

(1) 관리목표
1) 양호한 작업진행방법의 확립
2) 작업의 효율성 향상
3) 정보의 전달확립
4) 작업기준설정
5) 작업에 따른 지시와 통제

(2) 단 계

1) 계획단계(Plan)
   ① 계획수립
   ② 지침 결정
   ③ 목표의 결정
   ④ 실시방법 결정

2) 실시단계(Do)
   ① 계획에서 정한 방법대로의 실시
   ② 지침과 목표의 주지
   ③ 철저한 교육 및 훈련
   ④ 실시 도중에 이상이 있을 경우 조치방법에 따라 변경

5. 개선기능

(1) 관리목표
1) 공사진행방법의 향상
2) 문제점 파악 및 분석
3) 시공방법의 분석 및 개선
4) 대책수립
5) 효과확인

(2) 단 계

1) 검토단계(Check)
   ① 계획 시 정한 지침과 목표대로의 수행 여부 확인
   ② 자체점검
   ③ 결과에 대한 검사
   ④ 진행 중인 공사에 대한 점검

2) 조치(Action)
① 불량개선
② 대책수립
③ 불량재발방지
④ 공법의 개선

6. 통제 및 개선기능이 공사에 미치는 요인

(1) 계약조건의 변동
1) 계약기간(예정 준공일)의 변경
2) 공사비의 변경
3) 설계변경
4) 요구조건의 변동

(2) 시공계획의 변동
1) 현장 운영방침의 변경
2) 시공방법 및 공법의 변경
3) 활동기간의 추정치 변동
4) 활동(Activity)간 순서의 부적정

(3) 현장 및 공사여건의 변동
1) 시공계획의 변경
2) 자재 및 장비 등의 투입시기 변동
3) 돌관적인 작업사항 발생
4) 예상치 못한 시장변동 및 작업환경의 변경
5) 계획에 없는 기술적인 어려움 발생

7. 현장적용 시 고려사항
(1) 대상 목적물의 결정할 것
(2) 공사관계자의 이해와 협조를 득할 것
(3) 실천 가능한 운영방침을 세울 것
(4) 목표가 분명할 것
(5) 정확한 계획을 수립할 것
(6) 확실한 교육과 훈련을 실시할 것
(7) 각 단계별에 대한 보고서를 작성할 것
(8) 품질과 안전도가 확실할 것

8. 결론

공사의 공정관리는 목적물의 품질을 확보하기 위해서는 무엇보다도 통제와 개선기능이 필요하다.

이러한 기능 등을 통해 작업 방법상의 계획대로 작업을 수행할 경우, 이에 따른 관리로 문제점을 확인하여 개선함으로써 보다 경제적이고 효율적인 공사가 이루어질 수 있으며, 아울러 품질을 확보할 수 있을 것이다.

문제 7 Network 공정표 (PERT/CPM)

1. 개 요

Network 공정표란, Graph 이론의 용어로서 점과 선으로 구성되어져 있는 도형으로서 작업상 상호관계를 Event(○)와 Activity(→)의 결합으로 공정표를 작성하여 공기를 산출하는 망상형 공정표를 말한다.

Network 공정표는 각 공정의 모든 작업의 흐름을 좌로부터 우로 화살표로 표시하고 작업과 연결을 ○표로 이어 모아 작업의 명칭, 작업량, 소요기간 등 공정상 계획 및 관리에 필요한 정보를 기입하여 공정관리를 하는 것이다.

2. Network 공정표의 종류

(1) PERT(Program Evaluation And Review Technique)

1) 도입배경
   ① 1956년 미 해군의 Polaris 잠수함 건조를 위한 새로운 공정관리기법의 필요성이 대두
   ② 따라서 PERT의 기법을 개발하여 1958년 9월에 발사한 Polaris Missile에 적용한 결과 실용성적 가치를 인정받음
   ③ 1962년 1월 Polaris 잠수함건조를 당초 계획보다 2년 단축하는 데 성공하였고, 그 해 봄부터는 미 정부의 주요 신규사업에 PERT 기법이 전면적으로 적용되기 시작
   ④ 이후 민간기업에서도 회사의 Project를 추진하는 데 PERT를 활용하기 시작

2) 개 요
   Activity에서 소요되는 시간을 3점으로 추정하여 예정시간(공기)을 산정하는 공정관리기법이다.

3) 예정시간(공기) 추정
   ① 3점 추정 – 신규 Project에 적용

   $$t_e = \frac{t_o + 4t_m + t_p}{6}$$

   여기서, t_e : 예상소요시간(Expected Time)
   t_o : 낙관적 시간(Optimistic Time)
   t_m : 정상적 시간(Most Likely Time)
   t_p : 비관적 시간(Pessimistic Time)

② 표준편차(σ)

$$\sigma = \frac{t_p - t_o}{6}$$

(2) CPM(Critical Path Method)

1) 도입배경
① 1956년 미국의 세계최대규모의 화학회사인 Dupont사와 Remington사가 신규설비의 증가로 그 규모가 커짐에 따라 투자의 효율적인 관리를 위해 공동으로 개발한 공정기법
② 1957년 12월 신규화학 공장건설이 추진될 때 사내의 기술자 몇 명을 선발하여 CPM 교육을 한 후 시험 적용한 결과 원가절감의 효과가 검증됨에 따라 미국 내의 건설업계 및 화학공업계에서 본 기법을 적용하기 시작

2) 개 요
① 작업소요시간과 작업순서에 의해 공사기간의 최장경로(C.P ; Critical Path)를 파악하여 이를 중점적으로 관리하는 공정관리기법이다.
② 작업시간에 비용을 결부시켜 최소비용(MCX ; Minimum Cost Expediting) 공사의 비용곡선을 구하여 급속계획의 비용증가를 최소화하는 기법으로 공기설정에 있어서 최소의 비용으로 최적의 공기를 얻는 것을 목표로 한다.

3) 예정시간(공기) 추정
① 1점 추정-경험치에 의한 1점 추정

$$t_e = t_m$$

여기서, t_e : 예상소요시간(Expected Time)

t_m : 정상적 시간(Most Likely Time)

② 공사비 내역서와 과거 수행실적을 토대로 1점 추정
③ 공사가 소요 공기 내에 정상적으로 100% 완료하는 것을 전제

(3) PERT와 CPM의 비교표

구 분	PERT	CPM
주목적	공기단축	원가절감
주 대상	① 신규사업 ② 비반복사업 ③ 경험이 없는 사업	① 표준적인 사업 ② 반복사업 ③ 경험이 있는 사업
시간 추정	3점 시간 추정	1점 시간 추정
일정계산	① Event(Node) 중심 ② 일정계산이 복잡 ③ 작업 간 조정이 어려움	① Activity 중심 ② 일정계산이 자세함 ③ 작업 간 조정이 용이
여유시간	결합점 중심의 여유(Slack) ① PS(Positive Slack) ② ZS(Zero Slack) ③ NS(Negative Slack)	작업중심의 여유(Float) ① TF(Total Float) ② FF(Free Float) ③ DF(Dependent Float)
주 공정	TL-TE=0(굵은 선)	TF=FF=0(굵은 선)
공기단축	Cost와 관계없이 공기단축	MCX이론 도입
최소비용	특별한 이론이 없음	CPM의 핵심이론

3. Network 공정표의 특징

(1) 장 점

1) 작업순서에 대한 표현이 용이하다.
2) 공사의 주 공정을 파악하기 쉽다.
3) 공사의 진척상황을 쉽게 파악할 수 있다.
4) 효과적인 작업통제가 용이하다.
5) 최적의 공사관리(비용절감, 공기단축, 자원초달 등)가 가능하다.

(2) 단 점

1) 공정표 작성에 따른 소요시간이 필요하다.
2) 진도관리의 수정이 어렵다.
3) 시공속도의 파악이 어렵다.
4) 작업 세분화의 한계 및 작성에 따른 특별한 기능이 요구된다.

4. Network 공정표의 구성 요소

(1) 단계(Event, Node)
1) PERT에서는 Node, CPM에서는 Event라 명칭
2) 작업의 시작과 완료 시점을 표시
3) 다른 작업과 연결 시점을 표시
4) ○으로 표시
5) 각 결합점마다 번호부여(선행단계가 후속 단계보다 번호가 적어야 함)

(2) 작업(Activity, Job)
1) PERT에서는 Job, CPM에서는 Activity라 명칭
2) 개별단위작업을 표시
3) Arrow(→)로 표시
4) Arrow의 머리는 작업의 끝을, 꼬리는 작업의 시작을 나타내며 작업의 진행방향을 표시
5) Arrow의 위에는 작업 명과 작업량을, 아래는 소요 공기를 기입

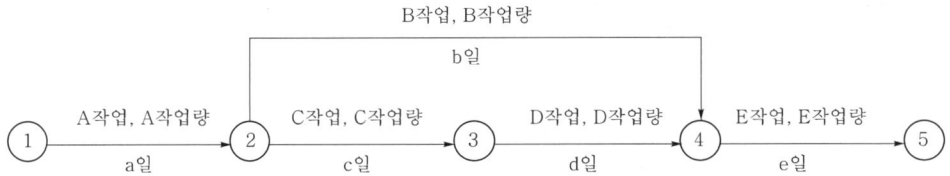

(3) 명목상 작업(Dummy)
1) 작업의 상호 간 유기적인 연관성과 분할 등을 표시
2) 명목상의 작업일 뿐 실제 작업이 아니므로 소요시간은 Zero(0)임
3) 파선 화살표(----→)로 표시
4) 작업 경로로서 주 공정선(CP ; Critical Path)도 가능
   ① Numbering Dummy : 논리와 관계없이 작업의 중복을 피하기 위한 Dummy
   ② Logical Dummy : 작업의 선후관계를 규정하기 위한 꼭 필요한 Dummy

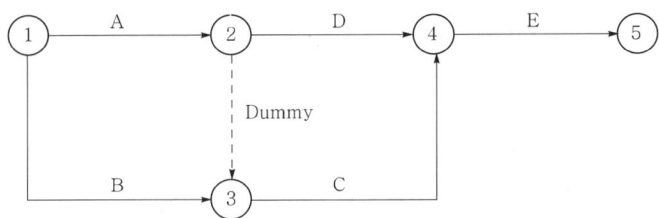

(4) 경로(Path)

1) 2개 이상의 Activity가 연결되는 작업의 진행경로
2) 시작점과 종료점 간의 경로
3) LP(Long Path) : 임의의 두 결합점에서 소요시간이 가장 긴 Path
4) CP(Critical Path) : 최초의 작업점에서 최종 작업점까지의 가장 긴 Path

5. Network 공정표의 작성

(1) 작성순서

1) 준 비
   ① 설계도서 및 시방서, 공정별 적산 수량서
   ② 입지조건 및 기상조건
   ③ 개략적인 시공계획서

2) 내용검토 및 작업의 분할
   ① 공사내용의 분석
   ② 관리목적의 명확화 및 배열
   ③ 작업의 세분화 및 집약화
   ④ 작업량에 따른 소요인원 및 장비 대수의 파악

3) 작업순서의 결정
   ① 작업분할에 따른 Activity 간의 상호관계 규명 및 작업순서 결정
   ② 공종간 연계성 및 공종별 작업공간을 고려한 선·후행 공정을 결정

4) 시간 계산
   ① 모든 Path에서 EST, EFT, LST, LFT 계산
   ② 각 작업의 여유시간(Float Time) 산정
   ③ 계산공기(計算工期)의 계산

5) 공기 조정

계산공기가 지정공기를 초과할 경우 계산공기를 재검토하여 지정공기에 맞춤

6) 공정표 작성

① 작업순서에 따라 소요작업시간을 공정표에 표시
② 주 공정(CP)을 파악하여 전체 공기를 산정
③ 작업에 결합점(i, j)이 표시되어야 하고 그 작업은 하나이어야 함
④ 작업을 표시하는 화살선은 역진 또는 회송되어서는 안 됨

(2) Network 공정표 작성 기본원칙

1) 공정원칙

① 모든 공정은 각각 독립된 공정이다.
② 모든 작업은 순서에 따라 배열되어야 한다.
③ 모든 공정이 반드시 수행되어야만 전체 공사가 완료된다.

2) 단계(Event)원칙

① 작업의 개시 점과 종료 점은 Node·Event로 연결되어야 한다.
② 작업의 중간에 임의로 Activity를 연결해서는 안 된다.
③ 작업이 완료되기 전에는 후속 작업이 개시되어서는 안 된다.

3) 활동(Activity)원칙

① Event 간에는 반드시 1개의 활동(Activity)만 존재하여야 한다.
② 논리적 관계와 유기적 관계확보를 위해 Numbering Dummy를 사용한다.
③ 선행활동이 완료되어야만 후행 활동이 개시될 수 있다.

4) 연결원칙

① 각 결합점은 모두 연결되어야 하며 표시는 화살표로 한다.
② 연결은 한쪽 방향의 화살표로만 표시되어야 하며 되돌아갈 수 없다.
③ 좌측에서 우측으로의 일방통행이 원칙이다.

5) 일반원칙

① 화살선의 교차방지
② 불필요한 명목활동(Dummy)의 제거
③ 화살선의 역진(逆進) 또는 회송(回送)금지
④ 최초 및 최종 결합점의 단일화
⑤ 자료를 기입하기 편리하게 표현

6. 일정계산

(1) 일정의 종류

1) PERT : 작업단계(Node) 중심으로 일정계산

① 최조시간(最早時間) : TE(Earliest Expected Time)
어떤 Event에 이르는 여러 경로 중 제일 긴 경로를 거쳐 가장 빨리 도달하고 또한 가장 빨리 시작할 수 있는 시간

② 최지시간(最遲時間) : TL(Latest Allowable Time)
Project를 예정기일에 완료시키기 위한 각 Event에서의 가장 늦은 개시 혹은 완료 시간

2) CPM : 요소 작업(Activity) 중심으로 일정계산

① 최조개시시간(最早開始時間) : EST(Earliest Stating Time)
작업을 시작할 수 있는 가장 빠른 시간

② 최조완료시간(最早完了時間) : EFT(Earliest Finish Time)
작업을 종료할 수 있는 가장 빠른 시간

③ 최지개시시간(最遲開始時間) : LST(Latest Start Time)
Project의 총 공기에 영향이 없는 범위 내에서 작업을 가장 늦게 시작하여도 좋은 시간

④ 최지완료시간(最遲完了時間) : LFT(Latest Finish Time)
Project의 총 공기에 영향이 없는 범위 내에서 작업을 가장 늦게 종료하여도 좋은 시각

(2) Event에 의한 일정계산

1) 전진계산법(Forward Computation) : TE의 계산

① 가능한 한 작업의 선후관계를 만족하는 조건하에서 빨리 시작하여 빨리 끝내는 계산방식
② 첫 번째 Event의 TE=0
③ EFT는 EST에 공기(D)를 더하여 계산
④ 결합점에서는 EST=EFT

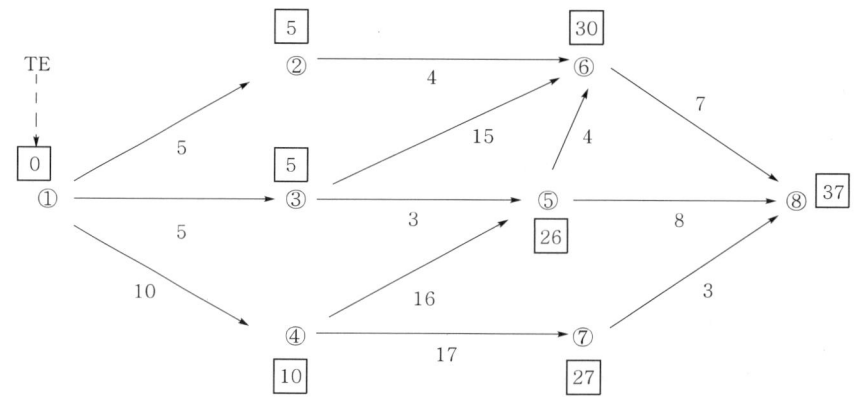

2) 후진계산법(Backward Computation) : TL의 계산

① 전체작업의 완성시간을 어기지 않으면서 각 작업이 가능한 한 늦게 시작하는 계산방식
② 마지막 Event의 TL은 마지막 event의 TE 값을 가짐
③ LST는 LFT에 공기(D)를 빼서 계산
④ 결합점에서는 LST=LFT

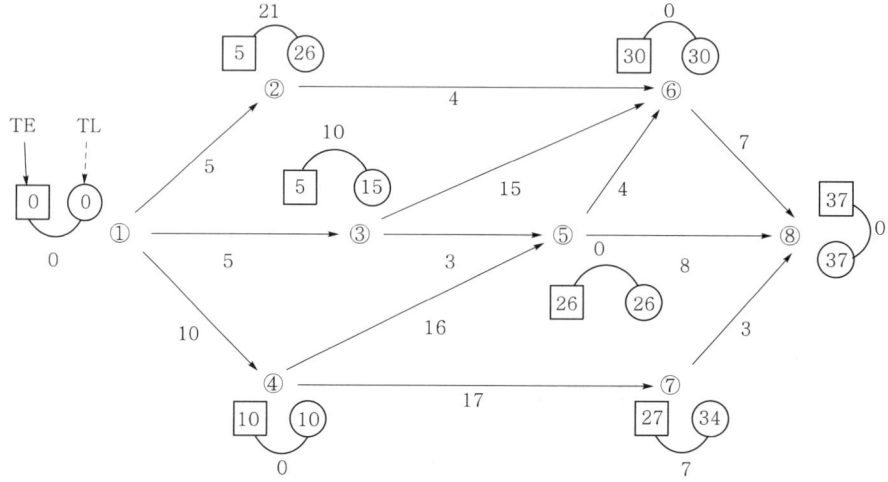

(3) 여유시간

1) PERT에 의한 여유시간

① 단계여유(段階餘裕) : S(Slack)
최종단계에 있어서 완료기일을 변경하지 않는 범위 내에서 각 단계에 허용할 수 있는 시간적 여유(S=TL−TE)

② 정여유(正餘裕) : PS(Positive Slack)
여유 공정의 작업에 (+)여유가 있는 경우(TL−TE>0 즉, S>0)

③ 영여유(零餘裕) : ZS(Zero Slack)
영여유의 경우를 주 공정이라 함(TL=TE 즉, S=0)

④ 부여유(負餘裕) : NS(Negative Slack)
완료되어야 할 일이 최지일정보다 빠른 경우의 (−)여유로 이런 작업은 실제 작업이 불가능한 경우이며, Network를 재작성해야 함(TL−TE<0 즉, S<0)

2) CPM에 의한 여유시간

① 총여유 : TF(Total Float)
어떤 작업이 그 전체공사의 최종 완료일에 영향을 주지 않고 지연될 수 있는 최대한의 여유시간. 즉, TF=LF−EF=LS−ES

② 자유여유 : FF(Free Float)
모든 후속 작업이 가능한 한 빨리 개시될 때(ES) 어떤 작업이 이용 가능한 여유시간. 즉, FF=후행의 ES−EF

③ 간섭여유 : DF(Dependent Float)
후속작업의 총여유(TF)에 영향을 미치는 어떤 작업이 갖는 여유시간. 즉, DF=후속 작업의 ES−LF

④ 독립여유 : IF(Independent Float)
선행 작업이 가장 늦은 개시시간에 착수되고, 후속작업이 가장 빠른 개시 시간에 착수된다 하더라도 그 작업 기일을 수행한 후에 발생되는 여유

7. Network 공정표 작성 시 유의사항

(1) 요소작업분해를 명확히 한다.
(2) 근거 있는 작업기간을 산정한다.
(3) 작업 선후관계를 충분히 검토한다.
(4) 일정상의 제약조건을 네트워크상에 명시한다.
(5) 작업이 복잡한 경우 Sub Network를 활용한다.
(6) 주체공사에서 공기를 단축하도록 한다.
(7) 공기를 단축하기 위해 공정은 적당히 중복되게 한다.
(8) 비가 내리는 날의 추정일수를 고려한다.

8. 결론

Network 공정표를 작성할 경우 구성 요소를 정확하게 이해를 하고 기본 원칙 및 순서에 따라 작성한다. Network 기법은 계획 및 관리의 합리적인 실시 도구 및 정보제공의 수단에 불과하므로 관리 자체의 목적과 혼동하지 않도록 주의하며 주도면밀한 공정을 수립할 수 있도록 관리가 있어야 한다.

문제 8 주 공정(CP ; Critical Pass)

1. 정 의

전체여유시간(TF : Total Float)이 "0(Zero)"인 주 공정작업, 즉 최초작업개시 시점부터 마지막 작업이 종료되기까지 연결된 여러 개의 Path 중 가장 긴 Path를 말하며, 이를 주 공정(CP : Critical Path)이라 한다.

2. Critical Path의 특징

(1) 전체여유시간이 전혀 없다(TF=0).
(2) 2개 이상의 전체 또는 부분적인 주공정이 공존할 수도 있다.
(3) 총 공기는 착공 시점부터 공사완공 시점까지의 주 공정상 소요작업시간의 합계이다.
(4) CP의 지연은 총 공기를 즉각적으로 지연된 시간만큼 연장한다.
(5) 공기 단축 시 CP를 대상으로 한다.
(6) 총 공기초과 시 CP를 단축해야만 총 공기가 단축된다.
(7) CP는 Dummy Activity 상을 통과할 수 있다.

3. Critical Path 표시방법

다른 공정보다 굵은 선 또는 적선(赤線), 복선(複線) 등으로 표시한다.

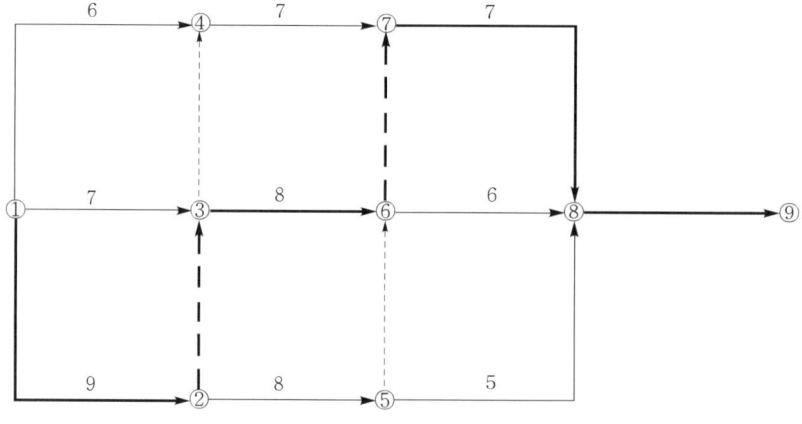

[CP의 표시방법의 예]

4. Semi Critical Path

(1) 정 의
 여유시간이 가장 적은 공정으로서 주 공정을 바짝 뒤쫓아 오는 공정을 말하며, 총 공기에 영향을 줄 가능성이 많은 공정을 말하며, 부주공정(副主工程)이라 한다.

(2) 특 징
 ① CP를 추월하여 주 공정화 할 가능성이 제일 많다.
 ② CP 상의 공기를 단축하였을 때 공정 관리상 제동을 걸 수 있다.

문제 9 Lead Time

1. Lead Time의 정의

Lead Time이란, 다음 공정을 진행하기 위한 시간의 격차로서 공정표상의 실제 작업시간이 아닌 실제 작업이 없는 시간적 간격을 말한다.

2. Lead Time의 종류

(1) 기술적인 Lead Time

1) 정 의

시공 기술상 실제 작업시간이 아니라도 어떠한 시간의 간격을 두고 이 시간이 경과하여야만 그 작업에 착수할 수 있는 경우를 말한다.

2) 적 용

① 공기가 상이한 2개 이상의 작업이 병행할 때 끝나는 시간을 동시에 맞추어야 하는 경우
② 작업이 각각 다른 착수시간을 요구할 경우 늦은 편의 작업은 착수 시점 전

3) 특 징

① 기술적인 견지에서 요구되므로 융통성이 없다.
② 작업시간을 마음대로 조정할 수가 없다.

(2) Scheduling 상의 Lead Time

1) 정 의

작업 공정표상 최조시간(TE)과 최지시간(TL)의 차이로 발생되는 여유 시간에서 시간적 여유를 두고 최조작업에 착수할 수 있는 시간적 여유를 말한다.

2) 적 용

① 작업착수 전의 시간적 여유가 많은 경우
② 후속 작업에 대한 대기시간이 많은 경우

3) 특징(예를 들어)

① 착수 전 너무 일찍 도착된 자재의 경우
② 보관상의 문제가 발생되고
③ 자금 면에서는 선투자되는 결과가 된다.

3. 공정표상 Lead Time 표시방법

(1) Arrow Diagram의 경우

Lead Time을 하나의 작업으로 표시하고 작업 명에 Lead Time(LT)이라고 표기하고 그 시간을 기입한다.

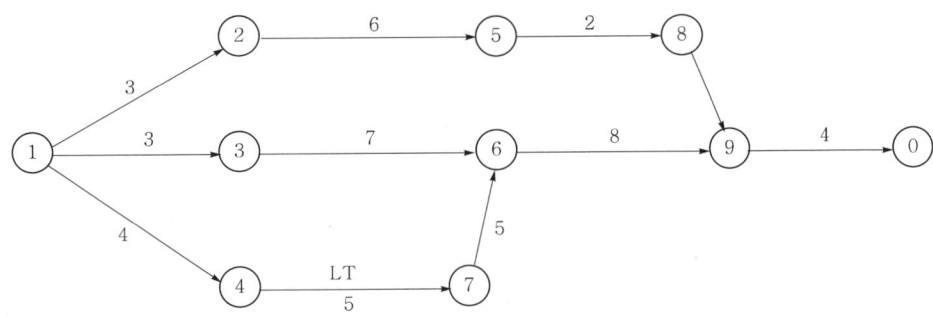

(2) Schedule Graph의 경우

시간 좌표 위에 그려진 공정표이기 때문에 점선(-----)으로 아무런 Data의 표기 없이 시간의 길이에 맞추어 표시한다.

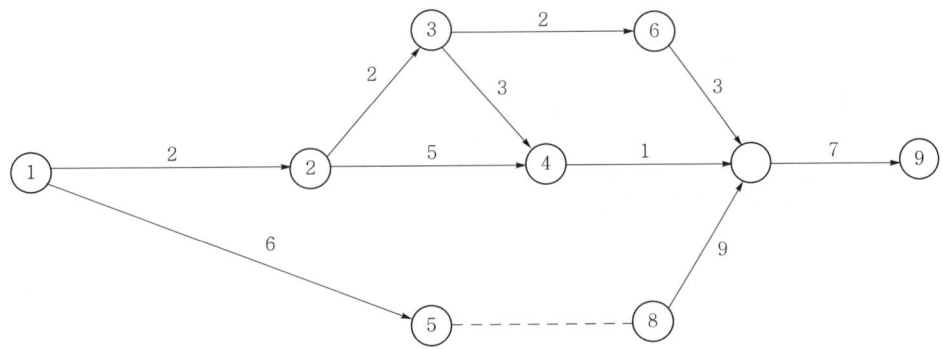

문제 10. 최소비용에 의한 공기단축 : 최소비용에 의한 최적 공기 계획법 (MCX ; Minimum Cost Expediting)

1. 개 요

최소비용에 의한 공기단축이란, 최소의 비용을 증가시켜 공기를 단축하는 것을 말하며, 이를 최소비용계획법(MCX : Minimum Cost Expediting)에 의한 공기 단축방법을 말한다.

MCX 방법은 공사비의 구성요소인 직접비, 간접비, 기회손실비 등의 가운데 직접비에서 발생되는 것으로 공기를 단축하려면 돌관공사, 인력의 추가투입, 장비의 추가투입 등으로 인하여 비용이 추가적으로 발생하게 된다.

그러나 공기를 단축하지 못하면 공사비용이 증가하게 되는 것은 물론이고, 공기 또한 지연되므로 인해 발생되는 손해의 부담도 자연히 늘어나게 되어 공기단축은 불가피하게 된다.

2. 공기단축의 의의

(1) 계약공기 또는 계획 공기의 조기완료
(2) 중간공기에 대한 공기단축(중간 진도단축)
(3) 지연된 공기의 만회
(4) 조기에 완료된 후속 공정의 연결

3. 공사비에 영향을 주는 요인

(1) 공기(Time, Duration)
(2) 자원(Resources)
(3) 품질(Quality)
(4) 신뢰성(Reliability)

4. 공사비와 공기의 관계

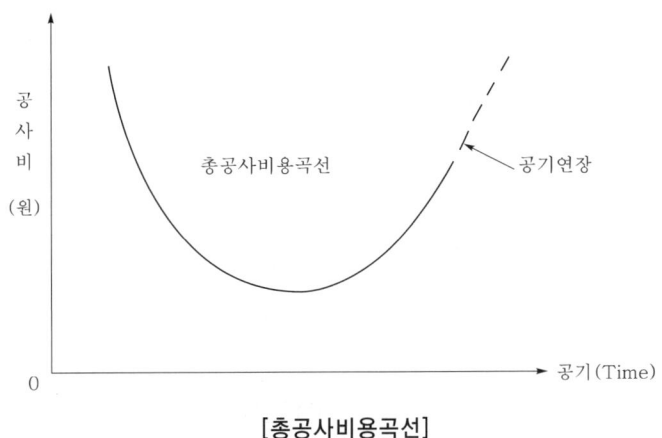

[총공사비용곡선]

(1) 총공사비용곡선에서 공기가 연장되면 공사비가 증가되는 결과가 된다.
(2) 추가비용의 부담 또는 공사비의 감소를 가져오는 공기단축이 있다.
(3) 따라서 어느 시점까지의 공기단축은 공사비 면에서 감소현상으로 나타나는 경우가 있다.

5. 공기변동과 공기단축방법

(1) 공기변동

1) 공기변동의 주요인
공정표의 주 공정(CP ; Critical Path)상에서 발생되는 것으로 주 공정작업을 대상으로 한 공기변동 요인은 공기단축과 공기지연이 있다.

2) 공기단축
공기단축은 필요한 경우에 사전계획에 의하여 시행된다.

3) 공기지연
공기지연은 현장에서 공사수행 결과에 의하여 발생하는 현상이다.

(2) 공기단축 방법

1) 단위작업의 병행화
하나로 표시된 요소작업을 2~3개의 작업으로 분할하여 공동 작업을 함으로써 병행(Parallel) 공정화하여 공기를 단축하는 방법이다.

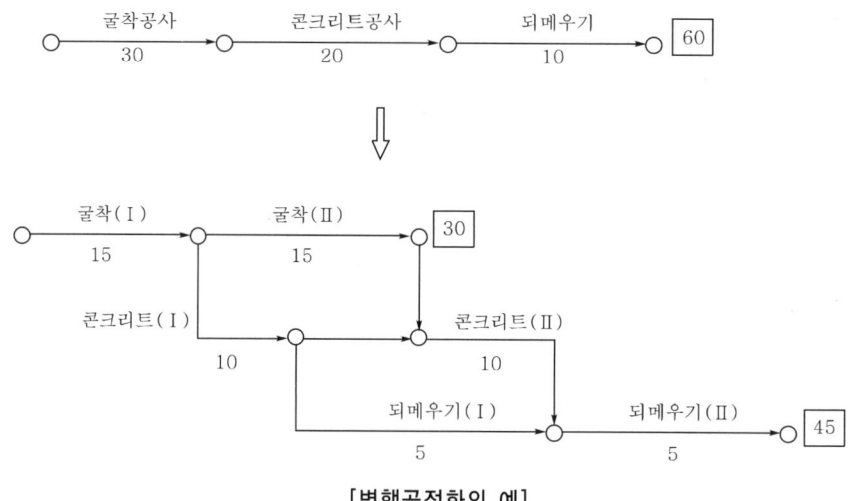

[병행공정화의 예]

2) 추가자원의 투입

① 인력이나 장비를 추가로 투입하여 증가시킴으로써 공기를 단축하는 방법이다.
② 이 방법은 당초 예정된 공기상 투입될 자원을 앞당기는 것으로 추가비용이 거의 발생하지 않는다.

3) 야간작업 및 휴일작업

① 정상근무를 수행하면서 정상근무 외에 야간작업이나 휴일작업 등에 의하여 공기를 단축하는 방법이다.
② 이 방법은 공기단축일수에 따라 비례적으로 추가비용이 증가하게 된다.

6. 최소비용에 의한 공기단축

(1) 공사비의 구성요소

1) 직접비(Direct Cost)

① 공사수행을 위해 소요되는 직접적인 비용을 말하며
② 노무비, 자재비, 장비비, 운반비 등이 이에 속한다.

2) 간접비(Indirect Cost)

① 공기가 지연됨에 따라 비례하여 증가되는 비용이며
② 이자, 세금, 보험료, 각종 설비사용료 등이 이에 속한다.

3) 기회손실비(Opportunity Cost)

① 공기의 단축 또는 지연 등에 따라 발생하는 각종 손실 및 예상이익 등을 말한다.
② 공기지연 시 지체상금의 부담과 공기의 조기완공에 따른 경영수익 등이 이에 속한다.

(2) 비용구배(CS ; Cost Slope)

1) 정 의

공기단축을 위해 야간작업 또는 휴일작업 등으로 인해 직접비인 노무비가 추가적으로 발생됨으로써 공사비가 상승되는 결과가 생기는데, 이때 공기단축시 일당(日當)으로 추가부담액을 말하며, 이를 비용증가액이라고도 한다.

2) 비용구배 산정

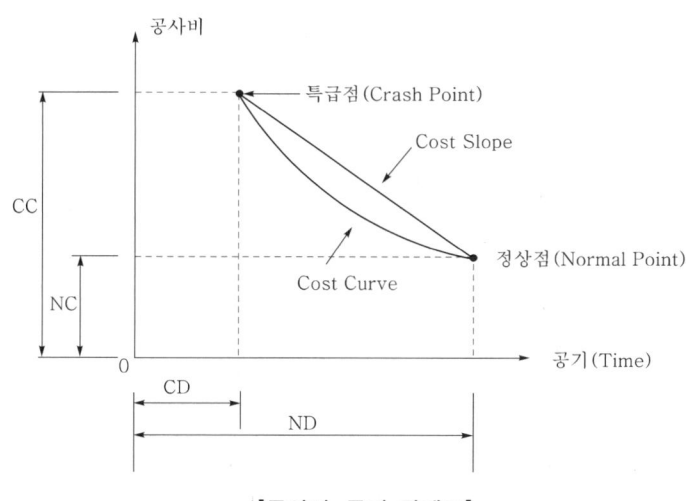

[공사비-공기 관계도]

[공사비-공기 관계도]에서

$$CS = \frac{CC - NC}{ND - CD}$$

여기서, CS : 비용구배(Cost Slope)   CC : 급속비용(Crash Cost)
       NC : 정상비용(Normal Cost)   CD : 급속공기(Crash Duration)
       ND : 정상공기(Normal Duration)

3) 비용구배의 특징

① 공기가 단축될수록 비용(직접비, 노무비)도 증가한다.
② Cost Slope가 클수록 공기는 단축된다.
③ Cost Slope가 클수록 공사비용은 증가된다.
④ 공기와 비용은 역 비례한다.

(3) 최소비용 계획법(MCX ; Minimum Cost Expediting)

1) 주 공정상의 작업을 대상으로 단축한다.
2) 주 공정 중에서 CS가 적은 작업부터 작업을 진행하여 공기를 단축시킨다.

(4) 최적공기 및 총공사비(총공사비용곡선분석)

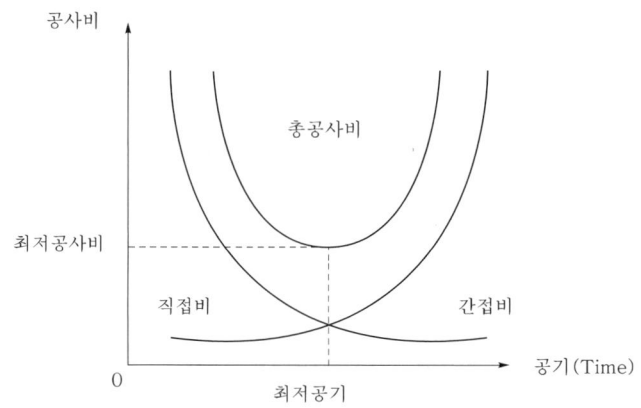

[총공사비용곡선]

1) 최적공기 : 최저 공사비의 공사기간
2) 총공사비 = 직접비 + 간접비

7. 공기단축 시 유의사항

(1) 품질과 안전성이 저하되지 않도록 한다.
(2) 비용이 증대되지 않도록 한다.
(3) 다른 업무에 미치는 영향을 고려한다.
(4) 노동시간이 연장될 경우 그 한도를 고려한다.

8. 결 론

 공기단축은 여러 면에서 보면 유리한 것도 있지만, 문제는 공사비가 추가적으로 발생한다는 점에서 쉽게 결정짓지 못하는 경우가 많다.
 그러나 총공사비용에서 보면 어느 시점까지의 공기단축은 공사비 면에서 감소현상으로 나타나는 경우가 있으므로 그 방법을 찾아 최소비용에 의해 공기를 단축하는 것이 경제적일 수도 있다.
 따라서 공기를 단축하는 방법에 있어서 그 요령을 정리하면 다음과 같다.
(1) 주 공정상의 작업을 대상으로 단축한다.
(2) 주 공정 중에서 CS가 적은 작업부터 작업을 진행하여 공기를 단축시킨다.
(3) Network 공정표에서 단위작업을 병행화 시킨다.
(4) 기 예정된 자원에 대하여 조기 투입하여 작업을 원활히 수행하도록 한다.

문제 11 품질관리(QC ; Quality Control)

1. 개요

건설공사에 있어서 품질관리란, 설계도면 및 시방서 등에 표시되어 있는 규격에 만족하는 목적물을 경제적으로 시공하기 위해 실시하는 관리수단을 말한다. 따라서 건설공사에서의 품질관리는 설계도서 및 발주자의 요구에 신뢰할 만한 품질을 확보하여야 하고, 또한 하자를 방지하여 사용자가 만족할 수 있도록 시공 과정에서 철저한 품질관리가 필요하다.

2. 경제적인 건설공사의 조건

(1) 품질(Q ; Quality)이 좋을 것
(2) 가격(C ; Cost)이 적당할 것
(3) 공기(D ; Delivery)가 적당할 것
(4) 안전성(S ; Safety)이 확보될 것

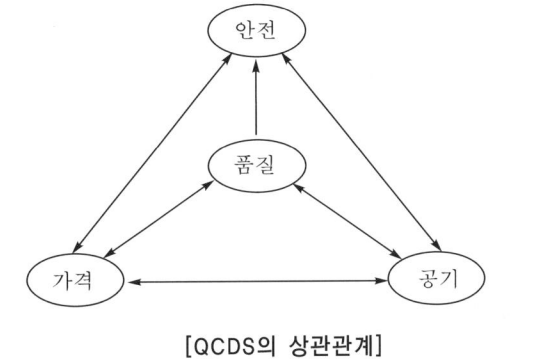

[QCDS의 상관관계]

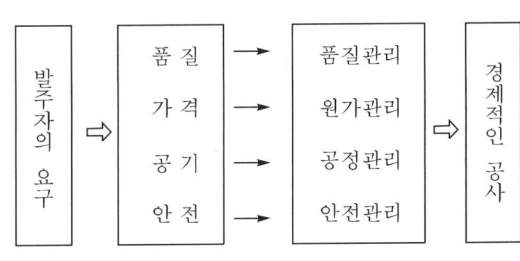

[경제적인 건설공사의 개념]

3. 품질관리의 목적

(1) 시공 중 발생되는 하자방지
(2) 공사에 대한 신뢰성 확보
(3) 사용재료의 특성 및 작업에 대한 표준결정
(4) 시공에 따른 균일한 품질확보
(5) 시공에 따른 품질개선
(6) 공사원가절감

4. 건설공사의 품질관리과정(품질관리 Cycle)

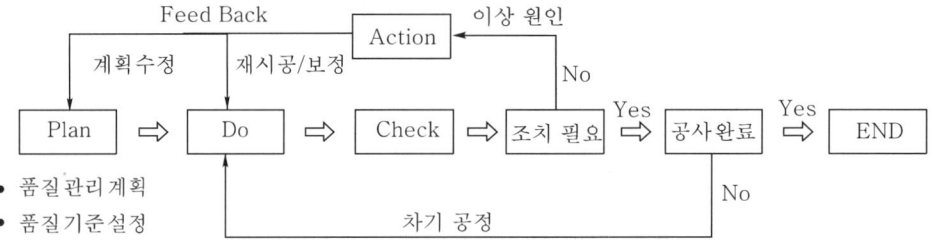

(1) 품질관리계획(Plan) : P
　1) 공종별 품질기준설정
　2) 품질관리항목선정
　3) 품질관리계획서작성

(2) 시공(Do) : D
　1) 시공의 진행방법을 주지 및 철저히 하기 위한 교육훈련
　2) 시방 규정에 의한 시공
　3) 시공절차에 의한 정밀시공
　4) 하자발생 방지에 주력

(3) 확인 및 시험(Check) : C
　1) 시방 규정에 의한 시공 여부 확인 및 시험
　2) 시공의 결과가 좋은지의 여부 확인 및 검사
　3) 결과가 좋지 않은 경우 시공진행과정에 대한 검토

(4) 품질의 시정조치(Action) : A
　1) Check 사항에 대한 계획변경, 수정조치, Feed Back 반영
　2) 불합격판정 후 하자, 재시공, 폐기, 교체 후 재검사 등 실시
　3) 재계획수립에 대한 시정조치

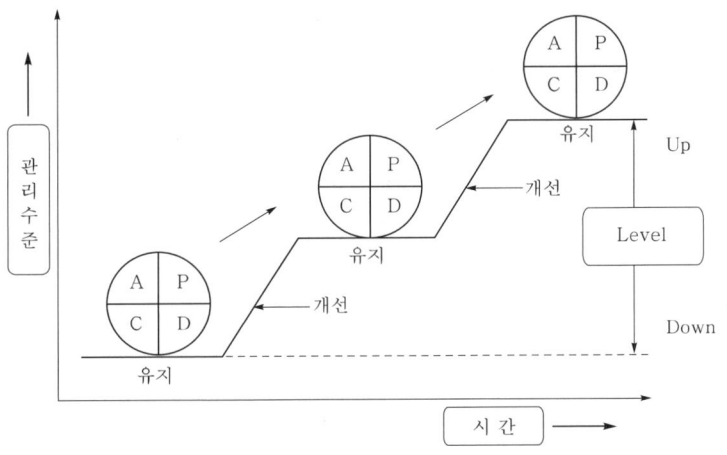

[품질관리 Cycle]

5. 품질관리기법(통계적 품질관리 7가지 도구)

(1) Histogram

1) 정 의

길이, 무게, 시간, 강도 등과 같은 Data(계량치)가 어떤 분포를 이루고 있는가를 보기 쉽도록 나타낸 막대 Graph

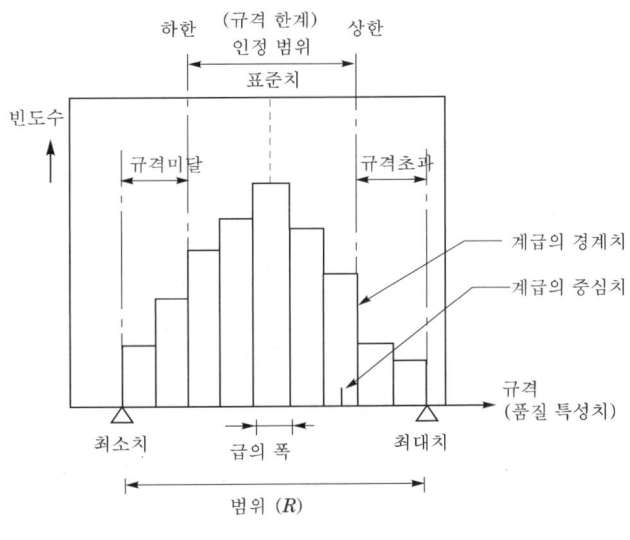

[Histogram]

2) Histogram의 형태
   ① 일반형 : 규격이나 표준치에 만족하는 일반적인 형태

   ② 낙도형 : Data의 이력을 조사하고 원인을 추구

   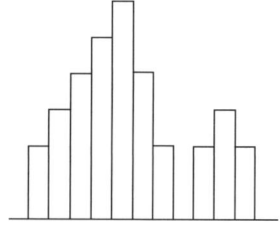

   ③ 이 빠진 형 : 계급 폭의 값, 측정 최소단위의 정배수 등을 조사

   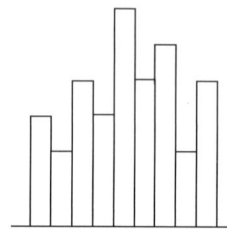

   ④ 비뚤어진 형 : 한쪽에 제한조건이 없는가를 조사

   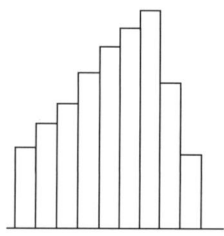

   ⑤ 절벽형 : 측정방법의 이상 유무 조사

   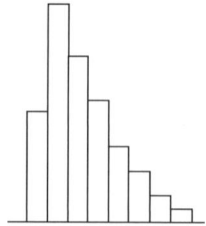

3) 용 도
　① 공사 또는 제품 등의 품질상태가 만족한 상태에 있는지를 판단
　② Histogram의 형태로 공정의 이상을 파악
　③ 규격이나 표준치의 합격 여부를 확인
　④ 층별로 Histogram을 그려 분산이나 편기의 원인 파악

4) 작성순서
　① Data(N) 수집 : 가능한 많이 수집
　② 범위(R) 산정 : R=최대치(x_{max})−최소치(x_{min})
　③ 급의 수(k) 결정 : 경험적 방법과 산식($k=\sqrt{N}$)에 의해 결정
　④ 급의 폭(h) 결정 : $h=R/k$(h는 측정치 정의 정배수로 결정)
　⑤ 경계값 결정
　⑥ 급간의 중심치 계산
　⑦ 도수분포표 작성
　⑧ Histogram 작성
　⑨ 규격이나 기준치에의 합격 여부판정

(2) Pareto Diagram

1) 정 의
　　불량, 결점, 고장, 손실액 등의 발생 건수를 현황과 원인별로 분류하여 크기 순서대로 하여 막대 Graph와 누계 곡선으로 나타낸 그림

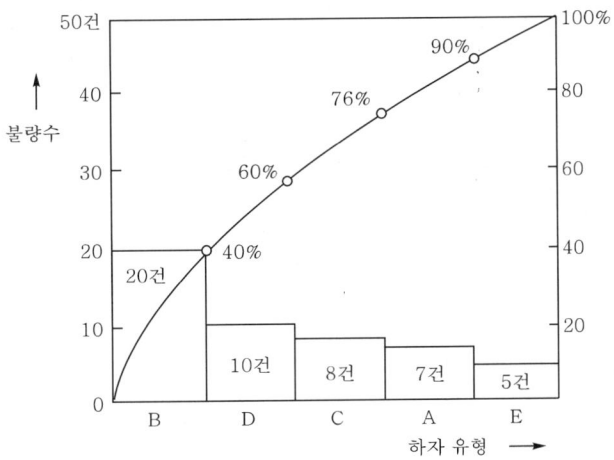

[Pareto Diagram]

2) 용 도
　① 불량항목에 대한 발생 건수 확인
　② 불량건수의 영향이 전체에 미치는 비율의 정도를 확인
　③ 시정 조치의 우선순위를 판단할 경우 유효

3) 작성순서
　① Data의 분류항목 결정 : 불량건수 또는 손실금액
　② 기간을 정하여 Data를 수집
　③ 분류항목별 Data 집계
　④ Data가 큰 순서대로 막대 Graph 작성 : X축-하자 항목, Y축-불량회수
　⑤ Data의 누적 도수를 꺾은선으로 기입
　⑥ Data의 기간, 기록자, 목적 등을 기입

(3) 특성 요인도(Fish Bone Diagram)

1) 정 의
　품질의 특성(결과)과 요인(원인)이 어떻게 관계하고 있는가를 알기 쉽게 정리하여 나타낸 그림

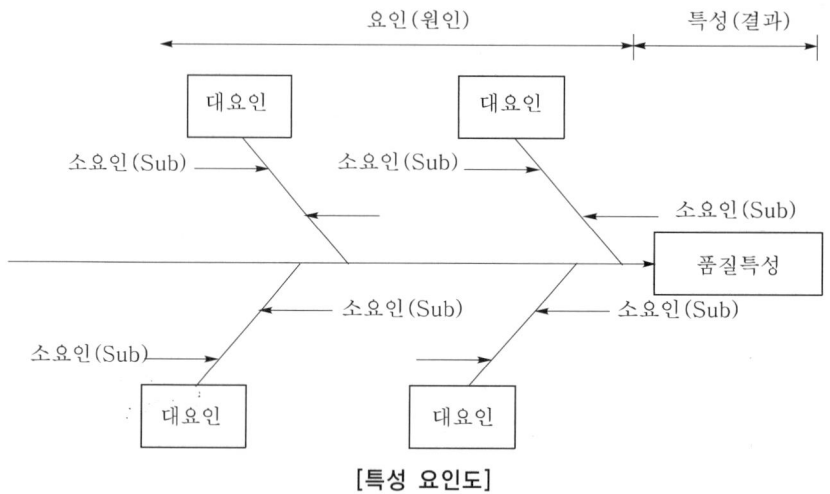

[특성 요인도]

2) 용 도
　① 발생한 문제점의 원인을 분석
　② 개선의 수단을 정리

3) 작성순서
　① 품질의 특성을 결정
　② 좌로부터 중심선을 향해 대요인 기입용 큰 가지 선을 표시
　③ 각 대요인 그룹마다 소 요인(Sub)을 기입

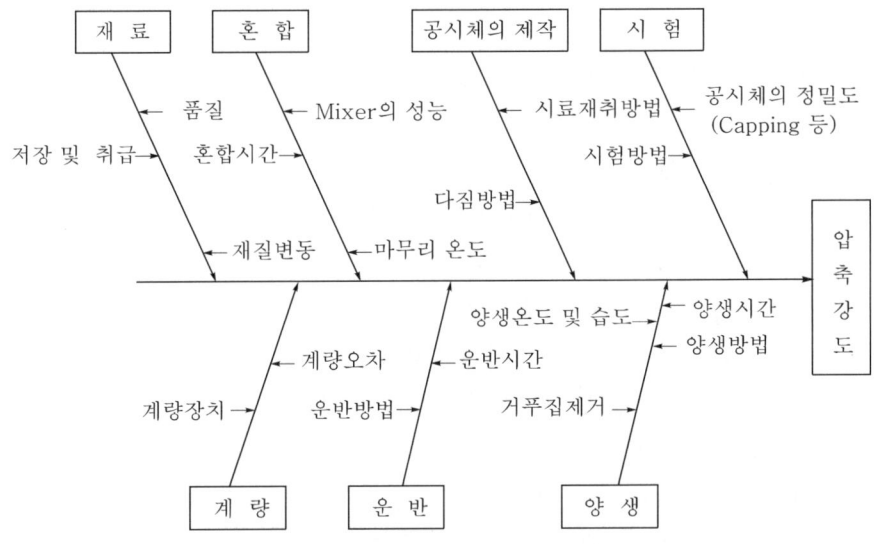

[Concrete 압축강도의 특성 요인도 예]

(4) 관리도(管理圖 ; Control Chart)

1) 정 의

① 상하 간의 관리한계선을 표시하고 품질 Data를 시계열로 표시하여 관리기준의 중복 여부를 판단하기 위해 작성되는 꺾은 선 Graph

② Data의 시간적인 변화를 확인하기 위해 작성되는 도표

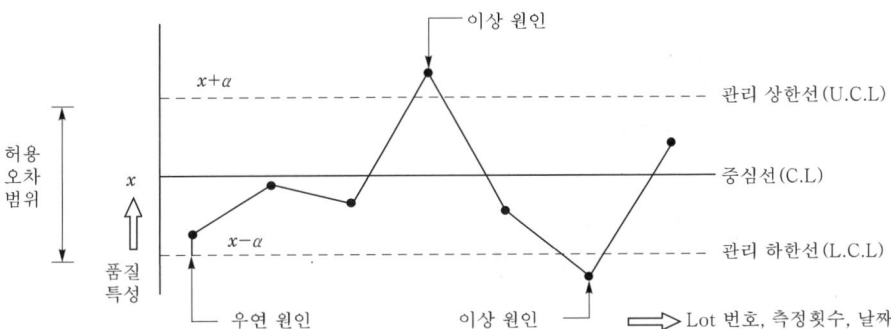

2) 용 도

① 공정의 안정 상태 확인

② 이상 원인의 분석 및 조치

③ 우연 원인에 의한 변동만 허용하여 안정상태로 공정을 유지

3) 관리도의 유형

① 계량치(計量置) 관리도
- 강도, 크기, 무게, 시간 등 연속추정이 가능한 Data를 계량치로 나타나는 공정을 관리할 때 적용하는 관리도
- x 관리도 : 측정치 개개의 관리를 위한 관리도
- $\bar{x}$ 관리도 : Data의 평균값을 나타내는 관리도
- R 관리도 : Data의 범위를 나타내는 관리도
- $\bar{x}-R$ 관리도 : $\bar{x}$ 관리도와 R관리도를 합성한 것으로 상태의 변화를 접할 수 있는 가장 기본적인 관리도

② 계수치(計數置) 관리도
- 제품 또는 시료 중에서 불량 수, 결점 수 등의 연속 추정이 불가능한 Data를 개수로서 공정을 관리할 때 적용하는 관리도
- P 관리도 : 불량률로서 공정을 관리할 때 사용하는 관리도
- P_n 관리도 : 불량개수로서 공정을 관리할 때 사용하는 관리도

③ Median 관리도($\tilde{x}-R$ 관리도)$\tilde{x}$
- $\bar{x}-R$관리도의 $\bar{x}$대신 $\tilde{x}$(Median)을 사용하는 것으로서 $\bar{x}$의 계산을 하지 않는 관리도법
- 평균치 $\bar{x}$를 계산하는 시간과 노력을 줄이기 위해 사용
- 작성방법은 $\bar{x}-R$ 관리도와 거의 동일

④ C 관리도
- 공정을 결점 수 C에 의해 공정을 관리하는 관리도법
- 결점 수를 조사할 시료의 크기가 같을 때 사용

⑤ u 관리도
- 공정을 단위 크기마다 결점수 u에 의해 관리하는 관리도법
- 현장의 사고숫자 등에 사용

(5) 산포도(散布圖 ; Scatter Diagram), 산점도(散點圖)

1) 정 의

서로 대응관계에 있는 두 개의 짝으로 된 측정치 간의 상호관계를 Graph 용지에 점으로 표시한 상관도

2) 용 도

① 품질특성과 이에 영향을 미치는 두 종류(특성과 특성, 요인과 요인 등)의 상관관계를 파악
② 상관관계의 파악에 의해 작업개선 및 품질관리에 활용

3) 상관관계(ρ)의 유형의 종류

① 정(+)상관(正相關) : $\rho > 0$(x가 증가하면 y도 증가)

② 부(-)상관(負相關) : $\rho < 0$(x가 증가하면 y는 감소)

③ 무(0)상관(無相關) : $\rho \fallingdotseq 0$(x, y 모두 특별한 상관이 없음)

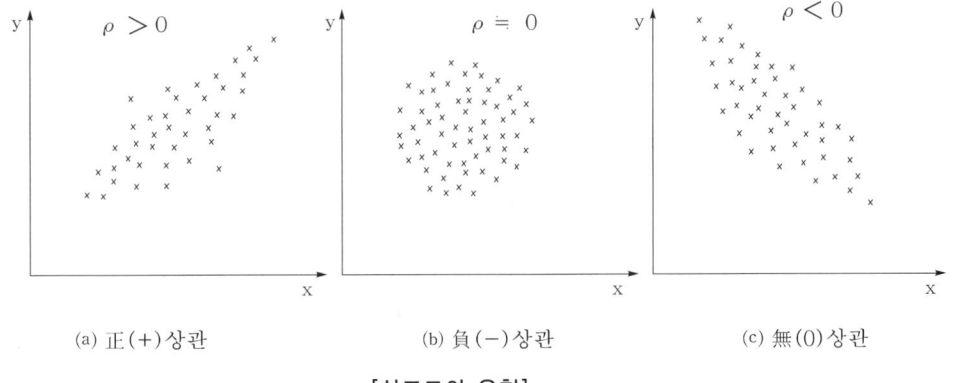

(a) 正(+)상관　　　(b) 負(-)상관　　　(c) 無(0)상관

[산포도의 유형]

(6) Check Sheet

1) 정 의

계수치의 Data가 분류항목의 어디에 집중되어 있는가를 알아보기 쉽게 나타낸 그림 또는 표

2) 용 도

① 불량 수, 결점 수 등 계수치의 Data를 항목별로 분류하여 집중분포항목을 파악

② 불량의 분포 파악으로 대책수립

③ 품질개선의 자료로 활용

3) Check Sheet의 유형

① 기록용 Check Sheet : Data의 불량상태 기록한 표

② 점검용 Check Sheet : 확인해 두고자 하는 Data를 나열한 표

(7) 층별(層別 ; Stratification)

1) 정 의

얻어진 Data를 적당한 요인별 Group으로 나눈 것

2) 용 도
　① Data를 요인별로 Grouping 하여 분명치 않은 것을 명확화
　② 층별 Group 사이의 상이점 파악
　③ 층간 평균치의 차와 산포의 차가 발생하는 원인파악
　④ Data에서 정확하고 유효한 정보확보

3) 층별 방법
　① 시간별 : 시간, 일, 오전·오후, 요일, 주, 월, 계절별 등
　② 재료별 : 구입처, 구입 시기, 성분, Maker 별 등
　③ 작업조건 : 기온, 습도, 전후, 공법별 등
　④ 작업자별 : 조, 연령, 숙련 정도, 남·여, 신·구별 등
　⑤ 기계별 : Line, 위치, 구조, 형식별 등

6. 결 론

　건설공사에서 품질은 발주자와 사용자가 만족할 수 있도록 신뢰성을 바탕으로 목적물을 경제적으로 시공하는 데 있어 공정관리와 원가관리 등과 함께 매우 중요한 관리항목이다.

　따라서 품질관리는 현재의 특성에 맞는 기법을 선택하여 그에 따른 세심한 관리로 공사에 대한 하자방지 및 신뢰성을 확보하고, 또한 품질관리에 대한 과학적인 기법을 연구하여 건설공사에 도입함으로써 신재료 및 시공법 등의 기술변화에 대응할 수 있도록 지속적인 연구개발이 필요하다.

문제 12 $\overline{x} - R$ 품질관리기법에서 이상이 있는 경우

1. 정 의

(1) 품질관리(Quality Control)
품질관리란, 설계도서 및 시방서에 규정한 품질을 확보하기 위해 관리하는 제반 활동을 말한다.

(2) $\overline{x}$, R 관리도
1) 길이, 폭, 두께, 무게 등으로 나타나는 변량(變量)을 통제하는 관리도로서 이를 변량 관리도(Control Chart For Variables)라고도 한다.
2) $\overline{x}$ 관리도 : 평균값 관리도를 나타낸다.
3) R 관리도 : 범위 관리도를 나타낸다.
4) $\overline{x} - R$ 관리도 : $\overline{x}$ 관리도와 R 관리도를 합성한 것으로 품질 또는 공정상태의 변화를 접할 수 있는 가장 기본적인 관리도이다.

2. $\overline{x} - R$ 품질관리기법(관리도)에서 이상이 있는 경우

(1) 품질의 변동

1) 개체 내의 변동(With-Piece Variation)
같은 위치에서 같은 공정으로 작업할 경우 어떤 부분은 조잡하고, 어떤 부분은 정밀한 식으로 변동이 있다.

2) 개체 간의 변동(Piece-To-Piece Variation)
하나의 기계에서 동시에 생산된 제품들 간에도 차이가 있을 수 있다.
예) 동시에 생산된 4개의 벽돌의 강도와 크기가 조금씩 다르다.

3) 시간에 따른 변동(Time-To-Time Variation)
하루 작업량 중에서 아침에 작업한 상태와 저녁 늦게 작업한 상태가 다를 수 있다.

(2) 변동의 원인

1) 우연적 원인(Chance Causes)
한가지 원인에 의한 영향이 아주 적기 때문에 어떤 한가지 특정한 원인에 의한 전체의 변동을 알 수 없다.

2) 규명 가능한 원인(Assignable Causes)
① 사용장비의 차이
② 작업원의 차이
③ 재료의 차이
④ 시험방법의 차이
⑤ 환경(지역, 날씨변화 등)의 차이
⑥ 기타

(3) 관리도를 벗어나는 경우

1) 급격한 변화가 있을 때
관리도상의 점들의 갑작스러운 변화를 나타낸다.

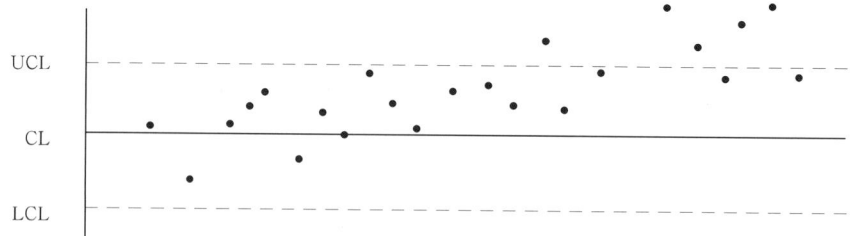

$\bar{x}$ 관리도	R 관리도
① 설계의 변경 ② 작업원의 경험 미숙 ③ 재료의 불량 ④ 잦은 공사중단	① 작업원의 경험 미숙 ② 졸속시공 ③ 재료의 변동

2) 추세적인 변화가 있을 때
관리도상의 점들이 서서히 위로 올라가는 추세적인 변화를 나타낸다.

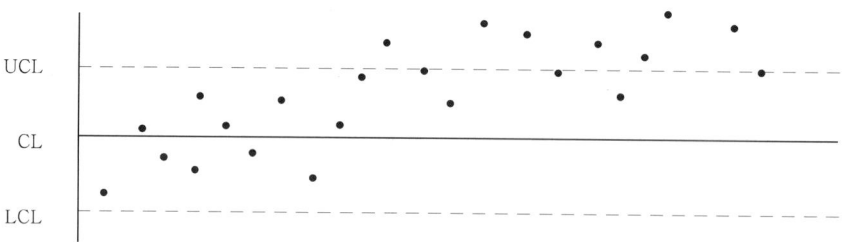

$\bar{x}$ 관리도	R 관리도
① 장비의 마모 ② 온도의 점진적 변화 ③ 공기의 지연	① 작업원의 숙련도 향상 ② 시공성의 점진적 향상 ③ 동일한 자재의 점진적 개선

3) 주기적인 변화가 있을 때
관리도상에 표시된 점들이 파동이나 주기적인 고저변동을 나타낸다.

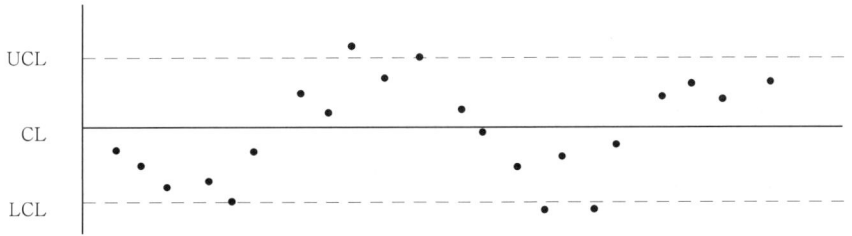

$\overline{x}$ 관리도	R 관리도
① 계절적 영향 ② 온도의 주기적 영향	매일 작업 시 오전에서 오후로 시간적 경과에 따른 영향

4) 두 개의 모집단(母集團)이 있을 때
관리도상의 많은 수의 점들이 관리한계 부근이나 외부에 있을 때 두 개의 모집단이 있는 상황으로 나타낸다.

$\overline{x}$ 관리도	R 관리도
① 자재 품질의 차이 ② 두 개 이상의 품질을 관리도에 기록 ③ 조사 및 시험의 재조사	① 상이한 작업자가 같은 작업을 할 경우 ② 상이한 공급자에게서 자재구입 시

5) 오진(誤診)이 있을 때
① 시험장비의 오류
② 시험 및 측정방법의 오류
③ 작업원의 경험 미숙
④ 시험원의 시험 미숙
⑤ 공사감독의 미비
⑥ 기타

문제 13 품질통제와 품질보증의 차이점

1. 정 의

(1) 품질통제(Quality Control ; Q/C)
설계도서 및 시방서에 규정한 품질 및 규격대로 목적물(구조물, 제품)을 만들기 위한 수단을 말한다.

(2) 품질보증(Quality Assurance ; Q/A)
건설공사에서 완성된 목적물(구조물, 제품)에 대하여 내구연한까지 시공자 또는 생산자가 이에 대한 품질을 확증시키는 것을 말한다.

2. 품질통제와 품질보증의 차이점

구 분	품질통제	품질보증
(1) 개 념	시공과정에서의 노력	시공 후 계속적인 유지
(2) 목 적	① 품질확보 ② 하자 원천적 방지 ③ 품질의 개선	① 품질유지 ② 하자 요건 최소화 ③ 고객의 신뢰성 확보
(3) 과 정	공사시공 중(생산 중)	시공 후(납품 후)
(4) 판 단	시공자에 대한 신뢰	목적물에 대한 신뢰
(5) 평가항목	전 공정	완성된 목적물
(6) 관리자	품질관리자	하자(A/S) 담당자
(7) 기대치	원가절감	신뢰도 확보
(8) 책 임	공사 중의 책임시공	준공 후의 책임관리

문제 14 클레임 (Claim)

1. 정 의

클레임(Claim)이란, 법적인 용어로 당연한 권리로서의 요구를 말하는 것으로 손해배상의 청구를 뜻한다.

즉, 건설공사에서 시공자 또는 발주자가 계약을 이행함에 따른 손해에 대하여 각각 상대방에게 손해배상을 청구하는 것을 말한다.

2. 건설공사에서 Claim의 유형

(1) 상해 및 손실
1) 계약내용위반으로 개인적 상해에 따른 보상을 요구하는 Claim
2) 계약 내용의 불일치로 재산손실에 따른 보상을 요구하는 Claim

(2) 방해 및 지연
1) 계약당사자 간 어느 한편이 공사의 방해를 유발한 경우 발생되는 손실 Claim
2) 계약당사자 간 어느 한편이 공사의 지연을 유발한 경우 발생되는 손실 Claim

(3) 지불지연
합의된 대금의 지불이 이행되지 않는 경우 보상을 요구한 Claim

(4) 공사자재
납품된 자재의 불량으로 인하여 공사에 지장을 주었을 경우 보상을 요구하는 Claim

(5) 조건변경
당연히 진행되어야 할 사항에 대하여 계약서에 누락된 경우 보상을 요구하는 Claim

(6) 범위변경
설계변경에 따르는 금액의 차이가 현저한 경우 보상을 요구하는 Claim

3. Claim의 원인

(1) 각종 계약서류의 불명확
(2) 계약 내용과 현장조건의 불일치
(3) 계약당사자 간의 계약상 이익을 부당하게 제한하는 특약

(4) 계약상 시공자의 위반사항
  (5) 설계도서 등의 누락 또는 착오
  (6) 발주자의 부적절한 권리행사
  (7) 불합리한 제도와 관행
  (8) 불합리한 지시

4. 건설공사에서 Claim 최소화 방안

  (1) 적정공사기간확보
  (2) 적정이윤보장의 공사비 산정
  (3) 명확한 업무분담
  (4) 분명한 책임한계 제시
  (5) 설계자의 준공 시까지 관리하는 무한 책임체제 도입
  (6) 자재납품자의 품질보증
  (7) 기능인력 확보 및 교육
  (8) Claim 발생요건에 대해 철저한 분석 및 대책수립

5. Claim에 대한 대비

  (1) 책임관계를 명확히 한다.
  (2) Claim 요구 경위에 대해 철저한 원인 규명을 실시한다.
  (3) 서로가 인정할 수 있는 손실에 대하여 금액으로 산출되도록 한다.

6. Claim의 해결방법

  (1) 협상에 의한 해결
  (2) 조정에 의한 해결
  (3) 중재에 의한 해결
  (4) 소송에 의한 해결
  (5) Mini Trial
  (6) Partnering

문제 15 ISO 9000시리즈

1. 개 요

ISO(International Organization For Standardization)란, 품질보증에 관한 국제표준으로 제품 자체에 대한 품질을 보증하는 것이 아니라 제품과정 등의 Process(품질 System)에 대한 신뢰성 여부를 판단하기 위해 각국별 또는 사업 분야별로 조직된 국제표준화기구를 말한다.

ISO 9000 시리즈는 ISO 9000~ISO 9004까지 5종의 기본규격과 14종의 보조 규격으로 구성되어 있으며, 각 규격별로 요구조항은 다소의 차이가 있으나 공급자(제조자)의 작업특성에 맞게 선택된다.

2. ISO 9000시리즈의 인증이 요구되는 의의

(1) 품질향상에 기여
1) 불량률의 원인추적 가능
2) 품질에 대한 지속적인 사후관리유지

(2) 일관성 있는 조직 유지
1) 모든 절차의 문서화
2) Know-How의 축척
3) 조직이 바뀌어도 기존 품질수준 유지

(3) Marketing력 강화
1) 입찰 및 수주 등에서 경쟁사에 비해 우위 선점
2) 거래선 확보 및 유지 등에서의 자신감

(4) 제조물(건설공사) 책임에 대한 대비
1) 제2자의 인증기관으로부터의 인정이라는 의미에서 제조물책임을 경감시킬 수 있다.
2) ISO 9000의 인증에 대한 품질보증에 대해 최소한의 노력을 했다는 증거가 되므로 제조자의 책임이 경감될 수 있다.
3) 인증서를 가지고 있으면 PL 보험료가 할인될 수 있다.

3. ISO 9000시리즈 규격의 분류 및 구성

(1) 분 류

ISO 규격	내 용		특 징	규격 상대
ISO 9000	• 품질경영과 품질보증 규격 − 선택과 사용에 대한 지침		• 9001~9004 중 어떤 것을 적용해야 하는가의 규격 구분 사용방법의 안내	−
ISO 9001	품 질 System	• 설계, 개발, 제조, 설치 및 서비스의 품질보증 Model	• 구입자가 공급자에게 요구하는 품질 System • 특정 고객 대상 • 계약형 상품 • 구매자 위주의 규격	구입자 위주 (고객)
ISO 9002		• 제조와 설치의 품질보증 Model		
ISO 9003		• 최종검사 및 시험의 품질보증 Model		
ISO 9004	• 품질경영과 품질 System 요소 − 지침		• 내부 품질경영이 목적 • 불특정 다수의 고객이 대상 • 시장형 상품 • 공급자(생산자) 위주의 규격	공급자 위주 (생산자, 시공자)

(2) 구 성

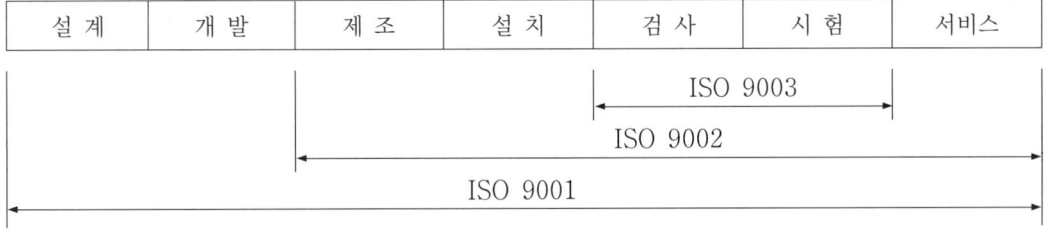

4. 인증절차

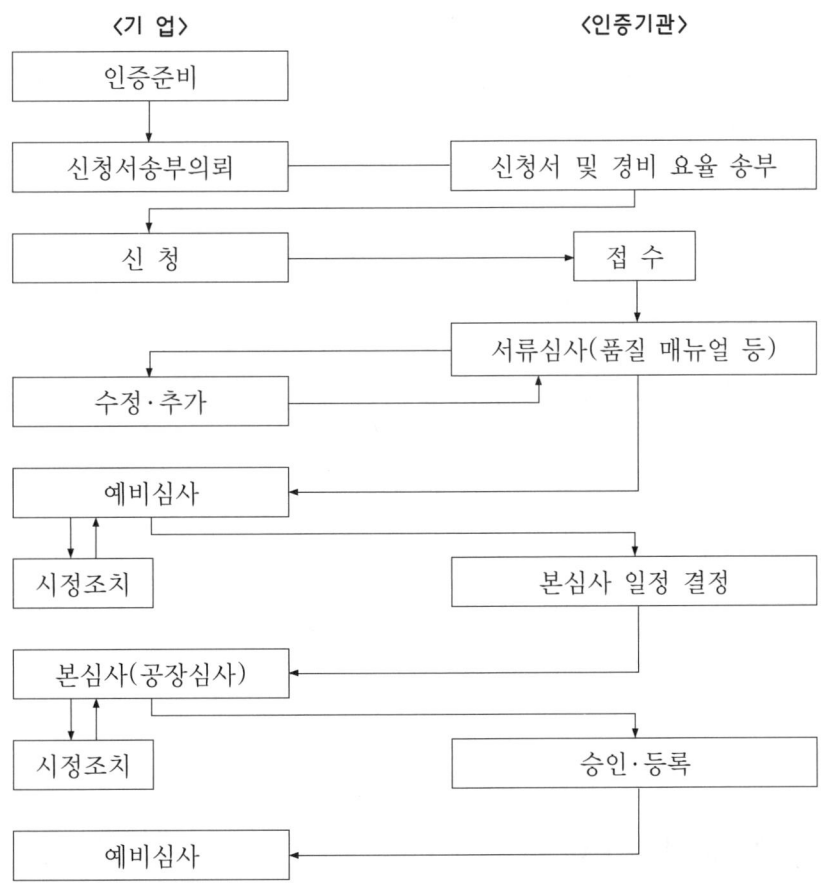

5. ISO 9000의 요구사항

(1) 모든 품질활동을 명확화 할 것
1) 품질정책의 명확화
2) 설계 및 공정관리의 명확화
3) 계측기기관리의 명확화
4) 교육 및 훈련의 명확화
5) 내부감사의 명확화

(2) 모든 품질활동을 표준화하고 문서화 할 것
1) 품질활동의 내용 및 담당의 조직화
2) 신제품(신기술)개발절차
3) 작업지시서
4) 계측기기의 교정절차

5) 교육 및 훈련계획
6) 내부감사의 실시방법

(3) 중간결과 및 표준화의 최종결과를 문서화 할 것
1) 요구 사양서
2) 설계도서
3) 제조(시공)조건
4) 검사기록
5) 감사에 의한 결과

(4) 정해진 절차에 의해 작업의 실시증거를 제시할 것
1) 작업일보
2) 작업지시서
3) 책임자의 도장 또는 사인

(5) 품질을 확보하기 위한 모든 활동의 담당조직을 명확화할 것
1) 품질담당자의 실명
2) 품질관리기준
3) 품질관리결과에 대한 근거

6. ISO 9000 규격의 선택기준

(1) ISO 9001
1) 설계, 개발, 생산, 서비스 등을 모두 포함하고 있는 사업장(제조장)
2) Engineering, Construction Type의 사업장

(2) ISO 9002
1) 이미 만들어져 있는 디자인 또는 사양으로 생산하고 있는 사업장(제조자)
2) 주로 화학, Process 산업
3) 기본설계는 외부에서 도입하고 OEM 방식의 생산형태를 취하고 있는 경우

(3) ISO 9003

1) 자체생산시설을 보유하지 않고 대부분의 부품을 외부로부터 들여와 단순 조립만 하는 사업장
2) 시험 또는 검사만으로 품질을 확인할 수 있는 경우
3) 생산공정이 거의 자동화된 사업장

7. 결론

ISO 900시리즈는 생산자 중심이 아닌 구입자(User) 중심의 규격으로 구입자가 외부로부터 제품을 구입할 경우 그 품질을 신뢰할 수 있는 판단 기준을 제공한다.

이때 신뢰할 수 있는 판단 기준을 제공하는 것은 생산자나 구입자가 아닌 제삼자(인증기관)이며, 제삼자의 개입으로 판단 기준의 객관성을 더욱 높일 수 있다.

따라서 ISO 9000시리즈에서 규정하고 있는 품질수준은 기업(사업장)이 갖추어야 할 최소한의 요구조항으로 기존의 품질 관리상에 비해 까다롭지 않은 낮은 수준이므로 품질관리 System을 개선하고 규범을 준수하고자 하는 노력만 있으면 ISO System의 도입은 그다지 어려울 것이 없으리라 사료되며, 아울러 품질에 대하여 과학적이고 체계적인 관리를 통한 기술과 품질향상으로 건설환경변화에 대응할 수 있도록 하여야 할 것이다.

문제 16 건설 CM(Construction Manager)용역

1. 개요

CM(Construction Manager)용역이란, 계약형태를 통하여 발주자의 전반적인 또는 부분적인 권한을 위임받아 대리인 역할을 함에 있어 PM(Project Management, 사업관리)기법을 제공하여 그 서비스에 대한 보수를 받는 계약사업을 말한다.

즉, CM방식은 발주자에게는 가장 낮은 공사비용을 가능케 함과 동시에 공사참여자들에게는 합리적인 이윤을 보장할 수 있는 한도에서 설계 및 시공 Program을 완수할 수 있도록 해당 공사의 설계와 시공을 운영하는 것이다.

2. CM방식의 공사체계

(1) 종래방식의 공사체계

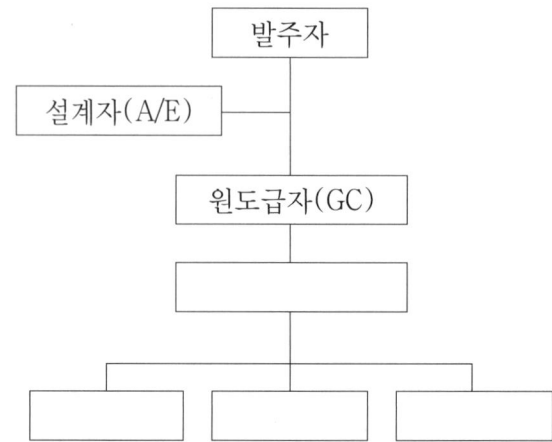

(2) CM방식의 공사체계

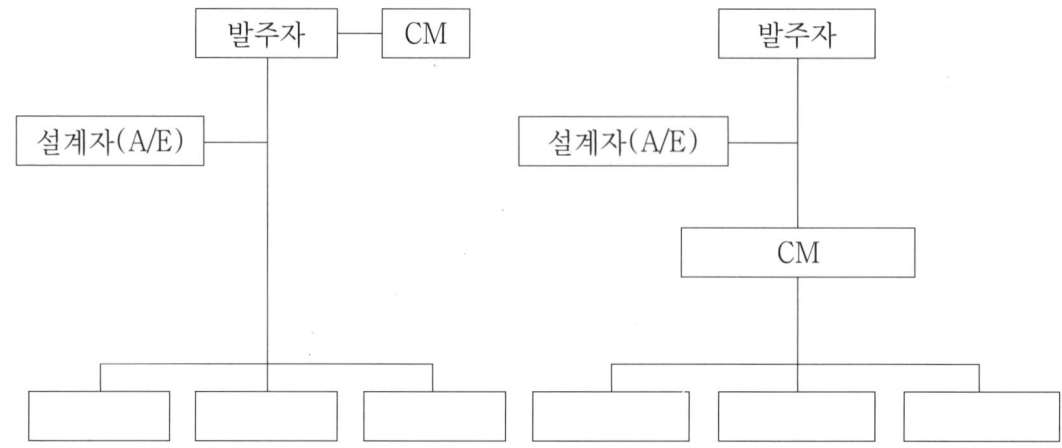

3. CM용역 계약방식의 종류

(1) 컨설턴트나 CM 전문회사에 의한 계약방식
(2) General Contractor사에 의한 계약방식
(3) EC 회사에 의한 계약방식
(4) 설계회사에 의한 계약방식

4. CM 용역 채용 시 기대되는 효과

(1) 공기단축
공사의 체계가 확립되므로 공사관리가 명확하여 공기단축이 기대된다.

(2) 공사비 절감
현장 위주의 관리가 진행되므로 원가에 대한 분석이 가능하여 공사비 절감이 기대된다.

(3) 공사품질의 향상
설계부터 시공단계에 이르기까지 업무체계가 일원화되어 품질관리가 용이하게 됨에 따라 공사품질의 향상이 기대된다.

(4) 공사참여자 간의 Team Work 조성
CM 체계 하에서 조직 간 또는 공종별 업무체계가 연계됨에 따른 공사참여자 간 협조를 이룰 수 있어 이에 기대가 된다.

(5) 기술력 향상
시공과정에서 발생되는 문제점에 대해 CM이 조정함으로써 기술력 향상의 기회를 얻을 수 있는 기대가 있다.

(6) 동등한 기회부여
종래의 건설체계가 감독 또는 감리 위주의 우월 의식에서 시공자는 이들의 지시에 따랐으나 CM방식에 있어서는 모두가 동등한 기회를 줌으로써 이에 기대가 된다.

(7) 합리적인 공사수행
체계의 단일화로 공사수행 상 기능이 복잡하지 않아 합리적으로 공사를 수행할 수 있는 기대가 있다.

(8) 업무의 간소화
종래의 단계적으로 진행되던 절차가 간소화되므로 효율적인 업무가 기대된다.

(9) 기 타
1) 건설업무의 전산화
2) 입찰에 대한 단합방지
3) 기술경쟁력상승
4) 생산성 향상

5. 결 론

현재 적용 중에 있는 건설산업기본법 제정 중 건설산업 관련 제도 System 도입 후 아직까지 국내에서는 이렇다 할 실효성을 거두지 못하고 있다.

그 이유는 CM에 대한 인식부족 및 홍보부족, 타성에 젖은 종래방식의 주장, 권위의식 등이 그 대표적인 이유라 하겠다.

그러나 CM방식을 잘 활용한다면 상기에 기술한 바와 같이 여러 가지 기대효과를 얻을 수 있으며, 아울러 건설시장 개방에 따른 우리나라의 건설산업에 있어 경쟁력에 대한 우위를 확보해 나갈 수 있으리라 사료된다.

문제 17 건설 CALS

1. 개요

건설 CALS(Commerce At Light Speed)란, 기획·설계·발주·시공·유지관리 등 건설생산활동 전 과정에 걸쳐 발주자, 시공업체, 건설관련기관이 전산망(Network)을 통해 건설정보를 전자적으로 교환, 공유 및 활용하여 건설사업을 지원하는 건설통합정보 System을 말한다.

즉, 건설 CALS는 Computer Network로 업무를 진행하는 System으로 발주자와 시공자 간에 전자메일을 통해 업무협의를 하고, 또한 서류의 결재를 On-line으로 처리하며, 공통의 DB(Data Base)에 CAD 도면이나 설계 도서를 넣어둠으로써 한번 작성된 Data를 효과적으로 활용할 수 있는 System이다.

2. 건설 CALS의 필요성

(1) 국제적인 모든 상거래의 CALS 체계도입추세
(2) 범국가적 정보화 추진
(3) 건설시장의 국제화에 대응
(4) 건설사업의 수행에 따른 정보지원
(5) CALS를 통한 정보의 교환 및 공유추진이 비교적 용이
(6) 기술경쟁체제에 대비한 기술력 강화
(7) 건설시장환경의 변화에 대응하기 위한 새로운 경영전략 필요
(8) CALS 개념에 의한 다양한 정보화 사업의 통합조정 필요성 대두

3. 건설 CALS 도입의 의의

(1) 건설공사의 신속·정확한 정보교환으로 공기단축 및 절감
(2) 통합된 공사관리 및 시설물의 유지관리로 공사의 품질향상
(3) 해외 건설수주에 적극적인 대비
(4) 수주 및 발주업무의 건전한 입찰풍토 조성
(5) 인·허가 등 민원의 일괄처리와 국민편의제공
(6) 국내 건설산업의 국제경쟁력 강화

4. 건설 CALS의 개념 및 구축 System

(1) 개 념

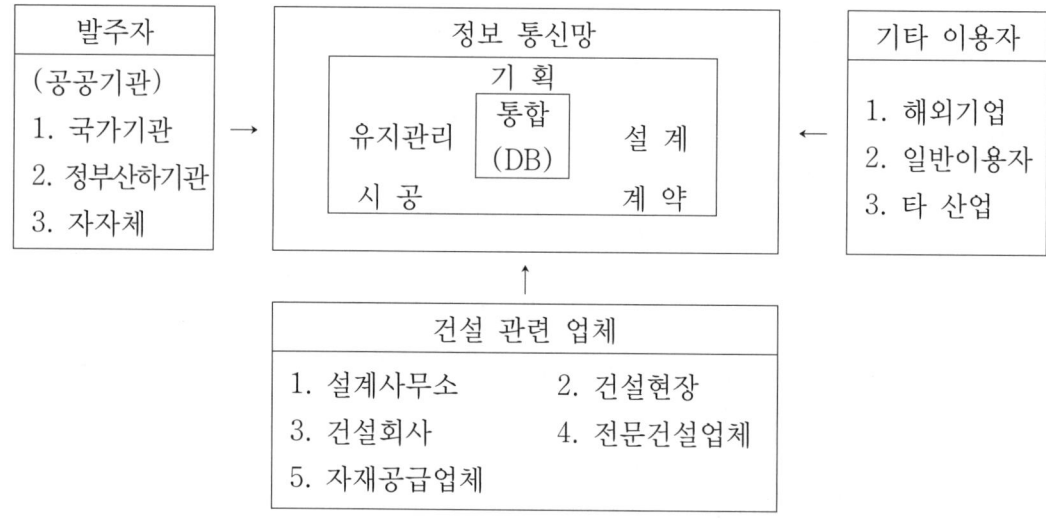

(2) 구축 System

```
┌─────────────────────────────┐
│      전자자료교환체계        │
│  • 민원업무전자처리          │
│  • 입찰 및 계약업무 EDI      │
│  • 인허가업무 EDI            │
│  • 관급기자재 EDI            │
└─────────────────────────────┘
              ⇕
┌─────────────────────────────┐
│     통합 DATA 관리체계       │
│  • 건설정보통합 Data Base 구축│
│  • 계약자 통합기술정보 서비스 │
│  • 표준 시방서 전자 Manual   │
└─────────────────────────────┘
              ⇕
┌─────────────────────────────┐
│        건설사업 관리         │
│  • 건설사업 관리의 통합 System│
│  • 주요 시설물 이력관리 System│
│  • 현 정보화 System 연계     │
└─────────────────────────────┘
```

5. 건설 CALS의 도입이 건설산업에 미치는 효과

(1) 신속한 정보서비스의 제공
1) 발주에 대한 정보수집
2) 도면 및 시방서의 자료확보
3) 건설공법의 자료확보
4) 각종 건설공사 관련 자료확보

(2) 정확한 정보의 교환
1) 기업체 간 효율적인 업무
2) 건설정보의 교환
3) 각종 발주 및 수주에 대한 정보확인

(3) 비용절감
1) 자동화 설계로 인력절감
2) 표준도면에 의한 설계비용절감
3) Data Base를 최대한 활용

(4) 기간단축
1) 설계단축
2) 공기단축
3) 생산단축
4) 조달단축
5) 입찰 시 방문 불필요

(5) 품질향상
1) 품질개선 방안에 대한 System 활용
2) 시공관리가 용이
3) 품질관리가 용이

(6) 인력절감
1) 전산화 System에 의한 업무처리
2) Data Base의 Network 구축

(7) Paper가 없는 업무환경구축
   1) 메일에 의한 업무결재
   2) 전산 Network에 의한 업무진행
   3) 발주를 위한 별도의 설계도면 및 기타의 자료준비생략
   4) 수주를 위한 자료 수령업무생략
   5) 종이절감

(8) 서류 및 도면의 효과적 이용
   1) Data Base에서 제공받은 자료이용
   2) 설계도서 작성에 따른 시간 소비감소
   3) Data Base의 자료 반복사용 가능

(9) 입찰담합 불가능
   1) 입찰참가자 확인이 어려워 담합이 불가능
   2) 입찰의 공정성 확보

(10) 업무의 투명성
   1) 전자 메일에 의한 처리로 투명성 있는 업무가 가능
   2) 모든 인허가 업무의 투명성

(11) 표준화
   1) 설계도의 표준화
   2) 시방서의 표준화
   3) 업무체계의 표준화
   4) 입찰 및 수주업무의 표준화
   5) 문서의 표준화

(12) 서비스제공
   1) 정확한 행정서비스제공
   2) 민원행정서비스제공

6. CALS 도입에 따른 연구방향

(1) 산업 정보화 여건 및 수준을 고려한 System 구축
(2) 정부주도의 전반적인 법적인 지원정책과 제도개선
(3) 관행의 사고방식전환
(4) 국제화에 동참할 수 있는 정보의 상호공유와 연계구축 모색
(5) CALS의 표준화
(6) Data의 통합화 및 공개화
(7) 정보인프라의 개선

7. 결론

건설 CALS는 국제적인 모든 상거래에 있어서 그 체계를 도입하는 추세에 있으므로 범국가적인 정보화 추진으로 건설시장의 국제화에 대응할 필요성이 있다.

건설 CALS를 도입 시행함으로써 건설사업의 수행에 따른 정보지원으로, CALS를 통한 정보의 교환 및 공유추진이 비교적 용이하여 기술경쟁체제에 대비한 기술력은 강화될 것으로 사료된다.

또한, 본 System은 건설공사의 신속·정확한 정보교환으로 공기단축 및 절감과 통합된 공사관리 및 시설물의 유지관리로 공사의 품질이 향상될 것으로 기대된다.

문제 18 공사계약형식별 특성

1. 개 요
계약이란, 법률상 일정한 효과의 발생을 목적으로 복수당사자 사이에 서로 반대되는 의사표시의 합치에 의하여 성립되는 법률행위를 말한다.

일반적으로 계약에 있어서는 계약자유의 원칙, 신의성실의 원칙, 사정변경의 원칙과 권리남용금지의 원칙 등이 적용된다.

2. 공사계약형식의 분류

(1) 계약목적물에 의한 분류
1) 시설공사계약
2) 물품의 납품 또는 제조계약
3) 용역계약

(2) 계약방법에 따른 분류
1) 확정계약
2) 개산계약
3) 단가계약
4) 공동계약
5) 장기계속계약
6) 종합계약

(3) 계약절차에 따른 분류
1) 일반경쟁입찰계약
2) 제한경쟁입찰계약
3) 지명경쟁입찰계약
4) 수의계약
5) PQ에 의한 입찰계약
6) Turn Key 입찰계약

3. 공사계약형식별 특성

(1) 계약목적물에 따른 계약형식

1) 시설공사계약

해당 관련 법령에 의한 해당 공사의 종류에 따라 계약되는 형식

시설공사의 종류		관련 법령	주관부서
① 건설공사	일반공사	건설업법령	국토교통부
	특수공사		
	전문공사		
② 전기공사		전기공사업법령	산업통상자원부
③ 전기통신공사		전기통신공사업법령	산업통상자원부
④ 소방공사		소방업법령	안전행정부
⑤ 환경관련공사		폐기물처리법령	환경부

2) 물품의 납품 및 제조계약

발주자가 공사에 필요한 자재 등에 대한 물품을 납품 또는 제조할 것을 주문하면서 이루어지는 계약형식

3) 용역계약

① 학술, 기술, 청소, 시설관리용역에 대하여 이루어지는 계약형식
② 건설업체에서는 주로 기술에 대한 연구와 시설관리에 대한 용역을 실시

(2) 계약방법에 따른 계약형식

1) 확정계약

① 확정된 예정가격에 의거 입찰을 실시하고 낙찰된 금액으로 계약되는 형식
② 계약된 금액에 대하여 증감을 고려하지 않음

2) 개산(槪算)계약

① 미리 예정가격을 정할 수 없을 때 체결하는 계약형식
② 개발 시제물의 제조, 시험, 조사, 연구용역, 정부투자기관 또는 출연기관과의 법령의 규정에 의한 위탁 또는 대행계약 등이 이에 해당

3) 단가계약

① 일정 기간 계속하여 반복적으로 제조, 수리, 공급 사용되는 경우 단가에 대하여 계약되는 형식

② 건설공사의 경우 단위공사에 대한 단가를 확정하여 계약하고, 공사가 완료되면 실시수량에 따라 정산하는 방식

4) 공동계약

① 계약상대방이 수급인을 2인 이상으로 놓고 계약을 하는 형식
② 공동계약 방식

계약방식의 종류	계약방식의 개요
• 공동이행방식	• 공동도급이행에 있어서 일정한 비율로 공동으로 연대하여 사업을 영위하는 방식
• 공동분담방식	• 공동도급에 있어서 공동이행방식과는 달리 각각의 업무를 분담하여 공동으로 사업을 영위하는 방식
• 지역 의무공동 도급방식	• 지역에서 발주하는 공사의 경우 입찰참가 시 의무적으로 해당 지역 1개 이상의 업체를 수급체 구성원으로 하여야 하는 공동도급방식

5) 장기계속계약

① 공사의 계약에 있어 이행에 수년을 요할 경우 전체사업내용에 대하여 계약되는 형식
② 장기계속계약은 최초계약 당시의 설계서 및 규격서 등에 의하여 계약이 이루어짐
③ 사업내용이 확정된 경우 전체사업내용에 대하여 계약됨

6) 종합계약

① 특정지역 내 동일장소에서 다수기관이 관련되는 사업이 각 기관별로 시행되는 경우 이를 일괄 추진하도록 하기 위하여 계약하는 형식
② 중복투자에 따른 자원낭비의 방지
③ 사업 공기의 장기화 방지
④ 각 기관 간의 협조가 이루어질 수 있도록 함

(3) 계약절차에 따른 계약형식

1) 일반경쟁입찰

① 입찰에 대한 제한을 두지 않고, 유자격자 모두에게 입찰을 주는 방식
② 자유경쟁에 의한 공사비가 절감
③ 입찰자 모두에게 공정한 선정기회부여
④ 과열경쟁으로 인한 저가낙찰로 부실공사가 우려

2) 제한경쟁입찰
   ① 입찰에 대한 업체의 자격을 제한한 입찰방식
   ② 기술력과 자본을 소유한 업체가 선정될 가능성이 높음
   ③ 양질의 공사가 기대
   ④ 기타 업체에 균등권 무시
   ⑤ 실질적인 기술력의 저하 우려

3) 지명경쟁입찰
   ① 공사에 적합한 업체를 지명하여 입찰하는 방식
   ② 해당 공사에 대한 기술력을 소유한 업체의 선정 가능성이 높음
   ③ 양질의 공사가 기대
   ④ 소수업체의 참가에 따른 단합이 우려
   ⑤ 인맥을 통한 입찰진행으로 인정에 치우칠 우려 가능

4) 수의계약
   ① 특정의 1개 업체를 지명하여 입찰 계약하는 방식
   ② 원활한 공사의 진행 가능
   ③ 입찰 수속이 간단
   ④ 양질의 공사가 기대
   ⑤ 긴급공사에 선 작업이 가능
   ⑥ 부적격업체의 선정이 우려
   ⑦ 공사금액이 불명확하고, 부실공사 유발 가능성에 대한 우려 발생

5) P.Q에 의한 계약
   ① 입찰 전 참가업체의 자격을 사전에 심사하여 여러 가지 정황을 고려한 후 이에 적격업체를 선정함으로써 입찰기회를 주는 방식
   ② 업체의 기술력, 자본력, 기타 능력에 대한 검증을 확인 가능
   ③ 양질의 공사가 기대
   ④ 입찰 참가업체로 선정되더라도 경쟁을 두기 때문에 저가낙찰에 의한 부실 공사의 우려
   ⑤ 공사 입찰에 대한 단합이 우려
   ⑥ 실적 및 도급액, 자본력 등에 치우친 방식으로 실질적인 적격업체가 누락될 우려 가능

6) Turn Key 계약
   ① 설계 및 시공, 감리 등을 총괄하여 입찰하는 방식
   ② 설계 및 시공에 있어 Communication이 우수
   ③ 공사비의 절감기대
   ④ 원만한 공사의 진행이 가능
   ⑤ 책임한계가 명확
   ⑥ 대형건설업체에 유리한 방식

4. 결론

공사계약에 있어서 발주자의 지위를 이용하여 계약당사자의 이익을 부당하게 제한하는 특약이나 조건을 정하지 않고 공정한 계약을 맺도록 한다.

따라서 공사계약은 상호 대등한 입장에서 당사자의 합의에 따라 체결하여야 하며, 또한 당사자는 계약의 내용을 신의성실의 원칙에 따라 이를 이행하여야 한다.

문제 19. 공동계약방식 (공동이행방식과 공동분담방식의 비교)

1. 정 의
(1) 공동계약이란, 계약상대방이 수급인을 2인 이상으로 놓고 계약을 하는 것을 말한다.
(2) 이때 계약이란 것은 법률상 일정한 효과의 발생을 목적으로 복수당사자 사이에 서로 반대되는 의사표시의 합치에 의하여 성립되는 법률행위를 말한다.
(3) 일반적으로 계약에서는 계약자유의 원칙, 신의성실의 원칙, 사정변경의 원칙과 권리남용금지의 원칙 등이 적용된다.

2. 공동계약방식의 종류 및 내용

(1) 공동이행방식
공동도급이행에서 일정한 비율로 공동으로 연대하여 사업을 영위하는 방식
　예) ○ ○ ○ ：　　　％
　　　○ ○ ○ ：　　　％

(2) 공동분담방식
공동도급에서 공동이행방식과는 달리 각각의 업무를 분담하여 공동으로 사업을 영위하는 방식
　예) 일반공사의 경우
　　　○ ○ ○ 건설회사 : 토목공사
　　　○ ○ ○ 건설회사 : 포장공사

(3) 지역 공동도급방식
지역에서 발주하는 공사의 경우 입찰참가 시 의무적으로 해당 지역 1개 이상의 업체를 수급체 구성원으로 하여야 하는 공동도급방식
　예) 경상북도 구미시에서 발주하는 단지조성공사의 경우
　　　○ ○ ○ 건설회사 : 서울 소재업체
　　　○ ○ ○ 건설회사 : 서울 소재업체
　　　○ ○ ○ 건설회사 : 경상북도 소재업체(반드시 해당 지역 업체선정)

3. 공동계약방식별 비교

1) 공동이행방식과 공동분담방식

구 분	공동이행방식	공동분담방식
① 운영	공동으로 연대하여 운영	공동으로 분담하여 운영
② 책임	공동으로 연대하여 책임	분담에 따라 각자 책임
③ 손익배분	정한 일정비율에 따라 배분	분담내용에 따라 배분
④ 하자담보책임	공동으로 연대하여 책임	분담내용에 따라 책임
⑤ 하도급	다른 구성원 동의 필요	각 구성원의 분담 부분가능
⑥ 구성원 간의 책임	다른 구성원도 공동연대하여 운영됨으로 별도의 책임이 없음	다른 구성원에 손해를 줄 경우 해당 구성원이 책임
⑦ 연대보증인	공동으로 연대하여 선정	분담내용에 따라 각자 선정

2) 지역 공동도급방식

해당지역 1개 이상의 업체가 수급체 구성원으로 참여하며, 공동이행 또는 공동분담 방식으로 적용 가능

문제 20 실적단가에 의한 예정가격 작성시 유의사항

1. 개요

실적단가란, 과거에 준공한 동종 또는 유사공사의 예산 및 예정가격의 계약 내용에 대한 공사비를 참고로 구한 단가를 말한다.

이에 반해 설계단가는 표준품셈을 이용하여 정부노임단가를 적용해서 적산에 의해 산출되는 단가로서 실행 상의 단가와 현저한 차이가 나기도 한다.

따라서 공사 입찰에 따른 예정가격작성 시 설계단가산출의 경우 공식에 의해 산출되나 실적단가는 현실성을 감안하여 산출되기 때문에 예정가격작성에 주의를 기울이지 않으면 안 된다.

2. 실적단가에 의한 예정가격작성 시 특징

(1) 자재비 및 노무비, 경비 등의 현실화
(2) 충분한 작업조건을 반영할 수 있다.
(3) 예정가격작성이 빠르다.
(4) 분석이 가능하다.
(5) 업무가 간소화된다.

3. 실적단가에 의한 예정가격작성 시 유의사항

(1) 충분한 설계도서의 검토
   1) 시공방법확인
   2) 예상투입자재의 파악
   3) 예상공사기간 파악
   4) 공사의 규모파악

(2) 현장여건고려
   1) 지형 및 지질
   2) 작업조건
   3) 민원사항
   4) 주변 환경

(3) 정확한 시장조사
1) 자재 단가조사
2) 장비사용료조사
3) 노임단가조사
4) 운반비조사

(4) 정확한 수량산출
1) 설계변경 가능성 여부 확인
2) 공종별, 부위별 수량산출

(5) 공사에 대한 전체실행산출
1) 공사규모, 특징을 고려한 예상공사비
2) 현장에 투입될 관리비

(6) 충분한 내역서검토
1) 정확히 산출된 수량의 기입
2) 단위
3) 공사별, 공종별 항목

3. 문제점
(1) 적산전문인력의 부족
(2) 단가산출 기준의 미비
(3) 적산자료 및 Data의 부족
(4) 과거 가격에 대한 현실성 판단부족
(5) 실적단가의 일방적인 적용에 따른 비현실적인 공사비책정

4. 결 론
　현재 주로 실시되고 있는 표준품셈과 정부노임단가는 사실상 비현실적으로 공사입찰 시 현실적인 실행으로 작성할 때와 상당한 혼란이 발생된다.
　따라서 실적단가에 의한 예정가격을 작성하여 입찰하는 것이 현실성이 있기는 하지만 당초 발주자 또는 정부로부터 발주 시 확보한 예산에 비해 차이가 있는 것이 사실이다.
　이는 품셈을 적용하여 공식에 의한 적산공식에 의해 산출된 설계단가이기 때문이다.
　따라서 실제 현장에서 적용한 단가에 대하여 품셈을 현실화하고 또한 적산 방법 및 견적방법에 대하여 현실적이고 체계적으로 작성될 수 있도록 개선하여야 할 것이다.

문제 21 공사원가관리를 위해서 공사비 내역체계의 통일이 필요한 이유

1. 개요

공사의 원가관리는 경제적인 공사의 진행을 위하여 원가를 관리하는 것으로 예산의 확보 및 공사 중 공사실적을 자금면에서 평가하고, 공사를 통제 및 개설하며, 준공 시 실제 소요된 비용을 결산함에 있어 원가를 절감하는 것에 의의를 두고 있다.

그러나 현재 국내외적으로 목적은 하나로 통일되어 있지만 내역체계가 회사마다 또는 분야마다 제 각각이어서 이를 관리하는데 상당한 부담을 가지고 있어 공사비 내역체계에 대한 통일이 시급하다.

2. 원가관리의 목적

(1) 원가절감
(2) 작업능률향상
(3) 실제 원가와 예정원가의 비교분석
(4) 자료의 수집 및 수정

3. 현 내역체계의 문제점

(1) 내역 Format의 다양화
1) 다양한 양식으로 내역체계의 호환불가
2) 공사내용파악 곤란
3) 불확실한 원가산출
4) 대외경쟁력약화

(2) 내역항목의 누락
1) 공사비증액요인 발생
2) 부실공사 우려
3) 공기증가요인 발생

(3) 관리체계의 불확실
1) 공사관리의 혼란
2) 불합리한 하도급관리 우려
3) 자금관리 곤란

(4) 공정성 감소
1) 공사내역의 부실
2) 2중 내역관리에 의한 공정성 감소

4. 내역체계의 통일이 필요한 이유

(1) 내역 Format의 통일
1) 전산화에 의한 업무능률 향상
2) 정확한 공사내용파악 가능
3) 확실한 원가산출
4) 대외경쟁력 강화

(2) 정확한 내역항목 파악
1) 공사비 절감
2) 부실공사방지
3) 공기 단축
4) 품질향상
5) 시공성 향상

(3) 합리적인 관리체계 기대
1) 공사관리의 효율화
2) 체계화된 하도급관리용이
3) 정확한 자금관리용이

(4) 공정성 기대
1) 정확한 공사내역에 의한 공정성 표면화
2) 합리적인 내역관리에 따른 공정성 기대

문제 22 CSI의 공사정보분류체계에서 Uniformat과 Master Format

1. 정의

공사정보분류체계란, 건설공사에 있어서 자료를 업무에 활용하기 위하여 자료수집 및 정리, 분류함으로써 다음에 일어날 업무수행에 효율적으로 활용할 수 있는 하는 것을 정보라 하며, 이 정보를 관리하는 입장에서 자료를 일정한 원칙에 따라 주제 또는 형식을 배열하여 체계적으로 특정한 위치에 배정하는 것을 말한다.

즉 건설공사의 자료를 특정한 주제 또는 형식에 따라 대개념을 점차적으로 분석하여 소개념으로 체계화 한 것을 말하며 이를 건설정보분류체계(Construction Information Classification System)라고도 한다.

공사정보분류체계는 미국과 유럽, 일본 등지에서 각 나라별, 지역별 특성에 맞게 여러 가지 체계를 개발하여 적용하고 있으며, 이중 Uniformat과 Master Format은 미주지역에서 적용되는 체계로서 우리나라에서도 이를 이용하여 기술자료 및 일위대가에 적용하고 있다.

2. 분류체계가 갖추어야 할 조건

(1) 분류원칙의 명확화
(2) 대상분야의 포괄성
(3) 융통성과 신축성
(4) 자연이나 학문과 모순점 지양
(5) 분류에 사용한 명칭의 명확화
(6) 분류항목과 대응되는 분류기호구비
(7) 복합주제를 포괄

3. Uniformat과 Master Format 분류체계의 분석

(1) Uniformat(UCI ; uniform Construction Index)분류 System

1) 개 요

Uniformat 분류 System은 미국과 캐나다에서 사용되는 16가지 Division에 의한 공종별, 부위별 분류방식으로 건설공사에 적용되는 분류 System이다.

2) 특 징

① 기술정보를 16개 부문(Division)의 공사내용과 관련시켜 분류 배열하고
② 각 부문별로 4개 계층의 분류 항을 5자리 정수로 표시한 System으로
③ 건축공사 위주로 분류되었으며
④ 토목공사 부분은 순수한 건축공사와 수반되는 필수적인 분야만 분류하고 있음으로 도로, 항만, 댐 등의 공사분류표현이 불가능하다.

3) System 구성

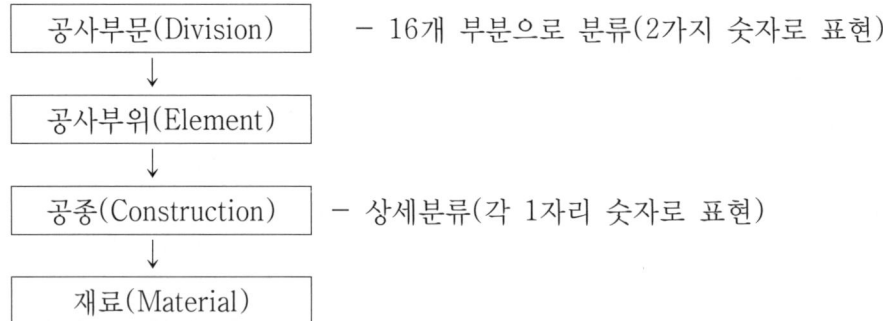

예) Uniformat System 내에서 토목공사분야는 [Division 2, Site work]으로 분류되어 있으며 [02 311]를 상세분류하면 다음과 같다.

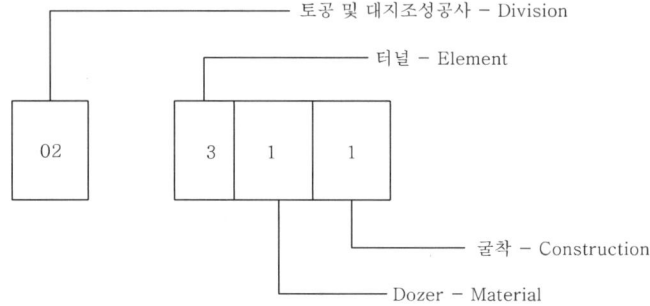

(2) Master Format 분류 System

1) 개 요

Uniformat과 같이 16가지 Division에 의한 분류방식으로 시방서 작성체계에 적용되는 분류 System이다.

2) 특 징

① 일관된 시방서 작성이 용이하다.
② 모든 공사종류의 간행물정리가 용이하다.
③ 분류 System은 Uniformat과 동일하나 미사용 번호를 남겨 둠으로써 향후 필요시 미사용번호를 할당하여 추가 사용할 수 있다.
④ 토목공사의 일목요연한 표현이 불가능하다.

3) System 구성

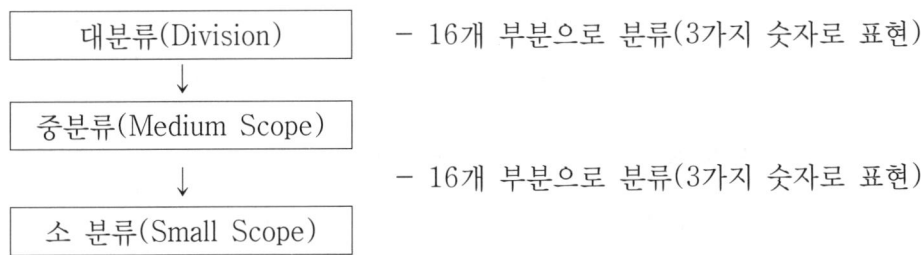

4. Uniformat과 Master Format의 내용상 차이점

구 분	Uniformat	Master Format
(1) Format 구성	① Specifications Format ② Data Filing Format ③ Cost Analysis format ④ Project Filing Format	Data 작성 위주로 구성
(2) 적용	건축건설공사	시방서 작성
(3) Code의 융통성	없음	가능(미 사용번호 사용)
(4) 분류	공사별 공종 위주로 분류	시공결과 위주로 분류
(5) 기타 분류 여부	없음	자재자료분류 가능

5. 양자 간 상호관련성

(1) Division의 공통
16가지 부문이 공통으로 되어 있어 양자 간 정보분류체계를 활용할 수 있다.

(2) 분류체계의 명확성
Uniformat과 Master Format의 분류가 명확하다.

(3) 비용견적업무의 관련성
건설공사의 실무에 있어서 비용견적업무를 진행함에 있어 공사내용파악과 이에 관련된 시방서, 자재 등의 파악을 상호 교류에 따른 업무의 효율성을 높일 수 있다.

(4) 합리적인 공사계획수립
공사목적에 맞게 양자 간 System을 상호보완할 수 있다.

(5) 유사항목의 취급편리
Uniformat과 Master Format은 대부분의 항목에 대해 유사한 유형을 갖고 있음으로 취급이 편리하다.

(6) System의 Database 화

Uniformat과 Master Format에 대해 전산에서 Program을 이용하고 상호 관련된 Code로 분류 및 분석이 가능함으로 System의 상호 Database 화가 가능하다.

6. 국내 건설정보분류체계에 대한 대책안

(1) 건설정보분류체계의 수립
1) 건설기술용어의 표준화
2) 각 분류 항목별 정의
3) 건설정보의 표준화

(2) 건설정보 관련 기구구성

각 분야별로 전문가들을 두어 이를 소위원회로 구성하여 건설정보분류체계를 관리할 수 있도록 이에 관련된 기구구성이 요망된다.

(3) 건설정보분류체계의 Database 화

건설과 관련된 각 항목을 통합하여 이를 Coding 및 전산화할 수 있도록 S/W를 개발한다.

(4) 각 분야별 건설정보분류체계의 통합

시공, 설계, 견적, 시설, 건설도서 등에 대한 Code를 통일하여 이를 각 분야별로 관리 및 자료를 활용할 수 있도록 한다.

(5) 건설정보분류체계에 대한 법적 제도화

건설정보분류체계에 대하여 법적인 근거를 마련하여 이를 활용할 수 있도록 하고, 또한 분야별로 관리가 용이하도록 한다.

7. 결 론

오늘날 북미와 유럽 등지에서는 건설정보분류체계를 이미 오래 전부터 개발하고 이를 활용하여 보다 진보적인 건설기술을 추진해오고 있었다.

그러나 우리 나라는 아직도 이러한 System의 추진이 상당히 더딘 것이 사실이다.

따라서 하나의 건설목적물을 구축하기 위하여 많은 건설공사단계마다 건설정보를 이용하여 기획단계부터 준공에 이르기까지 효율적으로 활용할 수 있도록 건설정보분류체계에 대하여 지속적인 사업의 추진과 연구개발이 필요하다.

문제 23 정보화 시공

1. 개요
건설공사에서의 정보화 시공이라 함은 건설현장에서 시공 중인 목적물의 현재 상태에 대하여 계측관리에 의한 결과로 안정성과 위험 정도를 판단하고 또한 설계와 시공 시 이를 보완하는 것을 정보화 시공이라 한다.

2. 정보화 시공의 목적
(1) 목적물의 거동관측
(2) 목적물의 안정성 및 위험정도 분석
(3) 설계 및 시공의 보완
(4) 현재 및 차기의 동일공사에 대한 자료근거확보
(5) 피해보상에 따른 법적인 근거확보

3. 주요 공사별 계측대상의 분류
(1) 흙막이공사
(2) 교량공사
(3) 연약지반개량공사
(4) 터널공사
(5) 사면안정

4. 정보화 시공계획(계측계획)수립 시 고려사항
(1) 지질 및 토질특성
(2) 목적물의 특성
(3) 목적물의 규모
(4) 설계의 특성
(5) 계측기기의 종류 및 특성
(6) 계측방법

5. 정보화 시공(계측관리) System Flow Chart

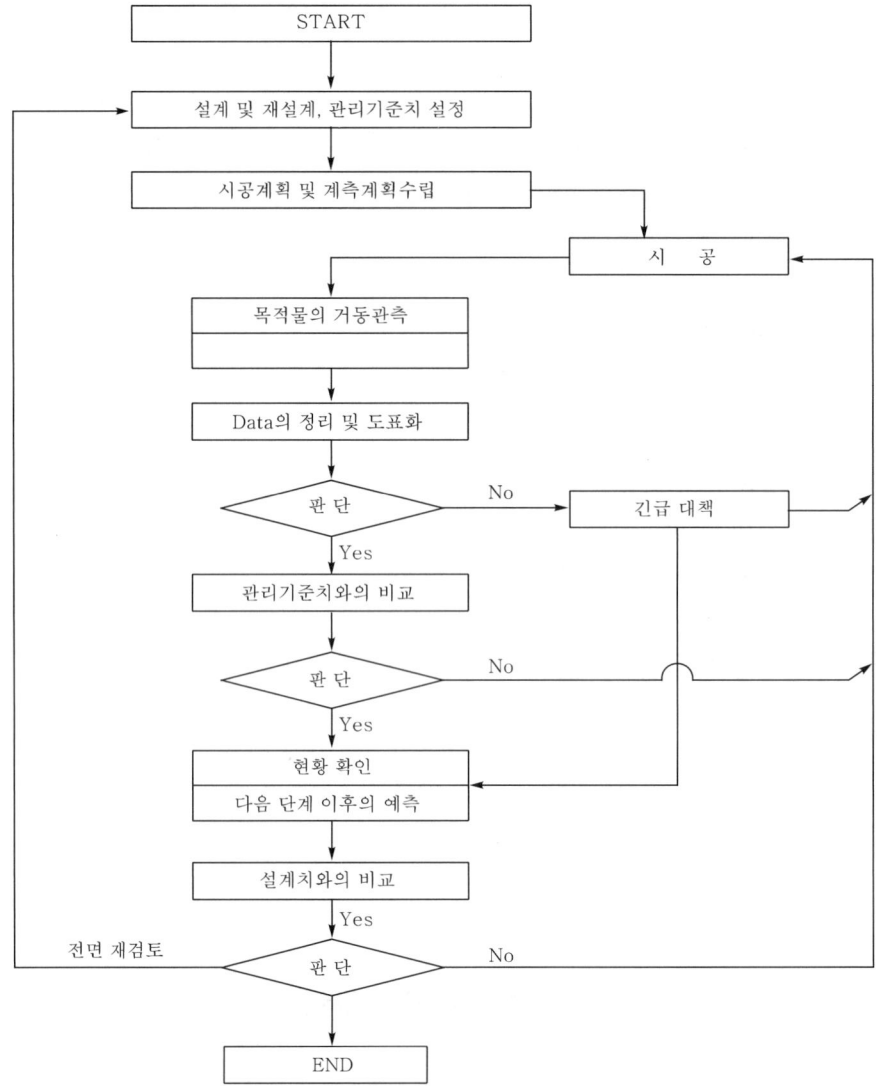

문제 24 신기술채용 시(지정 시) 검토사항

1. 개 요

  신기술(新技術)이란, 국내에서 최초로 개발된 기술이 퇴화하거나 외국에서 도입된 기술에 대해 개량된 것으로 신규성, 유일성, 진보성이 있다고 판단되는 새로운 건설기술을 말하며, 이러한 신기술에 대하여 보급이 필요하다고 인정되는 경우 새로운 건설기술로 지정·고시하는 것을 신기술채용이라 한다.
  즉, 기존의 건설기술이 사양되거나 이를 개량 보완하여 새로운 Item으로 개발한 것을 의미하는 것으로, 건설기술의 질을 높이고, 원가를 절감시키며, 공기를 단축하는 효과를 얻을 수 있는 새로운 기술로서 검증받아 공식적으로 이용하는 것을 의미한다.

2. 건설 신기술의 개념

   (1) 건설공사에 관한 계획, 조사, 설계 및 시공과 같은 구조물의 유지·관리 등에 관한 기술
   (2) 공사계획 및 타당성 조사, 설계기법
   (3) 공법, 시공관리 및 유지관리 기술
   (4) 공사용 부재, 자재, 설비, 장비 등을 이용한 설계기법 및 공법

3. 신기술채용(지정)조건

   (1) 기존의 기술을 활용할 것
   (2) 개발목표가 달성될 수 있을 것
   (3) 신기술에 대한 공감대 형성 가능성이 있을 것
   (4) 신규성이 있을 것
   (5) 유일성이 있을 것
   (6) 진보성이 있을 것
   (7) 신기술에 대한 실적이 있을 것(품질, 성능 등의 시험성적보고서)

4. 신기술채용 시(지정 시) 검토사항

   (1) 기술개요
     1) 기술내용에 대한 명확성
     2) 기술내용의 개발목적

(2) 제원 및 성능
1) 신기술의 제원검토
2) 신기술로 시공 후의 성능검토

(3) 기존기술과의 대비
1) 기존기술이 있는 경우 전체적 또는 부분적으로 대비하여 검토
2) 기존기술과의 대비에 따른 특성 검토

(4) 개발요지
기술개발을 하게 된 동기와 경위검토

(5) 신기술의 실적
해당 기술의 시공 일자 및 시공장소, 공사명칭, 공사규모 등에 대하여 검토

(6) 기술내용의 공개성
1) 신기술개발자의 의사를 표시하는 것으로
2) 이에 대한 공개 또는 비공개의 범위를 검토

(7) 특허 여부
해당 기술의 특허 여부를 검토

(8) 관련 법규사항
1) 관련 법규와의 관계를 검토
2) 해당 기술의 관계 법규에 대응 및 처리방법검토

(9) 사고발생 시 대응방법
만일 해당 기술의 실시에 의해 사고가 발생하였을 경우의 기술적 대응방안에 대한 검토

(10) 기타사항
1) 시공성
2) 경제성
3) 안전성
4) 품질
5) 내구성
6) 적응성
7) 시장성
8) 확실성

5. 신기술채용에 대한 문제점 및 대책

(1) 문제점
1) 신기술개발에 대한 의지 부족
2) 신기술에 대한 인식 부족(신뢰성 미흡)
3) 신기술의 정보부족
4) 신기술에 대한 홍보부족
5) 신기술채용에 대한 절차 및 제도의 까다로움
6) 신기술의 보호 미흡

(2) 대 책
1) 동기, 관심, 기회 등을 부여함으로써 신기술개발에 대한 의지함양
2) 정부 차원에서 검증된 신기술에 대하여 보증하는 제도를 마련
3) 신기술채용에 대해 적극 장려
4) 정보의 Database화
5) 신기술에 대한 구체적 내용, 시공법, 사후관리요령 등을 포함한 매뉴얼을 Database에 요약
6) 정부차원에서 홍보에 의한 신기술채용장려 및 신기술의 신뢰성 홍보
7) 신기술채용에 대한 절차 및 제도의 간소화
8) 신기술에 대한 보상 및 무단사용에 대한 규제강화

6. 결 론

　신기술채용은 기존의 건설기술이 사양 되거나 이를 개량 보완하여 새로운 Item으로 개발된 것을 의미하는 것으로 건설기술의 질을 높이고, 원가를 절감시키며, 공기를 단축하는 효과를 얻을 수 있는 새로운 기술로서 검증받아 공식적으로 이용되는 것을 의미한다.
　따라서 신기술을 채용함에 있어 시공성, 경제성, 안전성, 품질, 내구성, 적응성, 시장성, 확실성 등을 충분히 고려하여 채용하고, 또한 신기술개발에 따른 보호와 육성 등이 있어야 할 것으로 사료된다.

문제 25. 건설공해의 원인 및 대책

1. 개요

건설공사에서의 공해는 소음 및 진동, 비산먼지, 지하수 및 하천의 오염 등으로 공사의 착공 시점부터 준공 시점까지 인근 주민 및 사회 전반에 불편을 주는 것과 환경의 변화 등의 이유로 흔한 민원 대상이기도 하다.

특히 건설공해로 인한 민원은 공사의 중단과 보상관계 등이 연계되므로 이에 따른 공사비의 추가비용 발생, 공정의 지연 등 공사에 따른 많은 문제점을 안게 된다.

따라서 시공 전 사전에 충분한 조사와 시공방법 등에 대하여 세심한 계획과 아울러 건설공해에 대해 방지 또는 최소화할 수 있도록 계획을 수립하도록 하여야 한다.

2. 건설공해에 따른 문제점

(1) 공사현장 주변의 경우
1) 소음에 따른 인근 주민의 정신적 피해 발생
2) 진동에 따른 주변 건물의 균열 발생
3) 비산먼지로 인한 생활환경의 불편초래
4) 지하수 및 하천오염으로 인한 환경파괴
5) 중장비 및 공사 차량 주행에 따른 교통사고유발

(2) 공사현장의 경우
1) 민원 발생으로 인한 공사중단
2) 민원합의에 따른 공사비 추가 발생
3) 설계변경에 따른 공사비 추가 발생
4) 공사가 축소되는 경우도 있다.

3. 건설공해의 종류
(1) 소음공해
(2) 진동공해
(3) 환경공해

4. 공종별 공해 발생원인

(1) 소음공해

1) 발파에 의한 소음
   ① 토공사 : 암 발파
   ② 해체공사 : 해체 장비, 구조물의 파쇄

2) 공사 차량에 의한 소음
   ① 토공사 : Dump Truck의 주행
   ② 기타 공사 : 자재 운반차량의 주행

3) 중장비에 의한 소음
   ① 토공사 : 굴착 기계의 엔진, Bulldozer의 엔진, 다짐 장비의 엔진, Breaker의 타격
   ② 말뚝공사 : 기성 말뚝의 Hammer의 타격
   ③ Concrete 공사 : Pump Car의 엔진, 레미콘차량의 엔진
   ④ 흙막이공사 : 엄지 말뚝박기, Casing 타격
   ⑤ 기타 공사 : Compressor 가동, 발전기 가동

4) 구조물 공사 중 소음
   ① 토공사 : 착암기사용, 자갈 및 파쇄암 부리기 시
   ② 철근공사 : 철근을 바닥에 부릴 때
   ③ 거푸집공사 : 거푸집 설치 및 해체 망치소리, 목재를 바닥에 부릴 때
   ④ Concrete 공사 : 진동다짐기 사용
   ⑤ 철골공사 : 철골 두드리는 소리, Bolt의 기계 조임, Rivet박기

(2) 진동공해

1) 발파에 의한 진동
   ① 토공사 : 암 발파
   ② 해체공사 : 발파에 의한 구조물 해체, 구조물 파쇄

2) 중 차량 및 중장비에 의한 진동
   ① 토공사 : Dump Truck 등의 고출력 엔진에 의한 급·과속 주행
   ② 기타 공사 : 운반차량의 고출력 엔진에 의한 급·과속 주행

3) 마찰에 의한 진동
   ① 기초공사 : 말뚝의 타격
   ② 흙막이공사 : 엄지 말뚝의 타격
   ③ 기타 공사 : 자재의 낙하, 자재 부리기

(3) 환경공해

1) 비산
① Concrete 타설 시 Concrete 비산
② 물 살수 시 물의 비산
③ Paint 뿜칠 시 Paint 비산
④ Shotcrete 타설시 반발에 의한 비산

2) 먼지(분진)
① 현장 내외의 차량통행에 의한 먼지
② 쓰레기(폐자재)투하 시 발생하는 먼지

3) 공기 오염(악취)
① Asphalt 방수작업 시 연기
② 외장뿜칠재(Paint)의 비산
③ 화공약품을 사용할 경우
④ 건설중장비 및 차량운전 시 배기가스 분출
⑤ 소각에 의한 연기
⑥ 기 타

4) 수질오염
① 오수 방류에 따른 하천오염
  - Concrete 타설 후 차량 세척
  - 현장에서의 물청소
  - 폐유 방류
② 지하수 오염
  - 우천시 건설현장 오물의 땅속유입
  - 지하수 개발을 위한 Boring 공의 방치
  - 약액에 의한 지반주입공사

5) 지반오염
① 건설장비 수리에 따른 폐유유입
② 건설현장에서 발생하는 오물의 방치
③ 화학약품을 사용하는 자재의 방치 : 방수재, Paint 등

5. 건설공해에 대한 대책

(1) 굴착공사

1) 암 굴착 시
   ① 약액주입에 의한 팽창파쇄실시
   ② 압입에 의한 암 파쇄실시
   ③ 저 폭약에 의한 소 발파실시

2) 말뚝공사시
   ① Pre-boring에 의한 시공
   ② 압입에 의한 시공
   ③ 기계굴착에 의한 시공
   ④ 방음커버를 사용한 말뚝 타격시공

3) 구조물 해체 공사 시
   ① 약액주입에 의한 팽창파쇄실시
   ② Cutter, Water Jet, Rack Jacking에 의한 구조물 해체
   ③ 유압 Jack에 의한 구조물 해체
   ④ 차음벽 설치

4) 구조물 공사 시
   ① 조립식 거푸집사용
   ② 망치소리 등의 작업소음감소

5) 철 구조물 공사 시
   ① 철 구조물을 공장에서 제작한 후 현장에서 조립
   ② 용접에 의한 철 구조물 접합

6) 장비 및 중기의 운행 시
   ① 엔진의 공회전금지
   ② 과도한 고출력에 의한 급·과속금지
   ③ 작업대기 중 엔진가동 중지
   ④ 불량엔진의 교체
   ⑤ 장비에 방음커버 설치

7) 사전민원과의 협의
   ① 공사 전 주민들에게 공사에 대한 설명회 실시
   ② 작업시간대 준수(새벽, 조석, 야간, 공휴일 시간대를 피할 것)

8) 공해저감에 대한 연구실시
   ① 방음성이 우수한 장비의 개발
   ② 충분한 시공방법의 검토에 따른 대책수립
   ③ 저소음 및 저진동공법의 개발

9) 기 타
   ① 세륜시설설치 및 운영
   ② 비산먼지방지시설설치
   ③ 공사장 주변의 방음막설치

6. 공해규제사항

(1) 소음규제

단위 : dB(a)

대상 지역	소음원	시간대별	아침, 저녁 (05:00~07:00, 18:00~22:00)	주간 (07:00~18:00)	야간 (22:00~05:00)
가. 대상 1) 주거지역 2) 녹지지역 3) 관리지역 　① 취락지구 　② 주거개발진흥지구 　③ 관광·휴양개발 　　진흥지구 4) 자연환경보전지역 5) 그 밖의 지역 　① 학교 　② 종합병원 　③ 공공도서관	확성기	옥외설치	60이하	65 이하	60 이하
		옥내에서 옥외로 소음이 나오는 경우	50 이하	55 이하	45 이하
	사업장	공장	50 이하	55 이하	45 이하
		동일 건물	45 이하	50 이하	40 이하
		기타	50 이하	55 이하	45 이하
	공사장		60 이하	65 이하	50 이하
나. 대상 그 밖의 지역	확성기	옥외설치	65 이하	70 이하	60 이하
		옥내에서 옥외로 소음이 나오는 경우	60 이하	65 이하	55 이하
	사업장	공장	60 이하	65 이하	55 이하
		동일 건물	50 이하	55 이하	45 이하
		기타	60 이하	65 이하	55 이하
	공사장		65 이하	70 이하	50 이하

※ 본 소음규제는 2009년 1월 1일부터 적용함

(2) 진동규제

단위 : cm/sec

등 급	I		II	III	IV
분 류	문화재	Computer 시설물	주택, 아파트	상가	철근 콘크리트 빌딩 및 공장
건물기초에서 허용 진동치	0.2	0.5	0.5	1.0	1.0~4.0

(3) 오탁수 규제

1) 기준치는 일간 평균치로 한다.
2) 규제범위 : 6.0 < pH < 7.5, DO > 5ppm(농업용수 기준)

(4) 먼지규제

$300\mu g/m^3$(환경부)

7. 결 론

건설공해는 의도적이 아닌 불가피하게 발생되는 것으로 이를 최소화하는 데 역점을 두고 저소음 및 저진동에 대한 공법개발과 장비의 개발 등에 많은 연구와 개선이 시급하다.

건설공사장의 대형화가 되어가는 현실에 있어서 건설공해도 날로 증가되는 추세이므로 이를 최소화할 수 있는 방안에 대한 연구와 세심한 시공관리가 있어야 하겠다.

또한, 공사착공전 사전에 주변 민원인들에게 공사에 대한 설명회를 개최하여 양해를 얻는 방법으로 이해와 설득이 필요하다.

문제 26. 건설공해 중 수질 및 대기오염에 대한 최소화 대책

1. 개요

건설공사에서의 발생하는 공해는 소음 및 진동, 비산먼지, 지하수 및 하천의 오염 등으로 공사의 착공 시점부터 준공 시점까지 인근 주민 및 사회 전반에 불편을 주는 것과 환경의 변화 등에 따른 흔한 민원의 대상이기도 하다.

건설공해 중 수질 및 대기오염은 사람뿐만 아니라 모든 생물들의 생활환경에 막대한 피해를 줄 우려가 있으므로 이에 대한 시공 전 충분한 사전조사와 시공방법 등에 대하여 세심한 계획과 아울러 이를 최소화할 수 있도록 계획을 수립하여야 한다.

2. 수질 및 대기오염의 정의

(1) 수질오염

물에 액체성 또는 고체성의 오염물질이 혼입되어 인간의 건강과 재산, 동물 및 식물의 생육에 직접 또는 간접으로 위해를 줄 수 있는 정도로 수질오염 물질이 존재하는 상태로 되는 현상을 말한다.

(2) 대기오염

일반적으로 매연, 먼지, 기체상 물질 및 악취 등의 오염물질이 인간의 건강과 재산, 동·식물과 생활환경에 피해를 줄 정도로 단위용적 당 다량 존재하는 상태로 되는 현상을 말한다.

3. 수질 및 대기오염에 따른 문제점

(1) 공사현장의 비산먼지로 인한 생활환경의 불편초래
(2) 지하수 및 하천 오염으로 인한 환경파괴
(3) 민원 발생으로 인한 공사중단
(4) 민원합의에 따른 공사비 추가 발생
(5) 설계변경에 따른 공사비 추가 발생
(6) 공사가 축소되는 경우도 있다.

4. 수질오염의 최소화 방안

(1) 토공의 절토 및 성토지역
1) 공사 시 발생되는 법면의 안정화 작업 우선 시행
2) 공사지역 하류부분에 침사지 또는 유수지설치
3) 공사 중인 법면은 가마니 또는 비닐 등을 덮음
4) 법면에 식목과 병행한 토사유실 방지시설설치

(2) 하천에서의 골재 또는 석재채취 시
1) 가배수로 또는 유도배수로 설치
2) 오탁방지막설치

(3) 터널공사 시
1) 물리·화학적으로 처리하는 오탁수처리시설설치
2) 주기적인 수질오염원조사

(4) Concrete 제조시설
1) 세척시 하천에 세척수 유입방지
2) 세척수의 처리를 위한 침전지 및 중화시설설치
3) 폐수방지시설 설치 및 운영관리 철저
4) 골재 야적장 주변에 마대설치 등으로 우수에 의한 세립자의 유입방지

(5) 하천공사 시
1) 가물막이 실시
2) 갈수기에 공사 실시
3) Silt Protector 또는 간이 침전시설 설치
4) 하류에 취수장이 있을 경우 사전 통보(위치통보)

(6) 항만공사 시
1) 오탁방지막설치
2) 부유물질 즉시 제거

(7) 도료 또는 장비정비에 따른 발생되는 폐유
1) 잔량 및 보관용기 전량 수거하여 처리
2) 폐기물 보관장소설치로 별도보관 또는 폐기처리

(8) 현장에서 발생하는 생활하수
1) 오수정화시설설치
2) 정기적인 정화조 수거

5. 대기오염 최소화 방안

(1) 비산방지막 설치
1) 가설펜스 상부에 방진막 설치
2) 지상 고층구조물의 경우 외벽에 가림막설치
3) 고층에서의 폐기물 또는 쓰레기투하금지(투입 Shute 처리)

(2) 현장 내 비산 및 먼지방지
1) 작업 차량통행구간 수시 살수
2) 심한 바람이 불 경우 작업중지
3) 공사의 특성을 고려한 집진장치설치

(3) 장비 및 차량관리
1) 적재물이 비산되지 않도록 덮개설치
2) 현장 내 저속 운행
3) 세륜시설을 설치하여 현장 출입차량의 바퀴세척

(4) 현장 내 소각금지
1) 폐기물 및 쓰레기 노천소각 절대 금지
2) 소각 가능한 폐기물 및 쓰레기는 별도 분리수거 후 처리업체에 위탁

(5) 저장시설 관리
1) 골재 등의 저장 시 방진 덮개사용으로 비산 및 먼지발생 억제
2) 저장시설 장소에 방진막 설치

(6) 악취 발생 시
   1) 악취발생 요소제거
   2) 악취억제용 집진장치설치

6. 결론

건설공해는 의도적이 아닌 불가피하게 발생되는 것으로, 그중 수질 및 대기오염은 지구상의 모든 생태에 막대한 피해를 줄 우려가 있으므로 이를 최소화할 수 있도록 계획을 수립하여야 한다.

특히 건설공해로 인한 문제는 민원인들의 제기로 인한 공사의 중단과 보상관계 등이 연계되므로 이에 따른 공사비의 추가비용 발생, 공정의 지연 등 공사에 따른 많은 문제점을 안게 된다. 따라서 시공 전 충분한 조사와 함께 시공방법 등에 대하여 세심한 계획을 수립하여 건설공해를 최소화하는 데 역점을 두고 또한 많은 연구와 개선이 시급하다.

문제 27. 건설 폐자재류의 종류, 문제점 및 대책, 구조물 해체에 따른 Concrete 잔재물에 대한 재생 및 재활용 방안

1. 개 요

각종 건설구조물의 해체로 인하여 발생되는 것은 모두 폐기물에 속하게 되어 이들에 대한 처리와 처분에 따른 문제가 매우 중요할 뿐만 아니라 재이용 방안에 대하여 검토할 필요가 있다.

일반적으로 건설구조물의 해체로 인해 발생하는 폐기물로서는 Concrete 류, 고목재, 고철재 등이 배출되며, 이들 폐기물은 비교적 부가가치가 높은 금속류를 제외하면 거의 재활용이 어려워 처분하게 된다.

따라서 자원의 절약과 Energy 절약의 관점에서 볼 때 매우 낭비이며, 또한 쓰레기로 버려짐으로써 환경공해의 문제 등이 발생할 수 있기에 구조물 해체로 인해 발생된 폐기물을 가능한 재활용할 수 있는 방안을 모색할 필요가 있다.

2. 건설 폐자재류의 종류

(1) 유기질계

폐자재류의 종류	발생량	발생형태	특 성	처리방법
목재(톱밥)	목조대	부정형	썩음, 충해, 먼지	소각 매립투기 일부회수
종이류	소	Sheet형	썩음, 충해, 먼지 내수성이 적음	
짚깔개류, 깔개	소	판, Sheet 형, 끈형태		
마감 Sheet	소	판, Sheet 형, 끈형태	저 확산성 연소 가스가 많이 발생	
플라스틱류	소	부정형		
Asphalt 고무류	포장대	부정형		

(2) 무기질계

폐자재류의 종류		발생량	발생형태	특성	처리방법
비금속류	Cement 경화제류	대	덩어리	염기성	매립투기 토지조성
	판유리류	소	파 편	산, 염기에 녹을 위험	
	도자기 타일	중	파 편	저확산성	
	기와, 벽돌	보 통	파편, 덩어리		
	석 재	중 소	덩어리	-	
	단열재	중	부직포	광물, 유리섬유조각 유해	
	석고보드	중	니화(泥化)	분 진	
금속류	철골, 철근	대	부재형, 봉형	부식성	제강순환
	철 판	소	판형, 부정형		
	기타 철 및 비철금속 부재	대	부정형	Pipe, 각봉, 철망	
	특수금속	소	판 형	철 물	
	설 비 조명기기	소	부정형	공 조 전기설비 부대기기	

3. 건설 폐자재에 대한 문제점

(1) 환경공해의 문제
1) 지하수의 오염
2) 지반의 오염
3) 소각에 따른 유독가스의 발생
4) 무단투기에 따른 자연환경훼손

(2) 자원의 낭비 문제
1) 재활용 의식부족
2) 정부주도의 재활용유도책 미흡
3) 재활용 제품의 품질저하
4) 재활용 제품의 수요확보 미흡
5) 생산자가 다시 회수하여 재생하겠다는 의지 부족

(3) 폐기물처리에 대한 문제

1) 폐기물처리장의 절대 부족

① 정부단체의 처리시설건립에 따른 의지부족
② 지역주민의 부정적인 의식
③ 처리장건립에 따른 예산 부족

2) 폐기물 매립지의 부족

① 적절한 매립지확보 곤란
② 지역주민의 부정적인 의식
③ 매립지선정에 따른 관련 법규의 저촉
- 토질의 형질변경
- 농지전용의 제한

3) 정부 차원에서의 대응부족

① 폐기물처리에 대한 연구부족
② 폐기물재활용방안에 대한 적극적인 홍보부족
③ 폐기물처리대책 미흡
④ 기 타

4. 대 책

(1) 폐기물처리장의 확충

1) 소각장확충
2) 매립장의 확보 및 확장

(2) 대국민 홍보

1) 폐기물의 재활용 적극유도
2) 재활용의 품질개선
3) 재활용제품에 대한 수요확보
4) 폐기물재활용방안에 대한 교육실시

(3) 기술개발

1) 재생 가능성에 대한 연구 및 기술개발
2) 폐기물 재활용 시 인센티브 부여
3) 정부 차원에서 폐기물 재활용에 대한 연구 및 기술개발비 지원
4) 폐기물처리전문기술자양성

5. Concrete 잔재물의 재생 및 재활용방법

(1) 폐자재의 재생 및 재활용에 대한 의의
1) 자원절약
2) 환경공해억제
3) 공사원가절감
4) Energy 절약

(2) Concrete의 폐부재를 직접 이용하는 방법

1) 기둥, 벽, Slab 단독 부분의 해체물
   ① 도로용 판재
   ② Block
   ③ 담수로의 뚜껑
   ④ 문기둥
   ⑤ 벽재

2) 보, 기둥 교차부의 복합형 해체물
   ① 호안공의 법면 쌓기(Block 식으로 절단)
   ② 물고기집
   ③ 유원지용 비품

3) Slab 또는 벽이 부착된 기둥의 복합형 해체물
   ① 구조물의 기초
   ② 공원의 Bench
   ③ 도로용 판재
   ④ 기계기초
   ⑤ 도로 분리대

4) 기둥, 보, Slab, 벽 등이 부착된 Unit 복합형 해체물
   ① 가설용 암거로 조립
   ② 암거
   ③ 물고기집
   ④ 간이창고
   ⑤ 축사

5) 폐부재의 활용 시 유의사항
   ① 부재 해체 시 직선절단이 가능한 상태에서
   ② 가능하면 부재의 형태를 유지하며
   ③ 운반 및 취급이 용이한 길이만큼 절단한다.
   ④ 크기 및 형태가 같거나 비슷한 것끼리 정리한다.
   ⑤ 재활용 시 시공이 용이하도록 절단 해체한다.

(3) Concrete 폐부재를 가공하여 활용하는 방법

1) 마감재로 가공활용
   ① 대용 붙임돌
   ② 간판재
   ③ 타 일
   ④ 보도 Block

2) 조립재로 가공활용
   ① 소형주택용 조립재
   ② Block 류
   ③ 칸막이
   ④ Block 포장 도로

3) 조경용재로 가공활용
   ① 식목화분
   ② 울타리
   ③ 공원 또는 유원지 등의 부속물

4) 폐부재 가공 시 유의사항
   ① 절단 및 정형, 연마처리 등 2차 가공이 가능한 부재라야 한다.
   ② 가능하면 부재의 형태를 유지하며
   ③ 운반 및 취급이 용이한 길이만큼 절단한다.
   ④ 크기 및 형태가 같거나 비슷한 것끼리 정리한다.
   ⑤ 가공 시 설치하고자 하는 장소의 상황을 고려한다.

(4) Concrete를 파쇄한 상태에서의 활용방법

1) 재생골재로 활용
   ① 도로포장용 골재
   ② Concrete 용 골재
   ③ 구조물기초의 잡석

2) 혼화재료로 활용
   ① Cement Clinker, 중화제, 토양 개발제에 활용
      - 고온·고압 양생에 의한 Cement 제품에서만 가능하고
      - Cement 성분이 풍부한 경우 활용 가능하다.
   ② 탄산칼슘 대체물로서 Plastic 재료의 증량재(增量材)로 활용

3) 파쇄한 Concrete 활용 시 유의사항
   ① 재생골재로 활용 시
      - 활용에 대한 충분한 계획을 세운다.
      - 재생골재로서 강도 및 성질에 대하여 잘 분석한다.
      - Concrete 혼합 시 사용된 순수한 골재를 분리한다.
      - 활용 가능한 크기로 파쇄하여 크기별로 수집, 저장한다.
   ② 혼화재료로 활용시
      - 가능하면 Cement 성분이 풍부할 것
      - 가루 형태로 파쇄할 것
      - 반드시 시험에 의해서 활용할 것

6. 결론

건설공사 중 또는 건설구조물의 철거 등으로 발생되는 폐기물 가운데 우리가 활용할 수 있는 폐자재류들이 많이 있지만 대개는 이를 활용하지 않고 모두 폐기 처분하는 경우가 무수히 많다.

이러한 사항들은 재활용에 따른 제반 비용 즉, 운반비 및 기계제작비 등에 소요되는 비용이 결코 작지 않으며, 또한 폐자재류 재활용에 대한 인식이 부족하여 재활용 한번 해보지 않은 가운데 쓰레기로 버려지고 있는 것이다.

따라서 자원의 절약 및 Energy 절약과 환경공해의 문제 등을 해결하는 데 역할을 할 수 있도록 정책적인 지원과 이들 폐자재류 재활용에 따른 충분한 보상 등이 이루어질 수 있도록 하고, 아울러 이를 활용하는 방안에 대하여 진지한 연구와 개발이 있어야 할 것으로 사료된다.

문제 28 도로확장공사 시 환경에 미치는 주요 영향 및 저감대책

1. 개 요

도로확장공사는 늘어나는 교통량에 대하여 도로로서 기능을 유지시키기 위해 실시되며, 또한 단계적으로 실시되는 단계공사라고도 한다.

도로확장공사 시 기존도로의 기능이 저해되지 않아야 하고, 또한 기존도로 주변에 주민들과 토지의 수용에 따른 마찰 등을 최소화하면서 시행하여야 하기 때문에 공사에 따른 어려움이 예상되기도 한다.

그러나 도로확장공사에 따른 환경에 미치는 영향 또한 크게 작용됨으로 이에 대한 충분한 사전조사와 철저한 시공계획을 수립하여 계획적인 시공이 이루어질 수 있도록 하여야 한다.

2. 도로확장공사 시 환경에 미치는 주요영향

(1) 비산먼지 및 분진 발생

1) 현장에서의 차량통행에 의한 비산먼지의 발생
2) 살수에 의한 물의 비산발생
3) 구조물 공사에 따른 Concrete의 비산
4) Spray에 의한 도장(塗裝)작업 시 Paint의 비산
5) 사면부에 Shotcrete 타설로 Rebound에 의한 비산
6) 기타 각종 작업에 따른 비산먼지 및 분진 발생

(2) 소음공해 발생

1) 현장에서의 중장비 가동에 따른 엔진소음(엔진의 급 가동)
2) 차량 주행에 따른 소음(차량의 급출발)
3) 굴착에 따른 암 발파에 따른 소음
4) 말뚝공사 시 항타에 따른 소음
5) 각종 자재 등의 적하 시 충격에 따른 소음
6) 기타 각종 작업 시 망치, 자재의 마찰, 골재의 투하 등에 다른 소음

(3) 진동공해

1) 암 발파에 따른 진동
2) 중장비가동에 따른 진동
3) 말뚝항타에 따른 진동
4) 중량물의 낙하 또는 투하에 따른 진동

(4) 대기오염
1) 연료를 사용하는 모든 중장비 및 차량의 배출매연
2) 폐자재의 연소에 따른 연기
3) 장비수리 시 발생하는 폐유 연소에 따른 연기

(5) 지하수 및 지반오염
1) 지반주입작업에 따른 화학약품에 의한 오염
2) 지하수개발 시 천공된 우물의 방치
3) 건설폐기물 및 오물 등의 무단매립
4) 장비수리 시 폐유의 무단방류

(6) 굴착에 따른 낙석 및 사면붕괴
1) 낙석 및 사면붕괴로 인한 토사의 기존도로를 통제
2) 주변 가옥들의 피해
3) 논과 밭 등의 피해
4) 기타 인사사고 및 재산피해 발생

(7) 우회도로 설치 시
1) 토지수용에 따른 마찰 및 보상
2) 기존의 논과 밭의 통과에 따른 피해
3) 우회도로 성토재료 채취에 따른 또 하나의 자연훼손
4) 우회도로 시공에 따른 또 다른 환경에 대한 영향이 미침

(8) 민원 발생
1) 안전에 대한 불안감
2) 주민의 정신적 불안감
3) 공사로 인한 피해
4) 기타

3. 저감 대책

(1) 비산먼지 및 분진 발생
1) 세륜기 설치에 의한 먼지 및 분진의 사전억제 비산먼지의 발생
2) 살수에 의한 먼지억제
3) 비산 방지막 설치에 의한 비상의 확산방지

(2) 소음공해 발생
1) 조석 및 야간작업시간대 조정
2) 노후 된 중장비의 교체 및 철저한 정비로 소음 최소화
3) 차량 및 중장비의 무리한 엔진가동금지
4) 저소음 및 무소음에 의한 암 발파계획수립
5) 말뚝공사 시 Pre-Boring 또는 방음커버에 의한 말뚝 시공
6) 각종 자재 등의 적하 시 가급적 Crane을 이용
7) 기타 소음이 예상되는 공사장 주변에 방음 휀스설치

(3) 진동공해
1) 저진동 또는 무진동에 의한 암 발파
2) 중장비 및 공사 차량의 서행운행
3) 말뚝공사 시 Pre-Boring 또는 방음커버에 의한 말뚝 시공
4) 각종 자재 등의 적하 시 가급적 Crane을 이용

(4) 대기오염
1) 연료를 사용하는 모든 중장비 및 차량의 배출오염원의 최소화
2) 현장에서의 폐자재 연소금지
3) 장비수리 시 발생하는 폐유연소금지

(5) 지하수 및 지반오염
1) 주변지반 및 지하수를 고려한 지반주입공법 결정
2) 지하수 개발시 천공된 우물의 보호
3) 건설폐기물 및 오물 등의 무단매립방지
4) 장비 수리시 폐유 등을 한곳에 모아서 적법하게 처리

(6) 굴착에 따른 낙석 및 사면붕괴
1) 낙석 및 사면붕괴 예상지역에 안전가림막설치(H-Pile + 토류판 이용)
2) 낙석 방지망 설치
3) 위험 발생요소 사전제거

(7) 우회도로 설치 시
1) 토지수용에 따른 충분한 협의
2) 가급적 기존의 논과 밭을 피하여 계획수립
3) 우회도로 성토재료 채취에 따른 주변 환경고려
4) 우회도로시공 시 환경에 영향이 없도록 세부적인 시공계획 수립

(8) 민원 발생
   1) 각종 안전시설설치
   2) 주민들에게 충분한 공사설명과 이해를 득함
   3) 공사로 인한 피해가 최소화되도록

4. 결 론

  도로확장공사 시 기존도로의 교통진행 등에 대한 기능이 저해되지 않도록 하고, 또한 기존도로 주변의 주민들로부터 민원의 대상이 되지 않도록 한다.

  또한, 도로확장공사에 따른 환경에 미치는 영향을 고려하여 이로 인한 문제점이 최소화되도록 충분한 사전조사와 철저한 시공계획을 수립하여 계획적인 시공이 이루어질 수 있도록 한다.

문제 29. 부실공사의 원인 대책(설계, 시공, 감리, 법적제도 측면에서의 원인 및 대책)

1. 개 요

건설공사는 여러 단계에 걸쳐 복잡한 과정으로 이루어지기 때문에 단계별로 각각의 참여 주체가 맡은 바 소임을 다하여야만 부실공사를 방지할 수가 있다.

특히 건설공사는 설계와 시공이 올바르게 시행되고 또한 시행자와 감리, 감독, 시공자 모두가 한마음으로 견실한 건설공사가 이루어질 수 있도록 노력하여야 품질이 향상되는 공사가 이루어지는 것이다.

2. 부실공사의 원인

(1) 설계적인 측면에서의 부실

1) 사전조사 미비
   ① 충분한 지반조사의 미비
   ② 기본적인 조사 미비
   ③ 조사 미비에 따른 현장에 적용이 곤란한 구조형식과 공법의 선정

2) 설계자의 현장감각 둔화
   ① 설계자의 현장에 대한 전문성 결여
   ② 시공성을 고려하지 않은 편의주의적인 설계실시

3) 설계기간단축
   ① 충분한 설계가 이뤄지지 못한 상태에서 도서의 납품
   ② 설계기간단축에 따른 설계도서의 검토미비 및 누락
   ③ 설계도서의 설명부족 및 내용물 부실

4) 형식적인 설계심사
   ① 비전문가가 설계심의를 한 경우
   ② 이해타산에 의한 설계심의 실시
   ③ 문제점에 대한 지적미비

5) 빈번한 설계변경
   ① 불합리한 설계가 되었을 경우
   ② 덤핑수주에 의한 공사비 결손을 만회하기 위해
   ③ 현장의 시공성을 무시한 설계 시

(2) 시공적인 측면에서의 부실

1) 기술개발 미비
① 기술개발의 필요성에 대한 무감각
② 타성에 의한 기존 기술력 의존
③ 과감한 기술개발지원 미비

2) 무리한 공기단축
① 설계완료 전 공사 착공
② 돌관작업에 의한 품질저하
③ 발주자 또는 감독자의 지나친 의욕에 따른 공기단축 독려
④ 저가수주에 의한 관리비절감차원에서의 무리한 공기단축
⑤ 빨리 빨리라는 마음 상태에서의 조급함
⑥ 잦은 설계변경으로 공기 지연에 따른 공기만회를 위한 무리한 공기단축

3) 기술자의 잦은 교체
① 대부분의 현장에서는 착공 시 주재한 기술자가 공사가 진행 중인 가운데 타 현장으로 발령되는 경우가 많으므로
② 새로 부임한 기술자의 적응에 상당한 시간이 소요되고
③ 이로써 작업에 대한 연속성이 떨어진다.

4) 기능공의 숙련 미숙
① 기능에 대한 정규교육 또는 훈련부족
② 경험부족
③ 3D 업종 중의 하나로 현장의 노령화

5) 계측관리 미비
① 계측의 필요성 인식 부족
② 계측 전문 기술자의 자질부족
③ 계측의 덤핑수주

(3) 감리적인 측면에서의 부실

1) 기능 및 업무능력저하
① 감리요원의 육성 미비
② 교육훈련 미비
③ 기술개발에 대한 연구부족

2) 감리자의 자질부족
① 시공자에 대한 권위적인 우월적 의식소유
② 감리자로서의 사명감 결여
③ 비합리적인 현장감리

3) 감리제도의 낙후
① 감리자의 법적 지위 미보장
② 일방적인 감리자에게 책임 전가
③ 공사감독제의 이원화에 따른 부작용

(4) 법적제도적인 측면에서의 부실

1) 최저가낙찰제 도입
   과당경쟁에 의한 수주로 공사비 결손과 함께 부실공사초래

2) 불합리한 입찰제 실시
① 일반공사업체(종합건설업체) 위주의 입찰실시
② 전문건설업체의 입찰이 제외됨에 따라 덤핑 하도급을 받는 경우가 많다.

3) 품셈의 비현실화
   현실성 없는 품셈에 의한 예산서 작성으로 인한 공사비 결손

4) 기술개발에 대한 법적 차원에서 지원전무
① 기술개발로 공사비 절감 시 이를 공사비에서 감액하므로 의욕을 상실케 한다.
② 기술개발에 따른 법적 보호 미비

3. 부실공사방지를 위한 대책

(1) 설계적인 측면

1) 조사 철저
① 세심한 기본적인 조사실시(지반조사, 시공성에 대한 주변 여건조사)
② 공사의 목적에 따른 확실한 구조형식과 공법의 선정

2) 설계자의 시공경험 필요
① 설계자가 현장에 대한 전문성이 있도록
② 현장에서의 충분한 경험이 필요하고
③ 이에 따른 시공성을 충분히 고려한 설계가 있어야 한다.

3) 충분한 설계기간확보
① 충분한 사전조사가 가능하도록 한다.
② 기본설계에 대한 충분한 검토 후 본 설계가 진행되도록 한다.
③ 설계기간이 촉박하면 내용물이 부실해진다.

4) 설계심사의 강화
① 지역적, 인적 배려에 따른 설계심의가 진행되므로
② 시공경험이 풍부한 시공자와 전문기술진 간의 세심한 설계심의가 필요하고
③ 문제점을 사전에 지적하여 이를 설계에 보완한다.

5) 빈번한 설계변경방지
① 설계변경은 덤핑낙찰에 따른 공사비 결손 또는 불합리한 설계로 인하여 실시되므로
② 계약 시 충분한 공사비를 확보 또는 공사입찰 시 공사비의 결손이 없는 가능한 범위 내에 최적가를 설정하며
③ 설계자는 시공경험자의 의견을 수렴하여 사전에 불합리한 설계요소를 배제시킨다.

(2) 시공적인 측면

1) 기술의 개발
① 타성에 의한 경험적인 기존의 기술적용보다 새로운 기술개발에 능동적인 요소가 필요하다.
② 불합리한 기존의 기술에 대한 과감한 배격
③ 원가절감 및 품질향상을 위한 기술개발에 대한 연구가 필요하다.

2) 공사기간의 조절
① 무리한 공기단축지양
② 설계 완료 전 사전 공사착공지양
③ 과학적인 공정표 작성으로 효율적인 시공이 진행될 수 있도록 한다.

3) 잦은 설계변경 지양
① 잦은 설계변경은 공기의 지연 및 원가상승의 요인이 된다.
② 공사착공 전 충분한 설계검토를 하여 사전에 이를 보완한다.

4) 기술자 잦은 교체지양
① 착공 시 주재한 기술자가 공사가 완전히 준공될 때까지 교체하지 않도록 하고
② 작업에 대한 연속성을 유지시킨다.

5) 효율적인 업무처리
   ① 감독 및 감리자의 우월적 지위와 업무의 비효율적인 면이 많으므로
   ② 상호 충분한 협의가 필요하고
   ③ 업무적인 사항에 대하여 상호 존중한 마음의 자세가 필요하다.

6) 원·하도급 간의 건전화
   ① 원·하도급 간의 불신배제
   ② 하도급대금을 적정한 기간 내 지급
   ③ 원도급자의 횡포를 금한다.

7) 계측의 생활화
   ① 공사현장 제반 정보입수와 향후 거동을 사전에 파악
   ② 계측을 통한 사전 문제점에 대한 분석으로 이에 대한 대책수립
   ③ 문제점파악 시 대책수립시기를 놓치지 않도록 한다.

(3) 감리적인 측면

1) 기능 및 업무의 개선
   ① 합리적인 감리수주활동전개
   ② 건설기술의 체계화 및 제도화
   ③ 감리요원의 육성 및 관리대책수립
   ④ 교육훈련강화
   ⑤ 시공법, 신기술의 도입장려

2) 감리요원의 자세확립
   ① 꼭 필요한 기술인이 되도록 노력하는 자세가 있도록 한다.
   ② 시공법 및 신기술에 대한 연구와 개발에 의욕적이 자세가 있도록 한다.
   ③ 공사 전반업무 흐름을 관리하는 자세가 필요하다.

3) 감리제도의 개선
   ① 감리선정 시 최저낙찰제를 폐지하고 최적낙찰제로 전환한다.
   ② 감리자의 법적 지위를 향상시킨다.
   ③ 일방적인 감리자의 책임 전가를 지양토록 한다.
   ④ 합리적인 감리대가 기준을 마련한다.
   ⑤ 공사감독제의 이원화를 보완한다.

(4) 법적제도적인 측면

1) 최적가낙찰제 도입
① 과당경쟁에 따른 최저가낙찰제가 공사비 결손과 아울러 부실공사를 초래하므로
② 최적가로 공사를 시행할 수 있도록 입찰제도를 보완한다.

2) 부대입찰제 도입
① 대부분의 공사가 일반건설업 중심으로 시행되고 있으므로
② 하도급업체에서는 최저가낙찰에 따른 공사를 시행할 수 밖에 없다.
③ 따라서 부분적이나마 전문건설업체도 참여할 수 있는 부대입찰제 도입이 시급하다.

3) 덤핑입찰방지
① 원가 이하의 저가 수주행위방지
② 최적격 PQ제도 적용

4) 담합금지
① 업체들 간의 낙찰금액과 낙찰자를 결정하는 것으로
② 공정거래 질서의 확립과 담합에 대하여 강력한 법적 제재를 준다.

5) 품셈의 현실화
① 표준건축비, 노임단가, 공사비 산정에 있어 현실화한다.
② 현실성 있는 품셈의 개정이 필요하다.

6) 신기술 및 기술개발에 대한 보상 및 보호
① 신기술로 인한 공사비 절감 시 이를 감액하지 않고 시공자에게 보상한다.
② 신기술 및 기술개발에 따른 정부의 법적인 지원이 필요하다.
③ 신기술개발에 따른 기술사용료에 대해 법적으로 보장할 수 있도록 한다.

4. 건설기술인의 사명과 자세

(1) 내 집을 내손으로 건축하는 마음
(2) 나 자신이 건설공사를 한다는 마음
(3) 항상 긍정적이고 적극적인 자세
(4) 국가의 일익을 담당하고 있다는 자세
(5) 건설 기술인으로서의 자부심과 긍지를 갖는 자세
(6) 후손들에게 물려줄 유산이라는 생각을 갖는 자세
(7) 무사안일주의 배제

5. 결론

부실공사를 방지하는 건설공사에 참여하는 기술인의 마음가짐이 중요하다.

따라서 기술인의 자세는 우월적인 의식의 배제, 긍정적인 사고방식, 인화단결의 상부상조, 기술참여에 대한 자부심과 긍지를 가지고 능동적으로 나아가는 것이 건설공사에서 품질을 향상시킬 수 있는 것이다.

또한, 건설 부조리와 무사안일주의 등을 배제하고 기술개발에 대한 연구와 아울러 공사의 현실성 있는 설계 및 공사비의 책정이 무엇보다도 시급하다.

문제 30 건설공사에서 문제되고 있는 부실시공, 기존시설물의 유지관리, 기술개발 등에 대한 현안 문제점 및 대책

1. 개 요

건설공사는 여러 단계에 걸쳐 복잡한 과정으로 이루어지기 때문에 단계별로 각각의 참여 주체가 맡은 바 소임을 다하여야만 부실공사를 방지할 수가 있다.

또한, 각 기존 시설물에 대해서는 대부분이 사용성 위주로만 관리한 나머지 안전성에는 매우 소홀히 여기는 폐단이 있으므로 이에 대한 대책 마련이 시급하다.

아울러 기술개발은 기존의 건설기술이 사양되거나 이를 개량 보완하여 새로운 Item으로 개발한 것을 의미하는 것으로서 건설기술의 질을 높이고, 원가를 절감시키며, 공기를 단축하는 효과를 얻을 수 있는 새로운 기술로서 검증받아 공식적으로 이용하는 데 필요한 사항이다.

2. 부실시공에 대한 문제점 및 대책

(1) 문제점

1) 설계적인 측면
   ① 조사 미비
   ② 설계자의 시공에 대한 미 경험에 따른 설계의 오류 가능성
   ③ 설계기간의 무리한 단축
   ④ 형식적인 설계심사
   ⑤ 빈번한 설계변경

2) 시공적인 측면
   ① 기술개발 미비
   ② 무리한 공기단축
   ③ 기술자의 잦은 교체
   ④ 기능공의 숙련 미숙
   ⑤ 계측관리 미비

3) 감리적인 측면에서의 부실
   ① 기능 및 업무능력저하
   ② 감리자의 자질부족
   ③ 감리제도의 낙후

4) 법적제도적인 측면에서의 부실
   ① 최저가낙찰제 도입
   ② 불합리한 입찰제 실시
   ③ 품셈의 비현실화
   ④ 기술개발에 대한 법적 차원에서 지원전무

(2) 대 책

1) 설계적인 측면
   ① 조사 철저
   ② 설계자의 시공경험 필요
   ③ 충분한 설계기간확보
   ④ 설계심사의 강화
   ⑤ 빈번한 설계변경방지

2) 시공적인 측면
   ① 기술의 개발
   ② 공사기간의 조절
   ③ 빈번한 설계변경지양
   ④ 기술자 잦은 교체지양
   ⑤ 효율적인 업무처리
   ⑥ 원·하도급 간의 건전화
   ⑦ 계측의 생활화

3) 감리적인 측면
   ① 기능 및 업무의 개선
   ② 감리요원의 자세확립
   ③ 감리제도의 개선

4) 법적제도적인 측면
   ① 최적가낙찰제 도입
   ② 부대입찰제 도입
   ③ 덤핑입찰 방지
   ④ 담합금지
   ⑤ 품셈의 현실화
   ⑥ 신기술 및 기술개발에 대한 보상 및 보호

3. 기존 시설물의 유지관리에 대한 문제점 및 대책

(1) 문제점
1) 시설물관리 전산 System의 미비
2) 시설물에 대한 전문적인 관리자 부족
3) 사용성 위주의 기존 시설물 유지관리(안전성 배제)
4) 정책적인 실무에 있어 인식 부족
5) 관계자의 의식 결여
6) 예산 부족에 따른 장비보유 미비

(2) 대 책
1) 기존 시설물의 이력에 대한 전산화 System 도입
   ① 건설 일자 및 시공자, 공사 관련 명 입력관리
   ② 점검에 관련된 자료입력관리
   ③ 보수 및 보강 이력사항입력관리

2) 각 분야별 기존 시설물관리에 대한 전문기관 설립 및 전문가양성
   ① 여러 시설물별로 해당되는 관리전문기관 설립이 반드시 필요
   ② 이에 따른 관리자의 정기적인 교육실시
   ③ 전문가 양성필요(연구에 대하여)

3) 임기응변식의 사용성 위주 관리배제
   안전성이 없이 사용성 위주로만 관리할 경우 기존 시설물의 파손 또는 붕괴가 발생

4) 정책적인 실무에 있어 인식의 강화
   백년대계를 보고 기존 시설물에 대한 제 기능을 발휘하도록 정책에 반영

5) 관계자의 의식강화
   ① 기존 시설물의 유지관리에 대한 중요성 인식 필요
   ② 사명과 책임의식강화

6) 충분한 예산반영
   ① 점검에 따른 충분한 예산반영으로 확실한 관리가 되도록 명문화
   ② 중요 장비확보에 따른 예산반영

4. 기술개발에 대한 문제점 및 대책

(1) 문제점
1) 기술개발에 대한 의지 부족
2) 신기술에 대한 인식 부족(신뢰성 미흡)
3) 신기술의 정보부족
4) 신기술에 대한 홍보부족
5) 신기술채용에 대한 절차 및 제도의 까다로움
6) 개발된 기술에 대한 보호 미흡
7) 실리에만 치중함에 따른 기술개발의 투자부족
8) 새로 개발된 기술의 독점에 따른 자료의 공개부족
9) 공개적인 기술개발에 대한 Data Base의 구축 미비

(2) 대 책
1) 기술개발에 대한 의지함양
   ① 동기부여
   ② 관심부여
   ③ 기회부여

2) 신기술의 신뢰성 홍보
   ① 정부 차원에서 검증된 신기술에 대하여 보증하는 제도마련
   ② 신기술채용에 대해 적극 장려

3) 신기술의 정보화
   ① 정보의 Database화
   ② 신기술에 대한 구체적 내용, 시공법, 사후관리요령 등을 포함한 매뉴얼을 Database에 요약

4) 신기술채용장려
   정부 차원에서 홍보에 의한 신기술채용장려

5) 절차 및 제도의 개선
   신기술채용에 대한 절차 및 제도의 간소화

6) 신기술에 대한 보장대책 마련
   ① 신기술에 대한 보상
   ② 신기술의 무단사용에 대한 규제강화

4. 결 론

　부실공사를 방지하는 길은 건설공사에 참여하는 기술인 모두가 우월적인 의식을 배제하고 긍정적인 사고방식과 인화단결의 상부상조로 기술 참여에 대한 자부심과 긍지를 가지고 능동적으로 나아가는 자세에서 비로소 건설공사에 대한 품질을 향상시킬 수 있다고 사료된다.
　또한, 기존 구조물의 유지관리에 있어서는 각 시설물에 대한 꼼꼼한 이력관리를 비롯하여 안전성과 사용성을 모두 겸비한 실리적인 관리가 필요하다.
　아울러 기술개발은 기존의 건설기술이 사양 되거나 이를 개량 보완하여 새로운 Item으로 개발되는 것으로서 건설기술의 질을 향상시키고 원가를 절감시키며, 공기를 단축하는 효과를 얻는데 있으므로 이를 공식적으로 이용하는데 필요한 이에 따른 보호와 육성 등이 있어야 할 것으로 사료된다.

문제 31 구조물 시공 중 중대한 하자가 발생한 경우 책임기술자로서 대처 방안

1. 개 요
　　구조물 시공 중 발생하는 중대한 하자의 경우를 보면 우선 하자가 발생한 구조물을 연속적으로 시공할 경우 새로 시작되는 구조물에도 중대한 영향을 미치는 경우일 것이고, 또 하나는 준공 후에 있어서 중대한 결함으로 안전성에 큰 영향을 미치는 경우 등으로 구분할 수 있겠다.
　　그러나 문제는 이러한 중대한 하자가 시공 중에 발생하였다는 점에서 다행한 측면이 있겠지만 그 원인을 철저히 찾아내어 보강 내지는 전면 재시공을 함으로서 구조물의 안전성을 확보하는 것이 중요하다.

2. 중대한 하자발생 시 책임기술자로서 대처방안

(1) 진행 중인 공사중단 및 응급조치
　　1) 중대한 하자발생 즉시 해당 공종에 대한 공사중단
　　2) 타 공종과 연관된 공사중단
　　3) 만일의 사태를 대비하여 하자가 발생한 해당 구조물 또는 현장의 출입을 금지조치
　　4) 붕괴의 위험 여부 등을 조사한 즉시 응급보강 또는 그 이상의 응급조치실시

(2) 하자발생의 유형파악
　　1) 구조물의 부등침하
　　2) 균열
　　3) 구조물의 전도
　　4) 구조물의 이상 변형

(3) 하자발생 원인조사 및 분석
　　1) 설계도서검토
　　2) 구조계산서검토
　　3) 하자발생 부위의 상태조사
　　4) 공사일보 검토
　　5) 하자의 범위 및 진행성 여부 조사
　　6) 사용자재의 조사 및 시험, 분석실시
　　7) 현장의 제반 여건조사
　　8) 해당 공사시기에 대한 작업 분위기 파악
　　9) 기타 공사 관련 자료검토 및 분석

(4) 구조물의 안전진단실시
1) 시공 중 발생한 하자에 대해 현재의 안전성 여부 확인을 위한 안전진단실시
2) 안전진단결과의 판단을 받은 후 사후조치계획을 수립

(5) 구조물 보강으로 처리 가능한 경우
1) 구조계산에 의한 보강설계도서작성
2) 보강방안의 결정
3) 보강공법 결정
4) 보강계획수립
5) 계획서에 의한 보강시공실시

(6) 구조물을 전면 재시공하여야 할 경우
1) 구조물의 재설계 또는 설계도의 보강(구조계산에 의거)
2) 재시공방안 결정
3) 구조물 재시공계획수립
4) 구조물 철거공법 및 시공방법의 결정
5) 전면 재시공에 대한 자금계획수립
6) 철거 및 재시공에 따른 관리(공정관리 등)계획수립
7) 계획서에 의한 전면재시공 착수

(7) 책임규명
1) 하도급업자의 부실공사 여부
2) 불량자재의 납품 여부
3) 기술자의 업무소홀 여부
4) 감독자의 업무소홀 여부

(8) 향후 대책수립
1) 하자의 재발방지에 대한 방안 수립
2) 하도급업자의 관리철저
3) 자재의 품질확인
4) 기술자의 교육실시
5) 감독자의 교육실시
6) 철저한 품질관리실시
7) 세심한 시공관리실시

3. 결 론

구조물에 있어서 하자발생은 준공 후 사용하는데 있어 안전성에 미치는 영향이 대단히 크므로 시공에 따른 철저한 관리가 있어야 하겠다.

그 비근한 예로 삼풍백화점의 붕괴와 성수대교의 붕괴를 들 수 있겠다.

시공 당시에는 하자 없는 것으로 여겨지나 시공 당시의 하자가 시간이 지남에 따라 중대한 재해의 결과로 돌출하게 되는 것이다.

따라서 구조물 공사 뿐만 아니라 모든 건설공사를 시행하는 경우 반드시 시공계획을 세부적으로 수립하여 계획적인 시공관리가 있어야 하고, 시공과정에서의 철저한 품질관리가 있어야 한다.

또한, 하도급업자의 수준이 낮은 공사가 되지 않도록 감독을 철저히 하고, 아울러 현장실무기술자들이 열과 성의를 다하여 업무를 수행할 수 있도록 현장책임기술자가 이를 잘 관리하고 지원할 수 있어야 한다.

문제 32. 홍수재해 방지에 대해 수자원개발과 하천개수계획을 연계한 대책

1. 개 요

해마다 겪는 장마철이면 의례적인 일로 매번 홍수로 인한 많은 인명과 재산의 피해를 입는 경우가 발생된다.

이러한 원인은 천재지변의 불가피한 원인도 있겠지만 대부분 홍수에 대한 피해를 면밀히 검토해 보면 인재의 원인이 가장 크게 작용하는 경우가 많으므로 이에 대한 대책을 마련하는 것이 중요하다.

2. 홍수재해의 원인

(1) 기상이변에 따른 이상 강우
(2) 홍수재해에 대한 불감증
(3) 산림의 무차별적인 개발
(4) 하천제방의 부실
(5) 하천의 유수방해(교량의 많은 교각)
(6) 도심지의 우수처리 미비
(7) 저지대의 배수처리 불량
(8) 홍수에 대한 대책 마련 미비
(9) 무분별한 하천의 개수
   ① 하천의 직선화
   ② 고수부지 개발에 따른 하천의 통수 단면의 감소

3. 수자원개발 측면에서의 방지대책

(1) 다목적용 댐 건설

1) 홍수조절 가능한 댐
2) 수력발전용 댐
3) 각종 생활용수 및 농업, 공업용수 공급용 댐

(2) 홍수조절 전용 댐 건설
환경에 영향을 미치지 않는 범위 내에서 최대 홍수 시 도달시간을 고려하여 댐 위치를 선정하여 건설한다.

(3) 저수지의 증설
홍수를 대비한 재해가 예상되는 지역에 홍수조절을 위한 저수지를 증설한다.

(4) 기존 댐의 활용
1) 기존 댐의 규모 증설
2) 담수 지역의 댐 하상 준설에 의한 저수량 증대
3) 담수 지역의 제방보강 및 제방 계획고 상승

(5) 홍수에 대한 대비
1) 확률이 높은 기상예보체계도입
2) 장마철 홍수를 대비한 예비방류실시
3) 장기적인 강우를 고려한 저수량 확보

4. 하천개수계획 측면에서의 방지대책

(1) 하천제방의 보강
1) 제방계획고의 상승
2) 제방 폭의 확장
3) 제방 호안에 대한 점검

(2) 하상의 준설
1) 하천통수 단면의 증대 효과
2) 하상 퇴적토의 제거
3) 불필요한 하천 내의 구조물 제거(유수에 방해되는 요인제거)

(3) 하천 유로의 수정
직선화한 하천을 뱀사(蛇)형으로 유로를 변경

(4) 하천유역의 토지의 계획고 상승

장기적인 토지이용계획에 따른 하천범람 시 홍수에 의한 잠김을 방지하기 위해 하천유역의 토지의 계획고를 상승시킨다.

(5) 저지대의 배수시설증설

강우에 의한 우수처리가 충분하도록 배수지를 증설하고 이에 적합한 배수시설을 설치한다.

(6) 하천 하상의 유지공 설치
1) 하천 내 횡단으로 수중보설치
2) 수제의 설치

5. 결 론

우리나라에서 겪는 홍수는 매번 발생되는 일이지만 이에 대한 적절한 대책을 마련하지 못하고 빈번히 홍수로 인한 피해를 맞게 된다.

이는 천재지변의 불가항력적인 이유도 있겠지만, 근본적인 것은 인재로 발생되는 경우가 많으므로 이에 대한 대책 마련이 가장 중요하리라 사료된다.

따라서 무차별적인 댐 건설과 하천개발만이 능사가 아닌 이상 자연재해를 어떠한 방법으로 막고 또한 환경을 훼손하지 않는 범위 내에서 근본적인 홍수재해를 방지할 수 있는지에 대한 계획과 대책을 마련하여야 한다.

문제 33 안전공학검토의 필요성

1. 안전공학의 정의
(1) 안전공학이란, 생산성의 향상과 손실을 최소화시키기 위하여 비능률적 요소인 사고가 발생하지 않는 상태를 유지하기 위한 활동에 대한 안전관리로서
(2) 재해로부터 인간의 생명과 재산을 보호하기 위한 계획적이고 체계적인 제반 활동에 대한 안전관리를 말한다.

2. 안전공학검토의 필요성

(1) 인간의 생명보호
근로자가 업무에 관계되는 작업 등에 기인하여 직접 또는 간접적으로 인명의 손실이 발생하지 않도록 한다.

(2) 재산보호
고의성이 없는 불안전한 상황에서 직접 또는 간접적으로 인명의 손실이 발생하지 않도록 한다.

(3) 안전관리목표 결정
1) 공사 착공에서 준공까지 각 단계별로 안전관리에 대한 중점목표 결정
2) 각 공사의 종류별로 체계적인 안전관리목표 결정
3) 긴급성 및 경제성을 고려한 안전관리목표 결정

(4) 불안전한 환경개선(작업장 대상)
1) 안전의식의 생활화 여건조성
2) 작업환경의 개선
3) 위험요소제거
4) 쾌적한 작업환경조성

(5) 불안전한 행동의 개선(근로자 대상)
1) 안전에 관한 교육
2) 바른 작업에 관한 교육
3) 안전행사 및 집회
4) 작업 및 안전규칙설정
5) 하도급(협력)업자에 대한 지도강화

(6) 기업의 신뢰도 향상
   1) 경쟁력강화 요건마련
   2) 안전의식 개혁에 따른 재해방지

(7) 작업자(노무자)의 인권개선
   1) 관리자와의 신뢰성 구축
   2) 관리자와의 상호 유기적인 협력체제유지
   3) 고용불안의 해소
   4) 작업자(근로자)의 안전인식의 참여

(8) 제도적인 개선 효과
   1) 표준안전관리비의 기준설정
   2) 안전관리의 체계화(조직화)
   3) 생산성 향상
   4) 품질확보

문제 34. 장마철 대형공사장의 중점점검사항 및 집중호우시 재해대비 행동요령

1. 개요

장마철에 대형공사장에서 가장 중점적으로 관리하여야 할 사항은 지속적인 강우 또는 급작스런 폭우, 집중호우 등에 따른 우수침투에 의한 지반의 붕괴, 현장의 침수 등의 안전사고 및 재해가 발생되는 문제점이 있다.

따라서 건설현장에서는 장마에 대한 대비로 철저한 안전점검과 강우에 따른 대비책을 수립하여 재해 발생을 미연에 방지하고 또한 비상연락망 구축 및 행동지침서를 마련하여야 한다.

2. 공사장 유형별 중점 점검사항

(1) 토공사의 경우

주요공종	주요 점검사항	조치사항
대 절토공	1) 산마루지역의 우수침투 여부	U 형측구 또는 도수 배수시설설치
	2) 절토 소단의 상태 및 우수침투 가능성 여부	소단측구배수시설설치
	3) 절토법면의 유실가능성 여부	① 법면구배의 조정 ② 법면비닐덮기(우수침투 방지) ③ 경사 도수로 - 설치완료 시 : 정비 및 보완 - 미설치 시 : 임시도수로 설치 ④ 암 사면의 경우 부석제거
	4) 기타 배수시설	예상 강우량에 따른 가 배수로 확보
대 성토공	1) 성토면의 상태 - 성토면의 다짐 상태 - 성토면의 요철로 인한 물고임 가능성 여부	① 토사의 경우 성토면의 철저한 다짐 실시(밀도증대 → 우수침투방지) ② 물고임 방지를 위한 가 도수로 설치
	2) 성토 소단의 상태 및 우수침투 가능성 여부	소단측구배수시설설치
	3) 성토법면의 유실 가능성 여부	① 법면구배의 조정 ② 법면비닐덮기(우수침투 방지)

주요공종	주요 점검사항	조치사항
		③ 경사 도수로 - 설치완료 시 : 정비 및 보완 - 미설치 시 : 임시 도수로 설치 ④ 성토법면의 철저한 다짐실시 ⑤ 하단부의 침사조의 정비 및 보완

(2) 흙막이공사

주요공종	주요 점검사항	조치사항
토류벽공	1) 변위 발생 또는 변위 가능성여부	① 변위방지용 Bracing으로 보강 ② Strut 추가 보강 ③ 배면의 상부하중제거 ④ 침투수 방지
	2) 토류벽 배면의 공동 여부	① 배면부 공동시 흙 채움 ② 배면부 Cement Milk 또는 Mortar 충진
	3) 토류벽체의 누수 여부	① 차수공 실시 ② 배수공 설치 ③ 집수정 설치 후 강제 Pumping
Strut 공	1) 좌굴여부 및 좌굴가능성 여부	① Bracing으로 보강 ② Strut 추가 보강
	2) 고정상태	Bolt 조임 및 용접보강
	3) 굴착 면과 마지막 Strut 간 높이	최소 높이 50cm 이내 확보
	4) 이음 상태 및 Jack 조임 상태	① 이음 Bolt 조임 ② Jack 조임 철저
Wale 공	1) 변형발생 또는 변형가능성 여부	변형 또는 변형예상 시 Stiffener로 보강실시
	2) Wale과 엄지 Pile의 용접상태	용접으로 보강실시
	3) Wale과 Strut의 고정상태	Bolt 조임 철저
	4) 이음 상태	시방 규정 이상 철판으로 보강실시
Earth Anchor 공	1) Anchor의 인장 상태	인장 상태가 느슨할 경우 재인장 실시
	2) Anchor Hole 지하수 유출 여부	배수용 Filter Pipe 설치 - 토사유출 방지

주요공종	주요 점검사항	조치사항
주변 지장물	1) 지하매설물 상태점검	하수관로의 파손 시 보수 Gas 관의 경우 해당 기관에 통보 후 점검 실시 전선관 또는 통신선로 등의 점검
	2) 배면부 지반침하 및 침하 가능성 여부	지반보강 실시 우수침투방지실시
	3) 주변 구조물의 안전상태	보수 및 보강실시 각종 계측설치 후 점검 철저
복구장비	1) 양수용 Pump 및 Hose	예상 강우에 따른 배수용량을 감안하여 Pump를 준비 및 현장 비치
	2) 비상 발전기	정전 대비용
	3) 모래주머니 및 비닐 Cover	우수의 현장 내 유입방지 및 침투 방지용으로 충분한 수량 확보
	4) 복구용 장비확보 - 굴착기, Dump Truck, Crain 등	비상시 현장상주
	5) 기 타	각종 안전시설 및 제반 공구 준비

3. 재해대비 행동요령

(1) 비상연락망 조직

1) 현장직원들 간의 연락망 작성
2) 현장과 인근 관공서의 연락망 작성
   - 경찰서 및 소방서, 관할 지역의 재해 대책반, 병원 등

(2) 기상 관련 정보수집

1) 기상청의 기상상황확인
2) 방송 등의 매스컴매체를 이용한 정보수집

(3) 재해대책반구성
1) 현장상황실 내 비상대책반운영
2) 각종 통신망 확보
3) 재해복구반편성
   ① 복구인원확보
   ② 복구장비확보
   ③ 긴급후송차량확보
4) 위험지역과 위험요소에 안전시설설치 및 위험표지설치

(4) 현장순찰강화
1) 위험요소 사전확인 및 조치
2) 현장의 이상 유무 확인
3) 현장순찰조편성 및 순찰 당직제운영

(5) 재해대비 행동에 대한 훈련실시
1) 훈련비상연락망 가동
2) 비상 장비가동훈련
3) 긴급후송 및 응급조치에 대한 훈련
4) 긴급 복구에 대한 훈련

(6) 기 타
1) 재해 발생에 대한 대책수립
2) 위험요소사전제거
3) 안전시설설치 철저

4. 결 론

장마철에 대형공사장에서 대부분 발생하는 것은 강우에 대한 침수, 지반붕괴, 전기 감전 등이 주종을 이루고 있어 인명 및 재산피해 등을 입게 된다.

따라서 해마다 겪는 우기에 대비책의 일환으로 각 공사현장의 철저한 안전점검과 강우에 따른 대비책을 수립하여 집중호우로 인한 재해가 발생되지 않도록 하여야 할 것이다.

부록 I

과년도 출제 문제

제39회 토목시공기술사 기출문제

제1교시

● 다음 3문제에 대하여 답하시오.

1. 성토관리에 있어 흙의 다짐 정도를 규정하는 방식에 대하여 기술하시오.(33점)
2. 토목공사 현장이 주변의 환경에 끼치는 공해와 그 방지대책을 기술하시오.(33점)
3. 말뚝의 이음방법에 대하여 설명하고 시공시 유의사항에 대하여 기술하시오.(34점)

제2교시

● 다음 1, 2문제에 대하여 답하시오.

1. 장경간 교량의 상부구조 가설에 있어서 Steel Bent(Steed Staging)를 써서 압출공법으로 시공하고자 한다.(33점)
   가. Bent의 주단면이 H-Beam일 때의 배치를, 약도로 표시하고 그 이유를 설명하시오.
   나. Bracing을 쓰는 이유와 그 배치를 설명하시오.

2. 다음 그림과 같은 콘크리트 중력식 옹벽의 안정성을 Rankine 토압이론을 적용하여 검토하고 불안정한 경우에는 그 대책에 대하여 기술하시오.(33점)
   (단, 조건은 아래와 같다)

조 건
• 토사의 단위중량(r_t): 1.9t/m³
• 토사의 내부마찰각(ϕ)
• 콘크리트 단위중량 : 2.4t/m³
• 지반의 허용지지력 : 25t/m²
• 옹벽저면과 지반과의 마찰계수 : 0.4

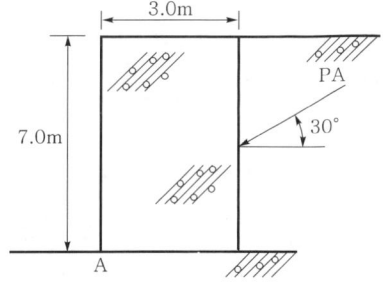

• 다음 3, 4문제 중에 1문제를 택하시오.

3. Motor Scraper의 작업기능을 설명하고 작업량계산과 조합장비의 대수의 선정방법을 기술하시오.(34점)

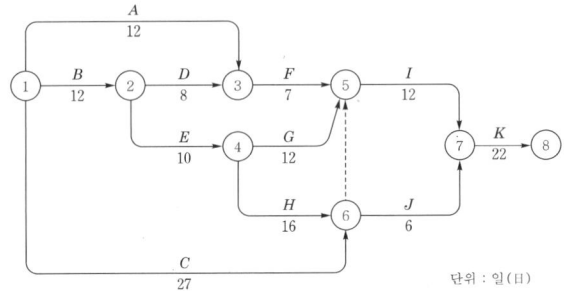

4. 다음 Net Work에서 전여유(Total Float), 자유여유(Free Float)를 계산하여 주공정(Critical path)을 표시하시오.(34점)

제3교시

• 다음 4문제 중에서 2문제만 택하여 기술하시오.

1. Vertical Drain공법의 공학적 원리를 설명하고 Sand Drain 공법과 Paper Drain 공법의 장단점을 비교하여 기술하시오.(50점)

2. 사질토 하상에 현장타설 말뚝을 시공하고 교각을 축조하여 P.C. Box Girder를 가설하고자 한다. 다음에 대하여 기술하시오.(50점)
   가. 현장타설 말뚝의 최적한 시공방법
   나. 각 구조의 기준강도(δ_{ck})에 대한 소견

4 현장의 골재상태가 체분석결과 모래에는 No.4체에 남는 것이 7%, 자갈 속에는 자갈의 표면수(모래 속에 자갈포함) 0.8%로 밝혀졌다. 아래의 시방배합을 참고하여 현장배합을 결정하시오.(50점)
   단, 수량에 대한 AE제의 영향은 무시한다.

5. Dam의 기초 암반처리에 대한 시공상 유의사항을 기술하시오.(50점)

굵은골재의 최대 치수(mm)	슬럼프의 범위 (cm)	공기량의 범위 (%)	물-시멘트비 (%)	잔골재율 (%)	단위량(kg/m³)				AE제 (g/mg³)
					물	시멘트	잔골재	굵은골재	
25	10	4.5	47	35.4	161	338	632	1176	101.4

제4교시

● 다음 4문제 중에서 2문제를 택하여 답하시오.

1. 콘크리트 구조물에 균열이 발생하였다. 이를 조사하여 보수 또는 보강하는 방법을 기술하시오.(50점)

2. 댐 콘크리트 또는 매수 콘크리트에서 시멘트의 수화열에 의한 온도상승을 규제하기 위한 재료, 배합, 시공, 양생들에 대한 제반조치에 대하여 기술하시오.(50점)

3. 성토완료(높이 20m) 2년 후에 항타하여 구조물의 기초를 설치하기로 설계되었다. 공기단축을 위하여 1년 후에 항타하라고 지시가 내렸다고 하면 이에 대한 귀하의 의견을 기술하시오. 부득이 항타를 시행한다면 채택할 항타기를 기종에 대하여 기술하시오.(50점)

4. 동결심도의 적용성을 설명하고 아래와 같은 조건에서 적합한 동결깊이를 산축하시오. (50점)

조 건
• 동결지수 : 430(℃/day) • 산악도로로서 용수의 침투가 많고 실트가 다량 함유된 토질

제40회 토목시공기술사 기출문제

제1교시

1. 양질의 콘크리트 포장을 하기 위한 재료배합 및 시공방법에 대하여 기술하시오.(30점)
2. 준설 매립에 의해서 조성된 매우 연약한 점토 지반에 관한 다음 물음에 답하시오.
   1) 침하량 측정방법(20점)
   2) 지반개량공법(20점)
3. 터널공사에서 인버트 콘크리트(invert Concrete)에 대해서 기술하시오.(30점)

제2교시

1. 대형 안벽구조물 축조시의 대표적인 공법 3가지를 들고 특정 및 시공시 유의사항을 설명하시오.(30점)
2. 교량기초로 사용되는 우물통공법, 공기케이슨공법 및 설치케이슨(PRECAST CAISSON) 공법의 특징에 관하여 기술하시오.(40점)
3. 콘크리트 구조물의 해체공법의 종류를 들고 각각의 특징에 대하여 기술하시오.(30점)

제3교시

● 다음 4문제 중 문1은 반드시 택하고, 문2, 3, 4 중 2문제만 택하시오.

1. 다음에 관하여 간단히 설명하시오.
   1) 변동계수와 증가계수(變動係數와 增加係數)(20점)
   2) 안전성과 사용성(安定性과 使用性)(20점)

2. 그림과 같이 옹벽과 신축이음부가 있는 대형송수관 (▽=1,500MH)을 동시에 시공하였다. 준공 후 옹벽이 붕괴되는 사고가 발생하였다. 사고원인을 분석하고 시공상 유의사항을 기술하시오.(30점)

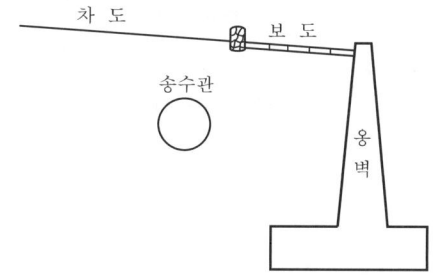

3. 공사기간 단축기법에 대하여 기술하시오.(30점)

4. 서해안에서 준설공사를 시행하고자 한다. 책임기술자로서 준설선의 선정과 시공시 유의사항을 기술하시오.(30점)

제4교시

● 다음 3문 중 2문만 택하시오.

1. 해안이나 강변에 근접한 가로에 開鑿式으로 지하철을 건설하려고 한다. 지층은 지하수위가 높은 사력층이며 街路에 접하여 고층건물이 있을 때 적합한 흙막이공(土留工)을 들고 이에 대해서 설명하시오.(50점)

2. 현장에서 콘크리트 BATCHER PLANT를 설치하여 구조물공사를 시행하고자 한다. 책임기술자로서 BATCHER PLANT운영과 품질관리상 유의 사항을 기술하시오.(50점)

3. 다음에 관하여 간단히 설명하시오.
   1) 지금과 公稱지름(20점)
   2) 과소철근보와 과다철근보(30점)

제41회 토목시공기술사 기출문제

제1교시

● 다음 4문제 중 문1과 문2는 반드시 택하고, 문3, 4중 1문만 택하시오.

1. 구조물과 성토와의 접속부 시공에 대한 고려한 사항을 설명하시오.(30점)
2. 적재기계와 덤프트럭의 경제적인 조합에 대해서 설명하시오.(30점)
3. 토적곡선(유토곡선)의 약도를 그리고, 성질을 설명하시오.(40점)
4. I-300×150(단면계수 $Z_x=981cm^3$)이 간격 1.6m이고 3m길이로 단순 지지되어 있다. 등분포하중을 1m²에 몇 톤(t)씩 받을 수 있겠는가?(40점)

제2교시

● 다음 4문제 중 문1과 문2는 반드시 택하고, 문3, 4중 1문만 택하시오.

1. 진동식 롤러를 이용하는 공종을 설명하고, 효과 있게 이용될 여건을 설명하시오.(30점)
2. 공정관리곡선(일명 바나나 곡선)에 의한 공사진도관리에 대해서 설명하시오.(30점)
3. 서중 콘크리트 시공에서 플라스틱(Plastic) 수축균열 발생원인과 그 대책에 대하여 기술하시오.(40점)
4. 기초 암반의 보강방법을 기술하시오.(40점)

제3교시

● 다음 4문제 중 2문제만 택하시오.

1. 우물통기초(open caisson)로 하천에 교각을 세운다. 수위 아래 교각 내부에 양질의 콘크리트를 타설하자고 한다. 다음에 대하여 설명하시오.(50점)
   1) 콘크리트의 배합과 치기
   2) 시공상의 지켜야 할 사항
2. 성토다짐 관리에서 특기할 사항과 토질별로 다짐기계를 설명하시오.(50점)
3. 하천에 댐이나 수리구조물을 축조할 경우 유수전환(river diversion)시 고려할 사항을 설명하시오.(50점)
4. 현장치기 콘크리트 말뚝 공법 중에서 베노토(Benoto)공법과 어스드릴(earth drill)공법을 비교 설명하시오.(50점)

제4교시

● 다음 4문제 중 2문제만 택하시오.

1. 노선공사(도로 또는 철도)에서 대량 절토구간이 있다. 현장책임자로서 최적공법을 위한 다음 사항을 설명하시오.(50점)
   1) 조사와 현장시험
   2) 선택할 공법과 그 이유
2. 유수경에 가설되어 있는 교량 하부구조(우물통기초)의 손상원인을 열거하고 이에 대한 보강대책을 기술하시오.(50점)
3. 호안의 파고원인과 그 대책을 설명하시오.(50점)
4. 도로파장용 가열식 아스팔트 혼합물의 종류와 용도 및 혼합물이 갖추어야 할 성질을 설명하시오.(50점)

제42회 토목시공기술사 기출문제

제1교시

● 다음 20문 중 10문을 선택하여 답하시오.(각 10점)

1. 유토곡선(mass curve)의 극대치와 극소치
2. PERT, COM에서 전여유(total float)
3. 암반의 파쇄대(flacture Zone)
4. 토량환산에서 L값 및 C값
5. 말뚝의 負 마찰력(negative friction)
6. 壓氣 케이슨(pneumatic caisson)의 침하 조건식
7. 연약지반 改良을 위한 先行載荷(pre loading)
8. Dam의 커테인 그라우팅(Curtain grouting)
9. 숏크리트(shotcrete)의 리바운드(Rebound)
10. 지중연속벽의 가이드 월(guide wall)의 역할
11. C.B.R의 정의
12. 트레피카빌리티(Trafficaility)의 용도
13. 불도저(Bull dozer)의 작업원칙
14. 교량가설공법에서 F.C.M(free cantilever mathod)
15. 터널 굴진시의 사이클(cycle) 작업의 종류
16. 골재의 유효 흡수율
17. 철근의 공칭 단면적
18. PC강재의 리랙세이션(relaxation)
19. 콘크리트의 크리프(CREEP)
20. 콜드 조인트(COLD JOINT)

제2교시

● 다음 5문 중 문1은 반드시 답하고 문 2~5 중 2문만 선택하여 답하시오.

1. 물-시멘트비가 굳은 콘크리트의 성질에 미치는 영향을 설명하시오.(40점)
2. 크러셔(Crusher)의 종류를 들고 그 특성 및 용도를 설명하시오.(30점)
3. 사질토 지반에 무리 말뚝을 박을 때 시공상 유의사항 및 그 이유를 설명하시오.(30점)
4. 터널 굴진방식에 따른 굴착기계의 종류를 분류하고 그 특징을 설명하시오.(30점)
5. 말뚝박기 해머의 종류를 열거하고 그 특징을 설명하시오.(30점)

제3교시

● 다음 5문 중 문1은 반드시 답하고 문2~5 중 2문만 선택하여 답하시오.

1. 흙의 다짐원리 및 흙의 종류에 따른 다짐장비의 선정과 그 이유에 대하여 설명하시오.(40점)
2. 暑中 콘크리트 시공에서 발생하는 문제점을 열거하고 그 방지 대책을 기술하시오.(30점)
3. 콘크리트 말뚝과 강말뚝의 차이점을 비교하여 설명하시오.(30점)
4. 댐의 차수벽 재료로 사용하는 흙의 통일분류방법 SC 및 CL의 특성을 비교하여 설명하시오.(30점)
5. 土質 條件에 적합한 준설선(dredger)의 선정방법을 쓰시오.(30점)

제4교시

● 다음 4문 중 2문만 선택하여 답하시오.(각 50점)

1. 다음 Network에서 각 작업의 전여유(Total Float)를 구하고 주 공정(Critical Path)을 구하시오.

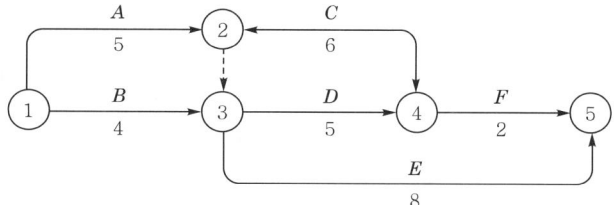

2. 콘크리트 구조물에 시공상의 요인으로 발생한 균열의 원인과 그 대책을 쓰시오.

3. 片切, 片盛 구간의 경계부에 균열 등의 하자가 발생하는 원인과 그 방지대책을 기술하시오.

4. 터널 굴착시 制御發破 공법의 종류를 들고 설명하시오.

제43회 토목시공기술사 기출문제

제1교시

● 다음의 9문제 중 5문제를 택하여 간단히 설명하시오.(배점기준 : 각20점)

1. 해사의 염해대책
2. 콘크리트 표면차수벽 댐
3. R.Q.D.(Rock Quality Designation)
4. 규암(Quartzite)의 시공상 특징
5. 평판 재하 시험
6. Cap beam Concrete
7. NATM 터널공사에서의 계측종류와 설치장소
8. 콘크리트의 알칼리 골재 반응
9. 유동화제

제2교시

● 다음의 4문제 중 3문제를 선택하여 설명하시오.(배점기준 : 선택한 순서대로 처음 두 문제는 각 33점, 나머지 문제는 34점)

1. 아스팔트 포장의 소성변형 발생원인과 방지대책에 대하여 기술하시오.
2. 레미콘을 공장에서 받아서 현장까지 운반하여 치기 전까지의 품질관리사항을 예시하여 설명하시오.
3. 암반사면의 안정해석방법과 그 보강대책에 대하여 설명하시오.
4. 터널굴착시 여굴의 발생원인과 감소대책에 대하여 기술하시오.

제3교시

• 다음의 4문제 중 3문제를 선택하여 설명하시오.(배점기준 : 선택한 순서대로 처음 두 문제는 각 33점, 나머지 문제는 34점)

1. 슬러리 월(Slurry wall)공법의 개요를 설명하고 시공시 유의사항에 대하여 기술하시오.
2. 공정관리 업무의 목적과 내용을 기술하시오.
3. NATM 터널에서 2차 복공 콘크리트에 나타나는 균열의 주요원인과 대책에 대하여 설명하시오.
4. 동 다짐(= 동압밀)공법에 대하여 약술하고 시공관리상 유의사항을 설명하시오.

제4교시

• 다음의 4문제 중 3문제를 선택하여 설명하시오.(배점기준 : 선택한 순서대로 처음 두 문제는 각 33점, 나머지 문제는 34점)

1. 암버력으로 쌓기하는 부분의 시공상 유의점에 대하여 기술하시오.
2. 성수대교 사고원인에 대한 귀하의 견해를 기술하시오.
3. 시공자가 공사 착수 전에 감리자에게 제출하는 시공계획서의 목적과 내용을 기술하시오.
4. Open Caisson 공법에서 마찰저항을 줄이는 방법에 대하여 기술하시오.

제44회 토목시공기술사 기출문제

제1교시

● 다음 12문 중 5문을 선택하여 답하시오.(각 20점)

1. 공정 관리상의 비용구배
2. 콘크리트 혼화재료로서의 촉진제
3. Seed Spray에 의한 법면 보호
4. 암색 발파시의 자유면
5. 기초의 허용 지내력
6. 토공중기의 경제적 운반거리
7. 콘크리트 포장의 수축이음
8. 리페이버(Repaver)와 리믹서(Remixer)
9. 동결심도의 산출방법
10. 용접부위에 대한 비파괴 검사
11. 암반의 균열계수
12. 정지 토압

제2교시

● 다음 4문 중 3문을 선택하여 기술하시오.(각 33.3점)

1. 역 T형 옹벽과 부벽식 옹벽의 설계 및 시공상의 특징을 비교 설명하시오.
2. 흙막이공에 필요한 계측기의 종류와 그 설치에 대하여 설명하시오.
3. 콘크리트의 시공이음을 설치하는 이유와 설계 및 시공상의 유의사항을 설명하시오.
4. 성토용 다짐장비의 종류를 듣고 그 용도상의 특징을 설명하시오.

제3교시

> ● 다음 4문 중 3문을 선택하여 기술하시오.(각 33.3점)
>
> 1. 다음 Network에서 각 단계의 시각(event time), 각 작업의 전 여유(total float) 및 주공정(Critical path)을 구하시오.
> 2. 토공 중기에서 굴착장비와 운반장비의 효율적인 조합방법에 대하여 설명하시오.
> 3. Vertical Drain 공법 및 Preloading 공법의 원리를 설명하고 Vertical Drain 공법이 Preloading 공법에 비하여 압밀시간이 현저히 단축되는 이유를 설명하시오.
> 4. 강형교(Steel Girder Bridge)에 대한 유지관리상의 요점을 설명하시오.

제4교시

> ● 다음 4문 중 2문을 택하여 기술하시오.(각 50점)
>
> 1. T.B.M(Tunnel Boring Machine)의 구조를 설명하고 그 적용 조건에 대하여 기술하시오.
> 2. 지하수위가 높은 지반에 토류벽을 설치하고 굴착할 경우의 유의사항을 기술하시오.
> 3. 직립식 방파제의 특징과 시공상의 유의사항에 대하여 기술하시오.
> 4. 품질관리를 위한 관리도의 종류를 들고 관리한계선의 결정방법에 대하여 설명하시오.

제45회 토목시공기술사 기출문제

제1교시

● 다음 6문 중 4문을 선택하여 답하시오. (각 25점)

1. 대절토·성토에서의 착공전, 준비 및 조사하여야 할 사항을 설명하시오.
2. 구조물의 침하 원인을 열거하고 이에 대한 대책을 설명하시오.
3. 굳지 않은 콘크리트의 성질과 구비조건에 대하여 설명하시오.
4. 흙의 동해가 토목 구조물에 미치는 영향을 설명하시오.
5. 콘크리트에서 AE제의 역할과 AE제 사용할 때 유의해야 할 점을 설명하시오.
6. T형 옹벽과 부벽식 옹벽의 단면도에 주철근을 표시하고 직립 단면에 대하여는 주철근의 전개도를 그리시오.

제2교시

● 다음 6문 중 4문을 선택하여 답하시오. (각 25점)

1. 흙 쌓기 비탈면의 붕괴 원인과 대책을 설명하시오.
2. 지하 매설관을 설치할 때의 기초형식과 공법에 관하여 설명하시오.
3. 흙막이 공에서 시공계획과 시공상 유의하여야 할 사항에 대하여 설명하시오.
4. 배합 설계에서 잔골재율(S/a)을 설명하고 잔골재율이 콘크리트 성질에 미치는 영향을 설명하시오.
5. 조절 폭파 공법(controlled blasting)에 관하여 설명하시오.
6. 지하연속벽(Slurry wall) 시공에서 예상되는 사고요인을 중심으로 시공시 유의사항을 설명하시오.

제3교시

• 다음 1, 2문 중 1문을 선택하여 답하시오.(30점)

1. 일반토사의 흙쌓기에서 현장 다짐 관리를 설명하고 점토 및 사질토에 사용되는 다짐기계를 설명하시오.
2. 내구성이 큰 콘크리트를 만들기 위하여 배합과 시공상 유의하여야 할 사항을 설명하시오.

• 다음 3, 4, 5, 6문 중 2문을 선택하여 답하시오.(각 35점)

3. 지하수위가 비교적 높은 위치에 구조물을 축조할 때 지하수에 대한 처리 대책을 설명하시오.
4. 콘크리트 구조물의 열화 원인과 대책을 설명하시오.
5. 터널 라이닝 콘크리트의 누수 원인과 대책을 설명하시오.
6. 건설공사에서 소음진동 공해를 유발하는 공종들을 열거하고 공해를 최소화하는 방안을 설명하시오.

제4교시

• 다음 1, 2 문 중 1문을 선택하여 답하시오.(30점)

1. 자립형(自立形) 가물막이 공법을 설명하시오.
2. 콘크리트의 초기균열에 대한 원인과 대책을 설명하시오.

• 다음 3, 4, 5, 6문 중 2문을 선택하여 답하시오.(각 35점)

3. 강교 가설 공법에서 캔틸레버식 공법과 케이블식 공법에 대하여 설명하시오.
4. 하천제방의 누수 원인과 방지 대책을 설명하시오.
5. 포장용 콘크리트에서 각종 비비기 방식에 대한 장단점을 설명하시오.
6. 토질에 따른 전단 강도의 특성을 설명하고 현장 적용시 고려해야 할 사항에 대하여 설명하시오.

제46회 토목시공기술사 기출문제

제1교시

● 다음 10문 중 5문만 택하여 답하시오.

1. 흙의 凍上
2. 動다짐(Dynamic Compaction) 공법
3. 연약 점토층의 1次 및 2次 壓密(압밀)
4. 철근의 정착(定着)길이와 부착(附着)길이
5. 소성(塑性), 수축(收縮), 귀렬(龜裂)
6. 댐 기초의 그라우팅 공법
7. 溫度 制御 養生(온도 제어 양생)
8. 잔골재율
9. 疲勞 破壞와 疲勞 强度(피로 파괴와 피로 강도)
10. 자주 승강식 바지(Self elavated plat barge)

제2교시

● 문 1은 반드시 택하고 문 2,3,4 중 2문만 택하여 답하시오.

1. 철근 콘크리트 구조물 시공 중의 균열 발생원인과 균열 방지대책에 관하여 쓰시오.(40점)
2. 사질지반, 깊은 기초에 유리한 현장 타설 콘크리트 말뚝에 관하여 쓰시오.(30점)
3. 구조물 뒤채움의 다짐방법에 관하여 쓰시오.(30점)
4. 최근 교통량의 증가 추세에 따른 기존도로의 확폭과 관련하여 시공계획 및 시공관리 측면에서의 의견을 쓰시오.(30점)

제3교시

> ● 문 1은 반드시 택하고, 문 2, 3, 4 중 2문만 택하여 답하시오.
>
> 1. 연약 지반의 개량 공법에 대하여 기술하시오.(40점)
> 2. 콘크리트 구조물을 시공하는 현장소장으로서 시공계획 과정에서 점검하여야 할 사항에 대하여 기술하시오.(30점)
> 3. 강널말뚝을 이용한 안벽시공시의 작업순서 및 시공관리 사항에 대하여 기술하시오.(30점)
> 4. 터널 공사에서의 숏크리트 공법의 특징 및 반발량(Rebound량)의 저감대책에 대하여 기술하시오.(30점)

제4교시

> ● 다음 4문 중 2문만을 택하여 답하시오.
>
> 1. 콘크리트의 배합설계 방법(시방배합)에 관하여 쓰시오.(50점)
> 2. 교량의 유지관리 보수, 보강에 있어서의 문제점에 대한 귀하의 의견을 기술하시오.(50점)
> 3. 콘크리트 포장에 있어 기계에 의한 표면 마무리와 평탄성 관리에 대하여 기술하시오.(50점)
> 4. 건설공사의 품질향상(부실시공 방지)을 위한 귀하의 의견을 설계, 시공, 감리(감독) 및 법적제도 측면에서 기술하시오.(50점)

제47회 토목시공기술사 기출문제
(시행일 : 1996년 4월 28일)

제1교시

● 다음 9문제 중 5문을 택하여 답하시오.(각 20점)

1. 거푸집과 동바리공의 安全性및 시공상 注意點.
2. 통계적 품질관리에서 관리서클의 4단계
3. 약액 주입 공법중 L.W.(불안정 물유리)공법
4. 프리플렉스빔(PREFLEX BEAM)의 원리와 제조방법
5. 아스팔트 콘크리트 포장 공사의 공정별 장비조합
6. 콘크리트 포장의 이음(JOINT)
7. S.C.F(SELF CLIMBING FORM)
8. 용접의 결함원인과 용접자세
9. 지발뇌관

제2교시

● 다음 1,2문 중 1문을 택하여 기술하시오.(30점)

1. 연약지반 성토에서 제거 치환공법을 설명하시오.
2. 土工事에서 토량배분방법을 단계적으로 설명하시오.

● 다음 3,4,5,6 문 중 2문을 택하여 기술하시오.(각 35점)

3. 기계굴착에 의한 현장타설 말뚝공법에서 반드시 수행해야할 제반사항을 설명하시오.
4. 축대(築臺)붕괴의 원인과 대책에 대하여 설명하시오.
5. 폭파에 의하지 않는 암석굴착 방법을 설명하시오.
6. 터널공사의 숏크리트(SHORTCRETE)공법에서 건식공법과 습식공법에 대하여 특징을 설명하시오.

제3교시

● 다음 1, 2문 중 1문을 택하여 기술하시오.(30점)

1. 콘크리트 양생방법에서 냉각법에 대하여 설명하시오.
2. 철근콘크리트 구조물을 시공할 때 품질 관리요점에 대하여 설명하시오.

● 다음 3,4,5,6문 중 2문을 택하여 기술하시오.(각 35점)

3. 철근콘크리트 구조물시 공시의 안전사고 방지 대책에 대하여 설명하시오.
4. 구조물에 의한 비탈보호공법들을 설명하시오.
5. 아스팔트 포장에서 상층노반의 축조공법에 대하여 설명하시오.
6. 혼합골재 100,000M를 생산하고자 할 때 소요장비 선정방법을 설명하시오.

제4교시

● 다음 4문 중 2문을 택하여 기술하시오.(각 50점)

1. 건설공사 현장에서 발생되는 공해들에 대한 원인과 대책을 설명하시오.
2. 콘크리트 구조물의 유지관리 체계에 대하여 설명하시오.
3. 강교가설법 중 연속압출공법, 리프트업 바지(LIFTUP BARGE), 폰툰 크레인 가설 공법 등을 설명하시오.
4. 댐(DAM)공사에서 기초처리와 하류전환방식에 대하여 설명하시오.

제48회 토목시공기술사 기출문제
(시행일 : 1996년 8월 25일)

제1교시

● 다음 문제 중 5문을 택하여 답하시오.(각 20점)

1. 점토지반과 모래지반의 전단특성
2. 개단말뚝과 폐단말뚝의 차이점
3. 말뚝타입시 유압해머의 특징
4. Shovel계 장비의 종류와 적용
5. 흙댐의 파이핑 현상과 원인
6. P.C인장재의 relaxation
7. 아스팔트 혼합물에 석분을 넣는 이유
8. Slurry wall 공법
9. 경량 골재의 종류.
10. 공정관리기법의 종류와 특징
11. 〈생략〉품질관리기법에서 이상이 있는 경우

제2교시

● 다음 문제 중 4문을 택하여 답하시오. (각 25점)

1. 구조물용 콘크리트타설 후의 균열발생 원인과 그 대책에 대해 설명하시오.
2. NATM터널의 원리와 안전관리 방법에 대해 설명하시오.
3. 도로 도상부의 지지력이 불량한 부분에 대한 개량방법에 대하여 기술하시오.
4. 사석기초 방파제의 시공전 조사항목과 시공시의 유의사항에 대해 기술하시오.
5. 성토재료로서 점질토와 사질토의 특성에 대해 설명하고, 특히 높은 함수비를 갖는 점성토의 경우의 대책에 대해 기술하시오.

제3교시

● 다음 문제 중 4문을 택하여 답하시오. (각 25점)

1. 스트러트 지지방식과 어스앵커 지지방식 토류구조물에 대한 특징, 적용범위 및 시공시 유의사항에 대하여 기술하시오.
2. 최신 교량건설 공법 중 두 종류를 선정하여 비교 설명하시오.
3. 대규모 단지 토공에서 착공 전에 조사하여야 할 사항에 대하여 기술하시오.
4. 균열과 절리가 발달된 암반사면의 안정을 위한 대책 공법에 대해 설명하시오.
5. 유도곡선의 성질과 이용방안에 대해 기술하시오.

제4교시

● 다음 문제 중 2문을 택하여 답하시오. (각 50점)

1. 기존 구조물에 근접하여 개착공사나 말뚝박기공사를 시행할 때 예상되는 하자의 원인과 그 대책에 대해 기술하시오.
2. 배합설계 기준강도와 배합강도와의 관계를 설명하시오.
3. 기초용 말뚝의 시공방법 중에서 타입말뚝(직타방식)과 현장 타설말뚝의 장단점과 시공시 유의사항에 대해 기술하시오.
4. 도로공사에서 구조물 접속구간의 부등침하 원인과 방지 대책에 대해 기술하시오.

제49회 토목시공기술사 기출문제
(시행일 : 1997년 2월 16일)

제1교시

● 다음 9문항 중 5문제만 택하여 답하시오.

1. 토취장의 선정 요건. (20점)
2. 흙 쌓기공의 노상 재료. (20점)
3. 중공 콘크리트 슬래브의 균열 발생 원인. (20점)
4. 콘크리트의 방식공법. (20점)
5. 강재의 방식공법. (20점)
6. 콘크리트의 알칼리 골재 반응. (20점)
7. 극한 한계상태와 사용 한계 상태. (20점)
8. 연속곡선교의 교좌장치의 배치 및 설치 방법. (20점)
9. 강구조의 아축부재와 휨부재의 연결 방법. (20점)

제2교시

● 문 1은 반드시 답하고, 문 2, 3, 4, 5 중 2문제만을 택하여 답하시오.

1. 매스 콘크리트 시공에 있어서 온도균열을 제어하는 방법에 관하여 기술하시오. (40점)
2. 교각의 높이 약60m, 지간 60m, 일방향 4차선 도로의 5경간 역속 강박스 거더교의 건설을 위한 제작, 운반, 가설, 바닥판 콘크리트타설에 관하여 기술하시오. (30점)
3. 콘크리트 구조의 내구성 증진방안을 재료적, 시공적인 면에서 기술하시오. (30점)
4. 토공사에 필요한 토질조사 및 시험에 대하여 기술하시오. (30점)
5. 당산 전철교의 철거와 재시공의 공사기간을 최소로 줄일 수 있는 공법에 관하여 기술하시오. (30점)

제3교시

● 문 1은 반드시 답하고, 문 2, 3, 4, 5문항 중 2문제만을 택하여 답하시오.

1. 간만의 차이가 심한 해상 장대교량시공에 적용할 수 있는 기초공법에 관하여 기술하시오.(40점)
2. 수밀을 요하는 콘크리트 구조물에 있어서 누수의 원인이 되는 결함과 그 대책에 관하여 기술하시오.(30점)
3. 연약지반지역에 건설되는 교량교대의 측방이동억제공법에 관하여 기술하시오.(30점)
4. 회수다스트를 채움재로 사용할 경우의 유의사항, 추가시험항목, 아스팔트 포장에 미치는 영향 등에 대하여 기술하시오.(30점)
5. 우물통 기초공사에 대하여 슈설치, 콘크리트치기, 우물통 침하, 속채움 등으로 구분하여 기술하시오.(30점)

제4교시

● 다음 5문제 중 2문제만 택하여 답하시오.

1. 프리스트레스트 콘크리트 부재의 제조시 공중에 생기는 응력분포의 변화에 관하여 기술하시오.(50점)
2. 프리캐스트(Precast) 콘크리트를 이용한 프리스트레스트박스 거더의 건설공법과 특징에 관하여 기술하시오.(50점)
3. 표층용 아스팔트 혼합물에 대한 중 교통(較通)도로에서의 내유동(耐油動) 대책에 대하여 기술하시오.(50점)
4. 강구조물의 용접과 균열을 검사하고 평가하는 방법에 관하여 기술하시오.(50점)
5. 말뚝을 분류(용도, 재료, 제조방법, 형상, 및 거동 등)하고 말뚝기초공사에 필요한 조건에 대하여 기술하시오.(50점)

제50회 토목시공기술사 기출문제
(시행일: 1997년 4월 20일)

제1교시

• 다음 5문항 중 5문항만 택하여 답하시오.(각 20점)

1. 깊은 기초의 종류와 특징
2. Mass Curve (土積圖)
3. 말뚝의 지지력 산정방법
4. 단순교, 연속교, 겔바교의 특징 비교
5. Asphalt포장의 파손원인과 대책
6. Tunnel에서의 삼각지보(Lattice Girder)
7. Concrete 혼화재와 혼화제의 차이점과 종류
8. 署中(서중)concrete 양생
9. Caisson 진수방법

제2교시

• 다음 중 문제 1은 반드시 답하고 문제 2, 3, 4중 1문제를 택하여 답하시오.(각 50점)

1. 최근 건설공사의 부실시공이 많이 거론되고 있다. 귀하가 생각하는 부실시공의 방지대책은 무엇이며, 건설기술인의 사명과 자세는 무엇이라고 생각하는가?
2. 콘크리트(철근콘크리트 포함) 구조물에 있어서 균열이 발생하기 쉬운 원인을 열거하고, 그 방지 대책을 논하시오.
3. 항만 접안시설의 대표적인 종류 2개와 그 특징 및 시공상 주의사항에 대하여 기술하시오.
4. 기존도로를 확장(확폭)하는 토공사에 있어서 시공상 유의해야할 사항을 기술하시오.

제3교시

● 다음 4문제 중 2문제를 택하여 답하시오.(각 50점)

1. 점토질 연약지반에서 점토층 두께에 따라 경제성을 고려한 적정한 지반개량 공법의 종류와 각 공법들의 장, 단점을 논하시오.
2. NATM의 특성과 적용한계에 대하여 기술하시오.
3. DAM 건설공사에서 유수전환 방법과 기초처리 방법에 대하여 기술하시오.
4. 단지조성공사의 토공작업에 있어 시공장비 선택의 기본적 고려사항을 논하시오.

제4교시

● 다음 4문제 중 2문제를 택하여 답하시오.(각 50점)

1. 도시 지하철공사에서 개착시공법에 의한 굴착시공시 유의사항을 기술하시오.
2. 우리나라 서해안지역에서 준설공사시 장비선정과 시공상 주의사항을 기술하시오.
3. 강구조물에서 강재의 강도에 비하여 낮은 응력하에서도 부분 파괴가 발생하는 원인을 열거하고 그 중 하나에 대하여 상세히 기술하시오.
4. 레미콘(Ready Mixed Concrete)의 운반시 유의사항을 기술하시오.

제51회 토목시공기술사 기출문제
(시행일 : 1997년 7월 13일)

제1교시

• 다음 9문 중 5문만 선택하여 답하시오.(각 문항당 20점)

1. NATM 계측
2. 지하연속벽(Slurry Wall)
3. 콘크리트 구조물 줄눈
4. Lead Time
5. 토공정규
6. 보강토공
7. 건설기계의 경제수명
8. 클레임(claim)
9. ISO 9000 시리즈

제2교시

• 다음 5문제 중 3문제를 선택하여 답하시오.(배점기준 : 선택한 순서대로 처음 2문제는 33점, 나머지 문제는 34점)

1. 공정관리업무의 내용을 들어 기술하시오.
2. GABLON옹벽의 특징과 시공방법에 대하여 기술하시오.
3. 장대교량 가설공법의 종류별 특징을 비교하여 기술하시오.
4. 연약지반에서 계측관리를 하고자 할 때 계측관리의 수립, 문제점 및 대책에 대하여 기술하시오.
5. 콘크리트 구조물의 품질관리(B/P, 재료, 운반, 치기, 저장 등)에 대해 기술하시오.

제3교시

● 다음 5문제 중 3문제를 선택하시오.(배점기준 : 선택한 순서대로 처음 2문제는 33점, 나머지 문제는 34점)

1. U-TURN ANCHOR(제거식 앵커)의 특징과 기존 ANCHOR 공법과의 차이점을 비교하여 기술하시오.
2. 건설공사의 품질보장을 위하여 건설회사에 ISO 9000 시리즈의 인증이 요구되는 의의를 기술하시오
3. 대 절성토 구간의 사면붕괴 원인과 대책에 대하여 기술하시오.
4. 재건축사업을 추진 중에 대규모의 콘크리트 잔재물이 발생하게 되었다. 이에 대한 재생 및 재활용 방법에 대하여 기술하시오.
5. 구조물 뒤채움의 시공원칙에 대하여 기술하시오.

제4교시

● 다음 5문제 중 3문제를 선택하시오.(배점기준 : 선택한 순서대로 처음 2문제는 33점, 나머지 문제는 34점)

1. 하저터널 구간에서 NATM으로 시공 중 연약지반 출현시 발생되는 문제점과 대책을 기술하시오.
2. 말뚝이음의 종류를 들고 각각의 특징에 대하여 기술하시오.
3. 실적 단가에 의한 예정가격 작성에 유의해야 할 사항을 기술하시오.
4. 표면 차수벽형 석괴댐의 특징과 축조시공법에 대하여 기술하시오.
5. 지하굴토 토류벽 구조물에서 각 부재의 역할과 지지방식별에 따른 특성에 대하여 기술하시오.

제52회 토목시공기술사 기출문제
(시행일 : 1997년 9월 21일)

제1교시

● 다음 9문제 중 5문제를 택하여 답하시오.(각 문제당 20점)

1. 산사태의 원인
2. 개단말뚝과 폐단말뚝
3. 연약지반 치환공법
4. 콘크리트의 시공이음
5. 철근의 이음
6. 크리티컬 패스 (critical path)
7. 콘크리트의 초기균열
8. 심빼기(心拔孔) 폭파
9. 불도저의 작업원칙

제2교시

● 다음 6문제 중 4문제를 택하여 답하시오.(각 문제당 25점)

1. 흙막이공에 적용되는 계측기의 종류와 설치방법 및 계측시의 유의사항에 대하여 설명하시오.
2. 풍화암 지역에서 터널공사를 시공할 때 굴착공법의 종류를 열거하고 그 특징을 설명하시오.
3. 그래브 준설선과 버케트 준설선의 구조 및 적용조건을 설명하고 장·단점을 비교하시오.
4. 압축공기 중에서 작업을 할 때 필요한 설비에 대하여 설명하시오.
5. 아스팔트 포장에서 보조기층공 축조방법을 설명하시오.
6. 최소 비용에 의한 공기단축에 대하여 설명하시오.

제3교시

● 다음 5문제 중 1번 문제는 필수, 2번 문제~5번 문제 중 2개 문제를 택하여 답하시오.

1. 성토 재료로서 점성토와 사질토의 특성에 대하여 설명하시오. (30점)
2. 골재의 생산시설에 대하여 설명하시오. (35점)
3. 콘크리트 펌프의 기능과 펌프크리트 배합에 대하여 설명하시오. (35점)
4. 콘크리트의 신축이음의 종류를 들고 문제점에 대하여 설명하시오. (35점)
5. 올 케이싱(All-casing)공법에 대하여 설명하시오. (35점)

제4교시

● 다음 5문제 중 1번 문제는 필수, 2번 문제~5번 문제 중 2개 문제를 택하여 답하시오.

1. 콘크리트의 수화열 관리를 위한 공법에 대하여 설명하시오. (30점)
2. 대구경 말뚝에 정적 연직 재하시험을 실시할 때 시험방법 및 성과분석 방법에 대하여 설명하시오. (35점)
3. 스트러스트 공법과 어스앵커 공법의 시공방법, 장·단점 및 시공시 유의사항에 대하여 설명하시오. (35점)
4. 누수로 인하 성토제방의 파괴요인을 기술하고 누수방지공법을 설명하시오. (35점)
5. B.W(Boring Wall)공법을 설명하고 지하구조물에 이용되는 예를 들어 설명하시오. (35점)

제53회 토목시공기술사 기출문제
(시행일 : 1998년 2월 15일)

제1교시

● 다음 8문 중 5문을 택하여 답하시오.(각 20점)

1. 록필댐(Rock Fill Dam)의 심벽재료의 성토시험
2. 포트받침(pot Bearing)의 탄성고무받침이 특성비교
3. 터널공사의 지하수 대책공법
4. 말뚝의 하중전이 함수
5. 매스 콘크리트의 온도균열 지수
6. 2경간 연속합성교의 슬래브 콘크리트의 시공순서
7. 건설공사의 국제입찰 방법의 종류와 특징
8. 석괴댐의 국제입찰 방법의 종류와 특징

제2교시

● 다음 4문 중 1문은 필수, 문 2, 3, 4중 2문을 택하여 답하시오.

1. 시가지건설공사의 소음진동 대책에 대하여 기술하시오.
2. 서해안 지역에서 대형방조제 축조시 최종 물막이 공사의 시공계획을 기술하시오.(30점)
3. 도로교(길이 10m 말뚝기초) 교각기초하부의 10m 지점을 통과하는 지하철 건설계획을 수립하시오.(30점)
4. 교장 2,000m, 교폭 30m 경간장 50m의 연속프리스트레스 콘크리트 박스거더 교량을 캔틸 레버공법(Balanced Cantilever Method 또는 Free Cantilever Method)에 의한 프리캐스트세그 멘탈공법(Precast Segmental Method)으로 시공하고자 한다. 이 경우 프리캐스트세그먼트의 제작과 야적에 필요한 제작장 계획을 기술하시오.(30점)

제3교시

● 다음 4문 중 1문은 필수, 문 2, 3, 4 중 2문을 택하여 답하시오.

1. 산악지역에 건설되는 장대교량공사에서 높이 60m의 중공철근콘크리트 교각이 건설공법에 관하여 기술하시오.(40점)
2. 지하철 본선 박스구조의 상부슬래브의 균열제어를 위한 시공대책에 관하여 기술하시오. (30점)
3. 항만접안시설에 사용될 케이슨(Caisson)의 진수공법과 시공시 유의사항을 기술하시오. (30점)
4. 흙의 동결이 토목구조물에 미치는 영향에 관하여 기술하시오.(30점)

제4교시

● 다음 4문 중 2문만 택하여 답하시오.(각 50점)

1. 터널보조공법에 관하여 기술하시오.
2. 건설폐자재의 기술적 문제점과 대책, 활용방안에 관하여 기술하시오.
3. 대규모 임해공단 조성시 토공사의 장비계획에 관하여 기술하시오.
4. 강교 가조립 공법의 분류, 특징, 시공 유의사항에 관하여 기술하시오.

제54회 토목시공기술사 기출문제
(시행일 : 1998년 4월 19일)

제1교시

● 다음 9문제 중 5문을 선택하여 답하시오.(각20점)

1. 공사원가관리를 위해 공사비내역체계의 통일이 필요한 이유
2. 품질통제 (Quality Control-Q/C)와 품질보증 (Quality Assurance Q/C)의 차이
3. 안전공학 (Safery Engineering Study) 검토의 필요성 기술
4. 공사관리의 4대 요소를 들고, 그 요지를 기술
5. 표면차수벽 석괴댐
6. Curtain Grouting의 목적
7. Prestresed Concrete (PSC) Grout 재료의 품질조건 및 주입시 유의사항
8. 균열유발 줄눈의 설치목적 및 지수대책과 시공관리시 고려해야 할 내용에 대하여 주안점을 기술
9. 연약지반처리공법 적용시 침하압밀도 관리방법

제2교시

● 다음 중 1번을 필답하고 2, 3, 4, 5문항 중 2문제를 선택하시오.

1. 시공계획을 세울시 검토사항.(40점)
2. 대규모 건설사업에 CM용역을 채용할 경우 기대되는 효과.(30점)
3. 콘크리트 구조물 열화가 발생하는 원인과 내구성을 증가하기 위한 대책.(30점)
4. Soil Nail공법.(30점)
5. 아스팔트 포장의 보수보강 재시공과 관련하여 발생되는 폐아스콘의 재생처리(Recycling) 공법에 대하여 기술.(30점)

제3교시

● 다음 중 1번을 필답하고 2,3,4,5문 중 2문을 선택하시오.

1. 콘크리트 구조물의 균열원인 및 보수 대책.(40점)
2. 연약지반상의 교대 측방향 이동원인 및 방지대책.(30점)
3. C.S.I에서 공사정보 분류체계에서 Uniformat와 Master Format의 내용상 차이점과 양자 간 상호 관련성을 기술.(30점)
4. 새로운 시공기술(신기술) 채용시 검토한 사항을 열거.(30점)
5. 항만 구조물 축조시 기초사석공에 대하여 현장책임기술자로서 시공관리 및 유의해야 할 사항을 기술.(30점)

제4교시

● 다음 중 4문항 중 2문항을 선택 기술(각 50점)

1. 건설공사 품질향상을 위해 I.S.O. 9000 시리즈에 의한 품질보증인증제도에 대한 채용의 의의를 논술. (50점)
2. 옹벽의 안정 및 시공시 유의사항에 대하여 논술.(50점)
3. 연약지반상의 대 성토구간 중에 통로 암거(4.5m x 4.5m x 2련, L=45m)를 설치하고자 한다. 시공계획에 대하여 논술. (50점)
4. Prestressed Concrere Box Girder 교량 (L=1,500m, 폭=20m, 경장간=50m 2경간 연속교)을 산악지역에 건설하고자 한다. 상부공 건설공법에 대하여 논술. (50점)

제55회 토목시공기술사 기출문제
(시행일 : 1998년 7월 12일)

제1교시

● 다음 9문제 중 5문을 선택하여 답하시오.(각20점)

1. 다짐도 판정
2. 비용구배
3. 국부 전단파괴와 전반 전단파괴
4. 가외 철근
5. 팽창 콘크리트
6. 연약지반 개량공법 선정기준
7. 콘크리트의 시방배합과 현장배합
8. 정보화 시공
9. 완성노면의 검사항목(아스콘포장)

제2교시

● 다음 중 1번을 필답하고 2, 3, 4, 5문항 중 2문제를 선택하시오.

1. 콘크리트 표준시방서에 기재된 시공상세도.(40점)
2. 강교의 가조립.(30점)
3. 도로확장 공사시 환경에 미치는 주요영향 및 저감대책에 대하여 기술.(30점)
4. 터널 갱구부 시공시 예상되는 문제점을 열거하고, 그 대책공법에 대하여 기술.(30점)
5. 하천 또는 해안지역에서 가물막이공사시 시공계획에 대하여 기술.(30점)

제3교시

> ● 다음 중 1번을 필답하고 2, 3, 4, 5문 중 2문을 선택하시오.

1. 유동화 콘크리트 사용시 장·단점 및 시공시 유의사항에 대하여 기술.(40점)
2. 비점착성 흙에서 강관 외말뚝(Single Pile)의 침하에 대해 기술.(30점)
3. 우물통 기초 침하시 정위치에서 편차가 생긴다. 편차 허용 범위에 대하여 설명하고, 허용 범위를 벗어났을 경우 그 대처 방안에 대하여 기술.(30점)
4. 교량의 신축이음의 파손이유와 파손을 최소화하기 위한 방법 제시.(30점)
5. 숏크리트(Shotcrete)는 NATM 지보재로서 중요한 고가의 재료이다. 합리적인 시공을 위한 유의사항에 대하여 기술.(30점)

제4교시

> ● 다음 중 1번을 필답하고 2, 3, 4, 5문 중 2문제를 선택하시오.

1. 동다짐 공법의 개요와 시공계획에 대하여 기술.(40점)
2. 구조물 시공 중 중대한 하자가 발생하였다. 책임자로서 대처 방법에 대하여 기술.(30점)
3. 옹벽의 안정조건을 열거하고 전단키(Shear Key)를 뒷굽쪽으로 설치하면 전단 저항력이 증대되는 이유를 기술.(30점)
4. 항만 및 해안구조물의 기초처리를 위하여 두꺼운 연약지반층을 모래로 굴착치환할 경우 예상되는 문제점과 그 대책을 기술.(30점)
5. 건설CALS의 도입이 건설산업에 미치는 효과에 대해 기술.(30점)

제56회 토목시공기술사 기출문제
(시행일 : 1998년 9월 20일)

제1교시

● 다음 9문제 중 5문을 선택하여 답하시오.(각20점)

1. CBR과 SPT의 N치
2. 반사균열(Reflection Crack)
3. 지불선(Pay Line)
4. 공동계약(계약제도의 종류: 전통적 계약방식 + 변화된 계약방식)
5. Presplitting(조절폭파공법 : Control Blasting)
6. Quick Sand
7. 건설기계의 작업효율
8. 공정관리 곡선(Banana 곡선)
9. 강섬유 보강 콘크리트(SFRC : Steel Fiber Reinforced)

제2교시

● 다음 중 1번을 필답하고 2, 3, 4, 5문항 중 2문제를 선택하시오.

1. NATM 터널의 굴착기공 관리계획.(40점)
2. 공사계약 형식을 열거하고, 각각의 특성을 기술.(30점)
3. 하천호안구조의 종류와 설치시 고려사항(호안공의 종류특성).(30점)
4. 교량가설에서 Cantilever 공법으로 시공하는 구조형식을 예를 들고, 공법에 대하여 아는 바를 기술(FCM).(30점)
5. 기계경비의 구성을 열거하고 각 구성요소를 설명.(30점)

제3교시

● 다음 중 1번을 필답하고 2, 3, 4, 5문 중 2문을 선택하시오.

1. 공사의 공정관리에서 통제기능과 개선기능 기술.(40점)
2. 하천공사에 있어서 유수전환방식을 열거하고 그 내용을 기술.(30점)
3. Tunnel의 발파식 굴착공법에서 적용하고 있는 착암기 2종을 열거하고, 특징을 기술.(30점)
4. 아스팔트 포장의 도로표면 요철을 개선하기 위한 설계. 시공시유의 사항. (30점)
5. 해상 구조물 기초공으로 Sand Commpaction Pile 공법 시공시 유의사항.(30점)

제4교시

● 다음 중 1번을 필답하고 2,3,4,5문 중 2문제를 선택하시오.

1. 사면붕괴의 원인을 열거하고 그 대책 공법 기술. (40점)
2. 콘크리트 구조물의 시공이음의 위치 및 시공에 대하여 기술.(30점)
3. 산악도로 건설공사를 위한 시공계획 및 유의사항 기술. (30점)
4. RCCD(Roller Compacted Dam) 공법.(30점)
5. 준설선의 선정에 대하여 기술. (30점)

제57회 토목시공기술사 기출문제
(시행일 : 1999년 4월 25일)

제1교시

- 다음 9문제 중 5문을 선택하여 답하시오.

1. 유선망(Flow Net)
2. 균열 유발줄눈
3. 온도균열지수
4. S.I.P.(Soil-Cement Injection-Plie)
5. 사운딩(Sounding)
6. 팩드레인(Pack Drain)
7. 단층대(Foult Zone)
8. 응력부식
9. 피로한도

제2교시

- 다음 중 1번을 필답하고 2, 3, 4, 5문항 중 2문제를 선택하시오.

1. 수중 불분리성 콘크리트 시공에 대하여 기술하시오.(40점)
2. 터널구조물 시공 중 균열발생원인과 물처리 공법에 대하여 기술하시오.(30점)
3. 기초 말뚝박기에 있어서 부마찰력(Negative Friction)에 대하여 기술하시오.(30점)
4. 철근 콘크리트 구조물의 내구성 확보를 위한 시공계획상의 유의할 점을 기술하시오. (30점)
5. 표준차수벽 댐 구조와 시공법에 대하여 기술하시오.(30점)

제3교시

• 다음 중 1번을 필답하고 2, 3, 4, 5문 중 2문을 선택하시오.

1. 모래섞인 자갈과 연암층으로 구성된 하천상에 대규모 교량의 기초를 현장치기 철근 콘크리트 말뚝으로 시공하려 한다. 시공방법을 기술하시오.(40점)
2. 점토질 지반에서 개착공법으로 시공할 때 흙막이 엄지말뚝만 박고 동바리를 설치하고 계속 굴착시공한다.
   1) 지반을 수직으로 굴착할 수 있는 이유
   2) 안정된 흙막이 동바리(Strot) 설치 방법을 3가지만 기술하시오.(30점)
3. 콘크리트 구조물의 시공에 있어서 온도균열 억제에 관하여 기술하시오.(30점)
4. 콘크리트 포장을 시공(두께 약30mm, 면적 300 Ha)할 때 시공계획을 장비 조합중심으로 기술하시오. (30점)
5. 항만공사에 있어서 케이슨 (Cassion) 거치방법에 대하여 기술하시오.(30점)

제4교시

• 다음 중 1번을 필답하고 2, 3, 4, 5문 중 2문제를 선택하시오.

1. 도심지 현장시공시 수질 및 대기오염 최소화 방안에 대하여 기술하시오. (40점)
2. 콘크리트치기 중 동바리 점검항목과 처짐이나 침하가 있는 경우 대책에 대하여 기술하시오. (30점)
3. 깊은 연약 점성토지방에 옹벽이나 교대를 건설할 때 발생되는 문제점과 대책공법 2가지를 상술하시오. (30점)
4. 콘크리트 구조물의 시공과정에서 발생하기 쉬운 결함과 방지대책에 대하여 기술하시오. (30점)
5. 하천제방 붕괴 원인과 대책에 대하여 기술하시오. (30점)

제58회 토목시공기술사 기출문제
(시행일 : 1999년 7월 4일)

제1교시

● 다음 9문제 중 5문을 선택하여 답하시오.(각 20점)

1. Boiling 현상
2. MIP(Mixed In Place) 토류벽
3. RQD와 판정
4. 얕은 기초와 깊은 기초
5. 크랏샤 장비조합
6. GIS(Geographic Information System)
7. 환경지수와 내구지수
8. 도폭선
9. 콘크리트 피복두께

제2교시

● 다음 중 1번을 필답하고 2, 3, 4, 5문항 중 2문제를 선택하시오.

1. 장마철 대형공사장의 중점점검 사항 및 집중 호우시 재해대비 행동요령을 기술하시오. (40점)
2. 시멘트 콘크리트의 배합설계 방법에 대하여 기술하시오. (30점)
3. NATM 터널 굴착시 세부작업 순서에 대하여 기술하시오. (30점)
4. 강관 Pile의 두부 보강방법 중 bolt식 보강방법에 대하여 기술하시오. (30점)
5. 대구경 현장 타설 말뚝의 시공에서 철근의 겹이음과 나사이음을 비교 설명하시오. (30점)

제3교시

• 다음 중 1번을 필답하고 2, 3, 4, 5문 중 2문을 선택하시오.

1. 1,000,000㎥의 콘크리트 공사시 주요작업 공정 및 관련 장비의 규격과 대수를 산출하시오(조건: 공사기간10개월, 1일 8시간, 월 25일 운반시간 1시간, 규격은 자유선택). (40점)
2. 지하 구조물 시공시 지표수와 지하수가 공사에 미치는 영향을 기술하시오. (30점)
3. 교량 받침 형태의 종류와 각각의 특징에 대하여 기술하시오. (30점)
4. 기 시공된 암반 사면의 안정성 검토를 한계평형 해석으로 검토하는 방법과 검토결과 불안정한 판정을 받았을 때의 대책공법에 대하여 기술하시오. (30점)
5. 현장 타설 콘크리트 말뚝기초의 시공 중 slime 처리 방법과 철근의 공사 발생에 대한 원인 및 대책에 대하여 기술하시오. (30점)

제4교시

• 다음 중 1번을 필답하고 2, 3, 4, 5문 중 2문제를 선택하시오.

1. 지하수위가 비교적 높고 자갈이 섞인 사질점토의 지반에서 지하굴토 토류벽 구조물을 CIP 벽체 및 strut 지지로 실시할 경우 시공방법과 문제점 및 대책을 기술하시오. (40점)
2. 강구조물의 부재 연결 방법 중 기계적 연결 방법에 대하여 기술하시오. (30점)
3. 차량이 통행하고 있는 하수 Box(3.0 m × 3.0 m × 4 m) 하부를 횡방향으로 신설 지하철이 통과할 경우 가장 경제적인 굴착공법에 대하여 기술하시오. (30점)
4. 콘크리트댐 (중력식) 시공시 주요 품질관리에 대하여 기술하시오. (30점)
5. NATM의 방수공법과 배수처리 공법에 대하여 기술하시오. (30점)

제59회 토목시공기술사 기출문제
(시행일 : 1999년 8월 29일)

제1교시

● 다음 9문제 중 5문을 선택하여 답하시오.(각 20점)

1. Underpinning 공법
2. Sellex Rock Bolt
3. 피로파괴
4. 동압밀 공법
5. Lugeon치
6. Consolidation Grouting
7. Smooth blasting
8. 말뚝 정적재하시험과 동적 재하시험 비교
9. 지반 굴착시 근접구조물 침하에 대하여 기술하시오.

제2교시

● 다음 중 1번을 필답하고 2,3,4,5문항 중 2문제를 선택하시오.

1. 우리나라 건설분야에서 문제되고 있는 부실시공 기존시설물 유지관리 기술개발에 대한 현안 문제점과 대책에 대하여 기술하시오. (40점)
2. 아스콘 포장과 콘크리트포장의 교통하중 지지방식을 설명하고 각 포장 파손원인 및 대책에 대하여 설명하시오. (30점)
3. 잔교식 접안시설 공사에서 강관파일 항타 시공계획을 기술하시오. (30점)
4. 암반 대절토 시공시 유의사항 및 공사관리에 필요한 사항을 기술하시오. (30점)
5. NATM 계측 중 갱 내외 관찰조사 (Face Mapping)의 적용요령과 필요성에 대하여 기술하시오. (30점)

제3교시

> • 다음 중 1번을 필답하고 2, 3, 4, 5문 중 2문을 선택하시오.

1. 빈번한 홍수재해를 방지할 수 있는 대책을 수자원 개발과 하천개수계획을 연계하여 서술하시오. (40점)
2. 경사면에 축조되는 반절토 반성토 단면의 노반 축조시 유의사항을 기술하시오. (30점)
3. 흙막이벽에 의해 기초굴착시 굴착바닥 지반의 변형파괴에 대한 종류와 대책을 설명하시오. (30점)
4. 콘크리트 타설시 거푸집, 철근, 콘크리트 검사의 항목을 열거하고 설명하시오. (30점)
5. 교량의 상부가 FCM (Precast Segment Erection) 공법으로 시공하게 되어 있다. 이 경우 현장에서는 반복된 Segment가설에 소요되는 공종에 대하여 기술하시오. (30점)

제4교시

> • 다음 중 1번을 필답하고 2, 3, 4, 5문 중 2문제를 선택하시오.

1. 대규모 사면붕괴 원인과 대책공법을 기술하시오. (40점)
2. 연약지반 교대축조시 발생되는 문제점 및 대책을 설명하시오. (30점)
3. 터널 굴착에서 제어 발파공법을 열거하시오. (30점)
4. 제자리 말뚝의 종류와 그 특징을 열거하시오. (30점)
5. 우리나라 남한강 중류지역에 대형 Rock Fill Dam을 건설하고자 할 때 유수전환계획과 담수계획을 기술하시오. (30점)

제60회 토목시공기술사 기출문제
(시행일 : 2000년 3월 5일)

제1교시

● 다음 13문제 중 10문제 선택하여 설명하시오.(각 10점)

1. 강재용접부 비파괴시험
2. 건식 및 습식 숏크리트 특성
3. 강상판교의 교면 포장 공법
4. 콘크리트 조기강도 평가
5. 주공정선
6. 옹벽의 안정 조건
7. 벤치컷(Bench Cut) 발파
8. 토량환산계수
9. 건설기계작업 효율
10. 터널의 여굴
11. 아스팔트 포장의 석분
12. 무리말뚝
13. 제방의 침윤선

제2교시

● 다음 6개 문항 중 4문제 선택하여 기술하시오.(각 25점)

1. 하천제방축조시 시공상 유의사항을 설명하시오
2. 콘크리트 포장공사시 포설전 준비사항을 설명하시오
3. 토공다짐효과에 영향을 주는 요인과 다짐효과를 증대시키는 방안을 기술하시오.
4. 댐에서 파이핑에 의한 누수가 있을 때 이에 대한 방지대책을 기술하시오.
5. 평지하천을 횡단하는 교장 500m(경간50m) 10경간의 연속 강Box교량건설에 적용할 수 있는 건설공법을 설명하시오.
6. 강구조의 부재연결공법에 관하여 설명하시오.

제3교시

● 다음 6개 문항 중 4문제 선택하여 기술하시오.(각 25점)

1. 항로 유지 준설공사를 시행하고자할 때 준설선 선정시 유의사항을 설명하시오.
2. 정수장 수조구조물의 누수원인을 분석하고 시공대책을 설명하시오.
3. 지하콘크리트 Box구조물의 균열원인과 제어대책에 관하여 설명하시오.
4. 지하철건설공사에서 개착구간의 계측계획에 관하여 설명하시오.
5. 절토비탈면의 붕괴원인과 대책을 설명하시오.
6. 터널공사에서 지하용수에 대한 대책을 설명하시오.

제4교시

● 다음 6개 문항 중 4문제 선택하여 기술하시오.(각 25점)

1. 강판형교의 확폭개량공법에 관하여 설명하시오.
2. 콘크리트 구조물의 내구성 증진을 위한 시공상 고려사항에 관하여 설명하시오.
3. 기초말뚝의 시험항타 목적과 기록관리에 관하여 설명하시오.
4. 토적곡선의 성질과 토적곡선의 작성시 유의사항을 설명하시오.
5. 아스팔트콘크리트 포장의 소성변형원인과 대책에 관하여 설명하시오.
6. 지반이 연약한 곳에 자연유하 하수도의 콘크리트 차집관로(Box)를 시공하고자 한다. 시공시 문제점과 유의사항에 관하여 설명하시오.

제61회 토목시공기술사 기출문제
(시행일 : 2000년 5월 28일)

제1교시

● 다음 13 문제 중 10문제 선택하여 설명하시오.(각 10점)

1. 최적 함수비 (OMC)을 설명하시오.
2. 동결깊이
3. Smooth Blasting
4. 신축장치 (Expention joint)
5. 준설선의 종류를 아는 대로 쓰고 설명
6. 상대밀도
7. Piping 현상
8. 포장공사에서의 구성요소
9. 혼성방파제의 구성요소.
10. VE
11. 벤토나이트
12. 배토말뚝과 비 배토 말뚝 종류와 특징
13. PRI (평탄성 지수)

제2교시

● 다음 6개 문항 중 4문제 선택하여 기술하시오.(각 25점)

1. 아스팔트 콘크리트 포장공사시 관련 세부작업을 설명하고, 해당장비에 대하여 설명하시오.
2. NATM공법으로 터널작업을 하고자 한다. Cycle-time에 관련된 세부작업을 나열하고 설명하시오.
3. 연약지반 개량공법 중 동다짐(동치환 위주) 공법을 설명하시오.
4. 지하 구조물 시공시 지하수위가 굴착면보다 높을 경우 배수공법으로 사용되는 Well Point 공법에 대하여 설명하시오.
5. 기초공사를 위한 사전 지반조사 과정을 설명하시오.
6. Sand Compection 파일공법과 Sand Drain 타일공법을 비교·설명하시오.

제3교시

● 다음 6개 문항 중 4문제 선택하여 기술하시오.(각 25점)

1. 콘크리트 파일공사의 시공관리에 대하여 설명하시오.
2. 콘크리트 구조물공사에서 착공 전 검토항목과 시공 중 품질관리 항목을 들고 설명하시오.
3. 지중연속벽 공법과 엄지말뚝 공법을 비교하고 설명하시오.
4. 200,000㎥ 콘크리트 타설계획을 세우려고 한다. 다음 (   )안 조건에 따라 관련장비의 종류, 규격, 소요수량을 산출하시오. (조건 소요공기 10개월, 월 25일, 1일 10시간 작업, 운반거리 1km)
5. 역 T형 옹벽의 주철근, 부철근, 배력철근을 표시하고 기능을 설명하시오.
6. 경간장 120m의 3연속 인도교의 Steel Box Gerder 제작 설치시의 작업과정을 단계별로 설명하시오.

제4교시

● 다음 6개 문항 중 4문제 선택하여 기술하시오.(각 25점)

1. 공사 시공관리의 중점이 되는 4개항을 들고 체계적으로 설명하시오.
2. 댐 공사 시행시 기초 처리 공법의 종류를 들고 설명하시오.
3. 건설공해에 대한 대책을 설명하시오.
4. W/C 결정방법을 설명하시오.
5. 준설 작업시 준설선단을 구성하는 해상장비의 종류와 기능을 설명하시오.
6. 대형 중력식 콘크리트 댐 건설시 예상되는 Cooling Method를 설명하시오.

제62회 토목시공기술사 기출문제
(시행일 : 2000년 9월 17일)

제1교시

● 다음 13 문제 중 10문제 선택하여 설명하시오.(각 10점)

1. 강구조물의 수명과 내용연수
2. 철근콘크리트 시방서상의 사용성과 내구성
3. 철근의 유효높이와 피복두께
4. CAVITATION(공동현상)
5. 소파공(消破工)
6. BULKING(부풀음) 현상
7. 불연속면
8. 철근의 정착길이
9. 건설기계 마력
10. 마샬(MARSHALL) 안정도 시험
11. PC 강재의 RELAXATION
12. 콘크리트의 운반 중의 SLUMP 및 공기량의 변화
13. 댐시공시 양압력 방지대책

제2교시

● 다음 6문제 중 4문제 선택하여 설명하시오.(각 25점)

1. 인공사면과 자연사면을 구분하고 자연사면의 붕괴원인과 대책에 관하여 기술하시오
2. 시공계획작성시 사전조사 사항에 관하여 기술하시오.
3. 콘크리트 박스(BOX) 구조물 공사에서 발생하는 표면결함의 종류를 열거하고 보수방법에 관하여 설명하시오.
4. 하천제방의 누수원인을 열거하고 누수방지 방법의 종류와 각 특징에 관하여 기술하시오.
5. 매스 콘크리트 타설시 온도 응력에 의한 균열 발생방지를 위한 설계 및 시공시의 대책에 대하여 기술하시오.
6. 건설공사에서 발생하는 클레임의 유형을 열거하고 해결방안에 관하여 기술하시오.

제3교시

● 다음 6문제 중 4문제 선택하여 설명하시오.(각 25점)

1. NATM 터널 시공시 진행성 여굴의 발생원인을 열거하고 사전 예측방법 및 차단대책에 관하여 기술하시오.
2. 교량가설공사에서 교량받침의 종류와 각 종류별 손상 원인을 열거하고 방지대책에 관하여 기술하시오.
3. 절성토 비탈면의 점검 시설 설치의 중요성을 열거하고 설치시 유의사항에 관하여 기술하시오.
4. 콘크리트 중력식댐 시공시 이음의 종류를 열거하고 각 특징에 관하여 기술하시오.
5. 해상 잔교구조물의 파일 항타 시공시 예상 문제점과 방지대책에 관하여 기술하시오.
6. 파압 대수층에서의 앵커(Anchor) 시공시 예상문제점과 방지대책에 관하여 기술하시오.

제2교시

● 다음 6문제 중 4문제 선택하여 설명하시오.(각 25점)

1. 국내건설공사에서의 현행 원가관리 체계의 문제점을 열거하고 비용일정 통합관리기법에 관하여 기술하시오.
2. 강부재의 연결방법의 종류를 열거하고 각 종류별 특징을 설명하시오.
3. 고가 구조물을 축조하기 위해서 펌프 압송 Con'c로 타설시 예상 문제점을 열거하고 대책을 기술하시오.
4. 관형암거 시공시 파괴원인을 열거하고 시공시 유의사항을 기술하시오.
5. 시멘트 Con'c 포장시 초기 균열의 발생 원인을 열거하고 방지대책을 기술하시오.
6. 단지 토공사에서의 건설기계의 조합원칙과 기종선정의 방법에 대해서 기술하시오.

제63회 토목시공기술사 기출문제
(시행일 : 2001년 3월 11일)

제1교시

• 다음 문제 중 10문제 선택하여 설명하시오.(각 10점)

1. 유동화제
2. 콘크리트 배합강도
3. Preflex Beam
4. 포장의 반사균열(Reflection Crack)
5. 공사의 진도관리 지수
6. 평판재하시험
7. 콘크리트의 크리프(Creep) 현상
8. 구스 아스팔트 (Guss Asphalt)
9. 골재의 조립율 (Fineness Modulus)
10. 트래피커빌리티 (Trafficability)
11. 프루프 롤링 (Proof Rolling)
12. 쿠션 블래스팅 (Cushion Blasting)
13. 커튼월 그라우팅 (Curtain Wall grouting)

제2교시

• 다음 문제 중 4문제 선택하여 설명하시오.(각 25점)

1. 콘크리트의 내구성을 저하시키는 요인과 그 개선 방법을 설명하시오.
2. 지하철 개착식공법에서 구조물에 발생하는 문제점과 대책에 대하여 설명하시오.
3. FILLDAM 의 누수원인을 분석하고 시공상 대책을 설명하시오.
4. 통계적 품질관리를 적용할 때 관리서클(Circle)의 단계를 설명하시오.
5. 터널 공사에서 숏크리트(Shotcrete)의 기능과 리바운드(Rebound)의 저감대책을 기술하시오.
6. 시멘트 콘크리트 포장의 줄눈의 종류와 시공방법을 설명하시오.

제3교시

● 다음 6문제 중 4문제 선택하여 설명하시오.(각 25점)

1. 하천제방의 누수원인과 방지대책을 설명하시오.
2. 상수도관 매설시 유의사항을 설명하시오.
3. NATM의 굴착방법에 대해 설명하시오.
4. 대규모 콘크리트댐의 콘크리트 양생방법으로 이용되는 인공 냉각법에 대하여 설명하시오.
5. 철근 콘크리트 구조물 해체공사시 공해와 안전사고에 대한 방지대책을 설명하시오.
6. 기계화 시공의 계획순서와 그 내용을 설명하시오.

제4교시

● 다음 6문제 중 4문제 선택하여 설명하시오.(각 25점)

1. 아스팔트 혼합물의 배합설계 방법을 설명하시오.
2. 고강도 콘크리트의 제조 및 시공 방법을 설명하시오.
3. 셀룰러 블록식 혼합식 방파제 시공시 유의사항을 설명하시오.
4. 건설공사의 부실시공 방지대책을 제도적인 측면과 시공적 측면에서 설명하시오.
5. 석축옹벽의 붕괴원인과 방지대책을 설명하시오.
6. 기초암반의 보강공법을 설명하시오.

제64회 토목시공기술사 기출문제
(시행일 : 2001년 6월 24일)

제1교시

• 다음 13문제 중 10문제를 선택하여 설명하시오.(각 10점)

1. 흙의 소성지수
2. 흙의 다짐원리
3. 하수관 시공검사
4. 해안구조물에 작용하는 잔류수압
5. 과전압
6. 암반반응곡선
7. 구조물 열화현상
8. 가측지보공
9. 아스팔트 포장용 굵은 골재
10. Guide Wall
11. 건설사업관리 중 LCC개념
12. 라텍스 콘크리트
13. N값의 수정

제2교시

• 다음 6문제 중 4문제를 선택하여 설명하시오.(각 25점)

1. NATM 쇼크리트의 기능, 간격, 내구성, 배합을 설명하시오.
2. 차입식공법과 현장콘크리트 타설공법의 특성에 대하여 논하시오.
3. 재방보강공사 중 시공시 유의사항에 대하여 논하시오.
4. 옹벽수직미세균열에 대해 논하고 원인과 대책을 설명하시오.
5. 토공작업시 공정별 작업선정과 작업기계의 종류에 대하여 논하시오.
6. 댐공사 중 가체절공법에 대해 논하시오.

제3교시

● 다음 6문제 중 4문제를 선택하여 설명하시오.(각 25점)

1. 시가지에서 개착공법으로 시공할 때 인접구조물의 영향 및 민원발생원인, 대책에 대하여 설명하시오.
2. 교대의 변위 및 대책에 대하여 설명하시오.
3. PS 콘크리트의 배합설계에 대하여 논하시오.
4. 암 버력을 성토시 시공 및 품질관리방안에 대하여 설명하시오.
5. 토류벽채공법의 변위발생 원인 및 대책을 설명하시오.
6. 현장타설 콘크리트 말뚝시공시 수중 콘크리트 타설에 대하여 설명하시오.

제4교시

● 다음 6문제 중 4문제를 선택하여 설명하시오.(각 25점)

1. 산간지역 2차원 쌍굴 터널시공시 원가관리, 품질관리, 공정관리, 안전관리에 대한 중요 사항을 기술하시오.
2. 연속철근 콘크리트 포장을 설명하시오.
3. Rockfill Dam의 Core Zone의 재료 조건, 시공방법에 대하여 설명하시오.
4. 유속이 빠른 하천 횡단의 교량기초를 직접 기초로 시공시 하자 발생원과 대책에 대하여 설명하시오.
5. 토공유동 계획 검토 결과 35m³의 순성토 발생시 유토곡선에 대하여 설명하시오.
6. 교량 상판 콘크리트 조사결과 철근이 노출되었다. 발생원인과 대책에 대하여 설명하시오.

제65회 토목시공기술사 기출문제
(시행일 : 2001년 9월 9일)

제1교시

- 다음 13문제 중 10문제를 선택하여 기술하시오.(각 10점)

1. W/C비 선정방식
2. 정(正)철근과 부(負)철근
3. 다웰바(dowel bar)
4. 비용구배
5. 콜드조인트(Cold joint)
6. 플라이 애쉬(fly ash)
7. 암석굴착시 팽창성 파쇄공법
8. 숏크리트(Shotcrete)의 응력측정
9. 골재의 유효흡수율
10. 커튼 그라우팅(curtain grouting)
11. 유화 아스팔트(emulsified asphalt)
12. 콘크리트 포장에서 보조기층의 역할
13. 무리(群)말뚝

제2교시

● 다음 6문제 중 4문제를 선택하여 설명하시오.(각 25점)

1. 성토 비탈면의 전압방법의 종류를 열거하고 각 특징에 대하여 설명하시오.
2. 쓰레기 매립장의 침출수 억제대책을 설명하시오.
3. 콘크리트 구조물 시공시 부재이음의 종류를 열거하고 그 기능 및 시공 방법을 설명하시오.
4. 말뚝의 지지력을 구하는 방법을 열거하고 지지력판단방법에 대하여 설명하시오.
5. 구조물의 부등침하 원인을 열거하고 대책과 시공시 유의사항을 설명하시오.
6. 콘크리트 원형관 암거의 기초형식을 열거하고 각 특징을 설명하시오.

제3교시

● 다음 6문제 중 4문제를 선택하여 설명하시오.(각 25점)

1. 지하 굴착 공사의 CIP벽과 SCW벽의 공법을 설명하고 장·단점을 열거하시오.
2. 역T형(cantilever형) 옹벽의 안정조건을 열거하고 전단키 설치목적과 뒷굽쪽에 설치시 저항력이 증대되는 이유를 설명하시오.
3. 현장에서 콘크리트 타설시 시험방법 및 검사항목을 열거하시오.
4. 간만의 차가 7~9M인 해안지역에서 방조제 공사시 최종 물막이공법을 열거하고 시공시 유의 사항을 설명하시오.
5. NATM터널 공사에서 라이닝 콘크리트(lining concrete)의 누수원인을 열거하고 시공시 유의 사항을 설명하시오.
6. 아스팔트 콘크리트 포장의 파괴원인 및 대책을 설명하시오.

제4교시

● 다음 6문제 중 4문제를 선택하여 설명하시오.(각 25점)

1. 소일 네일링(soil nailing)공법과 어스 앵커(earth-anchor)공법을 비교 설명하시오.
2. 3경간 연속철근 콘크리트교에서 콘크리트 타설시 시공계획수립 및 유의사항을 설명하시오.
3. 토공 건설 기계를 선정할 때 특히 토질조건에 따라 고려해야 할 사항을 열거하시오.
4. 하천변 열차운행이 빈번한 철도하부를 통과하는 지하차도를 건설하고자 한다. 열차운행에 지장을 주지 않는 경제적인 굴착공법을 설명하시오.
5. 콘크리트 건조수축에 영향을 미치는 요인과 이로 인한 균열발생을 억제하는 방법을 열거하시오.
6. 기존교량에 근접해서 교량을 신설하고자 한다. 초를 현장타설말뚝(D=1,200mm, H=30M)으로 할 경우 적합한 기계굴착공법을 선정하고 현장타설말뚝 시공에 관하여 설명하시오. 단, 현장 지반 조건은 다음과 같다.

제66회 토목시공기술사 기출문제
(시행일 : 2002년 2월 24일)

제1교시

● 다음 13문제 중 10문제를 선택하여 기술하시오.(각 10점)

1. 최적 함수비
2. Earth Drill공법
3. 압성토 공법
4. 내부 마찰각과 안식각
5. 건설CALS
6. 콘크리트의 건조수축
7. 유선망
8. Quick Sand 현상
9. Land Creep
10. Ice Lense 현상
11. 교면포장
12. 진공압밀공법
13. Pile Lock

제2교시

● 다음 6문제 중 4문제를 선택하여 설명하시오.(각 25점)

1. 흙쌓기 다짐공에서 다짐도를 판정하는 방법에 대하여 기술하시오.
2. 토공 적재장비(wheel loader)와 운반장비(Dump Truck)의 경제적인 조합에 대하여 기술하시오
3. 부벽식 옹벽의 주철근 배근 방법과 시공시의 유의사항을 기술하시오.
4. 연약지반에 Pile 항타시 지지력 감소원인과 대책에 대하여 기술하시오.
5. 철근 콘크리트 구조물의 균열에 대한 보수 및 보강공법에 대하여 기술하시오.
6. 도로포장층의 평탄성 관리방법을 기술하시오.

제3교시

● 다음 6문제 중 4문제를 선택하여 설명하시오.(각 25점)

1. 항만 준설공사에서 준설선의 선정기준을 설명하고 준설공사의 시공관리에 대하여 기술하시오.
2. 우물통(Open Caisson)공사에서 침하를 촉진시키는 방법과 시공시 유의사항을 기술하시오.
3. 프리보링 말뚝과 직접항타 말뚝을 비교 설명하시오.
4. 하천의 비탈보호공(덮기공법)을 설명하고 시공시의 유의사항을 기술하시오
5. 아스팔트 콘크리트 포장공사에서 시험포장에 대하여 기술하시오.
6. 터널 시공의 안정성 평가 방법에 대하여 기술하시오.

제4교시

● 다음 6문제 중 4문제를 선택하여 설명하시오.(각 25점)

1. 기초 파일공에서 시험 항타에 대하여 기술하시오.
2. 자립형 가물막이 공법의 종류별 특징을 설명하고 시공시 유의 사항을 기술하시오.
3. 지하수위가 높은 지반에서 굴착으로 인한 주변침하를 최소화하고 향후 영구 벽체로 이용이 가능한 공법에 대하여 기술하시오.
4. 교량 교각의 세굴방지 대책에 대하여 기술하시오.
5. 교량 구조물에 대형상수도 강관(Steel Pipe)을 첨가하여 시공하고자할 때 시공시 유의 사항을 기술하시오.
6. 록필댐(Rock Fill Dam)에서 상·하류층 필터의 기능을 설명하고 필터 입도가 불량할 때 생기는 문제점을 기술하시오.

제67회 토목시공기술사 기출문제
(시행일 : 2002년 6월 9일)

제1교시

● 다음 13문제 중 10문제를 선택하여 설명하십시오.(각 10점)

1. 동결심도 결정방법
2. 콘크리트의 적산온도
3. 콜드조인드(cold joint)
4. 공정의 경제속도(채산속도)
5. 표준관입 시험에서의 N치 활용법
6. 토량 환산 계수
7. 장비의 주행성(trafficability)
8. 액상화(liquefaction)
9. 보강토 공법
10. 가치 공학(value engineering)
11. PHC(pretensioned spun high strength concrete)파일
12. 팽창 콘크리트
13. 숏크리트(shotcrete)의 특성

제2교시

● 다음 6문제 중 4문제를 선택하여 설명하십시오.(각 25점)

1. 서중 매스콘크리트(mass concrete) 타설시 균열 발생을 최소화하기 위한 시공시 유의사항에 대하여 설명하시오.
2. 공정관리기법에서 작업 촉진에 의한 공기단축 기법을 설명하시오.
3. 교량 기초 공사에 사용되는 케이슨(caisson) 공법의 종류를 열거하고 각각의 특징에 대하여 설명하시오.
4. 건설용 기계장비를 선정할 때 고려할 사항을 설명하시오.
5. 토공사시 절성토 접속구간에 발생 가능한 문제점과 해결 대책에 대하여 설명하시오.
6. 항만 구조물을 설치하기 위한 기초 사석의 투하 목적과 고르기 시공시 유의사항을 설명하시오.

제3교시

● 다음 6문제 중 4문제를 선택하여 설명하십시오.(각 25점)

1. 건설공사 실적공사비 적산제도의 정의와 기대효과를 설명하시오.
2. 실드(shield) 터널공법에서 프리캐스트 콘크리트 세그먼트(Precast concrete segment)의 이음 방법을 열거하고 시공시 유의사항에 대하여 설명하시오.
3. 해상 교량 공사에서 강관 기초 파일 시공시 강재 부식방지 공법을 열거하고 각각의 특징을 설명하시오.
4. 콘크리트 포장 공사에서 골재가 콘크리트 강도에 미치는 영향을 설명하시오.
5. 대규모 토공사에서 토공계획 수립시 유토곡선(mass curve)작성 및 운반장비 선정 방법에 대하여 설명하시오.
6. 터널공사에서 자립이 어렵고 용수가 심한 터널 막장을 안정시키기 위한 보조 보강 공법에 대하여 설명하시오.

제4교시

● 다음 6문제 중 4문제를 선택하여 설명하십시오. (각 25점)

1. 지하저수용 콘크리트 구조물 공사에서 콘크리트 시공시 유의사항에 대하여 설명하시오.
2. 터널 공사에 있어서 인버트 콘크리트(invert concrete)가 필요한 경우를 들고, 콘크리트 치기순서에 대하여 설명하시오.
3. 교량 가설(架設) 공사에서 가설(假設) 이동식 동바리의 적용과 특징에 대하여 설명하시오.
4. 진동롤러 다짐 콘크리트 (RCC, roller compacted concrete)의 특징을 열거하고, 시공시 유의사항을 설명하시오.
5. 해상공사에서 대형 케이슨(1,000톤) 제작과 진수방법을 열거하고, 해상운반 및 거치시 유의사항을 설명하시오.
6. 건설사업관리제도(CM, construction management) 도입과 더불어 건설사업관리 전문가 인증제도의 필요성과 향후 활용방안에 대하여 설명하시오.

제68회 토목시공기술사 기출문제
(시행일 : 2002년 8월 25일)

제1교시

• 다음 13문제 중 10문제를 선택하여 설명하십시오.(각 10점)

1. 주철근과 전단철근
2. 콘크리트의 설계기준 강도와 배합강도
3. 프리텐션(pretension) 공법과 포스트텐션(post-tension) 공법
4. 흙의 다짐특성
5. 콘크리트 구조물 기초의 필요조건
6. 프리플렉스 보(Preflex Beam)
7. 심빼기 발파
8. 고압분사 교반 주입공법 중에서 R.J.P(Rodin Jet Pile) 공법
9. 교좌의 가동받침과 고정받침
10. 아스팔트 콘크리트 포장의 소성변형
11. Lugeon치
12. 노체성토부의 배수대책
13. 낙석방지공

제2교시

• 다음 6문제 중 4문제를 선택하여 설명하십시오.(각 25점)

1. 도로 및 단지조성 공사 착공시 책임 기술자로서 시공계획과 유의사항을 설명하시오.
2. 건설기술관리법에서 PQ(사업수행 능력평가), TP(기술제안서)를 설명하고 본 제도의 문제점과 대책을 설명하시오.
3. 시공관리의 목적과 관리내용에 대하여 설명하시오.
4. 기존 아스팔트 콘크리트 포장에서 덧씌우기 전의 보수방법을 파손유형에 따라 설명하시오.
5. 발파공법에서 시험발파의 목적, 시행방법 및 결과의 적용에 대하여 설명하시오.
6. 건설공사의 입찰방법을 설명하고 현행 턴키(Turn key) 방법과 개선점을 설명하시오.

제3교시

● 다음 6문제 중 4문제를 선택하여 설명하십시오.(각 25점)

1. 토사 또는 암버력 이외에 노체에 사용할 수 있는 재료와 이들 재료를 사용하는 경우 고려해야 할 사항에 대하여 설명하시오.
2. 제방의 누수에는 제체누수와 지반누수로 구분할 수 있는데 이들 누수의 원인과 시공대책에 대하여 설명하시오.
3. 교량시공 중 평탄성(P.R.I)관리와 설계기준에 부합하는 시공시 유의사항을 설명하시오.
4. 터널시공 중 터널막장의 보강공에 대하여 설명하시오.
5. 콘크리트 표면 차수벽형 석괴댐(Concrete face rockfill dam)
6. 교각용 콘크리트의 배합설계를 다음 조건에 의하여 계산하고 시방배합표를 작성하시오.
   조건 : f_{ck} = 210kgf/cm^2, 시멘트의 비중 3.15, 잔골재의 표건비중 2.60, 굵은 골재의 최대치수 40mm 및 표건비중 2.65이고, 공기량 4.5%(AE제는 시멘트 무게의 0.05% 사용함), 물·시멘트비 W/C=50%, 슬럼프 8cm로 하며 배합계산에 의하여 잔골재율 s/a=38%, 단위수량 W=170kg을 얻었다.

제4교시

● 다음 6문제 중 4문제를 선택하여 설명하십시오.(각 25점)

1. 터널공법 중 세미쉴드(Semi shield) 공법과 쉴드(Shield) 공법에 대하여 설명하고 각기 시공순서를 설명하시오.
2. 연약지반을 개량하고자 한다. 사질토 지반에 적용될 수 있는 공법을 열거하고 특징을 설명하시오.
3. 댐의 그라우팅(grouting)의 종류와 방법에 대하여 설명하시오.
4. 교량가설 공법 중 프리캐스트 캔틸레버공법의 (Precast Cantilever) 특징과 가설방법에 대하여 설명하시오.
5. 해안 콘크리트 구조물의 염해 발생원인과 방지대책에 대하여 설명하시오.
6. 토취장의 선정요령과 복구에 대하여 설명하시오.

제69회 토목시공기술사 기출문제
(시행일 : 2003년 3월 9일)

제1교시

● 다음 13문제 중 10문제를 선택하여 설명하십시오.(각 10점)

1. Pre-loading
2. 굳지 않은 콘크리트의 성질
3. 침매공법
4. 포장의 평탄성 관리기준
5. 배합강도를 정하는 방법
6. PDM(Precedence Diagramming Method) 공정표 작성 방식
7. Face Mapping
8. 염분과 철근발청
9. 투수성 시멘트 콘크리트 포장
10. 공정·공사비 통합관리 체계(EVMS)
11. Dolpin
12. 타이바(Tie Bar)와 다월바(Dowel Bar)
13. 부마찰력(Negative Skin Friction)

제 2 교시

● 다음 6문제 중 4문제를 선택하여 설명하십시오.(각 25점)

1. 기초말뚝 시공시 지지력에 영향을 미치는 시공상의 문제점을 서술하시오.
2. 교량의 철근콘크리트 바닥판 시공시 수분증발에 의한 균열발생 억제를 위해 필요한 초기 양생 대책에 대하여 서술하시오.
3. 건설공사에서 공정계획 작성시 계획수립상세도 및 작업상세도에 따른 공정표(Network)의 종류에 대해서 서술하시오.
4. 해빙기를 맞아 시멘트 콘크리트 도로포장 곳곳에서 융기현상과 부분적인 침하현상이 발견되었다. 이들의 발생 원인을 열거하고 방지대책을 서술하시오.
5. 도심지에서 지반굴착 시공시 발생하는 지하수위 저하와 진동으로 인하여 주변 구조물에 미치는 영향을 열거하고 이에 대한 대책에 관하여 서술하시오.
6. 사면보호공법의 종류를 열거하고 각각에 대하여 서술하시오.

제 3 교시

● 다음 6문제 중 4문제를 선택하여 설명하십시오.(각 25점)

1. 험준한 산악지등을 횡단하는 PSC Box거더 교량 시공시 가설(架設)공법의 종류를 열거하고 각각의 특징에 대하여 서술하시오.
2. 컷백(Cut back) 아스팔트와 유제아스팔트의 특성에 대하여 서술하시오.
3. 동절기 콘크리트 시공시 고려해야할 사항을 열거하고 특히 동결융해 성능향상을 위한 혼화제 사용에 있어서의 유의사항에 대하여 서술하시오.
4. 시공을 포함하는 위험형 건설사업관리(CM at Risk) 계약과 턴키(Turn Key) 계약 방식에 대하여 서술하시오.
5. 원가계산시 예정가격 작성준칙에서 규정하고 있는 비목을 열거하고, 각각에 대하여 서술하시오.
6. 대단위 토공사 현장에서의 시공계획 수립을 위한 사전조사 사항을 열거하고, 장비선정 및 조합시 고려해야 할 사항에 대하여 서술하시오.

제4교시

● 다음 6문제 중 4문제를 선택하여 설명하십시오.(각 25점)

1. 기초시공 지반의 하층부가 연약점토층으로 구성된 이질층 지반에서 평판재하시험 시행시 고려해야 할 사항을 서술하시오.
2. 해안 환경하에 설치되는 철근콘크리트 구조물 시공에 있어서 내구성 향상 대책에 대하여 서술하시오.
3. 도시지역에서 교량 및 복개구조물 철거시 철거공법의 종류별 특징 및 유의사항에 대하여 서술하시오.
4. 콘크리트 댐과 RCD(Roller Compacted Dam)의 특징에 대하여 서술하시오.
5. NATM터널 시공시 적용하는 숏크리트(Shotcrete) 공법의 종류와 특징을 열거하고 발생하는 라바운드(Rebound) 저감대책에 관하여 서술하시오.
6. 정보화시대에 요구되는 건설정보 공유방안을 포함한 건설정보화에 대하여 서술하시오.

제70회 토목시공기술사 기출문제
(시행일 : 2003년 6월 15일)

제1교시

● 다음 13문제 중 10문제를 선택하여 설명하십시오.(각 10점)

1. 흙의 연경도(Consistency)
2. 공정관리 곡선(바나나 곡선)
3. 할열시험법
4. 해양 콘크리트
5. 제방법선(Nomal Line Bank)
6. 철근의 표준갈고리
7. G.I.S (Geographic Information System)
8. 들밀도 시험(Fild Density)
9. 패스트 트랙방식(Fast Track Method)
10. 대안거리(Fetch)
11. 상온 유화 아스팔트 콘크리트
12. Packed Drain Method의 시공순서
13. 설계 강우 강도

제2교시

● 다음 6문제 중 4문제를 선택하여 설명하십시오.(각 25점)

1. 성토재료의 요구성질과 현장다짐 방법 및 판정방법을 기술하시오.
2. 교량에서 철근 콘크리트 바닥판의 손상원인과 보강대책을 기술하시오.
3. 록 볼트(Rock Bolt)와 소일네일링(Soil Nailing) 공법의 특성을 비교하고 설명하시오.
4. 콘크리트의 압축강도 및 균열을 확인하기 위한 비파괴 시험법 및 특성을 기술하시오.
5. 도심지 고가도로 구조물의 해체에 적합한 공법과 시공시 유의사항을 기술하시오.
6. 건설사업관리(Construction Management)의 업무내용을 각 단계별로 기술하시오.

제3교시

● 다음 6문제 중 4문제를 선택하여 설명하십시오.(각 25점)

1. 지하수위가 비교적 높은 지역의 저수장 지하구조물 시공법 선정시 고려해야 할 사항과 각 공법 시공시 유의해야 할 사항을 기술하시오.
2. 아스팔트 및 콘크리트 포장도로에서 미끄럼방지시설(Anti-Skid Method)에 대해 기술하시오.
3. 산악지역의 터널굴착시 제어발파 공법에 대해서 기술하시오.
4. 수제공(Stream Control Works)의 목적과 기능에 관해 기술하시오.
5. 강교에서 고장력볼트 이음의 종류와 시공시 유의사항을 기술하시오.
6. 물가변동에 의한 공사계약 금액 조정방법을 기술하시오.

제4교시

● 다음 6문제 중 4문제를 선택하여 설명하십시오.(각 25점)

1. 교량의 프리캐스트 세그먼트(Precast Segment) 가설공법의 종류와 시공시 유의사항을 기술하시오.
2. 유수전환 시설의 설계 및 선정시 고려할 사항과 구성요소에 대하여 기술하시오.
3. 필댐(Fill Dam)과 콘크리트 댐의 안전점검 방법에 대해 기술하시오.
4. 흙막이공 시공시 계측관리를 위한 계측기의 설치 위치 및 방법에 대하여 기술하시오.
5. 터널계획시 지하수 처리 방법에 대하여 기술하시오.
6. 건설공사 크레임 발생원인과 이를 방지하기 위한 대책을 기술하시오.

제71회 토목시공기술사 기출문제
(시행일 : 2003년 8월 24일)

제1교시

● 다음 13문제 중 10문제를 선택하여 설명하십시오.(각 10점)

1. Proof Rolling
2. 고성능 콘크리트
3. Consolidation grouting
4. Open Cassion의 마찰력 감소방법
5. Con'c 온도제어 양생방법 중 Pipe cooling공법
6. 분리막
7. 강재에 축하중 작용시의 진응력과 공칭응력
8. 잠재수 경성과 포졸란(Pozzolan) 반응
9. 미진동 발파공법
10. 양압력
11. 평판재하 시험
12. 고성능 감수제와 유동화제의 차이
13. R.Q.D.

제2교시

● 다음 6문제 중 4문제를 선택하여 설명하십시오.(각 25점)

1. 토공작업시 토량분배 방법에 대하여 기술하시오.
2. 시멘트 및 콘크리트의 풍화, 수화, 중성화를 기술하시오.
3. 물이 비탈면의 안정성 저하 또는 붕괴의 원인으로 작용하는 이유를 열거하고, 이 현상이 실제의 비탈면이나 흙 구조물에서 발생하는 사례를 한 가지만 기술하시오.
4. 연약지반상의 케이슨(cassion) 시공시 문제점과 대책을 기술하시오.
5. 토공작업시 시방서에 다짐제한을 두는 이유와 다짐관리 방법에 대하여 기술하시오.
6. 콘크리트 골재의 함수상태에 따른 용어들을 기술하시오.

제3교시

● 다음 6문제 중 4문제를 선택하여 설명하십시오.(각 25점)

1. 콘크리트의 강도는 공시체의 모양, 크기 및 재하방법에 따라 상당히 다르게 측정된다. 각각을 기술하시오.
2. 우기철에 옹벽의 붕괴사고가 자주 발생되고 있다. 옹벽배면의 배수처리 방법과 뒤채움 재료의 영향에 대하여 기술하시오.
3. 폐콘크리트의 재활용 방안에 대하여 기술하시오.
4. 교량의 교면방수에 대하여 기술하시오.
5. 콘크리트의 균열보수 공법에 대하여 기술하시오.
6. 건설공사의 품질관리와 품질경영에 대하여 기술하고 비교 설명하시오.

제4교시

● 다음 6문제 중 4문제를 선택하여 설명하십시오.(각 25점)

1. 건설장비의 사이클타임(cycle time)이 공사원가에 미치는 영향에 대하여 기술하시오.
2. 기계식 터널 굴착공법(T.B.M)을 분류하고 각 기종의 특징을 기술하시오.
3. 계곡부에 고성토 도로를 축조하여 횡단하고자 한다. 시공계획을 기술하시오.
4. 도로포장에서 표층의 보수공법에 대하여 기술하시오.
5. 콘크리트 구조물의 유지관리 체계와 방법에 대하여 기술하시오.
6. 지하수위 이하의 굴착시 용수 및 고인물을 배수할 경우
   1) 배수공으로 인해 발생하는 문제점의 원인
   2) 안전하고 용이하게 배수할 수 있는 최적의 배수공법 서정 방법을 기술하시오.

제72회 토목시공기술사 기출문제
(시행일 : 2004년 2월 22일)

제1교시

● 다음 13문제 중 10문제를 선택하여 설명하십시오.(각 10점)

1. 펌퍼빌리티(Pumpability)
2. 골재의 유효흡수율과 흡수율
3. 실리카 퓸(Silica fume)
4. 콘크리트의 소성수축 균열
5. RMR(Rock Mass Rating)
6. 파일쿠션(Pile cushion)
7. 지진파(진반 진동파)
8. 시공효율
9. 임팩트 크러셔(Impact crusher)
10. 공중작업 비계(Cat walk)
11. 도막방수
12. 건설공사의 위험도 관리(Risk-management)
13. 투수성 포장

제2교시

● 다음 6문제 중 4문제를 선택하여 설명하십시오.(각 25점)

1. 연약지반에서 교대지반이 측방 유동을 일으키는 원인과 대책에 대하여 기술하시오.
2. 항만 구조물을 콘크리트로 시공하고자 한다. 콘크리트의 재료·배합 및 시공의 요점을 기술하시오.
3. 필댐(Fill dam)의 누수 원인과 방지대책에 대하여 기술하시오.
4. 현장타설 콘크리트 말뚝의 콘크리트 품질관리에 대하여 기술하시오.
5. 교량의 캔틸레버 가설공법(FCM)에 대하여 기술하시오.
6. TBM(Tunnel Boring Machine) 공법의 특징에 대하여 기술하시오.

제3교시

● 다음 6문제 중 4문제를 선택하여 설명하십시오.(각 25점)

1. 시공 공정에 따른 콘크리트의 균열저감 대책을 기술하시오.
2. 도심지 인터체인지에 많이 활용되는 연성벽체로서 기초처리가 간단하고 내진에도 강한 옹벽에 대하여 기술하시오.
3. 지하수위가 높은 점성토 지반에 콘크리트 파일 항타시 문제점에 대하여 기술하시오.
4. 교면포장이 갖추어야 할 요건 및 각층 구성에 대하여 기술하시오.
5. 구조용 강재 용접부의 비파괴시험 방법(N.D.T)에 대하여 기술하시오.
6. 공사계약 일반조건에 의한 설계변경 사유와 이로 인한 계약금액의 조정방법에 대해서 기술하시오.

제4교시

● 다음 6문제 중 4문제를 선택하여 설명하십시오.(각 25점)

1. 도로지반의 동상의 원인과 대책에 대하여 기술하시오.
2. 안벽의 종류 및 특징에 대하여 기술하시오.
3. 교량기초로 사용되는 공기케이슨(PNEUMATIC-CAISSON)의 침하 방법에 대하여 기술하시오.
4. 시공 중인 노선 터널의 환기(VENTILATION) 방식에 대하여 기술하시오.
5. 건설공사에서 LCC(Life Cycle Cost)기법의 비용 항목 및 분석 절차에 대해서 기술하시오.
6. 터널의 지반보강 방법에 대하여 기술하시오.

제73회 토목시공기술사 기출문제
(시행일 : 2004년 6월 6일)

제1교시

- 다음 13문제 중 10문제를 선택하여 설명하십시오.(각 10점)

1. 철근의 피복두께와 유효높이
2. Pr.I(Profile Index)
3. 워커빌리티(workability)측정방법
4. 2차폭파(小割(소할)폭파)
5. 취도계수(脆渡係數)
6. 모래밀도별 N값과 내부마찰각의 상관관계
7. Spring Line
8. 콘크리트의 Creep 현상
9. FAST TRACK construction
10. 비말대와 강재부식속도
11. pop out 현상
12. Lugeon치
13. pre-wetting

제2교시

● 다음 6문제 중 4문제를 선택하여 설명하십시오.(각 25점)

1. 콘크리트의 내구성을 저하시키는 원인과 대책에 대하여 설명하시오.
2. 아스팔트 포장에서 소성변형의 원인과 대책에 대하여 설명하시오.
3. 현장타설 콘크리트 말뚝기초를 시공함에 있어서 슬라임(Slime)처리방법과 철근의 공상(솟음)발생 원인 및 대책을 설명하시오.
4. 대단위 단지조성공사의 토공작업에서 토공계획 작성시 사전조사사항을 열거하고, 시공계획수립시 유의사항을 설명하시오.
5. 도심지 교통혼잡지역을 통과하고 주변구조물에 근접하고 있는 지역에서 지하 연속구조물 공사를 개착식으로 시공하려고 한다. 안전시공상의 문제점을 열거하고, 관리방법에 대하여 설명하시오.
6. 토목공사시공시 공사관리상의 중점관리 항목을 열거하고 설명하시오.

제3교시

● 다음 6문제 중 4문제를 선택하여 설명하십시오.(각 25점)

1. 절토사면의 붕괴에 대하여 그 원인과 대책을 설명하시오.
2. 콘크리트는 물-시멘트비가 가장 중요하다. 그렇다면 수화, 워커빌리티 등에 꼭 필요한 물-시멘트비와 최근의 고강도화와 관련하여 그 경향에 대하여 설명하시오.
3. 시멘트 콘크리트 포장공사에서 발생하는 손상의 종류를 열거하고, 이들의 발생 원인과 보수방안에 대하여 설명하시오.
4. 실적공사비제도의 필요성과 문제점에 대하여 설명하시오.
5. 지하 30m와 20m 사이에서 연암과 연약토층이 혼재된 지반조건을 가진 도심지의 도시터널공사(직경 7.0m, 길이 약 4km)를 시공하고자 한다. 인근건물과 지중 매설물의 피해를 최소화하는 기계식 자동화공법의 시공계획서 작성시 유의사항을 설명하시오.
6. 지하터파기공사에서 물처리는 공기(工期)뿐만 아니라 공사비에도 절대적인 영향을 미친다. 공사 중 물처리 공법에 대하여 설명하시오.

제4교시

● 다음 6문제 중 4문제를 선택하여 설명하십시오. (각 25점)

1. 댐(Dam)의 기초 처리공법에 대하여 설명하시오.
2. 연약지반에서 구조물공사시 계측시공관리계획에 대하여 설명하시오.
3. 좋은 철근콘크리트구조물을 만들기 위한 시공순서와 주의사항에 대하여 설명하시오.
4. 도로공사 노체나 철도공사 노반의 성토구조물을 시공하려고 한다. 설계시 고려사항 및 성토 관리에 대하여 설명하시오.
5. 건설공사에 있어서 클레임(claim) 역할과 합리적인 해결방안에 대하여 설명하시오.
6. 항만시설물 공사에서 강구조물 시공시 도복장공법의 종류를 열거하고, 적용범위와 공법 선정시 검토사항에 대하여 설명하시오.

제74회 토목시공기술사 기출문제
(시행일 : 2004년 8월 22일)

제1교시

● 다음 13문제 중 10문제를 선택하여 설명하십시오.(각 10점)

1. Prepacked Concrete 말뚝
2. 압밀과 다짐의 차이
3. G.P.R(Ground Penetrating Radar) 탐사
4. Line Drilling Method
5. 유출계수
6. Surface Recycling(노상표층재생) 공법
7. 촉진양생
8. 유압식 Back Hoe 작업량 산출방법
9. 교량의 L.C.C(수명주기비용) 구성요소
10. 콘크리트 배합강도 결정방법 2가지
11. Project Financing (프로젝트 금융)
12. 응력부식 (Stress Corrosion)
13. 리스크(Risk)관리 3단계

제2교시

● 다음 6문제 중 4문제를 선택하여 설명하십시오.(각 25점)

1. 시멘트 콘크리트포장과 아스팔트 콘크리트포장의 구조적특성 및 포장형식의 특성과 선정시 고려사항에 대하여 기술하시오.
2. 대형상수도관을 하천을 횡단하여 부설코자할 때 품질관리와 유지관리를 감안한 시공상 유의사항을 기술하시오.
3. 콘크리트 운반시간이 품질에 미치는 영향에 대하여 기술하시오.
4. 터널공사시 여굴의 원인과 방지대책에 대하여 기술하시오.
5. 연약지반처리를 팩드레인(Pack Drain)공법으로 시공시 품질관리를 위한 현장에서 점검할 사항과 시공시 유의사항을 기술하시오.
6. 최신의 교량교면 포장공법 중 L.M.C(Latex Modified Concrete)에 대하여 기술하시오.

제3교시

● 다음 6문제 중 4문제를 선택하여 설명하십시오.(각 25점)

1. 콘크리트 옹벽시공시 배면의 배수가 필요한 이유와 배면 배수방법에 대해 기술하시오.
2. 항만공사에서 그래브(Grab)선 준설능력 산정시 고려할 사항과 시공시 유의사항을 기술하시오.
3. 암(뿜)성토시, 시공상의 유의사항에 대하여 기술하시오.
4. 일반구조물의 콘크리트공사에서 이음의 종류를 설명하고 이음부시공시 유의사항을 기술하시오.
5. 강교량 가설현장에서 용접부위별 검사방법과 검사 범위에 대하여 기술하시오.
6. 암석 발파시에는 진동에 따른 민원이 발생하고 있는 바, 발파진동저감을 위한 진동원 및 전파경로에 대한 대책을 기술하시오.

제4교시

● 다음 6문제 중 4문제를 선택하여 설명하십시오.(각 25점)

1. 3경간 PSC 합성거더교를 연속화 공법으로 시공하고자 할 때 슬래브의 바닥판과 가로보의 타설방법을 도해하고 사유를 기술하시오.
2. 도로공사시 토공기종을 선정할 때 우선적으로 고려해야할 사항을 기술하시오.
3. Fill Dam의 종류와 누수원인 및 방지대책에 대하여 기술하시오.
4. 하천에서 보를 설치하여할 경우를 열거하고 시공시 유의사항을 기술하시오.
5. 고강도 콘크리트의 알칼리 골재 반응에 대하여 기술하시오.
6. 토목섬유(Geosynthetics)의 종류·특징 및 기능과 시공시 유의사항에 대하여 기술하시오.

제75회 토목시공기술사 기출문제
(시행일 : 2005년 2월 27일)

제1교시

● 다음 문제 중 10문제를 선택하여 설명하십시오. (각 10점)

1. 분리이음(isolation joint)
2. 최적함수비(O.M.C)
3. 조절발파(제어발파)
4. 지불선(pay line)
5. 허니컴(honey comb)
6. 커튼 그라우팅(curtain grouting)
7. 프로젝트 퍼포먼스 스테이터스(project performance status)
8. WBS(work breakdown structure)
9. 슬래킹(slaking)현상
10. 도로지반의 동상(frost heave) 및 융해(thawing)
11. 통일분류법에 의한 흙의 성질
12. 한계성토고
13. 부마찰력(negative skin friction)

제2교시

● 다음 문제 중 4문제를 선택하여 설명하시오.(각 25점)

1. 대사면 절토공사 현장에서 사면붕괴를 예방하기 위한 사전조치에 대하여 설명하시오.
2. 철근 콘크리트 구조물 시공 중 및 시공 후에 발생하는 크리프와 건조수축의 영향에 대하여 설명하시오.
3. 대단위 토공공사시 현장조사의 종류를 열거하고 조사 목적과 수행시 유의사항에 대하여 설명하시오.
4. 간만의 차가 큰 서해안의 연육교 공사현장에서 철근콘크리트 구조의 해중교각을 시공하려 한다. 구조물에 영향을 주는 요인들을 열거하고 시공시 유의사항에 대하여 설명하시오.
5. 연약지반 개량공사 현장에서 샌드파일 공법으로 시공시 장비의 유지관리와 안전시공 방안에 대하여 설명하시오.
6. 옹벽(H=10m)시공시 안전성을 고려한 시공단계별 유의사항에 대하여 설명하시오.

제3교시

● 다음 문제 중 4문제를 선택하여 설명하십시오.(각 25점)

1. 초연약 점성토 지반의 준설 매립공사 현장에서 초기장비 진입을 위한 표층처리 공법의 종류를 열거하고 그 적용성에 대하여 설명하시오.
2. 대단위 토공공사 현장에서 적재기계와 운반기계와의 경제적인 조합에 대하여 설명하시오.
3. 도심지 개착공법 적용 지하철 공사 현장에서 발생하는 환경오염의 종류를 열거하고 이를 최소화하기 위한 방안에 대하여 설명하시오.
4. 철근콘크리트 교량 상부구조물 공사시 콘크리트 보수·보강공법을 열거하고 각각에 대하여 설명하시오.
5. 고유동 콘크리트의 유동특성을 열거하고 유동특성에 영향을 미치는 각종 요인을 설명하시오.
6. NATM 터널시공시 적용하는 숏크리트(shotcrete)의 공법의 종류를 열거하고 발생하는 리바운드(rebound) 저감 대책에 관하여 서술하시오.

제 4 교시

● 다음 문제 중 4문제를 선택하여 설명하십시오.(각 25점)

1. 지하수위가 높은 지역에 흙막이를 설치, 굴착하고자 한다. 용수처리시 발생하는 문제점을 열거하고 그 대책에 대하여 설명하시오.

2. 아스팔트 콘크리트 포장공사 현장에서 시험포장을 하려고 한다. 시험포장에 관한 시공계획서를 작성하고 설명하시오.

3. 간만의 차가 큰 서해안에서 직립식 방파제를 시공하고자 한다. 직립식 방파제의 특징과 시공시 유의사항에 대하여 설명하시오.

4. 철근콘크리트교 상부구조물을 레미콘(ready mixed concrete)으로 타설할 경우 현장에서 확인할 사항에 대하여 설명하시오.

5. 장대터널공사 현장에서 인버트 콘크리트를 타설하고자 한다. 인버트 콘크리트의 설치목적과 타설시 유의해야 할 사항에 대하여 설명하시오.

6. 지하저수 구조물(-8.0m)을 해체하고자 한다. 해체공법을 열거하고 해체시 유의사항에 대하여 설명하시오.

제76회 토목시공기술사 기출문제
(시행일 : 2005년 6월 5일)

제1교시

● 다음 문제 중 10문제를 선택하여 설명하십시오.(각 10점)

1. 평사투영법
2. 토량의 체적 환산계수(f)
3. 건설기계경비의 구성
4. 콘크리트 블리딩(Bleeding) 및 레이탄스(Laitance)
5. 영공기 간극곡선(Zero Air Void Curve)
6. 콘크리트 포장의 스폴링(Spalling) 현상
7. 흙의 다짐도
8. 트래피커빌리티(Trafficability)
9. 에코 콘크리트(Eco Concrete)
10. 무도장 내후성 강재
11. 콘크리트의 황산염 침식(Sulfate Attack)
12. 배수성 포장
13. 건설 CITIS(Contrator Integrated Technical Information Service)

제2교시

● 다음 문제 중 4문제를 선택하여 설명하십시오.(각 25점)

1. 도심지 인근의 암반굴착 공사시 수행되는 시험발파 계측의 목적 및 방법에 대하여 설명하시오.
2. 콘크리트 중 철근부식의 원인과 방지대책에 대하여 설명하시오.
3. 교량의 교면방수공법 중 도막방수와 침투성 방수공법을 비교하여 설명하시오.
4. NATM 터널 공사에서 공정단계별 장비계획을 수립하시오.
5. 교량받침(Shoe)의 파손원인과 방지대책에 대하여 설명하시오.
6. 흙막이 구조물 시공방법 선정시 고려사항과 지보형식에 따른 현장 적용조건에 대하여 설명하시오.

제3교시

● 다음 문제 중 4문제를 선택하여 설명하십시오.(각 25점)

1. 현장작업시 진도관리를 위한 시공단계별의 중점관리항목에 대하여 설명하시오.
2. 콘크리트 펌프카(pump car) 사용에 따른 시공관리 대책에 대하여 설명하시오.
3. 기존터널 구간에 인접하여 신규 터널공사를 시공할 경우 발생할 수 있는 문제점과 그 대책에 대하여 설명하시오.
4. 고성능 콘크리트의 정의, 배합 및 시공에 대하여 설명하시오.
5. 암반 비탈면의 파괴형태와 사면안정을 위한 대책공법에 대하여 설명하시오.
6. 신설 6차로 도로 개설공사에서 아스팔트 혼합물의 포설방법과 시공시 유의사항에 대하여 설명하시오.

제4교시

● 다음 문제 중 4문제를 선택하여 설명하십시오.(각 25점)

1. 교량기초공사에서 경사파일(pile)이 필요한 사유와 시공관리대책에 대하여 설명하시오.
2. 콘크리트 공사에서 거푸집 및 동바리의 설치·해체시의 시공단계별 유의사항에 대하여 설명하시오.
3. NATM 터널 공사시 강지보재의 역할과 제작 설치시 유의하여야 할 사항에 대하여 기술하시오.
4. 프리스트레스트 콘크리트 박스 거더(PSC Box Girder) 캔틸레버 교량에서 콘크리트 타설시 유의사항과 처짐관리에 대하여 설명하시오.
5. 해수면을 매립한 연약지반 위에 대형 지하탱크를 건설하고자 한다. 굴착 및 지반안정을 위한 적절한 공법을 선정하고 시공시 유의사항에 대하여 설명하시오.
6. 댐공사에 있어서 하천 상류지역 가물막이 공사의 시공계획과 시공시 주의사항에 대하여 설명하시오.

제77회 토목시공기술사 기출문제
(시행일 : 2005년 8월 21일)

제1교시

● 다음 문제 중 10문제를 선택하여 설명하시오.(각 문제당 10점)

1. 건설기술관리법에 의한 감리원의 기본임무
2. 비용구배
3. 트렌치 커트공법(Trench cut)
4. 피어(Pier)기초 공법
5. 잔류수압
6. Atterberg 한계
7. Smooth blasting
8. 소파공
9. 현장배합
10. 폴리머 콘크리트
11. Consolidation Grouting
12. 표준트럭하중
13. 철근콘크리트 보의 철근비 규정

제2교시

● 다음 문제 중 4문제를 선택하여 설명하시오.(각 문제당 25점)

1. 도심지 하수관거 정비공사 중 시공상의 문제점과 그 대책에 대하여 기술하시오.
2. 산악지형의 토공작업에서 시공에 필요한 장비조합과 시공능률을 향상시킬 수 있는 방안을 기술하시오.
3. 하절기 매스 콘크리트 구조물의 콘크리트 타설시 유의사항과 계측관리 항목에 대하여 기술하시오.
4. 교면포장의 구성 요소와 그에 대하여 기술하시오.
5. Fill dam의 축조 재료와 시공에 대하여 기술하시오.
6. 하천 공작물 중 제방의 종류를 간략하게 설명하고, 제방시공 계획에 대하여 기술하시오.

제3교시

● 다음 문제 중 4문제를 선택하여 설명하시오.(각 문제당 25점)

1. con'c 구조물에서 표면상에 나타나는 문제점을 열거하고 그에 대한 대책을 기술하시오.
2. 옹벽의 붕괴는 대부분 여름철 호우시에 발생된다. 그 원인과 대책을 뒤채움 재료가 양질인 경우와 점성토인 경우 비교하여 기술하시오.
3. 프리스트레스트콘크리트 빔의 현장 제작시, 증기양생 관리방법과 프리스트레스 도입조건에 대하여 기술하시오.
4. 교량의 바닥판에서 배수 방법과 우수에 의한 바닥판 하부의 오염 방지를 위한 고려사항을 기술하고, 중앙분리대 또는 방호벽 콘크리트와 바닥판과의 시공이음부 시공 방안에 대하여 기술하시오.
5. 부실시공 방지대책(시공, 제도적 관점에서)에 대하여 기술하시오.
6. 모래 말뚝 공법과 모래다짐 말뚝공법을 비교 설명하고 시공시 유의사항을 기술하시오.

제4교시

● 다음 문제 중 4문제를 선택하여 설명하시오.(각 문제당 25점)

1. 현장 콘크리트 B/P(Batch Plant)의 효율적인 운영 방안에 대하여 기술하시오.
2. 시멘트 콘크리트 포장공사에서 초기균열 원인과 그 대책에 대하여 기술하시오.
3. 합성형교에서 Shear Connector의 역할과 합성거동을 확보하기 위한 바닥판의 시공시 유의사항을 기술하시오.
4. 자동차의 대형화와 교통량 증가로 도로구조의 지지력 증대가 요구되는바, 이에 대한 시공관리와 성토다짐작업에 관하여 기술하시오.
5. T/L(Tunnel)의 수직갱에 대하여 기술하시오.
6. 구조적인 안정을 보장하기 위해서 말뚝기초를 필요로 하는 경우를 기술하시오.

제78회 토목시공기술사 기출문제
(시행일 : 2006년 2월 19일)

제1교시

● 다음 문제 중 10문제를 선택하여 설명하시오.(각 10점)

1. 시멘트의 풍화
2. 불량 레미콘 처리
3. 점토의 예민비
4. 비용 편익 비(B/C ratio)
5. 황산염과 에트린가이트(ettringite)
6. 강재의 저온균열, 고온균열
7. 공사원가 계산시 경비의 세비목(細費目)
8. 피복석(armor stone)
9. 폴리머 함침 콘크리트(polymer impregnated concrete)
10. 그루빙(grooving)
11. 개정된 콘크리트표준시방서상 부순 굵은골재의 물리적 성질
12. 유수지(遊水池)와 조절지(調節池)
13. 흙댐의 유선망과 침윤선

제2교시

● 다음 문제 중 4문제를 선택하여 설명하시오. (각 25점)

1. 면진설계(isolation system)의 기본 개념, 주요 기능 및 국내에서 사용되는 면진장치의 종류를 기술하시오.
2. 연약지반상에 성토 작업시 시행하는 계측관리를 침하와 안정관리로 구분하여 그 목적과 방법에 대하여 기술하시오.
3. 터널 굴착 중에 터널 파괴에 영향을 미치는 요인에 대하여 기술하시오.
4. 고성능 콘크리트의 폭렬 특성, 영향을 미치는 요인과 저감 대책에 대해 기술하시오.
5. RCD(Reverse Circulation Drill) 공법의 특징 및 시공 방법, 문제점에 대해 기술하시오.
6. 다음 그림은 도로 현장에서 성토용 재료를 사용하기 위하여 몇 가지의 시료를 채취하여 입도 분석시험 결과에 의하여 얻어진 입도 분석곡선이다. 책임 기술자로서 각 곡선 A, B, C 시료에서 예측 가능한 흙의 성질을 기술하시오.

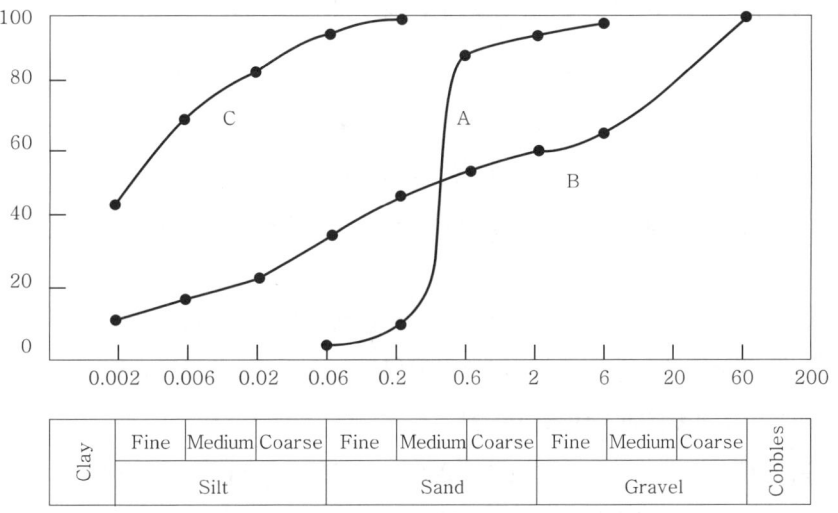

제3교시

● 다음 문제 중 4문제를 선택하여 설명하시오.(각 25점)

1. 파일 항타 작업시 방음, 방진대책에 대하여 기술하시오.
2. 콘크리트 구조물 시공시 거푸집 존치기간에 대하여 기술하시오.
3. 개질 아스팔트 포장에서 개질재를 사용하는 이유·종류 및 특징에 대하여 기술하시오.
4. 숏크리트(shotcrete)의 시공 방법과 시공상의 친 환경적인 개선안에 대하여 기술하시오.
5. 항만 구조물에서 접안시설의 종류 및 특징을 기술하시오.
6. 개착터널 등과 같은 지중 매설 구조물에서 지진에 의한 피해사항을 크게 2가지로 분류 설명하고, 그에 대한 대책을 기술하시오.

제4교시

● 다음 문제 중 4문제를 선택하여 설명하시오.(각 25점)

1. 기존 철도 또는 고속도로 하부를 통과하는 지하차도를 시공하고자 한다. 상부차량 통행에 지장을 주지 않고 안전하게 시공할 수 있는 공법의 종류를 열거하고 그 중 귀하가 생각할 때 가장 경제적이고 합리적인 공법을 선정하여 기술하시오.
2. 콘크리트 구조물 시공시 설치하는 균열유발줄눈(수축줄눈)의 기능을 설명하고 시공방법에 대하여 설명하시오.
3. NATM 터널에서 방수의 기능(역할)을 설명하고 방수막 후면의 지하수 처리 방법에 따른 방수형식을 분류하고 그 장단점을 기술하시오.
4. Micro CT-Pile 공법에 대하여 기술하시오.
5. 동절기 긴급공사로 성토부에 콘크리트 옹벽 구조물을 설치하고자 한다. 사전 검토사항과 시공시 주의하여야 할 사항을 기술하시오.
6. 지하철 건설공사 시공시 토류판 배면의 지하매설물 관리에 대하여 기술하시오.

제79회 토목시공기술사 기출문제
(시행일 : 2006년 5월 28일)

제1교시

● 다음 문제 중 10문제를 선택하여 설명하시오.(각 10점)

1. 내부 수익률(IRR, internal rate of return)
2. 화학적 프리스트레스트 콘크리트(chemical prestressed concrete)
3. 암반의 취성파괴(brittle failure)
4. 터널 지반의 현지응력(field stress)(FAST, function analysis system technique diagram)
5. 도로포장의 반사균열(reflection crack)
6. 가능최대홍수량(PMF, probable maximum flood)(EAC, estimate at completion)
7. 말뚝의 동재하 시험
8. 점성토 지반의 교란효과(smear effect)
9. 콘크리트의 피로강도
10. 건설기계의 경제적 사용시간
11. 가치공학에서 기능계통도
12. 콘크리트의 적산온도(maturity)
13. 공정·원가 통합관리에서 변경 추정예산

제2교시

● 다음 문제 중 4문제를 선택하여 설명하시오.(각 25점)

1. 임해지역에서 대규모 매립공사 수행시 육해상 토취상 계획과 사용장비 조합을 기술하시오.
2. 현장타설 콘크리트 말뚝 및 지하 연속벽에 사용하는 수중 콘크리트 차기작업의 요령을 설명하시오.
3. 강교량 가조립 공사의 목적과 순서 및 가조립시 유의사항에 대해 설명하시오.
4. 터널 굴착시 지보공이 터널의 안정성에 미치는 효과를 원지반 응답(곡)선을 이용하여 구체적으로 설명하시오.
5. 표준품셈에 의한 적산방식과 실적공사비 적산방식을 비교 설명하시오.
6. 건설기계의 시공효율 향상을 위한 필요 조건에 대해서 설명하시오.

제3교시

● 다음 문제 중 4문제를 선택하여 설명하시오.(각 25점)

1. 정수장 콘크리트 구조물의 누수원인 및 누수방지 대책을 기술하시오.
2. 대규모 방조제 공사에서 최종 끝막이 공법의 종류와 시공시 유의사항을 기술하시오.
3. 연약한 토사층에서 토피 30m 정도의 지하에 터널을 굴착 중 천단부에서 붕락이 일어나고 상부지표가 함몰되었다. 이때 조치해야할 사항과 붕락구간 통과방안에 대해 기술하시오.
4. 건설공사 공정계획에서 자원배분(resource allocation)의 의의 및 인력 평준화(leveling) 방법(요령)에 대해서 설명하시오.
5. 복잡한 시가지에 고가도로와 근접하여 개착식 지하철도가 설계되어 있다. 이 공사의 시공계획을 수립하는데 특별히 유의해야 할 사항을 기술하고 그 대책을 설명하시오.
6. 공정관리 기법의 종류별 활용 효과를 얻을 수 있는 적정사업의 유형을 각 기법의 특성과 연계하여 설명하시오. (Bar chart, CPM, LOB, Simulation)

제4교시

● 다음 문제 중 4문제를 선택하여 설명하시오.(각 25점)

1. 댐 기초공사에서 투수성 지반일 경우의 기초처리공법에 대해서 기술하시오.
2. 균열이 발달된 보통 정도의 암반으로, 중간에 2개소의 단층과 대수층이 예상되는 산간지역에 종단 구배가 3.5%이고 연장이 600m인 2차선 일반국도용 터널이 계획되어 있다. 본 공사에 대한 시공계획을 수립하시오.
3. 준설토의 운반거리에 따른 준설선의 선정과 준설토의 운반(처분)방법 및 각 준설선의 특성에 대해서 설명하시오.
4. 엑스트라도즈(Extradosed)교의 구조적 특성과 시공상의 유의사항을 기술하시오.
5. 지하수위가 높은 연약지반에서 개착터널(cut and cover tunnel) 시공시 영구벽체로 이용 가능한 공법을 선정하고 시공시 유의사항을 기술하시오.
6. 건설공사에서 원가관리 방법에 대하여 설명하고, 비용절감을 위한 여러 활동에 대하여 기술하시오.

제80회 토목시공기술사 기출문제
(시행일: 2006년 8월 20일)

제1교시

• 다음 문제 중 10문제를 선택하여 설명하십시오. (각 10점)

1. 사면거동 예측방법
2. 암반의 SMR분류법
3. 암반에서의 현장투수시험
4. 보의 유효높이와 철근량
5. 레미콘 현장반입 검사
6. 분사현상(Quick sand)
7. 콘크리트 수화열 관리방안
8. 말뚝의 부마찰력(negative friction)
9. 딕소트로피(thixortopy) 현상
10. 유토곡선(mass curve)
11. 직접기초에서의 지반파괴 형태
12. Dam의 감쇄공 종류 및 특성
13. 암 굴착시 시험 발파

제2교시

● 다음 문제 중 4문제를 선택하여 설명하십시오.(각 25점)

1. 최근 항만공사시 케이슨(cassion)이 5,000ton급 이상으로 대형화되고 있는 추세이다. 대형화에 따른 케이슨 제작 진수 및 거치 방법에 대하여 설명하시오.
2. 고교각(高橋脚) 및 사장교 주탑시공에 적용하는 거푸집공법 선정이 공기 및 품질 관리에 미치는 영향을 설명하시오.
3. 아스팔트 콘크리트 포장(60 a/일, t=5cm)을 하고자 한다. 시험포장을 포함한 시공계획에 대하여 설명하시오.
4. 연약지반 성토작업시 측방유동이 주변구조물에 문제를 발생시키는 사례를 열거하고 원인별 대책에 대하여 설명하시오.
5. 터널시 공중 천단부 쐐기파괴 발생시 현장에서 응급조치 및 복구대책에 대하여 설명하시오.
6. 도로성토시 다짐에 영향으로 주는 요인과 현장에서의 다짐관리 방법에 대하여 설명하시오.

제3교시

● 다음 문제 중 4문제를 선택하여 설명하십시오.(각 25점)

1. 댐 기초굴착 결과 일부구간에 파쇄가 심한 불량한 암반이 나타났다. 이에 대한 기초처리 방안에 대하여 설명하시오.
2. 공사 중인 터널의 환기방식 및 소요환기량 선정 방법에 대하여 설명하시오.
3. 민간투자 사업 방식을 종류별로 열거하고 그 특징을 설명하시오.
4. 자연사면의 붕괴원인 및 파괴형태를 설명하고 사면안정 대책에 대하여 설명하시오.
5. 집중 호우시 수위 상승으로 인하여 하천제방의 누수 및 제방붕괴 방지를 위한 대책에 대하여 설명하시오.
6. 도심지 지하굴착 작업에서 약액주입 공법 선정시 시공관리 항목을 열거하고 각각에 대하여 설명하시오.

제4교시

• 다음 문제 중 4문제를 선택하여 설명하십시오. (각 25점)

1. 평사투영법에 의한 사면안정 해석을 현장에 적용하고자 한다. 현장적용시 평사투영법의 장·단점에 대하여 설명하시오

2. 지하수위가 높은 복합층(자갈, 모래, 실트, 점토가 혼재)의 지반조건에서 지하구조물 축조시 배수공법 선정을 위하여 검토해야 할 사항을 열거하고 각각에 대하여 설명하시오.

3. 현장에서의 쉴드(Shield) 터널의 단계별 굴착방법에 따른 유의사항에 대하여 설명하시오.

4. 3경간 연속교의 상부 콘크리트를 타설하고자 한다. 콘크리트 타설 순서를 설명하고 시공시 유의사항을 설명하시오.

5. 도심지 교통혼잡지역을 통과하는 대규모 굴착공사시 계측관리 방법에 대하여 설명하시오.

6. 항로에 매몰된 점토질 토사 500,000m^3를 공기 약 6개월 내에 준설하고자 한다. 투기장이 약 3km거리에 있을 때 준설계획에 대하여 설명하시오.

제81회 토목시공기술사 기출문제
(시행일 : 2007년 2월 25일)

제1교시

● 다음 문제 중 10문제를 선택하여 설명하십시오.(각 10점)

1. 말뚝의 부마찰력(Negative Skin Friction)
2. 재생포장(Repavement)
3. 철근의 정착(Anchorage)
4. 콘크리트의 염해(Chloride Attack)
5. 비상여수로(Emergency Spillway)
6. 히빙(Heaving)현상
7. 호퍼준설선(Trailing Suction Hopper Dredger)
8. 콘관입시험(Cone Penetration Test)
9. 트래버스(Traverse) 측량
10. 진동다짐(Vibro-Floatation)공법
11. 프리스플리팅(Pre-splitting)
12. 위험도분석(Risk Analysis)
13. 비파괴시험(Non-Destructive Test)

제2교시

● 다음 문제 중 4문제를 선택하여 설명하십시오.(각 25점)

1. 도심지 주거 밀집지역에서 암굴착을 하려고 한다. 소음과 진동을 피하여 시공할 수 있는 암 파쇄공법을 설명하고, 시공상 유의할 사항에 대하여 기술하시오.
2. Shield 장비로 거품(Foam)을 사용하여 터널을 굴착할 때의 버력처리(Mucking)방법에 대하여 설명하고, 시공시 유의할 사항에 대하여 기술하시오.
3. 콘크리트 구조물의 양생의 종류를 열거하고, 시공상 유의할 사항에 대하여 기술하시오.
4. 항만매립공사에 적용하는 지반개량공법의 종류를 열거하고, 그 공법의 내용을 기술하시오.
5. 국가를 당사자로 하는 공사계약에서 설계변경에 해당하는 경우를 열거하고, 그 내용을 기술하시오.
6. 기존 지하철 하부를 통화하는 또 다른 지하철 공사를 Underpinning 공법으로 시공하고자 한다. 이 공법을 설명하고, 시공상 유의할 사항에 대하여 기술하시오.

제3교시

● 다음 문제 중 4문제를 선택하여 설명하십시오.(각 25점)

1. 연속압출공법(Incremental Launching Method : ILM)을 설명하고, 시공순서와 시공상 유의할 사항을 기술하시오.
2. NATM 터널시공시 지보공의 종류와 시공순서에 대하여 설명하고, 시공상 유의사항을 기술하시오.
3. 콘크리트의 시방배합과 현장배합을 설명하고, 시방배합으로부터 현장 배합으로 보정하는 방법에 대하여 기술하시오.
4. 비탈면 붕괴억제공법의 종류를 설명하고, 시공상 유의할 사항에 대하여 기술하시오.
5. 도심지 주택가에서 직경 1500mm의 콘크리트 하수관을 Pipe Jacking 공법으로 시공하고자 한다. 이 공법을 설명하고, 시공상 유의사항에 대하여 기술하시오.
6. 최근 장비의 발달과 구조물의 대형화로 대구경의 큰 지지력(1000톤 이상)을 요하는 현장타설말뚝공법이 많이 적용되고 있다. 이러한 말뚝의 정재하시험방법을 설명하고, 시험시 유의사항에 대하여 기술하시오.

제4교시

● 다음 문제 중 4문제를 선택하여 설명하십시오.(각 25점)

1. 철근 콘크리트 구조물의 내구성 향상을 위하여 시공 이전에 수행해야 할 내구성 평가에 대하여 설명하시오.
2. PSC그라우트(grout)에 대하여 간단히 설명하고 시공상 유의할 사항에 대하여 기술하시오.
3. 대규모 토공작업을 하고자 한다. 합리적인 장비조합 계획과 시공상 검토할 사항에 대하여 기술하시오.
4. 항만공사에서 사석공사와 사석고르기 공사의 품질관리와 시공상 유의할 사항에 대하여 기술하시오.
5. 가동 중인 하수처리장 침전지(철근콘크리트 구조물) 안에 있는 물을 모두 비웠더니 바닥 구조물상부에 균열이 발생하였다. 균열이 생긴 원인을 파악하고 균열방지를 위한 당초 시공상 유의할 사항을 기술하시오.
6. RCD 댐 (Roller Compacted Concrete Dam)의 개요와 시공순서를 설명하고 시공상 유의할 사항에 대하여 기술하시오.

제82회 토목시공기술사 기출문제
(시행일 : 2007년 5월 27일)

제1교시

● 다음 문제 중 10문제를 선택하여 설명하십시오.(각 10점)

1. 최적 함수비(O.M.C)
2. 지하연속벽(Diaphram Wall)
3. Concrete 포장의 분리막
4. RMR(Rock Mass Rating)
5. Slurry Shield TBM공법
6. 하이브리드 Cassion
7. 침매터널
8. BTL과 BTO
9. 현장 용접부 비파괴검사 방법
10. 타입말뚝 지지력의 시간경과 효과(Time Effect)
11. F.C.M공법(Free Cantillever Method)
12. 측방유동
13. 자정식 현수교

제2교시

● 다음 문제 중 4문제를 선택하여 설명하십시오.(각 25점)

1. 닐슨 아치(Nielson Arch)교량의 가설공법에 대하여 설명하시오.
2. 중력식 Concrete Dam의 Concrete 생산, 운반, 타설 및 양생방법을 기술하시오.
3. 해양구조물 공사를 시공할 때 깊은 연약지반 개량 공사시 사용되는 DCM (Deep Cement Mixing Method)공법을 설명하고, 시공시 유의사항과 환경오염에 대한 대책을 기술하시오.
4. 지층변화가 심한 터널 굴착시 막장에서 지하수 유출 및 파쇄대 출현에 대한 대처방안을 기술하시오.
5. 강재의 피로파괴 특성과 용접이음부의 피로강도를 저하시키는 요인을 설명하시오.
6. 귀하가 시공책임자로서 현장에서 안전관리 사항과 공사중에 인명피해 발생시 조치해야 할 사항에 대하여 기술하시오.

제3교시

● 다음 문제 중 4문제를 선택하여 설명하십시오.(각 25점)

1. 연약지반에서 Pack Drain공법으로 지반을 개량할 때 예상되는 문제점과 이에 대한 대책을 기술하시오.
2. 매입 말뚝공법의 종류를 열거하고 그중에서 사용빈도가 높은 3가지 공법에 대하여 시공법과 유의사항을 기술하시오.
3. 일반 거더교에서 대표적인 지진피해 유형과 이에 대한 대책을 설명하시오.
4. 콘크리트 구조물 공사중 시공시(경화전)에 발생하는 균열의 유형과 대책에 대하여 기술하시오.
5. NATM 공법으로 터널을 시공시에 많은 계측을 실시하고 있다. 계측의 목적과 계측의 종류별 설치 및 계측시 유의사항을 기술하시오.
6. PSC 부재의 프리텐숀(Pre-tension) 및 포스트텐숀(Post-tension) 제작방법과 장·단점에 대하여 설명하시오.

제4교시

● 다음 문제 중 4문제를 선택하여 설명하십시오.(각 25점)

1. 사토장 선정시 고려사항과 현장에서 문제점이 되는 사항에 대하여 대책을 기술하시오.
2. 절토사면의 붕괴 원인과 이에 대한 대책을 기술하시오.
3. Asphalt 포장의 소성변형에 대하여 원인과 대책을 기술하시오.
4. 해저 pipe line의 부설방법과 시공시 유의사항을 설명하시오.
5. 교량교면 방수공법과 시공시 유의사항을 기술하시오.
6. 아래그림과 같이 현재 통행량이 많고 하천 충적층위에 선단지지 pile 기초로된 교량하부를 관통하여 지하철 터널굴착 작업을 하려고 한다. 이때 교량하부구조의 보강공법에 대하여 기술하시오.

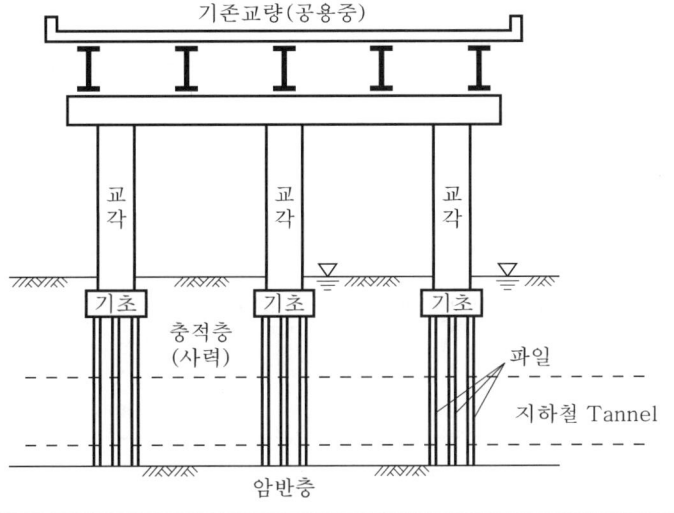

제83회 토목시공기술사 기출문제
(시행일 : 2007년 8월 19일)

제1교시

● 다음 문제 중 10문제를 선택하여 설명하십시오.(각 10점)

1. 터널 굴착면의 페이스 매핑(face mapping)
2. 연약지반의 정의와 판단기준
3. 콘크리트 포장의 시공조인트(joint)
4. 콘크리트의 내구성지수(durability factor)
5. 필댐의 수압할열(hydraulic fracturing)
6. 아스팔트 포장에서의 러팅(rutting)
7. 석괴댐의 프린스(plinth)
8. 터널에서의 콘크리트 라이닝의 기능
9. 발파에서 지반 진동의 크기를 지배하는 요소
10. 흙의 최대건조밀도
11. 최소비용촉진법(MCX : minimum cost expediting)
12. 최고가치낙찰제
13. 강재의 용접결함

제2교시

● 다음 문제 중 4문제를 선택하여 설명하십시오.(각 25점)

1. 말뚝기초 재하시험의 종류와 시험결과의 해석(평가)에 대하여 설명하시오.
2. 단지조성을 할 경우 단지내에서의 평면상 토량배분계획의 수립 방법을 설명하시오.
3. 콘크리트 교량 가설공법의 종류 및 그 특징을 설명하시오.
4. 현장에서 암발파시 일어날 수 있는 지반진동, 소음 및 암석비산과 같은 발파공해의 발생 원인과 대책을 설명하시오.
5. 도로공사에서 절토 사면길이 30m 이상 되는 절토구간을 친환경적으로 시공하기로 했을 때, 착공전 준비 사항과 착공 후 조치 사항을 설명하시오.
6. 하천제방에서 제체재료의 다짐기준을 설명하시오.

제3교시

● 다음 문제 중 4문제를 선택하여 설명하십시오.(각 25점)

1. 교량구조물 상부 슬래브 시공을 위하여 동바리 받침으로 설계되었을 때 시공전 조치 해야 할 사항을 설명하시오.
2. 포장 종류(아스팔트 포장 및 콘크리트 포장)에 따른 하중전달 형식 및 각 구조의 기능을 설명하시오.
3. 교량신축이음장치의 파손원인과 보수방법에 대하여 설명하시오.
4. 도로교 교대 시공시 필요한 안정 조건과 안정 조건이 불충분할 경우 조치해야 할 사항을 설명하시오.
5. 건설공사의 진도관리(follow up)를 위한 공정관리곡선의 작성방법과 진도평가방법을 설명하시오.
6. 콘크리트 중력댐 시공시 기초면의 마무리 정리에 대하여 설명하시오.

제4교시

• 다음 문제 중 4문제를 선택하여 설명하십시오. (각 25점)

1. 댐에서 파이핑(piping)현상으로 인해 누수가 발생했을 경우, 이에 대한 처리대책을 설명하시오.
2. 공사 시공중 변경사항이 발생할 경우에 설계 변경이 될 수 있는 조건과 그 절차를 설명하시오.
3. 콘크리트교의 양생과 시공이음 기준에 대해 설명하시오.
4. 강교시공시 강재의 이음방법과 강재 부식에 대한 대책을 설명하시오.
5. 토공사에서 적재기계와 덤프트럭의 최적대수 선정방법과 덤프트럭의 용량이 클 경우와 작을 경우의 운영상 장·단점을 설명하시오.
6. 건설공사 감리 제도의 종류 및 특징을 설명하시오.

제84회 토목시공기술사 기출문제
(시행일 : 2008년 2월 17일)

제1교시

● 다음 문제 중 10문제를 선택하여 설명하십시오.(각 10점)

1. 국가 DGPS 서비스 시스템
2. Atterberg Limits(애터버그 한계)
3. VE(Value Engineering)의 정의
4. 옹벽 배면의 침투수가 옹벽에 미치는 영향
5. 콘크리트포장의 피로 균열(fatigue cracking)
6. 파일벤트 공법
7. 건설공사의 클레임(claim)유형 및 해결방법
8. LCC(Life Cycle Cost)활용과 구성항목
9. 터널 굴착중 연약지반 보조공법 중 강관다단 그라우팅
10. FSLM(Full Span Launching Method)
11. 다짐도 판정방법
12. 부력과 양압력의 차이점
13. 방파제의 피해원인

제2교시

● 다음 문제 중 4문제를 선택하여 설명하십시오.(각 25점)

1. 사전 재해 영향성 검토협의시 검토 항목을 나열하고 구체적으로 설명하시오.
2. 대구경 현장 타설 말뚝시공을 위한 굴착시 유의사항 및 시공순서와 콘크리트 타설시 문제점 및 대책을 설명하시오.
3. 흙막이 벽의 종류(지지구조, 형식, 지하수 처리) 및 그 특징을 설명하시오.
4. 1994년 10월 21일 성수대교가 붕괴되어 32명의 사망자가 발생했다. 이 교량의 붕괴과정과 상판구조의 특성 및 붕괴의 원인에 대해 기술하시오.
5. 해빙기 산악지 국도에서 폭 150m, 사면높이 60m의 산사태가 발생하였다. 현장 책임자의 입장에서 붕괴원인 및 방지대책에 대하여 기술하시오.
6. 건설기술관리법 제15조의 2에 의거 건설공사 과정의 정보화를 촉진하기 위한 제3차 건설 CALS기본계획이 2007년 12월에 확정되었다. 이와 관련하여 건설 CALS의 정의, 제3차기본계획의 배경 및 필요성에 대해 기술하시오.

제3교시

● 다음 문제 중 4문제를 선택하여 설명하십시오.(각 25점)

1. 배수형터널과 비배수형 터널을 비교하여 그 개념 및 장점과 단점을 기술하시오.
2. 사면붕괴를 사전에 예측할 수 있는 시스템에 대하여 설명하시오.
3. 연약지반 개량공법의 종류를 열거하고 그중에서 압밀촉진 공법에 의한 연약지반의 처리순서 및 목적과 계측방법에 대해 기술하시오.
4. 콘크리트 포장구간에서 교량폭의 확장공사 중 발생되는 접속 슬래브의 처짐 및 가시설부 변위대책에 대해 기술하시오.
5. 도로공사에서 암 버럭을 유용하여 성토작업을 하는데 필요한 유의사항을 설명하시오.
6. Fill Dam기초가 암반일 경우 시공상의 문제점을 열거하고 그중 특히 Grouting공법에 대하여 기술하시오.

제 4 교시

● 다음 문제 중 4문제를 선택하여 설명하십시오.(각 25점)

1. 강교 가설공법의 종류, 특징 및 주의사항에 대해 기술하시오.
2. 터널시공시 강섬유보강 콘크리트의 역할과 발생되는 문제점 및 장·단점에 대하여 설명하시오.
3. 최근 도로 건설공사 중 교량 가시설(시스템동바리)붕괴에 의한 사고가 발생하고 있다. 시스템 동바리의 설계 및 시공상의 문제점을 제시하고, 그 대책에 대해서 설명하시오.
4. 사면안정공법중 억지 말뚝공법의 역할과 시공시 주의사항에 대하여 설명하시오.
5. 터널 갱구부의 위치선정, 갱문종류 및 시공시 주의사항에 대하여 설명하시오.
6. 보강토옹벽 시공시 간과하기 쉬운 문제점을 나열하고 설명하시오.

제85회 토목시공기술사 기출문제
(시행일 : 2008년 5월 25일)

제1교시

● 다음 문제 중 10문제를 선택하여 설명하십시오.(각 10점)

1. 콘크리트의 블리딩(bleeding) 및 레이턴스(laitance)
2. 최적함수비(OMC)
3. N값의 수정
4. 콘크리트의 탄산화(carbonation)
5. 경량성토공법
6. 공사계약금액 조정을 위한 물가변동률
7. 균열유발줄눈
8. 콘크리트 표면차수벽댐(CFRD)
9. 부영양화(eutrophication)
10. 순수형 CM(CM for fee) 계약 방식
11. 건설기계의 손료
12. BOT(Built-Own-Transfer)
13. 강재의 리랙세이션(relaxation)

제2교시

● 다음 문제 중 4문제를 선택하여 설명하십시오.(각 25점)

1. 성토시 구조물 접속부의 부등침하 방지대책을 설명하시오.
2. 침투수가 옹벽에 미치는 영향 및 배수대책을 설명하시오.
3. 투수성 포장과 배수성 포장의 특징 및 시공시 유의사항을 설명하시오.
4. 콘크리트 구조물에 화재가 발생했을 때, 콘크리트의 손상평가방법과 보수·보강대책을 설명하시오.
5. 하천 호안의 역할 및 시공시 유의사항을 설명하시오.
6. 항만공사에서 사상(砂床) 진수법에 의한 케이슨 거치 방법 및 시공시 유의 사항을 설명하시오.

제3교시

● 다음 문제 중 4문제를 선택하여 설명하십시오.(각 25점)

1. 해양콘크리트의 내구성 확보를 위한 시공시 유의사항을 설명하시오.
2. 댐공사에서 가체절 및 유수전환 공법의 종류와 특징을 설명하시오.
3. 산악 터널공사에서 발생하는 지하수 용출에 따른 문제점과 대책을 설명하시오.
4. 기계화 시공계획 수립순서 및 내용을 건설기계의 운용관리면을 중심으로 설명하시오.
5. 현장타설 콘크리트말뚝공법 중에서 RCD(reverse circulation drill) 공법의 장·단점과 시공시 유의사항에 대하여 설명하시오.
6. 공기단축의 필요성과 최소비용을 고려한 공기단축기법을 설명하시오.

제4교시

● 다음 문제 중 4문제를 선택하여 설명하십시오.(각 25점)

1. 수중불분리성 콘크리트의 특징 및 시공시 유의사항을 설명하시오.
2. 준설선을 토질조건에 따라 선정하고, 각 준설선의 특징을 설명하시오.
3. NATM 터널의 숏크리트 작업에서 터널 각 부분(측벽부, 아치부, 인버트부, 용수부)의 시공시 유의사항과 분진대책을 설명하시오.
4. 레디믹스트콘크리트(ready-mixed concrete) 제품의 불량원인과 그 방지대책을 설명하시오.
5. 콘크리트 고교각(高橋脚) 시공법의 종류와 특징 및 시공시 고려사항을 설명하시오.
6. 연약지반상에 설치된 교대의 측방이동의 원인 및 그 대책을 설명하시오.

제86회 토목시공기술사 기출문제
(시행일 : 2008년 8월 24일)

제1교시

• 다음 문제 중 10문제를 선택하여 설명하십시오.(각 10점)

1. 항만공사용 Suction Pile
2. 지수벽
3. 단지조성 공사시 GIS(Geographic Information System) 기법을 이용한 지하시설물도 작성
4. 매스콘크리트(Mass Concrete)에서의 온도 균열
5. 장수명 포장
6. 가상건설시스템(Virtual Construction System)
7. IPC거더(Incrementally Prestressed Concrete Girder) 교량 가설공법
8. 건설분야 LCA(Life Cycle Assessment)
9. 철도의 강화노반(Reinforced Roadbed)
10. 하천 생태(환경) 호안
11. 교량의 내진과 면진 설계
12. 수급인의 하자담보책임
13. 측방유동

제2교시

● 다음 문제 중 4문제를 선택하여 설명하십시오.(각 25점)

1. 기존옹벽 상단부분이 앞으로 기울어질 조짐이 예견되었다. 이에 대한 보강대책을 기술하시오.
2. 큰 하천을 횡단하는 교량시공시 기상조건을 고려한 방재대책과 이에 따른 공정계획 수립상 유의사항을 설명하시오.
3. NATM터널 시공시 지보패턴을 결정하기 위한 공사전 및 공사중 세부시행 사항을 설명하시오.
4. 최근 공사규모가 대형화되고 공기가 촉박해지면서 공기준수를 위해 설계시공병행(Fast-Track)방식의 공사발주가 활성화되고 있다. 공사책임자로서 설계 후 시공의 순차적 공사진행방식과 설계시공병행방식의 개요와 장·단점을 비교하고 설계시공병행방식에서 이용 가능한 단계구분의 기준을 예시하시오.
5. Asphalt 포장공사에서 교량 시종점부의 파손(부등침하균열 및 포트홀(pot hole 등)) 발생원인 및 대책에 대하여 설명하시오.
6. 단지조성시 성토부의 지하시설물 시공방법 중 성토 후 재터파기하여 지하시설물을 시공하는 방법과 성토 전 지하시설물을 먼저 시공하고 되메우기하는 방법에 대하여 설명하시오.

제3교시

● 다음 문제 중 4문제를 선택하여 설명하십시오.(각 25점)

1. 단층파쇄대에 설치되는 현장타설 말뚝 시공법과 시공시 유의사항을 설명하시오.
2. 대규모 단지조성 공사시 건설관련 개별법이 정한 인허가 협의 의견해소와 용지에 관련된 사업구역 확정 등 사업준공과 목적물 인계인수를 위해 분야별로 조치해야할 사항을 설명하시오.
3. 콘크리트 시공시에 성능강화를 위해 첨가되는 혼화재료의 사용목적과 선정시 고려사항 및 종류에 대하여 설명하시오.
4. 주요 간선도로를 횡단하는 송수관로(직경 2m, 2열)시공시 교통장애를 유발하지 않는 시공법을 제시하고 시공시 유의사항을 설명하시오.(지반은 사질토이고 지하수위가 높음)
5. 대도시 도심부 지하를 관통하는 고심도 지하도로 시공 중 도시시설물 안전에 미치는 영향요인들을 열거하고 시공시 유의사항을 설명하시오.
6. 하천제방 제내지측에 누수징후가 예견되었다. 누수원인과 방지대책을 설명하시오.

제 4 교시

• 다음 문제 중 4문제를 선택하여 설명하십시오.(각 25점)

1. 대단위 산업단지 성토를 육상토취장 토사와 해상준설토로 매립하고자 한다. 육·해상 구분하여 성토재의 채취, 운반, 다짐에 필요한 장비조합을 설명하시오.(성토물량과 공기 등은 가정하여 계획할 것)

2. 현장책임자로서 구조물의 직접기초 터파기공사를 계획할 때 현장여건별 적정 굴착공법을 개착식, Island방식, Trench방식으로 구분하여 설명하고 공법별 시공수순을 기술하시오.

3. 사면보강공사 중 Soil Nailing공법에 사용되는 수평배수관과 간격재(스페이셔 : spacer)의 기능과 역할에 대하여 설명하시오.

4. 최근 해외공사 수주가 급증하고 있다. 해외건설공사에 대한 위험관리(Risk Management)에 대하여 설명하시오.

5. 건설공사의 사면 절취에서 관련지침 및 부서 협의시 환경훼손의 최소화 차원에서 최대 절취높이를 점차 줄여나가고 있다. 이에 절취 사면의 안정과 유지관리에 유리한 환경친화적인 조치방법을 설명하시오.

6. 콘크리트 표면차수벽형 석괴댐(Concrete Face Rockfill Dam : CFRD)의 각 존별 기초 및 그라우팅 방법에 대하여 설명하시오.

제87회 토목시공기술사 기출문제
(시행일 : 2009년 2월 22일)

제1교시

● 다음 문제 중 10문제를 선택하여 설명하십시오.(각 10점)

1. 고유동콘크리트
2. 평판재하시험 결과 이용시 주의사항
3. 폭파치환공법
4. 보상기초(Compensated foundation)
5. 점토의 Thixotropy현상
6. Cell 공법에 의한 가물막이
7. 돗바늘공법(Rotator type all casing)
8. LB(Lattice Bar) Deck
9. 교량의 교면방수
10. Siphon
11. Discontinuity(불연속면)
12. 부잔교
13. 소수 주형(girder)교

제2교시

● 다음 문제 중 4문제를 선택하여 설명하십시오.(각 25점)

1. 대절토사면의 시공시 붕괴원인과 파괴형태를 기술하고, 방지대책에 대하여 설명하시오.
2. 하천제방의 종류와 시공시 유의사항을 설명하시오.
3. 기존 지하철노선 하부를 관통하는 신설 터널공사를 계획시, 기존노선과 신설터널 사이의 지반이 풍화잔적토이며 두께가 약 10m일 때, 신설터널공사를 위한 시공대책에 대하여 설명하시오.
4. 매입말뚝공법의 종류와 특성을 기술하고, 시공시 유의사항을 설명하시오.
5. SOC사업의 공사중 환경민원 등의 갈등해결 방안을 설명하시오.
6. 항만시설물 중 피복공사에 대하여 기술하고, 시공시 유의사항을 설명하시오.

제3교시

● 다음 문제 중 4문제를 선택하여 설명하십시오.(각 25점)

1. 연약지반 처리공법 중 연직배수공법을 기술하고, 시공시 유의사항을 설명하시오.
2. 아스팔트 포장을 위한 Work flow의 예를 작성하고, 시험시공을 통한 포장품질 확보방안을 설명하시오.
3. 콘크리트에서 발생하는 균열을 원인별로 구분하고, 시공시 방지 대책을 설명하시오.
4. 세굴에 의한 교량기초의 파손 및 유실이 종종 발생하고 있다. 교량기초의 세굴 예측기법과 방지공법에 대해 설명하시오.
5. 터널공사에서 록볼트(Rock bolt)의 종류와 정착방식에 따른 작용효과에 대하여 설명하시오.
6. Cable교량 중 Extradosed교의 시공과 주형 가설에 대하여 기술하시오.

제4교시

● 다음 문제 중 4문제를 선택하여 설명하십시오. (각 25점)

1. NATM 터널의 막장 관찰과 일상계측 방법을 기술하고, 시공시 고려사항에 대하여 설명하시오.
2. 토공사에 투입되는 장비의 선정시 고려사항과 작업능률을 높일 수 있는 방안을 설명하시오.
3. 상하수도 시설물(주위 배관 포함)의 누수를 방지할 수 있는 방안과 시공시 유의사항을 설명하시오.
4. 강교 현장이음의 종류 및 시공시 유의사항을 설명하시오.
5. 발파진동이 구조물에 미치는 영향을 기술하고, 진동영향 평가방법을 설명하시오.
6. 지하굴착을 위한 토류벽 공사시 발생하는 배면침하의 원인 및 대책을 설명하시오.

제88회 토목시공기술사 기출문제
(시행일 : 2009년 5월 24일)

제1교시

- 다음 문제 중 10문제를 선택하여 설명하십시오.(각 10점)

1. 롤러다짐콘크리트포장(Roller Compacted Concrete Pavement, RCCP)
2. 하천의 고정보 및 가동보
3. 총공사비의 구성요소
4. FCM(Free Cantilever Method)
5. 스무스 브라스팅(smooth blasting)
6. 사항(斜杭)
7. 폴리머 시멘트 콘크리트(Polymer-modified Concrete, PMC)
8. 포장의 그루빙(grooving)
9. GPR(Ground Penetrating Radar)탐사
10. 알칼리골재반응
11. 프런트잭킹(front jacking) 공법
12. 건설분야 RFID(Radio Frequency Identification)
13. 압성토공법

제2교시

● 다음 문제 중 4문제를 선택하여 설명하십시오. (각 25점)

1. 하천제방에서 부위별 누수 방지대책과 차수공법에 대하여 설명하시오.
2. 기초에서 말뚝 지지력을 평가하는 방법에 대하여 설명하시오.
3. 블록 방식에 의한 콘크리트 중력식 댐 시공에서 콘크리트의 이음과 시공시 유의 사항을 설명하시오.
4. 심발(심빼기) 발파의 종류와 지반 진동의 크기를 지배하는 요소에 대해 설명하시오.
5. 건설 프로젝트의 단계(기획, 설계, 시공, 유지관리)별 건설사업관리(CM)의 주요 업무 내용을 설명하시오.
6. 우물통케이슨의 현장 침하시 작용하는 저항력의 종류와 침하를 촉진시키기 위한 방안을 설명하시오.

제3교시

● 다음 문제 중 4문제를 선택하여 설명하십시오. (각 25점)

1. 매립호안 사석제의 파이핑(piping) 현상에 대한 방지대책공법을 설명하시오.
2. 흙막이 굴착 공사시의 계측 항목을 열거하고 위치 선정에 대한 고려사항을 설명하시오.
3. 모래섞인 자갈층과 전석층(N>40)이 두꺼운 지층구조(깊이 20m)에서 기존 건물에 근접한 시트파일(sheet pile) 토류벽을 시공하고자 한다. 연직토류벽체의 평면선형 변화가 많을 때 시트파일의 시공방법과 시공시 유의사항을 설명하시오.
4. 터널 2차 라이닝 콘크리트의 균열발생 원인과 그 방지대책을 설명하시오.
5. 마디도표방식(Precedence Diagram Method)에 의한 공정표의 특징 및 작성방법을 설명하시오.
6. 레미콘(Ready Mixed Concrete)의 품질확보를 위한 품질규정에 대해서 설명하시오.

제4교시

● 다음 문제 중 4문제를 선택하여 설명하십시오.(각 25점)

1. 지하구조물 시공시 지하수위에 따른 양압력의 영향 검토 및 대처방법에 대하여 설명하시오.
2. 기존 터널에 근접되는 구조물의 시공시 기존 터널에 예상되는 문제점과 대책을 설명하시오.
3. 땅깎기 비탈면에서 정밀안정검토가 요구되는 현장조건과 사면붕괴를 예방하기위한 안정대책에 대하여 설명하시오.
4. 콘크리트댐 공사에 필요한 골재 제조 설비 및 콘크리트 관련 설비에 대해서 설명하시오.
5. 아스팔트 콘크리트 포장에서 표층재생공법(Surface Recycling Method)의 특징 및 시공요점을 설명하시오.
6. 콘크리트 소교량의 상부공 가설공법 중에서 프리플렉스(Preflex)공법과 Precom(Pre-stressed Composite)공법을 비교 설명하시오.

제89회 토목시공기술사 기출문제
(시행일 : 2009년 8월 16일)

제1교시

● 다음 문제 중 10문제를 선택하여 설명하십시오.(각 10점)

1. 표준관입시험(SPT)
2. 저탄소 중온 아스팔트콘크리트 포장
3. 비상주 감리원
4. 비용편익비(B/C ratio)
5. 피암터널
6. 고내구성 콘크리트
7. 유보율(항만공사시)
8. 말뚝시공방법 중 타입공법과 매입공법
9. 하이브리드(hybrid) 중로아치교
10. 설계기준강도와 배합강도
11. RBM(raised boring machine)
12. 과소압밀(under consolidation) 점토
13. TSP(tunnel seismic profiling) 탐사

제2교시

● 다음 문제 중 4문제를 선택하여 설명하십시오.(각 25점)

1. 연약지반개량공법인 PBD(plastic board drain)공법의 시공 시 유의사항에 대하여 기술하시오.
2. 강재용접의 결함 종류 및 대책에 대하여 기술하시오.
3. 하수관거공사를 시행함에 있어서 수밀시험(leakage test)에 대하여 기술하시오.
4. 표준품셈 적산방식과 실적공사비 적산방식을 비교하여 기술하시오.
5. 장마철 대형공사장의 주요 점검사항 및 집중호우로 인한 재해를 방지하기 위한 조치사항을 기술하시오.
6. 댐(dam) 본체 축조 전에 행하는 사전(事前)공사로써 유수전환 방식 및 특징에 대하여 기술하시오.

제3교시

● 다음 문제 중 4문제를 선택하여 설명하십시오.(각 25점)

1. 콘크리트 구조물에서 발생되는 균열의 종류, 발생원인 및 보수보강 방법에 대하여 기술하시오.
2. 서해안 지역의 항만접안시설에서 적용 가능한 케이슨 진수공법 및 시공 시 유의사항에 대하여 설명하시오.
3. 품질관리비 산출에 대하여 최근 개정된 품질시험비 산출 단위량 기준(국토해양부 고시)내용을 중심으로 설명하시오.
4. 최근 집중호우 시 발생되는 토석류(debris flow) 산사태 피해의 원인 및 대책에 대하여 설명하시오.
5. 터널 공사 중 터널내부에 설치되는 계측기의 종류 및 측정방법에 대하여 기술하시오.
6. 흙막이 앵커를 지하수위 이하로 시공 시 예상되는 문제점과 시공전(施工前)대책에 대하여 기술하시오.

제4교시

● 다음 문제 중 4문제를 선택하여 설명하십시오.(각 25점)

1. 프리스트레스트 콘크리트 박스거더(prestressed concrete box girder)로 교량의 상부공을 가설하고자 한다. 가설공법의 종류, 시공방법 및 특징에 대하여 간략히 기술하시오.
2. 슬러리 월(slurry wall)공법의 시공순서를 기술하고, 내적 및 외적안정에 대하여 설명하시오.
3. 터널의 장대화에 따른 방재시설의 중요성이 강조되고 있다. 장대 도로터널의 방재시설 계획 시 고려하여야 할 사항과 필요시설의 종류 및 특징에 대하여 기술하시오.
4. 건식 및 습식 숏크리트(shotcrete)의 시공방법과 시공상의 친환경적인 개선안에 대하여 기술하시오.
5. 콘크리트 말뚝에 종 방향으로 발생되는 균열의 원인과 대책에 대하여 기술하시오.
6. 콘크리트 슬래브궤도로 설계된 고속철도 노선이 연약지반을 통과한다. 연약지반 심도별 대책 및 적용공법에 대하여 기술하시오.

제90회 토목시공기술사 기출문제
(시행일 : 2010년 2월 7일)

제1교시

● 다음 문제 중 10문제를 선택하여 설명하십시오.(각 10점)

1. 용역형 건설사업관리(CM for fee)
2. 건설기계의 시공효율
3. 골재의 조립률(FM)
4. 도로의 평탄성측정방법(PRI)
5. 흙의 연경도(consistency)
6. CBR(califonia bearing ratio)
7. 흙의 액상화(liquefaction)
8. 랜드크리프(land creep)
9. 유선망(flot net)
10. TMC(thermo-mechanical control)강
11. 일체식교대교량(integral abutment bridge)
12. 줄눈 콘크리트포장
13. 개질아스팔트

제2교시

● 다음 문제 중 4문제를 선택하여 설명하십시오.(각 25점)

1. NATM터널 시공 시 지보재의 종류와 그 역할을 설명하시오.
2. 도로포장공사에서 흙의 다짐도관리를 품질관리측면에서 설명하시오.
3. 준설공사를 위한 사전조사와 시공방식을 기술하고 시공시 유의사항을 설명하시오.
4. 하수관로의 기초공법과 시공 시 유의사항을 설명하시오.
5. 가설구조물에 인접하여 교량기초를 시공할 경우, 기설구조물의 안전과 기능에 미치는 영향 및 대책을 설명하시오.
6. 강교의 가조립 목적과 가조립 방식을 설명하시오.

제3교시

● 다음 문제 중 4문제를 선택하여 설명하십시오.(각 25점)

1. 건설공사에서 일정관리의 필요성과 그 방법을 설명하시오.
2. 말뚝기초의 지지력예측방법 중에서 말뚝재하시험에 의한 방법과 원위치시험(SPT, CPT, PMT)에 의한 방법을 설명하시오.
3. 강합성 거더교의 철근콘크리트 바닥판 타설 계획시의 유의사항과 타설 순서를 설명하시오.
4. 아스팔트 콘크리트 포장공사에서 혼합물의 포설량이 500t/일 일 때 시공단계별 포설장비를 선정하고, 각 장비의 특성과 시공 시 유의사항을 설명하시오.
5. 하천개수 계획 시 중점적으로 고려할 사항과 개수공사의 효과를 설명하시오.
6. 옹벽배면의 침투수가 옹벽의 안정에 미치는 영향을 기술하고, 침투수처리를 위한 시공시 유의사항을 설명하시오.

제4교시

- 다음 문제 중 4문제를 선택하여 설명하십시오.(각 25점)

1. 원자력발전소 건설에 사용하는 방사선차폐용콘크리트(radiation shieding concrete)의 재료, 배합 및 시공 시 유의사항을 설명하시오.
2. 신설도로공사에서 연약지반 구간에 지하횡단 박스컬버트(box culvert) 설치시 검토사항과 시공시 유의사항을 설명하시오.
3. 교대 경사말뚝의 특성 및 시공 시 문제점과 대책을 설명하시오.
4. 공사현장의 콘크리트 배치플랜트(batch plant) 운영방안을 설명하시오.
5. 지반 굴착 시 지하수위변동과 진동하중이 주변지반에 미치는 영향과 대책을 설명하시오.
6. 건설공사 현장의 사고예방을 위한 건설기술관리법에 규정된 안전관리 계획을 설명하시오.

제91회 토목시공기술사 기출문제
(시행일 : 2010년 5월 23일)

제1교시

● 다음 문제 중 10문제를 선택하여 설명하십시오.(각 10점)

1. 현장배합과 시방배합
2. 실적공사비
3. 측방유동
4. Air spinning 공법
5. PSC 강재 그라우팅
6. 말뚝의 시간효과(time effect)
7. 물-결합재 비
8. 계획홍수량에 따른 여유고
9. 앵커체의 최소심도와 간격(토사지반)
10. 콘크리트의 인장강도
11. 하천의 교량 경간장
12. Segment의 이음방식(쉴드터널)
13. 약최고고조위(A.H.H.W.L)

제2교시

● 다음 문제 중 4문제를 선택하여 설명하십시오.(각 25점)

1. 도심지 근접시공에서 흙막이 공사시 굴착으로 인한 흙막이벽과 주변지반의 거동 원인 대책에 대하여 설명하시오.
2. 표준구배로 되어 있는 사면이 붕괴될 시 이에 대한 원인 및 대책을 설명하시오.
3. 해안에 인접하여 연약지반을 통과하는 4차선 도로가 있다. 이 경우 연약지반처리를 위한 시공계획에 대하여 설명하시오.
4. 시멘트의 풍화 원인, 풍화 과정, 풍화된 시멘트의 성질과 풍화된 시멘트를 사용한 콘크리트의 품질을 설명하시오.
5. 필댐의 내부 침식, 파이핑 매커니즘 및 시공 시 주의사항을 설명하시오.
6. 아스팔트 포장의 포트홀(pot-hole) 저감대책을 설명하시오.

제3교시

● 다음 문제 중 4문제를 선택하여 설명하십시오.(각 25점)

1. 하천공사 시 제방의 재료 및 다짐에 대하여 설명하시오.
2. 쉴드터널 시공 시 뒷채움 주입방식의 종류 및 특징에 대하여 설명하시오.
3. 교량의 깊은 기초에 사용되는 대구경 현장타설 말뚝공법의 종류를 들고, 하나의 공법을 선택하여 시공관리사항에 대하여 설명하시오.
4. 그라운드 앵커의 손상 유형과 유지관리 대책을 설명하시오.
5. 절·성토시 건설기계의 조합 및 기종선정 방법을 설명하시오.
6. PSC 장지간 교량의 캠버 확보방안과 처짐의 장기거동을 설명하시오.

제4교시

● 다음 문제 중 4문제를 선택하여 설명하십시오.(각 25점)

1. 도심지 지하 흙막이 공사에서 굴착구간 내 (1) 상수도, (2) 하수도 및 하수BOX, (3) 도시가스, (4) 전력 및 통신 등의 주요 지하매설물들이 산재되어 있다. 상기 4종류의 매설물들에 대하 굴착 시 보호계획과 복구시 복구계획에 대하여 설명하시오.
2. 뒷부벽식 옹벽에서 벽체와 부벽의 주철근 배근 개략도를 그리고 설명하시오.
3. 하천공사에서 제방을 파괴시키는 누수, 비탈면 활동, 침하에 대하여 설명하시오.
4. 국토해양부 장관이 고시한 「책임감리 현장참여자 업무지침서」에서 각 구성원(발주처, 감리원, 시공자)의 공사 시행 단계별 업무에 대하여 설명하시오.
5. 사장교와 현수교의 시공 시 중요한 관리 사항을 설명하시오.
6. 빈배합 콘크리트의 품질과 용도에 대하여 설명하시오.

제92회 토목시공기술사 기출문제
(시행일 : 2010년 8월 15일)

제1교시

● 다음 문제 중 10문제를 선택하여 설명하십시오.(각 10점)

1. 토량환산계수
2. 순환골재 콘크리트
3. SCP(Sand Compaction Pile)
4. 쏘일네일링(Soil Nailing)공법
5. 공정비용 통합시스템
6. 콘크리트 자기수축현상
7. 벤치컷(Bench Cut)공법
8. 필댐(Fill Dam)의 수압파쇄현상
9. 팽창콘크리트
10. 내부마찰각과 N값의 상관관계
11. 환경지수와 내구지수
12. 풍동실험
13. SCF(Self Climbing Form)

제2교시

● 다음 문제 중 4문제를 선택하여 설명하십시오.(각 25점)

1. 여름철 아스팔트 콘크리트포장에서 소성변형이 많이 발생한다. 발생 원인을 열거하고 방지대책 및 보수방법에 대하여 설명하시오.
2. 버팀보 가설공법으로 설계된 도심지 대심도 개착식공법에서 지반안정성 확보를 위한 계측의 종류를 열거하고, 특성 및 계측 시공관리방안에 대하여 설명하시오.
3. NATM터널 시공시 숏크리트(Shotcrete) 공법의 종류를 열거하고, 리바운드(Rebound) 저감대책에 대하여 설명하시오.
4. 대구경 강관 말뚝의 국부좌굴의 원인을 열거하고, 시공 시 유의사항을 설명하시오.
5. 콘크리트 교량의 상판 가설(架設)공법 중 현장타설 콘크리트에 의한 공법의 종류를 열거하고 설명하시오.
6. 하천공사에 설치하는 기능별 보의 종류를 열거하고, 시공 시 유의사항에 대하여 설명하시오.

제3교시

● 다음 문제 중 4문제를 선택하여 설명하십시오.(각 25점)

1. 교대 및 암거 등의 구조물과 토공 접속부에서 발생하는 단차의 원인을 열거하고, 원인별 방지공법드레 대하여 설명하시오.
2. 액상화 검토대상 토층과 발생 예측기법을 열거하고, 불안정시 원리별 처리공법을 설명하시오.
3. 보강토 옹벽에서 발생하는 균열의 원인을 열거하고 방지대책에 대하여 설명하시오.
4. 건설공사에서 발생하는 분쟁의 종류를 열거하고, 방지대책에 대하여 설명하시오.
5. 도심지 터널공사 및 대심도 지하구조물 시공 시 실시하는 약액중비공법에 대하여 종류별로 시공 및 환경관리 항목을 열거하고, 시공계획서 작성 시 유의사항에 대하여 설명하시오.
6. 터널 공사 중 발생하는 유해가스, 분진 등을 고려한 환기계획 및 환기방식의 종류에 대하여 설명하시오.

제4교시

● 다음 문제 중 4문제를 선택하여 설명하십시오.(각 25점)

1. 프리플레이스트 콘크리트(Preplaced Condrete)공법을 적용하는 공사를 열거하고, 시공방법 및 유의사항에 대하여 설명하시오.
2. 터널의 지하수 처리형식에서 배수형터널과 비배수형터널의 특징을 비교 설명하시오.
3. 강구조물 연결방법의 종류를 열거하고, 강재부식의 문제점 및 대책에 대하여 설명하시오.
4. 매스(Mass)콘크리트에 발생하는 온도응력에 의한 균열의 제어대책에 대하여 설명하시오.
5. 발파시공 현장에서 발파진동에 의한 인근 구조물에 피해가 발생하였다. 구조물에 미치는 영향에 대한 조사방법을 열거하고 시공 시 유의사항에 대하여 설명하시오.
6. 최근 사회간접자본(SOC)예산은 도로, 철도사업이 큰 폭으로 감소하고 있고, 대체방안으로 도입한 민자사업에 대하여도 많은 문제점이 나타나고 있다. 정부의 SOC예산의 바람직한 투자방향에 대하여 설명하시오.

제93회 토목시공기술사 기출문제
(시행일 : 2011년 2월 20일)

제1교시

● 다음 문제 중 10문제를 선택하여 설명하십시오.(각 10점)

1. H형 강말뚝에 의한 슬래브의 개구부 보강
2. 터널의 페이스매핑(face mapping)
3. 개착터널의 계측빈도
4. 수중불분리성 콘크리트
5. 강재의 전기 방식(電氣防蝕)
6. 히빙(heaving)현상
7. 건설기계의 조합원칙
8. 철근과 콘크리트의 부착강도
9. 설계강우강도
10. 심층혼합처리(deep chemical mixing)공법
11. 공정관리의 주요기능
12. 선재하(pre-loading)압밀공법
13. 최적함수비(OMC)

제2교시

● 다음 문제 중 4문제를 선택하여 설명하십시오. (각 25점)

1. 공정 네트워크(net work) 작성 시 공사일정계획의 의의와 절차 및 방법을 설명하시오.
2. 현재 공공기관과의 공사계약에서 물가변동으로 인한 계약금액 조정을 발주기관에 요청할 경우, 물가변동 조정금액 산출방법에 대하여 설명하시오.
3. NATM 터널 시공 시 1) 굴착 직후 무지보 상태, 2) 1차 지보재(shotcrete)타설 후, 3) 콘크리트라이닝 타설 후의 각 시공단계별 붕괴형태를 설명하고, 터널 붕괴원인 및 대책에 대하여 설명하시오.
4. 리버스 서큘레이션 드릴(reverse circulation drill) 공법의 시공법, 품질관리와 희생강관 말뚝의 역할에 대하여 설명하시오.
5. 매립공사에 사용되는 해양준설투기방법에 있어서 예상되는 문제점 및 대책에 대하여 설명하시오.
6. 연약지반에서 고압분사주입공법의 종류와 특징에 대하여 설명하시오.

제3교시

● 다음 문제 중 4문제를 선택하여 설명하십시오. (각 25점)

1. 수중 교각공사에서 시공관리 시 관리할 항목별 내용과 관리시의 유의사항을 설명하시오.
2. 연장이 긴(L=1,500m 정도) 장대교량의 상부공을 한 방향에서 연속압출공법(ILM)으로 시공할 때, 시공 시 유의사항에 대하여 설명하시오.
3. 혼잡한 도심지를 통과하는 도시철도의 노면 복공계획 시 조사사항과 검토사항을 설명하시오.
4. 경간장 15m, 높이 12m인 콘크리트 라멘교의 시공계획서 작성 시 필요한 내용을 설명하시오.
5. 시공현장의 지반에서 동상(frost heaving)의 발생원인과 방지대책에 대하여 설명하시오.
6. 연속 철근콘크리트포장의 공용성에 영향을 미치는 파괴유형과 그 원인 및 보수공법을 설명하시오.

제4교시

● 다음 문제 중 4문제를 선택하여 설명하십시오.(각 25점)

1. 터널 침매공법에서 기초공의 조성과 침매함의 침매방법 및 접합방법을 설명하시오.
2. 콘크리트 구조물의 내구성을 저하시키는 요인 및 내구성 증진방안을 설명하시오.
3. 쉴드터널 굴착 시 초기굴진 단계의 공정을 거쳐 본굴진 계획을 검토해야 되는데 초기 굴진 시 시공순서, 시공방법 및 유의사항에 대하여 설명하시오.
4. 해상 콘크리트타설에 사요되는 장비의 종류를 들고, 환경오염방지 대책에 대하여 설명하시오.
5. 흙막이 벽 지지구조형식 중 어스앵커(earth anchor) 공법에서 어스앵커의 자유장과 정착장의 설계 및 시공 시 유의사항에 대하여 설명하시오.
6. 압밀침하에 의해 연약지반을 개량하는 현장에서 시공관리를 위한 계측의 종류와 방법에 대하여 설명하시오.

제94회 토목시공기술사 기출문제
(시행일 : 2011년 5월 22일)

제1교시

- 다음 문제 중 10문제를 선택하여 설명하십시오.(각 10점)

1. 흙의 통일분류법
2. 말뚝의 주면마찰력
3. 잔골재율(s/a)
4. 포스트텐션 도로포장
5. 터널의 여굴발생 원인 및 방지대책
6. 사장교와 현수교의 특징 비교
7. 준설토 재활용 방안
8. 흙의 입도분포에 의한 주행성(trafficability) 판단
9. 유토곡선(mass curve)
10. 수밀콘크리트와 수중콘크리트
11. Prestress의 손실
12. 터널의 인버트 정의 및 역할
13. 건설자동화(construction automation)

제2교시

● 다음 문제 중 4문제를 선택하여 설명하십시오.(각 25점)

1. 대단위 성토공사에서 요구되는 조건에 따라 성토재료의 조사내용을 열거하고 안정성 및 취급성에 대하여 설명하시오.
2. 연약지반 개량공법에 적용되는 연직배수재(PBD)의 통수능력과 통수능력에 영향을 미치는 요인에 대하여 설명하시오.
3. 최근 수심이 20m 이상인 비교적 유속이 빠른 해상에 사장교나 현수교와 같은 특수교량이 시공되는 사례가 많다. 이때 적용 가능한 교각 기초형식의 종류를 열거하고 특징에 대하여 설명하시오.
4. 토피가 낮은 터널을 시공할 때 발생되는 지표침하현상과 침하저감대책에 대하여 설명하시오.
5. 콘크리트구조물의 열화에 영향을 미치는 인자들의 상호관계 및 내구성 향상방안에 대하여 설명하시오.
6. 건설사업관리(CM)에서 위험관리(risk management)와 안전관리(safety management)에 대하여 설명하시오.

제3교시

● 다음 문제 중 4문제를 선택하여 설명하십시오.(각 25점)

1. 성토 댐(embankment dam)의 축조기간 중에 발생되는 댐의 거동에 대하여 설명하시오.
2. 시멘트콘크리트 포장에서 줄눈의 종류, 기능 및 시공방법에 대하여 설명하시오.
3. 콘크리트의 양생 메카니즘과 양생의 종류를 열거하고 각각에 대하여 설명하시오.
4. 교량 상부구조물의 시공 중 및 준공 후 유지관리를 위한 계측관리시스템의 구성 및 운영방안에 대하여 설명하시오.
5. 최근 수도권 대심도 고속철도나 도로건설에 대한 관련 사업들이 계획되고 있다. 귀하가 도심지 대심도터널을 계획하고자 한다면 사전검토사항과 적절한 공법을 선정하여 설명하시오.
6. 대규모 국가하천 정비공사에서 사용하는 준설선의 종류와 특징에 대하여 설명하시오.

제4교시

● 다음 문제 중 4문제를 선택하여 설명하십시오.(각 25점)

1. 항만공사에서 잔교구조물 축조시 대구경(ϕ600) 강관파일(사항 포함) 타입에 관한 시공계획서 작성 및 중점착안사항에 대하여 설명하시오.

2. 아스팔트콘크리트 포장공사에서 포장의 내구성확보를 위한 다짐작업별 다짐장비 선정과 다짐시 내구성에 미치는 영향 및 마무리 평탄성 판단기준에 대하여 설명하시오.

3. 연약한 점성토지반에 개착터널인 지하철을 건설하기 위하여 흙막이 가시설로 쉬트 파일(sheet pile) 공법을 채택하고자 한다. 이 공법을 적용하기 위한 사전조사 사항과 시공시 발생하는 문제점 및 방지대책에 대하여 설명하시오.

4. 건설공사에서 BIM(building information modeling)을 이용한 시공효율화 방안에 대하여 설명하시오.

5. 대절토암반사면 시공시 붕괴원인과 파괴유형을 구분하고 방지대책에 대하여 설명하시오.

6. 최근 지진발생 증가에 따라 기존 교량의 피해발생이 예상된다. 기존에 사용 중인 교량에 대한 내진 보강방안에 대하여 설명하시오.

제95회 토목시공기술사 기출문제
(시행일 : 2011년 8월 7일)

제1교시

• 다음 문제 중 10문제를 선택하여 설명하십시오.(각 10점)

1. 건설기계의 주행저항
2. 아스팔트(asphalt)의 소성변형
3. 흙의 다짐원리
4. 포장콘크리트의 배합기준
5. 진공콘크리트(vacuum processed concrete)
6. 교각의 슬립폼(slip form)
7. 공칭강도와 설계강도
8. 비용경사(cost slope)
9. 아스팔트콘크리트의 반사균열
10. 토공의 다짐도 판정방법
11. 평판재하시험(PBT) 적용시 유의사항
12. 블랭킷 그라우팅(blanket grouting)
13. 용존공기부상(DAF : dissolved air flotation)

제2교시

● 다음 문제 중 4문제를 선택하여 설명하십시오.(각 25점)

1. 토공사에서 성토재료의 선정요령에 대하여 설명하시오.
2. 콘크리트 교량의 균열에 대하여 원인별로 분류하고 보수 재료에 대한 평가 기준을 설명하시오.
3. 절취 사면에서 소단을 설치하는 이유와 사면을 정밀조사하고 사면안정분석을 해야 하는 경우를 설명하시오.
4. 터널 천단부와 막장면의 안정에 사용되는 보조 공법의 종류와 특징을 설명하시오.
5. 도시지역의 물 부족에 따른 우수저류 방법과 활용 방안에 대하여 설명하시오.
6. 공정관리의 기능과 공정관리 기법에 대해 설명하시오.

제3교시

● 다음 문제 중 4문제를 선택하여 설명하십시오.(각 25점)

1. 유토곡선(mass curve)에 의한 평균이동거리 산출요령과 그 활용상 유의할 사항에 대하여 설명하시오.
2. 집중 호우시 발생되는 사면 붕괴의 원인과 대책에 대하여 설명하시오.
3. 강교 형식에서 플레이트 거더교와 박스 거더교의 가설(架設) 공사시 검토사항을 설명하시오.
4. 해안에서 5km 떨어진 해중(海中)에 육상의 흙을 사용하여 토운선 매립 방식으로 인공섬을 건설하고자 한다. 해상 매립 공사를 중심으로 시공계획시 유의사항을 설명하시오.
5. 공사계약금액 조정의 요인과 그 조정 방법에 대하여 설명하시오.
6. 공사 착공전 건설재해예방을 위한 유해, 위험 방지 계획서에 대하여 설명하시오.

제4교시

● 다음 문제 중 4문제를 선택하여 설명하십시오.(각 25점)

1. 지하구조물의 부상(浮上) 원인과 대책에 대하여 설명하시오.
2. 기초말뚝의 최소 중심 간격과 말뚝 배열에 대하여 설명하시오.
3. 지반 굴착시 지하수의 저하 및 진동이 주변에 미치는 영향과 대책에 대하여 설명하시오.
4. 하수처리시설 운영시 하수관을 통하여 빈번히 불명수(不明水)가 많이 유입되고 있다. 이에 대한 문제점과 대책 및 침입수 경로 조사시험방법에 대하여 설명하시오.
5. 공정계획을 위한 공사의 요소작업분류 목적을 설명하고, 도로 공사의 개략적인 작업분류체계도(WBS : work breakdown structure)를 작성하시오.
6. 혹서기에 시멘트 콘크리트 포장시공을 할 경우 콘크리트치기 시방기준과 품질관리 검사에 대하여 설명하시오.

제96회 토목시공기술사 기출문제
(시행일 : 2012년 2월 12일)

제1교시

• 다음 문제 중 10문제를 선택하여 설명하십시오.(각 10점)

1. 흙의 입도분포에 의한 기계화시공방법 판단기준
2. 철근콘크리트 보의 내하력과 유효높이
3. 토류벽의 아칭(arching) 현상
4. 시공상세도 필요성
5. 강선 긴장순서와 순서결정 이유

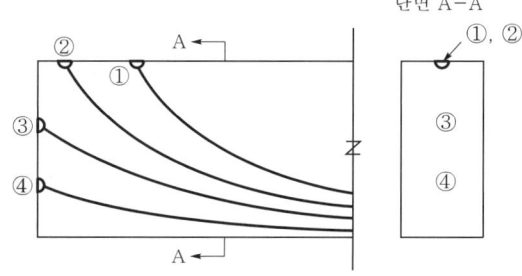

6. 부체교(floating bridge)
7. 지불선(pay line)
8. 콘크리트 폭열현상
9. PCT(prestressed composite truss) 거더교
10. 토석류(debris flow)
11. 침투수력(seepage force)
12. Land slide와 Land creep
13. 사장교와 엑스트라도즈드(extradosed)교의 구조특성

제2교시

● 다음 문제 중 4문제를 선택하여 설명하십시오. (각 25점)

1. 토사와 암석재료를 병용하여 흙쌓기하고자 한다. 흙쌓기 다짐시 유의사항과 현장다짐관리 방법에 대하여 설명하시오.
2. 강관말뚝 시공시 발생하는 문제점을 열거하고 원인과 대책에 대하여 설명하시오.
3. 정착지지 방식에 의한 앵커(anchor) 공법을 열거하고, 특징 및 적용 범위에 대하여 설명하시오.
4. 하도의 굴착 및 준설공법에 대하여 설명하시오.
5. 고유동콘크리트의 유동특성에 영향을 주는 요인에 대하여 설명하시오.
6. 자연 대사면깎기공사에서 빈번히 붕괴가 발생한다. 붕괴원인을 설계 및 시공 측면에서 구분하고 방지대책에 대하여 설명하시오.

제3교시

● 다음 문제 중 4문제를 선택하여 설명하십시오. (각 25점)

1. 장대 해상 교량 상부 가설공법 중 대블럭 가설공법의 특징 및 시공 시 유의사항에 대하여 설명하시오.
2. 다기능보의 상·하류 수위조건 및 지반의 수리특성을 고려한 기초지반의 차수공법에 대하여 설명하시오.
3. 수중 암굴착을 지상 암굴착과 비교해서 설명하고 수중 암굴착 시 적용장비에 대하여 설명하시오.
4. 대단위 단지공사에서 보강토 옹벽을 시공하고자 한다. 보강토 옹벽의 안정성 검토 및 코너(corner)부 시공시 유의사항에 대하여 설명하시오.
5. 흙댐의 누수 원인과 방지대책에 대하여 설명하시오.
6. 예정가격 작성시 실적공사비 적산방식을 적용하고자 한다. 문제점 및 개선방향에 대하여 설명하시오.

제4교시

● 다음 문제 중 4문제를 선택하여 설명하십시오.(각 25점)

1. 교량공사에서 슬래브(slab) 거푸집 제거 후 균열 등의 결함이 발생되어 보수공사를 하고자한다. 사용보수재료의 체적변화를 유발하는 영향인자들을 열거하고 적합성 검토방법에 대하여 설명하시오.
2. NATM에 의한 터널공사시 배수처리방안을 시공단계별로 설명하시오.
3. 연장 20km인 2차선도로(폭 7.2m 표층 6.3cm)의 아스팔트 포장공사를 위한 시공계획 중 장비 조합과 시험포장에 대하여 설명하시오.
4. 해외건설 프로젝트 견적서 작성시 예비공사비 항목에 대하여 설명하시오.
5. 연약지반 개량공법 중 표층개량공법의 분류방법과 공법적용시 고려사항에 대하여 설명하시오.
6. 연약층이 깊은 도심지에서 쉴드(shield)공법에 의한 터널공사 중 누수가 발생하는 취약부를 열거하고 원인 및 보강공법에 대하여 설명하시오.

제97회 토목시공기술사 기출문제
(시행일: 2012년 5월 13일)

제1교시

• 다음 문제 중 10문제를 선택하여 설명하십시오. (각 10점)

1. 현수교의 지중정착식 앵커리지(anchorage)
2. 막장 지지코어 공법
3. 공용중의 아스팔트포장 균열
4. 건설기계의 트래피커빌리티(trafficability)
5. 시공속도와 공사비의 관계
6. 교량받침의 손상 원인
7. 철근 배근 검사 항목
8. 콘크리트의 보수재료 선정기준
9. 평판재하시험 결과 적용시 고려사항
10. 내부 굴착 말뚝
11. 물보라 지역(splash zone)의 해양콘크리트 타설
12. 하천의 역행 침식(두부침식)
13. 터널 발파시의 진동저감대책

제 2 교시

● 다음 문제 중 4문제를 선택하여 설명하십시오.(각 25점)

1. 콘크리트의 마무리성(finishability)에 영향을 주는 인자를 쓰고, 개선방안을 설명하시오.
2. 교량의 신축이음 설치시 요구조건과 누수시험에 대하여 설명하시오.
3. 연약지반상의 도로토공에서 발생하는 문제점과 그 대책을 쓰고, 대책 공법 선정시의 유의사항을 설명하시오.
4. 실드(shield)공법으로 뚫은 전력통신구의 누수원인을 취약 부위별로 분류하고, 누수 대책을 설명하시오.
5. 하상유지시설의 설치 목적과 시공시 고려사항을 설명하시오.
6. 옹벽 뒤에 설치하는 배수시설의 종류를 쓰고 옹벽배면 배수재 설치에 따른 지하수의 유선망과 수압분포 관계를 설명하시오.

제 3 교시

● 다음 문제 중 4문제를 선택하여 설명하십시오.(각 25점)

1. 공장에서 제작된 30~50m 길이의 대형 PSC거더를 운반하여 도심지에서 교량을 가설하고자 한다. 이때 필요한 운반통로 확보 방안과 운반 및 가설 장비 운영시 고려사항을 설명하시오.
2. 장대 도로터널의 시공계획과 유지관리 계획에 대하여 설명하시오.
3. 말뚝기초의 종류를 열거하고 시공적 측면에서의 특징을 설명하시오.
4. 대단지 토공에서 장비계획시 장비 배분(allocation)의 필요성과 장비 평준화(leveling) 방법을 설명하시오.
5. 콘크리트 포장에서 사용되는 최적배합(optimize mix)의 개념과 시공을 위한 세부공정을 설명하시오.
6. 항만시설에서 호안의 배치시 검토 사항과 시공시 유의 사항을 설명하시오.

제4교시

● 다음 문제 중 4문제를 선택하여 설명하십시오.(각 25점)

1. 프리스트레스트 콘크리트 시공시 긴장재의 배치와 거푸집 및 동바리 설치시의 유의사항을 설명하시오.
2. 록필 댐(rockfill dam)의 시공계획 수립시 고려할 사항을 각 계획단계별로 설명하시오.
3. 지하철 정거장에서 2아치터널의 시공시 문제점과 그 대책을 설명하시오.
4. 지반환경에서 쓰레기 매립물의 침하특성과 폐기물 매립장의 안정에 대한 검토사항을 설명하시오.
5. 하천제방에서 식생블록으로 호안보호공을 할 때, 안전성검토에 필요한 사항고 ktlrhd시 주의 사항을 설명하시오.
6. 토질조건 및 시공조건에 따른 흙다짐 기계의 선정에 대하여 설명하시오.

제98회 토목시공기술사 기출문제
(시행일 : 2012년 8월 12일)

제1교시

● 다음 문제 중 10문제를 선택하여 설명하십시오.(각 10점)

1. 암반의 Q-system 분류
2. 추가공사에서 additional work와 extra work의 비교
3. 연약지반에서 발생하는 공학적 문제
4. 강관말뚝의 부식원인과 방지대책
5. 하천공사에서 지층별 수리특성파악을 위한 조사내용
6. 수직갱에서의 RC(raise climber) 공법
7. 폐단말뚝과 개단말뚝
8. 확장레이어공법(ELCM : extended layer construction method)
9. 콘크리트의 배합 결정에 필요한 항목
10. 홈(groove) 용접에 대한 설명과 그림에서의 용접 기호 설명

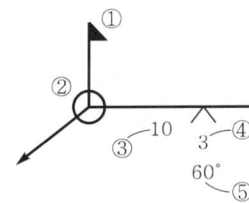

11. PSC거더(girder)의 현장 제작장 선정요건
12. 영공기 간극곡선(zero air void curve)
13. 흙의 소성도(plasticity chart)

제 2 교시

● 다음 문제 중 4문제를 선택하여 설명하십시오.(각 25점)

1. 강교 시공에 있어 현장 용접 시 발생하는 용접 결함의 종류를 열거하고, 그 결함의 원인 및 방지 대책에 대하여 설명하시오.
2. 기존 구조물과의 근접 시공을 위한 트렌티(trench)공법에 대하여 설명하시오.
3. 하폭이 300m인 하천에 대형 광역상수도관을 횡단시키고자 한다. 관매설시 품질관리 및 유지관리를 고려한 시공시 유의사항에 대하여 설명하시오.
4. 하천에서 보(weir)설치를 위한 조건과 유의사항에 대하여 설명하시오.
5. GUSS아스팔트 포장의 특성과 강상형 교면포장으로 GUSS아스팔트포장을 시공하는 경우 시공순서와 중점관리사항에 대하여 설명하시오.
6. 연약한 이탄지반에 도로구조물을 축조하려할 때 적절한 지반개량공법, 시공 시 예상되는 문제점과 기술적 대응방법을 설명하시오.

제 3 교시

● 다음 문제 중 4문제를 선택하여 설명하십시오.(각 25점)

1. 필댐(fill dam)의 매설계측기에 대하여 설명하시오.
2. 도로에서 암절개시 붕괴의 형태와 방지대책에 대하여 설명하시오.
3. 산악지역 및 도심지를 관통하는 장대터널 및 대단면 터널 건설 시의 터널시공계획과 시공 시 고려사항에 대하여 설명하시오.
4. 대구경 RCD(reverse circulation drill)공법에 의한 장대교량기초 시공 시 유의사항 및 장단점에 대하여 설명하시오.
5. 교량용 신축이음 장치의 형식 선정 및 시공 시 고려사항에 대하여 설명하시오.
6. 기존구조물에 근접하여 가설 흙막이구조물을 설치하여 한다. 지반굴착에 따른 변형원인과 대책 및 토류벽 시공 시 고려사항에 대하여 설명하시오.

제4교시

● 다음 문제 중 4문제를 선택하여 설명하십시오.(각 25점)

1. 관거(하수관, 맨홀, 연결관 등)의 시공 중 또는 시공 후 시공의 적정성 및 수밀성을 조사하기 위한 관거의 검사방법에 대하여 설명하시오.
2. 강관말뚝의 두부보강공법 및 말뚝체와 확대기초 접합방법의 특성에 대하여 설명하시오.
3. 표면차수형 석괴댐과 코어형 필댐의 특징과 시공 시 유의사항을 설명하시오.
4. 쉴드(shield)공법에 의한 터널공사 시 발생 가능한 지표면의 침하의 종류를 열거하고, 침하종류 별 침하의 방지 대책에 대하여 설명하시오.
5. 하천제방축조 시 재료의 구비조건과 제체의 안정성 평가 방법을 설명하시오.
6. 교량 시공 시 동바리 공법(FSM : full staging method)의 종류를 열거하고 각 공법의 특징에 대하여 설명하시오.

제99회 토목시공기술사 기출문제
(시행일 : 2013년 2월 3일)

제1교시

• 다음 문제 중 10문제를 선택하여 설명하십시오.(각 10점)

1. 수화조절제
2. 콘크리트의 철근 최소피복두께
3. 안전관리계획 수립 대상 공사의 종류
4. 도로 동결융해
5. 검사랑(檢査廊 : check hle, inspection gallery)
6. 지연눈줄(delay joint, shrinkage strip, pour strip)
7. 케이슨 안벽
8. 인공지반(터널의 갱구부)
9. 슬립폼공법
10. 철도공사 시 캔트(cant)
11. 산성암반 배수(acid rock drainage)
12. 토사지반에서의 앵커의 정착길이
13. 말뚝의 폐색효과(plugging)

제2교시

● 다음 문제 중 4문제를 선택하여 설명하십시오.(각 25점)

1. 흙막이 가설벽체 시공 시 차수 및 지반보강을 위한 그라우팅 공법을 채택할 때, 그라우팅 주입속도와 주입압력에 대하여 설명하시오.
2. 교량구조물 상부슬래브 시공을 위해 동바리 받침으로 설계되어 있을 때, 동바리 시공 전 조치사항을 설명하시오.
3. 하천 호안의 종류와 구조에 대해 설명하고, 제방 시공 시 유의사항을 설명하시오.
4. 콘크리트의 동해 원인 및 방지대책을 설명하시오.
5. 연약지반상에 건설된 기존 도로를 동일한 높이로 확장할 경우 예상되는 문제점 및 대책에 대하여 설명하시오.
6. Shield tunnel 시공 시 발진 및 도달 갱구부에 지반보강을 시행한다. 이 때 1) 갱구부 지반의 보강목적 2) 갱구부 지반 보강 범위 3) 보강공법에 대하여 설명하시오.

제3교시

● 다음 문제 중 4문제를 선택하여 설명하십시오.(각 25점)

1. 토공사 현장에서 시공계획 수립을 위한 사전조사 내용을 열거하고 장지 선정 시 고려사항을 설명하시오.
2. 콘크리트 중력식 댐의 이음부(joint)에 발생 가능한 누수의 원인과 누수에 대한 보수방안에 대하여 설명하시오.
3. Tunnel 갱구부 시공 시 대부분 비탈면이 발생되는데, 비탈면의 붕괴를 방지하기 위하여 지반조건을 고려한 적절한 대책을 수립하여야 한다. 이 때 1) 갱구부 비탈면의 기울기 선정 2) 비탈면 안정대책 공법 및 선정 시 고려사항에 대하여 설명하시오.
4. 교면 포장용 아스팔트 혼합물 선정 시 고려사항 및 시공 시 유의사항을 설명하시오.
5. 하이브리드(hybrid) 중로 아치교의 특징 및 시공 시 주의사항을 설명하시오.
6. 기존 교량의 내진성능 향상을 위한 보강공법을 설명하시오.

제4교시

• 다음 문제 중 4문제를 선택하여 설명하십시오.(각 25점)

1. 콘크리트 지하구조물 균열에 대한 보수 보강공법과 공법 선정 시 유의사항을 설명하시오.
2. 도심지 부근 고속철도의 장대 tunnel 시공 시 공사기간 단축, 경제성, 민원 등을 고려한 수직갱(작업구)의 굴착공법과 방법에 대하여 설명하시오.
3. 콘크리트교의 가설공법 중 현장타설 콘크리트공법을 열거하고 이동식비계공법(movable scaffolding system, MSS)에 대하여 설명하시오.
4. 도로 건설현장에서 장기간에 걸쳐 우기가 지속될 경우, 공사 연속성을 위하여 효과적으로 건설장비의 trafficability를 유지하기 위한 방안을 설명하시오.
5. 지반의 토질조건(사질토 및 점성토)에 따라 굴착저면의 안정 확보를 위한 sheet pile 흙막이벽의 시공 시 주의사항을 설명하시오.
6. 하천의 보 하부의 하상세굴의 원인과 대책에 대하여 설명하시오.

제100회 토목시공기술사 기출문제
(시행일 : 2013년 5월 5일)

제1교시

● 다음 문제 중 10문제를 선택하여 설명하십시오.(각 10점)

1. 한계성토고
2. 용적팽창현상(bulking)
3. 가중크리프비(weight creep ratio)
4. 비화작용(slaking)
5. Pop Out 현상
6. 토석정보시스템(EIS, earth information system)
7. 앵커볼트매입공법
8. 현장안전관리를 위한 현장소장의 직무
9. 프로젝트금융(PF, project financing)
10. 물량내역수정입찰제
11. 마샬(Marshall)시험에 의한 설계아스팔트량 결정방법
12. 콘크리트의 수축보상(shrinkage compensating)
13. 중첩보(A)와 합성보(B)의 역학적 차이점

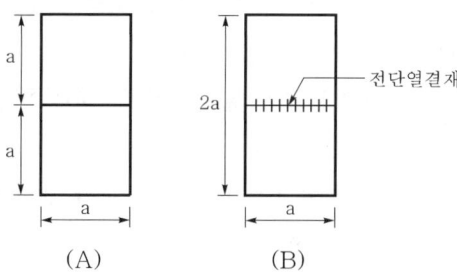

제2교시

● 다음 문제 중 4문제를 선택하여 설명하십시오.(각 25점)

1. 수평지지력이 부족한 연약지반에 철근콘크리트 구조물 시공 시 검토하여야 할 사항에 대하여 설명하시오.
2. 강재거더로 구성된 사교(skew bridge)가설 시 거더처짐으로 인한 변형의 처리공법을 설명하시오.
3. 케이슨식(caisson type)안벽의 시공방법에 대하여 설명하시오.
4. 상하수도관 등의 장기간 사용으로 인한 성능저하를 개선하기 위해 세관 및 갱생공사를 시행하고자 한다. 이에 대한 공법 및 대책을 설명하시오.
5. 실트질모래를 3.0m 성토하여 연약지반을 개량한 굴착심도 6.0m 정도 흙막이 공사 시공 시 고려사항과 주변지반의 영향을 설명하시오.
6. 가설공사에서 강관비계의 조립기준과 조립해체 시 현장 안전 시공을 위한 대책을 설명하시오.

제3교시

● 다음 문제 중 4문제를 선택하여 설명하십시오.(각 25점)

1. 중심 점토코어(clay core)형 록필댐(rock fill dam)으 코어죤 시공방법에 대하여 설명하시오.
2. 항만구조물 기초공사에서 사석 고르기 기계 시공방법을 분류하고 시공 시 품질관리와 기성고 관리에 대해 설명하시오.
3. 터널공사 중 저토피 구간에서 붕괴사고가 발생하였다. 저토피 구간에 적용할 수 있는 터널보강공법을 설명하시오.
4. 강상자형교의 상부 거더 가설에 추진코(launching nose)에 의한 송출공법을 적용할 때 발생 가능한 문제점 및 대책에 대하여 설명하시오.
5. 팩드래인(pack drain)공법을 이용하여 연약지반을 개량할 때 예상되는 문제점과 대책을 설명하시오.
6. 어스앵커와 소일네일링공법의 특징과 시공 시 유의사항을 설명하시오.

제4교시

● 다음 문제 중 4문제를 선택하여 설명하십시오.(각 25점)

1. 도로터널공사에서 갱문의 형식별 특징과 위치 선정 시 고려할 사항을 설명하시오.
2. 도심지의 지하 하수관거 공사에 추진공법을 적용할 때 주요 문제점 및 대책을 설명하시오.
3. 화학적 요인에 의하여 구조물에 발생되는 균열에 대하여 설명하시오.
4. 콘크리트 구조물에서 수화열이 구조물에 미치는 영향에 대하여 설명하시오.
5. 하수관의 종류별 특성 및 관의 기초공법에 대하여 설명하시오.
6. 아스팔트포장 도로의 포트홀(pot hole) 발생원인과 방지대책을 설명하시오.

제101회 토목시공기술사 기출문제
(시행일 : 2013년 8월 4일)

제1교시

● 다음 문제 중 10문제를 선택하여 설명하십시오.(각 10점)

1. 구조물의 신축이음과 균열유발이음
2. 침윤세굴(seepage erosion)
3. 제방의 측단
4. 가로좌굴(lateral buckling)
5. 양생지연(curing delay)
6. 공사 착수전 확인측량
7. 댐의 프린스(plinth)
8. 수중 콘크리트
9. 호안구조의 종류 및 특징
10. 침매공법
11. 콘크리트 포장의 소음저감
12. 경량골재의 특성과 경량골재계수
13. 현수교의 무강성 가설공법(non-stiffness erection method)

제2교시

● 다음 문제 중 4문제를 선택하여 설명하십시오.(각 25점)

1. 도로터널의 환기방식을 분류하고 그 특징과 환기불량 시 터널에 발생되는 문제점을 설명하시오.
2. 연약지반에서 선행재하(pre-loading) 공법 시 유의사항과 효과확인을 위한 관리사항을 설명하시오.
3. 슬래브 콘크리트가 벽 또는 기둥 콘크리트와 연속되어 있는 경우에 콘크리트 타설 시 발생하는 침하균열에 대한 조치와 콘크리트 다지기의 경우 내부전동기를 사용할 때의 주의사항을 설명하시오.
4. NATM 터널공사의 계측항목 중 A 계측과 B 계측의 차이점과 계측기의 배치 시 고려해야 할 사항을 설명하시오.
5. 석재를 대량으로 생산하기 위해 계단식 발파공법을 적용하고자 한다. 공법의 특징과 고려사항에 대하여 설명하시오.
6. 일체식과 반일체식 교대에 대하여 설명하시오.

제3교시

● 다음 문제 중 4문제를 선택하여 설명하십시오.(각 25점)

1. 항만구조물에서 방파제의 종류 및 특징과 시공 시 유의사항에 대하여 설명하시오.
2. 콘크리트 운반, 타설전 검토하여야 할 사항을 설명하시오.
3. 토사 사면의 특정을 설명하고 최근 산사태의 붕괴원인 및 대책에 대하여 설명하시오.
4. 하수처리장 기초가 지하수위 아래에 위치할 경우 양압력의 발생원인 및 대책을 설명하시오.
5. 공용중인 슬래브교의 차로 확장 시 슬래브 및 교대의 확장방안에 대해 설명하시오.
6. 터널의 숏크리트 강도특성 중에서 압축강도 이외에 평가하는 방법과 숏크리트 뿜어 붙이기 성능을 결정하는 요소를 설명하시오.

제 4 교시

● 다음 문제 중 4문제를 선택하여 설명하십시오.(각 25점)

1. 레미콘의 운반시간이 콘크리트의 품질에 미치는 영향 및 대책을 설명하시오.
2. 항만공사의 호안축조 시에 사석 강제치환공법을 적용할 때 공법의 특정 및 시공 중 유의사항에 대하여 설명하시오.
3. 하천 공사 중 홍수방어 및 조절대책에 대하여 설명하시오.
4. 터널 콘크리트 라이닝 시공 시 계획단계 및 시공단계에서 고려해야 할 균열제어 방안을 설명하시오.
5. 도로 및 단지조성공사 시 책임기술자로서 사전조사 항목을 포함한 시공계획을 설명하시오.
6. 재난 및 안전관리기본법에서 정의하는 각종 재난·재해의 종류와 예방대책 및 재난·재해 발생 시 대응방안에 대하여 설명하시오.

제102회 토목시공기술사 기출문제
(시행일 : 2014년 2월 9일)

제1교시

● 다음 문제 중 10문제를 선택하여 설명하십시오.(각 10점)

1. 압밀도(degree of consolidation)
2. 유선망(flow net)
3. 암반의 불연속면
4. 자원배당(resource allocation)
5. 대체적 분쟁해결 제도(ADR; alternative dispute resolution)
6. 교량하부공의 시공관리를 위한 조사항목
7. 도심지 흙막이 계측
8. 강도(strength)와 응력(stress)
9. 표면장력(surface tension)
10. 주동말뚝과 수동말뚝
11. 도수(hydraulic jump)
12. 표준안전난간
13. 철근갈고리의 종류

제 2 교시

● 다음 문제 중 4문제를 선택하여 설명하십시오.(각 25점)

1. 국가계약법령에 의한 정부계약이 성립된 후 계약금액을 조정할 수 있는 내용에 대하여 설명하시오.
2. PSC거더 제작 시 긴장 (prestressing) 관리 방법에 대하여 설명하시오.
3. 저수지의 위치를 결정하기 위한 조건에 대하여 설명하시오.
4. 발파 시 진통 발생원에서의 진동 경감방안과 전달경로에서의 차단방안에 대하여 설명하시오.
5. 도로하부 횡단공법 중 프런트 재킹(front jacking)공법과 파이프 루프(pipe roof)공법의 특징과 시공 사 유의사항에 대하여 설명하시오.
6. 토공장비계획의 기본절차, 장비선정 시 고려사항, 장비조합의 원칙에 대하여 설명하시오.

제 3 교시

● 다음 문제 중 4문제를 선택하여 설명하십시오.(각 25점)

1. 강상판교의 바닥판 현장용접 방법에 대하여 설명하시오.
2. 랩의 기초처리방법과 기초 그라우팅 종류 및 특징에 대하여 설명하시오.
3. 토피고가 3m 이하인 지중구조물(box) 상부도로의 동절기 포장융기 저감대책에 대하여 설명하시오.
4. 연약지반을 통과하는 도로노선의 지반을 개량하고자 한다. 적용 가능공법과 공법선정 시 고려사항에 대하여 설명하시오.
5. 어스 앵커(earth anchor) 와 소일 네일링(soil nailing) 에 대하여 설명하시오.
6. 오픈 케이슨(open caisson) 기초의 공법과 시공순서에 대하여 설명하시오.

제4교시

• 다음 문제 중 4문제를 선택하여 설명하십시오.(각 25점)

1. 터널 굴착방법의 종류별 특징과 현장관리 시 주의해야할 사항에 대하여 설명하시오.
2. 건설현장에서 가설통로의 종류와 설치기준에 대하여 설병하시오.
3. 뒷부벽식 교대의 개략적인 주철근 배치도를 작성하고, 구조의 특징 및 시공 시 유의사항에 대하여 설명하시오.
4. 공용 중인 교량의 교좌장치 교체를 위한 상부구조 인상작업 시 검토사항과 시공순서에 대하여 설명하시오.
5. 역타공범(top down) 중 완전역타공법에 대하여 설명하시오.
6. 현장타설말뚝공법 중 올 케이싱(all cashing) 공법, RCD(reverse circulation drill)공법, 어스 드릴(earth drill)공법의 특징 및 시공 시 주의사항에 대하여 설명하서오.

제 103회 토목시공기술사 기출문제
(시행일 : 2014년 5월 11일)

제1교시

● 다음 문제 중 10문제를 선택하여 설명하십시오.(각 10점)

1. 잔교식 안벽
2. 콘크리트 포장의 분리막
3. 피암(避岩) 터널
4. 분니현상(mud pumping)
5. 3경간 연속보, 캔틸레버(cantilever) 옹벽의 주철근 배근도 작성
6. 아스팔트 콘크리트의 시험포장
7. 도로공사에서 노상의 지내력을 구하는 시험법
8. 교량에 작용하는 주하중, 부하중, 특수하중의 종류
9. 수도권 대심도 지하철도(GTX)의 계획과 전망
10. 물-시멘트비(W/C)와 물-결합재비(W/B)
11. air pocket이 콘크리트 내구성에 미치는 현상
12. PMIS(Project Management Information System)
13. 공사계약보증금이 담보하는 손해의 종류

제2교시

● 다음 문제 중 4문제를 선택하여 설명하십시오. (각 25점)

1. 말뚝 재하시험법에 의한 지지력 산정방법에 대하여 설명하시오.
2. 재난 및 안전관리 기본법에서의 재난의 종류를 분류하고, 지하철과 교량 현장에서 발생하는 대형 사고에 대하여 재난대책기관과 연계된 수습방안을 설명하시오.
3. 하천제방의 차수공법을 공법개요, 신뢰성, 환경성, 장비사용성, 시공성 측면에서 비교 설명하시오.
4. 대단위 토공작업에서 성토재료 선정방법과 다짐방법 및 다짐도 판정방법에 대하여 설명하시오.
5. 섬유보강 콘크리트의 종류와 특징 및 국내외 기술개발 현황에 대하여 설명하시오.
6. 터널공사에서 지보재 설치 직전(무지보)의 상태에서 발생하는 붕괴유형을 열거하고 방지대책에 대하여 설명하시오.

제3교시

● 다음 문제 중 4문제를 선택하여 설명하십시오. (각 25점)

1. 사장교와 현수교의 특징과 장·단점, 시공 시 유의사항 및 현수교의 중앙경간을 사장교보다 길게 할 수 있는 이유에 대하여 설명하시오.
2. 표준적산방식과 실적공사비를 비교하고 실적공사비 적용 시 문제점에 대하여 설명하시오.
3. 연성벽체(흙막이벽)와 강성벽체(옹벽)의 토압분포에 대하여 설명하시오.
4. 화재 시 철근콘크리트 구조물에 발생하는 폭렬현상이 구조물에 미치는 영향과 원인을 열거하고 방지대책에 대하여 설명하시오.
5. 연약점토지반의 개량공법을 선정하고 계측항목에 대하여 설명하시오. (단, 공사기간이 3년인 4차선 일반국도에서 연장이 300m, 심도가 25m, 성토고가 5m인 경우)
6. NATM 터널 공사에서 사이클 타임과 연계한 세부 작업순서에 대하여 설명하시오.

제4교시

● 다음 문제 중 4문제를 선택하여 설명하십시오. (각 25점)

1. 무근콘크리트 포장의 손상 형태와 그 원인에 대하여 설명 하시오.
2. Caisson식 혼성제로 건설된 방파제에서 Caisson의 앞면벽에 발생한 균열의 원인을 열거하고 보수방법에 대하여 설명하시오.
3. 민간자본사업의 개발방식 종류 및 비용보장방식을 설명하고, 국내 건설산업 활성화를 위한 민간자본 활용방안에 대하여 기술하시오.
4. 램프교량공사에서 램프의 받침(shoe)에 작용하는 부반력에 대한 검토기준을 열거하고 대책에 대하여 설명하시오.
5. 지하구조물 시공 시 토류벽 배면의 지하수위가 높을 경우 토류벽 붕괴방지 대책과 차수 및 용수 대책에 대하여 설명하시오.
6. 해상 점성토의 깊이가 50m이고, 수심이 10m, 연장이 2km인 연륙교의 교각을 건설 할 경우 적용 가능한 대구경 현장타설 말뚝공법에 대하여 설명하시오.

제104회 토목시공기술사 기출문제
(시행일 : 2014년 8월 3일)

제1교시

● 다음 문제 중 10문제를 선택하여 설명하십시오.(각 10점)

1. 터널 미기압파
2. Shield TBM 굴진시의 체적손실
3. 입도분포곡선
4. 연약지반의 계측
5. 교량 신축이음장치
6. 터널 막장의 주향과 경사
7. 스미어존(smear zone)
8. 돌핀(dolphin)
9. 2중합성교량(bridge for double composite action)
10. 바나나 곡선(banana curve)
11. 자기수축균열(autogenous shrinkage crack)
12. 유리섬유폴리머보강근(glass fiber reinforced polymer bar)
13. 완전 합성보(full composite beam)와 부분 합성보(partial composite beam)

제2교시

● 다음 문제 중 4문제를 선택하여 설명하십시오. (각 25점)

1. 강교의 케이블식 가설(cable erection)공법에 대하여 설명하시오.
2. 주형보 등에 사용되는 I형강의 휨부재로서의 구조특성에 대하여 설명하시오.
3. 순환골재의 사용방법과 적용 가능부위에 대하여 설명하시오.
4. 최소비용 공기단축기법(minimum cost expediting)에 대하여 설명하시오.
5. 산악지형 장대터널의 저 토피구간 시공방법 중 개착(open cut)공법과 반개착(carinthian cut and cover)공법을 비교 설명하시오.
6. 흙막이 공법 시공 중 지반굴착 시 지하수위 저하 및 진동이 주변에 미치는 영향과 대책에 대하여 설명하시오.

제3교시

● 다음 문제 중 4문제를 선택하여 설명하십시오. (각 25점)

1. 장마철 배수불량에 의한 옹벽붕괴 사고가 빈번하게 발생하는 원인과 대책에 대하여 설명하시오.
2. 타입강관말뚝의 시공방법과 중점 관리 사항에 대하여 설명하시오.
3. 암반구간의 포장에 대하여 설명하시오.
4. 댐의 제체 및 기초지반의 누수원인과 방지대책에 대하여 설명하시오.
5. 관거매설시 설치지반에 따른 강성관거 및 연성관거의 기초처리에 대하여 설명하시오.
6. 도심지 천층터널의 지반특성 및 굴착 시 발생 가능한 문제점과 대책에 대하여 설명하시오.

제4교시

● 다음 문제 중 4문제를 선택하여 설명하십시오.(각 25점)

1. 도시의 재개발, 시가화 촉진, 기후변화 등이 가져오는 집중호우에 의한 도시침수 피해 원인 및 저감방안에 대하여 설명하시오.
2. 강우로 인한 지표수 침투, 세굴, 침식 등으로 발생되는 사면의 안전율 감소를 방지하기 위한 대책공법 중 안전율유지법과 안전율증가법에 대하여 설명하시오.
3. FSLM(full span launching method)에 대하여 설명하시오.
4. 하절기 CCP포장의 시공관리 및 공용 중 유지관리에 대하여 설명하시오.
5. 연약지반 성토 시 지반의 안정과 효율적인 시공관리를 위하여 시행하는 침하관리 및 안정관리에 대하여 설명하시오.
6. 터널 기계화 굴착법(open TBM과 shield TBM)과 NATM 적용 시 주요 검토사항 및 적용 지질, 시공성, 경제성, 안정성 측면에서 비교하여 설명하시오.

제105회 토목시공기술사 기출문제
(시행일 : 2015년 2월 1일)

제1교시

• 다음 문제 중 10문제를 선택하여 설명하십시오.(각 10점)

1. 지반조사방법 중 사운딩(Sounding)의 종류
2. 아스팔트 도로포장에 사용되는 토목섬유의 종류
3. 콘크리트의 초음파검사
4. UHPC(Ultra High Performance Concrete : 초고성능콘크리트)
5. 동결융해저항제
6. 비상여수로(Emergency Spillway)
7. 흙의 안식각(安息角)
8. SMR(Slope Mass Rating)
9. 토공의 시공 기면(Formation Level)
10. 탄성받침이 롤러(Roller)의 기능을 하는 이유
11. 라멘교(Rahmen)
12. 종합심사낙찰제(종심제)
13. 공정관리에서 자유여유(Free Float)

제2교시

● 다음 문제 중 4문제를 선택하여 설명하십시오.(각 25점)

1. 정수장에서 수밀이 요구되는 구조물의 누수 원인을 기술하고 누수 방지 대책에 대하여 설명하시오.
2. 강교의 현장 이음방법 중 고장력 볼트 이음 방법 및 시공 시 유의사항에 대하여 설명하시오.
3. 건설기계의 선정 시 일반적인 고려사항과 건설기계의 조합원칙을 설명하시오.
4. 비탈면 성토 작업 시 다음에 대하여 설명하시오.
   1) 토사 성토 비탈면의 다짐공법
   2) 비탈면 다짐 시 다짐기계 작업의 유의사항
5. 비점오염원(Non-point Source Pollution) 발생원인 및 저감시설의 종류를 설명하시오.
6. 터널 라이닝 콘크리트(Lining Concrete) 균열 발생원인 및 균열 저감방안을 설명하시오.

제3교시

● 다음 문제 중 4문제를 선택하여 설명하십시오.(각 25점)

1. 현수교 케이블 설치 시 단계별 시공순서에 대하여 설명하시오.
2. 곡선교량의 상부구조 시공 시 유의사항을 설명하시오.
3. 유토곡선(Mass Curve)을 작성하는 방법과 유토곡선의 모양에 따른 절토 및 성토계획에 대해 설명하시오.
4. 콘크리트 구조물에서 발생하는 균열의 진행성 여부 판단방법, 보수보강 시기 및 보수방법에 대하여 설명하시오.
5. 시멘트 콘크리트 포장 파손 및 보수공법에 대하여 설명하시오.
6. 하천 제방의 누수원인을 기술하고 누수 방지 대책에 대하여 설명하시오.

제4교시

● 다음 문제 중 4문제를 선택하여 설명하십시오.(각 25점)

1. 항만공사용 흡입식 말뚝(Suction Pile) 적용성 및 시공 시 유의사항을 설명하시오.
2. 기존 터널에서 내구성 저하로 성능이 저하된 경우 보수 방안과 보수 시 유의사항을 설명하시오.
3. 장대교량의 주탑 시공의 경우 고강도 콘크리트 타설 시 유의사항에 대하여 설명하시오.
4. 고속도로 공사의 발주 시 아래 발주 방식의 정의, 장점 및 단점에 대하여 설명하시오.
   1) 최저가 입찰 방식
   2) 턴키 입찰 방식
   3) 위험형 건설사업관리(CM at Risk) 방식
5. 흙막이 벽체 주변 지반의 침하예측 방법 및 침하방지 대책에 대하여 설명하시오.
6. 장경간 교량의 진동이 교량에 미치는 영향과 진동 저감 방안을 설명하시오.

부록 II
답안 작성 사례

토목시공기술사 수험준비 및 답안지 작성요령

Ⅰ. 기술사 시험의 답은 100%가 논술형
1. 기술사 답안 서론·본론·결론으로 구성되어 있다.
2. 주어진 문제에 대하여 이러한 구성으로 답안을 작성할 수 있도록 정리하는데 많은 연습이 필요하다.
3. 답안의 구성과 내용에 대해 간단명료해야 한다.

Ⅱ. 답안지 1Page 작성에 10분이 필요
1. 매 교시 시험시간은 100분으로 4교시에 총 400분의 시간이 주어진다.
2. 시험장에서 나눠주는 답안지는 매 교시 12쪽이므로
3. 주어진 답안지 1Page를 작성하는데 10분이 필요하다.
4. 따라서 평소 수험준비 시 답안작성에 따른 시간관리가 절대 필요하다.

Ⅲ. 수험준비는 실전과 같이
1. 가능하면 수험장에서 배부되는 형식의 답안지를 이용하여 작성해 보도록 한다.
2. 한 문제당 제 시간 안에 작성이 될 수 있도록 한다.
   예 Concrete의 균열 원인 및 대책에 대하여 기술하시오.(30점)
      - 이때 점수가 30점이므로 30분 내에 작성이 되도록 한다.
3. 수험준비를 하면서 가능하면 그림 연습을 많이 해 둔다.
4. 예상되는 문제에 대한 답안 작성 시 짜깁기를 많이 이용한다.
5. 과년도 문제를 스스로 풀어보면서 또한 자신이 작성한 것과 본서의 해설된 내용과의 차이를 비교해 본다.

Ⅳ. 답안지에 작성하는 답안내용은 정확히 작성
기술사는 일반 기능사나 기사와 같이 정답을 선택하는 것이 아니라 주어진 문제에 대한 수험생의 주관적인 내용을 직접 작성하는 것으로서 주어진 문제를 정확히 이해하지 않은 상태에서 작성하게 되면 감점요인이 된다.

Ⅴ. 주어진 문제가 논술형(서술형)인지 용어설명형인지를 구분할 줄 알아야
1. 논술형(서술형) 답안구성은 항상 "서론"부가 있어야 하고, 마지막엔 "결론"부가 있어야 한다.
2. 용어설명형은 내용이 간단하겠지만 구성은 논술형과 별 차이가 없으나 내용면에서는 간결하게 요점만으로 언급해야 한다는 것과 차이가 있다.

VI. 주어진 문제의 핵심을 정확하게 인지

예를 들어, 2교시에 배부된 문제지 중에서 답안을 작성하고자하는 문제가 "**3. 대절토, 성토 시 착공 전 준비 및 조사해야 할 사항에 대하여 기술하시오.**"라고 출제되어 있다면, 여기서 핵심은 무엇이겠는가? 즉, 출제자가 요구하는 문제가 무엇이냐 하는 것이다.

1. 첫째는 대절토, 성토 시 착공 전 준비사항
2. 두 번째는 대절토, 성토 시 착공 전 조사해야 할 사항

이 두 가지 사항으로 반드시 언급하여야 하고 내용은 구체적이어야 한다.

따라서 주어진 문제를 최소한 10번 이상 읽어보고 출제자가 요구하는 것이 무엇인지를 파악하여 문제를 충분히 이해한다.

VII. 답안작성 시 영문과 한문을 적절하게 사용하면 Point 획득에 유리

1. 한글로 표기되는 영문이 많은 경우는 별 문제가 없지만, 즉 "Concrete"라는 단어를 예를 들면 "Concrete"로 표현해도 되고 한글인 "콘크리트"로 표현해도 된다.
2. 그런데 "기준 레벨~"의 경우 "레벨"은 한글이 아닌 영문인 "Level"로 정확히 표현하도록 해야 한다.
3. 또한 한문도 한글로 표현할 시 이해를 돕기 위해서 한문으로 표현하는 경우가 있고, 영문의 경우도 한글의 뜻을 이해하기 위해 영문으로 표현하는 경우도 있다.
4. 그러나 영문과 한문을 어설프게 작성할 경우 Point 감점요인이 됨으로 이 점을 유의한다.

VIII. 띄어쓰기 및 받침 등 맞춤법은 정확히

기술사 채점자 중에는 한글의 맞춤법과 영문의 단어 하나하나를 유심히 보는 경우가 있다는 것을 명심하고, 아무리 내용이 우수하더라도 맞춤법이 잘못되면 낭패를 보는 경향이 있음으로 이 점을 유의한다.

IX. 기타

1. 본문내용은 반드시 요약 정리하여 작성할 것 - 학교에서 요점정리를 필기하듯 작성
2. 답안작성 시 답안지에 줄에 공란이 없도록 유의할 것
3. 그림은 적당한 곳에 크기를 조절하며 그 내용을 그림으로도 충분히 설명이 될 수 있도록 작성할 것
4. 배정된 배점에 맞게 답안지를 채울 것
   ① 즉, 30점이 배정되었으면 답안지는 3~3.5면을 작성하고 25점일 경우 2.5~3면을 작성
   ② 답안지 1면이 10점으로 총 10면을 작성하면 100점이 된다는 것을 명심할 것

수험번호	성 명
012345	홍길동
감독확인	㊞

문제3) 얕은 기초와 깊은 기초

답)

1. 개요

　　기초(Foundation)란, 지반상이나 지중에 시공되는 토목 또는 건축, 기타의 구조물 등이 침하나 기울기에 안전하게 버티게 하기 위한 구조물을 말하며, 기초의 깊이에 따라 얕은 기초와 깊은 기초로 분류된다.

2. 기초의 분류

　(1) 얕은 기초

　　① Footing 기초(확대 기초) : 독립 Footing, 복합 Footing, 연속 Footing, Cantilever Footing

　　② Mat 기초(전면 기초)

　(2) 깊은 기초

　　① 말뚝 기초 : 기성말뚝, 현장타설콘크리트말뚝

　　② Caisson 기초 : Open Caisson, Pneumatic Caisson

3. 얕은 기초

　(1) 정의

　　상부 구조물로부터 하중을 직접 지반에 전달시키기 위해 지중에 설치하는 구조물 기초

　(2) 얕은 기초의 조건

　　① 조건 : $\dfrac{D_f}{B} < 1$

　　② 적용 : 소요의 지반까지 피복토층이 2~4m인 경우

　　③ 기초의 지지력은 흙의 강도정수(C, Ø)에 의존

　(3) 지지력 산정

　　① 지지력공식에 의한 극한지지력산정

② 평판재하시험(PBT)에 의한 허용지지력산정

③ 허용지지력표에 의한 산정

④ 기왕 자료에 의한 산정

4. 깊은 기초

(1) 정의

상부하중을 기초로 하는 매개체를 통하여 지반의 지지층에 전달하는 구조물 기초

(2) 깊은 기초의 조건

① 조건 : $\dfrac{D_f}{B} > 1$

② 적용 : 피복토층이 $4m$ 이상으로 깊이가 깊을 때

(3) 지지력 산정

① 재하시험에 의한 산정

② 정역학적 지지력공식에 의한 산정

③ 동역학적 지지력공식에 의한 산정

④ 기왕 자료에 의한 산정.   끝

문제 2) 흙의 동해가 토목 구조물에 미치는 영향에 대하여 기술하시오.

답)

1. 개요

① 흙의 동상이란, 겨울철에 대기온도가 $0°C$ 이하로 내려가면 지표면 아래에 있는 흙 속의 물이 동결하여 빙층이 형성되고, 이 빙층이 점차 확대되면서 지표면이 위쪽으로 부풀어 오르는 현상을 말한다.

② 이러한 동상현상은 도로나 철로의 노반, 구조물 기초 등에 피해를 주는 현상을 동해라 하며, 토목 설계 및 시공 시 동결에 따른 문제가 발생되지 않도록 세심한 주의가 있어야 한다.

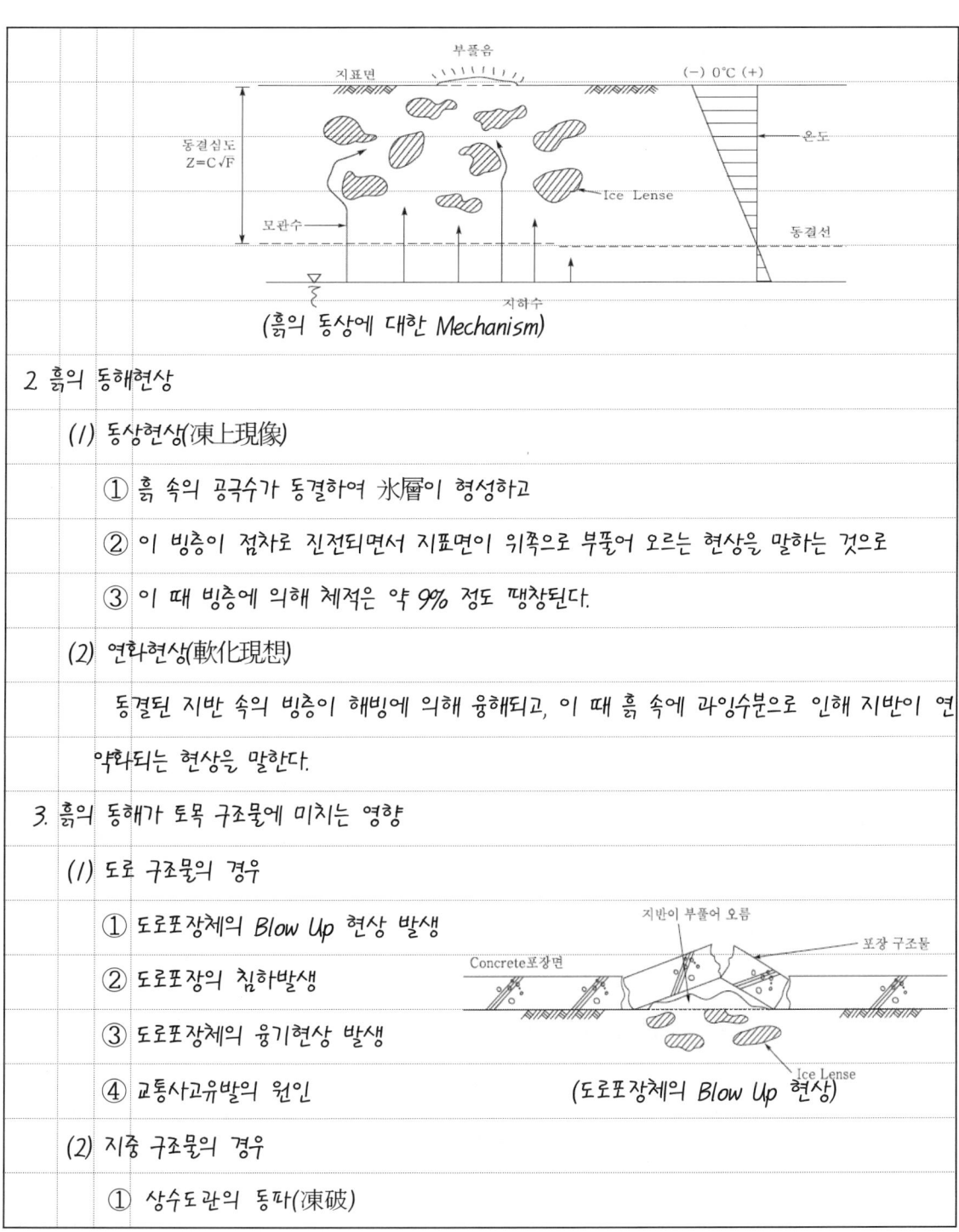

(흙의 동상에 대한 Mechanism)

2. 흙의 동해현상

   (1) 동상현상(凍上現像)

   ① 흙 속의 공극수가 동결하여 氷層이 형성하고

   ② 이 빙층이 점차로 진전되면서 지표면이 위쪽으로 부풀어 오르는 현상을 말하는 것으로

   ③ 이 때 빙층에 의해 체적은 약 9% 정도 팽창된다.

   (2) 연화현상(軟化現想)

   동결된 지반 속의 빙층이 해빙에 의해 융해되고, 이 때 흙 속에 과잉수분으로 인해 지반이 연약화되는 현상을 말한다.

3. 흙의 동해가 토목 구조물에 미치는 영향

   (1) 도로 구조물의 경우

   ① 도로포장체의 Blow Up 현상 발생

   ② 도로포장의 침하발생

   ③ 도로포장체의 융기현상 발생

   ④ 교통사고유발의 원인

   (도로포장체의 Blow Up 현상)

   (2) 지중 구조물의 경우

   ① 상수도관의 동파(凍破)

② 상·하수관로의 누수

③ 지중 매설물의 변형

(3) 구조물 기초의 경우

① 구조물의 부상(浮上)

② 구조물의 침하발생

(4) 구조물과 토공 접속부의 경우

① 측압발생

② 접속부의 단차 또는 부등침하발생

(5) 지반의 연약화

① 연약지반 형성으로 지반침하발생

② 측방유동현상 발생

4. 동해방지대책

(1) 동결심도산정

① 동결심도계에 의한 조사

② Test Pit에 의한 관찰

③ 공식에 의한 산정 ($Z = C\sqrt{F}$)

(2) 동해방지대책

① 도로구조물

　　보조기층 아래에 동상방지층 설치

② 지중 구조물

• 동결심도 아래에 위치하도록 설계 및 시공

• 토피를 설계기준에 일치되도록 시공

- 배수가 잘되는 모래 등으로 되메우기 및 철저한 다짐실시

③ 구조물 기초
- 동결심도 아래에 기초가 위치하도록 설계 및 시공
- 기초주변에 조립재료 등으로 배수가 용이하도록 시공

④ 구조물과 토공의 접속부
- 접속부에 조립재료로 Filter 층을 설치
- 배수시설 시공

⑤ 지반의 연약화 방지
- 지반치환실시
- 지하수 및 지표수의 차단처리
- 단열 및 안정처리

(구조물과 토공 접속부 처리 방법)

5. 결론

흙의 동상은 주로 겨울철 대기 온도가 0°C 이하로 내려가면 지반 속의 수분이 동결되어 빙층의 형성으로 이 빙층의 체적이 증가하여 지표면이 부풀어 오름으로서 각종 구조물 등이 변형 또는 파손되는 문제가 있음으로 구조물의 설계 또는 시공 시 동결작용으로 인하여 발생되는 문제점들을 충분히 파악하여 기후조건에 적합하도록 세심한 배려가 있어야 한다. 끝

이 하 여 백

부록 III

필기시험 답안지 양식

1. 본 답안지는 실제 답안지를 85% 축소한 것입니다.
2. 왼쪽 절취선을 절취하여 묶음으로 사용하십시오.
3. 평소 학습은 연습지를 이용하며, 실전 답안 작성 연습은 본 답안지를 복사하여 활용하시기 바랍니다.

제　　회
국가기술자격검정 기술사 필기시험 답안지(제　교시)

※ 10권 이상은 분철(최대 10권이내)

자격종목

답안지 작성시 유의사항

1. 답안지는 총7매(14면)이며 교부받는 즉시 매수, 페이지 등 정상여부를 반드시 확인하고 1매라도 분리 되거나 훼손하여서는 안됩니다.
2. 시행회, 자격종목, 수험번호, 성명을 정확하게 기재하여야 합니다.
3. 수험자 인적사항 및 답안작성(계산식 포함)은 흑색 또는 청색필기구만 사용하되, 동일한 한가지 색의 필기구만 사용하여야 하며 흑색, 청색을 제외한 유색 필기구 또는 연필류를 사용하거나 2가지 이상의 색을 혼합 사용하였을 경우 그 문항은 0점 처리됩니다.
4. 답안 정정시에는 두 줄(=)을 긋고 다시 기재 가능하며, 수정테이프(액)등을 사용했을 경우 채점 상의 불이익을 받을 수 있으므로 사용하지 마시기 바랍니다.
5. 답안지에 답안과 관련없는 특수한 표시, 특정인임을 암시하는 답안지는 전체가 0점 처리됩니다.
6. 답안작성 시 홈(구멍)이나 도형 등 그림이 없는 직선자(템플릿 사용금지) 만 사용할 수 있습니다.
7. 문제의 순서에 관계없이 답안을 작성하여도 되나 주어진 문제번호와 문제를 기재한 후 답안을 작성하고 전문용어는 원어로 기재하여도 무방합니다.
8. 요구한 문제수 보다 많은 문제를 답하는 경우 기재 순으로 요구한 문제수 까지 채점하고 나머지 문제는 채점대상에서 제외됩니다.
9. 답안 작성시 답안지 양면의 페이지 순으로 작성하시기 바랍니다.
10. 기 작성한 문항 전체를 삭제하고자 할 경우 반드시 해당 문항의 답안 전체에 대하여 명확하게 X표시 (X표시 한 답안은 채점대상에서 제외) 하시기 바랍니다.
11. 시험시간이 종료되면 즉시 답안작성을 멈춰야 하며, 종료시간 이후 계속 답안을 작성하거나 감독위원의 답안제출 지시에 불응할 때에는 채점대상에서 제외됩니다.
12. 각 문제의 답안작성이 끝나면 "끝"이라고 쓰고 다음 문제는 두 줄을 띄워 기재하여야 하며 최종 답안작성이 끝나면 그 다음 줄에 "이하여백"이라고 써야 합니다.
13. 비번호란은 기재하지 않습니다.

※**부정행위처리규정은 뒷면 참조**

비번호

한국산업인력공단

듣기평가 지침 규정

듣기평가시험 제1교시 재외국 및 제11교시 듣기고사과정에서 부정행위를 한 응시자에 대하여는 응시를 정지 또는 무효로 하고 3년이내 이 기간의 결정에 응시할 수 있는 자격이 정지됩니다.

1. 시험 중 다른 수험자와 시험과 관련된 대화를 하는 행위
2. 답안지를 교환하는 행위
3. 시험 중에 다른 수험자의 답안지 또는 문제지를 보고 자신의 답안지를 작성하는 행위
4. 다른 수험자를 위하여 답안을 알려주거나 보여주는 행위
5. 시험 중 시험문제 내용과 관련된 물건을 휴대하여 사용하거나 이를 주고 받는 행위
6. 시험장 내외의 자로부터 도움을 받고 답안지를 작성하는 행위
7. 사전에 시험문제를 알고 시험을 치는 행위
8. 다른 수험자와 성명 또는 수험번호를 바꾸어 제출하는 행위
9. 대리시험을 치르거나 치르게 하는 행위
10. 수험자가 시험시간 중에 통신기기 및 전자기기[휴대용 전화기, 휴대용 개인정보단말기(PDA), 휴대용 멀티미디어 재생장치(PMP), 휴대용 컴퓨터, 휴대용 감상기기, 디지털 카메라, 음성파일 변환기기(MP3), 시계용 계산기, 전자사전, 카메라 펜, 시각표시 및 저장 기능이 있는 시계]를 사용하여 답안지를 작성하거나 다른 수험자와 의사소통을 하는 행위
11. 그 밖에 부정 또는 불공정한 방법으로 시험을 치르는 행위

수험번호	성 명
감독확인	㊞

번호		

국가기술자격 수험서는 42년 전통의 성안당 책이 좋습니다.

토목 핵심 시리즈 1 　토질 및 기초
박영태·고영주 공저 | 4·6배판(2도) | 480쪽 | 15,000원

본서는 단원별 출제 빈도 표와 출제 기준표를 먼저 제시하여 학습 계획을 세울 때 도움이 되도록 하였으며, 내용 정리에서도 참고란에 용어 설명을 해주어 내용의 이해도를 높였습니다. 또한 각 이론과 문제마다 상세한 해설로 핵심적인 요점을 짚어 주었고, 문제 푸는 요령을 습득할 수 있어 문제에 대한 응용력을 높일 수 있도록 하였습니다. 마무리 학습으로 과년도 출제 문제를 수록하여 자신의 실력 확인 및 문제 유형을 파악할 수 있도록 하였습니다.

토목 핵심 시리즈 2 　수리수문학
박영태 저 | 4·6배판(2도) | 472쪽 | 15,000원

'수리수문학'은 개념부터 응용부분까지 꼼꼼히 짚어주어, 내용에 대한 이해와 문제에 대한 적용력을 높여 주었고, 핵심적인 내용과 문제들로 구성하여 짧은 시간 안에 효과적인 학습을 할 수 있도록 하였습니다. 본 책은 단원별 이론을 체계적으로 정리하는 것은 물론 각 이론마다 그림과 용어 설명을 덧붙여 보다 쉽게 이해할 수 있도록 구성하였습니다. 또한 출제 빈도표를 통해 전체적인 흐름을 파악할 수 있으며, 각 문제마다 출제된 시험과 연도를 표시하여 문제의 중요도를 판단할 수 있게 해주었습니다. 중요 공식은 눈에 잘 띄도록 음영 처리하여 쉽게 기억할 수 있도록 하였고, 다양한 문제를 통해 이론의 적용 및 문제 해결력을 향상시켜 주었습니다.

토목 핵심 시리즈 3 　측량학
송낙원·송용희 공저 | 4·6배판(2도) | 424쪽 | 15,000원

본서는 출제 기준표를 통해 전체적인 흐름을 파악하도록 하였으며 그림과 표를 삽입하여 보다 쉽게, 보다 정확하게 내용을 이해할 수 있도록 하였습니다. 특히, 각 단원별 출제 빈도표를 토대로 학습 방향을 잡아 주는 것은 물론 최근 출제 경향까지 한눈에 볼 수 있어 그 효과를 배가되도록 하였습니다. 보충부분은 음영으로 짚어 주었고 이 단원에서 중요한 사항이 무엇인지, 꼭 알고 넘어가야 하는 이론이 무엇인지도 쉽게 파악할 수 있도록 구성하였습니다. 또한 과년도 출제 문제는 각 문제마다 상세한 해설을 덧붙여 문제의 적용력과 응용력을 높여 주었습니다.

토목 핵심 시리즈 4 　철근콘크리트 및 강구조
박경현·고영주 공저 | 4·6배판(2도) | 408쪽 | 15,000원

'철근콘크리트 및 강구조'는 개정된 콘크리트 구조 설계 기준에 따라 해당 부분 수정은 물론 새로 도입된 SI단위(국제단위)를 반영하여 모든 문제에 적용하였습니다. 본서는 출제 기준표, 출제 빈도표로 출제 경향 및 전반적인 흐름을 파악하여 효과적인 학습 계획을 세울 수 있도록 하였습니다. 먼저 체계적인 단원별 정리로 개념을 잡아주며 예상 및 기출 문제로 본 이론을 학습하도록 하였습니다. 주요 단위 부분도 정리하여 단위에 대한 정확도를 높여 주었습니다. 또한 실전 시험 대비로 과년도 출제문제를 수록하여 문제 유형을 파악할 수 있도록 하였고, 각 문제에 대한 자세한 해설로 문제에 대한 이해도를 높였습니다.

토목 핵심 시리즈 5 　상하수도공학
박재성·김만식 공저 | 4·6배판(2도) | 392쪽 | 15,000원

이 책은 수험생들의 눈높이에 맞춘 체계적인 단원별 이론과 문제로 구성되어 있으며, 중요 키워드는 고딕체로 표시하여 한눈에 들어오도록 하였습니다. 또한 본 이론에서 설명하지 못한 것은 보충 설명을 해주어 이해를 도왔습니다. 특히 각 단원별 출제 빈도표를 토대로 학습방향을 잡아주는 것은 물론 최근 출제 경향까지 한눈에 볼 수 있어 그 효과를 배가되도록 하였습니다. 또한 그림과 표로 중요 이론을 일목요연하게 정리하여 보다 쉽게 이해할 수 있도록 하였고 다양한 문제를 수록하여 이론의 적용력 및 문제 해결력을 향상시켜 주었습니다.

토목 핵심 시리즈 6 　응용역학
박경현 저 | 4·6배판(2도) | 514쪽 | 15,000원

본 책은 체계적인 이론 정리와 다양한 문제로 실전 응용력을 높일 수 있도록 구성하였습니다. 단원별 출제 빈도표를 토대로 학습 방향을 잡아주는 것은 물론 최근 출제 경향까지 한눈에 볼 수 있어, 그 효과는 배가 되도록 하였습니다. 필수적인 사항은 box 부분으로 짚어 주었고, 이 단원에서 중요한 사항이 무엇인지, 꼭 알고 넘어가야 하는 이론이 무엇인지도 쉽게 파악할 수 있도록 하였습니다. 과년도 출제 문제를 통해 문제 유형을 파악할 수 있으며, 자세한 해설로 내용을 충분히 이해하고 습득할 수 있도록 하였습니다.

http://www.cyber.co.kr

TEL: 02)3142-0036
TEL: 031)950-6300

121-838 서울시 마포구 양화로 127 첨단빌딩 5층(출판기획 R&D 센터)
413-120 경기도 파주시 문발로 112(제작 및 물류)

※본사의 사정에 따라 책표지와 정가는 변동될 수 있습니다.

길잡이 **토목시공기술사**

김우식 저 | 4·6배판 | 1,624쪽 | 75,000원

한국산업인력공단의 출제경향에 맞추어 내용을 구성하였고 기출문제를 중심으로 각 단원의 흐름 파악에 중점을 두었습니다. 또한 공정관리를 순서별로 체계화하여 각 단원별로 요약하고 핵심정리하였으며, 아이템화에 치중하여 개념을 파악해 문제를 풀어나가는 데 중점을 두었습니다.

길잡이 **토목시공기술사**(공종별 기출문제 1권)

김우식 저 | 4·6배판 | 1,208쪽 | 40,000원

이 책은 수험생들을 위하여 그동안의 기출문제를 분석하여 정리하였습니다. 유사문제를 함께 묶어서 문제의 핵심 파악을 보다 쉽게 하여 수험생들의 부담을 줄일 수 있도록 구성하였으며, 어떤 문제가 출제되어도 해결할 수 있도록 정리하였습니다. 앞으로 출제될 문제도 이 책의 범주에서 크게 벗어나지 않을 것이므로, 이 책을 충분히 공부한다면 기술사 자격 취득에 효율적으로 대비할 수 있을 것입니다.

길잡이 **토목시공기술사**(공종별 기출문제 2권)

김우식 저 | 4·6배판 | 1,192쪽 | 40,000원

이 책은 수험생들을 위하여 그동안의 기출문제를 분석하여 정리하였습니다. 유사문제를 함께 묶어서 문제의 핵심 파악을 보다 쉽게 하여 수험생들의 부담을 줄일 수 있도록 구성하였으며, 어떤 문제가 출제되어도 해결할 수 있도록 정리하였습니다. 앞으로 출제될 문제도 이 책의 범주에서 크게 벗어나지 않을 것이므로, 이 책을 충분히 공부한다면 기술사 자격 취득에 효율적으로 대비할 수 있을 것입니다.

길잡이 **토질 및 기초기술사**(단원별 기출문제)

박재성 저 | 4·6배판 | 1,298쪽 | 60,000원

국가고시의 모든 시험이 그러하듯이 토질 및 기초 기술사 자격시험도 기출문제를 파악, 분석하는 것이 매우 중요합니다. 이 책은 수험생들을 위하여 그동안의 기출문제를 분석하여 정리하였고, 유사문제를 함께 묶어서 문제의 핵심 파악이 보다 쉽고 수험생들의 부담을 줄일 수 있도록 구성하였으며, 어떤 문제가 출제되어도 해결할 수 있도록 집결하여 정리하였습니다.

21세기 토목시공기술사(강의노트)

신경수·김재권 공저 | 4·6배판(2도) | 219쪽 | 18,000원

기술사 공부는 "흐름"을 이해하고, "개념"을 파악하고, "분류"를 정확히 이해하는 것이 합격의 지름길입니다. 이 교재〈21세기 토목시공기술사 강의노트〉에는 기술사 합격에 필요한 흐름과 분류가 모두 포함되어 있으며, 시험에 대한 최단기 합격의 목표와 전략을 가지고 저자가 진행해온 서울기술사학원 21세기 토목시공기술사 강의의 핵심을 다룬 책으로 수험생들의 단기간 합격에 큰 도움이 될 것입니다.

적중 **토목기사 실기**

토목공학연구회 편 | 4·6배판 | 1,384쪽 | 40,000원

- 1984년부터 출제되었던 문제를 분류하여 수록하였습니다.
- 출제기준에 부합된 예상문제와 기출문제를 상세한 해설과 함께 수록하였습니다.
- 유형이 비슷한 문제일지라도 완벽한 이해를 할 수 있도록 반복적(과년도 문제 출제빈도 65~80%)인 학습효과를 유도하였습니다.
- 기출제된 모든 문제를 연도별, 회별로 구분하여 출제경향과 비중을 스스로 파악하여 확실한 수험대비를 할 수 있도록 하였습니다.

길잡이 도로 및 공항기술사

최장원 저 | 4·6배판 | 1,466쪽 | 60,000원

이 책은 새로이 개정된 내용들과 변화된 출제경향에 맞추어 기존 아이템을 재정리하였고, 새로 출제가 예상되거나 반드시 알아야 하는 새로운 아이템을 분류·정리하여 응시생들의 준비에 도움이 되도록 내용을 수록하였습니다.

길잡이 토목시공기술사(핵심 120문제)

김우식 저 | 4·6배판 | 568쪽 | 25,000원

이 책은 토목시공기술사 자격증을 쉽게 취득할 수 있도록 기본 핵심을 파악하고 출제빈도가 높은 문제들을 엄선하여 답안 작성의 길잡이가 될 수 있도록 하였습니다. 처음 공부를 시작하는 분들에게는 문제 출제 경향과 답안 작성 요령의 지침이 될 것이며, 공부를 마무리하는 분들에게는 핵심 요점정리와 답안지 변화의 길잡이가 될 것입니다.

길잡이 토목시공기술사(기출문제풀이 I)

김우식 저 | 4·6배판 | 1,544쪽 | 48,000원

이 책은 기출제된 문제를 요약, 분석하고 상세한 해설을 덧붙여 토목기술사를 준비하는 수험생들을 위해 문제를 분류, 출제경향, 출제빈도들을 분석할 수 있게 논리적이며 체계적으로 자료를 수집, 정리, 풀이해 놓았습니다. 열악한 환경과 모자라는 시간 속에서 토목시공기술사를 준비하는 수험생들을 위해 조금이나마 도움을 주기 위해 이 책을 발간하게 되었으므로 길잡이 토목시공기술사를 보면서 이 책을 참고하여 시험에 대비하면 "토목시공기술사"의 길이 그리 멀지만은 않을 것이라 생각합니다.

길잡이 토목시공기술사(면접분석)

김우식 저 | 4·6배판 | 756쪽 | 45,000원

이 책은 수험생들이 면접시험을 준비하는데 핵심적인 문제만을 선별하여 요점정리하였습니다. 면접 기출문제 내용을 공종별로 분석하여 각 문제에 대한 중요도를 표시하였으며, 문제에 대한 자세한 해설을 덧붙여 모범답안을 제시하였습니다. 또한 면접시험에 대한 수검대책, 면접교육, 이력카드 등의 시험정보를 담아 면접시험의 전반적인 흐름을 파악할 수 있도록 도움을 주었습니다.

길잡이 토목시공기술사(장판지랑 암기법)

김우식 저 | 4·6배판 | 284쪽 | 25,000원

이 책은 토목시공기술사 길잡이 중심의 요약 및 정리를 하였으며, 각 공종별로 핵심사항을 일목요연하게 전개하였습니다. 또한 암기를 위한 기억법을 추가하여, 장기간 공부를 하면서도 핵심을 제대로 파악하지 못하여 자격증 취득이 늦어지고 있는 이들이 단기간에 기술사 준비를 완성할 수 있게 도와줍니다. 〈토목시공기술사 – 장판지랑 암기법〉은 강사의 다년간의 노하우를 공개하여 독자가 쉽게 이해할 수 있도록 구성하였으며, 주요 부분의 도해화로 연상암기도 가능합니다.

길잡이 토목시공기술사(용어설명)

김우식 저 | 4·6배판 | 1권:956쪽, 2권:848쪽 | 80,000원

용어 설명의 중요성이 대두되고 있는 최근의 출제경향에 부응하여 수험자들이 효과를 볼 수 있는 측면을 고려, 다음과 같은 면에 중점을 두었습니다.

- 최근 출제경향에 맞춘 내용 구성
- 시간배분에 따른 모범답안 유형
- 기출문제를 중심으로 각 단원의 흐름 파악
- 문장의 간략화, 단순화, 도식화
- 난이도를 배제한 개념 파악 위주
- 개정된 토목 표준시방서 기준

국가기술자격 수험서는 42년 전통의 성안당 책이 좋습니다.

과년도 시리즈 1 응용역학
전찬기 외 4인 공저 | 4·6배판 | 682쪽 | 19,000원

이론정리는 핵심적인 사항을 간결하게 설명하였으며, 특히 다른 책에서 찾기 어려운 사항을 자세히 설명하였습니다. 본문의 내용을 보충하거나 새로운 방법을 나타낼 때는 〈보강〉을 표시하였으며, 암기가 필요한 중요 공식은 〈Box〉 표시를 하였습니다. 과년도 출제문제는 1977년부터 최근까지 출제된 15000여 문제를 유형별로 구분하고, 난이도별로 단계적 배열을 하여 학습 효과를 높였습니다. 유형별 문제의 첫머리에는 중요한 공식이나 핵심 내용을 간결하게 정리하여 〈열쇠〉로 나타내었습니다.

과년도 시리즈 2 측량학
최용기·박기용 공저 | 4·6배판 | 588쪽 | 19,000원

각 장마다 과년도 문제를 분석하여 이론적 사항을 간단하게 정리하였으며, 과년도 문제를 각 장, 각 항목별로 분류하여 문제의 난이도를 파악할 수 있게 하였습니다. 각 유형별 문제의 해설을 강의식으로 논술하여 처음 공부하는 수험생도 쉽게 이해할 수 있도록 하였습니다.

과년도 시리즈 3 수리수문학
임진근 외 2인 공저 | 4·6배판 | 624쪽 | 19,000원

- 단순하고 명료한 과년도 출제빈도 분석표를 수록함으로써 수험생들이 출제경향을 쉽게 파악하고 공부할 수 있도록 하였습니다.
- 단원별로 과년도 기출문제를 충실히 정리하여 수록함으로써 수험생들이 실제문제를 이용하여 실력을 배양하도록 하였으며 상세한 해설을 하였습니다.
- 부록으로 최근 출제된 과년도 문제를 모두 수록함으로써 최신 토목기사·산업기사 시험문제의 경향을 파악하고 수험생들의 실력을 확인할 수 있도록 하였습니다.

과년도 시리즈 4 철근콘크리트 및 강구조
전찬기 외 4인 공저 | 4·6배판 | 640쪽 | 19,000원

이 책은 새로운 출제 기준에 맞춰 이론의 핵심적인 사항을 간결하게 정리하였고, 이해하기 쉽도록 그림을 사용하여 설명하였습니다. 또한 1977년부터 최근까지 출제된 1,500여 문제를 유형별로 구분하고, 난이도별로 단계적인 배열을 함으로써 학습 효과를 획기적으로 개선하였습니다. 뿐만 아니라 개정된 콘크리트 구조설계 기준에 의해 단위를 SI로 통일하였으며, SI 단위의 이해와 적용을 위한 요점 노트를 별책 부록과 함께 수록하였습니다.

과년도 시리즈 5 토질 및 기초
임진근 외 3인 공저 | 4·6배판 | 656쪽 | 19,000원

- 이론정리는 장별 기출문제와 연계하여 이해하기 쉽도록 설명하였습니다.
- 과년도 문제는 1980년부터 최근까지 출제된 문제를 유형별로 구분하여 기출문제를 완벽하게 이해할 수 있도록 하였습니다.
- CD에 수록된 모의고사와 이 책에 실은 부록은 이 책에 대한 내용을 얼마나 알고 있는지 자기진단을 할 수 있도록 하였습니다.

과년도 시리즈 6 상하수도공학
임영재·백희선 공저 | 4·6배판 | 624쪽 | 19,000원

- 각 단원의 요점정리는 문제 풀이의 길잡이가 되게 함으로써 학습효과가 충분히 발휘될 수 있도록 하였습니다.
- 문제풀이 중심의 책으로 출제 기준에 적합하게 엄선된 예상문제를 상세한 해설과 함께 수록하였습니다.
- 유형이 비슷한 문제일지라도 반복 학습을 통해 완벽하게 이해할 수 있도록 유도하였습니다.

http://www.cyber.co.kr

121-838 서울시 마포구 양화로 127 첨단빌딩 5층(출판기획 R&D 센터) TEL : 02)3142-0036
413-120 경기도 파주시 문발로 112(제작 및 물류) TEL : 031) 950-6300

※본사의 사정에 따라 책표지와 정가는 변동될 수 있습니다.

성안당

국가기술자격 수험서는 42년 전통의 성안당 책이 좋습니다.

8개년 과년도 토목기사

박영태 외 2인 공저 | 4·6배판 | 904쪽 | 30,000원

수험생들에게 최적의 지침서!! 8개년 과년도 토목기사!!
이 책은 빠른 시간 내에 공부할 수 있는 자격 검정 대비서로 최근 8년간 출제된 문제들을 수록하여 효과적인 시험 대비가 이루어지도록 하였습니다. 시험을 준비하는 입장에서는 과년도 출제문제를 정확히 파악하는 것이 무엇보다 중요합니다. 이에 자주 출제되는 문제 유형을 선별 수록하였고, 각 문제에 대한 자세한 해설을 덧붙여 문제에 대한 이해도를 높였습니다.

적중 지적기사·산업기사

송용희 외 2인 공저 | 4·6배판 | 1,000쪽(부록 160쪽) | 33,000원

- 각 단원별 기초이론과 문제를 알기 쉽도록 정리하였습니다.
- 실전 적응능력을 향상시키기 위해 기출문제를 수록하여 시험유형에 완벽을 기할 수 있도록 하였습니다.
- 신설된 토지정보체계를 수험생들이 보다 쉽게 이해할 수 있도록 기초이론과 그에 따른 문제를 수록하였습니다.

과년도 지적기사·산업기사

송용희 저 | 4·6배판 | 968쪽 | 28,000원

이 책은 지적직 공무원, 지적 공사, 지적산업기사 대비 강좌를 수년간 해온 경험을 바탕으로 좀더 수험생 관점에서 좋은 교재를 만들기 위해 노력하였습니다.
- 최근 5년간 출제된 문제를 수록하였습니다.
- 최근 개정법령을 모두 수록하여 최신의 정보를 수험생에게 제공하려고 노력하였습니다.
- 계산문제를 보다 쉽게 이해할 수 있도록 하였으며, 수험생의 이해를 돕고자 도해적으로 해설을 하였습니다.

지적전산학개론

송용희 외 2인 공저 | 4·6배판 | 728쪽 | 35,000원

지적은 토지에 관련된 정보를 조사·측량하여 지적공부에 등록·관리하고 등록된 정보의 제공에 관한 사항을 규정함으로써 효율적인 토지관리와 소유권 보호에 이바지함을 목적으로 합니다.
이 책은 지적직 공무원 지적전산학개론 수험서로서 강의경험과 실무경험을 토대로 수험생이 보다 쉽게 내용을 접근할 수 있도록 구성하였습니다.

적중 철도보선기사·산업기사 [실기]

정대호·정찬묵 공저 | 4·6배판 | 280쪽 | 20,000원

고속화에 따른 철도 기술 발전은 비약적으로 진행되고 있으며 이 중 차량과 직접 접촉하는 궤도 기술은 매우 중요하기 때문에 궤도와 보선 종사자 개인의 기술 수준의 향상이 필요합니다. 따라서 철도 기술의 보급과 교육이 필요한 시점에 보선기사를 준비하는 철도 종사자와 철도 관련 학생들의 기술 향상과 저변 확대에 기여하기 위함입니다.

콘크리트기사·산업기사

손영선 저 | 4·6배판 | 1,032쪽 | 30,000원

콘크리트(산업)기사는 콘크리트의 품질확보를 위한 초기 콘크리트의 제조, 설계, 시공에서의 철저한 품질관리를 위한 시험, 검사와 콘크리트 구조물의 진단, 유지관리에 이르기까지 콘크리트 관련 전문지식을 겸비하여야 합니다.
이 책에서는 콘크리트(산업)기사를 준비하는 수험들에게 실질적인 도움을 줄 수 있는데 중점을 두고 집필하였습니다.

http://www.cyber.co.kr

121-838 서울시 마포구 양화로 127 첨단빌딩 5층(출판기획 R&D 센터) TEL: 02)3142-0036
413-120 경기도 파주시 문발로 112(제작 및 물류) TEL: 031) 950-6300

※본사의 사정에 따라 책표지와 정가는 변동될 수 있습니다.

국가기술자격 수험서는 42년 전통의 성안당 책이 좋습니다.

측량기능사
임영재 외 8인 공저 | 4·6배판 | 632쪽 | 23,000원

측량기능사, 기술직 9급 공무원 시험에서 측량을 접하게 되는 수험생들을 위해 핵심 요점정리와 기출문제를 수록하였습니다. 탁월한 길잡이가 되도록 기본적이고 핵심적인 내용을 체계적으로 정리하고 최근 출제 경향에 맞추어 구성하였습니다.

전산응용토목제도기능사
임영재 외 8인 공저 | 4·6배판 | 624쪽 | 25,000원

이 책은 2002년부터 2014년까지 한 해도 거르지 않고 출제 경향을 파악하여 이론과 문제를 구성하였습니다. 단원별 이론을 체계적으로 정리하는 것은 물론 각 이론마다 그림과 용어 설명을 덧붙이고 출제 가능한 예상문제를 수록하여 수험생들이 보다 쉽게 이해할 수 있도록 하였습니다. '전산응용토목제도기능사'를 처음 공부하는 수험생들에게 기본부터 응용까지 실력을 향상시킬 수 있는 참고서로 부족함이 없도록 하였습니다.

콘크리트기능사 [필기+실기]
임영재 외 9인 공저 | 4·6배판 | 680쪽 | 20,000원

이 책은 수험생들의 눈높이에 맞춘 구성으로 필기와 실기를 완전 분석하여 분야별로 분류 수록하였습니다. 특히, 각 장마다 반드시 숙지해야 할 핵심 사항을 꼼꼼히 짚어주어 내용의 이해를 높였으며 각 문제마다 상세한 해설로 문제의 원리를 파악할 수 있도록 하였습니다. key-point는 BOX와 고딕체로 표시하여, 한눈에 볼 수 있도록 하였고 기본 문제를 활용한 다양한 문제를 수록하여 응용력을 높여 주었습니다. 또한 한 권의 책에 필기와 실기를 모두 수록하여 수험생들이 효과적인 학습을 할 수 있습니다.

콘크리트기사·산업기사 [필기+실기]
최연왕 외 3인 공저 | 4·6배판 | 996쪽 | 34,000원

이 책은 산업인력공단의 출제기준에 맞춘 콘크리트 기사 및 산업기사 관련 수험서로 일목요연한 이론 정리 및 완벽한 핵심 포인트 해설을 곁들여 이해를 도왔고, 30년 동안 시행되고 있는 일본 콘크리트 기사 기출문제를 분석한 연습문제를 실어 시험에 충분히 대비할 수 있도록 하였습니다.

토질 및 콘크리트 [시험 핸드북]
건설기술교육연구소 저 | 최재진·정대석 공역 | 4·6배판 | 328쪽 | 20,000원

이 책은 품질 관리에 필요한 지식을 폭넓게 얻을 수 있도록 가능한 한 많은 시험 항목을 선택하였으며, 각 시험 내용을 쉽게 이해하도록 하는데 중점을 두어 설명하였습니다. 또한 실제로 시험을 하고 있는 것과 같은 느낌으로 시험 방법을 익힐 수 있도록 상세하고 현실감 있는 그림으로 나타내었습니다.

토질 및 기초 기술사
김재봉 저 | 4·6배판 | 768쪽 | 45,000원

이 책은 토목시공기술사를 취득한 사람들을 위한 교재로, 토질 및 기초 분야에서 요구하는 출제 가능한 핵심 부분만을 요약하거나 이해하기 쉽도록 구성하였습니다. 많은 시간을 투자하면서 광범위하게 공부할 경우, 합격까지의 시간이 많이 걸릴 뿐 아니라, 기술사 시험에서 요구하는 짧게 정리된 답안을 작성하는 데 어려움이 있습니다. 이 책은 광범위한 내용을 모두 다루기보다는 수험생들이 토질 및 기초기술사 취득을 위해 필요한 부분을 효율적으로 공부할 수 있도록 구성하였습니다.

http://www.cyber.co.kr

121-838 서울시 마포구 양화로 127 첨단빌딩 5층(출판기획 R&D 센터) TEL : 02)3142-0036
413-120 경기도 파주시 문발로 112(제작 및 물류) TEL : 031)950-6300

※본사의 사정에 따라 책표지와 정가는 변동될 수 있습니다.

핵심 토목시공기술사 II

2008. 3. 13. 초 판 1쇄 발행
2015. 3. 12. 1차 전면개정 1판 1쇄 발행

지은이 | 이석일
펴낸이 | 이종춘
펴낸곳 | BM 성안당

주소 | 121-838 서울시 마포구 양화로 127 첨단빌딩 5층(출판기획 R&D 센터)
     | 413-120 경기도 파주시 문발로 112(제작 및 물류)
전화 | 02) 3142-0036
     | 031) 950-6300
팩스 | 031) 955-0510
등록 | 1973.2.1 제13-12호
출판사 홈페이지 | www.cyber.co.kr
ISBN | 978-89-315-6816-5 (13530)
정가 | 60,000원

이 책을 만든 사람들
기획 | 최옥현
진행 | 김용하
교정·교열 | 김민정
전산편집 | 안연민
표지 | 박원석
홍보 | 전지혜
마케팅 | 구본철, 차정욱, 나진호, 이동후, 강호묵
제작 | 김유석

이 책의 어느 부분도 저작권자나 BM 성안당 발행인의 승인 문서 없이 일부 또는 전부를 사진 복사나 디스크 복사 및 기타 정보 재생 시스템을 비롯하여 현재 알려지거나 향후 발명될 어떤 전기적, 기계적 또는 다른 수단을 통해 복사하거나 재생하거나 이용할 수 없음.

※ 잘못된 책은 바꾸어 드립니다.